主编　金志农

第三卷　南方各省（区、市）水土保持

中国南方水土保持

江西科学技术出版社

江西·南昌

重庆市万盛经开区水土保持科技园区综合治理

重庆市忠县涂井乡水土流失治理与柑橘产业融

治理前

治理后

安溪县官桥镇长垄崩岗区治理

治理前

治理后

生态清洁小流域"三道防线"示意图

松桃县2014年水土保持重点治理工程建设的猕猴桃基地

2018年澄迈文英小流域

长汀县河田喇叭寨水土流失治理前后对比

云南省小江蒋家沟泥石流输送大量的泥沙堆积在下游沟道

西秀区溪浪清洁小流域建设美丽的乡村人居环境

贵州毕节试验区30年水土流失治理成效显著

盘州市普古乡舍烹小流域生态美百姓富

贵州毕节试验区30年水土流失治理产业发展

《中国南方水土保持》分卷编辑委员会

第三卷　南方各省（区、市）水土保持

主　　编：黄炎和

副 主 编：（按姓氏拼音为序）

鲍　文　　陈善沐　　程冬兵　　丁　力　　顾再柯　　黄炎和

蒋芳市　　李　凤　　李相玺　　梁　音　　林敬兰　　刘　霞

聂国辉　　覃安培　　吴红川　　张玉刚　　张志兰　　赵　健

赵洋毅　　郑子成

各章作者：

第一章　黄炎和　　蒋芳市

第二章　刘　霞　　黄光谱　　朱继鹏　　许　诺　　凤海明

第三章　张志兰　　郑云泽　　刘德忠　　蒋光毅　　黄　嵩

第四章　陈善沐　　林敬兰　　林恩标　　林文莲　　陈文祥

　　　　吴清泉　　唐丽芳

第五章　丁　力　　耿海波　　邓　岚　　陈子平

第六章　覃安培　　吴　靖　　韦　旻　　蔡卓杰　　李　茂

　　　　瞿　翼

第七章　顾再柯　　袁　黎　　付宇文　　孙文博　　李　勇

　　　　杜　迪　　岳坤前　　杨胜权　　牟智慧　　徐　丰

第八章　吴红川　　李纪伟　　周柱栋　　王海旺

第九章　程冬兵　　高　超　　柳　红

第十章　　鲍　文　陈国玉　郭俊军　左双苗　胡学翔
　　　　　肖　凡　欧阳伟平

第十一章　梁　音　张玉刚　张　辰　郭红丽　杨逸辉
　　　　　易　扬　陈　杭　吴　芳

第十二章　李相玺　谢颂华　黄成杰　万小星　张利超
　　　　　田魏龙　莫明浩　杨文利

第十三章　张玉刚　梁　音　宋建锋　张　辰　易　扬
　　　　　苏　翔　耿雪青

第十四章　郑子成　贺　莉　刘正斌

第十五章　赵　健　聂文婷　赵　静

第十六章　赵洋毅

第十七章　聂国辉

附　　录　李　凤

本卷统稿:李　凤　王荚文　朱丽琴

中国南方水土保持

第三卷·南方各省（区、市）水土保持

第一章

总　论

。

第一节　概论

水土流失破坏水土资源,恶化生态环境,危及人类生存和发展。我国是世界上水土流失最严重的国家之一,严重的水土流失已成为我国头号环境问题(彭珂珊,2016)。做好水土保持工作,促进人与自然和谐,保障生态安全和经济社会可持续发展,是一项长期的战略任务。"生态兴则文明兴,生态衰则文明衰。"党的十八大以来,以习近平同志为核心的党中央,深刻总结人类文明发展规律,将生态文明建设纳入中国特色社会主义"五位一体"总体布局和"四个全面"战略布局。党的十九大对加快生态文明体制改革、建设美丽中国做出全面部署,并将水土保持作为生态文明建设的重要内容。党的十九届四中全会提出了生态文明建设是关系中华民族永续发展的千年大计,对坚持和完善生态文明制度体系做了系统部署,要求开展大规模国土绿化行动,加快水土流失和荒漠化、石漠化综合治理,充分体现了以习近平同志为核心的党中央对加强和推进生态文明建设的坚定决心,为我国水土保持事业发展指明了方向,明确了任务。

我国南方地区含 13 个省、2 个自治区、2 个直辖市、2 个特别行政区(图 3 - 1 - 1)。根据方位可将南方地区分为四大区域,分别为长江上游地区(含西藏自治区、四川省、重庆市)、西南岩溶地区(含云南省、贵州省、广西壮族自治区)、长江中下游地区(含湖北省、湖南省、安徽省、江西省、江苏省、浙江省、上海市)、南部沿海地区(含福建省、广东省、海南省、香港特别行政区、澳门特别行政区、台湾省)(图 3 - 1 - 2)。区域地理位置介于东经78°25′~124°35′、北纬 3°18′~36°53′,分布范围大致北临新疆,南至南海诸岛,东起台湾,西达喜马拉雅山脉,总土地面积为390.34 万 km²,占我国土地面积的41.57%。

注:图中灰色底纹部分为南方地区

图 3 - 1 - 1 中国南方地区位置与范围

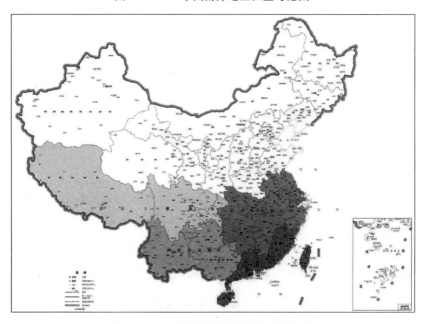

图 3 - 1 - 2 中国南方地区四大区域范围

我国南方地区水热条件好,植被覆盖度相对较高,然而地形破碎,坡度大,高强度的降雨极易诱发严重的水土流失,且水土流失类型多样,长江上游地区的冻融侵蚀、滑坡、泥石流,西南岩溶的坡耕地水土流失、石漠化,长江中下游及南部沿海的崩岗、林下水土流失等。同时,南方地区人口密度较高,随着经济的高速发展,伴随的植被破坏、陡坡开垦、生产开发建设等活动加剧了水土流失的发生。南方地区土层浅薄,一般仅 10～100cm,土壤年侵蚀厚度为 0.2～0.7cm,最大可达 1.0～2.0cm,而年均成土速率仅 0.01～0.0025cm,相对侵蚀强度远远超过黄土高原(卢金发,1999)。近几十年来,南方地区各地高度重视水土保持工作,采取多种举措防治水土流失,水土保持工作成效显著。据《中国水土保持公报(2018 年)》(水利部,2019)水土流失遥感调查资料,2018 年区域水土流失面积为 54.46 万 km²(不含香港特别行政区、澳门特别行政区、台湾省),流失率达到 14.75%,与 2011 年相比,水土流失面积降低 6.02 万 km²,流失率下降1.57%。水土保持保护了水土资源,提高了土地生产力,改善了生态环境,促进了区域的可持续发展。同时,在长期的水土保持实践中也积累了丰富的防治经验,并形成了符合当地实际的特色措施。因此,有必要对南方地区水土保持现状和发展趋势进行客观评价,对水土流失防治的成效与经验教训进行总结,以进一步摸清当前南方地区水土保持存在的主要问题,为南方地区的生态文明建设提供科学依据。

本卷内容不包括香港特别行政区、澳门特别行政区和台湾地区的水土保持情况,以省(自治区、直辖市)为单元,分为:总论、安徽省水土保持、重庆市水土保持、福建省水土保持、广东省水土保持、广西壮族自治区水土保持、贵州省水土保持、海南省水土保持、湖北省水土保持、湖南省水土保持、江苏省水土保持、江西省水土保持、上海市水土保持、四川省水土保持、西藏自治区水土保持、云南省水土保持、浙江省水土保持。

第二节　长江上游地区水土保持

一、区域自然环境

(一)地理位置

长江上游地区位于我国南方地区的西北部,行政区域包括西藏自治区、四川省和重庆市,地理位置介于东经 78°25′~110°11′、北纬 26°03′~36°53′。土地总面积为 177.06 万 km², 约占我国国土陆地面积的 18.38%, 占我国南方地区陆地面积的 46.22%。

(二)地质地貌

长江上游地区地质构造复杂,以武都、泸定、昆明一线为界,可分为东、西两大构造单元,二者地质构造有明显的差异。东部为稳定的扬子板块,其北缘为秦岭褶皱系,区内地壳稳定,盖层相当完整,断裂不甚发育,主要以北北东向和北东向的新华夏系构造为主。西部青藏板块地质构造极其复杂,大地构造上为三江褶皱系和松潘—甘孜褶皱系、喜马拉雅褶皱系和藏北褶皱系。该区地层发育齐全,元古界至第四系均有出露。东部地区以侏罗系、白垩系互层的红色砂岩、泥岩分布最广,四川盆地东部华蓥山等山地、贵州高原及四川盆地北缘的米仓山和大巴山等地以中、古生界碳酸盐分布为主。西部地区岩石则以三叠系砂岩、板岩分布最广;喜马拉雅山、雀儿山、龙门山、贡嘎山及大凉山等地分布较大面积的岩浆岩;雅鲁藏布江、金沙江、安宁河等河谷地带有较厚的第四系松散堆积层(水利部等,2010 a~d)。

该区地势西高东低,西部为青藏高原,平均海拔在 4000m 以上,为我国地势划分的第一台阶。东部为云贵高原、秦岭西延部分、米仓山、大巴山等山地和四川盆地,属我国地势划分的第二级台阶,高原和山地海拔多为 1000~3000m。四川盆地是我国第二阶台阶上相对凹下的一个盆地,海拔为 200~750m。该区的地貌类型多样,有山地、高原、丘陵、盆地和平原,其中山地、高原分布面积最大。高原有青藏高原、云贵高原(川西南山地);盆地主要有四川盆地,其中大面积分布丘陵;平原以成都平原最大,其次还有安宁河谷平原等江河沿岸平原(水利部等,2010a~d)。

(三)气候水文

长江上游地区气候类型多样,东部属北亚热带季风和中亚热带湿润气候,西部青藏高原属于高原季风气候。该区东西部气温差异显著。四川盆地中部和东部以及宜宾至宜昌长江干流沿岸一带,气温较高,年均温达 18℃ 以上,≥10℃ 的积温达 5500~6000℃。青藏高原大部分年平均气温为 0~8℃,其中藏北高原北部和四川石渠、色达以北及通天河带,年平均气温低于 0℃。西部高原地区年平均降水较少（200～800mm），由东往西减少，藏东南边境的一些地方和喜马拉雅山脉南坡，降水量极其丰富，前者年降水量可＞4500mm。藏东南察隅年降水量800～1000mm；阿里地区最少；班公措以北地区年降水量＜50mm，是西藏高原上降水量最少的地区。该区东部广大地区在太平洋和印度洋暖湿气流控制下，降水丰富，年平均降水量一般在800～1500mm，地区分布差异较大，具有由东向西减少的特征（水利部等，2010a～d）。

长江上游地区降水量丰沛，水资源十分丰富。据统计，长江上游地区水资源总量达4510亿 m³，多年平均径流量为4467亿 m³，约占长江总径流量的48%。长江上游地区支流众多，其中流域面积大于5万 km²的支流有雅砻江、大渡河、岷江、嘉陵江和乌江，合计径流量2778亿 m³。长江上游地区按人口平均占有水量2948m³，高于全流域和全国的平均值。长江上游地区山高谷深，水量丰富，河床落差大，水能资源丰富，是全国闻名的"富矿"。长江上游地区水能理论蕴藏量达2.18亿 kW，约占全流域的81.5%，可开发量1.7亿 kW，年发电量9144亿 kW·h，分别占全国的32.6%、46.3%和47.5%（水利部等，2010a～d）。

（四）土壤植被

长江上游地区地域辽阔，生物类型多样，土壤类型众多，全国的土壤类型几乎应有尽有，地带性土壤和隐域性土壤兼备。土壤的区域差异很大，不仅具有水平分异，还有明显的垂直分异。总的分布格局是：长江上游东部地区地带性土壤为黄壤，西部地区地带性土壤类型甚多，从南至北，从低海拔到高海拔有红壤、黄壤、黄棕壤、暗棕壤、高山草甸土及至寒漠土等（水利部等，2010a～d）。

长江上游地区植被类型复杂多样，从热带雨林、季雨林到寒温带草甸皆有，包括常绿阔叶林、常绿落叶阔叶混交林、针阔混交林等地带性植被类型。按地域水平分异特征，植被类型有西部高寒草原与高寒草甸、川西暗针叶林、川西南滇北亚热带偏干常绿阔叶林、亚热带偏湿常绿阔叶林、横断山北部温带落叶阔叶林、四川盆地以农业植被为主的植被类型、藏东南的热带常绿阔叶林等（水利部等，2010a～d）。

二、社会经济条件

（一）人口

2018 年,区域常住人口总数为 11780 万人。其中城镇人口 6497 万人,占总人口的 55.16%;农村人口 5283 万人,占总人口的 44.84%。

（二）经济

2018 年,区域生产总值（GDP）62352 亿元,人均 GDP52931 元。其中第一产业 5928 亿元,第二产业 24165 亿元,第三产业 32259 亿元。第一、二、三产业所占比重分别为 9.51%、38.76%、51.74%。

（三）土地利用

区域地域辽阔,土地资源丰富,全区土地总面积约 177.06 万 km²。各类土地利用类型中,耕地面积为 9.72 万 km²,占 5.49%;园地面积为 0.85 万 km²,占 0.48%;林地面积为 46.38 万 km²,占 26.19%;草地面积为 96.65 万 km²,占 54.59%;建设用地为 7.31 万 km²,占 4.13%;未利用地 16.15 万 km²,占 9.12%。

三、水土流失情况

（一）水土流失现状

据《中国水土保持公报（2018 年）》（水利部,2019）水土流失遥感调查资料,2018 年该区域水土流失面积为 233124km²,流失率为 13.18%。其中,轻度水土流失面积 159792km²,占 68.54%;中度水土流失面积 31905km²,占 13.69%;强烈及以上水土流失面积 41427km²,占 17.77%。与 2011 年比较,区域水土流失面积下降 18013km²,流失率下降 1.02%（表 3 - 1 - 1）。

表 3 - 1 - 1　长江上游地区水土流失变化情况

区域	年度	水土流失面积（km²）				流失率（%）
		轻度	中度	强烈及以上	合计	
合计	2018	159792	31905	41427	233124	13.18
	2011	108801	74674	67662	251137	14.20
	变化情况	50991	-42769	-26235	-18013	-1.02

区域	年度	水土流失面积(km²)				流失率(%)
		轻度	中度	强烈及以上	合计	
西藏	2018	62649	12688	19040	94377	7.90
	2011	43175	29190	26367	98732	8.26
	变化情况	19474	−16502	−7327	−4355	−0.36
四川	2018	78820	15583	18543	112946	22.97
	2011	54982	35964	30096	121042	24.62
	变化情况	23838	−20381	−11553	−8096	−1.65
重庆	2018	18323	3634	3844	25801	31.32
	2011	10644	9520	11199	31363	38.07
	变化情况	7679	−5886	−7355	−5562	−6.75

资料来源:《中国水土保持公报(2018年)》(水利部,2019)。

区域内土壤侵蚀的主要类型有水力侵蚀、风力侵蚀、重力侵蚀、冻融侵蚀及人为侵蚀等。水力侵蚀主要发生于横断山区、川西高原、秦巴山地及四川盆地等。风力侵蚀主要分布于西藏和川西高原上。重力侵蚀主要分布于深切割的高山河谷地区及陡坡地区,如雅鲁藏布江、怒江、澜沧江、金沙江、大渡河、岷江等河谷地带。冻融侵蚀主要分布于西藏高原和川西高原及其高山地区。人为侵蚀主要分布于人口密度大的地区(水利部等,2010a～d)。

(二)水土流失成因

1.自然因素

(1)地质地貌

地质构造活动活跃,褶皱断裂发育,岩性复杂,地表稳定性低,风化强烈。岩石破碎,节理、断裂发育,残坡积物丰富,滑坡、坍塌、泥石流等剧烈侵蚀活跃。山丘面积大,地表起伏不平,沟壑纵横,沟道发育,坡面物质运动条件充分。以四川省为例,全省80%地貌类型属山地丘陵,山高坡陡,地表起伏大,因而为侵蚀创造了独特的自然条件。

(2)降水充沛且集中

降水较充沛,降水集中,多暴雨,土壤侵蚀动力丰富。以四川省为例,年内70%以上的降雨都集中在6—9月,多以暴雨形式出现,这样的降雨类型及时间分布极易诱发水土流失。

（3）土壤疏松易侵蚀

土壤类型多样，土壤结构水稳性低，抗冲抗蚀能力弱。例如，分布在四川的紫色土，结构疏松，抗侵蚀能力弱，易于遭受侵蚀；而西藏土壤熟化程度低、砾石含量高、土壤抗侵蚀能力低。

2. 人为因素

（1）陡坡垦殖

坡耕地是区域水土流失的重灾区，四川、重庆尤为突出。研究表明，坡耕地在各类土壤中侵蚀量最大，约占总侵蚀量的60%，陡坡种植成为长江上游地区水土流失最重要的人为因素。例如，金沙江下游山区和丘陵区的坡耕地占总耕地的50%～90%，坡度大于25°的耕地占1/3以上（水利部等，2010a～d）。

（2）植被破坏

植被覆盖度较低，退化严重，地表缺乏充分覆盖。随着人口的急剧增长，坡耕地的大量开垦、森林过度砍伐、草原过度放牧、矿产开采等一系列掠夺式资源利用，加速了水土流失（水利部等，2010a；2010b）。

（3）开发建设

随着西部大开发战略的实施和城市化进程的加快，基础设施建设和产业经济活动迅速发展，各种建设工程大量扰动、破坏地表植被、产生大量的弃土弃渣，在没有完善的防治措施体系情况下，极易发生严重的水土流失（水利部等，2010a～d）。

四、水土保持现状

（一）水土流失预防与监督

1. 水土流失预防保护

确定预防保护范围和预防对象，主要为重要江河源区、重点湖泊水系和重要生态维护区。重要江河源区保护包括嘉陵江源区、岷江源区、三江并流源区及雅鲁藏布江源区；重点湖泊水系保护包括藏西湖泊水系、羊卓雍措、纳木措等区域；重要生态维护区包括珠穆朗玛峰、多庆错、雅鲁藏布大峡谷等区域。建立预防制度，包括健全预防保护管理机构，落实具体职责，制订相关规章制度，明确生产建设项目分区预防管理方案。明确准入限制，依据不同生态分区的生态环境问题、水土流失现状和社会经济发展情况,设定区域限制性条件,确定生产建设项目的水土流失的防治标准等级,明确生产建设项目在不同地区所应采取的特定防护措施。预防保护措施主要包括保护管理、封育、治理及能源替代等措施。以四川省为例,该省是长江、黄河的重要水源发源地及涵养区,全省地表水资源约占整个长江水系径流量的三分之一,占整个黄河径流量的8.21%。全省长江水系区域是"中国半壁江山的水塔""生物多样性宝库""未来气候变化的晴雨表"和"典型的生态与环境脆弱带",也是未来长江流域产业带发展的生态屏障、水资源保护的核心区域、全球气候变化的敏感区。根据水土保持预防工作的主要任务,重点预防项目集中在江河源头区,涉及嘉陵江源区及三江并流源区和岷江源区,共22个县(市、区),项目以封育保护为主,辅以综合治理,控制水土流失,提高水源涵养能力。

2. 水土保持监督管理

各省(区)下辖设区市、县(市、区)结合各自水土保持工作实际,相应制订了水土保持办法、水土保持实施细则等,为增强和提升区域水土保持监督管理能力和监督管理水平提供了保障。成立各级监督管理机构,开展水土保持监督管理能力规范化、制度化、合法化建设。进一步加强水土保持执法体系建设,做到机构健全、人员稳定。例如,四川省的21个市(州)、160多个县(市、区)建立健全了水土保持执法机构;经省水利厅批准,成立了四川省水综合监察总队水土保持监察支队。全省共有水土保持执法人员5700多人,其中专职1200多名,兼职4500多名。强化水土保持依法行政,进一步规范生产建设项目水土保持监督检查工作,督促生产建设单位全面落实水土保持"三同时"制度。据不完全统计,"十二五"期间,四川省共审批水土保持方案达12000多个,其中省级审批方案达1300多个,全省水土保持方案申报率已达98%以上。不断完善生产建设项目监管平台,如西藏全面启动了生产建设项目水土保持方案技术评审第三方服务,实现了评审与审批的分离;面向社会公众发布并运行全国首个水土保持"互联网+"咨询平台,提升了服务水平。

3. 水土流失重点防治区

根据《全国水土保持规划国家级水土流失重点预防区和重点治理区复核划分成果》(水利部,2013c),区域内属于国家级重点预防区的有61个县(市、区),分布在雅鲁藏布江中下游国家级水土流失重点预防区、金沙江岷江上游及三江并流国家级水土流失重点预防区、嘉陵江上游国家级水土流失重点预防区、丹江口库区及上游国家级水土流失重点预防区和武陵山国家级水土流失重点预防区；区域内属于国家级重点治理区的有 73 个县（市、区），分属于三峡库区国家级水土流失重点治理区、乌江赤水河上中游国家级水土流失重点治理区、金沙江下游国家级水土流失重点治理区以及嘉陵江及沱江中下游国家级水土流失重点治理区。

（二）水土流失综合治理

20 世纪 80 年代以来，鉴于长江上游地区水土流失的严重性，区域生态屏障和三峡水库安全运行的需求，国务院将长江上游作为全国水土保持重点防治区，相继实施了"长治""天保""退耕还林（草）"和"生态修复"等系列工程，开始发挥水土保持效益（水利部等，2010a～d）。水土流失治理中，根据区域特点采取的水土保持关键技术主要有如下几种。

1. 坡改梯

对集中连片的坡耕地实施坡改梯工程，改造成标准的基本农田和经果林，坡改梯（石坎梯田为主）和经果林配套排灌设施（修建排灌沟渠、沉沙池和蓄水池，将田块内径流就地拦蓄利用）、生产道路，对 25°以上陡坡耕地逐步退耕，种植经济林和水保林（水利部等，2010a～d）。

2. 保土耕作

在坡耕地上，结合农事活动，采取各类措施改变微地形，或增加地面植物被覆，或增加土壤入渗，提高土壤抗蚀性能，达到保水保土。主要采取等高耕作、横坡耕作、间作套种、等高植物篱等措施，结合种植结构调整，增加作物覆盖，提高土壤抗蚀能力，减少水土流失（水利部等，2010a～d）。

3. 植被建设技术

植被建设包括人工或飞播造林种草。本着因地制宜、适地适树（草）的原则，做到乔、灌、草相结合，带、网、片相结合，人工营造与原有疏幼林补植相结合，治理与开发相结合，经济效益、生态效益和社会效益兼顾（水利部等，2010a～d）。

4. 生态修复技术

生态修复是停止人为干扰与破坏，或解除现有人类活动施加于生态环境的压力,而发挥生态系统自身修复能力,使生态环境向良性方向演化的措施。例如,重庆在原有植被比较稀疏的坡地上,充分利用该地区水热条件丰富的有利条件,实行封育管理,发挥生态自我修复能力,促进植被恢复。封禁区设立标志,确定专人管理,制订乡规民约。同时,采取修建沼气池、普及节柴灶、以煤代柴等措施,解决农村能源问题,减少林木砍伐(水利部等,2010a~d)。

5. 坡面水系建设技术

坡面水系建设技术是坡耕地治理和人工林草措施的配套措施,通过兴建沿山沟、谷坊、拦沙坝、蓄水池、沉沙池、排灌沟渠等,层层拦蓄,调控坡面径流,做到能排能灌,改善坡面水系,拦沙、保土、蓄水,以减轻水土流失(水利部等,2010a~d)。

(三) 水土流失监测与信息化

1. 成立省、市、县级水土保持监测机构

例如,四川省已建成由 1 个省级监测总站,13 个市(州)级监测分站和 43 个水土保持监测点构成的水土保持监测网络体系。西藏先后建成了 1 个总站(部分)、7 个地(市)分站、28 个县站及 32 个监测点(其中小流域监测站点 4 个、水文监测站点 10 个、风蚀监测点 5 个、冻融侵蚀监测点 1 个、生产建设项目监测点 12 个)。重庆市通过多年的不断优化调整站点布局,截至 2018 年,全市共有 14 个监测站点,分布在 4 个分站及城口、奉节、巫山、丰都、黔江、万盛、铜梁、合川、南川等 13 个县(区),共计建成径流小区 77 个、自然坡面观测场 15 个、小流域卡口站 3 个,在建小流域综合卡口站 1 个、径流小区 6 个、自然坡面观测场 6 个。

2. 开展区域、生产建设项目及重点治理工程监测

例如,重庆市成立水土保持监测机构以来,先后完成了三峡水库重庆库区移民迁建中水土流失状况调查,并从 2018 年起分年度开展水土流失动态监测工作。四川省对生产建设项目监测每年进行一次;2017 年度,通过省级以上水土保持设施验收的生产建设项目中完成水土保持监测成果的项目共计 86 个,其中国家级项目 2 个(其中建设单位自主验收项目 1 个),省级项目 84 个;利用无人机、移动终端和高分辨率卫星遥感影像等现代化智能手段开展水土保持"天地一体化"监管工作。

（四）水土保持特色

1.坡耕地水土流失综合治理

坡耕地是区域水土流失的重灾区,四川、重庆尤为突出。按照国家的统一部署,从2010年开始,四川省及重庆市启动实施了全国坡耕地水土流失综合治理试点工程建设,重点治理坡面在5°～15°的缓坡耕地。项目的实施使得坡耕地水土流失明显减少,改善了农业生态环境。通过试点工程建设,坡地变梯地,薄地变厚地,瘦地变肥地,基本实现了土不下山、水不乱流、旱涝灾害不用愁。同时农业生产条件也得到大幅度改善,大部分试点县以坡耕地改造为契机,调整产业结构,引导种植经济果木林,或通过土地流转引导业主进行现代农业开发,促进了产业结构优化升级和农民增收。

2.生态清洁型流域治理

为深入贯彻落实习近平生态文明思想,四川和重庆开展生态清洁小流域建设,涌现出一大批治理水土流失,实现治理区农民增收致富的典型,探索了荒山变青山,青山变金山的路径,为水土保持助推脱贫攻坚和乡村振兴提供了参考和借鉴。例如,四川省根据自然环境条件和水土流失特点,将全省生态清洁小流域建设分为"生态保育型、生态农业型、生态经济型",2013年以来共开展了50条生态清洁小流域建设。重庆市不断探索新形势下水土流失治理的新思路,逐步总结出城镇水土保持公园、水土保持教育示范基地、生态清洁小流域建设和水土保持农旅融合发展等水土保持特色治理模式。

3.水土保持人才培养与科技支撑

20世纪80年代以来,四川、重庆等地农、林、水等专业高校,如四川大学、西南大学、四川农业大学、西华师范大学以及四川水利职业技术学院等,相继设置水土保持与荒漠化防治专业,招收全日制普通本、专科生以及硕、博研究生。水土保持教育在人才培养类型上呈现出多元化的趋势,具有普通专科、普通本科、硕士和博士研究生等不同层次的教育体系,也形成了特色鲜明的产学研相结合的水土保持教育模式。同时,该区水土保持科技支撑机构较多,如中国科学院水利部山地灾害与环境研究所、中国电建集团成都勘测设计研究院有限公司、中铁二院工程集团有限责任公司、四川省水利科学研究院等单位,完成了"汶川地震区新生水土流失环境效应分析研究""长江上游坡耕地水土流失整治""西藏自治区生态系统土壤侵蚀脆弱性评价"及"西藏自治区水土流失特征及防治"等多个科研项目研究。系列科技支撑为该区水土保持科技发展奠定了坚实的科学基础。

第三节　西南岩溶地区水土保持

一、自然环境概况

(一)地理位置

西南岩溶地区位于我国南方地区的西南部,行政区域包括广西壮族自治区、云南省、贵州省,地理位置介于 $97°31' \sim 112°04'$、北纬 $20°54' \sim 29°15'$;土地总面积为 79.70 万 km^2,约占我国国土陆地面积的 8.27%,占我国南方地区陆地面积的 20.80%。

(二)地质地貌

区域广泛分布着古生界(寒武系—三叠系)古老坚硬的碳酸盐岩。区域由东南向西北逐步升高,根据地势的空间分布和地貌(尤其是岩溶地貌类型)可分成三个大区:云贵高原(平均海拔 1500 ~ 2500m)、高原向广西盆地过渡的斜坡(平均海拔 500 ~ 1500m)、广西盆地(平均海拔 <500m)。各地区岩溶地貌类型的分布为:云贵高原主要是断陷盆地;斜坡区为岩溶谷地、峰丛洼地、丘丛谷地;广西盆地包括峰林平原、孤峰平原、峰丛洼地(水利部等,2010a ~ d)。

(三)气候水文

西南岩溶区地处热带、亚热带,北回归线从广西境内通过,东南临南海,是太平洋东南季风向大陆推进的入口,云南南部受印度洋西南季风的影响。该地区的地势由东南向西北依次升高,最低平均海拔是北海市 21m,最高平均海拔是云南省东部会泽县 2273m。西南岩溶区的年平均气温由西北到东南依次由 7.5 ~ 10℃ 递升到 20 ~ 25℃;而年平均降雨量则依次由 750 ~ 1000mm 递升到

2000～2250mm(水利部等,2010a～d)。

长期的岩溶作用形成区域地表、地下双层岩溶水文地质结构,存在较大的地下空间、排水网。据1:5万地形图、1:20万水文地质图的统计,贵州岩溶区地表河网密度平均为0.447km/km²,非岩溶区为0.626km/km²,常年有水、长度＞2km的地下河共1130条,平均密度0.49km/km²,总长度6246km。地表水系不发育或发育不完整,多封闭洼地、落水洞、漏斗;大气降水很难在地表滞留较长的时间,雨停即干,尤其是土壤、植被丧失的石漠化区,植物经常遭受季节性的干旱(水利部等,2010a～d)。

(四)土壤植被

区域由碳酸盐岩风化形成的土壤称为石灰土,其理化性质有别于地带性的红壤,其成土速率十分缓慢,形成1m厚的土层需要几十万到几百万年。土壤理化特征则表现为富钙、偏碱性,有效营养元素供给不足和不平衡性,土壤质地黏重,土壤有效水分含量偏低。在石灰土上发育的植被为具有旱生、石生和喜钙的岩溶植被,岩溶植被的自然生产力低,林地恢复速率缓慢(水利部等,2010a～d)。

二、社会经济条件

(一)人口

2018年,区域常住人口总数为13326万人,其中城镇人口6426万人,占总人口的48.22%;农村人口6900万人,占总人口的51.78%。

(二)经济

2018年,区域生产总值(GDP)53041亿元,人均GDP 39800元。其中第一产业7671亿元,第二产业20793亿元,第三产业24577亿元。第一、二、三产业所占比重分别为14.46%、39.20%、46.34%。

(三)土地利用

区域土地总面积约79.70万km²。各类土地利用类型中,耕地面积为15.04万km²,占18.87%;园地面积为2.09万km²,占2.62%;林地面积为44.40万km²,占55.71%;草地面积为1.99万km²,占2.49%;建设用地为3.42万km²,

占 4.29%；未利用地 9.41 万 km²，占 11.81%。

三、水土流失情况

(一)水土流失现状

据《中国水土保持公报(2018 年)》(水利部，2018)水土流失遥感调查资料，2018 年该区域水土流失面积为 190964km²，流失率为 23.64%。其中，轻度水土流失面积 116217km²，占 60.86%；中度水土流失面积 30525km²，占 15.98%；强烈及以上水土流失面积 44222km²，占 23.16%。与 2011 年比较，区域水土流失面积下降 24430km²，流失率下降 3.02%(表 3-1-2)。同时区域内的广西壮族自治区有崩岗 27767 座，占南方崩岗总数的 11.61%(孙波，2011)。

表 3-1-2 西南岩溶地区水土流失变化情况

区域	年度	水土流失面积(km²)				流失率(%)
		轻度	中度	强烈及以上	合计	
合计	2018	116217	30525	44222	190964	23.64
	2011	95209	65515	54670	215394	26.67
	变化情况	21008	-34990	-10448	-24430	-3.02
云南	2018	63299	15619	24472	103390	26.24
	2011	44876	34764	29948	109588	27.81
	变化情况	18423	-19145	-5476	-6198	-1.57
贵州	2018	29115	8442	10711	48268	27.40
	2011	27700	16356	11213	55269	31.37
	变化情况	1415	-7914	-502	-7001	-3.97
广西	2018	23803	6464	9039	39306	16.55
	2011	22633	14395	13509	50537	21.28
	变化情况	1170	-7931	-4470	-11231	-4.73

数据来源:《中国水土保持公报(2018 年)》(水利部，2019)。

该区最大特点为岩溶区水土流失，造成地表石漠化。据观测，贵州、广西碳酸盐风化成土速率为 6.8～0.21t/(m²·a)，而土壤侵蚀模数为 56～129t/(m²·a)，即土壤侵蚀量是岩石风化成土量的几十至几百倍。从岩溶区的土壤结构看，土壤和母岩之间缺失 C 层，土壤与母岩之间的刚性接触造成二者的黏着力差，一且遇到大雨,极易发生水土流失和块体滑移。岩溶地区地形破碎,但坡耕地分布广,坡耕地的开垦必然导致水土流失程度的增加,而碳酸盐成土过程和土壤结构的特殊性,造成石漠化面积的不断扩张(水利部等,2010a;2010c)。

(二)水土流失成因

1. 自然因素

(1)地质构造

该区成土母岩以砂页岩、石灰岩、花岗岩、紫色岩为主。盐酸盐岩区成土速度慢,土层浅薄,岩溶面上的岩、土之间黏结力差,在缺乏植被保护的情况下极易发生水土流失,形成石漠化现象。花岗岩、砂岩发育风化或半风化形成的红壤,结构松散,抗蚀力差,在高温多雨的作用下,容易产生沙粒化,极易产生水土流失,陡坡地则易发生沟蚀及崩岗。

(2)地形因素

该区地处云贵高原向低山丘陵过渡的梯级状大斜坡带,山多平地少,山大坡陡,地形破碎,沟壑纵横、地面起伏大,土壤在自然作用力和雨水冲刷下,容易造成水土流失。

(3)降雨因素

区内属于湿润多雨的季风气候,天然降雨存在空间和时间上的不均性。空间上受地貌等因素的影响,存在多个多雨区和少雨区,如广西存在6个多雨区:越城岭、大瑞山、十万大山、大明山、云开大山、大容山年平均降雨量1900～3500mm;6个少雨区:恭城平乐、来宾武宣、崇左扶绥、百色田东、龙江河谷、云贵边界地带,年平均降雨量1000～1400mm。在时间上,年降雨量的季节分配不均,以贵州为例:全省年均降雨量1179mm,4—9月降雨量占全年的77%,降雨集中,强度大,冲刷力强,易蚀的土壤极易产生流失。

(4)植被因素

岩溶区植被的脆弱性表现在:一是保存完好的森林群落其生物量低,据贵州茂兰岩溶原始森林区的典型估测,其生物量不仅低于同纬度的非岩溶区森林,也低于较高纬度的温带针阔混交林。二是受损的岩溶生态系统植被恢复困难。广西各县现有森林覆盖率与其岩溶面积的比例成负相关。

2. 人为因素

(1)坡耕地开垦造成水土流失、石漠化加剧

区域岩溶地貌多，山多地少，耕地以坡耕地为主。以贵州为例，2015年全省坡耕地面积298.04万 hm²，占耕地总面积的65.63%，坡耕地比重较大，复种指数高，土壤在自然作用力和雨水刷冲下易流入低谷或河道，是水土流失的策源地。岩溶石山区土壤覆盖层厚度多 <50cm，如果考虑到成土速率，则按此速率坡耕地的土壤在10~15年就流失殆尽。

(2)不合理的山地开发及生产方式加剧水土流失

不合理的低产田改造和经济果木林建设等，直接将荒山及林地垦殖为农用地，以及顺坡耕种等落后的生产方式，进一步加剧水土流失。以云南省为例，近年来大量的优质耕地被非农建设占用，使得人多地少的矛盾更加恶化。乱砍滥伐使森林遭到破坏失去着水保土作用，并使地面裸露，直接遭受雨滴的击溅、流水冲刷和风力的侵蚀；陡坡开荒不仅破坏了地面植被，且又翻松了土壤，形成了产生严重土壤侵蚀的条件；过度放牧使山坡和草原植被遭到破坏；在坡地广种薄收、撂荒轮垦，使土壤性状恶化，作物覆盖率降低，加剧了水土流失。

(3)生产建设活动加剧水土流失

随着社会经济的发展，各种基础设施发展迅速，城镇化步伐加快，资源开发强度增大。一些单位或个人水土保持意识和法制观念不强，在开展生产建设活动时，往往是重项目建设，轻生态保护，项目建设过程中破坏了植被，造成地表裸露，对产生的弃渣弃土没有采取必要的保护措施，造成新的水土流失。

四、水土保持现状

(一)水土流失预防与监督

1. 水土流失预防保护

预防保护范围主要涵盖水土流失重点预防区，还包括重要河流两岸及源头，大中型水库周边，重要饮用水水源地，水土保持主导功能为水源涵养、生态维护、水质维护的区域，重要生态功能区等未划入重点预防区的部分。例如，云南省确定生态屏障带、"三江"并流、重要饮用水水源地和"九大"高原湖泊4个重点预防项目，并采取保护管理、封育、治理及能源替代等措施。

2. 水土保持监督管理

各省（区）成立了各级监督管理机构，并开展水土保持监督管理能力规范化、制度化、合法化建设。强化水土保持依法行政，进一步规范生产建设项目水土保持监督检查工作，督促生产建设单位全面落实水土保持"三同时"制度。例如，贵州省 2013—2017 年共审批 6800 多个生产建设项目水保方案，其中省级 674 个，防治水土流失面积 30.3 万 hm^2，有效拦挡弃渣约 8 亿 m^3；共验收项目 1063 个，开展监督检查 1.76 万次，查处案件 748 件；清理了 2005—2016 年省级审批的生产建设项目 2400 多个，核查生产建设项目水土保持补偿费 12 亿元，为加大水土保持补偿费的追缴提供了依据；落实简政放权要求，出台了一系列"放管服"制度，取消水土保持验收许可事项，开展政府购买方案评审和验收服务等工作，为加快推进贵州省生态文明建设提供了有力保障。

3. 水土流失重点防治区

根据《全国水土保持规划国家级水土流失重点预防区和重点治理区复核划分成果》（水利部，2013c），区域内属于国家级重点预防区的有 26 个县（市、区），分属于金沙江岷江上游及三江并流国家级水土流失重点预防区和湘资沅澧上游国家级水土流失重点预防区；区域内属于国家级重点治理区的有 140 个县（市、区），分属于滇黔桂岩溶石漠化国家级水土流失重点治理区、西南诸河高山峡谷国家级水土流失重点治理区、金沙江下游国家级水土流失重点治理区和乌江赤水河上中游国家级水土流失重点治理区。

（二）水土流失综合治理

1. 石漠化治理

在石漠化地区开展了退耕还林、"长治"工程、"珠治"试点工程、天然林保护工程、生态重建科技攻关等与水土保持相关的项目，取得了显著成效。例如，贵州省是世界上岩溶地貌发育最典型的地区之一，是全国石漠化面积最大、类型最多、程度最深、危害最重的省份，全省国土总面积 17.62 万 km^2，岩溶出露面积 10.91 万 km^2，占全省国土面积的 61.92%。在岩溶地区，石漠化面积 37597.36km^2，占全省国土面积的 21.34%，占岩溶面积的 34.47%。2008 年，国家在全国 100 个县（市、区）先行开展石漠化综合治理试点工作。根据国家林业局公布的贵州省第二次石漠化监测结果，2011 年贵州省石漠化面积 302.38 万 hm^2，比 2005 年减少 29.23 万 hm^2，减少了 8.82%。2011—2015 年，贵州 78 个县全部纳入国家石漠化综合治理工程实施范围，到 2015 年底，全省完成石漠化综合治理面积约 2.03 万 km^2，占规划区石漠化面积的 54%，新增林草植被近 177 万 hm^2，植被覆盖度提高约 11.47 个百分点；建设和改造坡耕地 25.84 万 hm^2，每年减少土壤侵蚀量约 7049 万 t。通过坡改梯、小型水利水保工程的实施，改善了耕地质量；通过农村产业结构的调整，增加了农民收益，农民人均纯收入提高了 15.95%，提高了农民生活水平。同时，在石漠化治理过程中不断探索治理模式。通过项目整合，综合治理，积极发展地方经济，调整产业结构，带动农民增收致富，成功探索出了生态农业导向型、封山育林与生态修复主导型、人工造林与林产业导向型、草地建设与生态畜牧业主导型、坡耕地与水土保持建设主导型、水资源开发与灌溉农业主导型、生态旅游主导型等多种石漠化综合治理模式，在西南八省中起到领头羊的作用。

2. 小流域水土流失综合治理

广西各级水利部门按照"先急后缓、突出重点，统筹兼顾、有序推进"的原则，以小流域为单元，以规划为平台，以贫困地区、革命老区、岩溶石漠化区和重要水源区为重点，在水土流失较为严重的水土流失重点治理区抓好重点小流域治理，陆续启动实施了中央水利发展资金国家水土保持重点工程、国家农业综合开发水土保持项目和自治区本级部门预算的水土保持项目。据统计，2016—2018 年，中央和自治区各级财政共计投入 9.90 亿元用于广西水土保持工程建设，对 160 条小流域进行综合治理，累计治理水土流失面积 1718.91 km^2，完成坡耕地改造 0.68 hm^2。在治理水土流失的同时，坚持与改善农村生产生活条件相结合，通过实施沟、渠、池、路等工程辅助设施，加强农业基础设施建设，提高农业综合生产能力，改善农村居民生产生活条件，推动农村产业结构调整，促进农业增产和农民增收，促进当地贫困群众脱贫致富。实施以小流域为单元，山水林田路综合规划的生态清洁型小流域治理工程。将传统治理模式和乡村振兴战略有机结合，注重人居环境改善、污水垃圾处理、农业面源污染处理。在治理水土流失、改善生态环境的同时，实现美丽乡村、清洁乡村、幸福乡村。

3. 坡耕地水土流失综合治理

区域内坡耕地面积大、人地矛盾突出、水土流失严重。2013—2018 年贵州在全省范围内共实施了 85 个坡耕地水土流失综合治理工程，治理坡耕地面积

181.11km^2,总投资 9.49 亿元,其中中央投资 7.59 亿元。2013—2016 年,中央和广西壮族自治区各级政府共投入坡耕地专项治理资金达 3.22 亿元,其中中央投资 2.60 亿元,地方投资 0.62 亿元。完成坡耕地整治 12.23 万亩,配套修建排灌沟渠 222.10km,田间道路 160.47km,新建蓄水池 340 座。经过坡耕地治理的项目区,水土流失得到有效控制,生态环境明显改善;项目区农村产业结构和土地利用结构趋于合理,特色产业得到发展,群众生产生活条件得到改善。

(三)水土流失监测与信息化

区内各省(区)成立了省级和市级的水土保持监测机构,部分省在重点流失区设立了县级水土保持监测机构,如贵州省在威宁、余庆、平坝等 36 个县(市、区)相继成立了县级水土保持监测机构。对区域内进行长期、持续的定位监测,以掌握水土流失规律、查清水土流失现状、科学评价水土保持防治成效。但是,现有水土保持监测基础设施建设标准低、监测设备差、监测信息采集、观测手段和方法落后、自动化程度低,绝大部分水土保持监测点仍依赖人工观测,已有的水土保持监测点基本不能实时将监测信息传输至省、市水土保持监测机构,严重影响了水土保持监测的时效性。同时,监测人员大部分为临时工,聘用人员多为当地群众,水平参差不齐,专业结构多样,缺乏监测技术相关的专业培训,对监测设施设备的操作、监测内容和数据采集、分析等知识匮乏,普遍业务能力不熟,监测行为不规范,监测成果质量不高。

(四)水土保持特色

1. 水土保持机制创新

在机制保障上,建立政府主导、水行政主管部门负责、部门协同、社会参与的联合治理机制,以及地方政府水土保持目标责任考核机制、水土保持项目推进奖惩机制。例如,贵州在全国率先出台水土保持年度考核办法,推行竞争立项机制,引入政府承诺制等优化治理工程建设管理模式。以考核推动思路变革、促进创新突破,对建设积极性高、任务完成好的地方,在项目、资金和政策上给予支持和鼓励,调动基层主观能动性和创造性,走出了一条以水土保持建设为依托,逐步实现护生态、调结构、创增收、去贫困的治理新路。

2. 水土保持治理模式创新

根据水土流失区的特点,因地制宜,不断创新治理模式。例如,云南省为顺应生态文明新形势和新常态的需要,以维护生态环境良性循环为目标,以植被建设、水资源涵养、水源保护为重点,以区域地理区位、水土保持主导功能、主体功能定位等为指标,水土流失防治与水源保护相结合,围绕构筑生态修复、生态治理、生态保护三道防线,把小流域治理模式划分为"生态清洁型""生态景观型""生态安全型""生态经济型"四种模式。

3.岩溶地区水土流失综合治理

西南岩溶境内石灰岩分布很广,由于高温多雨,形成了典型的岩溶地貌,岩溶土地分布广阔,在云南、贵州及广西三省(区)均有广泛分布。岩溶区水土流失具有明显的地域特征,该区域岩溶发育,成土作用非常缓慢,土层浅薄,表土流失后,肥力急剧下降,植被难以恢复,极容易形成石漠化现象,生态环境极为脆弱。岩溶区水土流失主要策源地为坡耕地,特别是由于岩溶区大部分属于经济落后地区,人多耕地少,人口承载力比较低,为了经济发展不得不向山区要地,加上过度砍伐植被,不合理的经济活动造成环境破坏加重,更是加剧了岩溶区的水土流失。因此,该区域在石漠化地区开展了退耕还林、"长治"工程、"珠治"试点工程、天然林保护工程等项目,取得了显著成效。例如,广西从20世纪90年代开始,在之前工作的基础上,根据形势发展和岩溶区水土流失治理的需要,实施了一系列小流域综合治理工程,如珠江上游南盘江、北盘江石灰岩地区水土保持综合治理试点工程,初步探索出了在岩溶地区综合治理水土流失、抢救土地资源、遏制土地石漠化的方法和途径,为岩溶地区大面积开展水土流失综合治理奠定了坚实基础,积累了宝贵经验。

4.水土保持大数据建设

近年来,利用"互联网+"及大数据等信息技术,开展水土保持大数据平台建设。例如,贵州省加强顶层设计和统筹,地方积极支持配合,推动全省水土保持信息化工作取得突破性进展。依托"云上贵州"和"贵州水利云",开展全省水土保持大数据平台建设,已完成水土保持基础云平台搭建,建立了水土保持大数据库框架,初步实现了水土保持一张图的应用展示,正积极探索与其他部门实现数据共享和互联互通的途径与方法。用科技提升贵州省水土保持生态建设水平和社会服务能力,努力实现传统水土保持工作转型与升级,推动贵州水土保持高质量发展。

第四节　长江中下游地区水土保持

一、自然环境概况

(一)地理位置

长江中下游地区位于我国南方地区的中东部,行政区域包括湖北省、湖南省、江西省、安徽省、江苏省、浙江省、上海市,地理位置介于108°21′~123°10′、北纬24°29′~35°20′。土地总面积为92.38万 km²,约占我国国土陆地面积的9.59%,占我国南方地区陆地面积的23.88%。

(二)地质地貌

区域主要位于我国第二、三级阶梯,受地质运动和构造影响深刻,地势东西差异大,山地、丘陵及平原谷地均有分布。山地脉络清晰,明显受地质构造控制,走向具有规律性。北东向或北北东向山地在总体上控制了该区的地貌格局。丘陵主要位于山地外围和一些盆地内,由于主要山地阻隔,丘陵不是连片分布,而是呈块状散布在主要山地和平原谷地之间,没有明显脉络。综合区域地形、地貌及水系格局,该区首先表现为山丘与谷地(包括主要河流)相间排列。自北向南的地貌结构顺序为淮阳山地——长江中下游平原(主要包括汉江平原、洞庭湖平原、鄱阳湖平原、长江三角洲平原);自西向东的地貌结构顺序为武陵山地、雪峰山地——湘江谷地、洞庭湖区——幕阜山、罗霄山脉——赣江谷地、鄱阳湖平原(水利部等,2010a~d)。

(三)气候水文

区域位于我国亚热带季风气候区。一方面,该区水热资源丰富,对作物生长和水土流失区的植被恢复十分有利;另一方面,该区降水量大且分布集中,植被破坏极易产生强烈的水土流失。区域年均雨量为900~2100mm,年际变化不大;除北部部分地区外,大部分地区年均降水量都在1400mm以上。区域降水的季节性分布十分明显,70%～80%的降雨量主要集中于每年的4—9月,且降雨强度大,雨量集中,极易产生崩岗、滑坡、泥石流等侵蚀现象,形成极为严重的水土流失(水利部等,2010a～d)。

区域水系分布密度大,地表水资源丰富。主要水系包括属于长江干流的鄱阳湖水系、洞庭湖水系及钱塘江。该区江、河、湖泊、水库分布密度大,河流的密度达到$0.5km/km^2$以上;长江三角洲的河网密度最大,达到$2.0km/km^2$以上。该区水系的径流量和输沙量大,如长江干流汉口水文站的多年观测资料表明,在其控制的148.8万km^2的流域面积上,多年平均径流量达到7110亿m^3,年输沙量达4.04亿t,输沙模数为272t/km^2。该区水系的径流量和输沙量季节性变化明显,与降水量季节变化同步(水利部等,2010a～d)。

(四)土壤植被

区域土壤主要为红壤,发育于热带和亚热带雨林、季雨林或常绿阔叶林下,因富含铁、铝氧化物,呈酸性红色。红壤成土母质不同,其物质组成和风化状态大不相同,对土壤的理化性质、土壤发育的厚度、植被的立地条件以及土壤保持等都会产生重大影响。红壤区的成土母质归纳起来主要有6种,分别为岩浆岩类及其风化物,砂页岩及其变质岩类的风化物,碳酸岩类风化物,紫色、紫红色砂页岩的风化物,第四纪红土以及近代冲积与湖积物。土壤类型除了红壤外,还有黄棕壤、黄壤、赤红壤等地带性土壤,以及紫色土、石灰土和水稻土等非地带性土壤(水利部等,2010a～d)。

区域跨越了中亚热带常绿阔叶林和北亚热带常绿落叶混交林带,植物生长良好,植被种多量大。在长江以北,既有亚热带常绿树种,也有暖温带落叶阔叶树种,以壳斗科的栎属树种为最多;在长江以南,以壳斗科、山茶科、冬青科等常绿树种为主。区域的植被类型有:落叶阔叶林,常绿、落叶阔叶混交林,常绿阔叶林等。区域的旱耕地大部分为坡耕地,地表在不断受到人为扰动的状态下,即使最大植被覆盖率达到了80%,水土流失仍很严重,特别是在换茬季节(水利部等,2010a～d)。

二、社会经济条件

(一)人口

2018年,区域常住人口总数为39993万人,其中城镇人口25172万人,占总人口的 62.94%;农村人口 14821 万人,占总人口的 37.06%。

(二)经济

2018 年,区域生产总值(GDP)312583 亿元,人均 GDP78159 元。其中第一产业 17655 亿元,第二产业 131450 亿元,第三产业 163478 亿元。第一、二、三产业所占比重分别为 5.65%、42.05%、52.30%。

(三)土地利用

区域土地总面积约 92.38 万 km²。各类土地利用类型中,耕地面积为 25.19 万 km²,占 27.27%;园地面积为 2.73 万 km²,占 2.95%;林地面积为 40.86 万 km²,占 44.23%;草地面积为 0.81 万 km²,占 0.88%;建设用地为 18.73 万 km²,占 20.28%;未利用地 2.84 万 km²,占 3.07%。

三、水土流失情况

(一)水土流失现状

据《中国水土保持公报(2018 年)》(水利部,2019)水土流失遥感调查资料,2018 年该区域水土流失面积为 110567km²,流失率为 12.07%。其中,轻度水土流失面积 89350km²,占 80.81%;中度水土流失面积 11017km²,占 9.96%;强烈及以上水土流失面积 10200km²,占 9.23%。与 2011 年比较,区域水土流失面积下降 12108km²,流失率下降 1.32%(表 3 - 1 - 3)。

该区土壤侵蚀类型多样,包括水力侵蚀(面蚀、沟蚀)、重力侵蚀(滑坡、崩塌)、混合侵蚀(崩岗、泥石流)等,以及采矿、采石、修路、开发区建设、水利电力等人为活动引起的工程侵蚀。该区水土流失特点表现为土层薄,潜在危险性大;崩岗侵蚀剧烈;林下水土流失严重;坡地开垦、生产建设等引起的水土流失快速增加。崩岗是该区域特殊的水土流失现象,根据 2005 年的调查,区域内的湖北、湖南、安徽、江西 4 个省共有崩岗 77394 座,占全国崩岗总数的 32.37%。其中,区域内的江西省崩岗数量最多(48058 座),其次为湖南省(达到 25838 座),湖北和安徽各有崩岗 2363 座和 1135 座(孙波,2011)。

表 3 - 1 - 3　长江中下游地区水土流失变化情况

区域	年度	水土流失面积（km²）				流失率（%）
		轻度	中度	强烈及以上	合计	
合计	2018	89350	11017	10200	110567	12.07
	2011	71167	33381	18127	122675	13.39
	变化情况	18183	-22364	-7927	-12108	-1.32
湖北	2018	23884	4245	4391	32520	17.51
	2011	20732	10272	5899	36903	19.87
	变化情况	3152	-6027	-1508	-4383	-2.36
湖南	2018	25312	2903	2446	30661	14.47
	2011	19615	8687	3986	32288	15.24
	变化情况	5697	-5784	-1540	-1627	-0.77
江西	2018	20736	2128	1600	24464	14.64
	2011	14896	7558	4043	26497	15.86
	变化情况	5840	-5430	-2443	-2033	-1.22
安徽	2018	10318	968	1027	12313	8.82
	2011	6925	4207	2767	13899	9.96
	变化情况	3393	-3239	-1740	-1586	-1.14
江苏	2018	1872	223	195	2290	2.24
	2011	2068	595	514	3177	3.11
	变化情况	-196	-372	-319	-887	-0.87
上海	2018	3			3	0.05
	2011	2	2		4	0.07
	变化情况	1	-2	0	-1	-0.02
浙江	2018	7225	550	541	8316	8.03
	2011	6929	2060	918	9907	9.57
	变化情况	296	-1510	-377	-1591	-1.54

数据来源：《中国水土保持公报（2018 年）》（水利部，2019）。

（二）水土流失成因

1. 自然因素

（1）地质

区域内分布花岗岩、紫色页岩、第四纪红黏土及石灰岩等，这些母岩自身风化程度高，抗蚀性很差。再加上区域气温高、辐射热量大、雨量多，且高温和多雨同季,导致这些母质和基岩的物理风化、化学风化和生物活动过程十分强烈,极易遭受侵蚀而发生水土流失。例如,花岗岩风化强烈,风化壳深厚,一般可达10~50m,粗颗粒含量高,黏粒较少,结构松散,抗蚀能力弱,降雨时极易发生水土流失。

（2）地形

区域低山和丘陵交错,地形破碎,坡度大,高低悬殊,起伏显著,这种特殊的地形可促进地表径流对土壤的冲刷作用,加剧水土流失的发生发展。

（3）土壤

区域内分布的土壤主要为花岗岩、泥质岩、第四纪红黏土等发育的红壤,其中,花岗岩发育的红壤,石英含量高,土壤结构松散,如果地表缺少植被覆盖,在径流的冲刷下,极易产生严重的水土流失;泥质岩类红壤,抗蚀力弱,易风化剥蚀;第四纪红黏土红壤,黏性强,土壤孔隙度小,透水性差,易产生水土流失。

（4）降雨

区域内降雨量大,年均降雨量为 900~2100mm,70% 以上的降雨集中在4—9月。高强度的降雨和短时间形成的径流对地表破坏作用强烈,极易诱发严重的水土流失。几场暴雨就可引起严重的土壤侵蚀,一次大的降雨引起的流失有时可占全年侵蚀量的80% 以上,输沙量则可占全年的60% 以上。

2. 人为因素

（1）植被破坏

区域内温度和降雨适宜植被生长,随着人口的增长、人类对土地不合理的开发利用,森林资源受到更严重的破坏,地表失去蓄水保土作用,并使地面裸露,从而加速了水土流失的发生。

（2）不合理的垦殖

区域内多属低山丘陵区,地表坡度大、坡耕地比例高,特别是顺坡开垦。由于人为松耕,坡耕地的土壤表层受到破坏,土壤颗粒多呈分散状态,黏结力下降;同时,不合理耕作造成土壤结构变差,质地变粗,土壤抗侵蚀能力下降。坡耕地侵蚀导致大量表土丧失,土壤肥力退化,农业生产力降低,还造成河流、水库淤积。

（3）生产开发建设

随着经济建设的发展,修路、采矿、工业园区、城市新区建设等不仅造成原地貌、土地和植被的扰动与破坏,还产生大量的松散堆积物,由于未加以及时有效的防护,水土流失严重。

四、水土保持现状

(一)水土流失预防与监督

1.水土流失预防保护

确定预防保护范围和预防对象主要为重要江河源区和重要饮用水源区。譬如,江西以"一湖六源"(鄱阳湖、五河源头、东江源)预防保护为抓手。再譬如,湖北形成了"三屏两片两带一圈"水土流失防治总体布局,"三屏"为鄂东北大别山—桐柏山生态屏障、鄂西北秦巴山区生态屏障、鄂西南武陵山地生态屏障三个生态屏障,该区域因生态基础脆弱,属于湖北省水土流失重点预防区;"两片两带"为鄂东南幕阜山区重点治理片、三峡库区重点治理片,长江流域水土保持带、汉江流域水土保持带,该区域因土地开发剧烈,属于湖北省重点治理区;"一圈"为武汉城市圈,该区域因建设项目密集,属于湖北省重点监管区。

2.水土保持监督管理

各省(区、市)下辖设区市、县(市、区)结合各自水土保持工作实际,相应制订了水土保持办法和水土保持实施细则,为增强和提升区域水土保持监督管理能力和监督管理水平提供了保障。各省(区、市)成立了各级监督管理机构,并开展水土保持监督管理能力规范化、制度化、合法化建设。进一步加强水土保持执法体系建设,做到机构健全、人员稳定。例如,湖南省14个市(州)、122个县(市、区)均设立了专门的水土保持工作机构,全省水土保持机构专职人员数超过了2000人,并为部分市、县配发了执法车辆、无人机。强化水土保持依法行政,进一步规范生产建设项目水土保持监督检查工作,督促生产建设单位全面落实水土保持"三同时"制度。例如,安徽省2016—2018年水土保持方案的编报率、审批率、验收报备率逐年提高,其中水土保持方案批复1333个,水土保持设施验收和自验报备344个。

3.水土保持区划与水土流失重点防治区

根据《全国水土保持规划国家级水土流失重点预防区和重点治理区复核划分成果》(水利部办公厅,2013),区域内属于国家级重点预防区的有79个县

（市、区），分属于桐柏山大别山国家级水土流失重点预防区、新安江国家级水土流失重点预防区、黄泛平原风沙国家级水土流失重点预防区、东江上中游国家级水土流失重点预防区、武陵山国家级水土流失重点预防区、湘资沅上游国家级水土流失重点预防区、丹江口库区及上游国家级水土流失重点预防区；区域内属于国家级重点治理区的有50个县（市、区），分属于粤闽赣红壤国家级水土流失重点治理区、湘资沅中游国家级水土流失重点治理区、三峡库区国家级水土流失重点治理区。

（二）水土流失综合治理

1. 小流域综合治理

例如，江西省水土保持生态环境建设由试验、示范到全面发展，取得了显著成绩，尤其是党的十一届三中全会以来，随着农村改革的深入和法制建设的加强，全省水土流失治理也由零星、分散治理转到以小流域为单元，集中连片规模治理；由单一的生态效益转到生态、经济和社会效益相统一；由重点工程措施转到工程、生物、耕作相结合；由单纯的防护性治理转到治理与开发相结合；由重治理轻管护转到了预防为主，防治结合。2008年以来，水土保持生态环境建设工作进入了一个快速稳定发展的新阶段，每年获得中央投资资金达6000万元以上。2008—2015年，江西省共完成水土流失治理面积6116.26km²。

2. 坡耕地水土流失治理

坡耕地是水土流失的主要策源地。坡耕地水土流失综合治理是以保护耕地资源，提高土地生产力与粮食产量为目的，并达到防治坡耕地水土流失和控制农业面源污染的一项综合性工程。通过项目实施，有效遏制了坡耕地水土流失，大大提高了耕地质量，改善了农民生产生活条件，项目的实施示范带动效果显著。例如湖北省通过7年(2010—2016年)治理，完成坡耕地治理面积18.97万亩，共完成投资4.4亿元，其中完成中央投资3.2亿元。又如江西省在都昌、樟树、湖口、高安、余江、进贤、新干、乐安、吉水等9个项目县（市）实施了坡耕地水土流失综合治理工程，截至2015年，治理水土流失总面积为91.25km²。

3. 崩岗治理

崩岗侵蚀是该区重要的侵蚀方式，区域内共有崩岗77394座，占全国崩岗数的32.36%。崩岗治理是以维护崩岗区生态安全和提高土地资源有效利用为目的,注重生态效益,兼顾经济效益。重点是上截、中削、下堵、内外绿化,保护农田和村庄安全,开发土地资源,改善生态。2010—2012年,江西省开始组织实施崩岗治理工程,主要分布在修水、会昌、于都、安远、瑞金、广昌、宁都、赣县、万安、寻乌、定南、南康、上犹等十余县(区),共治理崩岗500座。

(三)水土流失监测与信息化

成立省、市、县三级水土保持监测机构。湖北省已经形成了1个监测中心、14个监测分站和73个监测点组成的覆盖全省的水土保持监测网络。江西省成立了江西省水土保持监督监测站,建成了赣州、抚州、吉安、宜春、九江、上饶等6个设区市水土保持监测分站,完成了21个县(市、区)级水土保持监测点(其中包括1个综合观测场、2个控制站、10个径流场、8个水文观测站)的建设并投入运行;开展区域、生产建设项目及重点治理工程监测,2011—2018年江西省共有约800个生产建设项目开展了水土保持监测工作,其中省级280个、市级300个、县级220个,涉及防治责任范围约4.5万hm^2(省级2万hm^2、市级1.9万hm^2、县级0.6万hm^2)。

(四)水土保持特色

1. 水土流失治理模式创新

随着生态文明建设的不断推进,区域各地不断创新治理模式。例如,安徽省自2013年以来在全国率先开展水环境优美乡村建设试点工作,积极探索符合安徽省实际的水生态文明建设模式,把生态文明理念融入乡村建设和水资源开发、利用、治理、配置、节约、保护的各方面。通过优化水资源配置、实施水生态综合治理、完善水生态保护格局,为农村经济社会可持续发展提供了更加可靠的水利基础支撑和生态安全保障,发挥了良好的示范带动效应。又如湖北省结合"丹治"工程、国家水土保持重点建设工程等工程建设,分别在丹江口库区、三峡库区、大别山区和武陵山区等水土流失重点区域开展了生态清洁小流域建设。截至2018年底,全省累计11个市(州)、30余个县(市、区)开展了生态清洁小流域建设100余条,共治理水土流失近2000km^2,对改善革命老区、集中连片贫困地区的生产生活环境、助推流域脱贫致富起到了重要作用。

2. 水土保持科技示范园

近年来,区域各地积极推进水土保持科技示范园建设,开展国家级及省级水土保持科技示范园创建工作,建成了一批特色鲜明的水土保持科技示范园。以江西水土保持生态科技园为例,该园区始建于 2000 年,占地面积 80hm²,位于江西省九江市德安县城郊,是集水土保持科研试验、推广示范、人才培养、科普教育和生态体验于一体的综合性科技园区,先后被列为全国首批水土保持生态科技示范园、全国中小学水土保持教育社会实践基地、全国水土保持科普教育基地、全国气象科普教育基地、中国水土保持监测网络固定观测场、国家水利风景区,以及江西省首批生态文明示范基地、江西省首批示范性研究生联合培养基地、江西省行业企业与高校研究生联合培养基地、江西省科普教育基地、江西省青少年生态教育基地。河海大学、南昌工程学院、华中农业大学、厦门大学、中国科学院水利部水土保持研究所等高校与科研院所先后在科技园设立研究和人才培养基地。

3. 水土保持科研教育

20 世纪 80 年代以来,湖北、江西、江苏等地农、林、水等专业高校和科研机构,如中国科学院南京土壤研究所、南昌工程学院、南京林业大学、华中农业大学、江西农业大学等,相继设置水土保持与荒漠化防治专业,招收全日制普通本科生和专科生以及硕士和博士研究生。水土保持教育在人才培养类型上呈现出多元化的趋势,建立了不同层次的水土保持人才培养教育体系,也形成了特色鲜明的产学研相结合的水土保持教育模式。区内各省设有省级水土保持学会;国家一级社团南方水土保持研究会归属水利部主管,挂靠南昌工程学院,自 1985 年成立以来,经过 30 多年的努力,现已发展为融政府水土保持机构、高等院校、科研院所和基层水土保持单位科技工作者为一体的学术团体,在我国南方各地先后举办了 24 届学术交流大会,为各层次南方水土保持工作者提供了经验交流、技术推广和学术研讨的舞台,促进了我国南方水土保持工作的蓬勃发展。科研机构有中国科学院南京土壤研究所、长江科学院水土保持研究所、江西省水利科学院等,开展了"红壤坡地水土流失综合治理工程关键支撑技术集成与应用""水库水源区水土流失规律研究""水土流失监测监控指标体系研究"等课题研究,促进了区域水土保持科技的发展。

第五节　南部沿海地区水土保持

一、自然环境概况

(一)地理位置

南部沿海地区位于我国南方地区的南部沿海,行政区域包括福建省、广东省、海南省、香港特别行政区、澳门特别行政区、台湾省,地理位置介于 108°37′~124°34′、北纬 3°18′~28°19′。土地总面积为 37.65 万 km^2(含香港特别行政区、澳门特别行政区、台湾省),约占我国国土陆地面积的 3.91%,占我国南方地区陆地面积的 9.73%。

(二)地质地貌

区域处于我国南方地质运动构造带。首先,二叠纪发生的海平面升降变化、构造运动和中三叠世发生的印支运动,使得区域主体逐渐从海盆转变为陆相沉积;其次,中侏罗世末期强烈的燕山运动席卷了整个地区,形成一系列的褶断山、断块山地和山间盆地;第三,古近纪末期的喜马拉雅上升运动,该区基本形成新生代盆地,并隆起成为陆地,处于强烈上升区黄岗山等都成为海拔1000m 以上的山地,其断陷带则构成山间盆地(水利部等,2010a~d)。

区域主要位于我国第三级阶梯,受地质构造与运动的影响,地势差异大,分布有山地、丘陵、平原谷地等。山地为东西向,西高东低,包括武夷山脉、戴云山、莲花山等。丘陵主要位于山地外围和一些盆地内,呈块状散布在主要山地和平原谷地之间。丘陵区以丘陵台地为主,主要包括浙闽丘陵和两广丘陵,位于武夷山地、南岭山地和海岸之间(雷州半岛除外)。丘陵地区人口较密集,农、林、牧、副等各产业发达,土地承受压力较大,人地关系极不协调,植被极易发生破坏,形成中、强度水土流失。平原谷地主要包括盆地、河谷平原以及沿海平原,是重要的农业生产基地。平原谷地地势较低,多是外来集水区和泥沙沉积区,由于城市化发展过于迅速,工程建设引起的水土流失也日渐显现(水利部等,2010a~d)。

(三)气候水文

该区域位于我国热带、亚热带季风气候区,水热资源丰富,植被良好。但是,降水量大且分布集中,区域年均降水量为900~2500mm,全年70%~80%的降雨主要集中在4—9月。台风是这期间影响该区降水季节性分布的主要天气过程,由其引起的降水占全年降水总量的20%~30%。该区水热条件季节性分配不均,干湿季节明显,冬季干旱、夏季炎热潮湿。

区域主要水系包括珠江水系及各省诸内河水系(如福建的闽江、九龙江、晋江等)。珠江三角洲的河网密度大,可达到2.0km/km²以上。该区水系的径流量和输沙量大,季节性变化明显,与该区降水量季节变化同步。流域径流量和输沙量的空间差异和年际变化与流域降水和水土流失状况密切相关,是流域降水和水土流失状况的综合反映(水利部等,2010a~d)。

(四)土壤植被

区域内土壤类型多样,主要有黄棕壤、黄壤、红壤、赤红壤、砖红壤等地带性土壤,以及紫色土、石灰土和水稻土等非地带性土壤。红壤主要分布在区域内的广大低山丘陵区,土壤母质类型多样;砖红壤主要分布在海南岛的雷州半岛;赤红壤主要分布在广东南部、福建东南部;黄棕壤主要分布在海拔较高的地区。紫色土分布在区内各红层盆地内,是区内主要的沉积土壤。由于母岩为紫色砂页岩,岩性疏松,吸热性强,在温暖气候条件下,土层侵蚀和堆积频繁。区域跨越了热带雨林、南亚热带雨林、中亚热带常绿阔叶林等植被地带,植被类型主要包括:常绿、落叶阔叶混交林,常绿阔叶林,季雨林、雨林和红树林(水利部等,2010a~d)。

二、社会经济条件

(一)人口

2018年,区域常住人口总数为16221万人(不含香港特别行政区、澳门特别行政区、台湾省,下同),其中城镇人口11167万人,占总人口的68.84%;农村人口5054万人,占总人口的31.16%。

（二）经济

2018 年,区域生产总值(GDP)137913 亿元,人均 GDP85020 元。其中第一产业 7211 亿元,第二产业 59023 亿元,第三产业 71679 亿元。第一、二、三产业所占比重分别为 5.23%、42.80%、51.97%。

（三）土地利用

区域土地总面积 33.92 万 km^2(不含香港特别行政区、澳门特别行政区、台湾省)。各类土地利用类型中,耕地面积为 5.22 万 km^2,占 15.39%;园地面积为 2.76 万 km^2,占 8.14%;林地面积为 19.51 万 km^2,占 57.53%;草地面积为 0.24 万 km^2,占 0.72%;建设用地为 3.48 万 km^2,占 10.26%;未利用地 1.58 万 km^2,占 4.65%。

三、水土流失情况

（一）水土流失现状

据《中国水土保持公报(2018 年)》(水利部,2019)水土流失遥感调查资料,本区域水土流失面积 29981 km^2(不含香港特别行政区、澳门特别行政区、台湾省),流失率为 8.93%。其中,轻度水土流失面积 23102 km^2,占 77.06%;中度水土流失面积 4094 万 km^2,占 13.66%;强烈及以上水土流失面积 2785 万 km^2,占 9.29%。与 2011 年比较,区域水土流失面积下降 5621 万 km^2,流失率下降 1.67%(表 3-1-4)。该区土壤侵蚀类型多样,面蚀、沟蚀、滑坡、崩岗等,以及矿山开发、修路、开发区建设、水利电力等人为活动引起的工程侵蚀。崩岗是该区特殊的水土流失现象,根据 2005 年的调查,区域内的广东和福建两个省共有崩岗 133964 座,占全国崩岗总数的 56.02%。其中,广东省共有崩岗 107941 座,福建省共有崩岗 26023 座(孙波,2011)。

表 3-1-4　南部沿海地区水土流失变化情况

| 区域 | 年度 | 水土流失面积(km^2) | | | | 流失率(%) |
		轻度	中度	强烈及以上	合计	
合计	2018	23102	4094	2785	29981	8.93
	2011	16712	10806	8084	35602	10.61
	变化情况	6390	−6712	−5299	−8100	−1.67

区域	年度	水土流失面积（km²）				流失率（%）
		轻度	中度	强烈及以上	合计	
福建	2018	6618	1939	1230	9787	7.97
	2011	6655	3215	2311	12181	9.92
	变化情况	－37	－1276	－1081	－2394	－1.95
广东	2018	14769	2059	1448	18276	10.24
	2011	8886	6925	5494	21305	11.94
	变化情况	5883	－4866	－4046	－3029	－1.70
海南	2018	1715	96	107	1918	5.58
	2011	1171	666	279	2116	6.16
	变化情况	544	－570	－172	－198	－0.58

数据来源：《中国水土保持公报（2018 年）》（水利部，2019）。

（二）水土流失成因

1. 自然因素

（1）降雨

区域降雨的最主要特征是降水量大、降雨集中，且多以台风暴雨出现。年均降雨量 1000～2500mm，是全国年均降雨量 630mm 的 1.9～2.8 倍，平均 2.4 倍。降雨量主要集中在 4—9 月，约占全年的 70% 以上（水利部等，2010d）。高强度的降雨及形成的径流侵蚀作用强烈，极易诱发严重的水土流失。

（2）地形

区域在第四纪以来均表现为强烈的抬升，形成了地势差，大部分沟谷及山区河流都处于下切之中。以珠江流域为例，本区是新构造运动的上升区域，新构造运动上升的地区一般容易发生水土流失。区域内的低山和丘陵交错，地形破碎，坡度大，高低悬殊，起伏显著，造成了极易侵蚀的地形条件。

（3）母岩及土壤

组成区域土壤母质的岩石有花岗岩、紫色页岩、第四纪红黏土及石灰岩等，这些母岩自身风化程度高，抗蚀性很差，极易发生水土流失。区域内风化壳厚度可达 10～20m 以上，但真正的土体浅薄，在 1～2m。土层薄，蓄水能力低，暴雨条件下极易形成较大的地表径流，对地表产生较强的冲刷作用。

（4）植被

区域内温度和降雨适宜植被生长，原是森林茂密、山清水秀的地方，先秦时期森林覆盖度高达80%以上，之后随着人口的增长、人类对土地不合理的开发利用、连年战争的破坏，以及发生在20世纪50年代至70年代的森林3次大砍伐，使森林资源受到了更严重的破坏，森林覆盖率大幅度降低，出现森林、灌丛、草坡、裸石荒坡的逆向发展（水利部等，2010d）。

2．人为因素

（1）坡地开垦

区域多属低山丘陵区，地表坡度大，坡耕地及园地比例高。坡耕地的土壤颗粒多呈分散状态，黏结力下降，水土流失严重。一般坡耕地的水土流失比表土层没有受到破坏的自然裸露坡地要高10倍左右，侵蚀模数可高达5000~6000t/（km^2·a）。同时，顺坡开发的园地由于缺乏水土保持措施或水土保持措施不到位，往往存在严重的水土流失。

（2）生产开发建设

由于人口的发展，建设用地向岗地丘陵扩展，破坏了原有植被，同时产生大量的裸露松散堆积物，从而产生严重的水土流失。根据福建省水土保持试验站的观测，高速公路建设中，施工期扰动地表土壤侵蚀模数为5万t/（km^2·a）以上（朱颂茜等，2004）。

四、水土保持现状

（一）水土流失预防与监督

1．水土流失预防保护

确定预防保护范围和预防对象，主要为重要江河源区、重点饮用水源区和重要生态维护区，并根据不同区域开展相应的水土保持措施。例如，福建省对重要饮用水水源地开展小流域综合治理，结合生态修复措施，使饮用水水源地得到全面预防与治理，减少入库泥沙量，达到水资源可持续发展，使水源地水土流失显著降低，入库泥沙得到基本控制，达到饮用水安全的要求。

2．水土保持监督管理

各省成立了各级监督管理机构，并开展水土保持监督管理能力规范化、制度化、合法化建设。进一步加强水土保持执法体系建设，做到机构健全、人员稳定。强化水土保持依法行政,进一步规范生产建设项目水土保持监督检查工作,督促生产建设单位全面落实水土保持"三同时"制度。自2003年以来,广东省共开展生产建设项目水土保持方案监督检查56952次,其中省级监督检查2091次,市级开展监督检查16937次,县级开展监督检查37968次。

3. 水土保持区划与水土流失重点防治区

根据《全国水土保持规划国家级水土流失重点预防区和重点治理区复核划分成果》(水利部办公厅,2013),区域内属于国家级重点预防区的有13个县(市、区),分属于东江上中游国家级水土流失重点预防区和海南岛中部山区国家级水土流失重点预防区;区域内属于国家级重点治理区的有23个县(市、区),均属于粤闽赣红壤国家级水土流失重点治理区。

(二)水土流失综合治理

1. 侵蚀林地生态恢复

区域侵蚀退化林地植被主要为马尾松纯林。以福建省长汀县为例,其根据退化林地植被生长状况、立地条件以及水土流失状况,并结合考虑其他一些限制性因子,将侵蚀退化林地的生态恢复大致分为自然修复模式、草被快速恢复治理模式、生态林草复合治理模式和老头松改造模式等。自然修复模式也称封育治理模式,是指主要靠大自然的力量,并结合人工措施促进植被的恢复,即采取"大面积封育保护"(简称"大封禁")和"小面积综合治理"(简称"小治理")并举的措施。地表草被快速恢复治理模式选择草被先行,配以追施肥料和适当的工程措施,从而实现地表的快速覆盖,控制水土流失,改善土壤肥力。生态林草复合治理模式采用"灌—草""乔—灌""草—灌—乔"等生态林草种植模式,治理强侵蚀山地的水土流失,形成多种具有区域特色的生态林草模式。"小老头松"改造模式针对侵蚀劣地大面积的"小老头松"采取抚育施肥、种草和针阔混交三个途径加以改造,促进"小老头松"和其他伴生树草的生长,增加生物增长量,以改善林地植被结构,形成有利于植被生长和恢复的良好生态环境(曾河水等,2004;刘洪生,2005)。

2. 崩岗治理

根据崩岗治理特征,可以把崩岗的治理划分为三种模式,即生态恢复型、经济利用型、强度开发型。生态恢复型模式即以林(竹)草种植措施为主的治理模式,概括为"上拦、下堵、中绿化"或"上拦、削坡、下堵、内外绿化"。该模式是治理崩岗应用最普遍的模式,在南方各省均有应用,取得了良好的效果;经济利用型模式即把崩岗开发成梯田、台地,并种植茶树、果树等经济作物,达到化害为利、变废为宝之效。例如,安溪县近几年来将崩岗整治成前有埂后有沟、梯壁种草的水平梯田,增加茶园面积 $200hm^2$,在改善农村生态环境的同时,每年可增加农民收入2500多万元(黄炎和,2016)。强度开发型模式对地理位置较好、交通方便的崩岗群或相对集中的崩岗侵蚀区,利用工程机械推平崩岗,配置排水、拦沙和道路设施,整治成为工业园、旅游开发区或者新农村建设用地。例如,安溪县通过开发性治理崩岗增加的可利用工业用地已近 $333hm^2$,大大缓解了该县工业发展与耕地保护的矛盾(黄炎和,2016)。

3. 茶果园水土流失治理

该区山地开发程度高,分布着大量的茶园和果园。但是,由于不合理的开垦及缺乏相应的水土保持措施,茶果园水土流失严重。近些年来,果园生草成为茶果园水土流失治理的主要途径。茶果园生草的草种主要为豆科和禾本科植物,豆科植物有平托花生、圆叶决明、柱花草、羽扇豆等,禾本科植物有百喜草、宽叶雀稗、黑麦草、狗牙根等,还有萱草、油菜等草种(黄炎和,2016)。茶果园套种绿肥以避免与茶树或者果树争肥、争水和争光为原则,因地制宜。在绿肥开花初荚时或翻埋入茶果园,以提高肥力,同时起到茶果园的蓄水保土、道路护坡及覆盖等作用。同时,结合种养,采取茶果园生态种植模式,包括"猪—沼—果""草—牧—沼—果""果—草—牧(渔)—沼—菌"等循环农业模式等。这些模式已应用推广20多年,并取得了显著成效。例如福建省长汀县果茶园水土流失治理主要以"草—牧—沼—果"循环农业模式为主,其基本思路是:以草为基础,沼气为纽带,果、牧为主体,形成植物生产、动物生产与土壤三者链接的良性物质循环和优化的能量利用系统,从而达到治理水土流失(种草),减少农户砍柴割草(用沼气做饭、照明),增加农户收入(果业、畜牧业)之目的,推动了经济效益与生态效益结合、治理与资源的可持续利用,有利于吸引农民及社会的闲置资金投入到水土流失区资源开发中来,从而推动资源可持续利用的产业化(陈志彪,2007)。

4. 城市水土保持

南部沿海经济快速发展,工业化、城市化高速发展带来的土壤侵蚀已成为区域土壤侵蚀的重要组成部分。广东省较早地开展了城市水土保持,主要在广州、深圳、珠海等珠三角工程建设密度大的地区开展,采取的主要水土保持措施包括工程、植物和管理措施,并采用渗、滞、蓄、净、用、排等方法,将70%的降雨就地消纳和利用,建设海绵城市;充分利用采石场、取土坑等废弃场地,改造建成水土保持科技示范园区和水土保持科普基地等。

(三)水土流失监测与信息化

成立省、市、县三级水土保持监测机构。例如,福建省水土保持监测网络和信息系统建设内容包括1个省级站、6个分站(福州、龙岩、漳州、泉州、莆田、三明)、15个监测点(长汀综合观测场、福州金山、集美、福安、安溪、漳州、漳浦、宁化、建瓯等9个监测点和6个水文控制站);开展区域、生产建设项目及重点治理工程监测。又如,广东省于2016年开展生产建设项目水土保持"天地一体化"动态监管,2018年实现全省生产建设项目水土保持"天地一体化"监管全覆盖,收集整理了8478个各级审批项目,完成了6737个设计资料矢量化上图工作,上图率达79.45%;采用人机交互解译方法对广东省所有生产建设项目扰动图斑进行遥感解译,共解译扰动图斑26814个,其中1hm^{2}以上扰动图斑23545个,对21533个1hm^{2}以上扰动图斑进行了复核,复核完成率91.5%。

(四)水土保持特色

1. 水土流失综合治理

该区水土流失综合治理特色明显,主要为崩岗治理、长汀水土流失综合治理、城市水土保持等。崩岗治理富有创造性,除了传统的"上拦""下堵""中绿化"治理模式外,还根据崩岗区的特点,把崩岗打造成经济作物区、工业园区和旅游开发区,不仅实现了生态修复,还带来了丰硕的经济效益和社会效益。经过长期坚持不懈地水土流失治理,长汀县强烈以上流失面积在缩小,生态环境已有明显好转,被誉为南方水土流失治理的典范。2012—2016年间,累计综合治理水土流失面积40km^2,减少水土流失面积近54km^2。2013年在福建省率先被水利部评为"国家水土保持生态文明县",2014年被列为"中国生物多样性保护与绿色发展示范基地"。广东省在全国较早地开展了城市水土保持,在城市水土保持和海绵城市建设方面取得了具有创新性的经验,形成了鲜明的特色。

2. 水土保持科技示范园

近年来,区域内各省积极推进水土保持科技示范园建设,建成了一批区域特色鲜明、产学研结合的水土保持科技示范园。例如,福州金山水土保持科教园成立于1999年,占地面积34.0hm^2,位于福建农林大学校内,由福建农林大学、福建省水利厅、福州市水利局与中华(台湾)水土保持学会合作共建,是集人才培养、科学研究、科普教育、示范推广于一体的水土保持科教展示基地,被水利部命名为"水土保持科技示范园",被教育部、水利部联合命名为"全国中小学水土保持教育社会实践基地",被福建省有关单位命名为"福建省科普教育基地""闽台农业合作示范基地"等。近5年来开展国家自然科学基金项目、国家科技支撑计划项目、国家重点研发项目等十多项国家级课题研究,每年接待大中小学生约2500名。深圳水土保持科技示范园是深圳市极具特色的示范园,是深圳市推动生态文明建设的重要宣传基地,也是我国第一个城市水土保持建设示范窗口。2009年,深圳市利用原乌石岗废弃采石场,将其改造成水土保持科技示范园。在水土文化展示方面,园区借鉴自然界中的土、木、金、水四大元素营建土厚园、木华园、金哲园和水清园四个主题园区。在水土保持科普展示方面,园区建设充分利用原有废弃采石坑口的场地和建筑,巧妙构思,以水土流失的形成、形式、危害、治理为设计主线,通过景观化的处理手法,集中布设水土保持图片展示区、水土流失模拟设施、根箱模拟设施、科普木栈道、水土保持径流小区、水土保持措施展示区等。

3. 水土保持合作与交流

区域内的福建与台湾一衣带水、同宗同源,闽台两地在气候、地理条件方面都十分接近,都是山多地少、台风暴雨频发,在水土保持上有诸多可相互学习和借鉴之处。早在20世纪八九十年代,闽台两地就开展了水土保持交流和互访,交流历史悠久。通过交流,台湾专家学者为福建水土保持带来了先进的理念和技术,如廖氏山边沟技术、台湾公路边坡绿化治理技术等;协作建设水土保持科教基地(户外教室),并于1999年在福建农林大学校内建成福州金山水土保持科教园,由此开启了中国大陆水土保持科技示范园建设的先河。

4. 水土保持教育与科技

20世纪80年代以来,广东、福建等地农、林、水等专业高校(如中山大学、福建农林大学、华南农业大学等)相继设置水土保持与荒漠化防治专业,招收全日制普通本科和专科生以及硕士和博士研究生,并形成了特色鲜明的产学研相结合的水土保持教育模式。在坡耕地水土流失治理,丘陵山地果园高效、生态种植模式及产业化,崩岗侵蚀与治理,侵蚀劣地生态修复等方面取得了重要进展,积极推进区域水土保持科技的发展。

第二章

安徽省

水土保持

第一节 基本省情

一、自然概况

(一)地理位置

安徽省位于东经114°54′~119°37′、北纬29°41′~34°38′之间,地跨长江、淮河南北,东邻江苏、浙江,西连湖北、河南,南毗江西,北与山东接壤,东西宽约450km,南北长约570km,总土地面积14.01万km²。

(二)地质地貌

1.地形地貌

安徽省地形地貌复杂多样,中山、低山、丘陵、台地(岗地)和平原等类型齐全。全省可分成淮北平原区、江淮丘陵区、皖西丘陵山地区、沿江平原区和皖南丘陵山地五个地貌区。

全省坡度在3°以下的土地占总土地面积的64.9%,坡度3°~5°土地占5.2%,坡度5°~8°土地占4.0%,坡度8°~15°土地占4.8%,坡度15°~25°土地占8.2%,坡度25°土地以上占12.9%。

2.区域地质

沿嘉山—庐江分布的郯庐断裂把安徽省分成两部分,以东属扬子地台,以西属华北地台。华北地台的基底出露在蚌埠、霍邱等地,包括新太古界五河群、霍邱群片麻岩、浅粒岩、大理岩系和古元古界凤阳群千枚岩和白云质大理岩系。扬子地台的基底沿南部皖、浙、赣省界广泛出露,称上溪群,时代中元古代,为一套低绿片岩相的千枚岩、板岩和变质砂岩系。

(三)气候水文

1.气候

安徽省地处暖温带与亚热带的过渡地区,淮河以北为暖温带半湿润季风气候,淮河以南为亚热带湿润季风气候。全省多年平均无霜期 200～250d,气温 14～17℃。

安徽省多年平均降水量 800～1800mm,地区间降水量差异明显,由南向北递减,山区大于平原和丘陵区。径流量的地区差异与降水量的地区差异相一致,皖西和皖南丘陵山区平均年径流深 600～1000mm,淮北仅 200mm 左右。

2. 水文

安徽省河流除南部新安江水系属钱塘江流域外,其余均属长江、淮河流域。三大流域共有一级支流 63 条,二级支流 143 条。

长江由西南向东北斜贯安徽南部,自江西省湖口进入,至和县乌江后流出,境内全长 416km,流域面积 6.68 万 km²。

淮河发源于河南省桐柏县的桐柏山,在阜南县洪河口入境,经由明光市小柳巷出境,境内全长 430km,流域面积 6.7 万 km²。

新安江是钱塘江正源,发源于皖赣两省交界的五龙山脉怀玉山主峰六股尖,皖境流域面积 0.63 万 km²。

安徽省共有湖泊 500 余个,总面积为 1750km²。湖泊主要分布于长江、淮河沿岸,湖泊面积为 1250km²,占全省湖泊总面积的 72.1%。淮河沿岸湖泊主要有城西湖、城东湖、瓦埠湖、高塘湖、花园湖、七里湖、女山湖、四方湖、沱湖、天井湖等;长江沿岸主要有龙感湖、黄湖、泊湖、陈瑶湖、菜子湖、白荡湖、破罡湖、石塘湖、武昌湖、升金湖、巢湖、南漪湖和石臼湖等,其中巢湖面积 780km²,为全省最大的湖泊,全国第五大淡水湖。

（四）土壤植被

安徽省地处中纬度暖温带与亚热带的过渡地带,土壤具有明显的过渡特征。

淮北平原低山丘陵有地带性土壤——棕壤分布,淮北平原主要为半水成土纲的非地带性土壤——潮土与砂姜黑土。

江淮丘陵岗地主要是北亚热带的地带性土壤黄棕壤和下蜀黄土母质上发育的黄褐土。东部和西部是由多种母岩风化物发育的黄棕壤,中部多为黄褐土和水稻土。

沿长江多为长江冲积物和山河冲积物发育的灰潮土,以及在这些土壤上久经耕作种稻而发育成的各种类型水稻土。长江以北以黄褐土较多,长江以南则以棕红壤出现较普遍。

皖南属北亚热带向中亚热带过渡地区,地带性土壤是黄壤与红壤,受母质影响深刻的棕红壤出现也较多。

此外,多种类型的水稻土、紫色土、石灰(岩)土也散布在这些土壤分布区中。紫色土大面积分布在皖西大别山外围和皖南休屯盆地边缘丘岗地带。

安徽省植被呈地带性分布,淮河以北是暖温带落叶阔叶林,淮河以南是北亚热带常绿阔叶林、常绿阔叶混交林。2018 年安徽省森林覆盖率达 28.65%。

二、社会经济情况

(一)行政区划

安徽省行政区划分为合肥、芜湖、蚌埠、淮南、马鞍山、淮北、铜陵、安庆、黄山、滁州、阜阳、宿州、六安、亳州、池州和宣城 16 个设区市,下辖 105 个县(市、区)(安徽省统计局,2019)。安徽省行政区划情况见图 3 - 2 - 1。

图 3 - 2 - 1　安徽省行政区划图(审图号:皖 S[2020]8 号)

1. 人口

截至 2018 年末，安徽省户籍人口 7082.90 万人，比上年增加 23.70 万人；户籍人口城镇化率 32.65%，比上年提高 1.59%。常住人口 6323.60 万人，增加 68.80 万人；常住人口城镇化率 54.69%，提高 1.2%。全年人口出生率 12.41‰，比上年下降 1.66‰；死亡率 5.96‰，上升 0.06‰；自然增长率 6.45‰，下降 1.72‰。

2. 民族

安徽省属少数民族散居省份，55 个少数民族俱全，其中回族、满族、畲族为世居少数民族，现有少数民族人口约 50 万人。其中，回族人口较多，约占全省少数民族总人口的 93%，居全国第 9 位。少数民族人口呈"大分散、小聚居"状分布，沿淮淮北相对集中，沿江江南少而分散，各市、县（市、区）均有少数民族。

3. 教育

截至 2018 年末，安徽省有研究生培养单位 21 个，在校研究生 63464 人。普通高校 110 所，普通本专科在校生 113.9 万人。高等教育毛入学率 52.20%。各类中等职业教育（不含技工学校）344 所，在校生 75.3 万人。普通高中 661 所，在校生 107.5 万人，高中阶段毛入学率 91.70%；初中 2833 所，在校生 209.2 万人，初中阶段适龄人口入学率 99.56%；小学 7908 所，在校生 456.8 万人，小学学龄儿童入学率 99.98%。

4. 科技

截至 2018 年末，安徽省有各类专业技术人员 230.7 万人。科研机构 6018 个，其中大中型工业企业办机构 1390 个。从事研发活动人员 24.4 万人。全年用于研究与试验发展（R&D）经费支出 630 亿元，相当于安徽省生产总值的 2.10%。

全省有国家大科学工程 5 个；有国家重点（工程）实验室 26 个，省重点实验室 152 个；有省级以上工程（技术）研究中心 721 家，其中国家级 39 家。有省级高新技术产业开发区 19 个，其中国家级 6 个。有高新技术企业 5403 家，其中 2018 年新认定 1432 家。

截至 2018 年，全省有获得资质认定的检验检测机构 1293 个，国家质量监督检验中心 26 个；有产品质量、体系认证机构 26 个（包含在皖分部、分公司），累计完成强制性产品认证的企业 1678 个；法定计量技术机构 210 个，全年强制检定计量器具 446 万台（件）。截至 2018 年末，累计制订国际标准 15 项、国家标准 2176 项,制订、修订地方标准 2379 项。有国家地理标志产品 78 个、安徽名牌产品 1892 个。

(二)经济状况

安徽是中国重要的农产品生产、能源、原材料和加工制造业基地,汽车、机械、家电、化工、电子、农产品加工等行业在全国占有重要位置。

2018 年,初步核算,全年生产总值(GDP)30006.82 亿元,按可比价格计算,比上年增长 8.02%。分产业看,第一产业增加值 2638.01 亿元,增长 3.20%;第二产业增加值 13842.09 亿元,增长 8.50%;第三产业增加值 13526.72 亿元,增长 8.60%。全员劳动生产率 68484 元/人,比上年增加 6654 元/人。人均 GDP47712 元,比上年增加 4311 元。

(三)土地利用

根据《安徽统计年鉴 2019》(安徽省统计局等,2019),全省土地面积共计 14.01 万 km²。安徽省土地利用状况详见图 3 - 2 - 2 和表 3 - 2 - 1。

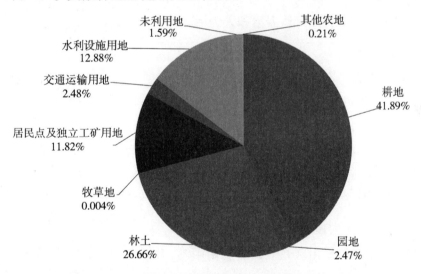

图 3 - 2 - 2　安徽省各类用地占比(安徽省统计局等,2019)

表 3 - 2 - 1　安徽省各类用地面积

土地利用类型	耕地	园地	林地	牧草地	其他农用地	居民点及独立工矿用地	交通运输用地	水利设施用地	未利用地	合计
面积(km²)	58700	3467	37359	5	289	16560	3475	18052	2233	140140

资料来源:《安徽统计年鉴 2019》(安徽省统计局等,2019)。

第二节　水土流失概况

一、水土流失类型与成因

（一）水土流失类型

按全国水土流失类型区划分,安徽省属于以水力侵蚀为主类型区中的南方红壤区(南方红壤丘陵区)和北方土石山区(北方山地丘陵区),水力侵蚀的表现形式主要是坡面面蚀,丘陵地区亦有浅沟及小切沟侵蚀。

（二）水土流失成因

水土流失的形成是自然因素和人为活动共同作用的结果。

1. 自然因素

安徽省水土流失区主要集中于大别山区、皖南山区和江淮分水岭地区,地质条件、降水、地形和植被是上述地区控制水土流失的主要自然因素。

(1)地质条件是成土母质的控制因素

大别山区地表出露的岩石主要是经强烈区域变质作用后的各类片麻岩、混合岩;皖南山区地表出露的岩石中有30%以上是花岗岩、千枚岩、泥质砂页岩,这些易风化岩石的存在,为水土流失的产生提供了物质基础。

(2)降水是水力侵蚀的动力控制因素

大别山区和皖南山区是安徽省暴雨中心,多年平均降水量分别为1600mm和2000mm,且60%～75%的降水主要集中在5—9月,频繁且强度大的暴雨为水力侵蚀提供了动力条件。

(3)地形和植被是影响水土流失强度的两个重要因素

安徽省山区多是坡陡面长的地形,其中大别山区、皖南山区地面坡度在25°以上的就占30%以上;在江淮丘陵区,由于坡耕地面积大,且植被稀疏,一旦本已稀疏的植被遭到破坏就极易产生水土流失。

2. 人为因素

人为因素主要有不合理的农业措施,如种植结构更替、陡坡开垦、大型农业开发项目实施等。但是,随着经济社会的发展,现已逐渐转变为非农开发项目的建设,如城镇和开发区建设、采矿区和土石场、修建铁路及高速公路等。由于工矿、交通等生产建设项目大量开工建设,在一些局部地区甚至出现了"破坏大于治理"的现象。

二、水土流失现状及变化

(一)水土流失现状

根据《2018年安徽省水土保持公报》(安徽省水利厅,2019),安徽省水土流失面积12312.63km²,占国土总面积的8.82%,其中轻度流失面积10317.14km²,占水土流失面积的83.8%;中度流失面积968.57km²,占水土流失面积的7.87%;强烈流失面积375.64km²,占水土流失面积的3.05%;极强烈流失面积286.07km²,占水土流失面积的2.32%;剧烈流失面积364.61km²,占水土流失面积的2.96%。安徽省水土流失面积与强度基本情况见表3-2-2。

表3-2-2 安徽省水土流失面积与强度基本情况表

项 目	微度侵蚀面积(km²)	水土流失面积(km²)					
		轻度	中度	强烈	极强烈	剧烈	小计
面积(km²)	127302.37	10317.14	968.57	375.64	286.07	364.61	12312.63
占总土地面积%	91.18	7.39	0.69	0.27	0.20	0.26	8.81
占水土流失面积%		83.80	7.87	3.05	2.32	2.96	100.00

资料来源:《2018年安徽省水土保持公报》(安徽省水利厅,2019)。

从地区分布来看,水土流失面积最多的是安庆市,为2360.49km²,其次为六安市和宣城市,分别为2224.81km²、2138.13km²。安徽省分市水土流失情况见表3-2-3和图3-2-3所示。

表3-2-3 安徽省分市水土流失情况统计表

行政区划	微度流失面积(km²)	水土流失面积(km²)						流失比例(%)
		轻 度	中度	强烈	极强烈	剧烈	小计	
合肥市	10844.93	524.71	43.53	22.97	22.94	36.92	651.07	5.66
芜湖市	5756.99	148.92	32.14	13.60	12.20	23.15	230.01	3.84

行政区划	微度流失面积（km²）	水土流失面积（km²）						流失比例（%）
		轻度	中度	强烈	极强烈	剧烈	小计	
蚌埠市	5865.65	42.89	3.16	0.17	0.01	0.12	46.35	0.78
淮南市	5605.27	38.92	3.02	1.33	0.97	0.49	44.73	0.79
马鞍山市	3816.96	164.11	31.11	13.31	7.99	8.52	225.04	0.70
淮北市	2712.74	14.24	2.03	1.75	1.22	0.02	19.26	0.70
铜陵市	2636.69	272.35	28.72	18.64	18.23	33.37	371.31	12.34
安庆市	11167.51	1701.13	339.67	142.56	103.62	73.51	2360.49	17.45
黄山市	8129.18	1506.12	99.90	28.23	18.04	25.53	1677.82	17.11
滁州市	12387.70	860.21	60.93	24.87	20.36	43.93	1010.30	7.54
阜阳市	9765.18	8.55	0.99	0.13	0.03	0.12	9.82	0.10
宿州市	9695.44	73.61	4.83	7.08	1.33	4.71	91.56	0.94
六安市	13227.19	2065.06	94.36	30.46	21.86	13.07	2224.81	14.40
亳州市	8424.54	4.33	0.11	0.01	0.00	0.01	4.46	0.05
池州市	7064.53	987.28	135.42	33.84	20.83	30.10	1207.47	14.60
宣城市	10201.87	1905.31	88.65	36.69	36.44	71.04	2138.13	17.33
全省	127302.37	10317.74	968.57	375.64	286.07	364.61	12312.63	8.82

资料来源：《2018年安徽省水土保持公报》（安徽省水利厅，2019）。

水土流失面积占总土地面积比例最高的是安庆市，占该市土地总面积的17.45%，宣城市、黄山市居其后，分别为17.33%、17.11%。

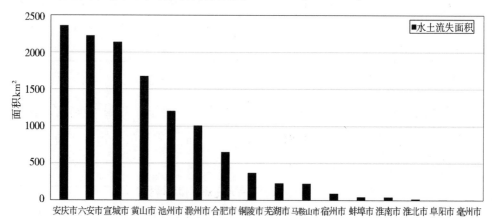

图3-2-3 安徽省各市水土流失面积（安徽省水利厅，2019）

安徽省105个县（市、区）中，水土流失面积在300km²以上的县（市、区）有14个，水土流失面积在100～300km²的有23个（市、区），水土流失面积在

100km² 以下的县（市、区）有 68 个。

安徽省 105 个县（市、区）中，水土流失面积占总土地面积的比例超过 15% 的共 15 个，其中超过 20% 的有 11 个，分别是安庆市太湖县、岳西县，黄山市徽州区、歙县，六安市金寨县、霍山县，池州市青阳县，宣城市宁国市、广德县、泾县、旌德县。

（二）水土流失演变

从历次监测、调查和遥感解译成果对比来看，安徽省水土流失面积从 2000 年的 18774km² 下降到 2018 年的 12313km²，减少了 6461km²，下降 34.41%。2011 年以来，水土流失面积占总土地面积的比例下降了 1.10%。历次调查的水土流失面积变化表明，安徽省大力开展水土流失综合治理，加强水土流失预防、监督起到了一定的效果。水土流失变化情况详见表 3－2－4 和图 3－2－4、图 3－2－5。

2018 年调查成果与 2011 年水利普查成果相比，水土流失总面积减少了 1586km²。从水土流失强度分级情况来看，中度、强烈和极强烈的侵蚀面积有所减少，其中极强烈侵蚀面积由 660km² 下降到 286km²，强烈侵蚀面积由 1953km² 下降到 375km²，中度侵蚀由 4207km² 下降到 969km²；轻度和剧烈侵蚀面积有所增加。

表 3－2－4　安徽省近 15 年水土流失面积变化统计表

年　份		不同强度水土流失面积（km²）						水土流失占土地总面积的比例（%）
		轻度	中度	强烈	极强烈	剧烈	合计	
数量	2000 年	13654.82	4339.86	663.37	98.59	17.91	18774.55	13.40
	2011 年	6924.94	4206.77	1953.43	659.95	154.16	13899.25	9.92
	2018 年	10317.74	968.57	375.64	286.07	364.61	12312.63	8.82
比例（%）	2000 年	72.73	23.12	3.53	0.53	0.10	100.00	－
	2011 年	49.82	30.27	14.05	4.75	1.11	100.00	－
	2018 年	83.80	7.87	3.05	2.32	2.96	100.00	－

资料来源：《安徽省水土保持监测公报》（安徽省水利厅，2005，2019）《安徽省第一次水利普查成果报告系列（第五卷 水土保持情况）》（安徽省第一次全国水利普查领导小组办公室，2013）。

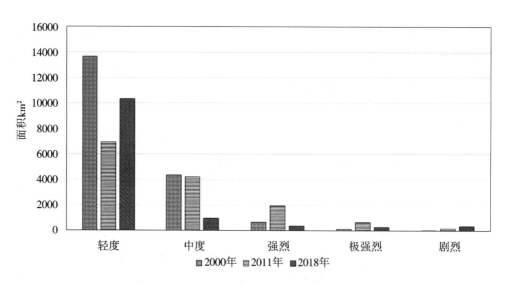

图 3 - 2 - 4　安徽省近 18 年水土流失强度变化情况图(安徽省水利厅,2005,2019;

安徽省第一次全国水利普查领导小组办公室,2013)

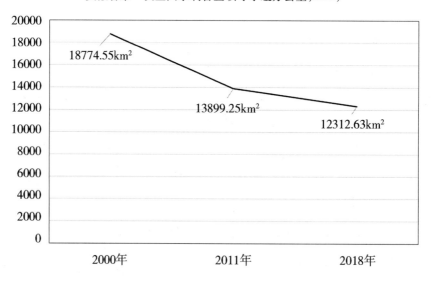

图 3 - 2 - 5　安徽省近 18 年水土流失面积变化情况图(安徽省水利厅,2005,2019;

安徽省第一次全国水利普查领导小组办公室,2013)

从历次数据可见,中度水土流失面积总体呈减少趋势,但轻度水土流失面积先减少后增加,剧烈水土流失面积呈上升趋势,强烈、极强烈侵蚀的面积增加后又减少,说明近年来适宜或较易治理的水土流失面积在逐渐减少,其后水土流失治理的难度越大,其中侵蚀强度越大的地区治理难度越大,治理效果也往往难以保持。

从水土流失态势变化上来看,随着对生态环境建设的重视,安徽省开展了大规模的水土流失综合治理和林业建设工程,由耕地开垦和森林破坏主导的水土流失恶化趋势得到了一定遏制。与此同时,随着安徽省经济建设不断提速,大规模基础设施建设、城镇规模扩张、矿产资源和能源开发以及农林开发等造成的水土流失急剧增加。进入 21 世纪以来,水土流失综合防治逐步纳入法制化轨道,重点地区水土流失治理成效显著,生态脆弱地区的植被得到有效保护和修复,退耕还林、还草面积不断扩大和巩固,水土流失面积和强度逐年下降,但在局部地区水土流失依然严重,城市周边、饮用水水源地、生产建设项目水土流失越来越引起社会的高度关注。

三、水土流失危害

水土流失不仅造成土地资源的破坏和损失,还加剧下游的水旱灾害,导致生态环境恶化,严重制约着经济和社会的可持续发展。

(一)破坏土地,影响资源生态环境

坡耕地、园地、疏林地表土流失,使表土层变浅,不仅造成土壤养分流失,而且导致土层裸露,最终引起土壤退化,影响土壤生产力,进而影响农林业生产的可持续发展;丘陵山区荒山荒坡冲沟发育,易发生滑坡、崩塌和泥石流等侵蚀,江河水流冲刷易引起河岸坍塌,导致土地和植被破坏,进而影响生态环境。根据安徽省土地利用资料,江淮地区裸岩地面积占安徽省裸岩地面积的比例由 1988 年的 6.08% 增加到 1998 年的 10.72%,2010 年前后江淮地区裸岩、石砾地面积达到 200km^2 以上,占全省裸岩地面积比例超过 30%。

(二)影响水利工程寿命,加剧水旱灾害

在水土流失地区,上冲下淤是普遍现象。大量泥沙下泄,淤积河流、渠道、水库等水利工程,河床抬高,库容缩小,制约了各项工程效益的充分发挥。佛子岭大坝是新中国成立后第一个自行设计、施工的钢筋混凝土连拱坝。水库建成至今共实施 3 次库区测量,分别为 1969 年、2004 年和 2014 年,总淤积量为 4759 万 m^3,占总库容的 9.70%。其中,死水位 108.76m 以下为 3019 万 m^3,占总淤积量的 63.40%,占死库容的 24.2%;设计兴利库容减少 1598.2 万 m^3,占总兴利库容的 5.90%。总体上看,40 多年来水库总淤积量已将近一成,死库容的淤积占比 6 成以上。

（三）面源污染，影响饮用水水源地水质安全

径流和泥沙是面源污染的载体，随着农药、化肥的大量施用，水土流失造成的面源污染对江河湖库水质的影响越来越大，特别是对饮用水水源地水质安全构成了严重威胁。安徽省地表水体以有机污染为主，主要超标项目为氨氮、总磷、溶解氧、化学需氧量等。2018年安徽省长江流域总体水质状况为良好，监测的47条河流84个断面中，水质优良（Ⅰ～Ⅲ类）断面占89.30%；劣Ⅴ类水质断面占2.40%。长江干流总体水质状况为优，支流总体水质状况为良好。监测的46条支流中，28条水质为优、12条为良好、4条为轻度污染、2条为重度污染。

第三节　水土流失预防与监督

一、水土流失预防保护

（一）预防保护范围与对象

1. 预防范围

在安徽省境内的基础设施建设、能源开发、矿山开采、农林开发、旅游开发等涉及土石方挖填、堆放、排弃等生产建设活动，都应根据水土保持的要求，采取综合监管措施，实施全面预防。

预防监管的重点范围包括安徽省内长江、淮河和新安江沿江河两岸，巢湖周边以及大中型湖泊和水库周边，皖西大别山区、皖南山区等江河源头、国家和省级重要的饮用水水源保护区；水土保持区划中以水源涵养、生态维护、水质维护等为水土保持主导基础功能的区域；水土流失严重、生态脆弱的地区；山区、丘陵区及其以外的水土流失潜在危险较大的其他区域；水土流失治理成果区、其他重要的生态功能区和生态敏感区域等需要预防的区域。

2. 预防对象

预防对象包括：①现有的天然林、郁闭度高的人工林、覆盖度高的草地等林

草植被、水土保持设施及其他治理成果;②林草植被覆盖度低且存在水土流失的区域;③涉及土石方挖填、堆放、排弃等生产建设活动;④垦造耕地、经济林种植、林木采伐及其他农业生产活动。

(二)预防保护措施与配置

1.预防保护措施体系

预防保护措施主要包括保护管理、封育、治理及能源替代等措施。

(1)保护管理

崩塌、滑坡危险区和泥石流易发区以及水土流失严重、生态脆弱的地区限制或禁止措施,重点预防区、重点治理区、植物保护带和城市规划区范围内生产建设活动限制或禁止以及提高水土流失防治标准等措施,25°以上陡坡地禁止垦造耕地,新垦造耕地禁止顺坡耕种等措施。

(2)封育措施

主要是指森林植被抚育更新与改造、疏林补植、围栏、舍饲养畜等。

(3)治理措施

预防范围内存在的局部水土流失要进行综合治理,采取林草植被建设、坡改梯、侵蚀沟治理、农村垃圾和污水处置设施建设、雨水综合利用、人工湿地及其他面源污染控制等措施。

(4)能源替代措施

主要包括小水电代燃料、以电代柴、新能源代燃料等措施。

2.预防保护措施配置

在对预防范围内水土流失特点进行分析的基础上,根据预防对象发挥的水土保持主导基础功能,进行措施配置。

(1)水源涵养功能

对人口稀少地区的林草植被采取封育保护与生态修复措施;对浅山残次林地采取抚育更新措施,荒山荒地营造水源涵养林;对山前丘陵台地实施坡耕地综合整治、沟道治理、林草植被建设等措施;根据区域条件配置相应的能源替代措施。

(2)生态维护功能

对森林植被破坏严重地区采取封山育林、改造次生林、退耕还林还草、营造水土保持林。

（3）水质维护功能

对湖库周边的植被采取封禁措施和营造植物保护带；对距离湖库较远、人口较少、自然植被较好的山区实施封育保护；对农村居住区建设生活污水和垃圾处置设施、人工湿地等；对局部集中水土流失区开展以小流域为单元的综合治理，重点建设生态清洁小流域。

（4）人居环境维护功能

结合城市规划，对河道配置护岸护堤林、建设生态河道、园林绿地；城郊建设生态清洁小流域；强化城市建设、房地产开发、经济开发区建设等水土保持监督管理。

（5）土壤保持功能

在等高耕作、等高带状间作、沟垄耕作少耕、免耕等措施的基础上，通过坡改梯、崩岗（侵蚀沟）集中区域治理及其他小型水土保持工程的建设，改变坡面微小地形，增加植被覆盖或增强土壤抗蚀力等，保土蓄水，改良土壤，提高农业生产力，保护、改良与合理利用现有水土资源。

（三）重点预防项目

结合安徽省主体功能区规划以及安徽省重点预防格局、国家级和省级水土流失重点预防区划分，充分考虑水土保持区划中以水源涵养、生态维护、水质维护、人居环境维护、土壤保持等为主导基础功能的区域，根据确定的预防范围，拟定重要江河源区和重要水源地2个重点预防项目区。按照"预防为主"和"大预防、小治理"的要求，对重点项目所涉及县（市、区）的预防对象和局部存在的水土流失状况进行综合分析，充分考虑预防保护的迫切性、集中连片、重点预防为主兼顾其他的原则，确定各项目的范围、任务和规模。

2018年依托国家水土保持重点建设工程，安徽省建设生态清洁小流域9条，分别为金寨县南流河小流域、六安市金安区金花堰小流域、广德县耿村河小流域、铜陵市义安区西丰河小流域、石台县考圩河小流域、岳西县南河小流域、岳西县红旗河小流域、休宁县兰水河小流域、祁门县陈河小流域，总面积169km²。

1. 重要江河源区水土保持

范围主要为大别山—江淮分水岭水源涵养保土预防带和皖东南生态维护水质维护预防带中流域面积较大的重要江河的源头，对下游水资源和饮水安全具有重要作用的江河的源头等(已建大中型水库的重要水源地除外)。主要任务以封育保护为主,辅以综合治理,实现生态自我修复,推进江河源区生态清洁小流域建设,建立可行的水土保持生态补偿制度,以达到提高水源涵养功能、控制水土流失、保障区域经济社会可持续发展的目的。

综合分析确定至2030年保护规模,预防保护面积14105km^2,治理水土流失面积1429km^2。

2.重要水源地水土保持

主要指供水达到一定规模的影响较大的水源地,以《关于公布全国重要饮用水水源地名录的通知》《安徽省城市饮用水水源地及应急备用水源地规划》《安徽省水功能区划分》《安徽省水环境功能区划》《安徽省人民政府关于印发安徽省水污染防治工作方案的通知》(皖政〔2015〕131号)划定的湖库型饮用水水源地为主。预防范围包括重要的湖库型饮用水水源地及其上游一定范围,水土流失轻微,具有重要的水源涵养、水质维护、生态维护、防灾减灾等水土保持功能的区域,重要的生态功能区或生态敏感区域,引调水工程取水水源地周边一定范围。

主要任务以保护和建设以水源涵养为主的森林植被,流域上游及水源地周边开展生态自然修复,中低山丘陵实施以林草植被建设为主的小流域综合治理,近库(湖、河)及村镇周边建设生态清洁小流域,滨库(湖、河)建设植物保护带和湿地,控制入河(湖、库)的泥沙及面源污染物,维护水质安全,配套可行的水土保持生态补偿制度。

综合分析确定至2030年保护规模,预防保护面积10502km^2,治理水土流失面积1889km^2。

二、水土保持监督管理

(一)制度体系建设

水土保持监督管理是落实"预防为主、保护优先"方针,推动水土流失防治由事后治理向事前预防转变的重要手段。监督管理主要内容包括以下几个方面。

1.水土保持相关规划的监管

《中华人民共和国水土保持法》对水土保持规划做了如下要求：县级以上地方人民政府开展水土流失重点防治区划分、水土保持规划编制和实施等工作情况，以及基础设施建设、矿产资源开发、城镇建设、公共服务设施建设等规划中有关水土流失防治对策制订和实施情况等。

2.水土流失预防工作的监管

水土流失预防工作的监管包括：县级以上地方人民政府开展崩塌、滑坡危险区和泥石流易发区划定并公告情况，取土、挖砂、采石、陡坡地开垦种植、铲草皮和挖树兜等各类禁止行为的监控工作，水土流失严重、生态脆弱地区以及水土流失重点防治区生产建设项目或活动等限制性行为的监控工作，生产建设项目水土保持方案编报、审批与实施工作情况。

3.水土流失治理情况的监管

水土流失治理情况的监管包括：国家水土保持重点工程建设和运行管理情况；水土保持生态补偿制度建设和实施情况；水土保持补偿费征收和使用情况；鼓励公众参与治理有关资金、技术、税收扶持工作情况等。

4.水土保持监测和监督检查的监管

水土保持监测和监督检查的监管包括：水土保持监测经费落实情况，水土流失动态监测与定期公告情况，生产建设项目水土流失监测结果定期上报工作情况，水行政监督检查人员依法履行监督检查职责情况，违法违规生产建设项目和生产建设活动查处情况。

5.水土保持目标责任考核情况的监管

2019年，安徽省人民政府办公厅印发了《安徽省水土保持目标责任考核办法（试行）》，考核重点内容为水土保持主体责任落实情况、水土保持规划目标任务完成情况、生产建设项目监督管理情况、年度水土保持重点工作完成情况、水土流失动态变化和消长情况等。省水土保持目标责任考核结果纳入生态文明建设目标评价考核、党政领导班子和领导干部综合考核评价。

（二）综合监管能力建设

1.监管能力建设

水土保持监督管理能力建设包括完善配套法规体系、增强监督管理机构能力、规范监督管理工作、健全监督管理制度等 4 个方面。2012—2014 年,安徽省完成了第二批水土保持监督管理能力县建设活动,27 个区县全面完成各阶段能力建设任务,基本实现了水利部提出的"五完善、五到位、五规范、五健全"的目标任务。为巩固监督管理能力建设,安徽省每年年初下发《关于开展部省审批大型生产建设项目水土保持监督检查的通知》,按照属地管理原则,省、市和县级水行政主管部门开展辖区内所有项目的监督检查,及时印发水土保持监督检查意见并要求生产建设单位限期整改。

2. 生态文明工程创建

根据《水利部办公厅关于进一步做好国家水土保持生态文明工程创建工作的通知》(办水保〔2014〕143 号),积极推进安徽省国家水土保持生态文明工程创建活动,主要涉及国家水土保持生态文明综合治理工程、国家水土保持生态文明清洁小流域建设工程和生产建设项目国家水土保持生态文明工程。2017年,三十岗乡水土保持清洁小流域治理工程入选国家水土保持生态文明清洁小流域建设工程;安徽响水涧抽水蓄能电站被评为生产建设项目国家水土保持生态文明工程。

3. 社会服务能力建设

建立健全水土保持信用评价体系和星级考核机制,加强省级水土保持学会服务能力;加强从业人员技术与知识更新培训,提高服务水平,提升行业协会技术服务能力;进一步加强学术交流,提高全省水土保持总体水平。

4. 宣传教育能力建设

强化水土保持宣传,重视广播、电视、报纸等传统宣传方式,加强网络和移动终端等新媒体宣传平台建设,创新宣传形式(如制作宣传册、摄影比赛、体育活动、进小学、进党校及其他形式等),向社会公众方便迅捷提供水土保持信息。加强水土保持人才培养,提高水土保持从业人员业务素质,增强安徽省公众的水土保持意识。

(三)生产建设项目监督管理

1. 加强生产建设项目方案审批和验收工作

严格水土保持方案报批管理,各类资源利用和开发建设项目必须按规定编报水土保持方案,认真贯彻和严格执行水土保持设施与主体工程同时设计、同时施工、同时投产使用的水土保持"三同时"制度,重点加强对开发建设项目完工后水土保持设施的验收报备工作。省级水行政主管部门明确了本级的水土保持方案技术审查、水土保持设施自验报备核查等技术支撑单位。2016—2018年,安徽省水土保持方案的编报率、审批率、验收报备率逐年提高,其中水土保持方案批复1333个,水土保持设施验收和自验报备344个。

项目实施过程中要加强水土保持的监督管理,实行水土保持监测与监理制度,严格控制项目建设过程中的水土流失。

2. 加强水土保持预防监督执法检查工作

各级水行政主管部门制订了水土保持督察和巡查制度,定期和不定期对辖区内生产建设项目开展水土保持检查、巡查和专项联合检查活动,省水利厅每年组织开展省批开发建设项目监督检查;市县(区)水土保持监督管理部门按照省级部署和各市县实际情况开展监督检查。通过监督检查及时发现和纠正处理各类水土保持违法问题。发挥省、市、县三级联动的优势,上级水行政主管部门督查下级主管部门的执法行为,发挥上级水行政主管部门督查生产建设单位的推动作用。各级水土保持监督执法机构按照"有法可依、违法必究"的原则,敢于执法,善于执法,切实履行水土保持法律赋予的职责,对违反水土保持法律法规的行为排除各种干扰,坚决予以制止和处罚,规范生产建设单位的水土保持行为,防止造成新的人为水土流失。在监督检查过程中,加强了政府各部门的信息共享和联动机制建设,及时获取发改委、经信委等部门关于项目立项审批、核准等信息。2016—2018年,安徽省开展了3323次生产建设项目水土保持监督检查,其中省级开展了259次生产建设项目水土保持监督检查,市县开展了3064次生产建设项目水土保持监督检查。

三、水土保持区划与水土流失重点防治区

(一)水土保持区划

安徽省区域自然条件和经济社会条件差异大,水土流失分布范围广、形式多样、强度不等、程度不一,且经济发展不平衡,导致区域水土资源开发、利用、保护的需求不尽相同,为了科学合理地确定水土流失防治分区布局,在全国水土保持区划的基础上,完善了安徽省水土保持区划。

采用国家级的三级区作为安徽省的水土保持区划,不再进行细分,并在此基础上进行分区措施布局。考虑到有三个分区涉及周边相邻省,为与其他省区别,同时结合安徽省地形条件和行政区划实际,将"黄泛平原防沙农田防护区"中涉及安徽省的部分命名为"皖北黄泛平原防沙农田防护区","桐柏山—大别山山地丘陵水源涵养保土区"中涉及安徽省的部分命名为"皖西大别山山地丘陵水源涵养保土区","浙皖低山丘陵生态维护水质维护区"中涉及安徽省的部分命名为"皖东南低山丘陵生态维护水质维护区",其他三个区沿用全国水土保持区划名称。

　　安徽省水土保持区划情况见图3－2－6及表3－2－5。

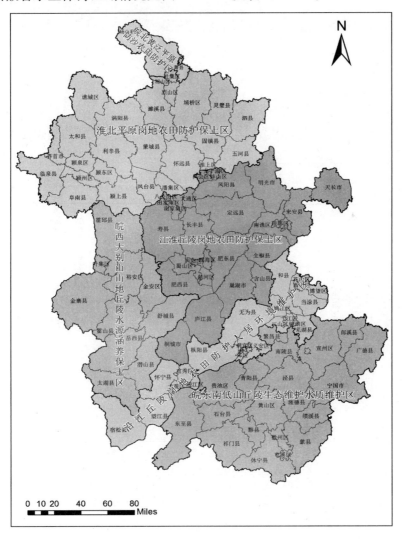

图3－2－6　安徽省水土保持区划图(安徽省水利水电勘测设计院,2016)

表3-2-5 安徽省水土保持区划成果表

一级区代码及名称	二级区代码及名称	三级区代码及名称	安徽省分区名称	县(市、区)	面积(km²)
Ⅲ 北方土石山区(北方土石山地丘陵区)	Ⅲ-5 华北平原区	Ⅲ-5-3fn 黄泛平原防沙农田防护区	皖北黄泛平原防沙农田防护区	砀山县、萧县	3050.33
		Ⅲ-5-4nt 淮北平原岗地农田防护保土区	淮北平原岗地农田防护保土区	蚌埠市淮上区、怀远县、五河县、固镇县、淮南市潘集区、凤台县、淮北市杜集区、相山区、烈山区、濉溪县、阜阳市颍州区、颍东区、颍泉区、太和县、阜南县、界首市、颍上县、宿州市埇桥区、灵璧县、泗县、亳州市谯城区、涡阳县、蒙城县、利辛县	35483.84
Ⅴ 南方红壤区(南方山地丘陵区)	Ⅴ-1 江淮丘陵及下游平原区	Ⅴ-1-2nt 江淮丘陵岗地农田防护保土区	江淮丘陵岗地农田防护保土区	合肥市瑶海区、庐阳区、蜀山区、包河区、长丰县、肥东县、肥西县、庐江县、巢湖市、六安市金安区、裕安区、舒城县、霍邱县、寿县、滁州市琅琊区、南谯区、来安县、全椒县、定远县、凤阳县、明光市、天长市、合山县、蚌埠市禹会区、蚌山区、龙子湖区	31810
		Ⅴ-1-5nr 沿江丘陵岗地农田防护人居环境维护区	沿江丘陵岗地农田防护人居环境维护区	芜湖市镜湖区、弋江区、鸠江区、三山区、芜湖县、无为市、马鞍山市花山区、雨山山区、博望区、和县、当涂县、铜陵市铜官山区、义安区、枞阳县、安庆市迎江区、大观区、宜秀区、宿松县、望江县、怀宁县、郎溪县	17112.86

续表

一级区代码及名称	二级区代码及名称	三级区代码及名称	安徽省分区名称	县(市、区)	面积(km²)
	V-2 大别山-桐柏山山地丘陵区	V-2-1ht 桐柏山-大别山山地丘陵水源涵养保土区	皖西大别山山地丘陵水源涵养保土区	潜山市、太湖县、岳西县、六安市金安区、裕安区、舒城县、金寨县、霍山县、霍邱县	21550.28
	V-4 江南山地丘陵区	V-4-1ws 浙皖低山丘陵生态维护水质维护区	皖东南低山丘陵生态维护水质护区	黄山市屯溪区、黄山区、徽州区、歙县、休宁县、黟县、祁门县、池州市贵池区、东至县、石台县、青阳县、南陵县、繁昌县、宣城市宣州区、广德市、旌德县、泾县、绩溪县、宁国市	31132.9
合 计				105 县(市、区)	140140.21

资料来源:《安徽省水土保持规划(2016—2030 年)》(安徽省水利水电勘测设计院,2016)。

（二）水土流失重点防治区

水土流失重点预防区和重点治理区统称为水土流失重点防治区。

水土流失潜在危险较大，将对生态安全有重大影响的大别山区、皖南山区和长江、淮河、巢湖的水源涵养区，饮用水水源保护区、生态脆弱区、梯田集中分布区以及主体功能区规划确定的禁止开发区域，划定为水土流失重点预防区。自然条件恶劣，生态环境破坏，水旱灾害严重，崩塌、滑坡危险区，泥石流易发区，荒山、荒坡和坡耕地分布集中的区域以及废弃矿山（场）、采石宕口和大型基础设施工程建设迹地等水土流失严重的区域，划定为水土流失重点治理区。水土流失重点预防区和重点治理区应当避免或者减少生产建设活动；其中，法律、法规规定禁止建设的区域，从其规定。

安徽省共划定 3 个省级水土流失重点预防区，涉及 19 个县级行政区划，重点预防区面积合计为 13432km²，占安徽省国土面积的 9.58%；划定 4 个省级水土流失重点治理区，涉及 9 个县级行政区划，重点治理区面积合计为 2244km²，占安徽省国土面积的 1.60%。省级水土流失重点防治区面积合计 15676km²，占安徽省国土面积的 11.19%。

根据《水利部办公厅关于印发〈全国水土保持规划国家级水土流失重点预防区和重点治理区复核划分成果〉的通知》（办水保〔2013〕188 号），在全国水土流失重点预防区和重点治理区划分成果中，安徽省有黄山市屯溪区、徽州区、黄山区、歙县、黟县、休宁县、祁门县和宣城市绩溪县 2 市 8 区（县）划为新安江国家级水土流失重点预防区；六安市裕安区、金安区、舒城县、霍山县、金寨县和安庆市岳西县、太湖县、潜山县 2 市 8 区（县）划为桐柏山大别山国家级水土流失重点预防区；宿州市的萧县和砀山县 1 市 2 县划为黄泛平原风沙国家级水土流失重点预防区。重点预防区范围涉及安徽省 5 市 18 区（县），面积 3.16 万 km²，占全省土地面积的 22.64%。经进一步划分，安徽省国家级预防范围面积为 22488km²（其中重点预防保护范围面积 6689km²），占安徽省国土面积的 16.05%。

综上所述，安徽省省级水土流失重点预防区、重点治理区及国家级水土流失重点预防区范围面积共计 38164km²，占安徽省国土面积的 27.23%。

四、水土保持规划

(一)规划目标

1. 总体目标

到 2030 年,基本建成与安徽省经济社会发展相适应的分区水土流失综合防治体系,重点防治地区的水土流失得到全面治理,生态实现良性循环。安徽省新增水土流失治理面积 7002km²,水土流失面积占土地总面积的比例下降到 5.0% 以下,人为水土流失得到全面防治;林草植被得到全面保护与恢复;年均减少土壤流失量 1000 万 t,输入江河湖库的泥沙大幅减少。

2. 近期目标

到 2020 年,初步建成与安徽省经济社会发展相适应的分区水土流失综合防治体系,重点防治地区的水土流失得到有效治理,生态环境进一步趋向好转。安徽省新增水土流失治理面积 2000km²,水土流失面积占土地总面积的比例下降到 8.0% 以下,人为水土流失得到有效控制;林草植被得到有效保护与恢复;年均减少土壤流失量 600 万 t,输入江河湖库的泥沙有效减少。规划主要指标见表 3 - 2 - 6。

表 3 - 2 - 6　安徽省水土保持规划目标主要指标

序号	指　　标	基准年	近期	远期
1	水土流失面积占土地总面积的比例(%)	8.88	8.0	5.0
2	新增水土流失治理面积(km²)	–	2000	7002
3	年均减少土壤流失量(万 t)	–	600	1000

资料来源:《安徽省水土保持规划(2016—2030 年)》(安徽省水利水电勘测设计院,2016)。

(二)任务与规模

加强预防保护,保护林草植被和治理成果,以国家级和省级水土流失重点预防区为重点,明确生产建设活动的限制或禁止条件,采取封育保护、自然修复等措施,保护和建设林草植被,提高林草覆盖度和水源涵养能力,维护供水安全;统筹各方力量,以水土流失重点治理区为重点,以小流域为单元,采取工程、植物、农业耕作等措施实施水土流失综合治理,近期新增水土流失治理面积 2000km²,远期新增水土流失治理面积 7002km²,减少进入江河湖库泥沙,改善生态环境和人居环境;建立健全水土保持监测体系,在完善现有 24 个监测站点的基础上新建 7 个,其中近期新建 3 个,远期再新建 4 个,推进水土保持信息化建设,规范生产建设项目水土保持监测;创新体制机制,强化科技支撑,建立健全综合监管体系,提升综合监管能力。

安徽省水土保持分区任务和综合治理规模见表 3 - 2 - 7,安徽省各市近、远期综合治理规模见表 3 - 2 - 8。

表 3 - 2 - 7 水土保持分区任务和综合治理规模

水土保持分区	任　　务	综合治理规模(km²)	
		近期 2020 年	远期 2030 年
皖北黄泛平原防沙农田防护区	重点加强河、沟、渠植被防护,建设网格防护林;加大苗木和果园的科学管理力度,控制经济林地的林下水土流失;加强矿产开发监督管理	31	123
淮北平原岗地农田防护保土区	预防和保护现有水土资源;保护和修复山岗地森林植被,实施退田还河还湖,禁止在堤坡和河滩地上耕种,加强河、沟、渠植被建设;控制面源污染,加强水质维护,保障供水安全,治理水土流失,改善平原岗地区农村的生产生活条件;加强能源矿产开发监督管理	58	241
江淮丘陵岗地农田防护保土区	加强江淮分水岭地区的水土流失综合治理,控制面源污染,保障分水岭两侧水库、湖泊的饮水安全;加强城区、巢湖周边等的植被建设、保护与恢复,维护城镇生态安全	228	813
沿江丘陵岗地农田防护人居环境维护区	控制经济林地的林下水土流失及低丘缓坡地开发过程中的水土流失,改造坡耕地,维护和提高土地生产力;改善生态环境,控制面源污染,维护城镇生态安全,提高人居环境质量水平;保障河网及湿地生态安全;积极加强矿产开发的监督管理	201	656
皖西大别山山地丘陵水源涵养保土区	保护生物多样性,维护生态屏障和江河源头水源涵养能力,保障饮水安全;推广清洁小流域建设模式,加强水土流失综合治理,控制入河湖库泥沙和面源污染;合理利用和保护水土资源,促进谷地和畈区农业发展	809	2837

续表

水土保持分区	任　务	综合治理规模(km²)	
		近期2020年	远期2030年
皖东南低山丘陵生态维护水质维护区	实行封山育林、退耕还林还草,提高林草植被盖度,保护生物多样性,维护生态屏障和江河源头水源涵养能力,保障饮水安全;推广清洁小流域建设模式,加强水土流失综合治理,实施坡改梯工程,控制入湖库、江河泥沙和面源污染;改善山丘区农村生产生活条件	673	2330
合　　计		2000	7002

资料来源:《安徽省水土保持规划(2016—2030年)》(安徽省水利水电勘测设计院,2016)。

表3-2-8　安徽省各市综合治理规模一览表

行政区	综合治理规模(km²)	
	近期2020年	远期2030年
合肥市	72	253
芜湖市	90	265
蚌埠市	10	42
淮南市	14	58
马鞍山市	38	135
淮北市	17	73
铜陵市	50	173
安庆市	394	1372
黄山市	251	884
滁州市	114	402
阜阳市	/	/
宿州市	65	260
六安市	494	1737
亳州市		
池州市	95	335
宣城市	296	1013
合　计	2000	7002

资料来源:《安徽省水土保持规划(2016—2030年)》(安徽省水利水电勘测设计院,2016)。

第四节　水土流失综合治理

一、范围与对象

（一）治理范围

根据规划的目标、任务和总体布局的要求，以及以水利部门为主，各部门协作，社会力量参与，共同治理水土流失的现实状况，规划期内需对安徽省适宜治理的水土流失地区全面实施综合治理。

适宜治理范围包括影响农林业生产和人类居住环境的水土流失区域，以及直接影响人类生产、生活安全的可治理的山洪和泥石流易发区，但不包括裸岩等不适宜治理的区域。

综合治理区重点范围主要包括对淮河、长江和新安江干流及其重要支流、重要湖库淤积影响较大的水土流失区域；威胁土地资源，造成土地生产力下降，直接影响农业生产和农村生活，需开展保护性治理的区域；涉及革命老区、贫困人口集中地区、少数民族聚居区等特定区域。

近年来，城市水土保持的重要性被越来越多的城市所认识，也逐步引起了社会的关注，这有力地推进了城市水土保持工作的开展。因此，在考虑集中的水土流失治理的同时，也将城市水土流失治理作为一项重点内容。

（二）治理对象

存在水土流失的坡耕地、坡式经济林地、残次林地、荒山荒坡、废弃宕口、崩岗（侵蚀沟）等集中分布的区域，主要包括淮河南岸主要支流中游片、长江主要支流上中游片、新安江中上游片和省级水土流失重点治理区片等四片，以及皖江城市带承接产业转移示范区内的主要大中城市范围的水土流失综合治理。

（三）水土保持布局

按照因地制宜和突出重点的原则，依据《中华人民共和国水土保持法》和

《安徽省实施〈中华人民共和国水土保持法〉办法》的规定,在划分安徽省省级水土流失重点防治区的基础上,充分考虑国家和安徽省主体功能区规划,综合分析安徽省水土流失及其潜在危害的分布状况、防治现状、各区水土保持功能重点维护和提高,以及水土保持未来工作方向,提出安徽省"两岸两带四片"的水土流失防治总体格局(方增强,2016)。

"两岸"是强化皖江两岸城市水土保持和重点建设区域的监督管理。

"两带"是指大别山—江淮分水岭水源涵养保土预防带和皖东南生态维护水质维护预防带。

"四片"是指巢湖东南片、三公山片、大龙山片和狮子山片的水土流失综合治理、农田防护及人居环境维护。

"两岸两带四片"水土保持总体布局如下:

"两岸"涉及沿江丘陵岗地农田防护人居环境维护区(Ⅴ-1-5nr)、江淮丘陵岗地农田防护保土区(Ⅴ-1-2nt)和皖东南低山丘陵生态维护水质维护区(Ⅴ-4-1ws)的部分,主要为安徽省主体功能区划确定的国家和省重点开发区域,即皖江城市带承接产业转移示范区内的合肥、安庆、芜湖、铜陵、马鞍山等主要大中城市的城区范围。水土保持重点是合理利用和保护现有的水土资源,结合城乡建设,发展生态旅游和绿色产业,改善人居环境,强化城市及其周边水土保持和生产建设项目的监督管理。

"两带"涉及皖西大别山山地丘陵水源涵养保土区(Ⅴ-2-1ht)、江淮丘陵岗地农田防护保土区(Ⅴ-1-2nt)的部分,包含了桐柏山—大别山国家级水土流失重点预防区和安徽省江淮丘陵区中东部水土流失重点预防区。水土保持重点是预防为主,加强水源地预防保护、建设清洁型小流域,保护生物多样性,维护生态屏障和江河源头水源涵养能力;采取工程、生物和耕作措施,对水土流失严重的坡耕地、疏林地、经果林地及崩岗(侵蚀沟)集中区域进行综合治理;加强低丘缓坡地开发过程中的水土保持监督管理。

"四片"涉及江淮丘陵岗地农田防护保土区(Ⅴ-1-2nt)、沿江丘陵岗地农田防护人居环境维护区(Ⅴ-1-5nr)以及皖东南低山丘陵生态维护水质维护区(Ⅴ-4-1ws)的部分,包含了4个安徽省水土流失重点治理区。水土保持的重点是以小流域为单元,沟坡兼治,坡面修建梯田,配套小型蓄排引水工程,采取套种、林下种草及建设坡面调蓄工程等措施治理经济林下水土流失;在荒坡地上部营造水源涵养林和水土保持林,下部结合梯田工程营造经济林;沟道采取谷坊、塘坝等为主的综合整治措施;加强采矿迹地修复以及生产建设项目的水土保持监督管理。

二、措施与配置

（一）措施体系

包括工程措施、林草措施和农业耕作措施。

1. 工程措施

工程措施包括修建梯田、雨水集蓄利用、径流排导、泥沙沉降、沟头防护等坡面工程,谷坊、拦沙坝、塘坝、护坡护岸等沟道工程,削坡减载、支挡固坡、拦挡等边坡防护工程。

2. 林草措施

林草措施包括营造水源涵养林、水土保持林、经果林、等高植物篱,发展复合农林业,开发与利用高效水土保持植物,河流两岸及湖泊和水库的周边营造植物保护带。

3. 农业耕作措施

农业耕作措施包括等高耕作、免耕少耕、间作套种等。

（二）措施配置

以小流域为单元,以坡耕地和坡式经济林地水土流失治理、崩岗（侵蚀沟）整治为重点,坡沟兼治。

坡耕地治理主要措施有修建梯田、雨水集蓄利用、径流排导、泥沙沉降等;25°以上的退耕还林还草,加强水源涵养林建设、种植生态经济林或水土保持林等。

坡式经济林地治理主要措施有水平阶带状整地、种植植物篱拦挡和增加地面覆盖防护、雨水集蓄利用、径流排导、泥沙沉降等。

存在轻、中度水土流失的残次林地,以封育保护为主,同时采取补植林木等措施;强烈以上水土流失的残次林地,视情况采取以阔叶树种为主的林木补植、择优选育等措施。

崩岗综合治理重点是上截、中削、下堵、内外绿化,修建谷坊和营造水土保持林,保护农田和村庄安全,改善生态。

侵蚀沟治理主要是遏制侵蚀沟的发展,重点是建设沟头、沟坡防护和沟道拦沙体系,修建小型治沟、排水工程,营造水土保持林草,减少入河、湖库泥沙。

城市水土流失治理以生态环境治理为主,建设清洁小流域,采用植树种草、固坡护岸、雨水蓄渗、雨水利用等治理措施,恢复和提高水土保持功能,美化城市人居环境。

三、重点治理项目

(一)重点四片区水土流失综合治理

1. 范围

水土流失综合治理重点四片区如下。

(1)淮河南岸主要支流中游片

包括史河、淠河中游。

(2)长江主要支流上中游片

包括杭埠河和丰乐河上游,皖河中游,滁河、清流河上中游,尧渡河、秋浦河中上游,青弋江、水阳江中游,阊江中上游。

(3)新安江中上游片

包括新安江干流及支流率水、横江、练江、昌源河、街源河等中上游。

(4)省级水土流失重点治理区片

包括巢湖东南部片、三公山片、大龙山片和狮子山片。

此外,在遵循重点治理项目规划总体安排的基础上,实施过程中,综合治理项目范围的选择还考虑国家水土保持相关规划确定的重点县和重点治理区;省级水土流失重点防治区划分确定的重点预防区中局部水土流失严重、制约经济社会发展的区域;治理迫切且积极性高、治理能力强的县。

2. 任务和规模

主要任务是以片区或小流域为单元,山水田林路渠村综合规划,以坡耕地治理、坡式经济林地林下水土流失治理、水源涵养林和水土保持林营造为主,结合崩岗(侵蚀沟)整治,坡沟兼治,生态与经济并重,着力于水土资源优化配置,提高土地生产力,促进农业产业结构调整。

水土保持分区及各区基本情况见表3-2-9。

表3-2-9 重点四片区水土流失综合治理范围及规模

水土保持分区名称	涉及重点治理片及县(市、区)	治理规模(km²)	
		近期	远期
江淮丘陵岗地农田防护保土区	三公山片:庐江县 巢湖东南部重点治理片:巢湖市、含山县 其他部分区域:合肥市蜀山区、肥西县、滁州市南谯区*、滁州市琅琊区、明光市	66	204
沿江丘陵岗地农田防护人居环境维护区	巢湖东南部重点治理片:无为县 三公山重点治理片:庐江县、无为市、枞阳县* 狮子山重点治理片:铜陵市义安区* 大龙山重点治理片:安庆市宜秀区、怀宁县	113	353
皖西大别山山地丘陵水源涵养保土区	六安市裕安区*、六安市金安区*、金寨县*、霍山县*、舒城县*、潜山市*、太湖县*	189	663
皖东南低山丘陵生态维护水质维护区	狮子山片:繁昌县 池州市贵池区*、东至县、石台县*、青阳县、宣城市宣州区、宁国市、泾县*、旌德县、黄山市徽州区、绩溪县*、歙县*、休宁县、黟县*、祁门县*	289	997
合计		657	2217

注:*为全国水土保持规划近期安排有坡耕地治理任务的区(市、县)。近期为2020年,远期为2030年。资料来源:《安徽省水土保持规划(2016—2030年)》(安徽省水利水电勘测设计院,2016)。

安徽省省级水土流失重点治理区片基本情况、治理内容与规模简述如下。

(1)巢湖东南部片

总面积604km²,涉及巢湖市(槐林镇、散兵镇和银屏镇)、含山县(林头镇、陶厂镇和环峰镇)和无为县(严桥镇、石涧镇)的一部分,为裕溪河、永安河及得胜河的上游区域,属低中丘陵区,水土流失以轻、中度为主。规划以小流域为单元,在加强现有植被封育保护的基础上,营造水土保持林,对园地、经济林地林下水土流失进行治理,建设蓄引水小型水保工程,布置拦沙等工程,在巢湖和城市周边建设生态清洁小流域。实施废弃采石宕口、采矿迹地的土地整治和植被恢复。加强生产建设项目水土保持监督管理。到2020年,将累计治理46km²;

到 2030 年,将累计治理面积 134km²。

（2）三公山片

总面积 552km²,涉及庐江县(巩山镇、龙桥镇)、无为县(昆山乡)和枞阳县(白梅乡、钱铺乡和周潭镇)的一部分,为西河、陈瑶湖的上中游区域,区内多为低山丘陵,坡耕地、经济林下水土流失和稀疏灌草地水土流失严重,水土流失以轻、中度为主。规划以小流域为单元,沟坡兼治,坡面修建梯田,配套小型蓄排引水工程,在荒坡地上部营造水源涵养林和水土保持林,下部结合梯田工程营造经济林;沟道采取谷坊、塘坝等为主的综合整治措施;加强矿山开采等生产建设项目的监督管理。到 2020 年,累计治理 49km²;到 2030 年,将累计治理 145km²。

（3）大龙山片

总面积 548km²,涉及安庆市宜秀区(大龙山镇、杨桥镇、五横乡和罗岭镇)、怀宁县(江镇镇、黄龙镇、清河乡、黄墩镇、月山镇、石镜乡、洪铺镇和茶岭镇)的一部分,为皖河口、大沙河下游菜子湖(引江济淮取水工程区域)周边区域,属大别山外围余脉形成的浅山丘区,其间有大龙山风景名胜区和巨石山生态文化旅游区,坡耕地、经济林下水土流失严重,水土流失以轻、中度为主。水土流失综合治理以提高林草植被盖度、提高水源涵养能力和保护水质为核心,控制面源污染,加强坡改梯及配套坡面水系工程建设;对植被覆盖度低和岩石裸露地区开展封山育林育草;推广生态清洁小流域建设模式,为城镇居民提供良好的生态环境;结合新农村建设做好开挖裸露边坡及四旁绿化措施等;加强生产建设项目的监管,建设良好宜居环境。到 2020 年,累计治理 35km²;到 2030 年,将累计治理 125km²。

（4）狮子山片

总面积 540km²,涉及铜陵市义安区(天门镇、顺安镇和钟鸣镇)、繁昌县(孙村镇、荻港镇和新港镇)的一部分,为顺安河、黄浒河上中游和峨溪河上游区域,地处皖南山地中部丘陵与北部临江冲积平原的交界线处,属低丘岗地区,其中义安区范围内多为工矿企业用地,采矿历史悠久;繁昌县境内部分多有坡耕地和坡式经济林地。采矿迹地、坡耕地和疏林地等水土流失较严重,水土流失以轻、中度为主。水土流失综合治理以提高林草植被盖度、提高水源涵养能力和保护水质为核心,控制面源污染,加强坡改梯、配套坡面水系工程建设,营造水土保持林;实施废弃采石宕口、采矿迹地的土地整治和植被恢复;结合新农村建设做好开挖裸露边坡及四旁绿化措施等;加强生产建设项目的监管,建设良好宜居环境。到2020年,累计治理29km²;到2030年,累计治理70km²。

(二)城市水土保持

1.范围

重点针对生态环境需求迫切,人口密度大,社会经济发达,确定为人居环境维护水质维护区所在的大中城市。具体到安徽省,主要是主体功能区划确定的国家和省重点开发区域,即皖江城市带承接产业转移示范区内的主要大中城市的各市城区范围。

2.任务和规模

以治理城市水土流失,改善城市人居环境为主,加强水土保持监督管理,扩大城区林草植被面积,提高林草植被覆盖度,严格监管区域内生产建设活动,防治人为水土流失。

到2030年,累计治理水土流失面积87km²;其中近期2020年治理水土流失面积29km²。城市水土流失治理主要范围详见表3-2-10。

表3-2-10 城市水土流失治理主要范围

水土保持分区名称	涉及区(市、县)	治理规模(km²)	
		近期	远期
江淮丘陵岗地农田防护保土区	合肥市蜀山区	1	5
沿江丘陵岗地农田防护人居环境维护区	安庆市大观区;铜陵市铜官区;芜湖市弋江区、三山区;马鞍山市花山区、雨山区	28	82
合　计		29	87

资料来源:《安徽省水土保持规划(2016—2030年)》(安徽省水利水电勘测设计院,2016)。

(三)水土保持生态文明建设示范区

水土保持生态文明建设示范区是以提高水源涵养能力和综合农业生产能力为目的的小流域综合治理模式。

1.范围选择的原则

示范区范围选择以位于主导功能为土壤保持、蓄水保水、拦沙减沙功能的水土保持分区,且综合治理模式科学合理,具有典型代表性;治理基础好,政府和群众积极性高,示范效果好,带动作用强,辐射面积大的区域。重点考虑水土保持生态文明工程以及治理基础较好的其他区域。每个示范区水土流失综合治理面积不少于100km^2。

2.建设任务和内容

建设任务是维护和提高所在区域的水土保持主导基础功能,突出区域特色,注重农业产业结构调整和农业综合生产能力提高,在现有治理状况的基础上,吸纳实用、先进、适应于本区域的水土保持技术进行科学合理的组装配套,形成具有示范推广带动效应的示范区。

规划水土保持生态文明建设示范区2个,分别位于皖西大别山山地丘陵水源涵养保土区的霍山县、皖东南低山丘陵生态维护水质维护区的歙县,其建设任务纳入重点片区域水土流失综合治理项目。

第五节 水土流失监测与信息化

一、水土保持监测网络

(一)水土保持监测站网现状

安徽省水土保持监测网络分为省水土保持监测总站、市水土保持监测分站和监测站点三级,三级站点实行分级管理和建设。省水土保持监测总站由省水行政主管部门管理,监测分站由相应的设区市水行政主管部门管理,监测点由县级水行政主管部门负责日常运行与管理。

通过水土保持监测网络和信息系统二期工程建设,安徽省已经建成了1个监测总站、4个监测分站和27个地面定位监测点。监测点类型包括综合观测场、利用水文站、小流域控制站、坡面径流场等。

(二)监测点总体规划布局

各类型监测点分期规模及其在流域、水土保持分区、水土流失重点防治区等空间分布情况分别见表 3 - 2 - 11 和表 3 - 2 - 12。根据监测点的类型及其所处区域水土流失和水土保持特点,对安徽省各水土保持分区监测点的主要功能予以布局。

分期	监测点类型(个)				
	坡面径流场	小流域控制站	综合观测场	利用水文站及结合科研院校	小计
近期	11	2	3	11	27
远期	12	2	3	14	31

资料来源:《安徽省水土保持规划(2016—2030 年)》(安徽省水利水电勘测设计院,2016)。

流域	监测点类型(个)				
	坡面径流场	小流域控制站	综合观测场	利用水文站及结合科研院校	小计
淮河流域	4	0	1	6	11
长江流域	8	1	1	5	15
新安江流域	0	1	1	3	5
合 计	12	2	3	14	31

资料来源:《安徽省水土保持规划(2016—2030 年)》(安徽省水利水电勘测设计院,2016)。

二、水土流失动态监测

(一)区域监测

安徽省开展水土流失动态监测工作,省市级监测范围为除国家级水土流失重点预防区之外的安徽省国土面积,总面积 10.76 万 km^2,根据生态敏感程度,分水土流失重点预防区监测、水土流失重点治理区监测和一般监测区监测。国家级水土流失重点预防区、省级水土流失重点预防区、省级水土流失重点治理区和一般监测区范围见图 3 - 2 - 7。以县域为单元,持续开展年度水土流失动态监测,并分析年度水土流失消长情况等。主要采用遥感监测、野外调查、模型计算、资料收集、统计分析等相结合的方法,选用优于 2m 空间分辨率的遥感影像,运用地理信息系统及遥感技术,通过降雨侵蚀力、土壤可蚀性、坡度坡长因子以及植被覆盖、工程措施等因子提取,基于 CSLE 模型(即 A = RKLSBET),综合评价年度水土流失面积、强度和分布。

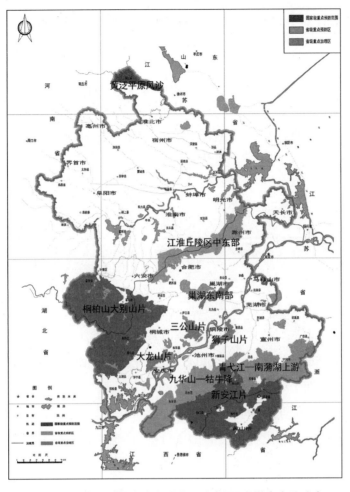

图3-2-7 安徽省水土流失重点防治区分布图(安徽省人民政府,2017)

1. 水土流失重点预防区监测范围

依据《安徽省人民政府关于划定省级水土流失重点预防和重点治理区的公告》(皖政秘〔2017〕94号),省级水土流失重点监测区域主要包括省级水土流失重点预防区和重点治理区。省级水土流失重点预防区监测区域由江淮丘陵区中东部水土流失重点预防、九华山—牯牛降水土流失重点预防区、青弋江—南漪湖上游水土流失重点预防区等三个区块组成,涉及5市20个县(市、区),重点预防区涉及区县面积36639km²(重点预防区面积13432km²)。20个县(市、区)分别为明光市、定远县、滁州市南谯区、琅琊区、全椒县、肥东县、长丰县、庐阳区、蜀山区、肥西县、寿县、贵池区、东至县、石台县、青阳县、宣州区、宁国市、泾县、旌德县和广德县。省级水土流失重点预防区监测范围见表3-2-13。

表 3-2-13　省级水土流失重点预防区监测范围

分区	涉及市	涉及区 （市、县）	面积 （km²）
省级水土流失 重点预防监测区	滁州市	明光市、定远县、滁州市南谯区、琅琊区、 全椒县	8269
	合肥市	肥东县、长丰县、庐阳区、蜀山区、肥西县	6791
	淮南市	寿县	2986
	池州市	贵池区、东至县、石台县、青阳县	8361
	宣城市	宣州区、宁国市、泾县、旌德县、广德县	10232
		小计	36639

资料来源：《安徽省水土流失动态监测规划（2018—2022年）》（安徽省水土保持监测总站，2018）。

2. 水土流失重点治理区监测范围

省级水土流失重点治理区监测区域由巢湖东南部水土流失重点治理区、三公山片水土流失重点治理区、大龙山片水土流失重点治理区、狮子山片水土流失重点治理区等四个区块组成，涉及5市9县（市、区），重点治理区涉及区县国土面积12593km²（重点治理区面积2244km²）。9个县（市、区）分别是巢湖市、庐江县、无为县、繁昌县、含山县、安庆市宜秀区、枞阳县、怀宁县和铜陵市义安区。水土流失重点治理区监测范围见表3-2-14。

表 3-2-14　省级水土流失重点治理区监测范围

分区	涉及市	涉及区（市、县）	面积（km²）
省级水土流失重点治理监测区	合肥市	巢湖市、庐江县	4411
	马鞍山市	含山县	1047
	安庆市	安庆市宜秀区、怀宁县	1686
	铜陵市	铜陵市义安区、枞阳县	2653
	芜湖市	无为县、繁昌县	2796
		小计	12593

资料来源：《安徽省水土流失动态监测规划（2018—2022年）》（安徽省水土保持监测总站，2018）。

3. 水土流失一般监测区域范围

省级水土流失一般监测区域是安徽省区域扣除国家监测区域和省级水土流失重点监测区域外的范围，涉及安徽省14市58县（市、区），总面积58387km²。

省级水土流失一般监测区域范围见表 3 – 2 – 15。

表 3 – 2 – 15　省级水土流失一般监测区域范围

地级市	区县	面积（km²）
合肥	瑶海区、包河区	529
芜湖	镜湖区、弋江区、鸠江区、三山区、芜湖县、南陵县	3424
蚌埠	龙子湖区、蚌山区、禹会区、淮上区、五河县、固镇县、怀远县	5882
淮南	大通区、田家庵区、谢家集区、八公山区、潘集区、凤台县	2844
马鞍山	花山区、雨山区、博望区、和县、当涂县	3024
淮北	相山区、杜集区、烈山区、濉溪县	2747
铜陵	铜官区、郊区	247
安庆	迎江区、大观区、桐城市、宿松县、望江县	5764
阜阳	颍州区、颍泉区、颍东区、颍上县、界首市、临泉县、阜南县、太和县	10034
宿州	埇桥区、灵璧县、泗县	5709
滁州	天长市、来安县、凤阳县	5201
六安	叶集区、霍邱县	3562
宣城	郎溪县	1105
亳州	谯城区、蒙城县、涡阳县、利辛县	8315
合计		58387

资料来源:《安徽省水土流失动态监测规划（2018—2022 年）》(安徽省水土保持监测总站, 2018)。

（二）生产建设项目监测

按照《生产建设项目水土保持信息化监管技术规定（试行）》,根据水利部下发的遥感影像扰动图斑成果,进行现场复核及处置,开展人为水土流失遥感区域监管工作。通过水土流失防治责任范围图矢量化实现已批生产建设项目位置和范围的空间化管理,利用遥感影像开展区域内生产建设项目扰动状况遥感监管,掌握区域生产建设项目空间分布、建设状态和整体扰动状况,了解生产建设项目扰动地表和防治责任范围变化情况,为水行政主管部门开展监管工作提供依据。2015—2017 年,安徽省在宣城市绩溪县、宁国市开展生产建设项目信息化监管工作;2018 年,在宣城市、芜湖市、马鞍山市、铜陵市和池州市范围内开展一期遥感影像项目监管;2019 年,基于水利部扰动图斑解译成果和外业调查 APP,安徽省开展了两期全省范围内生产建设项目扰动图斑合规性分析,编制疑似违规项目清单表。以全国水土保持监督管理系统为数据管理平台,完善生产建设项目监督管理系统数据入库工作,实现生产建设项目扰动范围及监督、检查、整改落实等情况信息的即时上传、交换和共享。2019 年,安徽省实际开展水土保持监测的生产建设项目 590 个,其中省批项目 297 个、市批项目 192 个、县批项目 101 个。

(三)重点治理工程监测

1. 国家水土保持重点工程核抽查项目

从 2017 年起,对年度竣工验收项目和年度在建项目基于无人机、移动终端等手段对重点工程项目实施精细化管理,管理示范按照遥感影像处理、土地利用解译、治理措施图斑上图和现场复核程序进行,实现以小流域为单元的水土保持综合治理图斑化、精细化管理示范。无人机核查内容为重点工程的面状、现状和点状措施的数量、面积和位置。

2. 国家水土保持重点工程效益评价项目

选取国家水土保持重点治理工程验收阶段的治理措施图斑上图,开展以小流域为单元的水土保持综合治理图斑化、精细化管理工作。按照《国家水土保持重点工程信息化监管技术规定(试行)》(水利部办公厅 办水保〔2018〕107 号)和《水土保持综合治理 效益计算方法》(GB/T 15774—2008),开展小流域水土保持治理成效的监测评价工作,工作内容主要由遥感解译、数据入库、现场调查和复核、评价等内容组成。2015—2016 年,选取霍山县作为综合治理项目管理示范县,在数据入库基础上,选择高庙冲河小流域和东冲河小流域开展管理示范。2017—2019 年,六安市金安区、宣城市泾县和六安市金寨县作为重点工程治理成效监测评价县,采用高分遥感影像解译和现场调查等手段,评价实施项目水土保持基础效益、生态效益、经济效益和社会效益。

三、水土保持信息化

(一)建设任务

按照全国水土保持信息化工作的总体部署,紧密围绕水土保持核心业务,全面推进安徽省水土保持监督管理、综合治理、监测评价等信息系统的应用。国家水土保持重点工程全面纳入"图斑精细化"管理,促进监督管理、综合治理和监测评价信息共享与服务,进一步提升水土保持信息化能力和水平(朱继鹏等,2019)。

(二)重点建设内容

1. 监督治理信息管理系统应用和完善

省、市和县级水行政主管部门全面应用全国水土保持监督管理系统,国家、流域、省、市和县五级应用,增加了空间数据管理和方案全过程管理内容。全面应用水土保持综合治理系统,开展实施方案编制、计划管理、监督管理、进度管理、验收考核等管理工作。

2. 监督治理信息管理系统数据录入

按照各自职责权限,省、市和县级水行政主管部门组织做好生产建设项目水土保持方案审批、监督检查、监测监理、验收、补偿费和防治责任范围矢量图数据的收集、整理、核实和录入工作,并保证数据全面、规范和真实有效。国家水土保持重点工程全部纳入"图斑精细化"管理范围,根据建设进展,同步利用综合治理系统上传各类信息。

3. 安徽省水土保持监测信息管理系统建设

监测系统建设主要包括监测信息、专题地图、数据管理、资料分析和系统管理模块,实现了PC端和手机端共同接入方式,方便了监测信息化的户外移动办公。对于采取自动监测设备的站点,各监测点的降雨、水位、流量、含沙量和气象等数据可实时在线上传和入库,通过软件可查看实时监测统计数据和历史监测数据。

4. 基础地理数据库管理建设

按照《小流域划分及编码规范》,在安徽省"一张图"等平台基础上,对接山洪灾害调查等成果,制作安徽省水土保持专题矢量图。专题图在已有的安徽省、市、县界行政区划、按流域划分的分干流、一级支流、二级支流、三级支流、全省主要湖泊等边界划分基础上,初步实现安徽省流域和小流域的展示管理,小流域的面积一般在 $30 \sim 50 km^2$。以流域为单元进行水土保持管理,直观形象地表达流域水土保持专题信息的空间范围、类型、数量、分布等,支持小流域、区域或安徽省范围内不同时期的土地利用类型、土壤侵蚀强度等基本信息导入、查询及导出,支持小流域管理、图层管理、绘图计算(包括距离量算、面积量算、坡度量算、图例显隐)、属性信息、地图浏览、分类检索等功能。

5. 信息化技术应用培训

根据信息化工作进度,适时组织辖区内各市、县相关管理和技术人员,开展全国水土保持监督管理、综合治理、监测评价等系统的应用操作以及水土保持重点工程项目"图斑精细化"管理关键技术等培训,通过培训提高相关人员的信息化工作能力和技术水平。

第六节 水土保持地域性特色

一、水环境优美乡村建设

自 2013 年 9 月以来,安徽省在全国率先开展水环境优美乡村建设试点工作,省水利厅分两批共批准 28 个自然村为建设试点村。在试点建设期间,各试点村按照省委、省政府建设生态强省的战略部署,遵循人、水、社会和谐发展客观规律,以水定需、量水而行、因水制宜,积极探索符合安徽省实际的水生态文明建设模式,把生态文明理念融入乡村建设和水资源开发、利用、治理、配置、节约、保护的各方面。坚持保护优先、修复为主的方针,统筹经济社会与水资源、水生态协调发展,通过优化水资源配置、实施水生态综合治理、完善水生态保护格局,为农村经济社会可持续发展提供了更加可靠的水利基础支撑和生态安全保障,发挥了良好示范带动效应。2015 年,池州市贵池区里山街道元四村等 5 个水环境优美乡村建设试点村通过省水利厅验收;2016—2017 年对其他 23 个省级水环境优美乡村建设试点村进行验收。

(一)水环境优美乡村建设的基本原则

1. 坚持修复为主,防治并重

尊重自然规律和经济社会发展规律,牢固树立人与自然和谐相处的理念,规范各类涉水生产建设活动,落实各项监管措施,充分发挥生态系统的自我修复能力,限制生态脆弱地区和水生态环境恶化地区的水资源开发利用,着力实现从事后治理向事前保护转变。要实施江河湖泊综合治理，统筹解决水资源短缺、水灾害威胁和水生态退化三大水问题，恢复其水生态系统的自然属性。

2. 坚持统筹兼顾，以点带面

统筹考虑水的资源功能、环境功能、生态功能，科学谋划水生态文明建设布局，注重兴利除害结合，防灾减灾并重，治标治本兼顾，促进流域与区域、城市与农村、经济与社会协调发展，实现水资源的优化配置和高效利用。选择条件相对成熟、积极性较高、代表性和典型性较强的乡村，开展水环境优美乡村建设试点工作，探索符合安徽省水资源、水生态条件的水生态文明建设模式，辐射带动流域、区域水生态的改善和提升。

3. 坚持因地制宜，体现特色

根据各地水资源禀赋、水环境条件和经济社会发展状况，在保障水资源持续利用支撑地方经济社会可持续发展的基础上，以水定需、量水而行、因水制宜，形成各具特色的水环境优美乡村建设模式。

4. 坚持政府主导，市场调节

建立以政府投入为主导，全社会共同参与的多元化水利投入增长机制。优化政策环境，整合各部门的涉水建设资源，激发市场活力，调动企业、社会组织和公众参与的主动性、积极性，形成全社会建设水环境优美乡村的强大合力。

（二）水环境优美乡村建设目标要求

在"生态宜居村庄美、兴业富民生活美、文明和谐乡风美"的美好乡村建设基础上，立足区域特点，以河流和道路为骨架，以防洪保安、饮水安全为前提，以提升人居水生态环境质量和水利基础支撑能力为主题，实施河道治理和水环境整治、小流域综合治理、农村水利建设，着力打造山清、水秀、岸绿、景美，村容村貌整洁，自然生态良好的水环境优美乡村。

1. 皖北平原区

立足区域自然河道和大沟为单元的生态基底，结合中心村建设和人居环境整治，普及农村居民节水减排理念，加强易涝洼地治理改造，注重生态环境修复与保护。

2. 江淮丘陵区

通过"塘坝扩挖、沟渠整治、绿化美化、加强管护"等措施，提高农田灌溉保障率,改善农村水环境,做到河畅、水清、岸绿、景美。

3. 沿江圩区

按照"河势稳定、引排通畅、水面清洁、岸坡美观"的要求,大力推进农村河道清淤疏浚、水系连通工程,凸显江南水乡田园风光。

4. 大别山、皖南山区

以水源涵养与水环境保护为重点,结合乡村自然资源、文化遗产、民风民俗,实施封山育林及清洁型生态小流域、生态河道治理等工程,改善水生态,保护水源,提高人居环境质量,彰显传统风貌特色,大力发展乡村旅游,打造水生态文明乡村品牌。

(三)水环境优美乡村建设重点

1. 实施中小河流治理工程

结合优美乡村建设,实施中小河流治理,提高防洪排涝灌溉能力,恢复河流原生态,减少河湖岸坡硬护砌,增加生态岸线,实现水清岸绿、生态自然的目标。

2. 实施沟渠整治工程

结合农业综合开发、农田水利建设、土地整治、水土保持综合治理等项目建设,推进田、水、路、渠综合配套建设,打造水绕村庄流、人在水中行的优美乡村。

3. 实施塘库疏浚扩挖工程

围绕水环境优美乡村建设,结合群众生产生活和水生态的需要,对村庄塘坝和小型水库进行重点规划,因地制宜地扩大水面,特别是对原有塘库进行疏浚扩挖,增加库容。做到修一处塘库,蓄一池清水,打造一处景观,建一处休闲场所。

4. 实施高标准农田水利工程

加强国家农田水利重点县项目建设,高标准、高起点规划,实行山、水、田、林、路综合治理,展现田园风光。

5. 实施水土保持综合治理工程

以小流域为重点,实施封山育林及水土保持综合治理,突出生态理念,实施"村村绿"的绿色家园建设,实现"村庄园林化、庭院花园化、道路林荫化";发展特色农业和乡村旅游业。

二、庐阳区三十岗国家水土保持生态文明清洁小流域建设工程

2016年10月,合肥市庐阳区三十岗乡的生态清洁小流域建设荣获"国家水土保持生态文明清洁小流域建设工程"称号,是安徽省首个获此称号的工程项目。

自2012年以来,合肥市水务局、庐阳区政府围绕水源涵养和土壤保持基础功能的维护和提高,开展了生态清洁小流域建设,重点实施了生态移民、产业结构调整、污水截流和水环境整治四大工程。经过3年水土保持生态建设,流域内坡耕地全面得到治理,水土流失综合治理程度达到98%以上,林草保存面积占宜林宜草面积的98%以上,村庄生活垃圾无害化处理率和生活污水处理率均达到95%以上,流域出口水质达到Ⅱ类水标准,村容村貌和居民生活得到明显改善。

(一)坚持理念优先,打造分区治理模式

按照"重视发展基础、突出发展重点、强调发展潜力"的建设理念,将三十岗流域分成上、中、下游三个区域,统筹安排,分区治理。"以道路为骨干,以河流为主线",构建"上游以水源涵养为主导的生态屏障建设,中部以水土流失综合治理为核心的生态产业建设,下游以水质净化为目标的水库植物保护带和湿地建设"的总体格局。

(二)坚持综合治理,增强可持续发展能力

因地制宜,合理规划,以生态湿地建设为基础,深入实施水土流失治理、水源和水环境保护、农业集约化生产、人居环境改善等工程。

1.坚持流域治理与新农村建设相结合

围绕美好乡村建设,以生态建设为抓手,以小流域综合治理为重点,大力发展生态林、经果林、特种蔬菜、花卉苗木等地方优势产业,推动农业增效农民增收,促进新农村建设。

2.坚持流域治理与面源污染防治相结合

从农田污染、畜禽养殖污染和生活污染三方面入手,实施坡耕地整治、改水改厕、污水管网建设和村庄绿化,建立健全"组保洁、村收集、乡转运、区处理"的农村生活垃圾处理体系,有效控制了污染源和坡面径流,减少有害物质和泥

沙冲入河流水库。

3.坚持流域治理与生态旅游相结合

利用三十岗的区位优势,实施特色蔬菜瓜果、精品苗木花卉产业基地建设,打造休闲体验观光农业圈。发展苗木花卉、无公害农产品和观光休闲农业等产业。

(三)坚持建管并重,加大规范化管理力度

在三十岗生态文明清洁小流域建设过程中,以工作规范化、制度化和标准化,促进小流域治理全面、健康、可持续发展。

1.严格项目管理

按照三十岗生态文明清洁小流域的功能定位,制订严格的项目管理制度,提高项目准入"门槛"。在项目落户审批过程中,严格把关,严格控制项目开发建设。

2.落实管护责任

建立专门的管护队伍,与管护人员签订管护责任书,明确管理范围、职责和劳动报酬,做到"主体明确、责任到人",确保有人管、管得了、管得好。

3.落实管护经费

每年安排专项资金,以"以奖代补"的方式对管护工作进行考核奖励。

(四)坚持多方协作,充分调动社会各界积极性

按照"整合资源、打捆项目、各投其资、各记其功"的原则,推进三十岗生态文明清洁小流域建设。

1.加大部门协作

整合部门资源,做到治理一片、见效一片。

2.加大民资引进

坚持小流域治理与市场机制相结合的模式,拓宽资金投入渠道,充分调动社会各界治山治水的积极性。

3.制订激励政策

深入开展有利于小流域内群众生产和经济发展的小流域治理调研,制订自愿、自组、互助的优惠政策,充分调动乡村以及群众参与的积极性。

三、凤台县八一林牧场国家水土保持科技示范园

凤台县国家水土保持科技示范园位于茨淮新河南岸大堤,始建于2000年10月,总面积6.72km²,南北宽200m,全长36km,203省道穿园区而过,与界阜蚌高速公路相连,距县城35km。

园区自从开展水土保持工作以来,开展生态修复,持续进行水土保持建设,提出了"水土流失治理与经济开发相结合,以治理推动开发、以开发促进治理"的新思路。在措施总体布局上,按照"林—草—牧"的模式进行立体治理开发,工程措施、植物措施和耕作措施因地制宜,有机结合,实现水土流失综合治理,同时实现了园区健康有序和可持续发展。

(一)速生丰产林栽培示范区

根据"适地适树"的原则,2000年园区引进"中涡一号"优质杨树种苗28万余株,营造速生丰产商品用材林273hm²。园区坚持"造管并重"的原则,不断加强管理,推广管护新技术。2005—2007年,园区引进推广了杨树修枝和病虫害综合防治等11项新技术。

(二)林带复式种植示范区

从2001年开始,园区在林下复式种植紫花苜蓿、三叶草等优良牧草,被安徽省科技厅列为省"星火计划"项目;2003年开始,园区在林下复式种植牡丹、蛇床子等中药材。园区带动周边发展有机蔬菜33hm²,林间套种蛇床子80hm²、凤仙花13.3hm²。

(三)经果林节水灌溉栽培示范区

本着"以短养长"的原则,园区引种名特优新果树品种7个,营造经果林30hm²;安装了全自动智能化控制喷灌和滴灌系统,由远程控制室环境参数进行设定和实时监控,对喷灌系统设备进行控制,根据果林生长需要实行自动喷灌。

(四)水土保持林草措施试验区

园区从山东引进碧玉杨翠绿—Y6号进行试验,分析该树种在本地不同立地条件下的适应性,解决水土保持林木的各种造林技术问题,为皖北水土流失地区提供科学依据。

（五）水土保持监测科研区

园区于 2009 年修建了坡面径流观测场。场内建有不同坡度和不同植被覆盖的标准径流小区 6 个。园区监测项目有降雨量、径流量、侵蚀量，气象监测指标主要有降雨、气温、相对湿度、风速、地温。泥沙分析配有水位尺、取样瓶、铝盒、电子天平、电热恒温干燥箱和过滤分析设备等，可满足泥沙分析需要。以园区为平台撰写的《加强县级水土保持工作对策探讨》（段中奎，2015）等多篇水土保持论文在报刊上发表。

（六）科普宣传教育区

水土保持教育基地分为室外水土保持科技示范防治区、室内水土保持科普教育展示区、坡面水土流失监测区三个部分。室外示范区包括 9 种典型水土流失防治措施，分为护坡形式、水土保持教育宣传、坡面径流监测三部分。室内展示区总面积 350m²，包括墙面宣传板、水土流失体验厅、成果展示影厅、互动触屏、毛细透排水带生态排水系统模型、水土流失治理的投影沙盘以及污水净化流程演示、地表水渗透演示实验设备。

以科技园建设为契机，开展面向全社会的水土保持宣传工作，通过广播、电视、网络、微信、报刊等形式，在省、市、县级新闻媒体多次报道，宣传辐射面较广，并聘请中央、省电视台为园区制作专题风光片，用于加强新闻媒体及广播电视的宣传（曾在 CCTV - 7 频道"十一"黄金周前连续播出）。先后有青年团员、广大中学生、干部群众和部队官兵共 2 万余人次参观了示范园，并共同建设了"青年林""政协林"等多种命名工程。2019 年园区被评为"全国退役军人工作模范单位"。

根据 2011 年中央 1 号文件（《中共中央 国务院关于加快水利改革发展的决定》）明确要求，把水情教育纳入国民素质教育体系和中小学教育课程体系，作为各级领导干部和公务员教育培训的重要内容。园区于 2013 年在水土保持科技示范园的基础上，建设了"中小学生水土保持教育社会实践基地"，以适合不同年级学生认知水平的体验和实践方式，针对水土保持教育分类，为中小学学生开展水土保持教育提供了资源和平台。园区定期和当地的中小学校联系，开展多种形式的户外科普教育实践活动。

（七）国家水利风景区

凤台县八一林牧场水土保持示范园区拥有着丰富的水体资源，依托万亩水保林,发展水利旅游具有得天独厚的空间,园区成立的"淮上明珠风景区"现已成为凤台县发展水利风景区的核心地带,并于2009年被批准为"国家水利风景区",于2011年成为国家3A级旅游景区,年接待旅游人次达30万以上。

景区先后建成了亲水木屋别墅、茨淮知青缘八景、知青文化园、亮剑CS、果园采摘、水上乐园等工程项目。景区以"山青、岸绿、水美"为基本要求,以其独特的资源环境优势,统筹协调水利建设与生态建设,在促进区域经济社会发展的同时为水土保持示范园区的可持续发展提供了有力的保障。

第三章

重庆市

水土保持

第一节　基本市情

一、自然概况

(一)地理位置

重庆,简称"渝",位于中国西南部、长江上游地区,地跨东经105°11′~110°11′、北纬28°10′~32°13′之间的青藏高原与长江中下游平原的过渡地带。东邻湖北、湖南,南靠贵州,西接四川,北连陕西;辖区东西长470km,南北宽450km,总土地面积8.24万km^2。重庆是我国中西部唯一的直辖市、国家中心城市、超大城市,长江上游地区的经济、金融、科创、航运和商贸物流中心,西部大开发重要的战略支点、"一带一路"和长江经济带重要联结点以及内陆开放高地。

(二)地质地貌

1.地质概况

重庆市东西跨川鄂中低山峡谷及川东平行岭谷低山丘陵区,北屏大巴山脉,南依渝鄂高原。地质构造上包括新华夏构造体系第三沉降带之川东褶皱带、第三隆起带之川黔湘鄂隆起褶皱带及大巴山弧形褶皱带,跨越了3个二级构造单元,次级构造较为发育。大地构造上属于扬子准地台上的四川台坳和八面山台褶带,大体以奉节为界,其东西有一定差异,奉节以西为四川台坳,在地质构造上和地形上都是一个典型盆地。在台坳的东部主要出露侏罗系碎屑岩,褶皱呈"隔挡式",背斜紧密,向斜宽缓,褶皱轴向自西而东由北东渐转为近东西,呈弧形向北西凸出、西南端有南北向构造插入。地层出露较为齐全,包括震旦系—第三系沉积岩组成的盖层。岩类以中上三叠系至侏罗系碎屑岩(砂岩、泥岩等)为主,其次为震旦系至三叠系下统碳酸盐岩(石灰岩、白云岩等)夹碎屑岩(砂岩、页岩),第四系松散堆积层零星分布在长江及其支流两岸。区内主要经历过前震旦纪晋宁运动、侏罗纪末燕山运动和老第三纪末喜山运动等3次构造运动,地层岩性跨度很大,从震旦系至第四系之间除少部分缺失外均有分布,岩性组合为泥灰岩、泥质页岩、泥质粉沙岩、碳酸盐岩及部分煤层和黏土层。岩性成分主要有石灰岩、白云岩、砂岩、黏土岩及含煤砂页岩等。

2. 地貌特征

重庆市地处四川盆地东部,北起大巴山南缘,东与秦巴山地、武陵山地相连,南接云贵高原,向西逐渐向川中丘陵区过渡。地域内江河众多,长江干流自西向东横贯全境,在重庆境内流程665km。以长江干流为轴线,汇集了嘉陵江、乌江、綦江、大宁河等及其大小支流数百条,在山地中形成众多峡谷。特别是长江穿越巫山山脉,形成了著名的长江三峡——瞿塘峡、巫峡和西陵峡。重庆地势沿河流、山脉起伏,形成南北高、中间低,从南北向长江河谷倾斜,构成以山地为主的地貌景观。

重庆境内地形高低悬殊,地貌结构比较复杂,呈现如下四大特点。

(1)地势起伏大,层状地貌分明

东部、东南部和南部地势高,大多为海拔1500m以上的山地。西部地势较低,大多为海拔300~400m的丘陵。由于地貌发育的阶段差异和新构造运动间歇性大面积抬升,在地域内构成海拔300~2400m的7级层状地貌,逐级分别由南北向长江河谷降低。

(2)地貌以山地为主,类型多样

全市地貌形态有中山、低山、高丘陵、中丘陵、低丘陵、缓丘陵、台地和平坝八大类型。其中,山地(中山和低山)面积6.24万km²,占总面积的75.8%。

(3)地貌形态组合的地区分异明显

华蓥山—巴岳山以西为丘陵地貌,华蓥山至方斗山之间为平行岭谷区,北部为大巴山山区,东部、东南部和南部则属巫山大娄山山区。

(4)喀斯特地貌分布广泛

在东部和东南部地区,喀斯特地貌大量集中分布,地下和地表形态发育均佳,有典型的石林、峰林、洼地、残丘、落水洞、暗河、峡谷等喀斯特地貌景观。

(三)气候水文

1. 气候特征

重庆地势自西向东抬升,沿长江河谷向南北倾斜,北有秦岭、大巴山脉阻挡,北方冷空气不易侵入,气温高于同纬度其他地区;域内地形高低悬殊,地貌组合差异大,南北纬度相差4°以上,因而形成了独特复杂的气候。

重庆夏季炎热,一年之中7、8月的气温最高,多数地方平均气温在26～29℃。除个别年份外,每年7、8月(最迟可到9月上旬)都有一段连晴高温天气,最高气温大于或等于35℃的天数可达20～50d之多,极端最高气温达44.5℃(綦江)。重庆市年平均日照时数为980～1580h,为可日照时数的24%～36%,是全国日照较少的地区之一。

重庆市多年平均降水量1184mm。降水量由西向东递增,东部和中部沿长江两岸广大地区常年降水量在1000～1200mm,东北部(巫溪、城口等地)和东南部(黔江、南川等地)在1200～1500mm,渝西地区年降水量在1000mm左右,其中潼南县仅975mm。降水主要集中在5—9月,降水量占全年的70%左右,其中6—8月降水量可达全年的50%左右。

2. 河流水文

重庆境内江河纵横,大小河流均属长江流域。其河流水系又分属长江干流(宜宾—宜昌)区间水系、嘉陵江水系、乌江水系、沱江水系、汉江水系和洞庭湖水系。全市有流域面积50km²及以上的河流510条,100km²及以上的河流274条。在其流域面积大于1000km²的42条河流中,除长江、嘉陵江、乌江、渠江、涪江、州河、酉水7条流域面积大于10000km²外,还有濑溪河、綦江、御临河、龙溪河、小江、磨刀溪、大宁河、琼江、阿蓬江、郁江、芙蓉江、任河12条支流流域面积大于3000km²。嘉陵江流域面积15.89万km²,是长江流域面积最大的支流。乌江流域面积8.76万km²,是长江上游右岸最大支流。

2018年全市地表水资源量524.2438亿m³,较多年平均值减少7.66%。全市大中型水库年末总蓄水量55.8578亿m³,比上年末减少4.2431亿m³,减幅7.06%。全市总供用水量77.1959亿m³,比上年减少0.32%(重庆市水利局,2019)。

(四)土壤植被

1. 土壤

重庆市土壤类型多样,分为水稻土、黄壤、紫色土、黄棕壤、石灰土、新积土、红壤、山地草甸土8个土类及其16个亚类。紫色土是重庆市分布面积最广的土类,面积为27374km²,占全市土地面积的33.22%,主要分布在西部丘陵地区及中部的涪陵、南川、丰都和东部的云阳、忠县、万州、开县一带。黄壤是重庆市重要的土壤资源,其面积为23718km²,占全市土地面积的28.78%,主要分布在海拔高度小于1500m的低、中山及丘陵地带和长江及其支流沿岸的二、三、四、五级阶地上。重庆市水稻土面积为12580km²,占全市土地面积的15.27%,广泛分布于海拔1500m以下的河谷阶地、丘陵、平坝及溶蚀槽坝内。石灰土面积为9632km²,占全市土地面积的11.69%,主要分布于石灰岩地层出露的背斜低、中山的槽谷区。黄棕壤面积为6511km²,占全市土地面积的7.90%,集中分布于海拔1400~2100m的中山上。红壤面积为202km²,占全市土地面积的0.24%,主要分布在秀山县中部、酉阳县西南部的海拔300~500m的坝区和槽谷区。新积土面积为129km²,占全市土地面积的0.16%,主要分布于长江、嘉陵江、乌江、涪江、大宁河等沿江沿河阶地上,绝大部分已开辟为耕地,是肥力水平较高的土壤类型。山地草甸土面积为116km²,占全市土地面积的0.14%,主要分布在东部大巴山的海拔1800~2700m的台峰丛洼地,以及丰都、石柱、武隆等县海拔在1400m以上岩溶中山中上部平缓低洼地带。

由于地形复杂,立体气候明显,以及不同成土母岩矿质养分不同,人为耕种对土壤的强烈干预,重庆土壤具有如下明显的形成特点。

(1)幼年性和粗骨性

重庆地区地面起伏大,植被覆盖率低,水土流失严重,原有土壤因遭侵蚀而不断被新土壤代替。加上石灰岩和大部分紫色砂、页岩含钙量高,使相当部分土壤始终停留在幼年阶段,粗骨性十分明显,夹有大量的页岩或泥岩碎屑。

(2)黏化、酸化、黄化

重庆山地属黄壤生物气候带,土壤母质化学风化强烈,形成了大量黏土矿物。在漫长的温湿条件下,土壤淋溶较为明显,氢、铝离子占绝对优势。在成土过程中,氧化铁和氧化铝的水化程度很高,使脱水的针铁矿变水化针铁矿,再水化成褐铁矿,使土壤染上黄色。

(3)潜育化

部分地区因排水不畅,地下水位过高,或长期灌冬水,土壤水分长期处于超饱和状态,导致土壤潜育化。

2. 植被

重庆市气候温和,四季分明,雨量充沛,植物种类繁多,有维管植物 4000 多种;其中药用植物近 2000 种,栽培植物近千种。2018 年,全市森林面积 3.82 万 km²,森林覆盖率达到 46.50%。

重庆市自然植被有阔叶林、针叶林、竹林、灌丛、稀树草丛 5 种类型,其中亚热带阔叶林是主要植被类型,主要由栲树属、青冈属、栎属、木兰属等树种构成。树种资源主要有松、栎、杉、柏等,其中马尾松林占有林地面积的 50.60%。常绿阔叶林长期受人为破坏,现仅存于江津四面山、南川金佛山等地。这些林种被砍伐以后,常为天然次生林、人工针叶林、竹林所代替。稀树草丛型植被中,草甸植被又分为丛生禾草草甸、杂草草甸、根茎禾草草甸和沼泽草甸,主要分布在巫溪、城口、开县、奉节等县,植被覆盖率达 80%~90%。

二、社会经济状况

(一)行政区划及其他基本情况

1. 行政区划

重庆市下辖 38 个行政区县(自治县)(图 3 - 3 - 1),有 26 个区(万州区、黔江区、涪陵区、渝中区、大渡口区、江北区、沙坪坝区、九龙坡区、南岸区、北碚区、渝北区、巴南区、长寿区、江津区、合川区、永川区、南川区、綦江区、大足区、璧山区、铜梁区、潼南区、荣昌区、开州区、梁平区、武隆区);12 个县(自治县)(城口县、丰都县、垫江县、忠县、云阳县、奉节县、巫山县、巫溪县、石柱土家族自治县、秀山土家族苗族自治县、酉阳土家族苗族自治县、彭水苗族土家族自治县)。

2. 人口

2018 年,重庆常住人口 3101.79 万人,比上年增加 26.63 万人,其中城镇人口 2031.59 万人,占常住人口比重(常住人口城镇化率)为 65.50%,比上年提高 1.42%。全年外出市外人口 479.29 万人,市外外来人口 177.44 万人(重庆市统计局等,2019)。

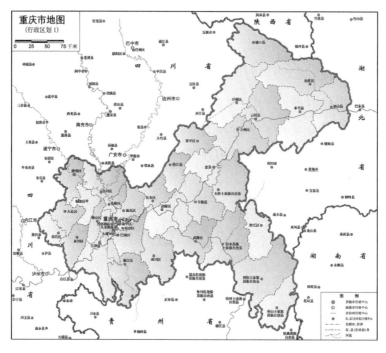

图 3-3-1　重庆市行政区划图(审图号:渝 S[2020]071 号)

3.民族

重庆人口以汉族为主体,此外有土家族、苗族、回族、满族、彝族、壮族、布依族、蒙古族、藏族、白族、侗族、维吾尔族、朝鲜族、哈尼族、傣族、傈僳族、佤族、拉祜族、水族、纳西族、羌族、仡佬族等 55 个少数民族。少数民族人口总数为 193 万人,其中土家族人口最多,有 139.8 万人;其次苗族约 48 万人。少数民族人口占重庆市人口的 5.80%(重庆市统计局等,2019)。

4.教育

截至 2018 年,重庆市幼儿园总数达到 7499 所(独立建制幼儿园 5607 所,幼教点 1892 个),在园幼儿总数达到 96.31 万人。学前三年毛入园率 87.05%,高于全国平均水平 5 个百分点,学前教育普惠率达到 80.23%,高于全国平均水平 7 个百分点。全市普通小学达到 2893 所、在校生 209.54 万人,普通初中达到 866 所、在校生 104.56 万人。2018 年,九年义务教育巩固率达到 94.5%,义务教育基本均衡区县完成率达到 95%。中职、高职毕业生就业率分别达 98%和 92%。建成国家级示范中职学校 30 所、国家级示范高职学校 3 所、国家级骨干高职学校 3 所、国家级优质高职学校 5 所。建成国家级高职骨干专业 69 个、国家级职业教育专业教学资源库 4 个,6 所高职学校的 7 个专业点成为全国职业院校示范专业点。全市普通高中达到 256 所,在校生达到 60.77 万人,高中阶段毛入学率达到 96.60%。高中学生综合素质评价体系不断完善,新课程新教材实施工作稳步推进。中职和普高招生结构更加优化,2018 年,中职招生 14 万人,职普招生比为 4.1 : 5.9,实现职普招生大体相当。在渝高等院校达到 72 所,高等教育在学总规模 103 万人,教职工 6.07 万人。高等教育毛入学率达到 47%,毕业生初次就业率达到 88.85%。重庆大学、西南大学以及市属高校"双一流"建设稳步推进,一流专业建设成效显著。进入世界 ESI 学科排名前 1% 的学科从 2017 年的 20 个增加到 29 个。新增重庆师范大学为博士学位授予单位、重庆科技学院为硕士学位授予单位,新增博士学位授权点 20 个、硕士学位授权点 63 个。2018 年新增各类国家级高层次人才近 60 名,认定国家精品在线开放课程 8 门,获得国家级教育教学成果奖 21 项,获批国家自然科学基金项目 850 项、社会科学基金项目 189 项,高水平大学和优势学科建设进展明显。

5. 科技

2018 年,重庆研究与试验发展(R&D)经费支出占重庆地区生产总值的比重约为 1.95%。

2018 年,重庆市实施研发机构培育计划,与中科院、工程院以及部分军工集团和知名高校的合作取得实质性突破,一批高水平大学、研究院落户重庆。累计培育引进研发机构 1463 家、新型研发机构 58 家。截至年底,市级及以上重点实验室 180 个,其中国家重点实验室 8 个。市级及以上工程技术研究中心 538 个,其中国家级中心 10 个。不断实施系列人才建设专项,加强科技改革和政策支撑,"近悦远来"人才环境加快形成。"两院"院士累计达到 16 人,国家"千人计划""万人计划"专家和国家杰出青年科学基金获得者等国家级高层次人才达到 576 人,培育科技创新、科技创投、科技创业领军人才 109 人和"双创"示范团队 212 个。推动科技引领新兴产业发展,截至年底,有效期内高新技术企业 2504 家,有效发明专利 2.79 万件。全年技术市场签订成交合同 2952 项,成交金额 266.10 亿元。启动科技研发重点专项,安排经费 5.5 亿元,实施集群科技项目 1520 项。

(二)经济状况

2018 年,全市实现地区生产总值 20363.19 亿元,按可比价格计算,同比增长 6.00%。分产业看,第一产业实现增加值 1378.27 亿元,增长 4.40%;第二产业实现增加值 8328.79 亿元,增长 3.00%;第三产业实现增加值 10656.13 亿元,增长 9.10%。

2018 年,重庆全体居民人均可支配收入 26386 元,同比增长 9.20%。其中,城镇常住居民人均可支配收入 34889 元,增长 8.40%;农村常住居民人均可支配收入 13781 元,增长 9.00%。

(三)土地利用

重庆市土地总面积 82402.95km²。根据重庆市水利局 2018 年遥感解译结果,耕地面积 25431.49km²,占土地总面积 30.86%,人均耕地 0.08hm²;园地面积 1177.06km²,占土地总面积 1.43%;林地面积 47404.74km²,占土地总面积的 57.53%;草地面积 1207.27km²,占土地总面积的 1.47%;城镇及工矿用地 3962.59km²,占土地总面积的 4.81%;交通用地 949.91km²,占土地总面积的 1.15%;水域 2161.44km²,占土地总面积的 2.62%;其他用地 107.92km²,占土地总面积的 0.13%。

第二节　水土流失概况

一、水土流失类型与成因分析

(一)水土流失类型

重庆市水土流失,按其成因划分,主要有水力侵蚀、重力侵蚀、混合侵蚀(泥石流)及人为侵蚀等类型。其中,又以水力侵蚀为主,分布最为广泛,危害最严重。

1. 水力侵蚀

水力侵蚀是地表土壤及母质在降雨和水流作用下,产生位移、搬运和沉积的过程。发生形式主要包括面蚀、沟蚀,主要分布在第四纪松散沉积物、岩性松软的砂泥岩和风化破碎的花岗岩、变质岩出露区。溶蚀作为一种独特的水蚀类型,只限于可溶性岩石分布地区。河流侵蚀则为沿河两岸呈线状分布。

2. 重力侵蚀

重力侵蚀是坡地上的风化碎屑或不稳定的岩体、土体,在自身重力作用下所产生的块体运动,通常包括滑坡、泥石流等形式,常见于山地、丘陵、河谷和沟谷的坡地上。

3. 复合侵蚀

复合侵蚀是两种或两种以上侵蚀营力作用下发生的侵蚀现象,通常表现为崩岗和泥石流。重庆市渝东北和渝东南部分地区是泥石流灾害的易发区。

(二)水土流失成因

1. 自然因素

岩性松软和降雨充沛是引发水土流失的原动力。重庆市地质岩性主要为寒武纪至白垩纪的碎屑岩建造,易遭侵蚀、溶蚀的碳酸盐岩和岩性松软、抗蚀力弱的紫色泥岩、钙质泥岩、泥灰岩分布广泛,在暴雨的侵蚀、剥蚀下容易产生面蚀和沟蚀。此外,区内岩石破碎,节理、断裂发育,重力侵蚀严重。尤其在三峡库区,崩塌、滑坡、泥石流分布最为密集,据 2007 年统计,该范围内有 28 处 1000 万 m^3 以上的特大型滑坡崩塌,主要集中分布在万州到巫山江段;有泥石流 251 条,主要分布在涪陵至巫山段。

2. 人为因素

陡坡耕种是水土流失的首要因素。首先,重庆市人多地少,且耕地又以最容易发生水土流失的旱坡耕地为主。由于人地矛盾突出,对耕地重用轻养现象十分普遍,导致水土流失严重、生态环境恶化。其次,经济的快速发展和资源的不合理利用极易诱发水土流失。随着西部大开发战略的实施和城市化进程的加快,基础设施建设和产业经济活动迅速发展,各种建设工程大量扰动、压占地表植被,改变原地貌类型,破坏水土保持设施,并产生大量的弃土弃渣,在没有完善的防治措施体系情况下,极易发生严重的水土流失。

二、水土流失现状及变化

(一)水土流失现状

根据 2018 年度水土流失动态监测结果,2018 年全市水土流失面积为

2.58 万 km^2，占全市土地总面积的 31.32%。其中轻度侵蚀面积 1.83 万 km^2，占水土流失总面积的 71.02%；中度侵蚀面积 0.36 万 km^2，占水土流失面积的 14.08%；强烈侵蚀面积 0.25 万 km^2，占水土流失面积的 9.55%；极强烈侵蚀面积 0.09 万 km^2，占水土流失面积的 3.54%；剧烈侵蚀面积 0.05 万 km^2，占水土流失面积的 1.81%。轻度侵蚀主要发生在渝西方山丘陵区的紫色土和水稻土分布区域；中度侵蚀在各类土壤及地形中均有不同程度分布；强度以上侵蚀主要发生在渝东北、渝东南中低山丘陵区的紫色土及紫色页岩母质发育的区域，黄壤、黄红壤、棕壤分布的石灰岩地区也较明显（图 3 - 3 - 2，重庆市水利局，2019a）。

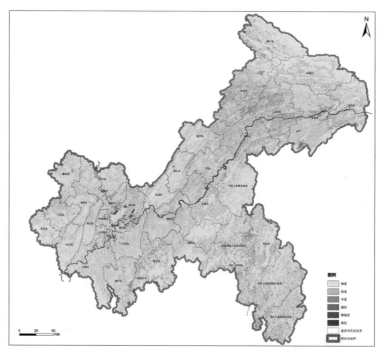

图 3 - 3 - 2　重庆市 2018 年土壤侵蚀强度分级图（重庆市水利局，2019a）

（二）水土流失变化情况

据重庆直辖以来开展的 5 次水土流失遥感（普查）监测结果显示，全市水土流失面积由 1999 年的 52039.53km^2 减少到 2018 年的 25800.73km^2，减少 50.42%；水土流失面积占国土总面积的比例由 63.15% 减少到 31.32%，减少 31.83%。

全市轻度侵蚀面积由 1999 年的 13017.56km^2 增加到 2018 年的 18322.52km^2，增加 40.75%；中度侵蚀面积由 1999 年的 25244.09km^2 减少到 2018 年的

$3633.98km^2$，减少85.60%；强烈及以上侵蚀面积由1999年的$13777.88km^2$减少到2018年的$3844.23km^2$，减少72.10%。

三、水土流失危害

(一)破坏土地资源

土壤侵蚀造成肥沃表土流失，导致土壤退化，土层减薄，肥力下降，质地变粗，甚至母质、基岩裸露，从而丧失农业利用价值，也使农业可持续发展失去基础。水土流失造成土地退化，在重庆市以坡地土壤薄层化和土地石质荒漠化（简称石漠化）为标志形态。

山上水土流失，殃及山下良田。据《重庆市志·水利志（1986—2006）》（程顺钦等，2015）记载：奉节县草堂河下游与白马河交汇处谷地开阔，盛产稻米，唐代诗人杜甫曾在此主管东屯公田百余顷。杜诗云："东屯稻畦一百顷，北有涧水通青苗。"南宋庆元三年（1197年），此处仍"水畦延袤百顷"。20世纪以后，随着人类活动加剧，草堂流域内甘子沟等5条溪沟泥石流频繁发生。至20世纪80年代，原先东屯的百顷稻田已不复存在。

(二)降低水源涵养能力

重庆地处著名的川东伏旱区。由于主要受大气环流异常的影响和特殊的地形地貌，重庆市旱灾严重。20世纪50年代后期以来，由于森林采伐过度，自然植被减少，极大地削弱了植被涵养水源、调节气候的功能，并加剧水土流失。严重水土流失，致使土层变薄，土壤水源涵养能力降低，抗灾能力减弱，导致旱灾加剧。20世纪50年代以前，秀山县森林覆盖率高，草坡覆盖率大，水土流失不明显；20世纪50年代仅出现伏旱1次。1958年以后，由于乱砍滥伐，森林面积锐减，加之开荒垦殖，水土流失加剧；20世纪60年代伏旱出现6次，70年代出现8次，1981年干旱时间长达3个月（程顺钦等，2015）。

(三)加速淤积水利工程

重庆山丘区土壤侵蚀产生的泥沙，部分滞留于农田，部分淤积在塘、堰、水库、沟渠等水利设施或次级河流河床，最后进入长江。重庆地区入江河泥沙量与土壤侵蚀总量之比为0.3左右。

新中国成立初期，重庆市水利工程泥沙淤积现象普遍严重，降低了工程效益。例如,1955年万县石马乡修建的卫星水库(设计库容25万m³),运行不到3年淤平报废;奉节县三道桥水库(小[二]型),未建成即淤满报废。重庆直辖后,全市水利设施进一步完善,林草覆盖率不断提高,生态环境不断改善,水利工程泥沙淤积现象大为降低(程顺钦等,2015)。

(四)加剧洪涝灾害,影响河道航运

水土流失严重地区,大量泥沙进入河道,加速河道淤高,致使行洪能力下降,加剧了洪涝灾害。据清·道光八年《垫江县志》([清]夏梦鲤等,1828)载:"县属东南西山为平壤水源,前数十年未开垦,故水清而溪深。近因闽广楚民入山开挖,遍种包萝,每遇猛雨骤涨,沙水并行,以至下流淤塞泛溢,两岸平衍之田数十里,损禾不可数计。此大千例禁也。宜及时严加示禁,以杜水源之患"。水土严重流失,造成河道淤积,亦影响河道航运。20世纪50年代,万县地区能通行船只的中小河流有21条,通航里程1500km;到80年代只有3条河流通航,通航里程仅227km。

(五)诱发加剧地质灾害

重庆市,尤其重庆三峡库区,是中国滑坡、崩塌、泥石流等地质灾害最严重的地区之一,有主城区及巫溪、巫山、奉节、云阳、万州、涪陵、武隆8座受崩塌、滑坡危害的县级以上城市。这些主要因自然因素引起的地质灾害,也往往因人类不合理的经营活动诱发而加剧,给人民生命财产造成巨大损失。

(六)制约经济发展

水土流失严重的地区,生态环境恶化,洪旱灾害加剧,土地生产力降低,经济发展受到制约,群众生活贫困。据国务院贫困地区经济开发领导小组办公室1986年调查,全国共有18个集中连片的贫困地区,大多分布在水土流失比较严重地区,其中涉及重庆的大巴山区、武陵山区和三峡库区。重庆市水土流失严重的地区,也是贫困人口集中分布区。重庆直辖初期,全市有国家级贫困县12个、省级贫困县8个,均分布在水土流失严重地区。全市80%以上的贫困人口分布在水土流失严重地区(程顺钦等,2015)。

(七)对三峡工程造成不利影响

重庆三峡库区每年因水土流失造成大量泥沙直接进入三峡库区。大量的泥沙淤积,不仅直接影响到三峡工程的效益和寿命,而且严重威胁着三峡工程

及下游地区的安全。据 2018 年《长江泥沙公报》,2003 年 6 月三峡水库蓄水运行以来至 2018 年 12 月,三峡水库入库悬移质泥沙 23.36 亿 t,出库悬移质泥沙 5.62 亿 t,不考虑三峡库区区间来沙,水库淤积泥沙 17.73 亿 t,近似年均淤积泥沙 1.14 亿 t。

第三节　水土流失预防与监督

一、水土流失预防保护

(一)预防保护范围与对象

1.预防范围

根据全市自然生态条件和水土流失特点,重庆市对全市陆域空间范围实施全面预防保护。重点包括全市重要生态功能区,林草植被覆盖较高的区域,江河源头区,河流两岸以及湖泊和水库周边水源涵养、生态维护、水质维护区域,滑坡、泥石流、崩塌等地质灾害易发生的区域,城镇化和工业化集中开发区,水土流失治理成果区,生态敏感区,禁止开发区以及其他扰动地表的水土流失易发区。

2.预防对象

预防对象是指预防范围内需要保护的林草植被、地面覆盖物、基本农田、人工水土保持设施。重点包括:天然林、郁闭度高的人工林以及覆盖度高的草场、草地;受人为破坏后难以恢复和治理的难利用地;水土流失严重、生态脆弱地区的植被、地衣等地面覆盖物;河流、溪沟两岸以及湖泊和水库周边的植物保护带;基本农田;水土流失综合治理成果。

(二)预防保护措施与配置

1.划分水土流失重点预防区

结合生态保护红线划定方案,划分水土流失重点预防区,并向社会公告。

各区县（自治县）在市级水土流失重点预防区划定的基础上，在更高精度上进一步复核划定区县级水土流失重点预防区。

2. 加强现有森林植被和水土流失治理成果管护和培育

继续实施分类经营、分类管理，全面停止国有天然林商品性采伐，将天然林和可培育成为天然林的未成林封育地、疏林地、灌木林地等划入天然林保护范围；继续加强公益林管护，落实好公益林生态效益补偿政策；继续加强森林资源培育，实施幼龄林抚育和低效林改造，提高森林质量；加强水土流失治理成果后期管护，持续发挥治理成效。

3. 加强农村新能源建设，促进生态自然修复

采取农村小水电、以电代柴、新能源代燃料等能源替代措施，减少植被破坏。实施轮封轮牧、人工种草、舍饲养畜等封育措施，减少人畜活动对植被破坏，促进生态自然修复。

4. 加强生产建设活动管理

禁止在崩塌、滑坡危险区和泥石流易发区从事取土、挖砂、采石等一切可能造成水土流失的生产建设活动。对陡坡地开垦和种植、林木采伐间伐抚育，采取水土保持措施，防止水土流失。

5. 加强监督和依法行政

采取严格的预防及管控措施，全面防治基础设施建设、矿产资源开发等生产建设活动和项目造成的人为水土流失。

6. 实施综合治理

对预防范围内存在的局部水土流失进行综合治理，促进预防措施的实施。局部水土流失综合治理采取林草植被建设、坡改梯、农村垃圾和污水处置设施建设、人工湿地及其他面源污染控制等措施。

二、水土保持监督管理

（一）制度体系

1982 年 6 月，国务院发布《水土保持工作条例》，提出了"防治并重，治管结合，因地制宜，全面规划，综合治理，除害兴利"的水土保持工作方针。1991 年 6 月 29 日，《中华人民共和国水土保持法》颁布实施，确立了"预防为主，全面规

划,综合治理,因地制宜,加强管理,注重效益"的新水土保持工作方针(程顺钦等,2015)。重庆市在贯彻落实国家有关水土保持的法律法规的同时,结合实际陆续出台了一系列地方性配套法规和规范性文件。

1. 不断规范重庆市地方性法规建设

1997年11月重庆市人大常委会公布《重庆市实施〈中华人民共和国水土保持法〉办法》,1998年1月1日起施行。2012年9月,重庆市第三届人民代表大会常务委员会第三十六次会议对《重庆市实施〈中华人民共和国水土保持法〉办法》进行修订。

2. 市委、市政府高度重视水土保持生态环境工作

2000年5月,中共重庆市委、市政府出台《关于加强生态环境保护和建设的决定》明确:"实行生态环境保护和建设党政一把手亲自抓、负总责制度和任期目标考核制度。"2004年6月,重庆市人民政府办公厅印发《关于进一步加强水土保持工作的通知》,要求加大水土保持的宣传力度,全面落实"预防为主"的工作方针,建立健全水土保持相关工作制度,建立稳定的水土保持投入机制,以及进一步强化水土保持监督执法。2006年12月,中共重庆市委、市政府出台《关于加快水利发展的决定》,其中对重庆水土保持生态建设作了部署。

3. 不断规范生产建设项目水土保持方案管理

1998年9月,重庆市水电局、市计委、市环保局联合印发《重庆市开发建设项目水土保持方案报批管理办法》。2005年12月,重庆市水利局、市环保局联合印发《重庆市开发建设项目水土保持方案报批办法》。2006年,重庆市水利局印发《关于切实做好开发建设项目水土保持工作的通知》。2016年3月,重庆市水利局印发《重庆市水利局强化依法行政进一步规范生产建设项目水土保持监督管理工作方案的通知》。同年11月,印发《重庆市生产建设项目水土保持设施验收技术评估工作管理办法(试行)》。

2018年11月,重庆市水利局印发《关于进一步加强和规范生产建设项目水土保持方案审批的通知》,要求进一步严格落实水土保持方案审批制度,规范水土保持方案审批阶段和中介服务行为,明确水土保持方案审批重点,规范水土保持方案审批服务,强化水土保持方案审批监管。

4. 严格执行水土保持补偿制度

《中华人民共和国水土保持法》和《重庆市实施〈中华人民共和国水土保持

法〉办法》都明确规定了生产建设项目水土保持补偿制度。2002年9月，重庆市财政局、市物价局联合印发《关于收取重庆市水土保持设施补偿、水土流失防治费的通知》以及《关于核定水土保持设施补偿、水土流失防治费收费标准的通知》。2015年6月，重庆市物价局、财政局、水利局印发《关于水土保持补偿费收费标准的通知》;2015年7月，重庆市财政局、物价局、水利局、中国人民银行重庆营业管理部共同印发《重庆市水土保持补偿费征收使用管理实施办法》。为响应国家减税降费号召，2017年，重庆市物价局、财政局、水利局发文对水土保持补偿费标准进行了修订，所有补偿费征收标准均降低30%。

5. 不断完善地方标准制度体系

2008年10月，重庆市质量技术监督局发布了全市第一个水土保持监测地方标准《重庆市水土保持监测技术规范》。2014年5月，重庆市水利局、发展和改革委员会发布《重庆市水土保持工程概算定额》和《重庆市水土保持工程概（估）算编制规定》，重庆市第一次有了符合地方实际的水土保持工程编规与定额。2018年，重庆市水利局联合西南大学、中科院成都山地所等多家科研院所，启动了《重庆市生态清洁型小流域建设技术导则》编制工作。

（二）监管能力

全市水土流失防治工作遵循"预防为主、保护优先"的水土保持方针，认真贯彻落实《中华人民共和国水土保持法》和《重庆市实施〈中华人民共和国水土保持法〉办法》，依法划定全市水土流失重点预防区和重点治理区，严格执行生产建设项目水土保持"三同时"制度，依法遏制人为水土流失。直辖以来，市级及各区县水行政主管部门结合本地实际情况，制订了相应的规范性文件和管理制度，开展了水土保持预防监督能力建设，基本形成较完备的预防监督制度体系和管理体系。

重庆市直辖后，自1998年1月1日起实施的《重庆市实施〈中华人民共和国水土保持法〉办法》规定："各级水行政主管部门的水土保持监督管理机构，负责水土保持工作的具体事务。水土保持监督管理机构应当保持相对稳定"。要求"市、区、县（市）水行政主管部门应建立水土保持监测网络，对水土流失动态、防治情况和效益进行监测预报，并定期公布"。重庆市水利电力局内设水土保持处，挂重庆市水土保持办公室牌子。各区县水利部门在机构改革中，相继设置了水土保持科或水土保持办公室、水土保持预防监督站等水土保持工作机构,万州区、南川市设立水土保持局。在水土保持重点监督区的部分重点乡镇还聘用了村级水土保持联络员,全市初步形成了市、区县、乡镇、村四级水土保持预防监督体系。

2009年6月,为增强各级水行政主管部门的水土保持监督管理能力,提升监督管理水平,水利部在全国组织开展了水土保持监督管理能力建设活动,重庆40个区县全部被列入第一批能力建设县范围。各级水行政主管部门特别是能力建设县高度重视,精心组织,落实责任。通过出台配套法规,建立健全机构,加强人员培训,完善管理制度,规范监督管理,各区县水土保持监督管理能力显著提高。

根据2018年统计,全市水土保持管理机构分市级、区县级和乡镇级三级,全市共有水土保持行政管理机构39个,监督执法机构52个,监测机构13个,水土保持工作者640余人。全市共有取得水土保持水平评价证书的技术服务单位70家,从业人员1100余人,其中水土保持方案编制服务单位56家,从业人员900余人;水土保持监测服务单位21家,从业人员100余人;水土保持监理服务单位5家,从业人员100余人。

(三)生产建设项目监督管理

重庆直辖以来,各级水行政主管部门将水土保持预防监督作为一项重要的工作来抓,大部分区县成立了水土保持预防监督机构。市级及各区县水行政主管部门结合本地实际情况,根据《中华人民共和国水土保持法》和《重庆市实施〈中华人民共和国水土保持法〉办法》,因地制宜制订了相应的规范性文件和管理制度,开展了水土保持预防监督能力建设,形成较完备的预防监督法规体系。

自1998年1月1日起实施的《重庆市实施〈中华人民共和国水土保持法〉办法》,对开发建设项目的水土流失防治,水土保持"三同时"制度等作了明确规定。

1998年9月重庆市水电局、计委、环保局联合印发《重庆市开发项目水土保持方案报批管理办法》规定中型工程以上及占地面积在2万 m² 以上或开挖土石方量在1万 m³ 以上的,编制"水土保持方案报告书";其余的必须填报"水土保持方案报告表"。2005年12月,重庆市水利局、环保局联合印发《重庆市开发建设项目水土保持方案报批管理办法》规定占地面积在 1 万 m² 以上（含 1 万 m²）的，编制"水土保持方案报告书"；占地面积 1 万 m² 以下 1000m² 以上（含 1000m²）的，填报"水土保持方案报告表"。2012 年修订的《重庆市实施〈中华人民共和国水土保持法〉办法》中，将编制方案报告书的最低标准提高到"占地面积在 5 万 m² 以上或开挖土石方量在 5 万 m³ 以上"。2018 年重庆市水利局印发《关于进一步加强和规范生产建设项目水土保持方案审批的通知》，又对水土保持方案内容进行了规范，同时对报告表编制进行了简化。

2003 年 8 月，重庆市将开发建设项目水土保持方案审批、开发建设项目水土保持设施竣工验收列为市水利局行政许可项目。2005 年 11 月，重庆市政府第 190 号令公布《重庆市建设领域行政审批制度改革试点方案》，自 2006 年 1 月 1 日起施行，将水土保持方案审批纳入行政审批中的环评环节，规定水土保持方案审批为环评的前置条件。2016 年，《中华人民共和国环境影响评价法》第一次修正后，水土保持方案审批不再纳入审批前置条件。

直辖以来，重庆市均要求建设工程竣工验收时，必须报请水行政主管部门同时验收水土保持设施，水土保持设施未经验收或验收不合格的建设工程不得投产使用。2018 年，根据水利部"放管服"改革的相关要求，水土保持设施验收调整为项目建设单位自行组织验收，并报审批部门备案。

《中华人民共和国水土保持法》颁布实施后，重庆市各级人大常委会对《中华人民共和国水土保持法》的贯彻实施给予了有力的支持和有效的监督。通过各级人大组织的水土保持法执法检查，各级政府对水土保持工作更加重视，一些水保违法案件得到查处和纠正。

2011 年新《中华人民共和国水土保持法》颁布施行以来，各级水土保持部门以贯彻新水土保持法为契机，以水土保持监督管理能力建设为抓手，以狠抓水土保持"三同时"制度落实为切入点，不断强化生产建设项目水土保持监督管理。据 2010—2018 年统计数据，累计审批生产建设项目水土保持方案 8257个，水土保持总投资 616.11 亿元，防治责任范围 1870.49km²，征收水土保持规费 10.49 亿元，查处水土保持违法案件 1144 起，验收生产建设项目水土保持设施 1921 个。

三、水土保持区划与水土流失重点防治区

(一) 水土保持区划

1. 国家级水土保持区划

2012 年 11 月,水利部印发《全国水土保持区划(试行)》(水利部,2012),重庆市在全国水土保持区划中隶属于西南紫色土区(四川盆地及周围山地丘陵区)一级区,秦巴山山地区、武陵山山地丘陵区、川渝山地丘陵区 3 个二级区,四川盆地南部中低丘土壤保持区、川渝平行岭谷山地保土人居环境维护区、大巴山山地保土生态维护区和鄂渝山地水源涵养保土区 4 个三级区。

2. 重庆市水土保持区划

直辖以来,重庆市共开展了两次水土保持区划工作。

1999 年,重庆市水利局根据类型区划分原则和命名方法,将重庆市域划分为 3 个类型区,即渝西方山丘陵轻度侵蚀区;渝中平行岭谷丘陵低山中度侵蚀区;盆周低、中山中度侵蚀区。

在《全国水土保持区划(试行)》(水利部,2012)的基础上,2013 年,重庆市根据水土流失现状与分布,进一步将全市划分为渝东北大巴山山地保土生态维护区、渝东南武陵山山地水源涵养保土区、渝中平行岭谷保土人居环境维护区、都市山水人居环境维护区、渝南中低山保土生态维护区和渝西方山丘陵保土人居环境维护区 6 个四级区(见图 3 - 3 - 3)。

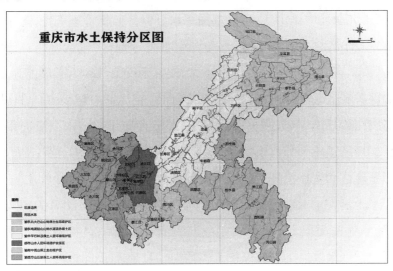

图 3 - 3 - 3 重庆市水土保持分区图(重庆市水利局,2017)

（二）水土流失重点防治区划分

1. 国家级水土流失重点防治区

2013 年,水利部公布了《全国水土保持规划国家级水土流失重点预防区和重点治理区复核划分成果》(水利部,2013)。其中:国家级水土流失重点预防区复核划分成果中,重庆市共 2 个水土流失重点预防区,分别是丹江口库区及上游国家级重点预防区和武陵山国家级重点预防区,两者面积分别为 1060.15km^2 和 852.40km^2,总面积为 1912.55km^2;国家级水土流失重点治理区复核划分成果中,重庆市共 2 个水土流失重点治理区,分别是三峡库区国家级重点治理区和乌江赤水河上中游国家级重点治理区,两者面积分别为 14926.83km^2 和 2160.53km^2,总面积为 17087.36km^2。

2. 重庆市水土流失重点防治区

直辖以来,重庆市共开展了两次水土流失重点防治区划分工作。

1999 年 2 月重庆市人民政府发布《关于划分水土流失重点防治区的通告》,将全市划分为水土保持重点预防保护区、重点监督区和重点治理区。其中,重点预防保护区在乌江、大宁河及沅江上游等森林植被较好的地区,包括城口、巫溪、秀山、酉阳、彭水等,以及北碚缙云山林区、江津四面山林区、南川金佛山林区等重点林区,以保护自然植被,防止乱砍滥伐为主,同时做好局部水土流失严重地区的治理。重点监督区在长江、嘉陵江干流三峡库区,包括万州、涪陵、主城 9 区等 19 个区县,万盛、綦江南桐矿区,永川、荣昌永荣矿区,合川、北碚天府矿区,九龙坡中梁山矿区,重点做好水土保持监督管理工作,防止新的水土流失。重点治理区在长江干流、嘉陵江中下游等地区,包括万州、涪陵、黔江等 30 个县(市、区),重点以治理水土流失,改善生产条件和生态环境为主,同时做好预防保护和监督管理工作。

2015 年,重庆市人民政府办公厅发布《关于公布重庆市水土流失重点预防区和重点治理区复核划分成果的通知》(渝府办发〔2015〕197 号),对市级水土流失重点预防区和重点治理区进行了复核划分。

市级水土流失重点预防区涉及 31 个区县(自治县、经开区)的 199 个乡镇(街道),重点预防面积 7466.85km^2,占全市面积的 9.06%(见图 3 – 3 – 4)。该区域主要包括市级及以上自然保护区、森林公园、地质公园及风景名胜区,是重庆市重要生态功能区,植被生态条件较好,水土流失轻微,但潜在危险较大。水土保持工作的重点是:实施最严格的预防管护措施,保护好区域林草植被和水土保持设施;严格控制生产建设活动,有效避免人为水土流失。

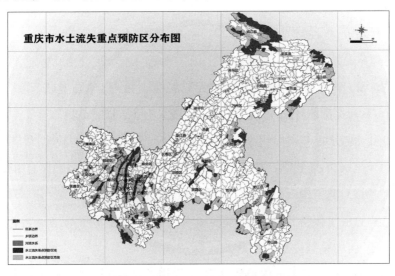

图 3 - 3 - 4　重庆市水土流失重点预防区分布图(重庆市水利局,2017)

市级水土流失重点治理区范围涉及 21 个区县(自治县)的 412 个乡镇(街道),重点治理面积 18723.31km^2,占全市面积的 22.73%,占全市水土流失总面积的 59.63%(见图 3 - 3 - 5)。该区域主要位于三峡库区、乌江赤水河上游和嘉陵江中下游,水土流失严重,治理需求迫切。水土保持工作的重点是:加大投入力度,加快治理进度,以小流域为单元,山水田林路村统一规划,综合治理;强化监督管理和预防保护,巩固治理成果,促进区域生态经济协调发展。

图 3 - 3 - 5　重庆市水土流失重点治理区分布图(重庆市水利局,2017)

四、水土保持规划编制

(一)全市水土保持规划主要情况

直辖以来,为了科学指导全市水土流失治理工作,促进全市水土保持工作规范化,重庆市坚持规划引领,统筹水土流失综合治理、预防监督、监测预报等各项工作,不断完善水土保持规划体系,完成了一系列规划工作。

2000年,重庆市水利局组织西南农业大学、相关区县等技术力量,历时2年,编制了《重庆市水土保持生态建设规划(2000—2050)》,提出了用50年左右的时间,到21世纪中叶,使全市51905.11km²的水土流失区域得到基本治理,建立起完善的水土保持预防监督体系和水土流失动态监测网络等目标。同时期,全市各区县均编制完成了县级水土保持规划。

2006年,由重庆市水土保持生态环境监测总站编制了《重庆市三峡库区水土保持生态建设规划(2007—2030年)》,规划完成水土流失治理面积21427km²,使重庆三峡库区生态环境得到彻底改善;建立起较为完善的监督预防和监测预报体系,人为水土流失得到有效控制;水土资源得到有效保护和合理利用,农业生产条件和生活环境得到根本好转,努力将重庆三峡库区建设成为生产发展、生活富裕、生态良好的生态经济区。

2008年,重庆市水土保持生态环境监测总站编制了《重庆市水土保持科技发展规划(2008—2020)》和《重庆市水土保持监测体系建设规划(2008—2015年)》两项专题规划,使全市水土保持监测和科技发展工作有了规划依据。

2016年,重庆市水利局组织编制了《重庆市水土保持规划(2016—2030)》(重庆市水利局,2017)。这是指导全市水土保持工作,推动全市水土保持生态环境进一步改善的指导文件。

(二)重庆市水土保持规划编制情况

1.编制过程

2011年,根据水利部要求,重庆市同步启动了全市水土保持规划的编制工作。经过启动准备、专题调研和研究、报告编制及修改完善等4个阶段,重庆市水利局成立了"规划编制领导小组"和"规划编制咨询专家组",组织编制了《重庆市水土保持规划技术大纲》(重庆市水土保持生态环境监测总站,2013),开展了饮用水源地水土流失防治措施体系、山洪地质灾害易发区水土保持技术体系和坡耕地基本农田建设与城乡建设用地置换模式研究等三个专题研究,完成了重庆市水土流失重点预防区和重点治理区复核划分工作并经市政府办公厅进行公告。2017 年 5 月,重庆市人民政府以《关于重庆市水土保持规划(2016—2030 年)的批复》(渝府〔2017〕19 号)对《重庆市水土保持规划(2016—2030)》进行了批复。

2. 主要内容

《重庆市水土保持规划(2016—2030 年)》主要由文本、附表、附图组成。其中规划报告分为九章,附表 6 张,附图 4 幅。

《重庆市水土保持规划(2016—2030 年)》具体内容包括:①分析评价了全市水土流失和水土保持综合防治等方面的现状和存在的问题,在此基础上对重庆市水土保持面临的形势进行了分析和阐述,提出了指导思想、基本原则、总体目标以及规划期主要指标。②明确了总体方略和水土保持分区,在分析评价六个水土保持四级分区基本概况的基础上,从预防保护、重点治理和监督管理三个方面阐述了各分区水土保持方向和布局。③明确了预防保护和水土流失区域治理范围和对象,提出了预防保护和治理措施。结合市政府办公厅公布的水土流失重点预防区和重点治理区,明确了市级水土流失重点预防区域和重点治理区域。结合市政府同意公布的水源地名录,将水库型饮用水水源地列入预防保护重点项目。结合国家和市级重点实施的生态建设项目,确定了重点治理项目的范围、任务和规模。④明确了水土保持监测和信息化建设的基本思路,提出了监测站网布局、监测任务和信息化建设内容,规划了近期水土保持监测重点项目和信息化建设重点项目。⑤明确了水土保持监督管理和能力建设的工作重点,提出了近期水土保持重点监管制度建设内容,提出了规划实施的组织、制度、资金、技术、宣传等方面的保障措施。

第四节　水土流失综合治理

一、水土流失治理进展

重庆市水土流失治理工作进程大致分为 4 个阶段。

(一)计划单列至 1988 年,水土保持工作全面恢复

1983 年 5 月,四川省人民政府颁发《四川省水土保持工作细则》。1984 年 5 月,重庆市人民政府成立市水土保持工作领导小组,领导小组办公室设在重庆市农机水电局,并明确市农机水电局主管全市水土保持工作。此后,各区县水土保持机构相继设立,区县基层水利水保管理服务体系逐步建立。

重庆市各区县选定 1～2 条小流域,开展水土流失综合治理试点,试点期 5 年。5 年间重庆市共投入水土保持经费 340 万元,治理水土流失面积 223km²。铜梁县张家沟、合川县龙多山、潼南县哑巴河等小流域通过综合治理,水土流失得到有效控制。水利部长江水利委员会在云阳县二道河小流域、四川省水电厅在巫山县官渡河小流域分别开展综合治理试点。

这一时期,重庆市一度停滞的水土保持工作全面恢复。通过试点,积累了小流域综合治理经验,培养了一批水土保持工作骨干。水土流失治理从过去零星、分散、单一措施的治理,逐步转向有计划的以小流域为单元的集中治理、连续治理、综合治理。

(二)1989 年至 1997 年,水土流失治理全面开展

1989 年,"长治"工程正式实施。"长治"工程主要以小流域为单元,以预防保护和治理开发水土资源为根本,实施山、水、田、林、路综合治理,促进人口、资源、环境和经济的协调发展。直辖前,重庆地区"长治"工程第一期至第三期实施范围涉及 24 个区县,治理小流域 476 条。"长治"工程的实施,加快了重庆水土流失治理步伐,促进了水土保持工作的全面开展。

（三）直辖至 2012 年，水土流失治理快速发展

重庆直辖后，生态环境建设是时任中共中央总书记江泽民对重庆交办的四件大事之一。2000 年 5 月，中共重庆市委、市政府出台《关于加强生态环境保护和建设的决定》，提出实施以主城区为重点的山水园林城市和以三峡库区为重点的"青山绿水"两大战略工程。2002 年 8 月，重庆市人民政府批准实施《重庆市水土保持生态建设规划》，提出重庆水土保持生态建设十年初见成效，三十年大见成效，到 2050 年实现巴渝大地山清水秀、江河清澈的目标。重庆市水土保持生态建设，除"长治"工程外，还陆续实施了天然林资源保护工程、退耕还林还草工程、生态环境建设工程、三峡库区沿江绿化带建设工程，以及国债水土保持项目、中央财政预算内专项资金水土保持项目、国家农业综合开发水土保持项目、云贵鄂渝水土保持世行贷款/欧盟赠款项目、坡耕地水土流失综合治理工程、革命老区水土保持项目等以水土流失治理为主要内容的生态建设工程。21 世纪初，开展水土保持生态修复试点，重庆有 7 个区县被列为"长治"生态修复试点县，加快了水土流失治理步伐。在水土保持生态建设工程布局上，重庆市水利局选择以区县城镇周边、大中型水库库区、高等级公路（铁路）沿线和大江大河沿岸为重点，优先安排治理，以带动全局。在水利部、财政部开展的全国水土保持生态环境建设"十百千"示范工程活动中，重庆市先后有 3 个城市、6 个区县、28 条小流域被命名为"示范工程"。

（四）2012 年以来，水土流失治理进入高质量发展阶段

2012 年党的十八大以来，重庆市人民政府按照国家生态文明建设要求和习近平总书记"绿水青山就是金山银山"的绿色发展理念，将水土流失治理纳入脱贫攻坚战略、乡村振兴战略、污染防治攻坚战和绿色发展行动计划，以小流域为单元，将水土流失治理与流域水环境整治、生态旅游、农村产业发展、农村人居环境整治、美丽乡村建设有机结合，坚持山水田林湖草综合治理，加快推进水土保持生态修复，水土保持综合效益得到充分发挥。这一时期水土流失治理工程选点突出了贫困地区、坡耕地集中区域、水源地保护区；水土保持措施体系不断完善，逐渐丰富生态清洁举措；建设管理制度不断创新，试点了先建后补、以奖代补、村民自建等建管模式。水土流失治理主动适应高质量发展、高品质生活的时代要求，围绕绿色发展，强调综合效益，迈上高质量发展阶段。

2012 年以来,重庆市 32 个区县先后实施了坡耕地水土流失综合治理工程、国家农业综合开发水土保持项目、革命老区水土保持项目等水土保持专项工程。在有效治理水土流失的同时,充分与农村产业发展、美丽乡村建设、农村脱贫攻坚相结合,促进绿色发展和民生改善,涌现出一批先进示范典型:万州区板桥河项目区坡耕地水土流失综合治理结合黄金生态农业园区开发,打造集农林研发、种养示范、乡村旅游、统筹城乡为一体的现代农业综合开发园区;忠县任家老鹳村依托三峡后续库周屏障水土保持项目继续拓展柑橘优势产业,规模达到约 3.33km²,实现了保护长江和群众致富的有机结合;梁平县文化镇依托水保项目大胆探索“专业合作社 + 基地 + 农户”建管模式,整合资金 3000 余万元发展九叶青花椒特色产业 5.16km²;永川区建设的上游水土保持生态示范园,让合兴村桃花源及上游水库周边实现花果飘香,催生乡村旅游;荣昌区整合资金 1000 多万元建设的安富水土保持生态公园,为 3 万余人提供了休闲娱乐场所;万盛经开区青山湖水库整合资金 3000 余万元建设清洁小流域,成效显著。

二、水土流失治理措施

重庆市水土流失综合治理措施经历了一个从教条到实践并在实践中不断完善的过程。水土流失治理措施体系包括工程措施、林草措施、耕作措施、生态修复措施、生态清洁措施。其中工程措施主要包括坡面整治工程(坡改梯、坡面水系、田间道路)和沟道防护工程(谷坊、拦沙坝、溪沟整治、塘堰整治)以及滑坡防治工程(削坡减载、支挡固坡、拦挡工程等);林草措施包括营造水土保持林、经果林、种草、等高植物篱(带)、格网林带、发展复合农林业、开发与利用高效水土保持植物等;耕作措施包括等高耕作、沟垄种植、间作套种、合理密植、免耕少耕等;生态修复措施包括疏林补植、封禁管护、能源替代工程(沼气池、节柴灶)、生态移民等;生态清洁措施包括垃圾收集、改水改厕、污水处理等。各地在水土流失治理实践中,因地制宜采取了多种配置模式的综合治理措施。

(一)坡改梯

坡耕地是重庆水土流失的主要策源地之一。坡改梯主要是在 10°~25° 的坡耕地中进行,并与坡面蓄、排水系统和小型水利水保工程配套,以截短坡长,蓄排径流,起到保护土壤作用,并可增加水资源利用,提高农作物产量,增加人口环境容量。梯田类型包括土坎梯田、石坎梯田、隔坡梯田和坡式梯田。

（二）小型水利水保工程

通过兴建截水沟（拦山堰）、排洪沟、引水渠、沉沙凼、蓄水池等小型水利水保工程，层层拦蓄，调控坡面径流，力求泥不下山，水不乱流，既防止地面冲刷、沟底下切，又可用于农田灌溉。

（三）植树种草，封山育林

重庆一些地区由于用材和燃料缺乏，一度乱砍滥伐，使荒山、荒坡面积急剧增加。在荒山、荒坡和大于25°的陡坡耕地营造水土保持防护林和经果林等，实行乔、灌、草相结合，恢复植被。在荒山荒坡和退耕坡地上，营造薪炭林、用材林等，解决群众的燃料需求，既保持水土，又改善了生态环境。按"因地制宜、适地适树"原则，选择根系发达、固土性强的树种，并恰当安排用材林和薪炭林比例。在原有植被比较稀疏的坡地上，充分利用重庆地区水热资源丰富的有利条件，实行封育管理，发挥生态自我修复能力，促进植被恢复。封禁区设立标志，确定专人管理，制订乡规民约。同时，采取修建沼气池、普及节柴灶、以煤代柴等措施，解决农村能源问题，减少林木砍伐。

（四）保土耕作

对5°～10°的缓坡地、10°～25°的零星坡耕地和一时不能改为梯田而又没有退耕的坡耕地，采取等高耕作、横坡耕作、间作套种、等高植物篱等措施，结合种植结构调整，增加作物覆盖，提高土壤抗蚀能力，减少水土流失。

（五）生态清洁措施

针对水资源短缺、水生态损害、水污染问题凸显的严峻形势，以农村"生产发展、村容整洁"为切入点，以小流域综合治理为重点，以改善农村水土流失地区的生产生活条件和生态环境为着力点，坚持水土流失治理与水源和水环境保护、农业集约化生产、人居环境改善相结合，实施污水、垃圾、厕所、沟道、面源污染同步治理，构筑"生态修复、生态治理、生态保护"三道防线，使小流域达到景观优美、自然和谐、卫生清洁、人居舒适。

三、重点治理项目

重庆市各级各部门按照职能职责，合力推进全市水土流失治理工作。相关部门项目主要包括林业部门实施的退耕还林工程,国土部门实施的土地整理项目,发展和改革委员会牵头实施的石漠化治理工程,以及农业部门实施的农业综合开发等涉农项目。水利部门依托国家有关专项规划实施了长江上游水土保持重点防治工程、云贵鄂渝水土保持世行贷款/欧盟赠款项目、国家农业综合开发水土保持项目、坡耕地水土流失综合治理工程、革命老区水土保持项目等水土流失重点治理项目。

(一)长江上游水土保持重点防治工程

长江上游水土保持重点防治工程简称"长治"工程,主要以小流域为单元分期实施,每条小流域面积 20～50km²,每期治理时间 3～5 年。从 1989 年正式实施,至 2008 年结束,历时 20 年,先后实施了"长治"第一期至第七期工程、"长治"生态修复工程和"长治"农发水保项目工程。据重庆市水利局统计数据,重庆市有 31 个区县列入"长治"工程范围,投资 21.2798 亿元,治理小流域 844 条,治理水土流失面积 17032km²。1991 年 11 月 5 日,田纪云副总理视察合川县的"长治"工程,并给予高度评价。通过治理,减轻了项目区水土流失,改善了生产、生活条件,增加了群众收入,取得了显著的生态、社会和经济效益,被誉为"德政工程""富民工程"。

自 1996 年开始,重庆市按照长江上游水土保持委员会《创建"长治"工程样板县实施方案》,开展样板县创建活动。2001 年,长寿、铜梁、涪陵、万州、开县、巫山、巫溪、丰都等 9 个区县被长江上游水土保持委员会命名为"长治"工程样板县。

重庆市"长治"工程项目建设管理,由重庆市级水利部门进行宏观管理下达计划任务,项目区县水利部门负责规划设计、技术指导和工程竣工验收,把好工程质量关,项目所在乡镇负责施工管理,村社负责土地协调和组织劳动力,形成了"建设单位负责、施工单位保证、监理单位控制、政府部门监督、群众积极参与"的管理机制。市、区县、乡镇、村四级层层签订目标责任书,落实任务。工程实施中,充分发动群众,完善投入机制,调动了群众投工投劳的积极性;积极推行大户治理,推广治理新技术。

(二)云贵鄂渝水土保持世行贷款/欧盟赠款项目

云贵鄂渝水土保持世行贷款/欧盟赠款项目是一个由水利部牵头的,在云南、贵州、湖北、重庆四省（市）实施的以"治理水土流失，改善生态环境；发展农村经济，增加群众收入"为目标的国际合作生态建设项目。项目总投资2亿美元，其中世行提供1亿美元贷款，欧盟资助1000万欧元赠款，余额由中国政府配套解决。2006—2012年，重庆市万州、涪陵、黔江、渝北、江津、合川、永川、荣昌、巫溪、开县、长寿等11个区县优选38条小流域实施了水土保持世行贷款/欧盟赠款项目。总投资3.86亿元人民币，其中世行贷款2500万美元（约合人民币1.62亿元），欧盟赠款230万欧元（约合人民币0.21亿元），国内配套2.03亿元。

根据世行项目管理信息系统提供的竣工数据，项目累计治理水土流失501km²，占项目区原有水土流失面积571km²的88%。其中：石坎梯田399hm²，土坎梯田844hm²，水土保持林3865hm²，经济果木林12777hm²，种草375hm²，封禁治理12152hm²，保土耕作19707hm²。建设沉沙函容积折合7669m³，修建排洪沟62km，修田间道路721km、机耕道361km，修建蓄水池容积折合20万m³，建灌溉渠道257km，布设灌溉输水管网158km，扶持养畜3005户，建沼气池7683座、节柴灶2537座。共有3289户贫困农民得到欧盟赠款500～1000元不等的直接补助。

项目紧扣时代发展主题，以"治理水土流失，改善生态环境；发展农村经济，增加群众收入"为目标，在多年水土保持生态环境建设实践基础上，从设计理念、建设目标、建设内容、技术培训、信息管理、制度建设等方面进行了系列改革。由于项目投资标准相对较高，实施过程中引进了国内外的先进理念和技术，项目取得了较大成效。项目区水土流失得到治理，生态环境有较大改善，农村经济有长足发展，同时为广大水土保持工作者积累了丰富的水土保持经验和农村工作经验。

（三）国家农业综合开发水土保持项目

国家农业综合开发水土保持项目属于农业综合开发项目的土地治理项目，项目实施把水土流失治理与发展农村生产力、增加农民收入有机结合起来，解决农民群众最关心、最直接、最现实的生产生活问题，为加强山丘区农业基础设施建设，改善农业生产条件和生态环境，提高农业综合生产能力，加快群众脱贫致富步伐，促进当地经济社会发展、防治水土流失、改善生态环境发挥了十分重要的作用。

据重庆市水利局统计数据,重庆在各规划期内先后有 26 个区县实施了国家农业综合开发水土保持项目,累计初步治理水土流失面积 669km²。其中,实施坡改梯 705hm²,营造水土保持林 5547hm²,栽植经济果木林 9946hm²,种草 342hm²,实施封禁管育 19545hm²,其他措施 30779hm²。完成总投资 2.94 亿元,其中中央投资 1.76 亿元,市和区县投资 1.05 亿元,群众自筹及其他投资 0.13 亿元。通过治理,项目区农业基础设施得到加强,农业生产条件明显改善,环境得到改善的同时促进了当地经济社会的发展。

(四)坡耕地水土流失综合治理工程

2010 年以来,重庆市被纳入全国坡耕地水土流失综合治理工程试点范围,开始在坡耕地分布相对集中的区县分期实施坡改梯专项工程。坡改梯工程紧密结合全市各级现代农业园区进行建设,建立了一大批生产便利、稳产高产的基本农田。据统计,全市先后有 22 个区县实施了坡改梯专项工程,以坡改梯为主要治理手段共治理坡耕地近 95km²,配套建设了沟、凼、路、池坡面水系和道路工程。完成总投资 5.52 亿元,其中中央投资 3.92 亿元,市和区县投资 0.97 亿元,群众自筹及其他投资 0.63 亿元。

重庆在坡耕地专项工程实施过程中开展了财政投资股权化改革试点。自 2017 年重庆市水利局将坡耕地水土流失治理工程纳入股权化改革试点以来,共有 15 个区县主动申报,落实中央预算内投资 5026 万元用于试点工作。通过项目实施,将治理坡耕地水土流失与发展特色农林产业相结合,积极引进新型农林业经营主体参与工程建设,撬动了近 5000 万元的社会资金参与坡耕地治理;将政府投入的财政性资金按一定比例作为涉及土地流转农户或项目所在地农村集体经济组织持股参与分红,项目区群众预计每年可分红 200 万元以上,年人均增收超过 1000 元,逐步建立起农民收入持续增长的长效机制,有力推进了脱贫攻坚和产业发展,提高了财政资金的投资效益。

(五)革命老区水土保持项目

按照国家有关规划,重庆市城口、酉阳、秀山、黔江、彭水、石柱、万盛等七个区县在 2013—2017 年实施了国家水土保持重点建设工程(因项目实施区域限定革命老区故称革命老区水土保持项目)。项目实施以治理水土流失、改善农业生产条件和生态环境为目标,以小流域为单元,山水田林路村统一规划、综合治理,加强农业基础设施建设,有效保护和高效利用水土资源,促进农村产业结构调整、农民增收和农村经济发展,实现水土资源的可持续利用和生态环境的可持续维护,促进老区经济社会可持续发展,为老区全面建成小康社会奠定坚实基础。

据统计,该专项累计初步治理水土流失面积 807km^2。其中,实施坡改梯 496hm^2,营造水土保持林 4898hm^2,栽植经济果木林 8025hm^2,种草 84hm^2,实施封禁管育 39023hm^2,其他措施 28170hm^2。完成总投资 3.77 亿元,其中中央投资 2.69 亿元,市和区县投资 1.00 亿元,群众自筹及其他投资 0.08 亿元。

四、治理效益

据 2018 年统计数据(重庆市水土保持统计年报 2018),自 1989 年实施"长治"工程以来,全市累计初步治理水土流失面积 35865km^2。其中,实施坡改梯 846719hm^2,营造水土保持林 1261603hm^2,栽植经济果木林 507915hm^2,种草 11490hm^2,实施封禁管育 739824hm^2,其他措施 218959hm^2。完成总投资 296.18 亿元,其中中央投资 145.83 亿元,市和区县投资 114.60 亿元,群众自筹及其他投资 35.75 亿元。重庆市水土流失防治取得了显著的生态效益、经济效益和社会效益,为促进经济社会可持续发展做出了重要贡献。

(一)初步遏制水土流失加剧趋势

1986 年以来,特别是"长治"工程实施以来,通过连续和规模治理,重庆水土流失加剧趋势得到初步遏制。据 2018 年监测资料(重庆市水利局,2019a),全市水土流失面积由 1985 年的 4.9 万 km^2 减少到 2.58 万 km^2,下降了 47.3%,其中强烈以上水土流失面积由 1.92 万 km^2 降低到 0.38 万 km^2,下降了 80%;年土壤侵蚀总量和进入长江的泥沙量也大幅降低。大面积的植树造林和封山育林,使治理区林草覆盖率比治理前大大提高,全市森林覆盖率由直辖初的 21% 提高至现在的 46.5%,增加了 121%。

(二)改善治理区农业生产条件

坡耕地是重庆市水土流失的主要来源地。把坡耕地改造成梯田,建设基本农田不仅是治理水土流失最有效的措施,而且是水土流失区提高人口环境容量,保障粮食安全的重要措施,对于人地矛盾十分突出的重庆市具有特殊的重要作用。30年来,重庆市水土保持生态建设完成坡改梯84.67万hm²,在防治区兴修了大量小型水利水保工程,基本农田抗旱、防洪能力大为提高,而且拦蓄泥沙增强了土地生产力,极大地改善了农业生产条件。

(三)促进农业生产结构调整

重庆在30年水土保持生态建设中,营造水土保持林126.16万hm²,种植经果林50.79万hm²,种草1.15万hm²,治理区坡耕地面积减少,林地和经果林面积大幅增加。土地利用结构的调整,促进了治理区经济结构由单一粮食生产的传统农业,向农、林、牧、副全面发展的现代农业转变,为经济社会可持续发展奠定了坚实基础。水土流失综合治理促进了当地的名、特、优农产品基地建设,如奉节脐橙,巴南五布红橙,忠县、万州的柑橘,江津九叶青花椒,渝北歪嘴李,南川、永川茶园等基地的建设,水土保持工程都发挥了重要作用。

(四)加快治理区脱贫致富的步伐,促进乡村振兴

重庆市水土流失严重地区基本上也是贫困人口集中分布区,全市80%以上的贫困人口分布在水土流失严重的地区。通过对水土流失区的开发性治理,促进了农业生产结构的优化调整,加快了经济发展和群众脱贫致富的步伐,出现了一批小康户和小康村。水土保持工程的实施,提高了各级人民政府的威信,密切了干群关系,增强了凝聚力。随着治理区山乡面貌巨变,群众生活改善,文化素质逐步提高,在衣、食、住、行等方面发生了深刻变化,乡村振兴稳步推进。

第五节　水土流失监测与信息化

一、水土保持监测网络

(一)监测机构设置

2000年9月,重庆市水土保持生态环境监测总站(简称"市水保总站")成

立,系全国水土保持生态环境监测站网的三级监测机构。至 2005 年底,重庆市初步建成以市水保总站,万州、渝北、涪陵、永川 4 个监测分站,开县、江津等 6 个监测点为基础的水土保持监测网络体系。万州、渝北等 4 个监测分站属全国水土保持生态环境监测站网的四级监测机构,分别负责对其片区的水土保持动态变化进行监测、汇总、管理监测数据和编制监测报告。

2006 年,根据水利部《水土保持生态环境监测网络管理办法》《全国水土保持监测网络和信息系统建设二期工程可行性研究报告(2005)》《重庆市水土保持监测网络建设实施方案(2002)》以及《重庆市水土保持监测规划(2008—2015 年)》(重庆市水利局,2008),结合重庆行政管理体系,将之前的"重庆市总站—监测分站—监测点"的模式改为"重庆市总站—监测分站—各区县(自治县)监测站"的模式,原来的监测点不作为一级监测机构,即在已建 1 个重庆市总站,万州、涪陵、渝北、永川 4 个监测分站基础上,全市其他区县(自治县)增设水土保持监测站这一机构,业务上受各自监测分站指导,行政上直属当地水行政主管部门领导。具体各级监测机构所担任的职责见图 3 - 3 - 6。

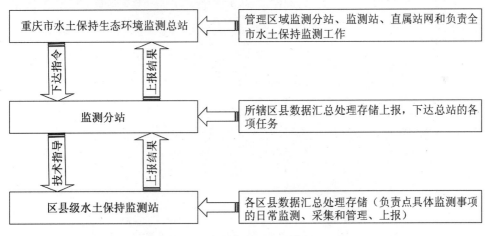

图 3 - 3 - 6　各级监测机构所担任的职责图

(二)监测站点布局

1.站点布局情况

从 2003 年开始,市水保总站陆续在万州塘坊、涪陵天子殿、渝北鹿山村、永川勤俭水库四处建设标准径流小区,分别对 10°、15°、20°和 25°四种地面坡度的水土流失,以及坡改梯、经果林、水保林(草)等水土保持措施进行定位观测。永川勤俭水库径流小区重点进行紫色土水土流失观测;万州塘坊径流小区重点对不同坡度水土流失进行观测;万州还建立了刘家沟小流域控制站,对小流域泥沙动态变化进行全过程监测,绘制降雨量与泥沙的关系曲线,研究小流域水土保持综合治理前后水土流失状况;涪陵分站还对开发建设的弃渣与自然耕种的坡地水土流失进行了对比观测。

通过多年的不断优化调整站点布局,截至2018年,全市共建设14个监测站点,分布在4个分站及城口、奉节、巫山、丰都、黔江、万盛、铜梁、合川、南川等13个区县,共计建成径流小区77个、自然坡面观测场15个、小流域卡口站3个,在建小流域综合卡口站1个、径流小区6个、自然坡面观测场6个(见图3-3-7)。

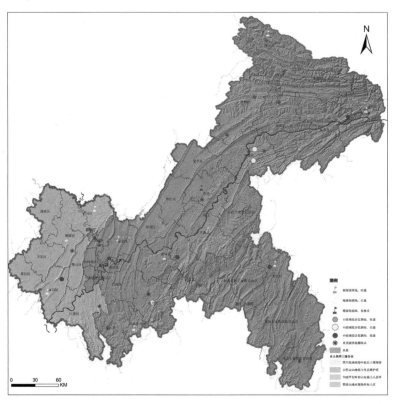

图3-3-7 重庆市水土保持监测站点分布图(重庆市水利局,2008)

监测内容主要有降水、径流、泥沙、植被盖度、土壤含水量、作物测产、水位、含沙量等。同时,为贯彻落实《水利部关于加强水土保持监测工作的通知》(水保〔2017〕36号)、《重庆市人民政府关于重庆市水土保持规划(2016—2030年)的批复》(渝府〔2017〕19号)和全面推行河长制工作有关要求,切实加强全市水土保持监测工作,提升水土保持监测基础支撑和服务决策能力,重庆市水利局出台了《重庆市水土保持监测实施方案(2018—2022 年)》(重庆市水利局,2018),提出到 2022 年基本形成上下协同、左右融合的工作机制,将水土保持监测和水文泥沙监测有机结合,初步建成信息化程度高、覆盖全市 6 个四级水土保持分区的 28 个水土保持监测站点和 50 个水文泥沙监测站点,监测控制总面积超过全市面积 70% 以上的嵌套式协同监测体系。

2. 观测人员及经费情况

全市现有监测点一线观测人员共计 75 人,其中专职人员 46 人,占总人数的 61% ,临聘兼职人员 29 人,占总人数的 39% 。从业人员中,专科及以上学历52 人,占总人数的 69% ;具有水土保持相关专业背景从业人员 37 人,占总人数的 49% ;中级技术职称以上人员 29 人,占总人数的 39% 。近年来,重庆市不断加强与市财政协调沟通,将监测站点运行管理补助经费和新建小流域综合观测站建设经费纳入市级财政年度预算,每年落实市级运行管理补助经费 385 万元,落实万州、南川、渝北等 3 条小流域综合观测站建设经费 1035 万元;万州、渝北和涪陵 3 个监测分站自 2008 年开始还落实了同级财政年度监测经费。

3. 规章制度和技术标准体系建设

为规范全市水土保持生态环境监测管理工作,加强监测站点建设与运行管理,提高水土流失监测能力,重庆市先后出台了《重庆市水土保持生态环境监测管理实施细则》《重庆市水土保持监测站点建设与管理办法》《重庆市水土保持监测点运行管理及考核办法》《重庆市水土保持监测技术规范》等规章制度和地方标准。这些制度、标准的制订和执行,为全市水土保持生态环境监测工作的顺利开展,特别是监测站点的建设、运行、管理和资金投入提供了有效的保障。

二、水土流失动态监测

(一)区域监测

区域水土流失动态监测是以摸清大面积水土流失的宏观规律为目标,为水土保持规划、区域生态环境治理决策、水土流失灾情快速调查等工作提供技术支持和服务,是水土保持监测工作开展的重点领域。监测内容主要包括对区域自然和社会经济概况、水土流失状况、水土保持开展情况等方面的动态监测。

自重庆市成立水土保持监测机构以来,先后完成了三峡水库重庆库区移民迁建中水土流失状况调查,重庆市第一次(2002年)、第二次(2005年)开发建设项目水土流失状况调查,长江上游水土保持重点防治区三峡库区(重庆库区段)第二次滑坡、泥石流调查与预警规划,重庆市水土流失遥感调查(2005年)、重庆市水土保持普查(2011年)。根据水利部《关于加强水土保持监测工作的通知》(水保〔2017〕36号)和《关于做好年度水土流失动态监测的通知》(办水保〔2018〕77号)具体安排,自2018年起分年度开展水土流失动态监测工作。已完成2018年水土流失动态监测与消长评价工作,正在推进2019年动态监测工作,主要任务是在重庆市市级监测区范围内,利用卫星遥感影像监测土地利用、植被覆盖及水土保持措施情况,并根据区域地形地貌、土壤、降雨等数据,基于中国土壤流失方程进行土壤侵蚀量计算,绘制年度重庆市市级监测区土壤侵蚀强度分布图,并结合监测点水土流失监测数据,对重庆市市级监测区的水土流失年度消长情况进行分析。

（二）生产建设项目监测

水利部2000年第12号令《水土保持生态环境监测网络管理办法》和2002年第16号令《开发建设项目水土保持设施验收管理办法》明确规定,有水土流失防治任务的开发建设项目,建设和管理单位应设立专项监测点对水土流失状况进行监测,并定期向项目所在地县级监测管理机构报告监测成果。项目主体工程在竣工时,必须与水土保持设施同时验收,并提交相应的水土保持监测报告。

2003年2月,市水保总站开始对永川至泸州一级公路(重庆段)项目进行水土保持监测,在该公路段路基一侧弃渣场设置了水土流失地面监测点,观测弃渣水土流失,在对自然堆放弃渣水土流失进行监测的同时,对典型开挖坡面和填方段边坡稳定性、工程防护效果进行动态监测,并将监测结果送达建设单位,要求采取相应防护措施。这标志着重庆市生产建设项目水土保持监测拉开了序幕。2004年12月,该项目水土保持设施通过专项验收。此后,重庆市对遂宁至重庆铁路(重庆段)、九龙坡区华岩至巴福一级公路改建工程、江津珞璜电厂扩建工程、乌江彭水电站、南岸长江防洪堤工程、綦江打通煤矿扩建工程等大批开发建设项目陆续实施了水土保持监测。

为规范生产建设项目水土保持监测工作,重庆市于2005年、2008年先后编印了《重庆市开发建设项目水土保持监测技术手册》和《重庆市水土保持监测技术规范》(DB 50291—2009),此类地方标准在当时国内属首例。

近年来,重庆市开展水土保持监测的项目不断增多,监测成果的质量也逐步得到提高。2008—2018年,重庆市级以上水土保持设施验收的生产建设项目中开展水土保持监测的累计达323个,主要涉及水利、交通、能源、公共设施等行业。

三、水土保持信息化

在全国水土保持监测网络和信息系统建设一期工程建设过程中,重庆市初步完成了"重庆市三峡工程建设中水土流失状况""重庆市开发建设项目水土流失状况""重庆市水土流失及治理现状"等基础数据库的数据录入工作。通过配备的网络软、硬件设备,初步实现了与长江水利委员会水土保持监测中心站、水利部水土保持监测中心的互联,为水土保持信息化建设打下了基础。

近年来,为适应新形势下水土保持改革发展的需求,深入贯彻"网络强国、数字中国、智慧社会"的理念,全面落实水利部"水利工程补短板、水利行业强监管"的总要求,围绕"水利一张图"建设目标,以需求为牵引,以问题为导向,加快推进水土保持信息化建设。

(一)水土保持信息立体采集体系建设

逐步建立布局合理、天地一体、手段多元互补的水土保持信息立体采集体系,提高水土保持信息采集能力。

1. 提升监测感知信息化水平

提升监测感知信息化水平,全面升级现有水土保持监测站点智能传感设备、控制执行设备和精准计量设备,实现监测数据可视化管理与实时传输;创新探索水土保持、水文泥沙嵌套监测新模式,扩大感知范围,将水土保持监测站点与水文泥沙监测站点有机结合,启动了基于坡面—小流域—大江大河的多尺度监测信息化布控体系建设。

2. 利用现有遥感影像与地理普查数据

充分利用卫星遥感影像与地理国情普查数据,全面开展土地利用现状、植被盖度等空间数据解译和挖掘,获取全市土壤可蚀性、降雨侵蚀力和水土流失专题数据,积极探索无人机遥感技术在水土保持动态监测和综合监管中的应用。

3. 配备现场移动监管设备

配备水土保持现场移动监管设备,获取生产建设项目和综合治理项目监管信息,持续开展了生产建设项目"天地一体化"、水土保持重点工程"图斑精细化"、区域水土流失评价等工作。

(二)水土保持信息资源体系建设

1. 统一数据标准

按照基础数据和业务数据两个维度进行信息资源规划,完成水土保持基础数据资源编目,以核心元数据为主要描述方式,统一数据资源分类,规范水土保持专业编码,为信息化建设提供有力支撑。

2. 建设数字小流域

依托水利部"水利一张图",利用 1∶1 万 DEM 模型,按照流域自然汇水关系,建立起全市 12 级水系汇流拓扑关系,将全市划分为 4208 条小流域,形成完整的小流域—区县—全市"数字小流域"成果,为实现以小流域为单元的水土流失预测预报、治理决策和智慧河长系统建设提供基础支持。

3. 集成基础数据

利用水利部基础数据库,结合重庆市水土保持工作新需求,全面建成年度土地利用现状、水土流失现状、土壤可蚀性、降雨侵蚀力、1∶1 万地形地貌、土壤类型分布、地质分布、农作物耕作措施分布、植被类型分布、植被年度盖度、年度水土保持治理措施、年度生产建设项目扰动地表、1∶10 万三峡库区生态环境综合状况等 13 个专题数据库,丰富了"水利一张图"的信息资源。各类数据库均具有良好的伸缩性,便于数据库的更新和移植,为面向行业和社会公众的信息服务奠定数据基础。

(三)水土保持应用服务体系建设

依托丰富的信息资源,持续开展了全市水土保持信息化建设,2018 年完成了水土保持信息化一期工程建设(水土保持监测信息管理系统),初步实现了监测数据可视化管理;正在开展水土保持信息化二期工程建设,将建成水土保持监督管理、重点工程项目、信息资源目录、小流域基础数据空间管理等4个数据库,开发完成水土保持业务应用系统,与一期监测信息管理系统进行集成,并与重庆市政务信息资源平台和国家水土保持监管平台实现信息共享,提升全市水土保持行业管理水平,助力水土保持管理从粗放向精细、从被动响应到主动发现的转变,促进重庆市水土保持工作决策、管理和服务水平的提高。

第六节　水土保持地域性特色

一、水土保持人才培养

重庆市水土保持专业教育,始于20世纪90年代。

西南农业大学1990年开设水土保持与荒漠化防治本科专业并开始招生,这是长江流域最早创办的水土保持本科专业,为重庆市重点建设学科;1999年,开始招收水土保持与荒漠化防治专业硕士生;2005年与西南师范大学合并为西南大学后,又开始招收土地利用与生态过程方向的博士生(农学学位)和农业水土工程博士生(工学学位)。西南大学已成为中国西南地区水土保持人才培养和科学研究的重要基地之一,现设有林学一级学科硕士学位授权点(含水土保持与荒漠化防治方向)和农业工程一级学科博士学位授权点(含农业水土工程方向),其硕士生培养方向是土壤侵蚀与流域治理、水土保持监测理论与技术、城市水土保持和水土保持生态修复和研究;博士生培养方向是土地利用与生态过程、水土生态过程、水土资源与工程以及水资源与水环境的研究。近30年来,共招收水土保持专业本科生1300人,硕士研究生239人,博士研究生21人(含留学生2人)。在读水土保持专业本科生250人,硕士研究生34人,博士研究生5人(含留学生1人)。

1997年重庆师范大学开始在人文地理学二级学科硕士点下招收水土保持相关专业硕士研究生,研究方向名称为"小流域综合治理与开发",每年招收

2～3名;2010年在自然地理学二级学科硕士点下招收水土保持与荒漠化治理硕士研究生,每年招收4～6名,2019年研究方向更名为"土壤侵蚀与水土保持"。20余年来,共招收水土保持相关专业硕士研究生80余人。在读水土保持相关专业研究生20余人。培养的学生多就业于重庆市政府部门、事业单位、高校及科研机构、相关企业,为重庆的水土保持做出了应有的贡献。

二、水土保持科技支撑

(一)重庆市水土保持学会

重庆市水土保持学会经重庆市民政局于2007年9月批复筹备,2008年1月批准成立,并于2009年3月召开成立大会,张崇庆任第一届学会理事长。2014年3月,重庆市水土保持学会召开第二次会员代表大会,唐学文任第二届学会理事长。同年11月,经重庆市水土保持学会第二届二次理事会决议,李华任学会理事长。2019年5月,经重庆市水土保持学会会员代表大会,熊奎任第三届学会理事长。学会在推动水土保持科技普及与推广、开展学术研究和科技咨询,组织学术交流、科技考察等方面开展了一系列活动,2010年被中国水土保持学会第四届全国会员代表大会授予先进集体奖励。

学会自成立以来,连续5年配合或组织会员赴三峡库区、广西、越南、东北黑土地、青海、西藏、江西、福建长汀等地开展水土保持生态建设考察活动,参加人员累计近100人(次);连续两届组织开展重庆市水土保持技术论文评选工作,征集论文154篇,评选并推荐部分优秀论文刊载在《中国水土保持》杂志,并对39篇论文进行了表彰和颁奖;先后在重庆市长寿区、奉节县等国家水土保持重点项目区开展科技推广示范项目;协助西南大学资源环境学院举办了"海峡两岸水土保持与生态保育学术研讨会",来自台湾和大陆的高校、科研院所等专家代表20余人参会,重点围绕山地土石流防治、土壤侵蚀机制剖析等领域开展学术报告13场次,开启了重庆市与台湾两岸水土保持事业合作的新纪元。

学会副理事长何丙辉教授和杨华教授先后带领各自团队先后多次参加世界水土保持学会、中国水土保持学会、中国土壤学会、南方水土保持研究会等主办的学术交流会和学术年会,并交流发言,其团队学会会员在《水土保持通报》《水土保持研究》等期刊发表研究论文10余篇。

（二）重庆市水土保持生态工程技术研究中心

2017年，重庆市水土保持生态工程技术研究中心正式挂牌成立，是重庆市第一家水土保持行业省（部）级科技研发平台。中心依托单位为西南大学和重庆市水土保持监测总站，技术力量雄厚，现有研究人员35人，其中正高级职称11人、副高级职称12人，具有博士学位人员22人。中心拥有一大批国内外先进的仪器设备，包括激光散射仪、气相色谱—质谱联用仪、人工降雨模拟机、水土流失自动监测仪等，中心还建成了室内实验室1000m²，人工降雨大厅300m²，径流小区及坡面观测场6.67hm²，优良水土保持林草试验推广基地13.5hm²。同时，在万州、涪陵、渝北、永川等13个区县先后建成了77个径流观测小区、15个自然坡面观测场及3个小流域卡口站。中心主要研发方向为小流域生态系统恢复重建技术、水土保持生态修复机理与技术、生产建设项目水土保持规划设计和水土保持林业生态工程技术。

近年来中心主要研究人员共承担国家重点研发计划、国家自然科学基金、"星火计划"重点项目、"948"项目等国家、省部级项目25项，社会服务项目105项。中心的成立，将为重庆市水土流失规划治理、土地利用规划及地区产业规划提供强有力的科技支撑，促进水土保持先进技术的研发、集成、应用与示范，为重庆市及三峡库区区域生态环境改善与扶贫开发提供强有力的保障。

三、水土保持科技示范园

2006年水利部提出创建全国水土保持科技示范园活动，重庆市积极探索具有重庆特色的水土保持科技示范园创建工作。重庆市成功创建了以科普教育为重点的万盛水土保持科技示范园和以科学研究为重点的中科院三峡库区（忠县）水土保持科技示范园。

（一）重庆市万盛水土保持科技示范园区

重庆市万盛水土保持科技示范园区位于万盛万东镇和南桐镇境内的南桐河小流域，土地总面积3.83km²，距万盛经开区管委会驻地6km，至万盛高速公路入口2.5km，交通条件优越。园区处于大娄山脉北西侧边缘，黔北中山区与四川盆地丘陵区的过渡带上，属低山区。园区地形西北—东南走向，呈长条形，两边高中间低，区内海拔294~687m，相对高差达393m。园区代表了重庆市低山丘陵侵蚀区水土流失的主要类型、程度、危害及生态环境、气候、土壤等基本特征,并具有良好的水土保持工作基础。

园区始建于 2008 年,以山、水、田、林、路综合治理为重点,集中治理为先导,按照"水保夯基础、产业促发展、农民得实惠"的指导思想和"整体规划、分步实施、多业并举、滚动发展"的治理思路,本着"水保科研、生态示范、产业发展"为一体的理念,坚持政府主导、企业主体、项目支持、科技支撑、业主经营,大力推行业主开发,实行产业性开发治理,示范、引导和辐射作用明显。2009 年 3月被水利部命名为"全国水土保持科技示范园"(图 3 – 3 – 8)。

园区按照功能定位共划分为综合治理展示区、生态修复保护区、监测试验区、教育培训综合服务中心等 4 个生态功能区。综合治理展示区通过对区域内水土流失严重的缓坡耕地和荒草地的综合治理,建成坡改梯 110hm²,发展银杏园、香樟园、桂花园和栾树园,共种植苗木 11 万余株,配套完善了坡面水系道路。同时,结合环境整治,开展了高新技术试点,将雨水集蓄利用工程与先进的水保、农艺措施相结合,工程措施与管理措施相结合,雨水集蓄利用与发展生产、改善生态环境相结合。生态修复保护区,通过人工补植和管护措施,促使植被恢复,提高园区的植被覆盖度和水源涵养能力。监测试验区通过建设和购置水土保持监测设施设备达到监测试验的功能,现拥有监测实验室 1 个、标准径流小区 1 处、自然坡面径流小区 1 处、气象站 1 处、人工模拟降雨监测小区 1

图 3 – 3 – 8　重庆市万盛水土保持科技示范园区(王小年　摄)

处。该区已纳入重庆市水土保持监测网络体系,在连续开展日常监测的基础上,积极与西南大学合作开展了一系列水土保持及相关科学研究,取得了 8 项科研成果,发挥了园区监测评价功能。教育培训综合服务中心占地面积 0.70hm², 停车场 300m², 园林绿化 200m², 园区固体生活垃圾处理及生活污水处理设施各 1 座,水土保持宣传碑 1 座,宣传牌 5 个,水土保持艺术石雕 3 个。

园区实行全天候开放,重点开展水土保持科普教育和水土流失警示教育,举办水土流失治理知识专题讲座,现场观摩治理成果展示和监测工作流程,为广大学生亲近自然、走进水保、关爱水土资源、保护生态环境等亲身体验提供了一个很好的教育平台,已成为当地中小学生水土保持科普教育基地。

(二)中科院三峡库区(忠县)水土保持科技示范园区

中科院三峡库区(忠县)水土保持科技示范园区隶属于中国科学院成都山地灾害与环境研究所,针对三峡库区蓄水及移民后靠带来的水土流失、面源污染、消落带生态环境退化等日益严重的生态环境问题,开展定位观测试验研究,为保障三峡库区正常运行和生态环境安全提供数据平台和试验示范基地。

园区位于重庆市忠县石宝镇新政村,处于三峡库区中游,平行岭谷地貌,中性紫色土,湿润季风气候,农林水复合生态系统,高强度人类活动区,距县城驻地 30km,距三峡库区著名旅游景点"石宝寨"500m,交通便捷畅通。2007 年,中国科学院联合重庆市相关科研单位在三峡库区中游忠县石宝镇建立"三峡库区水土流失与面源污染控制试验示范区",后期得到科技部、水利部、环保部、国务院三峡工程建设委员会和重庆市人民政府的大力支持,于 2012 年被水利部命名为"国家水土保持科技示范园"。

园区现拥有生活、试验用房建筑面积超过 3000m², 水、电、房建等配套齐全且运行正常,办公、生活设施配置到位,能同时容纳 40 余人在园工作。园区已购置试验土地面积 10000m², 合同试验坡地(土地使用权 > 30 年)土地面积 3.2km², 并向原三峡建设委员会申请获批库区试验用消落带 15km。园区现已建成水土流失试验研究区、坡耕地整治综合效益观测区、经济果园试验观测区、消落带侵蚀与生态重建观测区、面源污染迁移过程与控制技术观测区、生态农业试验示范区等六大主要功能区。在编工作人员 15 人,其中具有博士学位的 10 人,高级职称 8 人,在读研究生 20 余人。

园区以水土保持学、环境科学和生态学为主要学科方向,开展以水土保持与面源污染控制为核心内容的多学科试验示范研究,研究三峡库区平行岭谷山地地带自然过程与人为干扰下的土壤侵蚀产沙过程、坡面水—沙—污染物质耦合迁移转化规律、消落带生态环境退化与保护机制,揭示移民后靠等人类活动及环境变化对加速坡面侵蚀产沙过程、面源污染负荷、山地农业生态系统结构与功能,为构建三峡库区合理的水沙控制模式与可持续的高产高效农业生产体系,保护消落带生态环境提供理论支撑与技术模式。

园区是集水土流失和农业面源污染机制过程研究和防治技术研发与示范推广为一体的研究平台,同时兼具科技示范、科普教育、生态观光功能,为库区退化生态系统的恢复与重建、社会经济可持续发展提供重要的科学技术支撑和"山绿、水清、民富、理明"示范模式,能够为国家宏观决策提供准确的信息和科学依据。

四、水土保持特色治理

随着经济社会的飞速发展和生态文明建设理念的不断深入,重庆市不断探索新形势下水土流失治理的新思路,逐步总结出城镇水土保持公园、水土保持教育示范基地、生态清洁小流域建设和水土保持农旅融合发展等水土保持特色治理模式。

(一)城镇水土保持公园

荣昌区依托水土保持重点工程建设,将水土流失治理与美化绿化城镇环境相结合,打造了安富生态公园,成为当地居民休闲娱乐健身的好场所,让水土保持融入千家万户,扩大了社会影响力。

安富生态公园位于荣昌区安富街道,主要依托闻名遐迩的西部陶都博物馆和陶都风景区,借助 2012 年洗布潭河小流域中央预算内水土保持项目资金,将项目核心区坡耕地打造成水土保持生态公园。公园占地近 13hm^2,充分利用临镇、临路、临景区的良好的地理位置优势,将水土保持的理念、水土保持文化、水文化通过文化墙的形式融于水土流失治理中,在治理水土流失的同时宣传水土保持和生态理念、展示水土保持成果;在建设内容上,以植物措施为主,乔(天竺桂、桂花等)、灌(杜鹃花、小叶栀子等)、草(麦冬、扁竹根)搭配与结合,搞好坡面水系、蓄水池等小型水利水保工程和田间道路工程的综合配套,充分发挥工程系统的综合效益。如今的安富公园林木葱郁,鸟语花香,处处是景,不仅成为群众休闲健身的好去处,还促进了当地经济发展。

(二)水土保持教育示范基地

奉节县依托渝东南有名的重庆市巴蜀渝东中学,借助中央预算内水土保持项目建起了全市首个水土保持教育示范基地。基地占地面积 4hm²,栽植苗木 30 余种 3 万余株,形成了桃园、李园、脐橙园、石榴园、柚子园、无花果园等观赏果园,修建了水平阶、鱼鳞坑、土坎护坡、干砌块石护坡,建设了地理苑、坡面径流观测小区、气象站、宣传长廊等科普设施,是水土保持进校园的成功典范。

如今,水土保持已融入渝东巴蜀中学 4000 余名师生的日常生活中,学校开办了水土保持选修课,组织学生制作水土保持生态环境板报,在基地搞开心农场,每周生物课和地理课现场教学,随处可见水土保持宣传栏,正在使用教材《水土保持教育——三峡库区水土保持教育与实践》和《心灵根植》等,这些都已成为学校师生参与水土保持的自觉行动。同时,教育示范作用也逐步显现,数千个学生家庭也从孩子的言行中越来越关心关注三峡库区水土保持,做到了基地教育学生,学生带动家长,家长影响社会的水土保持舆论氛围;奉节县香山小学、奉师附小、辽宁小学等学校师生 4000 余人次先后组织参观和实地探究水土保持科普基地,成为当地小学生普及水土保持知识的窗口。

(三)生态清洁小流域建设

万盛经开区依托国家水土保持重点工程建设项目,开展了以青山湖水源保护为重点的生态清洁小流域建设,取得了较好成效。

2015 年 4 月,万盛经开区为深入推进"全域旅游"的发展思路,提出了以清洁小流域治理青山湖流域的想法,得到水利部和市水利局的大力支持,从而拉开了青山湖清洁小流域建设的序幕。实施之初,印发了《关于加快推进青山湖生态文明建设的实施意见》等系列文件,编制了《青山湖流域生态文明建设规划》和《青山湖生态清洁小流域建设规划(2015—2017)》,做到了建章立制和规划先行。实施之中,确立了"政府主导、部门联动、齐抓共创、规范有序"的工作机制和"生态修复、生态治理、生态保护的三道防线"的治理思路,成功探索出"水旅融合、水利湿地景观"的新模式。实施之后,积极探索长效运行机制,制订了管理办法,建立了管护制度,设立了管理机构,使流域生态得到有效保护并长久发挥效益。

青山湖生态建设注重生态和亲水,突出挖掘当地文化风情,将农耕文化、民间文化融入整个建设中,构建了人与自然和谐共处的景观,增强了生态文化内涵。建成后的青山湖小流域构筑了"三道防线":山顶生态修复区实行了严格的封育管护制度,减少人为活动影响;山腰生态治理区发展特色产业 4km²,生态稻园、生态菜园、生态梨园、生态柚园初步形成;库岸生态保护区建成 2 个污水处理站和 30km 环湖截水沟,修建彩色混凝土环湖健身步道 35km,完成 55 户农户环境整治,营造库岸湿地 13hm²,建成水源涵养林 20hm²。

如今,依托良好的水生态环境,青山湖周边已先后发展起数十家农家乐,同时沿着湖库周围种植了数百公顷特色经果林,真正把青山湖水生态优势转化为发展优势,让更多的群众享受更好的空气、更干净的水。同时,结合开展健步走、环湖自行车等体育项目,将青山湖打造成为户外运动和定向测向运动基地,成为群众宜居、宜业、健康娱乐的好平台。建成的青山湖湿地公园展示厅为社会公众了解湿地和水土保持科普知识开辟了窗口(图 3 – 3 – 9)。

图 3 – 3 – 9　万盛经开区青山湖生态清洁小流域成效(袁世林　摄)

(四)水土保持农旅融合模式

重庆市水土流失治理紧紧围绕乡村振兴战略,与乡村生态旅游和农村产业发展有机融合,开创水土流失治理的新思路,呈现出一批水土保持农旅融合的新模式。

永川区按照"生态旅游"的治理思路,依托世行贷款/欧盟赠款、农业综合开发和中央预算内、小型农田水利设施、农村人畜饮水安全、后扶和水源保护等水土保持和水利项目开展了以上游水库为核心的小流域生态建设,共发展5—8月成熟的桃树3.7km²,沿库岸人行便道两边栽植2~4排垂柳绿化,做到上山有路、排水有沟、沉沙有凼、蓄水有池,建成集生态、旅游、观光为一体的现代水土保持生态示范区,成为当地居民生态休闲的重要去处。如今的上游水库已是重庆远近闻名的"桃花岛"。每年3月桃花盛开和6月桃子采摘之际,赏花观景和享受现场采摘乐趣的游客可达5万余人。

忠县借助水土保持、三峡后续、水利基础设施等项目投入,紧紧围绕柑橘产业化发展,配套完善基础设施,改善农民生产生活条件,推动长江生态屏障建设,展现出"一江碧水、两岸橘香"的美丽画卷。涂井乡充分利用水土保持项目,提档升级"三峡橘海"旅游资源,吸引游客每年超过10万人(次),拉动消费400余万元。拔山镇发展金色杨柳乡村旅游,吸引了来自湖北、安徽等周边省市及市内各区县的游客赏花、观景、品果,每年旅游接待达6万人(次),实现直接经济收入900余万元。如今,在忠县"橘城",游客可畅享金色杨柳"园中净脑,园中舒身"的香艳,可感受三峡橘海"花果同树、橘海人家"的美景(图3-3-10)。

图3-3-10 重庆市忠县涂井乡水土流失治理与柑橘产业融合(陈晓敏 摄)

第四章

福建省

水土保持

第一节　基本省情

一、自然概况

（一）地理位置

福建简称"闽"，位于我国东南沿海，地处东经 115°50′~120°44′、北纬 23°31′~28°19′之间。东北邻浙江省，西、西北接江西省，西南、南连广东省，东临东海，东南隔台湾海峡与台湾省相望。陆地平面形状似一斜长方形，东西最大间距约 480km，南北最大间距约 530km。全省大部分属中亚热带，闽东南属南亚热带。全省总土地面积 12.40 万 km²，海域面积 13.60 万 km²。

（二）地质地貌

福建在构造上处于欧亚大陆板块东南缘，濒临太平洋板块，为环太平洋中、新生代巨型构造—岩浆带的陆缘活动带的一部分。根据地层接触、岩浆侵入关系及沉积建造、岩浆建造、变形变质特征的差异及同位素地质年代学研究成果，将省内的构造期划分为：五台—吕梁、四保—晋宁、加里东、华力西—印支、燕山及喜马拉雅等 6 个构造期。形成了福建全境地壳演化的总貌和基本构造格架：南平—宁化北东东向构造—岩浆带、政和—大埔断裂带、平潭—东山断裂带等三个主要的构造带和闽西北隆起带、闽西南拗陷带、闽东火山断拗带、闽东南演海断隆带等 4 个一级构造单元。

福建地貌由于历次地质构造运动和长期外营力的综合作用，塑造了福建复杂多样的地貌景观。福建地貌主要有中山、低山、丘陵、台地、平原等。其中，中山主要分布于闽西和闽中两大山带，面积约 2.67 万 km²，占陆地面积的 21.99%，高度在海拔 800m 以上。低山主要分布在两大山带的外侧及山间盆地的外围，面积约 3.81 万 km²，占陆地面积的 31.39%，由于抬升幅度较小，又经过长期侵蚀剥蚀的影响，高度较小，绝对高度在海拔 500~800m。丘陵在福建分布甚广,主要在沿海地区和内陆盆地沿河两侧,面积约 3.52 万 km²,占陆地面积的 29.01%,高度在海拔 50～500m。台地主要分布在闽江口以南海岸带、半岛、岛屿及河谷盆地周围,基本上都是海蚀阶地或河流阶地。全省堆积平原面积约占陆域面积的 10%,根据成因和形态特征,可分为冲积平原、冲积海积平原、风积砂丘和砂垄。福建省海岸线漫长曲折,直线长约 535km,曲线长达 3300km,根据海岸成因,福建省海岸分为侵蚀海岸和堆积海岸两大类型。此外,在陆域地貌中,还有面积不大的丹霞地貌、岩溶地貌、火山地貌。

(三)气候水文

1. 气候

福建紧靠北回归线北侧,所处纬度较低,太阳辐射量较多,西北有闽西闽中两大山带屏障,削弱冬季寒流影响,东南面海,受海洋气候影响,因此,热量丰裕,气候温暖,雨量充沛。境内大致以闽中山带为界,分为闽东南沿海地区南亚热带气候和闽东北、西北和西南地区中亚热带气候。各气候带内水热条件的垂直分带明显。

福建省年平均气温在 7.0～21.2℃。最热月均温 28.0℃左右,最冷月均温为 6.0～13.0℃。≥10℃积温多达 5000～7800℃,全年霜日少于 20d。年日照时数在 1700～2300h,其区域分布总趋势是,从东南向西北递减。福建省的阴天日数较多,达 150～210d。福建年降水量在 1500～2000mm,是中国多雨地区之一。降雨区域分布总的趋势是从东南向西北递增,闽东南沿海年降水量 1000～1700mm,闽西北则达 1700～2000mm。全省降水季节分布不均,干湿季节分明。常年 3—6 月是雨季,平均降水量为 550～1100mm,占年降水量的 50%～60%;7—9 月平均降水量为 350～750mm,占年降水量的 20%～40%;10 月至次年 2 月平均降水量为 160～380mm,只占全年降水量的 15%～20%。

2. 水文

福建省内河流多,河川径流丰富,是陆地水体中最主要的组成部分,而地下水资源分布不均。福建省绝大多数河流发源于境内,并在本省独流入海,流域面积在 500km² 以上的河流有闽江、九龙江、汀江、晋江、交溪、鳌江、霍童溪、木兰溪、诏安东溪、漳江、萩芦溪、鹿溪、龙江等。其中闽江、九龙江、汀江和晋江流域面积合计为 90384km²,占全省总面积的 74.40%。此外,还有许多由闽中大山带向东独流入海的短小河流。

闽江位于东经 116°23′~119°35′、北纬 25°23′~28°16′之间,是中国东南沿海最大河流,流经 38 个县(市、区)(含浙江省庆元、龙泉两县市),流域面积 60992km²,其中福建省境内 59922km²,约占全省土地面积的一半,流域总人口约占全省人口总数的 1/3。闽江上游水力资源丰富,不少河段利于航行,尤其是下游河段,航行之利冠于福建省诸河(吴章云等,2011)。

（四）土壤植被

福建省自然土壤的形成以红壤化作用为主,全省土壤类型多样,共有 12 个土类、23 个亚类、87 个土属,自然土壤主要有砖红壤性红壤、红壤、黄壤、山地草甸土等,其中以红壤和黄壤分布最为广泛,面积约占全省土地总面积的 76%。土壤的水平地带性分布明显,大致以福清—仙游—安溪—南靖—永定一线为界,界线以南为南亚热带的砖红壤性红壤、红壤地带,界线以北为中亚热带的红壤、红黄壤和黄壤地带。

福建植被类型丰富,自然原生和次生植被主要有南亚热带雨林、中亚热带常绿阔叶林、针阔混交林、亚热带灌草丛、竹林、黄山松林和红树林等。人工次生植被主要有杉木林、马尾松林、毛竹林、大田作物和园艺作物等。森林资源丰富,根据全国第八次森林资源清查结果,全省森林面积 801.27 万 hm²,森林覆盖率 65.95%;根据 2019 年国家林业和草原局公布的第九次全国森林资源清查结果,福建省森林覆盖率为 66.80%,连续 40 年位列全国第一。

二、社会经济情况

（一）行政区划

1. 行政区划

根据《福建统计年鉴 2019》(福建省统计局,2019),福建省辖 9 个设区市,12 个县级市,44 个县(含金门县),29 个市辖区,详见表 3-4-1 和图 3-4-1。

表 3-4-1　福建省县级以上行政区划表

设区市	所辖县(市、区)
福州市	鼓楼区 台江区 仓山区 晋安区 马尾区 长乐区 福清市 闽侯县 连江县 罗源县 平潭县 永泰县 闽清县

设区市	所辖县（市、区）
厦门市	思明区、湖里区、集美区、海沧区、同安区、翔安区
莆田市	城厢区、荔城区、涵江区、秀屿区、仙游县
三明市	三元区、梅列区、永安市、明溪县、清流县、宁化县、大田县、尤溪县、沙县、将乐县、泰宁县、建宁县
泉州市	鲤城区、丰泽区、洛江区、泉港区、石狮市、晋江市、南安市、惠安县、安溪县、德化县、永春县、金门县
漳州市	芗城区、龙文区、龙海市、漳浦县、华安县、东山县、长泰县、云霄县、南靖县、平和县、诏安县
南平市	延平区、邵武市、武夷山市、建瓯市、建阳区、顺昌县、浦城县、光泽县、松溪县、政和县
龙岩市	新罗区、漳平市、永定区、上杭县、武平县、长汀县、连城县
宁德市	蕉城区、福安市、福鼎市、霞浦县、古田县、周宁县、屏南县、寿宁县、柘荣县

资料来源：《福建统计年鉴 2019》（福建省统计局等，2019）。

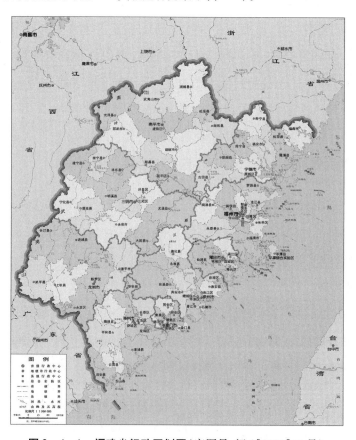

图 3 - 4 - 1 福建省行政区划图（审图号：闽 S[2021]15 号）

2. 人口

根据《2018 年福建省国民经济和社会发展统计公报》,2018 年全省常住人口 3941 万人,比上年末增加 30 万人。其中,城镇常住人口 2594 万人,占总人口比重(常住人口城镇化率)为 65.8%,比上年末提高 1 个百分点。全年出生人口 52 万人,出生率为 13.2‰;死亡人口 24.4 万人,死亡率为 6.2‰;自然增长率为 7.0‰。年末全省户籍人口 3861.3 万人,比上年末增加 53.7 万人(福建省统计局等,2019)。

3. 民族

福建省是少数民族散居省份,全省 56 个民族成分齐全,据全国第六次人口普查统计,福建省少数民族人口 79.69 万人,占全省总人口的 2.16%。全省有 19 个民族乡(其中畲族乡 18 个、回族乡 1 个)、1 个省级民族经济开发区(福安畲族经济开发区)和 567 个民族村。世居的少数民族有畲族、回族、满族、蒙古族等(福建省统计局等,2019)。

4. 教育

2018 年,全年研究生教育招生 1.88 万人,在校生 5.31 万人,毕业生 1.22 万人。普通高等教育招生 23.86 万人,在校生 77.24 万人,毕业生 20.43 万人。普通高校毕业生就业率为 97%。中等职业教育(不含技校)招生 12.29 万人,在校生 33.58 万人,毕业生 10.78 万人。全省普通高中招生 21.08 万人,在校生 63.39 万人,毕业生 20.61 万人。初中招生 45.17 万人,在校生 128.71 万人,毕业生 37.14 万人。普通小学招生 60.84 万人,在校生 321.39 万人,毕业生 45.70 万人。特殊教育招生 0.40 万人,在校生 2.51 万人,毕业生 0.39 万人。学前教育在园幼儿 168.41 万人。九年义务教育巩固率为 98.6%,高中阶段毛入学率为 96.8%(福建省统计局等,2019)。

5. 科技

2018 年,全年研究与试验发展(R&D)经费支出 620 亿元,比上年增长 14.2%,占全省生产总值的 1.7%。全省已布局建设 18 家省级产业技术研究院和 31 家省级产业技术创新战略联盟。拥有国家重点实验室 10 个、省级重点实验室 204 个、国家级工程技术研究中心 7 个、省级工程技术研究中心 527 个、省级新型研发机构 70 家。建设国家专业化众创空间备案示范 3 家、国家备案众创空间 52 家、省级众创空间 215 家(福建省统计局等,2019)。

（二）经济状况

2018 年,全年实现地区生产总值 35804.04 亿元,比上年增长 8.3%。其中,第一产业增加值 2379.82 亿元,增长 3.5%;第二产业增加值 17232.36 亿元,增长 8.5%;第三产业增加值 16191.86 亿元,增长 8.8%。第一产业增加值占地区生产总值的比重为 6.7%,第二产业增加值比重为 48.1%,第三产业增加值比重为 45.2%。全年人均地区生产总值 91197 元,比上年增长 7.4%。全省一般公共预算总收入 5045.43 亿元,比上年增长 7.4%,其中,地方一般公共预算收入 3007.36 亿元,增长 7.1%;一般公共预算支出 4836.67 亿元,同比增长 9.8%。全省(含厦门)税收收入(含海关代征)4824.1 亿元,增长 8.7%。全年农林牧渔业完成总产值 4229.43 亿元,比上年增长 3.5%。全年全省居民人均可支配收入 32644 元,比上年增长 8.6%(福建省统计局等,2019)。

（三）土地利用

福建省土地总面积 12.40 万 km^2,占全国土地总面积的 1.3%,其中:耕地面积 133.79 万 hm^2,园地面积 79.67 万 hm^2,林地面积 835.82 万 hm^2,草地面积 23.65 万 hm^2,城镇村及工矿用地面积 58.22 万 hm^2,交通运输用地面积 18.70 万 hm^2,水域及水利设施用地面积 55.64 万 hm^2,其他土地面积 34.02 万 hm^2。

第二节　水土流失概况

一、水土流失类型与成因

（一）水土流失类型

根据全省水土流失普查,福建水土流失有 4 种类型,分别是水力侵蚀、重力侵蚀、风力侵蚀和混合侵蚀,以水力侵蚀为主。重力侵蚀和风力侵蚀由于面积小且分布零散,在全国土壤侵蚀遥感调查中未做调查统计。

1. 水力侵蚀

水力侵蚀是福建省水土流失最主要的形式,遍及全省。其中面蚀和细沟侵蚀又是水力侵蚀的主要形式,是福建水力侵蚀最常见的类型,沟蚀多出现在山体较大、植被稀疏、连续侵蚀、坡面较广的山坡地,如长汀县的河田镇、宁化县的禾口乡等地。

2. 重力侵蚀

重力侵蚀多发生于山区坡度陡峭的山坡、上部为疏松的土层,下部系透水性差的岩层,由于重力作用而产生的滑坡、崩塌等,在福建省其面积分布零散。

3. 风力侵蚀

风力侵蚀主要集中出现于福建沿海少雨的低丘、平原地带,如东山县、平潭县等地。由于福建省风蚀区同时又受水蚀的双重影响,故沿海一线的侵蚀程度均较内地严重。

4. 混合侵蚀

混合侵蚀是山坡土(石)体在水力和重力双重作用下受破坏而崩坍和受冲刷的侵蚀现象,福建省共有崩岗 26023 座,占全国崩岗总量的 10.88%,主要分布在安溪县、长汀县及南安市等地。

(二)水土流失成因

1. 自然因素

(1)气候因素

福建属亚热带海洋季风气候,雨量充沛,是影响水土流失的最重要气候因子。全省年平均降水量为 1000~1800mm,降水空间分布不均,总的趋势是从东南沿海向西北山地递增;降水时间分布不均,其中 3—6 月是雨季,时段雨量计 550~1100mm,占全年降雨量的 50%~60%,而且强度大,多暴雨和大暴雨。丰沛的降水和较频繁的暴雨构成了强大的降雨侵蚀动力,加剧土壤侵蚀。

(2)地形因素

地形是影响土壤侵蚀的重要因素之一。地面坡度的大小、坡长、坡形、分水岭与谷底及河面的相对高差以及沟壑密度等都对土壤侵蚀有很大的影响。山地丘陵占福建省土地面积的 80% 以上,对土壤侵蚀的影响较大。

（3）地质因素

地质因素中主要是岩性和构造运动对土壤侵蚀影响较大。福建省水土流失主要发生在花岗岩类和紫色页岩区域，二者占全省水土流失面积的80%左右。花岗岩及紫色页岩发育的土壤对植被的恢复生长力极差，因为垂直节理发育的花岗岩体在持续的暖湿气候作用下形成疏松深厚风化壳，表层较疏松，非毛细管孔隙大，通气性好，所以有机质的矿质化速度快，腐殖质积累慢，土壤养分缺乏，植被一时难以恢复；而紫色页岩风化发育的土壤土层薄，有机质少，土体疏松，结持力差，很容易受到侵蚀。因此在花岗岩和紫色岩上发育的土壤侵蚀较为严重。

（4）植被因素

植被是影响土壤侵蚀的主导因素之一，土壤侵蚀基本上呈现出随植被覆盖度的降低而加剧的规律，从闽西北山区到闽东南沿海地区，植被覆盖率逐渐降低，土壤侵蚀也逐渐加剧。据研究，一般在覆盖度小于50%时，土壤侵蚀率要大于土壤形成率，当覆盖度大于75%时则有利于土壤的形成（吴章云等，2011）。

2. 人为因素

福建省水土流失的原因之一是人们对土地资源的不合理开发利用。随着人口的增长，对森林的采伐和土地的开垦利用不断加重，同时，人口多的农村，土地开垦率比较高，使覆盖的自然植被受破坏更大。这就使许多本来可以作为防止风和水侵蚀的自然屏障逐步消失，从而加速了土壤的侵蚀流失。

（1）乱砍滥伐

乱砍滥伐导致有林地面积减少，山地绿化程度也相应下降。山地绿化程度低的地区，水土流失面积相对也加大。随着农村烧砖、瓦等副业生产发展和发展食用菌生产，导致加重对现有林木的采樵。许多幼龄林、防护林被当作薪炭林大量采樵，薪炭林采枝强度也普遍超限，达不到生产薪柴的目的。许多森林内枯枝落叶尽被利用，甚至铲草皮、挖树根，不少林木无法形成森林环境，出现"远看青山在，近看水土流"的现象。乱砍滥伐的现象给森林资源的保护和水土保持带来严重威胁。

（2）强垦乱种

强垦乱种属开发利用型水土流失，以果园、茶园和坡耕地最常见。有的地方不按水土保持标准修筑山坡梯田，造成大面积的水土流失，据1985年调查，在每 1hm^2 坡耕地和园地中,出现不同程度的水土流失就有 0.54hm^2,均属于强垦乱种造成的(吴章云等,2011)。

(3)乱采乱堆

开矿、筑路、兴修水利和其他基本建设工程及开采土、石、砂料,堆倒弃土、石、矿渣及尾沙等,造成人为的不恰当的地形地貌改变,使地表物质松动、转移、堆积,形成了水土流失的现象。据 2006 年全省人为水土流失调查,2000—2005 年全省已建在建各类开发建设项目 174 个,土壤侵蚀量为 7336.95 万 t,其中省部级项目 115 个,土壤侵蚀量达 3705.74 万 t,占全省水土流失总量 50.51%,主要集中在泉州市、莆田市、三明市、龙岩市、宁德市。

二、水土流失现状及变化

根据《中国水土保持公报(2018 年)》(水利部,2019),2018 年福建省水力侵蚀面积 9787km^2,占土地面积 7.97%。其中,轻度面积 6618km^2,中度面积 1939km^2,强烈及以上面积 1230km^2,其所占比重分别为 67.62%、19.81%、12.57%。福建省水土流失现状见图 3-4-2。

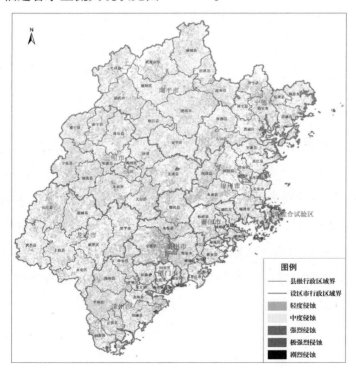

图 3-4-2 福建省水土流失现状图(福建省水土保持试验站 提供)

在全国水土流失类型区划分中,福建省属于南方红壤区,水土流失类型以水力侵蚀为主。其主要侵蚀形式为面状侵蚀、浅沟侵蚀、切沟侵蚀。总体上看,福建省水土流失强度以轻、中度流失为主,整体空间分布呈现块状不连续分布;区域分布总体特征是,水土流失面积与强度由东南沿海向西北内陆呈下降的趋势,但局部内陆丘陵山区水土流失较为严重,如长汀、宁化、安溪、平和等地。

根据近几次水土流失调查成果,2008年、2011年、2015年、2018年福建省水土流失面积分别为12253km^2、12180km^2、10858km^2、9787km^2,总体上呈逐渐下降趋势。全省各设区市水土流失面积大小顺序依次为:三明>南平>漳州>泉州>龙岩>宁德>福州>莆田>厦门>平潭综合实验区。全省各设区市水土流失面积占辖区土地面积的比例,其大小顺序依次为:泉州>漳州>平潭综合实验区>三明>莆田>宁德>福州>南平>龙岩>厦门。

与2011年相比较,2018年水土流失面积减少了2394km^2,水土流失面积占土地面积比例下降1.95%。同时水土流失强度也在减轻,全省中度水土流失面积减少1276km^2,强烈及以上流失面积减少最多,减少了1081km^2。

三、水土流失危害

水土流失是水土资源遭受严重破坏的标志,是生态环境趋向恶化的重要原因,也是影响人类文明衰落和消亡的重要因素之一。水土流失威胁着国土的安全,严重影响着国计民生。

(一)土壤退化

水土流失带走大量的黏粒和养分,致使土壤沙化、贫化。据全省第二次土壤普查初步统计,全省高肥力土壤仅占20%,中肥力土壤占37.5%,而低肥力土壤却占42.5%。低产土壤的面积很大,严重影响着农业生产的后劲。侵蚀区土壤的潜在养分和速效养分,都较微度侵蚀区土壤低。从全省50个县(市)307个侵蚀区土壤土样的化验结果表明,微度侵蚀区土壤有机质平均含量为26.0g/kg,而侵蚀区土壤有机质平均含量为14.6g/kg,其中低于10g/kg的土样占4%;坡耕地、疏林地和无林地土壤有机质的平均含量都不到10g/kg。有四分之一土样的物理性黏粒(<0.01mm)含量达不到20%。水土流失地土壤(花岗岩地区)的粗颗粒含量(粒径1mm以上)比一般地区高40%,严重流失地区

可达 70% ~ 80%。

（二）淤积江河湖库

水土流失造成全省主要江河含沙量普遍提高，输沙量增加，致使河道泥沙淤积，河床逐年增高，港口海湾浅化。从中华人民共和国成立至 20 世纪 70 年代，闽江输沙量增加 0.5 倍，九龙江输沙量增加 1.0 倍，晋江输沙量增加 1.5 倍。闽江流域浦城县的忠信镇、建阳县的水吉镇、建瓯县的南雅镇、光泽县的城关、邵武市的拿口镇、南平市的樟湖板镇和闽侯县的甘蔗镇，河段沙滩均明显扩大，河床年平均升高 3 ~ 5cm。

（三）易发干旱洪涝

由于水土流失，山地丘陵保水保土的能力减弱。干旱和洪涝现象增加，灾害频繁。流域汛期流量猛增，加上河床抬高，防洪设施效益下降，致使洪涝灾害频繁发生。反之流域枯水期流量猛降，可利用的水量少，旱情加重。

第三节　水土流失预防与监督

一、水土流失预防保护

（一）预防保护范围与对象

福建省预防保护范围主要包括重点预防区、重要生态功能区、生态敏感区等，涉及重要江河源头、重要饮用水水源地、省级以上自然保护区等。

福建省预防保护对象主要包括：生态林、水源涵养林，植被或地貌人为破坏后难以恢复和治理的地带，侵蚀沟的沟坡和沟岸、河流的两岸以及湖泊和水库周边的植物保护带，生产建设项目集中区，水土流失严重、生态脆弱的区域，已建成并发挥效益的水土保持项目区。

（二）预防保护措施与配置

1. 预防保护措施体系

预防措施体系由管理措施和技术措施构成。管理措施包括管理机构及职责、相关规章制度建设和管理能力建设等。技术措施包括封禁管护、生态修复、植被恢复与建设、生态移民、农村能源替代、农村垃圾和污水处置设施、面源污染控制措施等。

2. 福建省预防保护措施配置

（1）闽东北山地保土水质维护区

本区预防保护对象主要包括 1 个重要江河源头和 6 个重要水源地,共涉及 7 个县,水土流失预防保护需求主要为水源地的饮用水安全保护。预防保护方向体现在合理利用水土资源,加强水资源优化配置,维护水源涵养能力,控制面源污染,改善水质等方面。本区预防保护总面积 342.60km^2,其中:预防措施 323.42km^2,治理措施 19.18km^2。

（2）闽西北山地丘陵生态维护减灾区

本区地处福建省第一大河闽江的源头和中上游汇水范围,是福建省重要的江河源头保护区。该区域山高坡陡,河道比较大,河水湍急,洪涝灾害频发,预防保护首要需求主要为涵养水源、防灾减灾。其次,本区还包括 7 个重要饮用水水源地,饮用水安全保护也是预防保护需求之一。本区水土流失程度相对较轻,森林覆盖率较高,有 6 个国家级和省级自然保护区分布其中,具备良好的预防保护基础。本区预防保护总面积 2999.73km^2,其中:预防措施 2871.77km^2,治理措施 127.96km^2。

（3）闽东南沿海丘陵平原人居环境维护水质维护区

本区预防保护对象包括 1 个重要江河源头区,14 个重要水源地,涉及 14 个县。本区水土流失预防保护的需求集中在人居环境改善和水质保护,实施重要水源地上游预防保护措施,控制面源污染,开展城市周边及内河生态清洁小流域建设。本区预防保护总面积 1321.28km^2,其中:预防措施 1228.81km^2,治理措施 92.47km^2。

（4）闽西南山地丘陵保土生态维护区

本区位于福建西南地区,集中了福建省主要的苏区、老区县,生产条件和经济基础相对较差,各项社会经济指标中等偏下,总体上欠发达。本区水土流失最严重,中度以上流失面积所占比例高,国家级的重点治理县大多位于本区。本区预防保护对象主要包括5个重要江河源头、5个重要水源地和2个自然保护区。本区预防保护总面积2336.39km²,其中:预防措施2161.38km²,治理措施175.01km²。

(三)重点预防项目

1.重要江河源头重点项目

江河源头区重点项目主要分布于江河的上游地区,这些区域范围较广,地势较高,地形地貌以山地为主,水系密度大,流量丰富。区域内土层浅薄,一旦遭受破坏,极难恢复。虽然人口密度不高,水土流失程度较轻,但生态环境比较脆弱,易受人为干扰。福建省重要江河源头水土保持的主要任务是:保护植被,控制水土流失,减少入江泥沙,实现可持续发展,使江河源头区水土流失显著降低,入江泥沙减少,水源涵养区得到全面预防与治理。列为重要江河源头近期重点项目县的有15个县(市、区),防治总面积808.56km²。

2.重要饮用水水源地重点项目

重要饮用水水源地主要分布于大型水库周边,这些区域人口密度较高,植被土壤不同程度都受到人类活动的干扰和破坏,生态平衡比较脆弱。一些水源地甚至出现土壤肥力退化、植被覆盖度下降、生物多样性锐减、水质下降等情况,导致生态系统遭受严重损害,必须尽早采取切实有效的综合治理措施,修复受损生态系统,来确保水源地的水源供应能力。福建省重要饮用水水源地水土保持的主要任务是:开展小流域综合治理,结合生态修复措施,使饮用水水源地得到全面预防与治理,减少入库泥沙量,达到水资源可持续发展,使水源地水土流失显著降低,入库泥沙得到基本控制,达到饮用水安全的要求。列为重要饮用水水源地近期重点项目的有19个水源地,涉及18个县(市、区),防治总面积676.72km²。

二、水土保持监督管理

(一)制度体系

福建省是我国最早出台《水土保持法》实施办法的省份之一,1995年1月

13 日福建省第八届人民代表大会常务委员会第十四次会议通过了《福建省实施〈中华人民共和国水土保持法〉办法》;2014 年 5 月,《福建省水土保持条例》获福建省人大常委会会议通过,于 2014 年 7 月 1 日起施行。此外,为了更好地开展水土保持预防监督工作,福建省水行政部门根据水利部等相关规定制订并发布了一系列的规范性文件,如《关于水土保持补偿费收费标准的批复》(闽价〔1996〕费字 393 号)《关于印发福建省水土保持委员会成员单位水土流失防治职责的通知》(闽水保委〔2002〕01 号)《关于印发〈关于加强开发建设项目水土保持方案编审管理的若干规定〉的通知》(闽水监督〔2009〕97 号)《福建省水土保持监督站关于印发〈关于加强生产建设项目水土保持方案编审管理的暂行规定〉的通知》(闽水监督〔2011〕59 号)《福建省水利厅关于印发水土保持方案报告表与水土保持登记表的通知》(闽水水保〔2014〕92 号)《关于印发〈福建省水土保持补偿费征收使用管理实施办法〉的通知》(闽财综〔2014〕54 号)《福建省水土保持补偿费收费标准》《关于水土保持补偿费收费标准等有关问题的通知》(闽价费〔2015〕1 号)等。

(二)监管能力

1.监督管理能力建设情况

福建省积极推进水土保持监督管理能力建设工作,全面规范水土保持监督管理,切实提高水土保持监督管理能力,截至 2014 年底,福建省已完成两批 41 个市、县(市、区)的水土保持监督管理能力建设工作。通过水土保持监督管理能力建设,全省各能力建设单位不同程度地解决了执法机构、充实人员、经费保障、装备配置、审批前置等问题,进一步提高履行职责能力;进一步建立完善了一系列水土保持监督管理制度,保证执法权力正确行使,进一步推进了水土保持"三同时"制度的落实。

2.机构和队伍建设情况

福建省水土保持机构较为健全,省、市、县逐级对应设立了水土保持主管机构,机构、职能、人员均得到了很好的落实。福建省水土保持监督执法工作主要由水土保持监督站负责实施开展,各级监督站均配备了专职的监督人员,为进一步规范水土保持执法行为,加强执法队伍建设,全面提高执法人员的政治素质和业务水平,更好地履行行政执法职能,福建省多次举办水土保持行政执法相关培训班，全面提升了执法人员执法业务水平。据不完全统计，"十二五"期间全省共培训水土保持监督执法人员 1400 人次，对推进福建省水土保持预防监督工作起到了积极的作用。

（三）生产建设项目监督管理

1. 生产建设项目水土保持方案审批情况

福建省水利厅近年来依据《中华人民共和国水土保持法》和《福建省水土保持条例》赋予的职责，按照收件、受理、评审、批复、送达等程序，严格开展生产建设项目水土保持方案审批。2005—2014 年，福建省水利厅每年平均审批省级生产建设项目 65 个，涉及防治责任范围 35997hm^2，设计拦挡弃土弃渣 15331 万 m^3。随着福建省经济社会的快速发展，各类开发建设项目不断增多，依法报批的生产建设项目的水土保持方案数量不断增加，生产建设项目审批工作任务越来越重，尤其自 2011 年新修订的《中华人民共和国水土保持法》实施以来，平均每年审批省级生产建设项目 101 个，涉及防治责任范围 69146hm^2，设计拦挡弃土弃渣 27647 万 m^3。

据调查统计，2012 年福建省省级全年审查水土保持方案 118 项，其中交通运输类 22 个，矿产类 38 个，水利设施类 15 个，电力生产供应类 35 个，燃气管网类 4 个，其他类 4 个。根据水利部最近研究成果，生产建设项目造成的水土流失程度分为 5 级，其中极严重程度类包括公路、铁路、露天矿工程等；严重程度类包括水利枢纽工程、水电站工程、工业园区项目等。由上述研究成果可知，福建省省级审批的项目大多属于严重程度类和极严重程度类，这些行业类别的项目今后应列为水土保持监督管理部门的监督重点，加强事中、事后检查，加大检查频次。

2. 生产建设项目监督检查情况

"十二五"期间，福建省各级水土保持监督机构依法加大生产建设项目水土保持专项执法检查力度，积极开展生产建设项目落实水土保持工作的检查，同时对违法和群众举报的案件及时进行查处。据不完全统计，5 年间全省各级共开展监督检查 10122 次，全省各级共检查项目 9483 个，全省共查处水土流失案件 596 起。2012—2015 年，福建省水利厅平均每年审批省级生产建设项目 101 个，验收 25 个，对 32 个在建项目开展了水土保持专项执法检查。因为生产建设项目一般具有一定的建设周期,因此每年需要监督的在建项目数量通常为批复水土保持方案数量的几倍。随着国家对水土保持监督检查工作覆盖项目范围的要求加大,原有的监督检查方式已经无法满足工作需求,亟须优化监督检查工作计划,提高监督执法效能。

3. 生产建设项目验收情况

"十二五"期间,福建省不断强化生产建设项目业主单位开展水土保持设施验收的法律意识,积极推进水土保持设施验收工作,据不完全统计,全省共验收省级水土保持设施项目数量 600 个。由此可知,虽然近年来生产建设项目水土保持设施验收工作有了大力推进,但水土保持设施验收率仍然偏低,一些生产建设项目未通过水土保持设施验收就投入运行,生产建设项目水土保持设施验收工作严重滞后。究其原因,一方面,建设单位对开展水土保持设施验收工作积极性不高,水土保持法律意识和"三同时"制度观念有待进一步提高;另一方面,由于各类建设类项目数量庞大,分布面广,无法全面掌握批复项目的竣工时间节点,导致生产建设项目水土保持设施验收工作较难推进。需定期掌握批复项目的施工进度,对已完工项目,督促建设单位积极开展生产建设项目水土保持设施验收工作,努力推进生产建设项目水土保持"三同时"制度的落实。

《水利部办公厅关于强化依法行政进一步规范生产建设项目水土保持监督管理工作的通知》(办水保〔2016〕21 号)要求"水土保持设施验收审批应根据生产建设项目提供的水土保持设施自验报告及水土保持监测、安全鉴定等材料,对生产建设项目是否履行了水土保持法定义务、是否落实水土保持方案及批复要求等作出结论性意见。"由于缺少量化判别和评价的技术手段,对生产建设项目水土保持设施是否符合批复的水土保持方案及其设计文件的要求的复核工作难度较大,亟须补充先进的现代化技术手段。

三、水土保持区划与水土流失重点防治区

(一)水土保持区划

根据全国水土保持区划的三级区划分成果,福建省划分为闽东北山地保土水质维护区、闽东南沿海丘陵平原人居环境维护水质维护区、闽西北山地丘陵生态维护减灾区、闽西南山地丘陵保土生态维护区 4 个三级区,福建省水土保

持区划见图3-4-3所示。

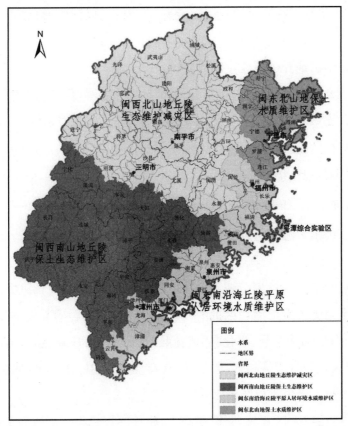

图3-4-3　福建省水土保持区划图(福建省水土保持试验站　提供)

1.闽东北山地保土水质维护区

本区地处福建省东北部,包括福州市下辖的罗源县、连江县和宁德市下辖的蕉城区、寿宁县、福鼎市、福安市、柘荣县、霞浦县,共8个县(市、区)。

2.闽东南沿海丘陵平原人居环境维护水质维护区

本区地处福建省东部和南部,包括福州市下辖的鼓楼区、台江区、仓山区、马尾区、晋安区、闽侯县、长乐市、福清市、平潭综合实验区,莆田市下辖的荔城区、城厢区、涵江区、秀屿区,泉州市下辖的鲤城区、丰泽区、洛江区、泉港区、惠安县、南安市、晋江市、石狮市、金门县,厦门市下辖的思明区、海沧区、湖里区、集美区、同安区、翔安区,漳州市下辖的芗城区、龙文区、漳浦县、云霄县、东山县、龙海市,共34个县(市、区)。

3.闽西北山地丘陵生态维护减灾区

本区地处福建省西北部,包括福州市下辖的永泰县、闽清县,南平市下辖的延平区、武夷山市、光泽县、邵武市、顺昌县、浦城县、松溪县、政和县、建瓯市、建阳市，三明市下辖的梅列区、三元区、将乐县、泰宁县、建宁县、沙县、尤溪县、明溪县和宁德市下辖的周宁县、古田县、屏南县，共23个县（市、区）。

4.闽西南山地丘陵保土生态维护区

本区地处福建省西南部，包括龙岩市下辖的新罗区、长汀县、武平县、永定县、漳平市、连城县、上杭县，三明市下辖的宁化县、清流县、永安市、大田县，莆田市下辖的仙游县，泉州市下辖的德化县、永春县、安溪县，漳州市下辖的长泰县、诏安县、南靖县、华安县、平和县，共20个县（市、区）。

（二）水土流失重点防治区（国家级、省级）

1.国家级水土流失重点防治区

根据《水利部办公厅关于印发〈全国水土保持规划国家级水土流失重点预防区和重点治理区复核划分成果〉的通知》（办水保〔2013〕188号），福建省列入国家级水土流失重点治理区的有16个县（市、区），没有重点预防区。16个县（市、区）分别为建宁县、宁化县、清流县、大田县、长汀县、连城县、新罗区、漳平市、永定区、华安县、平和县、诏安县、永春县、安溪县、南安市、仙游县。

2.省级水土流失重点防治区

福建省省级"两区复核划分"是在1999年原福建省水土流失重点防治区划分成果的基础上，根据《福建省水土流失重点防治区复核划分技术方案》，充分利用全国第一次水利普查和第二次全国土地调查成果，借鉴福建省主体功能区规划和已批复实施的水土保持综合及专项规划等，进行复核划分的。本次"两区复核划分"共划分了4个省级水土流失重点预防区，涉及37个乡镇，面积达87.04万 hm^2，占全省土地面积的7.11%；划分了7个省级水土流失重点治理区，涉及173个乡镇，面积达229.12万 hm^2，占全省土地面积的18.71%。

（1）省级水土流失重点预防区

省级水土流失重点预防区包括4个区域，分别为武夷山省级水土流失重点预防区、大金湖省级水土流失重点预防区、戴云山省级水土流失重点预防区、梁野山省级水土流失重点预防区。涉及福州、龙岩、南平、泉州、三明5个设区市，涵盖10个县（市、区），涉及37个乡镇。

（2）省级水土流失重点治理区

省级水土流失重点治理区共分为 7 个区域,分别为闽北省级水土流失重点治理区、闽西北省级水土流失重点治理区、闽东省级水土流失重点治理区、闽中省级水土流失重点治理区、闽西省级水土流失重点治理区、闽南省级水土流失重点治理区、沿海省级水土流失重点治理区。涉及福州、宁德、龙岩、南平、泉州、三明、漳州和莆田 8 个设区市,涵盖 40 个县(市、区),涉及 173 个乡镇,如图 3-4-4 所示。

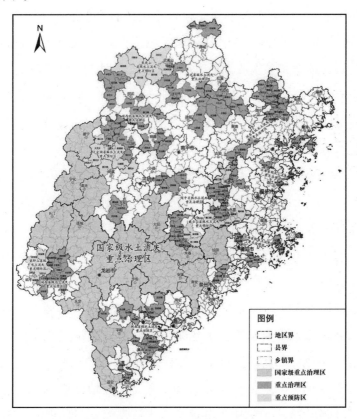

图 3-4-4　福建省水土流失重点防治区划分图(福建省水土保持试验站　提供)

四、水土保持规划

2011 年水利部下发了《关于开展全国水土保持规划编制工作的通知》(水规计〔2011〕224 号),要求在《全国水土保持规划》编制的同时,各省(自治区、直辖市)以全国规划的三级区划为基础组织编制省级水土保持规划。同年,福建省水利厅下发了《省级水土保持规划编制工作指导性意见》(水规计〔2011〕

224 号），首次部署了规划的编制任务。2013 年，全国水土保持规划编制工作领导小组办公室下发了《关于印发全国水土保持 2013 年工作方案的通知》（水保规便字〔2013〕1 号），对省级规划提出较明确的编制任务和时间要求，根据文件精神，福建省水利厅组织拟定了《福建省水土保持规划（2016—2030 年）》（以下简称《规划》）工作大纲，正式全面启动福建省规划编制工作。为做好《规划》编制工作，福建省水利厅相继成立了编制工作领导小组和规划编制工作技术咨询专家组，明确了由福建省水土保持试验站作为技术总负责单位，并成立《规划》编制组。2016 年 3 月，福建省水利厅在福州组织召开《规划》（送审稿）技术审查会议，2016 年 4 月，完成了《规划》征求意见工作。2016 年 5 月 31 日，福建省人民政府经认真审查和多次质询后，原则同意该规划，下文予以批复，整个规划工作顺利完成。《规划》完成了全省的水土保持区划，依法划分了水土流失重点预防区和重点治理区，明确了今后 15 年水土保持发展的目标布局及重点，对福建省水土保持工作的指导意义重大。

近 30 年来，随着时间变化及形势需要，福建省还陆续编制了"七五""八五""九五""十五""十一五""十二五""十三五"水土保持专项规划，以及《福建省水土保持生态建设规划（2003—2020 年）》《福建省千万亩水土流失综合治理工程规划（2008—2015 年）》《福建省崩岗防治规划（2006—2020 年）》《福建省近期水土保持重点工程总体实施方案（2009—2011 年）》《国家水土保持重点建设工程福建省实施规划（2013—2017 年）》《福建省汀江流域水土保持建设规划》《福建省水库库区重要水源地水土保持生态建设规划》《福建省晋江流域水土保持规划》《福建省九龙江流域水土保持规划》《福建省木兰溪流域水土保持规划》《福建省水土保持生态修复规划》《福建省易灾地区生态环境综合治理专项规划（水利部分）》《福建省中央苏区县水土流失综合治理规划》《福建省水土保持监测规划》《福建省水土保持监测规划（2016—2030 年）》《福建省坡耕地水土流失综合整治工程规划》《全国坡耕地水土流失综合治理工程福建省专项建设方案》《福建省水土保持监测网络和信息系统建设实施方案》《福建省山洪灾害防治规划山坡水土保持规划》《福建省水土流失动态监测规划（2018—2022 年）》《福建省水土保持信息化规划》等。

各个不同时期制订的这些全省性或流域性水土保持工作规划，对指导全省水土流失的综合治理、工作建设等方面都起到了重要作用。

第四节　水土流失综合治理

一、水土流失治理历史

福建最早治理水土流失的措施是南朝(424年)建安郡太守率民在建瓯黄华山植松15000株。宋代以后,植树造林是福建治理水土流失的主要措施。宋代规定县令在任期内必须栽树3万~6万株,福建地方官更是以植树造林作为政绩之一。元代开展水土流失治理甚少。明代以后,福建大片林木被砍伐,水土流失加剧。到清代,开始以封禁山林来治理水土流失。清末,福建地方官从制度上重视水土流失治理,1875年福建省发布《福建省劝民种树利益章程》(吴章云等,2011),开宗明义指出:水土流失造成干旱和水涝,必须广植树木,保持水土,防治水旱灾害。

新中国成立后,福建省水土流失治理工作进入新的阶段。1953年,福建省成立防汛总指挥部,兼管水土保持工作,在闽东南沿海水土流失严重的山地丘陵坡耕地开展水土流失治理试点工作,惠安、安溪等地开展群众性水土流失治理工作取得成效。1956年,福建省水土保持委员会成立,负责领导、部署有关部门开展水土保持工作。1963年,福建省发布《福建省水土保持暂行条例》,成立省水土保持研究所,在全省水土保持工作会议上确定水土保持工作的方针为"以防为主,防治并重,防治与养护并举,以生物措施为主,生物措施与工程措施、农业措施并举,集中治理、连续治理"(吴章云等,2011)。

二、综合治理措施

(一)林草措施

1.造林

20世纪90年代起,福建各地均因地制宜探索出许多行之有效的造林方法,造林成活率大大提高。据各地总结经验,主要方法有水平沟造林、鱼鳞坑造林、谷坊群造林等。

2. 种草

20 世纪 80 年代起,福建在大力开展植树造林的同时,在水土流失严重的地方采用种草植灌的方法增加植被的覆盖,取得了成功。首先在河田八十里河和水东坊引种了马唐、园果雀稗、金色狗尾草、草木棉、日本草、箭介豌豆、小叶猪屎豆、爬地兰等草类,并用胡枝子、紫穗槐、刺槐、合欢、黑荆、南岭黄檀等豆科经济树种,与"小老头"松混交,进行高密度、多树种的试验,结合施肥。混交之后,豆科树种迅速覆盖,光山秃岭变得郁郁葱葱。八十里河的成功治理,证明"草灌先行"的模式可以推行,随即在全河田镇全面实施了第一期治理工程。针对福建省红壤区域的特点,农业部门在山地果园中合理套种圆叶决明、平托花生等牧草,有效地防止水土流失,其发生径流次数减少 11.4% ,径流量则降低 98.7% ,在一定程度上改良小生态环境。

20 世纪 90 年代起,沿海地区大力推广埂种植物,埂种植物是当时坡地梯田防风护岸、保土的有效方法,又是解决水土冲刷地区燃料缺乏的有效措施。惠安县埂种植物推广的有沙竿、赤宝草、木豆、蓝靛、田青、山土豆、包荷草等 10 多种,根据加墩、霞东等乡种植情况,只要每季在岸的边沟锄草一、二次,对田间作物没有大的影响。

2000 年起,根据各地群众的经验和科技人员实地考察,福建坡面保土植物有:青岗、枫香、芒、类芦、桃金娘、栀子、白茅、算盘子、胡枝子、金樱子、铁扫帚、马鞭草、山矾、黄端木、映山红。护岸保土植物有:菅草、甜根子草、铺地黍、狗牙根、鼠妇草、牡荆、金樱子、假连翘、拟赤杨、枫香、榕树、斑茅、香根草。

3. 封禁

1982 年,在水土流失区调查中发现,在植被覆盖率 70% ~90% 的轻度流失区,或中、轻度流失区,大部分地区土壤表面尚残存,生态系统基本处在极限状况,如继续受到人为破坏,水土流失将加剧,但这种坡面生态系统在福建省气候条件下,若通过封禁和适当补种,尚有较强的自然恢复能力,可以逐渐向良性方面演变,比人工林更具稳定性,这就是后来向全国普遍推广的"封禁治理"模式。

此项措施提出后,先后在永泰县的盘古乡、霞浦县的长春乡培春岭、永定县的仙师镇等地率先实施。那些轻度或中轻度流失区通过封禁,坡面生物迅速增加,提高植被覆盖度,大大节约人力、物力和财力,取得生态、经济、社会三重效益。1990年后,福建在水土流失区划定封禁范围,制订乡规民约,雇用管护人员,严格防止人畜进入治理区破坏树木、草被,借以利用优越的亚热带气候条件,促其自然恢复。对无树木的荒山和疏林地,则结合造林或补植林木,以快速增加其覆盖度和提高经济效益。这种封禁治理能保证草、灌、乔,针叶、阔叶树一起上,对治理轻、中度水土流失效果好。一般封禁五年即可见效,是治理中、轻度大面积水土流失的主要技术措施,成为一种治理模式。

（二）工程措施

1. 截排洪水沟

在福建治理水土流失的工程措施中,针对崩岗地形特点和坡耕地果园、茶园等实际情况,修建截排洪水沟,修建引水渠和储水塘等灌溉系统的小型水利工程,这些措施能较好地防止水土流失。

2. 鱼鳞坑

从20世纪50年代起,为防止山坡地土壤的冲刷,避免土壤流失并增强地力,福建山区开展筑鱼鳞坑的水土保持工程。20世纪80年代起,各地广泛在坡度陡、地形复杂、不易修筑梯田或撩壕的山坡上修筑类似于一般微型梯田的鱼鳞坑以栽植树苗。

3. 水平沟

福建从20世纪40年代起,较多地应用挖水平沟方法。这一方法适用于土层较深、石头少的山头。水平沟能拦住全部雨水和泥沙,湿润山坡土壤,促进树木生长。沟距由沟深、沟宽及集水面积的大小决定,以在大雨时,沟水不满出沟面为准。

4. 水平台地与水平梯田

水平台地与水平梯田是福建最常用的坡面水土保持工程,福建省自宋元开始应用这一方法,具体形状省内各地因地形差异而略有不同。水平台地适用于山顶和山腰,坡度较陡,地形破碎之处;水平梯田则适用于山脚的平缓地带。

5. 谷坊工程

福建省治理侵蚀沟及崩岗多采用谷坊、拦沙坝等,在侵蚀沟的沟床或崩岗场的适当位置节节筑坝拦泥蓄水,缓和水流,提高侵蚀基准面,防止沟床下切及岸壁崩塌,可以调节径流,提高地下水位,为植物生长创造条件,促进崩岗迅速绿化,减少洪水挟带泥沙压盖下游农田、淤塞河道。福建省推广的谷坊有土谷坊、土包沙谷坊、石谷坊、土石谷坊。

(三)耕作措施

1.保水保土耕作技术措施

福建坡耕地常受暴雨山洪冲刷,致使水土流失严重。长期以来,福建在水土流失较为严重区域,主要采用以下几种农业耕作方法来保持水土,提高抗旱能力:①在坡耕地上沿等高线进行犁耕和作物种植,形成等高沟垄和作物条垄。②将水土流失严重的坡耕地修筑成若干个带状格田,在坡耕地上形成水平沟垄,然后在沟内相隔2m左右的间隔修筑土埂形成田块。③在受水蚀和风蚀严重的农田中改变微地形,以增加地面覆盖和土壤抗蚀力。④在坡耕地上沿等高线或在风蚀区垂直主风向处开沟起垄并种植作物。这些方法与栽培技术措施,如间作套种和混播等结合起来,减少水土流失,培肥地力。间作套种与混播是增加土壤表层覆盖面积,保持水土、改良土壤的一项有效措施,是农民在长期生产实践中逐步认识并发展起来的。

2.改良土壤技术措施

福建因地形复杂、区域间气候差异大、耕作水平不同等因素而发育成各类肥力水平的耕地土壤,其中有较大面积的低产土壤。福建农地土壤以红泥土为主,占农地土壤58.5%,其余的为风砂土和盐渍土。红泥土活土层浅薄,主要分布于低丘台地和低山丘陵缓坡地,水源不足,旱情严重;风砂土以中、粗砂粒为主,多呈单粒状结构,多分布于沿海突出部;盐渍土包括受海潮淹没的滨海盐土和经人为垦殖的、有一定程度脱盐的埭土等。针对上述三类农地低产的成因,先后采取了如下措施:①做好水土保持,改善水利灌溉设施,合理利用土地,固土种植,扩种绿肥,增施有机质肥料、磷钾肥及微肥。②营造防护林,植草固沙、固土。③统一规划、统筹兼顾,合理进行围海造田,加速垦区脱盐和土壤改良等措施。福建根据砂土漏水快,黏土吸水差的特性,得出"不太砂也不太黏的土壤,保水抗旱能力强"的经验。进行"砂土渗黏土,黏土渗砂土",改良土壤使含砂量从75%减少至59%(吴章云等,2011)。

三、重点项目

（一）重点县、重点乡镇治理

1.国家重点县治理

福建省长汀、上杭、永定、连城、宁化、清流、建宁、平和等八个中央苏区县的水土流失治理于 2008 年首次被列入《国家水土保持重点建设工程福建省 2008—2012 年建设规划》。2013—2017 年，又将宁化、长汀、清流、连城、永定、建宁、上杭、平和、将乐、漳平、武平、武夷山、光泽、泰宁、新罗、南靖等 16 个县列为国家重点县，制订规划，强化治理。2017—2020 年，福建省国家水土保持重点工程项目县由"十二五"期间的 16 个县增加到 29 个县。通过多轮治理，这些水土流失严重的县，其水土流失得到有效控制，生态环境逐渐恢复。

2.省重点县治理

2011 年底和 2012 年初，习近平总书记对长汀县水土流失治理工作做出"水土流失治理正处在一个十分重要的节点上，进则全胜，不进则退"重要指示，福建省委、省政府高度重视，立即成立了由省委书记、省长任组长的全省水土保持工作领导小组，并做出了一系列重要决策部署。根据全省水土流失卫星遥感调查数据，确定长汀等 22 个水土流失最为严重的县（市）为全省水土流失综合治理的重点县，并划分为三类，将一类、二类的 11 个重点治理县作为全省水土流失治理的重中之重，集中财力，强化治理，带动其余 11 个三类重点治理县水土流失治理，并推动全省水土流失综合治理工作上新的台阶。

3.重点乡镇治理

福建省在 2012 年抓好 22 个水土流失重点县治理的基础上，从 2013 年开始实施重点乡镇的治理，率先在全国将水土流失的治理重点从县延伸至乡镇，并确定 100 个乡镇纳入当年治理重点项目，建立由市、县（区）领导挂钩帮扶、乡镇主要领导担任工作组组长的项目推动工作机制，以"流域区域并施行，生态民生相促进，示范引领更突出"为目标，实行水土流失治理与安全生态水系建设、乡镇建设、美丽乡村建设、农村环境综合整治相结合的综合治理方式。

（二）亚行贷款项目

1996 年，福建省向亚洲开发银行贷款 6500 万美元，用于乡村发展的建设和水土流失开发治理,项目名称为"福建水土保持与乡村发展项目",把水土流失开发治理,促进乡村经济的发展和支持农民脱贫致富工作结合起来,以经济效益为基础,经济效益、生态效益和社会效益有机统一。

(三)示范工程

1.示范城市、示范县

2000年,三明市获水利部、财政部授予"全国水土保持生态环境建设示范城市"称号。2004年,晋江市获水利部授予"全国水土保持生态环境建设示范城市"称号。2006年,武夷山市获水利部授予"第三批全国水土保持生态环境示范城市"称号。

20世纪90年代以来,南靖、福安、诏安、惠安、永春等县(市)也陆续开展了水土保持生态环境建设示范县建设,取得良好效果,既治理了水土流失,改善了居民生产生活环境,又为城区的经济发展创造了良好的投资环境,促进社会各项事业的协调发展。

2.重要水源地水土保持生态建设

重要水源地是指对区域经济社会和人民生活有重要影响的具有供应城市饮用水功能的水库集水区以内区域。重要水源地水土保持生态建设,将水库集水区以内区域划分为修复区、治理区和保护区,因地制宜进行。修复区一般为山上,采取全面封禁措施。治理区一般为山垄和坡地,实施水保工程措施、植物措施和污水处理等综合治理。保护区一般为水库正常水位上方8m的库周边和河道两侧3m内区域,采取水保工程措施和植物措施。省级示范工程共有水土流失面积11.67km²,综合治理面积100km²。

3.生态修复试点县

2002年8月,永定县、永泰县被水利部列为全国水土保持生态修复试点县,从2003年起实施。两个县于2005年底被水利部太湖流域管理局验收组检查验收并获通过。永定县、永泰县的水土保持生态修复工作主要情况:①成立"县水土保持生态修复试点工程领导小组",由政府分管农林工作领导挂帅,政府办、农办、水利局、农业局、林业局、建设局、土地局、民政局、科技局和水保办等单位为成员,水保办负责组织。②编制全县水土保持生态修复综合规划和水土保持生态修复试点工程实施方案。③开展宣传教育,在"3.22世界水日"和"水土保持宣传月"组织宣传活动,在路口设立标语牌和封禁管护区告示牌。④落实部门责任,明确各领导小组成员单位职责,并将年度实施任务分解到各乡镇。⑤依法执法监督,制订水土保持法律法规配套文件和乡规民约,对开发建设项目进行监督检查,处理违法案件。⑥实施水土流失综合治理工程,采取封禁防治、建立果草牧生态园、建设山地果园水利水保设施、移民搬迁、建设以电代燃料工程(即小水电开发,降低电价,鼓励农户以电代燃料)等措施,改善和恢复生态环境,促进农村经济社会发展。

第五节　水土流失监测与信息化

一、水土保持监测网络

(一)水土保持监测网络建设

按水利部批复的全国水土保持监测网络和信息系统建设二期工程初步设计报告,福建省水土保持监测网络和信息系统建设内容包括 1 个省级站、6 个分站(福州、龙岩、漳州、泉州、莆田、三明)、15 个监测点(长汀综合观测场、福州金山、集美、福安、安溪、漳州、漳浦、宁化、建瓯等 9 个监测点和 6 个水文控制站)。按照福建省的行政管理体制,由监测分站进行跨行政区监测存在着困难,因此,增加厦门、南平和宁德三个分站为省级分站,构成福建省水土保持监测网络:省级站 1 个(省水土保持监测站)、设区市级监测分站 9 个、监测站点 15 个。同时按照二期工程建设的要求,省监测站和设区市监测分站配备相应的设备,包括监测专用车辆、数据采集及处理设备、数据管理和传输系统、水土保持数据库和应用系统等;各监测点配置了完备的试验观测设备等。监测网络的建设,为全国以及福建省水土流失动态监测与公告等提供了数据采集、分析、处理和传输等技术支撑。

福建省水土保持监测机构共有人员 107 人(不含水文站点),其中,博士 3

人,硕士 10 人,本科 55 人,专科 39 人;高级职称 37 人,中级职称 24 人,初级职称 26 人,初级职称以下 20 人;专业涉及水土保持、水利、农业、林业、地理、遥感和计算机等。通过近 100 人(次)的技术培训,水土保持监测队伍不断壮大,监测技术水平不断提高。

(二)水土流失遥感监测与公告

2000 年以来,福建省共开展了 4 次全省水土流失遥感调查,全面调查了福建省水力侵蚀的面积、侵蚀强度和分布状况。期间,还利用卫星影像资料完成了 22 个重点县、闽东南沿海地区、泉州市、厦门市、长汀县等重点地区的水土流失遥感监测工作,及时掌握上述地区的水土流失动态变化规律,为政府部门制订水土保持防治措施提供科学依据。福建省长汀、安溪、建瓯和福州金山等 4 个监测点被纳入"全国水土流失动态监测与公告项目",作为典型监测点展开了水土流失动态监测。

2004 年至今,福建省水利厅已连续多年依法向社会发布了年度水土保持公报,公报的发布得到了社会各有关方面的积极反响,水土保持公报制度依法得到落实。

(三)监测制度

为促使监测工作正常开展,保证监测质量,水利部门先后制订了一系列规章制度和技术标准,促进了水土保持监测的规范化。2000 年水利部发布了《水土保持生态环境监测网络管理办法》(水利部令 2000 年第 12 号),2002 年发布了《开发建设项目水土保持设施竣工验收管理办法》(水利部令 2002 年第 16 号),明确了各级监测机构职责、监测站网建设、资质管理、监测报告制度、监测成果发布和开发建设项目水土保持监测报告制度等。2003 年,水利部颁布了《水土保持监测资格证书管理暂行办法》,全国水土保持监测资质认证工作全面展开。水利部水土保持监测中心制订了《开发建设项目水土保持监测设计与实施计划编制提纲(试行)》《水土保持监测年报制度》和《全国水土保持监测网络和信息系统运行管理办法》等管理办法,对水土保持监测的规范化、成果质量、成果报告和网络系统的运行管理等提出了明确要求。在加强水土保持规章制度建设的同时,监测技术标准体系也逐步得到加强,水利部先后出台和修订了《水土保持监测技术规程》(SL 277—2002)《水土保持信息管理技术规范》

（SL 341—2008）《水土保持监测设施通用技术条件》（SL 342—2006）《水土保持试验规程》（SL 419—2007）《土壤侵蚀分类分级标准》（SL 190—2007）《开发建设项目水土保持方案技术规范》（GB 50433—2008）和《水土保持效益计算方法》（GB/T 15774—2008）等一系列技术标准规范。

在水利部制订的规章制度和技术标准的基础上，福建省制订了《福建省水土保持监测网络专项资金管理办法》《监测点管理制度》《监测人员工作职责》《观测小区管理制度》和《仪器设备管理制度》等，并以发文的形式明确监测工作规范，要求各监测点做好监测数据的记录、计算、汇总和整编，每季度第 1 个月提交上一季度的监测数据资料，12 月整理、汇总、分析该年度监测数据资料，并编写年度水土流失监测报告，次年 1 月份上报年度监测报告及数据资料，促进了水土保持监测的规范化。

二、水土流失动态监测

（一）区域水土流失监测

1. 重点监测区域监测

监测内容包括监测区域内土地利用、植被覆盖、水土流失及其水土保持措施，分析林草覆盖率、林缘线和水土流失动态变化，评估重点工程的治理程度和效益。

采用野外调查和遥感信息提取相结合的方法，以优于 2m 空间分辨率的影像和相应精度的地理数据为基础信息源，获取县域范围内的相关"图斑"或全域的因子专题信息及因子值，利用模型计算土壤侵蚀模数，依据相关技术标准评价各级强度的侵蚀面积，计算区域土壤水蚀量。采用中国土壤流失方程 CSLE 模型，综合评价水土流失面积、强度和分布。

土地利用类型、工程措施的分布与数量主要通过遥感解译获取；植被覆盖通过 NDVI 指数转换和综合分析获取；总治理面积和植物措施面积采用野外调查和资料收集方法获取；重点工程治理程度通过资料收集、野外调查、统计分析获取；蓄水保土效益采用典型监测点监测确定的效益定额和水土保持措施数量综合评价；预防保护措施通过资料收集、遥感解译、调查和统计分析获取，林缘线通过林地空间分析获取，林草覆盖率和林缘线变化情况通过年际对比分析获取。

2.一般监测区域监测

监测内容包括土地利用、植被覆盖和水土流失状况等,水土流失因子获取和侵蚀模数计算的技术方法与重点监测区域的相同,仅选用的影像分辨率有所区别,应优于8m。

(二)监测点水土流失监测

1.监测点分布

典型监测点主要包括全国水土保持监测网络和信息系统二期工程建设的15个监测站点。按监测点类型分,包括小流域综合观测站(含小流域控制站)6个、坡面径流观测场9个;按所属流域分,珠江流域4个、太湖流域11个。

2.监测内容与方法

采用地面观测、综合调查和资料分析相结合的方法,对典型监测点的水土流失情况进行长期、持续监测,结合区域水土流失监测,综合分析不同水土流失类型区水土流失及其防治效益的动态变化。

(1)小流域综合观测站监测

除全面了解和掌握小流域的基本特征指标外,小流域综合观测站的主要监测内容包括水土流失影响因子、水土流失状况和水土保持措施等三个方面。通过综合调查与资料分析获取小流域的地形、土壤、土地利用、植被覆盖等情况,利用布设在小流域出口断面的控制站监测小流域径流泥沙状况。

(2)坡面径流观测场监测

除全面了解和掌握观测场的基本特征指标外,坡面径流观测场的主要监测内容包括水土流失影响因子、水土流失状况和水土保持措施等三个方面,采用地面观测的方法获取坡面径流小区降雨特征、产流产沙状况。

3.监测点与科教园建设相结合

福建省已建成福州金山、厦门集美、长汀、闽北建瓯、漳浦马口、宁化和宁德九都7个水土保持科技示范园,监测点与科教园相结合,已成为水土保持监测科研基地、中小学生水土保持普及教育活动的基地、水土保持示范和对外交流的窗口。积极开展监测技术研究,如"基于GIS的长汀县水土保持动态管理信息系统研发""长汀县水土流失治理成效的遥感监测与评价技术研究""基于多分辨率遥感影像的林下水土流失区判别研究""近20年长汀县河田镇森林碳储量变化的遥感估算"等水土保持科研与技术推广工作,取得了实效,并获得了一批科技成果,其中5项科研成果已获得省水利科学技术奖。

（三）监测数据整（汇）编

1. 监测数据整（汇）编内容

主要包括区域水土流失年度监测数据、监测点年度监测数据、水土流失年度消长情况分析评价结果、水土保持公报编制基础资料以及其他相关监测数据等。整（汇）编成果主要由数据说明、数据表格、图件等组成。

2. 监测数据整（汇）编方法

监测数据整（汇）编过程包括资料整理、审核、汇编刊印三个环节。资料整理应遵守国家相关技术标准规程规范,考证基本资料、分析统计原始数据、整理数据、制作图表并编制相关说明;采用抽查方法,对数据表、图件等资料进行详细审查,评价资料整理成果质量;编制综合文档、图表,编排刊印次序并排印,形成相关多媒体材料;采用刊印、电子出版物、网络等形式进行整（汇）编成果的发布,将原始记录资料、刊印成果和电子资料等全部存档。对重要项目、区域以及对不同类别流失区的年度监测成果要及时核定、会审和存档。每年5月底前完成上年度水土保持监测数据整（汇）编,9月底前完成成果发布。

通过自查、审查和集中审核等三个环节对监测数据进行审核。自查由项目承担单位组织开展,完成自查后提交技术报告;审查由项目承担单位提出申请,由有关单位组织开展,邀请相关省级水行政主管部门和有关专家参与;通过审查后的成果以正式文件报送至水利部水土保持监测中心,由水利部水土保持监测中心组织数据集中审核。

三、水土保持信息化

（一）信息化基础设施建设

通过全国水土保持监测网络和信息系统建设,建成了福建省水土保持监测总站、9个设区市水土保持监测分站以及15个地面监测场点,形成了覆盖全省的水土保持监测站网;通过为各级监测站点配备相应的数据采集及处理设备、数据管理和应用系统,形成了省、市、监测站点三级信息采集与处理体系。与此同时,利用福建水利专网建成联系省、市、县各级水土保持机构的数据传输网络;利用福建省水利信息中心平台资源搭建水土保持应用系统基础环境。水土保持信息采集、传输、处理与存储能力得到不断加强,为水土保持信息化工作的有序开展奠定了坚实的基础。

(二)3S 技术应用

福建省自 2000 年利用 3S 技术实现全省水土流失遥感调查以来,3S 技术应用已成为水土保持调查的主要手段,包括福建省东南沿海遥感调查、福建省山地水土流失调查、苏区水土流失调查、崩岗调查、全国水土保持普查等历次调查均借助 3S 技术实现水土保持数据的快速采集、自动处理和野外调查验证。借助遥感影像实现基础地理信息如植被因子、土地利用因子等的快速采集;利用 GIS 可以对影像数据进行分析,萃取出有用的水土流失信息,实现水土流失遥感的自动化;通过 GPS 的定位功能,采集野外水土流失斑块的位置信息。

(三)水土保持数据库建设

福建省利用多次全省范围或局部地区水土流失遥感调查成果,积累了大量水土流失空间分布数据,建立了覆盖全省的 1:10 万全省水土流失空间数据库;通过崩岗调查、山地开发调查、林下水土流失调查、工程侵蚀调查、水土保持措施调查等多个专项调查,获取了翔实的水土保持各类专题数据,形成了多个水土保持专题数据库。此外,福建省长汀县、安溪县等地在长期水土流失地面观测工作中还整汇编了一批时间序列长、观测指标完整的水土流失观测数据,并运用信息技术初步建立了水土流失试验观测数据库。不断丰富的数据资源,为福建生态省建设提供了重要的数据支撑。

(四)水土保持业务系统开发

多年来,福建省通过自主开发专业的应用系统来管理相关业务及数据成果。已建成的信息系统有福建省小流域治理项目管理系统、福建省水土流失现状查询系统、东南沿海水土流失动态查询系统、福建省山地水土流失查询系统等多个应用系统。此外,通过全国水土保持监测网络及信息系统建设,福建省部署并应用了福建省水土保持监督管理系统、福建省水土保持监测预报管理系统以及全国水土保持国家重点工程管理信息系统等。通过对水土保持信息系统的开发、部署和应用,有效地支撑了福建省水土保持各项业务的开展,显著提升了水土保持行业管理和科学决策水平。

（五）水土保持信息社会服务

水土保持网站建设成效显著,福建省级水土保持部门积极开展门户网站建设工作,建成了"福建省水土保持网""福建省水土保持监测网""福建省水土保持监督网"3个省级水土保持网站。9个设区市、水土流失治理重点县也陆续开办了各自的水土保持网或依托水利网开办专栏。水土保持门户网站已经成为水土保持部门发布信息的主要平台,为社会各界提供了大量及时、翔实、可靠的水土保持信息,保障了人民群众的知情权、参与权和监督权。3个省级水土保持网站还开辟了信箱、调查、建议等互动栏目,服务内容不断充实,服务形式日益多样,建立起了公众反映情况、解决问题、表达意愿的畅通渠道。水土保持公报持续发布,福建省自从2004年起,连续发布年度《福建省水土保持公报》,引起了社会各界的关注。水土保持公报全面系统地反映了年度水土流失及其防治情况,为福建省水土保持生态建设、水土流失灾害监控、生态环境评价和生态服务功能评价提供了基础数据,在政府决策、经济社会发展和公众信息服务等方面发挥了积极作用。

（六）水土保持信息化制度建设

在水利部颁布的《水土保持生态环境监测网络管理办法》《全国水土保持监测网络和信息系统建设项目管理办法》的基础上,福建省结合自身实际情况制订了相关规章制度,明确了监测站网建设、机房管理、网站管理、监测数据上报和成果发布等要求。

（七）水土保持信息化队伍建设

在福建省历次遥感调查和全国水土保持监测网络和信息系统建设二期工程的推动下,作为水土保持信息化生力军的监测技术队伍得到了长足的锻炼和发展。福建省水土保持监测站有近30人的水土保持监测专业技术人员,专业涉及水土保持、水利、农业、遥感和计算机等,形成了一支专业配套、结构合理的技术队伍。

第六节　水土保持地域性特色

一、闽台交流

福建与台湾一衣带水、同宗同源，闽台两地在气候、地理条件方面都十分接近，都是山多地少、台风暴雨频发，在水土保持方面有诸多可相互学习和借鉴之处，早在20世纪八九十年代，两地就开展了水土保持交流和互访，交流历史悠久。近30年来，福建省开展和参与闽台水土保持学术交流情况主要如下。

（一）首次邀请台湾专家学者来闽交流

1990年10月，福建省水土保持学会在长汀县举办学术研讨会，福建省首次邀请台湾水土保持专家前来参加研讨会，开创了闽台水土保持学术交流之先导。1990年至今，省水土保持学会通过学术交流会、研讨会、培训班、学术年会、座谈会等形式，先后10多次邀请台湾水土保持专家学者来闽进行学术交流，共计30多人（次）。通过这些学术交流活动，台湾专家学者为福建水土保持带来了先进的理念和技术，如廖氏山边沟技术、台湾公路边坡绿化治理技术、台湾水土保持户外教室建设经验、台湾水土保持信息化技术等，为海峡两岸水土保持事业作出了巨大的贡献。

（二）首次实现实现闽台专家双向互动交流

1992年8月，省水土保持学会前副理事长卢程隆副教授应台湾"中华水土保持学会"之邀赴台交流访问。此次访问实现了福建省第一个闽台学会间进行双向互访交流，突破了当时一直停留在单向接待台胞的局面。1992年至今，省水土保持学会先后派出考察团5次，共计20余人（次）赴台交流访问。福建考察团通过与台湾水土保持专家学者座谈、做专题报告、实地考察水土流失治理工程、参观水土保持示范区、科研机构、户外教室等，就两岸的水土保持进行广泛交流，学到了很多台湾先进的水土保持理念和做法。

（三）开启大陆闽台共建水土保持科教示范园先河

1998 年，台湾水土保持学会与福建水土保持学会商定，在福建省协作建设水土保持科教基地（户外教室），并于 1999 年在福建农林大学校内建成福州金山水土保持科教园，由此开启了中国水土保持科技示范园建设的先河。该科教园是集人才培养、科学研究、科普教育、示范推广于一体的水土保持科教基地，先后被命名为"全国中小学水土保持教育社会实践基地""福建省科普教育基地""闽台农业合作示范基地"等。

二、崩岗治理

（一）主要治理技术

福建省崩岗防治始于 1940 年，福建省研究院在长汀县河田镇设立的"福建省研究院土壤保肥试验区"就进行了研究和治理。20 世纪 60 年代中期，中国科学院与福建省联合组建山地利用与水土保持综合考察队在对惠安、安溪等地考察后，提出了上拦、下堵的治理措施，取得较明显的生态效益。20 世纪 80 年代中期，永春县水土保持试验站采用麻竹治理崩岗取得成功。1989 年在安溪县官桥镇长垅崩岗侵蚀区进行定点水土流失与治理试验研究，1994 年该课题正式被福建省科委列为福建省"八五"重点攻关课题立项。

崩岗侵蚀具有不同于一般水土流失形式的特殊性，即可按其发育阶段分为活动型和相对稳定型两种，而不同发育阶段的崩岗在防治措施的布设上又有不同的针对性，因此需要按照崩岗侵蚀发育阶段合理安排综合防治措施。对活动强烈、发育盛期的崩岗，重点防止其造成的危害，采取在崩口或数个崩口下游修建谷坊或拦沙坝，堤坝内外种树种草，待其自然逐步稳定；对相对稳定的崩岗，一般不实施比较大的工程措施，主要采取林草措施，辅以封禁治理措施使之绿化；对发育初期、崩口规模较小的崩岗，则采取工程措施与林草措施相结合的方法，以求尽快固定崩口。崩岗综合治理措施布局为"上截、中削、下堵、内外绿化"。

1.上截

在崩岗顶部修建截水沟（天沟）以及竹节水平沟等沟头防护工程，把坡面集中注入崩口的径流泥沙拦蓄并引排到安全的地方，防止径流冲入崩口、冲刷崩壁而继续扩大崩塌范围,控制崩岗溯源侵蚀。同时要做好排水设施,排水沟最好布设在两岸,并取适当比降,排水口要做好跌水,沟底采用埋上柴草、芒箕、草皮等,以防止冲刷,然后将水引入溪河。

2. 中削

对较陡峭的崩壁,在条件许可时实施削坡开级,从上到下修成反坡台地(外高里低)或修筑等高条带,使之成为缓坡或台阶化,减少崩塌,为崩岗的绿化创造条件。

3. 下堵

在崩岗出口处修建谷坊,并配置溢洪导流工程,拦蓄泥沙、抬高侵蚀基准面,稳定崩脚。谷坊要选择在沟底比较平直、谷口狭窄、基础良好的地方修建;崩沟较长时,应修建梯级谷坊群;修建谷坊要坚持自上而下的原则,先修上游后修下游,分段控制。在崩岗下泄泥沙比较严重的情况下,可在崩岗区下游临近出口处修建拦沙坝。

4. 内外绿化

为了更好地发挥工程措施的效益,在搞好工程措施的基础上,切实搞好林草措施,做到以工程措施保林草措施,以林草护工程措施,以达到共同控制沟壑侵蚀的效果。林草措施布设应根据崩岗的立地条件及不同崩岗部位,按照适地适树的原则,因地制宜,合理规划。崩岗顶部结合竹节水平沟、反坡梯地等工程措施合理布设水土保持林。崩壁修建的崩壁小台阶种植灌草,达到崩岗内部的快速郁闭。崩岗内部布设水土保持林或经济林果。水土保持林按乔、灌、草结构配置,选择适应性强、速生快长,根系发达的林草,采取高层次、高密度种植,快速恢复和重建植被。水土条件较好的台地上种植生长速度快、经济价值高的经济果木林,增加崩岗治理经济效益。

"上截、中削、下堵、内外绿化"治理措施对瓢形、条形和部分混合形崩岗较为适用,但对沟口较宽的弧形崩岗与少数条形崩岗,则宜采用挡土墙(护岸固坡)等工程措施。

(二)治理模式

1. 生态型崩岗治理模式

以林(竹)草种植措施为主的治理模式,突出生态效益。技术上采取上截、下堵、内外绿化的原则,在沟谷布设必要的谷坊工程,选用抗性强、耐旱耐脊的树、竹、草种,采用高密度混交方式,在崩岗侵蚀坡面、崩塌轻微相对稳定的沟谷及其冲积扇造林种草、竹,快速恢复植被,改善治理区的生态环境。

2.经济开发型崩岗治理模式

以经济开发为主的崩岗治理模式,突出经济和生态效益。对地表支离破碎的崩岗群,采用机械或爆破的办法进行适度削坡,修成梯田,种植果树、茶叶或其他经济作物,既可治理水土流失,又可发展农村经济,增加农民收入。福建安溪县官桥镇碧一村的隆德果场,就是把昔日支离破碎的山坡变成今日的层层梯田和果园,果树年收入可达50万元。城厢镇的芹德果场、官桥镇恒美后林茶场以及许多群众零星治理平整的茶园等,都是治理与开发的有机结合(图3 –4 –5,图3 –4 –6)。

治理前的景观

治理后的景观

图3 –4 –5　安溪县官桥镇长垅崩岗区治理(安溪县水土保持委员会办公室　提供)

治理前景观

治理后景观

图 3-4-6 安溪县官桥镇恒美崩岗区治理（安溪县水土保持委员会办公室 提供）

3.综合整治型崩岗治理模式

对地理位置较好、交通方便的崩岗群或相对集中的崩岗侵蚀区,利用工程机械推平崩岗,配置排水、拦沙和道路设施,整治成为工业园的崩岗治理模式。福建省龙门镇利用国家债券,在省道 205 线旁的榜赛小流域鬼空崩岗侵蚀区,投资 364 万多元,把 40hm² 的崩岗集中区推平,修建 2 座拦沙坝、1 条 1900m 长的排水沟和 1 条 1km 长、10m 宽的水泥路,直接保护了下游近 67hm² 良田和 400 居民不受洪水和泥沙危害,增加了 7hm² 的农业用地,同时建成了一个 33.2hm² 的工业园区,有力地促进了当地经济的发展和农村富余劳动力的转移。

三、长汀经验

长汀水土流失治理生态建设的实践经验被福建省委、省政府誉为生态省建设的一面旗帜,被中国水土流失与生态安全院士专家考察团誉为南方水土流失治理的典范,被时任水利部部长陈雷誉为"不仅是福建生态省建设的一面旗帜,也是我国南方地区水土流失治理的一个典范,是长汀人民创造的一笔宝贵的精神财富,是科学发展观在长汀的创造性运用和实践。"水土流失治理经验被誉为"长汀经验"在全国范围推广。

（一）持续为贵

1.领导持续支持

省市党政及部门几十年倾心支持。

2.坚持可持续发展战略

县委、县政府把水土保持作为全县可持续发展战略内容,放在全县50万人民安居乐业的现实要求上去谋划。

3.坚持因地制宜策略

因长汀制宜、因长汀施策,遵循自然规律,植物地带性规律和群众意愿,优化措施、配置品种、创新技术。

1989年10月原貌

2013年10月景观

图3-4-7 长汀县河田喇叭寨水土流失治理前后对比(长汀县水土保持事业局　提供)

（二）民生为本

1. 从解决群众的生活问题入手

建立疏导用燃的渠道，实行封山育林、禁烧柴草，烧煤由政府出资补贴，建沼气池给予补助，引导农民以煤、电、沼代柴，从根本上解决群众燃料问题，从源头上解决农民烧柴对植被的破坏。

2. 引导群众发展"草牧沼果"循环种养生态农业

"草牧沼果"循环种养是以草为基础，沼气为纽带，果、牧为主体，形成植物生产、动物生产与土壤三者链接的良性物质循环和优化的能量利用系统，从而达到治理水土流失（种草），抑制农户砍柴割草（用沼气做饭、照明），增加农户收入（果业、畜牧业），推动经济效益与生态效益结合、治理与资源的可持续利用。

（三）创新为源

1. 创新理念

用"反弹琵琶"的理念指导治理。根据植被从亚热带常绿阔叶林→针阔混交等→马尾松和灌丛→草被→裸地的逆向演替规律，通过逆向思维，反其道而行之，按水土流失程度采取不同的治理措施，生态修复保护植被，种树种草增加植被，"老头松"改造改善植被，发展"草牧沼果"改良植被。

2. 创新技术

因地制宜、因地施策，创新实施"等高草灌带""老头松"施肥改造、陡坡地"小穴播草"等有效实用的治理模式，应用生物措施、工程措施、农业技术措施有机结合，人工治理与自然恢复有机结合，生态效益与经济效益有机结合等方式开展治理。实行马尾松与阔叶树混交的治理新模式，实现水土流失治理从以往的注重数量面积向提质增效转变。《等高草灌带营造技术规范》《"老头松"改造技术规范》《崩岗差异化治理技术规范》3 项红壤丘陵区水土流失治理地方标准得到省级颁布实施。

3. 创新机制

筑巢引凤，营造"科技聚群盆地"，建立开放式、多元化博士生工作站。健全山林权流转机制，用机制激发活力。

4.创新管理

建立护林查源头、资金审批报账制、项目管理、生态补偿等机制。

1984 年 3 月原貌

2013 年 6 月景观

图 3 - 4 - 8　长汀县河田水东坊水土流失治理前后对比(长汀县水土保持事业局　提供)

(四)求实为基

1.项目前期突出"细"

编制近期、中期、长期治理规划、可行性研究报告、初步设计报告、年度实施方案,力求措施得当、布局合理,以最小的投入取得更大的效益。

2.项目实施突出"实"

早动手,以时间保证质量。严把关,对每一个工序层层把关。明责任,县专业技术人员将实施山场地块下达乡镇水保站、林业站,明确施工步骤、技术要求、技术规程、质量要求、验收标准,签订"责任书"。

3. 项目管理突出"严"

健全机构,县成立指挥机构,专抓项目管理,负责编制规划、组织协调、监督检查、资金调度。建章立制,制订了《水土流失开发性治理的若干政策规定》《水土流失综合治理领导小组工作制度》《项目区水土流失综合治理项目补助资金管理办法》《水土流失综合治理实施方案》和《水土流失治理要求与验收标准》等制度。建立健全监理、监测、评估、合同、投标等制度。

四、科技支撑

伴随50多年的水土流失防治实践,尤其通过相继开展典型流失区综合治理、水土流失遥感普查、水土保持监测网络建设、国家水土保持重点防治工程、水土保持科技园区建设和水土保持区划,以及在福建省实施的一系列水土保持领域重大科研项目,福建省水土保持科学技术取得了多方面的成就。

(一)水土保持基础理论研究成效显著

福建省早在20世纪80年代初就开始了土壤侵蚀机制和规律的研究,在土壤侵蚀因子、侵蚀预测预报模型、崩岗侵蚀规律等方面取得了重要进展,成为构成福建省水土保持学科体系的主要支撑。

在土壤侵蚀因子研究方面,福建省对于影响土壤侵蚀的各个因子如雨滴特征、降水侵蚀力、土壤可蚀性因子、坡度坡长、转折坡度等进行了大量研究,从中筛选出影响福建省水土流失的主导因子为植被覆盖度、工程措施、降雨侵蚀力 R 值、土地利用类型、坡度和有机质。

在侵蚀预测预报模型方面,福建省通过各种降雨参数及不同组合形式、土壤可蚀性因子、坡度坡长等与土壤流失量进行相关分析,建立了闽东南地区乃至全省土壤侵蚀预报方程。

(二)水土流失治理技术及模式富有特色

1. 水土流失治理技术

从福建省的实际出发,从筛选水土保持乡土植物品种入手,按地区分片,选育适合本地区生长的树草种,通过试验摸清选育植物品种的生物学特性,各植物品种的适应性和栽培方法。全省共筛选和引进草种50多种,乔灌木树种100多种,乔木树种有湿地松、柠檬桉、相思、木麻黄、木荷、马尾松等,灌木如胡枝子、紫穗槐、山毛豆、银合欢等，草类有百喜草、黄花菜、马唐、狼尾草、日本草等。

在对侵蚀劣地的治理方面开展的研究中，对植被生长过程中的地带性规律和植被演替规律进行了分析，提出了人工植被群落的发育过程必须与土壤肥力恢复程度相适应，即在先锋群落配置中要注意草被层的生长，避免造成"空中绿化"，而人工群落的配置以引进种与乡土树种结合，进行多层次混交为宜，应着眼于建立地带性森林生态系统。

对侵蚀量大而危害严重的崩岗的治理技术研究一直是福建省水土保持学科的重点之一，根据不同的崩岗类型和侵蚀情况，在全省尤其是安溪、长汀和永春县开展治理试验研究，并总结出了变崩岗侵蚀区为经济作物区、工业园区、多种经营区和利用崩岗侵蚀劣地建设生态茶园的模式，为崩岗的治理探索了技术方法和经验。

2. 水土流失综合治理模式

在长期的治理实践中，水土保持部门坚持地带性植被演替规律，把水土流失治理与农村土地利用结构调整和脱贫致富有机结合起来，注重水土保持措施和其他农业措施的有机结合，积极总结和推广了水土保持生态修复模式、"草、灌、乔结合，草、灌先行，以草促树"的侵蚀劣地治理模式、"把水土流失区改造成为经济作物区"开发性治理模式和"果—草—牧（渔）—菌—沼"生态模式、崩岗综合治理模式等。这些模式得到水利部的肯定，并在我国南方得到推广应用。

（三）水土保持科技队伍及教育体系不断壮大

福建省水土保持机构的设置始于 1940 年 12 月，当时的福建省研究院在水土流失严重的长汀县河田镇设立"土壤保肥试验区"。新中国成立后，福建省人民政府十分重视水土保持工作。1953 年，福建省防汛总指挥部下设水土保持办公室，水土流失重点治理区县也相继成立水土保持机构。历经多年建设，已形成了水土保持委员会办公室、监督站、试验站和监测站组成的由省、设区市和县（市、区）及部分乡镇水土保持工作站组成的水土保持系统，使全省的水土保持工作有领导、有组织、有计划地全面开展。1983 年 7 月，省水土保持试验站成立，随后在水土流失较严重的 18 个县（市、区）设立县级水土保持试验站，从事水土保持科学试验研究、技术推广、示范等工作。

在水土保持人才培养方面,福建农林大学在 1988 年设立了水土保持专科专业,是南方最早设立该专业的高等院校之一。该学科是福建省重点学科,拥有从本科、硕士、博士、博士后的完整人才培养体系。已培养水土保持相关专业人才 1400 余名,其中专科近 300 名,本科 1000 多名,博硕士 100 多名。福建省水土保持高等教育正在稳步发展,全省专门从事水土保持科研或以水土保持为主的相关科研机构达 5 个,水土保持科研人员达到 100 多人。

(四)水土保持国际交流合作

福建省水土保持机构向来重视与国际水土保持界的合作交流,从第四届至第九届国际水土保持学术会议都派出科技人员出席,与泰国土地局进行水土保持技术的交流与探讨,参加 WOCAT 项目,到美国、日本、马来西亚、巴布亚新几内亚、越南等国参加水土保持有关会议和考察,并多次接待了美国、加拿大、新西兰、澳大利亚、日本、泰国等国的水土保持专家,加强与国外联系,拓展了视野。

(五)创办《亚热带水土保持》期刊

《亚热带水土保持》系福建省的综合性科技刊物(季刊),创刊于 1989 年,原名《福建水土保持》,2005 年后更名为《亚热带水土保持》。期刊肩负着宣传报道我国水土保持方针、政策、法律、法规,交流水土流失治理经验和科技成果、普及水土保持科技知识等任务。30 年来,先后开辟了试验研究、综述、综合治理、监测与评估、预防保护、开发建设项目水土保持、水源地保护、普及教育等栏目,成为我国南方乃至东南亚地区交流水土保持科学技术的平台和向社会宣传水土保持的方针政策、推广水土保持新技术的重要窗口,对提高全社会民众水土保持意识、科技人员提高业务技能起到了重要的作用。

第五章

广东省

水土保持

第一节　基本情况

一、自然概况

(一)地理位置

广东省地处祖国大陆南端,位于北纬 20°13′~25°31′、东经 109°39′~117°19′之间。陆域东邻福建,北接江西、湖南,西连广西,南邻南海,在珠江口东西两侧分别与香港特别行政区、澳门特别行政区接壤,西南端隔琼州海峡与海南省相望。广东省总土地面积 17.98 万 km²,约占全国陆地总面积的 1.87%。

(二)地质地貌

广东省的地质构造比较复杂,经历了多次不同性质的地壳运动,形成了纬向(东南向)构造、经向(南北向)构造以及华夏系、新华夏系、山字形等构造行迹,构造运行中心由西向东逐渐转移,西江是加里东褶皱隆起带,北江为印支凹陷带,到东江、韩江为燕山断褶带,越向东构造运动越强烈。

广东省境内地层分布广泛、岩性类型多样,以花岗岩最为普遍,砂页岩和变质岩也较多。花岗岩类岩石极易风化,风化层厚度一般在 10m 以上。砂页岩类多分布于粤北、粤东的中、低山及丘陵,风化层较薄;其中,紫红色砂页岩层由白垩系—第三系的紫色页岩和红色砂砾岩构成,主要分布于南雄市、始兴县等地,紫色砂页岩也是易受风化而发生侵蚀的岩类。变质岩类多分布于粤北、粤西的中、低山和丘陵。石灰岩类主要分布于粤北、粤西的低山及丘陵。

广东省北依南岭,南临南海,全省地势北高南低,从粤北山地逐步向南部沿海递降,形成北部山地、中部丘陵、南部以平原台地为主的地貌格局。境内山地、丘陵广布,山地占 31.70%,丘陵占 28.50%,台地占 16.10%,平原占 23.70%。

北部属中等山区,海拔一般在 500~1000m,在湘粤交界的石坑崆,海拔1902m,为广东省最高峰;东南部主要山脉有青云山、九连山、罗浮山、莲花山等,海拔在1000m左右,较大的有兴宁盆地、梅县盆地,沿海有韩江三角洲平原;中南部为珠江三角洲平原,地势平坦,是西、北、东江的下游河网区;西部是粤西山地台地,主要山脉是海拔1000m左右的云开大山和云雾山,山岭间有阳春岩溶盆地、罗定怀集红层盆地等;西南端的雷州半岛为近代熔岩、浅海堆积和侵蚀形成的低平台地。

(三)气候水文

广东省地处欧亚大陆的东南缘,属南亚热带和热带季风气候区,多年平均气温为21.6℃,夏季长而冬季短。广东省是全国暴雨最为频繁的地区之一,具有降水多、强度大、年内分配不均的特点。广东省年均降水量1771mm,汛期(4—9月)雨量占全年雨量79%,年均暴雨日数(≥50mm)4~10d,根据气象部门统计,1h降水极大值和24h降水极大值分别达195.5mm和654.5mm。

广东的洪水集中出现在前汛期和后汛期两个时期。前汛期洪水主要出现在每年4—6月,由于雨区范围宽广、降雨持续时间长,形成的洪水峰高量大、持续时间长。后汛期洪水主要集中出现在7—9月,受台风或热带低压与弱冷空气的共同影响,会导致后汛期大面积暴雨。暴雨所带来的灾害主要表现为洪涝,以及由洪水引起的崩塌、滑坡、泥石流等次生灾害。

广东省位于珠江流域下游,境内河流众多,以珠江流域(西、北、东江和珠江三角洲)及独流入海的韩江流域和粤东沿海、粤西沿海诸河为主。广东省共有大小河流1343条,总长约2.5万km,其中:集水面积在100km^{2}以上的各级干支流共542条,集水面积在1000km^{2}以上的河流有62条;省际河流52条;独流入海河流52条。

(四)土壤植被

广东省成土母岩和母质在热带、亚热带的生物、气候条件作用下,由南向北形成了砖红壤、赤红壤、红壤等呈地带性分布的土壤类型,在凉湿的较高山地和山间盆地发育了黄壤,非地带性土壤有石灰土、紫色土、水稻土和滨海盐土等。总体而言,广东省土壤抗蚀性较弱。

广东省地跨热带和亚热带,植被类型丰富。地带性植被在粤北南岭地区为亚热带常绿阔叶林,中部地带为南亚热带常绿季风林,南部为热带常绿季雨林。植物区系成分以热带、亚热带科属为主。森林资源地理分布不均,总体呈北多南少,西多东少格局。在长期的人类经济活动作用下,原生植被多已被破坏,大部分消失,代以次生林及人工林,保存较好的原始林主要分布在北部山区。在少量森林植被受破坏之处则为稀疏草地、稀疏草坡及中生或旱生性的灌丛草坡、草地;河流两岸及三角洲平原河网区则为栽培植物;滨海台地可见常绿有刺灌丛及沙荒植被。

二、社会经济情况

(一)行政区划

截至 2018 年底,广东省行政区划为 21 个地级以上设区市,20 个县级市,34 个县,3 个自治县,64 个市辖区(县级),其中顺德区于 2011 年列入广东省省直管县试点(图 3 - 5 - 1)。

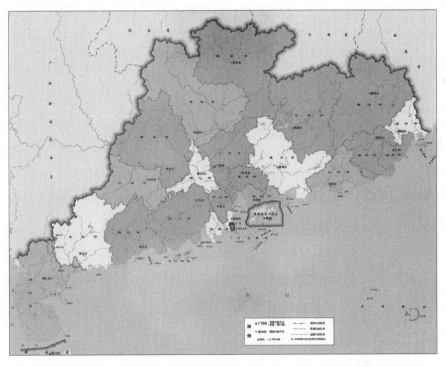

图 3 - 5 - 1　广东省行政区划图(审图号:粤 S[2019]059 号)

根据《2019 广东省统计年鉴》(广东省统计局等,2019),2018 年末广东省常住人口 11346 万人,排名全国第一,城镇人口占总人口的 70.70%,高于全国 59.58% 的平均水平。按照常住人口统计,广东省平均人口密度 631 人/km²,是全国平均水平的 4 倍左右。

广东人口分属 56 个民族,其中汉族人口有 9030 万人,占总人口的 98.02%;少数民族人口 164 万人,占 1.98%,世居少数民族主要有壮族、瑶族、畲族、回族、满族等;改革开放后因人才流动、婚姻、务工经商等迁移或暂住广东的外来少数民族人口约 104 万人,集中在广州、深圳、珠海、东莞、佛山、中山等珠三角城市。

广东省高等教育水平位居中国前列,截至 2017 年底,广东省有普通高等学校 147 所,数量位居全国第二,其中公办本科院校 37 所、民办本科院校 7 所、中外合作院校 2 所、独立学院 16 所、公办高职院校 57 所、民办高职院校 28 所。2017 年两个学科中国排名第一,26 个学科进入中国前 5。据 2018 年 1 月发布的基本科学指标数据库 ESI,广东 13 所高校 60 个学科进入全球前 1%,学校数占全国 219 所的 5.90%,学科数占全国 6.72%。

广东是中国改革开放的先行地区,在改革开放和现代化建设中一直走在全国前列,充分发挥了"试验田""窗口"和"示范区"作用。广东要从经济强省向科技强省跨越,成为广东的最高决策层和科技界的一致共识。改革开放以来,广东省的科技工作也一直走在全国前列,在科技创新、成果转化方面取得了显著成绩,促进科学技术对各领域、各行业的渗透,为经济社会全面、协调、可持续发展提供强有力的技术支撑。截至 2018 年底,县级以上国有研究与开发机构、科技情报和文献机构 292 个。规模以上工业企业拥有研发机构 2.1 万个。广东省科学研究与试验发展(R&D)人员 58 万人,全省有效发明专利量 24.85 万件,居全国首位,每万人口发明专利拥有量 21.90 件。2018 年共有 7.3 万家企业申请专利 60.18 万件,其中 2.7 万家企业有发明专利申请 17.13 万件。全年共有 6.5 万家企业获得专利授权 37.26 万件,其中 1.2 万家企业有发明专利授权 4.45 万件。全年经各级科技行政部门登记技术合同 23930 项;技术合同成交额 1387 亿元,比上年增长 46.10%。

(二)经济状况

广东省是我国的经济大省,依托毗邻港澳的区位优势,抓住国际产业转移和要素重组的历史机遇,率先建立起开放型经济体系,成为我国外向度最高的经济区域和对外开放的重要窗口。

随着市场经济体制和投资环境的不断完善,广东经济发展继续保持旺盛的活力,主要经济指标位居全国前列。根据《2019广东省统计年鉴》(广东省统计局等,2019),2018年,广东省实现地区生产总值(GDP)97277.77亿元,比上年增长6.8%,位居全国第一。2018年第一、第二、第三产业结构为4.0:41.8:54.2,产业结构进一步优化,现代产业体系初具雏形。

广东各地由于区位优势及自然条件、资源禀赋的差异,区域间经济发展水平差距较大,珠三角地区经济发达,而粤北、粤东和粤西经济发展则相对滞后。珠三角地区作为我国参与经济全球化的主体区域,通过传统产业转型升级,已成为国家重要的制造业基地、服务业基地和信息交流中心。粤北、粤东和粤西山丘区传统产业仍占相当比重,农、林业等仍然是群众脱贫、致富、奔小康的支柱产业。

(三)土地利用

广东省是我国人多地少的省份之一。广东陆地总面积17.98万km²,有"七山一水二分田"之称。平原和谷地是主要的农业用地和建设用地;相对高度在80m以下台地,大部分可以为农业、林业、牧业等利用;丘陵、山地主要为林业用地,其中有部分裸岩难于利用。广东省土地中宜农地33008km²、宜林地125791km²、宜林宜牧地600km²,分别占全省土地面积的18.36%、70.00%和0.33%。

截至2016年底,广东省耕地315.29万hm²,园地102.08万hm²,林地994.06万hm²,牧草地0.224万hm²;建设用地184.84万hm²;未利用地102.80万hm²。

广东省属我国经济发达地区,人口密度大,生产建设活动强度高,人为活动极大加剧了全省水土流失的发生。珠江三角洲地区,城市化进程迅猛,各种生产建设活动频繁,人为侵蚀现象普遍;粤东西北山丘区,经济发展相对滞后,对山林地的依赖导致农、林开发强度大,坡地开发等造成水土流失广为分布。

第二节 水土流失概况

党的十九大报告指出:"人与自然是生命共同体,人类必须尊重自然、顺应自然、保护自然"。水土流失的发生与发展受到自然与人为两方面的影响,二者相互制约与促进,水土流失与水土保持的结果正是两者相互作用的体现,而处于改革开放前沿广东省水土流失的演变过程正是我国可持续发展理论与实践的一个缩影与诠释。

一、水土流失类型与成因

根据《2018 年广东省省级水土流失动态监测成果报告》(广东省水利厅,2019),广东省水土流失面积为 18275.74km^2,其中轻度侵蚀为 14769.45km^2,中度侵蚀为 2058.55km^2,强烈侵蚀为 805.46km^2,极强烈侵蚀为 420.42km^2,剧烈侵蚀为 221.86km^2。各设区市中,梅州市水土流失面积最大,为 2393.72km^2;其次,清远市为 1818.24km^2,其他云浮市、肇庆市、韶关市、江门市和茂名市均超过 1000km^2。水土流失面积占土地总面积最大为云浮市达 19.03%,河源市为 16.87%,居第二位(图 3−5−2)。

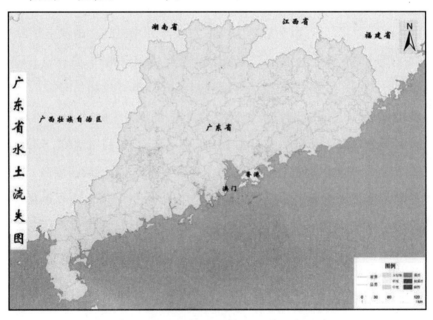

图 3−5−2　广东省水土流失图(广东省水利厅,2019)

(一)自然侵蚀

广东省自然侵蚀主要是水力侵蚀、重力侵蚀及复合侵蚀,以水力侵蚀为主。水力侵蚀是在降雨径流的作用下,对土壤进行了剥离、分散、搬移和淤积的过程,未受人为活动的影响,又称"正常侵蚀"或"常态侵蚀"。它起因于自然作用的侵蚀过程,通常发生的速度相对缓慢。水力侵蚀又可细分为面状流失(片蚀、鳞片状面蚀、细沟侵蚀)、沟状流失(浅沟侵蚀、切沟侵蚀)。重力侵蚀是指在其他外营力特别是水力的共同作用下,受重力作用引起的地表物质破坏与移动的现象。广东省主要重力侵蚀包括崩塌、泻溜、滑坡等形式。

复合侵蚀主要为崩岗。崩岗是在水力和重力作用下山坡土体发生崩塌、堆积的侵蚀类型,是我国南方地区特有的复杂的侵蚀类型,南方各省中又以广东省崩岗数量最多。崩岗主要发育于花岗岩风化壳区域,砂砾岩、泥质页岩区域也有少量分布。崩岗多发生于地面相对高程30~200m的丘陵台地区域,形态上通常包括崩壁、沟头、崩积锥、洪积扇等,崩岗内有明显崩壁,高度大于5m,崩岗内两边沟头最大宽度大于10m,崩岗面积60m²至数公顷不等。崩岗的形成与土层厚度直接有关,而具有深厚红土层、砂土层与碎屑层的花岗岩风化壳、处于地质上升活跃期及北回归线气候带附近等多因素的叠加效应,形成明显的粤东、粤西为主的崩岗分布带。

崩岗可按形态特征进一步分为:条形崩岗、爪形崩岗、瓢形崩岗、弧形崩岗、混合形崩岗及崩岗群等。不同形态的崩岗与其发育地形、发育阶段密切相关,发育阶段可分为深切期、崩塌期和平衡期。其发生主要有崩塌形成与切沟发育形成等。在花岗岩风化壳发育地区失去植被及表土保护的裸露坡面面蚀加剧,逐步形成细沟、浅沟和切沟,随着水流汇集,形成悬沟或陡壁,上部土体失稳,产生块体塌陷或崩塌。随着溯源侵蚀继续,重力侵蚀明显,崩塌、滑塌频繁,下部出现堆积锥,出现堆积—冲刷—崩塌—堆积的循环过程,此阶段侵蚀量最大最严重。花岗岩风化壳裸露坡地及植被覆盖率低的坡面通常有较为完整的面蚀—沟蚀—崩岗的发育过程。

广东省也存在溶蚀与风力侵蚀等侵蚀类型,但其单位时间内的侵(融)蚀量远低于水力侵蚀所造成的流失量,所以不单独以溶蚀侵蚀进行统计。此外,部分沿海地区也存在风力侵蚀,因造成影响相对轻微,在此忽略。

(二)人为侵蚀

人为侵蚀是指人们在改造利用自然、发展经济过程中,由于不合理的生产活动及突发性自然灾害破坏生态平衡所引起的侵蚀过程,人为侵蚀实际上是人地关系失调引发的土壤加速侵蚀。处于全国经济活动最活跃的广东省,在持续一段时期内,人为水土流失面积仍将持续增长,人为水土流失主要以形成土壤侵蚀的诱因进行分类(广东省水利水电科学研究院,2010)。

1. 坡耕地

山多地少,人口众多是广东省的省情。由于荒地开垦、毁林开荒、陡坡垦种等粗放的经营方式,坡耕地水土流失较为普遍。广东省海拔500m以上的山地占31.68%,丘陵占28.54%,台地占16.12%,陡坡面积广布。坡耕地分布在粤东、粤北、粤西山区以及粤东沿海、粤西沿海丘陵台地区,广东省坡耕地面积6679km²(朱世清,1994;广东省水利水电科学研究院,2010)。坡耕地由于长年耕作,土质疏松,土壤可蚀性高;加之本地雨量充沛、暴雨多,缺乏植物保护,故土壤侵蚀可达中度或强度。广东省的坡耕地是人为水土流失主要类型,面积有减少趋势。

2. 采石取土

采石取土场受市场需求及利益驱动影响,管理粗放及忽视环境保护的问题导致严重水土流失。城市与经济发展需要大量建筑材料,采石取土引发的土壤侵蚀多分布在城市周边的丘陵区和山区,其对地表和土体的破坏远远超过仅破坏植被所造成的水土流失,其侵蚀强度达到强度、极强或剧烈级。

3. 交通道路建设

随着经济的发展,广东省公路、高速公路、铁路、城轨等交通项目建设得到了迅猛发展。不同的交通道路类型产生的影响有所区别,其中高速公路在占地面积、挖填土石方量、取土弃方数量是最大的。广东省高速公路里程自2014年以来一直位居全国第一,新建道路也是最多的,对环境影响也是最大的。其中高速公路建设过程中,受到公路选线的限制,通常会规避基本农田、饮用水源及生态(自然)保护区等敏感区域,产生大量的开挖边坡和人工堆填边坡、堆石弃土容易造成水土流失,但其环境保护要求高,水土保持工作总体良好。地方公路存在资金较少而又防护不足导致水土流失严重的情形。

4. 城区开发区建设

城区开发区建设包括城镇城郊、开发区、工业园区等类型,通常利用机械进行大规模开挖、夷平的现象,其水土流失是伴随城区(园区)面积迅速扩张、城市化发展而形成面积巨大且危害较为严重的一种土壤侵蚀类型。此类型侵蚀在1985—2000年期间在珠江三角洲地区较为多见,随后产业园区转移时期在位于珠江三角洲上游的工业园区也不时可见。

5. 采矿业

广东省内矿产资源较丰富,大中型的矿床有铁、金、银、铜、铅、锌、稀土、煤、瓷土等矿产,不同矿产开采工艺不一,有的需要大量弃土弃渣弃尾矿,有露天开采也有地下开采;有些开采方式如开采稀土和高岭土矿等管理粗放,地表破坏严重,亦存在偷挖偷采情况,缺乏监管和保护措施的采矿行为造成特别严重的水土流失。广东省对开采规模较小、开采工艺落后、配套设置不完备的矿山采取淘汰或关闭措施。采矿业产生水土流失的阶段分为建设期和生产期,若配套防护措施不完善,极易造成严重的土壤侵蚀。

6. 水利、电力等基础工程

水利、电力等项目建设组成较为复杂,具有占地面积大、土石方量大、施工周期长等特点。在建设过程中,由于建设用地土表破坏,土壤结构松散,开挖面大,形成易蚀的条件;尤其地处山区的水利及电力工程,需修建施工道路及相关配套设施,工程等级较低、后期植被恢复管护较差,容易成为工程水土保持工作的盲点,导致土壤侵蚀剧烈。

7. 火烧迹地

火烧迹地包括非垦殖火烧迹地和垦殖火烧迹地。森林火灾、山火是造成火烧迹地的主要原因,由于林种单一、林内可燃物量大,火源点多等原因,风高气爽的季节极易引发火灾,火烧迹地在广东省范围内分布较广。火灾后失去植被保护的土地若未及时进行植被更新,易引发新的水土流失,遭遇极端气候时成为增长最快的人为侵蚀类型之一。

(三)成因分析

广东省位于亚热带、热带北缘,高温多雨终年湿润,具"七山一水二分田"的地貌特点,省内动植物品种丰富,自然条件优越。其中北回归线横贯广东中部,孕育着特有的生物物种和多种多样的森林类型,而世界同一纬度地带的森林多已残缺或遭破坏而变成荒漠或半荒漠,因此,广东亚热带季风常绿阔叶林被赞誉为北回归线沙漠带上的绿洲。但广东省是各种气象灾害多发省份,有暴雨洪涝、热带气旋、强对流天气等灾情,高强降雨是发生土壤侵蚀的主要外营力,地形地貌、地表组成物质、植被以及人为因素都深刻影响着本区水土流失的发生发展。

1. 气候

广东气温高、雨量多,具有高温多雨同季的气候特点,对促进植物生长和生物小循环,以及造成岩土风化、水土流失等提供条件。广东省年降水量1310～2500mm,多年平均降水量为1771mm,雨量呈多中心分布,其中三个多雨中心为粤东沿海莲花山南侧的海丰到普宁一带、东北江中下游的清远和龙门一带、粤西沿海恩平和开平一带,年平均降水量均大于2200mm(王祝,2006)。据研究,北江上游降雨强度一般为8.5～11.3mm/d,降雨侵蚀力是全国平均水平的2～3倍(章文波等,2003)。

2. 地形地貌

广东省地势总体上北高南低,地貌类型多样。总格局为粤北山地区清远市、英德市、连州市等多山地区易发生崩塌、滑塌等地质危害;南雄市、始兴县紫色砂页岩盆地沟状侵蚀严重;粤东北和粤东南以花岗岩丘陵区为主,山间广泛分布红色岩层盆地;沿海为低丘台地,新构造运动较为活跃,形成以五华县、兴宁市、梅县区、大埔县、龙川县、紫金县等地崩岗侵蚀集中分布的特点。粤西山地与台地区包括珠江三角洲以西、雷州半岛一带,德庆县、罗定市崩岗侵蚀、沟状侵蚀严重,电白区沟状侵蚀发育。珠江三角洲是西、北、东江汇集形成的三角洲平原,河网纵横,岗丘错落,土地肥沃,在20世纪90年代人为侵蚀出现明显上升。

3. 母岩与土壤发育程度

地表组成物质及结构是土壤侵蚀发生发展的内在因素。广东省土壤侵蚀主要发生在花岗岩风化壳、紫色砂页岩、砂岩页岩及第四纪红色黏土分布的区域。花岗岩类岩石极易风化,风化层厚度一般在10m以上,由于易风化,结持力小,抗蚀力差,易产生面蚀,甚至发展为崩岗。砂页岩类风化层较薄,以面蚀为主。紫色砂页岩也是易受风化而发生侵蚀的岩类,侵蚀方式以面蚀、沟蚀为主。变质岩类的丘陵常可发生面蚀和沟蚀。石灰岩类常发生溶蚀,土层薄,保水保土能力差。

4. 植被

广东省林木茂盛,四季常青,本区典型的地带性植被为亚热带常绿季风林与热带常绿季雨林。广东省植物种类逾8000多种,种类丰富,主要有壳斗科、樟科、山茶科、桑科、大戟科、木兰科、松科、柏科等种属,在本区形成稳定的植物群落。

一段时期内,由于森林大破坏及农村燃料短缺,水土流失日趋严重,形成常见的马尾松、桃金娘、芒萁为主的针阔叶灌草群落。当土壤侵蚀更严重时,生态环境也会退化成马尾松、岗松、鹧鸪草为主的稀树灌草群落,甚至演变为极难恢复的"白沙岭""白头山"。

5. 人类社会经济活动

导致广东省水土流失严重的人为因素主要包括以下几方面:①破坏森林植被是水土流失的主要原因。②人口增加与坡地开垦是农村水土流失重要因素。③城镇化、其他开发建设活动引发新的水土流失。

二、水土流失现状及变化

(一)水土流失现状

1. 空间分布

广东省水土流失以不连续的斑块状分布为主,表现为明显区域空间特征:自然侵蚀主要分布在丘陵台地区,包括粤东丘陵区、粤北山地丘陵区、粤西低山丘陵区等区域,与花岗岩风化壳、紫色砂页岩、砂岩页岩、红色黏土出露区域相重合,自然侵蚀约占区域水土流失总面积的57.39%;人为侵蚀在珠江三角洲地区占水土流失总面积的77.41%,人为侵蚀与区域经济活动开发强度紧密相关。河流含沙率以韩江流域、西江流域、东江流域、北江流域依次降低。

2. 强度分析

广东省水土流失强度总体有降低趋势,表现为轻度侵蚀以下的面积占水土流失总面积近60%,且治理面积比重逐步增大。但是,在高强降水、极端天气频繁的气候条件和脆弱易蚀的地表岩土资源等环境下,以及大湾区发展战略要求及广东省区域发展极度不平衡等多因素的背景下,水土资源承受的压力依然严峻。2013年广东省轻度侵蚀占总水土流失面积的59.10%,中度侵蚀及以上占总水土流失面积的40.90%。自然侵蚀中以崩岗侵蚀强度最为严重,崩岗侵蚀强度通常在1.5万~3.0万 t/(km²·a),最严重的可达15万~20万 t/(km²·a)(广东省人民政府,2017;刘希林等,2015;柴宗新,1996)。据2005年调查,广东共有崩岗 107941 个,崩岗面积为 828km²,分别占全国总个数和总面积的 45.14% 和 67.83%。

人为水土流失主要表现为人类活动干预,以大型机械为动力,迅速打破原有的地表平衡,而相应防护措施滞后,形成极易侵蚀的人为裸露地表,在强大的降雨径流外力条件下,人为水土流失造成的土壤侵蚀模数每年可达数万至十万 t/km² 的量级,这种情形在 20 世纪 90 年代至 21 世纪前 10 年,在大型的开发区和劈山造地区域常见。

(二) 不同阶段的侵蚀演变

新中国成立后,广东省水土流失严重的面积约为 7444km²,占全省土地总面积 3.90%,其中梅州地区最严重,达到 2250km²;其次是肇庆和汕头,分别为 1852km² 和 1598km²(广东省水利厅水保农水处等,1999;孙昕等,2008)。

20 世纪 80 年代,广东省水土流失面积约 11381km²,占全省土地总面积的 5.90%。各地市土壤侵蚀面积占本地市土地总面积的百分比超过广东省平均水平的地市有 6 个。其中梅州地区、汕头地区(含潮州市、汕尾市等地)、肇庆地区(含云浮市)的侵蚀面积分别为 3008.02km²、1921.74km²、989.98km²。

20 世纪 90 年代末至 21 世纪初,广东省土壤侵蚀遥感调查结果表明,全省土壤侵蚀总面积 14217.47km²,占全省土地总面积的 7.90%,其中自然侵蚀 11520.12km²,人为侵蚀 2697.35km²。

2006 年第三次广东省土壤侵蚀遥感调查结果表明,全省土壤侵蚀总面积为 19904.56km²,其中自然侵蚀为 10894.8km²,人为侵蚀为 9009.76km²,自然侵蚀和人为侵蚀的面积接近,与以前的调查结果相比,人为侵蚀的比重大大增加。水土流失面积最多的梅州市和清远市分别达 3505.69km²、3280.87km²(广东省水利厅;2007)。

以上数据表明,广东省从 20 世纪 50 年代至 80 年代,水土流失呈缓慢增长趋势,20 世纪 90 年代以后到 21 世纪初,随着经济建设步伐的加快,广东省人类活动频繁,水土流失面积呈快速增长趋势。

1957—2018 年广东省水土流失面积变化情况如图 3-5-3 所示。

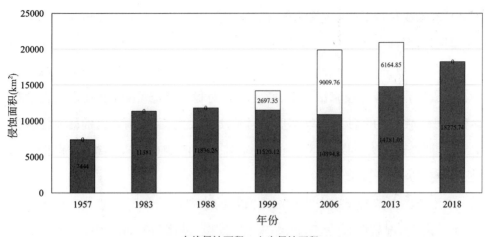

图 3 - 5 - 3　1957—2018 年广东省水土流失面积变化趋势图

（三）水土流失的演变规律分析

广东省水土流失演变过程具有明显的特有规律,主要表现在经济活动与水土流失;水沙变化情况及水库淤积;森林生态与水土流失;人口变迁、经济增长与水土流失等几个方面。

1. 经济活动与水土流失

不合理经济活动是引发水土流失的根本原因,广东省经历了从不合理农耕行为到以大规模开发活动行为造成水土流失的变化过程。广东省地处热带、亚热带,气候温和湿润,雨量充沛,利于植物生长,历史上曾是森林茂密,水源丰富的地方。宋、元至明朝时期,由于人口急剧增加,经济活动频繁,破坏森林,垦荒耕作,造成水土流失不断加剧,明清以后,由于战争、山火、饥荒等种种原因,森林破坏与水土流失越来越严重。

中华人民共和国成立后至 1978 年阶段,以毁林开荒、陡坡开荒、人造平原以及 3 次森林大砍伐等不合理农事行为为主诱发的水土流失,26 年时间使得广东省水土流失面积约扩大了 53%。然而,1979—2013 年 30 多年间,由于广东省经济发展进一步活跃,城镇周边的开发导致人为水土流失面积急剧增大,期间水土流失面积约增大 81%,表现为水土流失面积与强度都呈现快速提高,经济发展与生态环境保护出现不协调的步伐,作为经济发展所依存的基础条件,水土流失现象成为各级政府不得不高度重视的问题。

2. 水沙变化情况及水库淤积

河流的泥沙情况是反映水土流失动态状况的一个重要指标,受到降雨径流、上游水土流失及水土保持情况、上游水利水电工程等多种复杂因素影响。地表组成物质在降雨径流作用下,原土壤相对稳定状态受到破坏,产生泥沙搬移和堆积。输移的泥沙包括推移质和悬移质两大类,在广东省以推移质泥沙为主,呈上游堆积量大,推移堆积多,河流输移比小的特点(广东省水土保持协调组办公室,1989;丘蔚天,2009)。

水土流失上游及周边来沙是水库淤积的主要原因。广东省大中型水库中约30%淤积情况较严重,水库防洪、供水、发电、灌溉等功能受限,经济和生态两方面都损失严重。小型水库的淤积更为严重,达到40%,甚至有的因淤积几近报废,其原因与周边植被破坏和水土流失相关(刘画眉等,2009)。近年来广东省河道含沙量呈较明显下降趋势,其根本原因就在于水土保持措施发挥效益及森林覆盖率提高,同时上游水库及水利设施也发挥了拦沙作用。

3. 森林生态与水土流失

森林生态状况对水土资源有直接影响,森林发挥着固结土壤、拦截径流、调节气候及防洪防涝的作用;森林破坏后,水土流失日趋严重,抵御自然灾害功能逐步削弱或丧失。新中国成立后,虽然广东省对水土流失经过多次治理,但森林破坏未止,未能从根本上改变水土流失危害日重的局面。

从1985年起广东省开始实施"五年消灭荒山,十年绿化广东大地"的重大决策,大面积造林绿化,特别是从20世纪80年代起加大了韩江、北江上游和东江上中游等重点水土流失地区的治理,广东省林地面积、森林覆盖率呈稳步上升态势,生态环境逐步改善,初步扭转了水土流失不断恶化的被动局面。但是,由于长期生态欠债过多,人口增长快、经济发展任务重,森林覆盖率的提高与水土流失面积减少并未呈现同步的规律:1982年广东省水土流失总面积与森林覆盖率分别为 11381km² 和 27.20%,1999—2000 年分别为 14217km² 和 56.90%,2013 年分别为 20946km² 和 58.20%。由此可见,从 1982 年至 2013 年,水土流失面积与森林覆盖率出现了"双增"现象,但森林覆盖率增长的速度更快。

4. 人口变迁、经济增长与水土流失

广东省水土流失的演变与人口变迁及经济发展过程密切相关。人口快速

增长,土地资源开垦开发压力增加,水土流失加重。1978 年以前,广东主要是由于农村人口增长,以农村土地、粮食、燃料不足,生产生活资料不能满足人们需求,人口增加速度超过生产发展水平所引发的水土流失。这一阶段存在政策不稳、劳动力素质低弱、缺乏生态保护意识,掠夺自然、破坏植被等诸多因素,破坏力也十分强大。

改革开放以来,中国经济飞速发展。中国实施计划生育政策对有效控制人口、协调人与环境关系发挥了巨大作用。改革开放头 30 年,人口能量、人口红利的积累储备释放,创造了“中国奇迹”。但是,出生率下降、人口预期寿命逐步增长、人口老龄化问题也日趋严重,劳动力比重转趋下降。为了保障经济持续发展,各地的发展规划不约而同地将人才战略作为本区发展基础之一,广东位处改革开放的前沿,在人才市场、人事体制、教育环境、人才观念等多个方面逐步成熟,引聚人才竞争力强,广东省人口数量也随经济增长而达到全国第一。

广东省人口增长体现为以珠江三角洲地区城市群人口的增加,以及各市区城镇城郊型建设、工业园区开发等拓展,城市城镇人口快速增长的特点。一方面,农村人口迁出,农村劳动力不足,对农村水土流失区的破坏和影响减轻;另一方面,城市城镇化进程加快,2000 年珠三角地区城镇化水平达 71.60%,2016年提高到 84.90%,年均提高 0.80%,世界发展史上罕见(广东统计信息网,2018)。这一阶段广东的发展是在土地资源有限,耕地面积不断减少,环境压力较大的条件下取得的。虽然从 1985—2000 年期间政府大力整治水土流失,使农村严重水土流失状况得到初步改善,并为广东经济快速发展发挥了作用,但是也应该清楚地认识到,广东省水土流失区环境依旧脆弱,这种发展是在消耗本不丰厚的自然环境资源基础上实现的,经济增长带来新的人为水土流失面积继续扩大,当面对台风暴雨、水旱灾害时,往往付出沉重代价,损失巨大。

三、水土流失危害

水土资源是人类赖以生存的基础,当生态系统内的物质能量的输入与输出维持一个相对平衡的状态,系统能发挥正常作用,促进社会经济健康发展。然而,水土流失不仅破坏当地的生态环境和农业生产条件,影响当地群众脱贫致富,而且为下游江河带来严重的洪水泥沙危害。水土流失的危害主要表现在:

破坏土地资源,土地肥力退化衰竭;淤塞河流、水库,降低水利水电效益;污染水资源,影响水环境;加重城市内涝,危害城市安全;生态环境恶化,自然灾害频发,对下游河道及周边城镇带来严重威胁;与其他灾害互成诱因,引发灾害链效应。

水土流失影响与社会经济发展水平有密切关系,随着生产力提高,人们对水土资源的依赖与影响越来越深刻。

（一）破坏土地资源,土地肥力退化衰竭

新中国成立初期,随着社会生产建设的发展,人类山区生产恢复活动加强,未形成保护自然的意识。广东省在1958年、1968年、1978年先后出现了3次全省性的森林大砍伐,使原有山林遭受严重破坏。据1978年和1983年广东大陆部分两次森林资源连续清查资料(林媚珍等,2008),有林地在5年间减少了5283.33km²,每年减少面积达2.28%;而无林地面积5年内增加25.10%,森林覆盖率从30.70%下降为27.70%。森林的破坏使土壤侵蚀强度加剧。20世纪六七十年代,不少地方大搞开荒扩种,导致毁林开荒、陡坡开荒、人造平原,又造成不少新的水土流失。据1978年广东省开展水利工作"五查二定"时对35个县市的调查统计,新增水土流失面积共达592km²。据张淑光等(2019)研究,韩江上游花岗岩赤红壤光板地平均每年土壤侵蚀量9100t/km²,北江上游花岗岩、砂页岩面蚀每年侵蚀量在1000～5000t/km²,而紫色砂页岩重度侵蚀的风化壳侵蚀量可达15000～30000t/km²;曾昭璇(1991)也提出南雄坡顶侵蚀厚度可达2.25cm/a,损失大量的地表土壤;张淑光等等(2019)还提出了北江上游各类被蚀土壤养分流量的统计数据。据估测,按广东省年平均流失土壤6206万m³,每年广东省因水土流失损失的有机质达46.45万t,全氮2.6万t,全磷近0.89万t,全钾58.33万t,地力下降,土质恶化严重(广东省水利水电科学研究所等,1997)。

（二）淤塞河流、水库,降低水利水电效益;污染水资源,影响水环境

据广东省粗略统计,20世纪80年代中期,广东省受泥沙危害严重的山塘水库851座,淤积河道802条,受害农田920km²,梅州市有379条大小河流分别淤高0.5～2.9m(朱世清,1986)。据2010年广东省水利厅的统计,全省受水土流失严重淤积的山塘、水库共5489座。水土流失造成水利水电效益下降,洪涝

灾害不断,同时泥沙也造成水质下降,影响河流沿线供水。

(三)加重城市内涝,危害城市安全

近年来,随着城镇化进程加快,城市规模不断扩大,珠江三角洲"城市看海"现象时有所闻。既有极端天气带来降雨时空分布不均,降雨强度大,雨量集中的原因,也有城市发展过快,地面硬化面积比例大、配套排水设施规划及建设滞后等因素;从某种角度看,快速的城镇化发展与区内众多建设项目产生水土流失形成"共振"也成为城市排水不畅的重要因素。

(四)生态环境恶化,抗御灾害能力脆弱

经济发展到一定阶段,在同等的降雨情况下,自然灾害的破坏程度和危害更大,水土流失与其他类型灾害互成诱因,引发灾害链效应。广东省紫金县森林覆盖率达70%以上,但该县在2013年强降水过程中仍受灾严重,这与当地林种、林龄有关,森林尚未达到成熟林阶段,水土保持效益有限,特别是在强降水情况下,蓄水、保土、滞洪、削洪的作用不明显(邓岚等,2014)。

第三节　水土流失预防与监督

一、水土流失预防保护

(一)预防保护范围与对象

1. 预防保护范围

水土流失预防保护包括自然侵蚀力造成水土流失和人为生产建设活动造成水土流失的预防,也包括这两种因素可能造成的潜在水土流失的预防保护。预防保护的范围涵盖《中华人民共和国水土保持法》所界定的、从事与水土保持工作有关的境内国土范围,主要包括:江河源头、饮用水水源地、岩溶区等水土流失高潜在易发的地区;山区、丘陵区以外,容易发生水土流失的其他区域;崩塌、滑坡危险区和泥石流易发区;山区、丘陵区和水土保持规划确定的容易发

生水土流失的其他区域开办可能造成水土流失的生产建设项目以及农林生产活动。

(1)江河源头区

预防自然因素造成水土流失的关键是控制降雨径流的侵蚀力和改变地形坡度、植被等自然条件。江河源头区均位于山地、丘陵的最高处,是区域内自然立地条件最差的区域,植被破坏后恢复困难,且江河源头区是降雨径流开始汇集的场所,也是自然侵蚀力开始积聚的关键阶段,做好江河源头区预防保护是水土保持工作的关键一环。

(2)饮用水水源地

水源水库是一个自然的集水单元,水土流失规律与江河源头区相类似,且大部分水源水库担负着供水和饮用水源的功能,应加强预防保护。

(3)岩溶区

岩溶地区石灰岩成土速度十分缓慢,土层普遍浅薄,水稳性差,在失去植被保护的情况下极易流失,进而发展为石漠化。岩溶地区生态承载能力较弱,一旦破坏难以恢复,因此,做好预防保护是岩溶区水土流失防治的关键。

(4)水土流失易发区

从全省大范围角度考虑,可将广东省陆地范围均划为水土流失易发区。但是,从区域范围角度考虑,地处珠江三角洲等区域的部分地区地势较平缓,在采取了适当的预防保护措施的前提下,可将水土流失得到较好的控制。为了防止"一刀切"的做法,减少行政管理成本,经充分调研后明确广东省级不统一划定水土流失易发区,地方可根据各地实际情况,对辖区内地势较平坦的区域,明确防治措施和职责后列为不易发生水土流失的区域,并在制订地方性规划时明确。

(5)崩塌、滑坡危险区和泥石流易发区

根据《中华人民共和国水土保持法》要求,崩塌、滑坡危险区和泥石流易发区禁止从事取土、挖砂、采石等可能造成水土流失的活动。由县级以上地方人民政府根据滑坡泥石流潜在危险性和可能造成的危害等划定,并应与地质灾害防治规划确定的地质灾害易发区、重点防治区相衔接。

2.预防保护对象

预防对象是指预防范围内需采取措施保护的林草植被及其他水土保持设

施,主要包括:天然林、郁闭度高的人工林;水土流失潜在危险较高地区的植被;水土流失综合防治建成的工程措施、植物措施及其他水土保持设施。

(二)预防保护措施与配置

1. 预防保护措施

预防措施体系包括保护管理、封育、林分改造、治理及能源替代等措施。

(1)保护管理

包括生态脆弱地区限制或禁止措施、陡坡开垦和种植的限制或禁止措施、经果林及其他商业林地种植区域及种植方式的限制或禁止措施、林木采伐及抚育更新管理措施、生产建设活动水土保持限制或禁止以及避让措施等《中华人民共和国水土保持法》确定的预防保护要求,同时辅助以陡坡退耕、能源替代扶持,对预防保护成绩显著的集体和个人奖励等措施。

(2)封育措施

包括森林植被抚育更新、封禁和自然修复等措施。逐步扩大非生态公益林区划为生态公益林的范围,实施封育保护。

(3)林分改造

按照水土保持林和水源涵养林建设要求,对低效林地采取人工植苗更替或补种补植措施。

(4)治理措施

按照"大预防、小治理"的思想,以治理促预防,对局部水土流失采取退耕还林、植树种草、坡改梯、水源地生态清洁小流域建设等措施进行治理。

(5)能源替代

积极推广太阳能及户用沼气,改善农村能源结构,减少采集薪炭对林草植被的破坏。

2. 措施配置

根据区域特征和水土保持基础功能,进行预防措施配置。

(1)水源涵养功能

以水源涵养为主导功能的区域主要分布在江河源头,区域人口相对较少,林草覆盖率较高,由于采伐与抚育失调、坡地开荒等不合理开发利用,导致森林生态功能降低,水源涵养能力削弱,局部水土流失严重。

措施配置：对远山边山人口稀少地区、江河源头区和生态脆弱区的林草植被采取封育保护措施；对浅山疏林地实施林分改造，营造水源涵养林和水土保持林；根据区域条件配置能源替代措施，推广使用太阳能等清洁能源；加快生态公益林培育，提高生态公益林比重和效益补偿标准；加强预防监管，制订山丘区农林开发及生态脆弱区生产建设活动限制或禁止措施，出台配套奖励政策；禁止非法采矿，加强矿产资源非法开采的整顿；严格控制林地非法转用。

（2）水质维护功能

以水质维护为主导功能的区域主要为城市集中式饮用水水源地，植被相对较好，局部水土流失向江河湖库输送泥沙的同时，也输送了大量的营养物质，面源污染成为导致水体富营养化的主要因素。

措施配置：实施水源地清洁型小流域建设，对湖库周边的林地在林分改造的基础上实施封育保护，营造湖库植物保护带，对近湖库的农村居住区建设生活污水和垃圾处置设施；对局部水土流失集中区综合治理；提出库区农业开发限制或禁止措施，出台配套奖励政策；禁止在库区范围非法采矿。

（3）生态维护功能

以生态维护为主导功能的区域分布的森林面积较大，林草覆盖率较高，但由于长期以来采、育、用、养失调，森林草地植被遭到不同程度破坏，生态系统稳定性降低。

措施配置：对森林植被破坏严重地区采取封山育林、改造残次林、退耕还林等措施；加强林草植被建设，积极营造水源涵养林和水土保持林；加快生态公益林培育，提高生态公益林比重和效益补偿标准；对林木采伐及抚育更新采取严格管理措施。

（4）人居环境维护功能

以人居环境维护为主导功能的区域以城市或城市群及周边为主，人口稠密，经济发达，由于城镇化快速发展，生产建设活动频繁，人居环境质量下降。

措施配置：加强城市重点建设区域的预防监督；城郊建设清洁型小流域，结合城市规划，建设河道护岸护堤林和生态河道，实施园林绿化美化，提升城市生态质量；禁止工业原料林建设，实施林分改造，提高公益林比重；合理规划和集中设置余泥渣土受纳场，建立生产建设项目土石方供需信息平台；建立城市水土保持生态评价体系，提升城市预防监管和生态建设能力。

（三）重点预防项目

1. 重要水源地预防保护

（1）重点项目范围

以国家级及省级水土流失重点预防区内的水库型水源地为重点,兼顾面上同类型水源地保护,将广东省 42 座水库型水源地列入重点预防保护项目范围,其中国家级及省级水土流失重点预防区内中型以上饮用水源水库 19 座,重点预防区之外的大型饮用水源水库 21 座,茂名市长湾河水库、云浮市合河水库,也是区域内重要饮用水源水库,一并列入重要水源地预防范围。

（2）任务、规模

以水库所在镇级行政区为预防范围,实施生态清洁型小流域建设,提高林草植被水源涵养和水土保持能力,控制泥沙及面源污染物,维护饮水安全。

近期完成预防面积 1742km^2,治理面积 235km^2;远期累计完成预防面积 4599km^2,治理面积 540km^2。

2. 重要江河源头区预防保护

（1）重点项目范围

将发源于国家级及省级水土流失重点预防区内集水面积 1000km^2 以上的大江大河干流和重要支流列入重点预防保护项目范围。

（2）任务、规模

江河源头区多处于主体功能区划确定的国家级和省级重点生态功能区,对重要江河源头区实施预防保护,可控制水土流失,维护并提升水源涵养能力,保障区域社会经济可持续发展。

近期完成预防面积 2006km^2,治理面积 256km^2;远期累计完成预防面积 6529km^2,治理面积 1270km^2。

3. 岩溶区预防保护

（1）重点项目范围

以主体功能区划确定的国家级和省级重点生态功能区为重点,将韶关市的乐昌市、乳源县,清远市的英德市、阳山县中的岩溶区列入重点预防保护项目范围。

（2）任务、规模

严格保护岩溶区现有林草植被，控制石漠化的发生、发展趋势，改善群众生产生活条件。

近期完成预防面积 645km^2，治理面积 184km^2；远期累计完成预防面积 2140km^2，治理面积 404km^2。

二、水土保持监督管理

（一）制度体系

为了更好地贯彻执行国家水土保持法律、法规和相关部门规章，保障水土保持工作依法、有序、深入开展，广东省根据国家相关法律、法规、规章以及法规性文件和规范性文件，结合广东省的具体情况和水土保持监督执法管理工作实际需要，制订出台了地方性水土保持法规、法规性文件和规章、规范性文件。

地方性法规方面，在《中华人民共和国水土保持法》颁布实施后，广东省便着手制订了《广东省水土保持条例》，于 2016 年 9 月 29 日在广东省第十二届人民代表大会常务委员会第二十八次会议通过。1998 年 11 月 27 日，广东省第九届人民代表大会常务委员会第六次会议通过了《广东省采石取土管理规定》，并于 1999 年 3 月 1 日起施行，之后又于 2008 年 5 月 29 日在广东省第十一届人民代表大会常务委员会第二次会议通过对该规定的修订。

在地方政府规章方面，1993 年 5 月 12 日，广东省人民政府以粤府〔1993〕68 号文转发了《国务院关于加强水土保持工作的通知》，1995 年省人民政府又以粤府〔1995〕95 号文颁布了《广东省水土保持补偿费征收和使用管理暂行规定》。

为了更好地开展水土保持预防监督和执法检查工作，广东省水利厅根据水利部等相关规定制订并发布了一系列的规范性文件，包括：2015 年 10 月 13 日发布的《广东省水利厅关于划分省级水土流失重点预防区和重点治理区的公告》、2017 年 12 月发布的《广东省水利厅关于印发〈广东省水利厅水土保持监督管理制度〉的通知》（粤水办水保〔2017〕13 号）、2018 年 1 月发布的《关于印发〈广东省水利厅生产建设项目水土保持方案审批及水土保持设施验收核查双随机抽查实施细则〉（试行）的通知》（粤水办水保〔2018〕1 号）、2019 年 3 月 30

日发布的广东省水利厅关于印发《广东省水土保持目标责任考核办法(试行)》的通知(粤水水保〔2019〕15号)。

此外,为更好地执行法律、法规、规章的事项,广东省水利厅先后会同发改、国土、交通等部门,制订了水土保持的相关规定,包括:广东省地矿局、广东省水电厅"转发《关于贯彻执行〈水土保持法实施条例〉有关规定的通知》"(粤地发〔1994〕051号);广东省水电厅、计委、环保局《关于转发国家〈开发建设项目水土保持方案管理办法〉的通知》(粤水电水字〔1995〕14号);广东省水利厅、电力局《转发水利部、国家电力公司关于印发〈电力建设项目水土保持工作暂行规定〉的通知》(粤水农〔1999〕19号);广东省水利厅、交通厅《关于转发国家〈公路建设项目水土保持工作规定〉的通知》(粤水农〔2001〕52号);广东省水利厅、国土厅《转发水利部、国土资源部〈关于进一步加强土地及矿产资源开发水土保持工作〉的通知》(粤水农〔2004〕84号);广东省交通厅、水利厅《关于做好公路建设项目水土保持设施验收工作的通知》(粤交基〔2004〕699号)和《转发财政部、国家发展改革委、水利部、中国人民银行关于印发〈水土保持补偿费征收使用管理办法〉的通知》(粤财综〔2014〕69号)。

(二)监管能力

1997年,广东省水利厅成立了水政监察总队,但水土保持监督执法支队仍在水保农水处。2000年机构改革后,广东省水利厅水政监察总队开展集中综合执法,根据省政府三定方案中水政监察总队的职能,将设在水保农水处的水土保持监督执法支队的职能和人员调整到了水政监察总队。2007年,广东省水利厅成立了水土保持处,承担水土流失综合防治工作,组织编制水土保持规划并监督实施;组织水土流失监测、预报并公告;按权限审核开发建设项目水土保持方案并监督实施。水政处负责水土保持执法及水土保持补偿费征收工作。广东省水利厅还下设了广东省水土保持监测站,挂靠在广东省水利水电技术中心,负责水土保持方案技术审查及水土保持监测工作。

由于广东省水利厅水土保持管理职能由两个机构共同承担,因此在其21个设区市水利(水务)局中,大多数市水利局也都对应设置两个部门来分别承担水土保持的相关管理职能。大多都是和农水合署办公,少有独立的水土保持科。

县级大多未单独设立水土保持科和水土保持股,大多是和其他科室合署办公,水土保持执法和水土保持规费征收大多由水政执法队伍负责。

(三)生产建设项目监督管理

20 世纪末到 21 世纪初,随着经济发展和城镇化进程加快,人类活动对土地的扰动也在加速,人为侵蚀面积不断增加。广东省以贯彻落实《中华人民共和国水土保持法》为契机,从完善地方法规入手,加强部门合作,从无到有建立和规范了生产建设项目水土保持方案报批、监测、验收和监督管理等系列制度。同时,抓好开工项目的监督和执法,查处了一批重大水土流失违法事件,有力地促进了生产建设项目水土保持措施的落实。新《中华人民共和国水土保持法》颁布后,加强了依法行政和查处违法行为的力度,进一步规范了各类生产建设活动的水土保持工作。为了更好地贯彻实施新《中华人民共和国水土保持法》,广东省人大制订了《广东省水土保持条例》,以满足广东省新时期水土保持工作的需要。

1. 生产建设项目水土保持方案审批

自 2003 年以来,广东省生产建设项目水土保持方案编报率逐年提高,截至 2018 年广东省共批复生产建设项目水土保持方案 24757 个,其中省级批复 1762 个、市级批复 7747 个、县级批复 15281 个。

2. 开展监督检查

各级通过对生产建设项目水土保持方案的监督检查,全面掌握了广东省生产建设项目水土保持工作的落实情况,同时促进了一大批建设项目进一步落实水土保持方案,完善相关工作,有力地推动了生产建设项目水土保持工作。自 2003 年以来,广东省共开展生产建设项目水土保持方案监督检查 56952 次,其中省级监督检查 2091 次,市级开展监督检查 16937 次,县级开展监督检查 37968 次。

3. 生产建设项目水土保持设施验收

自水利部于 2002 年 10 月以 16 号令颁布《开发建设项目水土保持设施验收管理办法》并于 2002 年 12 月 1 日起实施以来,广东省积极推进该项工作。截至 2018 年,广东省已通过的水土保持设施验收项目共 7645 个,其中省级已验收项目共 647 个。

三、水土保持区划与水土流失重点防治区

（一）水土保持区划

1. 广东省国家级水土流失区划

根据《全国水土保持区划（试行）》（水利部办公厅，2012），涉及广东省的一级区有1个，即：南方红壤区（南方山地丘陵区）；二级区划有2个，即：南岭山地丘陵区和华南沿海丘陵台地区；三级区3个，即：南岭山地水源涵养土壤保持区、岭南山地丘陵土壤保持水源涵养区和华南沿海丘陵台地人居环境维护区（图3-5-4）。

2. 广东省水土流失区划

广东省在国家区划的基础上划定了8个四级区，划分情况见表3-5-1。广东省四级区涉及的水土保持主导基础功能包括水源涵养、生态维护、土壤保护、水质维护、防灾减灾、蓄水保水、人居环境维护等功能（广东省水利厅，2017b）。

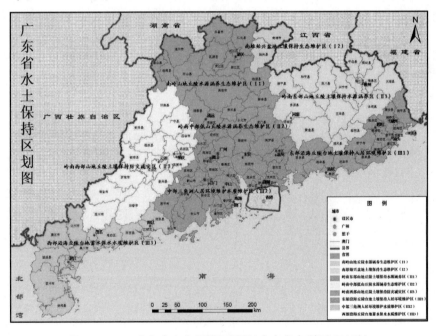

图3-5-4　广东省水土保持区划图（广东省水利厅，2017b）

表 3 - 5 - 1　广东省水土保持区划

国家				广东省			
一级区代码及名称	二级区代码及名称	三级区代码及名称	四级区代码及名称	县（市,区）	面积（万km²)	水土流失面积（km²)	
V 南方红壤区（南方山地丘陵区）	V - 6 南岭山地丘陵区	V - 6 - 1ht 南岭山地水源涵养土壤保持区	I₁ 南岭山地丘陵水源涵养生态维护区	韶关市武江区、浈江区、曲江区、仁化区、翁源县、乳源县,清远市阳山县、连南县、连州市、东昌市,英德市	2.61	2275.86	
			I₂ 南雄始兴盆地土壤保持生态维护区	韶关市南雄市、始兴县	0.45	488.6	
		V - 6 - 2th 岭南山地丘陵土壤保持水源涵养区	II₁ 岭南东部山地丘陵土壤保持水源涵养区	河源市源城区、东源县、和平县、龙川县、紫金县、连平县,揭阳市揭西县,梅州市梅江区、兴宁市、平远县、蕉岭县、大埔县、五华县、丰顺县、汕尾市陆河县	3.39	5950.48	
			II₂ 岭南中部低山丘陵水源涵养生态维护区	广州市从化市,韶关市新丰县,清远市清新县、佛冈县,惠州市博罗县、龙门县	1.4	1295.8	
			II₃ 岭南西部山地丘陵土壤保持防灾减灾区	茂名市信宜市、高州市,阳江市阳春市,云浮市云城区、云安县、罗定市、新兴市,肇庆市端州区、鼎湖区、四会市、高要市、广宁县、德庆县、封开县、怀集县	3.31	5005.89	

续表

	国家			广东省		县（市，区）	面积（万km²）	水土流失面积（km²）
一级区代码及名称	二级区代码及名称	三级区代码及名称		四级区代码及名称				
V 南方红壤区（南方山地丘陵区）	V－7 华南沿海丘陵台地区	V－7－1r 华南沿海台地丘陵人居环境维护区		III₁ 东部沿海丘陵台地土壤保持人居环境维护区		潮州市潮安区、湘桥区、饶平县，揭阳市榕城区、揭东县、惠来县，惠州市惠东县，普宁市，汕头市金平区、濠江区、龙湖区、澄海区、潮阳区、潮南区、南澳县，汕尾市城区、陆丰市、海丰县	1.66	1774.79
				III₂ 中部三角洲人居环境维护水质维护区		东莞市，佛山市禅城区、南海区、顺德区、高明区、三水区，广州市越秀区、海珠区、荔湾区、天河区、白云区、黄浦区、萝岗区、番禺区、南沙区、花都区、增城区，惠州市惠城区，江门市蓬江区、江海区、新会区、台山市、开平市、恩平区、鹤山市，深圳市宝安区、南山区、福田区、罗湖区、盐田区、龙岗区、龙华区、斗门区、金湾区、香洲区，中山市，珠海市	2.92	3096.22
				III₃ 西部沿海丘陵台地蓄水保水水质维护区		茂名市茂南区、电白区、化州市，阳江市江城区、阳西县、阳东县，湛江市赤坎区、麻章区、霞山区、坡头区，雷州市、吴川市、廉江市、遂溪县、徐闻县	2.22	767.58

数据来源：《广东省水土保持规划（2016－2030年）》（广东省水利厅，2017b）。

(二)水土流失重点防治区

1. 国家级水土流失重点防治区

国家级水土流失重点预防区和重点治理区复核划分共划定了 23 处国家级水土流失重点预防区和 17 处国家级水土流失重点治理区,其中,广东省境内国家级水土流失重点预防区和重点治理区各一处。

(1)东江上中游国家级水土流失重点预防区

包括河源市源城区、和平县、连平县、东源县、紫金县,惠州市龙门县、博罗县、惠东县和韶关市新丰县等 9 个县(区),国土面积 23188.75km²,约占广东省国土面积的 12.90%,其中,重点预防面积 6046.60km²。

(2)粤闽赣红壤国家级水土流失重点治理区

包括梅州市梅江区、梅县区、兴宁市、大埔县、丰顺县、五华县和河源市龙川县等 7 个县(市、区),国土面积 16610.20km²,约占广东省国土面积的 9.20%,其中,重点治理面积 2842.21km²,约占广东省水土流失面积的 13.60%。

2. 省级水土流失重点防治区

(1)省级重点预防区

由北江上中游和漠阳江上游 2 个区块组成,涉及韶关、清远、肇庆、阳江和江门 5 个设区市、18 个县(市、区)中的 108 个镇级行政单元,国土面积 23613.52km²,约占广东省国土面积的 13.10%,其中,重点预防面积 7506.43km²。划分情况详见表 3 - 5 - 2。

(2)省级重点治理区

由榕江上中游、鉴江上中游和西江下游等 3 个区块组成,涉及揭阳、汕尾、茂名、云浮和肇庆 5 个地级市、10 个县(市、区)中的 58 个镇级行政单元,国土面积 8211.79km²,约占广东省国土面积的 4.60%,其中,重点治理面积 2051.81km²,约占广东省水土流失面积的 9.90%。划分情况详见表 3 - 5 - 3。

表 3-5-2　广东省水土流失重点预防区分布表

名称	地市	县（市、区）	镇级行政区	镇个数	国土面积（km²）	重点预防面积（km²）
北江上中游省级重点预防区	清远	连南县	三江镇、寨岗镇、大麦山镇、涡水镇、大坪镇、三排镇、香坪镇	7	1241.88	376.85
		连山县	小三江镇、福堂镇、上帅镇、禾洞镇、吉田镇、太保镇、永和镇	7	1219.59	461.11
		连州市	星子镇、瑶安瑶族乡、三水瑶族乡、龙坪林场、西岸镇、丰阳镇、大路边镇、连州镇、东陂镇、保安镇	10	2017.54	558.73
		清新县	龙颈镇、笔架山林场、浸潭镇	3	1122.19	277.75
		阳山县	黄坌镇、杨梅镇、秤架瑶族乡、太平镇、黎埠镇、江英镇、杜步镇、青莲镇、小江镇、阳城镇	10	2630.97	1231.14
		英德市	沙口镇、波罗镇、大站镇、下太镇、东华镇、黄花镇	6	1679.62	388.26
	韶关	乐昌市	九峰镇、五山镇、两江镇、大源镇、乐城街道、北乡镇、梅花镇、坪石镇、沙坪镇、云岩镇、秀水镇	11	1845.19	814.92
		南雄市	澜河镇、百顺镇、帽子峰林场、帽子峰镇、全安镇、珠玑镇、邓坊镇、油山镇、乌迳镇、界址镇	10	1322.73	311.61
		仁化县	城口镇、红山镇、长江镇、扶溪镇、闻韶镇、周田镇、黄坑镇、丹霞街道	8	1760.07	526.66
		乳源县	洛阳镇、大布镇、东坪镇、游溪镇、必背镇、大桥镇	6	1887.94	895.70
		始兴县	罗坝镇、司前镇、隘子镇、深渡水乡、沈所镇、太平镇、城南镇	7	1556.89	404.09
		翁源县	铁龙林场、新江镇、坝仔镇	3	821.84	203.60
	肇庆	广宁县	联和镇、北市镇、国营葵洞林场	3	363.83	79.25
		怀集县	冷水镇	1	526.19	115.12
	小计	14		92	19996.47	6644.80

名称	地市	县（市、区）	镇级行政区	镇个数	国土面积（km²）	重点预防面积（km²）
漠阳江上游省级重点预防区	阳江	阳春市	合水镇、永宁镇、春湾镇、圭岗镇、河口镇、三甲镇、八甲镇、陂面镇	8	2403.02	559.96
		阳西县	新圩镇、塘口镇	2	366.35	87.87
	江门	恩平市	那吉镇、大田镇、河排林场、西坑林场	4	655.30	173.85
		开平市	国营大沙林场、大沙镇	2	192.38	39.96
	小计	4		16	3617.05	861.63
合计		18		108	23613.52	7506.43

注：表中镇级行政区单元含镇、乡、街道及国有林场。数据来源：《广东省水土保持规划（2016—2030年）》（广东省水利厅，2017b）。

表3-5-3　广东省水土流失重点治理区分布表

名称	地市	县（市、区）	镇级行政区	镇（个）	国土面积（km²）	重点治理面积（km²）
榕江上中游省级重点治理区	揭阳	揭西县	河婆街道、灰寨镇、坪上镇、五云镇、龙潭镇、南山镇、五经富镇、上砂镇、良田乡	9	1023.78	74.77
		普宁市	梅林镇	1	146.25	6.79
	汕尾	陆河县	河田镇、水唇镇、河口镇、新田镇、上护镇、螺溪镇	6	750.86	66.67
	小计	3		16	1920.89	148.23
鉴江上中游省级重点治理区	茂名	高州市	东岸镇、深镇镇、长坡镇、平山镇、古丁镇、马贵镇	6	1024.49	311.39
	小计	1		6	1024.49	311.39
西江下游省级重点治理区	云浮	云城区	云城街道、高峰街道、南盛镇、前锋镇	4	417.64	203.18
		郁南县	都城镇、南江口镇、东坝镇、宋桂镇、连滩镇、河口镇、大湾镇、建城镇、千官镇、通门镇、桂圩镇、平台镇、宝珠镇、历洞镇、大方镇	15	1863.54	659.30
		云城区	云城街道、高峰街道、南盛镇、前锋镇	4	417.64	203.18

续表

名称	地市	县（市、区）	镇级行政区	镇（个）	国土面积（km²）	重点治理面积（km²）
	肇庆	罗定市	附城街道、黎少镇、泗纶镇、㯼滨镇	4	726.49	107.90
		德庆县	悦城镇、官圩镇、高良镇、马圩镇、新圩镇、莫村镇	6	1209.93	272.30
		封开县	平凤镇	1	112.12	31.83
小计	6			36	5266.41	1592.19
合计	10			58	8211.79	2051.81

注：表中镇级行政区单元含镇、乡、街道及国有林场。

数据来源：《广东省水土保持规划（2016—2030年）》（广东省水利厅，2017b）。

四、水土保持规划

新修订的《中华人民共和国水土保持法》进一步强化了水土保持规划的法律地位。为贯彻落实新《中华人民共和国水土保持法》，适应新时期生态文明建设的要求，2017年1月11日广东省人民政府批复《广东省水土保持规划（2016—2030年）》（以下简称《规划》）（广东省人民政府，2017）。《规划》划定水土流失重点预防区和重点治理区、界定容易发生水土流失的其他区域、确定水土保持区划方案等工作。《规划》系统分析广东省水土流失现状及发展趋势，结合社会经济发展的形势和要求，明确了新形势下水土保持需求；以合理利用、开发和保护水土资源，建立与广东省社会经济发展相适应的水土保持综合防治体系为规划目标，提出了规划总体布局及分区防治方略，对预防保护、综合治理、监测监管进行了全面规划，拟定了2016—2030年广东省的水土保持任务及近期重点项目。到2020年，广东省初步实现全面预防保护，新增水土流失治理面积5000km²；到2030年，广东省实现全面预防保护，新增水土流失治理面积12800km²。

《规划》为广东省开展水土流失防治，维护生态系统、促进江河治理、保障饮水安全、改善人居环境、推动农村发展、规范生产建设行为、加快转变经济发展方式和建设生态文明提供技术支撑，为今后一定时期广东省开展水土保持工作提供依据。

第四节　水土流失综合治理

一、历代水土流失与治理

广东地处热带、亚热带,气候温和湿润,雨量充沛,有利于植物生长。广东古称南越,秦将赵佗建南越国,多为贬职官员流放荒蛮之地,曾是森林茂密、水源丰富的地方。古有"深山绵亘,林木翳茂""数千年大木丛翳"之记载。宋、元至明人口增加,农业、手工业和商业都有了较大的发展,耕地日感不足,平原沃地已开垦殆尽,人们只好向山地进军,出现了"田尽而地,地尽而山"的现象,使大面积山林被毁,草皮树根刨光。从16世纪起,各地便有不少关于破坏山林的记载。如明代嘉靖、万历时在香山、从化等地即有砍伐森林烧炭谋利,以致"不数年间,群山尽赭"。嘉靖四十四年(1565年)为镇压德庆、郁南等地瑶民,派兵沿西江两岸开山伐木,"自南江口下至新村降水一百二十里间各辟地深八十里",使"数千年大木丛翳"遭到大面积砍伐。到了清代中末叶,由于战火频仍,森林摧残,以太平天国时为最。1854年广州白云山的松树及罗浮山森林,大部为战争所毁。雷州半岛在18世纪时还有许多森林猛兽,到了19世纪以后,人口环境变迁加剧,除徐闻东部以外,其他大部分地方的森林已被破坏成了草地、荒坡或瘠地了(清·戴锡纶,1824)。有因不合理开垦坡地种植黄烟导致水土流失的记载:"近四五十年,日渐增植,春耕秋收,每年约货银百万两,其利几与禾稻等。但种烟之地,俱在山岭高阜,一经垦辟,土性浮松,每遇大雨,时行冲刷,下注河道,日形壅塞,久则恐成水患。"(清·杨文骏等,1899)。也有道光年间山区群众毁林烧炭造成水土流失的记载:"烧都稔树根为冶炭,利之所在,搜剔靡遗,木根尽则山枯,遇雨而沙随漂败,荒田亦日增"。"道光十八年(1838年)夏大雨,金林山始崩";"道(光)咸(丰)以来,淫雨比岁,堕颓日甚,腴田大半变沙陆"。兴宁县观丰河流域,原为物产丰盛的地方故名观丰,后来森林破坏后才成为严重的水土流失区。民国三十多年中,因连年军阀混战,加之日敌侵犯,社会经济凋零,民不聊生,山区林木既遭兵燹焚毁,又受滥伐樵采,广东森林的摧残就更加剧烈了。民国三十年(《广东年鉴》,1941)农林篇所称:"广东原为贫林省份,天然森林既不注意保护经营,荒废之山又不注意造林,直接造成木荒薪桂,材用缺乏,间接酿成山崩河淤,水旱频仍,影响及于农田之收成,关系民生甚大"。其间1929年广东省设立林业局,奖励私人垦荒造林,先后设立24个林场和苗圃,造林59.66km²。至1949年底,广东省严重水土流失面积已达7444km²(含海南)。历史上,广东省初以山田、畲田等种植经营方式,逐步积累防治水土流失之经验,包括修梯田、筑水陂,未形成规模治理。

二、新中国成立以后水土流失与治理

广东省从20世纪50年代开始进行水土流失治理,先后经历了起步阶段、全面治理阶段、推进区域防治、依法治理阶段、开拓生态文明建设新阶段等4个阶段(广东省水利厅,2013,2014,2015,2017a,2018)。

(一)起步阶段(1950—1977年)

20世纪50年代后广东省先后在梅州五华、茂名小良、肇庆德庆、韶关南雄、河源龙川等地建立了水土保持试验站,逐步开展观测、试验、治理及推广工作,掀起水土保持工作小高潮。60年代初经济困难时期工作处于停滞阶段。随后广东省开展了封山育林、改造低产田等工作,土壤侵蚀防治有了新发展,初步总结出工程措施与生物措施相结合,植树造林与封山育林相结合,群众运动与专业队伍治理相结合,治理与开发相结合的"四结合"治理经验。但是在"文革"期间,水土保持工作遭受严重破坏,期间新增水土流失面积492km²。水土流失治理工作处于高低起伏时期(张龙,2003)。

(二)全面治理阶段(1978—2000年)

从20世纪70年代末到80年代初,广东省开展了韩江、北江上游等重点水土流失地区的治理,在全国开创了通过人大议案方式治理水土流失的先河,逐步进入以小流域为单元的综合治理阶段。同期广东省委、省政府作出了"关于加快造林绿化步伐,尽快绿化广东省的决定"及"五年消灭荒山,十年绿化广东大地"的重大决策。80年代起,水土保持面向群众,面向生产,综合治理,水土保持工作得到恢复与发展,相关部门先后实施了生态公益林建设、退耕还林、岩溶地区石漠化治理,以及土地整理、废弃矿山修复等工作,通过建设与保护,广东省林草覆盖率大幅提高,生态环境有所好转。

1985年以后广东省水土流失综合治理步入黄金时期,1985年广东省人大六届三次会议和1990年七届二次会议先后审议通过了《关于韩江上游严重水土流失区整治及开发利用的议案》《关于防治北江上游水土流失的议案》和《整治和开发利用东江上中游水土流失区的议案》,把韩江、北江上游和东江上中游429条小流域,5191km²严重水土流失面积列入议案的重点治理范围,拨出专款,总投资5.66亿元,其中省级投入治理专项资金2.25亿元(雷炯超,2003)。通过15年的综合治理,共完成水土流失治理面积7163km²,占当年广东省水土流失面积的63%,共营造水保林2500km²,经济林果530km²,种草313km²,修建谷坊13万座,拦沙坝1.1万座,沟洫11150km,广东省完成治理面积超过新中国成立以来30年的总和,对危害及影响大的崩岗侵蚀基本都进行了一次初步治理(姚少雄,1999)。原计划是用10年时间整治韩江、北江上游的37.4万hm²严重水土流失区域,后期增加对东江上中游水土流失区,增加经费投入,时间至2000年。1991年《中华人民共和国水土保持法》颁布实施,1993年《广东省实施〈中华人民共和国水土保持法〉办法》颁布实施,从此广东省水土保持工作走向依法防治、治管结合的道路。

十多年的连续治理,在措施上坚持小流域综合治理:工程措施、植物措施和耕作措施相结合,乔灌草相结合;综合治理与封育保护相结合;短期治理与综合利用相结合。真正做到治一片成一片,发挥出水土保持的生态效益和社会效益,从根本上改变了严重水土流失地区生态环境脆弱的被动局面。

在人才培养与科学研究方面,为适应水土保持工作的发展形势,先后选送100多名学员分别到西北大学、南昌水利水电高等专科学校(现南昌工程学院)参加短训班、大专进修班学习,许多已成为广东省水土保持技术骨干。广东省水利水电科学研究所、广东省土壤研究所、广州地理研究所、广东省农科院土肥所及华南农业大学、华南师范大学、中山大学等科研院所、大专院校也开展了多项水土保持研究,取得一系列科研成果。在国际合作方面,与加拿大合作在德庆深涌小流域建立监测试验点。在治理、试验、培训、推广及科研方面都取得较好的成绩,为广东省实现从水土流失治理为主到预防监督为主的战略性转移,特别是为保障广东省经济社会持续稳定发展打下了坚实基础。

（三）推进区域防治、依法治理阶段（2001—2015 年）

进入新世纪以来，围绕全面建成小康社会的奋斗目标，将水土保持生态建设确立为社会发展的一项重要基础工程，广东省水土保持工作坚持预防监督与面上综合治理两手抓，同时做好监测、科普宣传和信息化建设等工作。全面贯彻落实《中华人民共和国水土保持法》等法律规定，一方面巩固水土流失全面治理的成果，另一方面在战略上逐步将工作重点转移到以防治人为侵蚀为主的生产建设项目上。2003—2018 年，广东省市县三级发布地方性法规、规章、规范性文件共 251 个，完成生产建设项目水土保持方案审批 24718 宗，涉及水土流失防治责任范围 5183km^2，通过水土保持设施专项验收的生产建设项目共3799 宗（广东省水利厅，2017a），水土保持工作全面步入法制化轨道。

在这一时期初段，广东省土壤侵蚀的区域差异显著（朱立安等，2003），侵蚀强度呈现较为明显的东北强西南弱的特点，总体上水土流失分布与自然条件状况相符，而位于珠江三角洲平原区流失面积却显著增加，这与广东省工业化、城市化、现代化等快速推进，经济连续翻番这一情况同步。随着水土保持工作的持续深入开展，以及社会公众水土保持意识的提高，人们越来越认识到加强保护水土资源的重要性和迫切性。通过强化监管，实行项目水土保持审批制度，落实水土保持生产建设项目"三同时"制度，坚决扭转"先破坏、后治理，边破坏、边治理"的被动局面。珠江三角洲地区城市也经历了环境破坏严重、控制、恢复保护的发展过程，在发展经济的同时，更关注资源节约和环境友好，以较小资源环境代价获取经济增长，发挥经济较发达地区的优势，其中以深圳、珠海等城市为首对城市水土流失危害的日益重视，逐步形成城市水土保持的经验和理论。通过多部门多渠道投入与治理，曾经的"城市大工场"逐步踏上绿色发展的道路。东莞森林覆盖率从 2003 年前不足 30%，2016 年提高到 37.40%，彻底改变了灰尘漫天、遍地黄土的面貌。在珠江三角洲 9 个城市中，除了广州、佛山外，其余 7 个城市均入榜 2016 中国"氧吧城市"排行 50 强，城市发展质量及城市形象都显著提高。

把好各类建设项目的水土保持关，实现建设过程中控制水土流失，有力地保障了广东省社会经济健康发展。

（四）开拓生态文明建设新阶段（2016 至今）

随着新《中华人民共和国水土保持法》《广东省水土保持条例》的颁布与实施，在政府主体责任、规划法律地位、水土保持方案管理、预防保护措施和法律责任追究等多方面得到加强，为依法保护水土资源、水土保持事业发展提供了有力保障。一方面在多年防治水土流失的实践中摸索和总结经验，如小流域水土流失综合治理和崩岗治理等，有效地改善自然生态环境，发展特色产业，增加农民收入，成为农村生态经济稳定发展的重要基础；另一方面也扭转了早年因片面追求经济发展规模与速度，忽视对水土资源的保护，造成人为水土流失急剧上升的被动局面，从生态文明建设高度全方位宣传及强化监管，从战略高度提高水土保持工作在社会经济发展中的地位，实行保护优先，事前保护策略，从源头上减轻和控制水土流失的发生发展；社会公众对水土保持的意识与关注不断提高，参与防治水土流失、建设美丽家园的积极性逐步提高，打造了水土保持发展的良好社会氛围。

新阶段体现出全方位、新观念、高科技等特点。这个阶段，在《广东省水土保持条例》颁布实施后，将完善法规配套制度作为重要基础性工作抓好落实，及时起草了《广东省水利厅水土保持监督管理制度》，为依法行政和规范监督管理工作打下了良好的基础。开展广东省及各市水土保持规划编制工作，为下阶段广东水土保持工作发展绘制蓝图。大力推进水土保持生态环境建设，利用中央及省级补助资金，开展了国家水土保持重点工程和省级水土保持项目建设，2017 年新增水土流失治理面积 1060km^2。推进河长制、湖长制制度建设，以及万里绿道、美丽乡村建设。加强水土保持监管能力建设，强监管，补短板，全面清理历年审批项目。强化事中事后监管，查处一批存在较严重水土流失的生产建设项目，限期整改，对整改不到位的项目委托第三方进行复核，根据复核结果采取相应的后续措施及手段。推进水土保持目标责任考核制，同时加强水土保持宣传教育工作。

在技术方面，推进信息化建设及强化水土保持网络服务功能。在省市一级的天地一体化建设、利用卫星遥感图像实施动态监控，探索水保治理、预防监督项目的图斑化动态管理模式，摸清水土保持本底情况，提高监管效率。开发的"广东省水土保持管理信息系统"已全面投入应用，利用高科技及互联网技术服务社会。在治理方面也从材料、工艺、方法上有新的突破,为新时期生态文明建设注入新的动力。

三、水土保持重点治理经验

水土保持是一项长期而艰巨的工作,广东省水土保持工作经历过时起时落、边破坏边治理的阶段,真正开展连续综合治理是 1985 年以后,通过设立人大议案、以小流域为单元进行集中连片综合治理、治理与开发利用相结合等多途径、多办法,至 2000 年前后,从根本上扭转水土流失区山光人穷,越穷越垦的恶性循环面貌,区域植被覆盖率明显提高,小流域水土流失得到控制,生态环境好转,河床明显降低,当地人民生产生活条件逐步改善,生态、经济和社会效益初步显现。

广东省在水土流失治理过程中涌现许多典型,具有鲜明的时代特点。全面治理阶段:以治理崩岗侵蚀和小流域综合治理为代表的水土流失区修复性治理;通过治理水土流失,改变山区农村土地生产力低下和灾害频发状况,使山区人民能够安居乐业;针对水土流失治理难点,在典型水土流失区建立水土保持试验推广站进行科学试验,发挥了示范推广作用。区域防治阶段:针对城市高强度发展造成的城市水土流失引发一系列问题,进而开展的城市(镇)水土保持;为防灾减灾开展的中小河流域治理,保护群众生命财产安全。在生态文明建设阶段:为满足人们对美好生活需求开展的生态河流治理、万里绿道建设等等。

(一)梅县荷泗崩岗综合治理

梅县荷泗崩岗治理区位于梅州市梅县区南口镇,属韩江上游花岗岩风化壳水土流失区。土地总面积 90km²,水土流失面积达 29.96km²。20 世纪 60 年代至 80 年代,由于大量的毁林开荒和顺坡直耕,致使当地植被遭到破坏,植被稀少,地表裸露,水土流失严重,崩岗林立,大部分山地"七成沙三成土"如火焰山,泥沙淤高河床,淤塞灌溉渠道,造成洪涝灾害。

1985—2000 年,当地实施人大议案,对小流域内部的崩岗进行重点治理,采取工程措施和林草措施两步走,用堵岗、筑坝、削级等手段,防止山泥不停下滑,稳住山坡,坡面种植先锋物种,乔灌草结合,通过兴建谷坊 1313 座、拦沙坝

45 条、沟洫工程 8.68 万 m、开水平梯田 2.60hm²,造水保乔木林灌木林 22.66km²、种草 5.70km²,改造低产田 158.66hm² 等综合措施,造林和封育结合,使晴天"张牙舞爪"、雨天"头破血流"的水土流失现象终于得到控制,山区发生翻天覆地的变化,森林覆盖率由 20.60% 增加至 67.50%,全镇种果面积达 800hm²,并开发了特色经济水果梅州金柚,改善了地方经济。但是,本区崩岗处在地质活跃带,存在部分谷坊、拦沙坝淤满的情况,仍需要巩固与维护。

(二)兴宁石马河流域水土流失综合治理

兴宁市石马河是韩江上游宁江河的一条支流,全长 34.4km,流域面积 152.7km²,流域内有 1 座中型水库(石壁水库)及 5 座小型水库,总库容 1657 万 m³,灌溉面积 162.67hm²,其中 104km² 设置为水土流失综合治理研究的示范区。示范区内水土流失面积达 30.68km²,其中面状侵蚀 15.95km²、沟状侵蚀 8.90km²、崩岗 1832 个,危害面积 5.83km²。水土流失造成山塘水库淤积,其中石壁水库有效库容被淤积 433.1 万 m³,占 86.9%,造成河床淤高,灾害频繁,土地资源屡遭破坏,严重影响人们正常的生产生活。

当地因地制宜采取综合治理措施,修建谷坊 1457 处、拦沙坝 16 座、水平沟 6.12 万 m、植树造林 27.85km²,坡度大于 25° 的坡耕地实行退耕还林 8.20km²,封山育林面积 59.33km²、种植牧草 200hm²。通过速生丰产林试验、定位监测,多管齐下的治理手段,石马河流域的植被覆盖率由 1984 年的 24% 提高到 75.30%,区内呈现小气候改善、物种增加、土壤肥力增强的良性循环,减少了入库泥沙,实施水库排淤工程后,使石壁水库有效库容从 1985 年的 67 万 m³ 恢复到 150 万 m³,取得良好的水土保持综合效益(广东省地方史志编委会,2003)。

(三)茂名市小良水土保持科技示范园

茂名市小良水土保持科技示范园区位于电白区小良水保站内,面积 286.7hm²。小良水土保持试验推广站从 1957 年建站到现在经历了 60 多年的发展历程(庞莲,1992),原地带性土壤为花岗岩风化而成的砖红壤,地表土层的大部分已被严重破坏,土壤肥力极低,有机质含量仅 0.06%,全氮含量 0.03%,当地干旱酷热,流失区生态环境极其恶劣,植被难以恢复。

当地与科研机构联合,实行"全面规划、因地制宜、集中治理、连续治理、综合治理、坡沟兼治,治坡为主",采取工程措施与生物措施相结合,人工治理与科学治理相结合的措施。通过几十年的植被恢复,在站内建立起了多种类型的人工林,生态环境得到了全面改善,成为当地水土流失治理、桉树丰产管理、复合农林业、生态公益林建设的示范样板,也成为全国水土流失治理的典范。20 世纪 70 年代以后,水保站成为中国—德国合作研究的重要基地之一。水土保持科技示范园区已建成科普广场、生态恢复示范区、水土保持示范区、优良水土保持植物保育区、珍稀植物保护区、现代复合农业示范区和桉树试验区,发挥治理、科研、示范功能。

(四)五华县水土保持试验推广站

五华县水土保持试验推广站位于五华县华城镇东北,干河为乌陂河,注入韩江流域的五华河,初期试验区面积 23.23km^2。试验区内受人为活动影响,原始植被破坏殆尽,水土流失达百年之久,新中国成立初期水土流失已达 15km^2,满目光山秃岭、沟壑密布,崩口林立,大小崩岗 2772 处。使原本人多地少、土地十分珍贵的 251.46hm^2 耕地成为跑水、跑土、跑肥的"三跑田",其中 73.33hm^2 经常受淹,86.67hm^2 经常受旱,76hm^2 被掩埋或成烂泞田,年均亩产不足 200kg。

五华县水土保持试验推广站立足科研,开展了小流域综合治理、崩岗治理、林木对比试验、草类引种试验、水文气象径流泥沙观测等类型的课题,建立了近 10km^2 的水土保持科研基地,积累了一系列科研数据,在水土流失综合治理;解决空中绿化的糖蜜草、绢毛相思引种;花岗岩丘陵区崩岗侵蚀治理等多方面取得成果,成为广东省内重点水土保持科研推广机构。

(五)深圳城市水土保持

深圳是中国特色社会主义先行示范区和创建社会主义现代化强国的城市范例,是全国性经济中心城市之一。深圳的崛起是浓缩的中国改革开放史,在改革上起到引领全国的先锋作用。20 世纪八九十年代,深圳市掀起经济建设高潮,土地开发一度失控,在高强降雨条件下,也对自然环境造成巨大破坏,形成了该市以人为活动为主引发的城市水土流失。出现大规模挖土推山,填谷造地,采石取土,余土渣土存放无序,尘土飞扬,沟壑横生,以致泥沙径流进入排洪系统造成淤塞,浪费土地资源,破坏人居环境,严重影响城市防洪能力,甚至大水淹城,恶化水质,危害城市水源安全。

痛定思痛,深圳市各级把水土保持生态建设提高到生态文明的高度,不断创新建设模式,学习和总结城市水土保持综合防治的经验,对大规模开发平土区防治、裸露山体缺口治理、水源水库保护林建设与恢复、弃渣弃土场生态建设、开发建设项目水土保持监督管理等方面都开展深入探索。深圳市、区各级花大力气整治城市水土流失,使得全市的水土流失面积从 1995 年的 184.99km^2 下降至 2017 年的 26.24km^2,下降 86%。

深圳水土保持示范园是深圳市极具特色的示范园,是深圳市推动生态文明建设的重要宣传基地,也是我国第一个城市水土保持建设示范窗口。改革开放二十多年,深圳经济发展全球瞩目,但人为水土流失也非常严重,深圳市政府不得不拿出大笔资金治水治土。2009 年,深圳市利用原乌石岗废弃采石场,通过改造成为今天的水土保持科技示范园。在水土文化展示方面,园区借鉴自然界中的土、木、金、水四大元素营建土厚园、木华园、金哲园和水清园 4 个主题园区,通过展示土壤、植物的特性宣传我国重土的传统文化,提倡爱护水土资源、善待花草树木的生态观。在水土保持科普展示方面,园区建设充分利用原有废弃采石坑口的场地和建筑,巧妙构思,以水土流失的形成、形式、危害、治理为设计主线,通过景观化的处理手法,集中布设水土保持图片展示区、水土流失模拟设施、根箱模拟设施、科普木栈道、水土保持径流小区、水土保持措施展示区等。水保示范园正在开展二期建设,通过打造园区海绵城市雨水花园体系,规划海绵城市科研实验教育基地和"滞、蓄、渗、净、用、排" 6 个山地低影响开发展示区,展示下凹式绿地、生物滞留设施、透水地面铺装等海绵城市建设技术,充分体现城市生态水土保持和科技创新的特色,在加强水土保持宣传多方面发挥了积极的窗口辐射作用。

(六)连州瑶安小流域减灾综合治理

连州瑶安小流域位于连州市北部,属北江流域,为少数民族乡,经济比较落后,基础设施建设薄弱,历来洪涝灾害严重。2006 年 6 月 18 日,瑶安乡 8h 降水量达到 200mm,引发特大山洪,致使瑶安、三水乡以及下游的沿河村庄许多房屋倒塌,农田被冲、电站被毁,水利、供电、通讯和公路交通等设施损坏严重,直接经济损失 1.7 亿元。2007 年 6 月 17 日,瑶安乡 6h 降水量达到 130mm,给瑶安、三水乡刚刚完成重建的家园又造成一次重创,此次洪灾造成直接经济损失8244 万元。这是边远山区小流域的治理滞后,隐患大的典型案例。

2008年始,广东省逐步探索中小河流治理和小流域综合治理的新模式,瑶安小流域被选为两个省级试点之一。

连州瑶安小流域综合治理工程主要任务是防治山洪、改善人居环境、促进经济发展。在治理理念上,科学规划、统筹考虑,走综合治理、整体治理之路。一是通过河道整治,建设生态健康河流,即充分利用当地独特的地形地貌与特点建设各具特色的生态防洪堤坝;通过河道拦污清淤、筑闸蓄水和沿堤绿化美化等措施,增加河道水环境容量,实现河畅水清岸美。二是通过水土流失治理、扩大公益林面积等措施的实施,促进生态良性循环。治水先治山,上游荒山不治,下游水患难免。通过综合治理,大大改善了当地落后的基础设施状况。通过河堤的建设,恢复186.67hm²水毁农田的耕作,使80hm²多荒废的农田变为高效绿色农业基地;同时林地面积的大幅增加,起到了显著的蓄水、固土、保安效果。三是通过人居环境整治,增加了宅基地及乡镇商住用地,改变村容村貌。这是以防灾减灾为落脚点,以区域经济社会协调发展为最终目的的民心工程。

(七)增城派潭生态河流

派潭河地处增城区北部派潭镇,是东江的二级支流,流域面积357km²,人口7.7万人,耕地3333hm²,流域内有小型水库14座,堤围8.56km,水闸6座,排灌站13座,小水电站8座。派潭镇是增城区农业大镇,也是广东省原始自然生态景观保持较好的地区。20世纪七八十年代派潭河上游挖矿、洗矿,造成严重水土流失,河道过流和水库削峰能力减弱,洪涝灾害频频发生,防洪问题十分突出,特别是2008年6·26特大洪灾,造成严重的人员伤亡和财产损失。

增城派潭河流域治理遵循安全、生态、发展、和谐的理念,主要突出了防洪安全,同时兼顾生态修复、水源保护、环境治理和旅游开发等,确立了"上蓄、中疏、下防"的整体防治思路,严格保护河道和沿线山体,明确生态保护红线,加强水保林和水源涵养林建设;对开矿采石形成的深坑和废弃地采取生态修复治理;全面治理农村生活污水和旅游服务业排污,建成1处污水处理厂和7座农村生活污水站,使派潭河水质从Ⅲ类水提升为Ⅱ类水,逐步体现水景观、水文化效益,有效保护了派潭河的水环境,实现碧水长流。成为改善农村人居环境、有效控制面源污染、保护水源、调整产业结构、增加居民收入的典型。

第五节 水土流失监测与信息化

一、水土保持监测网络

（一）水土保持监测网络构成

广东省水土保持监测网络结构由省级水土保持监测总站、水土保持监测分站和水土保持监测点三级组成,省级站下设广州、深圳、惠州、梅州、肇庆、茂名、韶关等7个监测分站和小良、五华、深圳等28个监测点。

（二）水土保持监测网络

2001年11月14日,广东省编委决定(粤机编办〔2001〕313号)在广东省水利厅设立广东省水土保持监测站,为副处级的事业单位,编制暂定3~4人,其主要职能是:"加强广东省水土保持工作的监测管理,对主要河流及重点区域的水土流失状况与水土保持效果进行监测监控,定期向社会发布水土流失状况公报,负责水土保持生态建设的技术审查、负责水土保持工程技术人员的技术培训"等。2009年3月,经广东省机构编制委员会批准,广东省水土保持监测站挂靠在广东省水利水电技术中心,成立了水土保持监测科承担监测站日常工作,从事水保监测人员增至8人;2010年9月,广东省水利厅《关于省水土保持监测站和省水利工程白蚁防治中心职责的批复》(粤水人事〔2010〕166号),进一步明确了省水土保持监测站的职能,至此广东省水土保持监测才步入正常轨道。

广东省水土保持监测起步于20世纪五六十年代,梅州五华县水土保持试验推广站建于1952年,茂名电白县小良水土保持试验推广站建于1957年,之后,清远、河源、珠海、揭阳、江门、肇庆、湛江、云浮、惠州相继成立了水保站开展华南方红壤区水土流失治理、试验和科研工作。各水保站逐步建立了一些地面径流泥沙观测场和小流域综合试验区水土流失观测设施,在监测、科研、示范、推广等方面作出了重要贡献,积累了大量数据,为水土保持监测奠定了坚实的基础,但水土保持监测网络体系的形成起步于 20 世纪 90 年代。2003 年,水利部水土保持监测中心启动了全国水土保持监测网络和信息系统二期工程(以下简称"二期工程")的前期工作,2009 年 9 月向广东省下发了《全国水土保持监测网络和信息系统建设二期工程广东省水土流失监测点建设任务书》,委托省站具体组织实施二期工程建设任务,组建了省级水土保持监测网络,省级站下设广州、深圳、惠州、梅州、肇庆、茂名、韶关等 7 个监测分站和小良、五华、深圳等 28 个监测点(属于坡面径流监测小区和河流断面监测点的各 14 个)。2008 年广东省建设完成且在运行的小流域综合观测站、坡面径流场、流域控制站和水文站共计 28 个,涉及 15 市 26 县,所属流域为珠江流域,均位于南方红壤区,具有较强的区域代表性;监测内容、监测设施与监测设备齐全,满足开展监测工作的要求。按监测点类型分类,包括小流域综合观测站 1 个(含小流域综合观测站和坡面径流观测场)、小流域水文控制站 14 个、坡面径流观测场 13 个,详见表 3 - 5 - 4。

二、水土流失动态监测

(一)区域监测

为全面了解和掌握广东省各地区内的水土流失状况,广东省已经开展了五次全省性的水土流失遥感调查。

20 世纪 80 年代,完成水电部"六五"计划科技重点项目"应用遥感技术调查我国土壤侵蚀现状""编制全国土壤侵蚀图",并完成了广东省土壤侵蚀现状的遥感调查及广东省土壤侵蚀图的编制。

1998 年,广东省水利厅与中山大学地球与环境科学学院遥感中心合作,以遥感技术为主,以 1997 年 Landsat TM 图像为信息源,结合实测和历史资料,采用目视解译与重点地区野外调查的方法,进行了广东省土壤侵蚀的遥感调查,并编制完成了 1997 年广东省 1∶10 万土壤侵蚀图。

2001 年,作为全国土壤侵蚀遥感调查的一部分,广东省水利厅以 2000 年的遥感影像数据为信息源,进行了广东全省土壤侵蚀的遥感调查,编制完成了广东省 1∶10 万土壤侵蚀图。

表3-5-4　广东省监测点基本情况表

编号	一级区代码及名称	二级区代码及名称	三级区代码及名称	监测站点名称	监测点类型	具体地点（所属市）	具体地点（所属县）
1	V南方红壤区（南方山地丘陵区）	V-6 南岭山地丘陵区	V-6-1ht 南岭山地水源涵养保土区	南雄市南雄径流场	坡面径流观测场	韶关市	南雄市
2				新韶水文站	小流域控制站	韶关市	浈江区
3				连州市星子径流场	坡面径流观测场	清远市	连州市
4			V-6-2th 岭南山地丘陵保土水源涵养区	博罗水文站	小流域控制站	惠州市	博罗县
5				兴宁市大坪径流场	坡面径流观测场	梅州市	兴宁市
6				乌陵河小流域综合观测场	小流域综合观测场	梅州市	五华县
7				横山水文站	小流域控制站	梅州市	梅县区
8				河子口水文站	小流域控制站	梅州市	五华县
9				东桥园水文站	小流域控制站	揭阳市	揭西县
10				和平县和平径流场	坡面径流观测场	河源市	和平县
11				东源县大坑径流场	坡面径流观测场	河源市	东源县
12				龙川水文站	小流域控制站	河源市	龙川县
13				蓝塘水文站	小流域控制站	河源市	紫金县
14				石角水文站	小流域控制站	清远市	清城区
15				罗定市素龙径流场	坡面径流观测场	云浮市	罗定市
16				郁南县大河水库径流场	坡面径流观测场	云浮市	郁南县
17				官良水文站	小流域控制站	云浮市	郁南县
18		V-7 华南沿海丘陵台地区	V-7-1r 华南沿海丘陵台地人居环境维护区	潮安水文站	小流域控制站	潮州市	潮安县
19				惠东县白盆珠径流场	坡面径流观测场	惠州市	惠东县
20				深圳市乌石港径流场	坡面径流观测场	深圳市	南山区
21				台山市塘田径流场	坡面径流观测场	江门市	台山市
22				珠海市大镜山径流场	坡面径流观测场	珠海市	香洲区
23				双捷水文站	小流域控制站	阳江市	阳东县
24				小良小流域综合观测站	小流域综合观测站	茂名市	电白县
25				高州水文站	小流域控制站	茂名市	高州市
26				化州水文站	小流域控制站	茂名市	化州市
27				雷州市白沙径流场	坡面径流观测场	湛江市	雷州市
28				高要水文站	小流域控制站	肇庆市	高要市

资料来源：《广东省水土保持规划（2016—2030年）》（广东省水利厅，2017b）。

2006年，广东省水利厅开展了"2006年广东省土壤侵蚀遥感调查"项目，以

2005 年 TM 和中巴资源卫星影像为信息源,进行了第四次全省性的土壤侵蚀遥感调查,并编制了广东省 1:10 万土壤侵蚀图。

2011 年,广东省水利厅组织了广东省第一次全国水利普查,较为全面地掌握了水土流失现状,并编制了 1:5 万土壤侵蚀图。

2018 年,广东省水利厅开展了全省水土流失动态监测工作,对全省水土流失面积、强度和空间分布状况开展全面调查,并编制了广东省 1:25 万土壤侵蚀图,分析掌握了全省的水土流失消长变化情况。

（二）生产建设项目监测

2009 年,水利部发布了《关于规范生产建设项目水土保持监测工作的意见》(水利部,2009),有力地促进了水土保持监测工作的开展。2016 年 9 月颁布的《广东省水土保持条例》规定挖填土石方总量 50 万 m^3 以上或者征占地面积 $50hm^2$ 以上的生产建设项目,生产建设单位应当自行或委托相应的机构对水土流失进行监测。其他生产建设项目,鼓励生产建设单位自行或委托相应机构对水土流失进行监测。对可能造成严重水土流失的生产建设项目,生产建设单位主管部门或者县级以上人民政府水行政主管部门可以自行或委托相应机构对水土流失进行监测。广东省是全国最早开展生产建设项目水土保持监测的省份,全国第一宗开展水土保持监测的生产建设项目为东深供水改造工程,监测时段为 2001—2003 年。据统计,2014—2018 年 5 年间,广东省省级开展水土保持监测的项目数分别为 169 项、280 项、264 项、222 项和 135 项。

三、水土保持信息化

（一）水土保持信息系统

广东省于 2009 年开始着手建设广东省水土保持管理信息系统,分三期建设完成,于 2010 年正式投入运行。水土保持管理及生产建设项目监管系统建设功能包括地理信息系统、项目动态监管子系统、面上治理管理、崩岗治理管理、小流域综合治理管理、基础信息数据库管理、辅助管理等七个子系统。

2018 年通过对广东省水土保持信息管理系统的升级改造,实现水土保持信息资源的有效整合和统一建设,促进信息互联互通和资源共享,提高系统应用的实用性,实现水土保持日常工作的信息化、电子化管理。

（二）生产建设项目水土保持"天地一体化"动态监管

2016 年,广东省选取广州市花都区作为生产建设项目水土保持"天地一体化"动态监管的示范单位,充分发挥"天地一体化"监管的空、天、地的技术优势,强化监管。2017 年,广东省按照《生产建设项目扰动状况水土保持"天地一体化"监管技术规定》(水利部水土保持监测中心等,2016)要求,全面开展广东省监管示范推广工作。2017 年起,广州、珠海、汕头等市开展相关试点工作;2018 年实现全省生产建设项目水土保持"天地一体化"监管全覆盖,收集整理了 8478 个各级审批项目,完成了 6737 个设计资料矢量化上图工作,上图率达 79.45%;采用人机交互解译方法对广东省所有生产建设项目扰动图斑进行遥感解译,共解译扰动图斑 26814 个,其中 $1hm^2$ 以上扰动图斑 23545 个,对 21533 个 $1hm^2$ 以上扰动图斑进行了复核,复核完成率 91.50%。

（三）国家水土保持重点工程图斑精细化管理

1.治理图斑精细化管理核查

2017 年以来,广东省积极推进以国家水土保持重点工程项目管理系统为基础,以图斑为单元,基于遥感技术、无人机、移动终端等手段,对重点工程项目实施精细化管理。

2017 年,广东省水利厅委托珠江水利科学研究院利用高分辨率卫星影像对 2014—2015 年实施的梅县区先锋河(泮坑水)崩岗治理工程、梅县区新彰河小流域综合治理工程两宗国家水土保持重点工程实施效果进行了评价。

2.治理图斑精细化情况

2018 年以来,广东省新建的国家水土保持重点治理工程均通过 GIS 软件将设计图斑矢量化,并实现室内系统核查、现场无人机检查抽查,达到图斑精细化管理的要求。

2018 年广东省水土流失治理面积 271km²,其中面状图斑 377 个,对林草、封禁治理、崩岗防治等各类水土保持措施图斑进行了全面复核。

第六节　水土保持地域性特色

一、通过人大议案治理水土流失

广东省人大在 1985 年、1990 年先后通过了韩江、北江、东江水土保持的议案,决定分别用 5 年和 10 年时间完成三江 429 条小流域 5195km² 严重水土流失的治理,1995 年全面完成治理任务,议案顺利结案。1995 年广东省人大常委会在八届人大十七次会议审议又批准了省政府《关于〈韩江、北江上游和东江中上游水土流失整治及开发利用议案〉办理结果的报告》,并通过了省政府再用 5 年时间,继续解决水土保持工作中存在的问题,巩固三江整治成果的决议。议案任务涉及广东省 5 个地级市 23 个县区,全社会筹资出力献策,共完成三江 500 多条小流域 6341km² 水土流失治理任务,并建立了大批水保配套设施。广东省以人大议案方式解决水土流失"顽疾"在全国可谓首创,北江、东江、韩江三大流域治理水土流失卓有成效并令全国同行认可。

二、城市水土保持

广东经济快速发展,工业化、城市化高速发展带来的土壤侵蚀已成为广东省土壤侵蚀的重要组成部分,所引发的侵蚀类型主要为开发区建设侵蚀,其次为采石取土、修路、市政和水利水电等工程建设侵蚀。这些生产建设项目侵蚀强度大,侵蚀强度级别均在强度以上,多为极强甚至剧烈侵蚀;而且这些侵蚀多发生在城市周边或城市区内,附近人口稠密,基础设施集中,侵蚀危害大,因此采取水土保持措施可以大大减少该类侵蚀的危害。

广东省最早开展城市水土保持的城市包括广州、深圳、珠海等珠三角工程建设密度大的地区,也是经济发达地区。采取的主要水土保持措施包括工程、植物和管理措施。例如,广东省第九届人民代表大会常务委员会第六次会议于

1998 年 11 月 27 日通过了《广东省采石取土管理规定》,规范了采石、取土行为,做到统一规划、合理布局,规模经营,有序开采,采治结合,大大地减少由于采石取土造成城市周边水土流失。同时,各地市还出台余泥渣土管理规定和建设土石方受纳场,避免了城市建设产生余泥渣土乱堆乱弃造成水土流失。广州、深圳及珠海等市充分利用采石场、取土坑等废弃场地,改造建成水土保持科技示范园(区),建成水土保持科普基地等。

三、海绵城市建设

2012 年 4 月,在《2012 低碳城市与区域发展科技论坛》中,"海绵城市"概念首次提出;2013 年 12 月 12 日,习近平总书记在中央城镇化工作会议的讲话中强调:"提升城市排水系统时要优先考虑把有限的雨水留下来,优先考虑更多利用自然力量排水,建设自然存积、自然渗透、自然净化的海绵城市"。《海绵城市建设技术指南——低影响开发雨水系统构建(试行)》(国家住房城乡建设部,2014)以及《海绵城市(LID)的内涵、途径与展望》(仇保兴,2015)则对"海绵城市"的概念给出了明确的定义,即城市能够像海绵一样,在适应环境变化和应对自然灾害等方面具有良好的"弹性",下雨时吸水、蓄水、渗水、净水,需要时将蓄存的水"释放"并加以利用,提升城市生态系统功能和减少城市洪涝灾害的发生。

国务院办公厅 2015 年 10 月印发《国务院办公厅关于推进海绵城市建设的指导意见》指出,采用渗、滞、蓄、净、用、排等措施,将 70% 的降雨就地消纳和利用。

2017 年 10 月 12 日,广东省住房和城乡建设厅在深圳市召开推进海绵城市建设工作现场会,贯彻落实国家和省对海绵城市建设的工作部署,交流海绵城市规划建设的经验和做法,加快推动广东省海绵城市规划和建设。深圳、中山、佛山等市交流介绍了海绵城市规划和建设工作经验。广东省各市都在开展海绵城市建设。

四、崩岗治理

广东省是我国崩岗侵蚀最严重的省份之一。其危害最为严重,不但破坏土地生产力,且对生态环境造成严重破坏。一般情况下,崩岗的年均侵蚀模数可达 8000t/(km² · a),严重的可达万吨,是造成沙埋农田、淤积水库、淤高河床的重要泥沙来源。广东省的崩岗主要集中分布在韩江上游、东江上游、西江中游的德庆县花岗岩地区,尤以韩江上游山区流失面积为最大、也最严重。根据《广东省水土保持规划(2016—2030 年)》统计,广东省占地面积在 60m² 以上的崩岗有 107941 座,总面积约 827.6km²。

广东从 2000 年开始,就将崩岗治理列入规划,作为重点项目逐年安排资金进行治理,取得了显著效果。根据《广东省水土保持规划(2016—2030 年)》,近期将治理崩岗 22616 个、面积 186km²;远期累计治理崩岗 71922 个、面积 578km²。

五、水土保持科技

广东省水土保持技术研究主要由大学和科研机构承担,包括中山大学、广东省水利水电科学研究院、珠江水利科学研究院、广东省生态环境技术研究所等省部级科研院所以及各市水土保持技术人员。开展了土壤侵蚀规律及水土流失机制研究、坡耕地水土流失治理研究、土壤侵蚀预测预报研究、小流域综合治理研究等,取得了一批研究成果。同时,广东省建立了多个水土保持试验站,如茂名市小良水土保持站、五华县水土保持站等开展水土保持试验研究和技术推广工作,取得了显著成绩。例如,茂名市小良水土保持站多次被省、地、县评为先进单位,1984 年被评为全国水土保持先进单位,1985 年被评为广东省先进单位,1986 年获中国科学院科技进步一等奖。它的成功经验不仅为中国南方水土保持工作提供有效的防治方案,且为国际有关科学领域建立了有价值的科研场地,1987—1990 年由联合国教科文组织协调和主持的中国与联邦德国生态研究合作计划在小良站进行,列入国际科研试验的行列。

六、水土保持机构

根据广东省委办公厅、省政府办公厅《关于印发〈广东省水利厅职能配置、内设机构和人员编制规定〉的通知》(粤办发〔2018〕105 号),广东省水利厅内设水土保持处,主要职责包括组织、协调、指导全省水土保持工作,负责水土流失综合防治、监督管理和监测评价等。

　　水利部珠江水利委员会内设有水土保持处,负责珠江流域水土保持工作。广东省各设区市、县(市、区)水利局内设有水土保持科(股),负责所属区域的水土保持工作。

　　广东省水利水电科学研究院是广东省水利厅直属单位,院内设有农业水利与水土保持生态工程研究所,专门从事广东省水土保持技术研究工作。

第六章

广西壮族自治区
水土保持

第一节　基本情况

一、自然概况

(一)地理位置

广西壮族自治区地处祖国南疆,地理位置为东经104°28′~112°04′、北纬20°54′~26°23′。南临北部湾,与海南省隔海相望,东连广东,东北接湖南,西北靠贵州,西与云南接壤,西南与越南毗邻,海陆兼备,地理位置优越,是全国5个少数民族自治区中唯一的沿海沿边自治区(广西壮族自治区水利厅,2016)。

(二)地质地貌

1.地质概况

广西地处太平洋与特提斯—喜马拉雅两大构造的复合部位,属华南加里东横皱的西南端。在漫长的地质历史时期内,广西地壳经历了四堡运动、广西运动、印支运动、燕山运动、喜马拉雅运动等构造运动,这些构造奠定了广西山多平原少、岩溶面积大的地貌基本格局。

广西地层发育较全,自中元古界至新生界均有出露,共有震旦系、寒武系、奥陶系、志留系、泥盆系、石炭系、二叠系、三叠系、侏罗系、白垩系、第三系、第四系等12个系和四堡群、丹州群,其中以晚古生代的泥盆系和石炭系及中生代的三叠系出露的面积最大。

2.地形地貌

广西地处云贵高原东南边缘、两广丘陵西部,南临北部湾,地势西北高,东南低,呈西北向东南倾斜状。四周多山,呈向南开口的盆地状,中部和南部多平地,山地丘陵性盆地地形特征明显,有"广西盆地"之称。广西地貌类型复杂,其特点首先是山多平原少,素有"八山一水一分田"之称;其次是岩溶分布广,发育完备。总的来看,广西地貌类型可分为岩溶地貌及非岩溶地貌二个大类和八个亚类。岩溶地貌又包括峰丛洼地、峰丛谷地、峰丛峰林谷地、峰林孤峰平原等,主要分布在桂东北、桂中和桂西南等地;非岩溶地貌包括中山山地、低山山地、丘陵山地等。总之,广西山多、坡多、坡陡,平地少,地形破碎,为降雨径流的产生提供了有利条件和较大势能,使得径流侵蚀力较高,水土流失更容易发生。

(三)气候水文

1.气候

广西地处低纬度地区,南临热带海洋,受热带海洋季风影响,形成亚热带季风气候。广西气候既受季风控制,又受热带海洋影响,具有明显的亚热带季风气候特点:夏季受东南季风控制,雨量充沛;秋季属台风季节,受台风影响也带来丰富的降雨;冬季受东北风影响,气候干冷,各地呈现出干燥少雨。

广西多年平均气温在 16.5~24.1℃,最冷月 1 月的日均温为 5.5~15.2℃,最热月 7 月为 27~29℃。多年平均降水量为 1537mm,4—9 月为雨季,雨季总降水量占全年降水量的 70%~85%,时空分布很不均匀。年降水量最大的桂南十万大山地区多年平均降水量达 3000mm 以上,而桂西右江河谷一带仅有 1000~1400mm。多年平均风速一般在 0.9~3.0m/s,风向一般随季节变化,冬季盛行偏北风,夏季盛行偏南风。太阳年总辐射量达 376~1418KJ/(cm²·a),日均温≥10℃积温在 5000~8300℃,持续日数为 240~358d(广西壮族自治区水利厅,2016)。

2.水文

广西境内河流众多,分属珠江、长江、独流入海及红河四大流域的 6 个水系。河流总长度约 4.45 万 km,河网密度为 0.19km/km²,水域面积约 8026km²,占陆地总面积的 3.40%。流域面积在 50km² 以上的河流有 1210 条,其中流域面积在 1000km² 以上的主要河流有 78 条。

广西境内河流具有水量丰富、夏涨冬枯和暴涨急落等特点。由于许多江河上游山高坡陡,河床陡峭,径流量大且速度快,河水易涨易落,容易造成水土流失和洪涝干旱灾害。

(四)土壤植被

1.土壤

广西土壤的成土母质主要是砂岩、页岩、砾岩、石灰岩、白云岩、花岗岩,土壤一般都呈酸性或强酸性,含盐量不高,其机械成分随岩石的种类而异。广西土壤类型主要有红壤、赤红壤、砖红壤、黄壤、石灰土、紫色土、水稻土、硅质土、滨海盐土等。

红壤除钦州、北海、防城港三市外,其他市均有分布,成土母质有花岗岩、砂页岩风化物及第四纪红土。一般土层比较深厚,呈红色,酸性至强酸性反应。

赤红壤大致分布在海拔350m以下的平原、低丘、台地,成土母质有花岗岩、砂页岩风化物及第四纪红土,土层多在1m以上,土体呈红色,酸度高。

砖红壤分布在北海、钦州、防城港的南部,成土母质主要为花岗岩、砂页岩风化物、第四纪红土及浅海沉积物,土体深厚。

黄壤分布在桂西、桂东北、桂中的山地,成土母质为砂页岩及花岗岩,土壤呈酸性。

黄棕壤分布全广西,成土母质有砂页岩及花岗岩,土壤呈酸性反应,土壤疏松肥沃。

紫色土分布在桂东南、桂南、桂东北和右江南岸及南宁盆地等地区,土层较薄,肥力较好,土壤反应从强酸至石灰性均有,以酸性为主。

石灰岩土除钦州、北海、防城港三市外,其他市均有分布,成土母质有花岗岩、砂页岩风化物及第四纪红土。一般土层不厚,保蓄水分能力差,土壤反应中性至酸性。

硅质土分布在柳州、南宁、河池市等地的岩溶地区。表土比较薄,石砾含量多,多为酸性,成土母质为硅质岩类。

滨海盐土多分布在长有红树林的滨海滩上,质地多为黏土或壤土。

水稻土遍布广西各地,主要分布在江河冲积阶地、平原和三角洲及盆地、山间谷地、滨海滩地等(喻国忠,2007)。

2. 植被

广西地处亚热带南部,北回归线横贯中部,从南到北随着纬度的升高,温度下降,植被出现类型更替。植被类型多种多样,自北向南分布着三个植被带:中亚热带典型常绿阔叶林、南亚热带季风常绿季雨林、热带季雨林。植被种类以热带和热带—亚热带成分为主,特有树种较多。广西的人工林以松树、杉木、桉树等为主,经济林以油桐、油茶、八角、肉桂等为主。2018年森林覆盖率62.37%。

（五）自然资源

山多平地少，平地主要分布在桂东南，桂西北多为山地，广西总土地面积23.76万 km²。多年平均水资源总量为1893亿 m³，人均水资源占有量4113m³，约为全国平均值的2倍。日照充足，光热资源丰富。野生动植物种类繁多，共有植物种类309科2011属9168种，居全国第三位；有陆栖脊椎动物1149种，海洋及淡水的鱼类700多种。矿产资源较为丰富，素有"有色金属之乡"的称号，有色金属、锰矿、建材和其他非金属矿产资源储量大。自然风光旖旎，民族风情浓郁，以桂林山水为代表的旅游资源闻名遐迩，是我国六大旅游目的地之一（广西壮族自治区水利厅，2016）。

二、社会经济情况

（一）行政区划

广西壮族自治区行政区划（图3-6-1）为14个设区市，111个县级行政区（40个市辖区、8个县级市、52个县、12个民族自治县），799个镇，319个乡（含59个民族乡），133个街道办事处。

图3-6-1 广西壮族自治区行政区划图（审图号：桂 S［2020］48 号）

根据《2018 年广西壮族自治区国民经济和社会发展统计公报》(广西壮族自治区统计局等,2019),2018 年末广西总人口为 5659 万人,其中城镇人口 2474 万人,劳动力人口 3258.4 万人。广西是多民族聚居的自治区,世居民族有壮、汉、瑶、苗、侗、仫佬、毛南、回、京、水、仡佬等 12 个少数民族,另有满、蒙古、朝鲜、白、藏、黎、土家等 40 多个民族。少数民族人口占总人口的 37.18%,其中壮族人口占总人口的 31.39%,是中国人口最多的少数民族。

2018 年广西研究生教育招生 1.31 万人,在校研究生 3.41 万人,毕业生 0.91 万人。普通高等教育招生 30.40 万人,在校生 94.22 万人,毕业生 21.38 万人。各类中等职业教育(不含技工)招生 24.80 万人,在校生 67.76 万人,毕业生 18.57 万人。普通高中招生 36.80 万人,在校生 103.58 万人,毕业生 29.58 万人。普通初中招生 73.75 万人,在校生 212.64 万人,毕业生 63.96 万人。普通小学招生 85.97 万人,在校生 476.78 万人,毕业生 73.10 万人。特殊教育招生 0.75 万人,在校生 3.36 万人,毕业生 0.27 万人。学前教育在园幼儿 219.80 万人。九年义务教育巩固率为 95%,高中阶段毛入学率为 89.40%(广西壮族自治区统计局等,2019)。

2018 年广西安排科学研究与技术开发计划项目 1794 项,资助经费 262605 万元,取得省部级以上登记科技成果 2469 项,全年获广西科技进步奖项目 148 项,全年广西专利申请量 44220 件,其中发明专利申请量 20299 件。2018 年末广西共有产品检测实验室(指广西获得省级实验室资质认定的检验检测实验室)1264 个,国家级检测中心 11 个,自治区级检测中心 40 个。广西累计完成产品认证企业个数(有效期内)5958 个。广西共有法定计量技术机构 87 个,全年强制检定计量器具 423.98 万台(件)。累计制、修订地方标准数 1938 个,有效期内广西名牌产品数 637 个,地理标志保护产品 91 个(广西壮族自治区统计局等,2019)。

（二）经济状况

1. 经济

2018 年广西生产总值 20352.51 亿元。第一、二、三产业增加值占地区生产总值的比重分别为 14.80%、39.70%、45.50%,按常住人口计算,全年人均地区生产总值 41489 元(广西壮族自治区统计局等,2019)。

2. 农林牧渔业生产

2018 年粮食总产量 1372.80 万 t,油料产量 66.66 万 t,甘蔗产量 7292.76 万 t,蔬菜产量(含食用菌)3432.16 万 t,园林水果产量 1790.55 万 t。全年猪牛羊禽肉总产量 418.40 万 t,禽蛋产量 22.30 万 t,牛奶产量 8.90 万 t,全年蚕茧产量 36.89 万 t,水产品产量 329.81 万 t。全年木材采伐量 3100 万 m^3,松脂产量 70.40 万 t(广西壮族自治区统计局等,2019)。

3. 群众生活水平

2018 年全年广西居民人均可支配收入 21485 元,城镇居民人均可支配收入 32436 元,农村居民人均可支配收入 12435 元,人民的生活水平和生活质量稳步提高(广西壮族自治区统计局等,2019)。

(三)土地利用

广西总土地面积 23.76 万 km^2,其中耕地面积 4.43 万 km^2,园地 1.10 万 km^2,林地 13.35 万 km^2,草地 1.13 万 km^2,其他农用地 0.33 万 km^2,居民点及工矿用地 0.82 万 km^2,交通运输用地 0.26 万 km^2,水利设施用地 0.86 万 km^2,未利用地 1.47 万 km^2(广西壮族自治区水利厅,2016)。

第二节　水土流失概况

广西雨量充沛、暴雨集中,降雨侵蚀力较高,容易形成降雨径流,山多、坡多的地形地貌又为降雨径流的产生提供了有利条件和较大势能,使径流冲刷力强,加上土壤抗蚀性差,水土流失极容易发生。特别是随着经济发展,频繁的生产建设活动使得地表和植被不断遭受扰动和破坏,造成严重水土流失。

一、水土流失类型与成因

(一)水土流失类型

按照《全国水土保持区划(试行)》(水利部办公厅,2012),广西属于南方红壤区和西南岩溶区。广西水土流失的类型主要是水力侵蚀,部分山丘区存在着崩岗、滑坡、崩塌、泥石流等重力侵蚀。此外,岩溶地区还存在特殊的水土流失表现形式,长期水土流失导致基岩大面积裸露,形成石漠化土地。

广西土壤侵蚀形态主要表现为面蚀、沟蚀,花岗岩、砂页岩风化壳发育的崩岗,以及在岩溶地区由于长期面蚀、沟蚀而引起的土地石漠化。在水土流失形式的分布上,面蚀、沟蚀主要分布在坡耕地、疏幼林地、造林迹地、荒地、未利用土地以及部分人工林地。岩溶区石漠化受自然条件影响,主要分布在桂西、桂中、桂西南以及桂北部分地区;崩岗主要分布在桂东南一带,是花岗岩出露地区最严重的一种水土流失形式。

从区域分布看,水土流失主要集中在百色、河池、桂林、南宁、崇左等市。水土流失每年蚕食耕地 600 多 hm^2,流失的土壤淤积在江河湖库,影响防洪安全,带来的面源污染,造成自然灾害频发,严重制约社会经济的健康持续发展(广西壮族自治区水土保持监测总站等,2018)。

(二)水土流失成因

广西水土流失的产生主要基于两个方面因素:一是自然因素,二是人为因素。

1. 自然因素

(1)地形因素

广西山多平地少,山大坡陡,地形破碎,切割沟深,密度大,水土流失主要在坡地上发生。随着降雨径流的产生与增大,坡地面土壤逐渐被侵蚀,由面蚀到沟蚀,由细沟变宽沟,由浅沟变深沟,深沟发育从而形成崩塌。

(2)地质因素

广西成土母质以砂页岩、石灰岩、花岗岩、紫色砂岩为主。这些岩层经过长期风化、溶蚀而形成的土壤,土质疏松,保水性差,遇水即散,易蚀易冲,尤以花岗岩、砂岩发育风化或半风化形成的红壤,这类土结构松散,抗蚀力差,在高温多雨的作用下,容易产生沙粒化,极易产生水土流失,陡坡地则易发生沟蚀崩岗。

(3)降雨因素

广西雨量充沛,平均年降水量 1400 ~ 1800mm,部分地区超过 2500mm。全年降雨主要集中在4—9月,受东南季风的影响,降雨集中,强度大,冲刷力强,易蚀的土壤极易产生流失。

（4）植被因素

植被覆盖度是水土流失的重要因子,低地表植被覆盖易产生水土流失。广西大量种植桉树、果树、甘蔗等作物,此类作物对地表频繁扰动,造成地表植被覆盖度低,造成"远看绿油油,近看水土流"的现象。

2. 人为因素

（1）陡坡开荒,顺坡种植

20世纪八九十年代,广西人多耕地少口粮低,山区群众采取"向山上要粮"和"大量甘蔗上山"大面积毁林开荒,严重破坏了植被,同时坡地开荒后大都是顺坡种植,形成大面积坡耕地,因而一旦降雨径流发生,就会产生极为严重的水土流失。

（2）生产建设项目

由于多数施工项目都没有严格按照水土保持方案进行施工,施工中废土乱弃乱堆现象比较严重,造成严重水土流失。

二、水土流失现状及变化

（一）水土流失现状

根据《中国水土保持公报（2018年）》（《中国水土保持公报》编委会,2018）,到2018年末,广西水土流失面积3.93万km²,水土流失率为16.54%。其中,轻度面积2.38万km²,中度面积0.65万km²,强烈以上面积0.90万km²,其所占比重分别为60.56%、16.45%、22.99%。总体上看,广西水土流失强度以轻、中度流失为主,整体空间分布呈现块状不连续分布。区域分布总体特征是:水土流失面积与强度由西北沿东南呈下降的趋势,但局部内陆丘陵山区水土流较为严重,如来宾市、百色市和崇左市等。广西各设区市水土流失面积大小顺序依次为:百色市、河池市、桂林市、南宁市、崇左市、柳州市、来宾市、贺州市、贵港市、钦州市、玉林市、梧州市、防城港市、北海市。广西各设区市流失率大小顺序依次为:来宾市、百色市、崇左市、柳州市、南宁市、河池市、桂林市、贺州市、贵港市、钦州市、防城港市、玉林市、北海市、梧州市。广西土壤侵蚀分布情况如图 3 - 6 - 2 所示。

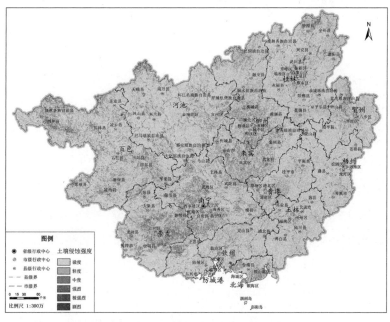

图 3 - 6 - 2　广西壮族自治区土壤侵蚀分布图(广西壮族自治区水利厅,2018)

1. 按水土保持区划分析

根据《广西壮族自治区水土保持规划》(广西壮族自治区水利厅,2016),在广西六个水土保持分区中,水土流失最严重的是桂中低山丘陵土壤保持区和桂西峰丛洼地蓄水保土区,水土流失面积分别占本区划总面积的 21.19% 和 19.38%。接近水土流失平均数的是桂东北山地水源涵养保土区和桂北山地水源涵养区,水土流失面积分别占区划总面积的 15.59% 和 16.52%。有两个区划分区水土流失面积比例低于平均数,分别是桂东山地丘陵保土水源涵养区和桂北山地水源涵养区;水土流失情况最轻的是桂东山地丘陵保土水源涵养区,水土流失面积占区划面积的 10.07%。广西水土流失分区面积分布情况见表 3 - 6 - 1。

表 3 - 6 - 1　广西水土流失分区面积分布情况

三级分区	总面积（km²）	水土流失面积（km²）	水土流失面积占总面积（%）	占广西水土流失总面积（%）
桂东北山地水源涵养保土区	31676	4937.25	15.59	12.56
桂东山地丘陵保土水源涵养区	36015	3625.18	10.07	9.22
桂中低山丘陵土壤保持区	31588	6692.62	21.19	17.03

三级分区	总面积 （km²）	水土流失面积 （km²）	水土流失面积 占总面积（%）	占广西水土流 失总面积（%）
桂南沿海丘陵台地人居环境维护区	34195	4159.06	12.16	10.58
桂北山地水源涵养区	9953	1644.49	16.52	4.18
桂西峰丛洼地蓄水保土区	94178	18247.91	19.38	46.42

数据来源：《广西壮族自治区水土保持公报（2018）》（广西壮族自治区水利厅，2018）。

2. 按行政区分析

从各市水土流失严重程度来看，水土流失最严重的是来宾市，水土流失面积占土地总面积的比例23.27%；其次是百色市和崇左市，水土流失面积占土地总面积的比例均为20.86%。水土流失面积占比最低的三个市的为梧州市、北海市和玉林市，水土流失面积占土地总面积的比例分别是7.45%、8.00%和9.66%。各行政区水土流失面详见表3-6-2。

表3-6-2 2018年广西各市水土流失面积

行政区	土地面积 （km²）	水土流失面积（km²）						流失面积 占总面积 比例（%）
		轻度	中度	强烈	极强烈	剧烈	小计	
南宁市	22099.31	1992.22	734.69	432.84	415.48	383.81	3959.04	17.91
柳州市	18596.64	1930.07	751.91	365.56	288.53	213.41	3549.48	19.09
桂林市	27667.28	3460.88	440.06	226.11	177.80	116.85	4421.70	15.98
梧州市	12572.44	451.14	178.33	119.45	108.62	78.58	936.12	7.45
北海市	3988.67	120.02	78.09	50.52	42.85	27.52	319.00	8.00
防城港市	6231.97	263.01	140.17	103.00	100.81	91.27	698.26	11.20
钦州市	10878.70	663.32	222.36	129.96	127.94	127.88	1271.46	11.69
贵港市	10602.34	778.40	233.04	124.65	101.58	68.56	1306.23	12.32
玉林市	12824.18	704.29	193.54	120.00	110.25	110.89	1238.97	9.66
百色市	36201.77	4434.81	1280.11	707.88	623.82	505.71	7552.33	20.86
贺州市	11752.57	898.66	325.07	155.47	119.22	71.17	1569.39	13.35
河池市	33476.18	4330.63	679.12	315.55	291.34	139.51	5756.15	17.19
来宾市	13381.83	1895.58	541.74	277.33	231.39	167.50	3113.54	23.27
崇左市	17332.08	1879.71	666.32	387.99	387.57	293.24	3614.83	20.86
合计	237605.96	23802.74	6464.55	3516.31	3127.00	2395.90	39306.50	16.54

数据来源：《广西壮族自治区水土保持公报（2018）》（广西壮族自治区水利厅，2018）。

（二）水土流失变化

2018 年广西水土流失面积为 39306.50km^2，与 2011 年（第一次水利普查）结果相比，减少了 11229.50km^2，降幅约 22.22%，占土地总面积的比例降低 4.75%。轻度侵蚀面积增加了 1169.74km^2，中度侵蚀面积减少了 7930.45km^2，强烈侵蚀面积减少了 3854.69km^2，极强烈侵蚀面积减少了 1667.00km^2，剧烈侵蚀面积增加了 1062.90km^2。不同程度侵蚀面积共减少了 10951.11km^2，说明广西总体水土流失面积逐年降低（详见表 3－6－3）。经过广西各级水行政主管部门和社会各界的共同努力，广西 2011—2017 年水土流失治理面积 11417.75km^2，水土流失明显减少，土壤持水保土能力提高。通过山、水、田、林、路、湖统一规划，多部门协调合作开展封育保护、造林种草、退耕还林等植被恢复措施，林草植被面积明显增加，2018 年森林覆盖率为 62.37%。

表 3－6－3　广西土壤侵蚀第三、四次遥感数据总量对比

序号	土壤侵蚀强度分级	2011 年（第一次水利普查）（km^2）	2018 年第四次遥感数据（km^2）	增减变化（km^2）
1	轻度	22633	23802.74	＋1169.74
2	中度	14395	6464.55	－7930.45
3	强烈	7371	3516.31	－3854.69
4	极强烈	4804	3127.00	－1677.00
5	剧烈	1333	2395.90	＋1062.90
	土地总面积	237605.96	237605.96	
	水土流失面积	50536	39306.5	－11229.5
	占土地总面积（%）	21.29	16.54	－4.75%

资料来源：《广西壮族自治区水土保持公报》编委会（2018）

三、水土流失危害

（一）破坏土地资源，毁坏耕地

严重的水土流失使土地资源遭受破坏，尤其是严重的沟蚀区、崩岗区及陡坡开荒区，一旦发生降雨径流，大量泥沙即随水流下泄，致使坡耕地流成沟，下游农田受冲或被泥沙淹埋而减产或弃耕成沙渍地。广西石漠化面积 2.38 万 hm^2，据苍梧、岑溪、藤县、容县、平南、玉林、灵山、荔浦、田东、百色等 10 个县水土保

持规划的调查资料,因水土流失不同程度的危害耕地共 6.13 万 hm²,水田改为旱地 1.00 万 hm²。据《广西通志·水利志(1991—2005)》(广西壮族自治区地方志编纂委员会,2011),1991 年至 2005 年农作物受灾面积 967.84 万 hm²,成灾面积 596.54 万 hm²。

(二)淤积河道,压缩航运

由于水土流失,广西中小河流都不同程度地受到淤积,尤以小河流淤积严重,新中国成立以来普遍淤高 1~2m。据交通部门的普查资料,1964 年广西可通航的河流共有 214 条,总通航里程 9514km;1980 年普查通航河流只剩 40 条,通航里程 4521km。水路航程缩短除闸坝碍航因素外,水土流失淤积河道是重要原因。

(三)生态环境恶化,水旱灾害频繁

广西部分地区由于森林植被遭破坏,森林覆盖率低,水源涵蓄能力差,水土流失严重,致使每年进入冬季,不少山溪小河水源枯竭,河水干涸,尤以桂西北石灰岩山区最为突出,不仅影响农业灌溉用水,还造成农村人畜饮水困难。1989 年,广西发生严重干旱,大中型水库干涸的有 117 处,占总数的 67%;小型塘库干涸的有 56714 处,占总数的 76.40%;有 17193 条中小河流断流,有 368 万人、226 万头牲畜饮水困难。1991—2005 年间,广西每年都发生旱灾,农作物受旱面积超过 200 万 hm² 有 1 年(其中,1991 年饮水困难人数超过 770 万人);受旱面积在 150 万~200 万 hm² 有 2 年,受旱面积在 100 万~150 万 hm² 有 2 年,受旱面积在 50 万~100 万 hm² 有 5 年,受旱面积少于 50 万 hm² 有 5 年(广西壮族自治区地方志编纂委员会,2011)。

第三节　水土流失预防与监督

一、水土流失预防保护

(一)预防保护范围与对象

预防范围为广西全境,对广西陡坡及荒坡垦殖、林木采伐、农林开发、取土

采石等生产建设活动及生产建设项目,采取综合监管,实施全面预防。在此基础上,构建湘资沅上游、柳江上游、桂贺江上中游、桂中大瑶山、桂西南十万大山五个水土流失重点预防区,对具有重要水源涵养、生态维护、水质维护等水土保持功能的重要江河源头区、湖库型水源地进行重点预防保护。

预防对象指在预防范围内需保护的林草植被、地面覆盖物,人工水土保持设施等,主要包括:天然林、郁闭度高的人工林以及覆盖度高的草地;受人为破坏后难以恢复区域;水土流失严重、生态脆弱地区的植被;侵蚀沟的沟坡和沟岸,河流的两岸、湖泊及水库周边的植物保护带;水土流失综合防治成果等其他水土保持设施。

(二)预防保护措施与配置

预防措施包括保护管理、封育、治理、生态补偿及能源替代等措施。保护管理主要是对崩塌、滑坡危险区和泥石流易发区,水土流失严重、生态脆弱的地区采取限制或禁止措施;对陡坡地开垦和种植、林木采伐及抚育更新,以及基础设施建设,矿产资源开发等采取预防监管措施。封育措施主要指森林植被抚育更新与改造、封山育林等。生态补偿则是建立生态补偿机制,受益主体应支付一定的生态补偿资金,用于保护生态环境。能源替代则是利用小水电代燃料、以电代柴、新能源代燃料等能源替代措施,保护林草植被。预防范围中局部水土流失严重区域,需合理配置林草植被建设,坡改梯,侵蚀沟治理,农村垃圾和污水处理,面源污染控制等措施,进行水土流失治理,形成综合预防保护体系。

(三)重点预防项目

1.重要江河源头区预防保护

(1)范围

重要江河源头区预防范围主要依据《全国重要江河湖泊水功能区划(2011—2030)》(水利部,2011)和《广西壮族自治区水功能区划修订报告》(广西壮族自治区水利厅,2012)划定的江河源头水保护区,结合水土保持评价结果和水土流失重点预防区划分成果等进行选择。详见表 3 - 6 - 4。

(2)建设任务

以封育保护为主,实现生态自我修复,辅以综合治理,推进江河源头区生态清洁小流域建设,以治理促保护。着力调整优化水源涵养林树种,建立可行的水土保持生态补偿制度,实现控制水土流失、提高水源涵养能力、保障区域社会经济可持续发展的目的。

表 3-6-4　江河源头区预防保护范围

序号	分区名称	涉及的重点预防区	涉及江河源头
1	桂东北山地水源涵养保土区	涉及湘资沅上游国家级水土流失重点预防区、桂贺江中上游自治区级水土流失重点预防区、桂中大瑶山自治区级水土流失重点预防区	湘江源头、永福江源头、洛清江源头、桂江源头、甘棠江源头、资水源头、寻江源头、恭城河源头、贺江源头、灌江源头、石榴河源头、荔浦河源头、运江源头、大同江源头
2	桂东山地丘陵保土水源涵养区	—	南流江源头、北流河源头
3	桂北山地水源涵养区	涉及柳江上游自治区级水土流失重点预防区	浪溪河源头、贝江源头
4	桂南沿海丘陵台地人居环境维护区	涉及桂西南十万大山自治区级水土流失重点预防区	明江源头、防城河源头、北仑河源头、钦江源头
5	桂西峰丛洼地蓄水保土区	涉及柳江上游自治区水土流失重点预防区、桂西南十万大山自治区级水土流失重点预防区	公安河源头、牛鼻河源头、天河源头

资料来源:《广西壮族自治区水土保持规划(2016—2030年)》(广西壮族自治区水利厅,2016)。

(3)建设规模

到2020年,规划预防保护面积1600km²,使江河源头水土流失显著降低,入河泥沙明显减少;到2030年,规划预防保护面积5000km²,使江河源头区得到全面预防保护。

2.饮用水水源地预防保护

(1)范围

饮用水水源地预防保护范围主要依据饮用水水源地保护建设规划,选择已有或在建的湖库型饮用水源地,具备一定规模,结合水土保持评价结果和水土流失重点预防区划分成果等进行选择。详见表3-6-5。

表 3 - 6 - 5　饮用水水源地预防保护范围

序号	分区名称	涉及的重点预防区	涉及湖库
1	桂东北山地水源涵养保土区	涉及桂贺江中上游自治区级水土流失重点预防区	龟石水库
2	桂东山地丘陵保土水源涵养区	涉及桂中大瑶山自治区级水土流失重点预防区	龙门水库、宁冲水库、达开水库(桂平市部分)、大容山水库、茶山水库、赤水水库、马坡水库
3	桂中低山丘陵土壤保持区	—	平龙水库、达开水库(港北区部分)
4	桂南沿海丘陵台地人居环境维护区	涉及桂西南十万大山自治区级水土流失重点预防区	苏烟水库、旺盛江(六湖)水库、小江水库、灵东水库、江口水库、洪潮江水库、那板水库、湾潭水库
5	桂西峰丛洼地蓄水保土区	—	土桥水库、龙须河水库、那音水库、澄碧河水库、布见水库

资料来源:《广西壮族自治区水土保持规划(2016—2030 年)》(广西壮族自治区水利厅,2016)。

(2)建设任务

保护和建设以水源涵养林为主的植被,加强远山封育保护,调整优化树种,发展乡土树种,提高水源涵养能力,中低山丘陵实施以林草植被建设为主的小流域综合治理,近库、河道两侧及村镇周边推进生态清洁型小流域建设,加强库周和滨岸植被保护带建设,减少入河(库)泥沙和面源污染,维护水质安全。

(3)建设规模

到 2020 年,规划预防保护面积 800km²,使水源地水土流失有所减轻,水质有所改善;到 2030 年,规划预防保护面积 2500km²,使饮用水源地水土流失得到全面预防与保护,水源涵养能力得到提升,水质得到明显改善。

二、水土保持监督管理

(一)制度体系

《广西壮族自治区实施〈中华人民共和国水土保持法〉办法》(广西壮族自治区第十二届人民代表大会常务委员会,2014)于 2014 年 7 月 24 日自治区十二届人民代表大会常务委员会第十一次会议讨论通过,自 2014 年 10 月 1 日起施行。

2016 年 10 月 10 日,广西壮族自治区财政厅、水利厅、物价局、中国人民银行南宁中心支行《关于印发广西壮族自治区水土保持补偿费征收使用管理实施办法的通知》(桂财税〔2016〕37 号)印发施行。

2017 年 4 月,为深入贯彻依法治国方略,强化水土保持依法行政,进一步规范生产建设项目水土保持监督检查工作,督促生产建设单位全面落实水土保持"三同时"制度,广西壮族自治区水利厅制订了《广西壮族自治区生产建设项目水土保持监督检查暂行办法》(桂水水保〔2017〕5 号)。

2017 年 6 月,广西壮族自治区物价局、财政厅、水利厅《关于调整广西壮族自治区水土保持补偿费征收标准有关问题的通知》(桂价费〔2017〕37 号)对广西水土保持补偿费征收标准进行了调整。

(二)监管能力

根据 2018 年统计,广西有水土保持机构 99 个,在岗水土保持工作人员 369 人。各级水土保持机构均有编委批复的机构和人员编制,单位基本属于参公或是全额事业单位性质,工作经费纳入了部门预算管理,人员工资和经费具有保障,确保了监督检查、案件查处的公正、公平。

广西不断完善和充实各级水土保持监管机构,加强监管队伍建设,开展水土保持监督管理人员定期培训与考核。加强政务公开,增加监管透明度,提高生产建设项目水土保持的实时即时监控和处置能力。

(三)生产建设项目监督管理

1. 依法履行水土保持方案审批工作

切实加强指导各市已下放审批权限项目的衔接,明确各市水行政主管部门水土保持承接事项,以切实做好行政审批事项下放后的"放、管、服"工作,进一步优化方案审批流程,做好审批信息公开,提高审批效能,为广西优化营商环境提供了水土保持工作保障。

2. 强化生产建设单位开展自主验收

2017 年,取消生产建设项目水土保持设施验收行政许可,改由生产建设单位开展自主验收后,广西各级水行政主管部门依据现行制度文件,督促生产建设单位依法履责,并严格水土保持设施自主验收报备管理,强化报备材料审查,规范高效做好报备服务并组织开展自主验收项目成果的核查。

3. 加强对生产建设项目水土保持工作的监督管理

紧紧围绕广西壮族自治区水利厅公布的水土保持相关权力清单、责任清单,加强对生产建设项目水土保持工作的监督管理,广西生产建设项目水土保持监管情况见表3-6-6。对重点生产建设项目开展了水土保持工作监督检查,对检查发现的问题送达整改意见。各市、县水行政主管部门加强了对本辖区内生产建设项目的水土保持专项监督检查。通过遥感方法对广西生产建设项目开展监管,将更加有效促进生产建设项目严格依法开展生产建设活动,减少人为造成的水土流失。

表3-6-6 广西生产建设项目水土保持监管情况

年度	水土保持方案审批(个)				水土保持设施验收或报备(个)				监督检查(次)
	合计	省级	市级	县级	合计	省级	市级	县级	
2011	1335	123	591	621	137	18	9	110	2771
2012	1391	106	575	710	149	20	41	88	2762
2013	1969	133	846	990	171	25	38	108	3449
2014	1265	130	316	819	191	23	42	126	3245
2015	1373	84	509	780	102	45	47	10	3648
2016	1568	83	425	1060	188	57	54	77	3075
2017	1684	52	429	1203	136	33	66	37	3370
2018	2104	21	439	1644	215	20	79	116	3851

资料来源:广西壮族自治区水利厅水土保持处2011—2018年统计数。

三、水土保持区划与水土流失重点防治区

(一)水土保持区划

广西各地自然条件和社会经济条件差异大,水土流失特点多样、强度不等、程度不一,且经济发展不平衡导致区域水土资源开发、利用、保护的需求不尽相同。为了科学合理地确定水土流失防治分区布局,合理确定防治途径、技术体系和重点项目布局,在全国水土保持区划的基础上,完善广西水土保持区划。

广西水土保持区划依据全国三级区划成果,结合广西的地域特征进行重新命名,分为6个分区:桂东北山地水源涵养保土区、桂东山地丘陵保土水源涵养

区、桂中低山丘陵土壤保持区、桂南沿海丘陵台地人居环境维护区、桂北山地水源涵养区、桂西峰丛洼地蓄水保土区。广西水土保持区划分区见图3-6-3所示。

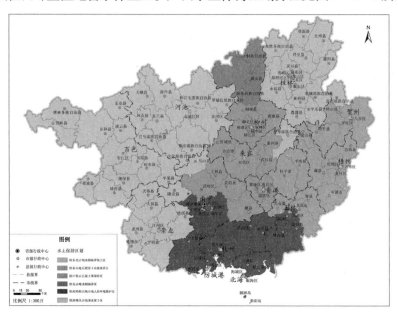

图3-6-3 广西壮族自治区水土保持区划图（广西壮族自治区水利厅，2016）

1. 桂东北山地水源涵养保土区

本区位于广西东北部，边缘与贵州、湖南、广东接壤，范围包括桂林市各县（区）；来宾市的金秀瑶族自治县和贺州市的富川瑶族自治县，共计19个县（区），土地面积31676km²，水土流失面积5659km²。本区是桂贺江、湘资江等重要河流的发源地和重要的水源涵养区；同时拥有得天独厚的旅游资源，是广西最重要的旅游区域，区内因森林砍伐、乱垦乱挖、开矿、山地农林开发等人为原因，使得植被遭到破坏，加上雨量大，暴雨次数多，水土流失外营力作用充分，裸露的土地在降雨溅击和径流的冲刷作用下，造成局部地区水土流失比较严重。

本区水土保持主导功能主要有水源涵养、土壤保持、生态维护、人居环境维护。主要以河湖库源区保护、水源保护与饮用水安全、农业的可持续发展、自然景观保护为主要工作方向。

加强湘资江、桂贺江源头的封育保护，保护现存的天然植被，有效涵养水源，保障旅游资源可持续利用；加强对坡地农业开发的预防监督，积极推进水土保持技术在农业生产中的应用；全面加强对生产建设活动的监督管理。

积极推进陡坡耕地退耕还林，大力发展水源涵养林；改造坡耕地，调整农业产业结构,发展特色产业;积极推进小流域综合治理;开展河道综合整治,加强河坡护砌,对河沟、湖库边坡进行治理,加强植被保护带建设,修建小型拦、蓄工程;在河川两侧的人口密集区,推进生态清洁型小流域建设;选择适宜的农、果、休闲旅游复合经营模式。

2.桂东山地丘陵保土水源涵养区

本区位于广西东部,边缘与广东接壤,范围包括梧州市各县(区);贵港市平南县、桂平市;玉林市容县、兴业县、北流市;贺州市八步区、平桂区、昭平县、钟山县,共计16个县(市、区),土地面积36015km²,水土流失面积7093km²。本区东临广东,区位优势明显,是广西乃至西南地区接受粤港澳台地区产业、技术、资金转移的最前沿地区,经济发展较快。区内人口密度大,人均耕地少,农业开发程度高,原生植被破坏严重,山丘区坡耕地以及经济林和速生丰产林林下水土流失严重;加上该区土壤多为花岗岩风化形成,土质疏松,遇到暴雨,很容易产生水土流失,以面蚀、沟蚀、崩岗为主,该区是广西崩岗最为严重的地区。

本区水土保持主导功能主要有土壤保持、水源涵养、人居环境维护、水质维护以及防灾减灾,主要以农业的可持续发展、水源保护与饮用水安全、地质灾害防治为主要工作方向。

加强对饮用水源地、水库集水区水源涵养林保护,提高水源涵养能力;加强生态林建设,逐步改善林分结构,发展乡土树种,提高林地土壤保持、水源涵养功能;加强生产建设项目监管;人口密集区加强农村垃圾收集和污水处理,减轻面源污染,保护水源和饮水安全。

推进山区丘陵区小流域综合治理,加强生态林建设,提高山区丘陵区土壤保护、水源涵养功能,减轻江河湖库淤积;注重崩岗和沟道治理,完善防灾减灾体系,保障中小河流、山洪灾害易发区人民生命财产安全;人口密集区域推进生态清洁型小流域建设,布置村庄美化,对垃圾、污水进行处理。

3.桂中低山丘陵土壤保持区

本区位于广西中部,范围包括南宁市武鸣区、上林县、宾阳县、横县;柳州市鱼峰区、柳南区、柳北区、城中区、柳江县、柳城县;贵港市港北区、港南区、覃塘区;来宾市兴宾区、象州县、武宣县、合山市,共计18个县(市、区),土地面积31588km²,水土流失面积6685km²。本区是广西工业化战略格局的重要组成部分,柳州是广西老工业基地,贵港、来宾是新兴工业基地,均为西江经济带的重要城市。该区坡耕地面积较大,坡耕地种植、缓坡地的纯林种植造成大量水土流失、土地生产力下降,生态环境恶化,水旱灾害频繁,土壤流失又会淤积江河湖库,影响水利设施和航运。

本区水土保持主导功能主要有土壤保持、水源涵养、人居环境维护。该区以农业的可持续发展、水源地保护和人居环境改善为主要工作方向。

加大石漠化区域的封育保护力度,提高水源涵养能力;拓宽农民增收渠道,解决农民长远生计,巩固退耕还林和封育成果;加强对坡地农林业开发的预防监督;全面加强对生产建设活动的监督管理。

加强山丘区坡耕地治理,保护土地资源;推进山区丘陵区小流域综合治理,发展荒山荒坡林草植被;积极推进城郊生态清洁型小流域建设,减少面源污染,维护人居环境。选择适宜的农、果、休闲旅游复合经营模式。

4.桂南沿海丘陵台地人居环境维护区

本区位于广西南部,包括南宁市兴宁区、青秀区、江南区、西乡塘区、良庆区、邕宁区;北海市海城区、银海区、铁山港区、合浦县;防城港市港口区、防城区、上思县、东兴市;钦州市钦南区、钦北区、灵山县、浦北县;玉林市博白县、陆川县、玉州区、福绵区,共计 22 个县(市、区),土地面积 34195km^2,水土流失面积 7803km^2。本区包括了北部湾经济区,是广西新时期经济核心增长极。该区人口密集区,人类活动频繁,破坏植被现象普遍存在;原生植被遗存很少,林下水土流失较为严重。经济发展带来的生产建设活动频繁,取土、采石、弃渣等颇多。

本区水土保持主导功能主要有人居环境维护、水质维护,局部有水源涵养、生态维护和土壤保持。主要以人居环境改善和水源保护、饮用水安全为主要工作方向。

重点保护十万大山生态屏障的林地,保护桂南沿海主要河流发源地和集水区林地,加强生态林建设,加强沿海防护林建设,重点城市推广有效的蓄渗体系成果,提高城市防洪排涝能力;全面加强对生产建设活动的监督管理,合理规划和集中设置取土、采石场及淤泥渣土受纳场,建立生产建设项目土石方供应、需求、废弃信息平台,提高土石方的综合利用。

积极推进城郊区清洁型小流域建设,加强九洲江、南流江等重要河流的面源污染防治,维护水质安全;保护水源地,加强水源地植被建设,营造库、塘、河堤岸植物保护带;加强崩岗和沟道治理;选择适宜的农、果、休闲旅游经营模式。

5. 桂北山地水源涵养区

本区位于广西北部,边缘与贵州、湖南接壤,范围包括柳州市融安县、融水苗族自治县、三江侗族自治县,共计 3 个县,土地面积 9953km²,水土流失面积 2141km²。本区是柳江上游重要集水区,近年来因原始森林破坏,水源涵养能力有所下降。本区经济发展较为落后,经济发展与生态保护矛盾尖锐,群众生产生活资源匮乏,容易发生破坏森林现象。

本区水土保持主导功能主要有水源涵养。主要以生态安全建设为主要工作方向。

加强对柳江流域上游的封育保护,严格保护山丘区生态公益林,维护森林生态系统;加强对坡地农业开发的预防监督,拓宽农民增收渠道,解决农民长远生计,巩固封育保护成果。

推进退耕还林和山丘区小流域综合治理,积极发展水土保持林草植被,选择适宜的农、林、果、休闲旅游复合经营模式;改造坡耕地或采取保护性耕作措施,调整产业结构,发展旅游和林下产业,拓宽农民增收渠道。

6. 桂西峰丛洼地蓄水保土区

本区位于广西西北部,范围包括南宁市隆安县,马山县;百色市各县(区);河池市各县(区);崇左市各县(区)以及来宾市忻城县,共计 33 个县(市、区),土地面积 94178km²,水土流失面积 21156km²。本区是广西水土流失最严重的地区,由于森林植被屡遭破坏,水源涵蓄能力差,水土流失严重,造成局部地区季节性缺水,不仅影响农业灌溉用水,还造成农村人畜饮水困难。该区经济较为落后,人多耕地少,山区群众采取"向山要粮"策略,乱砍滥伐森林,陡坡开荒、顺坡种植,很容易造成水土流失。该区岩溶发育,成壤过程非常缓慢,土层浅薄,表土流失后,肥力急剧下降,植被难以恢复,极容易形成石漠化现象,生态环境极为脆弱。

本区水土保持主导功能主要有蓄水保水、水源涵养、土壤保持、生态维护等。主要以保障农林牧业的可持续发展、改善生态环境、水源保护为主要工作方向。

加强对红水河和左右江集水区的封育保护和水源涵养林建设;加大石漠化区域的封育保护力度,禁止毁林垦殖或陡坡开垦;稳步推进25°以上陡坡地退耕还林,探索生态脆弱区生态移民的有效方法;拓宽农民增收渠道,解决农民长远生计,巩固退耕还林和封育成果;加强对坡地农业开发的预防监督;强化生产建设行为监管。

积极推进陡坡耕地退耕还林和缓坡耕地治理,对岩溶区土地资源进行抢救性保护,保护土地资源可持续利用,遏制水土流失和石漠化,保证农林牧业的可持续发展需求;加强山丘区小流域综合治理,加强林草建设,选择适宜的农、林、果复合经营模式,采取保护性耕作措施;调整产业结构,大力发展经济林,增加农民收入,巩固防治成果。

(二) 水土流失重点防治区

为加强广西水土流失预防和治理工作,合理利用水土资源,保护和改善生态环境,根据《中华人民共和国水土保持法》和《广西壮族自治区实施〈中华人民共和国水土保持法〉办法》的规定,广西在国家级水土流失重点预防区和重点治理区划定成果基础上,依法划定了广西水土流失重点预防区和重点治理区(图3-6-4)。

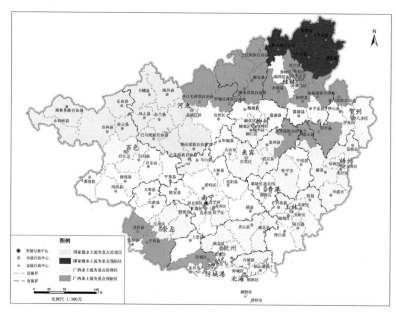

图3-6-4 广西壮族自治区水土流失重点防治区图(广西壮族自治区水利厅,2016)

1. 水土流失重点预防区

水土流失重点预防区指水土流失潜在危险较大的区域。涉及广西的国家级水土流失重点预防区为湘资沅上游国家级水土流失重点预防区,为资源县、全州县、龙胜各族自治县、兴安县、灌阳县5个县;广西划定4个自治区级水土流失重点预防区,分别为柳江上游自治区级水土流失重点预防区、桂贺江中上游自治区级水土流失重点预防区、桂中大瑶山自治区级水土流失重点预防区、桂西南十万大山自治区级水土流失重点预防区,共涉及三江侗族自治县、融安县、融水苗族自治县、环江毛南族自治县、罗城仫佬族自治县、灵川县、阳朔县、永福县、恭城瑶族自治县、富川瑶族自治县、金秀瑶族自治县、蒙山县、昭平县、宁明县、龙州县、上思县等共计 16 个县。

水土流失重点预防区要采取保护管理、局部治理、生态补偿及能源替代等措施,保护林草植被,强化生产建设活动和项目水土保持管理,实施封育保护,促进自然修复,全面预防水土流失。

2. 水土流失重点治理区

水土流失重点治理区指水土流失严重的区域。涉及广西的国家级水土流失重点治理区为滇黔桂岩溶石漠化国家级水土流失重点治理区,为隆林各族自治县、西林县、田林县、乐业县、凌云县、天峨县、南丹县、凤山县、东兰县、河池市金城江区、巴马瑶族自治县、大化瑶族自治县、都安瑶族自治县,共计 13 个县(区)。广西划定 5 个自治区级水土流失重点治理区,分别为桂西北岩溶石漠化自治区级水土流失重点治理区、桂中低山丘陵自治区级水土流失重点治理区、桂西南丘陵台地自治区级水土流失重点治理区、桂南沿海丘陵台地自治区级水土流失重点治理区、桂东山地丘陵自治区级水土流失重点治理区,共涉及百色市右江区、田阳县、马山县、柳州市柳江区、来宾市兴宾区、象州县、武宣县、扶绥县、崇左市江州区、南宁市邕宁区、横县、钦州市钦北区、灵山县、浦北县、合浦县、桂平市、兴业县、北流市、陆川县、岑溪市、容县、贺州市八步区、苍梧县、藤县、梧州市龙圩区,共计 25 个县(市、区)。

水土流失重点治理区要坚持政府领导、部门协作、统一规划、项目带动、社会参与,结合区域特点,科学制订分区水土流失防治措施体系,因地制宜地采取林草措施、工程措施以及农业保护性耕作措施,维护和增强区域水土保持功能。

四、水土保持规划

水土流失是重大环境问题,水土流失破坏水土资源,恶化生态环境和农业生产条件,降低土地生产力和抗御水旱灾害能力,威胁生态安全、防洪安全、饮水安全和粮食安全,制约经济和社会可持续发展。

广西各级党委和政府历来高度重视水土保持工作,尤其是1991年《中华人民共和国水土保持法》颁布实施以来,广西水土流失防治取得了明显成效。为科学指导广西水土保持工作,广西壮族自治区水利厅组织开展广西水土保持规划编制工作。2017年初广西人民政府以《广西壮族自治区人民政府关于同意广西壮族自治区水土保持规划(2016—2030年)的批复》(桂政函〔2017〕1号)批复了广西水土保持规划,本次规划现状水平年为2015年,近期水平年为2020年,远期水平年为2030年。规划分析了广西水土流失及其防治现状,系统总结水土保持经验和成效,以广西水土保持区划为基础,以保护和合理利用水土资源为主线,结合全国水土保持规划和广西主体功能区划,拟定了广西预防和治理水土流失、保护和合理利用水土资源的总体部署,明确了水土保持防治目标、任务、布局和对策措施,为维系广西良好生态环境、促进江河治理、保障饮水安全、改善人居环境,推动经济、社会的可持续发展提供支撑和保障。该规划将是今后一个时期广西水土保持工作的依据和指南(广西壮族自治区水利厅,2016)。

第四节 水土流失综合治理

一、水土流失治理情况

根据全国第一次水利普查成果,广西保存水土保持措施面积160.45万hm²,其中包括梯田105.90万hm²,水土保持乔木林20.68万hm²,水土保持灌木林1.11万hm²,经济林5.48万hm²,种草0.08万hm²,封禁治理27.20万hm²,其他措施48.70hm²,点状小型蓄水保土工程5701个,线状小型蓄水保土工程760.80km。

经过治理的区域,水土流失明显减少,生态环境发生显著变化,土壤保水保土能力明显提高。据监测,综合治理后的小流域土壤侵蚀模数可下降50%左右,水土流失强度明显降低;坡改梯后的地块土壤减蚀率达60%～85%,土壤持水保土能力较治理前有明显提高,曾经"跑水、跑土、跑肥"的"三跑田"变成了"保水、保土、保肥"的"三保田"。工程配套修建农田道路和一系列小型水利水保设施,农村的生产生活条件得到改善,土地的集约化经营程度不断提高,土地单位产出量增加,农业综合生产能力明显增强;同时,水土保持与发展当地特色产业紧密结合,通过调整农业经济结构,发展经济林果,多种经营,大幅增加农民收入。以 2003—2009 年实施的珠江上游南北盘江石灰岩地区水土保持综合治理工程为例,该工程共对 52 条小流域进行了综合治理,治理水土流失面积 458km^2,其中治理石漠化和潜在石漠化土地面积近 300km^2,新建梯田 1853hm^2,保护农田 1267hm^2,增加灌溉面积 900hm^2,解决了 2300 多人的饮水问题,发展经济林 4533hm^2。治理后的小流域,农村生产生活条件明显改善,群众生活水平不断提高,生态效益、经济效益和社会效益逐步协调发展(广西壮族自治区地方志编纂委员会,2011)。仅 2013—2015 年广西实施的国家农业综合开发水土保持项目,完成造林种草、封育保护等林草植被建设与保护 3.86 万 hm^2,治理区的林草植被覆盖率从治理前的 38% 提高到治理后的 75%。

预计到 2020 年,广西"十三五"期间新增水土流失治理面积 8600km^2 以上,基本形成与经济社会发展相适应的水土流失综合防治体系。预计到 2030 年,广西新增水土流失治理面积 26700km^2 以上,全面形成与广西经济社会发展相适应的水土流失综合防治体系(广西壮族自治区水利厅,2016)。

二、水土流失治理历程

广西的水土流失治理工作可追溯到新中国成立前至成立初期,广西治理水土流失的驱动力逐步由单一措施、分散治理、零星开展的群众自发行为,发展成由国家和自治区主导实施的全面规划、综合治理、整体推进的水土保持生态建设工程,建设规模和覆盖范围不断扩大,水土流失治理成效日益凸显。

进入 21 世纪以后,社会经济高速发展,生态保护和经济建设之间的矛盾愈加明显,中央和地方各级政府高度重视广西的生态环境问题,逐年加大广西水土流失治理的资金投入力度。特别是党的十八大从新的历史起点出发,做出"大力推进生态文明建设"的战略决策,广西的水土保持工作也迈入了高速发展的新阶段,水土流失治理全面提速,逐渐形成与广西经济社会发展相适应的水土流失综合防治体系。

（一）1949 年前

广西的土壤侵蚀主要以水力侵蚀为主，这个问题在抗日战争时期曾引起当时中央政府农林部的重视，并确定广西的柳州、南宁、百色及贵州的惠水开展水土保持工作的中心地区。1945 年 1 月贵州省惠水成立了西江水土保持实验区，主要负责区内土地利用与土壤调查，森林竹木的营造和保护，相关试验研究和示范推广等工作；同年 11 月迁至柳州，由于经费不足，人员有限，对水土流失的治理并未取得成效，但也标志着广西水土流失治理历程的开始。

（二）20 世纪 50—70 年代

20 世纪 50 年代起，广西水土流失治理主要采用工程措施、生物措施与农业措施相结合的模式，广西各级党委和政府组织广大干部群众相继开展了荒山绿化、造田造地、小流域综合治理、石漠化治理、退耕还林等一系列工作。主要实施坡地改梯田或梯地，培筑地埂，砌墙保土；在崩岗、沟谷处修建拦沙坝和谷坊，坊后淤地，加以种植作物或植树造林。初期植树造林多为马尾松、相思树、桉树等树种，至 70 年代开始，除营造水土保持林、薪炭林、水源林外，还因地制宜地种植柑橘、三华李、荔枝等经济林。农业耕作方式也在不断改良，变革不利于保持水土的顺坡种植、铲草皮、放火烧山积肥等耕作习惯。

（三）20 世纪 80 年代以来

中共十一届三中全会后，1982 年发布了《水土保持工作条例》（国务院，1982），召开了第四次全国水土保持工作会议，广西水土保持委员会办公室先后组织编制了《广西水土流失严重地区水土保持规划（1988—2000）》《广西壮族自治区水土保持规划（1991—2000）》《广西水资源开发利用与保护规划（国土规划水资源课题汇编）》中的第六篇《广西水土流失较严重地区水土保持规划》以及 10 个县的水土保持规划、31 条小流域综合治理规划、珠江流域桂东南重点水土流失区治理规划、桂西片水土保持"八五"治理规划等。广西的水土保持工作打开了一个全新的局面。

在各级水土保持委员会及原水利电力部门统筹下，广西水土流失综合治理初显成效。1983 年珠江水利委员会将新塘河小流域的水土流失治理作为试点，因地制宜地采取生物措施和工程措施相结合，治坡与治沟相结合，蓄水保土耕作措施与田间工程相结合,治理与开发相结合的治理方针,重点治理崩岗和冲沟。

岑溪县的新塘河小流域,流域面积21.50km²,水土流失面积11.66km²,占流域面积54.23%,其中轻度流失面积3.93km²,中度流失面积3.40km²,强度流失面积2.33km²,极强度流失面积1.29km²,剧烈流失面积0.71km²。较大的崩岗有36座,最大的长冲河崩岗长300m,宽120m,深25m。全流域年土壤侵蚀总量6.60万t,土壤流失量3069.77t/(km²·a)。流域内山塘、水库淤积,库容减少,效益下降,其中:大遇水库(小一型)原灌溉面积200hm²,减少到80hm²;4座小山塘全部被泥沙淤满报废;常受泥沙淤积的耕地7hm²,淹田37hm²,被水冲毁和被泥沙掩埋而废弃的耕地5.50hm²。直至1987年,新塘河小流域范围内累计投入经费44.84万元,共修建土石谷坊76座、拦沙坝8座,开挖水平沟、防护沟5.84km,开挖排洪沟3.25km,修水平梯地15.30hm²,改造低产田41.70hm²,扩大水田2.30hm²,共植树造林450.00hm²,疏幼林补植抚育90.20hm²,封山育林600hm²,群众房前屋后栽植果树3.60万株。

经过5年时间的综合治理,新塘河小流域有林面积从976.90hm²增加到1427.00hm²,林草覆盖度由45.40%提高到74.19%;林木蓄积量由1.96万m³增加至3.40万m³;年拦蓄泥沙3.37万t,土壤侵蚀模数由3069.77t/(km²·a),下降至1580.00t/(km²·a),新塘河河床加深,下降0.77m,水位下降,泄洪能力增强。同时,流域内稳产高产田由133.3hm²增加到207.10hm²,粮食总产量由249.90万kg增加至345.62万kg;人均年收入普遍提高。新塘河小流域水土流失现状基本得到控制,生态环境明显改善,当地农村经济发展水平明显提高,生态效益、经济效益、社会效益显著。

到1990年止,广西累计治理水土流失面积8797.90km²,其中修筑水平梯田9.42万hm²,沟坝地1.51万hm²,水土保持林77.00万hm²,还修筑了拦沙坝和土石谷坊2979座。期间,广西共对14条小流域开展水土流失治理,治理面积77.27km²,治理后的水土流失区,生态环境和水土流失情况均得到明显改善。(广西壮族自治区地方志编纂委员会,1998)

1994年以前,广西各级财政对水土保持资金投入很少,各年仅安排有少量的续建小流域治理试点工程,面上小型治理以项目区群众投入为主,零星分散,规模不大。1995年开始,自治区本级财政逐年加大对水土流失治理的投入,由原来每年投入100万元逐步增加到2005年的800万元,自治区本级累计投资

2590万元,加上市县配套3205.61万元,合计总投资5795.61万元,安排实施面上小流域水土保持综合治理项目229个,共治理水土流失面积254.86km²,其中实施坡改梯674.34hm²,种植经济林1603.33hm²,营造水保林3181.67hm²,实施封禁治理20069.99hm²,修建小型水利水保工程249处。

1998年7月至8月,长江流域发生特大洪水后,中央加强水利基础设施建设,加大水土保持生态建设投入力度。1998年至2005年,国家发展改革委员会和水利部连续8年给广西安排中央财政预算内专项资金共1.15亿元,用于支持广西的水土保持综合治理,同期自治区各市县共配套资金5912.39万元,为今后广西持续开展中央补助投资的国家水土保持重点工程奠定坚实基础。1995年至2005年,中央财政预算内专项资金共安排实施129个小流域综合治理项目,共计完成水土流失治理面积1584.57km²(广西壮族自治区地方志编纂委员会,2011)。

2000年,经广西科学技术委员会批准立项,广西政协经济科学技术委员会、民族宗教委员会及九三学社广西委员会联合在乐业县马庄乡甲里河扁利至个马河段开展"水毁农田综合治理工程"项目试验,为广西小流域生态与农业综合治理作出治理模板。2001年1月该项目通过广西壮族自治区级技术鉴定后,三部门联合向广西政协提交《关于围绕河道治理推进小流域生态与农业综合整治工作在广西推广的建议》的提案,经广西政协审议通过,决定自2002年起,每年从自治区级水利计划投资中安排500万元用于补助实施小流域生态与农业综合治理项目。直至2005年,广西水利厅共安排水土保持专项补助资金2000万元,对45个小流域生态与农业综合治理项目予以补助,市县配套1812.50万元,累计完成水土流失治理面积418.59km²。

2002年,水利部决定在全国106个县(市、区)实施水土保持生态修复试点工程,其中广西资源、陆川、兴安、阳朔、隆林等5个县名列其中。试点工程实施期限3年,主要实施以封禁保护为主,以疏林补植、沼气池入户建设、小型水利水保工程为辅的封禁治理。5个试点县制订了县级水土保持生态修复综合规划,出台了水土保持生态修复法规政策,建立了水土保持生态修复协调机制,制订了封育管护制度;经过近3年的实施,共完成封育治理面积34123hm²,修建沼气池3010个、蓄水池103个、沉沙池15个、截排水沟32600m、围栏3000m,以电代柴小水电站15座、总装机容量13760千瓦,制作封禁宣传牌106块、封山育林告示牌 167 块。

2003 年,国家发展计划委员会和水利部决定在 5 年内实施珠江上游南盘江、北盘江石灰岩地区水土保持综合治理试点工程,广西的西林、隆林两个县名列其中。广西发展改革委和水利厅先后联合下达广西珠江上游综合治理试点工程国债投资 1532 万元,另需市县配套资金 435 万元。其中安排隆林各族自治县 792 万元,市县配套 224 万元;安排西林县 740 万元,市县配套 211 万元。共在隆林各族自治县弄桑河、常么河、猪场三条小流域和西林县龙英河、八阳河、渭徕河、渭芒河 4 条小流域实施治理,累计完成水土流失治理面积 61.81km²,修建蓄水池(水窖)79 个、沉沙池 79 个、谷坊和拦沙坝 23 座、沟渠 40.70km、机耕道和作业便道 7.00km、沼气池 213 个,整治沟道 2.12km(广西壮族自治区地方志编纂委员会,2011)。

进入 21 世纪以来,中央逐年加大对广西水土保持工程建设项目资金投入力度,特别是党的十八大以后,中央和广西政府高度重视水土流失生态环境问题,年度投资一次次创历史新高。2012—2018 年,中央和广西各级累计投入 19.43 亿元用于广西水土保持工程建设,其中 2018 年度投资达 3.80 亿元,为历史最高,共完成水土流失治理面积 0.31 万 km²。

在经济社会高速发展的当下,人民对改善生态环境的需求、保护水土资源的意识也不断增强。各级水行政主管部门积极发挥行业主管部门的作用,在水土流失地区统筹林业生态工程、石漠化综合治理、土地整治等相关生态建设成果,鼓励和引导社会力量参与水土流失治理,据统计,党的十八大以来,广西各相关部门和社会力量累计完成水土流失治理面积 0.64 万 km²,水土流失治理成效显著。

三、重点工程综合治理

广西多年来重点以小流域、坡耕地和崩岗等作为主要策源地开展水土流失综合治理。

(一)小流域水土流失综合治理

广西各级水利部门按照"先急后缓、突出重点,统筹兼顾、有序推进"的原则,以小流域为单元,以规划为平台,以贫困地区、革命老区、岩溶石漠化区和重要水源区为重点,在水土流失较为严重的水土流失重点治理区抓好重点小流域治理,陆续启动实施了中央水利发展资金国家水土保持重点工程、国家农业综合开发水土保持项目和自治区本级部门预算水土保持项目。在加快推进水土保持工程建设的同时,积极发挥行业主管部门的作用,统筹相关生态工程,发动社会参与,落实各级政府及相关部门的水土流失防治任务,广西水土流失治理工作全面提速。据统计,2011—2015 年,中央和广西各级财政共计投入 10.63亿元用于广西水土保持工程建设,对 210 条小流域进行综合治理,累计治理水土流失面积 2044km²,完成坡耕地改造 1.11 万 hm²。"十三五"以来,广西持续加快水土保持工程建设,顺利完成各年度水土流失治理任务。2016—2018 年,中央和广西各级财政共计投入 9.90 亿元用于广西水土保持工程建设,对 160条小流域进行综合治理,累计治理水土流失面积 1718.91km²,完成坡耕地改造6820hm²。在治理水土流失的同时,坚持与改善农村生产生活条件相结合,通过实施沟、渠、池、路等工程辅助设施,加强农业基础设施建设,提高农业综合生产能力,改善农村居民生产生活条件,推动农村产业结构调整,促进农业增产和农民增收,促进当地贫困群众脱贫致富。

在开展小流域综合治理的基础上,广西不断探索生态清洁型小流域建设,先后在大新县、平南县、桂平市、覃塘区、田阳县、融水县、兴宾区等多地实施以小流域为单元,山水林田路综合规划的生态清洁型小流域治理工程。将传统治理模式和乡村振兴战略有机结合,注重人居环境改善、污水垃圾处理、农业面源污染处理。在治理水土流失生态环境的同时,实现美丽乡村、清洁乡村、幸福乡村。

(二)坡耕地水土流失综合治理

广西总体地势西北高,东南低,周边高,中间低,地貌类型复杂,以山地和丘陵为主,间以河谷、盆地和台地,素有"八山一水一分田"之称,广西耕地总量为421.47 万 hm²,其中坡耕地 78.53 万 hm²,占耕地总量的 18.63%。按类型区划分,广西坡耕地主要分布在南方红壤区和西南土石山区,其中南方红壤区坡耕地面积 48.56 万 hm²,占坡耕地总面积的 61.84%;西南土石山区坡耕地面积29.97 万 hm²,占坡耕地总面积的 38.16%。山多、坡多的地形地貌使得广西坡耕地广泛分布,水土流失极容易发生。

自古以来,广西人民群众在长期的生产实践中,积累了不少防止坡耕地水土流失的经验,不论丘陵或山区,都进行过坡耕地改造。丘陵地区的坡耕地,大多改造成水平梯地,加设地埂或实行横坡垄作;山区中的石山区多数依托石料丰富,进行砌墙保土;土山区则修筑成土坎梯地(田),如龙胜的龙脊梯田,不但颇具规模,而且质量较高。但是,广西坡耕地改造存在总体规模较小,质量参差不齐,部分已修梯田质量较差,缺乏水利灌溉设施,年久失修等问题。

从2010—2012年起,广西壮族自治区水利厅相继在百色市田阳县、隆林县、右江区;河池市环江县、大化县、天峨县;南宁市武鸣县;来宾市忻城县;柳州市柳江县及崇左市江州区等6市10县(区)实施了坡耕地水土流失综合治理试点工程,总计完成坡改梯面积5853hm²,配套修建蓄水池334座,截排水沟167.47km,田间道路87.69km。

根据国家发展和改革委员会和水利部的工作部署,2013年广西发展和改革委员会、水利厅组织编制了《全国坡耕地水土流失综合治理工程广西壮族自治区专项建设方案(2013—2016年)》,在柳江县、灌阳县、靖西县、田林县、隆林县、田阳县、罗城县、环江县、大新县等9个县相对集中连片的坡耕地进行改造治理,4年间中央和广西各级共投入坡耕地专项治理资金达3.22亿元,其中中央投资2.60亿元,地方投资0.62亿元,完成坡耕地整治8153.33hm²,配套修建排灌沟渠222.10km,田间道路160.47km,新建蓄水池340座。通过四年的专项治理,广西坡耕地水土流失综合治理专项工程取得了不错的成效。2017年5月,广西发展和改革委员会、水利厅又组织编制了《全国坡耕地水土流失综合治理工程广西壮族自治区专项建设方案(2017—2020年)》,指导列入专项规划的隆林县、西林县、乐业县、田林县、田阳县、田东县、资源县、宁明县、苍梧县、右江区、平果县等11个县区对坡耕地进行改造治理,计划通过4年建设,新增坡耕地治理面积0.83万hm²。2017年和2018年,中央和广西各级已累计投入1.88亿元坡耕地专项治理资金,其中中央投资1.50亿元,地方投资0.38亿元,完成坡耕地整治4000hm²,配套修建排灌沟渠185.95km,田间道路171.02km,新建蓄水池341座。经过治理的项目区,水土流失得到有效控制,生态环境明显改善;项目区农村产业结构和土地利用结构趋于合理,特色产业得到发展,群众生产生活条件得到改善。

(三)崩岗综合治理

崩岗是我国南方地区特有的一种土壤流失形式,是发育于红土丘陵区厚层风化壳地表的冲沟沟头因不断的崩塌和陷落作用而形成的一种侵蚀地貌,一般由崩口、崩积堆、沟道及冲(洪)积扇等4个部分组成。因其切割山体深,土壤流失量大,下泄泥沙埋压农田、淤积河道水库,影响生产和防洪,危害相当严重。

广西作为全国五个存在严重崩岗水土流失现象的省份之一,崩岗发生尤为频繁。2004 年 8 月至 2005 年 11 月,根据水利部要求,珠江水利委员会组织广西各级水保部门开展了崩岗的初步调查,完成了对广西崩岗的识别调查报告,初步明确了当时广西境内崩岗的大致分布范围与发生情况,为之后开展崩岗治理工作提供参考。

2017 年以前,陆川县、容县等崩岗多发区的小流域综合治理项目中,兼顾实施一部分崩岗治理措施,虽然治理规模甚微,但治理效果显著,同时积累了不少崩岗治理经验。逐步探索出了“上截、下堵、中间削、内外绿化”的治理模式,总结出治理崩岗要将工程措施与植物措施相结合,以工程保生物,以生物护工程,因地制宜地布置治理措施。

近年来,中央高度重视南方地区崩岗治理工作。2017 年 5 月,水利部印发了《水利部关于印发〈国家水土保持重点工程 2017—2020 年实施方案〉的通知》(水财务〔2017〕213 号),明确了以小流域为单元的水土流失综合治理工程要注重对崩岗侵蚀的治理。自 2017 年起,崩岗治理数量开始列入广西等 5 个省份的国家水土保持重点工程年度考核目标当中,水利部给广西下达的 2017—2020 年崩岗治理任务为 120 座。广西壮族自治区水利厅及时在广西部署崩岗治理工作,2018 年实施的国家水土保持重点工程已累计治理崩岗 45 座,同时组织开展了崩岗空间分布及水土流失现状调查,进一步摸清家底,为推进崩岗治理工作奠定坚实基础。

第五节　水土流失监测与信息化

一、水土保持监测网络

(一)监测点建设情况

2012 年,广西根据全国水土保持监测网络和信息系统二期工程部署,共建成 26 个水土流失监测站点,其中依托水文站 12 个。随后,根据监测点布局规划,2015 年新建 2 个、2016 年新建 1 个监测点。至此,广西共计建设了 29 个水土流失监测站点,其中依托水文站 12 个,广西水土保持监测总站直接管理 17 个。

监测点投入使用后,部分监测站点设施设备标准低、老化问题十分严重,不能满足监测工作需求,部分监测站点土地租用到期等原因,从 2016 年起,广西正常运行的监测站点共 21 个,其中坡面径流场 8 个、小流域卡口站 1 个、依托水文站 12 个。

(二)监测点类型及分布

广西的 21 个监测点,分布于广西 11 个设区市 21 个县(市、区),其中依托水文站 12 个、8 个径流场、小流域控制站 1 个,具体分布情况见表 3 - 6 - 7 和图 3 - 6 - 5。

表 3 - 6 - 7　广西水土保持监测点类型及分布

全国三级区名称	广西区划名称	小计	坡面径流观测场	小流域卡口站	共建站点 数量	共建站点 类型
南岭山地水源涵养保土区	桂东北山地水源涵养土区	3	1		2	
岭南山地丘陵保土水源涵养区	桂东山地丘陵保土水源涵养区	4	2		2	
桂中低山丘陵土壤保持区	桂中低山丘陵土壤保持区	4	2		2	水
华南沿海丘陵台地人居环境维护区	桂南沿海丘陵台地人居环境维护区	4	2	1	1	文 站
黔桂山地水源涵养区	桂北山地水源涵养区	1			1	
滇黔桂峰丛洼地蓄水保土区	桂西峰丛洼地蓄水保土区	5	1		4	
合计		21	8	1	12	

资料来源:《广西壮族自治区水土流失动态监测规划(2018—2022 年)》(广西壮族自治区水土保持监测总站等,2018)。

从广西 6 个国家水土保持区划三级分区来看,在黔桂山地水源涵养区没有布设观测径流场,在其他分区也仅有 1～2 个,广西小流域控制站只有 1 个。

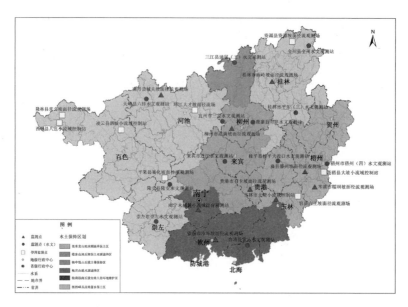

图 3 - 6 - 5　广西壮族自治区监测站点分布图(广西壮族自治区水土保持监测总站,2018)

从广西行政区划来看,广西 14 个设区市中,有 3 市(防城港、百色、贺州市)没有任何监测点;有 3 市(北海、来宾、崇左)只有依托水文站共建监测点,没有坡面径流场或控制站。

(三)监测点主要成效

从 2014 年开展水土流失监测点数据采集工作以来,按照《径流小区和小流域水土保持监测手册》采集、整编数据,从 2014 年起,每年对广西各监测点的数据进行整理汇编,每年独立成册。其中南宁市木棉麓坡面径流场纳入水利部水土流失动态监测与公告项目。监测点监测数据成果为《广西水土保持公报》发布提供基础数据。

长期、持续的定位监测是掌握水土流失规律、水土流失现状、科学评价水土保持防治成效的重要途径,为建立土壤侵蚀模型、预报土壤流失量、科学研究等提供基础资料,为水土流失预防治理、水土保持治理工程建设布局等政府决策、管理需求提供支撑。

(四)监测点运行管理机制

依托水文站 12 个监测点,纳入广西水文水情监测站网,由水文系统垂直管理,监测人员为在职职工,人员文化素质比较高,监测队伍稳定性和技术水平得到保证。

广西水土保持监测总站直接管理 9 个监测点,聘用临时工人进行管理,聘用人员大部分为当地群众,人员大部分是中专以下学历,基本没有技术职称。每年广西水土保持监测总站都组织监测技术培训班,培训相关市、县、监测点的三级监测人员,确保操作按照流程开展,成果满足监测技术要求。

二、水土流失动态监测

(一)区域监测

水土流失是重大环境问题之一,危及人类的生存、社会的稳定和经济的发展。开展水土流失动态监测,掌握区域内水土流失类型、强度、空间分布状况和动态变化,对把脉水土流失形成因素,制订预防、治理措施的宏观决策具有重要的支撑作用,也是贯彻党中央"五位一体"总体布局中生态文明建设的重大决策部署精神,全面推动生态文明建设工作的职责。

区域监测依托《区域水土流失动态监测技术规定》(水利部办公厅,2018)、《水土保持遥感监测技术规范》(SL 592—2012)、《土壤侵蚀分类分级标准》(SL 190—2007)等行业规范,根据高分辨率遥感影像解译的土地利用现状数据、生产建设扰动图斑、水土保持工程措施;根据中分辨率遥感影像数据计算地表植被覆盖度;根据 DEM 数据计算地形中的坡度、坡长等水土流失因子数据;最后根据 CSLE 模型,通过降雨侵蚀力因子、土壤可蚀性因子、坡度因子、坡长因子、植被覆盖度与生物措施因子、水土保持工程措施因子、耕作因子等水土流失因子计算土壤侵蚀模数,并根据《土壤侵蚀分类分级标准》进行分类分级,最终得到了广西水土流失强度结果。

广西区域监测包含三部分内容:第一部分内容为国家级重点防治区,主要为湘资沅上游国家级水土流失重点预防区,包括资源县、全州县、龙胜各族自治县、兴安县、灌阳县共 5 个县和滇黔桂岩溶石漠化国家级水土流失重点治理区,包括隆林各族自治县、西林县、田林县、乐业县、凌云县、天峨县、南丹县、凤山县、东兰县、金城江区、巴马瑶族自治县、大化瑶族自治县、都安瑶族自治县共 13 个县;第二部分内容为重点监测区域,包括自治区级重点预防区涉及 4 个设区市 8 个县,土地总面积 1.91 万 km²,自治区级重点治理区涉及 4 个设区市的 10 个县(市、区),土地总面积 2.57 万 km²;第三部分为一般监测区域涉及 14 个设区市 75 个县(市、区),土地总面积 14.08 万 km²(表3-6-8)。

表3-6-8 广西区域监测范围

监测区域	重点预防区名称	县(市、区)	面积(km²)
国家级监测区域	湘资沅上游国家级水土流失重点预防区	资源县、全州县、龙胜各族自治县、兴安县、灌阳县	12538
	滇黔桂岩溶石漠化国家级水土流失重点治理区	隆林各族自治县、西林县、田林县、乐业县、凌云县、天峨县、南丹县、凤山县、东兰县、金城江区、巴马瑶族自治县、大化瑶族自治县、都安瑶族自治县	39134
重点监测区域	桂贺江中上游自治区级水土流失重点预防区	灵川县、阳朔县、永福县、恭城县、富川县	10242
	桂西南十万大山自治区级水土流失重点预防区	宁明县、龙州县、上思县	8824
	桂西北岩溶石漠化自治区级水土流失重点治理区	右江区、田阳县、马山县	8435
	桂东山地丘陵自治区级水土流失重点治理区	兴业县、北流市、陆川县、岑溪市、容县、苍梧县、藤县	17265
一般监测区域	百色市	那坡县、靖西市、德保县、田东县、平果县	13339
	北海市	铁山港区、银海区、海城区、合浦县	3337
	崇左市	凭祥市、天等县、大新县、江州区、扶绥县	11316
	防城港市	防城区、东兴市、港口区	3418
	贵港市	覃塘区、港北区、港南区、平南县、桂平市	10596
	桂林市	平乐县、荔浦县、临桂区、雁山区、象山区、七星区、秀峰区、叠彩区	6445

续表

监测区域	重点预防区名称	县（市、区）	面积（km²）
	河池市	宜州区、环江县、罗城县	11066
	贺州市	平桂区、钟山县、昭平县、八步区	10283
	来宾市	忻城县、合山市、金秀县、象州县、兴宾区、武宣县	13386
	柳州市	鹿寨县、柳北区、柳南区、城中区、鱼峰区、柳城县、融水县、融安县、三江县、柳江县	18652
	南宁市	隆安县、武鸣区、上林县、宾阳县、兴宁区、青秀区、西乡塘区、江南区、良庆区、横县、邕宁区	19996
	钦州市	钦南区、灵山县、浦北县、钦北区	10783
	梧州市	长洲区、万秀区、蒙山县、龙圩区	3069
	玉林市	玉州区、福绵区、博白县	5087

资料来源:《广西壮族自治区水土流失动态监测规划(2018—2022年)》(广西壮族自治区水土保持监测总站等,2018)。

(二)生产建设项目监测

为了加强和规范生产建设项目水土保持监测工作,提高监测质量,有效控制生产建设项目引起的水土流失,根据《中华人民共和国水土保持法》《生产建设项目水土保持监测资质管理办法》及相关法律法规和规范性文件,广西壮族自治区水利厅制订了《生产建设项目水土保持监测管理暂行办法》,在广西行政区域内,对生产建设项目水土保持监测工作进行管理和从事生产建设项目水土保持监测活动,生产建设项目水土保持监测期应从项目实施"三通一平"施工准备期开始至项目投入试运行结束。生产建设项目水土保持监测实行分类管理。征占地面积大于10hm²或挖填土石方总量大于10万m³的生产建设项目,由生产建设单位委托具备水土保持监测能力的单位开展水土保持监测工作;其他生产建设项目,鼓励生产建设单位开展水土保持监测工作。

开展委托监测的生产建设项目,在项目开工前,生产建设单位应当组织监测机构编制《生产建设项目水土保持监测实施方案》,并于进场监测前报送相应水行政主管部门。工程建设期间,应于每个季度的第一个月内报送上季度的《生产建设项目水土保持监测季度报告》;水土保持监测任务完成后,应于3个月内报送《生产建设项目水土保持监测总结报告》;当发生重大水土流失事件时,应随时报告相关情况,并于事件发生后1周内报告相关水土流失防治工作开展情况。水利部审批水土保持方案的项目,按照水利部有关规定报送上述监测实施方案、监测季报和监测总结报告;地方水行政主管部门审批水土保持方案的项目,由生产建设单位向审批方案的水行政主管部门报送上述监测实施方案、监测季报和监测总结报告,同时抄送项目所在地县级水行政主管部门。报送的监测实施方案、监测季报和监测总结报告的内容和格式应符合国家和水利部颁布的技术标准、规范及有关规定。

(三)重点治理工程监测

为了监测小流域水土保持综合治理后的基本情况、水土流失状况、水土保持措施以及水土保持的社会效益、经济效益和生态效益,2015—2017 年,连续 3 年对西林县老街小流域和隆林各族自治县么基小流域综合治理工程开展监测。2016—2018 年,连续 3 年对西林县西平小流域和隆林各族自治县博糯小流域开展监测。监测主要利用高分辨率遥感影像(GF 系列卫星)对小流域土地利用变化进行遥感监测,利用中分辨率遥感影像(Landsat – 8)计算小流域的植被覆盖度,采用美国修正通用土壤侵蚀模型(RUSLE)计算小流域年度水土流失年度变化情况,通过遥感解译与野外调查、入户调查等方式开展小流域治理效益评价。

三、水土保持信息化

根据国务院《生态环境监测网络方案》(国办发〔2015〕56 号)"监测与监管协同联动,初步建成海陆统筹、天地一体、上下协同、信息共享的生态环境监测网络"的规定,要求监测网络基本实现全覆盖、重要生态功能实现全天候监测。2015—2016 年,广西在生产建设项目水土保持信息化方面开展试点工作,选取贵港市港北区作为生产建设项目水土保持信息化的试点县,通过收集整理2010—2016 年港北区各级批复的生产建设项目,利用 ArcGIS 软件矢量化生产建设项目防治责任范围图,结合高分辨率遥感影像解译扰动图斑开展生产建项目"天地一体化"监管。

为了进一步推进水土保持信息化工作,根据《水利部办公厅关于印发〈全国水土保持信息化工作 2017—2018 年实施计划〉的通知》(水利部办公厅,2017)要求,广西积极开展水土保持信息化工作。在综合治理方面,全面完成了

2011 年以来各类国家水土保持重点工程相关数据的录入,为国家水土保持重点工程实施"图斑精细化"管理提供了数据支撑。在监督管理方面,广西作为全国生产建设项目水土保持"天地一体化"监管 8 个试点省(区、市)之一,广西积极开展监督管理信息化工作,完成 2016 年以来批复的生产建设项目水土流失防治责任范围矢量化入库工作,结合高分辨率遥感影像,解译生产建设项目扰动图斑,通过生产建设项目扰动图斑和生产建设项目水土流失防治责任范围空间叠加分析生产建设项目扰动的合规性,利用移动采集系统开展现场复核,开展区域监管工作。

第六节　水土保持地域性特色

一、岩溶地区小流域治理模式

广西岩溶区裸露型岩溶面积 9.77km^2,占广西总面积的 41.12%,广西岩溶区水土流失主要发生在坡耕地。

2003—2005 年间,广西在西林县和隆林各族自治县实施珠江上游南盘江、北盘江石灰岩地区水土保持综合治理试点工程;2006—2018 年,在岩溶区实施珠江上游南盘江、北盘江石灰岩地区水土保持综合治理工程、滇黔桂岩溶区农业综合开发水土流失治理工程、国家农业综合开发水土保持工程、中央预算内坡耕地水土流失综合治理工程和中央财政水利发展资金国家水土保持重点工程等各类重点工程。

(一)珠江上游南盘江、北盘江石灰岩地区水土保持综合治理试点工程

珠江上游南盘江、北盘江石灰岩地区水土保持综合治理试点工程在岩溶区的治理上起到了试点和引领的作用,创造性地将广西项目区分为石质山项目区和非石质山项目区。其建设内容主要包括两部分,一是以坡面水系、沟道治理

和基本农田建设为重点的人工治理;二是以管护、补植及沼气池入户建设为主的封育治理。

(二)国家农业综合开发水土保持工程

国家农业综合开发水土保持工程将项目区分为石山为主的西南土石山区和土山为主的西南土石山区进行分区治理。

以石山为主的西南土石山区主要建设内容为:坡改梯+经济林+水保林+封育+集雨蓄水工程+田间生产道路。以土山为主的西南土石山区主要建设内容为:坡改梯+经济林+水保林+封育+集雨蓄水工程+田间生产道路+高效节水灌溉工程。

(三)中央财政水利发展资金国家水土保持重点工程

中央财政水利发展资金国家水土保持重点工程项目区涉及广西岩溶区的桂西峰丛洼地蓄水保土区。治理模式为:积极推进陡坡耕地退耕还林和缓坡耕地治理;小流域综合治理,选择适宜的农、林、果复合经营模式;调整产业结构,大力发展经济林,增加农民收入,巩固防治成果。

二、崩岗防治

广西崩岗是一种特殊的土壤流失形式,其主要分布在桂东南的花岗岩和泥质页岩地区。广西崩岗面积在 $60m^2$ 以上的有 27767 座,总面积 $6597.88hm^2$。其中,崩塌面积在 $60\sim1000m^2$ 的小型崩岗有 16261 座;崩塌面积在 $1000\sim3000m^2$ 的中型崩岗有 6435 座;崩塌面积 $\geqslant3000m^2$ 的大型崩岗有 5071 座。从崩岗的发展程度看,活动型崩岗有 24082 座,面积为 $5222.99hm^2$;相对稳定型崩岗有 3685 座,面积为 $1374.89hm^2$。

广西崩岗治理主要采取"上截、下堵、中间削、内外绿化"的基本治理模式。

(一)分类型因地制宜治理

对于相对稳定型崩岗区、冲积扇区全部实施生态修复,以采取封禁治理措施为主,适当辅以补植补种措施。对于活动型崩岗集雨区实施生态修复为主,除采取封禁治理措施外,还修建截排水沟拦截坡面径流。活动型崩岗的崩岗区和冲积扇区以重点治理为主,重点采取工程措施和植物措施。

（二）多种措施类型综合治理

崩岗的土壤侵蚀强度大，治理难度大，若单纯靠工程措施或植物措施都难以达到稳定崩岗的目的。治理中采用工程措施尽量排出坡面径流、拦沙滞洪、削坡和植树种草，尽快恢复植被。

（三）适地适树治理崩壁

崩壁是崩岗重力侵蚀的危险源地，也是崩岗治理的难点。崩岗治理注重稳定崩壁，防止崩塌，通过栽植当地的乡土树种，尽量使崩壁达到逐步稳定。

（四）治理与开发相结合，提高土地利用率

在低山丘陵区，崩岗一般分布在人口比较密集的地区。崩岗治理与开发相结合，布设植物措施时应选择抗逆性强且具有良好市场前景的树草种，做到治山与致富相结合，有效利用崩岗侵蚀劣地这一特殊的土地资源，实现生态效益与经济效益的有效统一。

三、南宁市海绵城市建设

南宁是广西壮族自治区首府，北部湾经济区核心城市，为中国东盟博览会永久举办地，是广西的政治、经济、文化、科教、金融和贸易中心。南宁是中国西南出海大通道的重要枢纽，也是西部各省、自治区唯一沿海的省会城市。南宁形成了"青山环城、碧水绕城、绿树融城"的城市风格。

近年来，南宁市坚持"生态立市"战略，致力于提升"中国绿城"、建设"中国水城"品牌，坚持科学治水、铁腕治污，重点推进母亲河——邕江的综合整治和开发利用，大力实施 18 条内河综合整治工程和水系生态环境的修复与保护，"水畅、湖清、岸绿、景美"的现代亲水城市已经初具雏形。

在快速城市化的过程中，南宁市也出现了当前很多城市都具有的共性问题，如城市排水标准不高、排水体系不健全导致的城市内涝和城市内河水污染、水生态功能退化等问题。

2013 年 12 月，习近平总书记在中央城镇化工作会议上明确指出："在提升城市排水系统时要优先考虑把有限的雨水留下来，优先考虑更多利用自然力量排水，建设自然积存、自然渗透、自然净化的海绵城市"。《海绵城市建设技术指南——低影响开发雨水系统构建（试行）》（国家住房城乡建设部，2014）指导

各地建设自然积存、自然渗透、自然净化的海绵城市。

为贯彻习近平总书记在2013年12月中央城镇化工作会议上讲话及精神，2014年11月南宁市正式启动"海绵城市"建设相关工作。南宁市委、市政府高度重视海绵城市建设工作，出台了《南宁市委、市政府关于全面推进海绵城市建设的决定》《南宁市海绵城市规划建设管理暂行办法》和《南宁市五象新区海绵城市设计导则》，对全市的海绵城市规划、设计、建设、运营、维护提出了全面要求。

南宁市海绵城市建设总体思路是建设过程中优先保护原有生态系统；对已经受到破坏的水体及其他自然环境，运用生态的手段进行恢复和修复；落实"蓄、滞、渗、净、用、排"六位一体的生态化、综合化排水理念，将南宁建设成具有自然积存、自然渗透、自然净化功能的海绵城市。整个示范区内年径流总量控制率不低于75%。

示范区内实施示范项目494项。主要建设内容：内河治理及其海绵化项目16项、公园绿地项目41项、公共建筑项目194项、居住小区项目121项、道路广场项目70项、排水管网项目49项、污水处理厂项目2项和信息平台建设1项等类型工程。城区外主要工程包括水利设施、水源工程等，其中有郁江老口航运枢纽工程、邕宁水利枢纽主体工程、邕宁区防洪工程（一期）、江北引水干渠工程和石埠堤工程等项目。

通过海绵城市的建设，削减径流量与径流峰值，将污染最严重的径流收集或自然处理，减少了雨水径流污染及水土流失带来的环境破坏，通过"渗、滞、蓄"，使南宁市地下水得到有效补给。南宁市在海绵城市建设中探索出的经验、制度、标准规范等，将为广西其他海绵城市建设提供经验借鉴（南宁市人民政府，2015）。

四、广西木棉麓水土保持科技示范园

（一）示范园概况

1. 基本情况

广西木棉麓水土保持科技示范园位于南宁市良庆区那马镇木棉麓一带的小流域内，南侧毗邻南宁大王滩国家水利风景区，距大王滩大坝6km，交通便利。项目用地总面积40.9hm²。2007年1月1日正式开工建设，2012年10完成基础设施建设，同年12月通过广西水利厅竣工验收。2013年示范园正式投入使用。

2. 自然环境条件

广西木棉麓水土保持科技示范园项目区地貌类型为构造剥蚀低丘,地势东西两侧高、中间低,园区内最高处在东南角的山头,海拔高为214.0m,中间谷地海拔为134.0m,高差45～90m;项目区地处南亚热带湿润季风气候区,多年平均降水量为1232.2mm,平均气温21.8℃,历年平均日照1687.6h,历年平均有霜期28d,平均风速2.4m/s。

项目园区土壤为赤红壤,由第四纪砂质岩类风化物发育而成。成土母质以沉积岩为主,且多为砂质岩。项目区内原有植被主要是荒草和近年人工栽植的速生桉。

(二)示范园区主要功能区

示范园现已建成四大功能区,分别为水土保持科研试验区、水土保持技术示范区、水土保持科普宣教区和水土保持生态景观区。

1. 水土保持科研试验区

科研试验区总占地面积18.32hm²,位于园区的东北侧坡地,其主要功能是:以水土保持科研监测、控制水土流失试验功能为主。该区又分为8个分区:红壤丘陵小流域径流观测区、现代复合农业坡地水土保持试验区、水土保持植被群落演替观测试验区、桉树人工林观测试验区、混交林观测试验区、经济林观测试验区、竹林观测试验区、水土保持生态果园区。

2. 水土保持技术示范区

技术推广区总占地面积14.93hm²,位于园区的东南侧坡地,其主要功能是:节水、治坡、治沟和水土保持高新技术应用为主。技术示范区分为5个分区:节水工程技术示范区、坡耕地治理示范区、沟道生态治理示范区、边坡生态防护技术示范区和高新技术应用技术示范区。

3. 水土保持科普宣教区

科普宣教区位于园区的中部坡地,主要功能是:自动气象观测站、水土流失观测区、人工模拟降雨演示区等示范和科普展厅。

4. 水土保持生态景观区

生态景观区位于园区的中部谷地,南北端各有一座山塘,其间有水沟相连。展示广西名贵花木树种,同时起到水土保持清洁型生态建设示范作用。

（三）示范园建设主要成效

1.园区定位

2014年获批为国家级水土保持科技示范园区,2017年获得广西壮族自治区水利厅"广西水利科技示范园"称号。

2.技术交流合作

广西大学、南宁师范大学和广西水利电力职业技术学院设立教学及实习基地;广西水利科学研究院开展桉树人工林对典型小流域水生态环境的影响监测与评价的科研工作;中国林业科学研究院森林生态环境与保护研究所广西试验基地;作为广西康绍忠院士工作站实验基地,开展有关水土流失与农业方面的研究。

3.人才培养

利用示范园科研设施和交流平台,培养了2名高级工程师和1名工程师,发表有关木棉麓水土流失监测成果和治理示范项目成效的期刊论文6篇。广西水利电力职业技术学院组织水土保持专业学生开展现场教学活动。2013—2015年广西师范学院依托水土流失监测点开展水土流失观测实验研究,培养了4名研究生;2019年与广西大学联合培养1名研究生。

4.宣传教育

示范园每周一至周四上午9:00至下午5:00免费对外开放。在园区综合大楼建设有水土保持科普展厅和大型会议室,面积为500m^2,布设6块广西水土保持工作成果宣传牌,主要进行水土保持国策宣传教育,水土保持基础知识和技术展示、宣传和推广。组织区内外水土保持技术人员参观交流广西水土保持工作成果及示范项目,在世界水日、中国水周、植树节等节日,联合广西广播电视台以及南宁市中小学校等单位,进园开展水土保持科普课堂、水土保持宣贯活动和植树宣教活动,入园参观学习的人员众多。作为学习培训基地,接待各单位进行学习培训和支部共建活动。同时,在中国水土保持生态建设网站、广西水利厅网站、广西水土保持公众号、《南宁晚报》《中国水土保持》等网络媒体和报刊,刊载示范园水土保持活动信息,扩大示范园在水土保持研究、科技示范、宣传教育等方面的影响。

（四）运行管理

示范园由广西水土保持监测总站负责管理,2016年广西编委批准在总站基础上增挂广西木棉麓水土保持科技示范园,并增加两个人员编制。示范园维护管理费从广西壮族自治区部门预算中列支。

第七章

贵州省

水土保持

第一节 基本情况

一、自然概况

(一)地理位置

贵州地处中国西南内陆地区腹地,云贵高原东部,位于北纬24°37′~29°13′、东经103°36′~109°35′,东毗湖南、南邻广西、西连云南、北接四川和重庆。东西长约595km,南北相距约509km,土地总面积为17.62km²,占全国国土面积的1.8%。贵州是一个山川秀丽、气候宜人、民族众多、资源富集、发展潜力巨大的省份。

(二)地质地貌

1.地质岩性

(1)地质

贵州省地质构造主要属扬子准地台上扬子台褶皱带,西北与四川台坳相接,东、南分别向江南台隆和华南褶皱系过渡。从早期的中元古宇至晚期第四系地层均有出露,厚度达约30000m。中上元古界以海相碎屑地层和火山岩经区域变质作用形成的地层为主;古生代至中生代早期以海相碳酸盐地层占优势;晚三叠世晚期以后则为陆相碎屑地层。地层区划主要属扬子地层区,次为江南区(或过渡区)及右江区。

(2)岩性

贵州以沉积岩分布最广,发育最佳;火成岩岩类较多,但分布零星;变质岩的岩类不多,相变单一。

①沉积岩:素有"沉积岩王国"之称的贵州,不仅沉积岩类繁多,分布广泛,而且沉积作用多样,相带发育齐全。其中,以碳酸盐岩分布最广(约占全省总面积的70%),发育完好,岩种(石)多样。在碳酸盐岩中,生物成因的灰岩占首要

地位,尤以寒武纪至中三叠世的生物屑灰岩,以及晚古生代的礁灰岩和隐藻灰岩最为重要,二叠纪至中三叠世水下重力滑塌作用形成的石灰岩角砾岩及砾屑碳酸盐岩也颇具特色。中上寒武统和中、下三叠统的白云岩也较发育,主要为原生—准同生的沉积白云岩。在陆源碎屑岩中,除下震旦统的中粗碎屑岩(暂统称杂砾岩)成因尤为特殊外,细屑沉积岩(黑色页岩、黏土岩和粉砂岩等)也较发育,分布较广、层位众多。

②火成岩:贵州火成岩的分布面积不大,但岩类较多。岩浆活动时间较长,从中元古宙至中生代均有活动,尤以中元古宙和二叠纪两个时期最为强烈,其成因复杂。

③变质岩:贵州中、晚元古宙地层中的层状岩石和其他深成岩均已变质,主要属低级绿片岩相,是典型的南方型变质岩。区域变质岩类较多,按原岩不同主要可分为变质泥质岩、变质碎屑岩、变质碳酸盐岩、变质火山碎屑岩、变质火山岩五类。其中,以变质泥质岩和变质碎屑岩厚度最大,分布最广。

2. 地形地貌

贵州地貌以高原山地为主,地势西高东低,基本轮廓由纬向三级阶梯与经向两面斜坡构成:第一梯级由西部威宁、赫章、水城一带的高原组成;第二梯级由中部山原和丘原组成,其范围在遵义市以南、惠水以北、黔西以东、镇远以西的广大地区,南、北两大斜坡区则是山区分布区;第三梯级由江口—镇远以东的低山丘陵组成,包括松桃、铜仁、锦屏等地,与湖南丘陵区连成一片。平均海拔1100m左右,境内最高点位于赫章县珠市乡韭菜坪,海拔2900m;最低点位于黎平县地坪乡水口河出省处,海拔137m,高差达2763m。贵州境内地势起伏较大,岩溶分布广泛、发育强烈,石多土少,易受侵蚀,极易造成水土流失发生、发展和逆向演变。

(三)气候水文

1. 气候

贵州气候属亚热带季风湿润气候,多年平均气温15.60℃,各地在10.80~19.80℃,历史极端最低气温-15.30℃(1977年2月9日威宁),极端最高气温43.20℃(2011年8月18日铜仁)。南、北、东部河谷地带为高温区,年均气温18℃以上;西北部地势较高地带为低温区,素有"西部高寒山区"之称,年均气温不到12℃。

贵州多年平均降水量1178.60mm,各地在832.90~1492.10mm。主要集中在5—10月,降水量占全年总降水的77%,多阵性降水,暴雨多,强度大。空间分布呈由南向北、由东至西递减趋势。

贵州年阴天日数200~240d,大部分地区年日照时数966.70~1635.20h,总的分布趋势是自西向东递减。北部大娄山两侧和东部的清水江下游年日照时数在1100h以下,最少年份只有800~900h。贵州年日照时数最多的威宁、盘县超过1600h。年日照百分率除西部威宁达40%以外,绝大部分地区在25%~35%。

2. 水文

贵州省内河流主要源于西部和中部山地,顺地势向北、东、南三面分流,以苗岭为分水岭,分属长江和珠江两大流域。长江流域面积11.57万km²,占贵州总面积的65.70%,主要河流有牛栏江—横江、赤水河—綦江、乌江及沅江四大水系;珠江流域面积6.04万km²,占贵州总面积的34.30%,主要河流有南盘江、北盘江、红水河和都柳江等四大水系。贵州河网密布,多发源于西部高原,河网平均密度0.71km/km²,水资源总量为1213.12亿m³,多年平均径流深为602.80mm,水力资源丰富。

(四)土壤植被

1. 土壤

贵州土壤类型复杂多样,全省土壤共有15个土类,275个土种,土壤类型以黄壤为主,石灰土次之,还有红壤、黄棕壤和紫色土等。黄壤集中分布于黔中、黔西北,从海拔1900m的中山到黔中海拔1000~1200m高原,再至黔东南海拔500m丘陵;石灰土广泛分布于石灰岩地区,以黔中、黔南分布最广;红壤主要分布于铜仁、黔东南,通常在海拔800m以下,多数地段在海拔400~600m,黄棕壤分布于山地,紫色土分布于黔北赤水、习水、仁怀一带。

2. 植被

贵州植被属亚热带常绿落叶阔叶林,植被类型多样,包括针叶林、阔叶林、竹林、灌丛灌草丛、水生植被与沼泽植被等6大类型;植被具有明显的亚热带属性,种类繁多,区系成分复杂,地域差异和次生性较明显。2018年底,全省森林覆盖率为 57%。

（1）水平分布

东部地区常年受太平洋东南季风的影响,具有亚热带湿润季风气候特征,发育了湿润性的中亚热带常绿阔叶林,其种类有青冈、香樟、木荷等,次生的针叶林以马尾松、杉木为主,钙质土丘陵山地以柏木较为常见。西部地区夏季受印度洋西南季风的影响,冬季受西南暖流的影响,植被为半湿润的常绿落叶阔叶混交林,种类有高山栲、滇青冈、红木荷等,针叶林以云南松、华山松为主,呈明显的经度分布规律。南部由于受南北热量条件差异的影响,发育了南亚热带具热带成分的常绿阔叶林,在干热河谷地带形成走廊式的沟谷季雨林和部分稀树灌丛、高禾草灌丛等热带性植被。而在北部的广大地区则发育了典型的中亚热带地带性植被常绿阔叶林,以及地带性植被破坏后次生的针叶林、落叶阔叶林、常绿落叶阔叶混交林、山地灌丛及灌草丛等植被类型,表现了明显的纬度地带性分布规律。

（2）垂直分布

由于地势的起伏而引起水热条件的再分配,致使植被随海拔高度的上升而出现不同类型有规律的更替,表现出明显的垂直分布规律。西部高原由于地势高耸,热量条件远较同纬度地区的中东部差,因而植被具有暖温带的特点。在黔北的赤水河谷、黔东北的乌江、锦江河谷,由于海拔较低,热量条件较好,植被多为南亚热带特征。

（五）石漠化

贵州是世界上岩溶地貌发育最典型的地区之一,是全国石漠化面积最大、类型最多、程度最深、危害最重的省份,全省国土总面积 17.61 万 km²,岩溶出露面积 11.25 万 km²,占全省国土面积的 63.88%。截至 2016 年底,石漠化面积 247.01 万 hm²,其中:轻度石漠化面积 93.42 万 hm²,中度石漠化面积 125.41 万 hm²,重度石漠化面积 25.64 万 hm²,极重度石漠化面积 2.54 万 hm²。全省石漠化面积大于 300km² 的县就有 32 个。石漠化是贵州广大山区普遍存在的水土流失典型现象。20 世纪 70 年代以来,石漠化现象越来越突出,石漠化是制约贵州省经济社会发展最严重的生态问题,遏制石漠化是贵州省生态建设的首要任务(贵州省林业调查规划院等,2019)。

二、社会经济情况

(一)行政区划

根据《2018 年贵州省国民经济和社会发展统计公报》(贵州省统计局等,2019),2018 年贵州省共有 9 个设区市行政区划单位(其中:6 个设区市、3 个自治州),88 个县级行政区划单位(其中:15 个市辖区、8 个县级市、53 个县、11 个自治县、1 个特区(图 3 – 7 – 1)。

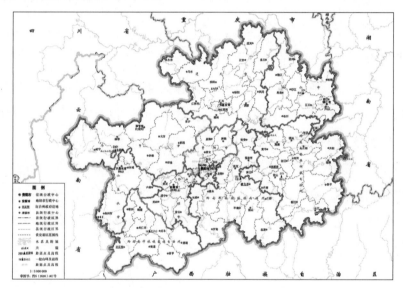

图 3 – 7 – 1　贵州省行政区划图(审图号:黔 S[2020]007 号)

(二)人口

2018 年末,贵州省常住人口 3600.00 万人,比上年末增加 20.00 万人。其中城镇常住人口 1710.72 万人,占年末常住人口的比重(常住人口城镇化率)为 47.52%,比上年末提高 1.50 个百分点。男女性别比(以女性为 100)为 106.89。全年出生人口 49.90 万人,出生率为 13.90‰;死亡人口 24.59 万人,死亡率为 6.85‰;自然增长率为 7.05‰(贵州省统计局等,2019)。

(三)经济状况

2018 年,贵州省地区生产总值 14806.45 亿元,比上年增长 9.10%。按产业分,第一产业增加值 2159.54 亿元,增长 6.90%;第二产业增加值 5755.54 亿元,增长 9.50%;第三产业增加值 6891.37 亿元,增长 9.50%。第一产业增加值占地区生产总值的比重为 14.60%,第二产业增加值的比重为 38.90%,第三产业增加值的比重为 46.50%。人均地区生产总值 41244 元,比上年增加 3288元。全年全体居民人均可支配收入 18430 元,比上年名义增长 10.30%。按常住地分,城镇常住居民人均可支配收入 31592 元,增长 8.60%;农村常住居民人均可支配收入 9716 元,增长 9.60%。

2018 年粮食总产量 1059.70 万 t。其中,稻谷产量 420.73 万 t;玉米产量258.96 万 t。主要经济作物中,蔬菜及食用菌产量 2613.07 万 t,比上年增长14.90%;园林水果产量 305.32 万 t,增长 44.70%;中药材产量 57.67 万 t,增长13.60%(贵州省统计局等,2019)。

(四)交通

"十三五"期间,贵州通过大力实施高速公路建设、水运建设和机场建设,全省交通运输业快速发展,已实现县县通高速,铁路交通迈入"高铁时代",形成了"一枢九支"的机场布局。2018 年,公路通车里程 19.69 万 km,比上年末增长 1.30%。其中,高速公路通车里程 6453km,增长 10.60%;年末铁路营业里程 3560km,增长 8.40%。其中,高铁营业里程 1127km,增长 31.00%;年末内河航道里程 3745km,增长 2.20%(贵州省统计局等,2019)。

(五)土地利用

全省土地总面积 1760.99 万 hm^2。2018 年末,农用地 1474.99 万 hm^2,占国土面积的 83.76%,其中耕地 451.67 万 hm^2,园地 16.15 万 hm^2,林地 892.19 万hm^2,牧草地 7.21 万 hm^2,其他农用地 107.77 万 hm^2;建设用地 70.32 万 hm^2,占国土面积的 3.99%;未利用地 215.68 万 hm^2,占国土面积的 12.25%(贵州省自然资源厅,2019)。

(六)教育

2018 年贵州省研究生培养单位招生 0.78 万人,在校生 2.09 万人;普通高等教育招生 22.96 万人,在校生 68.75 万人;普通高中招生 33.73 万人,在校生100.78 万人;中职教育招生 16.66 万人,在校生 47.22 万人;初中招生 61.52 万人,在校生 180.84 万人;普通小学招生 67.52 万人,在校生 371.73 万人;特殊教育招生 0.61 万人,在校生 3.11 万人;幼儿园在园幼儿数 154.94 万人。九年义务教育巩固率 91.0%,高中阶段毛入学率 88.0%,高等教育毛入学率 36.0%

（贵州省统计局等,2019）。

（七）科技

2018 年末贵州省拥有国家级国际科技合作基地 5 个,院士工作站 80 个,国家重点实验室 5 个。2018 年签订技术合同 2812 项,比上年下降 4.9%;成交金额 171.40 亿元,增长 104.4%。2018 专利申请 42024 件,比上年增长 21.4%;授权专利 19456 件,增长 54.9%。全年全国质量强市创建城市 1 个,全国知名品牌创建示范区 3 个,省级知名品牌创建示范区 12 个,省级名牌产品 723 个。国家有机产品认证示范创建区 13 个,有机产品认证证书 1356 张,无公害农产品产地 7811 个,产品 5175 种(贵州省统计局等,2019)。

第二节　水土流失概况

一、水土流失类型与成因

（一）水土流失类型及分布

全省土壤侵蚀类型以水力侵蚀为主,局部区域存在重力侵蚀、风力侵蚀、冻融侵蚀及混合侵蚀。水土流失主要发生在坡耕地、荒山荒坡、低覆盖林地等地类和生产建设活动集中区,空间分布由西北至东南逐渐减轻;西部、西北部及东北部水土流失最严重,强烈等级以上的水土流失主要分布在这一区域;西南部、中部、东部地区次之;南部、东南部地区主要为轻度流失。从市级行政区域看,毕节市、黔西南州、遵义市、铜仁市、六盘水市由于坡耕地、荒山荒坡较多,林草覆盖率较低,生产建设活动频繁,水土流失较为严重,贵阳市、安顺市、黔南州次之,黔东南州大部分区域林草覆盖率较高,水土流失较轻。

（二）水土流失成因

1. 自然因素

短历时的强降雨是造成贵州水土流失的主要因素。全省多年平均降雨量

1178.6mm,汛期雨量占全年降雨量的 77%,短历时的强降雨相对集中、强度较大、频率较高,形成的坡面径流为水力侵蚀的形成提供了充足的源动力。

土壤及地面组成物质是水土流失的物质来源,影响着水土流失的发生和发展。贵州是典型的喀斯特山区,属中亚热带常绿阔叶林红壤—黄壤地带,土壤类型以黄壤为主。成土母岩多为碳酸盐岩,成土速度慢,土层浅薄,岩溶面上的岩、土之间黏结力差,土壤和风化岩在缺乏植被保护的情况下极易产生水土流失,形成石漠化现象。

贵州地处云贵高原向湖南低山丘陵过渡的梯级状大斜坡带,是典型的高原山区,地下岩溶发育,地表山高坡陡、沟壑纵横、地面起伏大,土壤在自然作用力和雨水冲刷下,容易造成水土流失。

植被覆盖对防止水土流失有重要作用,它不仅能增加土壤的抗蚀和抗冲能力,而且地上部分可拦截降水,减轻地面直接承受雨滴的冲击,提高降水入渗率,减少径流量,从而减轻对地面的冲刷。

2. 人为因素

不合理的农业耕作和生产建设活动,破坏地面植被和地形地貌,造成较严重的水土流失。主要表现在以下几方面。

(1)坡耕地是水土流失的策源地

贵州喀斯特地区山多地少,耕地以坡耕地为主,且随着工业化和城镇化的发展,部分水田和梯坪地被占用,导致坡耕地面积所占比例不断扩大。2015 年末全省坡耕地面积 298.04 万 hm²,占耕地总面积的 65.63%。坡耕地比重较大,复种指数高,土壤在自然作用力和雨水冲刷下易流入低谷或河道,是水土流失的策源地。

(2)不合理的农业开发和落后的生产方式加剧水土流失

不合理的低产田改造和经济果木林建设等,直接将荒山及林地垦殖为农用地,以及顺坡耕种等落后的生产方式,进一步加剧水土流失。

(3)生产建设活动造成新的水土流失

随着社会经济的发展,各种基础设施发展迅速,城镇化步伐加快,资源开发强度增大。一些单位或个人,水土保持意识和法制观念不强,在开展生产建设活动时,往往是重项目建设、轻生态保护,项目建设过程中破坏了植被,造成地表裸露,对产生弃渣弃土没有采取必要的保护措施,造成新的水土流失。

二、水土流失现状及变化

(一)水土流失现状

贵州降雨充沛,全省多年平均降水量为1178.60mm,疏松的土层遇到强降雨,极易造成水土流失。又因是喀斯特分布面积最广,发育最强烈的高原山区,境内峰林耸立,山高坡陡,沟壑纵横,喀斯特山区土层薄,耕地零星分散,植被分布不均,地表土层薄,土质疏松,基岩出露浅,暴雨冲刷力强,大量的水土流失后岩石逐渐凸现裸露,故大面积呈现严重的"石漠化"现象。另外,省境内碳酸盐岩发育,形成丰富的岩溶地貌形态及洞穴系统,加速地表水向地下渗漏,使得地表难以蓄水。上述条件,决定了贵州成为全国水土流失和石漠化较为严重的地区之一。

2018年全省水土流失面积48268.16km²,占土地总面积27.40%。其中,轻度流失面积29115.20km²,中度流失面积8442.15km²,强烈流失面积5311.86km²,极强烈流失面积4290.42km²,剧烈流失面积1108.93km²,分别占水土流失面积60.32%,17.49%,11.00%,8.89%,2.30%(表3-7-1,图3-7-2。贵州省水利厅,2019)。

表3-7-1 贵州省2018年水土流失面积及强度

行政区	水土流失面积(km²)	占土地总面积比(%)	各级强度水土流失面积及占比				
			轻度(km²)	中度(km²)	强烈(km²)	极强烈(km²)	剧烈(km²)
合计	48268.16	27.4	29115.2	8442.15	5311.86	4290.02	1108.93
贵阳市	1844.83	22.96	1083.09	414.13	202.93	100.48	44.2
六盘水市	3656.99	36.89	1761.73	825.67	590.01	397.57	82.01
遵义市	8434.89	27.43	4768.75	1462	1056.33	965.44	182.37
安顺市	2461.97	26.56	1393.07	410.7	274.51	255.9	127.79
毕节市	10246.51	38.16	5559.15	2128.28	1226.52	1010.55	322.01
铜仁市	5931.72	32.95	4089.59	878.51	500.94	394.05	68.63
黔西南州	4995.29	29.73	2968.14	843.79	595.49	504.37	83.5
黔东南州	4903.63	16.16	3133.64	715.79	500.13	433.87	120.2
黔南州	5792.33	22.11	4358.04	763.28	365	227.79	78.22

资料来源:《贵州省水土保持公报(2018)》(贵州省水利厅,2019)。

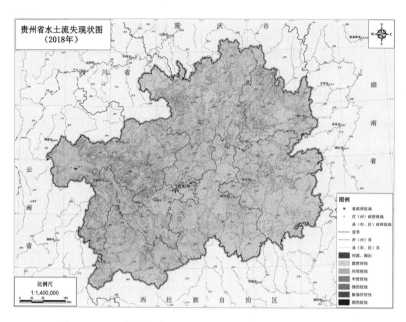

图 3-7-2　贵州省水土流失现状图（贵州省水利厅,2019）

（二）水土流失变化

1958 年,因缺煤地区用木炭作为炼钢燃料,贵州省内原始森林遭到大量砍伐。20 世纪六七十年代,全省开展"农业学大寨"运动,再次发生毁林开荒高潮。改革开放初期,在实行联产承包责任制初期,对分配到户的林地和集体所有山林管理失控,导致大量森林被乱砍滥伐,森林植被遭到严重破坏,水土严重流失(顾再柯等,2009)。

20 世纪七八十年代,随着农村人口不断增长,许多地方大面积毁林毁草开垦荒地,尤其是一些边远山区,还存在"刀耕火种"的粗放耕作方式,进一步加剧水土流失的范围和程度。

20 世纪 90 年代以后,随着城镇化的发展,全省均处于大规模公路、铁路等道路交通基础设施建设状态,许多地方在工程建设、城市建设中大量开山采砂采石,施工后植被未及时恢复、保护措施不力,故山体滑坡和泥石流等灾害时常发生,造成土地资源难以恢复和继续利用。由于植被不断遭到破坏和大面积的陡坡开荒,造成地表裸露,形成石漠化,恶化农业生产条件和生态环境,造成当地农民失去赖以生存的基本条件。1987 年全省水土流失面积达 76670km²,占土地总面积的44%,是贵州省水土流失最严重的时期。开展水土流失综合治理,加快生态修复成为贵州经济社会发展的首要任务之一。

从 1989 年开始,贵州省毕节县、威宁县、赫章县、大方县启动实施长江上游水土流失重点防治工程,省委、省政府将水土保持列为全省经济社会发展的基石,成立专门机构,积极争取资金,全面开展水土流失综合治理,加强水土保持执法与宣传等工作,水土流失逐步得到有效控制,石漠化蔓延的现象得到初步遏制。到 2005 年,全省水土流失面积 73179.01km²,占全省总土地面积的 41.54%;2015 年,全省水土流失面积 48791.87km²,占土地总面积的 27.71%;2018 年全省水土流失面积 48268.16km²,占土地总面积的 27.40%。

三、水土流失危害

(一)耕地质量退化,石漠化加剧,威胁粮食安全

贵州喀斯特地区水土流失导致"石漠化"问题凸现,全省石漠化面积为 247.01 万 hm²,占土地总面积的 14.03%,其中:轻度石漠化面积 93.42 万 hm²,中度石漠化面积 125.41 万 hm²,重度石漠化面积 25.64 万 hm²,极重度石漠化面积 2.54 万 hm²。喀斯特石漠化地区大量表土层的流失,使土壤肥力下降,土层变薄,耕地质量退化,"种一坡,收一筐",威胁粮食安全,加剧贫困,导致"一方水土养不活一方人",成为制约山丘区经济社会发展的重要因素(赵永平,2008)。

(二)淤积江河湖库,导致洪涝灾害,威胁防洪安全

水土流失造成大量泥沙淤积江、河、湖、库,降低水利设施调蓄功能和天然河道泄洪能力及抵御自然灾害的能力,造成生态环境恶化,加剧下游洪涝灾害。1988 年 6 月 20 至 21 日两天连续降雨,大方县理化区陇公乡沙坝河段系清毕公路主干线,21 日降雨量为 73.7mm,山洪裹携泥沙俱下,淤积沟、河道,抬高河床水位,堵塞公路排水涵洞,致使陇公乡 50 户 250 人受灾,冲倒民房 105 间。1987 年 7 月 15 日,赫章县妈姑镇正值赶场日,下午 4 时 30 分,由于上游河道长期被地面径流挟带泥沙及冶炼铅锌矿渣泥沙填平,排洪受阻,洪水沿路而下,人群来不及撤离,致使 15 人遇难,灾害损失折合约 30 万元人民币。

(三)恶化生存环境,加剧贫困,制约山区经济社会发展

水土流失与贫困互为因果,贵州省经济最贫困的地区往往也是水土流失最严重区域,不少水土流失严重地区由于历史上掠夺式生产经营,土地生产力大

幅度下降,陷入生态恶化与贫困相互交织的恶性循环。1985 年,毕节市(原毕节地区)农民人均纯收入仅 151 元,农民人均粮食占有量只有 179kg,全市 5 个国家级贫困县,1 个省级贫困县,贫困人口 412.28 万人,占当时农业人口的80.80%;全区发生水土流失面积 16830km² (遥感观测数据),占总面积的62.69%,年平均土壤侵蚀量高达 9165 万 t,侵蚀模数为 5446t/(km²·a),"山上石化,山下沙化",裸露石山和石砾沙化面积达 15.4 万 hm²,占土地总面积的5.70%,平均每年以 0.2 万 hm² 的速度增加。一些水土流失剧烈的地方,农民只能在石缝里抠土种粮,"种一坡,收一箩",长期在贫困线上苦挣苦磨,甚至失去生存的条件(吴愿学,2008)。

(四)加剧自然灾害,危及人民群众生命财产安全

由于局部地区水土流失恶性发展,加上短历时强降雨的作用,泥石流及滑坡、崩塌等灾害给人民群众生命财产安全带来极大的威胁。1982 年 5 月 18 日20 时纳雍县城关区猫场乡木井村民组,降雨量约 45mm,历时 20min,夹有冰雹、暴雨,强度达 150mm/h,形成大约 40m³/s 的洪流,造成毁灭性的泥、石混合流灾害,造成死亡 37 人,重伤 13 人,冲走牲畜上百头(吕敬堂,1986)。

(五)影响水资源有效利用,加重旱灾损失和面源污染,威胁饮水安全

由于泥沙淤积,限制了水资源的综合开发和有效利用,加剧供需矛盾,加重旱灾损失。水土流失作为面源污染的载体,在输送泥沙的同时,也携带大量化肥、农药和生活垃圾中的有害物质进入水体,对饮水安全构成严重威胁。威宁县中水镇新华水库,年淤积量达 23 万 m³,淤积物质除水力侵蚀形成的泥沙沉积,还有边坡滑移后的堆积物,影响了水库正常供水,也影响水库运行和寿命。20 世纪 80 年代初,按人畜饮水困难标准统计,毕节市(原毕节地区)有 202.80万人和 164.90 万头牲畜饮水困难,截至 1995 年仍有 72.74 万人和 65.96 万头牲畜饮水困难(引自《毕节地区水土流失灾害调查报告(1951—1998)》)。

第三节　水土保持预防与监督

一、水土流失预防保护

（一）预防保护范围与对象

1. 预防保护范围

坚持"预防为主,保护优先",在贵州所有陆域空间实施全面预防保护,从源头上有效控制水土流失,保护地表植被和治理成果,扩大林草覆盖,控制石漠化,促进水土资源保护与合理利用。监管预防的重点范围包括预防保护范围,主要涵盖水土流失重点预防区,还包括重要河流两岸及源头、大中型水库周边、重要饮用水水源地、水土保持主导功能为水源涵养、生态维护、水质维护的区域、重要生态功能区等未划入重点预防区的部分。

2. 预防保护对象

预防保护对象指在预防范围内需保护的林草植被、地面覆盖物、人工水土保持设施,主要包括以下几个方面:①天然林、郁闭度达到0.7以上的比较稳定的人工林以及覆盖度0.4以上的草原、草场和草地;②受人为破坏后难以恢复和治理地带;③河流两岸及源头以及水库周边植物保护带;④水土流失综合防治成果等其他水土保持设施。

（二）预防保护措施与配置

1. 预防保护措施

包括保护管理、封育、治理及能源替代等措施。保护管理主要是对崩塌、滑坡危险区和泥石流易发区采取限制或禁止措施。对陡坡地开垦和种植、林木采伐及抚育更新,以及基础设施建设、矿产资源开发等采取预防监管措施。封育措施主要是指森林植被抚育更新与改造、轮封轮牧、网围栏、人工种草、舍饲养畜等。能源替代主要包括以小水电代燃料、以电代柴、新能源代燃料等措施。

局部水土流失综合治理采取林草植被建设、坡改梯、侵蚀沟治理、农村垃圾和污水处置设施建设、人工湿地及其他面源污染控制等措施。

2.措施体系

根据预防范围、保护对象及区域特点等实际情况,以维护和增强水土保持功能为原则,合理配置措施,保护植被,预防水土流失,形成综合预防保护措施体系:①江河源头和水源涵养区应注重封育保护和水源涵养植被建设。②饮用水水源保护区应以清洁小流域建设为主,配套建设植物过滤带、沼气池、农村垃圾和污水处置设施及其他面源污染控制措施。③重要生态功能区应注重封育保护,加强保护管理与植被建设,减少水土资源荷载,提高生态环境承载能力。④局部区域水土流失采取坡耕地改梯田等治理措施,促进生态修复。

(三)重点预防项目

对预防范围和对象进行梳理,以重点预防区为核心,以水土保持区划成果中各分区主导功能为依据,突出保障水源安全、维护区域生态系统稳定功能,按照分区和预防对象,选择生态、社会效益明显,有一定示范效应的区域按照"大预防、小治理"的原则明确预防项目的防治模式、措施配置及综合投资指标。确定重要江河两岸及源头区、重要饮用水水源地、大中型水库周边、重要生态功能区以及其他重点预防项目等五个重点预防项目的范围、任务和规模。

1.重要江河两岸及源头区重点预防项目

(1)范围及基本情况

主要指长江、珠江干流及其一级支流的两岸与源头区,且位于划定的省级重点预防区内,共涉及乌江、南北盘江等54条河流两岸,48条河流源头区,江河源头涉及沅江上游国家级水土流失重点预防区和柳江中上游、清水江、阳河、黔中低中山、赤水河中下游、黔中低中山等省级水土流失重点预防区共计6个省级水土流失重点预防区。项目区多位于山区和丘陵区,人口相对稀少,林草覆盖率较高,水土流失轻微。江河源头区大多是高山峡谷,分布有大面积森林,河流两岸低缓地带人口密度大、坡耕地多,水土流失相对严重。

(2)任务及规模

以封育保护为主,辅以综合治理,以治理促保护,控制水土流失,提高水源涵养能力。远期累计防治总面积5300km^2,近期防治面积1000km^2。

（3）近期重点工程

依据区域水土保持功能重要性,确定位于重点预防区的重要江河源头及两岸为"十三五"期间重点项目实施范围,具体为都柳江两岸及源头区、清水江两岸、南明河沿岸、赤水河下游 4 个片区预防项目为近期重点项目。

2. 重要饮用水水源地重点预防项目

（1）范围及基本情况

涉及贵州省的 15 个国家级重要饮用水水源地,以及 137 个县级及以上城镇的重要饮用水水源地,多为水库型饮用水水源地,主要涉及黔中低中山及零星分布的省级水土流失重点预防区。项目区林草覆盖率较高,水土流失强度以轻度为主。水土流失多发生在水库汇水范围内的坡耕地和村镇周边,部分水源地存在面源污染问题。

（2）任务及规模

保护和建设以水源涵养林为主的植被,加强远山封育保护,中低山丘陵实施以林草植被建设为主的小流域综合治理,近库（湖、河）及村镇周边建设清洁小流域,滨库（湖、河）建设植物保护带和湿地,促进重要水源地 15°~25°坡耕地退耕还林还草,减少入河（湖、库）的泥沙及面源污染物,维护水质安全。远期累计防治总面积 4500km^2,近期防治面积 1000km^2。

（3）近期重点工程

依据水源地供水区域的重要性及水源地保护的迫切性,确定以国家级重要饮用水水源地及位于水土流失重点预防区的中心城市水源地水土保持工程为近期重点项目,具体涉及贵阳市、六盘水市、遵义市、铜仁市、兴义市、毕节市、安顺市城区饮用水水源地水土保持重点预防项目。

3. 大中型水库周边重点预防项目

（1）范围及基本情况

全省已有和在建的大中型水库周边,主要预防范围为大坝以上 3km 以内的左右岸陆域汇水范围。项目区林草覆盖率普遍不高,地势起伏较大,水土流失相对较重,多发生在库区周边坡地上的耕地与荒地上,部分区域存在面源污染。

（2）任务及规模

实施远山封育保护,加强库岸植被防护林带建设,治理库岸缓丘区水土流失,改善周边集镇生态环境。远期累计预防总面积 980km^2,近期预防面积 200km^2。

（3）近期重点工程

确定近期重点预防工程为黔中水利枢纽平寨水库库区及周边水土流失重点预防项目,预防面积 200km^2。

主要涉及六盘水、毕节两个市的纳雍、织金、水城、六枝等县（特区）,具体预防范围为坝址下游外延 1km、坝址以上第一山脊线内、正常蓄水位 1331m 以上,库尾回水末端外延 1~3km。防治库首工程及集镇周边人为水土流失,沿水库淹没线外延建设植被保护过滤带,库岸缓丘区的农业生产区开展局部水土流失治理,远山实施封育保护,近期防治面积 200km^2。

4.重要生态功能区重点预防项目

（1）范围及基本情况

贵州省现有 23 个重要生态功能县级单元,这些区域代表不同自然地带、自然环境的生态系统,保护珍贵的、稀有的动植物资源,是保护生物多样性的重要生境。项目范围共涉及威宁草海湿地、铜仁梵净山、柳江中上游以及零星分布的省级水土流失重点预防区,区域水土流失强度总体轻微,林草覆盖率较高。

（2）任务及规模

加强远山封育保护,中低山丘陵实施林草植被建设。远期累计预防总面积 4700km^2,近期预防面积 200km^2。

（3）近期重点工程

根据自然保护区生态功能的重要性,确定草海、麻阳河、梵净山、茂兰等 4 个位于重要生态功能区的自然保护区为近期重点项目。

5.其他重点预防项目

（1）范围及基本情况

围绕全省"两屏五带三区"的生态安全战略格局,针对上述各项目布局以外区域,以划定的省级水土流失重点预防区为重点,开展面上水土流失重点预防项目。

（2）任务规模

加强保护管理、封育、治理及能源替代等措施,开展清洁小流域建设。远期累计防治总面积 2820km^2,近期防治面积 300km^2。

二、水土保持监督管理

(一) 制度体系

改革开放以来,贵州省水土保持法规制度建设经历了从无到有、逐步完善的过程。1991 年 6 月《中华人民共和国水土保持法》颁布,推动了贵州省水土保持法规制度的建设,贵州省于 1992 年 12 月出台了《贵州省实施〈中华人民共和国水土保持法〉办法》,特别是 2011 年 3 月 1 日新修订的《中华人民共和国水土保持法》颁布实施以来,贵州省相继出台了《贵州省生态环境损害党政领导干部问责暂行办法》《贵州省水土保持条例》《贵州省水土保持补偿费征收管理办法》《贵州省生产建设项目水土保持管理办法》《贵州省水土保持目标责任考核办法(试行)》等法规、规范性文件及地方各级配套制度,初步形成了较为完善的水土保持配套法规制度框架,有力指导和推动了各级依法依规、科学高效地开展工作。

(二) 监管能力

贵州省于 20 世纪 80 年代在省水利厅设置了水土保持处,并成立了水土保持委员会,同时相继成立了贵州省水土保持监测站、贵州省水土保持科技示范园管理处等水土保持技术服务单位。各设区市(州)、县(市、区、特区)均成立了水土保持机构,此外还有大量服务于水土保持监管工作,从事水土保持设计、监测、监理、科研、宣传、教育的企事业单位和学会等非政府组织,水土保持专管机构和社会服务体系建设不断增强。2010—2014 年开展了两批水土保持监督管理能力建设,投入达 1054 万元。全省成立监督管理机构 101 个,有执法人员 408 名,大大提升了监管能力。

在监管能力规范化建设的基础上,加快实现水土保持监管信息化技术应用与遥感技术应用,切实提升水土保持监管能力和手段,有效掌控和规范生产建设项目水土保持工作情况,2018 年已实现全省水土保持遥感监管全覆盖。

(三) 生产建设项目监督管理

贵州在制度建设、能力建设、监督检查和行政执法等方面不断加强工作力度,坚持依法行政,强化监管,牢固树立生态红线的观念,做好生态环境的守护者。2013—2018 年全省共审批 9500 多个生产建设项目水保方案,其中省级

728 个,防治水土流失面积 36.21 万 hm²,有效拦挡弃渣约 11 亿 m³;共验收项目 1433 个,开展监督检查 1.76 万次,查处案件 1000 余件;清理了 2005—2016 年省级审批的生产建设项目 2400 多个,核查生产建设项目水土保持补偿费 12 亿元,为加大水土保持补偿费的追缴提供了依据;落实简政放权要求,出台了一系列"放管服"制度,取消水土保持验收许可事项,开展政府购买方案评审和验收服务等工作,为加快推进贵州生态文明建设提供了有力保障。

三、水土保持区划与水土流失重点防治区

(一)水土保持区划

2012 年 11 月 15 日水利部组织完成了全国水土保持类型区划分工作,并印发了《全国水土保持区划(试行)》(办水保〔2012〕512 号)。其中涉及贵州省行政区范围的有 1 个全国水土保持一级区(Ⅶ西南岩溶区),1 个全国水土保持二级区(Ⅶ-2 滇黔桂山地丘陵区),4 个全国水土保持三级区(滇黔川高原山地保土蓄水区、黔中山地土壤保持区、黔桂山地水源涵养区和滇黔桂峰丛洼地保土蓄水区)。考虑到国家三级区(贵州部分)涉及的县级行政区数量较多,面积大,区内差异较大,因此在国家三级区划框架范围内,进行贵州省水土保持类型区划分,将全省划分为 10 个省级水土保持类型区,并结合各类型区特点进行命名。

根据 2015 年 6 月 17 日贵州省水利厅《关于印发贵州省水土保持区划的通知》(黔水保〔2015〕48 号),全省共划分为 10 个贵州省水土保持区,划分结果见见图 3-7-3 所示,下面分别加以说明。

1.黔中中山低山石灰岩白云岩轻度流失人居环境维护区

该区涉及贵阳、遵义、安顺、黔南及黔东南等 5 个设区市(州)的 27 个县(市、区、特区),分别为南明区、云岩区、花溪区、乌当区、白云区、观山湖区、开阳县、息烽县、修文县、清镇市、红花岗区、汇川区、遵义县、西秀区、平坝县、普定县、镇宁县、紫云县、福泉市、贵定县、龙里县、都匀市、惠水县、瓮安县、长顺县、麻江县及凯里市,土地总面积 3.68 万 km²,水土流失面积为 8532.91km²。

贵安新区隶属于本水土保持类型区,贵安新区直管区面积为 470km²,涉及贵阳市花溪区和安顺市平坝区的 4 个乡镇。

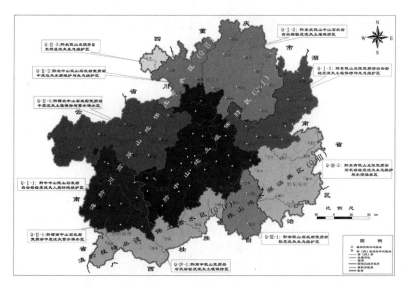

图3-7-3 贵州省水土保持区划分图(贵州省水利厅,2017)

2.黔东北低山中山石灰岩白云岩轻度流失土壤保持区

该区涉及遵义市及铜仁市2个设区市的11个县(自治县),分别为绥阳县、凤冈县、湄潭县、正安县、道真县、务川县、石阡县、思南县、印江县、德江县及沿河县。土地总面积2.47万 km²,水土流失面积为8432.06km²。

3.黔东低山丘陵变质岩白云岩轻度流失土壤保持与生态维护区

该区涉及遵义市、铜仁市及黔东南州等3个设区市(州)的11个县(区),分别为余庆县、碧江区、江口县、玉屏县、万山区、松桃县、黄平县、施秉县、三穗县、镇远县及岑巩县。土地总面积1.63万 km²,水土流失面积为3617.73km²。

4.黔西南中山石灰岩变质岩中度流失蓄水保水区

该区涉及六盘水市、安顺市及黔西南州等3个设区市(州)的9个县(区),分别为钟山区、六枝特区、水城县、盘县、关岭县、兴仁县、晴隆县、贞丰县及普安县。土地总面积1.74万 km²,水土流失面积为6024.83km²。

5.黔北中山低山石灰岩变质岩中度流失水质维护与生态维护区

该区涉及遵义市的桐梓县、习水县和仁怀市3个县级行政单元,土地总面积0.81万 km²,水土流失面积为2365.24km²。

6.黔北低山丘陵砂岩无明显流失生态维护区

该区范围涉及赤水市,土地总面积0.19万 km²,水土流失面积为102.66km²。

7.黔西北中山石灰岩变质岩中度流失土壤保持与蓄水保水区

该区涉及毕节市的威宁县、赫章县、七星关区、大方县、黔西县、织金县、纳雍县、金沙县计 8 个县级行政单元。土地总面积 2.68 万 km²，水土流失面积为 10342.53km²。

8.黔南低山石灰岩变质岩轻度流失生态维护区

该区范围涉及黔南州的三都县、荔波县和独山县以及黔东南州的丹寨县，计 4 个县级行政单元。土地总面积 0.82 万 km²，水土流失面积约为 1443.95km²。

9.黔东南低山丘陵变质岩石灰岩轻度流失生态维护水源涵养区

该区范围涉及黔东南州的天柱县、锦屏县、剑河县、台江县、黎平县、榕江县、从江县及雷山县，计 8 个县。土地总面积 1.92 万 km²，水土流失面积约为 2678.18km²。

10.黔南中低山变质岩石灰岩轻度流失土壤保持区

该区涉及黔西南州的望谟县、册亨县、兴义市、安龙县 4 个县，黔南州的平塘县和罗甸县 2 个县，计 6 个县级行政单元。土地总面积 1.66 万 km²，水土流失面积为 5251.77km²。

（二）水土流失重点防治区

2015 年 8 月 19 日，贵州省水利厅印发《贵州省水土流失重点预防区和重点治理区划分成果的通知》（黔水保〔2015〕82 号），全省共划分了沅江上游 1 个国家级水土流失重点预防区和赤水河中下游、柳江中上游等 11 个省级水土流失重点预防区（见图 3-7-4），涉及 61 个县（市、区、特区）273 个乡镇，行政区面积 37718.90km²，占全省土地总面积的 21.41%，重点预防面积 18358.44km²，其中：国家级重点预防区 1 个，涉及 10 个县 59 个乡镇，重点预防面积 2740.16km²；省级重点预防区 11 个，涉及 58 个县（市、区、特区）214 个乡镇，重点预防面积 15618.28km²。

划分了乌江赤水河上游国家级水土流失重点治理区、乌江中下游国家级水土流失重点治理区、黔中岩溶石漠化省级水土流失重点治理区等 8 个水土流失重点治理区，涉及 74 个县（市、区、特区）共计 817 个乡镇，行政区面积 94766.20km²，占全省土地总面积的 53.79%，重点治理面积 39048.33km²。其中：国家级重点治理区 5 个，涉及 47 个县（市、区、特区）703 个乡镇，重点治理面积 35011.12km²；省级重点治理区 3 个，涉及 24 个县（市、区、特区）114 个乡镇，重点治理面积 4037.21km²。

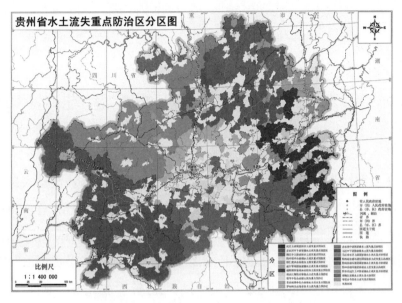

图 3-7-4　贵州省水土流失防治区划分图（贵州省水利厅，2017）

四、水土保持规划

2017 年 3 月，贵州省人民政府制订了《贵州省水土保持规划（2016—2030 年）》（贵州省水利厅，2017），将水土保持生态建设纳入贵州生态文明试验区建设方案，划定生态保护红线。《贵州省水土保持规划（2016—2030 年）》分析了贵州省的水土流失及其防治现状，系统总结了水土保持工作的经验和成效以及存在的问题；以贵州省水土保持区划为基础，以保护和合理利用水土资源为主线，以水土流失重点预防区和重点治理区划分成果为依据，拟定了贵州预防和治理水土流失、保护和合理利用水土资源的总体部署；明确了今后一段时期水土保持的目标、任务、总体布局和对策措施，为维护良好生态、促进江河治理、保障饮水安全、改善人居环境、推动经济社会发展提供支撑和保障。全省各市、县基本完成了本级水土保持规划的编制和批复工作，实现了把水土保持纳入国民经济和社会发展规划统筹发展。

《贵州省水土保持规划（2016—2030 年）》涉及全省 9 个市（州）88 个县（市、区、特区）和贵安新区，土地总面积 17.61 万 km²。规划基准年为 2015 年，近期水平年为 2020 年，远期水平年为 2030 年（贵州省水利厅，2017）。

第四节　水土流失综合治理

改革开放以来,贵州省委、省政府将水土保持列为全省经济社会发展的基石,成立专门机构,积极争取资金,全面开展水土流失综合治理工作。首先在水土流失严重的石漠化岩溶地区开展小流域水土保持综合治理试点工程,随后在中央财政、欧盟和亚行贷款的支持下,相续实施了"长治"工程、"珠治"工程、国债资金水土保持项目、生态修复、欧盟赠款、世行贷款水土保持项目、坡耕地综合治理、石漠化治理及等一系列卓有成效的水土流失治理工程。特别是1988年6月,经国务院批准成立了"毕节'开发扶贫、生态建设'试验区"。1989年开始实施长江上游水土保持重点治理工程以来,加大水土保持投入,水土流失治理步伐加快,2018年底全省水土流失面积减少到4.827万 km²,水土流失治理取得了丰硕的成果。2011—2018年全省完成水土流失治理面积19388km²,占下达任务的110%。其中,水土保持重点工程完成治理任务2799.5km²,完成总投资23.78亿元,建设区域覆盖全省70多个县(市),主要集中在水土流失严重、生态脆弱以及贫困地区、革命老区等区域,为有效防治水土流失、改善农村人居环境和生产条件、促进产业结构调整、助推脱贫攻坚任务作出了重要贡献(顾再柯等,2018)。

一、水土保持综合治理试点工程

(一)治理进程

1982年,国务院决定从小型农田水利补助费中划拨10%~20%经费用于水土保持治理工作,贵州启动水土保持小流域治理试点工程,由贵州省水土保持委员会组织实施,开启了贞丰县鲁贡小流域水土保持治理试点工程和金沙县红卫水库库区水土保持综合治理工程的建设。

1983年,水电部珠江水利委员会、长江水利委员会与贵州省水电厅共同投资,实施鲁贡河、落生河、八甲河小流域综合治理项目,并规划全面启动小流域治理试点工程建设,涉及 42 个试点县,包含普定县蒙铺河小流域、赫章野马川小流域等 67 个综合治理试点工程。

1985 年底,水土保持治理试点工程累计治理水土流失面积 5061km²,完成投资 450.13 万元。退耕还林 6734.6hm²,育苗 42.93hm²;修建河堤 34167m、拦山沟 51698m、谷坊 127 座;实施坡改梯 875.93hm²,完成生物治理面积 25687.27hm²。

1986 年,赫章野马川小流域水土保持综合治理工程完成。治理后,流域内侵蚀模数由 1982 年的 4853t/(km²·a)减少到 1500~2550t/(km²·a);洪水含沙量由 38% 减少到 20%;经济收入由 396.64 万元增长到 1240.56 万元,产业结构得到优化,改变了过去单一的粮食生产结构。

1988 年,蒙铺河小流域综合治理工程完成,林草覆盖率由治理前的 22.17% 增加到 55.40%;泥沙流量由治理前的 21.60 万 t/(km²·a)减少到 5.90 万 t/(km²·a);粮食总产量由 1982 年的 224.90 万 kg 增加到 473.20 万 kg,人均口粮由 133kg 增加到 273.50kg;人均收入由 46 元增加到 195.22 元;乡村交通设施得到改善,人畜饮水困难得到解决。1988 年 8 月 30 日—9 月 3 日,水利部长江流域规划办公室在安顺市召开会议,对蒙铺河小流域水土保持综合治理试点工程进行验收。

1990 年,鲁贡河、落生河、八甲河小流域综合治理工程竣工,共培植杉木、杜仲、柑橘等经果林 2467hm²;大于 35°的 398hm² 陡坡耕地全部退耕还林,25°~35°的耕地全部实行林粮间作;整治河堤 222m、坡改梯(土改田)81hm²。3 条小流域的森林覆盖率分别由治理前的 7.80%、4.80%、10% 增加到 43.80%、50.60%、59.50%。

(二)治理效果

试点工程实施过程中,由于受项目区群众组织发动不够、缺乏考核机制、治理措施不配套,以及未调动农户积极性或规划设计不科学等因素影响,导致部分试点工程半途而废,没能全面完成规划的治理任务。主要完成了赫章野马川小流域、普定县蒙铺河小流域、金沙红卫水库、贞丰县鲁贡河、落生河、八甲河小流域等治理试点工程,通过山、水、田、路、林、电综合治理,治理区域初步形成综合防护体系,水土流失得到基本控制,取得了一定的治理成效,为水土流失综合治理、岩溶石漠化治理探索了有效的途径。

二、水土保持重点治理工程

（一）长治工程

"长治"工程,是"长江上游水土保持重点防治工程"的简称。1988年,经国务院批准将长江上游列为全国水土保持重点防治区,并决定在金沙江下游及毕节地区、陇南及陕南地区、嘉陵江中下游、川东鄂西三峡库区"四大片"实施"长治"工程,贵州省毕节市(七星关区)、威宁县(图3-7-5)、赫章县、大方县列入首批治理工程范围。之后"长治"工程的实施范围逐步扩大,到2008年,全省共实施7期"长治"工程,涉及30个县(市、区),治理498条小流域,完成投资82385万元,累计治理水土流失面积2559.69km²。实施坡改梯83656hm²,种植经果林125524hm²,种草46789hm²,修建沟渠2213km,修建蓄水池10192口,改善灌溉面积32000hm²,解决20万人的饮水困难,减少贫困人口27万人,粮食总产量增长15%。

图3-7-5 威宁赵山小流域坡改梯及水系配套工程(黄鹤先 摄)

"长治"工程采取以小流域为单元综合治理,以保护水土资源,减少水土流失,改善生态环境和生产条件为任务,工程措施、生物措施、保土耕作措施相结合,取得了十分显著的成效,大大改善了治理小流域的生态环境,使群众脱贫致富,有效地遏制了水土流失和岩溶石漠化趋势。

自 1999 年以来,毕节地区水保办被评为"全国水土保持重点防治工作先进集体";毕节地区的高山、驮煤河、九股水、新房等 26 条小流域分别被水利部、财政部命名为"全国水土保持生态环境示范小流域"及全国"十百千"示范样板工程。毕节市(七星关区)观音河小流域重点防治工程被中国科学院评为"做出世界罕见的水土流失综合治理模式";威宁县被长江水利委员会称赞为"长江上游的样板";赤水、仁怀两市先后被水利部、财政部联合命名为"全国水土保持生态环境建设示范县";黔西县驮煤河、附廓 2 条小流域被共青团中央、全国绿化委员会、全国人大环境与资源保护委员会、全国政协人口资源环境委员会、水利部、农业部、环境保护总局、林业局 8 个部委授予"全国水土保持生态环境建设示范小流域""全国保护母亲河行动优质工程"荣誉称号;遵义市有 10 条小流域被水利部、财政部命名为"全国水土保持生态环境建设示范小流域"。

(二)珠治工程

珠江上游南北盘江流域地处云贵高原向桂中山地丘陵地区过渡的斜坡地带,为典型的喀斯特地区。行政范围包括贵州、云南、广西 3 省 56 个县,其中,贵州省境内有六盘水市、黔西南州、安顺市和毕节市的 17 个县(市、特区),面积 2.86 万 km^2,是珠江流域水土流失和石漠化最严重的地区。

2000 年初,中央提出西部大开发战略,贵州省、云南省联合向国务院上报,请求立项治理珠江上游南北盘江流域水土流失,经水利部和国家发展计划委员会协商,决定加大对西部地区水土保持的投入。2004 年初,南(北)盘江石灰岩地区水土保持综合治理试点工程全面启动,涉及贵州省兴义市、兴仁县、晴隆县、安龙县、贞丰县、册亨县、盘县、关岭县等 8 县(市)的 83 条小流域,2006 年 7 月竣工。2004—2006 年累计投资 8410.5 万元,投工 517 万工日,完成治理水土流失面积 737.7km²,占计划的 99%。

2007 年,经国家发改委、水利部批复,规划实施南(北)盘江石灰岩地区水土保持综合治理工程,建设期为 5 年,涉及兴义市、兴仁县、晴隆县、安龙县、贞丰县、册亨县、盘县、水城县、关岭县、紫云县、西秀区等 11 个县(市、区),2007—2008 年,全省完成工程投资 13788 万元,治理水土流失面积 603.9km²。

"珠治"工程坚持山、水、林、田、路综合治理,形成小流域水土流失综合防护体系,有效遏制石漠化的发生和发展,生态环境得到明显改善,水土流失得到有效控制,改善了农村基础设施和人居环境,调整了农村产业结构,土地利用更加合理,基本实现了农村经济增长、农业增产和农民增收,促进了人口、粮食、生态和经济的良性循环。其中,水城县俄脚河、盘县双龙等小流域治理成效显著,先后被命名为"十百千"示范工程。

(三)外资项目

自 1983 年开始实施水土流失治理工作以来,贵州水土流失的现象逐步得到遏制,生态环境逐步得到改善,但治理经费的投入与治理进度仍不能满足水土流失地区民众对改善生产条件和生存环境的迫切要求。所幸的是,贵州进行水土流失治理的决心和成就引起全国以及全世界的关注,经过国家发改委、水利部、财政部的积极争取,以及全省各级政府和水利部门的努力,世界银行贷款、欧盟赠款、亚行贷款等水土保持项目陆续在贵州实施,加快了水土流失治理进度。

1. 世界银行贷款/欧盟赠款项目

2006 年,世界银行董事会正式批准云贵鄂渝水土保持世行贷款/欧盟赠款项目,涉及毕节、黔西南、六盘水 3 个设区市(州)的 12 个县(市、区),即:威宁县、赫章县、纳雍县、金沙县、织金县、大方县、毕节市(七星关区)、黔西县、盘县、兴义市、兴仁县、安龙县。

项目实施围绕基本农田建设为主线,发展特色种植为重点,与小型水利水土保持工程相配套,采取项目加农户加公司等模式,建成了盘县雁子、荒田,兴义冷洞,兴仁屯桥,大方县九洞天,黔西县金江、松树,金沙县石榴、绿竹和赫章县新田等一批精品示范小流域。截至 2012 年 5 月,世行贷款及欧盟赠款水土保持项目全面完成建设任务,共开展 4 批 64 条小流域的综合治理,累计治理水土流失面积 786km²,完成投资世界银行贷款 3470 万美元、欧盟赠款 317 万欧元、人民币 36175 万元。

通过山、水、林、田、路、村综合整治后,项目区生产条件得到显著改善,产业结构得到合理调整,经果林初步显现效益,群众收入水平明显提高,农民人均产粮稳定在 450kg 以上,林草覆盖率由治理前的 34.80% 提高到 51.10%。另外,项目建设还以示范县带动提升管理水平,以示范户为主体,开展农户的专题培训,省、市(州)项目办先后培训专业技术人员及农户达 2 万多人(次),重点针对少数民族及妇女的培训,85%以上参与农户都学到了种养殖技术,极大促进了农村经济的发展。

2. 亚行贷款水土保持项目

2010年,亚洲开发银行、财政部、贵阳市人民政府正式签署"贵阳市水资源综合管理项目"的《贷款协定》和《项目协议》,贵阳市亚行贷款水土保持项目进入实施阶段,主要分布在花溪、乌当、开阳、息烽、修文、清镇等县(市、区),工期为2010年至2014年。项目由单户、村组集体组织、专业队、施工企业等组织实施:林、草、果及小片梯田,以户包治理为主,由村组统一组织;连片的梯田工程建设、小型拦蓄工程,人畜饮水工程、沼气池等以专业队施工为主,或以村组为单位集体组织施工;节水灌溉、小型河堤整治等由施工企业集中施工。

到2014年,累计综合治理面积800km²,总投资达2.6亿元,对花溪水库、阿哈水库、松柏山水库、红枫湖、百花湖等重要的饮用水水源地主要流域范围的水土流失进行全面治理。其中,集中投入1.5亿元资金,全面治理南明河沿岸的花溪、小河、南明、乌当等重要区域,使南明河生态环境得到有效改善。

(四)生态修复工程

2002年,水利部在全国106个县实施水土保持生态修复试点工程,贵州省的兴义市、兴仁县、安龙县、大方县、纳雍县和织金县列入实施范围。试点工程投资以地方为主,中央给予适当补助,实施期限从2003年至2004年。由贵州省级水利部门负责试点工程的组织实施,流域机构负责技术指导和检查验收。省水利厅对项目实施情况进行复查验收,全省6个县市共完成投资420万元,完成水土保持生态修复治理面积55km²。2004年,赤水市、威宁县列入"长治"生态修复工程实施范围,到2006年工程竣工,共完成投资252万元,完成水土保持生态修复治理面积19.76km²。

生态修复工程依靠大自然的力量,充分发挥生态的自我修复能力,再加以辅助措施,有效控制人为水土流失,促进了植被恢复和生态系统的改善。

(五)国债水土保持重点工程

1998年,国家实施积极财政政策,启动中央财政预算内专项资金水土保持项目。贵州以坡耕地改造,减少泥沙危害为重点,以基本农田和水利设施建设为基础,以小流域为单位,分为长江流域和珠江流域两个项目分别实施。

2000—2008 年,全省实施国债水土保持重点工程累计治理水土流失面积 2248.58km²,其中:长江流域完成综合治理 1707.70km²,珠江流域完成 540.88km²。

通过治理,项目区初步形成综合防护体系,水土流失治理程度达 80% 以上,林草覆盖率提高 15%,减沙率达到 70% 以上,土壤侵蚀模数降至 500t/(km²·a),基本实现土不下山、水不乱流,农业生产条件得到极大改善,防洪减灾能力大大增强,实现了粮食增产、农民增收的目标。

(六)生态清洁小流域建设项目

2013—2018 年贵州共实施 7 条生态清洁小流域建设,已验收 4 条,主要涉及黔东南州、赤水市、黔南州、铜仁市、贵阳市,共治理水土流失面积 37.14km²,总投资 2451.24 万元,其中:中央投资 1858.24 万元、省级配套 199 万元,市级配套 394 万元。

生态清洁小流域建设以改善农村水土流失地区的生产生活条件和生态环境为着力点,结合当地生态发展和乡村环境改善等实际需求,实施水系整治、生态修复、垃圾处理及人居环境改善等综合措施,做到水土流失治理与水源、水环境保护、农业集约化生产、人居环境改善相结合,使小流域达到景观优美、自然和谐、卫生整洁、人居舒适。

(七)滇黔桂岩溶区农业综合开发水土保持项目

2013 年,水利部、国家农发办启动滇黔桂岩溶区农业综合开发水土流失治理工程,贵州的望谟、兴仁、册亨、安龙、普安、晴隆、兴义、贞丰、水城、盘县、六枝、钟山等 12 个县(市、区)首次列入国家农业综合开发水土保持项目实施县。2014 年,按照水利部和国家农发办要求,编制了《国家农业综合开发项目水土保持项目贵州省实施规划(2014—2019 年)》,涉及望谟、兴仁、册亨、安龙、普安、晴隆、兴义、贞丰、水城、盘县、六枝、钟山、镇宁、关岭、紫云、贵定、龙里、长顺、惠水、平塘、罗甸等 23 个县(市、区)。

2013—2015 年,望谟、兴仁、册亨、安龙、普安、晴隆、兴义、贞丰、水城、盘县、六枝、钟山等 12 个县(市、区)共实施了 36 个农发水保项目,治理水土流失面积 422km²,完成投资 20851 万元。

2016 年,兴仁、安龙、普安、晴隆、兴义、贞丰、盘县、钟山、镇宁、威宁等 10 个县（市、区）实施了农发水保项目，治理水土流失面积 143.34km²，完成投资 7500万元。2017 年以后，贵州的农业综合开发水土保持项目统一为"国家水土保持重点工程"。

农发水保项目实施以产业调整和农业科技推广为依托，水土流失治理与农业基础设施建设、农民增收相结合，改善项目区农村生产条件，农村产业结构得到调整，改善农民生存环境，走脱贫致富之路，提高了农业生产能力和农民收入，促进经济社会可持续发展。

（八）国家水土保持重点建设工程

2013 年，财政部、水利部决定在贵州省革命老区实施国家水土保持重点建设工程，简称"革命老区水土保持项目"。松桃、七星关、大方、黔西、纳雍、赤水、湄潭、遵义等 8 个县（市、区）列入国家水土保持重点建设工程项目县。

2013—2015 年，松桃、七星关、大方、黔西、纳雍、赤水、湄潭、遵义等 8 个县（市、区）治理了 23 条小流域，共治理水土流失面积 475.80km²，完成投资 21404万元。

2016 年，松桃、七星关、大方、黔西、纳雍、赤水、湄潭、遵义、德江等 9 个县（市、区）治理水土流失面积 251.3km²，完成工程投资 12564 万元。2017 年以后，贵州的国家水土保持重点建设工程（革命老区重点治理工程）统一为"国家水土保持重点工程"。

项目实施后，增加了项目区基本农田、经果林等经济指标，利用区内的种植优势积极引导群众调整产业结构，形成以果树、经济作物为主，其他产品为辅的产业布局，进一步挖掘增产增值潜力，发展地方经济，提高林草覆盖率，改善生态环境，促进社会主义新农村建设。

（九）坡耕地水土流失综合治理工程

2009 年，贵州省率先在镇宁县开展了王二河水库移民区坡耕地综合整治工程。2010 年，国家发改委、水利部决定在坡耕地面积大、人地矛盾突出、水土流失严重的地区开展坡耕地水土流失综合治理试点工程，望谟、纳雍、织金、毕节、镇宁、六枝等 6 个县（市、特区）正式启动坡耕地水土流失综合治理试点工程，2011 年、2012 年先后在碧江区、沿河、水城、六枝、织金、威宁、紫云、长顺、贞丰、印江、德江、沿河、盘县、织金、紫云、普定、兴义等 17 个县（市、特区）实施坡耕地水土流失综合治理。试点工程共完成坡改梯 6993hm²，并修建了蓄水池、截排水沟、田间道路、植物护埂等配套工程，完成总投资 25760 万元。

2013 年，按照国家发改委、水利部安排，贵州省编制坡耕地综合治理工程规划，试点工程转为中央预算内坡耕地水土流失综合治理工程。2013—2018 年全省范围内共实施了 85 个坡耕地水土流失综合治理工程，治理坡耕地面积 18111hm²，完成总投资 94875 万元。

坡耕地综合治理工程成效明显，一是增加基本农田面积，促进粮食增产。坡改梯修建过程中的平整耕作面、修筑梯坎和配套田间道路、蓄水池、截排水沟等措施大大改善了农民耕作条件，提高了农业生产用水安全保障，增加了有效耕种面积和提高耕地质量，增加粮食生产能力。二是增加农民收入，促进农村经济发展的成效。工程的实施，有利于进一步调整土地利用结构，改善农业生产条件和农村居民生活条件，提高耕地土地利用率和产出率，从而增加粮食及其他经济作物的生产能力。三是减轻水土流失，改善生态环境。往昔陡坡耕地，通过实施坡改梯治理，合理布设各项配套措施，由跑土、跑肥和跑水地改造成了保土、保肥、保水的稳产基本农田，形成了立体的水土保持综合防治体系，土壤流失得到了有效控制，生态环境得到有效改善。

（十）国家水土保持重点工程

2017 年，财政部、水利部为加快水土流失治理步伐，将水土保持重点治理工程纳入中央水利发展资金投资项目，统一名称为"国家水土保持重点工程"。赤水、播州、七星关、纳雍、大方、赫章、松桃、德江、石阡、镇宁、紫云、晴隆、册亨、望谟、从江、雷山、榕江、台江、长顺、水城等县（市、区）实施了 22 个水土保持重点工程，治理水土流失面积 318km²，总投资 15900 万元，其中：中央投资 11130 万元，省级配套 4770 万元。

2018 年，黄平、剑河、黎平、榕江、天柱、雷山、从江、余庆、赤水、播州、湄潭、金沙、赫章、七星关、大方、威宁、江口、万山、玉屏、德江、石阡、钟山、普安、安龙、兴义、关岭、西秀、平塘、三都、罗甸、荔波、贵定、花溪等县（市、区）实施了 33 个水土保持重点工程，治理水土流失面积 598km²，总投资 29900 万元，其中：中央投资 18817 万元，省级配套 5543 万元，市州配套 5540 万元。国家水土保持重点工程的实施，减少水土流失面积，促进农业结构调整，改善农业生产条件，保障农业增效、粮食增产、农民增收,提高水土保持生态环境保护和参与治理水土流失意识,积极推进百姓富、生态美的乡村振兴之路,进一步促进生态文明建设。

三、石漠化治理

(一)治理进程

石漠化已严重制约了贵州经济社会的发展。长久以来,贵州省上下一直都在不断探索治理石漠化的有效途径,经过长期的水土流失治理实践,总结出治理石漠化的一些成功经验:以治理保护和开发利用水土资源为前提,以基本农田建设、小型水利水保工程和恢复林草植被为重点,以实施坡面水系、沟道治理、水土保持林、经济果木林为主要手段,人工治理和生态修复相结合,有效遏制土地石漠化、治理水土流失。

2008 年,国家在全国 100 个县(市、区、特区)先行开展石漠化综合治理试点工作,国务院正式批准了《全国西南岩溶地区石漠化综合治理规划大纲(2008—2015 年)》,标志着贵州石漠化综合治理工作已上升到国家层面。清镇市、开阳县、息烽县、六盘水市钟山区、水城县、盘县特区、六枝特区、仁怀市、遵义县、桐梓县、思南县、印江县、沿河县、贞丰县、黔西县、麻江县等 55 个县(市、区、特区)列入石漠化综合治理工程试点县,各地实施以小流域为单元的山、水、田、林、路、电、沼、草综合治理开发,到 2010 年全省累计治理小流域 364 条,治理岩溶面积 7875km²,石漠化面积 2533km²,完成中央投资 12.10 亿元,地方配套资金 1.35 亿元。

2011—2015 年,贵州岩溶地区 78 个县全部纳入国家石漠化综合治理工程实施范围,“十二五”期间,石漠化综合治理工程共投入资金 28.49 亿元,治理岩溶面积 15547.1km²,治理石漠化面积 5578.12km²。主要治理措施完成情况如下:完成林草植被保护和建设 55.35 万 hm²;人工种草 2.03 万 hm²,改良草地 5201.09hm²,完成棚圈 63.91 万 m²,青贮窖 10.41 万 m²,购置饲料机械 4794 台;完成坡改梯 1914hm²,排灌沟渠 1134km,沟道整治 110km,拦沙坝/谷坊 112 座,沉沙池 4914 口,蓄水池 7247 口,田间生产道路 2094km,输水管线 772km。其间,2012 年 6 月,国家启动滇桂黔石漠化片区区域发展与扶贫攻坚工作,贵州以此为契机,牢牢守住发展和生态两条底线,编制了《滇桂黔石漠化区(贵州分区)区域发展与扶贫攻坚规划(2011—2020)》,推动了岩溶地区石漠化治理进程。

2016—2018年,按照《岩溶地区石漠化综合治理工程"十三五"建设规划》,贵州省在50个石漠化重点县继续实施石漠化综合治理工程,截至2018年底,已治理岩溶面积7106km²、石漠化面积3131km²,共投入资金16.59亿元,其中中央投资15.0亿元、地方投资1.59亿元。

水利部、国家林业局于2016年4月18日、2018年5月30日,分别在贵州省安顺市、都匀市联合召开滇桂黔石漠化片区区域发展与扶贫攻坚现场推进会,在积极组织实施石漠化专项治理工程的同时,各级各部门统筹各类项目资金、开展石漠化集中治理,依托农村电气化、沼气建设、以工代赈、易地扶贫搬迁、耕地整理、农村饮水安全等工程改善石漠化地区生产、生活条件,有效巩固了石漠化治理成果、遏制了石漠化蔓延趋势,石漠化片区治理取得明显成效。

(二)治理效果

1.石漠化变化

据《贵州省岩溶地区第三次石漠化监测成果公报》,贵州2016年石漠化面积247.01万hm²,比2005年减少84.6万hm²,减少了8.82%,年均减少面积8.46万hm²,标志着石漠化扩展的趋势得到有效遏制。在石漠化土地中,轻度石漠化面积93.42万hm²,比2005年减少12.44万hm²;中度石漠化面积125.41万hm²,比2005年减少47.88万hm²;重度石漠化面积25.64万hm²,比2005年减少17.64万hm²;极重度石漠化面积2.54万hm²,比2005年减少6.63万hm²,说明全省石漠化等级在逐渐降低(贵州省林业调查规划院等,2019)。

2.治理成效

(1)生态效益取得明显成效

充分利用生态的自我修复能力和当地光热资源,在保证粮食生产的前提下,实现陡坡地退耕还林还草,恢复植被,大力发展水保林、经果林、薪炭林、用材林,实现了森林面积、森林蓄积、森林覆盖率三个同步增长,全省森林覆盖率大幅度提高。

（2）经济效益明显提升

形成了一批初具规模的工业原料林基地、中药材基地、茶叶基地、干鲜果品基地，总面积近 92.24 万 hm^2，特色树种主要有金刺梨、油桐、山苍子、冰脆李、花椒、桉树、核桃等，带动当地农副产品、建筑材料以及其他商品的流通，增加农民的经济收入，促进地方经济发展，加快脱贫致富奔小康的步伐。

（3）社会效益持续发挥向好

通过实施林草植被工程，带动林果业、旅游观光、农业相关产业的发展，为农村剩余劳动力提供更多的就业机会，项目的实施对改善农业生产条件，农村生活环境，农民增收上产生巨大的促进和推动，有助于"三农"问题的解决，有利于构建和谐社会，推进社会主义新农村建设。

第五节 水土保持监测及信息化

一、水土保持监测网络

（一）水土保持监测机构成立和发展情况

1996 年 12 月，贵州省在全国率先成立了省级水土保持监测机构。2004—2006 年期间，全省 9 个设区市（州）也成立了市（州）级水土保持监测机构，2013 年至今，威宁、余庆、平坝等 36 个县（市、区）相继成立了县级水土保持监测机构。

（二）全国水土保持监测网络一、二期工程建设

全国水土保持监测网络和信息系统一期工程于 2004 年正式启动建设，贵州省完成了省级监测机构和 9 个设区市（州）级监测机构的建设任务，并建设龙里羊鸡冲、遵义浒洋水、松桃牛郎、毕节丁家寨、玉屏野鸡河、平坝凯掌、贵定云雾等 7 个监测点。

2009 年 9 月启动了水土保持监测网络和信息系统建设二期工程，增加建

设 16 个监测点,于 2012 年全面完成,建成了以省水土保持监测站为中心,辅以 9 个设区市(州)水土保持监测分站和 23 个国家级水土保持监测点以及 4 个省级水土保持监测站点的水土保持监测网络骨架,在此期间开发了贵州省水土保持监测与管理信息系统、水土保持定点监测信息系统,至此全省监测系统基本建成。

(三)水土保持监测数据整编及其应用

每年对水土保持监测数据进行整编并装订成册,水土保持监测数据主要应用于以下几方面:①全省水土流失遥感调查,定期发布水土保持公告。②完成了贵州省第一次全国水土保持情况普查。③开展了全省水土保持监测工作。④科学研究与技术推广。

(四)监测站点的改造和提升工程

水土保持监测是水土保持信息化、现代化的基础性工作,但是贵州省现有水土保持监测基础设施建设标准低;监测设备差;监测信息采集、观测手段和方法落后;自动化程度低,绝大部分水土保持监测点仍依赖人工观测,已有的水土保持监测点基本不能实时将监测信息传输至省、市水土保持监测机构,严重影响了水土保持监测的时效性。因此,计划将对监测站点进行改造,全面提升水土保持监测水平。全省已经升级改造了毕节丁家寨和贵阳乌当毛栗科两个监测站点,计划按每年升级改造 2 个监测站点的步伐,逐步完成现有站点的改造提升。

二、水土流失动态监测

(一)区域监测

要实现水土流失科学防治,必须定期开展水土流失区域监测,摸清水土流失现状、分布及其特征,制订针对性防治策略。20 世纪末以来,利用不断进步的科技手段,贵州省紧跟水土保持生态文明建设导向,不断调整优化区域监测思路,持续推进动态监测工作。

1999 年,按照水利部关于全国第二次水土流失遥感调查的统一要求,贵州省开展了全省水土流失遥感调查,由省水土保持监测站具体负责实施,贵州师范大学提供技术支撑。遥感调查数据源采用 2000 年全省 TM 卫星遥感影像,利用 GIS 技术查清了全省水土流失面积及分布情况,为制订防治水土流失、保护和合理开发利用水土资源的政策和规划提供了科学依据。之后,在水土流失遥感调查基础上,又将遥感技术应用于全省石漠化现状调查,并根据调查成果在全国范围内率先提出了石漠化强度分级标准。

2002 年,围绕"长治"工程开展生态修复模式探索的需求,贵州省以赤水生态修复工程为基础,开展了生态修复工程水土保持监测,从生态修复工程实施效益监测入手,总结生态修复模式与途径,为大范围开展生态建设项目监测打好基础。

2005 年,贵州省水利厅以 1999 年全省水土流失现状调查结果为基础,首次发布了贵州省水土流失公告,公告全省水土流失面积 73179.01km²,并通报了全省水土流失预防监督与综合治理成效。

2010 年 12 月 9 日,贵州省第一次全国水利普查工作启动电视电话会议在贵阳召开,普查工作正式启动。水土保持情况普查作为其中一个专项由贵州省水土保持监测站组织开展。普查为期 3 年,于 2013 年 5 月发布了相关成果,主要包括水土流失面积及各强度等级面积、水土保持措施总面积及工程、植物、其他措施面积等。同步开展了全省水土流失遥感调查,摸清了水土流失空间分布情况。2015 年,贵州省水利厅发布了《贵州省水土保持公告(2006—2010)》,公告全省水土流失面积 55269.40km²,较 2000 年减少 17909.61km²。

2014 年,启动了贵州省赤水河流域重点区域动态监测,于次年发布了《贵州省赤水河流域 2014 年水土保持公报》,回应了政府主管部门和社会公众的关注,水土流失监测实现了全省面上宏观监测与重点区域动态监测的有效结合。此后,威宁草海、都匀剑江河等 6 个重点区域陆续启动了动态监测并发布公报,为区域水土流失防治提供了更具针对性的数据基础和科学建议。

2015 年,贵州省水利厅再次实施全省水土流失遥感调查,于 2016 年发布了《贵州省水土保持公告(2011—2015)》,公告全省水土流失面积持续减少,为48791.87km²,形成了每 5 年一次的全省水土保持公告制度。

2018 年,水利部提出要求各地每年开展水土保持动态监测和消长分析评价,更好地发挥水土保持监测在政府决策、经济社会发展和社会公众服务中的作用。贵州综合应用遥感、地面观测、抽样调查等方法和手段,完成了土地利用分类、基础资料收集与遥感影像处理、野外调查、土地利用分类、植被覆盖度反演、水土流失各因子分析计算、土壤侵蚀强度计算分级与消长分析、成果专题图制作等各项工作,监测成果显示 2018 年全省水土流失面积为 48268.16km^2,与第一次全国水利普查相比,减少了 7001.24km^2。

(二)生产建设项目监测

2003 年,遵义水泊渡水库枢纽工程及桐梓县天门河水库工程委托监测资质单位开展水土保持监测工作,是贵州省首批开展水土保持监测工作的生产建设项目。省内水利、水电、交通、能源等行业的大中型生产建设项目水土保持监测工作相继开展,为生产建设项目水土流失防治提供基础和依据。

2010 年,对大中型生产建设项目开展水土保持监测工作,完成贵州华电毕节热电有限公司 2×50MW 热电工程、涟江团坡水电站工程的水土保持监测报告。

2017 年起,贵州省加强对可能造成严重水土流失的生产建设项目的水土保持监管,2017—2018 年两年间,全省共开展了 19 个生产建设项目的监督性监测,发现惩处了一批违法违规生产建设项目。

(三)重点治理工程监测

2002 年,贵州省启动实施赤水生态修复工程水土保持监测工作。2003 年 10 月,贵州省水利厅在大方、织金、纳雍、兴义、兴仁、安龙等 6 县市开展水土保持生态修复效益监测工作。

2004 年,贵州省正式启动"珠治"试点工程及"长治"七期工程贵州部分水土保持监测工作。选择"珠治"试点项目区关岭、盘县、兴义、晴隆、贞丰、兴仁、册亨、安龙的 8 条典型小流域,13 条非监测小流域,"长治"七期工程项目区的毕节市石桥小流域、黔西县方田小流域等 6 条典型小流域实施监测。

2007 年,水利部启动实施全国水土流失动态监测与公告项目,将贵州省关岭蚂蝗田小流域和龙里羊鸡冲小流域选定为项目实施典型小流域,开展"长治""珠治"和世行贷款项目小流域监测工作。

2008 年,全国岩溶地区石漠化综合治理试点工程正式启动,贵州省共有 55 个县纳入综合治理试点。由国家林业局牵头开展石漠化监测工作,由贵州省水利厅具体负责试点工程监测,具体工作由贵州省水土保持监测站承担。2009 年,选择 24 条监测小流域实施监测,拟定了"贵州省石漠化监测评价指标体系"。

三、水土保持信息化

2004年,水利部启动全国水土保持监测网络和信息系统一期工程建设,确定贵州为先期启动建设的13个省份之一。2005年,贵州依托一期工程建设,结合贵州实际开发了"贵州省水土保持监测与管理信息系统",初步实现了监测数据的在线传输和多层次共享。

2007年1月25日,贵州水土保持生态建设网站建设完成并投入运行,网站实现了与因特网的互联互通,成为全省水土保持工作者交流的重要平台。网站主要包括信息摘要、图片新闻、网站公告、水土保持预防监督、水土保持监测等版块内容。

2010年1月,贵州省水土保持监测站组织开发"贵州省石漠化监测与管理信息系统",对全省石漠化综合治理工程实行信息化管理,同年9月,系统投入试运行。

进入"十三五"后,水土保持信息化重要性不断凸显,水利部印发《全国水土保持信息化工作2017—2018年实施计划》,全面明确了信息化工作任务,要求贵州省作为生产建设项目"天地一体化"监管试点省,两年内实现监管全覆盖。2017年9月,六盘水市4个县区先期启动"天地一体化"监管工作,此后全省分两批完成了剩余县区的监管任务,同时开展了重点治理项目的"图斑精细化"管理,于2018年12月通过了水利部组织的成果审核,在全国率先实现生产建设项目"天地一体化"监管全覆盖。

2017年还启动了贵州省水土保持大数据建设,计划分两期建设完成。至2018年底完成了一期建设,实现了以云计算、"大数据"等先进技术为基础,以数据共享、业务协同为根本出发点,整合了水土保持监督、治理及监测三大业务系统中各类水土保持信息资源、建立互联互通的贵州水土保持数据服务中心,实现"一处收集、一处更新、多处使用"的效果以及水土保持一张图应用,创新了水土保持信息化业务应用与体制。

第六节 水土保持地域性特色

一、水土保持科技示范园建设与管理

为加强科技示范园区建设管理工作，贵州省水利厅成立了贵州龙里水土保持科技示范园管理处，为正县级自收自支事业单位，是全国第一个负责水土保持科技示范园区管理的专门机构。截至 2018 年底，贵州省已建成龙里羊鸡冲、贵定云雾、普定喀斯特等三个国家级水土保持科技示范园区。正编制《贵州省水土保持科技示范园建设规划》，逐步推进国家级、省级园区的建设。

（一）龙里羊鸡冲水土保持科技示范园

龙里水土保持科技示范园始建于 2000 年，位于黔南州龙里县郊，距贵阳市 35km，面积 11.89km²。2004 年、2007 年，园区相继被评为"国家水利风景区"、第一批"水利部水土保持科技示范园区"；2012 年被教育部、水利部评为首批"全国中小学水土保持教育社会实践基地"。园区内建有国家级水土保持监测站，是北京师范大学、北京林业大学等院校和科研单位开展水土保持科学试验、教学的重要基地，平均每年接待省内外水土保持工作者、大中专院校学生参观学习和培训达 600 多人（次），并面对社会公众和中小学生开展水土保持宣传教育实践活动，平均每年参加人数达 1000 人（次）以上。为实现园区资产保值增值、增强造血功能，实现以园养园，经贵州省水利厅同意，2015 年 2 月，引进社会资金参与，将园区的部分资产与绩优企业经营合作，共同组建园区管理平台公司，由其出资对园区培训基地等改造提升，以实现园区更好发展，为全省各地园区运行管理模式提供了良好的示范。

（二）贵定云雾水土保持科技示范园

贵定水土保持科技示范园位于黔南州贵定县云雾镇，始建于 1987 年，其前身是贵定云雾湖茶场，2009 年 6 月被评定为"水利部水土保持科技示范园区"。

园区已建成 81hm^2 的水土保持茶产业种植示范点,并配套园间水系、管理道路、茶叶生产加工设施设备等,设置有一个水土保持监测网络国家级监测点。是集水土保持科技推广、试验示范以及茶叶生产、加工、销售等功能为一体的具有茶乡特色的水土保持科技示范园。在园区水土保持示范项目带动下,激发了当地群众种茶的积极性,产生了一批茶叶生产个体户、专业户,当地茶园面积逐年增长,2010 年,云雾镇茶园种植面积为 967hm^2,农户的家庭小茶园普及率 100%,户均茶园 0.2hm^2。随着当地茶产业的发展,有效地改善了生态环境,形成了"以茶叶为主打品牌,以经济效益促生态效益"的山区水土流失治理模式。

(三)普定喀斯特石漠化水土保持科技示范园

普定喀斯特石漠化区水土保持科技示范园位于安顺市普定县北郊,处于全球三大喀斯特地貌连片分布区的核心区,代表着南方喀斯特的典型区域,依托中国科学院普定喀斯特生态系统观测研究站建立,属科学研究型园区。始建于 2006 年,2014 年 7 月并入中国生态系统研究网络(CERN),2017 年获批"水利部国家级水土保持科技示范园区"。园区获批国家及省部级项目共 70 余项,包括主持承担科技部重大研究计划 1 项、重点研发课题 3 项;国家自然科学基金委员会——贵州省人民政府联合重大研究计划 1 项;基金委国际合作重大研究计划 2 项等,在国际喀斯特研究重要刊物发表 SCI 论文 150 余篇,取得了丰硕成果。园区将通过建设一流平台和人才引进,努力打造成为中国乃至世界喀斯特科学研究、试验示范、人才培养、公众教育培训基地。

二、水土保持国策宣传教育

2012 年 8 月,贵州省水利厅成立厅属正处级公益一类事业单位——贵州省水利宣传中心,负责宣传工作的协调组织工作。2013 年 3 月,出台了《贵州省水土保持工作年度考核办法》,其中宣传教育赋分占总分数的 10%,推动各级水土保持部门高度重视宣传工作。2015 年 8 月,出台《贵州省水土保持生态建设网信息报送奖励办法》,对信息报送实行稿酬制度,并对优秀者颁发证书,极大地调动各级信息员写稿积极性。与贵州电视台、当代先锋网等多次合作开展主题宣传。2014 年 8 月,贵州建立了"水美贵州"微信公众号,实时报道和发布水土保持新闻和消息。近年来,全省各级水利水保部门,充分利用"世界水日""中国水周",采用公益广告、手机短信、专题讲座、普及校园科普知识、有奖征文等方式,掀起水土保持宣传高潮,集中开展宣传活动。2015—2018年,安顺市、铜仁市、七星关区作为全国水土保持进党校试点单位,通过举办水土保持专题讲座、现场参观考察等形式开展试点工作,探索面向各级领导、机关干部、管理对象、社区公众、中小学生深入开展"五进"宣传活动的有效途径和方法,取得较好的效果。先后拍摄和制作《山谷吹来世行风》《黔山深处——贵州水土保持世行贷款项目》《水土保持——贵州生态文明建设的重要保障》《绣美黔山》等电视专题片,编辑出版《绿水青山——贵州水土保持掠影》《绣美黔山多彩画卷》画册及《嘹亮的号角》《贵州黄平古梯田》《龙滩库区水土保持治理》等专著。赤水、思南、荔波三县获评"国家水土保持生态文明示范县",西秀区溪浪小流域被评为"国家水土保持生态文明清洁小流域建设工程",龙里水土保持科技示范园被评为"首批全国中小学水土保持教育社会实践基地"(顾再柯等,2018)。

三、水土保持科学研究与技术推广

(一)贵州早期的水土保持科学研究与技术推广机构

1.安顺三股水水土保持试验站

1959年珠江水利委员会专家组通过实地考察,确定在安顺选择地形地貌、土壤侵蚀具有典型性和代表性的三股水小流域建立水土保持试验站,站址选在三股水村,并命名为"三股水水土保持试验站"。1962年建设完工,建有 $80m^2$ 的管理用房1栋、气象观测场1处、径流小区观测场 $180m^2$、试验用坡耕地径流小区等设施设备,开展小流域治理综合模式和效益研究,并在当地进行推广。1987年全站职工28人,具有较好的试验研究基础。

2.铜仁牛郎水土保持试验站

始建于1962年,为正科级事业单位,主要开展水土保持科学试验,以及试验课题、示范、科技计划的组织实施,承担水土流失动态监测与预测预报,探索砂页岩低山沟谷区的水土流失规律及其最佳治理方案,为探索杉木河的治理提供技术支撑。2014年7月9日,松桃县牛郎水土保持试验站挂牌为北京林业大学和贵州省水土保持监测站科研教学基地,对试验站的人才培养和提高水土保持科学研究水平具有重要意义。

（二）贵州的水土保持科研教育现状

贵州省科学院早在20世纪70年代就开展了贵州山地水土流失方面的研究,中国科学院地球化学物理研究所也开展喀斯特地区土壤侵蚀方面的基础和应用研究,1986年贵州省科学技术委员会在普定建立喀斯特综合试验研究站,开展水土流失相关研究。从1989年实施"长治"工程开始,贵州水土保持科研和教育得到了快速发展。1998年,贵州大学林学院开设水土保持与荒漠化防治专业,1999年开始招收本科生,现有专业教师11人,招收本科生和硕士研究生。贵州师范大学地理科学学院、贵州水利职业技术学院、安顺学院等也开设水土保持相关专业。贵州省水利厅直属事业单位有贵州省水土保持监测站、贵州省水土保持科技示范园管理处及贵州省水土保持技术咨询研究中心等单位,主要从事水土保持科研和技术应用推广工作,从业人数达100多人。

（三）主要的科研成果

贵州省水土保持监测站完成的"贵州土壤侵蚀遥感调查与动态监测""贵州省水土保持监测管理系统"项目分别获2001年、2009年贵州省科技进步三等奖,"岩溶地形水土流失防治对策研究——以贵州为例"获2010年贵州水利科技一等奖,"贵州喀斯特地区土壤侵蚀机理研究"获2014年贵州省水利科技三等奖;贵州师范大学完成的"岩溶山区土壤侵蚀的模拟、评价及应用"项目获2017年贵州省科技进步三等奖;贵州大学完成的"喀斯特高原石漠化区坡耕地浅层孔(裂)隙土壤漏失特征与机理研究"项目获2017年中国水土保持学会科学技术奖二等奖。

四、水土保持机制创新

在机制保障上,建立政府主导、水行政主管部门负责、部门协同、社会参与的联合治理机制,以及地方政府水土保持目标责任考核机制、水土保持项目推进奖惩机制。在改革创新上,实行考核问责、竞争立项、先建后补、以奖代补、村民自建、"三变"改革等,调动了各级政府对水土保持工作的积极性;推行大户流转土地、整合水土保持工程投资,实现了水土保持工程与脱贫攻坚的有机结合;引导公司或村民成立股份制合作社,有效引入社会资本参加水土保持生态建设。在全国率先出台水土保持年度考核办法，推行竞争立项机制，引入政府承诺制等优化治理工程建设管理模式。以考核推动思路变革、促进创新突破，对建设积极性高、任务完成好的地方在项目、资金和政策上给予支持和鼓励，调动基层主观能动性和创造性，走出了一条以水土保持建设为依托，逐步实现护生态、调结构、创增收、去贫困的治理新路。

五、水土保持信息化应用

近年来，全省以监测网络信息化、生产建设项目"天地一体化"监管及生产建设项目信息化监管、水土保持重点治理工程"图斑精细化"管理为突破口，依托政府水土保持目标责任考核，推动水土保持信息化工作取得突破进展。2015—2016年，贵州圆满完成了黔西县生产建设项目"天地一体化"试点任务。2017—2018年，省级共投入3816万元，省、市（州）、县装备移动终端119台、无人机32架。2017年23个县开展了"天地一体化"监管建设工作，六盘水、毕节市实现区域全覆盖；2018年实现了全省生产建设项目水土保持"天地一体化"的全覆盖；全省水土保持重点治理工程"图斑精细化"管理工作深入开展，历史数据录入已完成，数据库已基本建立。依托"云上贵州"和"贵州水利云"，省级投入1500万元，开展贵州省水土保持大数据平台建设，建立了水土保持大数据库框架，初步实现了水土保持一张图的应用展示，逐步实现与其他部门数据共享和互联互通，并将水土保持主要业务流程实现信息化管理，用科技提升贵州省水土保持生态建设水平和社会服务能力，促进水土保持行业强监管、治理补短板，努力实现传统水土保持工作转型与升级，助推贵州水土保持高质量发展。

六、水土保持治理模式创新

（一）关岭军民共建水土保持模式

2001年，关岭县年财政收入不足3000万元，恶劣的生态环境是制约当地经济发展的重要因素。因其处于长江和珠江两大水系分水岭，石漠化造成的水土流失严重威胁着下游地区生态环境的长治久安。贵州省林业厅决定在关岭建立珠江防护林工程省级示范区，在4000hm²的退耕地上推广喀斯特地质山区人工造林植被系列配套技术，寻求林业发展新思路。2002年，仅两个月，关岭县人武部带领民兵帮助农民退耕还林 4333hm²，植苗 1500 余万株，成活率达 90% 以上，节约工程资金上百万元。当民兵们把一块块成活林地交还给村民时，布依族同胞给关岭人武部送去了锦旗："军民鱼水情!"村民们主动与村镇签订护林管林的村规民约。

关岭民兵在喀斯特地貌上成功植树 1500 多万株的奇迹震惊全国。2002 年 12 月，关岭人武部荣获全国政协人口资源环境委员会、全国绿化委员会、国家林业局等六部委颁发的"关注森林组织奖"。

"关岭模式"就是关岭民兵在西部大开发中走出了一条练兵强兵的新路，又架起了一座军民血肉相连的金桥。重建西部生态工程，让贵州民兵找到了为地方经济发展作贡献与练兵强兵的舞台。

（二）贵毕公路水土保持大示范区建设模式

2001 年 1 月，长江上游水土保持委员会办公室决定在长江上中游创建水土保持生态环境建设大示范区。2002 年 4 月，长江上游水土保持委员会办公室将"长治"工程——贵毕公路（毕节地区段）水土保持生态建设列入大示范区项目。

项目建设期 2001—2005 年，毕节地委、行署按照统一规划设计、统一质量标准、统一检查验收，分部门实施的"三统一分"的组织管理模式，以贵阳—毕节高等级公路为纽带，组织协调农田基本建设、林业、农业综合开发、畜牧等 22 个相关部门和单位，对示范区建设进行综合投入、综合建设和综合示范。建立 8 个退耕还林示范点、20 多个科技兴农示范点、13 个种草养畜示范点，实施了 12 处节水灌溉和人畜饮水工程点。毕节地区及毕节、大方、黔西三县（市）建立发展经果林的土地流转与公司加基地、干部示范带动、入股合资、引种栽培的风险扶持、项目整合、能人示范等 6 种模式，治理面积 731km²（含贵毕公路沿线 37 条小流域），累计完成投资 9359.61 万元。

贵毕公路大示范区按照"统一规划设计，统一质量标准，统一检查验收，分部门实施"的"三统一分"方式，推动水土保持大示范区又快又好地向前发展。水利部将贵毕公路水土保持生态建设大示范区列为"第一批全国水土保持生态建设示范区"（谢朝政，2018。图 3-7-6，图 3-7-7）。

图 3 - 7 - 6　贵州毕节试验区 30 年水土流失治理成效显著(沈盛彧　摄)

图 3 - 7 - 7　贵州毕节试验区 30 年水土流失治理产业发展(沈盛彧　摄)

(三)水土保持重点工程村民自建模式

　　贵州出台《贵州省坡耕地水土流失综合治理试点工程村民自建管理实施意见》,在全省广泛推行村民自建模式,赋予项目区群众最大建管权,实现自主建设家园、自己最大受益。兴仁县大力推行"四自"模式,在坡耕地治理、小流域治理项目中实行村民自选、自建、自管、自用,极大地调动了群众参与项目建设管理的主动性,实现了群众增产增收。遵义市务川县、六盘水市六枝特区、安顺市普定县等水土保持重点工程村民自建都开展了探索和实践,取得了较好的经验,对推动全省水土保持村民自建的发展起到了积极的推动作用。

(四)社会资本参与水土流失治理模式

盘州在小流域治理中积极探索资源变资产、资金变股金、农民变股东的"三变"改革,取得了水土保持生态建设机制改革的丰硕成果,推动了农村体制改革的新进程。引入公司、大户成立合作社,村民参股分红,以有限资金撬动社会资本投入共建美丽富饶乡村,以示范引领作用带动群众。松桃县推行"先建后补"模式,引进民间资本参与水土保持工程建设,探索先建后补、以奖代补等模式提高实施效率和工程质量,有效破解了植物措施存在的苗木栽植延迟、苗木品质不佳、后期管护不力等难题,有力助推了该县产业脱贫进程(吕文春,2019)。

(五)水土保持工程建设"以奖代补"模式

2010年以来,贵州省在实施水土保持重点治理工程中,积极探索和实践了鼓励、引导民间资本参与水土保持工程建设的方式方法。例如,松桃县"先建后补"等取得了较好的效果。2018年4月,贵州省作为全国9个试点省份之一,在搞好水土保持重点治理工程建设的同时,按照财政水利两部委关于开展水土保持工程建设以奖代补工作有关要求,在2018—2020年开展试点工作,每年中央财政新增投资2000万元。按照试点要求,贵州省水利厅与贵州省财政厅沟通衔接,及时成立省级试点方案起草小组,选取一批具有生态建设和以奖代补工作开展基础的重点工程规划县进行调研考察,最终确定贵定、榕江、关岭3县作为2018年以奖代补试点县。力争用3年时间形成一批可复制、可推广的奖补机制和体制,撬动社会资本投入水土保持建设,加快贵州省水土流失治理速度,扩大治理成效,并以此为抓手,全面扎实推进重点工程建设,在治理水土流失的同时,加大脱贫攻坚力度,加快建设美丽乡村的进程。

七、成功的典型案例

(一)普定县梭筛水库库区坡耕地综合治理工程

2012年普定梭筛水库库区坡耕地水土流失治理,因地制宜建设果树树盘、田间道路及蓄水设施,修建蓄水池30座,田间便道20km,极大地改善了当地生产生活条件,当地群众依托水土流失治理工程培育桃子产业,实现脱贫致富和环境改善,助推在石漠化较为严重的石旮旯上"种出幸福花,结出了幸福果"(杜兴旭,2016。图3-7-8,图3-7-9)。

普定电站始建于1988年,1994年建成后蓄水,形成今天的普定水库,普定县城关镇陈家寨村的梭筛组位于水库淹没区内,水库建成后,梭筛组80%以上良田好土被水库淹没,20%剩余土地是石漠化严重的贫瘠荒山,这里曾被定为不适宜人类生存的地方。为了生活,梭筛组的村民不得不走上了上访之路,成为普定县最典型的"上访村",梭筛的村民是出了名的上访户。30多年来,梭筛群众用钢钎撬、大锤子,在岩山凿石造地,把凿出的岩石垒在桃树周围作为"树盘",靠人力到水库岸边背淤泥填土栽树,共撬石凿岩约20余万t,湖岸客土约40余万m^2,谱写了"石头开出生态花,岩山结出富裕果"的动人故事。如今梭筛桃树已发展到533.33hm^2,每公顷桃树的产值达30万元以上,一户果农年收入达5万~7万元,最高收入20万元。2015年"梭筛桃"成为国家地理标志保护产品。这里成了远近闻名的桃花源。春天,桃花盛开引来游人如织;夏天,游客到桃园采摘新鲜果实,水果经销商开车到地里采购桃子,农家乐生意红火(古宇,2015)。

图3-7-8 普定县2012年梭筛水库坡耕地水土流失治理工程修建的树盘(李贤归 摄)

图3-7-9　梭筛水库库区修建生产便道和机耕道、蓄水池，助推产业做大做强（沈盛彧　摄）

（二）西秀区溪浪清洁小流域治理工程改善人居环境

溪浪生态清洁小流域位于安顺市西秀区东南面，距安顺市城区30km，涉及西秀区大西桥镇和旧州镇的3个行政村、8个自然村，总面积21.26km²，其中，坡地面积14.17km²，水土流失较为严重。溪浪小流域属长江流域乌江水系邢江河中游，邢江河是西秀区境内最大的河流，是贵阳市供水水源。长期以来河道内各种垃圾遍布，沿河两岸村寨的污水直接排入河道，河水污染严重，生态环境恶化，水土流失较为严重。2013年以来，安顺开展了溪浪生态清洁小流域建设，形成了完善的水土流失综合防护体系，土壤侵蚀强度转为轻度以下；同时大力整治村庄环境，建设公共设施、垃圾与污水收集处理设施、旅游设施和文体活动场所，旅游服务已成为当地年轻人就业的重要渠道，品尝地道的农家风味是城里人周末和节假日的重要选择。治理后，溪浪小流域民居优雅舒适，环境美化靓丽，文化氛围浓厚，村前碧水翠岸、荷浪翻滚、桥梁流水、栈道濒河、亭榭掩映、水转风车，展现了其乡情水韵、水墨山村之美，成为人们休闲度假、避暑纳凉、体验乡村风情的首选之地。到2016年底，农民人均纯收入从2012年的6700元增加到2016年的12000元。2017年3月，溪浪生态清洁小流域被水利部命名为"2016年度国家水土保持生态文明清洁小流域建设工程"（顾再柯等，2019。图3-7-10，图3-7-11）。

图3-7-10　西秀区溪浪清洁小流域建设生态河堤（西秀区水务局　提供）

图3-7-11　西秀区溪浪清洁小流域建设美丽的乡村人居环境（西秀区水务局　提供）

（三）盘州市舍烹小流域"三变"改革助力水保效益倍增

2014年,盘州市实施了普古乡舍烹小流域水土流失重点治理工程。治理水土流失面积6.56km²,其中栽植经果林125.30hm²,种植水土保持林86.40hm²;铺设机耕道1911m;建设蓄水池5口;修建排洪沟338.30m;实施封禁治理面积444.10hm²。项目治理与"三变"改革有机融合,充分发挥政府主导作用和市场主体的活力,采用"资源变资产,资金变股金,农民变股东"三变模式,即农民把土地和闲置的资金,交由合作社进行统一管理,年底合作社按农民土地租金和资金所占的股份,给农民分红,撬动社会资本投入水土保持建设,大大提高水土保持效益。通过"三变"改革,盘活农村资源、提高资金使用效率、促进农村产业结构调整、壮大村级集体经济,取得良好的生态、经济和社会效益。治理后,项目区林草覆盖率由71.70%提高到83.70%,年可增加蓄水11.60万m³;土壤侵蚀模数由1601t/(km²·a)降低到800t/(km²·a)以下,减少土壤侵蚀量1.88万t。舍烹小流域水土流失综合治理工程的实施,助推了娘娘山生态农业观光园建设成为贵州省"5个100"工程中的省级重点高效农业示范园区、省级旅游景区、全省党建扶贫示范基地、被评为六盘水国家农业科技示范园区、全国休闲农业与乡村旅游示范点、国家4A级景区(吕文春,2019,图3-7-12)。

图3-7-12 盘州市普古乡舍烹小流域生态美百姓富(吕文春 摄)

(四)松桃县引进种植大户治理成效显著

松桃县2010年官舟河小流域综合治理工程投入180万元建设坡面水系工程、田间道路等基础设施,引进种植大户投入146万元作为租用土地、购买苗木、肥料及人工费等,种植桃、李等经果林,着力打造观光走廊、林下养花等生产模式,吸引游客眼球。通过5年的精心管护,大户累计投入管护费260多万元。2014年,果林产量超过7.5万kg,产值约120万元,解决就业200多个。2014年贵州省松桃县水土保持重点建设工程在普觉镇岑塘村实施,工程修建道路及配套水系设施,引进猕猴桃种植大户,通过流转土地,培养无公害高端果品、人工除草打药,解决当地群众务工2.85万人(次),支付民工工资178万元,增加了当群众收入,3年累计投入资金289万元,累积种植猕猴桃233.33hm²,现已投产,单位面积产值15万元/hm²以上(图3-7-13)。当地治理了水土流失,又带动了当地群众脱贫致富(肖平,2017)。

图 3－7－13　松桃县 2014 年水土保持重点治理工程建设的猕猴桃基地（石忠元　摄）

（五）赤水市凤凰沟清洁小流域治理工程助推旅游发展

2014 年赤水市清洁小流域治理项目把凤凰沟小流域水土流失治理与生态旅游相结合,用水土保持项目撬动社会资本参与治理建设,打造良好的人居环境,带动了乡村旅游的发展,是贵州大力推进水土保持生态建设、助力群众脱贫致富的成功案例。2014 年以来,赤水市投入 521 万元引入贵州赤水科苑农业科技开发有限公司参与凤凰沟湿地公园打造。该企业已投入凤凰沟湿地公园建设资金达 6500 万元,对凤凰沟小流域进行了整治,综合治理面积 1206.76hm²,累计完成工程措施包括:生态沟溪整治 0.80km,机耕道 2.90km,作业便道 1.10km,塘堰整治 4 口。采取从源头控制水源污染,在人居集中的地方新建生态污水治理厂,通过"预处理＋厌氧处理＋人工湿地＋自然湿地"的方式,使得排入小流域的主要污水达到一级 B 标;完成生物措施经果林 90.73hm²,保土耕作 308.23hm²,封禁治理 807.8hm²。溪沟两侧的耕地采取"经果林＋作物栽种＋保土耕作"的方式,林地采取封禁治理模式,其他类型的地类根据实际采取保护措施,使小流域内水土流失为零;把水土流失综合治理与农村产业结构调整和区域经济发展科学结合起来,大力发展经果林,建设生态旅游景观,培育致富产业;将水土保持工程与农村饮用水工程、村镇排水工程、道路边坡整治工程等相结合,增设垃圾池,收集生活垃圾,把小流域治理的规划与新农村建设有机衔接,建设湿地公园,日均接待游客近 1000 人(次)。荒山变成了金山,田园变成了公园,农民变成了工人。实现了群众在家门口就能就业脱贫、增收致富。实现"农业强、农村美、农民富"的目标(付铭浩,2016。图3-7-14,图3-7-15)。

图3-7-14　赤水市凤凰沟小流域水土流失治理"农旅一体化"(杨良强　摄)

图3-7-15　赤水市凤凰沟小流域水土流失治理建设美丽乡村(付铭浩　摄)

(六)毕节市七星关区清水铺镇:昔日"难关"村,今朝橙满园

毕节市七星关区清水铺镇橙满园村,地处川黔交界处的赤水河畔,原名南关村,距毕节市七星关区城区86km。地势起伏大,地形破碎,沟谷纵横,谷地较为发育,流域内河床所处位置低,属长江流域赤水河谷温暖干旱地区,热量丰富,气候温和湿润。30年前的南关村生态恶化、经济落后、人民贫困,的的确确是一个年年度"难关"的贫困村寨。整个南关村只有400余棵柑橘树,主要靠种玉米维持生活,为了多收粮食,村民开荒种地,玉米从山脚种到山顶,但亩产仅

几十千克,全村人均纯收入不到 300 元,其中杠子林组、手扒岩组"吃了上顿无下顿"的就有 30 余户,甚至有的人因为一年种粮只够半年吃,无奈之下只好在外乞讨为生。人多地少、土地贫瘠、经济贫困成为昔日南关村的真实写照(吴秉泽,2019)。

1988 年,随着毕节试验区的建立,南关村大力调整农业产业结构,狠抓扶贫开发、不断推进科技兴农。为解决工程性缺水问题,实施管网工程,兴建了崔家沟水库。村民大面积种植柑橘树,实施品种改良,夏橙得到进一步推广。到 2000 年,南关村摘掉了贫困帽子,2004 年进入全市 50 个经济强村行列,而南关村历经巨变后,也更名为橙满园村。此后,橙满园村先后被列为"四在农家""文明和谐村""新农村建设"和试验区生态农业等试点,森林覆盖率从 1987 年的不到 20% 增加到现在的 90%;人口自然增长率从 1987 年的 21‰ 下降到现在的 7‰,成年人都懂得一门适用技术,家家有一条致富门路,人口素质不断提高,真正使山青起来、水绿起来、人富起来、群众素质强起来,成了试验区"三大主题"和石漠化治理集中推进的典范(万秀斌等,2018)。

第八章

海南省
水土保持

第一节 基本省情

一、自然概况

(一)地理位置

海南省位于中国最南端,北为琼州海峡,西临北部湾与越南相对,东濒南海与台湾地区相望,东南和南边在南海中与菲律宾、文莱和马来西亚为邻。

海南省的行政区域包括海南岛、西沙群岛、中沙群岛、南沙群岛的岛礁及其海域,是我国面积最大的省,南沙群岛的曾母暗沙是我国最南端的领土。全省陆地(包括海南岛和西沙、中沙、南沙群岛)总面积 3.54 万 km^2,海域面积约 200 万 km^2。海南岛是海南省主体陆域区域,地理位置介于东经 108°37′~111°03′、北纬 18°10′~20°10′之间;形似一个东北至西南向的椭圆形大雪梨,总土地面积(不包括卫星岛)3.39 万 km^2,是我国仅次于台湾岛的第二大岛。

(二)地质地貌

1.地质

海南岛位于欧亚板块、太平洋板块和印度板块的交界处。海南岛主要经历了早晋宁、晚晋宁、加里东、海西、印支、燕山和喜马拉雅等构造运动,各种方向、不同形态和不同性质的构造形迹组合,形成了东西向构造带、北东向构造带、北西向构造带、南北向构造带等主要构造体系,构成了本岛的主要构造格局。

海南岛地层(不含火山岩地层)出露面积约为 $12240km^2$,约占海南岛面积的 36%,自中元古界以来,除缺失泥盆系、侏罗系外,其他时代地层均有分布;侵入岩出露面积 $16623km^2$,约占全岛面积的 49%,主要岩石类型以二长花岗岩、正长花岗岩和花岗闪长岩类等为主;海南岛中生代火山岩出露面积约 $970km^2$,约占全岛面积的 2.9%,主要岩性有英安岩、流纹岩及玄武安山岩、玄武岩、安山质—英安质—流纹质火山碎屑岩、沉积火山碎屑岩等;新生代火山岩出露面积约 4089km², 占全岛面积的 12.1%, 主要岩性有橄榄霞石岩、玻基橄辉岩等超基性熔岩类以及橄榄玄武岩、辉石玄武岩、气孔状玄武岩、粗玄岩等基性岩类。

2. 地貌

海南岛四周低平, 中间高耸, 呈穹隆山地形, 以五指山、鹦哥岭为隆起核心, 向外围逐级下降, 由山地、丘陵、台地、平原构成环形层状地貌, 梯级结构明显。山地和丘陵是海南岛地貌的核心, 占全岛面积的 38.7%, 山地主要分布在岛中部偏南地区, 丘陵主要分布在岛内陆和西北、西南部等地区; 在山地丘陵周围, 广泛分布着宽窄不一的台地和阶地, 占全岛总面积的 49.5%; 环岛多为滨海平原, 占全岛总面积的 11.2%; 其他 0.6%。

海南岛的山脉海拔高度多数在 500 ~ 800m, 属丘陵性低山地形。海拔超过 1000m 的山峰有 81 座, 绵延起伏, 海拔超过 1500m 的山峰有五指山、鹦哥岭、俄鬃岭、猴弥岭、雅加大岭和吊罗山等。

(三) 气象水文

1. 气象

海南属热带海洋性季风气候, 全年暖热, 雨量充沛, 干湿季节明显, 台风活动频繁。海南岛年日照时数为 1750 ~ 2650h, 年平均气温在 23 ~ 26℃, 全年无冬。多年平均降雨量在 1750mm, 中部和东部相对湿润, 西部及西部沿海相对干燥。降雨季节分配不均匀, 冬春雨少, 夏秋雨多。西、南、中沙群岛长夏无冬, 全年平均气温 26.5℃。

2. 水文

海南岛地势中部高四周低, 众多大小河流从中部山区或丘陵区向四周分流入海, 构成放射状的海岛水系。全岛独流入海的河流共 154 条, 集雨面积大于 100km² 的各级干支流共有 93 条, 其中独流入海的有 39 条。

南渡江、昌化江、万泉河为海南岛三大河流, 流域面积分别为 7033km²、5150km² 和 3693km², 三大河流流域面积占全岛面积的 47%。流域面积在 1000 ~ 2000km² 的河流有陵水河、宁远河, 500 ~ 1000km² 的有珠碧江、望楼河、文澜江、藤桥河、北门江、太阳河、春江、文教河。

（四）土壤植被

1. 土壤

海南岛土壤类型可划分为 6 个土纲，8 个亚纲，15 个土类，27 个亚类，117 个土属和 193 个土种。其中地带性土壤有砖红壤、赤红壤、燥红壤和黄壤 4 个土类；非地带性土壤有水稻土、紫色土、新积土、沼泽土、火山灰土、石质土、滨海沙土、滨海盐土、酸性硫酸盐土、珊瑚沙土和石灰土等 11 个土类。砖红壤占土地总面积的 53.42%，是海南岛的主要土壤类型。赤红壤占土地总面积的 10.01%，分布于本省东部、西部的高丘、低山上。黄壤占土地总面积的 3.56%，主要分布于五指山脉东部、西部的中山山地。此外，占土地总面积 1% 以上的自然土壤还有燥红土、新积土、滨海沙土、火山灰土；占土地面积 1% 以下的有石灰（岩）土、珊瑚沙土、石质土、沼泽土、滨海盐土、酸性硫酸盐土等 7 类。

2. 植被

海南的植物生长快，种类繁多，是我国热带雨林、热带季雨林的原生地。海南岛有维管束植物 5860 种，约占全国植物种类的 15%，其中 630 多种为海南所特有。海南岛热带森林植被类型复杂，垂直分带明显，具有混交、多层、异龄、常绿、干高、冠宽等特点，主要分布于五指山、尖峰岭、霸王岭、吊罗山、黎母山等林区。2018 年全省森林覆盖率为 62.1%。

二、社会经济情况

（一）行政区划

1. 行政区划

根据《2018 海南省国民经济和社会发展统计公报》（海南省统计局等，2019），海南省现有 27 个市、县（区），其中 4 个设区市、5 个县级市、4 个县、6 个自治县、8 个区，海南省政区划分见图 3-8-1 所示。

地级市有海口市、三亚市、三沙市、儋州市，其中海口市下辖秀英区、龙华区、琼山区、美兰区共 4 区；三亚市下辖海棠区、吉阳区、天涯区、崖州区共 4 区；三沙市和儋州市无下辖区县。

县级市分别为五指山市、文昌市、琼海市、万宁市、东方市；4 个县分别是定安县、屯昌县、澄迈县、临高县；自治县：6 个自治县分别是白沙黎族自治县、昌江黎族自治县、乐东黎族自治县、陵水黎族自治县、保亭黎族苗族自治县、琼中黎族苗族自治县。

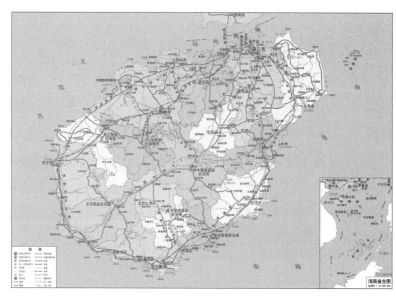

图 3-8-1　海南省政区区划图(审图号:琼 S[2020]028 号)

2. 人口

海南省 2018 年年末总户数 2673772 户,全省户籍人口 9251024 人,2017 海南省人口出生率 14.48‰,死亡率 6.01‰,自然增长率 8.47‰,年末常住人口934.32 万人,城镇人口比重为 59.06%(海南省统计局等,2019)。

3. 民族

海南省汉族、黎族、苗族、回族是世居民族,其余民族是 1949 年后迁入的干部、职工和移民,分散于全省各地。黎族是海南岛上最早的居民。世居的黎、苗、回族,大多数聚居在中部、南部的琼中、保亭、白沙、陵水、昌江等县和三亚市、五指山市;汉族人口主要聚集在东北部、北部和沿海地区。

2018 年末全省户籍人口中,汉族 7575873 人,少数民族 1675151 人,其中黎族 1514780 人,苗族 80297 人,壮族 40868 人,回族 13776 人,其他民族 25430人;少数民族占总人口的比重为 18.1%(海南省统计局等,2020)。

4. 教育

海南省教育"十二五"规划目标全面完成,部分指标超过全国平均水平。2017 年,学前三年毛入园率 82.5%,比 2012 年提高 19.7 个百分点;小学毛入学率 101.73%、初中阶段毛入学率 102.83%,义务教育巩固率 94.36%,分别比

2012 年提高 0.13、3.6、6.46 个百分点;高中阶段毛入学率 90.6%,比 2012 年提高 5.42 个百分点;高等教育毛入学率 39.92%,比 2012 年提高 9.94 个百分点。五年来,职业院校共输送了 30 万技术技能人才,中职毕业生就业率均超过 97%、高职毕业生就业率均超过 92%,普通本科高校累计向社会输送 12 万高层次专业人才,教育事业为全省经济社会发展提供了强有力的人才与智力支撑(孔令德,2018)。

5. 科技

2018 年海南省组织实施国家自然科学基金项目 201 项,新增省级重点实验室 4 家和工程技术研究中心 2 家,省级重点实验室和工程技术研究中心总数达到 106 家。新增申报 183 家高新技术企业。引进和培养省"百人专项"12 人,省创业英才人选 31 人,认定 26 家省院士工作站,柔性引入 29 名院士和近百名高层次专家。新认定农业科技 110 服务站 12 个,全省农业科技 110 服务站总数达到 271 个,共 13 家省星创天地通过国家备案(海南省统计局等,2020)。

(二)经济状况

2018 年海南省地区生产总值 4832.05 亿元,按可比价格计算,比上年增长 5.8%。其中,第一产业增加值 1000.11 亿元,增长 3.9%;第二产业增加值 1095.79 亿元,增长 4.8%;第三产业增加值 2736.15 亿元,增长 6.8%。三次产业增加值占地区生产总值的比重分别为 20.7:22.7:56.6。

按年平均常住人口计算,全省人均地区生产总值 51955 元,比上年增长 4.8%。按现行平均汇率计算为 7858 美元。

全省全口径一般公共预算收入 1373.98 亿元,比上年增长 12.4%。其中,地方一般公共预算收入 752.66 亿元,增长 11.7%。在地方一般公共预算收入中,地方税收收入 628.68 亿元,增长 15.7%;地方非税收入 123.98 亿元,下降 5.0%。全年全省固定资产投资(不含农户)比上年下降 12.5%。其中,房地产开发投资下降 16.5%。按产业分,第一产业下降 22.0%;第二产业投资增长 15.8%;第三产业投资下降 14.4%。按地区分,海澄文一体化综合经济圈投资下降 11.6%,大三亚旅游经济圈下降 15.5%,东部地区下降 10.8%,中部地区下降 6.4%,西部地区下降 19.8%。在建投资项目 3866 个,比上年增加 296 个,增长 8.3%;其中,本年新开工项目 1192 个,下降 0.7%(海南省统计局等,2019)。

(三)土地利用

全省土地总面积为 353.51 万 hm^2,其中农用地面积为 300.24 万 hm^2,占土地总面积的 85.35%;建设用地面积为 30.69 万 hm^2,占土地总面积的 8.72%;未利用地面积为 20.84 万 hm^2,占土地总面积的 5.92%。全省耕地面积为 72.98 万 hm^2,占土地总面积的 20.75%;园地面积为 94.34 万 hm^2,占土地总面积的 26.82%;林地面积为 121.27 万 hm^2,占土地总面积的 34.47%;牧草地 0.58 万 hm^2,占土地总面积的 0.16%;其他农用地 11.08 万 hm^2,占土地总面积的 3.15%。林地面积偏小,耕地、园地等农业开发用地多,存在水土流失隐患。

全省有坡耕地 24.33 万 hm^2,其中儋州、澄迈、昌江、定安、白沙、屯昌 6 县(市)坡耕地占全省坡耕地 2/3,坡耕地是水土流失重要策源地,开发利用中应加强水土流失防治工作。海南降雨量大,土壤易于产生淋溶现象,郁闭度较小的林地、园地也会产生水土流失现象,不可忽视。

第二节 水土流失概况

一、水土流失类型与成因

(一)水土流失类型

根据全国水土流失类型区划分,海南省属于水力侵蚀为主的南方红壤丘陵区,水土流失的类型主要是水力侵蚀,其次在西南部滨海平原存在风力侵蚀,花岗岩风化严重的地区存在着滑坡、崩塌等少量重力侵蚀。水力侵蚀的表现形式主要是面蚀和沟蚀。

面蚀主要分布在坡耕地、坡园(林)地。坡耕地在岛内各市县均有分布。园地多属坡地,林下植被覆盖差,降雨容易产生水土流失,儋州、琼中、昌江、白沙、琼海、澄迈、屯昌、万宁、乐东等市县均有大面积分布。

沟蚀主要分布在儋州蚂蝗岭、澄迈黄龙岭、文昌翁田等地。

此外,中小河流下游的台地、阶地存在沟岸冲刷、坍塌,澄迈、文昌等地存在零星崩岗等。

(二)水土流失成因

1.降雨量多,强度大

海南岛形成暴雨的水汽、热力、动力条件十分优越,是全国暴雨最为频繁的地区之一,具有暴雨日数多、雨强大的特点。海南岛实测年最大降雨量达5525mm(琼中县,1964年),各地1h最大降雨量达80~100mm,最大日降雨量200~300mm,尖峰岭曾出现过日降雨749.2mm。充沛且高强度的降雨成为水土流失发生的直接动力因素。

2.土质疏松

海南岛侵入岩分布区域约占全岛的49%,该区域往往土质疏松,土壤颗粒级配不均,黏结力差,极易被径流冲刷形成高强度水土流失。

3.生产建设活动加剧了人为水土流失

坡耕地多,坡耕地占全岛耕地面积的33.3%,加之群众长期以来有顺坡耕作的习惯,坡耕地面蚀和沟状侵蚀较为普遍。

园地面积占全岛总面积的26.82%,林下植被覆盖差,高强度降雨下,也易形成水土流失。桉树、马占相思等纸浆林砍伐后,形成的稀疏残次林,存在严重的水土流失。

近年来,随着城镇化步伐加快和开发建设活动频繁,扰动地表、破坏植被、取土采石等生产建设活动加剧了人为水土流失的发生。

二、水土流失现状及变化

(一)水土流失现状

2018年,海南岛共有水土流失面积1918km^2,占全省陆地面积的5.58%,均为水力侵蚀(海南省水土流失分布情况见图3-8-2)。按侵蚀强度划分,轻度侵蚀面积1715km^2,占水土流失总面积的89.42%;中度侵蚀面积96km^2,占水土流失总面积的5.01%;强烈侵蚀面积34km^2,占水土流失总面积的1.77%;极强烈侵蚀面积31km^2,占水土流失总面积的1.62%;剧烈侵蚀面积42km^2,占水土流失总面积的2.19%(水利部,2019)。

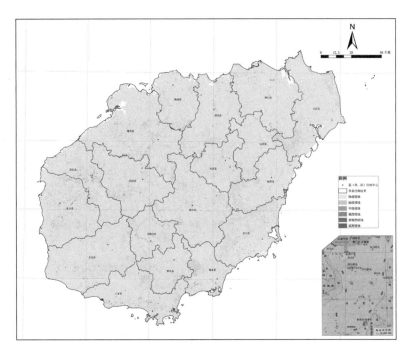

图 3 - 8 - 2　海南省水土流失分布图(海南省水务厅,2019)

全省各市(县)均有水土流失分布。按土地利用类型划分,水土流失主要发生在坡耕地、果园和其他园地,水土流失面积占其土地利用类型面积的比例分别为30.29%、8.16%和6.78%。不合理的耕作与生产经营方式是水土流失产生的主要原因;其次,生产建设项目或活动(如公路建设、园区开发等)也造成大量的人为水土流失。

(二)水土流失变化

海南省第一次水土流失调查于1957年春开展。全岛水土流失面积为669.4km²,其中,水蚀面积339.0km²,风蚀面积330.4km²。主要分布在琼山的东山、新坡、甲子,文昌的翁田、公坡、龙楼、文教、龙马,澄迈的金江、山口、瑞溪、新吴、永发,定安的山沟、雷鸣、新竹,儋县的蚂蝗岭、长坡,琼海的九曲江等区乡。

第一次土壤侵蚀遥感调查开展于1983年,以1985年为数据本底年。调查显示,海南岛的土壤侵蚀面积为455.037km²,占土地总面积1.34%,比1957年水土流失面积调查减少214.4km²。

第二次土壤侵蚀遥感调查于1999年4月进行,调查以1995年为数据本底年。全省水土流失面积为547.33km²,占土地总面积1.66%。其中,水力侵蚀

203.76km^2,占 36.1%;风力侵蚀 339.78km^2,占 60.2%;工程侵蚀 21.21km^2,占 3.7%。水力侵蚀中,轻度侵蚀 161.87km^2,中强度侵蚀 41.89km^2。主要分布在儋州的蚂蝗岭、水井岭一带;以及文昌的宝陵河、琼山的鸭程溪、澄迈的山口溪、三亚的梅山三更等水土流失区(《海南省志·水利志》编纂委员会,2003)。

根据《海南省第一次水利普查公报》(海南省水务厅等,2013),2013 年海南省水土流失总面积为 2116.04km^2,占海南省陆地总面积的 5.99%。在全省水土流失面积中,轻度侵蚀面积为 1158.53km^2,占水土流失总面积的 54.7%;中度侵蚀面积为 615.42km^2,占水土流失总面积的 29.1%;强烈侵蚀面积为 241.15km^2,占水土流失总面积的 11.4%;极强烈侵蚀面积为 43.87km^2,占水土流失总面积的 2.1%;剧烈侵蚀面积为 57.07km^2,占水土流失总面积的 2.7%。

根据《中国水土保持公报(2018 年)》(水利部,2019),2018 年度海南省共有水土流失面积 1918km^2,占海南总土地面积的 5.58%。其中:轻度侵蚀 1715km^2,占水土流失面积的 62.03%;中度侵蚀 96km^2,强度及以上 107km^2 (表 3 - 8 - 1)。

表 3 - 8 - 1　海南省 2011— 2018 年水土流失面积对比表

年度	水土流失面积(km^2)			
	轻度	中度	强烈及以上	合计
2018 年	1715	96	107	1918
2011 年	1171	666	279	2116
变化情况	544	− 570	− 172	− 198

资料来源:《海南省第一次水利普查公报》(海南省水务厅等,2013)《中国水土保持公报(2018 年)》(水利部,2019)。

三、水土流失危害

海南作为中国的最大经济特区和最年轻的热带岛屿省份,自建省办特区以来,经济有了长足的发展。但是,由于当地居民不当的经营活动破坏自然植被以后,大大加速了土壤侵蚀的速率和规模,造成局部地区生态系统遭到严重破坏和生态系统的失衡,文昌市沿海部分区域荒漠化严重(《海南省志·水利志》编纂委员会,2003)。

(一)土地资源破坏

蚂蝗岭位于海南省西北部,距离海岸线约 9km,总面积为 52.7km^2。主峰最高海拔 161.6m,最低高程为 25.5m,地势向四周倾斜,岭坡坡度分别为东面 1:16.7,南面 1:16.5,西面 1:22.55,北面 1:25,以 3°~4° 为主。1992 年水土流失面积已发展到 9km²;1996 年 18 号强热带风暴的袭击后,水土流失逐步扩大到的 33.4km²,占蚂蝗岭总面积的 63.4%。其中,轻度侵蚀面积 16.2km²,占总面积的 48.5%;中度侵蚀面积 8.1km²,占总面积的 24.3%;强度侵蚀面积 4.7km²,占总面积的 14.1%;极强度侵蚀面积 4.4km²,占总面积的 13.1%。面蚀 24.3km²,宽 20~100m 以上、深度 0.5~1.0m 以上、长 1km 以上的面蚀河床 136 处;沟蚀 4.7km²,宽 3~300m 以上、深度 8~35m、长度为 1~3km 的冲沟 35 条;崩岗 4.4km²;平均侵蚀模数为 18560t/(km²·a),沟壑密度高达 5.1km/km²,侵蚀沟最大下切深度有近 30m,侵蚀沟仍处于剧烈发展阶段,2000 年一年中沟头前进最大速度约 1km。

澄迈县黄龙、高山、云山等一带村庄,水土流失十分严重,暴雨季节山洪暴发,淹埋良田 16.7hm²,因黄泥水入田造成减产的农田 54.7hm²;水源涵养能力下降,周边村庄人畜饮水十分困难。(《海南省志·水利志》编纂委员会,2003)

文昌市翁田镇大福村、明月村及湖心村等地自然植被破坏、人为毁林开垦现象严重,林地垦殖指数高,大面积种植桉树等速生林,水土流失较为严重,水土流失面积 13.58km²,侵蚀沟发育剧烈,水土流失面积占流域土地总面积的 54.83%,极大地危害周边农田安全,每年村民须自发预防因水土流失对农田造成的影响。

(二)危害人民生命财产安全

海南地处热带北缘,台风、暴雨等自然灾害严重,其中以文昌、东方、万宁、昌江、三亚和陵水较为严重。文昌市沿海有铺前、锦山、冯坡、翁田、龙马、昌洒、龙楼、东郊、清澜、白延等 10 个镇,海岸线长 287.9km,沙荒面积 1.96 万 hm²,其中冯坡镇沙荒面积 0.13 万 hm²。该镇从 1764~1964 年这 200 年间,海边沙丘向内陆推移 1600m,平均每年内移 8m,沿海有 180hm² 的良田被沙埋没,13 个村庄被沙逼向内迁移(《海南省志·水利志》编纂委员会,2003)。

第三节　水土流失预防与监督

一、水土流失预防保护

（一）预防保护范围与对象

1.预防保护范围

坚持"预防为主,保护优先"。在海南省所有陆域上,实施全面预防保护。陡坡及荒坡垦殖、林木采伐、农林开发以及开办涉及土石方开挖、填筑或者堆放、排弃等生产建设活动及生产建设项目,都应根据水土保持法的要求,采取综合监管措施,预防水土流失的发生。

预防的重点范围包括国家和省级水土流失重点预防区,大型侵蚀沟的沟坡和沟岸,大江大河的两岸以及大型湖泊和水库周边,省内重要饮用水水源地,省政府划定并公告的崩塌、滑坡危险区和泥石流易发区以及公布的重要饮用水水源保护区、重要生态功能区等。

2.预防保护对象

预防保护对象包括:①现有的天然林、郁闭度高的人工林、覆盖度高的草地等林草植被。②侵蚀沟的沟坡和沟岸、河流的两岸以及湖泊和水库周边的植物保护带。③沿海的海岸植被、湿地。④水土流失综合治理成果及其他水土保持设施。

（二）预防保护措施与配置

1.预防保护措施

预防措施体系包括限制开发和禁止准入、保护管理、封育、辅助治理及能源替代等措施。

（1）限制开发和禁止准入

禁止在崩塌、滑坡危险区和泥石流易发区从事取土、挖砂、采石、采矿等可能造成水土流失的活动;生产建设项目选址、选线应当避让水土流失重点预防区,经专题论证无法避让的,应提高水土流失防治标准,优化施工工艺,减少地表扰动和植被损坏范围,有效控制可能造成的水土流失;禁止开垦、开发植物保护带;禁止在25°以上陡坡地和20°以上直接面向水库集水区的荒坡地开垦种植农作物;禁止毁林开垦、烧山开荒和在陡坡地、干旱地区铲草皮、挖树兜;25°以上陡坡地和20°以上直接面向水库集水区的坡地禁止顺坡耕种;禁止采取全坡面全垦方式整地等。

（2）保护管理

县级以上人民政府划定并向社会公告崩塌、滑坡危险区和泥石流易发区的范围;应当确定本行政区域内河流两岸、水库和湖泊周边、海岸带、侵蚀沟沟坡和沟岸的植物保护带范围,落实植物保护带的营造主体和管护主体,设立标志;植物保护带范围内的土地所有权人、使用权人或者有关管理单位应当营造植物保护带;在5°以上不足25°的坡地和20°以下直接面向水库集水区的坡地开垦种植农作物或者经济林的,应当根据当地实际情况,按照水土保持技术标准,采取修建梯田、修筑挡土墙、建设截排水系统、蓄水保土耕作等水土保持措施;在25°以上陡坡地和20°以上直接面向水库集水区的荒坡地造林的,应当优先建设生态公益林;种植经济林的,应当根据当地实际情况,科学选择树种,合理确定种植模式,并按照水土保持技术标准,采取保护表土层、降低整地强度、建设蓄排水系统、坡面植草、设置植物绿篱等防治水土流失的措施;在封山育林区及水土流失严重地区,当地人民政府及其主管部门应当采取措施,改变野外放养牲畜的习惯,推行圈养。

（3）封育措施

包括:森林植被抚育更新、轮封轮牧、网围栏、人工种草、舍饲养畜等。

（4）辅助治理措施

包括:对局部区域水土流失采取的林草植被建设、坡改梯、侵蚀沟治理、农村垃圾和污水处置设施建设、人工湿地及其他面源污染控制等措施。

（5）农村能源替代

包括:以小水电代燃料、以电代柴、太阳能等新能源代燃料等措施。

2. 预防保护配置

根据所处的不同水土保持功能区进行措施重点布局。水土流失预防区域主要涉及水源涵养、生态维护、水质维护、人居环境维护等水土保持分区。

（1）水源涵养功能

以水源涵养为主导功能的区域人口相对较少，林草覆盖率较高。由于采伐与抚育失调、坡地开荒等不合理开发利用，导致森林生态功能降低，水源涵养能力削弱，局部水土流失严重。

措施配置：注重封育保护和水源涵养植被建设，以清洁小流域建设为主，配套建设植物过滤带、沼气池、农村垃圾和污水处置设施及其他面源污染控制措施；局部存在水土流失的区域应采取林草植被建设、坡改梯、谷坊等措施综合治理。

（2）人居环境维护功能

以人居环境维护功能为主的区域多分布在相对发达的城市或城市群及周边，人口稠密、经济发达，由于城市扩张、生产建设等活动频繁，人居环境质量下降。

措施配置：结合城市规划，对河道配置护岸护堤林、建设生态河道、园林绿地；城郊建设生态清洁小流域；强化生产建设活动的监督管理。

（3）水质维护功能

以水质维护为主导功能的区域分布有重要的城市饮用水水源地，植被相对较好，局部水土流失作为载体在向江河湖库输送泥沙的同时，也输送了大量营养物质，面源污染成为水体富营养化影响水质的主要因素之一。

措施配置：对湖库周边的植被采取封禁措施和营造植物保护带；对距离湖库较远、人口较少、自然植被较好的山丘区实施封育保护；对农村居住区建设生活污水和垃圾处置设施、人工湿地等；对局部集中水土流失区开展以小流域为单元的综合治理，重点建设生态清洁小流域。

（4）生态维护功能

以生态维护为主导功能的区域林草覆盖率较高，但由于长期以来采、育、用、养失调，森林草地植被遭到不同程度的破坏，生态系统稳定性降低。

措施配置：对森林植被破坏严重地区采取封山育林、改造次生林、退耕还林还草、营造水土保持林；对沿海地区建设沿海防护林。

（三）重点预防项目

以水土流失重点预防区为基础，兼顾其他急需开展预防工作的区域，确定重要江河源头区、重要水源地和海岸带、环岛沿海及附属岛屿水土保持 3 类重点预防项目。遵循"大预防、小治理"的原则,充分考虑预防保护的迫切性、集中连片、重点预防为主兼顾其他的原则,确定各项目的范围、任务和规模。

1. 重要江河源头区水土保持

范围主要为南渡江、昌化江、万泉河、陵水河、宁远河等重要江河源头,涉及三亚市、五指山市、白沙黎族自治县、昌江黎族自治县、陵水黎族自治县、保亭黎族苗族自治县、琼中黎族苗族自治县。其中五指山、白沙、保亭、琼中 4 县(市)为海南岛中部山区国家级水土流失重点预防区。

区内植被覆盖总体较高,分布有较多的自然保护区、森林公园、风景名胜区。水土流失相对较轻微。但近年来,区内天然森林遭受严重破坏,水源涵养能力降低,局部地区水土流失加剧。

(1)防治任务

禁止开发天然林,封育保护为主,辅以综合治理,实施退耕还林,实现生态自我修复,推进水源地生态清洁小流域建设,建立可行的水土保持生态补偿制度,以达到提高水源涵养功能、控制水土流失、保障区域社会经济可持续发展的目的。

(2)防治规模

远期防治面积 2000km^2,其中预防 1900km^2,治理水土流失面积 100km^2。近期防治面积 1050km^2,其中预防面积 1000km^2,治理水土流失面积 50km^2。

2. 重要水源地水土保持

以《关于公布全国重要饮用水水源地名录的通知》和《海南省城市饮用水水源地环境保护规划》划定的湖库型饮用水水源地为主,重点是具有水源涵养、水质维护、防灾减灾、生态维护等水土保持功能的区域内集雨面积超过 200km^{2}的大中型供水水库。南渡江引水工程是海口市重要的水资源配置工程,其水源地作为河道型饮用水水源地纳入重要水源地水土保持重点预防工程。预防范围为湖库型饮用水水源地及其上游,河道型饮用水水源地水源保护区内。规划 12 座水库水源地和 1 个河道水源地。

(1)防治任务

以保护和建设以水源涵养为主的森林植被,远山边山开展生态自然修复,中低山丘陵实施以林草植被建设为主的小流域综合治理,近库(湖、河)及村镇周边建设生态清洁小流域,滨库(湖、河)建设植物保护带和湿地,控制入河(湖、库)的泥沙及面源污染物,维护水质安全,配套可行的水土保持生态补偿制度。

(2)防治规模

预防保护面积 3700km²,治理水土流失面积 100km²。其中近期预防面积 1800km²,近期治理水土流失面积 50km²。

3.海岸线环岛沿海及附属岛屿水土保持

三沙市以及海南岛本岛岛滩、岛屿、海岸是国家重点生态功能区。

主要岛屿、海岸大部分植被覆盖良好,生物多样性丰富。但该区生态系统脆弱,同时受台风暴雨等的影响,潜在的水土流失危险较大。近年由于开发强度的增加,红树林、湿地、防护林带萎缩,蓄水保土功能降低,生态环境有退化趋势。应加大红树林、沿海湿地的保护,禁止砍伐红树林。应强化生产建设项目水土保持监督管理,生态敏感地区实施生态修复与保护,加强防护林带建设。

包括海南岛环岛沿海水土流失重点预防工程、附属岛屿水土流失预防试点工程。

(1)海南岛环岛沿海水土流失重点预防工程

范围主要包括海岸线至海南环线高速公路、环线铁路之间的区域。主要任务是健全海岸线保护机制,加强海防林带建设,加强湿地修复与保护,实施沟岸、海岸整治,修复海岸自然环境,增加水源涵养和保土功能。防治规模为规划预防保护面积 2000km²,治理水土流失面积 100km²。其中近期预防面积 1000km²,近期治理水土流失面积 50km²。

(2)附属岛屿水土流失预防试点工程

范围主要包括三沙市以及海南岛本岛附属岛屿,主要指陆域面积大于 1km²的岛屿。主要任务是结合海岛旅游规划,严格划定禁止扰动范围,适度开展适生植被建设,增加雨水集蓄设施,保护土壤和淡水资源。先期开展试点,为附属海岛充分截蓄淡水和保持土壤,创造和改善生境积累经验。由于附属海岛陆域规模较小,不设具体建设指标,实施阶段,建设任务从海南岛环岛沿海水土流失重点预防工程切块实施。

二、水土保持监督管理

（一）制度体系

1.配套法规体系情况

（1）出台地方配套法规

依照 2010 年新修订的《中华人民共和国水土保持法》完成了《海南省实施〈中华人民共和国水土保持法〉办法》《海南省水土保持补偿费征收使用管理办法》和《海南省水土保持补偿费收费标准》等配套法规，各市县也相继出台了生产建设项目水土保持方案编制、监督、验收等管理细则，为新时期做好海南省水土保持事业奠定了法律基础。

（2）配套制度建设进一步完善

根据海南省水土保持工作的实际情况，相继制订了《海南省生产建设项目水土保持设施验收管理规定》《海南省生产建设项目水土保持设施评估管理规定》《海南省生产建设项目水土保持监测管理规定》《海南省生产建设项目水土保持技术评审专家库管理办法》《海南省生产建设项目水土保持方案审查和审批管理办法》等 5 个省级生产建设项目水土保持预防监督配套制度，为依法加强生产建设项目水土流失预防监督管理工作提供了依据。

（3）落实简政放权，降低征费标准

一是根据国务院关于深化简政放权放管结合优化服务改革精神，海南省水务厅出台印发了《关于下放部分生产建设项目水土保持方案审批和水土保持设施验收审批权限的通知》，下放部分省级生产建设项目水土保持方案审批和水土保持设施验收审批权限。二是根据国务院加大降费力度促进实体经济发展精神和《国家发展改革委、财政部关于降低电信网码号资源占用费等部分行政事业性收费标准的通知》（发改价格〔2017〕1186 号）要求，海南省水务厅会同海南省物价局、海南省财政厅完成水土保持补偿费新收费标准制订，出台《海南省物价局、财政厅、水务厅关于重新核定水土保持补偿费收费标准及有关问题的通知》（琼价费管〔2017〕487 号）印发执行。

（4）规划先行

2017 年 10 月，海南省人民政府批复《海南省水土保持规划（2016—2030

年）》，为海南省"十三五"水土保持工作的顺利开展奠定坚实基础。

（5）目标责任制和考核制度实行情况

2010年12月，海南省人民政府制订的《海南生态省建设工作考核办法（试行）》（琼府办〔2010〕162号），将水土保持工作纳入生态省建设工作"生态综合"项，每年由海南生态省建设联席会议办公室组织各成员单位对市县政府进行考核。

（二）监管能力

1959年3月，海南区党委决定成立海南区水土保持委员会，由区党委副书记赵光炬兼任主任，农、林、水、农垦、工交等有关部门领导任副主任，大力促进水土保持工作的开展。各级水利部门在工程管理科（股）设有专人管理水土保持工作。海南建省后全省水土保持日常工作由工程管理处负责。在2000年机构改革中，进一步加强水土保持工作，海南省水利局设置水资源水土保持处，负责全省水土保持工作；2013年海南省水务厅单独设立了水土保持处，承担全省水土流失综合防治工作；2005年12月成立了海南省水土保持监测总站，承担日常水土保持监测及监督工作。各市县水务部门均设有水土保持科（股），基本做到了有专职机构和人员。2013年3月。在海南省水务厅、民政厅的支持下，依法成立了海南省水土保持学会。全省专职监督管理人员103人，省、市县每年都对专职管理人员进行了培训和考核，并有固定的办公场所和专项保障经费（《海南省志·水利志》编纂委员会，2003）。

（三）生产建设项目监督管理

1.方案审批情况

2014—2018年全省共对生产建设项目进行水土保持方案评审共计2550个，其中省级77个。

2.监督检查情况

为进一步加强生产建设项目水土保持事中事后监管，切实做好水土保持方案实施跟踪检查工作，近年来海南省水务厅每年都制订印发跟踪检查工作方案，确保了水土保持方案实施得到贯彻落实。

2016年，全省共组织监督检查319次（其中，省级48次，市县271次），共检查项目301个（其中，省级48个，市县253个），全省下发书面整改意见301份

（其中省级 48 份、市县 253 份），各建设单位基本能够落实书面整改意见内容，效果比较明显。

2017 年，全省共组织监督检查 602 次（其中，省级 27 次，市县 575 次），共检查项目 511 个（其中，省级 27 个，市县 484 个），全省下发书面整改意见 511 份（其中省级 27 份、市县 484 份）。

海南省水土保持监督检查方式以现场检查为主，少量项目采用无人机辅助检查；2016 年和 2017 年应用卫星遥感等技术开展了海南岛水土流失动态监测；在购买服务方面，委托技术单位协助省级审批的生产建设项目水土保持数据录入全国水土保持监督管理系统。

近年来，海南省各级水行政部门加大了水土保持违法违规案件查处力度，及时纠正生产建设项目落实水土保持"三同时"制度存在的问题。2016 年全省查处水土保持违法案件 14 宗，2017 年全省查处水土保持违法案件 7 宗。

2018 年，全省共组织监督检查 430 次（其中，省级 28 次，市县 402 次），共检查项目 354 个，下达整改意见项目数量 185 份（其中省级 15 份、市县 170 份），全省下达责停、限期补办手续、限期缴纳水土保持补偿费的项目共计 198 个。

3. 验收情况

海南省水务厅制订了《海南省生产建设项目水土保持设施验收管理规定》，各市县也相继出台了生产建设项目水土保持方案编制、监督、验收等管理细则。海南省从 2018 年 7 月 1 日起已停止一切生产建设项目水土保持设施行政验收审批，按文件要求建设单位竣工验收前要委托第三方机构做好水土保持设施评估及公告，并报当地水行政主管部门备案。

三、水土保持区划与水土流失重点防治区

（一）水土保持区划

海南省在全国水土保持区划中的一级区属南方红壤区（Ⅴ区），二级区属海南及南海诸岛丘陵台地区（Ⅴ-8），三级区分为海南沿海丘陵台地人居环境维护区（Ⅴ-8-1r）、琼中山地水源涵养区（Ⅴ-8-2h）、南海诸岛生态维护区（Ⅴ-8-3w）3 个三级区。其中三级区确定了区域的水土保持主导基础功能、防治途径和技术体系，对全省水土保持措施布局具有较强的指导意义。海南省

陆地面积较小，但区域自然条件差异大，同属海南沿海，东部降雨充沛，西部干旱，南部台地狭窄，北部海积平原宽广，水土流失形式多样，侵蚀强度和程度不一，水土流失防治模式不尽相同。根据《海南省水土保持规划（2016—2030年）》，在国家划定三级区的基础上，将全省进一步细分为 7 个水土保持分区。

1. 海文沿海阶地人居环境维护区

本区位于海口市、文昌市沿海，区域面积 4109km²，区内地貌类型为海成阶地、低丘台地，雨量丰沛，土壤类型主要为砖红壤、潮沙泥土、滨海沙土，土壤侵蚀以轻度为主。本区人口密度较大、人地矛盾突出，生产建设活动较为频繁，人为水土流失较为严重，生产建设活动产生的大量取土、弃渣等恶化了生态环境，削弱了城市生态功能。

本区水土保持的重点是加强城市水土保持和强化对开发建设行为的监管；加强滨海区防风固沙林带的建设；加强城乡湿地系统的预防保护，重视城市公园、湿地公园、风景名胜区的预防保护；加强城市绿化和生态河道建设，改善人居生态环境，满足人民群众对良好宜居环境的需求。

2. 琼北沿海台地阶地土壤保持区

本区位于儋州市、临高县及澄迈县沿海，区域面积 3709km²。该区属琼北阶地，区内主要河流有文澜江、北门江、春江等，年均降水量 1500mm 左右，土壤侵蚀强度主要为轻度，部分速生丰产林、人工残次林等局部地区水土流失较为严重，是全省侵蚀沟规模最大、分布最集中的地区。

本区以维护土地资源、提高土壤保持功能为主要防治方向。实施小流域综合治理，加强坡面水系整治和沟道侵蚀治理，完善保土减蚀体系。实施疏残林下蓄水、截水工程，建设水土保持林草。完善沿海防护林体系，做好农田防护，减少入河入海泥沙。

3. 南渡江中下游丘陵台地水质维护区

本区位于南渡江中下游海口市、儋州市、临高县、澄迈县和定安县等市县的部分区域，区域面积 4574km²，地貌主要为丘陵、台地、阶地，降雨充沛，土壤类型主要为砖红壤、赤土、潮沙泥土，适合农作物、经济作物的生长。本区是海南北部地区城镇集中饮用水源取水地。本区坡耕地分布多，沟岸、河岸崩塌严重，有一定的崩岗分布，部分林地退化，细沟、浅沟侵蚀明显，河道淤积明显，河谷地带农业综合开发强度高。

本区水土保持重点是加强沟道整治,改造坡耕地和坡园地并配套坡面水系工程,建设生态清洁型小流域,维护水质安全,适当开展丘陵区的防洪排导工程减轻山洪灾害,局部地区实施崩岗治理。

4. 琼东南沿海丘陵人居环境维护区

该区位于三亚市、陵水县、万宁市、琼海市沿海,区域面积6832km²。地貌类型以丘陵台地区为主,区内河流主要有万泉河、太阳河、陵水河、宁远河等。土壤以黄色砖红壤为主,是橡胶、胡椒、槟榔等热带经果的主产区。台风侵袭较为频繁,人口密度较高,人为活动强度较大,生产建设活动较为频繁。存在坡园地水土流失、沟岸冲刷、沿海沙化以及生产建设项目水土流失严重等问题。

本区水土保持的重点是开展坡园地水土流失治理,改造坡耕地,完善坡面水系工程,实施封育保护,建设生态清洁型小流域。同时,强化对开发建设行为的监管,注重城市水土保持建设,开展城镇局部水土流失的治理和城郊生态环境建设,满足人民群众对良好宜居环境的需求。

5. 中部山地水源涵养区

位于海南岛中部山区,涉及五指山市、屯昌县、白沙县、琼中县和保亭县5县,区域面积8345km²。区内地貌类型以中低山为主,是海南省山地面积最大、海拔最高的地区。区内分布有五指山、鹦哥岭、吊罗山、黎母山等。区内是万泉河、南渡江、昌化江的发源地,水资源丰富。土壤以山地赤红壤、山地黄壤为主。本区自然环境较好,局部存在水土流失现象,一是零星坡耕地、斑状开荒地产生水土流失,淤积水库,形成面源污染,影响水源水质;二是近年来基础设施项目建设大量增加,建设过程中存在水土流失现象。本区水土保持的重点是加强森林植被保护,结合植被保护与建设营造水土保持水源涵养林,实施橡胶、槟榔等坡园地水土流失综合治理。严格实行25°以上陡坡地及20°以上直接面向水库集水区的坡地的退耕还林还草,强化生产建设项目水土保持预防监督管理。

6. 琼西丘陵阶地蓄水保水区

位于海南岛西部,涉及昌江县、乐东县、东方市的大部,该区面积6629km²。该区东接中部山地,地貌主要为低山丘陵,西临北海湾,为第四纪滨海平原,昌化江、感恩河、望楼河流经境内。该区是全岛降雨最少、干旱指数最大的区域。土壤类型以燥红壤、砖红壤、潮沙泥土为主。本区干旱缺水,坡耕地、坡园地较多,资源开采等生产活动造成的水土流失较为严重。工农业生产、居民生活主要靠水利工程供水,增加区域蓄水功能和水源涵养能力,减小泥沙淤积,保护水源水质是本区的主要任务。

本区水土保持的重点是开展坡地综合整治,配套灌排渠系,加强雨水集蓄利用;加大对矿产资源开发等生产建设活动的水土保持监管力度。

7.南海诸岛生态维护区

南海诸岛生态维护区位于南中国海,包括西沙群岛、中沙群岛、南沙群岛的岛礁及其海域。地貌主要为珊瑚礁地貌,根据与海平面的高差分为岛屿、沙洲、礁、暗滩、暗沙等类型,本区陆域面积较少,淡水资源稀缺,土壤极其珍贵,生态一旦遭到破坏,难以恢复。区域水土保持主导基础功能为生态维护。

本区重点是保护现有植被和土壤,加强雨水的积蓄利用,严格生产建设项目的水土保持预防监督管理,维护区域生态环境。

(二)水土流失重点防治区

在国家级水土流失重点预防区和重点治理区复核划分的基础上,根据省内水土流失调查结果和水土保持工作需要划分省级水土流失重点防治区。海南省水土流失重点预防区和重点治理区分布情况见图3-8-3。

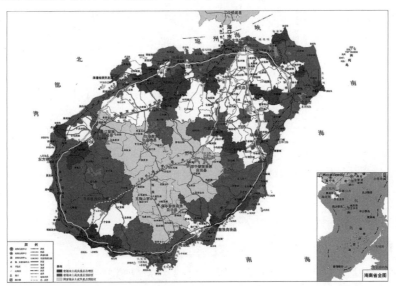

图3-8-3 海南省水土流失重点预防区和重点治理区分布图(海南省水务厅,2017)

1.国家级水土流失重点预防区

国家级水土流失重点防治区以县为基本单位。根据国家级水土流失重点预防区和重点治理区复核划分成果,海南省共有国家级水土流失重点预防区1

处,即海南岛中部山区国家级水土流失重点预防区,包括白沙黎族自治县、琼中黎族苗族自治县、五指山市、保亭黎族苗族自治县,总面积7113km²。

2.省级水土流失重点防治区

海南省级水土流失重点防治区面积16442km²。其中,省级水土流失重点预防区面积12960km²,约占海南省土地总面积的36.7%;省级水土流失重点治理区面积共3482km²,约占海南省土地总面积的9.8%。

(1)省级水土流失重点预防区

省级水土流失重点预防区划分方案,共划定海南省省级水土流失重点预防区面积12960km²,约占海南省陆域总面积的36.7%。涉及海口、澄迈、临高、儋州、文昌、定安、屯昌、琼海、昌江、东方、乐东、三亚、陵水、万宁、三沙15个市(县)。包括4个片区:海南岛北部海头至博鳌沿海水土流失重点预防区(SY1)、儋州屯昌琼海低丘台地水土流失重点预防区(SY2)、海南岛西部水土流失重点预防区(SY3)、海南岛东南沿海水土流失重点预防区(SY4)。

(2)省级水土流失重点治理区

海南省省级水土流失重点治理区面积3482km²,占全省陆域总面积的9.8%。涉及海口、文昌、儋州、临高、澄迈、定安、琼海、屯昌、三亚、万宁、乐东、昌江、陵水等13个市(县)。包括6个片区:琼西北沿海丘陵台地水土流失重点治理区(SZ1)、南渡江中下游水土流失重点治理区(SZ2)、海文东部沿海阶地水土流失重点治理区(SZ3)、万泉河中下游水土流失重点治理区(SZ4)、昌化江下游水土流失重点治理区(SZ5)、琼南沿海丘陵水土流失重点治理区(SZ6)。

四、水土保持规划

(一)海南省水土保持规划及专项规划

1.海南省水土保持规划

1999年2月6日,海南省第二届人民代表大会第二次会议作出建设生态省的决定,海南省计划厅与环境资源厅会同有关部门编制了《海南生态省建设规划纲要》。同年7月30日,海南省人大常委会第八次会议批准了该纲要。纲要明确了水土流失治理任务。2000年,海南省水利局组织编制了《水土保持生态环境建设"十五"计划及2015年远景发展规划》(《海南省志·水利志》编纂委员会,2003)。

海南省水务厅于 2017 年 10 月编制完成《海南省水土保持规划(2016—2030 年)》(海南省水务厅,2017),2017 年 10 月 13 日,海南省人民政府以琼府办函〔2017〕375 号文进行批复。

《海南省水土保持规划(2016—2030 年)》编制工作经过了水土流失遥感调查、水土保持区划、水土流失重点预防区和重点治理区复核划分等阶段,于 2015 年底完成规划初稿,经海南省水务厅反复论证和充分征求意见,于 2016 年 1 月编制完成初稿。在 2016 年 2 月收到经国务院批复的《全国水土保持规划(2015—2030 年)》正式文本后,对接全国规划有关内容进行修改,形成了技术审查稿,于 2016 年 5 月通过了专家和海南省林业厅、农业厅、国土资源厅、发展改革委、财政厅、住建厅、交通运输厅、生态环保厅及旅游委相关负责人参加的技术审查。在充分吸收专家和省级相关部门意见的基础上,形成了征求意见稿,于 2016 年 9 月发文征求各市县政府及省级相关部门意见,并根据各市县政府及省级相关部门反馈的意见进行修改完善。在此基础上,2016 年 12 月在海南省水务厅网站公示广泛征求公众意见。

《海南省水土保持规划(2016—2030 年)》着力贯彻生态立省和《海南省实施〈中华人民共和国水土保持法〉办法》总体要求,系统分析了全省水土流失及其防治现状、存在问题,认真研究水土保持工作面临的新形势、新机遇、新挑战,以"防治水土流失,合理利用、开发和保护水土资源"为主线,分区确定水土流失防治布局和措施体系,提出了预防、治理、监测、监管和近期重点项目规划,为海南省开展水土流失防治、维护生态系统、促进江河治理、保障饮水安全、改善人居环境、推动农村发展和建设生态文明提供技术支撑和保障,将作为今后一个时期海南省水土保持工作的发展蓝图和重要依据。

《海南省水土保持规划(2016—2030 年)》基准年为 2015 年,规划期为 2016 年到 2030 年,近期水平年 2020 年,远期水平年 2030 年。

依据国家水土流失易发区界定原则,全省属于水土流失易发区,需要加强生产建设项目的水土保持预防监督管理工作;按照"统筹协调、分类指导"的原则,在国家级水土流失重点预防区面积 7113km² 的基础上,依法划定了省级水土流失重点预防区面积 12960km²、省级水土流失重点治理区面积 3482km²。《海南省水土保持规划(2016—2030 年)》提出,到 2020 年,全省初步建成水土流失综合防治体系,重点防治区的生态环境明显改善,新增水土流失治理面积600km²;到2030年,建成与全省经济社会发展相适应的水土保持综合防治体系,新增水土流失治理面积1200km²。《海南省水土保持规划(2016—2030年)》的落实,将为建设经济繁荣、社会文明、生态宜居、人民幸福的美好新海南奠定坚实的生态基础。

2. 专项规划

(1)海南省水土保持重点工程专项规划(2016—2020年)

海南省水务厅于2017年8月编制完成《海南省水土保持重点工程专项规划(2016—2020年)》。规划的区域范围包括海南省陆域面积,主要包括:对江河、支流和湖库淤积影响较大的水土流失区域;造成土地生产力下降,直接影响农业生产和农村生活,需开展土地资源抢救性、保护性治理的区域;涉及革命老区、贫困地区、少数民族聚居区等区域;直接威胁生产生活的水土流失潜在危害区域。

根据海南省水土流失状况,结合水利部下达新增治理水土流失面积任务及海南省水土保持规划,海南省至2020年拟治理水土流失面积600km²;据此《海南省水土保持重点工程专项规划(2016—2020年)》拟治理水土流失面积900km²,其中300km²为贮备项目治理面积。

2020年,初步建成与海南省经济社会发展相适应的水土保持综合防治体系,全省水土流失面积占陆域土地总面积的比例下降到5%以下,水土流失面积和强度有所下降。

《海南省水土保持重点工程专项规划(2016—2020年)》调查、明确今后项目实际落地情况,进行全省江河源头、重要水源地、坡耕地、侵蚀沟道、崩岗、"四荒"地、水蚀坡林(园)地、山洪沟道作为治理重点。

规划项目实施后,治理区水土流失综合防护体系基本形成,水土流失得到有效控制,农业生产基础得到夯实,综合生产能力明显提高,有效促进当地特色产业发展与群众脱贫致富。

规划治理项目根据类型主要分为生态清洁型小流域以及小流域综合治理两部分进行治理。规划全省共计选择205条小流域项目,其中综合治理小流域144条,生态清洁型小流域61条。

（2）海南省水土流失动态监测规划（2018—2022 年）

海南省水务厅于 2019 年 1 月编制完成《海南省水土流失动态监测规划（2018—2022 年）》，内容主要为实现全省以及以县级行政区为单位的海南省水土流失年度消长情况分析评价的工作重点，以及实现全国水土流失消长情况分析评价的总体目标，全面统筹海南省级监测区域、监测点水土流失动态监测和水土保持公报等工作。具体包括省级区域水土流失监测、监测点水土流失监测、省级和以县级行政区为单位的水土流失年度消长情况分析评价、监测数据整（汇）编、监测成果发布与应用等五个方面。

（二）各市县水土保持规划

海南省水务厅于 2011 年 7 月 6 日以（琼水资保〔2011〕243 号）文要求县级以上人民政府水行政主管部门会同同级人民政府有关部门编制水土保持规划，并报本级人民政府或者授权的部门批准后，由水行政主管部门组织实施。海南省部分市县已按照相关要求编制各市县水土保持规划并上报各市县人民政府批准。已完成水土保持规划的市县有海口市、三亚市、文昌市、东方市、屯昌县、乐东县、临高县、五指山市。

第四节　水土流失综合治理

一、水土流失综合治理发展历程

海南于 1957 年开始水土流失治理工程，1957 年治理水土流失面积 10.09km²，1957—1967 年累计治理面积达 84.75km²，1987 年治理面积 207.11km²。1998 年后，国家加大对水利工程的投资力度，同时也加大了生态环境治理与保护的投入。1999 年以来，海南省多个市县开展了水土流失综合治理项目，1999—2010 年度全省共实施治理小流域共计 32 条，共计治理水土流失面积 206.14km²，共计投入资金 6586 万元（《海南省志·水利志》编纂委员会，2003）。

2013 年始在革命老区开展国家水土保持重点工程建设,2013—2018 年海南省共实施 65 个小流域治理项目,共计投入资金 3.59 亿元。2013 年后水土流失综合治理步伐明显加快,各项治理工程措施保存完好,充分发挥了保水、保土、拦沙蓄水的作用,取得了较好的生态效益、经济效益和社会效益。治理区生产生活条件显著改善,林草植被覆盖度逐步增加,水源涵养能力日益增强,生态环境明显趋好。海南省的水土保持成效也得到了国家的高度重视,水土保持中央投资支持力度不断加大,"十二五"期间完成的水土保持投资是"十一五"的 2 倍以上。

二、水土流失综合治理总体布局

坚持"综合治理、因地制宜",采取整体推进、局部优先、突出重点的治理策略。根据各地的自然和社会经济条件,分区分类合理配置治理措施,坚持生态优先,强化林草植被建设,工程措施、林草措施和农业耕作措施相结合,加大坡耕地和侵蚀沟的治理力度,以小流域为单元实施山水田林路村综合治理,形成综合防护体系,维护水土资源可持续利用。依据全省主体功能区划和区域发展规划,按照区域定位和治理需求进行布局。

(一)沿海丘陵台地人居环境维护区

本类型区土地总面积 24484km²,位于海南岛外围,地貌类型以平原、台地、阶地和丘陵为主,土地平缓,年平均降雨量 1600 ~ 2200mm,北部降雨较少,南部降雨较多,光热资源充沛,主要植被有热带季雨林、热带针叶林,区内的玄武岩台地上也有热带草原分布,未利用的荒草地土地面积较多。本区水土流失主要发生在植被覆盖度较低和植被结构单一的平缓林草地和裸露、半裸露荒地以及坡耕地上。本区的水土流失类型以水力侵蚀为主,部分市县有较多风蚀分布,侵蚀强度以轻度为主;本区人口密集,农业生产强度较大,土地开发力度大。

本区的主要治理方向为小流域综合治理工程、坡耕地治理工程等;适当突出小型水利水保工程,促进生态修复;建设优质、高效的农业;结合生态清洁型小流域维护人居环境安全及饮用水安全。该区涉及小流域共计 165 条。

(二)琼中山地水源涵养区

本类型区土地总面积 9431km²,位于海南岛中部偏南,地貌类型以中、低山地为主,局部有山间丘陵和平原,属于半湿润区,多雨、多雾、湿度高,多年平均降水量在1800mm以上,台风影响较大。本区林木茂密,土壤和植被垂直地带性分布明显,主要植被为热带雨林。水土流失强度整体较低,基本为轻度。本区有较多坡耕地分布,本区为海南省主要江河源头,同时也是国家级水土流失重点预防区。

本区主要治理方向以坡面水系整治工程和水系配套工程为主开展小流域综合治理工程和坡耕地综合治理工程;应加强封育治理措施并对一些生长较差的灌木林、残次林和疏林地开展生态修复,同时开展生态清洁型小流域建设,对重点水源区开展泥沙和面源污染防治。该区涉及小流域共计44条。

(三)国家级贫困县

根据国务院扶贫开发领导小组公布的《国家扶贫开发工作重点县名单》,海南共涉及5个市县,分别为五指山市、临高县、白沙县、保亭县和琼中县。

涉及国家级贫困县应结合当地情况,改善当地生产生活条件,发展高效农业、加快新农村建设、构建和谐社会,开展富美乡村建设。该区涉及小流域共计52条。

(四)重要水源地

海南省33个集中供水水源地工程保护区,涉及全省15个市县。

重要水源地主要治理方向以坡面水系整治工程和水系配套工程为主开展小流域综合治理工程和坡耕地综合治理工程;应加强封育治理措施,开展坡改梯,坡面修建排水沟,沟道兴建谷坊,做到水不乱流;同时开展生态清洁型小流域建设,对重点水源区开展泥沙和面源污染防治。该区涉及小流域共计19条。

三、水土流失综合治理现状及发展方向

(一)国家水土保持重点工程

2013年,海南省组织实施了文昌市龙虎山小流域项目等6宗国家水土保持重点工程建设,涉及昌江、东方、临高、陵水、文昌等5个市县。海南省国家水土保持重点工程总投资3172.91万元,治理水土流失面积约63.46km²。

2014年,海南省组织实施了陵水县小妹西干渠小流域项目等5宗国家水土保持重点工程建设,涉及昌江、东方、临高、陵水、文昌等5个市县。海南省国

家水土保持重点工程总投资3940.34万元,治理水土流失面积约78.81km²。

2015年,海南省组织实施昌江县青山小流域项目等4宗国家水土保持重点工程建设,涉及昌江、文昌等2个市县。海南省国家水土保持重点工程总投资3682.69万元,治理水土流失面积约73.65km²。

2016年,海南省组织实施了临高县新盈小流域等6宗国家水土保持重点工程建设,涉及昌江、东方、临高、文昌等4个市县。海南省国家水土保持重点工程总投资10443.14万元,治理水土流失面积约208.86km²。

2017年,海南省组织实施了澄迈县文英小流域等11宗国家水土保持重点工程建设,涉及屯昌、东方、临高、儋州、澄迈等5个市县。海南省国家水土保持重点工程总投资5780.38万元,治理水土流失面积约115.61km²。

2018年,海南省组织实施了屯昌县大潭小流域等5宗国家水土保持重点工程建设,涉及屯昌、临高、澄迈等3个市县。海南省国家水土保持重点工程总投资3860.00万元,治理水土流失面积约77.20km²。

(二)水土流失综合治理发展方向

1.小流域综合治理

水土流失综合治理应坚持以小流域为单元,以溪沟整治为脉络,以坡耕地、坡园地、侵蚀沟等水土流失地块为重点,坡沟兼治。

坡耕地治理主要措施有修建梯田、雨水集蓄利用、径流排导、泥沙沉降等;25°以上的坡耕地退耕还林还草,优先建设生态公益林,种植经济林的应科学选择树种,合理确定种植模式,采取保护表土层、降低整地强度、建设蓄排水系统、坡面植草、设置植物绿篱等防治水土流失的措施;在5°以上不足25°的坡地和20°以下直接面向水库集水区的坡地开垦种植农作物或者经济林的,采取修建梯田、修筑挡土墙、建设截排水系统、蓄水保土耕作等水土保持措施。坡式园地经济林地治理主要措施有修建水平阶带状整地、种植植物篱拦挡和增加地面覆盖防护、雨水集蓄利用、径流排导、泥沙沉降等。

轻、中度水土流失残次林地,以封育保护为主,同时采取补植林木等措施。强烈以上水土流失的残次林地,视情况采取林木补植、抚育更新等措施,林木补植主要以阔叶树种为主。

侵蚀沟分布集中的地区,应采用坡面修截水沟埂,侵蚀沟内修建谷坊、拦沙坝,坝坡、坝内、侵蚀沟周边乔、灌、草结合恢复植被。

2. 生态清洁型小流域

生态清洁小流域建设规划的目标是通过规划的实施达到和实现流域内自然资源得到合理开发与利用,对自然的改造和扰动限制在能为生态系统所承受、吸收、降解和恢复的范围内。区域经济持续、稳定、协调发展,生态系统良性循环。小流域总体景观优美,自然和谐,卫生清洁,人居舒适。

生态清洁小流域建设规划指导思想是以水源保护为中心,以小流域为单元,将其作为一个"社会—经济—环境"的复合生态系统,"山水田林路"统一规划,"拦蓄灌排节污"综合治理,改善当地生态环境和基础设施条件。

按照"保护水源、改善环境、防治灾害、促进发展"的总体要求,紧紧围绕水资源保护,将小流域划分为"生态修复、生态治理、生态保护"三道防线,综合应用多种治理措施进行生态环境建设,保护水土资源。

生态清洁小流域建设中应根据地貌、土地利用特点、水环境的主要问题和危害合理地进行措施布局。

在立体配置方面,根据小流域的地貌特征和水土流失规律,由分水岭至沟底分层设置防治体系。在水平配置方面,以居民点为中心,道路为骨架,建立近、中、远环状结构配置模式。

生态修复区的水土流失主要表现为面蚀和溅蚀,陡坡地段有重力侵蚀,在该区综合应用林草措施、工程措施和管理措施,实行全面封禁,依靠其系统的自我恢复能力,恢复植被及涵养水源功能,保护水源。

生态治理区人口相对密集,农地面积较大,人为活动对环境的干扰也最为强烈,自然植被覆盖度较低,水土流失严重,同时具有点源污染和非点源污染,系统受干扰严重。本区由于土地利用形式多样,有农业区、工业区、居民生活区和观光旅游区,在各个区根据其自身的特点,分别采取相应的林草措施、工程措施和管理措施。重点治理生活污水垃圾和生产过程中的"三废"对环境的污染。

生态保护区是接受污染物最多的一个区域,是清洁小流域建设的最后一道防线,主要采取谷坊、排洪渠、防护坝、河湖库滨带的防护林及湿地保护建设等措施,综合利用湿地、水陆交错带和生态过渡带拦沙滤水,净化水质,美化环境,形成第三道防线。

第五节 水土流失监测与信息化

一、水土保持监测网络

1957 年,按照国家提出的"防治并重,治管结合,因地制宜,全面规划,综合治理,除害兴利"的水土保持工作方针,海南水土保持工作以澄迈县金江镇黄龙岭为试点,创建了海南区水土保持试验推广站。至 2000 年末,全省有文昌市水土保持站、澄迈县水土保持站、琼山市东山镇水土保持站、琼山市高黄水土保持站。根据《海南省水土保持规划(2016—2030 年)》,海南省水土保持监测站网体系分为省水土保持监测总站和市县水土流失监测点两级。全省已经建成了1 个监测总站和9 个监测点,9 个监测点分布在 9 个不同市、县,主要结合水文站建设。包括 1 个综合观测场、1 个坡面径流场、1 个水土保持科技示范园和 6个利用水文站监测点。

根据《海南省水土保持规划(2016—2030 年)》,按照区域代表性强、重点突出、类型多样的布局原则,综合考虑海南省地形地貌和土壤类型多样、降雨量大、土地等资源开发利用和基础设施建设强度较大等因素,海南省规划水土保持监测点数量为 18 个。监测点的空间分布上兼顾区域、流域和水土保持类型区、水土流失重点防治区的均衡性和代表性。监测点的类型选择上侧重布设利用水文站点和自然坡面径流场,逐步增强宏观掌握区域水土流失状况的能力。通过与科研院校合作共建监测点,实现优势互补。

2020 年,规划全省监测点规模达到 11 个,其中综合观测场 2 个、水土保持科技示范园 1 个,坡面径流场 2 个、利用水文站 6 个。2018—2022 年近期拟规划新增 1 个综合观测站和 1 个坡面径流场,布点规划采用"东西南北中"的原则进行布设;根据已有站点布设情况,近期拟在海南岛东南部、南部各新增布设 1处监测点。

远期再建设监测点 7 个,至 2030 年,规划全省监测点规模达到 18 个,其中综合观测场 5 个、水土保持科技示范园 2 个,坡面径流场 5 个,利用水文站点 6 个。

二、水土流失动态监测

(一)区域监测

1. 监测区域

(1)国家级水土流失重点监测区域

海南省涉及的国家级、省级水土流失重点预防区和重点治理区所涉及的所有县级行政区划定为水土流失重点监测区域,其中国家级重点防治区所涉及的县级行政区水土流失监测由水利部及其流域机构具体承担,涉及海南岛中部山区国家级水土流失重点预防区,包括白沙黎族自治县、琼中黎族苗族自治县、五指山市、保亭黎族苗族自治县 4 个县(市),总面积 7113km² ,占全省陆地总面积的 20.09% 。

(2)省级水土流失重点监测区域

依据事权划分,海南省水务厅负责辖区内除国家级重点防治区涉及的县级行政区之外区域的水土流失动态监测工作,国家级和省级动态监测区域原则上不重叠,据此确定海南省省级水土流失监测区域为扣除海南省被划入国家级重点防治区的 4 个县级行政区之外的 21 个县(市、区),行政区陆地总面积为 28287km² 。

2. 监测对象

主要任务是在海南省不同侵蚀类型区,结合国家级和省级重点防治区水土流失动态监测,选择小流域综合观测站(科技示范园)、坡面径流观测场等监测对象,开展长期、固定、持续的水土流失定位观测。主要目的是进行监测数据的汇总、整编、分析、发布,并开展不同侵蚀类型区水土流失因子率定、水土保持措施治理效益定额测定等工作,为反映不同土壤侵蚀类型区水土流失状况及其规律、复核国家级和省级重点防治区、省级以县为单位的水土流失年度消长情况分析评价成果等提供基础信息。

3. 主要监测内容与方法

小流域综合观测站(含科技示范园)监测内容主要包括水土流失影响因子、水土流失状况和水土保持措施等三方面,其中水土流失影响因子包括小流域坡度、几何特征、土壤、植被覆盖状况以及降水等气象因子。通过现场调查与资料分析等方法,获取小流域及其坡面径流场的地形、土壤、土地利用、植被覆盖等情况,利用布设在小流域出口断面的控制站监测小流域径流泥沙状况。小流域综合观测站应每年进行小流域的土地利用、人为活动扰动情况(如生产建设项目或活动、农业取用水、骨干工程运行状况等)调查,以及主要土地利用类型的土壤理化性质(包括土壤有机质、土壤养分、土壤含水量等)的典型调查。

坡面径流观测场监测内容主要包括水土流失影响因子(面积、坡度坡长、土壤、降水等)、水土流失状况和水土保持措施等三方面,采用地面观测的方法获取坡面径流小区降雨特征、产流产沙状况。

利用水文点水土流失监测内容主要包括水土流失影响因子、径流和泥沙等三方面,其中水土流失影响因子包括流域坡度、几何特征、土壤、植被覆盖状况以及降水等气象因子。通过现场调查与资料分析等方法,获取流域及其坡面径流场的地形、土壤、土地利用、植被覆盖等情况,利用布设的河流断面控制站监测径流、泥沙状况。

(二)生产建设项目监测

海南省所有生产建设项目监测成果作为生产建设项目验收的主要支撑材料,因此海南所有建设项目均开展水土流失监测,每季度将季报及月报上报各地水行政主管部门。

三、水土保持信息化建设

为进一步加强海南省水土保持信息化工作,提高水土保持工程管理和监督管理能力,根据水利部关于加强水土保持信息化工作的部署,海南省积极推进各项水土保持信息化工作,取得明显成效。

1."天地一体化"动态监管

2017年10月底完成全国水土保持监督管理系统的安装和调试工作,并委托技术服务机构开展省级历年审批项目的监督管理数据录入系统工作。海南省已完成2008—2016年共221个项目历史数据的录入工作,其中有9个项目由于审批时间较早,方案不符合系统录入要求无法录入;因监督系统历史版本运行环境不允许外网操作的限制,2017年未完成水土流失防治责任范围矢量图录入,在监督系统V4.0上线后,海南省已安排技术服务机构进行矢量图补录,2018年审批的生产建设项目相关信息和水土流失防治责任范围矢量图已按要求录入。2008—2018年省级审批项目共238个,全部录入了全国水土保持监督管理系统。

2017年4月确定海口市为生产建设项目水土保持"天地一体化"监管试点县,海口市水务局已委托技术服务单位开展"天地一体化"监管工作。技术服务单位已收集了海口市2018年之前批复的生产建设项目共995个,同时收集了海口市高分卫星遥感影像11景,包含资源三号、高分一号(分辨率2m)、高分二号影像(分辨率0.8m),影像以2018年为主。完成对海口市全境生产建设项目扰动图斑解译,共解译疑似扰动图斑594个,其中面积大于1hm^{2}的扰动图斑共计554个,并进行生产建设项目扰动合规性分析,于2018年11月起结合无人机航测和外业调查系统进行现场复核。

通过生产建设项目水土保持"天地一体化"工作的开展,海口市发现部分采石场、石料加工厂及矿山等扰动图斑未编制水土保持方案,海口市水务局及时通知区水务局安排监督执法人员到达现场复核,加强监督及查处力度,推动"天地一体化"支撑水土保持监督管理工作。

依托海南省政务大数据中心,对接发改、住建、环保等部门多源、分散、异构、碎片的项目数据资源,整合搭建生产建设项目水土保持数据资源体系,构建全省水土流失项目信息的大数据中心。采用"天地一体化"监管平台,结合卫星遥感数据和无人机航测手段,实现生产建设项目水土保持精准化、全过程监管。

2. 国家水土保持重点工程图斑精细化管理

2011—2018年海南省水土保持工程共65个项目。2017年11月海南省水务厅委托技术服务机构开展2011—2016年省级水土保持重点工程项目数据的录入工作。考虑到项目县技术力量薄弱的现状,2017年起海南省水务厅要求各工程项目实施方案设计单位负责将项目实施方案按要求录入管理系统,2017—2018年国家水土保持重点工程18个项目全部录入;除2016年前的18

个项目因措施图斑、数据格式等设计资料原因难以录入系统外，其他 47 个项目实施方案、年度计划、建设管理、施工进度、监督检查、竣工验收等相关资料数据已完成录入工作。

海南省积极推进以国家水土保持重点工程项目管理系统为基础，以图斑为单元，基于遥感技术（无人机）手段，对重点工程项目实施精细化管理。海南省已委托技术服务单位按照《国家水土保持重点工程信息化监管技术规定（试行）》及《全国水土保持信息化工作 2017—2018 年实施计划》要求，开展国家水土保持重点工程"图斑精细化"工作。

（1）在建项目核查

对海南省 2018 年国家水土保持重点工程所实施的 7 个项目中的 4 个项目进行核查。到目前为止，海南省已全面开展临高县跃进小流域、澄迈县中兴小流域、东方市红草小流域、琼中县罗眉小流域等 4 个项目的核查，已基本完成 4 个项目的现场核查信息采集、核查措施图斑矢量化、核查成果入库等工作。

（2）竣工项目抽查

海南省计划对 2017 年国家水土保持重点工程所实施的 11 个项目中的 4 个项目进行抽查，包括东方市海晟小流域综合治理项目、东方市先端小流域综合治理项目、临高县亲贤小流域综合治理项目、临高县上坎小流域综合治理项目等 4 个项目竣工验收进行外业核查。到目前为止，已利用无人机及遥感影像基本完成对东方市海晟小流域、东方市先端小流域、临高县亲贤小流域、临高县上坎小流域等 4 个项目的抽查工作，包括项目验收抽查前期准备、现场抽查信息采集、抽查措施图斑矢量化等工作内容。

（3）实施效果评估

利用高分辨率卫星影像对 2014 年文昌市黑溪小流域和 2015 年昌江县青山小流域等 2 个项目开展实施效果评价工作。已收集文昌市黑溪小流域和昌江县鸡心河（下游）小流域项目资料及项目区遥感影像资料，正在进行实施效果评估图斑解译及水土保持措施解译工作。

3. 信息化技术应用培训

水利部水土保持司、水土保持监测中心组织的水土保持预防监督管理、生产建设项目水土保持"天地一体化"监管、水土保持重点工程项目"图斑精细化"管理等培训，海南省均派技术骨干和管理人员参加培训。

2017年9月,海南省完成省、项目县国家水土保持重点工程项目管理系统的安装,并组织人员参加了系统培训。

2018年7月,举办全省水土保持管理工作培训班,以生产建设项目事中事后监管、生产建设项目水土保持设施自主验收、生态清洁小流域建设与管理、生产建设项目信息化监管和水土流失综合治理项目"图斑精细化"监管为主要培训内容,对全省各市县(区)水务局分管领导、水土保持科(股)负责人及省水土保持监测总站全体人员进行培训。

第六节　水土保持地域性特色

一、滨海水土流失防治

海南省沿海区域,位于海南岛外围,地貌类型以平原、台地、阶地和丘陵为主,土地平缓,多年平均降水量1600~2200mm,北部降雨较少,南部降雨较多,光热资源充沛,主要植被有热带季雨林、热带针叶林,区内的玄武岩台地上也有热带草原分布。本区水土流失主要发生在植被覆盖度较低和植被结构单一的平缓林草地和裸露、半裸露荒地以及坡耕地上。本区的水土流失类型以水力侵蚀为主,部分市县有较多风蚀分布,侵蚀强度以轻度为主;本区人口密集,农业生产强度较大,土地开发力度大。

海南地处热带北缘,台风、暴雨等自然灾害严重,其中以文昌、东方、万宁、昌江、三亚和陵水较为严重。文昌县沿海有铺前、锦山、冯坡、翁田、龙马、昌洒、龙楼、东郊、清澜、白延等10个镇,海岸线长287.9km,沙荒面积1.96万hm²,其中冯坡镇沙荒面积0.1万hm²。东方、昌江两县地处岛西部,沿海地区的林木早已被破坏,雨量偏少。沿海一带,干旱、高温、地瘦、风沙给当地人民的生产生活造成严重威胁。20世纪七八十年代期间,海南行政区的沿海防护林建设进入稳步发展时期。1971年广东省革委会统一部署,海南成立"海南区沿海防护林规划小组",对海南沿海防护林进行了全面的统一规划。规划特别强调,要从备战观点营造沿海防护林。营造沿海防护林,既可防风固沙,又可在作战时作为部队、工事的掩护林。这项规划制订沿海营造防护林宜林面积为 5.87 万 hm^2。从 1972 年起开始实施,至 1990 年止,沿海 1528.4km 的宜林海岸已有 1284.48km 实现了绿化(含红树林),88.5km 沿海沙荒宜林地已造林 5.13 万 hm^2。环岛防护林成长后,海南沿海地区的生态环境得到了改善。据海南省农办 1988 年的调查:文昌县翁田镇历史上沙风旱灾严重,造林前 1962—1969 年 8 年平均年降雨量 1555mm,造林后 1971—1977 年 8 年平均降雨量为 1883mm,比造林前降雨量增加 328mm/a,林分空气相对湿度提高了 5%。1977 年冬到 1978 年春,海南遇上大旱之年,全岛 62% 的水塘、水库库容降至死水位以下,68% 的河溪断流。然而,翁田公社的明月大队由于营造了 1000hm^2 的沿海防护林,覆盖率达 49%,在林木的庇荫之下,林间溪水清泉不断,1988 年早稻粮食单产达 5857.5kg/hm^2。

海南岛沿海海岸及南海诸岛是国家重点生态功能区。该区生态系统脆弱,同时受台风暴雨等的影响,潜在的水土流失危险较大。近年由于开发强度的增加,红树林、湿地、防护林带萎缩,蓄水保土功能降低,生态环境有退化趋势。应加大红树林、沿海湿地的保护,强化生产建设项目水土保持监督管理,生态敏感地区实施生态修复与保护,加强防护林带建设。加强海防林带建设,加强湿地修复与保护,实施沟岸整治、海岸整治,健全保护机制。

海南省红树林具有种类多、分布广、保存面积大、区系古老等特点,海南省 1998 年通过《海南省红树林保护规定》。红树林集中分布于海南省东北部的文昌市清澜港、铺前港及海口市的东寨港、南部三亚市的榆林港湾、东南部陵水县新村港、东部万宁市的杨梅港,西部澄迈县马村及临高县新盈镇彩桥、马袅港也有分布,儋州市新英港及海头港,东方市的四更镇白鹭站,乐东县利国镇和昌江县南罗新港等地亦有分布。

红树林具有防风消浪、促淤保滩、固岸护堤、净化海水和空气的功能。红树林植物的根系十分发达,对海浪和潮汐的冲击有很强的抵抗能力,可以防风浪冲击、固土保肥、保护农田、降低盐害侵袭,是内陆的天然屏障,被称为"海岸卫士"。

1984 年 6 月起,以文昌市水土保持试验推广站为试验场地,水务部门对红砂土乌土坡 2.1km² 的水土流失,以不同树种、不同混交林型进行的营林试验进行水土流失综合治理,为摸清滨海红砂土水土流失的成因、探索治理途径和措施积累了经验,荣获 1993 年省科技进步奖三等奖,并已在文昌市区域 121.4km² 的红砂土水土流失治理中大力推广这类混交林型造林,取得了较好的治理效果(《海南省志·水利志》编纂委员会,2003)。

二、水土保持科技示范园

海南现已建成的呀诺达水土保持科技示范园是一个科普宣传为主、兼顾科研试验的示范性园区。园区遵循"生态优先、最小干预、注重文化、以人为本、可持续发展"的原则,通过景观改造、措施营建、建筑设施等各种措施,丰富和完善园区内的科普文化、试验研究、景观构成、动植物资源等服务功能,形成具有当地特色的生态文化景观,为进一步开展南方山地丘陵区水土流失研究提供更强有力的技术支持。

科技示范园是当前水土保持工作发展的需求和展示海南省水土保持工作成果、水土流失治理经验和技术交流的需要,同时为保护我国唯一海岛热带雨林生态系统,海南省决定在海南呀诺达热带雨林景区内建立水土保持科技示范园。园区建成后将形成具有海南岛地域特色、水土保持示范性强的新一代旅游景区,它在我国海南及南海诸岛台地丘陵区极具典型性和代表性。

该示范园选址是在呀诺达雨林文化旅游景区总体规划的基础上,根据水土保持生态建设需要而选择的,将示范园划分为两个大区域,分别为生态清洁小流域治理展示区和核心示范区。生态清洁小流域治理展示区是景区主要的旅游景点和游客聚集地,包括酒店等配套设施,该区域污水、垃圾处理等多项指标已经达到清洁小流域技术规范要求,下一步将构筑"生态修复、生态治理、生态保护"三道防线进行治理,并加大科普教育宣传牌以及科普知识长廊的建设。核心示范区建设集水土保持新技术展示、水土保持试验监测、科普教育及热带雨林植物展示等主要功能为一体,形成高标准水土保持科技示范园区。

海南省水土保持科技示范园划分为 4 个功能区,分别为生态清洁小流域治理展示区、科普展示区、科研试验区和技术推广区,占地总面积为 118.20hm²,其中典型生态清洁小流域治理展示区结合景区建设,不单独占地,科普展示区、科研实验区和技术推广区为主要建设区。

海南省水土保持科技示范园建成后将有着显著生态、社会及经济效益,将极大提高海南省的水土保持工作内涵,有助于广大市民了解水土保持与人居环境的紧密联系。它的不断更新与完善,对普及水土保持知识、增强市民的水土保持意识、颂扬传统水土文化、促进水土资源的可持续利用和水土保持事业的科学发展具有重要意义。

三、水土流失治理特色措施

近年随着治理理念的改变,海南省小流域水土保持措施逐渐以生态清洁型小流域为主。

(一)生态护坡治理措施

河道治理措施主要以"软质"护岸为主,采用具有自然、"可渗透性"特点的生态护岸,当洪水来临时,可起到延滞径流的作用,枯水季节时,储存在河堤中的水反渗入河流,能充分保证河岸与河(沟)道水体之间的水分交换和水量调节,增加河道与岸坡的物质交换。

(1)文昌市黑溪小流域

针对河流存在岸坡土质偏砂并且垮塌严重等问题,采用生态袋护岸进行防护,植物生态袋护坡岸坡比1:3整坡,垒砌生态袋,通过土工格栅反绑而成,防治效果良好,植被郁葱,起到了有效防治水土流失和洪水灾害的作用。

(2)屯昌县加利坡小流域

该小流域位于梦幻香山旅游区,因此对该区域裸露边坡采取花盆砖护坡,并于花盆内种植香草及当地特色花卉,对裸露边坡起到较好的治理作用,并与周边景观相协调。

(3)澄迈县文英小流域

农田排沟沟壁护坡形式主要为两侧沟壁采取木麻黄桩基础对沟壁底部加固,坡面采取当地火山岩铺砌;针对原淤积严重的农田土质排沟进行改造,设计在排沟边坡采用当地火山岩片石进行干砌铺设,利用火山岩的多孔性吸附农田污染物,减少面源污染;在坡脚布设木麻黄桩及横板,以稳固边坡;沟底按照设计比降进行清淤,开挖清除的淤泥就地利用,采用淤泥固化技术进行固化后堆置在排沟两侧作为农田机耕路的基层(图3－8－4)。

图3－8－4　2017年澄迈县文英小流域(李纪伟　摄)

(4)屯昌县大潭小流域

村庄溪沟行洪能力不足,同时两岸农田、经过林地施用农药、化肥等导致面源污染严重,溪沟脏乱。因此,溪沟护岸采用了石笼基础＋干砌石挡墙＋植草护坡的形式对溪沟进行治理,并在护岸侧布设人行步道,以供村民散步、游憩(图3－8－5)。

图3－8－5　2018年屯昌县大潭小流域(李纪伟　摄)

(二)污水处理措施

琼中黎族苗族自治县地处海南生态保护核心区,也是国家级贫困县,境内森林覆盖率高达83.74%,既是南渡江、昌化江、万泉河的发源地,又是重要饮用水水源保护区,生态安全地位举足轻重。2016年,琼中县率先在海南省探索采用政府和社会资本合作(PPP)模式,在全县10个乡镇、4个农场、544个村庄,开展富美乡村水环境 PPP 模式治理,逐步探索出了一条保护生态环境、推进脱贫致富、提高农民素质的高效规范农村污水处理新路子。该县投入 1.6 亿元,建成农村分散式污水处理示范项目 53 个,直接受益群众 1.2 万人,农村生活污水实现全收集、全覆盖,出水可达到一级 A 标准。

(三)村庄美化措施

2016 年以后的小流域治理项目除对水土流失严重区域进行治理以外,新增对流域内村庄的村容村貌整治工程,通过合理布设乔(凤凰木、火焰树、小叶榄仁等)灌(黄金榕、三角梅等)草[地毯草、沟叶结缕草(俗称"马尼拉草")等]进行综合立体美化,提高村庄景观,同时修建广场和篮球场,给村民提供一个运动休闲的场所。以上措施均对当地村庄面貌有较大整体提升,也获得了当地群众及政府的肯定和好评。

(四)植物谷坊、植草沟

呀诺达水土保持科技示范园沟道治理区设置 5 处谷坊,类型有树桩编篱谷坊、木谷坊和石笼谷坊。2018 年东方红草小流域,采用生态植草沟等措施。

四、水土保持特色果业

海南岛地处热带,属于热带季风气候,高温多雨,干湿季明显,终年无霜,四季如春。年平均日照 1750～2650h,年平均气温 22～26℃,年平均降雨量 1500～2000mm。海南岛地势平缓,土壤深厚,湿热同期,气候优越,非常适合林木生长,是我国林业发展最具优势的区域。海南岛热带土地资源丰富,是我国最大的热带国土,其中可宜农、宜林、宜牧面积 23.33km²。这些土地质量较好,一地多宜,生产潜力大。近年来,模拟森林生态系统的成层性和多样性,发展到"林—胶—茶"等复式栽培;果—菜间作;果—瓜(菜)间作;果—药间作;乔—灌搭配混作。使生态功能和经济效益成多倍的增长。

近年来海南省小流域综合治理也注重发展热带特色经果林,在坡度较陡、土粒黏结不强的区域采取反坡梯田等坡改梯措施后种植经果苗木,例如文昌市翁田小流域和昌江县青山小流域、临高亲贤小流域、屯昌新南小流域、澄迈中兴小流域等均采取坡改梯措施后种植椰子、福橙等特色水果;在坡度较缓、地形破碎的区域采取鱼鳞坑等措施后种植经果苗木。例如 2016 年昌江黎族自治县排岸小流域针对地形破碎等特点采取鱼鳞坑整地后,栽植当地特色水果芒果。经果林设计时注重林下水土流失的防治,主要是在树种组成上选择乔灌混交和高低树种搭配。

文昌市翁田小流域及昌江县青山小流域均采取经果林措施种植海南特色水果椰子,在治理水土流失的同时兼顾了当地经济的发展。东方市海盛和先端小流域及东方市红草小流域所涉及项目区主要为哥斯达黎加量天尺(俗称"红心火龙果")种植基地,由于种植区域为丘陵地貌,因此主要任务为梳理项目区坡面水系,减少坡面径流和冲刷,防治水土流失。澄迈县文英小流域项目种植了当地特色农产品莲花,将项目区乡村特色休闲农业与生态观光基地有机结合。临高县跃进小流域种植区域为丘陵地貌,大力种植槟榔及南海藤(俗称"牛大力")等经济作物。槟榔林为乔木林,林下裸露易造成水土流失,项目修建反坡梯田的同时套种海南本土经济作物牛大力。牛大力为爬藤植物,可以在带来一定经济效益的同时增加林下植被覆盖度,可以起到较好的减少水土流失的作用。

第九章

湖北省

水土保持

第一节　基本情况

一、自然条件

(一)地理位置

湖北省位于我国中部,地处长江中游,洞庭湖以北,居北纬29°05′~33°20′、东经108°21′~116°07′之间。北接河南省,东连安徽省,南毗湖南省,西靠重庆市,东南与江西省为邻,西北与陕西省接壤。东西宽约740km,南北长约470km,全省总土地面积18.59万 km²,占全国总面积的1.94%,居全国第16位。

(二)地质地貌

在地质构造上,湖北省位于秦岭褶皱系与扬子准地台的接触带上。荆山、大洪山以北主要属秦岭褶皱系的武当—淮阳隆起带,是省境北部武当山、桐柏山、大洪山和大别山形成的地质基础,其西北部与渝陕二省(市)交界处主要属大巴山褶皱带,构成了鄂西北的大巴山和荆山。荆山、大洪山以南,自西而东分属于上扬子台褶带和下扬子台褶带,是燕山运动形成的地台盖层褶皱带。上扬子台褶带是鄂西的武陵山、巫山形成的地质基础,其地质发育与贵州高原大体一致;下扬子台褶带是鄂东南幕阜山脉形成的基础,与赣北、皖南山地连成一体。江汉断拗镶嵌于上、下扬子二台地褶带之间,是白垩纪以来的陆相断陷盆地,后经长江、汉水合力冲积成为江汉平原。

在地貌上,湖北省处于中国地势第二级阶梯向第三级阶梯过渡地带,其地势呈三面高起、中间低平、向南敞开、北有缺口的不完整盆地。地貌类型多样,山地、丘陵、岗地和平原兼备。山地、丘陵、岗地和平原湖区各占湖北省总面积的56%、14%、10%和20%。地势高低相差悬殊,西部号称"华中屋脊"的神农架最高峰神农顶海拔达3106.2m;黄梅县刘佐乡东喇叭湖陆地约3km²的一块区域,最低高程为9.2m。湖北省西、北、东三面被武陵山、巫山、大巴山、武当山、桐柏山、大别山、幕阜山等山地环绕,山前丘陵岗地广布;中南部为江汉平原,与湖南省洞庭湖平原连成一片,地势平坦,土壤肥沃,除平原边缘岗地外,海拔多在35m以下,略呈由西北向东南倾斜的趋势。

(三)气候水文

1.气候

湖北省地处亚热带,位于典型的季风区,除高山地区外,均属亚热带季风气候。具有四季分明,雨热同季,光、热、水资源较丰富的特点。因境内地形复杂,资源地域分布不均。从日照、气温、降水分布来看,不仅南北差异明显,东西差异和垂直差异也很显著。气候复杂多样,且独具特色。全省年平均降水量800~1600mm,其分布趋势由南向北递减,鄂西南最多达1400~1600mm,鄂东南次之为1300~1500mm,鄂北、鄂西北最少为800~1000mm,其他地区1000~1300mm。位于巴东县的海拔1884.3m的绿葱坡年降水量多达1828.6mm,为全省之冠。

2.水文

全省境内河流纵横,水系发育。长江自巴东边鱼溪进入湖北,横贯全境,并有汉江及洞庭湖湘资沅澧诸水汇入,至黄梅县出境。省内共有流域面积50km²及以上河流1232条(其中省界和跨省界河流116条),总长度为4.00万km;流域面积100km²及以上河流623条(其中省界和跨省界河流95条),总长度为2.89万km;流域面积1000km²及以上河流61条(其中省界和跨省界河流26条),总长度为0.92万km;流域面积10000km²及以上河流10条(其中省界和跨省界河流8条),总长度为0.32万km。

湖北省素称"千湖之省",湖泊分布范围大致西起枝江,东迄黄梅,北以应城、皂市、钟祥一线的黏土阶地为界,南与湖南洞庭湖相连,形态各异、大小不等的湖泊星罗棋布于长江、汉江两岸,较大的湖泊有洪湖、长湖、梁子湖、西凉湖、龙感湖等。由于历年泥沙淤积、人工围湖垦殖等因素,湖泊数量和面积已大大缩小,有的湖泊已不复存在。湖北省境内有湖泊755个,湖泊水面面积合计2706km²。其中跨省湖泊3个(龙感湖跨安徽省,牛浪湖、黄盖湖跨湖南省),省内跨市湖泊12个,城中湖103个。湖北省共有水库6459座,总库容1262.35亿m³。其中已建水库6442座,总库容1203.44亿m³;在建水库17座,总库容

58.91 亿 m^3。

(四) 土壤植被

在各种成土因素作用下,湖北省主要形成了红壤、黄壤、黄棕壤、黄褐土、砂姜黑土、棕壤、暗棕壤、石灰土、紫色土、山地草甸土、沼泽土、潮土和水稻土等13 种土类。水稻土、潮土、黄棕壤、黄褐土、石灰(岩)土、红壤、黄壤及紫色土8个土类占全省总耕地面积的98.65%。其中,水稻土占总耕地面积的50.35%,潮土占总耕地面积的19.03%,黄棕壤占总耕地面积的14.54%,其他5 个土类的面积占总耕地面积均小于5%。水稻土是湖北省面积最大,贡献最多的耕作土壤,盛产粮、油,占全省粮食产量70%。潮土是湖北省重要的生产粮、棉、油的土壤,本区域所产棉花占全省棉花产量80%以上。黄棕壤是小麦、玉米、棉花、豆类、茶叶、烟叶等粮经作物的重要产区。

湖北省属亚热带常绿阔叶林带,全省植物种类繁多(其中种子植物达3700多种)、广为分布,其中鄂西北山地丘陵区主要树种有青冈、栎类、华山松、巴山松、冷杉、马尾松等,鄂北丘陵岗地区主要树种有栎类、马尾松、柏木等,鄂东北低山丘陵区主要树种有杉木、马尾松、湿地松、黄山松、麻栎、栓皮栎、板栗等,鄂西南山地区主要树种有栲类、楠类、马尾松、杉木、柏木、柑橘等,鄂东南低山丘陵区主要树种有毛竹、杉木、马尾松、香樟、桂花等,鄂中及江汉平原栽培区主要树种有杨树、湿地松、水杉、枫杨、旱柳等。

二、社会经济情况

(一)行政区划

湖北省现有13 个地级行政区,包括12 个设区市、1 个自治州;103 个县级行政区,包括39 个市辖区、25 个县级市、36 个县、2 个自治县、1 个林区;1235 个乡级行政区,包括310 个街道办事处、762 个镇、163 个乡。地级行政区依次是武汉市、黄石市、襄阳市、荆州市、宜昌市、十堰市、孝感市、荆门市、鄂州市、黄冈市、咸宁市、随州市,自治州为恩施土家族苗族自治州,省会位于武汉市。湖北省行政区划情况见图3 – 9 – 1 所示。

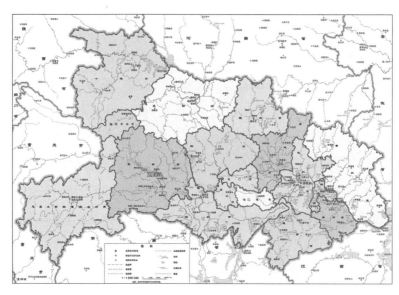

图 3 - 9 - 1   湖北省行政区划图(审图号:鄂 S[2020]003 号)

(二)人口民族

2018 年末,湖北省户籍人口 6141.80 万人,常住人口 5917 万人,其中,城镇 3567.95 万人,乡村 2349.05 万人。城镇化率达到 60.3%。全年出生人口 68.20 万人,出生率为 11.54‰;死亡人口 41.37 万人,死亡率为 7‰,人口自然增长率为 4.54‰。湖北省是一个多民族省份,少数民族人口 283 万人,占全省总人口的 4.68%;全省民族自治地方区域面积约 3 万 km^2,占全省总面积的 1/6,民族自治地方总人口 440 万,占全省总人口的 7.34%(湖北省统计局,2019)。

(三)经济状况

根据《湖北省 2018 年国民经济和社会发展统计公报》(湖北省统计局等,2019),2018 年全省完成生产总值 39366.55 亿元,增长 7.8%。其中,第一产业完成增加值 3547.51 亿元,增长 2.9%;第二产业完成增加值 17088.95 亿元,增长 6.8%;第三产业完成增加值 18730.09 亿元,增长 9.9%。三次产业结构由 2017 年的 10.0∶43.5∶46.5 调整为 9.0∶43.4∶47.6。在第三产业中,交通运输仓储和邮政业、批发和零售业、住宿和餐饮业、金融业、房地产业、其他服务业增加值分别增长 5.1%、6.5%、6.1%、5.0%、6.3%、15.4%。

2018 年价格运行保持平稳,湖北居民消费价格上涨 1.9%,涨幅比上年提高 0.4 个百分点。其中,城市上涨 2.0%,农村上涨 1.8%。分类别看,八大类商品价格全部上涨。其中,食品烟酒价格上涨 1.8%,衣着价格上涨 0.8%,居住价格上涨 2.5%，生活用品及服务价格上涨 1.3%，交通和通信价格上涨 2.2%，教育文化和娱乐价格上涨 1.5%，医疗保健价格上涨 3.5%，其他用品和服务价格上涨 0.6%。湖北工业生产者出厂价格上涨 4.2%，工业生产者购进价格上涨 4.8%（湖北省统计局等，2019）。

（四）土地利用

1. 土地利用现状

根据 2015 年度全国土地变更调查结果，湖北省土地总面积 1859.37 万 hm^2，其中耕地面积 525.50 万 hm^2，占土地总面积的 28.3%；园地面积 48.29 万 hm^2，占土地总面积的 2.6%；林地面积 860.15 万 hm^2，占土地总面积的 46.3%；草地面积 28.17 万 hm^2，占土地总面积的 1.5%；城镇村及工矿用地面积 130.55 万 hm^2，占土地总面积的 7.0%；交通运输用地面积 29.82 万 hm^2，占土地总面积的 1.6%；水域及水利设施用地面积 205.51 万 hm^2，占土地总面积的 11.1%；其他土地面积 31.38 万 hm^2，占土地总面积的 1.7%。

2. 耕地分布状况

全省耕地按地区划分，鄂东北地区耕地 95.14 万 hm^2，占 18.10%；鄂东南地区耕地 72.41 万 hm^2，占 13.78%；鄂中地区（江汉平原）耕地 195.59 万 hm^2，占 37.22%；鄂西北地区耕地 95.39 万 hm^2，占 18.15%；鄂西南地区耕地 66.97 万 hm^2，占 12.74%。见表 3 - 9 - 1。

表 3 - 9 - 1　湖北省耕地面积分布情况

地区	面积（万 hm^2）	占全省比重（%）
鄂东北	95.14	18.1
鄂东南	72.41	13.8
鄂中	195.59	37.2
鄂西北	95.39	18.2
鄂西南	66.97	12.7
合计	525.50	100

资料来源：《湖北省水土保持规划（2016—2030 年）》（湖北省水利厅，2017）。

全省耕地中，有灌溉设施的耕地 317.92 万 hm^2，比重为 60.50%；无灌溉设施的耕地 207.58 万 hm^2，比重为 39.50%。分地区看，鄂东北、鄂东南和鄂中地区有灌溉设施耕地比重大，鄂西北和鄂西南地区的无灌溉设施耕地比重大（见

表 3 - 9 - 2）。

表 3 - 9 - 2 湖北省有灌溉设施和无灌溉设施耕地面积

地区	有灌溉设施耕地		无灌溉设施耕地	
	面积（万 hm²）	占耕地比重（%）	面积（万 hm²）	占耕地比重（%）
全省	317.92	60.50	207.58	39.50
鄂东北	67.68	71.14	27.46	28.86
鄂东南	50.3	69.47	22.11	30.53
鄂中	150.55	76.97	45.04	23.03
鄂西北	33.02	34.62	62.37	65.38
鄂西南	16.37	24.44	50.6	75.56

资料来源：《湖北省水土保持规划（2016—2030 年）》（湖北省水利厅，2017）。

3. 土地利用现状评价

（1）耕地资源严重不足，人地矛盾日益尖锐

湖北省耕地资源严重不足，从人均耕地看，湖北省人均耕地 853² （1.28 亩），低于全国人均 1013m²（1.52 亩）和世界人均 2253m²（3.38 亩）的水平；且湖北省耕地后备资源开发潜力有限，截至 2015 年，全省耕地后备资源不足 10 万 hm²，且分布不均衡，大部分分布在偏远山区，生态脆弱，开发利用难度大，易引发水土流失。工业化、城镇化快速发展的用地需求与土地资源保护及开发利用的矛盾日益突出。

（2）水土流失与污染较重，耕地质量总体偏低

从耕地质量来看，湖北省 >5° 坡耕地的面积为 10082km²，占全省耕地面积的 19.20%，其中坡度 >25° 以上的坡耕地面积为 2338km²，内陆滩涂季节性耕种的望天田有 667km² 以上，还有一部分耕地因开矿塌陷、土地污染等造成地表土层破坏，不宜耕种，全省中低产田数量占耕地面积的 73.40%。全省水土流失面积占土地面积的比例达到 19.10% 左右。山地丘陵地区，特别是鄂西山区和大别山区水土流失比较严重；耕地污染范围不断扩大，土壤耕作环境呈恶化趋势，存在重用轻养、占优补劣现象，耕地质量总体偏低。

（3）土地利用较为粗放，建设用地利用效率不高

城镇土地利用效益不高，闲置土地、废弃工矿用地较多，土地征而不用、多征少用等现象程度不一的存在；村庄建设缺乏规划引导，城镇化快速发展的同

时,村庄用地不减反增,出现了大量的"空心村""路边店""独家院",建设用地格局失衡、利用粗放、效率不高,建设用地供需矛盾仍很突出。

因此,综合考虑耕地数量、质量和人口增长、发展用地需求等因素,湖北省耕地保护形势仍十分严峻,土地利用变化反映出的生态环境和水土流失问题很严重。

第二节 水土流失概况

一、水土流失类型与成因

1. 水土流失类型

按全国水土流失类型区的划分,湖北位于西南紫色土区和南方红壤区的边缘和交汇地区,各地区地质、地貌、地形、土壤、植被类型等自然条件差异较大,水土流失情况较为复杂。湖北省水土流失的类型以水力侵蚀为主,主要有面蚀和沟蚀;部分地区重力侵蚀的发展也很明显,崩塌、滑坡、泥石流等时有发生。

2. 水土流失成因

影响全省水土流失状况的自然因素有气候、地形、地质、土壤、植被等。降雨量大而集中、暴雨强度大、历时短,地表径流大,为土壤侵蚀提供了原动力;丘陵山区地势落差较大,坡度较陡,在降雨、径流等作用下易发生水土流失;在纵横交错的河流沿线存在较广的砂壤型土壤,结构疏散,抗蚀能力弱,在雨水冲刷下易流失,造成河沟淤积;森林资源总量不足,质量不高,分布不平衡,结构不合理,针叶林多、阔叶林少,纯林多、混交林少,加上森林植被受到破坏,森林水土保持和水源涵养等生态功能未能充分发挥。

近年来随着人口迅速增长和大规模的生产建设活动,新的人为水土流失不断扩展。城镇建设、交通、水利、能源、农业开发、采矿等生产建设项目,在实施过程中忽视水土保持现象时有发生,造成水土流失的情况依然存在,加剧了人为水土流失。水土流失的形成是自然因素和人为活动共同作用的结果。

二、水土流失现状及变化

湖北省是全国水土流失较为严重的省份之一。水土流失成因复杂、面广量大、危害严重,对全省经济社会发展、生态安全以及群众生产、生活影响极大。

根据湖北省 2015 年水土流失遥感调查成果,湖北省共有水土流失面积 35517.50km²,占全省总面积的 19.10%。其中轻度流失面积 18542.00km²,占总流失面积的 52.21%,占全省面积的 9.97%;中度流失面积 12327.27km²,占总流失面积的 34.71%,占全省面积的 6.63%;强烈流失面积 3185.95km²,占总流失面积的 8.97%,占全省面积的 1.71%;极强烈流失面积 1149.64km²,占总流失面积的 3.24%,占全省面积的 0.62%;剧烈流失面积 312.64km²,占总流失面积的 0.88%,占全省面积的 0.17%。湖北省土壤侵蚀现状如图 3-9-2 所示。

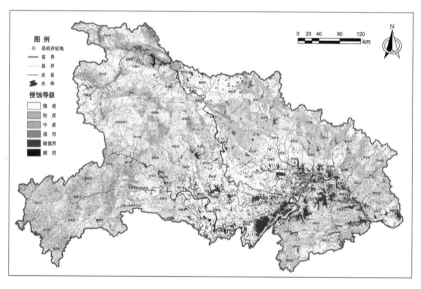

图 3-9-2 湖北省土壤侵蚀现状图(湖北省水利厅,2017)

1. 按水土保持区划分析

从水土保持区划来看,土壤侵蚀最严重的前 3 位是大巴山山地保土生态维护区、桐柏大别山山地丘陵水源涵养保土区和鄂渝山地水源涵养保土区,水土流失面积分别占全省水土流失总面积的 25.15%、22.20%、18.96%。水土流失情况最好的是洞庭湖丘陵平原农田防护水质维护区,水土流失面积仅占全省水土流失总面积的 1.05% 。详见表 3 - 9 - 3 。

表 3 - 9 - 3   湖北省不同水土保持分区水土流失面积分布情况

序号	三级区	总面积（km²）	水土流失面积（km²）	水土流失面积占总面积（%）	占全省水土流失总面积（%）
1	桐柏大别山山地丘陵水源涵养保土区	31869.62	7884.85	24.74	22.2
2	南阳盆地及大洪山丘陵保土农田防护区	18053.43	3459.42	19.16	9.74
3	江汉平原及周边丘陵农田防护人居环境维护区	34096.81	1576.88	4.62	4.44
4	洞庭湖丘陵平原农田防护水质维护区	5840.17	372.15	6.37	1.05
5	幕阜山九岭山山地丘陵保土生态维护区	14086.06	3163.49	22.46	8.91
6	丹江口水库周边山地丘陵水质维护保土区	11661.78	3393.12	29.1	9.55
7	大巴山山地保土生态维护区	41783.64	8932.17	21.38	25.15
8	鄂渝山地水源涵养保土区	28545.91	6735.42	23.6	18.96

资料来源：《湖北省水土保持规划（2016—2030 年）》（湖北省水利厅,2017）。

2. 按行政区分析

从市（州）水土流失严重程度来看,水土流失最严重的是十堰市,中度以上水土流失面积占土地总面积的比例为 18.75% ,其次是恩施土家族苗族自治州和黄石市,水土流失面积占土地总面积的比例分别为 16.21% 和 11.48% ;水土流失程度最轻的是潜江市、仙桃市、天门市,中度以上水土流失面积占土地总面积的比例分别为 0.30% 、0.63% 和 0.76% 。从市（州）水土流失面积来看,全省流失面积前 3 位的行政区为恩施土家族苗族自治州、十堰市和宜昌市,流失面积分别为 6460.16km² 、5795.24km² 和 4196.78km² ,流失面积最小的行政区为潜江市,流失面积仅为 5.95km² 。各行政区水土流失情况详见表 3 - 9 - 4 。

3. 按土地利用类型分析

根据湖北省 2015 年水土流失遥感调查成果,水土流失主要分布在坡耕地上,罗田、英山、秭归、郧西等地小流域泥沙观测资料分析推算也证明,坡耕地水土流失量一般能占到水土流失总量的 40% ~60%；其次是荒山荒坡和疏、残、幼林地；城镇及工矿用地近年来也产生了较为严重的局部人为水土流失。

表3-9-4　湖北省分市(州)水土流失面积统计表

| 序号 | 行政区 | 水土流失面积(km²) | | | | | | 中度以上流失占总面积比例(%) | 土地面积(km²) |
		轻度	中度	强烈	极强烈	剧烈	小计		
1	武汉市	497.2	391.24	39.86	5.34	11.48	945.12	5.23	8569.14
2	黄石市	694.47	416.11	66.19	12.51	29.19	1218.47	11.48	4564.56
3	十堰市	1357.42	2910.96	1076.44	386.12	64.3	5795.24	18.75	23666.13
4	宜昌市	2213.48	1529.09	289.18	129.97	35.06	4196.78	9.34	21230.18
5	襄阳市	1837.5	1411.18	397.31	59.5	19.5	3724.99	9.57	19727.72
6	鄂州市	80.13	40.19	7.6	0.88	1.46	130.26	3.14	1596.45
7	荆门市	1902.23	287.79	33.84	8.87	11.06	2243.79	2.77	12339.43
8	孝感市	642.67	265.59	43.81	4.41	7.87	964.35	3.61	8904.38
9	荆州市	301.97	132.28	10.43	2.43	4.11	451.22	1.06	14099.24
10	黄冈市	2788.73	1129.4	158.13	50.35	2.24	4128.85	7.68	17457.22
11	咸宁市	1262.04	599.05	111.51	18.9	17.91	2009.41	7.66	9751.53
12	随州市	2303.53	527.44	34.96	29.6	5.3	2900.83	6.21	9613.85
13	恩施州	2560.82	2446.07	913.65	438.35	101.27	6460.16	16.21	24060.27
14	仙桃市	0.04	15.94				15.98	0.63	2519.07
15	潜江市		5.95				5.95	0.3	1993.15
16	天门市	5.5	18.63	0.77	0.3	0.1	25.3	0.76	2612.43
17	神农架林区	94.27	200.36	2.27	2.11	1.79	300.8	6.39	3232.77

资料来源：《湖北省水土保持规划(2016—2030年)》(湖北省水利厅,2017)。

4. 水土流失消长评价

从湖北省水土流失面积的整体趋势来看,自2000年以来,水土流失面积总体呈下降趋势。轻度侵蚀和极强烈侵蚀面积在2005年略有上升后又下降,中度侵蚀和强烈侵蚀均有不同程度的下降；剧烈程度的水土流失面积2005年比2000年有显著上升,且在2000—2010年期间呈递增趋势,而2015年比2010年下降了一半,说明自2010年以来水土流失治理成效较明显(见表3-9-5)。

表3-9-5　湖北省不同年份水土流失面积对比表

年份	水土流失面积（km²）						流失比例（%）	全省面积（km²）
	轻度	中度	强烈	极强烈	剧烈	小计		
2000	27777.48	22806.47	9084.69	1173.26	1.13	60843.03	32.72	
2005	29281.81	18012.20	6745.34	1373.19	461.39	55873.93	30.05	185937.41
2010	20731.9	10271.65	3637.48	1573.47	688.53	36903.03	19.85	
2015	18542.00	12327.27	3185.95	1149.64	312.64	35517.5	19.10	

资料来源：《湖北省水土保持规划（2016—2030年）》（湖北省水利厅,2017）。

湖北省下辖各县市经过多年的治理,水土流失面积均有所减小。其中十堰市降幅最大,水土流失面积共降低了3140.43km²,其次降幅最大的为宜昌市和襄阳市,分别降低了2613.92km²和2546.25km²（详见表3-9-6。）

三、水土流失危害

水土流失给环境造成了严重的危害,不仅造成土地资源的破坏和损失,还加剧下游的水旱灾害,导致生态环境恶化,严重制约着经济和社会的可持续发展。

1.破坏耕地资源,威胁粮食安全

土壤是人类赖以生存的物质基础,是农业生产的最基本资源。第二次全国土地调查2015年度湖北省土地变更调查成果显示,湖北省坡耕地面积为10082km²,平均每年流失土壤3387t/km²。长期的水土流失使土地资源遭到破坏,土壤肥力逐年下降,土层减薄,土壤质地变粗,涵养水源和生态保护功能减弱,土地生产力下降,农作物产量、品质降低,制约了农林业生产的可持续发展。水土流失严重的地区,农业生产条件一般比较恶劣,地少田薄,经济效益较差。农民经济收入很少,对农业的投入也相对较少,部分山区无序开荒垦田,造成"越穷越垦,越垦越流失"的恶性循环。日益严重的水土流失随着对耕地资源的破坏,直接造成粮食播种面积的减少和粮食单产的下降,并进一步导致粮食总产量的下降,加剧人口增长与土地资源退化的矛盾,直接威胁到国家的粮食安全。

表3-9-6　湖北省分市（州）水土流失面积对比表

市州	2005年水土流失面积（km²）						2015年水土流失面积（km²）						变化（2015年减2005年）（km²）					
	轻度	中度	强烈	极强烈	剧烈	小计	轻度	中度	强烈	极强烈	剧烈	小计	轻度	中度	强烈	极强烈	剧烈	小计
武汉市	1521.68	309.89	132.33	0.49	0.03	1964.42	497.2	391.24	39.86	5.34	11.48	945.12	-1024.48	81.35	-92.47	4.85	11.45	-1019.3
黄石市	861.43	401.28	42.92	5.86	1.23	1312.72	694.47	416.11	66.19	12.51	29.19	1218.47	-166.96	14.83	23.27	6.65	27.96	-94.25
十堰市	3966.59	3575.94	795.57	427.02	170.55	8935.67	1357.42	2910.96	1076.44	386.12	64.3	5795.24	-2609.17	-664.98	280.87	-40.9	-106.25	-3140.43
宜昌市	3090.34	2571.14	814.96	245.37	88.89	6810.7	2213.48	1529.09	289.18	129.97	35.06	4196.78	-876.86	-1042.05	-525.78	-115.4	-53.83	-2613.92
襄阳市	3241.15	1979.57	864.47	139.75	46.3	6271.24	1837.5	1411.18	397.31	59.5	19.5	3724.99	-1403.65	-568.39	-467.16	-80.25	-26.8	-2546.25
鄂州市	188.52	51.73	53.82	0.5	0.03	294.6	80.13	40.19	7.6	0.88	1.46	130.26	-108.39	-11.54	-46.22	0.38	1.43	-164.34
荆门市	1397.5	1268.9	1047.71	30.69	4.01	3748.81	1902.23	287.79	33.84	8.87	11.06	2243.79	504.73	-981.11	-1013.87	-21.82	7.05	-1505.02
孝感市	1087.93	747.66	663.68	14.28	0.97	2514.52	642.67	265.59	43.81	4.41	7.87	964.35	-445.26	-482.07	-619.87	-9.87	6.9	-1550.17
荆州市	608.35	180.64	140.4	1.2	0.11	930.7	301.97	132.28	10.43	2.43	4.11	451.22	-306.38	-48.36	-129.97	1.23	4	-479.48
黄冈市	3881.32	1596.15	516.36	140.57	39.65	6174.05	2788.73	1129.4	158.13	50.35	2.24	4128.85	-1092.59	-466.75	-358.23	-90.22	-37.41	-2045.2
咸宁市	2016.83	652.79	55.9	6.94	1.72	2734.18	1262.04	599.05	111.51	18.9	17.91	2009.41	-754.79	-53.74	55.61	11.96	16.19	-724.77
随州市	3169.61	1360.49	729.52	27.23	3.38	5290.23	2303.53	527.44	34.96	29.6	5.3	2900.83	-866.08	-833.05	-694.56	2.37	1.92	-2389.4
恩施州	3791.07	3080.56	768.63	325.09	98.16	8063.51	2560.82	2446.07	913.65	438.35	101.27	6460.16	-1230.25	-634.49	145.02	113.26	3.11	-1603.35
仙桃市	246.3	0.04				246.34	0.04	15.94				15.98	-246.26	15.9				-230.36
潜江市	37.76	0.11	0.02			37.89		5.95				5.95	-37.76	5.84	-0.02			-31.94
天门市	29.11	8.33	107.31			144.75	5.5	18.63	0.77	0.3	0.1	25.3	-23.61	10.3	-106.54	0.3	0.1	-119.45
神农架	146.32	226.98	11.74	8.2	6.36	399.6	94.27	200.36	2.27	2.11	1.79	300.8	-52.05	-26.62	-9.47	-6.09	-4.57	-98.8
总计	29281.81	18012.2	6745.34	1373.19	461.39	55873.93	18542	12327.27	3185.95	1149.64	312.64	35517.5	-10739.81	-5684.93	-3559.39	-223.55	-148.75	-20356.43

资料来源：《湖北省水土保持规划（2016～2030年）》（湖北省水利厅，2017）。

2.淤积江河湖库,影响水利安全

水土流失带来大量泥沙和有机物质进入江河,导致河道淤积,河床抬高,江河过洪断面缩小,影响行洪,威胁防洪安全,并降低供水、发电、航运以及灌溉的能力,从而对城乡供水和水环境构成威胁。例如,2007年天门河荆门段白沙滩堤防决口,就是由于上游严重水土流失,河床抬高所造成的恶果。水土流失还会淤积湖泊、库塘,缩短塘库使用寿命,降低其行洪调蓄能力,加剧洪涝灾害,影响水资源的有效利用。

3.加剧面源污染,影响水质安全

近年来,随着农药、化肥的大量施用,水土流失作为面源污染物的传输载体,对江河湖库水质的影响越来越大,加剧水体富营养化和河道污染等,造成江河湖库水质恶化,对饮用水水源地水质安全构成了严重威胁。此外,随着城市化进程的加快,房地产、市政设施、工业开发区等开发建设项目,使原有的地貌和植被遭到破坏,改变或随意填埋自然水系,水域面积不断缩小,并且造成河道淤塞黑臭、杂草丛生、水质污染严重。

4.恶化生态环境,制约经济发展

水土流失影响植被生长,部分山脊植被覆盖度降低,甚至基岩裸露。另外采矿、开发建设活动造成的裸露边坡大多没有得到有效防护,基岩出露,严重影响当地生态景观。水土流失在造成土地退化、植被破坏的同时,也使流域内野生动物的栖息地减少,生物群落结构和自然环境遭受破坏,繁殖率和存活率降低,甚至威胁到种群的生存,极大地破坏了生态环境,影响了生态系统的稳定和安全。在土体抗蚀力差、地表松散物质多的山区,植被破坏和严重的水土流失极易诱发滑坡、泥石流等地质灾害,破坏周边环境,影响基础设施的正常运行,危及人身安全。严重的水土流失削弱了当地的农业生产基础,制约着农民收入水平的提高和生活质量的改善,损害了区域社会经济的可持续发展。

第三节 水土流失预防与监督

一、水土流失预防保护

(一)预防保护范围与对象

1. 预防保护范围

在湖北省开展陡坡及荒坡垦殖、林木采伐、农林开发,以及开办涉及土石方开挖、填筑或者堆放、排弃等生产建设活动及生产建设项目,都应依法采取水土保持措施,加强综合监管,实施全面预防。

根据湖北省水土保持区划和划定的国家级、省级水土流失重点防治区,预防的重点范围包括长江及其主要支流汉江、清江等主流两岸以及大中型湖泊和水库周边,发源于湖北省的清江、沮漳河等江河源头,国家和省级重要的饮用水水源保护区;水土保持区划中以水源涵养、生态维护、水质维护等为主导基础功能的区域;水土流失易发区;其他重要的生态功能区、生态敏感区等需要预防的区域。

2. 预防保护对象

预防保护对象包括:①保护现有的天然林、郁闭度高的人工林、覆盖度高的草地等林草植被和水土保持设施及其他治理成果。②恢复和提高林草植被覆盖度低且存在水土流失的区域的林草植被覆盖度。③预防开办涉及土石方开挖、填筑或者堆放、排弃等生产建设活动造成的新的水土流失。④预防垦造耕地、经济林种植、林木采伐及其他农业生产活动过程中的水土流失。

(二)预防保护措施与配置

重点预防区以保护现有植被和水土保持设施,防止乱砍滥伐为主,促进生态自然修复。坚持预防为主、保护优先的方针,建立健全管护机构和管护制度,强化监督管理。实施封山禁牧、生态修复、大面积保护等措施,限制开发建设活动,有效避免人为破坏,保护植被和生态。

在林草区,采取封山育林措施,依法保护天然植被,防止人为破坏,对海拔500m以上的深山区实施天然林保护,进行生态自我修复综合治理。针对疏林地(郁闭度0.1~0.19)、陡坡地(坡度≥25°)以及低质量林分(包括林分单一、乔少灌草多林区)区域,采取有效的补植补育措施,形成乔、灌、草有机结合的立体生态防护系统,提高森林蓄水保土、涵养水源的生态功能;制止毁林毁草、乱砍滥伐和陡坡开荒,及时查处毁林事件,防止产生新的水土流失。重视水土保持林的建设工作,合理建设片林、道路绿化和农田林网等水土保持林,有关部门要层层落实管护责任制,加强水、肥管理,及时抚育、修枝、间伐、更新和进行病虫害防治,确保最大限度地提高成活率和保存率。在林草措施实施区和封禁区域设立告示牌,做好水土保持宣传,写明管理单位(人员)、管护措施及管理要求。

在基本农田保护区,加强农业用地保护,特别是一些高产、稳产农田和其他必须保护的耕地;综合协调土地资源的利用,推广科学施肥技术,提高农业效率;改善基本农田生态环境,防治农业污染;发展生态农业、特色农业,适当发展农田景观,部分耕地退耕还林,扩大林地面积;加强水利建设,确保防洪安全,改善灌溉条件;建立保护基本农田的领导责任制和管理制度,加强管理。

在自然风景名胜区,把风景旅游资源保护放在首位,强化污水、垃圾的收集、处理工作,美化环境,植树造林,发展风景林,创建旅游特色,适度建设精品度假小区。

在水源地保护区,大力开展植树造林,涵养水源,建设和保护绿化隔离带;加强监管、防止养殖污染、保护水质、保持生物多样性;杜绝饮用水源水质污染,对各饮用水源地水质进行定期监测,加大查处力度,集中整治危害饮用水源安全的环境违法行为,建立饮用水源保护长效机制。面向库区的小流域设立封禁区,严格控制耕作等地面扰动活动,控制库区上游水土流失、库区面源污染的发生发展。控制大规模生产建设,特别是要控制大规模、重污染、高消耗的工业项目,加强农业和生活废弃物等面源污染的控制和治理,确保水源的清洁和安全;设置隔离带、设立标志牌、签订管护责任合同、制订规章制度和乡规民约,管理维护已有的水土流失治理措施,使之充分发挥效益;立足于"禁止"的角度,严禁一般性的生产建设活动;对必须进行的活动实行严格的管理措施,落实水土保持方案,同时要做好局部地区的水土流失治理工作。

(三)重点预防项目

根据确定的预防范围以及全省"三屏两片两带一圈"的水土流失防治空间格局,充分考虑水土保持区划中以水源涵养、生态维护、水质维护、人居环境维护等为主导基础功能的区域,拟定重要江河源区和重要水源地2个重点预防项目区。本着预防为主的方针和"大预防、小治理"的指导思想,对项目区所涉及县(区)的预防对象和局部存在的水土流失状况进行综合分析,充分考虑预防保护的迫切性、集中连片、重点预防县为主兼顾其他的原则,确定各项目的范围、任务和规模。

1.重要江河源区水土保持预防项目

(1)范围及基本情况

范围主要为"三屏"中流域面积较大的重要江河的源头,对下游水资源和饮水安全具有重要影响的江河的源头等(已建设大中型水库的重要水源地除外)。

经综合分析,确定清江源区及沮漳河南河源区两个重点水土保持预防项目。其中清江源区水土保持预防项目范围共涉及1个湖北省水土保持四级区的6个县(市),其中近期范围涉及6县。涉及县级行政区总人口213.33万人,总土地面积16741km²。

沮漳河南河源区水土保持预防项目范围共涉及两个湖北省水土保持四级区的4个县。涉及县级行政区总人口150.43万人,总土地面积11355km²。

(2)任务

主要任务以封育保护为主,辅以综合治理,实现生态自我修复,推进水源地生态清洁小流域建设,建立可行的水土保持生态补偿制度,以达到提高水源涵养功能、控制水土流失、保障区域经济社会可持续发展的目的。

①清江源区水土保持预防项目:该区域属中高山区,降雨大,光照充足,水土流失相对较轻,林草覆盖率高,生态良好;适宜结合自然保护区建设,开展封育保护,促进自然生态修复,对坡耕地、茶园等实施水土流失综合治理。

②沮漳河南河源区水土保持预防项目:该区位于湖北省西部、武当山东南、汉江西岸的大巴山东段区荆山,西北部山高谷深,巍峨陡峭,沟壑纵横;东南部

山低谷浅,坡度略缓,均为喀斯特中、低山地;长江一级支流沮漳河及汉江支流南河、蛮河均发源于此。该区林草覆盖率高,水土流失主要发生在疏幼林地。该区以预防为主,加强对现有植被的保护,促进生态自我修复,大力推广节柴灶,发展沼气池,减少因生活能源需要对现有植被的破坏,利用生态自我修复能力,加快生态环境的改善。

2. 重要水源地水土保持预防项目

(1)范围及基本情况

以全国重要饮用水水源地名录和湖北省水功能区水环境功能区划分方案划定的湖库型饮用水水源地为基础,兼顾具有水源涵养、水质维护、防灾减灾、生态维护等水土保持功能的区域。

经综合分析,确定丹江口库区水源地、桐柏山大别山水源地及幕阜山水源地三个重点水土保持预防项目。

丹江口库区水源地水土保持预防项目范围共涉及两个湖北省水土保持四级区的 9 个县(市、区)。涉及县级行政区总人口 345.98 万人,总土地面积 26899km²。

桐柏山大别山水源地水土保持预防项目范围共涉及一个湖北省水土保持四级区的 10 个县(市、区)。涉及县级行政区总人口 686.38 万人,总土地面积 24910km²。

幕阜山水源地水土保持预防项目范围共涉及一个湖北省水土保持四级区的 6 个县(市、区)。涉及县级行政区总人口 302.05 万人,总土地面积 11510km²。

(2)任务

保护和建设以水源涵养为主的森林植被,远山边山开展生态自然修复,中低山丘陵实施以林草植被建设为主的小流域综合治理,近库(湖、河)及村镇周边建设生态清洁小流域,滨库(湖、河)建设植物保护带和湿地,建立可行的水土保持生态补偿制度,控制入河(湖、库)的泥沙及面源污染物,维护水质安全。

①丹江口库区水源地水土保持预防项目:该区是南水北调中线工程水源地,"丹治"工程实施前是全省植被破坏最严重的地方之一,历史上沿袭刀耕火种,顺坡耕作的习惯,人口密度相对较低。经过实施"丹治"工程,区内水土流失得到一定程度的控制,应继续采取封育保护、营造水源涵养林等措施,提高森

林覆盖率;近库区域等人口密集区建设生态清洁小流域配置植被过滤带,实施坡改梯及配套坡面水系工程,大力发展有机特色农业。

②桐柏山大别山水源地水土保持预防项目:该区域是随州、黄冈等地多个城市的供水水源地,涉及全国重要饮用水水源地名录(2016年)中的先觉庙水库、天堂水库、白莲河水库、金沙河水库、凤凰关水库、飞沙河水库等湖库型水源地,以及湖北省划定的重要饮用水源保护区中的鹞鹰岩水库、浮桥河水库、许家冲水库、霞家河水库、高峰寺水库等湖库型水源地。区内中低山区森林覆盖率高,丘陵岗地人口密集,垦殖率高,水土流失相对严重。应以封禁治理为主,构建以水源涵养林和水土保持林为主体的水源地生态防控体系;实施丘陵岗地坡耕地改造,建设以截排水沟、塘堰为主的径流调控工程,发展特色经济林。

③幕阜山水源地水土保持预防项目:该区域是咸宁、黄石等地多个城市的供水水源地,涉及全国重要饮用水水源地名录(2016年)中的王英水库1个湖库型水源地以及湖北省划定的重要饮用水源保护区中的神农坪水库、青山水库、四斗珠水库、陆水水库等湖库型水源地。该区以加强封育保护,大力营造水源涵养林,对次生林、疏林、灌木林进行改造,结合红壤改良与开发,开展以坡耕地改造为重点的小流域综合治理,做好局部崩岗治理。

二、水土保持监督管理

各级人民政府要加强水土保持监督管理工作的统一领导,统筹处理水土资源开发利用与水土保持关系,把水土保持工作经费列入财政预算。建立水土保持工作部门协调机制,明确政府各部门水土保持工作职责,做好水土保持相关工作。同时,建立水土保持监督管理的公众参与机制,通过水土保持相关政策信息的公开化和透明化,促进水土保持事业的社会化监督管理。

(一)制度体系

县级以上地方人民政府应当划定并公告崩塌、滑坡危险区和泥石流易发区,并与地质灾害部门规划相衔接。加强崩塌、滑坡危险区、泥石流易发区、25°以上陡坡地、开垦坡度、≥5°地、水土流失严重、生态脆弱地区和植物保护带的管护,建立管护制度。加强对取土、挖砂、采石和擅自占用损坏水土保持设施等活动的管理,并制订管理制度。省人民政府应当制订县(市、区)林、草等植被覆盖率年度指标和考核要求,并向社会公告督促落实。严格管控毁林、毁草开垦、采集发菜,林地更新采伐应当采取水土保持措施,防止水土流失,并建立相关管理制度。

(二) 监管能力

各级水行政主管部门应当高度重视水土保持监督管理能力建设,全面提升监督执法管理水平。加强水土保持监督执法管理机构建设,落实水土保持监督执法管理工作经费,定期开展水土保持监督执法管理机构的考核和人员的教育培训,提高监督执法管理能力和水平;建立健全水土保持监督执法管理机制,严格监管程序,规范监管行为,提升监管的规范化水平;加大水土保持监管投入,配齐配强监管设施,强化监管手段,高效开展水土保持监督执法管理工作,提升监管效能;建立动态的监管信息系统,共享相关信息系统成果,全面提升水土保持监管的信息化水平。

(三) 生产建设项目监督管理

县(市、区)级水行政主管部门按照属地管理原则,履行水土保持监督检查的主体职责,明确监管任务,严格监管程序,建立监管责任清单制度、问责制度,全面依法履行水土保持监督管理职责,确保生产建设项目水土保持"三同时"制度的落实;县级以上水行政主管部门按照分级负责的原则,做好指导、监督和检查,建立健全水利部门系统内的水土保持监督执法检查联动机制、水利部门与其他部门间的水土保持监督执法检查联合机制、区域与区域间的水土保持监督执法检查联席机制,有效控制人为水土流失。鼓励通过政府购买服务的方式,开展水土保持方案技术评审、监督检查和设施验收技术评估,指导和引导社会第三方力量广泛参与水土保持监督管理。探索建立水土流失纠纷协调处理机制、水土流失赔偿机制,做好水土流失预防的监督管理工作。

三、水土保持区划与水土流失重点防治区

(一) 水土保持区划

湖北省水土保持区划在国家区划体系的基础上,进一步将 8 个国家三级区划分为 13 个四级区,形成湖北省区划体系(湖北省水利厅,2017)。具体划分情况见表 3 - 9 - 7、表 3 - 9 - 8 和图 3 - 9 - 3。

表 3 – 9 – 7　湖北省水土保持区划

一级区		二级区		三级区		四级区		
代码	名称	代码	名称	代码	名称	名称	县市数	县市
Ⅴ	南方红壤区	Ⅴ–2	大别山－桐柏山地丘陵区	Ⅴ–2–1ht	桐柏大别山地丘陵水源涵养保土区	鄂东北低山丘陵水源涵养保土区	14	随州市：曾都区、随县、广水市孝感市：大悟县、安陆市黄冈市：红安县、罗田县、英山县、麻城市、浠水县、蕲春县、黄州区、团风县武汉市：新洲区
						鄂东沿江丘陵平原农田防护区	2	黄冈市：黄梅县、武穴市
				Ⅴ–2–2tn	南阳盆地及大洪山丘陵保土农田防护区	鄂北岗地农田防护区	5	襄阳市：襄城区、樊城区、襄州区、老河口市、枣阳市
						大洪山丘陵保土区	3	荆门市：京山县、钟祥市襄阳市：宜城市
		Ⅴ–3	长江中游丘陵平原区	Ⅴ–3–1mr	江汉平原及周边丘陵农田防护人居环境维护区	江汉平原西部丘陵人居环境维护农田防护区	5	宜昌市：猇亭区、枝江市荆门市：掇刀区、沙洋县荆州市：荆州区
						鄂东孝－汉－黄城市群丘陵人居环境维护区	21	武汉市：东西湖区、蔡甸区、黄陂区、江岸区、江汉区、硚口区、汉阳区、江夏区、洪山区、汉南区、武昌区、青山区孝感市：孝南区、孝昌县黄石市：黄石港区、西塞山区、下陆区、铁山区鄂州市：梁子湖区、鄂城区、华容
						江汉平原农田防护区	10	孝感市：云梦县、应城市、汉川市荆州市：沙市区、江陵县、监利县、洪湖市省直管：仙桃市、潜江市、天门市

续表

一级区 代码	一级区 名称	二级区 代码	二级区 名称	三级区 代码	三级区 名称	四级区 名称	县市数	县市
V	南方红壤区	V-3	长江中游丘陵平原区	V-3-2ns	洞庭湖丘陵平原农田防护质维护区	荆南丘陵平原农田防护质维护区	3	荆州市：公安县、石首市、松滋市
		V-4	江南山地丘陵区	V-4-4tw	幕阜山九岭山山地丘陵保土生态维护区	鄂东南山地丘陵保土生态维护区	8	咸宁市：通城县、崇阳县、通山县、咸安区、嘉鱼县、赤壁市；黄石市：阳新县、大冶市
VI	西南紫色土区	VI-1	秦巴山山地区	VI-1-1st	丹江口水库周边山地丘陵水质维护保土区	鄂西北丹江口水库周边山地丘陵水质维护保土区	5	十堰市：茅箭区、张湾区、郧阳区、郧西县、丹江口市
		VI-1	秦巴山山地区	VI-1-4tw	大巴山山地保土和生态维护区	鄂西大巴山荆山山地生态维护区	8	十堰市：竹山县、竹溪县、房县；襄阳市：谷城县、南漳县、保康县；宜昌市：兴山县；神农架林区：神农架林区
						鄂西大巴山南坡保土区	6	宜昌市：夷陵区、远安县、秭归县、当阳市；恩施州：巴东县；荆门市：东宝区
		VI-3	武陵山山地丘陵区	VI-2-1ht	鄂渝山地水源涵养保土区	鄂西南武陵山地水源涵养保土区	13	宜昌市：长阳县、五峰县、西陵区、伍家岗区、点军区、宜都市；恩施州：恩施市、利川市、建始县、宣恩县、来凤县、鹤峰县、咸丰县

表 3 – 9 – 8　湖北省水土保持四级区情况分析

水土保持四级区	土地总面积（km²）	水土流失面积（km²）	占土地面积比（%）	占全省水土流失面积比（%）
大洪山丘陵保土区	10055	2372	23.59	6.68
鄂北岗地农田防护区	7998	1088	13.60	3.06
鄂东北低山丘陵水源涵养保土区	28920	7503	25.94	21.12
鄂东南山地丘陵保土生态维护区	14086	3163	22.46	8.91
鄂东孝—汉—黄城市群丘陵人居环境维护区	11142	1204	10.81	3.39
鄂东沿江丘陵平原农田防护区	2950	382	12.96	1.08
鄂西北丹江口水库周边山地丘陵水质维护保土区	11662	3393	29.10	9.55
鄂西大巴山荆山山地生态维护区	27170	5176	19.05	14.57
鄂西大巴山南坡保土区	14614	3756	25.70	10.58
鄂西南武陵山地水源涵养保土区	28546	6735	23.60	18.96
江汉平原农田防护区	17700	159	0.90	0.45
江汉平原西部丘陵人居环境维护农田防护区	5255	214	4.07	0.60
荆南丘陵平原农田防护水质维护区	5840	372	6.37	1.05

资料来源：《湖北省水土保持规划（2016—2030 年）》（湖北省水利厅，2017）。

图 3 – 9 – 3　湖北省水土保持分区图（湖北省水利厅，2017）

经对区划成果分析，湖北省水土保持四级区的水土保持基础功能涉及水源涵养、土壤保持、生态维护、农田防护、水质维护、人居环境维护等 6 种类型。本规划确定的 13 个水土保持四级区的水土保持主导基础功能分类统计情况见表 3 – 9 – 9。

表 3 - 9 - 9　水土保持主导基础功能分类情况统计

基本功能	个数 （个）	体现第一主导功能的湖北省水土保持四级区情况				
		土地总 面积 （km²）	占全省 总面积 （%）	水土流 失面积 （km²）	占全省水 土流失面 积比（%）	重点区域
水源涵养	2	57466	30.90	14238	40.10	大别山区、武陵山区
土壤保持	3	38755	20.80	9291	26.20	大洪山、大巴山、幕阜山区
生态维护	1	27170	14.60	5176	14.60	大巴山、荆山
农田防护	4	34488	18.50	2001	5.60	江汉平原、沿江平原、鄂北岗地、洞庭湖平原
水质维护	1	11662	6.30	3393	9.60	丹江口水库水源区
人居环境维护	2	16397	8.80	1418	4.00	孝-汉-黄城市群、荆荆宜城市群

资料来源:《湖北省水土保持规划（2016—2030 年）》（湖北省水利厅，2017）。

经分析评价，以水源涵养为第一主导基础功能的区域主要位于鄂东北及鄂西南，是湖北省以预防为主，兼顾治理的重点区域；以土壤保持为第一主导基础功能的区域是湖北省水土流失相对较严重的区域，也是水土流失治理的重点区域；以生态维护、农田防护、水质维护为第一主导基础功能的区域是湖北省重要的生态功能区及水土流失易发区，属于水土流失预防的重点区域；以人居环境维护为第一主导基础功能的区域是湖北省城市化程度较高的区域，也是重点开发区和重点监督管理区。

（二）水土流失重点防治区

水土流失重点防治区分为国家、省、市、县 4 级，下一级在上一级划分的基础上进行。

1. 湖北省所处国家级重点防治区情况

在编制《全国水土保持规划》的过程中，水利部完成了国家级水土流失重点防治区复核划定工作，并以办水保〔2013〕188 号《水利部办公厅关于印发〈全国水土保持规划国家级水土流失重点预防区和重点治理区复核划分成果〉的通知》下发。全国共划分了 23 个国家级水土流失重点预防区以及 17 个国家级水土流失重点治理区。湖北省涉及桐柏山大别山、丹江口库区及上游、武陵山等 3 个国家级水土流失重点预防区和三峡库区一个国家级水土流失重点治理区，涉及 28 个县(市、区)。湖北省纳入国家级水土流失重点防治区情况见表 3 – 9 – 10。

表 3 – 9 – 10   湖北省纳入国家级水土流失重点防治区情况

国家级重点防治区名称	涉及湖北省县(市、区)		重点预防(治理)面积(km²)
	县(市、区)	县数(个)	
桐柏山大别山国家级水土流失重点预防区	随州市曾都区、随县、广水市、大悟县、红安县、麻城市、罗田县、英山县、浠水县、蕲春县	10	8761
丹江口库区及上游国家级水土流失重点预防区	郧西县、郧阳区、十堰市茅箭区、十堰市张湾区、丹江口市(含武当山特区)、竹溪县、竹山县、房县、神农架林区	9	15265
武陵山国家级水土流失重点预防区	建始县、利川市、咸丰县、宣恩县、鹤峰县、来凤县	6	8354
三峡库区国家级水土流失重点治理区	宜昌市夷陵区、巴东县、秭归县	3	2761

资料来源:《湖北省省级水土流失重点防治区划分报告》(湖北省水利厅,2013)。

2. 湖北省水土流失重点防治区复核划分

根据湖北省社会经济发展对水土保持的要求,紧紧围绕"三屏两片两带一圈"战略空间格局,在充分继承原水土流失重点防治区布局的基础上,从保障全省生态安全和经济与社会环境安全的需要出发,严格落实湖北省划定的生态保护红线,分析当前社会经济和未来发展趋势对水土资源可持续利用以及生态保护对水土流失治理的要求和迫切程度,制订省级重点防治区划分的控制性指标,建立指标体系和划分标准,开展湖北省省级水土流失重点防治区复核划分工作。

基于相关资料和基础数据,采用定性分析与定量指标相结合的方法,对全省各县(市、区)进行综合分析与评价,在国家级水土流失重点防治区划分基础上,湖北省再划分出 3 个省级水土流失重点防治区,即大巴山荆山、清江流域中下游等两个省级水土流失重点预防区和幕阜山一个省级水土流失重点治理区,共涉及 14 个县(市、区),约占全省国土面积的 15.80%。

湖北省省级水土流失重点防治区复核划分情况详见表 3 – 9 – 11。

表3-9-11　湖北省省级水土流失重点防治区复核划分情况表

防治区类型	防治区名称	县（市、区）	重点预防（治理）面积（km²）
省级重点预防区	大巴山荆山省级水土流失重点预防区	兴山县、保康县、南漳县、远安县、谷城县	7171
	清江流域中下游省级水土流失重点预防区	五峰土家族自治县、长阳土家族自治县	3100
省级重点治理区	幕阜山省级水土流失重点治理区	通城县、通山县、崇阳县、阳新县、大冶市、铁山区、西塞山区	2749

资料来源：《湖北省省级水土流失重点防治区划分报告》（湖北省水利厅，2013）。

四、水土保持规划

2017年7月14日，湖北省人民政府正式批复同意《湖北省水土保持规划（2016—2030年）》，这是湖北省水土流失防治进程中的一个重要里程碑。《湖北省水土保持规划（2016—2030年）》是湖北省首部获得省人民政府批复的省级水土保持规划，划定了湖北省水土流失重点防治区，确定了全省预防和治理水土流失、保护和合理利用水土资源的总体部署，明确了全省水土流失的防治目标、任务、布局，提出了预防、监管、治理、监测的措施体系和近期重点项目安排，是今后一个时期湖北省水土保持工作的蓝图和重要依据，也是贯彻落实国家和湖北省生态文明建设要求的行动指南。

（一）目标与主要任务

1. 总体目标

到2030年，建成与全省经济社会发展相适应的水土流失综合防治体系，实现适宜治理的小流域清洁化、生态化，到2030年全省新增水土流失治理综合防治面积25000km²，建设生态清洁小流域600条，创建水土保持示范城市50个、国家级水土保持科技示范园20个、省级水土保持科技示范园60个；建成布局合理、功能完备、体系完整的水土保持监测网络，实现水土保持监测自动化；建成完善的水土保持监管体系，全面落实生产建设项目"三同时"制度，实现水土保持监督管理信息化、制度化、规范化；打造一批水土保持示范城市、水土保持科技示范园，显著提高全省水土保持科技创新能力、科技贡献率和社会影响力；

全省水土流失基本得到控制。其中近期目标是,2016—2020 年,基本建成与湖北省经济社会发展相适应的水土流失综合防治体系,全省新增水土流失治理面积 9500km²,年均减少土壤流失量 2400 万吨。建设生态清洁小流域 200 条,创建水土保持示范城市 20 个、国家级水土保持科技示范园 10 个、省级水土保持科技示范园 30 个。

2. 主要任务

(1)预防保护

贯彻"预防为主,保护优先"的方针,以维护和增强水土保持功能为原则,以国家级和省级水土流失重点预防区尤其是水源地、河流、湖库周边为重点,采取封育保护、自然修复等措施,保护和建设林草植被,提高林草覆盖度和水源涵养能力,维护水生态安全,明确生产建设活动的限制或禁止条件。全省 2016—2030 年新增水土流失预防面积 6853km²,其中 2016—2020 年新增水土流失预防面积 3448km²。

(2)综合治理

坚持"综合治理、因地制宜"。以水土流失重点治理区为重点,在水土流失地区开展以小流域为单元的综合治理,在重要江河源头区和重要水源地积极推进生态清洁型小流域建设,在坡耕地、崩岗及石漠化相对集中区开展专项综合治理。加强综合治理示范区建设,充分发挥综合治理"保生存、保水源、保安全、保生态"的作用,改善山丘区生产生活条件,促进产业结构调整,实现粮食增产、农业增效、农民增收。全省 2016—2030 年新增水土流失治理面积 18469km²,其中 2016—2020 年新增水土流失治理面积 6184km²。

(3)水保监测

建立健全水土保持监测体系,完善省级水土保持监测中心、14 个水土保持监测分站建设,对现有的监测点在优化调整的基础上改造升级,开展相应监测工作。定期开展全省水土流失普查及专项调查,并发布公告。

(4)综合监管

加强法规制度建设,创新体制机制,强化科技支撑,建立健全综合监管体系,加强机构及队伍建设,提升综合监管能力;开展水土流失研究、治理效益评价,完善水土保持科技队伍建设体系,开展人才技术培训;推进水土保持信息化建设。

（5）国策宣传

开展水土保持"进学校、进机关、进党校、进社区农村、进企业工地"活动，打造一批水土保持示范城市和示范园，强化宣传引导和社会监督，增强全民水土保持国策意识。

（二）总体布局及功能分区

1. 总体防治布局

《湖北省水土保持规划（2016—2030年）》明确了全省"三屏两片两带一圈"水土流失防治总体布局。

（1）"三屏"

鄂东北大别山—桐柏山生态屏障、鄂西北秦巴山区生态屏障、鄂西南武陵山地生态屏障三个生态屏障。该区域因生态基础脆弱，属于湖北省水土流失重点预防区。

（2）"两片两带"

鄂东南幕阜山区重点治理片、三峡库区重点治理片、长江流域水土保持带、汉江流域水土保持带。该区域因土地开发剧烈，属于湖北省重点治理区。

（3）"一圈"

武汉城市圈。该区域因建设项目密集，属于湖北省重点监管区。

2. 水土保持区划分区

《湖北省水土保持规划（2016—2030年）》将全省划分为13个水土保持功能区，分别为：大洪山丘陵保土区、鄂北岗地农田防护区、鄂东北低山丘陵水源涵养保土区、鄂东南山地丘陵保土生态维护区、鄂东孝—汉—黄城市群丘陵人居环境维护区、鄂东沿江丘陵平原农田防护区、鄂西北丹江口水库周边山地丘陵水质维护保土区、鄂西大巴山荆山山地生态维护区、鄂西大巴山南坡保土区、鄂西南武陵山地水源涵养保土区、江汉平原农田防护区、江汉平原西部丘陵人居环境维护农田防护区、荆南丘陵平原农田防护水质维护区。

3. 水土流失重点防治区划分

《湖北省水土保持规划（2016—2030年）》在国家划定的桐柏山大别山国家级水土流失重点预防区、丹江口库区及上游国家级水土流失重点预防区、武陵山国家级水土流失重点预防区、三峡库区国家级水土流失重点治理区4个国家级重点防治区基础上,新增划定了大巴山荆山省级水土流失重点预防区、清江流域中下游省级水土流失重点预防区、幕阜山省级水土流失重点治理区3个省级重点防治区。

4.水土流失易发区划分

《湖北省水土保持规划(2016—2030年)》划定孝感市的云梦县、应城市、汉川市,荆州市的沙市区、江陵县、监利县、洪湖市、公安县、石首市以及省直管的仙桃市、潜江市、天门市等12个县(市、区)属于全省除山区、丘陵区之外的水土流失易发区。

(三)重点项目

《湖北省水土保持规划(2016—2030年)》以4个国家级重点防治区和3个省级重点防治区域为重点,拟定了一批重点预防和重点治理项目。

1.重点预防项目

遵循"大预防、小治理""集中连片""以国家级和省级水土流失重点预防区为主兼顾其他"的原则,确定重点预防项目2个。

①重要江河源头区水土保持预防项目。涉及清江源和沮漳河南河源区,以封育保护和生态修复为主,辅以综合治理,以治理促保护,控制水土流失,提高水源涵养能力,构筑生态屏障。

②重要水源地水土保持预防项目。涉及丹江口库区水源地、桐柏山大别山水源地及幕阜山水源地,通过封育保护、小流域综合治理、清洁小流域建设及滨河(湖、库)植物保护带和湿地建设,形成以水源涵养林为主的防护体系,以减少入河(湖、库)的泥沙及面源污染物,确保源头活水,维护水质安全。

2.重点治理项目

以国家级水土流失重点治理区为主要范围,充分考虑水土流失现状及老少边穷等地区治理需求,统筹兼顾正在实施的重点治理工程,确定五类重点项目。

(1)重点区域水土流失综合治理项目

包括岩溶石漠化水土流失综合治理、桐柏山大别山水土流失综合治理、三峡库区水土流失综合治理、幕阜山区水土流失综合治理、武陵山区水土流失综合治理、大洪山区水土流失综合治理、大巴山荆山重点防治区水土流失综合治理及平原垄岗区水土流失综合治理等8类项目。以国家级水土流失重点治理区为主,实施以小流域为单元的综合治理,发展特色产业,促进区域社会经济可持续发展。其中近期治理水土流失面积 3707km²;总体治理水土流失面积 12119km²。

（2）坡耕地水土流失综合治理项目

在坡耕地分布相对集中、流失严重的地区,将坡耕地改造成梯田,并配套道路、水系,以控制水土流失、保护耕地资源,涉及全省 57 个县（市、区）。近期综合治理坡耕地 262km²;总体综合治理坡耕地 1965km²。

（3）崩岗治理项目

在孝感、黄冈、咸宁、宜昌、黄石等南方红壤区崩岗分布密集的区域,开展系统治理,遏制崩岗发展,保护土地资源,减少入河泥沙,涉及全省 20 个县（市、区）。近期治理崩岗 1070 个;总体综合治理崩岗 2040 个。

（4）生态清洁型小流域建设

以小流域为单元,以山、水、田、林、路综合治理为基础,突出水土流失的坡耕地和沟道治理、湖库环境治理、村庄生态环境综合整治,实现小流域内"山青、水洁、村美、田沃"目标,建设范围涉及全省 17 个市（州）。近期建设清洁小流域 200 条;总体建设清洁小流域 600 条。

（5）城市水土保持建设

按照生态文明建设要求和"海绵城市"建设理念,以生态环境治理为主,采用植树种草、固坡护岸、雨水蓄渗、雨水利用等治理措施,同时从源头上严控人为水土流失和生态破坏,恢复和提高城市水土保持功能。建设范围涉及全省 17 个市（州）。近期建设水土保持示范城市 20 个;总体建设水土保持示范城市 50 个。

（四）综合监管的主要任务

《湖北省水土保持规划（2016—2030 年）》围绕《中华人民共和国水土保持法》和《湖北省实施〈中华人民共和国水土保持法〉办法》的贯彻实施,提出了综合监管建设内容。重点从以下四个方面入手,逐步建立健全与生态文明建设要求相适应的综合监管体系。

1. 健全水土保持监督管理机制

加强监督管理工作领导,构建和完善水土保持政策与制度体系,建立水土保持工作部门协调机制,明确政府各部门水土保持主要职责,建立水土保持监督管理的公众参与机制。同时,重点建立规划管理、工程建设管理、生产建设项目监督管理、监测评价等一系列制度。

2.落实水土保持监督管理任务

明确并全面落实水土保持规划、水土流失预防、水土流失治理、水土保持监督检查及水土保持监测工作任务;建立规划实施政府目标责任制和考核奖惩制度,强化水土流失重点预防区域保护和管理,加强水土流失重点区域治理,进一步加大生产建设项目水土保持监督检查力度,做好水土流失动态监测和定期公告工作。

3.提升水土保持监督管理能力

加强各级水土保持机构监督执法能力建设;完善水土保持监测技术标准体系和监测网络体系;加强关键技术研究,提升科技支撑能力;加强信息化建设,推进国家和省级重点治理工程的“图斑”化精细管理、生产建设项目水土流失的“天地一体化”动态全覆盖监控、监测工作的即时动态采集与分析,建成面向社会公众的信息服务体系。

4.强化水土保持国策宣传教育

建立一支水土保持宣传教育队伍,搭建一批水土保持宣传教育平台,打造一批水土保持形象宣传阵地,推出一批水土保持宣传教育力作,树立一批水土保持生态文明典型,持续宣传水土保持基本国策,增强公众的水土保持国策意识和法制观念,提高领导干部对水土保持工作的重视程度,增强单位和个人履行水土保持法律义务的自觉性,提升各级水土保持工作者依法行政的能力,提升水土保持的社会影响力。

第四节　水土流失综合治理

一、水土保持历史

湖北省的水土保持工作从 20 世纪 50 年代中期起步,至今已历时 60 余年,经历了不断实践、不断总结、不断认识和提高的艰苦历程,既取得了明显的成效,积累了宝贵的经验,也走过不少弯路,吸取过深刻的教训。总体来说湖北省水土保持工作经历了以下几个时期:①20世纪50年代开展水土保持试验、试点、小面积防治时期。②20世纪六七十年代农村广大干部群众自发开展以基本农田建设为主的水土保持工程快速发展时期。③20世纪70年代后期至80年代末实施以小流域为单元,山、水、田、林、路综合治理初期阶段。④上世纪90年代至21世纪初依据《中华人民共和国水土保持法》实施的水土流失综合防治时期。⑤2011年以来贯彻落实新修订的《中华人民共和国水土保持法》,以"预防为主、保护优先、全面规划、综合治理、因地制宜、突出重点、科学管理、注重效益"为方针的科学防治时期。

二、重点治理工程

(一)"长治"工程

1.工程概况

自1989年实施"长治"工程以来,全省共实施"长治"工程6期,共对4个市(州)15个县(市、区)的46个项目区、411条小流域进行了治理,累计治理水土流失面积6708km^2,全面完成了建设任务。项目区水土流失治理率达到了87%,水土流失防治成效明显。项目区建设范围涉及三峡库区、丹江口水库水源区和大别山南麓诸水系三个类型区,包括宜昌、黄冈、十堰、恩施4个市(州)的15个县(市、区)。各项目县(市、区)在建设过程中以精品示范小流域为样板,狠抓了工程质量,20年来,兴山、利川两县(市)被授予"长江上中游水土保持重点防治工程样板县"称号;秭归、夷陵两县区被命名为"全国水土保持生态环境建设示范县(区)";太平溪、哈蟆口、马蹄水、盐店河、栗子坪等24条小流域被水利部、财政部授予"全国水土保持示范小流域"称号。

2.工程取得的主要效益

(1)控制了水土流失,生态环境明显改善

20年来,湖北省"长治"工程累计治理水土流失面积6708km^2,工程实施区水土流失治理率达到了86.91%。1988年湖北省第一次遥感数据显示湖北省水土流失面积为68483km^2,2006年第三次遥感数据显示为55873km^2,近20年来,全省水土流失面积减少了 12610km²。宏观监测结果显示,"长治"工程在治理水土流失,减轻流失强度,蓄水拦沙功效上效果明显,治理区水土流失得到了有效扼制。湖北省兴山县通过累计 5 期综合治理,共治理小流域 50 条,遥感普查结果表明,截至 2006 年,兴山县水土流失面积为 578km²,比 20 年前下降 55.72%。恩施州利川市马蹄水小流域治理后河道、塘库泥沙淤积量比治理前减少 70.00% 以上,森林覆盖率比治理前提高 30.00%,地表水源涵养能力增强,许多人畜饮水水源断流时间比原来减少一半左右,动植物群落增加,曾经稀有的山鸡、野鸭开始成群结队在田角林间出没,生态环境质量得到明显改善。

(2)拉动了经济增长,群众生活明显提高

在工程实施过程中,始终把促进经济增长,提高农民收入作为重点来抓,在措施布设上,因地制宜,力求效益好、见效快。20 年的实践也证明了"长治"工程确实拉动了项目区的经济增长,促进了群众生活的改善和提高。

①解决了农民吃粮的问题。通过"长治"工程建设,全省新增基本农田 41333hm²,项目区内耕地地力有了很大提升,农民吃粮问题基本得到解决。丹江口市"长治"大示范区青塘河、黑沟河小流域公路沿线治理前全是望天收的坡耕地,无灌排设施,生产条件恶劣,土地产出率低,自 2001 年创建"长治"大示范区活动开展以来,沿线连片治理,现已形成了以丹郧公路为主线的高效农业示范区,这些工程均达到了"田成方,树成行,路相通,渠成网,涝能排,旱能抗"的标准,人均基本农田达到了 666.67m²(1 亩)左右,粮食生产能力显著提高,平均每亩增产 100kg 左右,实现了粮食自给有余。恩施州在"长治"工程建设过程中重点突出了对坡耕地的改造,20 年新增基本农田 1.4640 万 hm²,项目区农业生产基础条件得到大力改善,耕地单位面积产量大幅上升,项目区农民吃"返销粮"的历史已一去不复返。

②解决了农民增收的问题。宜昌市秭归县通过 20 年的"长治"工程建设,农民收入稳步增长。全县财政收入 20 年来增长了 23 倍,农民人均纯收入增长了 17 倍,治理区 74.00% 的村 2008 年人均纯收入高于全县平均水平,达到 3050 元。十堰市郧县仅 1998 年防治区就有 35000 人彻底脱贫,2869 户走上了致富奔小康之路,4857 户购买了电视机,882 户购置了摩托车,3106 户建起了新房,人均住房面积达 26m²。农民的物质生活和精神生活发生了翻天覆地的变化,生产条件和生活水准远远超过防治区外的群众。

③增加了基层组织收入。十堰市丹江口市大柏河流域建成仁用杏基地233.33hm²,现已进入产果期,年可产果270万kg,产值达500万元。青塘河流域万亩优质柑橘生产基地,年产柑橘750万kg,产值670万元,利税150万元。配套成立了柑橘打蜡厂、销售公司,初步形成了产、供、销一条龙服务,柑橘畅销俄罗斯,已成为丹江口市农产品出口创汇的龙头企业。宜昌市夷陵区自"长治"工程实施以来,柑橘种植面积达到了10000hm²,产量达22万t,茶叶年产量达2500t,二项产品年产值近3亿元。同时还形成了以干果、水果、茶叶、药材、桑蚕、奶牛等六大水土保持产业,这些支柱产业的形成,可每年增加区级财政收入3800万元,治理区群众年人均增加收入300元以上。

(3)改善了农业生产条件,有效推动新农村建设

各项目县(市、区)在"长治"工程建设过程中,按照新农村建设"生产发展、生活宽裕、乡风文明、村容整洁、管理民主"的要求,统筹优化安排各项治理措施,积极改善农业、农村生产、生活条件,有效推动了治理区社会新农村建设。

①有效改善了农业生产条件。各项目区在小流域治理过程中重点改造生产用地,将坡耕地改造为水平梯田,配套完善的耕作道路、灌排设施,提高土地生产力。同时大力发展水保林、经果林。据测算,全省治理区改造后梯田每亩增产粮食75~100kg,人均基本农田增长0.0467hm²,人均经济林增长0.0207hm²,有效培育了农村经济新的增长点,促进了农村的生产发展。

②有效推进了治理区民主管理进程。"长治"工程建设点多面广,治理措施与群众利益休戚相关。工程建设过程中,在各级水行政主管部门积极引导下,治理区广大群众充分发挥流域治理的主人翁地位和作用,积极参与项目的规划、设计和施工,主动发表自己的意见和建议,积极参与项目的建设和管理,通过建设过程中的广泛宣传、征求意见、民主讨论、设计成果与实施项目公示、资金使用张榜公布等形式,不仅保证了项目建设的公开和透明,又有效推动了治理区农村民主管理的进程。

③有效改善了农村生产生活环境。小流域治理过程中山、水、林、田、路统一规划,拦、蓄、截、灌、排统一布设,有效改善了农村生产生活环境。溪沟整治、截排水沟、道路整治和田间道路建设改善了农田灌排水和生产作业条件;蓄水池建设解决了部分农田抗旱和群众吃水难、吃水不卫生的问题;沼气池解决了群众煮饭烟熏火燎、畜棚粪水四溢的问题。黄冈市红安县七里坪镇福德桥村曾

是远近闻名的贫困村,农业人均基本农田仅为 0.0653hm²,大部分为挂坡地,1999 年人均纯收入不到 950 元,村内脏、乱、差的现象随处可见。该村自从被列入"长治"工程重点治理小流域后,种植板栗 87.6hm²,实施封禁治理 1114hm²,建沼气池 30 座,省柴灶 30 口,改造当家塘 2 座,建排水沟 2000m,修机耕路 1500m,通过治理该村面貌焕然一新,路变宽了,水变清了,家家用上了清洁干净的沼气,150 人摆脱了贫困,当地干部群众高兴地称"长治"工程为"富民工程、德政工程"。也是通过"长治"工程建设,丹江口市凉水河、秭归县周坪河、巴东县响水河等流域一批新型的乡村集镇居民区拔地而起,呈现出山清水秀、人民安居乐业、人与自然和谐相处的美好新农村景象。

(二)"丹治"工程

湖北省丹江口库区及上游水土保持一期、二期工程共涉及丹江口、郧县、郧西、房县、竹山、竹溪、张湾、茅箭、武当山特区 9 个县(市、区)和神农架林区共 10 个项目县(市、区)。为了贯彻国务院关于"南水北调核心水源区水质保持在 II 类"的总体要求,湖北省积极推进《丹江口库区及上游水污染防治和水土保持规划》一、二期项目的实施,大力开展水土保持工程建设。10 年来,"丹治"工程共完成投资 13.70 亿元,其中中央投资 9.08 亿元。治理项目覆盖丹江口库区及上游 10 个县(市、区)的 66 个项目区、283 条小流域。累计治理水土流失面积 5464km²。南水北调核心水源区水污染恶化趋势得到有效控制,水质稳定在 II 类。项目区经济迈向绿色和谐发展。

(三)世行贷款/欧盟赠款项目

1.项目概况

湖北省水保世行贷款项目区涉及宜昌、黄冈、恩施 3 个市(州)的夷陵、长阳、红安、麻城、浠水、利川 6 个县(市、区)的 36 条小流域,包括 24 个乡(镇)的 155 个行政村,土地总面积 886km²,2006 年有人口 21.75 万人、农业劳动力 10.84 万人、农民人均纯收入 2587 元。治理前有水土流失面积 427km²,占土地总面积的 48.15%,年均土壤侵蚀模数 3400t/(km²·a)。

湖北省 36 条小流域共治理水土流失面积 410km²,完成的主要措施包括:石坎坡改梯 291hm²,土坎坡改梯 2011hm²,经济果木林 6344hm²,水土保持林 1800hm²,种草 31hm²,封禁治理 28517hm²,保土耕作 1992hm²,谷坊 937m,人畜饮水 1370 户,田间道路 255km,机耕道 361km,蓄水池 2397 座,小水窖 6 座,渠道 108km,沉沙函 8971 座,排洪沟 314km,经果林输水管网 296km,沼气池 8541座,节柴灶 5103 座,养牛 2437 户,养杂交牛 850 户,养羊 54 户,养猪 3327 户,欧盟贫困户扶持 3779 户。工程共完成土石方 653.55 万 m^3,其中土方 539.07 万 m^3,石方 114.48 万 m^3,水泥 6.08 万 t,经果林苗木 714.13 万株,投劳 628.54 万工日。完成建设投资 3.19 亿元人民币,其中世行贷款 1.2353 亿元,欧盟赠款 0.1732 亿元,国内配套 1.7815 亿元。全市 6 个项目区县累计申报回补贷款 1849.03 万美元,占贷款协议总额 2000.00 万美元的 92.45%;累计申报回补赠款 195.77 万欧元,占赠款协议总额 199.50 万欧元的 98.13%。

2. 主要效益

项目实施近 6 年来,在水利部、长江委和中央项目执行办的正确领导与大力支持下,在世行、欧盟专家具体指导下,湖北省各级项目办坚定信心,克难奋进,狠抓建管,注重实效,项目建设顺利完成,实施效果日益显现,不少项目区初步实现了水土保持生态建设与老百姓增收的双赢局面,湖北省水保世行贷款项目建设效益主要体现在以下三个方面。

(1)项目区水土流失得到有效治理

湖北省水保世行项目累计治理水土流失 415km²,项目区水土流失治理率达 92.89%,年均调蓄地表径流 2008 万 m^3,拦蓄泥沙 47.87 万 t,土壤侵蚀模数由治理前的 2828.33t/(km²·a)减少到治理后的 975.52t/(km²·a),实现了项目区平均水土流失强度由中度向轻度的转变。项目区各项水土保持治理措施的合理布设,形成了立体的水土保持综合防治体系,水土流失基本得到控制,水土流失危害减轻。水土资源得到合理利用,土壤肥力明显提高,蓄水、保土能力增强,为生态环境和农业生产条件的改善打下了坚实的基础。

(2)项目区生态环境和生产条件明显改善

项目建设坡改梯 2302hm²,配套建设蓄水池 78991m³,按复蓄指数 300% 计算,亩均可供灌溉水达 6.6m³,可保一般缺水年份抗旱保苗用水。坡改梯工程亩均配套排灌渠道 91m、田间作业便道 73m、机耕道 104m,方便了农户浇灌作业和交通便利。项目建设解决了 1370 户缺水户的人蓄引水问题,极端缺水地区人蓄引水安全及引水状况大为改观。建设沼气池 8407 口,节柴灶 5103 座,替代解决了边远散居农户传统上依靠砍伐薪炭林的能源问题,与农村能源部门整村推进推广沼气池的做法相互补充,基本解决了项目区清洁能源供应问题。项目区通过大面积营造水土保持林、种草和实施封禁治理,项目区林草覆盖率提高20%,有效地涵养了水源,调节了小气候,保护了野生动植物,净化了水体和大气,项目区群众以及动植物赖以生存的环境趋于良性循环。项目区通过改造坡耕地建设基本农田,大力实施塘堰整治、谷坊、拦沙坝、蓄水池、机耕地、田间道路、沟道整治、沼气池等基础措施,治理区农业生产条件明显改善,村居环境明显改观,社会主义新农村日渐形成。

(3)项目区群众生活水平得到明显提高

据统计,在经济效益计算期内,湖北省水保世行项目实施的各项措施经济净现值为1.3520亿元,经济内部收益率为13%,经济效益费用比为1.25,经济效益明显。湖北省利川市因地制宜,兼顾生态效益和经济效益,发展经果林490.53hm²,生产期的经果林总收入将达2.44亿元,项目区农民人均增收2100元。湖北省红安县峰山岗小流域城关镇梅潮村农民李其德,2007年开始参与世行项目,种植经果林0.49hm²,饲养种猪5头,2010年人均收入达7000元,比项目实施前增长了4600多元,一举摘掉带了多年的"贫困帽"。湖北省长阳县两河口小流域郑家村在世行项目建设过程中,建设高标准石坎梯田16.67hm²,配套建设抗旱水池276m³、田间道路3714m、输水管网1998m。基础条件的改善,吸引了河北种植大户落户该村,成立的田氏农业发展公司以每666.67m²(1亩)400元价格租用农户坡耕地种植金银花,同时以每天60元的工价聘请租地农户为基地务工,仅此一项,该村每年可增加经济收入30多万元。湖北省红安县土库店小流域通过坡改梯建设,以前的挂坡地变成了保水、保土、保肥的高产地,种植的地膜花生比以前增产1875kg/hm²,平均增效达11250元/hm²。随着世行项目的深入推进,湖北省大部分项目区农村生产、生活条件大为改善,农民收入显著增加,越来越多的老百姓因此脱贫致富,有力地促进了社会主义新农村建设,世行项目"水土流失防治和扶贫开发"的宗旨和理念得到了充分实现。

(四) 革命老区项目

革命老区项目以治理水土流失、改善农业生产条件和生态环境为目标,以小流域为单元,山水田林路村统一规划、综合治理,加强农业基础设施建设,有效保护和高效利用水土资源,促进农村产业结构调整、农民增收和农村经济发展,实现水土资源的可持续利用和生态环境的可持续维护,促进老区经济社会可持续发展,为老区全面建成小康社会奠定坚实基础。该项目于 2013 年正式启动实施。

该项目涉及黄冈市的麻城、罗田、英山、团风、蕲春 5 个县(市),恩施州的鹤峰县,随州市的广水市,荆门市的京山县,荆州市的洪湖市,宜昌市的五峰县,黄石市的阳新县共 7 个市(州)11 个县(市)。规划治理水土流失面积 1183km²,总投资 5.92 亿元,其中中央投资占 70%。规划实施期为 2013—2017 年。截至 2015 年底项目已完成治理水土流失面积 664km²,完成投资 2.98 亿元,其中中央投资 2.08 亿元。

(五)坡耕地项目

坡耕地是水土流失的主要策源地。2010—2012 年国家先后在湖北省巴东、来凤、竹山、秭归、竹溪、红安、大悟、蕲春、崇阳、长阳等 10 个县实施了坡耕地水土流失综合治理试点工程。为加大坡耕地治理力度,按照国家发改委和水利部要求,湖北省红安县、利川市、房县、秭归县、大悟县、广水市、崇阳县、巴东县共 8 个县(市)被纳入 2013—2016 年坡耕地水土流失综合治理专项工程实施范围。通过 6 年治理,湖北省已完成坡耕地治理面积 1.26 万 hm²,共完成投资 4.40 亿元,其中完成中央投资 3.20 亿元。通过项目实施,有效遏制了坡耕地水土流失,大大提高了耕地质量,改善了农民生产生活条件,项目的实施示范带动效果显著。

(六)石漠化治理

当前,石漠化已成为湖北省重要的生态问题之一,湖北省委、省政府对石漠化综合治理工作高度重视,不断加大治理力度。湖北省 53 个县(市、区)列入了国家《岩溶地区石漠化综合治理规划大纲》。2010 年 3 月,湖北省发改委、省林业局、省农业厅、省水利厅、省国土资源厅和省环保厅以鄂发改农经〔2010〕289号文联合批复了《湖北省岩溶地区石漠化综合治理规划(2006—2015 年)》。该规划建设内容和规模:封山育林 109.65 万 hm²,人工造林 10.3 万 hm²,草场建设 14.26 万 hm²,畜种改良 18.25 万头,建设棚圈 91.3 万 m²,饲草机械 1.82 万台(套),青贮窖 109.56 万 m³,坡改梯 2.14 万 hm²,实施泉点引水建设 14470km,建沼气池 151.8 万口,节柴灶 155.52 万口。规划项目总投资 152.92

亿元。其中争取中央投资 100.64 亿元,占总投资 66%。坡改梯工程投资 10.80 亿元。从 2008 年以来,湖北省以治理水土流失为重点,以改善生态环境为目的的相关建设项目相继实施,对石漠化进行了综合治理。按照管理办法要求,水利部门负责实施坡改梯工程等水利水保工程技术指导、检查和监督。项目区已完成坡改梯工程 1043hm² ,完成水利水保工程 5000 多处。通过实施综合治理,切实改善了石漠化地区农民的生产、生活条件。

第五节　水土流失监测与信息化

一、水土保持监测网络

2002 年,湖北省水土保持监测中心成立。2003 年开始,湖北省陆续投入 3000 万元建设了湖北省水土保持监测网络与信息系统,已经形成了 1 个监测中心、14 个监测分站和 73 个监测点组成的覆盖全省的水土保持监测网络,湖北省水土保持监测点分布情况见图 3-9-4 所示。

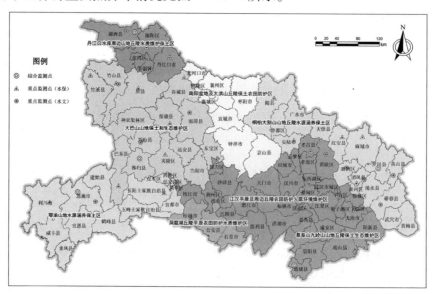

图 3-9-4　湖北省水土保持监测点分布图(湖北省水利厅,2017)

针对水土保持监测网络建设及运行管理中存在的问题,湖北省于2016年启动水土保持监测网络优化布局及升级改造前期工作,2018年4月,国家发展改革委关于下达《长江经济带绿色发展专项2018年中央预算内投资计划(第二批)》的通知(发改投资〔2018〕577号),将湖北省水土保持监测网络优化布局与升级改造纳入长江经济带绿色发展专项2018年中央预算内投资计划。优化后的水土保持监测网络由湖北省水土保持监测中心(含备份站)、14个监测分站、42个监测点(6个综合监测点、36个重点监测点)和450个普通监测点组成。

二、水土流失动态监测

(一)区域监测

1990年、1999—2000年、2001年水利部分别组织全国第一次、第二次、第三次土壤侵蚀遥感调查,湖北省开展了相应工作。

2006年,湖北省第四次水土流失遥感普查由湖北省水土保持监测中心委托华中农业大学承担。选用了分辨率为23.5m的印度资源卫星影像和少部分TM影像,结合全省1:5万数字高程模型等数据,综合运用"3S"技术,依据《土壤侵蚀分类分级标准》,考虑了土壤可蚀性和降雨侵蚀力两个因子对土壤侵蚀的影响,进行了第四次水土流失遥感调查,获取了2005年湖北省水土流失类型、面积、强度及空间分布状况。

2010年全国启动第一次水利普查工作,水土保持情况是普查主要内容之一。湖北省于2011年11月全面启动水土保持专项普查工作。2015年省水土保持监测中心委托长江科学院对2011年水利普查水土保持专项调查结果进行了复核。

2016年,湖北省水土保持监测中心委托湖北省水利水电科学研究院开展了新一轮的湖北省水土保持动态监测,以2.5m高分辨率遥感影像为信息源,采用遥感、地面观测和抽样调查相结合的方法获得全省2015年的水土流失类型、面积、强度及空间分布状况。该成果向水利部成功备案,同时作为基准值应用于《湖北省水土保持规划(2016—2030年)》和省内各县(市)水土保持规划的编制,成为各级水土流失重点治理区与预防保护区划分、水土流失防治目标确定和水土保持措施布局的基本依据。

2017年湖北省水利厅下发了《关于进一步加强全省水土保持监测工作的通知》（鄂水利发〔2017〕3号文），提出要全面加强水土保持动态监测工作，并随文下发了《湖北省水土保持监测工作实施方案（2017—2020年）》，将水土保持动态监测工作常态化。根据通知精神，2017年湖北省水土流失动态监测工作开展了丹江口库区、大别山南麓水土流失调查、丹江口库区水源区监测、重点工程典型流域水土保持效益评价、生产建设项目集中区随县水土流失监测、水土保持移动监测系统建设、五个大中型生产建设项目水土保持监督性监测、水土保持监测点数据采集、水土保持监测点数据整编录入、湖北省水土流失预测预报模型研究、数据库及数据服务平台建设等。

（二）重点治理工程监测

依托"长治""世行"等各类重点治理项目，以小流域为单元进行水土流失综合防治效果的动态监测，对项目治理后的保水保土功能做出监测评价，对重点治理区的治理效益进行监测评价；2005年8月，湖北省水利厅主持通过了《"长治"七期工程湖北省项目区水土保持监测实施方案》，支持指导四个监测分站建起了综合典型监测场点，开展常规监测，为"长治"项目县开展综合治理效果监测奠定了基础和依据。

三、水土保持信息化

（一）信息化基础设施建设

1. 信息采集与存储体系初具规模

湖北省水利信息网基本形成，为水土保持信息化提供了基础平台。湖北省水土保持监测网络与信息系统工程建立了一批覆盖全省八大水土流失重点治理区，多种空间尺度上的水土保持监测点网络，形成泥沙、径流、降雨、土壤、植被、土地利用等信息采集体系。

2. 水土保持数据不断丰富

湖北省水利厅先后组织完成1995年、2000年、2006年、2011年、2016年水土流失调查工作。湖北省水土保持数据库框架初步建成，数据涵盖行政区划、数字高程模型、水系交通、社会经济、历次水土流失遥感普查影像及成果等。

(二) 业务应用系统开发

在全国水土保持监测网络和信息系统建设的统一框架下，通过两期湖北省水土保持监测网络与信息系统建设，初步建成了水土保持监测网络、数据库平台和信息系统。一期工程水土保持监测信息系统构成了水土保持监测网络应用的基础平台，开发了信息采集处理、分析评价、规划设计、动态监测等九个应用系统。二期工程对一期工程建设的业务系统进行优化整合，形成了数据录入与管理、生产建设项目方案与监测数据上报管理、水土保持公报与年报数据上报、专题信息发布、水土保持综合查询等新的信息系统。

(三) 信息社会服务

1. 网站建设成效显著

建立了"湖北省水土保持生态网"，为社会各界提供及时、翔实、可靠的水土保持信息。

2. 水土保持公报持续发布

湖北省从 2006 年起，连续发布年度《湖北省水土保持公报》，武汉、十堰等地也相继发布了地方水土保持公报，在政府决策、经济社会发展和公众信息服务等方面发挥了积极作用。

3. 宣传途径多样化

通过电视、广播、报纸、网站、杂志、书籍等传统形式开展水土保持宣传教育，积极探索 QQ、微信等新兴社交媒体的宣传应用，取得了良好效果。

(四) 信息化保障措施

1. 相关政策和制度不断完善

连续编制了《湖北省水利信息化发展"十三五"规划》《湖北省水土保持监测规划(2010—2020 年)》等，出台了《湖北省水利信息化建设管理办法》等多项水利信息化管理制度。

2. 水土保持信息化资金有了较大投入

湖北省水土保持监测网络与信息系统投入约 3000 万元，极大地推动了湖北省水土保持信息化建设。

3. 水土保持信息化队伍初步建成

全省已有近 400 人的水土保持监测技术人员，专业涉及水土保持、水利、农业、遥感和计算机等,初步形成了一支专业配套、结构合理的技术队伍。

第六节　水土保持地域性特色

一、生态清洁型小流域建设

从 2006 年启动阳新王子山、远安九子溪、大悟路家冲、洪湖燕窝镇牧牛渠等四条生态清洁小流域建设试点以来,湖北省结合"丹治"工程、国家水土保持重点建设工程等工程建设,分别在丹江口库区、三峡库区、大别山区和武陵山区等水土流失重点区域开展了生态清洁小流域建设。截至 2018 年底,全省累计 11 个市(州)、30 余个县(市、区)开展生态清洁小流域建设 100 余条,共治理水土流失近 2000km²,对改善革命老区、集中连片贫困地区的生活环境、助推流域脱贫起到重要作用。下面以胡家山小流域、清水河小流域和四清渠小流域为例,论述湖北省生态清洁型小流域建设的特色。

(一)胡家山小流域

1. 基本情况

胡家山流域属于汉江二级小支流,位于汉江以北丹江口市习家店镇和嵩坪镇,流域涉及习家店镇的胡家山、朱家院、板桥、五龙池、桐树垭村 5 个行政村,面积24km²,林草覆盖率62.62%。流域内岩体以红砂岩、石灰岩、泥质岩、石英质岩等为主。根据 2004 年遥感调查,结合野外普查资料,流域共有水土流失面积20km²,占土地总面积的 60.5%,年均土壤侵蚀模数为 2177t/(km²·a)。

小流域水体理化指标的一个显著特征是高氮、低磷,支流磷和氨氮的含量多达到 II 类标准,但总氮含量都超过 V 类地表水标准。流域面源污染的主要来源是村落面源污染物,主要为生活污水、禽畜废水、固体废弃物等分散点源径流输出,其中畜禽污染主要是畜禽产生的粪便,农业种植污染主要为农药化肥的使用。

2. 治理措施

围绕"远山生态修复防线、农地综合治理防线、库周生态缓冲防线"三道防线，实施五级防护，突出农田整治和农村污染防治，将流域打造为生态农业型小流域。

（1）因地制宜，科学谋划

①进行分区防治。对地面植被覆盖较好的区域，侧重于自然修复、村落面源控制和旅游开发治理；对水土流失严重的区域，侧重于生态农业、村落面源控制和科技示范治理。

②设立"三道防线"。从山顶到河谷构筑"远山生态修复防线、农地综合治理防线、库周生态缓冲防线"，结合项目区实际，采取相应的防治措施，以三道防线的防治思路来指导流域综合措施布局。

③实施"五级防护"。a. 通过封禁治理、疏林补植和小型水利水保工程，建设水源涵养林，养山保水，进行林地径流控制，减少水土流失；b. 通过水平梯田建设、坡面水系配套工程，控制农田径流，提高耕地质量，减少人为水土流失，同时大力发展生态农业，减少化肥、农药使用量，推广"猪—沼—果"治理开发模式，减少农田面源污染源；c. 通过村落污水和垃圾收集、沼气池、道路硬化，进行村落面源污染控制；d. 通过生态溪沟、生态塘堰整治，栽植水生植物降解水体污染物，进行输移途中控制；e. 通过植被恢复、人工湿地在流域出口处进行汇集处理。通过构建上述环环相扣的立体式多级防治体系，胡家山小流域实现了对面源污染水体的有效拦截、处理，治理后流域水体中总氮、总磷和 COD 含量分别较治理前减少20%、30%和15%，流域出口入库水质达到Ⅱ类水以上。

（2）技术支撑，科学治理

①推广先进技术。生物净化技术，主要包括生物护坡、生物护埂、生物降解塘、生物沟道和生物过滤等；测土配方施肥以及水源涵养种植模式筛选。

②注重科技合作。以科技支撑为先导，强化科学治理，确保治理成效。近年来分别与长江委监测中心、长江水资源保护科学研究所、中国科学院武汉植物园、华中农业大学、中国科学院水生生物研究所等几家单位合作开展水库水源区水土流失规律研究，将坡耕地种草养畜、面源污染防治模式和库区生态环境综合治理技术等研究成果应用到生态清洁小流域治理之中，提高生态清洁小流域科学治理水平。

③加强项目监测。在胡家山生态清洁小流域已经建成水土保持面源污染

水质监测站 1 处,简易小流域径流观测小区 2 处,对典型小流域进行跟踪监测。横向对比各项治理措施的治理效益、纵向对比治理前后小流域的水、沙和生化指标的变化,为开展水土流失和面源污染治理技术研究,项目效益评价提供科学的依据。

(二)清水河小流域

1. 基本情况

清水河小流域位于十堰市郧阳区青曲镇,汉江北岸,为汉江河的一级小支流,属于丹江口国家一级水源保护区,土地总面积 7km²。根据 2007 年遥感调查,共有水土流失面积 5km²,占土地总面积的 71.84%,年均土壤侵蚀模数为 3067t/(km²·a)。土壤侵蚀类型以水力侵蚀为主,其中面蚀分布广泛,部分地区存在沟蚀。大量的水土流失是由陡坡地、灌木林地、其他林地以及荒草地造成的。小流域内的污水主要来源为生活污水,水质较差,基本处于劣 V 类水平,主要超标指标为 COD、TN、和 NH_3-N,主要污染物为化肥、农药以及养殖畜牧业排泄物。

2. 治理措施

按照清洁型小流域建设理念,以治山、治水、治污、治穷为基本出发点,整合小流域现有的土地资源、生物资源和水利资源等,分区规划,整体提升,以水土流失严重区和村镇生产生活区为重点,点(村庄)、线(沟道)、面(水土流失、面源污染),污水、垃圾、厕所、环境、河道同步治理,将项目区打造成为清洁型小流域的集中展示区,最终形成山绿、水清、村美、民富的目标。

整合山场疏幼林地,见缝插针,形成四季有景的山场景观;充分利用房前屋后的荒地以及低、残次林,统一规划,形成四季有果的鲜果采摘园;整治村落院舍环境,规范垃圾处置,统一污水处理,绿化美化庭院,打造休闲度假农家乐;围绕现有田园大棚,实施土地流转,扶持大户经营管理,发展绿色有机农业和观光农业,控制农业面源污染;围绕现有河道打造人水和谐的滨水景观。

根据小流域实际情况将示范区分为生态修复区、生态治理区和生态保护区 3 个功能区。

(1)生态修复区

以发挥生态功能为主,区域内山高坡陡、人烟稀少地区,一般为坡上部,坡度大于25°。该区域内土层浅薄,不利于农业耕作,同时人为活动较少,没有大规模的农业措施。生态修复区以减少人为活动,充分利用自然的自我设计与恢复的能力,达到养山保水的目的,宜进行封育保护,可布设封禁标牌、拦护设施等。

(2)生态治理区

生态治理区主要是农业种植区及人为活动频繁地区,一般为坡中部、坡下部,坡度一般小于25°。本区域内村庄分布较多,农业用地较为集中,人类活动相对频繁,水土流失、面源污染和生活污水、垃圾较为集中。措施以加强水利水保基础设施建设,控制点、面源污染,调整产业结构,改善生产条件和人居环境为目的,主要布设梯田、树盘、经济林、水保林、种草、土地整治、节水灌溉、谷坊、拦沙坝、挡土墙、护坡、村庄排洪沟渠、村庄美化、生活垃圾处置、污水处理、田间生产道路等。生态治理区主要发挥生态农业休闲观光旅游功能,还具有宣传教育与科普培训的功能。

(3)生态保护区

生态保护区位于主河道防洪蓝线两侧以及周边地带,包括河川地、河滩地等滨水区域。生态保护区以确保河道清洁,控制侵蚀,改善水质,美化环境,维护河流健康安全为目的,措施包括沟道清理整治、沟道两旁绿化、疏通整修排洪渠、湿地恢复,布设防护坝及滨水景观等。主要发挥防洪保安和休闲旅游功能。

(三)四清渠小流域

1.基本情况

四清渠小流域位于洪湖市燕窝镇,总面积26km²。多年平均降水量为1358mm,流域呈现冲湖积平原地貌景观,地势平坦,起伏较小,地面高程一般为24~28m。项目区土地利用以耕地和交通用地为主。小流域内渠道纵横交错,水网复杂。

2.治理措施

根据流域实际情况,按照因害设防、注重效益、规模连片、集中治理的原则,拟采取工程措施与植物措施相结合的方法进行综合治理。

(1)沟渠整治

根据总体布置,应对淤塞渠道进行疏挖清洗,对边坡进行修整,以恢复渠道过流能力,才能保证本次水土保持措施的顺利实施。

对渠道上的涵闸进出水口及渠道交叉口处 10m 内的河岸进行生物桶固脚、三维土工网垒护坡,四清渠设计坡比为 1:2,设计水位为 25m。采用现浇 C20 砼挡土墙,挡土墙顶安放预制的 C20 砼生物桶,桶内填土,种植美人蕉,每桶种植 10 株;在渠道边坡高程 23~25m 铺设三维土工网垒,在网垒中播种狗牙根草,形成了一层坚固的绿色复合保护层。

在渠道边坡高程 25m 以上的渠坡上播种狗牙根草,渠顶种植一行香樟,香樟旁种植两行红叶石楠,作为生物隔离带,生物隔离带旁铺设一条水泥预制板植草便道。护坡长度总计 1km。

(2)居民点环境整治

居民点环境整治的目的是使村庄整洁优美,环境优雅,为村民营建一个舒适的居住环境。对小流域内的洪丰村、团结村、览放村、前进村等 4 个村庄周边植草种树,植树均为单行。

小流域内村庄集中程度不高,分布较为分散,居民区的污水主要为洗衣粉、洗菜等产生的生活污水,平时都泼洒在院子内或院外,在雨季随着雨水汇成小垄水流,雨污混流,对人居环境产生的影响较大。根据小流域内的人口居住分布情况,在相对集中的居民点设置小型人工湿地 6 处,人工湿地采用水平潜流结构,净化水质。

考虑到部分农户养猪,产生的粪便较多,在养猪农户推行沼气池,既可以减少使用坛子气的数量,节约生活成本,又可以将垃圾粪便进行发酵,保护和改善人居环境,结合沼气池建设,修建猪圈,连通厕所,充分利用丰富的农作物秸秆和人畜粪便,既可以提供优质农家肥,用于果园、蔬菜施肥,又可提高产量,增加农民收入,还可以保持村容整洁,缓解农村脏乱差的现状。

二、水土保持科技示范园

湖北省已建立红安县李西河、广水市大贵寺、大冶市金牛、新洲区磨盘山、襄州市三道河、蔡甸区西湖、竹山霍河等 7 个国家级水土保持科技示范园区,下面将选取其中 5 个介绍湖北省对创建国家国家级水土保持科技示范园区的建设经验。

（一）武汉市新洲区磨盘山水土保持科技示范园

园区位于新洲区东北部水土保持治理区，与道观河风景旅游区相毗邻，园区距武汉市城区 70km，离新洲区城关 10km。2009 年 4 月被水利部命名为"全国第二批国家水土保持科技示范园"（图 3－9－5）。该园区属大别山丘陵岗地地貌特征，是典型的低山丘陵岗地中度侵蚀区，在大别山地区具有很强的代表性。

图 3－9－5　磨盘山水土保持科技示范园（金少安，2017）

园区采取分区建设原则，以调整农业产业结构，合理利用土地资源为基础，以工程措施、生物措施、农耕措施三大措施为主的综合思路进行规划设计，按照山、水、田、林、路统一规划，拦、截、蓄、灌、排相结合的方针，先后建设高标准坡改梯 20hm²，生态果园 33.3333hm²。

园区内建成有国家二期水保监测网络重点监测站，2009 年投入使用，包括 5m×10m、坡度为 15°的全自动监测径流小区 6 个，配以不同的水保措施，进行水土流失监测试验，分析在坡度相同的多种水土保持措施状态下水土流失产生的过程及强度；5°～25°不同坡度的钢槽变坡径流小区 10 个，人工模拟弃土（石）堆放钢槽 1 个，进行模拟人工降雨水土流失试验，分析在相同降雨条件下，不同坡度水土流失的产生过程及强度和进行弃土水土流失的分析监测；小型自动气象观测站 1 处，为分析区域水土流失强度及产生过程提供气象数据支撑。

园区全天候对外开放，先后接待学习、观光、旅游人员 35000 多人（次），其中中小学生达 13000 多人（次），多次举办水土保持宣传教育培训活动。在省、市、区电视台进行了宣传通报。示范园区的工作得到了水利部、长江委、省、市区水保部门的高度评价和充分肯定。

（二）黄石大冶市金牛水土保持科技示范园

园区北连黄石，西北毗鄂州，西南邻咸宁，东南达阳新，示范园距武汉 70km，离天河机场 110km，园区总面积 75hm²。2009 年 4 月被命名为"全国第二批水土保持科技示范园区"。示范园将建设成为集科研试验、技术应用、示范教学和生态建设于一体的高标准的水土保持科技示范园，为湖北省及同类红壤丘陵区的水土保持生态建设提供示范样板和科技支撑。

园区包括水土保持典型措施展示、砖场取土区边坡综合治理、坡面径流观测小区示范区、生态保育区、水土保持植物园展示区。

水土保持典型措施展示区共布设浆砌石拱形、浆砌石网格、木桩、生态袋、喷草灌、喷草灌加植灌木、干砌石植生槽、石笼等 8 种类型护坡展示以及石坎梯田和土坎梯田。

砖厂取土区边坡综合治理区位于园区西南角，原来为一个砖窑的取土场地，现状沟深坡陡，土壤裸露伴有小规模的滑坡发生，水土流失严重。通过取土场坑底和边坡植被恢复，已经取得了明显的效果。

按照不同坡度、植被和耕作措施设置 18 个坡面径流小区，对不同立地条件下的水土流失规律进行常规监测。同时对社会群体进行直观的水土保持教育。

生态保护区位于项目区中部的广大地区，占地面积 37.89hm²。其中种植灌木 7hm²，种草 11.14hm²，种植乔木 7530 株。此区既可达到保持水土的功能，又以大尺度远观为景观设计主体理念，能形成优美的生态景观，同时兼顾小气候的调解功能，多种树种有机搭配形成天然氧吧。

水土保持植物园展示多年来湖北省在水土流失治理中所推荐的适生植物品种，根据水土保持防护树种适用区域的不同，按照现状区域水分梯度的变化将该园区分为：水生植物区、湿地植物区、陆生植物区。游人沿木栈道穿行，感受湿地带来的芬芳与美丽，栈道周边的植物配以铭牌，进行科普宣传。游客在欣赏美景的同时可以了解有关水土保持树种的作用。

（三）武汉市蔡甸区西湖流域水土保持科技示范园

园区分为 A、B 两区，总面积为 185.8hm²。其中 A 区位于蔡甸区张湾街白湖,距蔡甸城关10km,占地面积127.8hm²,主要以培育水土保持及绿化苗木、水土保持工程预制构件、特种水产品养殖为主;B区位于湖北省武汉市蔡甸区城关10km的玉贤镇鸽翅岭村,占地面积58hm²,园区依托蔡甸区西湖水系而建,北枕汉蔡高速,东靠炎山,南依西湖,距武汉中心城区28km。2011年2月被命名为"全国第三批水土保持科技示范园区",园区属湖北省江汉平原周边浅丘区水土流失重点治理区,以面状侵蚀为主。在平原浅丘区水土保持建设、水土保持生态旅游等方面具有很强的典型性和代表性(图3-9-6)。

图3-9-6 西湖流域水土保持科技示范园(千秋业,2021)

示范园已建成水务科技(科普教育)展示中心、水土保持监测试验楼、水土保持科普长廊、水土保持边坡防护展示区、水土流失监测径流小区、人工降雨模型、小型自动气象观测站、微喷灌钢架大棚以及截水沟、道路等。

科研实验区建设有5m×10m、坡度为15°的全自动监测径流小区6个,配以不同的水保措施,进行水土流失监测试验,分析在坡度相同的多种水土保持措施状态下水土流失产生的过程及强度。

5°~25°不同坡度的钢槽变坡径流小区10个,新建人工模拟弃土(石)堆放钢槽1个,进行模拟人工降雨水土流失试验,分析在相同降雨条件下,不同坡度水土流失的产生过程及强度,并进行弃土水土流失的分析监测,该设施还可用于大专院校教学实验。小型沟道观测站1处,综合分析小流域水土流失过程及强度,以及氮、磷、钾的流失量。小型自动气象观测站1处,为分析区域水土流失强度即产生过程提供气象数据支撑。

该区还有水务科技(科普教育)展示中心、户外、室内科普长廊。电子书以及声、光、电模拟水土流失产生过程展示系统,可根据不同的参观人群适时更换展示内容,多层面地普及水土保持知识,为开展水土保持宣传和科普教育创造了条件。

该区采用景观带的形式沿主干道布设先进的水土保持综合护坡技术,并配以解说牌,让广大群众在感叹一步一景的同时,进一步了解水土保持综合护坡的多样性和景观性。已建成12类措施(即:砼格网、铁笼石、木桩、椰纤维植物网护坡、叠石景观、花草混播护坡、草皮护坡和喷浆植灌护坡,以及土坎梯田、石坎梯田、人工湿地和节能灌溉等),为区域水土保持规划及水土流失防治提供科技支撑。

生态修复展示区主要针对园区内因开山采石造成的裸露山体和弃渣进行治理,措施包括石边坡TBS植被护坡复绿技术和弃渣防护。总结和积累废弃采石场综合治理经验并加以推广。

水土保持生态能源示范区主要包括太阳能、污水处理、垃圾处理等示范。

生态旅游区结合蔡甸区旅游名镇的建设和西湖郊野绿道的建设,将西湖流域水土保持科技示范园打造成集旅游度假、会议休闲、赏花采摘的旅游休闲娱乐景观区。

自成立以来就立足突出地域特色,以生态休闲旅游为载体,将开展水土保持科普教育,普及水土保持知识,发挥水土保持公益功能作为水土保持管理单位的使命。

(四)襄阳市三道河水库水土保持科技示范园

园区位于湖北省襄阳市南漳县城西2km的三道河水库坝址处。距襄阳市42km,距武汉市404km。园区南北长约1km,东西长约2km,面积为111.57hm²。2011年2月被命名为"全国第三批水土保持科技示范园区",也是全国第一家以水库命名的水土保持科技示范园区。园区属鄂西北浅山丘陵水土流失类型区,具有黄土区和土石山区两种地貌类型特点。在水源地水土保持建设、水土保持生态旅游等方面具有很强的典型性和代表性。

园区包括水土保持生态修复区、水土保持典型措施展示、溢洪道高陡边坡防护示范、人工模拟水土流失侵蚀演示区、植物引种展示区、溢洪道左岸弃渣场水土保持治理区。

水土保持生态修复区拥有省级公益林76.4hm^2，经过几代水利人坚持不懈的封禁治理、植树造林，成为县城周边绿化最好的地区。良好的植被为南漳人民奉献了一片环境优美的秀丽山水，成为漳城人民休闲晨练、度假旅游、婚纱摄影的好去处，也庇护着防洪减灾等全局各项工作顺利地开展。

水土保持典型措施展示区从园区入口开始，采用景观带的形式沿主干道布设先进的水土保持综合护坡技术，并配以解说牌，让广大群众在感叹一步一景的同时，进一步了解水土保持综合护坡的多样性和景观性。已建成6类措施（即：砼格网、铁笼石、木桩、木板、铺石景观和草皮护坡）。

溢洪道高陡边坡防护示范区依托水库溢洪道遗留的高陡边坡，按照可持续发展和环境保护的观点，采用高陡边坡绿化技术。利用岩石边坡微凹地形及坡脚，修建浆砌石植生箱，种植地锦（俗称爬山虎），边坡下平台回填种植土，种植灌草。现已绿化约2000m^2，改变了颜色单调、毫无生机的局面。

人工模拟水土流失侵蚀演示区为科研实验展示区之一，分为3个5m×20m的径流小区，修建了不同的植物覆盖坡面，安装了人工降雨设施，可直观地展示降雨、产流、输沙，反映坡面侵蚀发生过程，生动形象地反映坡面侵蚀过程和状态，对社会群体进行直观的水土保持教育。

植物引种展示区面积约10000m^2，位于溢洪道下游左岸，进入园区公路1km处。这里原来是一个荒废的山冲，首先进行坡改梯改造，平整了5块园地，然后改造基础设施和植被林相，集中布设了植物砖护坡、挡土墙、排水沟、沉砂池、管护道路、灌溉管道等水土保持工程措施和林草措施。栽植了枫香、红叶石楠、紫薇、丹桂和山茶等名贵树木。经过水土保持综合治理现已成为游人参观和为本单位提供优质树苗的植物基地。

溢洪道左岸弃渣场水土保持治理区属于库岸生态防护示范功能区之一的库滨亲水空间建设。占地近10000m^2，位于溢洪道上游左岸。原址为水库建后遗留下的集水坑，承纳附近采石场、宾馆等生产生活废水、废渣；2008年进行水库除险加固，又承纳溢洪道拆除的废渣约10万m^3，与周围美丽的山水风光格格不入。2012年国家将其纳入园区水土保持综合治理，通过回填集水坑、移植银杏、种植草皮、铺设生态停车场、护坡和排水沟等措施，将一片石渣裸露、杂乱无章、水土流失严重的弃渣场建设成草木成荫、绿意盎然、观赏性强的水土保持综合治理生态园。

园区自成立以来就立足突出水库特色,以生态休闲旅游为载体,将开展水土保持科普教育,普及水土保持知识,发挥水土保持公益功能作为水管单位的使命。

(五)黄冈市红安县李西河水土保持科技示范园

示范园区位于红安县城近郊,距武汉市 95km,离红安县城 3km,园区建设面积达到 61.33hm^2,其中李西河园区 53.33hm^2,观音阁监测站 8hm^2,高标准辐射面积达 105.33hm^2。2009 年 4 月被水利部命名为"全国第二批水土保持科技示范园区"。该示范园属大别山丘陵岗地地貌特征,是典型的低山丘陵岗地中度侵蚀区,在大别山地区具有较强的代表性。

以小流域为单元,按照山、水、田、林、路统一规划,拦、截、蓄、灌、排合理配套的方针,注重科技示范、技术推广应用、科普宣传教育作为示范园的中心任务,将园区划分为 5 个功能区,即:综合治理示范区、生态保护区、科研监测区、苗木培育区和产业开发推广区。

园区水土流失综合治理面积达 100%,林草植被覆盖率达到 85%,其中:种植大白桃 14.67hm^2,枇杷 10.33hm^2;建鱼池 3.13hm^2;建苗木节水喷灌基地 2.33hm^2;封禁治理 22.87hm^2;梯田坡面采取百喜草、春兰、香根草、金银花护坡;建沼气池 10 口,省柴灶 15 个,畜舍 300m^2;改造塘堰 4 座,蓄水池 13 口,沉沙池 50 个,排灌沟渠 6.5km,机耕道 4km,作业道 6km,基础设施配套完善,基本实现了道路、水系网络化。

生态建设区占地 12hm^2,位于园区北侧坡地。该区坡度较陡,现存植被群落单调,主要以松林和小型灌木为主,其生态稳定性比较脆弱。生态建设示范区是以生态学和生态经济学原理为指导,以协调经济、社会发展和环境保护为主要对象统一规划、综合建设,保证生态良性循环,社会经济全面健康、持续发展的一定行政区域。

科研监测区建有 5m×20m 标准小区 21 个,自然小区 5 个,流域断面沟道控制站 1 处,常规气象观测点 1 座,观测实验用房 350m^2,配套各类观测与实验设备仪器 30 台(套)。科研监测区已纳入了省级重点监测网络。

为了进一步将水土流失综合治理与农村产业结构调整有机结合,做到改善生态环境与增加农民收入相结合,在园区建设中充分发挥水保优势,加快了新技术、新品种、新成果的推广应用,带动了小流域经济的迅速发展。对园区土壤进行针对性研究,选择既具有较好水土保持功能,又有较高经济价值的作物,开展适应性栽培研究。从外地引进了安农水蜜桃、枇杷等优良果树品种,发展以畜牧业为主的百喜草、春兰、香根草等两大系列十多个品种进行种植,同时,积极发展地方优质品种的改良和推广,种植了以板栗和花生为主的地方品种,初步形成了南区 $20hm^2$ 以畜牧草类为主的园区和东区 $13.33hm^2$ 以水果为主的生态果园。在园区的带动辐射下,该县成功开发了 $2400hm^2$ 林果、花生基地。

自该示范园区建设以来,就立足突出生态示范特色,大力开展水土保持科普教育,普及水土保持知识,充分发挥水土保持社会效益。

第十章

湖南省

水土保持

第一节　基本情况

一、自然条件

(一)地理位置

湖南省位于长江中游,因省境绝大部分在洞庭湖以南,故称湖南;湘江贯穿省境南北,故简称湘。湖南省居东经 $108°47′\sim114°15′$、北纬 $24°38′\sim30°08′$ 之间,东西宽 667km,南北长 774km,总土地面积 21.18 万 km^2;东以幕阜、武功诸山系与江西交界,西以云贵高原东缘连贵州,西北以武陵山脉毗重庆,南枕南岭与广东、广西相邻,北以洞庭湖平原与湖北接壤。

(二)地质地貌

湖南省地处云贵高原向江南丘陵的过渡地带。东有罗霄山山脉,南边有南岭山脉,西边有雪峰山、武陵山等,山顶海拔在 $1000\sim2100m$。全省地貌类型多样,东、西、南三面高山林立,中部低山丘陵起伏,岗盆珠串,北部平原湖泊展布,形似朝东北开口的不对称马蹄形。全省山脉岭谷相间,盆地交错分布,地形多样,山地、丘陵、岗地、平原俱有,以山丘为主,土地总面积21.18 万 km^2,其中:山原山地占 51.22%、丘岗占 29.27%、平原占 13.12%、湖泊水面占 6.39%。

湖南地质自元古界至新生界各时代地层发育比较齐全,出露完整。出露的岩石包括花岗岩类、红岩类、变质岩类、石灰岩类、砂页岩类、第四纪松散堆积物。其中花岗岩主要分布在雪峰山以东地区,组成该类的岩石主要有二长花岗岩、黑云母花岗岩、二云母花岗岩、花岗闪长岩、石英闪长岩、闪长岩等,大部分呈基岩产出;花岗岩类面积 18790km²,占该省土地总面积的 8.87%。红岩集中分布在衡阳、长—平、沅—麻、醴—攸、茶—永盆地,主要为白垩纪—第三系(部分侏罗系)的紫红色、赤红色碎屑岩及黏土岩(包括紫红色砾岩、含砾砂岩、砂岩、粉砂岩、粉砂质泥岩、泥岩和泥灰岩等),湘西北及湘南等部分县的山间小盆地也有少量分布;红岩类面积 24932km²,占该省土地总面积的 11.77%。变质岩在湖南省东、南、西三面山地广泛分布,湘中地区仅部分地段出露,主要岩石有板岩、千枚岩、变质粉砂岩、变质砂岩、变质砾岩等,此外,沿大断裂带还发育有碎裂岩、糜棱岩等动力变质岩;变质岩类面积 52936km²,占该省土地总面积的 24.99%。石灰岩全省分布比较广泛,但集中成片分布的主要是湘南、湘中、湘西及湘西北地区,主要岩石包括灰岩、白云岩、白云质灰岩、泥质灰岩、硅质灰岩及泥灰岩等;石灰岩类分布地区岩溶作用十分强烈,形成独特的岩溶地貌,石灰岩类面积 56664km²,占该省土地总面积的 26.75%。砂页岩分布面积不大,但散布于全省各地,主要岩石有页岩、粉砂岩、砂岩、砾岩及砂砾岩等;砂页岩类面积 14956km²,占该省土地总面积的 7.06%。第四纪松散堆积物主要分布于洞庭湖区及湘、资、沅、澧"四水"中下游及其主干支流的下游地区,按其成因主要有湖积物、冲积物、湖冲积物残积物、冰碛物等;第四纪松散堆积物面积 30016km²,占该省土地总面积的 14.17%。

(三)气候水文

湖南省属于中亚热带季风湿润气候区,具有光能充足、热量丰富、降雨丰沛、四季分明的特点。多年平均降水量 1427mm,10 年一遇 24h 最大降雨量为 210.6mm;20 年一遇 24h 最大降雨量为 253.1mm。受季风环流和地形的影响,降水时空分布不均。4—10 月降水量占全年总降水量的 68%～84%,而 12 月至次年 2 月只占 6.5%～14%。地域分布不均,表现为雪峰山、武陵山、阳明山、九嶷山、罗霄山、幕阜山、连云山等地区为降水高值区,年降水量都在 1600mm以上。衡(阳)邵(阳)盆地、湘北滨湖区、云贵高原东缘的新晃一带为降水低值区,年均降水量在 1300mm 以下。

湖南省河流众多,河网密布,全省有河长 5km 以上的河流 5341 条,水域面积达 1.35 万 km²。省境内主要河流多源于东、南、西边境的山地,湘江、资水两大水系由南向北,沅水自西南向东北,澧水自西向东,新墙河与汨罗江由东向西分别注入洞庭湖。长江三口分流,自北向南泄入洞庭湖。洞庭湖接纳"四水""三口"来水,于岳阳城陵矶汇入长江,形成以洞庭湖为中心的辐射状水系。

1. 湘江

湘江是洞庭湖水系最大的河流,发源于广西临桂县,于湖南省东安县入境,流经永州、衡阳、株洲、湘潭、长沙，于湘阴县注入洞庭湖，全长856km(其中湖南境内670km)，流域面积94815km²(其中湖南境内85383km²)。湘水纵贯于南岭山地向洞庭湖平原过渡的山丘盆地之间，水系发育，支流众多，左右两岸不对称。右岸流域面积在5000km²左右的支流有潇水、春陵水、耒水、洣水、渌水和浏阳河等，河流较长，集水面积大，水量较丰富；左岸支流流域面积均不大，均发源于衡邵丘陵区，仅涟水流域面积在500km²以上，其余河长均短，水量也不及右岸支流丰富。湘江在省内5km以上的支流2157条。

2. 资水

资水流贯于雪峰山之间。左支夫夷水发源于广西资源县越城岭，右支赧水发源于湖南省城步县燕子山林场。两河汇合后，流经邵阳市和新邵、冷水江、新化、安化、桃江等地，于益阳甘溪港注入洞庭湖。全长661km，流域面积28211km²(其中湖南境内268km²)。资水穿行于山地和丘陵之间，由于受局部地形影响，支流大多短小，大于200km²的仅平溪河、夫夷水、邵水三条，省内5km以上的支流771条。

3. 沅江

沅江是湖南省第二大河流，有南、北两源。南源龙头江发源于贵州省都匀县云雾山，北源重安江发源于贵州省麻江县平越大山。于汉寿县坡头镇注入洞庭湖。全长1033km(其中湖南境内568km)，流域面积89488km²(其中湖南境内51927km²)。流域四周高原山地环绕，河网发育，支流众多，流域面积大于5000km²的有舞水、辰水、酉水、渠水四条，省内5km以上的支流1491条。沅江干流及其主要支流源于多雨区，流经峡谷段，为湖南省水能蕴藏量最为丰富的流域。

4. 澧水

澧水为"四水"中最小的河流，有南、中、北三源，北源为主干，发源于桑植县杉木界，与南、中源汇于赶塔，途经张家界、常德两市，于津市小渡口注入洞庭湖。全长388km，流域面积18596km²(其中湖南境内15505km²)。支流较少，流域面积大于3000km²的仅有娄水、溇水两条，5km以上的支流326条。澧水流域山势陡峻，山高谷深，坡度大水流急，雨量丰沛，是湖南省暴雨区，常发生洪水灾害。区内溶洞、地下河发育强烈，河流水源充足。

5. 洞庭湖及其他河流

洞庭湖位于湖南省东北部,地跨湘、鄂两省,是我国第二大淡水湖。天然湖泊面积 2691km²,其中洪道面积 1258km²,海拔一般在 25～50m。湘、资、沅、澧四水由南部汇注入湖,北面松滋、太平、藕池三口分泄长江入湖,由岳阳城陵矶汇入长江。

汨罗江发源于江西修水县黄龙乡黄龙村,在平江县进入湖南省,至屈原农场磊石乡注入洞庭湖。河长 25km,流域面积 5540km²,湖南省境内 5265km²。

新墙河发源于平江县板江乡双家村,至岳阳篁口与游港河汇合,在岳阳鹿角镇入洞庭湖。河长 101km,流域面积 2347km²。

其他发源于本省流向省外的珠江和长江、鄱阳湖、黄盖湖等水系的河流,在该省境内的面积为 7215km²,占全省总面积的 3.4%。

(四)土壤植被

湖南省土壤分为红壤、黄壤、黄棕壤、山地草甸土、红色石灰土、黑色石灰土、红黏土、紫色土、石质土、粗骨土、沼泽土、潮土、水稻土等 13 个土类。主要土壤类型包括红壤、黄壤、紫色土、水稻土,其中红壤是该省主要的地带性土壤,分布面广,南沿南岭北麓,北至洞庭湖滨,东起罗霄山脉西麓,西至雪峰山山麓东西两侧的广大丘陵、岗地和低山,以及湘西北武陵山原山地边缘部分,共计面积 8.64 万 km²,占国土总面积的 40.79%。黄壤是湖南省垂直带谱上的主要土壤类型,广泛分布于湘南、湘西和湘西北各县的中低山区,面积 2.10 万 km²,占国土总面积的 9.92%。紫色土则主要分布于湘江中游、沅水谷地、澧水谷地及洞庭湖东侧,面积 1.31 万 km²,占国土总面积的 6.19%。水稻土主要分布于洞庭湖区及山丘区河谷平原上,面积 2.76 万 km²,占国土总面积的 13%。

湖南省属中亚热带常绿落叶阔叶林带,全省有种子植物 500 种以上,其中木本植物 108 科、2589 种;草本植物 137 科、868 种。依据林业统计资料,2017年全省森林覆盖率 59.68%,其中天然林占 41.3%,人工林占 58.7%。天然林主要分布在湘西南地区,在湘西北和湘东、湘南等地亦有成片分布。

二、社会经济情况

(一)行政区划

根据《湖南年鉴 2018》(湖南省人民政府),湖南省辖 13 市、1 个自治州共

122 个县(市、区),其中市辖区 35 个、县级市 17 个、县 63 个、自治县 7 个。湖南省行政区划情况见图 3-10-1。

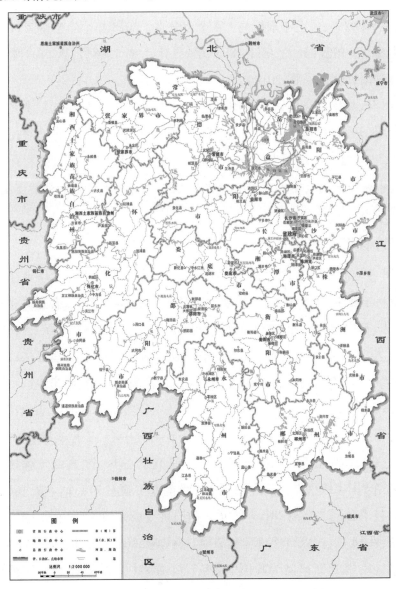

图 3-10-1　湖南省行政区划图(审图号:湘 S[2020]037 号)

（二）经济状况

根据《湖南省 2018 年国民经济和社会发展统计公报》(湖南省统计局等,2019),湖南省 2018 年生产总值 36425.8 亿元,其中第一产业增加值 3083.6 亿元,第二产业增加值 14453.5 亿元,第三产业增加值 18888.7 亿元。按常住人口计算,人均地区生产总值 52949 元。全省产业结构为 8.5∶39.7∶51.8。

（三）人口、人民生活

截至 2018 年末，湖南省常住人口 6898.8 万人，其中城镇人口 3864.7 万人，城镇化率 56.02%，比上年末提高 1.4 个百分点。2018 年全年出生人口 83.9 万人，出生率 12.19‰；死亡人口 48.7 万人，死亡率 7.08‰；人口自然增长率 5.11‰（湖南省统计局等，2019）。

2018 年，湖南省全体居民人均可支配收入 25241 元，城镇居民人均可支配收入 36698 元，农村居民人均可支配收入 14093 元，分别较上年增长 9.3%、8.1%、8.9%；居民人均消费支出 18808 元，比上年增长 9.6%，恩格尔系数为 28%；其中城镇居民人均消费支出 25064 元，农村居民人均生活消费支出 12721 元（湖南省统计局等，2019）。

（四）教育和科学技术

2018 年末湖南省有普通高校 109 所，普通高等教育研究生毕业生 2.0 万人，本专科毕业生 34.8 万人，中等职业教育毕业生 20.5 万人，普通高中毕业生 36.5 万人，初中学校毕业生 72.5 万人，普通小学毕业生 83.2 万人；在园幼儿 225.2 万人，小学适龄儿童入学率 99.98%，高中阶段教育毛入学率 92.5%。各类民办学校 13306 所，在校学生 296.1 万人（湖南省统计局等，2019）。

2018 年末，湖南省有国家工程研究中心（工程实验室）17 个、省级工程研究中心（工程实验室）206 个，国家地方联合工程研究中心（工程实验室）35 个，国家认定企业技术中心 53 个，国家工程技术研究中心 14 个，省级工程技术研究中心 342 个；国家级重点实验室 18 个，省级重点实验室 248 个。签订技术合同 6044 项，技术合同成交额 281.7 亿元。登记科技成果 664 项，获得国家科技进步奖励成果 18 项、国家自然科学奖 2 项。"鲲龙 500"采矿机器人、"海牛号"海底深孔取芯钻机等新产品为我国"深海"探测提供了支撑，超级杂交稻百亩示范片平均亩产再创新高，耐盐碱杂交稻成功试种。专利申请量 94503 件，其中发明专利申请量 35414 件。高新技术产业实现增加值 8468.1 亿元（湖南省统计局等，2019）。

（五）土地利用

根据湖南省第二次土地利用调查主要数据成果，湖南省各类土地面积如下：耕地 413.50 万 hm^2，园地 68.71 万 hm^2，林地 1229.65 万 hm^2，草地 49.03 万 hm^2，城镇村及工矿用地 123.47 万 hm²，交通运输用地 28.00 万 hm²，水域及水利设施用地 152.99 万 hm²，其他土地 52.84 万 hm²，详见表 3 - 10 - 1。按三大类分，湖南省农用地 1829.27 万 hm²，建设用地 149.58 万 hm²，未利用地 139.50 万 hm²。

表 3 - 10 - 1　湖南省第二次土地利用调查成果表

土地利用类型	耕地	园地	林地	草地	城镇村及工矿用地	交通运输用地	水域及水利设施用地	其他土地	合计
面积(万 hm²)	413.5	68.71	1229.65	49.03	123.47	28	152.99	52.84	2118.19
比例(%)	19.52	3.24	58.06	2.31	5.83	1.32	7.22	2.49	100.00

数据来源:《关于湖南省第二次土地调查主要数据成果的公报》(湖南省国土资源厅等，2014)。

全省耕地按坡度划分情况见表 3 - 10 - 2。25°以上的耕地主要分布在大湘西地区。

表 3 - 10 - 2　湖南省不同坡度耕地面积表

坡度(°)	< 2	2 ~ 6	6 ~ 15	15 ~ 25	> 25	合计
面积(万 hm²)	148.17	108.3	116.11	36.78	4.14	413.50
比例(%)	35.83	26.19	28.08	8.89	1.00	100.00

数据来源:《关于湖南省第二次土地调查主要数据成果的公报》(湖南省国土资源厅等,2014)。

第二节　水土流失概况

一、水土流失类型与成因

(一)水土流失类型

湖南的水土流失类型,按其外营力分为水力侵蚀和重力侵蚀,全省以水力侵蚀为主;按其外部形态可分为面蚀、沟蚀和崩塌,在崩塌中有一种特殊类型叫崩岗,在湖南省风化花岗岩地区普遍存在,流失也较严重,但在分布面积上,以面蚀为主;按土地利用现状又可分为农耕地水土流失、林地水土流失和荒草地水土流失,面积分布上以林地水土流失为主,而中度、强烈以上流失面积以农耕地水土流失为主。

(二)水土流失成因

湖南省水土流失的成因主要有自然和人为两种因素。自然因素中包括地貌、气候、土壤、植被等。其中地貌、气候、土壤是客观存在的潜在因素,植被是形成水土流失的决定性因素,人为因素是造成水土流失的主导因素。

湖南的地形破碎,山丘多,平地少,降雨集中,暴雨多,易蚀的土壤和母质母岩面积大,产生水土流失的潜在危险性大;然而,人口多、生产建设活动频繁,对植被和地表的扰动大,是湖南省水土流失发生发展的主导因素。在地形地貌上,湖南省66.2%的土地为山地、丘陵,坡度大、坡面长,为地表径流冲刷和水土流失的形成提供了地势条件;湖南省降雨量大(1427mm/a)、暴雨多(平均≥50mm/h的暴雨日数达3~6d),从而为水土流失产生提供了动力条件,暴雨多发又深刻影响到水土流失的强度;在土壤和母质母岩因素中,湖南六大类成土母岩中就有花岗岩、红岩、石灰岩和第四纪松散堆积物形成的母质和土壤抗蚀性差,是水土流失产生与发展的重要因素;湖南植被属中亚热带季风常绿阔叶林区,适宜植被生长与繁衍,是水土流失发生发展的制约因素。但是,由于湖南人口多,农村人口密度大,生产建设活动对植被的破坏频繁而严重,因此,湖南的水土流失在历次"运动"中,扩张蔓延严重,水土流失一度成为湖南重要的生态问题之一。

二、水土流失现状及变化

(一)水土流失现状

根据湖南省水利厅2019年6月公布的2018年水土流失动态监测结果,湖南省现有轻度及以上土壤侵蚀面积30661.43km²,占土地总面积的14.47%。其中,轻度侵蚀面积25311.66km²,占水土流失面积的82.55%;中度侵蚀面积2903.33km²,占水土流失面积的9.47%;强烈侵蚀面积1301.32km²,占水土流失面积的4.24%;极强烈侵蚀面积899.62km²,占水土流失面积的2.94%;剧烈侵蚀面积245.50km²;占水土流失面积的0.80%。详见表3-10-3、图3-10-2。

表 3 - 10 - 3 湖南省 2018 年水土流失动态监测成果表

序号	土壤侵蚀强度分级	土壤侵蚀面积 （km²）	土壤侵蚀面积占水土流失总 面积的百分比（%）
1	轻度	25311.66	82.55
2	中度	2903.33	9.47
3	强烈	1301.32	4.24
4	极强烈	899.62	2.94
5	剧烈	245.50	0.80
6	总侵蚀面积	30661.43	100

资料来源：《2018 年湖南省水土保持公报》（湖南省水利厅，2019）。

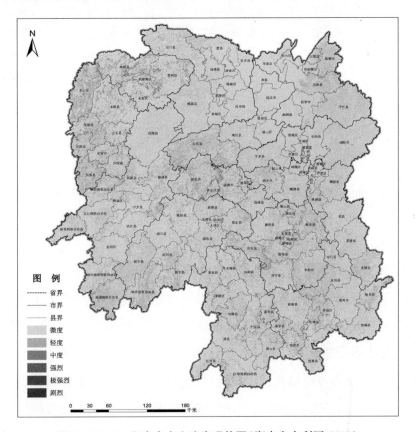

图 3 - 10 - 2 湖南省水土流失现状图（湖南省水利厅，2019）

（二）水土流失变化

1. 土壤侵蚀面积呈总体下降趋势

湖南省 2018 年水土流失动态监测成果表明，湖南省轻度以上土壤侵蚀面积从 2011 年的 32288.31km² 减少到 30661.43km²，减少了 1626.88km²，占土地总面积的百分比从 2011 年的 15.24% 降低至 14.47%，土壤侵蚀面积、强度呈"双下降"趋势（详见表 3-10-4）。这说明随着湖南省社会经济持续发展，经过各级水行政主管部门和社会各界的共同努力，各类水土保持工程、退耕还林工程、石漠化治理工程等生态工程稳步推进，生产建设活动对生态环境的压力有所减轻，湖南省轻度以上土壤侵蚀面积持续下降，水土流失危害有所减轻，水土流失已经从整体上得到了有效控制。

表 3-10-4　湖南省土壤侵蚀 2011、2018 年遥感数据总量对比表

序号	土壤侵蚀强度分级	2018 年第二次遥感数据（km²）	2011 年水利普查土壤侵蚀数据（km²）	增减变化（km²）
1	轻度	25311.66	19614.92	+5696.74
2	中度	2903.33	8686.66	-5783.33
3	强烈	1301.32	2515.35	-1214.03
4	极强烈	899.62	1019.46	-119.84
5	剧烈	245.50	451.92	-206.42
土地总面积		211819	211819	
水土流失面积		30661.43	32288.31	-1626.88
占土地总面积%		14.47%	15.24%	0.77%

数据来源：《湖南省水利普查公报》（湖南省水利厅，2015）《2018 年湖南省水土保持公报》（湖南省水利厅，2019）。

2. 中度以上土壤侵蚀面积呈下降趋势

2018 年，轻度土壤侵蚀面积是湖南省水土流失面积的主体，占比达82.55%。轻度土壤侵蚀面积较 2011 年水利普查结果有所增加，而中度及以上不同土壤侵蚀强度面积均有不同程度的降低，面积共减少 7323.62km²。这体现出湖南省土壤侵蚀强度显著降低，并以中轻度为主向轻度转变。

近年来，湖南省经济稳步发展，城市化进程不断加速，大量农村劳动力外出就业，山区、丘陵区各类农林业生产活动强度持续降低，大面积的坡耕地实施坡改梯工程、水土流失综合治理工程和退耕还林、还草工程，幼林地、疏残林地、灌木林地成长为有林地，为水土流失地类发挥生态自我修复能力创造了有利条件。

（三）水土流失分布状况

受自然因素和人为因素的影响，水土流失在湖南省各市（州）、县（市、区）均有分布。但是，在不同的时期有不同的特点。自中华人民共和国成立到 20

世纪 80 年代初期,水土流失以农林业生产造成的水土流失为主,水土流失主要分布在人口密集的湘中红壤丘陵山地和湘西、湘西北等广种薄收的贫困山区,形成了以农村人口密集的村、镇为中心,呈同心圆分布的规律,即距离人为活动半径愈近流失愈严重,反之则相反,而且水土流失呈团状集中分布;20 世纪 80 年代中后期到 2000 年前后由于基本建设、资源开发和城镇建设忽视水土保持又造成了较为严重的人为水土流失。但是,建设过程中的水土流失多为点状、线状及短期分布。这一时期农业和农村水土流失有所减轻,但仍有广泛分布;第三个阶段是 2000 年之后到现在,随着社会经济的高速发展和农村人口向城市转移,农业和农村水土流失逐年大幅减轻,生产建设项目的水土保持标准显著提高,水土流失显著减轻,中强度以上水土流失大幅下降并呈零星分布。

三、水土流失危害

(一)破坏土地资源,降低土壤肥力

水土流失的主要对象是土壤,而土壤和土地是财富之母。水土流失首先破坏的是土壤资源和土壤肥力。在湖南湘西、湘西北山区陡坡耕种或陡坡垦殖,30~40cm 的表土层只要 3~5 年便会流失殆尽而被迫撩荒,然而,形成 1cm 的表土需要数百年时间。据 1985 年湖南省水土保持区划调查测算,因长期的水土流失,湖南省湘西山区和湘中红壤丘陵区形成的露石山达 3445.7km²。同时,水土流失还带走了土壤中宝贵的有机质和无机养分,导致地力衰竭,土地退化。湖南省 20 世纪 80 年代水土流失每年带走的有机质超过 300 万 t,损失氮、磷、钾等无机养分不少于 200 万 t,相当于当时湖南省化肥施用量的 2.4 倍。

(二)恶化生态环境,加剧水旱灾害

水和土既是宝贵的自然资源,又是人类和动植物生存的环境要素。水土流失带走了水和土,加剧了涝和旱。湖南省水土流失严重地区往往也是水旱灾害严重地区。例如湖南省新化县,随着水土流失的加剧,水旱灾害也日趋频繁。该县 1951—1970 年的 20 年间共发生旱灾 7 次,概率为 35%,而 1971—1980 年 10 年间就发生旱灾 8 次,概率增加到 80%。1900—1950 年的 50 年间共发生水灾 2 次,概率为 4%;1951—1970 年的 20 年间共发生水灾 2 次,概率为 10%;1971—1980 年的 10 年间共发生水灾 5 次,概率增加到 50%。

(三)泥沙淤积,水域生态百病丛生

由于水土流失发展,湘、资、沅、澧"四水"和长江"三口"入湖泥沙剧增,洞庭湖快成了一个大沙库。1985 年以前,洞庭湖平均每年泥沙淤积 1. 46 亿 t,湖床每年抬高 3. 5cm。洞庭湖天然湖泊面积由 1949 年的 4350km² 缩小为 1977 年的 2740km²,湖容下降了 39. 20%;大量泥沙淤积河道,抬高河床,致使水上交通受阻,航运受损。据湖南省交通部门统计,湖南省水运通航里程由 1965 年的 1. 6 万 km 减少到 1985 年的 1 万 km;泥沙淤积还使河、塘、水库、湖泊渔业生产损失严重。中华人民共和国成立初期东洞庭湖每年捕鱼量约 20 万担,到 1985 年时仅 10 万 ~ 12 万担,减少将近一半。

第三节 水土流失预防与监督

一、水土流失预防保护

(一)预防保护范围与对象

1. 预防保护范围

在湖南省所有陆域上,陡坡及荒坡垦殖、林木采伐、农林开发以及开办涉及土石方开挖、填筑或者堆放、排弃等生产建设活动,根据水土保持的要求,采取综合监管措施,实施全面预防。监管预防的重点范围包括省内四大水系的主流两岸以及大中型湖泊和水库周边,江河源头、国家和省级重要的饮用水水源保护区;水土保持区划中以水源涵养、生态维护、水质维护等为水土保持主导基础功能的区域;水土流失严重、生态脆弱的地区;山区、丘陵区及其以外的容易发生水土流失的其他区域(以下简称"其他水土流失易发区");其他重要的生态功能区、生态敏感区域等需要预防的区域。

其他水土流失易发区是指全国水土保持区划三级区确定的山区、丘陵区、风沙区以外且海拔 200m 以下,相对高差小于 50m,并涉及相对重要功能的区域。主要包括岳阳市岳阳楼区、云溪区、君山区、岳阳县、华容县、湘阴县、汨罗

市、临湘市,常德市武陵区、鼎城区、安乡县、汉寿县、澧县、临澧县、津市市,益阳市资阳区、赫山区、南县、沅江市3市19个县(市、区)。详见表3-10-5。

表3-10-5 其他水土流失易发区划分

水土保持区划	行政区域		其他水土流失易发区		
			范围	面积(km²)	占国土面积的比例(%)
湘北丘陵平原农田防护水质维护区	岳阳市	岳阳楼	南湖以北滨湖平原区	113.80	27.92
		云溪区	易家湖、白泥湖、松杨湖等滨湖平原区	120.26	31.82
		君山区	行政边界内全部区域	623.64	100.00
		岳阳县	东洞庭湖滨湖平原区	1258.84	44.79
		华容县	东北部低山丘陵、中南部丘岗以外的平原区	1459.31	91.47
		湘阴县	东南部山丘岗地以外的平原区	1404.30	91.07
		汨罗市	西北部滨湖平原区	412.80	24.72
		临湘市	西北部滨湖平原区	276.19	16.07
		小计		5669.14	52.76
	常德市	武陵区	河洑山以外的平原区	265.36	89.39
		鼎城区	东北部滨湖平原区	1155.17	47.04
		安乡县	行政边界内全部区域	1086.36	100.00
		汉寿县	沧水河以北滨湖平原区	1291.20	61.73
		澧县	东部、西南部湖垸区及中部澧阳平原区(含县城城区)	1018.80	49.08
		临澧县	澧水河段以北平原区	132.00	10.96
		津市市	县城城区、澧水河东北岸及毛里湖国家湿地公园以东平原区	143.20	25.74
		小计		5092.09	52.14
	益阳市	资阳区	东部洞庭湖淤积平原区	489.56	85.59
		赫山区	东北部滨湖平原区	496.08	38.78
		南县	行政边界内全部区域	1327.93	100.00
		沅江市	行政边界内全部区域	2130.51	100.00
		小计		4444.08	83.70
	合计			15205.31	58.89

备注:表中"其他水土流失易发区"指山区、丘陵区以外易发生水土流失的其他区域,各县(市区)其他水土流失易发区范围之外区域均计入湖南省山区、丘陵区范围。资料来源:《湖南省水土保持规划(2016—2030年)》(湖南省水利厅,2017)。

2.预防保护对象

在预防范围内确定的保护对象,主要包括:保护现有的天然林、郁闭度高的人工林、覆盖度高的草地等林草植被和水土保持设施及其他治理成果;恢复和提高林草植被覆盖度低且存在水土流失区域的林草植被覆盖度;预防开办涉及土石方开挖、填筑或者堆放、排弃等生产建设活动造成的新的水土流失;预防垦造耕地、经济林种植、林木采伐及其他农业生产活动过程中的水土流失。

(二)预防保护措施与配置

1.措施体系

包括限制开发及禁止准入、规范管理、封育保护与生态修复及辅助治理等措施。

(1)限制开发及禁止准入

崩塌、滑坡危险区和泥石流易发区以及水土流失严重、生态脆弱的地区限制或禁止措施;重点预防区生产建设活动限制或禁止以及提高水土流失防治标准等措施;国家级和省级重要水源保护地、国家级和省级水土流失重点预防区、重要生态功能(水源涵养、生物多样性保护)区,应最大限度减少地面扰动和植被破坏、维护水土保持主导功能为准则等措施;自然保护区等条例对核心区、缓冲区和实验区规定的禁止、限制和准入等措施;涉及国家级和省级自然保护区、风景名胜区、地质公园、文化遗产保护区、文物保护区的,应遵守环境保护要求,以最大限度保护生态环境和原地貌为准则等措施;25°以上陡坡地和供水水库库岸至首道山脊线内荒坡地禁止垦造耕地,利用低丘缓坡垦造耕地严格控制在海拔300m以下,新垦造耕地禁止顺坡耕种等措施。

(2)规范管理

林木采伐及抚育更新管理措施,在25°以上的陡坡地优先建设公益林;种植经济林的根据当地实际情况,科学选择树种,合理确定种植模式,并按照水土保持技术标准,采取保护表土层、降低整地强度、修筑蓄排水系统、坡面植草、设置植物绿篱等防治水土流失的措施;在5°以上不足25°的荒坡地垦造耕地,采取修建梯田、修筑挡土墙、修筑排水系统、蓄水保土耕作等水土保持措施。

(3)封育保护与生态修复

封育保护、生态移民、25°以上坡耕地退耕还林还草,以及新能源代燃料等措施。

（4）辅助治理

局部水土流失区的林草植被建设、坡改梯、沟河道治理、小型水利水保工程、农村垃圾和污水处置设施建设、人工湿地及其他面源污染控制等措施。

2.措施配置

在预防范围特点分析的基础上,根据预防对象发挥的水土保持主导基础功能,进行措施配置。

（1）水源涵养功能区

以水源涵养为主导功能的区域人口相对较少,林草覆盖率较高。由于采伐与抚育失调、坡地开荒等不合理开发利用,导致森林生态功能退化,水源涵养能力削弱,局部水土流失严重。

措施配置是对远山边山人口稀少地区的森林植被遵循森林自然演替规律,以封育、天然更新为主,辅以"造、补、抚、管"促进天然更新;对浅山退化防护林地采取培育改造、抚育和人工补植,逐步提高生态保护功能;荒山荒地营造水源涵养林,恢复森林植被;对山前丘陵台地实施坡耕地综合整治、沟道治理、林草植被建设等措施;根据区域条件配置相应的能源替代措施。

（2）生态维护功能区

以生态维护为主导功能的区域分布有大面积的森林和草地,林草覆盖率较高,但由于长期以来采、育、用、养失调,森林草地植被遭到不同程度的破坏,生态系统稳定性降低。

措施配置是对森林植被破坏严重地区采取封山育林、改造次生林、退耕还林还草、营造水土保持林。

（3）水质维护功能区

以水质维护为主导功能的区域分布有重要的城市饮用水水源地,植被相对较好,局部水土流失作为载体在向江河湖库输送泥沙的同时,也输送了大量营养物质,面源污染成为导致水体富营养化进而影响水质的主要因素之一。

措施配置是对湖库周边的植被采取封禁措施和营造植物保护带;对距离湖库较远、人口较少、自然植被较好的山区实施封育保护;对农村居住区建设生活污水和垃圾处置设施、人工湿地等;对局部集中水土流失区开展以小流域为单元的综合治理,重点建设生态清洁小流域。

（4）人居环境维护功能区

以人居环境维护为主导功能的区域多分布在相对发达的城市或城市群及周边，人口稠密、经济发达，由于城市扩张、生产建设等活动频繁，人居环境质量下降。

措施配置是结合城市规划，对河道配置护岸护堤林、建设生态河道、园林绿地；城郊建设生态清洁小流域；强化经济开发区等的监督管理。

（5）农田防护功能区

以农田防护功能为主导功能的区域分布有大面积的农田，是重要的粮食主产区，地势平坦，土壤肥沃，灌溉条件好，但由于河湖淤积，洪涝灾害频繁，对农田和农业生产设施的损毁严重，粮食产量下降。

措施配置是结合农业、水利工程建设，以小流域为单元，营造水土保持防护林，对山塘、沟河道进行清淤、整治，整修田间灌溉沟渠及生产作业道路，控制农药、化肥使用量，增施有机肥，采取生物措施控制病虫害，提高粮食产量和质量。

二、水土保持监督管理

（一）制度体系

随着 1991 年《中华人民共和国水土保持法》的颁布实施，湖南省不断完善水土保持法律体系和水土保持监督执法体系，水土保持工作逐步走上法制化轨道。1994 年 11 月 10 日湖南省第八届人民代表大会常务委员会第十一次会议通过了《湖南省实施〈中华人民共和国水土保持法〉办法》（简称《办法》）的决定，1997 年 6 月 4 日湖南省第八届人民代表大会常务委员会第二十八次会议通过了对该《办法》的第一次修正，2010 年 7 月 29 日湖南省第十一届人民代表大会常务委员会第十七次会议通过该《办法》的第二次修正。2010 年 12 月修订通过新的水土保持法，强化了地方政府水土保持目标责任、规划法律地位、预防与治理法律规定，湖南省水利厅相应对《办法》进行了第三次修正，于 2013 年 11 月 29 日湖南省第十二届人民代表大会常务委员会第五次会议通过《湖南省实施〈中华人民共和国水土保持法〉办法》，2014 年 1 月 1 日起施行。这些配套法规的建立和修正完善，为更好地预防和治理水土流失、保护和合理利用水土资源、维护生态安全提供了重要法律依据，是加强生态文明建设的重要举措。

为了贯彻落实水土保持法及湖南省实施办法,湖南省在水土保持规费征收上不断出台完善相关文件规定,1996年3月,湖南省物价局、湖南省财政厅、湖南省水利水电厅联合出台了《湖南省水土保持补偿费、水土流失防治费征收管理试行办法》(湘价费字〔1996〕81号);2006年湖南省对该管理办法进行了修订,湖南省财政厅、湖南省物价局、湖南省水利厅联合下发了《关于印发〈湖南省水土保持补偿费水土流失防治费征收使用管理办法〉的通知》(湘财综〔2006〕55号),并出台了《湖南省物价局、湖南省财政厅关于水土保持补偿费和水土流失防治费标准有关事项的通知》(湘价费〔2006〕145号)。为了进一步规范水土保持补偿费征收使用管理,2014年11月,湖南省财政厅、湖南省发展和改革委员会、湖南省水利厅、中国人民银行长沙中心支行联合出台《关于印发〈湖南省水土保持补偿费征收使用管理办法〉的通知》(湘财综〔2014〕49号),湖南省发展和改革委员会、湖南省财政厅对水土保持补偿费收费标准进行了调整,并下发了《关于水土保持补偿费收费标准的通知》(湘发改价费〔2014〕1171号);2017年6月,为了贯彻落实《湖南省人民政府办公厅关于印发〈2017年降低实体经济企业成本实施方案〉的通知》(湘政办发〔2017〕32号)精神,湖南省发改委、湖南省财政厅联合下发了《关于降低2017年度涉企行政事业性收费标准的通知》(湘发改价费〔2017〕534号)。

随着社会经济的快速发展,湖南省水土保持工作的重点逐步转向监督管理。2015年11月,湖南省出台了《湖南省生产建设项目水土保持监督管理办法(试行)》,2018年8月,对该办法进行了修订并正式印发,进一步加强了水土保持监督管理工作。

(二)监管能力

新中国成立以来,湖南省的水土保持工作经历了几起几落的曲折过程,20世纪80年代初开始,水土保持工作得到恢复,水土保持试验站得以恢复与建立,并相继建立了径流观测场,初步开展了一些小流域治理的试点工作和不同水土流失类型区径流泥沙定点监测工作,并取得了一定的成效。

2001年湖南省水利厅水土保持部门由原来的农田水利局水土保持科转为水土保持处,并于2004年成立了省水土保持监测总站,之后,在14个地州市相继建立了5个国家级水土保持监测分站、4个省级监测分站、24个县级水土保持监测场(点);2012年成立了湖南省水土保持学会,强化了行业管理。截至2018年底,湖南省14个设区市(州)、122个县(市、区)均设立了专门的水土保持工作机构,湖南省水土保持机构专职人数超过了2000人,并为部分市、县配发了执法车辆、无人机。机构队伍的不断壮大、执法装备的改善,增强了湖南省水土保持监督管理机构履行职责的能力。

同时,湖南省十分重视水土保持队伍的业务培训,2009年初与南昌工程学院联合举办了为期3个月的水土保持专业技术骨干培训班,2010年3月,又举办了"全省水土保持监督管理能力建设培训班",此外,各市、县也组织监督执法等各类培训210多次。通过各种培训,整体提高了监督管理人员的法律知识和执法水平。

(三)生产建设项目监督管理

1991年,《中华人民共和国水土保持法》颁布实施后,湖南省水土保持工作开始走向依法防治的新时期。1992年,湖南在岳阳、宁乡、浏阳和常宁开展了湖南省第一批监督执法试点,探索监督执法机构队伍建设、配套法规文件制订、规费征收、案件查处等工作。1994年和1996年,湖南又分别开展了第二、第三批水土保持监督执法试点,湖南省35个县(市、区)通过试点建立了水土保持监督机构,配备了监督执法人员,制订和实施了配套文件制度,强化了以生产建设项目水土保持方案管理为核心的水土保持"三权"(方案审批权、规费征收权、监督检查权)的落实,有效地遏制了人为水土流失,树立了水行政主管部门及其水土保持监督管理机构的权威和地位。

2000—2004年,湖南在韶山、冷水江和株洲、长沙市开展了城市水土保持工作试点,推进了城市水土保持监督管理工作的有序开展。2005—2015年,湖南省又连续开展了三批水土保持监督管理能力建设,有力地推动了水土保持法律法规的贯彻实施,实现了水土保持机构队伍建设和方案审批、规费征收、案件查处和监督检查等工作的普及和规范化。2016年以来,湖南严格按照生产建设项目水土保持监督管理有关办法,推进了省、市、县三级水行政主管部门水土保持监督管理责任的落实和县级水土保持机构对辖区内生产建设项目的日常巡查。制订和完善了年度监督检查计划,开展了重点生产建设项目的水土保持专项检查,湖南省水土保持监督管理程序规范,成效显著。

据统计,自《中华人民共和国水土保持法》施行以来,湖南省累计审批各类生产建设项目水土保持方案 3 万多个,开展水土保持监督检查 2.3 万余次,完成水土保持设施验收(备案)4021 项,其中省本级审批生产建设项目水土保持方案 1693 项目,开展水土保持监督检查 363 次,完成水土保持设施验收(备案)161 项。

三、水土保持区划与水土流失重点防治区

(一)水土保持区划

1986 年湖南省水利水电厅编制了《湖南省水土保持区划》,该报告是在调查水土流失现状的基础上,根据各地水土流失的特点及自然社会条件进行区域划分,将湖南省分为湘西北湘西山地强度流失区、湘中丘陵山地强度流失区、湘东丘陵山地中度流失区、湘南山地丘陵中度流失区、湘西南山地轻度流失区、湘北环湖丘岗轻度流失区等 6 个不同类型区。这是湖南省第一次进行水土保持分区,从保护和合理利用水土资源出发,为全面防治水土流失,提出各区的建设方向和治理途径,是湖南省水土保持工作的重要里程碑。

湖南省第一次水土保持区划成果运用 30 年后,各地经济发展不平衡导致区域水土资源开发、利用、保护的需求不尽相同,为了科学合理地确定水土流失防治分区布局,在全国水土保持区划的基础上,完善湖南省水土保持区划,2017 年 1 月湖南省人民政府批复了《湖南省水土保持规划(2016—2030 年)》(湖南省水利厅,2017),其中明确提出了湖南省水土保持区划,区划成果包括湘北洞庭湖丘陵平原农田防护水质维护区、湘中低山丘陵保土人居环境维护区、湘西南山地保土生态维护区、湘东南山地水源涵养保土区、湘西北山地低山丘陵水源涵养保土区等 6 个分区,涉及全国水土保持区划的 2 个一级区、4 个二级区、5 个三级区(详见表 3 - 10 - 6、图 3 - 10 - 3)。

表 3-10-6　湖南省水土保持区划

一级区代码及名称	国家分区名称			湖南省分区名称	涉及的县(市、区)	国土面积(km²)	水土流失面积(km²)
	二级区代码及名称	三级区代码及名称					
V 南方红壤区	V-3 长江中游丘陵平原区	V-3-2ns 洞庭湖丘陵平原农田防护水质维护区		湘北洞庭湖丘陵平原农田防护水质维护区	岳阳市岳阳楼区、云溪区、君山区、华容县、湘阴县、汨罗市、岳阳县、临湘市、安乡县、汉寿县、澧县、临澧县、鼎城区、安德市武陵区、常德市、津市市、益阳市资阳区、赫山区、南县、沅江市	25822	1767.80
	V-4 江南山地丘陵区	V-4-6tr 湘中低山丘陵保土人居环境维护区		湘中低山丘陵保土人居环境维护区	长沙市芙蓉区、天心区、岳麓区、开福区、雨花区、望城区、长沙县、宁乡县、浏阳市、株洲市荷塘区、芦淞区、石峰区、天元区、株洲县、攸县、茶陵县、醴陵市、衡阳市珠晖区、岳塘区、湘潭县、湘乡市、韶山市、衡阳市雁峰区、石鼓区、南岳区、衡南县、衡阳县、衡山县、衡东县、祁东县、耒阳市、常宁市、岳阳市平江县、益阳市桃江县、安化县、娄底市娄星区、双峰县、新化县、冷水江市、涟源市、邵阳市双清区、大祥区、北塔区、邵东县、新邵县、邵阳县、隆回县、新宁县、武冈市、永州市冷水滩区、零陵区、祁阳县、东安县	86453	15217.10

国家分区名称			湖南省分区名称	涉及的县(市,区)	国土面积(km²)	水土流失面积(km²)
一级区代码及名称	二级区代码及名称	三级区代码及名称				
	V-6 南岭山地丘陵区	V-4-7tw 湘西南山地保土生态维护区	湘西南山地保土生态维护区	怀化市鹤城区,中方县,沅陵县,辰溪县,溆浦县,会同县,麻阳县,芷江县,靖州县,通道县,新晃县,洪江市,邵阳市洞口县,绥宁县,城步县,常德市桃源县,湘西自治州泸溪县	41276	5915.26
		V-6-1ht 南岭山地水源涵养保土区	湘东南山地水源涵养保土区	郴州市北湖区,宜章县,桂阳县,嘉禾县,临武县,汝城县,桂东县,资兴市,株洲市炎陵县,永州市双牌县,道县,江永县,宁远县,蓝山县,新田县,江华县	30940	6509.33
VI 西南紫色土区	VI-2 武陵山山地丘陵区	VI-2-2ht 湘西北山地低山丘陵水源涵养保土区	湘西北山地低山丘陵水源涵养保土区	常德市石门县,张家界市永定区,武陵源区,慈利县,桑植县,湘西自治州花垣县,保靖县,古丈县,凤凰县,永顺县,吉首市,龙山县	27415	7947.99

资料来源:《湖南省水土保持规划(2016—2030年)》《湖南省水利厅,2017)。

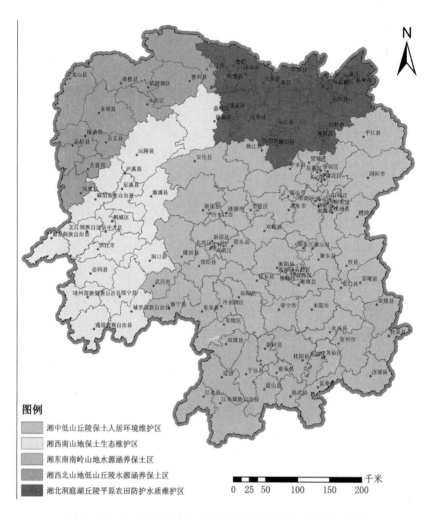

图例

▨ 湘中低山丘陵保土人居环境维护区

▨ 湘西南山地保土生态维护区

▨ 湘东南南岭山地水源涵养保土区

▨ 湘西北山地低山丘陵水源涵养保土区

▨ 湘北洞庭湖丘陵平原农田防护水质维护区

千米

0 25 50   100   150   200

图3-10-3   湖南省水土保持区划图（湖南省水利厅,2017）

（二）水土流失重点防治区

为了保护水土资源,防治水土流失,改善生态环境,在《湖南省实施〈中华人民共和国水土保持法〉办法》（湖南省第八届人民代表大会常务委员会第二十八次会议于1994年11月10日审议通过）颁布实施后,湖南省人民政府划定湖南省水土流失重点防治区,并下发了《湖南省人民政府关于划分水土流失重点防治区的通知》（湘政函〔1999〕115号）,将湖南省划分为重点预防保护区、重点治理区、重点监督区（简称"三区"）,其中重点预防保护区包括湘东南山地重点预防保护区、湘西南山地重点预防保护区,重点治理区包括湘西湘西北武陵山重点治理区、湘中红壤丘陵重点治理区、湘北环湖丘岗治理区,重点监督区包括湘东南工矿重点监督区、娄邵工矿重点监督区(与湘中丘陵区重合),并明确了各防治分区的工作重点。

2006年,为了明确国家级水土流失防治重点,实施分区防治战略,分类指导,有效地预防和治理水土流失,促进经济社会的可持续发展,水利部划定了42个国家级水土流失重点防治区(包括重点预防保护区、重点监督区、重点治理区)并进行了公告(水利部公告2006年第2号)。其中涉及湖南省的有湘资沅上游预防保护区的13个县和湘资沅澧中游重点治理区的22个县。2010年,水利部启动全国水土保持规划编制工作,并在原国家级水土流失重点防治区划分成果的基础上,充分利用第一次全国水利普查成果,借鉴全国主体功能区规划和已批复实施的水土保持综合及专项规划,开展全国水土保持规划国家级水土流失重点预防区和重点治理区复核划分(即"两区复核划分");2013年8月,水利部办公厅印发了《全国水土保持规划国家级水土流失重点预防区和重点治理区复核划分成果》(办水保〔2013〕188号),包括湖南省的湘资沅上游国家级水土流失重点预防区、武陵山国家级水土流失重点预防区2个重点预防区和湘资沅中游国家级水土流失重点治理区1个重点治理区(详见表3-10-7)。

表3-10-7 湖南省国家级水土流失重点防治区复核划分成果表

原划分情况(2006年)				复核后划分情况(2013年)			
名称	涉及市州	涉及县(市、区)	县个数	名称	重点预防和重点治理面积(km²)	涉及县(市、区)	县个数
湘资沅上游预防保护区		江华县、蓝山县、靖州县、城步县、东安县、祁阳县、永州市市辖区、宁远县、新田县、双牌县、道县、通道县、江永县	13	湘资沅上游国家级水土流失重点预防区	4199.05	靖州县、通道县、城步县、新宁县、东安县、冷水滩区、祁阳县、双牌县、宁远县、新田县、道县、江永县、江华县、蓝山县、嘉禾县、临武县、宜章县	18
				武陵山国家级水土流失重点预防区	2965.19	石门县、桑植县、慈利县、永定区、武陵源区、龙山县、永顺县、保靖县、古丈县、花垣县、凤凰县	11

原划分情况（2006 年）				复核后划分情况（2013 年）			
名称	涉及市州	涉及县（市、区）	县个数	名称	重点预防和重点治理面积(km²)	涉及县（市、区）	县个数
湘资沅澧中游重点治理区		桑植县、慈利县、安化县、桃江县、溆浦县、辰溪县、麻阳县、吉首市、永顺县、古丈县、泸溪县、洞口县、隆回县、武冈市、邵东县、邵阳县、新邵县、衡阳县、衡阳市区、衡东县、常宁市、衡南县	22	湘资沅中游国家级水土流失重点治理区	7585.45	安化县、吉首市、泸溪县、辰溪县、麻阳县、溆浦县、中方县、隆回县、武冈市、新化县、冷水江市、涟源市、娄星区、双峰县、湘乡市、衡山县、衡阳县、雁峰区、蒸湘区、石鼓区、珠晖区、南岳区、衡东县、祁东县、衡南县、常宁市	26

资料来源：《全国水土保持规划国家级水土流失重点预防区和重点治理区复核划分成果》（水利部，2013c）。

　　2017 年 1 月，湖南省水利厅在国家级水土流失重点预防区和重点治理区划定的基础上，进行了湖南省水土流失重点预防区和重点治理区划定并予以公告，划定湘东南罗霄山南部山地省级水土流失重点预防区、湘东北罗霄山北部山地省级水土流失重点预防区、湘西南天雷山—雪峰山省级水土流失重点预防区、湘西北凤凰山—乌云界省级水土流失重点预防区、洞庭湖平原湿地省级水土流失重点预防区、长株潭生态绿心省级水土流失重点预防区等 6 个省级水土流失重点预防区和湘水中上游省级水土流失重点治理区、资水中上游省级水土流失重点治理区、沅水中游省级水土流失重点治理区、澧水中游省级水土流失重点治理区、汨罗江—新墙河中上游省级水土流失重点治理区等 5 个省级水土流失重点治理区（详见图 3-10-4、表 3-10-8）。

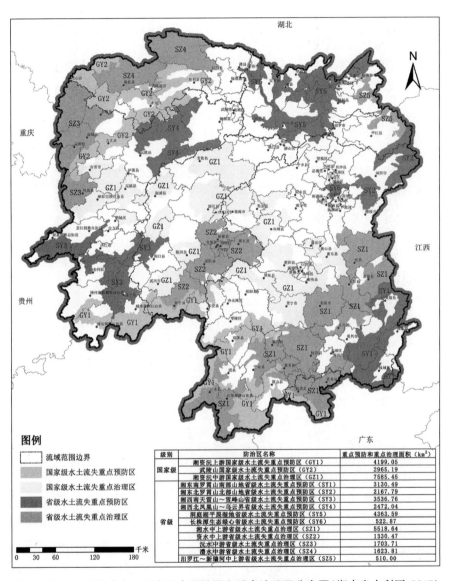

图例

	流域范围边界
	国家级水土流失重点预防区
	国家级水土流失重点治理区
	省级水土流失重点预防区
	省级水土流失重点治理区

千米

0	30	60	120	180

级别	防治区名称	重点预防和重点治理面积（km²）
国家级	湘资沅上游国家级水土流失重点预防区（GY1）	4199.05
	武陵山国家级水土流失重点预防区（GY2）	2965.19
	湘资沅中游国家级水土流失重点治理区（GZ1）	7585.45
省级	湘东南罗霄山南部山地省级水土流失重点预防区（SY1）	3130.49
	湘东北罗霄山北部山地省级水土流失重点预防区（SY2）	2167.79
	湘西南天雷山～雪峰山省级水土流失重点预防区（SY3）	3536.76
	湘西北凤凰山～乌云界省级水土流失重点预防区（SY4）	2472.04
	洞庭湖平原湿地省级水土流失重点预防区（SY5）	4363.59
	长株潭生态绿心省级水土流失重点预防区（SY6）	522.87
	湘水中下游省级水土流失重点治理区（SZ1）	5518.64
	资水中上游省级水土流失重点治理区（SZ2）	1330.47
	沅水中游省级水土流失重点治理区（SZ3）	1703.71
	澧水中游省级水土流失重点治理区（SZ4）	1623.81
	汨罗江～新墙河中上游省级水土流失重点治理区（SZ5）	510.00

图3-10-4 湖南省水土流失重点预防区和重点治理区分布图（湖南省水利厅，2017）

表 3-10-8　湖南省省级水土流失重点防治区划分成果表

防治区名称		重点预防和重点治理面积(km²)	涉及县(市、区)	县个数	备注
省级重点预防区	湘东南罗霄山南部山地省级水土流失重点预防区	3130.49	汝城县、桂东县、资兴市、苏仙区、安仁县、炎陵县、茶陵县	7	
	湘东北罗霄山北部山地省级水土流失重点预防区	2167.79	浏阳市、平江县、醴陵市	3	
	湘西南天雷山—雪峰山省级水土流失重点预防区	3536.76	绥宁县、会同县、新晃县、芷江县、鹤城区、洪江市(及洪江区)、洞口县	7	
	湘西北凤凰山—乌云界省级水土流失重点预防区	2472.04	沅陵县、桃源县	2	
	洞庭湖平原湿地省级水土流失重点预防区	4363.59	安乡县、津市市、澧县、华容县、南县、鼎城区、汉寿县、沅江市、资阳区、湘阴县、汨罗市、岳阳县、云溪区、岳阳楼区、君山区、临湘市	16	
	长株潭生态绿心省级水土流失重点预防区	522.87	雨花区、天心区、岳麓区、浏阳市、荷塘区、石峰区、天元区、岳塘区、雨湖区、湘潭县	10	
	小计	16193.54		45	
省级重点治理区	湘水中上游省级水土流失重点治理区	5518.64	桂阳县、苏仙区、北湖区、永兴县、安仁县、耒阳市、茶陵县、攸县、株洲县、江永县、江华县、道县、宁远县、新田县、嘉禾县、蓝山县、临武县、宜章县	18	与重点预防区重复县:苏仙区、安仁县、茶陵县

续表

防治区名称		重点预防和重点治理面积(km²)	涉及县(市、区)	县个数	备注
	资水中上游省级水土流失重点治理区	1330.47	邵阳县、新邵县、邵东县、新宁县、北塔区、双清区、大祥区	7	
	沅水中游省级水土流失重点治理区	1703.71	龙山县、永顺县、保靖县、花垣县、凤凰县	5	
	澧水中游省级水土流失重点治理区	1623.81	桑植县、慈利县、石门县、澧县	4	与重点预防区重复县：澧县
	汨罗江—新墙河中上游省级水土流失重点治理区	510.00	临湘市、岳阳县、平江县	3	与重点预防区重复县：临湘市、岳阳县、平江县
小计		10686.63		37	

资料来源:《湖南省水土保持规划(2016—2030年)》(湖南省水利厅,2017)。

四、水土保持规划情况

湖南省是长江中上游地区水土流失严重省(区)之一,1989年底,湖南省轻度以上水土流失面积4.71万km²,占土地总面积的22.3%,每年流失土壤量高达1.7亿t。加大水土流失治理力度,已成为湖南省1998长江特大洪水后"灾后重建、整治江湖"的一项刻不容缓的任务。为认真贯彻落实党中央对水土保持、整治江湖、兴修水利、改善生态环境等一系列重要指示批示,根据国家计委和水利部统一部署,按照《全国生态环境建设规划》(国发〔1998〕36号)和《湖南省生态环境建设规划》(湘政发〔1999〕9号)的要求,开展了《湖南省水土保持生态环境建设规划(2001—2050年)》编制工作,并于2001年获湖南省人民政府批准实施。规划对湖南省水土保持的指导思想、战略目标、发展方向、区域布局以及对策、建设内容和重点工程、政策措施等进行了全面总体部署,并提出从2001—2050年的50年时间里,共完成42863km²水土流失面积的治理任务。

2013年,根据水利部的统一部署,湖南省水利厅启动《湖南省水土保持规划(2016—2030年)》编制工作,并委托湖南省水利水电勘测设计研究总院承担,先后完成了水土流失重点预防区和重点治理区划分技术导则和专题报告、水土保持区划、容易发生水土流失的其他区域划分等工作,于2016年完成规划编制并通过湖南省水利厅组织的技术评审;2017年1月,湖南省人民政府办公厅对规划进行批复(湘政办函〔2017〕9号)。规划提出的总体目标是:到2030年,基本建成与湖南省经济社会发展相适应的分区水土流失综合防治体系,水土流失面积和强度控制在适当范围内,人为水土流失得到全面控制,林草植被覆盖状况得到明显改善,湖南省累计新增治理水土流失面积26150km²,年均减少土壤流失量3500万t。除全省性的水土保持规划外,近年来,湖南省水利厅根据水利部的安排部署和水土保持工作需要,先后组织编制了《湖南省崩岗防治规划(2006—2030年)》《湖南省2009—2011年水土保持重点工程建设规划》《湖南省水土保持监测规划(2015—2030)》《国家水土保持重点建设工程湖南省实施规划(2013—2017年)》《农业综合开发水土保持项目湖南省实施规划(2014—2019年)》《全国坡耕地水土流失综合治理工程湖南省专项建设方案(2013—2016年)》《湖南省坡耕地水土流失综合治理专项建设方案(2017—2020年)》《湖南省生态清洁小流域建设方案(2015—2017年)》等各类专项规划或建设方案,为湖南省水土保持生态建设奠定了坚实基础。

2016年3月,湖南省启动市、县水土保持规划编制工作,并下发了《关于开展市、县级水土保持规划编制工作的通知》(湘水函〔2016〕37号)。截至2018年年底,湖南省已有12个设区市(州)完成了水土保持规划编制,其中株洲、常德、张家界、永州等4个设区市的水土保持规划获市人民政府批复;92个县(市、区)完成了水土保持规划编制,其中芷江、慈利、龙山等42个县(市、区)水土保持规划获批。湖南省水土保持规划体系基本形成。

第四节 水土流失综合治理

一、水土流失综合治理进展

中华人民共和国成立以来,湖南省的水土保持工作在党中央、国务院的正确领导下,省委、省人民政府和各级党政领导,坚持贯彻中央关于水土保持及山区建设的一系列方针政策,取得了一定成绩。回顾水土流失综合治理历程,从1953年开始,先后建立了蒸水、沩水等8个水土保持站,开展了水土保持试验、示范与推广工作。为了加强对水土保持工作的领导,湖南省人民政府于1958年成立了省水土保持委员会,少数水土流失严重的地、县也成立了相应机构,但工作一度处于停顿状态,山林破坏严重,水土流失迅速扩展和加剧。1963年在中央的重视下,恢复调整了蒸水、涟水、沩水、洣水、涓水、资水、澧水、新墙河、汩罗江、捞刀河等14个水土保持站(组),对不同类型地区分别进行了重点治理。党的十一届三中全会以后,湖南省水土保持工作恢复了机构,加强了领导,配备了专职人员。从1981年开始,以小流域为单元,开展了21条小流域治理试点工作,并通过农业区划对水土流失的普查,很多县(市)对治理水土流失产生了迫切感,先后有桑植、石门、攸县、茶陵、龙山、辰溪、麻阳、祁东、衡山、桃江、祁阳等县,经县人民政府决定,在水土流失严重区设立水土保持工作站,开展重点小流域治理。特别是省委、省政府作出了"五年消灭荒山""十年绿化湖南""大力开展水土保持"的决定以来,湖南省在封山育林、植树造林、退耕还林、坡改梯、小流域综合治理等方面做了大量工作,对改善生态环境产生了积极的影响。截至1996年底,湖南省累计完成治理水土流失面积18929km² (湖南省水利厅,2001),其中,1990—1996年,完成治理面积4293km²,森林覆盖率由"七五"期末的36.6%提高到50.5%。

1997年,湖南永顺、凤凰、芷江、辰溪、新化、隆回、新邵、邵东、攸县、衡东等

10个县被列入长江中上游水土流失重点防治工程(简称"长治"工程)重点县,拉开了湖南以中央投资为主体的水土流失规模化治理的序幕,加快了湖南省水土流失治理步伐。2003年"长治"工程调整为农业综合开发水土保持项目之后,国家又相继安排了中央预算内水土保持项目、坡耕地水土流失综合治理试点工程、革命老区国家水土保持重点工程等专项,治理投入大幅增加。自2017年开始,将实施的国家水土保持重点工程分为中央水利发展资金水土保持项目和坡耕地水土流失综合治理项目两类。据初步统计,在1997—2018年期间,湖南各类水土保持重点工程项目共投入中央资金19.5亿元,治理水土流失面积8000km²。大规模的水土流失治理,改变了水土流失地区山穷水恶、地瘦人贫的落后面貌,实现了生态效益、社会效益和经济效益的同步增长。期间,为适应经济社会持续发展的新形势,满足广大人民群众对良好人居环境的需求,湖南省在继续搞好传统小流域综合治理的基础上,推动生态清洁小流域建设,并印发了《关于大力推进我省生态清洁小流域建设的通知》(湘水保〔2014〕5号);2015年,组织编制了《湖南省生态清洁小流域建设方案(2016—2020年)》,多次在湖南省水土保持工作会和水土流失治理专题会议上要求各地全面推进生态清洁小流域建设,并在国家水土保持重点工程实施过程中积极开展生态清洁小流域建设。

二、水土流失治理措施与配置

(一)措施体系

水土流失治理措施主要包括工程措施、林草措施和耕作措施。

1. 工程措施

包括修建梯田、雨水集蓄利用、径流排导、泥沙沉降、沟头防护等坡面工程,谷坊、拦沙坝、塘坝、护坡护岸等沟道工程,削坡减载、支挡固坡、拦挡等边坡工程。

2. 林草措施

包括营造水土保持林、经果林、等高植物篱,发展复合农林业,开发与利用高效水土保持植物,河流两岸及湖泊和水库的周边营造植物保护带等。

3. 农业耕作措施

包括等高耕作、免耕少耕、间作套种等。

（二）措施配置

以小流域为单元，以坡耕地、园地、经济林地水土流失治理和崩岗、滑坡治理、溪沟整治为重点，坡沟兼治。

1. 坡耕地水土流失治理

主要措施有修建梯田、雨水集蓄利用、径流排导、泥沙沉降等；25°以上的坡耕地退耕还林还草，种植生态经济林或水土保持林等。

2. 园地、经济林地水土流失治理

主要措施有采取水平阶带状整地、种植植物篱拦挡和增加地面覆盖防护、雨水集蓄利用、径流排导、泥沙沉降等。

对25°以上的陡坡地油桐林地，需退桐还林还草，25°以下的油桐林地，可沿等高线开梯筑埂，或开沟撩壕，并结合种植密生植物带，修建排水沟渠和蓄水池、沉沙池等设施。对油桐、油茶等经济林地还应逐步推广豆科牧草覆盖种植技术和土壤改良工程，实行免耕措施等。

3. 退化防护林地水土流失治理

主要措施有更替改造、择伐补造、抚育改造和渐进改造。

（1）更替改造

采取小面积间伐更新，栽植乡土适生树种、珍贵树种等。

（2）择伐补造

对中度退化防护林，采用块状择伐、带状择伐等方式，伐除枯死、濒死木，并补植补造阔叶树，营造混交林，优化防护林树种结构，同时注意保留自然更新的幼树，丰富林分生物多样性。

（3）抚育改造

对轻度退化防护林，根据林分状况采取透光伐、卫生伐、疏伐、生长伐等方式，清除死亡和生长不良的林木，调节密度、改善通风和光照状况，促进林木生长，提高林分质量，选择阔叶树种对林间空地进行补植补造，结合保留的优良植株，培育复层、异龄混交林。

（4）渐进改造

对重度、中度、轻度退化的农田防护林,采取隔带、隔阔叶树种对林间空地进行补植补造,结合保留的优良植株,培育复层、异龄混交林,采取株、带外、半带、断带等方式,及时伐除枯死木、濒死木并更新造林。

4. 花岗岩区崩岗和沟蚀治理

主要措施有在崩岗区（沟）外缘开挖撇洪沟、截流排水沟、防渗沟等,沟口修筑土石谷坊、植物谷坊等,坡面采取工程措施和植物措施相结合进行防护,坡面工程措施包括削坡开级工程、斜坡固定工程、护坡工程等,植物措施包括作物种植、造林种草和实施封禁等。

5. 滑坡治理

主要措施有在滑坡体上方开沟截流排走地表水,滑坡体内设盲沟排除地下水,对滑坡体削坡减载、开级,坡脚建挡土墙或护墙进行支挡,坡面采用抗滑桩阻滑支撑,或采用预应力锚杆、锚索进行锚固等护坡处理,沟口建拦沙坝,前期拦洪蓄水灌溉,后期拦沙淤地,建基本农田、果园或种植水保林等。

6. 紫色砂页岩侵蚀劣地治理

主要措施有采取炸石开沟撩壕,施放客土、基肥,选择抗逆性强的树种、草种,育苗定植和直播,并加强抚育管理。

7. 石灰岩区水土流失治理

主要措施有修筑石坎梯田,修建引水沟渠、水窖、蓄水池等小型水利水保配套工程,加强山塘维修,保水保土;增施肥料提高土壤肥力;大力营造水土保持林、水源涵养林和薪炭林,实行封山育林,恢复植被等。

8. 城市水土流失治理

主要措施有以生态环境治理为主,采用植树种草、固坡护岸、雨水蓄渗、雨水利用等治理措施,恢复和提高水土保持功能。

三、水土流失治理模式

根据水土保持区划各分区特点、自然资源、农村产业生产情况以及水土流失特点等因素,各分区水土流失治理模式和发展方向也有所不同。

（一）洞庭湖丘陵平原农田防护水质维护区

1. 概况

本区人口密度大，林地人为干扰严重，荒山零星分布，疏幼林多，普遍存在轻度流失；丘岗区旱地占耕地总面积的比例高，坡耕地分布广，大部分未采取水土保持措施；地处经济较发达地区，开发建设项目导致水土流失较为严重。

2. 治理模式

开展水土保持林草植被建设，积极推进封禁治理和生态修复；综合整治坡耕地，提倡保土耕作，大力发展广泛分布于本区各县的南方型速生杨、苎麻、柑橘、有机蔬菜等优势农业产业；加强生产建设项目水土保持方案管理、强化监督检查和水土保持补偿费征收工作。

（二）湘中低山丘陵保土人居环境维护区

1. 概况

本区存在有紫色砂砾岩等多种侵蚀劣地面积，治理难度极大；本区部分地区为花岗岩强风化地区，崩岗多发，危害严重；广泛分布于本区各县的油茶、湿地松、桉树等经济林经营造成水土流失；部分地区交通闭塞、经济落后，人地矛盾突出，陡坡耕种现象依然严重，存在较大面积的坡耕地；本区内部分矿产资源开采造成的水土流失、山体破坏十分严重。

2. 治理模式

以水土保持重点工程为基础，整合相关生态项目对各类侵蚀劣地开展高标准治理，并结合开展科学试验研究；治理崩岗，对崩岗易发区进行预防保护；对经济林经营加强技术指导和市场引导，采取保土耕作措施，大力发展中药材、茶、油茶等优势农业产业；25°以下坡耕地采取综合措施进行整治，15°～25°坡耕地种植经济林、果木林，5°以上15°以下集中连片的坡耕地进行坡改梯并配套建设必要的坡面水系工程，发展优势经济林果，努力改善现有基本农田水利条件，提高基本农田产量，为陡坡地退耕创造条件；加强生产建设项目水土保持方案管理、强化监督检查和水土保持补偿费征收工作。

（三）湘西南山地保土生态维护区

1. 概况

本区地表林草植被由于历史和现实原因被深度破坏，有林地覆盖度低，裸露土地和石漠化现象多见;地形复杂,山高坡陡,地面坡度大,降雨强度大,坡地表土冲刷强烈,山洪泥石流多发;经济落后,基本农田少且产量低,导致陡坡垦种问题十分严重,慈利、辰溪等县坡耕地广布,是泥沙的主要策源地;油桐、油茶等经济林广种薄收,管理粗放,经营方式落后,林地表土流失也很严重。

2. 治理模式

25°以上坡耕地及无林地大力营造水土保持林草,对疏、幼、残林地采取大面积封禁补植措施,推广使用沼气池和省柴灶,促进自然生态修复能力的充分发挥;在山洪、泥石流易发区兴建拦沙坝、泥石流排导工程,保护基本农田,努力改善现有基本农田水利条件,提高基本农田产量,为陡坡地退耕创造条件;25°以下坡耕地采取综合措施进行整治,15°~25°坡耕地种植经济林、果木林,5°~15°以下集中连片的坡耕地进行坡改梯并配套建设必要的坡面水系工程,大力发展优势经济林果;在经济林集中地区推广保土耕作措施,发展优势经济林草,改造低产低收经济果木林,大力发展中药材、油桐、油茶等优势农业产业;加强水土保持宣传教育,使水土保持观念深入人心。

(四)南岭山地水源涵养保土区

1. 概况

本区地表林草植被由于历史和现实原因破坏较严重,有林地覆盖度低,裸露土地现象多见;地形复杂,地面坡度大,降雨强度大,坡地表土冲刷强烈,山洪泥石流多发;经济较为落后,基本农田少,矿产资源丰富,开矿导致水土流失严重。

2. 治理模式

20°以上坡耕地及无林地大力营造水土保持林草,对疏、幼、残林地采取大面积封禁补植措施,推广使用沼气池和省柴灶,促进自然生态修复能力的充分发挥;在山洪、泥石流、崩岗易发区兴建拦沙坝,实施泥石流排导工程和崩岗治理工程,保护基本农田,努力改善现有基本农田水利条件,提高基本农田产量;20°以下坡耕地采取综合措施进行整治,10°~20°坡耕地种植经济林、果木林,5°~15°以下集中连片的坡耕地进行坡改梯并配套建设必要的坡面水系工程,大力发展优势经济林果;在经济林集中地区推广保土耕作措施,发展优势经济林草,改造低产低收经济果木林,大力发展板栗、李等优势农业产业;加强水土保持宣传教育,使水土保持观念深入人心。

(五)湘西北山地低山丘陵水源涵养保土区

1.概况

本区地形复杂,山高坡陡,地面坡度大,地表山石较多,降雨强度大,坡地表土冲刷强烈,山洪泥石流多发;经济落后,基本农田少且产量低,导致陡坡垦种问题十分严重,坡耕地广布,是泥沙的主要策源地。

2.治理模式

25°以上坡耕地及无林地大力营造水土保持林草,对疏、幼、残林地采取大面积封禁补植措施,推广使用沼气池和省柴灶,促进自然生态修复能力的充分发挥;在山洪、泥石流易发区兴建拦沙坝,实施泥石流排导工程,保护基本农田,努力改善现有基本农田水利条件,提高基本农田产量,为陡坡地退耕创造条件;25°以下坡耕地采取综合措施进行整治,15°~25°坡耕地种植经济林、果木林,5°~15°以下集中连片的坡耕地进行坡改梯并配套建设必要的坡面水系工程;在经济林集中地区推广保土耕作措施,发展优势经济林草,改造低产低收经济果木林,大力发展茶叶、中华猕猴桃、椪柑等优势农业产业,加大旅游开发力度;加强水土保持宣传教育,使水土保持观念深入人心。

四、主要重点治理项目及效果

(一)"长治"工程

1.概况

1997 年开始,湖南省连续 6 年实施"长治"工程,先后对攸县、衡东、衡南、隆回、新邵、新化、辰溪、芷江、慈利、凤凰、永顺等 11 个县的 96 条小流域进行了治理,各级财政投入 7292 万元。其中中央投资 4544 万元、地方配套 2748 万元,累计治理水土流失面积 1102km²,改造基本农田 7346.67hm²,营造水土保持林草 54500hm²,建成经济果木林 15160hm²,实施封禁治理和保土耕作面积达56960hm²。在衡阳、邵阳、怀化、湘西自治州等地建成了一批水土保持生态建设示范区,治理成效显著。

2. 治理效果

（1）保持了水土，改善了农业生产条件

各地在开展水土保持综合防治工作中，坚持"预防为主，全面规划，综合防治，因地制宜，加强管理，注重效益"，对水土流失区，以小流域为单元，以建设基本农田、改造坡耕地、改善植被、改善生态环境为重点，以经济效益为中心，综合治理，合理开发，为农业的持续发展奠定了基础。坡耕地改造成梯田、梯土后，控制了表土的流失，改善了水肥条件，提高了粮食和经济作物产量。

（2）减少了泥沙流失，改善了生态环境

据统计分析，"长治"工程实施以来，湖南省兴修各类小型水利水保工程 10 万余处，每年拦蓄地表径流 1500 万 m³，减少土壤侵蚀量 30t 左右，项目区水土流失基本得到有效控制，流域植被明显改善。

（二）农发水土保持项目

1. 概况

湖南省自 2003 年起开始实施农业综合开发水土保持项目（以下简称"农发水保项目"），截至 2016 年，期间共有 38 个县实施了农发水保项目，涉及 196 个项目。国家财政累计投入 47184.5 万元，其中中央投资 33768 万元，地方配套 13416.5 万元，共治理 395 条小流域，取得显著成效。

2. 治理效果

（1）改善农业生产条件，促进粮食增产

全省农发水保项目累计修建 11186 处小型水利水保工程，极大改善了项目农业生产条件。比如通过坡改梯措施，坡耕地改造为梯田，地平、墒好、土肥，易于耕作，抗干旱能力强，成为高产稳产基本农田，打破了困扰当地农民多年的农田紧缺的瓶颈，同时使农民由过去的广种薄收改为少种高产多收，为项目区农业增产、农业增收奠定基础。

（2）增加农民收入，促进农村经济发展

通过发展经济果木林，促进了农村产业结构的调整，使过去单一生产粮食的农业结构转变为农林牧副渔业并举，增加了农民收入，发展了农村经济。

（3）控制水土流失，改善生态环境

湖南省累计治理 395 条小流域，治理水土流失面积 2496.44km²，采取山、水、田、林、路统一规划，综合治理，形成综合防护体系，大大减少坡面水土流失

和出沟泥沙,有效控制了水土流失。据统计测算,项目区林草植被覆盖率提高3%~6%,每年可减少土壤流失量100~500t/km²、增加水源涵养能力1.5万~4万m³/km²。

(三)坡耕地水土流失综合治理工程

1.概况

2009—2011年,国家发改委、水利部启动坡耕地水土流失综合治理试点工程后,先后安排湖南省资兴市、汝城县、桂阳县、麻阳县、衡南县、邵东县、双峰县等7个县(市)开展试点建设,2012—2018年,在试点基础上,又安排湖南省衡南、祁东等18个县(市、区)开展坡耕地水土流失综合治理专项工程。截至2018年年底,湖南省共有25个县(市、区)实施了坡耕地水土流失综合治理工程,涉及69个项目。国家财政累计投入93434万元,其中中央财政投资64300万元,地方财政配套29134万元,实施坡改梯26300hm²,并配套建设坡面水系和田间生产道路,成效显著。

2.治理效果

(1)水土流失得到有效治理

各地在坡耕地治理中,山、水、田、林、路统一规划,一座山、一面坡、一条沟综合治理,以梯田建设为主,配套必要的生产道路及坡面截排水体系,修建蓄水、沉沙设施,形成综合防护体系,有效拦截了泥沙,增加了水源涵蓄能力,基本控制了项目区顺坡耕作造成的水土流失,原来跑水、跑土、跑肥的"三跑田"变成保水、保土、保肥的"三保田"。据估算,项目区土壤蓄水能力平均增加5万m³/(km²·a)左右,保土能力增加1000~3000t/(km²·a),有效改善了项目区生态环境。

(2)农业基础条件明显改善,经济效益显著提高

坡耕地水土流失综合治理工程配套坡面水系、田间生产道路等为农民耕作和农产品运输提供了便利,提高了劳动效率,减轻了洪涝、干旱等自然灾害的影响,实现了增产增收,农民经济收入明显提高。据测算,项目区农作物可提高产量750~1500kg/(hm²·a)、经济林果增收7500~15000元/(hm²·a)。

(3)特色产业发展迅速,农业产业结构趋于合理

在坡耕地项目建设中,各地坚持走可持续发展的路子,项目区产业结构趋于合理,形成了油茶、水果等一批特色产业,形成了绿色产业链,发挥了示范引

导、宣传教育、休闲观光、农民增收等多重效益。

（4）助力精准扶贫，社会效益明显

通过项目实施，给当地农民带来了直接的经济效益，解决了农村劳动力的就业问题，缓解了人地矛盾，促进了项目区群众脱贫致富，人民生产生活条件得到改善。

（四）革命老区水土保持项目

1. 概况

2012 年，财政部、水利部针对革命老区决定启动国家水土保持重点工程建设。湖南省水利厅和省财政厅根据水利部的安排部署，组织编制了《国家水土保持重点建设工程湖南省实施规划（2013—2017 年）》，2012 年 9 月，水利部、财政部以（水保〔2012〕459 号）文予以批复。2013 年开始，湖南省先后在浏阳、炎陵等 25 个县（市、区）实施国家水土保持重点工程，即革命老区水土保持项目，涉及 66 个项目，国家财政累计投入 48625 万元，其中中央财政投资 34740 万元、地方财政配套 13885 万元，治理水土流失面积 1106km²。

2. 治理效果

（1）项目区水土流失得到基本控制，水土流失危害明显减轻

项目区经过规模的水土流失综合治理，水土流失面积以及坡耕地得到科学治理，各类林草措施、小型水利水保工程及配套的建后管护和宣传教育措施相协调，形成防治水土流失的综合体系，水土资源得到合理利用，区域蓄水保土能力得到显著增强，保护土地资源免遭破坏。项目区年土壤侵蚀模数减少约200t/（km²·a）。

（2）生态环境质量明显改善，土地生产能力显著提高

通过营造水土保持林草、经济林、果木林和实施封禁治理，增加优质林草植被面积，项目区林草植被覆盖度提高 5% 左右。随着森林郁闭度和林草植被覆盖率的增加，林草植被涵养水源的能力逐步发挥，森林蒸腾作用开始增强，能够显著地改善区域的小气候环境，土壤中氮、磷、钾、有机质和有机团聚体含量得到稳定和逐步提高，尤其是山区、丘陵区大面积坡耕地越垦越穷、越穷越垦的被动局面得到根本改观，土壤抗蚀性能全面提升，土地的生产能力显著提高。通过实施沼气池、省柴灶等生物能源措施，配套农村饮水解困工程、改厕工程等，

项目区面源污染得到一定程度的治理。

（3）增加农民收入，提高农民的生产技能和管理水平

一方面，本项目实施将充分调动项目区群众参与水土保持工程建设的积极性和创造力，不断推进当地烟草、百合等特色产业的开发和发展，带动农村各业发展，加快脱贫致富步伐。另一方面，在项目实施过程中，大批农民接受各级项目管理部门开展的工程施工、园艺、养殖业、畜牧业等方面的专业技术培训，逐步掌握相关的实用专业技术，显著提高生产技能和管理水平，提高广大农民的现代化意识，通过典型引路和示范推广，收到良好的社会效益。

（4）调整产业结构，加快新农村建设步伐

通过项目实施，促进土地资源合理的开发与利用，一批以粮食生产为主的传统农业模式被打破，开始向种、养、加一体化，产、供、销一条龙的现代农业产业迈进，使农村产业结构趋于科学合理。项目实施完成后，水土流失地区的人居环境大大改善，重点治理区内生态平衡、环境优美、经济繁荣、社会和谐，对新农村建设起到了明显的促进作用。

（五）国家水土保持重点工程

1. 概况

2017年，为贯彻落实党中央、国务院关于加快生态文明建设、全面建成小康社会和脱贫攻坚的重要决策部署，水利部组织编制并印发了《国家水土保持重点工程2017—2020年实施方案》（水财务〔2017〕213号）。2017和2018年，湖南省先后在茶陵、炎陵等47个县（市、区）实施国家水土保持重点工程，即水利发展资金水土保持项目，涉及56个项目，国家财政累计投入27600万元，均为中央财政投资，计划治理面积848.4km²。在项目实施过程中，用于扶贫整合资金12886万元，其中2017年7806万元用于扶贫整合，涉及16个项目县，2018年5080万元用于扶贫整合，涉及10个项目县。截至2018年年底，两年累计用于水土保持项目资金14714万元，治理水土流失面积488km²。

2. 治理效果

（1）促进项目区农业生产的发展

项目实施后，粮食单产提高，用材林、经果林增加，农业产业结构发生了变化，促进了项目区农业产业的发展。

（2）增强农村劳动力的就业机会

项目实施后，随着林果业的发展，果品贮运与加工、木材生产与加工等为项目区农村剩余劳动力提供更多的就业机会，有利于社会稳定。

（3）提高土地利用率

项目各项治理措施实施后，项目区的水土资源得到了有效保护和合理利用，提高了土地利用率，土地生产力得到了提高，为项目区的群众增加了农业收入。

（4）促进项目区社会经济发展

项目实施后，有效地改善了当地农业生产条件，提高土地利用率、劳动生产率，实现农业高产稳产，缓解林粮争地矛盾，实现人口、粮食、生态和经济的良性循环。据估算，每年可减少土壤流失量 $280t/km^2$，增加水源涵养能力约 1.5 万 m^3/km^2；项目区人均收入约提高 289 元/年。

第五节　水土保持监测与信息化

一、水土保持监测网络

2004 年，水利部正式启动了全国水土保持监测网络与信息系统一期工程建设，湖南省水土保持监测总站以及张家界、怀化、衡阳、邵阳、郴州等 5 个分站纳入了工程建设范围，配备了相应的设施设备，并于 2007 年 1 月通过验收；随后，全国水土保持监测网络和信息系统建设二期工程建设启动，重点任务是对监测站点进行优化布局并升级改造，湖南省纳入二期工程建设新（改）建监测场点的有衡东县秋波监测点等 14 处水土保持监测场点和衡阳县井头江、永州道县、湘潭、常德石门、张家界、郴州飞仙、衡阳神山头、长沙双江口、邵阳黄桥、怀化陶伊等 10 处水文观测站，2010 年年底全面完成各项建设任务，建成了 24 个监测场站、75 个径流小区和 2 个沟道观测站。继二期工程之后，结合水土保持监测工作需要，先后对部分监测站点进行迁建、改扩造，部分设区市（州）成立了监测分站,并加大了监测技术人员的培训和引进力度。截至 2018 年年底,湖南省设有湖南省水土保持监测总站和张家界、怀化、衡阳、邵阳、郴州以及株洲、永州、湘西自治州、娄底等 9 个市(州)级水土保持监测分站;水土流失监测站点 24 个,其中小流域综合观测 3 个,径流小区监测场 11 个,利用水文站 10 个;建有沟道卡口观测站 3 个,标准径流小区 96 个;拥有水土保持监测人员 75 人,其中硕士 3 人,本科 31 人;高级工程师 11 人,工程师 26 人,涉及水土保持、水利工程、农业、林业、地信、遥感和计算机等专业,湖南省水土保持监测网络和技术服务体系基本建成,各监测站点运行经费主要由省级财政按年度安排。湖南省水土保持监测站网机构基本情况和人员基本情况详见表 3 - 10 - 9、表 3 - 10 - 10。

表 3 - 10 - 9   湖南省水土保持监测网络机构基本情况汇总表

所属流域	监测机构名称	机构所在地(省份、城市)	成立时间	机构性质	机构级别	是否独立法人	是否合署办公	合署办公机构名称	监测设施个数	
									径流场	卡口站
洞庭湖水系	湖南省岳阳县仙安径流场	湖南省岳阳市筻口镇	2010 年 10 月	参公事业单位	副科级	否	是	岳阳县水土保持局	1	
澧水	张家界市水土保持监测分站	湖南省张家界市	2003 年 5 月 24 日	全额事业单位	正科级	是	是	张家界市水利局水保科		1
湘江	株洲市水土保持监测分站	湖南省株洲市	2005 年 10 月	参公事业单位	正科级	否	是	株洲市水利局水保科		
	娄底市水土保持监测分站	湖南省娄底市	2009 年	参公事业单位	正科级	否	是	娄底市水利局水保科		
	衡阳市水土保持监测站	湖南省衡阳市	2002 年 12 月	参公事业单位	正科级	否	是	衡阳市水利局水土保持科		

所属流域	监测机构名称	机构所在地（省份、城市）	成立时间	机构性质	机构级别	是否独立法人	是否合署办公	合署办公机构名称	监测设施个数	
									径流场	卡口站
	湖南省水土保持监测总站郴州分站	湖南省郴州市	2003年6月23日	全额事业单位	正科级	是	否		1	
	永州市水土保持监测分站	湖南省永州市冷水滩区	1996年	公益一类事业单位	正科级	是	是	永州市水利局水保科	1	
	龙堰综合观测场	湖南省衡东县	2005年10月	参公事业单位	副科级	否	是	衡东县水土保持局	3	1
	衡阳县井头径流场	湖南省衡阳市衡阳县	2010年	全额事业单位	副科级	否	是	衡阳县水土保持局	1	
	攸县上云桥镇坡面径流场	湖南省株洲市	2002年	参公事业单位	副科级	否	是	攸县水土保持局	1	
	湖南双峰梓门村径流场	湖南双峰梓门桥镇	2010.1	全额事业单位	副科级	否	是	双峰县水土保持局	1	
	桂东县沤江径流场	湖南省桂东县	2010年	全额事业单位	副科级	是	是	桂东县水土保持局	1	
沅水	怀化市水土保持监测站	湖南省怀化市	2003年3月	全额事业单位	正科级	是	是	怀化市水利局水保科	1	
	湘西土家族苗族自治州水土保持生态环境监测分站	湖南湘西自治州吉首	2001年12月	参公事业单位	正科级	是	否		2	
长江	湖南省水土保持监测总站	湖南省长沙市	2004年3月	全额事业单位	副处级	是	否			

所属流域	监测机构名称	机构所在地（省份、城市）	成立时间	机构性质	机构级别	是否独立法人办公	是否合署办公	合署办公机构名称	监测设施个数 径流场	监测设施个数 卡口站
资水	湖南省水土保持监测总站邵阳分站	湖南省邵阳市	2004年5月	全额事业单位	正科级	是	否		1	
	隆回县水土保持技术服务站	湖南省隆回县	2010年9月	参公事业单位	副科级	否	是	隆回县水土保持局	1	1

资料来源：湖南省水土保持监测总站调查资料。

表3－10－10　湖南省水土保持监测网络人员基本情况汇总表

所属流域	监测机构名称	人员数量及结构 总人数	人员数量及结构 教高	人员数量及结构 高级	人员数量及结构 中级	人员数量及结构 博士	人员数量及结构 硕士	人员数量及结构 本科	人员工资来源	监测费用支出方式	监测网络运行维护费用
洞庭湖水系	湖南省岳阳县仙安径流场	6			2			2	财政预算	财政预算项目	其他
澧水	张家界市水土保持监测分站	3		1	2			3	财政预算	财政预算项目	其他
湘江	株洲市水土保持监测分站	3			1			1	财政预算	无	无
	娄底市水土保持监测分站	3			1			1	财政预算	无	无
	衡阳市水土保持监测站	4		1	1			1	财政预算	无	无
	湖南省水土保持监测总站郴州分站	6			2		1	5	财政预算＋技术服务	财政预算项目	其他
	永州市水土保持监测分站	6			2			4	财政预算	财政预算项目	其他

所属流域	监测机构名称	人员数量及结构						人员工资来源	监测费用支出方式	监测网络运行维护费用
		总人数	教高	高级	中级	博士	硕士	本科			
	龙堰综合观测场	2			2			2	财政预算+技术服务	财政预算项目	其他
	衡阳县井头径流场	4			1				财政预算	财政预算项目	其他
	攸县上云桥镇坡面径流场	2			1			2	财政预算	财政预算项目	其他
	湖南双峰梓门村径流场	2						2	财政预算	财政预算项目	其他
	桂东县沤江径流场	2			2			2	财政预算	其他	其他
沅水	怀化市水土保持监测站	5			1			2	财政预算	无	无
沅水	湘西土家族苗族自治州水土保持生态环境监测分站	8		2	3			4	财政预算	财政预算项目	其他
长江	湖南省水土保持监测总站	8		3	1		2	3	财政预算	财政项目	财政项目及其他收入
资水	湖南省水土保持监测总站邵阳分站	7			2			5	财政预算、事业收入	财政预算项目	其他
资水	隆回县水土保持技术服务站	5			1			1	财政预算	其他	其他
合计		76	0	7	25	0	3	40			

资料来源:湖南省水土保持监测总站调查资料。

二、区域水土流失调查及动态监测

湖南省根据水利部统一部署和本省实际工作需要,分别于 1985 年、1999 年、2011 年和 2018 年开展了 4 次全省性的水土流失调查或动态监测,调查结果显示,湖南省水土流失面积呈现下降趋势,且水土流失强度逐步减弱,详见表3-10-11。

表3-10-11　湖南省水土流失调查统计表

| 调查时间 | 水土流失状况(km²) | | | | | | 备注 |
	轻度	中度	强烈	极强烈	剧烈	总流失面积	
1985年	20886.6	14240.7	7355.3	1222.9	295.1	44000.6	人工普查
1999年	15996.0	22127.9	2222.99	46.00	0.00	40392.97	卫星遥感调查
2011年	19614.9	8686.66	2515.35	1019.46	451.92	32288.31	抽样调查
2018年	25311.66	2903.33	1301.32	899.62	245.50	30661.43	卫星遥感调查

资料来源:《湖南省水土流失与治理公告》(湖南省水利厅,2002)《湖南省水利普查公报》(湖南省水利厅,2015)《2018年湖南省水土保持公报》(湖南省水利厅,2019)《湖南省水土保持区划》(湖南省水利水电厅水土保持区划组,1986)。

三、水土保持信息化

1. 生产建设项目"天地一体化"监管示范及推广

2017年4月湖南省水利厅将长沙市作为试点区域,下发了《关于在长沙市开展生产建设项目"天地一体化"监管示范的通知》,先后组织到深圳、广州开展了学习调研,落实资金、确定项目实施方案、开展招投标。

严格按照技术规定要求,收集整理了2560个各级审批项目,整理方式按照审批级别(水利部、水利厅、长沙市、望城区、长沙县、宁乡市、浏阳市)以及批复年度(2011—2018年)来完成;完成了2286个项目的设计资料矢量化工作,上图率达到89.30%;完成了两期扰动图斑解译工作。其中2017年为核心内五区600km²,2018年为长沙市辖区1.18万km²;2018年完成扰动图斑现场核查1486个,占应复核扰动图斑数的99%,现场填写了调查表格,并利用生产建设项目水土保持信息化监管系统进行现场属性表格填写。共拍摄有效照片5980余张,并同步录入信息系统;收集了2560个项目基本资料并全部录入了系统(4.0版),矢量文件全部上传至生产建设项目水土保持信息化监管系统;完成了20个重点项目无人机调查,并完成长沙市生产建设项目无人机调查项目调查报告。

经过2017—2018年的试点,圆满完成了相关文件要求的任务,同时进行了相关成果应用,总体情况良好。2019年,生产建设项目"天地一体化"监管在市县推广。

2.国家水土保持重点工程信息化监管

(1)国家水土保持重点工程图斑航拍复核

开展了国家水土保持重点工程图斑航拍复核工作。截至 2018 年底,已完成新田县、隆回县、道县、衡南县、凤凰县、桑植县、攸县、涟源、新宁、邵阳、江华、祁东、石门、桂东等 14 个国家水土保持重点工程项目县图斑航拍复核工作。

(2)国家水土保持重点工程实施效果遥感评价

完成了新宁县 2014 年坡耕地治理项目、祁阳县 2015 年生态清洁小流域项目、新化县 2014 年和 2015 年坡耕地治理项目、平江县 2014 年和 2015 年生态清洁小流域项目实施效果遥感评价工作。

评估内容包括水土流失治理情况、水土保持措施保存情况、林草植被覆盖情况以及水土流失消长情况等,同时收集整理了项目所产生的经济效益信息。

3.完善历史数据录入

完成省级生产建设项目监管历史数据补录工作。截至 2019 年 6 月已完成 2008—2015 年 946 个项目历史数据录入,2016—2017 年完成 149 个项目数据录入工作,2018 年项目按要求及时进行系统数据录入。

重点治理工程系统从 2016 年起开展了多次技术培训并全面布置,委托了技术服务单位协助开展数据核查、整理和录入工作,2018 年项目全部应用治理信息系统填报进度。2011—2018 年坡改梯、革命老区、农发、其他项目,共完成实施方案录入 322 项进度录入系统项目数 316 个,验收准备或已验收项目区数 255 个。历史项目补录工作已基本完成。

第六节　水土保持地域性特色

一、水土保持体制创新

近些年来,为适应全面深化改革的新形势,全面推进湖南省水土保持工作,为加强生产建设项目水土保持监督管理,湖南省从水土保持工作机制上下功夫,2015 年下发了《湖南省生产建设项目水土保持监督管理办法(试行)》(以下简称《试行办法》),2018 年修订出台了《湖南省生产建设项目水土保持监督管理办法》(以下简称《办法》)。与 2015 年下发的《试行办法》相比,《办法》主要调整了 5 个事项。在水土保持方案编报审批方面,《办法》进一步明确了水土保持方案审批权限,细化了水土保持方案变更管理规定。在水土保持监测监理方面,《办法》对《试行办法》关于监测监理相关内容进行了进一步明确和细化,并将其单列一章。在水土保持设施验收备案方面,按照国务院、湖南省人民政府有关规定,《办法》修改了生产建设项目水土保持验收程序,将原由水行政主管部门验收修改为由生产建设单位进行自主验收,并明确在其验收材料向社会公示 15 个工作日后、生产建设项目投产使用前,按照水土保持方案管理权限报水行政主管部门备案。同时,简化了依法应当编制水土保持方案报告表的生产建设项目水土保持设施验收程序,明确了水土保持设施验收不能通过的 10 条标准。在监督检查方面,《办法》统一了监督检查内容,对检查内容和程序进行了适当调整和充实;细化了监督检查要求,增加了监督检查形式,明确了现场检查数量、内容、程序等。在违法行为查处方面,《办法》增加了失信联合惩戒机制,明确了被水行政主管部门行政处罚的情况要在全国水利建设市场监管服务平台公开,并报送国家统一的信用信息平台、记入诚信档案,实行联合惩戒。修订出台的《办法》将进一步规范湖南省水土保持预防监督工作,强化生产建设项目水土保持监管。

二、水土保持科技示范园

近年来,湖南省积极推进水土保持科技示范园建设,开展省级水土保持科技示范园评定工作,建成了一批水土保持科技示范园,截至 2018 年 12 月底,湖南省共有国家级水土保持科技示范园 6 个、省级水土保持科技示范园 5 个。其中攸县水土保持科技示范园建设取得了成功的经验,成效显著。

攸县水土保持科技示范园坐落在攸县联星街道办事处境内,园区总面积 51.8hm^2,距县城 3km。1999 年,启动园区建设,通过创新园区投入机制、提高园区建设质量、联合产业推动,先后投入 1500 多万元完善园区基础设施和开发引进新技术,已基本形成了集水保科普教育监测试验、小流域综合治理示范、观光品果、旅游休闲为一体的综合防治型水土保持科技生态示范园(图 3 - 10 - 5),实现了水土保持科研监测试验、综合治理示范、科普教育与综合服务三大功能,先后获得国家、省、县级各种荣誉:2004 年被评为"省先进科普基地",2005 年被中南林业科技大学选定为"经济林果研究开发中心教学科研试验基地",2006年被评为"省级水利风景区",2006 年被评为"五星级农业休闲山庄",2007 年评为"国家水土保持科技示范园",2012 年被县委宣传部、关工委、团县委和县教育局联合命名为"青少年社会实践教育基地"。园区实行拦、排、蓄、灌、节综合治理,工程措施、植物措施和农业技术措施合理配置,形成完整的水土保持综合防护体系,同时栽植培育杨梅、梨、柑橘、枇杷等名特优水果,园区内生机盎然、瓜果飘香,是一个高标准建设的小流域综合治理示范区,2001 年 7 月被水利部和财政部命名为"全国水土保持生态环境建设示范小流域",生态效益显著。园区创建了科普长廊,展示了水土流失的现状和危害、水土保持的发展史、水土保持的工作成效以及水土保持科学技术在实际工作中的应用等,园区每年要接待县内中小学校组织的社会实践活动,真正成为青少年开展水土保持科普宣传及教育的"户外课堂",截至 2018 年底共吸纳游客达 7.8 万人次,提高了社会各界对水土保持的关注度和认知度,社会效益明显。园区通过建立"公司 + 基地 + 农户 + 市场"的发展模式,共带动攸县 2000 余户农户和县外 3000 余户农户治理开发荒山荒坡,建立高标准果园超过 1 万 hm²,年经营收入达 1000 万元,经济效益可观。

图 3 - 10 - 5　攸县水土保持科技示范园全貌(攸县水土保持局　提供)

三、水土保持科研教育

水土保持是一门交叉学科,涉及面广,其科研教育在湖南逐步发展壮大起来。据不完全统计,近年来湖南省开展水土保持相关科研课题 30 余项,参与单位包括高等院校、科研以及企事业单位,多项科研成果获湖南省水利科学技术进步奖。

湖南省内培养水土保持专业的高校有中南林业科技大学、湖南师范大学等。其中,中南林业科技大学水土保持与荒漠化防治专业是依托林学、生态学与土木工程等多个具有多年办学历史的专业而举办的优势专业,2003年开始招收水土保持与荒漠化防治专业硕士研究生,2006年开始招收博士研究生,2015年开始招收水土保持与荒漠化防治本科生;现有全日制在校本科生132人,研究生36人,博士生8人。现有专任教师13人,其中教授2人,副教授5人,讲师6人;博士生导师2人,硕士生导师7人,有特聘讲座教授3人,并建有600m² 的水土保持与荒漠化防治试验中心。此外,水土保持专业多门课程的实验和实践教学依托学校的森林植物国家级实验教学示范中心、南方林业生态应用技术国家工程实验室和湖南会同杉木林系统国家野外科学观测研究站、生物质复合材料湖南省普通高校重点实验室、经济林培育与保护省部共建教育部重点实验室、林业信息技术湖南省高校产学研合作示范基地、力学实验教学示范中心等平台完成。湖南师范大学在资源环境学院设有水土保持与荒漠化防治二级学科硕士点。

四、强化自身能力建设

湖南是长江流域水土流失较为严重省份之一。水土保持综合治理和监督执法任务繁重。健全机构队伍特别是加强执法能力建设是全面开展水土保持工作的基本保障。针对人员少、机构不健全等突出问题,如何加强和完善全省水土保持机构队伍建设,力促全省水土保持工作全面、平衡发展,湖南省狠抓了三个方面的工作。

(一)统一思想,形成共识

2008年年初,在总结回顾湖南省水土保持工作时,将各市县水土保持工作开展情况进行排队和比较,工作发展不仅很不平衡甚至有空白和断点。凡是水土保持综合治理、监督执法和规费征收等工作开展得好的市县,前提是有一支体制健全、人员精干的工作队伍。相反,工作无起色、承担不起监督执法重任的,必然原因之一是机构不健全、人员不得力。水土保持机构队伍和人员素质是制约湖南省水土保持事业全面平衡发展的瓶颈。因此,建立健全水土保持机构队伍和提高人员素质成为当年的工作重点。同年3月,湖南省水利厅下发了《关于进一步加强水土保持工作的通知》(湘水保〔2008〕2号),明确要求市县两级水行政主管部门必须在年内设立水土保持机构,配备专职水土保持工作人员,切实担负起法律法规赋予的职责。

(二)全省发动,明确要求

为了尽快建立健全湖南省水土保持机构队伍和加强执法力度,2008年7月下旬在新化县组织召开湖南省水土保持工作现场会议,各设区市(州)水利局主管局长、科(站)长;各县(市、区)水利局局长、水保局局长参加会议,会议突出了机构队伍建设、监督执法两项主要内容,并提出了具体目标,要求建设一支关系顺畅、组织严密、纪律严明、运行有力的专职执法队伍。

(三)督办协调,狠抓落实

为了将会议精神和文件要求落到实处,一是主管厅长和水保处的同志分组多次进行检查督办和协调,会同水利(水务)局领导找党政领导汇报,争取支持。二是为配合机构队伍建设,在《湖南水土保持》简报及时刊登各地行动情况,促进了湖南省的工作,各地形成了赶超的局面。三是在资金项目上给予适当支持。有关部、省的项目资金优先安排重视机构队伍建设的市(州)、县(市、区),充分调动了机构队伍建设的积极性。

截至2018年年底,湖南省14个设区市(州)均单独设立了水土保持机构,122个县(市、区)有53个设立了副科级水土保持局;水土保持行业总人数1215人,其中在编1061人、水土保持专业人员425人,大专以上学历427人。建成监测总站1个、分站8个、监测场16个,径流小区75个,小流域沟道观测站2个。

五、大力推进生态清洁小流域建设

2014年,为了适应经济社会持续发展的新形势,满足广大人民群众对良好人居环境和清洁水源的要求,决定在继续搞好传统小流域综合治理工作的基础上,推动生态清洁小流域建设,促进水土保持工作快速全面发展,并下发了《关于大力推进我省生态清洁小流域建设的通知》(湘水保〔2014〕5号),要求各地积极推进生态清洁小流域建设,所有列入国家水土保持重点建设工程规划(革命老区项目)的项目县,均实施生态清洁小流域建设;符合生态清洁小流域建设条件的国家农业综合开发水土保持项目县,应实施生态清洁小流域建设;坡耕地水土流失综合治理和小流域、崩岗治理也应尽量结合和服务于生态清洁小流域建设。据统计,截至 2018 年年底,湖南省共在 34 个县(市、区)投入 3.7 亿元开展了生态清洁小流域建设,实施小流域 79 条,项目覆盖了湖南省所有设区市(州)。项目建设取得了很好的综合效益。一是有效治理水土流失。通过实施水保林、经果林等植物措施和排灌沟渠等工程措施,提高了流域内的林草覆盖率和蓄水保土能力,治理水土流失面积 740km^2。二是减少面源污染。通过实施小型污水处理和垃圾治理工程,减少面源污染面积约 200km^2。三是改善人居环境。项目区村容村貌改变,景观优美,卫生清洁,人居舒适,改善了生态环境,提高了村民生活质量。四是经济效益显著。土壤理化性状得到改善,农民耕作和农产品运输更便利,提高了农民劳动效率。各地结合当地实际,形成了油茶、烟草、水果种植和乡村旅游等特色产业。

第十一章

江苏省

水土保持

第一节　基本省情

一、自然概况

(一)地理位置

江苏省位于东经 116°21′~121°56′、北纬 30°45′~35°08′,地处中国东部沿海地区,长江、淮河下游,东濒黄海,北接山东,西连安徽,东南与上海、浙江接壤,是长江三角洲地区的重要组成部分。全省总土地面积 10.72 万 km²。

(二)地形地貌

全省境内地势平坦,平原广阔,河港交叉,水网密布,海陆相邻,湖泊众多。主要地貌类型有平原、丘陵山区、河湖水域。平原面积约占 68.8%,自北而南为黄淮平原、江淮平原、滨海平原、长江三角洲平原,地面海拔一般在 5~10m(为黄河高程系,下同);丘陵山区面积占 14.3%,自北向南为淮北丘陵山区、宁镇扬丘陵山区、宜溧丘陵山区及太湖丘陵山区,山势低缓,分布零散,海拔一般在 200m 以下;河湖水域面积占 16.9%,素有"水乡"之称。

(三)气象水文

江苏地处亚热带向暖温带过渡区,气候温和,雨量适中,四季气候分明,以淮河、苏北灌溉总渠一线为界,以北属暖温带湿润、半湿润季风气候,以南属亚热带湿润季风气候。全省气温起伏大,除冬季气温偏低外,春季、夏季、秋季气温均偏高。全省多年平均降水量为 994.5mm,其中淮河片 945.1mm、长江片 1054.7mm、太湖片 1096.9mm,年均蒸发量为 950~1100mm。全省日照时数为 1808.5h(泗洪)~2534.2h(大丰)。

江苏省地处江淮沂沭泗下游,长江横穿东西 425km,京杭大运河纵贯南北 718km,海岸线长 954km,境内水系分属长江、淮河两大流域。其中长江水系 1.91 万 km²,太湖水系 1.94 万 km²;淮河流域分为淮河和沂沭泗水系,其中淮河水系 3.82 万 km²,沂沭泗水系 2.59 万 km²。全省河湖库众多,其中列入省骨干河道名录的重要河道 727 条;列入省湖泊保护名录的重要湖泊 137 个,太湖、洪泽湖居全国五大淡水湖第三、四位;各类水库 908 座,其中大中型水库 48 座。

(四)土壤植被

全省土壤类型多样,主要有棕壤土、褐土、潮土、滨海盐土、砂姜黑土、沼泽土、水稻土等类型。棕壤土、褐土主要分布在丘陵山区,约占 13.5%;潮土、滨海盐土、砂姜黑土、沼泽土等土类,主要分布在平原区,约占 50.5%;水稻土主要分布在平原圩区,约占 36%。

全省地带性植被为暖温带落叶阔叶林和北亚热带常绿阔叶林。灌丛和草丛分布于丘陵山区;沙生植被分布于海边沙滩及黄泛区;盐生植被广泛分布于沿海;沼泽植被分布于江湖沿岸、低洼湿地;水生植被主要分布于湖泊、溪沟、池塘。全省森林覆盖率 21.9%。

二、社会经济情况

(一)行政区划

根据《江苏统计年鉴(2019)》(江苏省统计局等,2019),全省共有 13 个设区市,19 个县,22 个县级市,55 个市辖区,767 个乡镇(其中镇 723 个)、491 个街道;村委会 14410 个、居委会 7330 个(见图 3-11-1)。全省乡镇平均规模为 90.63km² 、6.14 万人。2018 年,全省常住人口总数为 8050.70 万人,较上年增加 21.40 万人,增长 0.27%。全省高等院校大专生在校人数 180.63 万人,县级以上科研机构 118 个。

(二)经济状况

2018 年,实现地区生产总值 92595.40 亿元。其中,第一产业增加值 4141.72 亿元;第二产业增加值 41248.52 亿元;第三产业增加值 47205.16 亿元。产业结构不断优化,三大产业增加值比例已调整为 1:10:11.5。全省人均生产总值 115168 元(江苏省统计局等,2019)。

(三)土地利用

2018 年,全省主要土地利用类型为耕地、水域及水利设施用地、城镇村及工矿用地,分别占 42.87%、27.85%、17.94%;其次为交通运输用地、园地、林地、草地、其他土地,分别占 4.38%、2.76%、2.38%、0.35%、1.47%。全省主要土地利用状况详见表3-11-1。

图3-11-1　江苏省政区图(审图号:苏S[2020]022号)

表3-11-1　江苏省土地利用状况

土地利用类型	耕地	园地	林地	草地	城镇村及工矿用地	交通运输用地	水域及水利设施用地	其他土地
面积(km²)	45961.36	2956.17	2552.63	376.09	19232.85	4696.13	29861.32	1581.29
比例(%)	42.87	2.76	2.38	0.35	17.94	4.38	27.85	1.47

数据来源:江苏省自然资源厅公布2018年土地调查成果数据。

第二节　水土流失概况

一、水土流失类型与成因

(一)水土流失类型

江苏省水土流失类型以水力侵蚀为主,兼有风力侵蚀。水力侵蚀主要分布在低山、丘陵及岗地,主要为面蚀、沟蚀;风力侵蚀主要分布在黄河故道沿线、沿江和沿海平原沙土区;个别地区存在堆土、河道坡面等产生的重力侵蚀。

(二)水土流失成因

水土流失的形成是自然因素和人为活动共同作用的结果。

影响全省水土流失状况的自然因素有气候、地形、地质、土壤、植被等。降雨量大而集中、暴雨强度大、历时短,地表径流大,为土壤侵蚀提供了原动力;丘陵山区地势落差较大,坡度较陡,在降雨、径流等作用下易发生水土流失;在黄河故道沿线、沿江及沿海地区存在较广的砂土、粉砂壤土,土壤结构疏散,抗蚀能力弱,在雨水冲刷下易流失,造成河沟淤积;现有植被多为人工林,林分结构单一,显著降低了植被的水土保持防护功能。

近年来随着城镇人口迅速增长和大规模的生产建设活动,新的人为水土流失不断扩展。城镇建设、交通、水利、能源、农业开发、采矿等生产建设项目,在实施过程中忽视水土保持现象时有发生,造成水土流失的情况依然存在,加剧了人为水土流失。

(三)平原沙土区水土流失

在江苏省废黄泛区和沿海冲积平原区均存在由于砂质土壤结构疏松造成的水土流失。该区域多年平均降雨量在 960 ~ 1100mm,最大雨强可达 100mm/h 以上,由于降雨量大,局部降雨强度大,土壤抗冲性和抗蚀性差,极易造成水土流失。

二、水土流失现状及变化

根据《江苏省水土保持公报(2018 年)》(江苏省水利厅,2019),全省现有水土流失面积 2290.18km²,占全省国土面积的 2.14%。其中,轻度侵蚀面积 1871.79km²,中度侵蚀面积 223.68km²,强烈及以上侵蚀面积 194.71km²,分别占全省水土流失面积的 81.73%、9.77%、8.50%(见表 3-11-2)。水土流失主要集中在南京北部、常州南部、连云港北部、淮安西南部、镇江西部等地的山丘区。

表 3 - 11 - 2　全省各市水土流失面积情况统计表

序号	设区市	水土流失面积（km²）	流失面积（km²）		
			轻度	中度	强烈及以上
1	南京	386.13	312.69	25.73	47.71
2	无锡	134.39	109.62	6.38	18.39
3	徐州	430.78	374.77	27.24	28.77
4	常州	184.00	151.88	15.32	16.80
5	苏州	15.68	12.59	1.63	1.46
6	南通	0.00	0.00	0.00	0.00
7	连云港	440.37	408.52	14.30	17.55
8	淮安	241.82	212.88	14.09	14.85
9	盐城	0.00	0.00	0.00	0.00
10	扬州	38.27	32.75	2.73	2.79
11	镇江	165.82	113.64	19.51	32.67
12	泰州	0.00	0.00	0.00	0.00
13	宿迁	252.92	142.45	96.75	13.72
	合计	2290.18	1871.79	223.68	194.71

数据来源:《江苏省水土保持公报(2018 年)》(江苏省水利厅,2019)。

三、水土流失危害

(一)破坏土地资源,导致肥力下降

强烈的雨水冲刷导致土层变薄、土壤沙化或砾石化、土壤板结紧实,土壤有效养分含量降低、养分不平衡、可溶性盐分含量过高、土壤酸化碱化等问题的出现。

(二)泥沙淤积,影响防洪安全

水土流失夹带着大量泥沙和垃圾进入河道,抬高河床,影响行洪;淤积库塘、河道,可调库容减少,缩短塘库使用寿命,降低其行洪调蓄能力,加剧洪涝灾害,影响水资源的有效利用。

(三)加剧面源污染,影响饮用水源地水质安全

随着农药、化肥的大量施用,水土流失造成的面源污染对江河湖库水质的影响越来越大,加剧太湖蓝藻暴发和城市河道污染等,对饮用水水源地水质安

全构成了严重威胁。

(四)恶化生态,影响可持续发展

水土流失在造成土地退化、植被破坏的同时,加剧河流湖泊消失或萎缩,影响了生态系统的稳定,制约着生产生活环境质量的改善,损害了区域社会经济的可持续发展。

第三节 水土流失预防与监督

一、水土流失预防保护

(一)预防保护范围与对象

1. 预防范围

全省范围内,陡坡及荒坡垦殖、林木采伐、农林开发、取土采石挖沙等生产建设活动及生产建设项目,都应根据水土保持需求分析和总体布局,采取综合监管,实施全面预防。

在此基础上,结合江苏省水土保持区划、江苏省省级水土流失重点预防区和重点治理区划定以及江苏省省级水土流失易发区划分,充分考虑江苏省水土保持区划中以水源涵养、生态维护、水质维护、人居环境维护等为主导基础功能的区域,确定重点预防范围为省级水土流失重点预防区和省级水土流失易发区。

(1)水土流失重点预防区

根据《江苏省水土保持条例》第八条规定,江苏省省级水土流失重点预防区范围主要包括:水源涵养区、饮用水水源区;水库库区及其集水区、湖泊保护范围;梯田集中分布区;水土流失微度的山区、丘陵区和平原沙土区;水土流失潜在危险较大的其他区域。

（2）水土流失易发区

江苏省省级水土流失易发区是指江苏省省级水土流失重点预防区、重点治理区以外的江苏省水土保持规划确定的容易发生水土流失的其他区域。

2. 水土流失预防对象

水土流失预防对象包括：①保护现有郁闭度高的人工林、林草植被和水土保持设施及其他治理成果。②恢复和提高林草植被覆盖度低且存在水土流失区域的林草植被覆盖度。③预防开办涉及土石方开挖、填筑或者堆放、排弃等生产建设活动造成的新的水土流失。④预防垦造耕地、经济林种植、林木采伐及其他农业生产活动过程中的水土流失。

（二）预防保护措施与配置

1. 措施体系

预防措施体系包括封禁管护、生态恢复、抚育更新、农村垃圾和污水处理设施、人工湿地、面源污染控制措施，以及局部区域水土流失治理措施。

在预防范围内水土保持基础功能薄弱、生态脆弱的地区进行生态修复、封禁保护，开展水源涵养林和防护林建设，实施林木采伐及抚育更新的管理措施，限制或禁止陡坡地开垦和种植，加大力度保护基本农田和草地，坡耕地改梯田、提高土地生产力，加强雨水拦蓄利用。在局部水土流失区域开展以水土流失治理为主要内容的生态清洁小流域建设，配套建设农村垃圾和污水处理设施、河道综合整治、面源污染控制措施。生产建设项目在保护范围内应实行一定程度的限制和避让措施。

2. 措施配置

根据水土保持不同分区特点，采取不同的措施配置，依据《江苏省水土保持规划（2015—2030）》，江苏省水土保持分区如图 3-11-2 所示。

各水土保持分区措施配置如下。

（1）连云港低山丘陵土壤保持农田防护区

加强丘陵地区植被保护，改造坡耕地，修筑梯田，发展用材林、经济林、水源涵养林；修建小型蓄水工程，合理规划布设区域生产道路、沟渠系统，并在道路、沟渠两侧种植水保用材树种和景观树种，沟壑地头及塘坝周边种植当地适生、成材较快的树种，在田头、地埂种植经济植物；积极开展少免耕等保护性耕作措施,降低耕作强度,减少水土流失,防治面源污染。

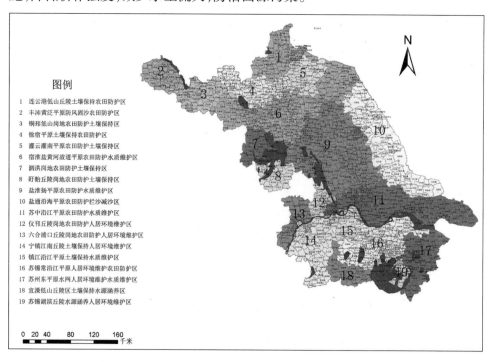

图例

1 连云港低山丘陵土壤保持农田防护区
2 丰沛黄泛平原防风固沙农田防护区
3 铜邳低山岗地农田防护土壤保持区
4 徐宿平原土壤保持农田防护区
5 灌云灌南平原农田防护土壤保持区
6 宿淮盐黄河故道平原农田防护水质维护区
7 泗洪岗地农田防护土壤保持区
8 盱眙丘陵岗地农田防护土壤保持区
9 盐淮平原农田防护水质维护区
10 盐通沿海平原农田防护拦沙减沙区
11 苏中沿江平原农田防护水质维护区
12 仪邗丘陵岗地农田防护人居环境维护区
13 六合浦口丘陵岗地农田防护人居环境维护区
14 宁镇江南丘陵土壤保持人居环境维护区
15 镇江沿江平原土壤保持水质维护区
16 苏锡常沿江平原人居环境维护农田防护区
17 苏州东平水网人居环境维护水质维护区
18 宜溧低山丘陵区土壤保持水源涵养区
19 苏锡湖滨丘陵水源涵养人居环境维护区

0 20 40   80   120   160
千米

图3-11-2 江苏省水土保持区划图(江苏省水利厅,2019)

（2）丰沛黄泛平原防风固沙农田防护区

加强护坡护岸,植树造林,建设农田林网;结合农事活动,采取各类保土耕作措施改变微地形,或增加地面植物覆盖物,增加土壤入渗,提高土壤抗蚀能力。

（3）铜邳低山岗地农田防护土壤保持区

加强农田林网建设和边坡防护,发展经济林果;建设小型蓄水保土工程,包括谷坊、蓄水窖、生产道路、沟渠系统,并在道路、沟渠两侧种植水保用材树种和景观树种,沟壑地头及塘坝周边种植当地适生、成材较快的树种,在田头、地埂种植经济作物。

（4）徐宿平原土壤保持农田防护区

加强植被保护,进行农田林网化建设;加强河、沟及堤坡的工程加固护坡;合理规划布设区域生产道路、沟渠系统,并在道路、沟渠两侧种植水保用材树种和景观树种。

（5）灌云灌南平原农田防护土壤保持区

加强水源地保护、饮水安全保护和农田林网建设,推行面源污染防治措施;将原来的坡地改造成平地,通过地形的改变,结合田埂的拦挡,大幅度降低土壤的可蚀能力;同时配套建设田间路和灌溉排水设施等配套设施;合理规划布设区域生产道路、沟渠系统,种植经果林。

(6)宿淮盐黄河故道平原农田防护水质维护区

加强农田林网建设和边坡防护,发展经济林果;对部分坡耕地通过合理配置蓄水池、沉沙池、排水系统等小型蓄排工程,控制降水形成的地表径流;坡面上布设水平截排水沟和纵向主排水沟,并在纵沟内修建沟头跌水涵洞等消能设施,减少地表径流坡面的冲刷;同时,实施面源污染防治措施。

(7)泗洪岗地农田防护土壤保持区

加强植被保护,发展经济林果,修筑水平梯田、截(排)水沟,增加蓄水;实施山丘区的小型蓄水保土工程和山、水、田、林、路综合治理;实施保水保土耕作措施,主要有等高耕作,垄沟种植,少耕、免耕,用秸秆、稻草、地膜或砂卵石铺盖地面等。

(8)盱眙丘陵岗地农田防护土壤保持区

结合小流域治理,封山育林育草,种植水土保持林、经济林;建设农田林网,建设田间路和灌溉排水设施等配套设施;坡耕地治理,在坡脚或山腰土层较厚的地段,修建水平梯田,并配套相应灌溉渠系。

(9)盐淮扬平原农田防护水质维护区

加强农田林网建设和水利设施建设,做好边坡防护;加强防洪圩堤塌岸治理,沿沟渠路形成林、果带,各级沟口都建设涵洞、跌水;加强面源污染防控,改善农业生态环境;建设生态隔离带、沟渠塘水生湿生植被和生物群落滞留、吸收、消纳农田排水和养殖水中的氮磷营养元素,净化水质,拦截水土流失,减少面源污染;定期清理河沟内垃圾,建设小型垃圾填埋场。

(10)盐通沿海平原农田防护拦沙减沙区

建设沿海防护林,提高滩涂利用价值;选择适宜的水土保持林草,土壤改良措施;加大河道综合治理力度,大力开展农田林网和河沟坡植被建设,实现水土保持措施与富民措施相结合。

(11)苏中沿江平原农田防护水质维护区

加强农田林网建设,推广生态河道建设,控制生活和生产废污,防治面源污染;采取种草护坡固土,加大河道综合治理力度,河沟坡面进行护岸植被群建设,适当种植耐贫瘠的乔木和灌木树种。

（12）仪邗丘陵岗地农田防护人居环境维护区

加强截（排）水系统建设，沿沟、渠、路合理合理配置农田林网，发展水土保持林和经济林；健全排灌系统，乔灌结合、梯田埂坎种植有经济价值的灌草；建设一批旱涝保收、稳产高产农田和具有特色的果园、茶园、竹园，促进山区经济的发展。

（13）六合浦口丘陵岗地农田防护人居环境维护区

加强截（排）水系统建设，合理配置农田林网；健全排灌系统，加强土地整治、建设高标准农田；荒坡因地制宜地发展经济林，水土流失严重的地区营建水土保持林或用材林；保护现有林草植被，做好天然林保护工作，严禁毁林开荒、烧山开荒和滥伐林木，防治面源污染。

（14）宁镇江南丘陵土壤保持人居环境维护区

因地制宜修筑梯田和保土耕作，配套建设水利工程和农田林网，发展水土保持林和水源涵养林，完善农田排水系统；发展沼气和秸秆资源利用，改变传统的燃料利用方式，以发挥林草植被的生态保护功能；做好城市废弃物转化和处理工作，减少生活废弃物排放。

（15）镇江沿江平原土壤保持水质维护区

因地制宜修筑梯田和保土耕作，配套建设水利工程和农田林网，发展水土保持林和水源涵养林；轻度、中度水土流失地区，以种草为主；水土流失较严重的疏、幼林等未成林地进行抚育补植和改造，并充分利用光、热、水等自然资源优势，实行生态修复，进行封禁治理。

（16）苏锡常沿江平原人居环境维护农田防护区

加强护坡和护岸，建设农田林网体系，发展经济林；根据立地条件，将坡耕地改造成用材林、经济林、水源涵养林等；河流、水库、湖泊分布较多的区域，在现有林草防护的基础上，大力开展水土保持林草植被的栽植；同时城市供水水源地、城郊及周边地区控制生活垃圾和生活污水排放，防治面源污染。

（17）苏州东平原水网人居环境维护水质维护区

加强自然景观和河湖沟渠边岸保护，发展经济林，防治面源污染；全面实施县乡河道疏浚工程和农村河塘整治工程；强调在搞好河道清淤的同时，做好河道、河塘的边坡防护，实行长效管理。

（18）宜溧低山丘陵区土壤保持水源涵养区

适度实行封禁或者轮封轮禁，禁止人为盲目开垦等生产活动；充分依靠大自然力量进行自然修复，发挥植被水土保持功能，实现自然保水保土；人口密集的坡脚、浅山农区，进行农业种植结构调整，减少面源污染；在河沟坡两侧及湖库周边，进行植物措施护沟护岸。

（19）苏锡湖滨丘陵水源涵养人居环境维护区

加强水源地和生物多样性保护，完善农田林网建设，做好河湖沟渠边岸防护；自然条件较好且恢复能力较强的，充分利用生态修复能力，根据实际情况采取不同的封禁治理措施，进行适度封禁治理；此外，结合封禁，在残林、疏林中进行补种补植。

（三）重点预防项目

本着预防为主方针和"大预防、小治理"的指导思想，对重点项目所涉及县（区）的预防对象和局部存在的水土流失状况进行综合分析，充分考虑预防保护的迫切性、集中连片、重点预防区为主兼顾其他的原则，确定各分区的范围、任务和规模。江苏省近期水土流失预防面积 2865.58km²，近期预防保护部分治理水土流失面积 1348.49km²；远期水土流失预防面积 4093.98km²，远期预防保护部分治理水土流失面积 2544.62km²。江苏省水土保持各分区近远期水土流失预防保护规模见表 3 - 11 - 3。

表 3 - 11 - 3　各分区近远期水土流失预防保护规模

分区名称	近期规模（km²）		远期规模（km²）	
	预防面积	治理面积	预防面积	治理面积
连云港低山丘陵土壤保持农田防护区	69.62	20.00	97.47	29.13
丰沛黄泛平原防风固沙农田防护区	130.99	29.56	152.16	65.86
铜邳低山岗地农田防护土壤保持区	226.72	97.62	272.03	122.99
徐宿平原土壤保持农田防护区	50.71	5.26	73.73	23.92
灌云灌南平原农田防护土壤保持区	34.65	7.31	71.74	12.80
宿淮盐黄河故道平原农田防护水质维护区	752.11	279.42	938.27	742.63
泗洪岗地农田防护土壤保持区	48.29	15.00	59.10	22.62
盱眙丘陵岗地农田防护土壤保持区	112.33	16.00	120.68	21.99
盐淮扬平原农田防护水质维护区	208.44	181.40	431.59	356.03
盐通沿海平原农田防护拦沙减沙区	374.25	332.67	674.92	635.87

分区名称	近期规模（km²）		远期规模（km²）	
	预防面积	治理面积	预防面积	治理面积
苏中沿江平原农田防护水质维护区	272.57	113.95	431.68	213.31
仪邗丘陵岗地农田防护人居环境维护区	39.43	10.14	43.99	10.17
六合浦口丘陵岗地农田防护人居环境维护区	33.72	10.00	40.66	14.29
宁镇江南丘陵土壤保持人居环境维护区	214.80	61.80	221.08	64.32
镇江沿江平原土壤保持水质维护区	21.85	5.25	27.15	6.63
苏锡常沿江平原人居环境维护农田防护区	122.64	141.93	253.94	174.69
苏州东平原水网人居环境维护水质维护区	63.07	4.14	71.75	6.60
宜溧低山丘陵土壤保持水源涵养区	64.25	11.57	73.99	12.03
苏锡湖滨丘陵水源涵养人居环境维护区	25.15	5.47	38.05	8.72
合计	2865.58	1348.49	4093.98	2544.62

资料来源：《江苏省水土保持规划（2015—2030）》（江苏省水利厅，2019）。

二、水土保持监督管理

（一）制度体系

1.《江苏省水土保持条例》

根据 2017 年 6 月 3 日江苏省第十二届人民代表大会常务委员会第三十次会议《关于修改〈江苏省固体废物污染环境防治条例〉等 26 件地方性法规的决定》修正。

2.《江苏省实施〈中华人民共和国水土保持法〉办法》

1994 年 12 月 30 日江苏省第八届人民代表大会常务委员会第十二次会议通过《江苏省实施〈中华人民共和国水土保持法〉办法》，1995 年 3 月 1 日起施行。

（二）监管能力

近年来全省在水土保持政务公开、办公自动化等方面能力建设不断加强，但监管能力、社会服务能力、宣传教育能力等方面的建设亟待改善。今后将进一步完善各项水土保持配套规定和制度，规范行政许可及其他各项监督管理工作；开展水土保持监督执法人员定期培训与考核，提高和确保执法人员法律素质和执法能力，逐步配备完善各级水土保持监督执法队伍，提高监督执法的质量和效率。同时,以生产建设项目水土保持全过程监管为核心,以信息化推动监督执法工作的规范化为手段,做好政务公开,增加监管透明度,提高水土流失综合防治、生产建设项目水土保持的实时即时监控和处置能力,形成对地方、社会、市场的有效管控体系,为准确有效执法和落实政府目标责任提供依据。

(三)生产建设项目监督管理

定期向社会公告水土流失状况,包括水土流失类型、水土流失强度及水土流失面积。完善各类社会服务机构的资质管理制度,特别是加强水土保持方案编制、监测、监理等资质的社会化管理,实现水土保持设计、咨询、监测、评估等技术服务全面市场化运作,引入退出机制,确保形成公平公正的、向社会开放的有效竞争市场;制订行业协会或资质管理部门技术服务流程和标准,加强从业人员技术与知识更新培训,强化社会服务机构的技术交流,共同提高服务水平。

三、水土保持区划与水土流失重点防治区

(一)水土保持区划

1.江苏在全国区划基本情况

全国水土保持区划共划分为 8 个一级区、41 个二级区、117 个三级区。江苏省涉及 2 个一级区、3 个二级区、7 个三级区(详见表 3 – 11 – 4 和图 3 – 11 – 3)。

表 3 – 11 – 4　全国水土保持区划江苏省分区

一级分区	二级分区	三级分区
Ⅲ 北方土石山区	Ⅲ – 4 秦沂及胶东山地丘陵区	Ⅲ – 4 – 2t 鲁中南低山丘陵土壤保持区
	Ⅲ – 5 华北平原区	Ⅲ – 5 – 3fn 黄泛平原防沙农田防护区
		Ⅲ – 5 – 4nt 淮北平原岗地农田防护保土区
V 南方红壤区	V – 1 江淮丘陵及下游平原区	V – 1 – 1ns 江淮下游平原农田防护水质维护区
		V – 1 – 2nt 江淮丘陵岗地农田防护保土区
		V – 1 – 4sr 太湖丘陵平原水质维护人居环境维护区
		V – 1 – 5nr 沿江丘陵岗地农田防护人居环境维护区

资料来源:《江苏省水土保持规划(2015—2030)》(江苏省水利厅,2019)

图 3 - 11 - 3　全国水土保持区划江苏省分区图（江苏省水利厅，2019）

2. 江苏省水土保持区划情况

根据《全国水土保持区划导则（试行）》（水利部水利水电规划设计总院，2010），结合全省区域实际和水土保持特点，遵循区内相似性和区间差异性、主导因素和综合性相结合、区域共轭性与取大去小等原则，在不打破全国三级分区界线的基础上，以乡镇行政区为评价单元，采用定量研究与定性分析相结合、自上而下与自下而上相结合的方法，划分了江苏省水土保持区划，并分区开展水土保持基础功能评价。

全省共划分为 19 个水土保持分区，分别为连云港低山丘陵土壤保持农田防护区、丰沛黄泛平原防风固沙农田防护区、铜邳低山岗地农田防护土壤保持区、徐宿平原土壤保持农田防护区、灌云灌南平原农田防护土壤保持区、宿淮盐黄河故道平原农田防护水质维护区、泗洪岗地农田防护土壤保持区、盱眙丘陵岗地农田防护土壤保持区、盐淮扬平原农田防护水质维护区、盐通沿海平原农田防护拦沙减沙区、苏中沿江平原农田防护水质维护区、仪邗丘陵岗地农田防护人居环境维护区、六合浦口丘陵岗地农田防护人居环境维护区、宁镇江南丘陵土壤保持人居环境维护区、镇江沿江平原土壤保持水质维护区、苏锡常沿江平原人居环境维护农田防护区、苏州东平原水网人居环境维护水质维护区、宜溧低山丘陵区土壤保持水源涵养区、苏锡湖滨丘陵水源涵养人居环境维护区。江苏省水土保持区划参见如图3-11-2。

(二)水土流失重点防治区(国家级、省级)

1. 江苏省在全国重点预防区与重点治理区划分情况

全国共划分了23个国家级水土流失重点预防区,17个国家级水土流失重点治理区。江苏省丰县、沛县被划入全国两区范围,属于"黄泛平原风沙国家级水土流失重点预防区"。

2. 省级重点预防区与重点治理区划分成果

按照依法划定、单元完整性、范围不重复、上下协同及定性分析与定量分析相结合原则,划定重点预防区与重点治理区,并于2014年10月30日由省水利厅代省人民政府发布《江苏省省级水土流失重点预防区和重点治理区》的公告(江苏省水利厅,2014)。江苏省省级水土流失重点预防区和重点治理区分布情况如图3-11-4所示。

江苏省省级水土流失重点预防区涉及636个乡镇,行政区总面积54248.98km^2,主要分布在黄河故道高亢平原沙土区、沿海平原沙土区、长江沿岸高沙土区和部分丘陵山区。其中,重点预防面积为3581.94km^2。

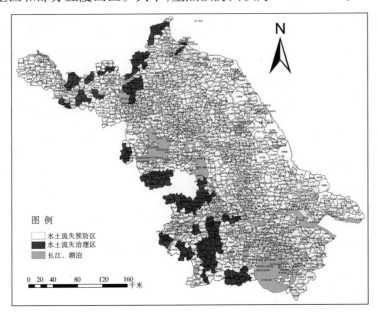

图3-11-4 江苏省省级水土流失重点预防区和重点治理区分布图(江苏省水利厅,2019)

江苏省省级水土流失重点治理区涉及 109 个乡镇,行政区总面积 11566.64km²,主要分布在丘陵山区,其中,重点治理面积为 2802.00km²。

四、水土保持规划

江苏省人民政府于 2015 年批复了《江苏省水土保持规划(2015—2030)》。对全省水土保持工作提出明确要求;各设区市水土保持规划也均经市人民政府批复,大部分县(市、区)陆续开展县级规划编制和报批工作,其中:徐州市铜山区、沛县,启东市,丹阳市、扬中市等县级规划已经获批,全省水土保持规划体系基本建成。

第四节　水土流失综合治理

一、水土流失综合治理

遵循"因地制宜、综合治理"是水土保持工作的基本方针,根据各地的自然和社会经济条件,分区分类合理配置治理措施,坚持生态优先,强化林草植被建设,工程、林草和农业耕作措施相结合,加大坡耕地的治理力度,以小流域为单元实施山、水、田、林、路综合治理,形成综合防护体系,维护水土资源可持续利用。

(一)范围与对象

1. 治理范围

①人口相对集中分布、农业垦殖严重、荒山荒坡和坡耕地分布集中的区域以及崩塌、滑坡危险区域。②人口集中、农林开发规模大的区域,以及水土流失轻度以上的山区、丘陵区、平原沙土区等区域。③废弃矿山(场)、采石宕口以及大型基础设施工程建设迹地。

2.治理对象

指在治理范围内需采取综合治理措施的侵蚀劣地和退化土地,主要包括:坡耕地、水蚀坡林(园)地以及风蚀水蚀交错区的沙化土地、裸露土地等。

（二）措施与配置

1.措施体系

治理措施体系包括工程、林草和耕作措施。

（1）工程措施

包括:坡改梯、坡面鱼鳞坑整地、水蚀坡林(园)地整治、沟头防护、雨水集蓄利用、径流排导等坡面治理工程,谷坊、泥沙沉降、拦沙坝、拦水堤、塘坝、护坡护岸、溢洪沟等沟道治理工程,削坡减载、支挡固坡、拦挡等边坡防治工程。

（2）林草措施

包括:营造水土保持林、生态经果林、等高植物篱(带),建设人工草地、发展复合农林业,开发与利用高效水土保持植物,河流两岸及湖泊和水库的周边营造植物保护带。

（3）耕作措施

包括:等高耕作、地膜覆盖、免耕少耕、间作套种等。

2.措施配置

（1）连云港低山丘陵土壤保持农田防护区

加强丘陵地区植被保护、改造坡耕地、修筑梯田,结合小流域治理,促进综合农业发展。在地势较洼、坡度较缓处修建谷坊,修建小型塘坝及配套灌溉设施增加灌溉水源。选择当地适宜的生态树种和经济树种混交,采取鱼鳞坑工程整地,在道路、沟渠两侧种植水保用材树种和景观树种,沟壑地头周边种植当地适生、成材较快的树种,在田头、地埂种植经济作物。选择适宜的林农复合经营模式,在坡地上采取等高沟垄耕作措施。

（2）铜邳低山岗地农田防护土壤保持区

加强农田林网建设和边坡防护,发展经济林果,推广节水灌溉措施,促进农业全面发展。实施坡耕地改造,修筑梯田,在地势较洼、坡度较缓处修建谷坊,修建小型拦、蓄工程发展灌溉,开展河道综合整治,加强河坡护砌。选择根系较为发达的生态树种结合经济树种混交,以及对土壤改良有促进效果的灌草,在道路、沟渠两侧种植水保用材树种和景观树种,沟壑地头周边种植当地适生、成材较快的树种,在田头、地埂种植经济作物。选择适宜的林农复合经营模式,采取地膜覆盖措施,增强作物抗旱能力。

(3)徐宿平原土壤保持农田防护区

加强河、沟及堤坡的工程加固护坡,发展水土保持林,加强预防监督工作。开展河道综合整治,加强河坡护砌,修建小型拦、蓄水工程。选择当地适宜的生态树种和经济树种混交,以及对土壤改良有促进效果的灌草,在道路、沟渠两侧种植水保用材树种和景观树种。

(4)泗洪岗地农田防护土壤保持区

应加强林草植被养护,完善沟道拦挡措施,增加蓄水。实施坡耕地改造,修筑梯田,在陡坡处修建谷坊,修建小型拦、蓄工程发展灌溉。选择当地适宜的生态树种和经济树种混交,以及对土壤改良有促进效果的灌草,营造农田林网。选择适宜的林农复合经营模式,采取地膜覆盖措施,保蓄土壤水分,增强作物抗旱能力。

(5)盱眙丘陵岗地农田防护土壤保持区

大力推进生态清洁型小流域建设,封山育林育草,种植水土保持林、经济林,改良土壤,配置拦蓄工程。实施坡耕地改造,修筑梯田,在地势较洼、坡度较缓处修建谷坊,在坡面进行径流调节,配置截排水沟,修建小型拦、蓄工程发展灌溉。选择当地适宜的生态树种和经济树种混交,以及对土壤改良有促进效果的灌草,采取鱼鳞坑工程整地,在道路、沟渠两侧种植水保用材树种和景观树种。

(6)盐淮扬平原农田防护水质维护区

加强农田林网建设和水利设施建设,做好边坡防护。开展河道综合整治,加强河坡护砌,在坡面进行径流调节,配置截排水沟,对沟道进行植物护沟护岸,稳固沟岸。选择当地适宜的生态树种和经济树种混交。

(7)苏中沿江平原农田防护水质维护区

控制生活和生产废污,加强农田林网建设。开展河道综合整治,加强河坡护砌,在河沟坡面进行护岸植被群建设。选择当地适宜的生态树种和经济树种混交,以及对土壤改良有促进效果的灌草。选择适宜的林农复合经营模式。可以在库、塘、河堤岸营造植物缓冲带或生物塘控制面源污染。

（8）仪邗丘陵岗地农田防护人居环境维护区

加强截（排）水系统建设，合理配置农田林网，发展水土保持林和经济林。实施坡耕地改造，修筑梯田，开挖岗旁截洪沟、梯田坎下沟、坡面排水沟，配好各级跌水，修建小型拦、蓄工程发展灌溉，正常蓄水位以上考虑采取工程和植物措施相结合，建设生态岸堤。选择当地适宜的生态树种和经济树种混交，沿沟、渠、路合理配置农田林网，乔灌结合、梯田埝坎种植有经济价值的灌草为主。选择适宜的林农复合经营模式，在坡地上采取等高沟垄耕作措施。

（9）六合浦口丘陵岗地农田防护人居环境维护区

加强截（排）水系统建设，合理配置农田林网，发展水土保持林和经济林。实施坡耕地改造，修筑梯田，修建小型拦、蓄工程发展灌溉。选择当地适宜的生态树种和经济树种混交，沿沟、渠、路合理配置农田林网，乔灌结合、梯田埝坎种植有经济价值的灌草为主，科学平整土地，采取少免耕保护性措施，有效控制面源污染。

（10）宁镇江南丘陵土壤保持人居环境维护区

因地制宜修筑梯田和保土耕作，配套建设水利工程和农田林网，发展水土保持林和水源涵养林。实施坡耕地改造，修筑梯田，修建小型拦、蓄工程发展灌溉，扩建库塘，增加蓄水量，开展沟道整治，整修排水沟、撇洪沟。选择当地适宜的生态树种和经济树种混交。选择适宜的农林复合经营模式，采取少免耕保护性措施，保蓄土壤水分。

（11）镇江沿江平原土壤保持水质维护区

因地制宜修筑梯田和保土耕作，配套建设水利工程和农田林网，发展水土保持林和水源涵养林。开展河道综合整治，加强河坡护砌，在坡面进行径流调节，布设水平截排水沟和纵向主排水沟以及蓄水池、沉沙池等配套工程。选择当地适宜的生态树种和经济树种混交。选择适宜的农果复合经营模式，采取地膜覆盖和少免耕措施，控制面源污染。

（12）苏锡常沿江平原人居环境维护农田防护区

加强护坡和护岸，修筑排水蓄水工程，建设农田林网体系，发展经济林。工程措施可以开展河道综合整治，加强河坡护砌，在坡面进行径流调节，配置截排水沟，修建小型拦、蓄工程。植物措施可以选择当地适宜的生态树种和经济树种混交，对河流、水库、湖泊分布较多的区域，在现有林草防护的基础之上，加强生态沟渠和生态隔离带建设,选择适宜的农果牧复合经营模式,有效控制面源污染。

(13)宜溧低山丘陵土壤保持水源涵养区

加强护坡和护岸,修筑排水蓄水工程,建设农田林网体系,发展经济林。开展河道综合整治,加强河坡护砌,实施涧沟治理,对河沟、湖库边坡进行清淤和工程措施加固,防止坍塌,修建小型拦、蓄工程。选择当地适宜的生态树种和经济树种混交,在河沟坡两侧及湖库周边,进行植物措施护沟护岸。选择适宜的农林(牧)复合经营模式,采取保护性耕作措施。

(14)苏锡湖滨丘陵水源涵养人居环境维护区

加强水源地保护、饮水安全保护和农田林网建设,改良土壤,防治面源污染。修建小型拦、蓄工程发展灌溉,蓄、引、堤、调、井并举,进行库塘的改造与建设,扩大蓄水库容。选择当地适宜的生态树种和经济树种混交,以及对土壤改良有促进效果的灌草。选择适宜的林农复合经营模式,采取地膜覆盖措施,库、塘、河堤岸营造植物缓冲带或生物塘控制面源污染。

(三)主要项目与治理成效

1. 重点预防工程

(1)水土流失重点预防区水土保持

范围以《江苏省省级水土流失重点预防区和重点治理区》(江苏省水利厅,2014)公布的省级水土流失重点预防区为主。

以大面积封育保护为主,辅以综合治理,以治理促保护,以治理保安全,着力创造条件,实现生态自我修复,提高水源涵养功能、控制水土流失、保障区域社会经济可持续发展的目的。治理水土流失面积1348.49km²,预防水土流失面积2507.40km²。

(2)水土流失易发区水土保持

范围以《江苏省水土保持规划(2015—2030)》(江苏省水利厅,2015)公布的水土流失易发区为主。江苏省水土流失易发区见图3-11-5所示。

加大生态修复力度,实施封禁治理和管护,保护和建设森林植被,加强农田防护林建设,增强防风固沙功能,治理生产建设项目引起的水土流失区域,达到控制水土流失、保障农业生产的目的。预防水土流失面积358.18km²。

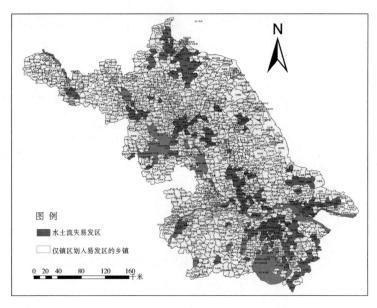

图 3 - 11 - 5　江苏省水土流失易发区分布图(江苏省水利厅,2019)

2. 重点治理工程

(1)生态清洁型小流域建设

在全省 960 个小流域中,选择具有较强生态文明意识和建设水美乡村有积极性的小流域。

以小流域为治理单元,山、水、田、林、路、村水土流失综合治理为基础,突出水土流失的坡耕地和沟道治理、突出河库塘水环境治理、突出村庄生态环境综合整治,实现小流域内山青、水洁、村美、田沃目标。建设生态清洁型小流域105 条。

(2)重点治理区水土流失治理

江苏省水土流失重点防治区划分确定的重点治理乡镇及重点预防区中局部水土流失严重,制约经济社会发展的区域。

以片区或小流域为单元,山水田林路渠村综合规划,以坡耕地治理、园地经济林地林下水土流失治理、水土保持林营造为主,沟坡兼治,生态与经济并重,着力于水土资源优化配置,提高土地生产力,促进农业产业结构调整。治理水土流失面积 1355.91km^2。

3. 治理成效

(1)蓄水保土效益

根据《水土保持综合治理效益计算方法》(GB/T 15774 - 2008),结合中国水土流失与生态安全综合科学考察有关成果,拟定分区水土保持措施蓄水保土效益定额,根据规划近期建设内容和措施量,经估算,各项措施全部实施完毕并正常发挥效益后,可新增年保土能力22万t,增加蓄水保水效益10574万m^3,减少水土流失面积2704.4km^2,治理度达85.0%。规划近期工程实施的各项水土保持措施,构建综合防护体系,不仅控制土壤侵蚀,保护土地资源,而且改变地表径流状况,削减洪峰,调节径流,提高防洪抗旱能力和雨水径流的利用效率。

(2)生态效益

水土保持的各项措施实施后,可显著改善生态环境,主要的环境效益体现在以下几方面:在各种水保措施的综合功能作用下能有效削减洪峰流量,减少洪水总量;能有效改善土壤理化性质,减少地表径流,增加土壤持水量,提高土壤氮、磷、钾和有机质含量,增加土壤肥力;能改善治理区内湿度、温度、风力等小区域气候条件,净化空气,提高农业产量,改善环境质量,有益于人民的身心健康;实施规划后,林草覆盖率提高2%,森林蓄水保土、涵养水源、美化环境等效益全面发挥,对于改善自然、气候条件,对农业的高产、稳产及人民生活环境的改观都起着不可替代的作用。

(3)经济效益

水土保持措施的直接经济效益包括各项水土保持措施实施后所增产的粮食、果品、木材和枝条等直接作为商品出售,或转化成商品出售产生的经济效益。

坡耕地改造实施后,增强水源涵养能力,减少水土流失,改善土壤养分,种植农作物单产提高。据统计,坡耕地改造之后较改造之前粮食单产增加约30%,可产生直接经济效益。

水土保持林所产生的直接经济效益主要为林木增产的枝条和木材蓄积量。经济林产生的直接经济效益主要为果品产生的经济效益。

(4)社会效益

水土保持社会效益包括减轻自然灾害和促进社会进步两个方面带来的效益。

①提高防灾减灾能力,保护公共安全。各项水土保持措施蓄水保土效益的稳步发挥,减少江河湖库的泥沙淤积,提高水利工程的防洪减灾能力,有效减轻洪涝、泥石流、干旱、滑坡、崩塌等自然灾害危害,对保护农田、基础设施和人民

群众生命财产安全起到积极作用。可形成综合自然灾害防护体系,从而能有效减轻水土流失对土地的破坏;减轻泥沙对河流、塘、库的淤积,减轻洪水的危害;减轻滑坡危害;减轻局部干旱对农业生产的威胁。

②保护和改良耕地,提高农民收入。通过开展坡改梯建设,可保护和改善耕地,土地质量得到提高,农业生产条件得到极大改善,为农业增产农民增收创造有利条件。通过水土保持综合治理,能有效改善农业生产条件,为建设高产、优质、高效的生态农业奠定基础;通过土地利用结构的合理调整,提高农业总产值和农民人均纯收入。另外,使全省水土保持工作逐步走上法制化轨道。

③改善农村环境,建设美丽乡村。通过加强自然修复,实施封育保护,有效保护和恢复林草植被,建设秀美山川,改善村容村貌和生活环境,推动新农村建设和生态旅游的发展。

二、清洁型小流域建设

(一) 总体规划

2016 年 4 月,江苏省水利厅组织开展《江苏省生态清洁小流域建设规划》编制工作。在广泛征求地方水利水保部门意见与建议的基础上,通过资料收集、需求分析、现状调查等方式,并经专家论证和反复讨论,形成了《江苏省生态清洁小流域建设规划(2016—2020)》(江苏省水利厅,2017)。规划全面总结了江苏省生态清洁小流域建设实践经验,针对不同水土保持区划面临的生态环境需求,提出了 2016—2020 年江苏生态清洁小流域建设指导思想与目标,明确了建设规模、总体布局和实施进度,其中山区、丘陵区以小流域为单元,平原圩区以自然村为单元,按照水源保护型、绿色产业型、生态休闲型、和谐宜居型、防灾减灾型,构建生态清洁小流域建设指标、建设内容。规划可作为全省生态清洁小流域建设的指导性文件,也是评价全省生态清洁小流域建设成效的重要依据。

1. 指导思想

以生态文明和美丽江苏建设为统领,以水土资源保护和合理开发利用为核心,以小流域(村)为单元,以协调水资源、土地资源、生物资源承载力为基础,以提高水源涵养、水质和人居环境维护等水土保持功能为目标,充分发挥小流域(村)在保护水质、生态休闲、防洪减灾、维护人居环境等方面的作用。通过典型带动、示范引领,建设一批生态清洁小流域,为江苏实现"两个率先",为建设经济强、百姓富、环境美、社会文明程度高的新江苏提供支持。

2. 规划原则

(1)坚持以人为本,人与自然和谐相处

注重保护和合理利用水土资源,以改善人居环境、饮用水源地水质等为重点,充分体现人与自然和谐相处的理念,重视良好生态环境保护和恢复。

(2)坚持分区防治,合理布局

在水土保持区划的基础上,紧密结合区域水土流失特点和经济社会发展需求,科学合理进行生态清洁小流域发展布局。

(3)分类指导,突出重点

统筹经济社会发展对生态需求和不同类型清洁小流域特点,注重示范带动,突出重点。

3. 规划目标

实现生态清洁小流域江苏省水土保持分区的基本覆盖、土壤保持—人居环境维护功能区的全覆盖、土壤保持—农田防护功能区的典型覆盖,水质维护—人居环境维护功能区的典型全覆盖;基本实现苏北区域特色突破、苏中重点突出、苏南全面提升为目标,以典型带动、示范引领,促进江苏省生态清洁小流域全面建设与发展;到 2020 年,基本建成与江苏省社会经济发展相适应,具有区域特点、涵盖不同水土保持主导功能类型的生态清洁小流域体系。

4. 规划规模

到 2020 年,规划建成生态清洁小流域 80 条,后备 11 条。江苏省各设区市生态清洁小流域建设规模详见表 3 – 11 – 5。

表 3 – 11 – 5　各市生态清洁小流域规划规模

涉及范围(市)	建设数量(条)	后备数量(条)
南京市	26	2
无锡市	7	0
徐州市	3	0
常州市	8	2
苏州市	1	0

涉及范围(市)	建设数量(条)	后备数量(条)
南通市	2	0
连云港市	5	0
淮安市	6	0
盐城市	5	1
扬州市	5	3
镇江市	7	1
泰州市	4	2
宿迁市	1	0
总计	80	11

资料来源:《江苏省生态清洁小流域建设规划(2016—2020)》(江苏省水利厅,2017)。

苏北五个市:徐州、连云港、宿迁、淮安、盐城,该区域正处于工业化快速推进阶段,城市、农村经济发展不均衡,农民收入低,发展特色产业,增加农民收入是本区域的重心工作。规划生态清洁小流域20条(后备1条),实现生态清洁小流域建设在苏北区域重点突破,以建设绿色产业型生态清洁小流域为主,共有10条,发展经济的基础上,防治面源污染;其次是生态休闲型生态清洁小流域6条;水源保护型3条;和谐宜居型小流域1条(后备1条类型待定)。苏北各市中,淮安市建设6条、盐城市建设5条(后备1条)生态清洁小流域,徐州市、连云港市、宿迁市分别建设3条、5条和1条。

苏中三个市:扬州、泰州、南通,该区域工业增长稳中趋缓,经济发展平衡,满足区域民众与日俱增的生态环境需求是苏中区域主要工作。规划11条生态清洁小流域(后备5条),实现苏中区域的典型覆盖,以点带面,建设生态清洁小流域。苏中以建设生态休闲型、和谐宜居型生态清洁小流域为主,各有4条;绿色产业型2条;水源保护型1条(后备5条类型待定)。苏中各市中,扬州市拟创建5条(后备3条)生态清洁小流域,泰州市规划了4条(后备2条)、南通市2条生态清洁小流域。

苏南五个市:苏州、常州、无锡、镇江、南京,该区域经济发达,民众对生态环境提出更高的要求,建设生态清洁小流域是深受老百姓欢迎的民生工程。规划生态清洁小流域49条(后备5条),实现苏南区域小流域的"品质"的全面提升。以打造生态休闲型生态清洁小流域为主,有15条;和谐宜居和水源保护次之,分别有 13 条和 11 条;绿色产业和防灾减灾有 6 条、4 条(后备 5 条类型待定)。其中南京最多,有 26 条(后备 2 条),苏州最少有 1 条;无锡、镇江、常州分别有 7 条、7 条(后备 1 条)、8 条(后备 2 条)。

(二)主要建设内容

1.水源保护型生态清洁小流域

(1)小流域治理重点

以养山为主,减少人为活动和面源污染,加强林草植被保护发挥植被生态功能,达到涵养保护水源目的。

(2)水土保持措施体系

水土流失治理包括荒草地水土保持林、退耕还林还草、封育治理、人居环境绿化、污水处理、垃圾处理、小型生态湿地、河道拦蓄工程、植物降解工程。

2.绿色生态型生态清洁小流域

(1)小流域治理重点

以防治特色林果林下水土流失、控制面源污染为主,完善污水、农业废水净化体系。

(2)水土保持措施体系

水土保持措施包括生态农业示范工程、农林复合经营、水土流失防治工程(林下)、人居环境绿化、污水处理、垃圾处理、面源污染防治、生态岸坡工程、生物降解塘等。

3.生态休闲型生态清洁小流域

(1)小流域治理重点

加大污水治理、垃圾处置力度;发展民俗旅游,转变产业结构;加强水体景观建设,改善水生态环境。

(2)水土保持措施体系

水土保持措施包括生态养生观光区、生态采摘园、生态景观游步道、人居环境绿化;污水和垃圾处理;民俗、娱乐项目;河、沟综合整治以及清水廊道、亲水平台。

平原区生态休闲型生态清洁小流域以打造清水廊道与亲水平台为主,实施湿地建设,保障河库、河流生态健康;重视设施农业建设,建设生态采摘园。

山丘区以建设生态景观游步道为主,重视景观树种营造,依景就势,移步换景,满足休闲与游憩需求;加强沟壑治理工程措施,采取护岸、加高培厚和绿化等措施进行综合整治,恢复河道、沟道形态及其连续性。

4.和谐宜居型生态清洁小流域

(1)小流域治理重点

农村人居环境综合整治,农业面源污染,农村生活污水治理及垃圾收集与利用。

(2)水土保持措施体系

水土保持措施包括面源污染防治工程、水土流失防治工程、村庄绿化工程、生活污水生态化处理示范工程、垃圾处理、水系连通工程、河道拦蓄工程、生态步道、清水廊道、亲水平台、山区高陡边坡防护工程(采用工程和植物措施相结合的生态护坡技术,如浆砌片石骨架植草护坡、蜂巢式网格植草护坡等)、截洪沟工程(截洪沟优化设计实现清污分流,地表径流大量涌入居民区)。

平原区和谐宜居型生态清洁小流域以疏浚淤泥、疏通水系、改善水质、植树绿化、道路建设为主,打造河畅、水清、岸绿、村美的人居环境。

山丘区以水土流失综合治理为主,实施"节氮、控磷、增钾"为重点的施肥模式,鼓励增施有机肥,减少面源污染。

5.防灾减灾型生态清洁小流域

(1)小流域治理重点

加强山区封禁保护,减轻水土流失灾害,加大农地面源污染防控力度,改善水质,提高水环境质量。

(2)水土保持措施体系

水土保持措施包括水土保持林、封育治理、清淤疏浚工程、生态护坡(岸)工程、沟底防冲林建设、滚水坝和拦沙坝、堤防工程。

第五节　水土流失监测与信息化

一、水土保持监测网络

江苏省水土保持监测网络由江苏省水土保持生态环境监测总站、13 个设区市水土保持生态环境监测分站、16 个水土流失监测站构成。江苏省水土保持监测站点布局图见图 3 – 11 – 6 所示。

图 3 – 11 – 6　江苏省水土保持监测站点布局图(江苏省水利厅,2019)

(一)监测总站

江苏省水土保持生态环境监测总站(以下简称"总站")已经江苏省水利厅

〔2000〕87号《关于同意成立省水土保持生态环境监测总站的批复》批准设立,总站与省水文局合署办公,在江苏省水利厅的领导下,承担全省水土保持监测职责。

1. 职责

总站职责为:编制水土保持生态环境监测规划和实施计划;负责江苏省境内全国水土保持监测网络工程建设与管理工作;负责对全省水土保持监测工作的组织、指导、技术培训和质量保证;负责对江苏省省内水土保持监测分站的管理,对分站下达监测任务;负责对监测数据的汇总、处理、管理和综合分析,并报送上级监测部门和业务主管部门核查、备案;开展监测技术、监测方法的研究及国内外科技合作和交流,及时掌握和预报水土流失动态,掌握全省水土流失动态变化,定期公告本省水土保持监测成果;承担国家及省级开发建设项目水土保持监测工作;参与制订水土保持监测规范、管理办法等。

2. 机构配置

上级批复总站25个事业编制。根据总站所承担的各项工作,设置管理岗位4个,技术及工勤岗位21个。在专业上配置水土保持、地理信息、遥感、水文、园林、计算机等方面的技术人才。

(二) 监测分站

在全省13个设区市设立水土保持生态环境监测分站(以下简称"监测分站"),与各自设区市的水文分局合署办公,负责设区市的水土保持监测工作。

1. 职责

监测分站在总站领导下,依法承担辖区内的水土保持监测工作。负责辖区内水土保持监测工作的组织、指导,掌握水土流失动态变化;负责对辖区内各类水土保持监测站点的管理,对各监测站点下达或直接承担监测任务,组织专项调查;对监测站点所送样品进行化验分析,对监测资料进行整编和报送;负责对辖区内监测数据汇总、管理和综合分析,并报送总站,进行数据库统一管理;承担市级开发建设项目水土保持监测工作,协助总站承担国家及省级开发建设项目水土保持监测工作。

2. 机构设置

设区市监测分站编制从各水文分局中调剂,主要为水土保持专业技术人员。各分局局长兼任分站站长。

各市监测分站的设立采取总站的模式，与各市水文水资源局合署办公，以节约人力、财力。监测分站内设专门办事机构，监测分站财务由相应的市水文水资源局财务统一管理。

（三）监测站

我省监测站主要为根据监测任务需要规划建设的 1 个综合试验站、16 个坡面径流场、2 个控制站 187 个气象站。

1. 职责

监测站在设区市监测分站领导下，承担各个水土保持监测站点的监测工作，以及日常维护管理等工作。

2. 机构设置

各水土保持监测站中，人员全部由所在监测分站雇佣委托员承担，不新增正式编制人员，泥沙控制站和雨量站均充分利用省水文机构的省级泥沙站和雨量站，实现资料共享，不新增监测人员。

二、水土流失动态监测

（一）区域监测

1. 全省水土流失普查

水土流失普查是从宏观上了解和掌握大范围水土流失状况的重要手段。根据《中华人民共和国水土保持法》的规定，全国每 5 年进行一次水土流失普查工作，作为全国水土流失普查的一个组成部分，江苏省也每 5 年进行一次普查。利用遥感、地理信息系统、全球定位系统和计算机技术，依托现代空间信息技术和水土保持科学技术，建立全省水土流失普查网络体系，对全省土壤侵蚀进行遥感调查，掌握全省水土流失和水土保持基本情况，建立土壤侵蚀数据库，掌握土壤侵蚀状况和动态变化趋势。

2. 水土流失重点防治区的调查监测

重点预防保护区水土流失动态监测的重点是通过定位观测、调查等手段，监测保护区的水土流失状况、土地利用、土壤植被、气象水文、预防保护措施及其效果等。

重点监督区水土流失动态监测的重点是生产建设项目的数量、类型、分布,水土保持方案落实情况,生产建设项目产生的弃土弃碴状况、造成的水土流失状况及其危害,水土保持措施及其防治效果,开发建设区的气象水文等。

重点治理区水土流失动态监测的重点是通过定位观测和典型区域的调查等手段,监测治理区的水土流失状况及其产生的危害、水土保持措施及其效果,土地利用、土壤植被、气象水文等。

(二)生产建设项目监测

生产建设项目的水土流失监测重点是监测水土流失状况、水土保持方案的实施情况等。根据生产建设项目的特点,生产建设项目可以分为采矿行业、交通铁路行业、电力行业、冶炼行业、水利水电工程、建筑及城镇建设和其他行业等7大类型。按照水利部令第12号《水土保持生态环境监测网络管理办法》(水利部,2000)和水利部令第16号《开发建设项目水土保持设施验收管理办法》(水利部,2002)的要求,生产建设项目的水土流失监测必须由具有监测资质的单位完成,并将生产建设项目的监测成果纳入水土保持监测网络系统管理。生产建设项目的水土保持监测一般设置临时监测点,采用地面监测和调查监测相结合的方法进行。

水土流失动态监测,坚持统筹全省、突出重点的原则,掌握全省的总体状况和重点地区、重点项目和典型对象的具体情况,为江苏省经济建设的稳定、持续发展和地区间的协调、平衡发展创造良好的生态环境。

(三)重点治理工程监测

以水土保持生态建设重点工程为重点,依托各类项目的典型小流域布设监测点,开展水土流失状况及其防治数量、质量和防治效果的动态监测,对水土保持生态建设重点工程进行评价。生态建设重点工程的监测重点是陡坡地水蚀、滑坡、泥石流和重点治理项目动态与防治效果等。

三、水土保持信息化

(一)水土保持信息化规划

江苏省水土保持监测与管理信息系统在省级统一部署、省市县三级应用,并通过水利专网与国家、流域交换信息。总体框架由六个层面、保障体系、四类服务对象等共同构成,包括信息采集、计算机网络传输、数据库资源、应用支撑、业务应用和应用交互六个层面;以信息安全体系保障体系为水行政主管部门、科研规划设计中介机构、社会公众、管理对象和政府相关职能部门等四类用户提供服务。

江苏省水土保持监测与管理信息系统总体框架遵循"江苏省水利信息资源整合共享"的规定和要求,由监测信息采集层、计算机网络传输层、数据库资源层、应用支撑层、业务应用层和应用交互层五个方面构成。

1. 监测信息采集层

水土保持监测站点建设严格按照《水土保持监测技术规范》(SL 277 - 2002)等标准规范实施;水土保持监测网络采集信息直接进入江苏省水利信息资源整合共享—信息采集与监控整合共享省级平台,实现水土保持信息采集与监控体系与全省水文、防汛、水资源等信息的汇集和共享,为基于大数据分析的自动监管提供坚实基础。

2. 计算机网络传输层

充分依托江苏省水利信息资源整合共享—基础设施云平台统一提供的机房环境、内外网网络服务。

3. 数据库资源层

按照江苏省水利信息资源整合共享—数据云平台的标准和要求,建设水土保持专题数据库和元数据库;按照统一的数据资源目录和数据模型,物理上汇聚成可被共享的水土保持主题数据库;共享江苏水利基础数据库中行政区划等基础地理空间数据和水功能区、流域、水库等水利基础数据,逻辑上构建水土保持专题图层。

4. 应用支撑层

依托江苏省水利信息资源整合共享—应用服务云平台总体框架提供的GIS、数据库服务、视频和授权等基础服务。

5. 业务应用层和应用交互层

依托江苏省水利信息资源整合共享—应用服务云平台提供的统一用户权限管理,登录水土保持业务。

(二)水土保持信息化建设

江苏省水土保持监测与管理信息系统可划分为信息采集系统、信息传输系统和应用系统三个一级子系统,各子系统包括的二级子系统主要包括如下内容。

1. 信息采集系统

信息采集系统由坡面径流场、小流域控制站、气象站和水土保持综合试验站、监测分站和监测总站组成。

(1)坡面径流场

径流场主要用于观测水蚀区单项水土流失影响因子或者单项坡地水土保持措施效益,以获得特定的水土保持信息。

(2)小流域控制站

控制站主要功能是通过对不同流域特征、气象水文条件、土地利用状况下的水土流失进行长期监测,分析不同小流域条件下土壤侵蚀面积、强度、侵蚀量、水土流失危害,以及采取的水土保持措施数量、质量及其效益等。

(3)气象站

气象站的主要功能为长期定点监测降雨量、降雨强度和降雨过程,分析降水年内、年际分配规律,探求和分析全省降雨侵蚀力分布规律。

(4)水土保持综合试验站

试验站包含坡面径流场(2 组共 10 个径流小区)和 1 个小流域控制站。建成具有江苏丘陵岗地特色的综合性水土保持试验站,对全省水土流失的状况和急需解决的技术问题开展试验研究,为防治水土流失提供科学依据和技术方法。

2. 信息传输系统

信息传输系统由远程控制单元、通信信道、基础网络、供电、防雷设施组成。

(1)远程控制单元

安装在监测站点上的远程控制单元连接站点上的水位、泥沙采样记录等自动测量传感器,将监测到的水位和泥沙采样数据通过公共通信信道传输到各级数据收集中心。远程控制单元主要包括数传仪、通信设备、固态存储记录器和电源这几大功能部分。

(2)通信信道

通过无线信道传输,实现水土保持监测信息从监测站到监测分站的传递和对监测系统的实时监控。

（3）基础网络

本系统的信息传输采用江苏省水文水资源勘测局已经完成建设的中国移动 GPRS 和 CDMA 网络,以 GPRS 作为信息传输主信道,CDMA 作为备用信道,当主信道出现传输故障时,自动切换到备用信道。

（4）供电系统

每个监测点都配置了太阳能直流供电系统,有市电条件的监测点同时也采用市电供电。

（5）防雷设施

包括传感器及传感器的信号传输线(信号线避雷);电源输电线(电源线避雷)两部分内容。

3. 业务应用系统

应用系统包括水土保持数据库和信息系统。主要包括水土保持监测站点数据采集、遥感监测等监测业务流程系统,生产建设项目水土保持方案审批、监督检查、评估验收等预防监督业务流程管理系统,治理项目规划设计审批、日常管理、检查验收等综合治理业务流程管理系统。

（1）数据库子系统

包括数据录入、数据查询、用户管理、系统设置 4 个二级子系统。

数据库系统主要满足 3 方面业务需求:①满足水土保持基础数据、监测评价数据、综合治理数据和预防监督数据等数据资料的有效存储。②满足对水土保持相关信息和数据的查询。③满足数据共享,为面向行业和社会公众的信息服务奠定数据基础。

（2）水土保持监测评价子系统

包括定点监测数据采集和管理、区域监测数据管理、生产建设项目水土保持监测、小流域评价和土壤侵蚀分析等 6 个模块。

（3）水土保持预防监督信息子系统

包括生产建设项目水土保持方案管理、生产建设项目上图定位管理和移动监督执法 3 个模块。

（4）水土保持综合治理信息子系统

包括综合治理项目管理、治理措施上图管理、治理项目移动检查、设计辅助和效益分析评价等 4 个模块。

（5）水土保持信息共享服务平台

包括面向领导的信息服务、面向社会公众的信息服务和水土保持公共交流平台等3个模块。

（三）水土保持信息化管理

系统的运行管理应采用集中与分散相结合的形式，在江苏省水土保持生态环境监测总站管理机构的统一领导和协调下，实行分层次分部门分地方管理，保证整个监测站点与监测网络和信息系统有序运行。

1.管理组织机构

江苏省水土保持监测总站作为主管单位负责系统运行、管理、维护的计划、安排、监督、检查等工作。其他地市水土保持监测分站负责系统运行、信息管理与更新、日常管理、系统维护的具体工作。市水土保持监测总站统一建设和管理，各分站负责水土保持监测信息的采集和管理，确保水土保持监测信息系统正常运转。

2.管理方式

系统的运行管理分为文档管理、硬件管理、软件系统运行管理。文档管理是系统管理的重要组成部分，是影响系统及软件可维护性的决定因素；硬件管理是软件系统运行管理的根本保证，应建立硬件管理制度，明确职责，加强管理和维护；软件系统运行管理是系统正常、高效运行的必要保证，应定岗定员，强化技术培训。

第六节　水土保持地域性特色

一、江苏省南京市江宁区石塘生态清洁型小流域建设

（一）工程概况

1.地理概况

石塘小流域位于江宁区横溪街道西南部，总面积 8.4km²，其中山林

5. 75km²，水面 0.23km²，水田 0.71km²，旱地 0.17km²，村庄及道路用地 1.54km²。包括 1 个社区，3 个自然村，总人口 1196 人。小流域属宁镇扬低山丘陵区，北起大山、莺子山、云台山，南至天台山、斗笠山，西起苏皖交界，东至野山山口，地势四周高，中间低，高差较大，最大高程 284m，最低高程 36m（吴淞高程系），最高点与最低点间高差约为 248m（图 3-11-7）。

图 3-11-7　石塘小流域地形图

2. 水系概况

石塘小流域内水系主要分为九龙河和梅溪两条水系。九龙河发源于九龙潭自西向东，梅溪发源于云台山脉自北向南，两条水系交汇于老坝水库，经丹阳河入水阳江。

3. 水土流失概况

石塘小流域总面积 8.4km²，轻度及以上水土流失面积 1.5km²，其中轻度流失面积 1.13km²，中度流失面积 0.23km²，强烈流失面积 0.07km²，极强烈流失面积 0.05km²，剧烈流失面积 0.02km²。

（二）主要措施

1. 坡地治理工程

石塘小流域水土流失面积 1.5km²，大部分为轻度流失，主要分布在岗、冲田，少部分中等强度流失分布在岗坡田。在治理措施上对较高较陡，灌溉水源困难的 30hm² 岗坡田，通过等高调垦，优化产业结构，调整种植经济林（茶叶、苗木基地等），发展特色农业；对种植粮食作物的 38hm² 零乱冲田，整修梯田，完善灌排设施,保土、蓄水,建设高产稳产农田。在提高水土保持能力的同时增加了村民经济收入(图3-11-8)。

茶园　　　　　　　　　　　　　　整修梯田

图3-11-8　坡地治理工程(太湖流域水土保持监测中心站　提供)

2. 生态修复工程

石塘小流域内林地开展封山育林,疏林补密,加快植被恢复,形成密集的水保林体系,以涵养水源,保护水资源,小流域内宜林宜草面积575.00hm²,其中乔木林面积350.33hm²,灌木林面积177.00hm²,疏林面积29.47hm²,草地面积10.73hm²,林草保存面积占宜林宜草地面积的98.7%(图3-11-9)。

水保林　　　　　　　　　　　　　水清岸绿

图3-11-9　生态修复工程(太湖流域水土保持监测中心站　提供)

3. 沟道综合整治工程

对流域内7条重点骨干沟系进行综合整治。以沟道整治为线,河塘整治为点,通过拓浚、疏通、理顺、生态护岸、绿化、建筑物配套等措施,完成清淤土方46500m³,生态护岸60000m²,种植水生植物43640m²,滚水坝25座。形成流水串珠,贯通、搞活区域内水系,既保持了水土,又提高了灌排能力,净化了水质,同时塑造形成了碧水与青山的乡村水系,提升了村民居住生态环境(图3-11-10)。

图3-11-10　沟道综合治理(太湖流域水土保持监测中心站　提供)

4. 人居环境综合整治工程

近几年,小流域内共投资近4200万元,对小流域内3个自然村全部实施了村庄环境综合整治工程。对集中居民点进行特色改造;饮用水全部采用集中式供水,供水管网与城市供水管网连接;雨污分流,粪便先经无害化化粪池处理后由污水管道排进集中式污水处理站处理;结合居民点和人流密集点设置垃圾收集点集中处理。2011年,江苏省美丽乡村启动仪式在此召开;石塘小流域是江宁区乡村旅游"五朵金花"之"醉美乡村"、省级康居示范村、省级四星级旅游景点、省级生态清洁型小流域建设示范点,2013年获得"全国最美乡村典范奖"。

5. 生态农业建设工程

小流域新农村建设定位为都市生态休闲旅游示范村。利用流域内水质清澈,气候适宜、环境优良的特点,保留种植56.67hm²无公害优质水稻,并禁止使用剧毒农药;结合生态农业和旅游开发打造乡村和田园风光互相交融的乡村农业景观,建设优质果园、生态茶园、大棚蔬菜、苗木基地233.33hm²。

图 3 – 11 – 11　**生态农业**(太湖流域水土保持监测中心站　提供)

6. 面源污染治理工程

为减轻农业生产、居民集中区污水对水体的污染,在河沟整治、河塘治理和居民点建设过程中,在河道、沟塘、居民点周边设置植物缓冲带,种植、抚育具有吸收有机污染物能力的鸢尾 $1040m^2$、菖蒲 $2600m^2$、睡莲 $40000m^2$;在居民集中点建设生物污水处理站,采用生态治污措施,消解总磷、总氮、氨氮等污染物,使污水处理率和处理达标率均达到100%,经市水文分局检测小流域出口水质达三类水标准(图 3 – 11 – 10)。

图 3 – 11 – 12　**水清景美**(太湖流域水土保持监测中心站　提供)

7. 水土流失和水环境监测

南京市江宁区与市水文局合作,在小流域内进行水土流失、水质水量等情况的监测。

8. 管护制度建设

石塘生态清洁型小流域建成后,建设的设施交由横溪街道旅游开发有限公司负责运行维护。制订封山禁牧、封育保护政策、小流域运行管理制度并写入乡规民约,加强村民参与对小流域环境保护的意识;旅游开发公司组建专业管护队伍,对小流域的日常环境进行维护。

(三) 建设成效

通过综合治理,构筑生态修复、生态治理、生态防护三道防线,打造优美环境,为小流域的社会经济良性发展提供了良好的水土资源环境。

1. 生产生活条件得到明显改善

宜林宜草地的林草保存率达 98.6% ,水土流失面积综合治理率达 96.3% ,水土流失得到了有效控制,增强了调蓄能力,减轻了流域内的水旱灾害,有效改善了群众生产生活条件。

2. 自然和居住环境得到明显改善

水系得到了良好的沟通,水资源得到了有效的保护,如今域内溪水长流,塘水常清,村庄水环境明显改善。

村庄污水收集无害化处理系统和垃圾收集处理系统的建立,有效改善了村庄卫生环境,美化了村容村貌,培养了良好的生活习惯,提升了村民的素质,自然环境得以保护。

通过村庄特色改造,连接村庄与外界的沥青公路实现了从"出门土路靠脚走"到"而今公交通到家门口"的转变;村内水泥路、石板路的建设改变了"晴天出门一身灰,雨天出门一身泥"的境况;原本灰旧的房屋变成了富有特色的悠游山居,大大改善了村庄居住环境(图 3 - 11 - 13)。

图 3 - 11 - 13　**石塘人家**(太湖流域水土保持监测中心站　提供)

3. 乡村旅游得到发展

通过综合整治将原有乡村生活与休闲旅游相融合,将农民的生活资料与生产资料进行转化,在改善村庄居住环境的同时,发展了农村休闲旅游,提高了村民收入,提升了村民及周边城市居民的生活品质。

(四)主要经验

1. 群众要求,政府引导

多年以前,石塘小流域地处偏僻,交通闭塞,环境脏乱,山多地少,以山林、土地耕作为生的石塘百姓是"出门靠脚走,种田望天收",长期以来石塘人一直迫切希望改变自己的生存环境。2006年,由区政府牵头,水利、旅游、国土、交通、农开、城建、环保、林业、电力等多部门共同参与,集中投入,全面改造石塘小流域的人居环境、交通设施、生产条件。

2. 科学规划,先进理念

随着城市生活节奏越来越快,城市居民对于轻松悠然、亲近自然的乡村旅游的需求越发强烈。石塘小流域准确把握自身临近南京市区、历史积淀深厚、人文典故丰富、自然环境优美的优势,由传统的农耕产业向新兴的农村休闲旅游产业转型,委托专业的城市规划设计院编制了《南京石塘竹海旅游区概念性规划》,并通过了江苏省规划院、江苏省环科院、南京市市规划局、南京市旅游局及江宁区相关部门的审批,规划突出了"水"这一核心元素的重要作用;随后又编制了《石塘竹海旅游区水系景观设计》《石塘生态清洁型小流域综合治理方案》,确定了石塘小流域"颂赞文化与自然的生态之源,塑造碧水与青竹的乡村水系"建设愿景目标。

3. 改善环境,提升品质

经过几年建设,石塘小流域的人居环境、交通条件、村庄面貌有了巨大的改善,彻底改变了"岸倒坡塌、杂草丛生""无雨沟底朝天,有雨浑水漫流""出门靠脚走,种田望天收"的窘境,提升了当地居民的生活质量;石塘小流域静谧的自然环境、优美的山水风光、深厚的文化积淀、淳朴的风土人情也为周边城市居民提供了良好的休闲旅游、放松度假的胜地,提高了城市居民的生活品质。

4. 水利引领,社会参与

早在2005年,水利部门就带头介入,以农村河道疏浚、村庄河塘清淤、农村水环境整治,为石塘小流域打造清洁水环境。在有了良好的水资源条件之后,区政府牵头组织多部门集中打造,同时吸引了社会资本前来投资开发农村休闲旅游资源,为生态清洁型小流域建设增添了新的活力。

二、南京市溧水区环山河生态文明清洁小流域建设

(一)工程概况

1.地理概况

环山河小流域位于溧水区石湫镇,东与洪蓝镇接壤,西与安徽省马鞍山市博望区毗邻,北为江宁区禄口镇,南邻石臼湖,处于"两省三地"交界的特殊地理位置,其中核心区域为环山河小水库群。

2.水系概况

环山河水库群始建于1973年,从东水关起,经焦赞石水库到芮家坝,沿21m等高线开环山河一条,全长8.7km,逢凹筑库,共有焦赞石水库1座小(一)型水库,东水关、西水关、藕塘、泥塘、锦华、蚂蝗塘、马塘、新王母塘、后王母塘、忠家塘、安公塘11座小(二)型水库,沿库塘相连,成"长藤结瓜"型分布。1976年基本完工,库区集水面积5.5km²,总库容437万m³,兴利库容214万m³,蓄水水位25m,坝顶高程27.5m。为保证环山河水库群蓄水,新建长岗灌溉站,设计流量0.70m³/s,引石臼湖水向小水库群补水,形成了较为完整的水工程体系(图3−11−14)。

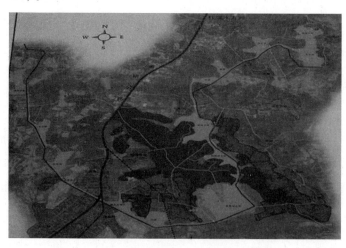

图3−11−14 环山河水库群位置分布图(太湖流域水土保持监测中心站 提供)

3. 水土流失概况

环山河小流域处于北亚热带季风气候区,主汛期降雨量占全年总量的70%,降雨量相对集中。加之小流域区域相对高差较大,径流造成的水土流失严重。同时,顺坡耕种、雨前翻耕等不合理的耕种活动,加重了水土流失。

环山河小流域共涉及明觉、东泉、光明、同心、三星和向阳共6个行政村、34个自然村、9010人,区域总面积39.95km²,其中丘陵山区面积36.61km²。经调查和应用卫星遥感影像解译,轻度及以上水土流失面积5.64km²,轻度水土流失区多分布在林区和库塘灌区农田,中度水土流失区多分布在冲田上部和岗坡较缓区域,强烈及以上水土流失区多分布在坡耕地等区域。

(二)主要措施

1. 小流域综合治理工程

投资3400万元实施了小流域综合治理10.89km²,其中治理水土流失面积5.51km²,主要措施是通过以蓄排水治理,对岗塝田进行坡耕地改造281.87hm²、冲田区综合整治262.67hm²,塘坝清淤工程、田间配套及植物措施等。

2. 生态修复工程

流域内投资1350万元,实施了小水库群上游疏林补密400.00hm²,以及焦赞石至锦华水库河道生态整治,并对水库上游林地实施封山育林、禁砍禁伐,加快植被恢复,提高林草覆盖率,不仅涵养了水源,也改善了生态环境,环山河成为鸟儿的天然栖息地。

3. 水环境综合整治工程

实施了长岗站改扩建,清淤并修整水库群连接河道3500m、长岗站引水沟1500m、排头冲中心沟500m、安公塘中心河3410m,清淤大小塘坝21座,配套滚水坝17座,铺植草皮护坡10.9万m²,对水库大坝进行防渗处理,改建水库放水涵洞和溢洪道等,工程总投资2800万元。通过综合整治,在提高环山河小流域干旱年份水源供给保障的同时,还增加了塘坝蓄水,清洁了水源(图3-11-15)。

4. 人居环境综合整治工程

自2012年起,石湫镇全面启动实施了以"六整治""六提升"为主要内容的村庄环境综合整治,彻底改善农村环境面貌,提高人民群众生活质量。截至目前,投资3000余万元对近区域内34个自然村全部进行了综合整治,共投入人力 7000 余人(次)、机械设备 2400 余台(次),清运垃圾 550 余 t、屋面墙面出新 10000 多 m²,极大改善了区域内的村容村貌,使村庄人居环境焕然一新,得到了当地干群的广泛赞同。通过人居环境综合整治,共创建成功两个三星级省康居示范村、五个二星级示范村,其中焦赞石村还被评为 2014 年江苏省"水美乡村"。(图 3－11－15)

图 3－11－15　水环境综合治理(太湖流域水土保持监测中心站　提供)

5. 生态农业建设工程

石湫镇依托环山河区域农业资源特点,坚持实行生态优先方略,讲求适地适用、合理开发,发展生产方式先进、产品优质高效、生态环境优良的都市型农业,提升生态文明建设水平,先后流转土地 1170.00hm²,发展蔬菜采摘园 33.33hm²、经济林园 200.00hm²、精品果园 133.33hm²、玫瑰园 46.67hm²、蜂情园 20.00hm²、湿地公园 10.00hm²、水产养殖园 266.67hm²、孵化育种园 33.33hm²、粮油种植园 66.67hm²、森林公园 200hm²、文化博览园 70hm²,区内基本形成了农田成方、沟路贯通、绿树成荫、花果飘香、美丽乡村的生态环境,与明觉环山河自然风光融为一体。为环山河区域的农业结构布局优化、农民增产增收打下坚实基础,同时也为区域内生态农业建设工程的后续跟进起到了模范带头作用。

6. 面源污染治理工程

通过在环山河周边设置植物缓冲带,种植南方型速生杨、水杉等乔木和四季青等灌木以及进行草皮护坡,有效控制污染源和坡面径流,减少有害物质和泥沙冲入环山河小水库群。加强农业面源污染防治,以"源头控制、过程监测和末端治理"为重点,从农田污染、畜禽养殖污染和生活污染三方面入手,并结合人居环境综合整治工程,启动农村生活污水及畜禽污染物处理工程,集中点源和修建垃圾处理站、改厕改卫、建简易垃圾处理点,科学选用化肥农药和减少其用量,有效控制了污染物排放量。

7.水土流失和水环境监测

作为明觉集镇周边近万人的饮用水源地,区水务局、环保局一直比较重视环山河区域的水质情况,委托区环境监测站将焦赞石水库作为监测点纳入全区饮用水源地监测范围,每月对焦赞石水库的水质 pH 值、高锰酸钾指数、总磷、总氮、总锌、总铅、叶绿素等 6 大指标进行监测一次,截至目前指标均处于合格范围,总体水质处于三类水标准及以上,为周边群众的饮水安全提供了坚实的保障(图 3 – 11 – 16)。

图 3 – 11 – 16　环山河综合整治(太湖流域水土保持监测中心站　提供)

8.管护制度建设

石湫镇专门成立了南京溧水环山河生态旅游投资发展有限公司,由公司作为建设管理主体对区域进行统一协调管理,并整合各项管护经费 160 余万元,委托专业管护队伍,实施环境保洁、工程管护等长效管理,确保有人管、管得了、管得好。此外,在工程实施过程中,通过张贴横幅、设置宣传画板、公示牌等多种形式,营造水土保持、促进生态文明的氛围,使公众水保意识得到进一步增强。

(三)建设成效

通过综合治理,构筑生态修复、生态治理、生态防护三道防线,打造优美环境,为小流域的社会经济良性发展提供了良好的水土资源环境。

1. 坡耕地得到全面治理

环山河区域总面积39.95km²,其中轻度以上水土流失面积5.64km²。通过生态清洁型小流域建设,治理水土流失面积5.51km²,水土流失综合治理率为97.7%,坡耕地全部得到了治理。

2. 环境得到全面改善

按照美丽乡村建设工作部署和相关要求,石湫镇本着优先考虑村庄基础设施建设、优先考虑重要干线村庄立面出新整治、优先考虑规划保留村庄和特色村庄整治的"三优先"原则,对环山河区域涉及34个村全部进行了环境综合整治,其中焦赞石村、王家庄村还创建成功了三星级省康居示范村,区域内村容村貌和居民生活得到明显改善。

村庄环境综合整治后,村庄生活垃圾全部通过"组保洁、村收集、镇转运、区处理"的农村生活垃圾收运处理体系进行处理,无害化处理率达到90%以上,区域内村庄还以自然村为单位修建了污水处理设施,生活污水处理率达到80%以上,大大改善了村庄居住环境。

3. 农民收入得到大幅增长

通过生态文明清洁小流域建设,对坡耕地进行了综合整治,配套完善了田间沟渠、建筑物、机耕路等,极大改善了当地农业生产条件,水土资源得到了有效保护和合理利用,农业产业结构也由原先单一的水稻小麦等传统作物,转变为蔬菜大棚、花卉(玫瑰)、苗木林果等新型经济作物,农民人均收入得到大幅稳步增长。

(四)主要经验

1. 坚持理念优先,打造分区域治理模式

按照"重视发展基础、突出发展重点、强调发展潜力"的建设理念,将环山河分成上、中、下游三个区域,统筹安排,分区治理。一是在上游实施水土涵养工程和村庄环境综合整治工程,进行封禁治理、疏林补密、种植草皮护坡,开挖环山截流沟,防止水土流失,恢复原有植被,并结合省水环境康居工程示范村和美丽乡村建设,积极实施焦赞石村环境综合整治,对村前屋后进行立面出新,设立垃圾回收箱、铺设截污管网、新建亲水栈道,实施村庄绿化。二是在中游实施

水资源配置工程,疏浚、清除库内淤泥,连通水系,增加蓄水,还可在干旱年份通过引石臼湖水补充环山河水库群水源,并在库区种植再力花、黄菖蒲、芦苇、睡莲等水生植物,净化水质,提高水体自净能力,保障区域生产、生活用水需求。三是在下游实施小型农田水利工程,对岗塝地进行坡耕地改造,对冲田区进行土地平整,并配套完善农田灌排基础设施,提高灌溉、排涝能力,打造优质高产的高标准良田。

2. 坚持综合治理,增强可持续发展能力

因地制宜,合理编制水系规划、水土保持规划、农田水利规划,以农田水利基础设施建设为基础,深入实施水土流失治理、水源和水环境保护、农业集约化生产、人居环境改善等工程。

3. 坚持建管并重,加大规范化管理力度

在环山河小流域治理工作中,以工作规范化、制度化和标准化,促进小流域治理全面、健康、可持续发展。严格项目管理、落实管护责任、明确管护经费。

4. 坚持多方协作,扩大多部门参与范围

按照"整合资源、打捆项目、各投其资、各记其功"的原则,由区委、区政府牵头,水利部门为主,交运、国土、农业、住建等部门共同参与,整合资金、各负其责,形成整体合力,推进环山河生态文明清洁小流域建设。

三、南京市高淳区国际慢城生态清洁型小流域建设

(一) 工程概况

1. 地理概况

高淳区地处江苏省的西南端、苏皖结合部,东临溧阳、北接溧水,南、西部与安徽省为邻。地势东高西低,地貌上可分为低山丘陵和平原圩区两大类型。国际慢城生态文明清洁小流域位于高淳区东部丘陵山区的桠溪镇西北部,包括瑶宕、蓝溪、桥李、荆山、永庆、穆家庄等 6 个行政村,流域总面积 50km²,流域内地形高程最低约 21m(吴淞标高),最高 101m,高差 80m。

2. 水系概况

高淳区以茅东闸为界,分属水阳江和太湖两个水系,水阳江流域面积 629.3km²,太湖流域面积 172.5km²。截至 2014 年,全区多年平均降水量为

1194.8mm。国际慢城流域内有水库 3 座,兴利库容 44.8 万 m^3,塘坝 1794 座,有效库容 472 万 m^3。

3. 水土流失概况

国际慢城生态文明清洁小流域属于水力侵蚀为主的类型区,分布面广,量大,以面蚀为主,截至 2014 年,累计综合治理水土流失面积 35.86km²,治理水土流失面积 10.76km²,占水土流失总面积的 98%。

(二)主要措施

1. 小流域治理工程

早在 20 世纪 90 年代,高淳水利部门就着手开展桠溪镇小流域整体研究、规划和治理工作。近年来,高淳区委、区政府从水土资源可持续利用和生态环境可持续维护的目标高度,统一规划布局,统一组织部署,奠定了国际慢城生态文明清洁小流域发展新格局。

2000 年以来,国际慢城生态文明清洁小流域积极拓展治理新思路、探索发展新模式,以小流域为平台,整合项目资源,大力开展生态清洁小流域治理工作,取得显著成效,国际慢城生态文明清洁小流域建设迈上一个新台阶。一是封山育林,减少人为活动,依靠自然修复能力,恢复植被、林木。封山面积约 4km²,占森林总面积的 40%;二是实施传统小流域综合治理工程,坡耕地改造,蓄水保土,涵养水源。

2012 年全国生态清洁小流域建设座谈会在南京召开,国际慢城生态文明清洁小流域作为参观现场,得到了与会人员的高度肯定。截至 2014 年底,国际慢城生态文明清洁小流域累计综合治理面积 35.86km²,占总流失面积的 98%。共种植水土保持林约 103.33hm²,共计 11 万余株,新建或改造涵、闸、站等水保工程 135 处,渠道防渗护砌 60km,建设水源工程 363 座,坡耕地改造 200 多 hm²,总投资 1.5 亿多元,形成了完善的水土流失综合防护体系(图 3-11-17)。

2. 人居环境综合整治工程

按照"绿色、生态、人文、宜居"的标准,高淳区对国际慢城生态文明清洁小流域内 6 个行政村的村庄、道路、绿化、污水处理设施、垃圾收运处理设施等进行了全面提升改造。结合村庄环境整治,实施了改厕工程。新建了文化娱乐设施,美化、亮化了村庄环境。通过治理,小流域内的人居环境得到全面改善,一副"环境优美、生活幸福、社会和谐"的现代农村新面貌呈现在世人面前。

图 3-11-17　小流域治理后的环境（太湖流域水土保持监测中心站　提供）

3. 面源污染防治工程

以小流域为平台,积极整合太湖流域治理项目建设,减少化肥、农药的使用量,大力推广有机栽培,国际慢城生态文明清洁小流域内面源污染防治效果明显,主要做法有:一是实施垃圾无害化处理,建设垃圾收集池 135 个,并由村安排专人专车清运,由镇中转,区集中处理;二是建设污水处理设施,生活污水集中处理达标排放。目前,已建成小型污水处理设施 20 座,日处理能力 300t;三是减少化肥、农药使用量 20% 以上,发展有机栽培 666.67hm²。

4. 水环境整治工程

国际慢城生态文明清洁小流域内有水库 3 座,兴利库容 44.8 万 m³,塘坝 1794 座,有效库容 472 万 m³。自 2006 年起,高淳区通过村庄环境连片整治、农村河道河塘清淤、农田水利工程等项目建设,水环境得到全面整治,水库、塘坝水质优良,清澈见底。经南京水文局检测,水库塘坝水质均在Ⅲ类水以上。

5. 生态修复工程

高淳区政府十分重视生态修复工程,在充分调研的基础上,国际慢城生态文明清洁小流域疏林补密 2000hm²,其中种植茶园、旱园竹等经济林 800hm²,提高生态功能。当地水土资源得到有效保护和合理利用,农村经济稳定发展。

6. 高效有机农业建设工程

2006 年以来,国际慢城生态文明清洁小流域凭借着良好的生态优势,丰富的资源环境,相继有 20 多家台商、客商落户于区内,有台商独资的南京兴地农科技有限公司,是集经济林果、观光旅游、休闲、娱乐为一体的经济实体。有青岛枫彩有限公司投资的以鸡爪槭(俗称青枫)、红枫为主的 333.33hm² 枫彩基地等。同时,国际慢城生态文明清洁小流域大力发展高效有机农业,打造万亩有机茶、万亩早园竹、万亩苗木、万亩有机食品、万亩经济林果等农业观光园和生态示范基地。

7. 管护制度建设

2013 年 12 月,高淳区机构编制委员会以高编字〔2013〕35 号文件同意区水务局农村水利科增挂"水土保持办公室"。两块牌子一套班子,技术力量满足高淳水土保持生态建设和管理的需要。高淳区在发展中重视科技与生产实践相结合,水土保持实用技术管道灌溉、喷滴灌技术在国际慢城生态文明清洁小流域内得到普遍推广应用。同时,按照"谁所有、谁负责"的原则,落实管护经费投入,建立良性管护机制。国际慢城生态文明清洁小流域工程管理经费主要由慢城管委会、镇、村承担,受益农户按实际情况承担部分管护经费。区财政实行以奖代补,建立稳定的管护经费保障机制。

(三)建设成效

1. 生态效益明显提升

(1)土壤侵蚀明显下降

国际慢城生态文明清洁小流域水土流失面积从 36.59km² 下降为 0.73km²,土壤侵蚀强度轻度以下,土壤侵蚀明显下降。

(2)生态功能明显提高

20 世纪 90 年代以来,国际慢城生态文明清洁小流域提升改造林地超过 2000hm²,其中新增经济林 800hm²。森林覆盖率从 1989 年的 55.9% 到 2014 年的 71.1%,并逐步提高,渐趋稳定,林种、树种结构逐步优化,阔叶林和混交林比重有所上身,龄组结构趋于合理。国际慢城生态文明清洁小流域林地年固碳能力明显上升,估计年新增水源涵养能力 100 万 m³。

2. 经济效益不断提高

早园竹产业初具规模,国际慢城生态文明清洁小流域拥有早园竹 800hm²,2014 年产值达 1.2 亿元。绿茶产业"一株独秀"。2014 年,国际慢城生态文明清洁小流域绿茶发展到现在面积 533.33hm²,年产值 0.8 亿元,成为引导农民致富的一大产业。

依托国际慢城生态文明清洁小流域建设,生态旅游迅猛发展。通过水土流失综合整治,生态清洁小流域建设,乡村生态良好,环境优美,慢城乘势推进"农家乐"品牌建设。从 20 世纪 90 年代后期起步至今,生态旅游从无到有,2014 年慢城生态旅游产业收入达 2.5 亿元,150.2 万人次,75 家农家乐,300 多个床位,成为国际慢城生态文明清洁小流域农民致富的新途径。农民人均纯收入从 1985 年的 597 元增加到 2014 年的 17693 元。

3. 社会效益持续彰显

(1)人居环境得到全面改善

通过多年的水土保持生态文明清洁小流域建设,国际慢城生态文明清洁小流域内的人居环境得到全面改善,一副"环境优美、生活幸福、社会和谐"的现代农村新面貌呈现在世人面前(图 3 - 11 - 18)。

图 3 - 11 - 18　固城湖国家城市湿地公园(太湖流域水土保持监测中心站　提供)

(2)水土资源得到有效保护

通过国际慢城生态文明清洁小流域建设,水土资源得到有效保护。水土保持的工程措施,有效拦截泥沙、涵养水源、减少面源污染。林地面积扩大和森林质量提升,截持降雨、调节地表径流、涵养水源、分解吸收养分的功能有效发挥。进行生活垃圾收集和生活污水改造,使水土资源更加得到有效保护。加之,国际慢城生态文明清洁小流域属典型丘陵山区,随着多年水土保持生态环境的建设,造就了这块长三角地区得天独厚的气净、水净、土净的"三净"之地。依托良好的水土资源,国际慢城生态文明清洁小流域大力发展生态旅游休闲产业,成为著名的"中国第一个国际慢城"。

(四)主要经验

1. 突出治理重点,扩大建设成效

坚持以小流域为单元,综合治理为重点,因地制宜,合理规划,积极推进水土流失的面上治理。在推进生态清洁小流域建设过程中,国际慢城生态文明清洁小流域着重对低山中度流失区域进行治理,大力营造水土保持林、栽植经果林治理,辅以坡面水系和水源涵养林建设,切实推进坡耕地改造、保土耕作、建蓄水排灌设施,整体推进水土治理。

依托项目,注重示范,打造生态清洁小流域"样板工程"。近年来,国际慢城生态文明清洁小流域抓住高淳区生态区创建、桠溪国际慢城、农村环境综合连片整治、村庄环境整治、水美乡村建设、农田水利重点县、淳东灌区节水改造和农业综合开发、土地复垦、万顷良田等项目建设,治理丘陵山区水土流失面积 35.86km^2。

与时俱进,以人为本,不断探索生态清洁小流域建设新形式。在建设过程中,国际慢城生态文明清洁小流域将生态清洁小流域建设与新农村建设、民生工程建设结合起来,通过对山、水、田、园、产业等进行统筹规划,综合治理,切实改善农村生产、生活条件,发展水土保持生态产业,促进了治理生态与经济社会发展的共赢。

切实加强生态清洁小流域建设和管理。为巩固慢城生态清洁小流域建设成果,切实加强对在建、已建项目及设施的管护,做到治理一处、管好一处、利民一方。

2. 加强水行政执法,落实"三同时"制度

认真落实水土保持"三同时"制度。对国际慢城生态文明清洁小流域的生产开发建设项目,按照规定开征水土保持费,严格落实水土保持"三同时"制度。

强化生产开发建设项目水土保持监督检查。高淳区水政监察部门认真开展执法检查,对发现未报水土保持方案擅自开工生产的,发出补办水土保持方案通知书,限期落实整改。

深入开展专项整治行动。高淳区专门制订了水土保持监督执法行动方案,并成立了领导机构,对高淳区在建生产开发项目组织了专项清理和集中整治,为建设国际慢城生态文明清洁小流域提供了有力保障。

3. 强化水保宣传,营造良好氛围

为调动全社会关心、支持、参与国际慢城生态文明清洁小流域建设的积极性,高淳区每年都利用"世界水日""中国水周"以及《中华人民共和国水土保持法》纪念日等有利时机,通过领导发表电视讲话、会议、印发宣传材料、悬挂横幅等形式,面向城乡居民、机关单位、开发建设项目企业等社会关键群体,开展了一系列生动而广泛的主题宣传教育活动,使全民的水土保持法制观念、水生态意识得到了普遍提高。

4. 以治污为重点,保护水资源

在国际慢城生态文明清洁小流域治理中,推行垃圾无害化处理措施,以村为单位,修建垃圾池、垃圾收集箱,实现生活垃圾定点分类堆放,并和镇村签订合同,保护基础设施,对垃圾做到"村收集、镇转运、区集中处理"的农村垃圾处理模式,配置垃圾运输车,指定垃圾无害化处理场,国际慢城生态文明清洁小流域内的行政村普遍建立了卫生保洁制度,落实村庄保洁人员 100 多人,负责"垃圾收集、道路清扫、水环境管护、安全管理"等四位一体的管理模式。

第十二章

江西省

水土保持

第一节 基本省情

一、自然概况

(一)地理位置

江西省地处长江中下游南岸,其范围处于北纬24°29′14″~30°04′41″、东经113°34′36″~118°28′58″之间。南北最长约620km,东西最宽约490km;全省总土地面积16.69万km²,占全国国土总面积的1.74%,在全国排名第18位。北与湖北、安徽毗连,上溯武汉,下通南京、上海;东邻浙江、福建;南接广东,西接湖南。

江西北临长江,东、南、西三面环山,中部为丘陵、盆地和平原。境内水网密布,赣江、抚河、饶河、信江、修水五大干流汇入鄱阳湖后,注入长江,形成了全省"六山一水二分田,一分道路和庄园"的格局。

(二)地质地貌

江西省境内除北部较为平坦外,东、西、南部三面环山,中部丘陵起伏,全省成为一个整体向鄱阳湖倾斜而往北开口的巨大盆地。

地质构造上,以锦江—信江一线为界,北部属扬子准地台江南台隆,南部属华南褶皱系,志留纪末晚加里东运动使二者合并在一起,后又经受印支、燕山和喜马拉雅运动多次改造,形成了一系列东北—西南走向的构造带,南部地区有大量花岗岩侵入,盆地中沉积了白垩系至老第三系的红色碎屑岩层,并夹有石膏和岩盐沉积;北部地区形成了以鄱阳湖为中心的断陷盆地,盆地边缘的山前地带有第四纪红土堆积。这是造成全省地势向北倾斜的地质基础。

江西地貌类型较为齐全,分布大致成不规则环状结构,常态地貌类型则以山地和丘陵为主。其中山地60101km²(包括中山和低山),占全省总面积的36%;丘陵70117km²(包括高丘和低丘),占全省面积42%;岗地和平原

20022km², 占全省面积 12%；水面 16667km²，占 10%。除常态地貌类型外，还有岩溶、丹霞和冰川等特殊地貌类型。

江西地貌大致可以划分为 6 个地貌区和 9 个地貌副区。

1. 赣西北中低山与丘陵区

该区面积约为 3.50 万 km²。山峰多在海拔 1000m 左右，有的达海拔 1500m。从中可以划出 2 个副区：幕阜山、九岭山侵蚀中山副区，以开拓水电和林业为主；宜丰、高安侵蚀丘陵副区，以发展粮食和经济作物为主。庐山即拔起于幕阜山东延余脉。

2. 鄱阳湖湖积冲积平原区

该区面积约为 1.50 万 km²。区内有广阔的河湖冲积淤积平原，外沿则多为低缓岗地，盛产稻米和鱼虾。

3. 赣东北中低山丘陵区

该区面积约为 2.52 万 km²。区内怀玉山脉横贯，地势中高南北低，布垄状丘陵和盆地。可划分为 3 个副区：浩山、蛟潭侵蚀剥蚀丘陵副区，婺源、怀玉山侵蚀中低山副区和弋阳、玉山侵蚀剥蚀红岩丘陵盆地副区。区内宜于发展经济林木，婺源茶蜚声中外；河谷两岸和盆地则适宜于耕作业。

4. 赣抚中游河谷阶地与丘陵区

该区面积约为 2.19 万 km²。区内河流阶地、丘陵和盆地交错，地势呈波状起伏，坡度较缓，亦有中低山零星分布。由于有大量荒地可供垦殖，本区农业生产发展潜力相当巨大。

5. 赣西中低山区

该区面积约为 1.04 万 km²。区内万洋山、井冈山、武功山连绵逶迤，峰峭谷险、涧深流急，森林和水利资源十分丰富。

6. 赣中南中低山与丘陵区

该区面积约为 5.94 万 km²。区内东居武夷山脉，南枕九连山、大庾岭和诸广山脉，中部多为红岩层和花岗岩组成的低山、丘陵和盆地，还局部形成了奇特的丹霞地貌。大致可划分为四个副区：北武夷山侵蚀中山副区，南丰、黎川侵蚀丘陵副区，赣南侵蚀中低山与丘陵副区和兴国、信丰侵蚀剥蚀红岩丘陵和盆地副区。全区森林、矿产和水利资源丰富，有利于耕作业发展；若能较好地控制水土流失，各业发展均有相当潜力。

（三）气候水文

江西省气候属中亚热带温暖湿润季风气候,年均温 16.3～19.5℃,一般自北向南递增。赣东北、赣西北山区与鄱阳湖平原,年均温为 16.3～17.5℃,赣南盆地则为 19.0～19.5℃。最冷月一般出现在 1 月,月平均气温 3～8℃。极端最低温度赣北山区达 −10～12℃,其余地区在 −6～10℃。低温常使裸露表土因冰冻而隆起,一遇降水便产生侵蚀。最热月一般为 7 月,日平均气温 28.0～30.0℃,极端最高气温除鄱阳湖区和省境周围山区在 38～40℃外,其余地区都在 40℃以上。全省冬暖夏热,无霜期长达 240～307d。日均温稳定超过 10℃的持续期为 240～270d,活动积温 5000～6000℃。

江西为中国多雨省区之一。多年平均降水量在 1400～2100mm,地区分布上是南多北少,东多西少;山区多,盆地少。全省多年平均大雨日数 16～20d,暴雨日数 4～6d,特大暴雨日数 1d 左右;全省降雨在季节分配上很不均匀,10 月至翌年 2 月的降水量仅占全年的 25% 左右;3—6 月降水量约占全年的 55%,且多以大雨、暴雨形式出现;7—9 月高温少雨,蒸发量大于降雨量,降雨量约占全年降雨量的 20%。

全省年均风速为 1.1～3.9m/s,最小为德兴市,最大为庐山市,其中鄱阳湖滨、赣江、抚河下游和高山顶及峡谷区风能资源较为丰富,年均风速在 3.0～5.1m/s。年平均 8 级或 8 级以上(风速≥17.0m/s)大风日数 0.5～28.5d,最少为宜黄县,最多为庐山市。

江西省共有大小河流 2400 多条,总长度达 1.84 万 km,除边缘部分分属珠江、湘江流域及直接注入长江外,其余均分别发源于本省境内山地,汇聚成赣江、抚河、信江、饶河、修河五大河系,最后注入鄱阳湖,构成以鄱阳湖为中心的向心水系,其流域面积达 16.22 万 km²。鄱阳湖是中国第一大淡水湖,连同其外围一系列大小湖泊,成为天然水产资源宝库,并对航运、灌溉、养殖和调节长江水位及湖区气候均起重要作用。江西地表径流赣东大于赣西、山区大于平原。

江西河川径流主要靠降水补给,故季节性变化很大。汛期河水暴涨,容易泛滥成灾;枯水期水量很小,水源不足。故具有夏季丰水、冬季枯水、春秋过渡的特点。年内波动较大:1—3 月占 14%～17%,4—6 月占 53%～60%,7—9 月占 18% ~ 22%，10—12 月占 6% ~ 10%。径流最大月份一般出现在 5 月或 6 月，各河最大月占全年径流量的 22% 左右；径流最小月份一般出现在 12 月或 1 月，各河最小月占全年径流量的 3% 以下。由于径流的年内分配主要集中在 4—6 月，易造成洪涝灾害。

(四)土壤植被

江西省地带性土壤主要有红壤和黄壤，以红壤分布最广，面积 1081.4 万 hm²，约占江西土地总面积的 64.78%（赵其国等，1988）；黄壤面积约 166.67 万 hm²，约占江西总面积的 10%。非地带性土壤有紫色土、冲积湖积性草甸土和石灰石土。从滨湖和河湖两侧至山地，依次分布有潮土、水稻土、红壤、紫色土、山地黄红壤、山地黄壤、山地黄棕壤、山地棕壤和山地草甸土。与土壤侵蚀相关最大的土类是红壤和紫色土。红壤广泛分布在海拔 600m 以下低山、丘陵和岗地。其中，由第四纪红色黏土发育而成的红壤具有"酸、黏、瘦、板、蚀"的特点，许多地方在开发利用时不注意水土保持，造成了严重水土流失。紫色土主要分布在赣南、赣东北及吉泰盆地丘陵地区，常与红壤交错分布成复区，肥力较高，但因土壤侵蚀严重，土层浅薄，基岩裸露。

江西省地带性植被的基本类型有针叶林、山地针叶林、常绿阔叶林、竹林、针阔混交林、常绿落叶阔叶混交林、落叶阔叶林等，生长茂盛，种属繁多，森林覆盖率 63.1%。但是，由于人们长期不合理的采伐利用，原生植被不断减少，发生逆向演替。现状植被主要是处于不同逆向演替阶段的次生群落，如荒草、灌丛和沙地植被以及人工营造或自然恢复的马尾松、杉木、油茶、毛竹林和次生林。

二、社会经济情况

(一)行政区划

截至 2018 年底，江西省土地总面积 16.69 万 km²，下辖 11 个设区市、11 个县级市，63 个县，26 个市辖区。江西省政区划分如图 3-12-1 所示。

图 3 - 12 - 1 　江西省政区图（审图号：赣 S[2020]076 号）

根据《江西省 2018 年国民经济和社会发展统计公报》（江西省统计局，2019），2018 年末，江西省常住人口 4647.6 万人，比上年末增加 25.5 万人。其中，城镇人口 2603.6 万人，占总人口的比重（常住人口城镇化率）为 56.0%，比上年末提高 1.4%。户籍人口城镇化率为 39.8%，比上年末提高 1.9%。全年出生人口 62.2 万人，出生率 13.43‰，比上年提高 0.36‰；死亡人口 28.1 万人，死亡率 6.06‰，下降 0.02‰；自然增长率 7.37‰，提高 0.43‰。

江西全省共 38 个民族，汉族人口最多，占总人口的 99% 以上。少数民族有回族、畲族、壮族、满族、苗族、瑶族、蒙古族、侗族、朝鲜族、土家族、布依族、白族、彝族、黎族、高山族、藏族、水族等 37 个。少数民族中畲族聚居，瑶族部分聚居,其他各少数民族均为散居性质。

2018年全年研究与试验发展(R&D)经费支出387.8亿元,占GDP的比重为1.4%,比上年提高0.12%。截至2018年末,江西省共有国家工程(技术)研究中心8个,省工程(技术)研究中心346个;国家级重点实验室5个,省级重点实验室181个。全年受理专利申请86001件,授权专利52819件;签订技术合同3024项,技术市场合同成交金额115.8亿元,其中,技术开发合同成交额41.2亿元,技术转让合同成交额12.6亿元(江西省统计局,2019)。

全年研究生教育招生1.5万人,在校生3.9万人,毕业生1.0万人。普通高等教育招生32.4万人,在校生105.4万人,毕业生31.1万人。成人高等教育招生7.4万人,在校生18.4万人,毕业生5.1万人。普通高中招生34.5万人,在校生100.8万人,毕业生30.5万人。中等职业教育招生12.3万人,在校生35.5万人,毕业生10.9万人。初中学校招生74.1万人,在校生207.0万人,毕业生57.6万人。普通小学招生70.2万人,在校生421.2万人,毕业生73.2万人。特殊教育在校生3.4万人。幼儿园在园幼儿161.3万人。各类民办学校10705所,各类民办学校在校学生200.8万人。小学毛入学率103.4%,初中阶段毛入学率114.9%,高中阶段教育毛入学率90.5%,普通高考录取率82.5%,高等教育毛入学率45.0%(江西省统计局,2019)。

(二)经济状况

2018年江西省实现地区生产总值(GDP)21984.8亿元,比上年增长8.7%。其中,第一产业增加值1877.3亿元,增长3.4%;第二产业增加值10250.2亿元,增长8.3%;第三产业增加值9857.2亿元,增长10.3%。三次产业结构为8.6:46.6:44.8。三次产业对GDP增长的贡献率分别为3.7%、48.2%、48.1%。人均生产总值47434元,比上年增长8.1%(江西省统计局,2019)。

2018年全年财政总收入3795.0亿元,比上年增长10.1%。其中,一般公共预算收入2373.3亿元,增长5.6%;税收收入占财政总收入的比重为81.3%,比上年提高2.5%(江西省统计局,2019)。

2018年,全省城镇居民人均可支配收入33819元,农村居民人均可支配收入14460元。城、乡居民消费恩格尔系数分别为30.0%、31.3%(江西省统计局,2019)。

（三）土地利用

根据 2017 年度土地利用变更数据,江西省土地总面积 1669.36 万 hm²。全省农用地面积 1441.63 万 hm²,占土地总面积的 86.36%;建设用地面积 130.09 万 hm²,占土地总面积的 7.79%;未利用地面积 97.65 万 hm²,占土地总面积的 5.85%。农用地中,耕地 308.81hm²、园地 32.10 万 hm²、林地 1031.28 万 hm²(其中有林地 891.96 万 hm²、灌木林地 12.17 万 hm²、其他林地 127.14 万 hm²)、牧草地 0.07 万 hm²、其他农用地 69.37 万 hm²。建设用地中,居民点及工矿用地 98.29 万 hm²、交通运输用地 11.57 万 hm²、水利设施用地 20.24 万 hm²。

1. 土地利用的特点

全省山地丘陵多、平原盆地少;土地利用结构类型多样,农用地比重高,农用地中林地比重大;土地利用呈一定的地域分布规律,耕地、城镇工矿用地等主要分布在平原、盆地、河谷地带及周边岗地与丘陵地区,林地、牧草地等主要分布在山地丘陵区域;土地利用程度和利用效益相对较高,土地利用效益的区域差异明显。

2. 土地利用存在的问题

人地矛盾突出,农用地特别是耕地保护的压力较大;建设用地供给与需求的矛盾非常突出;耕地后备资源开发利用的有效供给潜力有限;低效用地、粗放用地现象仍有发生,节约集约用地的总体水平不高,转变土地利用和管理方式的要求较为迫切;土地生态环境局部遭到污染和破坏。

第二节 水土流失概况

一、水土流失类型与成因

（一）水土流失类型

江西省是我国南方水土流失较为严重的省份之一,水土流失面积大,范围广,流失类型复杂多样,以水力侵蚀为主,兼有风力侵蚀和重力侵蚀。水力侵蚀分布于江西省各种母质土壤上;重力侵蚀主要发生在花岗岩、石灰岩、变质岩地区及江河、湖岸,主要以滑坡、崩塌、崩岗为主,其中崩岗主要分布在赣南山地丘陵区;风蚀主要分布于鄱阳湖滨湖地区和赣江、抚河、信江、饶河和修水五河尾间及两岸的沙丘地。

(二)水土流失成因

水土流失的发生和发展,是外营力的侵蚀作用大于土体抗蚀力的结果,受多种自然因素和人为因素的影响和制约。自然因素主要包括地质、地形、气候、植被和土壤及地面组成物质五个方面,人为因素指人类在社会生产活动中对引发或加剧水土流失的影响,主要包括陡坡开荒、乱砍滥伐、过度放牧、工矿建设等,是水土流失发生发展的外部条件和主导因素。它们对水土流失的影响各不相同,但又相互制约、相互影响。

1. 气候因素

气候因素是影响水土流失的主要外营力。在江西,降雨是气候因子中与水土流失关系最为密切的一个因子,也是水土流失发生的直接源动力。降雨一方面通过雨滴的击溅作用直接对地表产生剥蚀;另一方面又通过形成地表径流,对地表产生冲刷作用。

江西地处亚热带季风气候区,降水丰沛,多年平均降水量在 1400 ~ 2100mm。多年平均大雨日数 16 ~ 20d,暴雨日数 4 ~ 6d,特大暴雨日数 1d 左右。降水量在季节分布上很不均匀,10 月至翌年 2 月的降水量仅占全年降水量的 25% 左右,3—6 月份降水量约占全年的 55%,而且多以大雨、暴雨的形式出现,丰富的降雨和频繁的大、暴雨产生了强大的降雨侵蚀力,为水土流失的发生发展提供了强大的动力源。据在兴国县实地观测,4—6 月降雨量约占全年的 45%,而土壤侵蚀量却占全年的 66.8%。

2. 地质因素

地质因素是水土流失的内因和基础,主要以岩性和构造运动对水土流失影响较大。江西省山体主要岩性类型为花岗岩和变质岩,其中花岗岩风化强烈,风化壳深厚,一般可达 10 ~ 50m。石英砂粒含量高,黏粒较少,结构松散,孔隙度大,抗蚀能力弱,降雨时土壤水分易达到饱和并超过土壤塑限,加之重力作用,极易造成水土流失。全省丘陵地区岩石主要为花岗岩、砂岩、紫色页岩、泥岩等,因长期被垦殖,风化较快也易侵蚀。构造运动造成地表破碎滑塌,从而加剧水土流失。

3. 地形因素

地形地貌是影响水土流失的重要因素之一。地面坡度的大小、坡长、坡形和坡向、沟壑密度、山丘平原面积比等都对水土流失有很大的影响。一般地面坡度越大,径流流速越大,水土流失量也越大;在一定坡长范围内,坡长增加,水土流失量增大;沟壑密度、山丘平原面积比越大,表明地形越破碎,水土流失越严重。

江西地势周高中低,东、南、西三面环山,由边缘向中央、自南向北倾斜,构成一个以鄱阳湖为低洼中心、向北开口的凹形斜面。境内地形地貌复杂多样,低山、丘陵、岗阜与盆地交错分布,山地、丘陵面积约占全省土地总面积的78%,且山地坡度较大,如赣南地区16°以上的山地面积占75%以上。江西省山丘平原面积之比约为6.5∶1,加上河网密布,水系发达,沟壑密度大,这种特殊的地形特征强化了地表径流对土壤的冲刷作用,促进了水土流失的发生发展。

4. 土壤因素

土壤及地面组成物质是决定侵蚀过程和侵蚀强度的内部因素。土壤的抗侵蚀特性(如透水性、抗蚀性、抗冲性等)对水土流失有很大影响,是影响水土流失的直接指标。

江西土壤类型多样,主要有红壤、黄壤、山地黄棕壤、山地草甸土、紫色土、潮土、石灰土和水稻土等8个土类。红壤广泛分布在海拔600m以下的低山、丘陵和岗地上,是江西分布范围最广、面积最大的地带性土壤,约占全省土地面积的64.8%,其中,花岗岩发育的红壤,土层深达数米乃至数十米,石英含量高,土壤结构松散,如果地表缺少植被覆盖,在径流的冲刷下,极易产生严重的水土流失;泥质岩类红壤,抗蚀力弱,易风化剥蚀,而且有风化一层流失一层的特点;第四纪红黏土红壤,酸性大,黏性强,土壤孔隙度小,透水性差,易产生水土流失,形成"晴天一块铜,雨天一包脓"的现象;砂砾岩红壤区,成土速度慢,形成的红壤,质地疏松,漏水漏肥,且土层浅薄,遭受侵蚀后,常形成荒坡秃岭,局部地区甚至基岩裸露。

5. 植被因素

植被条件对土壤起着直接保护作用。地表植被一旦遭到破坏,水土流失就会加剧。植被影响水土流失的作用主要表现在:①植被冠层的截留作用,可以改变降水的性质,防止雨滴对地表土壤的击溅侵蚀。②植被的枯落物(枯枝落叶)及其所形成的物质可以改变地表径流的条件和性质,促进地表径流入渗。③植物根系具有直接固持土体的作用,可以增强土壤的抗蚀能力。可见,植被是一个影响水土流失的综合性控制因素,在一定程度上对水土流失的影响起着决定性作用。

江西森林覆盖率虽然高达63.1%,居全国第二位。但是,由于人们长期不合理的采伐利用,原生植被不断减少,现状植被主要是次生群落,如荒草、灌丛和沙地植被以及经人工营造或自然恢复的马尾松、湿地松、杉木、油茶和毛竹林等。在江西320万 hm² 人工林中,纯针叶林占97%,林相单一,林分结构不合理,这种林分不仅易发生病虫害和难以保持水土,同时纯针叶林的凋落物易使土壤进一步酸化,更不利于灌、草的生长,使地表失去植被的有效保护,水土流失严重,"远看青山在,近看水土流"的现象十分普遍。

6. 人为因素

人为活动作为水土流失发生发展的外部条件,具有双重作用。一方面可以通过合理的开发经营,实施各种水土保持综合防治措施等积极方式来抑制水土流失的发生发展;另一方面,不合理的人为活动将加剧水土流失的发生发展。人为活动影响水土流失的实质是通过积极或消极地改变微地貌、植被覆盖、土地利用、土壤理化性状等下垫面条件,从而引起水土流失的加剧或减弱。

在江西,人类经济活动加剧水土流失的原因主要表现在以下几个方面。

(1)乱砍滥伐

乱砍滥伐使森林遭到破坏,失去蓄水保土作用,并使地面裸露,直接遭受雨滴的击溅、流水冲刷和风力侵蚀,从而加速了水土流失的发生和发展。

(2)陡坡开发

陡坡农林开发不仅破坏了地表植被,且又翻动了土壤,改变了下垫面条件,降低了土壤的抗侵蚀能力。

(3)不合理的耕作方式

顺坡耕作使坡面径流也顺坡集中在犁沟里下泄,造成沟蚀,缺乏合理的轮作和施肥会破坏土壤的团粒结构和降低土壤的抗蚀性能。

(4)开发建设活动的影响

修路、采矿、工业园区、城市新区建设等对原地貌、土地和植被的扰动与破坏,以及生产建设过程中产生的大量弃土、弃石、弃渣,如不加以及时有效的防护,也将产生极为严重的人为水土流失。

二、水土流失现状及变化

(一)水土流失现状

根据《江西省水土保持公报(2018)》(江西省水利厅,2020),截至2018年底,江西省现有水力侵蚀面积24464.25km²,占土地总面积的14.64%。从水土流失强度看,轻度侵蚀 20736.30km²,中度侵蚀 2127.57km²,强烈侵蚀867.17km²,极强烈侵蚀552.89km²,剧烈侵蚀180.32km²(详见表3-12-1)。

表 3-12-1 江西省水力侵蚀现状

侵蚀强度	水力侵蚀面积(km²)	占全省土地总面积之百分比(%)	占全省水蚀总面积之百分比(%)
轻度侵蚀	20736.30	12.41	84.76
中度侵蚀	2127.57	1.27	8.70
强烈侵蚀	867.17	0.52	3.54
极强烈侵蚀	552.89	0.33	2.26
剧烈侵蚀	180.32	0.11	0.74
总计	24464.25	14.64	100.00

资料来源:《江西省水土保持规划(2016—2030年)》(江西省水利厅,2016a)。

根据《江西省水土保持规划(2016—2030年)》(江西省水利厅,2016),江西省风力侵蚀面积132.81km²,轻度侵蚀33.05km²,中度侵蚀42.81km²,强烈侵蚀48.96km²,极强烈侵蚀3.99km²,剧烈侵蚀4.00km²。风力侵蚀尽管不是江西的主要土壤侵蚀类型,其规模远不如水力侵蚀那么大,但在鄱阳湖滨湖风沙区及赣江、抚河、信江、饶河、修水五河尾闾等风力侵蚀多发地区,风力侵蚀的程度及其所造成的危害较为严重。由于风蚀比较集中连片,又在生产区附近,危害严重,一到冬季刮北风,会造成大面积的扬沙天气,严重的地方5m内看不见地物,并吞噬周边农田,给国家人民财产造成不可挽回的损失。

（二）水土流失发展变化

江西是山清水秀、林茂粮丰的鱼米之乡。初唐四杰之一的王勃在《滕王阁序》中曾赞誉江西是"物华天宝,人杰地灵"。然而,由于江西的自然地貌以山地丘陵为主,加上人多地少的生存矛盾突出,从明清时期开始,山地农业开发就给当地生态带来严重破坏,特别是赣南地区大量山地被开垦种植杂粮和经济作物,森林、草皮等原生植被遭到严重破坏。例如,清同治年间《兴国县志(卷1)》(清·崔国榜,1871)《土产》中描述兴国县,"自甲寅逆寇盘踞诸寨,肆行斫伐,迄今悉属童山";清康熙年间《续修赣州府志》(清·李德耀等,1684)说:"赣田地于江右为下下,非有平原旷野,阡陌相连。不过因两山之岈,岭麓之隙,聚土筑沙,稍储水而耕之,望之层层若阶级,即名为田。昔人所云,山到上头犹自耕者是也。十日不雨便已龟柝,撊撊一日暴注,则又冲决累坎……加以丙辰水灾,田土崩柝,仅存山骨,以故丙辰而后,民多徙居他邑,不复依恋故土"。

20 世纪 50 年代至 80 年代,江西的水土流失呈逐年扩大趋势,这一时期由于战争的创伤和对自然资源的掠夺性开发经营,引发洪涝灾害、水库淤塞、土地沙化,山林资源日渐匮乏,导致当地农民的生计问题更加艰难,而要解决生计又必须不断地开发山地,向自然索要资源,从而步入恶性循环,人为开垦成为当时江西水土流失的主导因素。据调查,江西省水土流失面积 20 世纪 50 年代初为 1.1 万 km²,60 年代为 1.8 万 km²,70 年代为 2.4 万 km²,80 年代初为 3.4 万 km²,80 年代末则达到最高为 4.62 万 km²。尤其是 20 世纪 80 年代,是江西水土流失迅猛发展的阶段,期间仅赣南地区水土流失面积已高达 1.2 万 km²,占其土地总面积的 30%,森林覆盖率仅为 43.6%,荒山面积近 1.0 万 km²。当时,世界著名水土保持专家、英国皇家学会佩雷拉·查理斯爵士到赣南实地考察后惊呼这里是"中国江南沙漠"。直到 20 世纪 90 年代中期,水土流失面积才得到遏制,变为 3.52 万 km²,2000 年降为 3.35 万 km²。根据《江西省水土保持规划(2016—2030 年)》(江西省水利厅,2016)成果,2011 年降为 2.66 万 km²,2018 年为 2.45 万 km²(如图 3 – 12 – 2 所示)。

从图 3 – 12 – 2 可以看出,江西省水土流失发展趋势呈现先增长后衰减的单峰型,从 20 世纪 50 年代到 80 年代末,一直呈上升趋势,至 80 年代末达到最高。进入 90 年代后,江西省水土流失面积迅速扩大的趋势得到有效的遏制,水土流失呈逐年减少趋势。从全省 11 个设区市的水土流失现状来看,水土流失面积占土地总面积的比例由大到小依次为赣州市 18.14%、景德镇市 15.16%、吉安市 15.04%、上饶市 14.99%、抚州市 14.66%、九江市 14.58%、鹰潭市 13.07%、新余市 12.92%、萍乡市 11.77%、宜春市 10.74%、南昌市 6.19%。

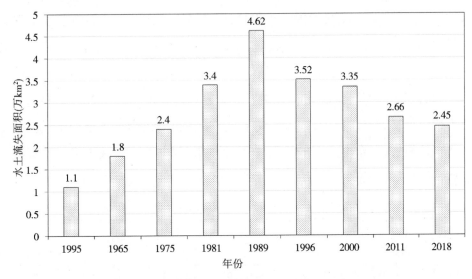

图 3 - 12 - 2　江西省水土流失变化(江西省水利厅,2016a)

通过综合防治,江西省重点地区水土流失治理成效显著,生态保护和修复初见成效,水土流失面积和强度逐年下降。全省水土流失面积降至 2018 年的 2.45 万 km²;强烈及以上侵蚀面积降至 2018 年的 0.16 万 km²(表 3 - 12 - 2)。水土流失区生态环境得到显著改善,全省森林覆盖率由 20 世纪 80 年代末的 36.9% 提高到 2018 年的 63.1%,农民人均纯收入由 1990 年的 669.90 元提高到 2018 年的 14460 元。同时,根据江西省水文局历年水沙资料分析,赣、抚、饶、信、修五大河流年径流量 1000 亿 m³,相对应的每年流入鄱阳湖的总沙量在 20 世纪 60 年代约为 1350 万 t,到 20 世纪 90 年代中期约为 880 万 t。根据近年鄱阳湖科考成果,随着水土保持生态环境建设以及"五河"中上游水利工程的完善,使 2001—2012 年鄱阳湖区泥沙由"淤积"状态转为"冲刷"之势,总体来看,随着 20 世纪 90 年代全省大规模水土流失防治的开展,水土流失面积和强度均呈逐渐下降趋势。分析原因主要有以下几方面:一是国家对水土保持生态环境建设高度重视,加大了水土流失综合治理资金的投入。1998 年以来,全省先后实施了国家水土保持重点建设工程、农业综合开发水土保持项目、坡耕地水土流失综合治理等国家水土保持重点工程,相关部门还实施了林业生态保护建设工程,农业生态环境保护工程、造地增粮富民工程等一批水土保持与生态环境保护建设的重点项目。仅"十二五"期间,全省完成10000km²水土流失综合防治面积,总投资24.93亿元。二是江西省各级政府加大了水土保持宣传力度,增强了人们的水土保持生态环境保护意识,提高了群众治理水土流失的积极性。三是《中华人民共和国水土保持法》颁布实施后,江西加强了水土保持监督执法工作,尤其是近年来,以查处大案要案为突破口,狠抓水土保持"三同时"制度和"三权一方案"的落实,从而大大减轻了人为水土流失的产生。四是以江西省水土保持科学研究院为代表的研究机构取得一批先进实用的水土保持科技成果得到推广应用,大大提高了水土流失治理的科技含量和质量。五是经济快速发展,群众生活水平的提高,生活能源结构的改善,减少了植被资源的破坏,促进了封禁管护治理质量和成效的提高,巩固了治理的成果。

表3-12-2   江西省各土壤侵蚀强度等级面积变化

年份	侵蚀总面积 (km²)	轻度侵蚀 (km²)	中度侵蚀 (km²)	强烈侵蚀 (km²)	极强烈侵蚀 (km²)	剧烈侵蚀 (km²)
1989	46153.00	24725.20	12879.60	6358.93	1566.20	623.13
1996	35224.09	13113.96	10395.24	7815.32	2368.77	1530.78
2000	33472.19	12296.27	10381.80	7526.54	2043.37	1224.21
2011	26629.68	14928.87	7600.47	3207.11	780.41	112.82
2018	24464.25	20736.30	2127.57	867.17	552.89	180.32

资料来源:《江西省水土保持规划(2016—2030年)》(江西省水利厅,2016a)。

三、水土流失危害

(一)破坏耕地资源,威胁粮食安全

水土资源是人类赖以生存的物质基础,是难于再生的宝贵资源。然而年复一年的水土流失,大量坡耕地的垦殖,使有限的土地资源遭受破坏,地形破碎,土层变薄,肥力降低,许多地方出现土壤退化、沙化,土地日益贫瘠。例如,新干县坡耕地每年随表土流失的全氮有444t、全磷126t、全钾5920t、有机质10794t。严重的水土流失加剧人口增长与土地资源退化的矛盾,直接威胁着"鱼米之乡"的粮食生产安全。

（二）淤塞江河湖库，威胁防洪安全

严重的水土流失使土壤地力急剧下降，植被破坏，土层逐渐变薄，甚至变成裸岩光山，大大降低了蓄水能力，同时，大量泥沙下泄，淤塞江河湖库，造成库容减少，河床抬高（李相玺，1994）。许多河段可以徒涉，不少水库淤积严重，这严重影响了江河湖库的行洪蓄洪能力，容易形成频繁的洪涝灾害，并使受灾的程度越来越严重，直接影响和威胁防洪安全。

（三）土壤沙化严重，威胁群众生计

一方面，沙地发生风蚀，使含有机质和养分的表土层流失，造成土壤肥力下降，土壤理化性状恶化，部分地区土壤有机质甚至丧失殆尽，土地生产力急剧衰退，直接威胁沙区群众生活。另一方面，在风沙危害严重的地区，沙埋农田，使之减产甚至绝收，许多农田因风沙毁种，粮食产量长期低而不稳。

（四）面源污染加剧，恶化水环境

水土流失不仅对土地资源造成破坏，而且携带含大量养分、重金属和化肥、农药的泥沙进入江河湖库，使水体富营养化，增大水体浊质，污染水体。据有关研究，水土流失已经成为氮、磷、钾污染的主要途径。水土流失严重的地方，往往土壤更为贫瘠，农民对化肥、农药的使用量更大，进入水体的各种污染物质也更多，形成恶性循环，直接威胁江河湖库的水环境。

（五）破坏生态环境，制约经济社会可持续发展

水土流失区一般都具有"四缺"（燃料缺、肥料缺、饲料缺、木材缺）、"三低"（粮食单产低、人均收入低、生活水平低）、一慢（生产发展慢）的社会经济特征。严重的水土流失，使得生态环境受到破坏，生产条件恶劣，土地退化日趋严重，旱涝灾害频繁发生，农业产量低而不稳，农民收入长期在低水平徘徊。水土流失"流走的是水土，留下的是贫困"。据调查，水土流失面积较大的鄱阳县2008年农民人均纯收入2453元，比全省平均水平低2244元；余干县2008年农民人均纯收入2489元，比全省平均水平低2208元。可见，水土流失不仅使生态环境恶化，而且直接制约着经济社会的发展。

第三节 水土流失预防与监督

一、水土流失预防保护

(一)预防保护范围与对象

在江西全省所有陆地范围实施全面预防保护,总面积为158503km^2(扣除水库水面、河流水面、湖泊水面和内陆滩涂),从源头上有效控制水土流失。以"一湖六源"(鄱阳湖、五河源头、东江源)预防保护为抓手,积极推进水源保护区、重要饮用水水源地、河流两岸、湖泊和水库周边等重点区域的预防保护工作,重点预防保护总面积为14000km^2(表3-12-3)。

(二)预防保护措施与配置

1.预防保护措施

包括封育保护、林分改造、植物过滤带、农村新能源和农村环境整治。封育保护主要是对国家级和省级水土流失重点预防区、水源保护区、重要饮用水水源地、重要生态功能区、水库、湖泊、自然保护区、风景名胜区、森林公园和水土流失治理成果区的林地,划定封禁区域及边界,制订封禁办法,落实管护人员,实施封育保护,确保植被自然恢复。林分改造主要是在封育之前,对部分林地进行林分改造,通过人工植苗改善原有林木单一结构或采取补种补植方式,改善林分状况,增强森林生态功能。植物过滤带主要是针对饮用水水源地、水库、湖泊实施,通过滨岸带种植各种植物,实现水质净化的目的。农村新能源主要是为保证封育效果,改善农村能源结构。在具备条件的农村,积极推广农村经济适用型太阳能热水器和沼气池的建设。农村环境整治主要是结合新农村建设和农村清洁工程,沿村道埋设污水管道收集生活污水,建立农村小型污水处理设施。加强农村保洁员队伍建设,建立"户集、村收、乡运、县处理"的农村生活垃圾处理机制;加强村庄"四旁林"建设。

2. 措施配置

江河源头和水源涵养区要突出封育保护和水源涵养植被建设;重点饮用水水源地保护应以生态清洁小流域建设为主,突出水系整治、植物过滤带、沼气池、农村垃圾和污水处置设施及其他面源污染控制措施。重点预防区突出生态修复、生态移民、局部区域水土流失的治理措施。

(三)重点预防项目

遵循优先安排江河源头、重要饮用水水源地、重要生态功能区以及鄱阳湖生态经济区预防保护工程的原则,规划完成重点预防保护面积 14000.00km² (表 3 - 12 - 3)。

表 3 - 12 - 3　重点预防项目

项目名称	主要内容
"五河"及东江源头预防保护工程	根据《江西省水土保持生态修复规划(2006—2020 年)》,林分改造面积按照预防保护重点范围林草地面积的 20% 比例安排;每个村或林场按照 2 口联户 50m³ 沼气池安排农村能源替代任务。通过预防保护管理措施和技术措施,规划完成重点预防保护任务 3195km²,其中近期(2016—2020 年)完成面积 2547km²,远期(2021—2030 年)完成面积 648km²
重要饮用水水源地预防保护工程	根据《江西省城市饮用水水源地安全保障规划》《江西省河湖大典》和《江西省主体功能区规划》,24 座大中型湖库型重要饮用水源水库和 21 座大型水库(不含饮用水源地 9 座大型水库)库周 2000m 宽的陆域集雨区范围作为重点范围。实施涵养水源的水土保持林建设,对水库周边 2000m 宽的陆域集雨区范围内的低效林分、宜林荒山、采伐迹地、疏林地等,进行林分改造,根据《江西省水土保持生态修复规划(2006—2020 年)》,林分改造面积按照林草地面积的 15% 比例安排,对植被稀疏的滨水 20m 宽的地带修建植物隔离带,而后对该范围实施封育保护。规划完成重点预防保护任务 1663km²,其中近期(2016—2020 年)完成面积 425km²,远期(2021—2030 年)完成面积 1238km²
鄱阳湖区预防保护工程	依据《饮用水水源保护区划分技术规范》,对鄱阳湖周边 3000m 以及鄱阳湖以外的大型湖泊 2000m 宽的陆域集雨区范围内的低效林分、宜林荒山、采伐迹地、疏林地等,进行林分改造(根据《江西省水土保持生态修复规划》,林分改造面积按照林草地面积的 5% 比例安排),对植被稀疏的滨水 30(20)m 宽的地带修建植物隔离带,而后对该范

项目名称	主要内容
	围实施封育保护。通过预防保护管理措施和技术措施,规划完成重点预防保护任务 3988km², 近期(2016—2020 年)完成面积 1852km², 远期(2021—2030 年)完成面积 2136km²
重要生态功能区预防保护工程	重要生态功能区预防规划范围包括国家级、省级重点生态功能区和国家级自然保护区、风景名胜区、森林公园、地质公园和世界文化遗产地。在重点生态功能区中,对国家级、省级预防保护区内的重要生态功能区、生态敏感区域实施林分改造(林分改造面积按照林草地面积的 5% 比例安排),而后对林地实施封育保护。规划完成重点预防保护任务 5154km², 其中近期(2016—2020 年)完成面积 976km², 远期(2021—2030 年)完成面积 4178km²

资料来源:《江西省水土保持规划(2016—2030 年)》(江西省水利厅,2016a)。

二、水土保持监督管理

(一)制度体系

《中华人民共和国水土保持法》颁布以来,江西省先后出台了《关于加强水土保持工作的通知》《江西省实施〈中华人民共和国水土保持法〉办法》等一系列法规和规范性文件。全省 100 个县(市、区)均已颁布和制订了地方性的配套文件,为水土保持工作走上依法防治的轨道奠定了基础。

1. 地方性法规

(1)《江西省实施〈中华人民共和国水土保持法〉办法》

1994 年 4 月 16 日,江西省第八届人民代表大会常务委员会第八次会议通过并颁布了《江西省实施〈中华人民共和国水土保持法〉办法》,1996 年 12 月 20 日江西省第八届人民代表大会常务委员会第二十五次会议第一次修正,2010 年 9 月 17 日江西省第十一届人民代表大会常务委员会第十八次会议第二次修正,2012 年 7 月 26 日江西省第十一届人民代表大会常务委员会第三十二次会议再次修订。此次修订后的实施办法,在 1994 年颁布的原实施办法基础上,依据新《中华人民共和国水土保持法》,结合江西省的具体情况作出了补充和细化。新修订的《江西省实施〈中华人民共和国水土保持法〉办法》设总则、规划、预防、治理、监测和监督、法律责任、附则等七章四十五条,有着显著的特点:一是在《总则》中的水土保持方针后,增加了"谁开发利用水土资源谁负责保护、谁造成水土流失谁负责治理的原则",强化了各级人民政府的水土保持主体责任,明确了部门职责;二是提高了水土保持规划的法律地位,新修订的《办法》专门增加了"规划"一章;三是强化了水土保持监督管理职能和水土保持监测制度,完善了投入保障机制;四是在"规划"一章中,增加了工业园区建设、农业开发、果业开发等三类规划的水土流失防治对策和措施要求;五是在"预防"一章中,对禁垦坡度、禁垦范围及有关水土保持措施作出了细化规定;六是针对江西降水量大、洪水灾害严重的情况,在"治理"一章中规定了"对废弃的砂、石、土、矿石、尾矿、废渣等存放地,应当采取拦挡、坡面防护、防洪排导等措施,对废弃的砂、石、土、矿石、尾矿、废渣等,应当尽量安排在非汛期予以处理";七是对部分法律责任条款进行了细化。

(2)《江西省采石取土管理办法》

《江西省采石取土管理办法》于2006年9月22日经江西省第十届人民代表大会常务委员会第二十三次会议通过,2006年11月1日实施。该办法明确规定:采石取土企业必须依法做好环境保护、水土保持和安全生产工作,减少环境破坏,防止发生水土流失和安全生产事故,采石取土场的水土保持设施必须与主体工程同时设计、同时施工、同时投入使用。废渣、剥离的泥土不得向江河、湖泊、水库、沟渠倾倒,必须在建有挡土墙的地方存放。

2. 规范性文件

《中华人民共和国水土保持法》颁布实施后,为了加强监督管理、严格依法行政,国务院出台了《中华人民共和国水土保持法实施条例》等行政法规,省(市、自治区)政府和水利部制订颁布了相应的地方性法规、部门规章及配套的规范性文件。江西省出台的规范性文件主要有:①江西省人民政府于1994年4月15日印发《关于加强水土保持工作的通知》(赣府发〔1994〕24号)。②江西省计委、江西省水利厅于1994年6月29日印发《关于生产建设项目申报水土保持方案的通知》(赣计农字〔1994〕43号、赣水水保字〔1994〕014号)。③江西省物价局、财政厅、水利厅于1995年5月19日印发《江西省水土保持设施补偿费、水土流失防治费的收费标准和使用管理办法》(赣价费字〔1995〕37号、赣财综字〔1995〕69号、赣水水保字〔1995〕008号)。④江西省水利厅于1996年8月2日印发《关于加强水利水电基建工程水土保持工作的通知》(赣水水保字〔1996〕013号)。⑤江西省水利厅于1997年4月29日印发《关于水土保持方案编报审批的有关规定》(赣水水保字〔1997〕013号)。⑥江西省计委、省环保局、省水利厅于 2000 年 5 月 10 日联合印发《江西省建设项目水土保持方案编报及落实水土保持"三同时"制度管理规定》(赣计投资字〔2000〕33 号)等。设区市也相应地制订了水土保持办法、城市水土保持暂行规定,划分并公告了水土流失重点防治区。县级政府也重新颁布了水土保持法实施细则,制订了一系列规章制度,主要有《开发建设项目水土保持方案审批管理制度》《水土保持违法行为举报及查处制度》《水土保持监督检查制度》《水土保持收费管理制度》《开发建设项目水土保持设施竣工验收制度》等配套制度,这些规章、制度的建立构成了江西省水土保持监督执法较为健全的法规政策体系。

(二)监管能力

在水利部统一部署下,经过 1999 年至 2001 年的全国水土保持监督管理规范化建设,及 2009 年至 2011 年水土保持监督管理能力建设,江西省水土保持监督能力明显加强,建立健全了省、市、县三级监督执法机构,水土流失重点乡镇成立了监督管理服务站。据统计,截至 2018 年底,全省省市县三级共有水土保持监督管理机构 125 个,全省监管人员 617 人,其中省本级共 40 人,11 个设区市共 54 人,县级人员共 523 人,赣州市各县在水土保持监督大队下还分别设立了中队,有专门的办公场所、配备了必要的通信、照相、录音、摄像和执法记录仪等执法取证设备,部分市、县购置了无人机等现代执法设备,形成了较为健全的水土保持监督管理网络体系。

(三)生产建设项目监督管理

近年来,江西省水土保持工作以推进新《中华人民共和国水土保持法》和《江西省实施〈中华人民共和国水土保持法〉办法》为契机,加大配套制度建设,进一步强化了水土保持监督管理和依法行政;以放管服改革为抓手,进一步加大水土保持监督管理权限下放力度,加快推进水土保持监测与信息化,积极推行"双随机一公开"监督检查和"天地一体化"监管,不断加强事中事后监管。

1. 水土保持监督管理规范化建设取得新成效

2016 年开展了全省贯彻落实水利部《关于强化依法行政进一步规范生产建设项目水土保持监督管理工作的通知》(办水保〔2016〕21 号)专项检查,有效推进水土保持监督检查和行政审批程序进一步规范以及生产建设单位水土流失防治主体责任全面落实;完善监督管理制度,印发了《江西省生产建设项目水土保持监督检查办法》《江西省水利厅关于规范编制水土保持方案报告表生产建设项目水土保持设施自主验收程序的通知》等相关管理制度;贯彻落实《江西省人民政府关于进一步精简省级行政权力事项的决定》(赣府发〔2018〕1号),进一步做好水土保持"放管服"工作,进一步加大了下放力度,将征占地面积100hm²以下或者挖填土石方总量100万 m³以下项目的水土保持行政许可权限下放到各设区市和省直管试点县,进一步加强了属地管理;依法依规开展水土保持行政审批及验收备案,2016至今,全省省市县三级共审批生产建设项目水土保持方案2500余个,开展水土保持设施验收600余项,通过方案审批验收、审批(备案)及事中事后监管,督促项目建设单位按照批复的水土保持方案落实好各项水土保持措施,人为水土流失得到有效控制。

2.水土保持监督执法有效加强

加强与各设区市、县(市、区)水土保持执法部门的沟通联系,及时了解生产建设项目水土保持方案编报情况,形成上下共享的水土保持信息化机制;加强事中事后监督,加大水土保持监督执法力度,完善联合执法检查、回访检查机制;大力推进监督检查程序化管理,确保有序监管、有据监督、有迹可循;积极开展"双随机一公开"监督检查,2017年初,印发了《水土保持监督检查"双随机一公开"工作实施方案》,明确了"双随机一公开"监督检查的方式、方法及检查内容、频次要求,江西省省、市、县对生产建设项目均已实施了水土保持"双随机一公开"监督检查,取得较好效果;加强日常监督检查工作,据统计,2016年至今,全省共开展生产建设项目水土保持监督检查9000余次,检查生产建设项目7000余个,查处水土保持违法案件200余起,促进了生产建设项目水土保持"三同时"制度更好地落实,有效地防止了新增水土流失。

3.加强培训促使水土保持监督管理和执法能力建设有效强化

2016年,举办了全省县(市、区)政府分管领导水土保持法专题培训、全省水土保持审批暨水土保持事中事后监督管理培训班;2017年开展了水土保持"天地一体化"监管技术和无人机运用技术及操作专题培训;2016—2018年每年举办两期全省水土保持监督执法能力培训班。上述工作有效地促进了水土保持执法工作规范化水平提升。

三、水土保持区划与水土流失重点防治区

（一）水土保持区划

1.水土保持分区

在《全国水土保持区划（试行）》（水利部，2012）中，江西省属于南方红壤一级区，并划分为江南山地丘陵区和南岭山地丘陵区2个二级区和7个三级区。除赣中低山丘陵土壤保持区内略有差异外，其余各三级区内各县（市、区）气象、地形地貌、水土流失特点、水土流失防治等没有明显的区域差异，因此不再进行四级区划。根据《全国水土保持区划（试行）》（水利部，2012），《江西省水土保持规划（2016—2030年）》（江西省水利厅，2016）直接采用全国水土保持区划三级区划成果作为全省水土保持区划范围，将江西省划分为7个三级区（图3-12-3，图3-12-4）。

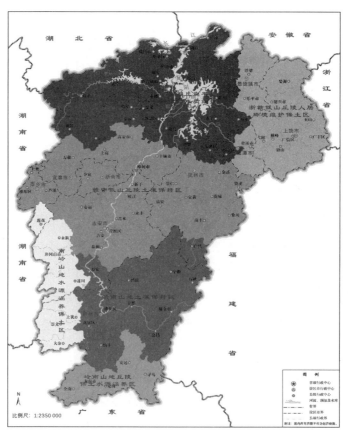

图3-12-3 江西省水土保持区划图（江西省水利厅，2016a）

表3-12-4　江西省水土保持区划

一级区代码及名称	二级区代码及名称	三级区代码及名称	行政范围
V 南方红壤区（南方山地丘陵区）	V-4 江南山地丘陵区	V-4-2rt 浙赣低山丘陵人居环境维护保土区	信州区、上饶县、广丰区、玉山县、铅山县、横峰县、弋阳县、婺源县、德兴市、贵溪市、昌江区、珠山区、浮梁县、乐平市，共14个县（市、区）
		V-4-3ns 鄱阳湖丘岗平原农田防护水质维护区	东湖区、西湖区、青云谱区、湾里区、青山湖区、南昌县、新建区、安义县、进贤县、濂溪区、浔阳区、共青城市、柴桑区、永修县、德安县、庐山市、都昌县、湖口县、彭泽县、鹰潭市月湖区、余江区、东乡县、余干县、鄱阳县、万年县，共25个县（市、区）
		V-4-4tw 幕阜山九岭山山地丘陵保土生态维护区	武宁县、修水县、瑞昌市、奉新县、宜丰县、靖安县、铜鼓县，共7个县（市、区）
		V-4-5t 赣中低山丘陵土壤保持区	安源区、湘东区、上栗县、芦溪县、渝水区、分宜县、袁州区、万载县、上高县、丰城市、樟树市、高安市、临川区、南城县、黎川县、南丰县、崇仁县、乐安县、宜黄县、金溪县、资溪县、吉州区、青原区、吉安县、吉水县、峡江县、新干县、永丰县、泰和县、安福县，共30个县（市、区）
		V-4-8t 赣南山地土壤保持区	章贡区、赣县区、信丰县、宁都县、于都县、兴国县、会昌县、石城县、瑞金市、南康区、广昌县、万安县，共12个县（市、区）
	V-6 南岭山地丘陵区	V-6-1ht 南岭山地水源涵养保土区	大余县、上犹县、崇义县、莲花县、遂川县、井冈山市、永新县，共7个县（市、区）
		V-6-2th 岭南山地丘陵保土水源涵养区	安远县、龙南县、定南县、全南县、寻乌县，共5个县（市、区）

资料来源：《江西省水土保持规划（2016—2030年）》（江西省水利厅，2016a）。

（1）浙赣低山丘陵人居环境维护保土区

该区水土流失以水蚀为主，风蚀面积较少。水蚀面积3639.53km²，占该区土地总面积的15.92%，以轻度侵蚀为主，轻度侵蚀面积占土壤侵蚀面积的51.09%。局部有崩岗分布。根据2011年第一次全国水利普查江西省水土保持专项普查成果，该区水土流失程度相比2000年有所降低，但分布依然广泛，常见于裸岩地、果园、坡耕地等，特别是在红砂岩裸岩地区水土流失程度剧烈，恢复极为困难，矿产资源开发、工业园建设等为新增水土流失较为严重的区域。

（2）鄱阳湖丘岗平原农田防护水质维护区

该区水土流失以水蚀为主，局部有风蚀，重力侵蚀分布较少。坡耕地是水土流失的主要源地，在鄱阳湖滨湖地区和"五河"尾闾地区还分布有大量的风蚀沙地。该区有水蚀面积3312.37km²，占该区土地总面积的12.40%，以轻度侵蚀为主，轻度侵蚀占51.87%；风蚀面积110.26km²，占全省风蚀面积的83.02%，是江西风蚀最主要的分布区域。水土流失程度和强度相比2000年有所降低，但分布依然广泛，常见于坡耕地、开发建设区域、风蚀沙地、老果园等。

（3）幕阜山九岭山山地丘陵保土生态维护区

该区水土流失以水蚀为主，水蚀面积2446.46km²，占该区土地总面积的15.35%，其中轻度侵蚀占63.89%。局部有崩岗分布。侵蚀程度虽然以轻度为主，但分布广泛，常见于坡耕地、陡坡风化花岗岩区、林区三近（近路、近村、近水）、过伐区以及工矿、修路等开发建设区域。

（4）赣中低山丘陵土壤保持区

该区水土流失以水蚀为主，水蚀面积7054.19km²，占该区土地总面积的13.92%，其中轻度侵蚀占62.25%。局部有崩岗分布。侵蚀程度虽然较轻，但分布广泛，常见于坡耕地、农林开发区，以及公路、采矿、城建等开发建设区域。

（5）赣南山地土壤保持区

该区水土流失以水蚀为主，水蚀面积6232.60km²，占该区土地总面积的21.71%，以中度及以上侵蚀为主，中度及以上侵蚀占50.69%。分布崩岗较多。根据2011年第一次全国水利普查江西省水土保持专项普查成果，该区水土流失程度相比2000年有所降低，但分布依然广泛，常见于林下、废弃矿地、老果园、坡耕地、崩岗等。特别是赣州市水土流失主要分布在赣江源头的贡水、章水流域和东江源头的九曲河、寻乌河流域，这些区域多为人口密集区和农业生产区。

（6）南岭山地水源涵养保土区

该区水土流失以水蚀为主，水蚀面积2177.74km^2，占该区土地总面积的17.10%，其中轻度侵蚀面积占62.77%。局部有崩岗分布。该区水土流失总体较轻但局部严重，公路、采矿、城建、农林开发等也造成了不同程度的水土流失。

（7）岭南山地丘陵保土水源涵养区

该区水土流失以水蚀为主，水蚀面积1633.98km^2，占该区土地总面积的17.75%。以轻度侵蚀为主，轻度侵蚀面积占56.55%。局部有崩岗分布。虽经过多年的水土流失治理工作，但是水土流失分布依然很广，普遍存在于林下、传统果园、废弃矿山地等。

2.各分区水土保持功能

水土保持功能是水土保持区划的重要内容，主要体现在区域单元内生态环境特点和水土保持设施所发挥或蕴藏的有利于保护水土资源、防灾减灾、改善生态、促进社会经济发展等方面的作用（赵岩等，2013）。水土保持功能包括水土保持基础功能和社会经济功能。水土保持基础功能是指在水土流失防治、维护水土资源和提高土地生产力方面所发挥的直接作用或效能。水土保持社会经济功能是水土保持基础功能的延伸，指水土保持对社会经济发展起到的作用，包括生产功能和保护功能。水土保持主导功能作为定位和划分三级区的基础，也是确立区域单元水土保持发展方向的关键（赵岩等，2013）。

（1）浙赣低山丘陵人居环境维护保土区

水土保持主导基础功能是人居环境维护和土壤保持；水土保持社会经济功能包括粮食生产、综合农业生产、林业生产、河湖源区保护、水源地保护、自然景观保护、生物多样性保护和土地生产力保护等。

（2）鄱阳湖丘岗平原农田防护水质维护区

水土保持主导基础功能是农田防护、水质维护；水土保持社会经济功能包括粮食生产、综合农业生产、林业生产、湖区保护、水源地保护、自然景观保护、候鸟及鱼类保护、土地生产力保护和风蚀区、洪涝区人居保护等。

（3）幕阜山九岭山山地丘陵保土生态维护区

水土保持主导基础功能是土壤保持、生态维护；水土保持社会经济功能包括粮食生产、综合农业生产、林业生产、河湖区保护、水源地保护、生物多样性保护、土地生产力保护等。

（4）赣中低山丘陵土壤保持区

水土保持主导基础功能是土壤保持；水土保持社会经济功能包括粮食生产、综合农业生产、林业生产、牧业生产、河湖区保护、水源地保护、生物多样性保护、土地生产力保护等。

（5）赣南山地土壤保持区

水土保持主导基础功能是土壤保持；水土保持社会经济功能包括粮食生产、综合农业生产、林业生产、牧业生产、河湖源区保护、水源地保护、生物多样性保护、土地生产力保护等。

（6）南岭山地水源涵养保土区

水土保持主导基础功能是水源涵养、土壤保持；水土保持社会经济功能包括综合农业生产、林业生产、牧业生产、河源区保护、水源地保护、自然景观保护、生物多样性保护、土地生产力保护等。

（7）岭南山地丘陵保土水源涵养区

水土保持主导基础功能是土壤保持、水源涵养；水土保持社会经济功能包括综合农业生产、林业生产、水源地保护、河源区保护、土地生产力保护、生物多样性保护等。

（二）水土流失重点防治区

根据《江西省水土保持规划（2016—2030年）》成果，江西省共复核划分了10个省级水土流失重点防治区（江西省水利厅，2016）。范围涉及35个县（市），土地总面积66442.1km²，重点防治区范围内水力侵蚀面积共计9634.05km²，占土地总面积的14.50%，中度以上水土流失面积占全省的41.59%。省级水土流失重点预防区4个，分别为：浙赣低山丘陵、幕阜山九岭山山地丘陵、赣中低山丘陵和南岭山地省级水土流失重点预防区，土地面积28964.3km²，水力侵蚀面积2959.32km²，占土地总面积的10.22%，中度以上水土流失面积比为34.20%，涉及15个县（市）和《江西省主体功能区规划》（江西省人民政府，2013）确定的禁止开发区域。省级重点治理区6个，分别为：浙赣低山丘陵、鄱阳湖丘岗平原、幕阜山九岭山山地丘陵、赣中低山丘陵、南岭山地和岭南山地丘陵省级水土流失重点治理区，土地面积37477.8km²，水力侵蚀面积6674.73km²，占土地总面积的17.81%，中度以上水土流失面积比为

44.86%,涉及20个县(市)(见图3-12-4,表3-12-5)。

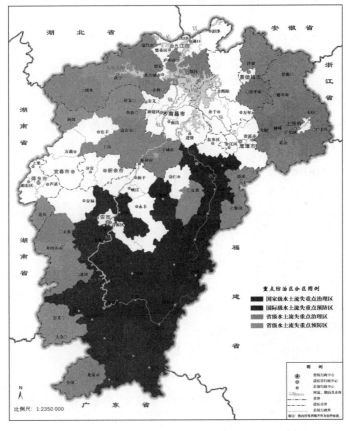

图3-12-4 江西省水土流失重点防治区划分图(江西省水利厅,2016a)

表3-12-5 江西省省级水土流失重点防治区复核划分

重点防治区类型	重点防治区名称	县(市、区)数量	涉及县(市、区)名称	防治区范围土地总面积(km²)
省级水土流失重点预防区	浙赣低山丘陵省级水土流失重点预防区	4	婺源县、德兴市、浮梁县、铅山县	10085.5
	幕阜山九岭山山地丘陵省级水土流失重点预防区	4	武宁县、靖安县、铜鼓县、奉新县	8081.1
	赣中低山丘陵省级水土流失重点预防区	3	黎川县、宜黄县、资溪县	4894.1
	南岭山地省级水土流失重点预防区	4	大余县、崇义县、莲花县、井冈山市	5911.5
	重点预防区小计	15		28972.2

重点防治区类型	重点防治区名称	县(市、区)数量	涉及县(市、区)名称	防治区范围土地总面积(km²)
省级水土流失重点治理区	浙赣低山丘陵省级水土流失重点治理区	6	上饶县、广丰区、玉山县、横峰县、弋阳县、乐平市	9548.6
	鄱阳湖丘岗平原省级水土流失重点治理区	5	永修县、德安县、瑞昌市、庐山市、都昌县	7174.2
	幕阜山九岭山山地丘陵省级水土流失重点治理区	1	修水县	4502.5
	赣中低山丘陵省级水土流失重点治理区	4	上高县、丰城市、樟树市、高安市	7902.3
	南岭山地省级水土流失重点治理区	2	遂川县、永新县	5282.0
	岭南山地丘陵省级水土流失重点治理区	2	全南县、龙南县	3180.8
	重点治理区小计	20		37590.4
	合计	35		66562.6

资料来源:《江西省水土保持规划(2016—2030年)》(江西省水利厅,2016a)。

四、水土保持规划

为贯彻落实《中华人民共和国水土保持法》,适应新时期国家生态文明建设的战略要求,2011年水利部下发了《关于开展全国水土保持规划编制工作的通知》(水规计〔2011〕224号),决定在全国范围内开展水土保持规划编制工作,同时要求编制省级水土保持规划。

按照《中华人民共和国水土保持法》和水利部的要求,由江西省水利厅主持,会同江西省发改委、财政厅、国土资源厅、农业厅、环保厅、林业厅以及各设区市水利(水务)局、赣州市水土保持局等有关部门成立了《江西省水土保持规划(2016—2030年)》编制工作领导小组,并委托江西省水土保持科学研究院承担江西省水土保持规划编制任务。2013年12月16日,江西省水利厅在南昌市主持召开了《江西省水土保持规划技术大纲》审查会,确定了规划的技术路线与方案;2014年12月1日江西省水利厅在南昌市主持召开了《江西省省级水土流失重点防治区复核划分方案》专题审查会,为规划的完成奠定了良好基础;2015 年 9 月 30 日完成了《江西省水土保持规划(2016—2030 年)》技术审查。2016 年 12 月 8 日,江西省人民政府以赣府字〔2016〕96 号印发《江西省人民政府关于江西省水土保持规划(2016—2030 年)的批复》,原则同意《江西省水土保持规划(2016—2030 年)》印发实施。

规划范围为江西省所辖行政区域,共 11 个设区市 100 个县(市、区)。现有水土流失面积 26629.68km²,占土地面积的 15.95%。其中水力侵蚀 26496.87km²,风力侵蚀 132.81km²。规划基准年为 2015 年,规划近期水平年为 2020 年,远期水平年为 2030 年。规划系统分析了全省水土流失及其防治现状,总结了水土保持经验与成效,以水土保持区划为基础,以促进生态与经济协调发展为主线,对全省水土保持工作进行系统全面规划,明确今后一段时期水土保持的目标、任务、布局和对策措施,促进水土资源的可持续利用与生态环境的可持续维护,为江西绿色崛起、建设全国生态文明试验区提供支撑和保障。

规划整体以县为基本单元开展,基础资料来源于第一次全国水利普查成果、国家和地方已公布的经济社会统计年鉴,土地利用基础资料采用江西省国土资源厅 2015 年度土地利用变更调查成果,衔接和协调了发改、水利、国土、环保、农业、林业等部门的相关规划成果。

规划系统科学地划分了江西省省级水土流失重点防治区;提出了全省水土保持工作“一湖六源七片”总体战略布局,明确了水土保持目标与任务。规划期内(2016—2030 年)完成水土流失综合防治面积 29100km²,其中:重点预防保护面积 14000km²,综合治理面积 15100km²。规划近期(2016—2020 年)完成综合防治面积 10000km²,其中重点预防保护面积 5800km²,综合治理面积 4200km²;规划远期(2021—2030 年)完成综合防治面积 19100km²,其中重点预防保护面积 8200km²,综合治理面积 10900km²。

第四节　水土流失综合治理

一、水土流失综合治理沿革

江西防治水土流失历史悠久,据史籍记载,从战国始,因铁具日趋普及,对森林植被破坏不断加剧,水土流失日益明显,水土保持工作也相应得到发展。中华人民共和国成立前,江西历代不少地方官吏立牌禁山,开展了水土流失防治,至少在唐代江西就有大范围利用修筑梯田来防治水土流失的实践。明万历二十八年(1600年),赵应壁奏章:"……本省德兴、玉山等县地方……遍布大木森肥……于本山……立牌封禁,蓄养此木数百年。"清雍正八年(1730年),南康知府董文伟"诚固沙之良法",奏清抚军,发币千金,购蔓荆百担,遍植沙山(原星子县蓼花等乡镇的沙山)及沟旁,禁民采割。几年后,茎枝交错,覆盖沙地,"人食其惠"。1930年5月,毛泽东在寻乌调查时,发现当地山林制度有"通常一姓的山,都管在公堂之手,周围五六里之内,用的公禁公采制度……"等记载。几千年来,江西民众在水土流失防治中,创造了一些行之有效的措施,积累了宝贵经验。但是,真正有领导、有组织、有计划地开展水土保持工作还是始于中华人民共和国成立后的20世纪50年代初。中华人民共和国成立后,江西省水土流失综合治理总体可分为以下四个发展阶段(何长高等,2017)。

(一)起步阶段(20世纪50—70年代)

20世纪50年代初,为了加强对全省水土保持工作的领导,江西省委省政府批准成立了由副省长任主任的江西省水土保持委员会,并在水土流失严重的典型县建立了一批水土保持试验站。一方面在每年冬春兴修水利时组织群众开展水土流失治理;另一方面积极研究和探索水土流失规律和治理措施,用以指导全省广泛地开展水土流失治理工作(傅国儒等,1999)。1956年江西省人民委员会批准了省水保委《关于开荒与铲草皮中应注意防止水土冲刷的报告》,1958年10月和1963年10月省委、省人委又分别发布了《关于防止乱砍乱伐的指示》和《关于大力垦修油茶山和做好茶籽采摘工作的指示》。1964年1月,省水利厅制订的《江西省1965～1970年水利发展轮廓规划》对水土保持工作也作了规划安排。为进一步推进水土保持工作,1963年5月23日,省人委作出了《关于加强全省各级水土保持委员会的决定》,确定24个县为治理重点,加强了机构建设,明确相关部门职责。1960年12月,赣南水土保持研究所成立。1964年3月,省人委决定成立江西省水土保持研究所。1965年2—3月省水保委召开全省水土保持现场会,系统地总结了经验,提出了治理原则和治理措施。党中央、国务院对江西水土保持工作也高度重视并给予大力支持。1963年,在全国农业科技会议上,谭震林指示:"江西应作为南方水土保持的重点"。1963年和1964年国务院两次批准江西建立共700人的水土保持专业队。1964年李先念、邓小平、李富春、谭震林等领导同意从内务部救济费中连续5年每年拨出专款200万元支持赣南水土保持工作,然而实际上此项经费使用了10年。1958年,苏联专家札斯拉夫斯基到赣南等地考察水土流失,在南昌举行了学术交流座谈会。1964年中科院联合省科技委,组织19个单位79人历时半年对赣南山地利用与水土保持进行科学考察,摸清了山地利用、土壤侵蚀与水土保持情况,形成考察报告。由此各级水土保持机构相继建立,队伍不断发展壮大,水土流失治理由50年代试验示范为主发展到点面结合,树立了一批水土流失治理典型(傅国儒等,1999)。之后,全省水土流失治理工作因种种原因停滞,到70年代才逐步恢复。

(二)持续推进阶段(20世纪80—90年代)

1979年4月赣州地区水电局制订了《小流域水土流失综合治理试行办法》,同年水利部农水局将该《办法》转发给全国水利水保部门。1980年全国小流域治理会议以后,江西省梳理了水土流失治理的情况,分析了分散治理的不足,决定把水土流失由分散治理转到以小流域为单元进行集中综合治理上来(刘政民,1991)。1980年10月英国皇家学会会员查理斯·佩雷拉爵士应中国科学院邀请来江西考察水土保持,并作学术报告。1982年7月省人民政府批准恢复省水土保持研究所。1983—1985年,省水保委组织全省地市县,在水土流失普查基础上,编制了《江西省水土保持规划要点报告》。1984年4月,省政府颁发了《江西省贯彻〈水土保持工作条例〉实施细则》。江西省从 1983 年开始第一期国家水土保持重点建设工程实施治理后,水土保持工作持续推进并取得了显著成效,水土流失整体趋势逐渐好转,为改善项目区农业生产条件与生态环境,促进群众脱贫致富、经济发展和新农村建设发挥了十分重要的作用。在此期间,全省完成水土流失治理面积 249.33 万 hm^2,每年由水土保持带来的直接经济效益超过 20 亿元(傅国儒等,1999)。

(三)依法防治阶段(1998—2011 年)

随着《中华人民共和国水土保持法》和《江西省实施〈中华人民共和国水土保持法〉办法》的相继颁布实施,全省水土流失防治工作迎来了快速发展的黄金时期。仅 1998—2002 年,中央、省级财政用于全省水土保持生态建设投入达 1.6 亿元,是 1949—1997 年中央、省级财政投入的 4 倍,每年治理面积超过 20 万 hm^2(孙新生,2005)。针对开发建设造成新的水土流失问题,积极利用法律手段解决。同时,在预防监督、保护环境方面也有新的突破。1999 年江西省先后出台和发布了《关于加强基建项目水土保持工作规定的通知》《关于加强建设项目环境管理中水土保持工作的通知》和《江西省建设项目水土保持方案编制及落实水土保持"三同时"制度管理规定》,2003 年省政府又印发了《关于城市新区、工业园区土地报批林地保护水土保持工作的通知》等规范性文件(孙新生,2005)。根据《中华人民共和国水土保持法》颁布 10 周年之际(2001 年 6 月)的统计,全省有 96 个县(市、区)颁布和制订了地方性的配套法规和文件,占应出台数的 100% ,为水土保持工作走上依法防治的轨道奠定了基础(刘政民,2001)。

(四)探索生态文明建设阶段(2012 年至今)

党的十八大把生态文明建设摆在突出位置,水土保持作为推进生态文明建设的一项重要内容和抓手,迎来了更广阔的发展空间。在生态文明建设的新时期,仅"十二五"期间,全省就完成水土流失综合防治面积 $10000km^2$,其中,治理水土流失面积 $4116km^2$(何长高等,2017)。

这段时期既是全省发展的重要战略机遇期,也是资源环境约束加剧的矛盾凸显期。全省水土流失依然严重,江河源头区、重要水源地水土流失防治要求不断提高,城镇化建设、生产建设项目产生的水土流失问题日益凸显。新《中华人民共和国水土保持法》及修订后的《江西省实施〈中华人民共和国水土保持法〉办法》相继颁布实施,2014年11月,江西省生态文明先行示范区(2016年8月江西入选首批国家生态文明试验区)建设上升为国家战略,2015年《全国水土保持规划(2015—2030年)》经国务院批准,赣州成为全国水土保持改革试验区,同时,以2013年8月党中央、国务院确定水利部对口支援宁都县为典型代表,在水利部从组织领导、规划编制、项目建设、水利改革、人才培养等方面关心与大力支持下,全省水土保持工作取得了很大的进展和显著的成效。在"第一次全国水利普查江西省水土保持专项普查公报""江西省水土保持区划及防治布局研究"(张利超,2016)以及"江西省水土流失重点防治区复核划分"等全省性重要成果基础上编制完成的《江西省水土保持规划(2016—2030年)》(江西省水利厅,2016)于2016年12月获江西省人民政府批复(赣府字〔2016〕96号文),标志着新《中华人民共和国水土保持法》颁布实施以来,江西省第一个全省综合性水土保持规划全面实施,为今后一个时期全省水土保持工作的开展提供了美好蓝图和重要依据,也为江西省建设全国生态文明试验区,打造美丽中国"江西样板"提供重要支撑。在全省水土保持规划批复实施之后,九江市、宁都县、修水县等一大批市县级水土保持规划相继编制完成或批复实施,省、市、县三级水土保持规划体系的编制与实施有力地推进了全省各地水土流失综合治理工作的长远发展。

(五)水土流失治理模式发展

多年来,江西省在水土流失治理中,逐渐形成和总结出了一大批具有江西特色的水土流失治理模式。1980年,针对江西省水土流失最严重时期,局部地区生态环境加速恶化的趋势,长江水利委员会在江西启动了以生态恢复为主的小流域综合治理。为顺应群众脱贫致富的强烈需求,1989年,长江水利委员会又主持实施了全省第一条开发型治理小流域试点——新建县东港小流域,并总结出了水土保持城郊型小流域开发治理模式(廖纯艳等,1996),启动了兼顾经济效益的小流域综合治理模式;90年代初,新余市渝水区根据山地多的优势,通过推行"四荒"拍卖的新举措,实行了加快水土流失治理步伐的"燕山模式"(江西省新余市渝水区人民政府,1997)。1998年后,经过对近20年治理经验的总结,赣县在重点治理小流域内开始推行"山顶戴帽植树,山腰开阶种果,山脚建栏养猪,山窝挖塘养鱼"立体开发模式(邱雪红等,2004),2004—2005 年,南康围下小流域在综合治理中结合本流域特点,探索出了一条集种植、养殖、销售为一体的"水保绿色生态"模式(明经生,2010)。从此,生态、经济和社会效益有机统一成为治理新要求,其中,尤以赣南治理模式最具有特色和代表性。

赣南水土保持工作经过 30 多年综合治理,积累了丰富的防治经验(宋月君,2015),成功走出了一条具有区域特色的水土流失防治之路,取得了令人瞩目的成就。根据赣南水土保持工作的实践,江西省水土保持科学研究院总结提炼出具有当地特色的十大水土流失治理模式:小流域综合治理模式、顶林—腰果—底谷(养殖)立体生态治理模式、现代坡地生态农业技术—前埂后沟+梯壁植草+反坡台地模式、现代坡地生态农业技术—水平竹节沟+乔+灌+草模式、现代坡地生态农业技术—坡面雨水集蓄技术模式、现代坡地生态农业技术—崩岗综合整治模式、"猪—沼—果"循环经济生态治理模式、"封禁+补种+管护"生态修复治理模式、水土流失区植物优化组合治理模式和矿山植被恢复治理模式(宋月君,2015)。其中,"猪—沼—果"治理模式是 20 世纪 90 年代江西治理水土流失的一种新模式,融生态、经济和社会效益于一体,是全国十大典型生态农业模式之一,也是发展小流域经济、加快农民脱贫致富奔小康步伐的好途径,至今还在生产实践中应用(姚毅臣等,2004;张茨林,2006;郑海金等,2008)。

近年来,随着人们对清洁水源、良好生态环境及人居环境要求越来越高,给水土保持工作提出了新要求,传统的小流域综合治理,面临着内容拓展和标准提升。在实践中,江西省开展"四型"(生态清洁型、生态安全型、生态经济型、生态旅游型)小流域综合治理(张金生等,2016;张利超等,2016,2018)。2012年以后,随着国家生态文明战略的提出,作为小流域生态建设重要部分的生态清洁小流域建设方兴未艾,新兴的生态清洁小流域治理模式在宁都县、武宁县、修水县、濂溪区和上犹县等地陆续试点实施,并形成了享誉全国的上犹园村模式(刘烈浓,2015)。

回顾历史,是为了更好地指导和开创未来。随着"一带一路"倡仪和长江经济带等国家重大战略的深入实施,给江西省带来重大的发展机遇。对于江西省水土保持工作来讲,今后一段时期无疑是个难得的发展机遇。新形势下,江西省应抓住历史机遇,按照党的十八大、十九大关于生态文明建设总要求和省委、省政府战略部署,在保持优良治理传统的同时,继往开来,改革创新,继续大力推进水土保持生态建设工作,为加快推进国家生态文明试验区(江西)建设和实现富裕美丽幸福江西战略目标提供有力保障与支撑。

二、水土流失治理现状与成效

(一)小流域综合治理

小流域治理是我国治理水土流失的主要形式(李相玺,1997)。中华人民共和国成立以来,江西省水土保持生态环境建设由试验、示范到全面发展,取得了显著成绩,尤其是党的十一届三中全会以来,随着农村改革的深入和法制建设的加强,全省水土流失治理也由零星、分散治理转到以小流域为单元,集中连片规模治理;由单一的生态效益转到生态、经济和社会效益相统一;由重点工程措施转到工程、生物、耕作相结合;由单纯的防护性治理转到治理与开发相结合;由重治理轻管护转到了预防为主,防治结合。水土保持生态环境建设工作进入了一个快速稳定发展的新阶段。20世纪80年代初,江西先后实施了全国八片水土保持重点治理工程、长江上中游水土保持重点防治工程、鄱阳湖流域水土保持重点治理一期工程等一批水土保持重点防治工程。在国家专项资金的带动下,江西水土流失治理速度明显加快,年均治理面积由"七五"期间的6.67万 hm^2 左右增加到"八五"期间的13.33多万 hm^2,"九五"期间,全省每年水土流失治理面积达到约20万 hm^2。1993年,省内全国性的水土流失重点治理区由1983年一个县发展到贡水流域6个县(市),后又扩展到宁都、瑞金、于都、会昌、石城、信丰、广昌、龙南、赣县、兴国等10个县(市),有重点治理项目的县市达61个。至1998年底,全省开展综合治理的小流域达到740多条,累计治理水土流失面积249.93万 hm^2,对于防洪减灾、群众脱贫致富和社会经济可持续发展等方面具有重要意义。全省每年水土保持带来的直接经济效益达到20亿元。

2000年,江西省的水土流失治理工作进一步推进,实施了多项国家水土保持重点建设工程。从投资看,2000—2008年,全省治理水土流失累计投资29.04亿元,其中中央投资5.08亿元。从中央投资资金看,从2008年起每年达6000万元以上。根据2008—2015年《江西省水土保持公报》,2008—2015年江西省实施的国家水土流失综合治理工程主要有:国家水土保持重点建设工程、国家农业综合开发水土保持项目、中央预算内水利基本建设投资水土保持项目、坡耕地水土流失综合治理试点工程、生态清洁小流域建设与巩固退耕还林成果水土保持项目等,共完成水土流失治理面积6116.26km²。

(二)坡耕地水土流失治理

坡耕地水土流失综合治理是以保护耕地资源,提高土地生产力与粮食产量为目的,并达到防治坡耕地水土流失和控制农业面源污染效果的一项综合性工程。适宜的坡耕地改造成梯田,配套道路、水系;距离村庄远、坡度较大、土层较薄、缺少水源的坡耕地发展经济林果或种植水土保持林草;禁垦坡度以上的陡坡耕地进行退耕,形成保水、保肥、保土的高产基本农田。主要措施如下。

1. 坡改梯

江西省坡改梯主要采用水平梯田、隔坡梯田和植物篱(山边沟)等方式,梯坎就地取材,一般以土坎梯田为主。坡度≤8°地块宜采用植物篱(山边沟),在垂直顺坡方向上沿等高线每隔15m的间距,以线状或条带状密植多年生灌木或草本植物(开沟),形成能挡水、挡土的篱笆墙(山边沟),达到截短坡长、防治水土流失的目的。

2. 雨水集蓄配套工程

实施坡改梯后,合理配套截水沟、蓄水池、沉沙池、排水沟等雨水集蓄工程,减少坡面下泄水量,提高防洪抗旱以及土壤保水能力,提高土地产出率。

3. 田间道路

田间道路布设在坡改梯地块中,与雨水集蓄配套工程相结合,统一布局、统一设计,防止冲刷,保证道路完整、畅通,方便耕作和运输。根据当地情况,田间生产道路采用泥结石路面、碎石路面和草皮路面等形式。

近年来,江西省按照优先选择坡耕地水土流失严重、人地矛盾突出、粮食保障困难的地区以及当地乡镇政府重视、群众积极性高、开发治理优势明显的区域,同时考虑避免与其他水土保持重点工程重叠等原则,在部分县域进行了坡耕地水土流失综合治理工程。截至2015年,江西省都昌、樟树、湖口、高安、余江、进贤、新干、乐安、吉水等9个项目县(市)实施了坡耕地水土流失综合治理工程,治理水土流失总面积为91.25km²。

(三)崩岗治理

崩岗治理是以维护崩岗区生态安全和提高土地资源有效利用为目的,注重生态效益,兼顾经济效益(张利超等,2014;刘洪光等,2018)。重点是上截、中削、下堵、内外绿化,保护农田和村庄安全,开发土地资源,改善生态。

1. 上截

在崩岗顶部修建截流沟等沟头防护工程,把坡面集中注入崩口的径流泥沙拦蓄并引排到安全的地方,防止径流冲入崩口,冲刷崩壁而继续扩大崩塌范围,同时做好生态沟等设施,沟布设在两岸,沟底采用埋上、敷设柴草、芒箕、草皮等,以防止冲刷,将水引入溪河。

2. 下堵

在崩岗出口处修建拦挡工程,布置溢洪导流工程。谷坊选择在沟底比较平直、谷口狭窄、基础良好的地方修建。在下泄泥沙比较严重的情况下,可在下游临近出口处修建拦沙坝。对沟口较宽的弧形崩岗与少数条形崩岗,采用挡土墙等。

3. 内外植被重建

为了更好地发挥工程措施的效益,在工程措施的基础上,切实搞好林草措施,做到以工程措施保林草措施,以林草护工程措施,以达到共同控制沟壑侵蚀的效果。崩岗顶部布设水土保持林,崩岗内部布设水土保持林或经果林。

2010—2012年,江西省开始组织实施崩岗治理工程,主要分布在修水、会昌、于都、安远、宁都、广昌、瑞金、万安、寻乌、定南、南康等十余县(市、区),共治理崩岗500座。

(四)水土流失治理成效

20世纪80年代初至1998年,江西省通过以小流域为单元,综合治理,采取山顶戴帽、山腰工程拦截、山脚种果、沟底筑坝拦沙等合理布局,注重治理与开发相结合。一方面迅速恢复植被,另一方面有效地拦蓄泥沙,涵蓄水源,达到以"工程"促"生物",以"生物"护"工程"的良性循环功效。经过治理的流失区,植被覆盖率平均由治理前的20%～30%增加到70%～80%;拦沙率达到70%以上,保水率达40%,生态环境普遍有了较为明显的改善。全国八片重点治理区之一的贡水流域,治理区的植被覆盖率由50.0%提高到74.7%,年土壤侵蚀量由治理前的924万t下降到325万t,治理区的农业生产条件明显得到改善,经济效益显著提高。1997 年与 1992 年相比,流域内 6 县(市)工农业产值由 34.89 亿元增加到 70 亿元,农村人均年纯收入由 672 元增加到了 2006 元,人均产粮由 353.8kg 增加到 408.1kg,贫困人口由 68.46 万人减少到 30.64 万人。1992 年至 1997 年,每年由水土保持带来的直接经济效益达到 3.12 亿元,已有 37.82 万人实现脱贫。当地群众称赞水土保持工程是"富民工程"、"德政工程"。

1998 年以后,水土保持综合治理工作逐步纳入法制化轨道,全省先后实施了《国家水土保持重点建设工程江西省赣江上游项目区 2003—2007 年建设规划》《国家水土保持重点建设工程江西省 2008—2012 年建设规划》和《江西省农业综合开发水土保持项目规划》等一系列专项规划,相关部门还实施了森林保护与健康工程、农业生态环境保护工程、造地增粮富民工程等一批生态环境保护与建设的重点项目。江西省水土流失综合治理工作成效显著,植被保护和修复初见成效,水土流失面积和强度逐年下降。全省水土流失面积由 2000 年的 3.35 万 km^2 降至 2018 年的 2.45 万 km^2,下降了 27%;强烈以上侵蚀面积由 2000 年的 1.08 万 km^2 降至 2018 年的 0.16 万 km^2,下降了 85%。水土流失区生态环境得到显著改善,全省森林覆盖率由 20 世纪 80 年代末的 36.9% 提高到 2018 年的 63.1%,农民人均纯收入由 1997 年的 670 元提高到 2018 年的 14460 元。

第五节　水土流失监测与信息化

一、水土保持监测网络

(一)水土保持监测站网现状

江西省水土保持监测站网由省水土保持监测总站、设区市监测分站、县(市、区)监测点三级组成,三级站点实行分级管理和建设。各级监测站点隶属于相应水行政主管部门,接受所属水行政主管部门的领导。

2000 年,经江西省编委批复,成立了江西省水土保持监督监测站。2007 年,建成了赣州市、抚州市、吉安市、宜春市、九江市、上饶市等 6 个水土保持监测分站。2010 年完成了 21 个县(市、区)级水土保持监测点(其中包括:1 个综合观测场、2 个控制站、10 个径流场、8 个水文观测站)的建设并投入运行。2017 年在奉新县中堡港坡面径流观测场基础上增建了小流域控制站。

建成运行的上述 22 个监测点,充分利用了全省现有的江西水土保持生态科技园、南昌水土保持生态科技园、井冈山市水土保持生态科技园、省水文站点、基层水土保持试验站等资源;并在赣、抚、信、饶、修五大流域和鄱阳湖区均有分布,代表了全省主要土壤母质发育的土壤侵蚀区,涵盖了全省重点治理区和重点预防区,涵盖了水土保持三级区划七个区中的 6 个。

(二)水土保持监测升级改造规划

根据生态文明及水土保持事业发展的要求,2016 年,江西省水利厅组织开展了《江西省水土保持监测规划(2016—2030 年)》(江西省水利厅,2016b)编制。在综合考虑行政区划、水土流失重点防治分区的基础上,《江西省水土保持监测规划(2016—2030 年)》提出至 2030 年,江西将建成由 1 个省监测总站、11 个设区市监测分站和 64 个监测点组成的全省水土保持监测网络体系,详见表 3 - 12 - 6 和表 3 - 12 - 7。64 个监测点中(含已建成的 22 个监测点),重要监测点 6 个、一般监测点 58 个。

表 3 - 12 - 6　全省水土保持监测分站

序号	设区市	已建分站	规划建设分站	所属流域
1	赣州	1		赣江流域
2	抚州	1		抚河流域
3	吉安	1		赣江流域
4	宜春	1		赣江流域
5	九江	1		长江流域
6	上饶	1		信江流域
7	南昌		1	鄱阳湖环湖区
8	萍乡		1	湘江流域
9	新余		1	赣江流域
10	景德镇		1	饶河流域
11	鹰潭		1	信江流域
12	合计(个)	6	5	

资料来源:《江西省水土保持监测规划(2016—2030 年)》(江西省水利厅,2016b)。

表3-12-7　江西省水土保持基本监测点

涉及的设区市	合计(个)	重要监测点		一般监测点				利用其他监测点				
		个数	名称	小计(个)	综合(新建)	坡面径流场(已建)	控制站(已建)	小计(个)	利用水文站	风蚀(新建)	科研(已建)	崩岗(新建)
一级区代码及名称：Ⅴ 南方红壤区（南方山地丘陵区）												
二级区代码及名称：Ⅴ-4 江南山地丘陵区												
三级区代码及名称：Ⅴ-4-2n 浙赣低山丘陵人居环境维护保土区												
上饶市	6	1	弋阳县 上张	2			玉山县 金桥	3	弋阳县弋阳站、信州区上饶（二）站、德兴市香屯站			
鹰潭市	1			1	贵溪市 中云							
景德镇市	3			1	浮梁县			2	乐平市虎山站、昌江区渡峰坑（二）站			
三级区代码及名称：Ⅴ-4-3ns 鄱阳湖丘岗平原农田防护水质维护区												
南昌市	4			1			安义县 长塅	3	西湖区外洲站、安义县万家埠站、进贤县李家渡站			
九江市	5	1	德安县 燕沟	2	濂溪区、湖口县			2	庐山市星子站	庐山市		
上饶市	1							1	余干县梅港站			
鹰潭市	1			1	余江区							
抚州市	1			1	临川区							

续表

涉及的设区市 区市	合计(个)	重要监测点 个数	重要监测点 名称	小计(个)	综合(新建)	坡面经流场(已建)	控制站(已建)	一般监测点 小计(个)	利用其他监测点 利用水文站	风蚀(新建)	科研(已建)	崩岗(新建)
三级区代码及名称：V-4-4tw 幕阜山九岭山山地丘陵保土生态维护区												
九江市	2			1		修水县清水桥		1	修水县渣津站			
宜春市	1			1		奉新县中堡港						
三级区代码及名称：V-4-5t 赣中低山丘陵土壤保持区												
萍乡市	1			1	湘东区							
新余市	2			1	渝水区			1	渝水区观巢站			
宜春市	4			1	袁州区			3	高安市高安站、丰城市孙渡站、分宜县茅洲站			
抚州市	3	1	南城县					2	临川区廖家湾站、南丰县南丰站			
吉安市	6	1	泰和县老虎山	2	安福县	吉州区官溪		3	吉州区吉安站、吉安县上沙兰(二)站、吉水县新田(二)站			
三级区代码及名称：V-4-8t 赣南山地土壤保持区												

续表

涉及的设区市	合计(个)	重要监测点 个数	重要监测点 名称	一般监测点 小计(个)	综合(新建)	坡面经流场(已建)	控制站(已建)	利用水文站	风蚀(新建)	科研(已建)	崩岗(新建)
赣州市	12	2	兴国县蕉溪、信丰县	8	瑞金市		兴国县蕉溪河	赣县区翰林桥站、章贡区坝上站、信丰县茶亮站、会昌县麻洲站、于都县汾坑站		于都县、宁都县	赣县区
抚州市	2			1		广昌县罗田		广昌县沙子岭站			
吉安市	1			1	万安县						
三级区代码及名称：V-6 南岭山地丘陵区											
三级区代码及名称：V-6-1ht 南岭山地水源涵养保土区											
赣州市	3	2	大余县	1		上犹县水村		上犹县安和站			
萍乡市	1	1	莲花县								
吉安市	2			2				遂川县遂川站、永新县永新站			
三级区代码及名称：V-6-2th 岭南南山地丘陵保土水源涵养区											
赣州市	2	1	寻乌县	1	寻乌县		寻乌县水背站	寻乌县水背站			
合计	64	6	6	34	15	7	2	30	1	2	1

备注：重要监测点中弋阳县上张、德安县燕沟、泰和县老虎山和兴国县蕉溪为已建，南城县和信丰县为新建。资料来源：《江西省水土保持监测规划（2016—2030年）》（江西省水利厅，2016b）。

二、水土流失动态监测

（一）区域监测

实施水土流失动态监测,有利于掌握水土流失动态变化情况,是推进江西省生态文明建设的重要支撑、是落实《江西省水土保持规划(2016—2030年)》的重要任务,是政府水土保持目标考核的重要依据。区域水土流失动态监测包括区域水土保持普查和重点防治区水土流失监测等。

1. 水土保持普查

为全面反映江西省各地水土流失状况及其发展趋势,为加强生态建设宏观决策服务,在全省范围开展区域性水土保持普查。自新中国成立以来,江西省先后进行了4次水土保持普查。1987年江西省第一次土壤侵蚀遥感调查,这次水土流失调查以1:50万的Land-Sat TM(4、3、2波段)和MSS(4、5、7波段)遥感影像为信息源,目视解译出江西省水土流失状况。1996年在水利部统一部署下、江西省开展了第二次土壤侵蚀遥感调查,2000年江西省水利厅部署了第三次土壤侵蚀遥感调查,两次土壤侵蚀遥感调查均以Land-Sat TM(4、3、2波段)合成假彩色遥感影像为信息源,应用"3S"技术提取全省水土流失数据,两次调查室内他人重判的判读平均精度超过90%,野外实地校核平均精度超过87%,这两次调查,全面查清了各县、市、区的水土流失的分布特点、规律及面积,对其动态变化作了分析,初步建立了全省水土保持基础数据库。2010—2013年,根据国务院全国水利普查办的安排,水利部组织开展了第一次全国水利普查,采用抽样调查和模型计算相结合的方法,查清了各省土壤侵蚀面积、分布与强度;采用资料分析与实地调查相结合的方法,查清了水土保持措施的类型、数量与分布(李智广等,2010;水利部,2013)。

2. 重点防治区动态监测

江西省内的国家级重点防治区包括:东江上中游国家级水土流失重点预防区1个区域,涉及3个县(市、区);粤闽赣红壤国家级水土流失重点治理区1个区域,涉及21个县(市、区)。该区域的水土流失动态监测由水利部和流域机构水土保持监测机构负责。

江西省省级水土流失动态监测范围为除国家级水土流失重点防治区涉及

的 24 个县级行政区以外的 76 个县级行政区,土地面积 113222km²。其中,省级水土流失重点预防区涉及 15 个县(市),土地面积 28997km²;省级水土流失重点治理区涉及 20 个县(市、区),土地面积 37215km²;一般区域涉及 41 个县(市、区),土地面积 47010km²。

重点防治区水土流失动态监测通常每年监测一次,主要采用遥感、地面观测和抽样调查相结合的方法。监测内容包括监测区域内土地利用、植被覆盖、水土流失及其水土保持措施,分析林草覆盖率、水土流失动态变化。评估重点工程治理效果。

(二)监测点水土流失监测

1.监测点监测管理

水土保持监测点监测由江西省水土保持监督监测站组织开展,市水土保持监测分站为参与单位,各水土保持监测站点由所属县水利(保)局、水土保持科技园、水文站负责实施的日常工作,负责制订项目技术方案,编制年度工作计划,汇总和管理项目水土保持监测数据,提交上报监测成果等。各水文站点由其隶属的水文巡测中心统一管理。按照制订的项目管理办法,通过统一数据采集标准、统一技术培训、规范采集方法、统一数据整理等环节,保证监测成果符合有关技术标准要求。

2.监测内容与方法

(1)小流域控制站监测点

小流域综合控制站监测点除全面了解和掌握小流域的基本特征指标外,主要监测内容包括水土流失影响因子,水土流失状况和水土保持措施等 3 个方面。通过综合调查与资料分析获取小流域的地形土壤,土地利用,植被覆盖等情况,利用布设在小流域出口断面的控制站监测小流域径流泥沙状况。

(2)坡面径流小区监测点

坡面径流小区监测点的主要监测内容包括水土流失影响因子,水土流失状况和水土保持措施等 3 个方面,采用地面观测的方法,监测不同立地条件和时空条件下的产流产沙状况。

(三)生产建设项目水土保持监测

江西省各级水土保持监测机构按照《中华人民共和国水土保持法》和水利

部具体要求,认真履行职责,积极开展生产建设项目水土保持监督检查与服务。自 2002 年江西省首次开展生产建设项目——江西省长江干流江岸堤防加固整治工程的水土保持监测以来,生产建设项目水土保持监测实施率逐年提高。据统计,2011—2017 年,江西省共有约 800 个生产建设项目开展了水土保持监测工作,其中省级 280 个,市级 300 个,县级 220 个。涉及防治责任范围约 4.5 万 hm²(省级 2 万 hm²,市级 1.9 万 hm²,县级 0.6 万 hm²)。监测项目类型涉及交通运输、水利工程、电力工程、天然气及油气管道工程、矿业开采、冶金化工、工业园区及城镇建设项目等。

(四)重点治理工程水土保持监测

水土流失综合防治是水土保持生态环境建设的主要任务,通过开展重点治理工程水土保持监测,一是可准确获得治理工程实施状况,包括各项治理措施的分布、数量、规格、质量和进度等,为建设项目监理、项目验收等提供基础依据;二是通过采用地面监测、遥感监测和典型调查等方法,可获得治理工程实施后的生态效益、经济效益和社会效益,为水土保持综合治理的措施配置和施工顺序提供依据;三是通过监测分析重点治理工程水土保持生态环境效益,可为水土保持规划和可行性研究提供理论依据。

在江西全省范围内,先后对水土保持生态自我修复工程、国家水土保持重点建设工程、国家农业综合开发水土保持项目、坡耕地水土流失综合治理工程、南方崩岗治理工程等重点工程开展了水土保持监测,涉及 60 个县,取得了良好效果。

三、水土保持信息化

(一)水土保持信息系统

通过全国水土保持监测网络和信息系统建设,为江西省各级监测站点配备了信息采集及处理设备、数据管理和应用系统,形成了省、市、县三级信息采集与处理体系。同时,利用江西水利专网建成联系省、市、县各级水土保持机构的数据传输网络,为水土保持信息化工作奠定了基础。在全国水土保持信息系统的后续使用过程中,提出了江西省的水土保持信息系统建设方案,并在 2011 年立项建设。

2012年江西省水土保持信息系统初步建成并正式运行,通过使用过程对系统和智能终端移动采集系统的开发,已实现生产建设项目监督执法现场位置、图像等数据的实时采集、传输和调阅,与全国水土保持信息系统实现数据交换,极大地提升了监督执法与监测工作效率。

随着全国水土保持信息系统升级版本V3.0系统部署上线,江西省水土保持信息系统进行了调整,以实现全国与省级系统数据共享。2017年完成江西省水土保持信息管理系统升级改造,并经过集中培训后已经上线使用。通过升级现有江西省水土保持信息系统,增加了监测季报、水土保持生态建设、水土保持生态修复、小流域治理和封禁情况数据录入统计,与全国水土保持信息系统V3.0进行数据对接,实现省级系统与全国系统的数据共享。

(二)水土保持"天地一体化"监管

江西省生产建设项目水土保持"天地一体化"监管工作于2015年启动实施。2015年以来,选取了赣州市瑞金市、九江全市开展了区域监管,选定都昌至星子高速公路开展了项目监管。同时,南昌市、赣州市也选择了部分区域或项目,利用遥感影像开展了生产建设项目监管。2019年,江西省实现了生产建设项目遥感监管全省覆盖。

国家水土保持重点工程监管方面,2017年以来,先后选取了宁都县、兴国县、上高县、高安市四个县(市),采用卫星遥感影像解译和现场核查结合的方式,对2014年实施的国家水土保持重点工程实施效果进行了评估。同时,2017年和2018年共选取了12个县,采用利用无人机开展了国家水土保持重点工程在建项目核查,提高了项目核查的时效性及全面性,提高了监管效果。

(三)水土保持信息化建设成果

1.水土保持信息系统

江西省水土保持信息系统的建设,经历两次大升级,形成了功能相对齐全的省级水土保持信息管理系统,由生产建设项目管理、水土流失监测站点管理和水土流失治理工程子系统组成。实现了全省范围内生产建设项目的水土保持方案审批、监督检查、监测、水土保持补偿费征缴和验收核查在线管理,实现了22个水土保持监测站点的观测数据的在线上报和查询,并与水利部水土保持信息系统实现了数据自动共享。

2.水土保持数据库

江西省水土保持数据库由省水土保持监测总站和监测分站两级组成,为分布式、互为备份的数据库,采用数据仓库技术、空间元数据技术、海量空间数据快速索引技术、多源数据配准与无缝拼接技术和拓扑技术,按照行政区划的空间划分进行数据组织,构建分布式数据库系统。数据库建设分为基础类和应用类,基础类数据库包括基础地理信息、水土保持监测信息等数据库,应用类数据库包括水土保持综合治理信息、监督管理信息等数据库。

四、水土保持监测信息化数据整理

在水土保持监测数据资源建设的基础上,对全国水土保持普查、水土流失动态监测、监测站网监测、生产建设项目水土保持监督管理,国家水土保持工程项目管理等相关数据进行了整合汇编,发布了水土保持年度公报,促进了水土保持信息共享,有效提高了水土保持监测为社会公众与政府决策服务能力,为实现水土保持现代管理提供全面有效的数据支撑。

第六节　水土保持地域性特色

一、科技支撑

(一)科研发展历程

江西省水土保持科研伴随着水土流失防治的实践应运而生。早在1951年3月,江西省便在兴国县永丰乡(原渣江区荷岭乡)成立了江西省兴国水土保持实验区,建立了40km²的试验示范区,布设了量水堰及径流观测小区,开展了水土流失规律及其综合治理措施的试验研究,这标志着江西省水土保持试验研究与推广工作开始起步。之后兴国县水土保持示范站、赣南水土保持研究所等一批试验推广机构相继成立。1963年和1964年,国务院先后两次批准江西省建立了一支人员编制达700人的水土保持专业队,负责治理试验示范样板建设,并担任社队水土保持工作的技术指导(江西省水利厅,1989)。至此,江西水土保持试验、示范、推广机构已较为健全,队伍也比较强大,开展了一系列的试验、观测、研究和推广工作,取得了一批重要的研究成果。1968年由于历史原因,江西省水土保持科研工作被迫中止。

1978年以后,江西的水土保持工作得到恢复,一批水土保持试验推广机构陆续得到恢复重建,到1985年底,全省有水土保持技术推广站19个,人员370多人;江西省水土保持科学研究所得到重建,并于1989年正式开展工作。20世纪80年代中期以后,江西水土保持场站建设进入快速发展阶段,建设的水土保持场站以县办站居多。20世纪90年代以来,水土保持场站在工作领域上进一步拓宽,在试验、示范的基础上发展为"试验、示范、推广、开发、服务"为一体,特别是"治理一条小流域,留下一支队伍,建设一个水保站,发展一方经济,致富一方群众"的做法在全省推广后,水土保持场站数量和从业人员快速增长。这一阶段除县办水土保持站得到继续巩固提高外,乡级、村级以及联营、股份合作制等多种形式的水土保持场站逐步增加(张茨林等,2002年)。江西省有水土保持科研、监测及技术推广服务所(站)175个,有各类水土保持专业技术人员800多人,建立了一支以水土保持、水利、农业、林业、生态、园艺等专业为主,其他专业配套的水土保持科研队伍,初步形成了以江西省水土保持科学研究院为龙头,全省各市、县水土保持试验站为基础的科学研究和科技推广网络体系。

(二)主要科研成果

江西水土保持科技工作,立足江西和我国南方广大水土流失区,抓住水土保持工作的重点、难点、疑点和热点问题,开展水土保持试验研究和科技攻关。1980年,由长江流域规划办公室牵头,江西省水土保持站、中国科学院南京土壤研究所、华中农学院等单位参加,开展了江西省兴国县水土保持综合区划,编制出了我国第一个县级水土保持综合区划,对指导该县水土保持综合治理发挥了重要作用。1990年后,全省以江西省水土保持科研所为主,先后在花岗岩侵蚀区、紫色页岩侵蚀区、第四纪红土侵蚀区和滨湖风沙区等江西典型水土流失区建立了科学试验基地,对不同侵蚀区的水土流失规律、治理开发技术措施、水土保持优良植物的繁育与开发利用等进行了探索和研究(胡建民等,2006年)。

先后开展了"南方花岗岩剧烈侵蚀区小流域综合治理技术研究""花岗岩侵蚀区水保植物优化组合及其效益研究"等40余项包括国家级、省部级重点科技攻关项目、全国农业科技成果转化资金A级项目、省自然科学基金项目和跨世纪学科带头人项目在内的项目研究工作,取得了可喜的科研成果。

近十多年来,江西瞄准水土保持和生态环境领域的科技前沿,突出南方红壤侵蚀过程与防治、典型侵蚀区植被恢复及环境效应、流域生态环境及生态服务功能、水土保持监测监控技术与信息化等方向,积极开展科技攻关。获批各级各类科研项目100余项,其中:国家自然科学基金20余项、水利部科技项目20余项、省级科技项目30余项,立项经费近亿元。"农事活动影响下红壤坡地水土流失防控关键技术与应用""红壤坡地水土流失综合治理工程关键支撑技术集成与应用""水土保持植物优化组合及生态农业技术区域试验与示范""水土流失监测监控指标体系研究""赣南水土保持生态建设30年实践研究"等一批成果达到国际先进、国内领先水平。科研成果无论是在数量还是在质量上都有显著提升,科研整体水平跃上一个新台阶。先后获得奖励40余项,其中江西省科技进步奖一等奖1项、二等奖1项、三等奖3项,大禹水利科学技术二等奖1项、三等奖5项,中国水土保持学会科学技术二等奖3项、三等奖2项。取得国家专利20余项。公开发表科技论文200余篇,其中,SCI/EI检索38篇;出版专著4部。

在开展科学研究的同时,积极推进科技成果的转化,在全省范围内广泛开展了小流域综合治理开发技术,水土流失动态监测技术,花岗岩侵蚀劣地改造技术,"猪—沼—果"立体生态农业技术,脐橙、甜柚、蜜枣、布朗李、枇杷、中华猕猴桃、蔓荆、留兰香、野漆树、百喜草等优良水土保持植物引种与开发技术。江西省水土保持科学研究院研发的"红壤坡地植生工程技术""南方红壤坡面径流调控与集蓄利用技术"等多项实用技术先后被水利部列入《水利先进实用技术重点推广指导目录》,开展了"水土保持调控径流泥沙技术推广应用""坡面整治与雨水集蓄利用技术在宁都果业生产中的推广应用"等一批先进实用技术转化推广工作,探索总结出了10大水土流失治理模式,主持或参与编制国家和地方技术标准5项,这些成果在江西省乃至我国南方相关省(市、区)的水土流失区得到广泛应用,改善了农业生产条件和生态环境,产生了巨大的生态效益、社会效益和显著的经济效益。

（三）科技平台

江西已经建成国家地方联合工程实验室1个(鄱阳湖流域水工程安全与资源高效利用国家地方联合工程实验室)、省级重点实验室2个(江西省土壤侵蚀与防治重点实验室、江西省退化生态系统修复与流域生态水文重点实验室)、省级优势科技创新团队2支(水土保持和水资源保护与利用科技创新团队、生态水利优势科技创新团队)、国家级科技示范园3个、博士后科研工作站1个和野外实验基地12个组成的科学试验研究体系。

二、人才培养

江西省水土保持专业教育肇始于20世纪80年代,是在原水利部南方水土保持干部培训班的基础上发展而来的,是我国南方地区最早开展水土保持专业教育的省份。

（一）普通大学专业教育

1.水土保持专业高等教育发轫时期

1980年,为解决南方水土保持技术骨干缺乏的问题,受原水利电力部委托,江西省水利水电学校大专部(南昌工程学院前身)开始举办水利电力部南方水土保持干部培训班,为南方各省培训水土保持技术骨干力量,水土保持专业由此诞生(图3-12-5)。至1983年江西水利水电学校大专部更名为江西水利专科学校,1983、1984连续2年招收3年制在职干部大专班,1985年正式面向高考生招收水土保持专业普通大专生。1994年水土保持专业列入国家教

图3-12-5　位于南昌工程学院瑶湖校区的水利部南方水利职工培训中心(李凤　摄)

委教学改革试点专业。此后历经南昌水利水电专科学校、南昌水利水电高等专科学校等时期,持续不断培养水土保持专业普通大专生,为我国南方水土保持事业的发展培养了大量的水土保持领域的开创性人才,后来大部分人才已成为了我国水土保持领域的技术骨干。

2.水土保持专业迅速发展时期

(1)专业与学科建设重点纷呈

2004 年南昌水利水电高等专科学校升格为南昌工程学院,水土保持与荒漠化防治专业成为该学院首批 6 个本科专业之一。2006 年,水土保持与荒漠化防治学科获批江西省高校"十一五"重点学科。2008 年,水土保持与荒漠化防治专业迎来发展的重要转折点,不仅该专业获批江西省高校特色专业,而且水利部与江西省人民政府签署协议,共建南昌工程学院,由此水土保持与荒漠化防治专业开始享受省部共建带来的发展红利。2011 年,水土保持与荒漠化防治专业获批教育部和江西省"卓越工程师教育培养计划"试点专业,并再次获批江西省高校"十二五"重点学科。2012 年,"工程应用型水土保持人才培养模式创新实验区"获批为江西省省级人才培养模式创新实验区。

(2)应用型人才培养特色鲜明

经过数十年的积累,南昌工程学院水土保持与荒漠化防治专业立足水利,面向全国,注重工程与植物措施相结合,注重综合治理水土流失,特色十分鲜明。在人才培养模式上,水土保持与荒漠化防治专业注重实践教学,注重应用型人才培养。在学术上,借助学校发起成立的南方水土保持研究会,积极开展学术交流,为南方红壤丘陵区水土保持提供理论支撑和技术指导。2011 年 9 月,水土保持与荒漠化防治专业加入教育部"卓越工程师教育培养计划",从 2012 级学生开始,采取"3 + 1"人才培养模式,即 3 年在校内学习、1 年在企业实践方式,开展校企联合培养,注重学生工程实践能力、创新精神和综合素质培养,积极培育"卓越水土保持工程师"人才。多年来,水土保持与荒漠化防治专业先后培养了 3600 多名优秀专业人才,为水利水保事业和地方经济社会发展作出了突出贡献。

(3)专业建设与教学成果成绩斐然

南昌工程学院水土保持与荒漠化防治专业建设成绩斐然。2017 年获批江西省一流专业(优势专业)建设点;2018 年"基于 OBE 理念的水土保持与荒漠化防治专业"3＋1"卓越人才培养模式改革与实践"获南昌工程学院教学成果一等奖;2019年"专业核心能力导向的水土保持与荒漠化防治卓越人才培养模式构建与实践"获江西省第十六批高校教学成果二等奖;2020年"地方院校科教协同育人模式探索与实践——以水土保持与荒漠化防治专业创新创业人才培养为例"获批教育部新农科研究与改革实践项目立项。

3. 南方水土保持研究会成立与发展

1985年,为了便于联络和技术交流,南方水土保持干部培训班的同学自发组织起来,成立专业学会,定期开展学术研讨和技术交流活动,南方水土保持研究会应运而生,为我国南方地区唯一的国家级水土保持专业学会,从此以后,水土保持专业教育蓬勃发展。南方水土保持研究会在水利部、民政部的直接领导和关怀下,在挂靠单位南昌工程学院的关心支持下,经过30多年的努力,现已发展到融各省厅水保机构、高等院校、科研院所和基层水土保持单位科技工作者为一体的学术团体,现拥有个人会员1476人,理事单位75个,理事89人。先后在南昌工程学院(含原南昌水专)、浙江兰溪、四川黑龙滩水库、安徽广德、福建漳州、广东茂名、江苏连云港、山东淄博、江西庐山、深圳市、福建厦门、湖南张家界、贵州安顺、江苏南京、安徽绩溪、云南昆明、湖北宜昌、贵州铜仁、广西桂林、湖北赤壁市和湖南韶山市等地共举办了24届学术交流大会。为各层次的南方水土保持工作者提供了经验交流、技术推广和学术研讨的舞台,促进了我国南方水土保持教育和科研工作的蓬勃发展。

4. 城市水土保持概念的提出与研究领域的开创

1992年,原南昌水利水电高等专科学校水土保持教研室被评为全国水土保持先进单位;1995年7月,水土保持专业教师在深圳市完成了我国第一个城市水土保持规划——《深圳市城市水土保持规划》,首次提出了城市水土保持概念,为我国水土保持发展开辟了新方向,开了城市水土保持研究与规划的先河;1996年,水土保持专业被评定为水利部重点学科;1997年8—10月,学校制作的电视片《城市水土保持》获全国第八届教育电视节目评比二等奖。水保专业教师陈法扬教授还就城市水土保持,接受了央视《焦点访谈》栏目采访,在社会上引起了很大反响。

（二）研究生教育

从2012年开始,南昌工程学院开始招收水利工程领域水土保持方向专业硕士研究生。主要研究内容包括流域综合治理、水土流失监测与控制、土壤侵蚀及修复,旨在培养政治立场坚定、职业道德优良、基础理论实、专业知识面宽、工程实践能力强、综合素质高,并具有一定创新能力的高层次复合型、应用型工程技术管理人才。自2012年以来,已连续培养10届水土保持方向硕士研究生共计84人,为社会输送水土保持硕士学位专业人才50人。江西农业大学林学院于2003年在林学一级学科下设水土保持硕士学位授权点,每年招生5～6人;于2013年下设水土保持博士学位授权点,每年招生3～4人。

三、江西水土保持生态科技园

南方红壤丘陵区是我国水土流失较为严重的地区。江西是我国南方红壤地带的中心区域,也是水土流失严重的省份之一。"兴国要亡国、宁都要迁都"就是当年江西省农村水土流失、生产生活条件恶劣的真实写照。在江西建设水土保持生态科技园具有典型性和广泛的代表性。为此,2000年,江西省水利厅在德安县第四纪红土侵蚀区开始委托江西省水土保持科学研究院(原江西省水土保持科学研究所)筹建江西水土保持生态科技园。科技园位于江西省九江市德安县城郊,占地面积80hm²,距南昌市70km、九江市50km,毗邻庐山风景区,交通便利。分两期建设,一期于2000年建设,2001年投入使用;二期于2011年建设,2013年投入使用。

科技园为集水土保持科研试验、推广示范、人才培养、科普教育和生态体验于一体的综合性科技园区,分为科研实验区、科普教学区、生态修复区、推广示范区、生态体验区等5个功能区(如图3-12-6所示)。

依托科技园已开展各级各类科研项目60多项,立项经费达3000多万元;接待来自国际、国内的考察参观团组600多批、2万余人次;培养博士后、博士、硕士40多人;在国内外学术期刊发表科技论文200多篇;获得各级各类科技奖励30余项、国家专利16项。该园的建成并投入使用使之成为国内外水土保持科学研究的平台、推广示范的基地、人才培养的摇篮、科普宣传的窗口和水土保持生态文化主题公园。园区先后被列为全国首批水土保持生态科技示范园、全国中小学水土保持教育社会实践基地、全国水土保持科普教育基地、全国气象科普教育基地、中国水土保持监测网络固定观测场、国家水利风景区,以及江西省首批生态文明示范基地、江西省首批示范性研究生联合培养基地、江西省行业企业与高校研究生联合培养基地、江西省科普教育基地、江西省青少年生态教育基地。河海大学、华中农业大学、厦门大学、中国科学院水利部水土保持研究所、江西农业大学和南昌工程学院等高校与科研院所先后在科技园设立研究和人才培养基地,其已成为国际先进、国内一流的水土保持科研创新基地。

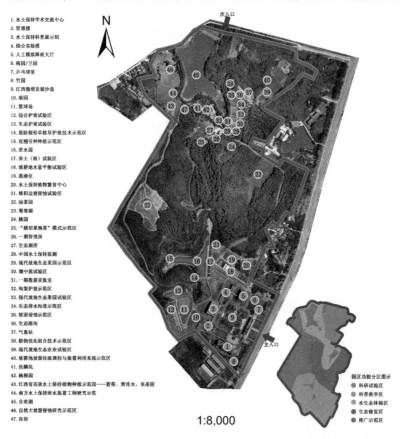

1. 水土保持学术交流中心
2. 管理楼
3. 水土保持科普展示馆
4. 综合实验楼
5. 人工模拟降雨大厅
6. 梅园/兰园
7. 乒乓球室
8. 竹园
9. 江西微缩景观沙盘
10. 菊园
11. 篮球场
12. 综合护坡试验区
13. 生态护坡试验区
14. 堤防侵位草植护坡技术示范区
15. 连翘引种种植示范区
16. 若水园
17. 弃土(渣)试验区
18. 坡耕地水量平衡试验区
19. 蒸渗仪
20. 水土保持植物繁育中心
21. 堆积边坡侵蚀试验区
22. 油茶园
23. 鹭鸶湖
24. 桃园
25. "猪沼果渔菜"模式示范区
26. 一期管理房
27. 生态厕所
28. 中国水土保持监测
29. 现代坡地生态果园示范区
30. 壤中流试验区
31. 一期数据采集室
32. 沟渠护坡示范区
33. 现代坡地生态果园试验区
34. 生态排水沟渠示范区
35. 坡面侵蚀示范区
36. 生态路沟
37. 气象站
38. 植物优化组合技术示范区
39. 现代坡地生态农业试验区
40. 坡耕地地表径流调控与集蓄利用系统示范区
41. 鱼鳞坑
42. 杨梅园
43. 江西省高效水土保持植物种植示范园——蓝莓、黄连木、果桑园
44. 南方水土保持雨水集蓄工程研究示范
45. 合欢园
46. 自然大坡面侵蚀研究示范区
47. 容坊

N

1:8,000

园区功能分区图示
● 科研试验区
● 科普教学区
● 水生态体验区
● 生态修复区
● 推广示范区

图 3-12-6 江西水土保持生态科技园总体布局图(江西省水土保持科学研究院 提供)

2010 年 1 月 21 日,时任水利部部长陈雷考察科技园时,对科技园给予了"模式好、机制好、成果好、队伍好、研究内容好、思路好"六个好的高度评价。2015 年 4 月 16 日,时任江西省委书记强卫考察科技园,对科技园取得的成效给予了充分肯定,并指出要加大科技推广和宣传力度,服务于江西绿水青山建设,增强全社会特别是领导干部用科技手段保护环境的意识。2018 年 4 月 8 日,时任全国政协副主席何维赴科技园视察,对科技园的建设管理给予了高度评价。

四、特色的治理模式

(一)国家重点治理工程——兴国塘背河模式

以水土流失严重、人民生活贫困而出名的无定河、皇甫川、三川河、甘肃定西县、永定河上游、柳河上游、葛洲坝库区、江西兴国县,自1983年列为全国八片重点治理区以来,已取得十分显著的治理成效。塘背河小流域位于江西省兴国县境内,曾是我国南方的严重水土流失地区之一,素有"江南红色沙漠"之称。

塘背河小流域位于兴国县城南部,跨龙口、永丰两个乡。塘背河是赣江的三级支流,流域面积16.38km²,境内除沿河两岸有小片河岸阶地外,其余都属丘陵地貌。土壤类型大都是花岗岩和砂砾岩风化形成的红壤,属亚热带季风气候,温暖湿润,年平均气温19℃,无霜期284d,年平均降水量1371.2mm(张碧玲等,1988;宋月君等,2012)。20世纪80年代,由长江流域规划办公室主持,江西省水保办、赣州地区水保办在塘背河小流域开展了水土保持综合治理规划并实施,其主要技术经济指标均达到或超过部颁标准。2000年3月,塘背河小流域被水利部、财政部命名为"全国水土保持生态环境建设示范小流域"。塘背河小流域治理的成功经验,为赣南乃至南方红壤区水土流失综合治理奠定了技术基础(图3-12-7)。

a. 治理前　　　　　　　　　　　　　　b. 治理后

图3-12-7　兴国县塘背河小流域治理前后对比(兴国县水土保持局　提供)

1. 治理模式

以塘背河小流域为代表的国家水土流失重点治理工程,开展了以小流域为单元的综合治理。对山、水、田、林、路、草、能源统一规划,植物措施与工程措施相结合,保护与开发三利用相结合,人工治理与生态修复相结合,并补以开源节能等措施解决群众生活能源问题(唐燕燕,2005)。

(1)轻度流失山地

对花岗岩和其他岩性的轻度流失地块山头,采用以封禁为主,另加人工撒播或飞播马尾松、枫香、木荷种子,然后严格封禁,使其自然恢复。因这类区域以面蚀为主,尚有一定厚度的土层和覆盖度较大的植被。从整个坡面来看,流失现象在地表均匀地进行。只要消除了人为破坏,植被容易恢复。

(2)中度水土流失山地

在花岗岩等中度流失区,则采用以人工整地补植为主,因这类区域的水土流失已发展到面蚀和沟蚀,坡面上可见到细切沟和冲沟,植被覆盖度少于50%,特别是山顶和山脊已开始裸露。所以,在裸露坡面上必须修筑竹节水平沟等水土保持工程,才能防止沟道下切、增加土壤蓄水量,保证新种林草成活。

(3)严重水土流失山地

对花岗岩强烈以上(含剧烈)流失区治理,采用工程措施与生物措施结合,草、灌、乔结合,防治并重,实施区域规模治理。这种流失区,由于水土流失特别强烈,采用之前的先一把锄头,打一个穴,种一棵苗,培一把土,浇一杓水的“五个一”方法无法奏效。经过反复试验,将环山水平沟改成为竹节式水平沟。所谓竹节水平沟,即将各条水平沟每隔2.5~3m长留一低于沟面的土埂隔开,把长沟截成短沟,将降雨分散蓄于沟内。由于长度改短,能保持水平,沟埂不易崩塌,在坡面上形成无数的小蓄水池,达到了降雨全部拦蓄在坡面上,然后逐渐渗入土中。从而提高了土壤的含水量和植物的抗旱能力,再配上高密度的林草措施,获取了最佳的治理效益。

对这类山地采取高标准的工程——改土和植物措施,即施行大动土,大改土,大种植的方法。大动土,就是根据坡面的地形地势特点,因地制宜地布设多种坡面工程,如开挖竹节水平沟、修梯田、筑谷坊、堵崩岗以及挖穴整地等;其工程设计标准为能拦蓄十年一遇的3d降雨量163mm。大改土,即在穴里或播种沟里,用上客土(肥土)或施磷肥等措施来改良土壤,提高土壤肥力和蓄水能力,从而促进植物生长,达到保持水土的目的。大种植:就是采取乔、灌、草一齐上,针、阔叶树和常绿树、落叶树混交的办法,营造水土保持林,主要树种是马尾松、胡枝子、黄檀、枫香、木荷、栎类以及耐旱草类等(兴国县塘背小流域治理委员会,1984)。

2. 主要经验

（1）植物措施与工程措施相结合,解决技术难题

在强风化花岗岩的剧烈流失地区,由于表层全是母质风化物,肥力极低,保水力极差,夏季地温很高,立地条件恶劣,仅只采用封山育林和一般的植树造林办法不能达到恢复植被与保持水土的目的,必须采用坡面工程与生物相结合的措施。塘背河坡面工程采用水平竹节沟和反坡梯地为主,拦蓄径流泥沙,控制水土流失,并为长期的植被建设改善立地条件打下了基础。这一技术措施,通过实践证明其正确性,可供类似地区参考。

（2）加强领导,建立健全实体机构,是完成治理的保证

在兴国县委和政府的领导下,成立塘背河小流域治理领导小组和治理委员会,由小流域所在的乡党政主要负责人及有关部门负责人组成,负责组织规划实施。同时,设立试验管理站,负责综合治理的日常工作、技术指导、检查验收、培训农民技术员以及管理经费等,保证了治理工作按照计划有步骤地进行,技术措施得到落实,扶持经费用到实处,保质保量地完成了治理任务。

（3）落实政策,充分发动群众,是治理成败的关键

兴国县根据党的林业政策,将塘背小流域90%以上的荒山划给群众作自留山,长期不变,允许继承。实行以户承包,谁治理、谁管护、谁受益的政策,加速了治理进度。

（4）加强管护,治管结合,才能防止边治理边破坏,巩固治理成果

塘背河小流域采取建立专业护林队伍,制订严明的乡规民约,大力开展宣传教育等综合措施,取得了良好的效果(长江流域规划办公室规划处,1985)。

（二）"长治"工程——修水模式

修水县地处赣西北边陲,为湘、鄂、赣3省交界处,居鄱阳湖五大水系之一的修河的上游。治理前土壤侵蚀强度大,水土流失严重的乡镇大部分山地表土流失殆尽,局部山地已是基岩裸露。每逢暴雨,泥沙俱下,掩埋农田,淤塞河道、水库、山塘等水利设施;天晴几日,港沟断流,部分群众甚至饮水困难。2000年以来,修水县抓住"长治"工程(长江上中游水土保持重点防治工程)和"长治"农发水土保持项目扶助机会,在白岭、大桥等14个水土流失最严重的乡镇开展

了水土流失综合治理,成效显著。

1. 造大氛围,努力构建社会办水保的格局

首先,修水县从宣传教育着手,利用报刊、电视、宣传车、标语、图片、水保简报等多种形式,全方位宣传水土保持的重要作用。尤其是通过对水土保持与生态环境、粮食安全、防洪减灾、发展经济这四大关系的宣传、讲述和广泛教育,使广大群众真正认识到保护水土就是保护自己的生存空间。认识足了,观念升华了,保持水土的积极性和自觉性也提高了。在工程实施的乡村,真正把水土保持工作当作头等大事,有的乡镇为水土保持工作多次召开党政班子会议。项目区每条小流域内,各村通过村民代表大会制订了水土保持村规民约,并到处抄写张贴,山场实行全封禁。在工作中,修水县坚持预防和治理两手抓,并把预防监督工作放在首位,秀水县水土保持局预防监督大队人员配备强、设施齐全,长年奋斗在第一线。对项目开发人,既依法行政,又提供优质服务。

2. 下大力气,绘画山川秀美的生态蓝图

在小流域综合治理规划上,遵循以人为本、生态优先的原则,大面积集中连片营造水土保持林,树立“山不绿,水不清,水保干部不甘心”的使命感和责任感,在“真”字上下功夫,在“密”字上布措施,在“严”字上把关口,在“管”字上问效益,即做到:认认真真地搞好每一项工程措施;实行乔灌草高密度快速绿化;用“终身制”来严水保干部;用经济措施严施工农户;用工程硬尺严每一个生产工序到位;做到一年建设,长年管护,建一个成一个(图 3 - 12 - 8)。

a. 治理前   b. 治理后

图 3 - 12 - 8　修水县汪坪小流域治理前后对比(修水县水土保持局　提供)

3. 花大投入,致力改善农业生产条件

项目区农业生产中有一个突出的问题,就是小型水利设施脆弱,修水县在

项目实施5年间,修建小型水利水保工程1000多处,累计为9个乡镇48个村解决了多处拦沙蓄水、改善灌溉的实际困难全。使水土保持工程成为山区老百姓的造福工程、"农发"水保成为农民的福音。

4.创大产业,当好农村经济发展的示范户

在治理水土流失的同时,注意经济效益,着力发展水土保持经济产业,大胆尝试推行"反租倒包"的机制,坚持"谁治理、谁受益"。对一些劳力弱、经济条件相对差或外出务工的农户,由村委会做好工作,通过合同形式把山权租赁下来,再由一些有能力的农户承包这些荒山,并到法律公证处公证,租赁权属在25年以上,然后由修水县水土保持局与承包户合作开发这些荒山建设经果林,项目实施期间已培植水土保持专业户22户,经果林总面积达6800多亩。水土保持产业已成为该县农村经济不可缺失的产业之一。

5.谋大效益,努力创建"三大效益一齐上"的水土保持事业

始终坚持"三大效益并举"的技术路线和指导方针,修水县提倡水土保持工程的生命力就在于水土保持工程的效益,只有高效益的工程才是有生命力的工程。一直以来,始终坚持"生态优先抓布局,经济高效创产业,社会合作促建管",真正做到建设一个成功一个,治一方水土、绿一方山川、助一方经济、利一方人民。如2003年列入"长治"工程开始建设的上杭小流域,始终把水土流失治理和茶叶产业开发相结合,采用"企业 + 合作社 + 农户"模式,有力地推动了上杭乡茶叶产业的快速发展,2013年实现产值1000余万元。绿色产业的发展有效调整了农村经济结构,形成了新的农村经济增长点,促进了农民增收,并为农村劳动力转移创造了就业岗位(隋晓明等,2015)。

(三)山水林田湖草生态修复试点工程——赣县金钩形崩岗治理模式

崩岗是红壤区生态系统退化的最高表现形式,是南方红壤区最严重的土壤侵蚀类型之一(肖胜生等,2014)。2017年,赣县区将崩岗治理作为推进水土保持改革试验区建设的重要抓手,积极争取并顺利实施了山水林田湖生态保护修复项目金钩形崩岗治理工程。金钩形崩岗群是赣县区乃至赣州市、江西省崩岗密度最大、数量最多、类型最全、流失最严重的区域,每年均有当地群众反映或人大代表、政协委员撰写提案、议案,强烈要求对其进行治理,消除崩岗侵蚀危害。山水林田湖草崩岗治理项目的批复实施,为崩岗综合治理带来了难得机会。

山水林田湖草生态保护修复项目金钩形崩岗治理工程采用江西省水土保持科学研究院"三型"治理模式(即开发型、生态型和修复型)研究成果进行规划设计,赣县水土保持局实施并于 2018 年 9 月底完工,总共治理崩岗 700 处,治理崩岗面积 301hm²,完成总投资 1.05 亿元,其中中央奖补资金 5611 万元,形成一个规模约 400hm² 的金钩形崩岗治理示范园(图 3 - 12 - 9,图 3 - 12 - 10)。

图 3 - 12 - 9　赣县金钩形崩岗治理示范园观景平台(赣县区水土保持局　提供)

a. 治理前

b. 治理后

a. 治理前

b. 治理后

图 3 - 12 - 10　山水林田湖草生态修复工程崩岗治理前后对比(赣县区水土保持局　提供)

1. 开发型治理模式

对处于崩塌活动期、地形破碎,但交通便利、靠近村庄的崩岗群,可采用开发型治理模式。结合崩岗的实际,以整理梯地种植经果林为主,恢复土地资源的有效利用,促进形成当地产业,推动精准扶贫和乡村振兴。主要采取以工程为主,植物措施为辅的治理方法,具体治理措施为:在坡顶营造水土保持林;坡面进行削坡,修成梯田,种植果树或其他经济作物(如杨梅、脐橙、油茶等),在梯田上配套排水沟、沉沙池等小型蓄排水工程;在崩岗沟内和沟口修建谷坊,在坡面下部修建拦挡工程,防治泥沙下泄。削坡采用用人工或机械,采取"挖高填低,辟峰平沟,避水固坡,因山就势,环山等高,相互衔接"的方法,整治成反坡梯田(李小林,2013)。

2. 生态型治理模式

对处于平衡趋稳期、植被覆盖较好或交通不便、远离村庄的崩岗群,可采用生态型治理模式。以治坡、降坡、稳坡"三位一体"的模式,种植景观林草植被,实现生态系统的修复和生态景观的美化。对于坡面破碎、崩岗集中的区域,坚持植物措施与工程措施相结合,对崩头集水区、崩头冲刷区和沟口冲积区顺地形分别采取"治坡、降坡、稳坡"的方式,疏导外部能量,治理集水坡面、固定崩积体,稳定崩壁;削坡台面种植适生景观树草种及花卉(如金鸡菊等),梯壁采用植生草毯+梯壁植草(雀稗、狼尾草等)措施;在坡面下部,靠近道路、农田、水塘的区域修建拦挡工程(浆砌石谷坊、生态袋谷坊等)。

3. 修复型治理模式

对处于被大户开发利用后二次崩塌、被弃荒的崩岗,可采用修复型治理模式。以维持崩岗的相对稳定状态为目标,利用南方红壤区雨热资源丰富的特点,采取大封禁和小治理相结合的方法,以平整崩塌区、恢复林草植被(如爬山虎等攀援植物、杉木、木荷、杜鹃、络石等)、完善蓄排水系统为主,营造健康的生境。

(四)生态清洁小流域建设——上犹园村模式

上犹县园村生态清洁小流域地处江西省上犹县梅水乡,距县城14km,位于2013—2017年国家水土保持重点建设工程童川项目区内,土地总面积49.88km²,其中水土流失面积12.32km²;水土流失致使河道淤积堵塞较为严重,沿线大部分河道狭窄,影响了河道的行洪泄洪能力;通过生态旅游型治理模式,采取"三治同步"(治山、治水、治污)措施,实现了"产业发展、功能完善、村容整洁、环境优美"的目标(刘烈浓,2015)。江西省水土保持科学研究院在此基础上,总结出了"治山理水—控源减污—截污净水—生态修复"和"护山养水—治坡理水—入村净水—开发宜水"两类生态清洁小流域治理模式(图3-12-11)。

a. 小流域一角

c. 生态河道

d. 生态农业基地

图3-12-11 生态清洁小流域上犹县园村模式(莫明浩 摄)

1. 治山保水

一是对小流域内植被稀疏、水土流失较为严重的山地自然坡面,通过竹节水平沟高标准整地种植马尾松、杉树、枫香、木荷和胡枝子等当地优势树种,并在水平沟的沟坎外高密度种植灌草,以达到林草植被快速覆盖的目的;二是对轻度水土流失且植被稀疏的山地,按照适地适树的原则大规模种植枫香、木荷等阔叶树种,同时结合当地群众的意愿,适当种植杉木等有一定经济价值的树种进行治理;三是对山上植被相对较好,但一旦遭到人为砍伐就有可能造成水土流失的山地,聘请专门的水土保持监督管护员进行管护,同时对树种单一地块采取封禁补植的形式补种枫香、木荷和杉木等。这些治山措施既实现了植被的快速恢复,又改变了以往的林相单一状况,从源头上保住了水土、增加了森林色彩、美化了村庄周边环境。

2. 进村治水

将河道治理与环境污染源头防控有机结合,工程措施与生物措施并举,逐步实现了"河畅水清,岸绿景美,人水和谐"的目标。在河道维护和整治过程中,针对河道淤积堵塞严重,大部分河道都狭窄,河道宽度平均不足4m,有些地方甚至不足2m,严重影响河道行洪泄洪能力的现状,以清淤疏浚为主,以护坡护岸和堤防修建为辅,努力保持河流的自然状态。注重河道景观生态化营造,增加河道两侧绿化带;在堤岸建设步道系统,把步道建设和河道治理相结合,并通过兴建过水堰和亲水码头,精心打造亲水性人文活动空间,使区域水生态文明和乡村旅游品位大大提升。

3. 产业护水

在小流域的"两茶一苗"(茶叶、油茶和珍贵苗木)农业产业基地内,因地制宜,合理配置各类水土保持措施,包括坎下沟、路边草、坎边草、雨水集蓄利用工程和小型水保工程。根据地形和集雨面积,利用山丘区自然高差,对经果林基地合理配置"三沟"(坎下沟、引水沟、排灌沟)和"两池一塘"(蓄水池、沉沙池、山塘)等小型蓄排工程,就地进行雨水蓄集,减少泥沙径流,增加补灌抗旱水源,做到排水有沟、集雨有池有塘。同时合理配置生产道路,减轻劳动强度,加上种草和种植胡枝子等灌木,实现水不乱流、肥不乱跑、泥不下山的目标,充分发挥"小工程、大规模、高效益"的作用,对经果林开发引起的水土流失进行了有效治理,在保水、保肥、保土能力提高的同时,极大地提高了经果林基地的土地生产能力。

4. 宣传爱水

根据赣州市人民政府、江西省水利厅印发的《赣州水土保持改革试验区工作实施方案》的通知要求,成立了水土保持知识教育进党校活动工作领导小组,县委党校把水土保持知识教育纳入党校主体班次教学内容,水土保持局把水文化融入项目建设中,在园村小流域通过设置"水土保持文化长廊"和水土保持工程示范点,全方位开展水土保持生态户外宣传,不断深化水土保持国策和水生态文明宣传教育,大力倡导和普及人与自然和谐相处的生态文明理念;切实加强水土保持生态文化平台建设,让当地干群和游客在认识水土保持生态建设重要性的同时,通过现场观摩和培训,快速掌握水土流失防治的基本知识。特别是借助赣州市委党校在园村开办的全市科级干部培训教育基地平台,通过户内教室与户外教室相结合的形式,全方位地开展了水土保持知识宣传教育活动,同时,在每一个水土保持单项工程和相对集中的水土保持措施示范点都贴上了特制的水土保持"商标"或竖立了示范标志牌,从而使整个生态清洁小流域的每处治理现场都充满了水生态气息和水土保持文化氛围(刘烈浓,2015)。

第十三章

上海市

水土保持

第一节　基本市情

一、自然概况

(一)地理位置

上海位于北纬 30°40′~31°53′、东经 120°51′~122°12′,地处太平洋西岸,亚洲大陆东沿,长江三角洲前缘,东濒东海,南临杭州湾,西接江苏、浙江两省,北界长江入海口,长江与东海在此连接。全市总土地面积 6340.5km²,南北长约 120km,东西宽约 100km。境内水域面积 697km²,占全市总面积的 11%。境内辖有崇明、长兴、横沙 3 个岛屿,其中崇明岛面积 1041.2km²,是我国的第三大岛。

(二)地质地貌

上海由长江江阴以下河口三角洲发育和发展形成,大陆部分成陆较早,自西向东渐进渐成,由第四纪地层发育形成,厚度一般介于 200~320m;西南较薄,为 100~250m,向东北增厚至 300~400m。按沉积相大致可划分为上部和下部两部分:上部通常指埋深约 145m 以上,以灰色为主,属中更新世以来海陆频繁过渡、海洋渐占优势环境下的沉积物;下部通常指埋深 145~320m,以褐黄色为主,为早更新世陆相沉积物。

上海市境内除西南部有少数丘陵山脉外,整体地势为坦荡低平的平原,是长江三角洲冲积平原的一部分,虽然海拔高差不大,平均高度仅 4m 左右,但所引起的水热条件的差异也相当显著,对植被发育的影响极为深刻。陆地地势总体呈现由东向西低微倾斜。大金山为上海境内最高点,海拔高度 103.4m(图 3-13-1)。

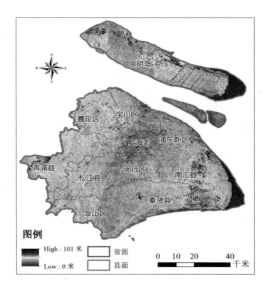

图 3 - 13 - 1　上海市地形地貌图（地理空间数据云：http://www.gscloud.cn/search）

（三）气候水文

1. 气候

上海属北亚热带季风气候区，四季分明，日照充分，雨量充沛。上海气候温和湿润，春、秋较短，冬、夏较长，呈现季风性、海洋性和局地性气候特征。多年平均气温 15 ~ 16℃；最高气温 40.2℃，最低气温 - 12.1℃；年日照时数1809.2h，年平均降水量 1191mm，年均蒸发量 1111.6mm；全年平均降水日数124d，无霜期 259d。大部分雨量集中在 6—9 月的汛期，降雨量占全年的 60%以上。有春雨、梅雨、秋雨三个雨期。由于上海城区面积大、人口密集，上海城市气候具有明显的城市热岛效应。上海主要受台风、暴雨、洪涝、大风、雷暴、大雾等气象灾害的影响。

2. 水文

上海市河湖众多，水网密布，境内水域面积 697km²，占全市总面积的 11%。上海河网密度达 3 ~ 4km/km²，大多属黄浦江水系，主要有黄浦江及其支流苏州河、川扬河、淀浦河、大治河和大泖港等，与黄浦江主干交织成黄浦江水系。黄浦江源自太湖，全长 113km，流经市区，江道宽度 300 ~ 770m，平均 360m，是上海的水上交通要道。苏州河上海境内段长 54km，河道平均宽度 45m。上海最大的湖泊为淀山湖，面积为 62km²。

上海境内河网发达，长江是上海市最大的过境河流，位于市区东北角，距中心区 20km，多年平均径流量 29300m³/s；江面宽度从徐六泾段的 5km 至江苏省启东市寅阳角与南汇咀间达90km,呈逐渐放宽特征;长江口是中等强度的潮汐河口,在口外为正规半日潮,口内为非正规半日潮,潮流界在江苏镇江至江阴之间,潮区界可达安徽大通附近。杭州湾是典型的强潮河口,由于湾口束窄较快,潮流强劲,能量突变,在浙江海宁附近极易出现涌潮(上海市第一次全国水利普查领导小组办公室,2013)。

全市内陆感潮河网地区,一般涨潮历时约5h,落潮历时约7h 25min,属非正规半日浅海潮潮型。在上游径流与下游潮汐的双重作用下,充沛的过境水量为全市提供了丰富的水资源,市内河道作为水资源的载体,具有引水、排水、蓄水、供水、通航和改善环境等多种功能,且承泄上游地区的洪、涝来水入海。若遇外潮位偏高或上游水位较低时,易使黄浦江中下游受污染的水体回荡上溯。每当长江下泄入海流量减少时,在涨潮流的作用下,也会受到咸潮入侵的不利影响。

（四）土壤植被

上海的土壤大多由潮间带土壤发育而来,长江三角洲的冲积平原构成了上海土壤发育的母质。经过自然演替及农业耕作过程,形成了滨海盐土类、水稻土类、潮土类和黄棕壤土类4种基本的土壤类型(图3-13-2)。其中以滨海盐土类、水稻土类、潮土类为主要土壤类型。上海地区土壤其酸碱性质多为中偏碱性,有机质含量不高。绝大部分地域的土壤pH在7.0~8.5,这类土壤面积约占80.2%,多分布在上海的中西部地区。

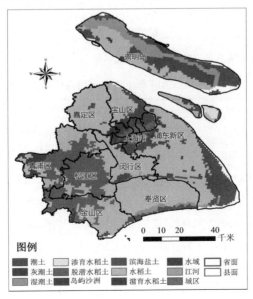

图3-13-2 上海市土壤类型图(资源环境科学与数据中心:https://www.resdc.cn/)

上海植被区划隶属于北亚热带常绿阔叶林带的河口沙洲植被区,碟缘高地植被区和东北淀泖低地植被区,以及隶属于中亚热带常绿阔叶林地带的西南丘陵、低地植被区等。上海地区99.99%森林为人工林,森林群落中一般常见乔木约68种,主要有杜英、广玉兰、女贞、杨树、香樟、水杉等,小乔木及灌木约105种。2013年,全市建成区绿化覆盖面积为37312hm²,绿化覆盖率为38.36%;林业用地面积100932hm²,其中森林面积83246hm²,森林覆盖率13.13%;湿地约37万hm²,自然湿地生态系统得到较好保护管理(图3-13-3,表3-13-1)。

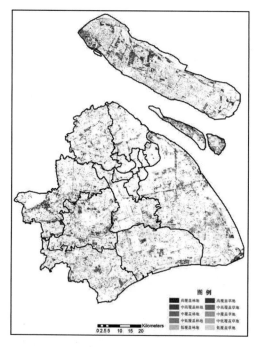

图3-13-3　上海市植被覆盖度图(资源环境科学与数据中心:https://www.resdc.cn/)

表3-13-1　2013年上海市不同森林类型面积

森林类型		幼龄林 (hm²)	中龄林 (hm²)	近熟林 (hm²)	成熟林 (hm²)	过熟林 (hm²)	合计 (hm²)
乔木林	松	620.785	342.359	39.041	8.791	0.000	1010.976
	杉	3416.653	1654.233	738.866	933.202	1.538	6744.492
	硬阔	25826.790	2567.022	184.539	45.975	3.375	28627.701
	软阔	996.010	2344.837	1048.039	526.692	131.330	5046.908
	针叶混	112.782	74.183	10.369	33.810	0.209	231.353
	阔叶混	13280.002	2900.471	584.708	247.630	21.081	17033.892
	针阔混	2736.295	1409.513	312.064	64.772	0.654	4523.298

森林类型	幼龄林 （hm²）	中龄林 （hm²）	近熟林 （hm²）	成熟林 （hm²）	过熟林 （hm²）	合计 （hm²）
乔木 经济林	2682.088	975.983	58.454	54.937	12.400	3783.862
灌木林	特灌林（灌木经济林）					13081.869
	其他					8077.994
竹林	毛竹					78.525
	杂竹					3083.257
合计						91324.133

资料来源：郝瑞军等（2021）。

二、社会经济情况

（一）行政区划

1.行政区划

上海全市面积 6340.5km²，占全国总面积的 0.06%，南北长约 120km，东西宽约 100km。其中区域面积 5299.29km²，县域面积 1041.21km²。境内辖有崇明、长兴、横沙三个岛屿，其中崇明岛面积 1041.21km²，是我国的第三大岛。上海市辖黄浦、徐汇、长宁、静安、普陀、虹口、杨浦、闵行、宝山、嘉定、浦东新区、金山、松江、青浦、奉贤、崇明 16 个市辖区（图 3-13-4）。

图 3-13-4 上海市行政区划图

（审图号：沪 S［2020］037 号）

2. 人口

根据《上海市 2018 年统计年鉴》,2018 年上海市常住人口为 2418.33 万人。城镇常住人口 2120.88 万人,占上海全市人口的 87.70%;乡村常住人口 297.45 万人,占比 12.30%。

3. 民族

根据第六次全国人口普查,在上海的 55 个少数民族中,人口数在 2 万人以上的有回族(占全市少数民族人口的 28.3%)、土家族(12.2%)、苗族(11.4%)、满族(9.1%)和朝鲜族(8.1%)。人口数在 20000 人以下、5000 人以上的民族有壮族、蒙古族、侗族、彝族、布依族和维吾尔族。其他民族人口都在 5000 人以下。有的民族甚至仅几个人。

4. 教育

根据上海市教育厅《2018 年度上海市教育工作年报》,全市共有中小学、幼儿园、特殊教育学校及工读学校 3192 所,其中:幼儿园 1591 所,小学 741 所,中学 818 所,特殊教育学校 30 所,工读学校 12 所。共有在校学生 193.4 万人,普及九年制义务教育的各项指标均达到或超过国家标准。

(二)经济状况

2018 年,上海市实现生产总值 32679.87 亿元,其中,第一产业增加值 104.37 亿元,第二产业增加值 9732.54 亿元,第三产业增加值 22842.96 亿元。

(三)土地利用

根据 2014 年上海市土地利用现状数据,全市建设用地面积 3117.20km² (包括中心城区 613.72km² 和郊区县 2503.48km²),农用地面积 3299.48km²。从上海市土地利用空间布局来看,中心城区和周边扩展地区边界已相对稳定。以 9 个新城为主的郊区县城市副中心正在逐渐发育,城市一核多心的格局已显雏形(上海市水务局,2017)。上海市 2014 年土地利用见图 3-13-5。

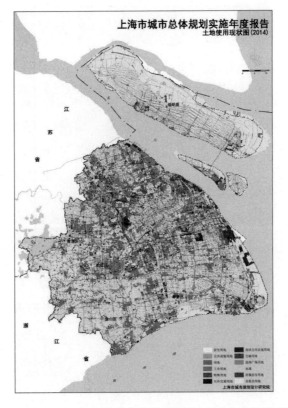

图 3 - 13 - 5　2014 年上海市土地利用现状(上海市水务局,2017)

第二节　水土流失概况

一、水土流失类型

按照全国水土流失类型区的划分,上海市属南方红壤区,水土流失的类型主要是水力侵蚀,杭州湾与长江口等沿海区域夹杂有微弱的风力侵蚀(水利部,2010;国家技术监督局,2008)。水力侵蚀的表现形式主要是坡面面蚀、水流冲刷导致的堤岸侵蚀以及滩涂侵蚀等(图 3 - 13 - 6)。

图 3 - 13 - 6　2018 年上海市土壤侵蚀分布图(资源环境科学与数据中心:https://www.resdc.cn/)

二、水土流失分布

根据上海市 2018 年水土流失动态监测成果,上海市共有水土流失面积 2.98km²,占全市土地总面积的 0.05%。其中,浦东新区水土流失面积 1.26km²,青浦区水土流失面积 0.45km²,崇明区水土流失面积 1.27km²。

上海市容许土壤流失量为 500t/(km²·a),因此根据《土壤侵蚀分类分级标准》(SL190 - 2007),全市大部分区域的侵蚀强度在容许值范围内,水土流失非常轻微,96.71% 的面积为微度侵蚀,仅在部分通航河道岸坡和湖泊沿岸塌陷造成的水土流失较为严重(上海市水务局,2017)。

三、水土流失成因

(一) 自然因素

自然因素是水土流失的潜在因素,是客观条件,上海市水土流失的自然因素包括降雨、风力、植被、地形地貌和土壤类型条件等。

1.降雨

上海市地处中纬度沿海地带,雨量充沛,年内降雨量 1200mm,年降雨分布不均匀,虽总体以中小降雨为主,但汛期雨量较大,每年 5—9 月份的降雨量约占年降雨量的70%。上海市汛期降雨量偏多,大到暴雨出现的次数也较多,在短期内(1~3d)降雨强度可达几百毫米。短历时的强降雨使降雨强度超过了土壤入渗能力,造成地表大量积水,地表径流形成的侵蚀外营力大,为土壤侵蚀提供了原动力,再加上雨水的淋溶作用,加速了土体的风化,频繁的雨水冲刷地表,造成土壤流失。

2. 风力

上海地处东南沿海,受季风影响明显,沿海地区平均风速4~5m/s,沙质土的表土层厚度不足10cm,在春季地表植被覆盖度差或者植被覆盖层破坏后易造成风力侵蚀,虽然风蚀造成的水土流失危害相对较小,但也不容忽视(张玉刚等,2016a)。

3. 植被

上海城市建成区绿化覆盖率达到38.2%,具有良好的水土流失防治功能。但是,部分郊区及未整治河道边坡植被稀少,有很多裸露区域,易被侵蚀,地表植被一旦遭到破坏,土壤侵蚀则明显加剧。

4. 地形地貌

上海市地形总体为低平坦荡。但是,境内西南部有佘山等丘陵山脉,且市域内河湖水面辽阔,河网密度高,岸线较长,新开河道较多,有一定的边坡存在。坡面区域土壤抗蚀能力差,护坡护岸破坏,泥沙流失、河(湖)岸坍塌随之产生,坡度愈陡愈剧烈,加剧了径流对地表土壤的冲蚀作用(张玉刚等,2016b)。此外,上海市滨江临海,江海滩涂面积大,滩涂区域抗冲性差,在台风暴雨下易造成水力侵蚀。

5. 土壤性质

上海市由于地势低平,江、河、湖、海水位较高,地下水埋深很浅,土地处于高度渍水状态,土壤较为黏重。上海市土体易板结,土壤含水量一般较高,渗透力差,通气性不好,并且风化壳深厚疏松,土体抗剪强度较低,土壤抗蚀能力弱,雨水的淋溶作用,加速了土体的风化,使得土壤易随水流动,受水力(重力)侵蚀;滨江临海地区滩涂土壤沙性相对严重,盐分高,土壤结构差,有机质含量少,抗冲性差,在台风暴雨下也易造成水力侵蚀。

(二) 人为因素

上海市人为生产建设活动日益频繁,建设用地规模逐年增加。大量建设项目动土建设,土石方挖填调弃活动频繁密集,形成大量松散裸露面,很多工程基础采取钻孔灌注桩形式,施工中产生大量的泥浆钻渣,缺乏有效地拦挡措施,易产生水土流失(张立伟,2018)。

人口增长还引起人们对生活资料需求的增加,有限的平地产粮不能满足人口增长的需要,河塘海塘、堤防边坡和滩涂耕垦种植经济作物等人为破坏生态植被活动的增加成为必然,加重了土地承载,导致水土流失加剧。

上海为典型的水网地区,市内骨干河道相当部分为航道,水网航运十分发达,大型运输船舶航行形成强大的船行波,涌浪爬高达 50cm 以上,河道土堤在船行波的频繁冲击下,受波浪的正负压力作用而脱离岸坡,加剧河岸坍塌,形成水土流失。

四、水土流失危害

(一)岸线边坡坍塌,土地资源损失

上海是典型的平原河网地区,水网密布,在海潮、风浪和船行波作用下,极易造成自然状态下河岸的边坡和堤顶面的水土流失(国家技术监督局,1996)。据统计,上海市仅在通航河道中,严重坍塌的岸线长度为 865km,占 28.9%;一般坍塌的岸线长度为 904km,占 30.2%,由此造成大量土地资源的破坏和损失。近 50 年来,这些航道已经造成坍塌的土地面积就有 667hm²。20 世纪 60 年代以后,随着农村机动船只的增加,河道塌方日趋严重,平均每年有 27~33hm²农田被毁。进入 20 世纪 80 年代更为突出,郊区每年损失的土地高达 87hm²。

(二)河湖淤积,洪涝灾害与轮疏压力加剧

水土流失使大量土方泥沙淤积河湖,导致河床抬高,水域库容减少,水量调节能力和行洪能力降低,使洪水过程的高水位持续时间延长,同时缩短通航里程,直接威胁到两岸经济、社会和人民群众的生命财产安全,还对防汛排涝、原水供应和农业灌溉都产生了不利影响。1998 年的普查资料表明:上海市郊区中小河道淤积土方总量为 1.45 亿 m³,1998—2001 年全市投入 37 亿元,修筑护岸 669km,疏浚淤泥 1.21 亿 m³。由于全市每年自然淤积量约为 1600 万 m³,到 2006 年,全市中小河道淤积总土方仍有 1.42 亿 m³,平均淤积深度 0.5m,给河道淤积疏浚工作以及资金投入带来沉重负担。

(三) 土壤养分流失，土地生产力与水环境质量下降

水土流失不但直接减少了耕地面积，还导致土壤中大量的氮、磷、钾等营养元素流失，相当于每年流失数量巨大的化肥，因水土流失造成部分地区土壤有机质含量降至0.3%~0.5%，土地土层变薄、肥力下降，从而导致土地生产力降低。同时由于表层松散土壤流失，土壤孔隙度下降，土壤透水、通气性能下降，导致土地生产力降低，涵养水源和生态保护功能减弱。水土流失作为面源污染物传输的载体，将土壤中的养分、有机质和残留农药、化肥等带入水域，是加剧市域内河湖水质污染、水域纳污能力下降、生态破坏的原因之一。

(四) 扰动占压频繁，城市人居环境与基础设施受损

上海市社会经济发展快，基础建设力度大，很多工程基础采取钻孔灌注桩形式，施工中产生大量的泥浆钻渣，缺乏有效地拦挡措施，在降雨冲刷等自然因素和监管机制体制薄弱等人为因素双重作用下极易发生水土流失，造成泥水横流、绿地占压等城市人居环境破坏现象，同时疏松的泥土随雨水流失，进入排水系统，淤积管井沟渠，损坏城市排水基础设施，降低城市排水能力。上海市社会经济发达，居民生活水平与环境要求相对较高，因此建设过程中不合理施工扰动占压，加剧水土流失，造成的城市人居环境与基础设施受损不容忽视（住房和城乡建设部，2018）。

第三节　水土流失预防与监督

一、水土流失预防保护

(一) 预防保护范围与对象

1. 预防范围

在上海市，凡是"动土"，农林开发、林木采伐、荒坡垦殖以及涉及填筑、堆放、排弃、土石方开挖等建设活动及生产建设项目，都应该严格按照水土保持的

要求,采取适当的监管措施,必须做到全面预防水土流失。上海市监管预防的重点范围包括黄浦江上游水源涵养区、崇明三岛、南汇东滩以及奉贤区的杭州湾岸段等区域。重点预防区土地总面积为2165.8km²,占上海陆域土地总面积的34%。重点预防区包括青浦区的淀山湖及周边的朱家角镇、金泽镇和练塘镇,松江区的佘山镇、小昆山镇和石湖荡镇,奉贤区海湾镇,崇明县所有乡镇,浦东新区的合庆镇、书院镇、老港镇和芦潮港镇的沿江(海)地带(表3-13-2)。

表3-13-2　上海市各区水土流失重点预防区分布及面积

地区	乡(镇)	面积(km²)
青浦区	朱家角镇、金泽镇、练塘镇	315.9
松江区	佘山镇、小昆山镇、石湖荡镇	132.7
奉贤区	海湾镇	90.2
崇明区	崇明三岛18个乡(镇)	1411.0
浦东新区	合庆镇、书院镇、老港镇和芦潮港真	216.0
合计		2165.8

资料来源:《上海市水土保持规划(2015—2030年)》(上海市水务局,2017b)。

2. 预防对象

预防对象包括:①预防植被覆盖度较低且存在或者可能存在水土流失的林草覆盖区域。②预防项目或工程开办涉及填筑、堆放、排弃、土石方开挖等生产和建设造成的水土流失。③预防经济林、防护林和用材林等林木建设、林木采伐、耕地垦造等农业活动生产过程中产生的水土流失。④保护现存的天然林草植被和人工林草植被、已经建立的水土保持设施以及其他的生态环境治理措施。

(二)预防保护措施与配置

1. 水源涵养功能区

对湖泊上游及周边山区林草植被采取封育保护与生态修复措施;通过退耕还林还草营造水土保持林;对残次林地采取抚育更新措施并营造水源涵养林。

2. 水质维护功能区

对河湖周边的植被采取封禁措施和营造植物保护带;在入湖口和河口建设人工湿地,减少面源污染物入湖;对局部集中水土流失区开展以小流域为单元的综合治理,重点建设生态清洁小流域。

3.农田防护功能区

通过健全农田水系配套设施、营造农田防护林,建设高标准农田;发展生态农业和生态养殖,减少农田污染物排放;对农村居住区建设生活污水和垃圾处置设施、人工湿地等,控制面源污染。

4.人居环境维护功能区

结合城乡规划,对河道配置护岸护堤林、建设生态河道、园林绿地;强化开发区、工业园区等的监督管理。

二、水土流失监督管理

(一)健全制度体系

上海市以《中华人民共和国水土保持法》颁布实施为契机,在分析上海市水土流失状况及水土保持工作问题和需求的基础上,按照法律法规对监督管理的要求,结合全国水土保持规划相关成果,借鉴周边兄弟省市水土保持监督管理体制机制建设的相关经验,从水土保持综合管理机构能力与机制建设、工程建设管理体制与机制建设、预防保护管理制度化建设、监督管理制度化建设、监测网络建设、配套政策法规建设等方面大胆探索,创新建设上海市水土保持制度体系。

上海市建立市政府相关部门的协作机制。工程建设中严抓水土保持措施配套情况,着重抓好前期、设计、施工、验收等几个关键的环节。重点治理成果严格落实保护责任,制订管护制度;设立管护标志,建设管护设施,定期报告管护区情况;严禁随意占用和破坏,确需占用的必须予以补偿;建立了多层次、全方位的监督管护体系。同时水行政主管部门与协作部门也加强了检查、监督,对各类破坏水土流失治理成果的违法案件,严格依法进行立案查处。

上海市还对重点预防保护地区制订了完整的水保设施管理保护制度,并提出建设项目水土保持准入的控制性指标与总体要求,确定并公告其管理范围,限定开发建设项目准入的类型、区域范围界限与相关指标,落实区内水保设施的管理养护责任。

(二)提高监管能力

根据上海市实际情况,由市政府组织,建立以水务局(海洋局)为主,市发改委、市规土局、市环保局、市交通运输和港口管理局、市绿化和市容管理局、市住房保障和房屋管理局等有关部门共同参与的水土保持综合监管联动机制。

积极推进上海市各级水土保持监督管理机构和队伍能力建设,实行市、区(县)对市级水土流失重点预防与重点治理区的两级管理,实现市、区(县)水土保持监管机构、人员、工作经费、办公场所与执法取证设备装备的"五到位"。

1. 机构到位

各级水务部门应依法落实水土保持(监督)管理机构,明确水土保持监督管理职责,强化水土保持监督管理职能。市水务局应明确本级的水土保持方案技术审查、水土保持设施验收技术评估等技术支撑单位。

2. 人员到位

各级水土保持监督管理机构要充实配备与执法任务相适应的专职监督管理人员,并全部参加监督执法培训和考核,全面提高业务素质和依法行政水平。参与水土保持方案技术评审、设施竣工验收、技术评估等方面的人员要参加专项培训和考试,考试合格的颁发合格证书。

3. 办公场所到位

各级水土保持监督管理机构要有固定办公场所,配备计算机、传真机等办公设备。建立水土保持监督管理信息系统,主要包括水土保持专家库、水土保持现状与规划数据库、生产建设项目水土保持方案数据库等。

4. 工作经费到位

各级水土保持监督管理机构要有稳定的经费渠道,每年从本级财政预算中安排必要的经费,用于水土保持管理机构建设与监督执法,确保监督管理工作的正常开展。

5. 设备装备到位

各级水土保持监督管理机构要有专用交通工具或在执行公务时有用车保障,配备照相机、摄像机、经纬仪等执法取证设备,并保障设备装备的正常运行。

(三)强化生产建设项目监督管理

自2001年以来,上海市结合"以建设生态河道为抓手,大力推进水环境整治",按照"以苏州河为重点,推动中小河道整治"的水土保持总体要求,点上集中力量实施"三港一城"(龙华港、虹口港、杨树浦港,松江新城区)的水系整治和各区县重点河道的整治,因地制宜地树立一批水土保持型、水质改善型、生态环境型的样板河段;面上重点推进淀浦河以北、蕰藻浜以南的骨干河道整治,抓好市中心区河道的"面清、岸洁"和郊区河道"面清、岸洁、有绿"工作,共整治河道5900条段、6800km,疏浚土方1.76亿 m^3。

2002年根据郊区城镇化建设及生态建设的要求,按照水利部关于城市水土保持工作的部署,结合上海市"一城九镇"及中心城镇的建设,以松江区新浜镇为试点,启动了"水土保持生态建设示范镇"建设项目。

2015年起,实施的第一轮农林水三年行动计划,建成了一批有规模、有示范、有影响的农林水联运项目,夯实了农村发展的基础,坚持林农结合、林水相依、林网配套,全市完成林网建设2567hm²,全市建成农田林网1413hm²、建设配套河道林网1153hm²,重点乡镇建成农田林网589hm²、河道林网502hm²,全市森林覆盖率提升至16.21%,为群众提供了宜居宜游的休闲场所,乡村风貌更加和谐美丽,水土保持成效明显。

2017年底颁布了《上海市水土保持管理办法》(上海市水务局,2017),依法全面开展生产建设项目水土保持监管工作,加强事中事后监管,控制人为水土流失的发生。

三、水土保持区划与水土流失重点防治区

(一)水土保持区划

《全国水土保持规划(2015—2030年)》(水利部,2015)要求省级及以下水土保持规划结合实际情况确定易发区,并明确了易发区范围和条件:即全国水土保持区划三级区确定的山区、丘陵区、风沙区以外且海拔200m以下、相对高差小于50m,并符合下列条件之一的区域:①涉及防风固沙、水质维护或人居环境维护功能的重要区域。②涉及国家级水土流失重点预防区。③土质疏松,沙粒含量较高,人为扰动后易产生风蚀的区域。④年均降水量大于500mm,一定范围内地形起伏度10~50m的区域。⑤河流两侧一定范围,具有岸线保护功能的区域。⑥各级政府主体功能区规划确定的重点生态功能区。⑦湿地保护区、风景名胜区、自然保护区等。⑧具有一定规模的矿产资源集中开发区和经济开发区。

该规划系新中国成立 60 多年来首次"自上而下"和"自下而上"相结合、系统开展的国家水土保持综合规划。规划将全国水土保持区划共划分为 8 个一级区、41 个二级区、117 个三级区,其中上海市涉及 1 个一级区、1 个二级区、2 个三级区,详见表 3 – 13 – 3。

表 3 – 13 – 3　上海市水土保持区划

一级分区	二级分区	三级分区	行政范围
南方红壤区	江淮丘陵及下游平原区	江淮下游平原农田防护水质维护区	崇明区
		浙沪平原人居环境维护水质维护区	黄浦区、徐汇区、长宁区、静安区、普陀区、虹口区、杨浦区、闵行区、宝山区、嘉定区、浦东新区、金山区、松江区、青浦区、奉贤区

资料来源:《上海市水土保持规划(2015—2030 年)》(上海市水务局,2017b)。

(二)水土流失重点防治区

1. 上海市水土流失重点预防区划分

根据全国划分标准和全市水源地等相关规划成果,上海市水土保持规划(2015—2030 年)将自然资源相对集中,对整个区域生态环境质量和可持续发展关系密切的饮用水水源地保护区、重要生态和自然保护区、海岛等区域确定为全市水土流失重点预防区。

2. 水源保护区

2002 年市政府批准的《上海市供水专业规划》(周建国等,2004)明确指出,上海的供水水源地贯彻"两江并举、多源互补、安全可靠"的规划方针,即以黄浦江和长江为主进行双水源开发,加强黄浦江上游水源地的治理与保护,进一步开发长江水源,扩大长江水源供水范围,实现上海城市供水水源可持续发展。全市水源地主要包括黄浦江上游水源地以及长江口的陈行水库水源地、青草沙水库水源地和东风西沙水库水源地。

为更好地保护水源地水质,上海市政府发文明确了四大水源保护区范围及保护的具体要求。根据统计,四大饮用水水源保护区(包括一级、二级保护区和准保护区)的总面积约 1350km²。水源地布局及保护区划分详见图 3 – 13 – 7。

3. 重要生态和自然保护区

全市有九段沙湿地自然保护区、崇明东滩鸟类自然保护区、长江口中华鲟自然保护区和金山三岛海洋生态自然保护区等 4 个自然保护区,均分布在东部的沿江沿海湿地地区(图 3－13－8)。其中,九段沙湿地自然保护区、崇明东滩鸟类自然保护区为国家级自然保护区;长江口中华鲟自然保护区和大小金山三岛自然保护区为市级保护区;崇明东滩鸟类自然保护区、长江口中华鲟自然保护区已被列入《国际重要湿地名录》。

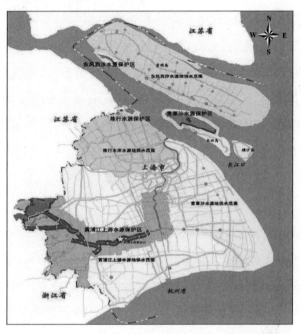

图 3－13－7　上海市水源地布局及保护区范围(上海市水务局,2017b)

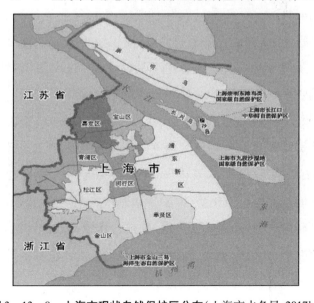

图 3－13－8　上海市现状自然保护区分布(上海市水务局,2017b)

为维护水资源平衡、保护生物多样性、降低自然灾害风险等提供缓冲空间，依托长江口岛群、淀山湖、杭州湾海湾休闲地带和东海海域湿地及与之相依存的自然保护区，《上海市基本生态网络规划》（上海市城市规划设计研究院，2009）将淀山湖风景区、崇明东滩鸟类自然保护区、长江口中华鲟自然保护区、九段沙湿地自然保护区、佘山国家森林公园、金山三岛海洋自然保护区共计783.21km^{2}确定为全市基础性生态源地和生态战略保障空间。

2001年国务院批准的《上海市城市总体规划（1999—2020年）》（上海市城市规划设计研究院，2001）提出将崇明本岛建设为生态岛，是改善上海城市整体生态环境质量的重要任务之一。2005年市政府批准的《崇明三岛总体规划（2005—2020年）》（上海市城市规划设计研究院，2005）进一步明确将崇明本岛定位为综合生态岛，在崇明、长兴、横沙三岛联动发展中，推进崇明本岛的生态建设。

4. 海岛

海岛是壮大海洋经济、拓展发展空间的重要依托，是保护海洋环境、维护生态平衡的重要平台。根据2011年上海市海岛地名普查结果，全市共有海岛26个（有居民海岛即崇明三岛，无居民海岛23个），主要分布在杭州湾北部和长江口，其中杭州湾北部5个，长江口21个。全市海岛分为基岩岛和冲积沙岛两类，基岩岛14个，冲积沙岛12个。海岛总面积1488km^2，其中3个有居民海岛的总面积为1411km^2，占海岛总面积的94.8%；23个无居民海岛总面积为76.7km^2。九段沙是面积最大的无居民岛，面积约61.2km^2；有8个基岩海岛面积不足500m^2，最小的基岩海岛情侣礁三岛面积仅15m^2（图3-13-9）。

5. 重点预防区划分结果

《上海市水土保持规划（2015—2030年）》提出"4、10"全市水土保持重点预防区划分方案："4"即从地理位置角度将全市水土保持重点预防区划分为黄浦江上游区、长江口区、杭州湾区和东海区四大分区；"10"即在地理区位的基础上细化出黄浦江上游重点预防区、陈行水库重点预防区、崇明岛重点预防区、长兴岛重点预防区、横沙岛重点预防区、长江口水域重点预防区、海湾地区重点预防区（主要包括海湾镇）、南汇东滩重点预防区（主要包括南汇新城镇）、杭州湾重点预防区、无居民海岛重点预防区等十部分，总面积为2594.43km^2。从行政区划分析，主要涉及青浦区、松江区、奉贤区、崇明县和浦东新区以及闵行区、宝山区的小部分。全市水土流失重点预防区基本情况详见图 3 - 13 - 10 及见表 3 - 13 - 4。

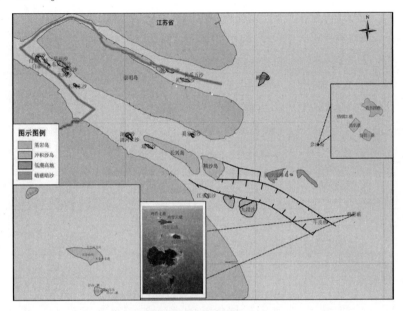

图 3 - 13 - 9　2011 年上海市海岛、低潮高地和暗礁分布（上海市水务局，2017b）

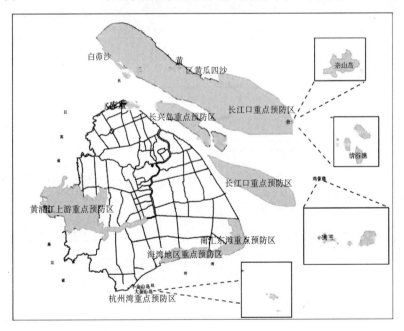

图 3 - 13 - 10　上海市水土流失重点预防区布局（上海市水务局，2017b）

表 3 - 13 - 4　上海市水土流失重点预防区的分布统计表

区位	重点预防区名称	主要内容	涉及行政区划	面积(km²)
黄浦江上游区	黄浦江上游重点预防区	淀山湖自然保护区、黄浦江上游水源地、佘山国家森林公园等	青浦、松江、奉贤、闵行	532.3
长江口区	陈行水库重点预防区	陈行水库、宝钢水库	宝山区	14.9
	崇明岛重点预防区	崇明岛以及东风西沙水源地	崇明县	1267
	长兴岛重点预防区	长兴岛以及青草沙水源地	崇明县	88
	横沙岛重点预防区	横沙岛	崇明县	56
	长江口水域重点预防区	崇明东滩鸟类自然保护区、长江口中华鲟自然保护区、九段沙湿地自然保护区	-	296.7
杭州湾区	海湾地区重点预防区	海湾森林公园等	奉贤区	114.7
	南汇东滩重点预防区	南汇东滩湿地等	浦东新区	216
	杭州湾重点预防区	金山三岛海洋自然保护区	金山区	0.5
东海区	无居民海岛重点预防区	佘山岛、鸡骨礁、鸡骨礁一岛、鸡骨礁二岛、鸡骨礁三岛、情侣礁、情侣礁一岛、情侣礁二岛、情侣礁三岛、黄瓜北沙、黄瓜四沙、白茆沙、东风东沙	-	8.3
合计				2594.43

数据来源:《上海市水土保持规划(2015—2030 年)》(上海市水务局,2017)。

四、水土保持规划

2017 年,上海市人民政府批复了《上海市水土保持规划(2015—2030)》,对全市水土保持工作提出明确要求,规划确定了水土流失预防区和治理区,划定了水土流失易发区,提出了治理目标和任务。各设区县水土保持规划也均经市政府批复,大部分区县正在陆续开展县级规划编制和报批工作。

第四节 水土流失综合治理

一、重要水源保护区和自然保护区水土保持

(一)重要水源保护区水土保持

1.黄浦江上游水源地水土保持

作为上海的母亲河,黄浦江既承担了水源地供水功能,又承担了流域行洪、内河航运等诸多功能,水环境保护工作异常复杂、难度很大、任务艰巨。随着全市供水集约化的推进,规划在黄浦江上游水源地布置6座分散式取水口(国家技术监督局,2009)。由于黄浦江上游为开敞式、多功能性、流动性的河流,保护难度大。为更好地保障黄浦江上游水源地安全,2013年上海市水务局组织编制的《黄浦江上游水源地规划》获市政府批复同意(沪府〔2013〕97号),规划将上海西南五区现有取水口归并于太浦河金泽和松浦大桥取水口,并在太浦河北岸金泽湖荡地区建设小型生态调蓄水库,形成"一线、二点、三站"(一条输水主干线、两个集中取水点、三座原水提升泵站)的黄浦江上游原水连通工程布局,实现正向和反向互联互通输水。

为切实提高黄浦江上游水源地的水质,《黄浦江上游水源地规划》结合《上海市饮用水水源保护条例》,提出如下水土保持规划。

(1)划分出生态薄弱区

运用小流域治理的方法开展水源保护区网格化管理,划分出生态薄弱区。并以《上海市饮用水水源保护条例》为指导,采取林草生物缓冲带工程措施与生物措施相结合的水土流失综合治理措施,抓好封禁管护、水源防护林和护岸护坡建设,促进植被自然恢复。

(2)坚持乔木混交、乔灌草结合,形成多层次高覆被的植物覆盖群落

改变单一纯林为多层结构的混交林,保护枯枝落叶层,提高土壤的蓄水保土能力,有效降低进入水体泥沙量。

（3）工程达标建设和环境综合治理

实施黄浦江上游水源地周边河网水系堤防工程达标建设和环境综合治理，如大泖港防洪工程、淀山湖堤防工程和相关人工湿地工程等。

（4）协调黄浦江上游水土流失保护中的省界关系

黄浦江上游水源地位于太湖流域的下游，上游水土保持的政策与管理对黄浦江水源地的影响非常关键。因此，上海市在实施本地区域性工程的同时，应加强与上游地区兄弟省市的密切合作与沟通协调，以流域为系统，积极开展水土保持综合治理，改善水资源条件。例如，继续保护东太湖水生植被，提高太湖水质，疏拓太浦河上游段，加快实施太浦河后续工程，加快建成太浦河清水走廊，以确保太浦河来水水量和水质。

（5）构建有效防范和应急保障体系

从环境风险管理角度出发，提高水源地风险管理意识，构建包括突发性水土流失等在内的水源地突发污染事故的有效防范和应急保障体系。建立水源地水质监测预警、完善水源地突发污染事故的应急预案和研发基于数学模型的突发性污染事故预报系统，为应急抢险及时采取处理处置措施、缓解水污染提供决策依据和技术支撑，努力保障水源地水质安全。

2. 长江口水源地水土保持

（1）依法执行

《上海市饮用水水源保护条例》将长江口三大水源地的保护区均划分出一级、二级共两个保护层级，并对各级保护区内的开发建设与管理工作提出了详细而严格的管理要求，必须依法执行。

（2）工程性和非工程性措施相结合

根据三座水库各自的水文水动力特点，结合上游来沙来藻的情况，因库制宜，制订合适的去藻、清淤等与水土保持工作相关的工程性和非工程性措施。例如，定期清理库区底泥，库区周边建立防护林带等。

（二）重要自然保护区水土保持

为进一步优化绿色生态空间体系，提高自然保护区生态景观质量，推进以生物多样性保护为目标的全市生态网络建设。《上海市水土保持规划（2015—2030 年）》提出如下水土保持工作要求：

（1）严格保护生物多样性保护核心区

严格保护长江口—杭州湾沿线重要滩涂湿地、岛屿、淀山湖、佘山等生物多样性保护核心区，结合《上海市基本生态网络规划》（上海市城市规划设计研究院，2009）等规划成果，设置 200～400m 的高自然价值缓冲区。

（2）维护城市生态安全

以自然保护区建设为重点，持续加大保护区建设力度，动态调整保护区边界，通过湿地建设及退化湿地修复，基本保持湿地的生态特征和生态服务功能，维护城市生态安全。推进崇明东滩、北港北沙、淀山湖等保护工作，确保保护区面积不减少。

（3）加强对外来入侵生物的控制与管理

长江口自然保护区大部分区域已经受到了入侵植物互花米草的入侵，抑制了本土物种的生长，必须坚持以物理控制和生物控制等人工强干预方法综合治理，同时避免再次人为引种。

（4）实施鸟类栖息地优化工程

从有利于鸟类群落稳定、栖息地改造的可行性等方面考虑，对鸟类栖息地实施分区控制。通过开挖环形随塘河以及补植芦苇、海三棱藨草等植物，设置粗放型生态鱼塘等措施来优化鸟类栖息地。

（5）实施金山三岛岸线整治修复工程及生物多样性恢复工程

包括采用工程措施减缓潮流和波浪对岛屿的侵蚀作用，同时促淤岸外滩地，保护岛体稳定。在大金山岛北坡已塌陷区域或者可能塌方区进行加固处理。对消失的珍稀物种进行引种培育，建立保护机制，实施定位监测。对小金山岛及浮山岛搜排雷区域进行善后处置修复，制订详细的整治修复保护方案，根据实地情况开展植被种植工程、固滩工程等。

（6）九段沙上沙码头保滩工程

开展九段上沙周边水域水下地形测量和水文观测，在九段沙上沙码头附近实施保滩工程，防止岸滩侵蚀，保障上沙码头工程安全稳定。

二、河湖水系水土保持

（一）重点治理区河湖水系水土保持

对流速较大或骨干航道等易冲蚀河道（河段），其水土保持的核心内容是岸坡、河床的稳定性。充分考虑船行波、高流速的影响,在确保结构工程抗冲蚀前提下,采用合适的水土保持防护措施,增加河道岸坡的稳定性,并以生态为主要设计思路,选用较稳固的植被护坡,增强边坡的抗冲能力,有效控制河岸的水土流失。

1. 护岸结构型式比选

河道断面设计中常见的型式有斜坡式、直立式及组合式三种。主要包括挡土墙、护面材料、植物景观带等三大部分。根据安全性、景观性、经济性、施工要求、耐久性等综合比较,选择最合理的结构型式和材料。

常用的挡土墙结构主要有浆砌块石重力式挡土墙、钢筋砼 L 形悬臂式挡土墙、景观黄石垒砌重力式挡土墙、其他类型重力式挡土墙等多种型式。

浆砌块石重力式挡土墙设计及施工工艺成熟,材料经济性较好,但使用时间稍长其观感效果便不尽如人意,该类型挡墙是用砂浆砌筑块石而成,其表面难以实施体现各种景观效果的贴面材料,且墙体的耐久性不足,难以体现现代生态的景观效果。

钢筋砼 L 形悬臂式挡土墙设计施工工艺较为成熟,材料耐久性和安全性较浆砌块石重力式更好,且钢筋砼表面可进行材料贴面处理,处理后景观效果可达到希望呈现的效果。

景观块石垒砌重力式挡土墙设计施工也较为成熟,景观效果较好,能与生态环境融为一体。

其他类型重力式挡土墙包括生态石笼堆砌挡土墙、舒布洛克砌块挡土墙等,该类型的挡土墙多数还处于探索性试验应用阶段,其使用效果和材料耐久性有待实践检验(表 3-13-5)。

表 3-13-5　挡土墙型式比选

比选内容/挡墙类型	设计及施工工艺	经济性	耐久性	景观效果
浆砌块石重力式	成熟	材料单价较低、结构体量稍大	一般	一般
钢筋砼 L 形悬臂式	成熟	材料单价较高,结构体量小	较好	可进行景观包装
景观块石石垒砌重力式	成熟	材料单价较高,结构体量大	一般	较好
其他类型挡土墙	试探性推广阶段	新材料单价稍高,结构体量大	未知	较好

2. 护坡材料比选

较为传统的河道护坡材料有浆砌块石、干砌块石、素砼护面等硬质护坡。随着社会的发展，近年来出现了生态石笼护坡、绿化砼护坡、预制混凝土连锁块护坡、六角螺母块体植草护坡、生态袋护坡等多种材料。与传统的护坡材料相比，新材料在抗冲刷的性能上也毫不逊色，且生态性更好，近些年上海地区一直都在积极推进护坡新材料的应用。

3. 易侵蚀河道断面设计

河堤护坡的稳定性是最重要的考虑因素，即首选考虑抗冲性、安全性，可以选取浆砌块石、混凝土、绿化混凝土、砼连锁块等护坡材料。为了防止挡土墙底部土体被水流淘刷，墙前设一定厚度的护脚材料（图3-13-11）。

图3-13-11　易冲刷河道护岸（上海市水务局，2017b）

同时，为保证河道和两侧用地在功能形态上的协调，对位于不同用地性质内的河道，可采用不同的河道断面和护坡型式。在生态用地内的河道，宜采用较为平缓的生态护坡型式；在集中城市建设区内，可采用相对灵活的断面和边坡型式。

（二）一般性河湖水系水土保持

对于未列入重点治理区的一般性内河河道，全市常规做法是基本以土质护坡为主，不采用特别的护坡、护底工程。但是，由于降雨径流也会引起这些河道的水土流失现象，应结合景观生态要求实施沿岸的植树绿化，实现水土流失防治与河岸景观带营造的双赢，做到"安全、亲水、景观、生态"。如若需设置护坡工程，则推荐生态石笼、生态袋、绿化混凝土等生态护坡材料。为保证河道和两侧用地在功能形态上的协调，对位于不同用地性质内的河道，可采用不同的河道断面和护坡型式（图3-13-12）。

图 3 - 13 - 12　河道植物景观带营造效果图(上海市水务局,2017b)

(三)径流引发水土流失的对策措施

地表径流易造成泥沙等污染物质进入河道而造成淤积。在采取水土流失防治措施时,应主要考虑从河道两岸地表径流形成地段开始到泥沙入河处,沿径流运动路线,进行全方位防治。对于防治措施而言,主要可分为生物措施和工程措施。

1. 生物措施

主要是指结合河道护岸在两侧一定范围内采用单一或多种的植被或者经济作物进行间作和套作,包括陆域缓冲区的乔、灌、草,岸坡的湿生植物和浅水区的挺水植物,形成完整的岸坡植被体系,在河流和陆域之间筑起一道类似篱笆一样的天然屏障,有效防治该区域的水土流失和防止泥沙颗粒入河(图 3 - 13 - 13)。

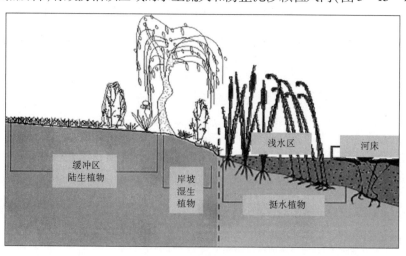

图 3 - 13 - 13　防治径流引发水土流失的生物性措施(上海市水务局,2017b)

2. 工程措施

应用工程学原理,通过改变地形地貌、修建水工建筑物等措施来拦泥蓄水,使降雨产生的径流、泥沙就地被拦蓄,减少暴雨对土壤表面的冲刷。尽管工程性措施的水土流失防治效果比较明显,但投资巨大,且易破坏当地原有生态系统。工程措施一般只可用于径流量大、土壤结构相当不稳定、种植植被困难的地区,如水土流失重点治理区。

(四)河湖水系淤积对策措施

全市河湖水系淤积原因主要包括:河道岸坡坍塌和冲蚀造成的水土流失、水资源调度携带泥沙形成沉积、生产生活和建筑垃圾随意倾倒、基础建设泥浆水排放、水生植物枯萎沉积以及河湖养殖。由此可见,河湖水系淤积原因多样,清淤后回淤现象不可避免,这也表明了清淤工作的持续性和监管的复杂性。所以在加强长效管理机制建设的同时,尤需注重开展周期性的清淤工作,编制河网水系相关疏浚规划,远近结合,分轻重缓急,有计划、有步骤地分期实施区域河道疏浚方案。

三、城市生产建设项目水土保持

上海市人民政府于 1992 年发布了《上海市建筑垃圾和工程渣土垃圾处置管理办法》(1992 年 1 月 11 日上海市人民政府第 10 号令),将工程建设产生的弃土纳入渣土管理范围,并于 2010 年 11 月 8 日正式颁布《上海市建筑垃圾和工程渣土处置管理规定》(2010 年 11 月 8 日上海市人民政府令第 50 号)。但是,由于缺少对工程开挖区的水土保持监管要求以及渣土消纳场所、渣土最终处置措施不明确等原因,不少工程建设中仍存在渣土乱堆乱放以及泥浆偷排等一系列违法现象,极易导致河道、排水管道堵塞,进而产生严重的安全和生态环境问题。《上海市水土保持规划(2015—2030 年)》针对实际管理中存在的问题,提出如下要求。

(一)开挖区水土保持监管

工程开挖必将影响原有植被和土壤结构,极易造成局部性或临时性的地表裸露,为水土流失提供下垫面基础和物质来源,而上海市相关法律法规中对此缺少明确的措施要求。应根据《中华人民共和国水土保持法》,制订上海市水土保持相关法规,明确提出建设单位应同步编制水土保持方案的要求,并严格执行生产建设项目水土保持"三同时"(同时设计、同时施工、同时投产)的制度。同时,在工程建设中稳步推进水土保持监测与监理制度。

(二)渣土消纳场管理

上海市现有渣土管理文件对渣土消纳许可审批、弃土运输、土方回填、消纳场所的管理均做出相关规定,但缺少全市渣土消纳场所用地布局、选址等相关规划。相关部门正在组织开展《上海市建筑渣土消纳设施规划方案》的编制,应加快推进,以指导各类渣土的出路和处置利用。

(三)工程建设中泥浆排放监管

泥浆排放一直是工程建设中的难题,现行的处理方式费用高、效率低,且易破坏周边环境。随着灌桩技术的广泛应用,泥浆排放问题变得更为突出。相关部门应组织开展相关技术研究,如泥浆就地处置方法研究,实现泥浆资源化利用。

(四)海绵城市建设

按照《国务院办公厅关于推进海绵城市建设的指导意见》要求全国各城市新区、各类园区、成片开发区要全面落实海绵城市建设要求。本市各地区在实际工作中应结合水土保持需求开展海绵城市建设。

四、无居民岛屿水土保持

1. 开展全市无居民岛屿资源和生态环境基础性调查

对岛屿气候、水文、地质、地貌、土壤、植被、水土流失、周边海域地形、土地利用和社会经济等状况进行现场调查和分析评价。

2. 积极推进岛屿监视监测设施建设

根据上海市海洋综合管理需要,积极推进岛屿监视监测设施建设,更加科学合理地监控岛屿保护与利用情况。

3. 佘山岛淡水资源保护和利用工程

组织开展佘山岛淡水资源保护和利用工程,满足岛上生产生活、生态用水需求,改善生态环境和人居环境。

4. 建立佘山岛污水收集系统

设置小型污水处理设施,确保污水达标排放,削减污染物入海量,从源头上减少对海洋的污染。

5. 加强大金山岛等岛屿岸滩研究,针对侵蚀岸段实施整治修复工程

保护原有森林植被,同时采用生态修复工程技术,对岛屿周边海域进行生态修复。

五、水土保持综合治理措施

为了促进水土保持生态修复与生态文明建设工作达到预期,需要对其工作中的要点进行有效分析和把握。在实际的工作中需要坚持自然修复和人工手段相结合的方式进行,根据生态系统具有的自调节能力,加以一定的人工措施,以实现水土流失地区的水土生态恢复,这样可以有效加快对水土流失的治理速度(太湖流域管理局,2010);另外,还要因地制宜地构建相应的生态产业系统,需要充分利用相应地区的有限水土资源促进其生态环境的改善,在这个过程中需要重视农业的产业结构重组和调整,同时还要注意对于人文生态的重视,建立具有现代化的生态价值观念,进而将水土保持作为基准,根据当地的实际水土流失情况,制订生态修复和文明建设的政策法规,从而保证其更好地开展和进行,进一步发挥生态补偿机制的实际作用(杨洪涛等,2017)。

(一) 明确生态补偿主体与对象

明确生态补偿主体与对象是保障生态补偿机制顺利开展和有效运行的重要措施,具体的实施方式可以从以下两个方面进行:①想要更为精准地定位生态补偿机制的主体与对象,需要明确谁是生态补偿机制实践过程中的收益方,从多个角度对生态环境和适合的对象进行补偿。②充分了解实施生态补偿机制可能受到的影响因素,对相关补偿对象以及收益的主体利益或者可能造成的损失进行分析。

(二) 生态补偿监管

合理运用生态补偿机制是一项具有较大难度的工作,不仅需要群众基础的配合,还需要多个组织机构的共同监督、共同实行、共同实施(张陆军,2013)。为了保证生态补偿机制相关工作的顺利开展,可以通过各级地方政府部门和生

态管理相关单位之间的宏观干预的方式,对生态补偿市场展开积极地调节,并且依靠各级管理部门的监督,大力打击那些扰乱生态补偿工作秩序的个体或组织,从而为生态补偿机制的顺利实施奠定坚实基础。除此之外,加大生态补偿执行力度的监管,还可以通过建立科学的生态补偿奖机制,利用对相关管理人员和监督人员的考核制度,采用精神奖励与物质奖励结合的方式,在帮助工作人员明确自身工作职责的同时,激发出其对于生态补偿机制实践工作的热情,从而大幅度提升生态补偿机制工作的效率。

(三)坚持因地制宜原则

在进行水土保持生态修复和生态文明建设中,一定要坚持因地制宜原则,这也是工作开展的基础。在因地制宜的原则下,相关部门人员应该以防治水土流失和保护水土生态为目的,将水土生态和农牧业的产业结构进行有效结合,从而对水土保持生态修复和生态产业的结合发展提供路径(毛兴华等,2013)。另外,在因地制宜的原则下,还需要加大对水土保持生态修复和生态文明建设的资金投入,相关部门需要拓展投资融资的机制,建立全面有效的生态补偿及经济激励等机制,从而形成一种政府、企业、银行、个人等多层次、多元化的生态修复结构,这对水土保持生态修复和生态文明建设具有保障作用。

(四)生态修复和人工建设并重

在水土保持生态修复与生态文明建设中,需要依据生态系统的自我调节能力的基础,进而采用一定的人工营建与保育的措施,对水土流失生态退化的系统结构与功能进行修复,来加快对水土流失的治理速度,通过增加修复区林草面积与质量,来提升其生态服务功能,实现对水土资源的可持续利用及生态环境的可持续保护。比如,在自然生态自我修复的基础上进行生态修复,可以使用退耕还林、荒山造林、水平梯田、设置围栏等人工方式,对自然生态进行保护,增加林草的覆盖率,从而实现对水土流失的控制,有效改善环境。

(五)建立以农业为主导的生态产业

在水土保持生态修复与生态文明建设中实施了一系列的人工修复措施,之后为了进一步巩固封育禁牧和退耕还林成果,就需要以集约型水土资源利用为依据,以生态环境的改善与经济发展为目标,重点进行农业产业的结构调整和转变,实行农牧业相结合的经营模式。同时,因地制宜地探索多种发展出路,建立适合当地实际情况的特色生态产业,可以发展循环性产业、农林复合产业以及新型能源等生态型产业,实现生态改善与经济发展有效结合。比如,在马铃薯产业中,可以采用梯田建设、脱毒种薯、配方施肥等生产模式,这种生态特色产业具有生态环境保护和经济效益共同发展的功能。

(六)做好水土保持监督工作

水土保持监督检查执法工作中,要严格遵守《中华人民共和国水土保持法》的相关条款规定,将水土保持方案纳入《上海市重点项目联审联批流程》,要求凡生产建设项目,一定做到水土流失治理工程建设项目同时设计、同时施工、同时投产使用原则。建设项目立项计划、设计书一定要有水土保持方案并有水保部门审批,否则,不予立项。做到建设单位排查率、水保方案编报率、水保设施验收率达到95%以上。充分发挥水土保持的宣传、示范、推广、辐射作用,使水土保持概念和法律意识深入人心,人民群众感到水土保持就在身边,自觉遵守和维护水土保持法律的威严性,在生产中主动采取水土流失防治措施,切实力行国家水土保持生态文明建设。

第五节　水土流失监测与信息化

一、水土保持监测网络

上海市地形平坦,地貌类型单一,不具备开展径流小区和小流域观测的客观条件,上海市尚未布设水土保持监测点,开展这方面的监测对于分析评价本市水土流失的状况也没有代表性(水利部,2012)。因此,上海市建设水土保持监测点,有其特殊性,与国家要求的水土保持监测点,在监测内容、监测技术、建设方法上会有较大的不同。上海市水土保持监测的重点区域是河道边坡,有船舶频繁通过的通航河道两岸和湖泊沿岸地带以及土建规模较大的建设项目施工区域。上海市水土保持信息采集与监测点位,主要利用已完成建设投入使用的水文采集监测的点位,开展有区域特色的水土保持监测工作。

二、水土流失动态监测

此外,根据上海市平原河网地区的特点,设置具有上海市地方特色的水土保持监测点和典型监测区域,开展通航河道边坡调查等代表本市地域性特点的水土保持监测工作。

(一)区域水土流失监测

近年来,上海市开展了覆盖全市水土流失动态监测,掌握水土流失变化趋势,为上海市水土保持生态文明建设提供重要支撑,同时也是落实《上海市水土保持规划(2015—2030年)》的重要任务。

1. 监测内容

监测内容包括:①影响水土流失的自然因素,主要包括气象(如降水、风速风向、温度等)、土壤、地形地貌、植被覆盖等。②影响水土流失的人为活动,包括土地利用、水土保持措施的类型与数量、生产建设活动扰动情况等。③土壤侵蚀状况,包括侵蚀类型、面积、分布、强度等。④水土流失动态变化分析。

2. 监测方法

采用资料收集、遥感监测、野外调查、模型计算和统计分析等方法,选用优于2m空间分辨率的遥感影像,运用地理信息系统等技术,监测并分析计算降雨侵蚀力、土壤可蚀性、坡度坡长、植被覆盖和水土保持措施等因子,采用中国土壤流失方程CSLE模型,综合评价水土流失面积、强度、分布和消长情况。其中,土地利用类型主要通过遥感解译获取,植被覆盖状况通过NDVI指数转换和综合分析获取,水土流失消长情况通过年际对比分析获取。

(二)重点河道水土流失调查

上海市是典型的河网地区,河网密布,特别是流速较大或通航河道,河道边坡容易产生水土流失。因此,针对骨干河道和引排水流速较大河段进行水土流失调查,及时掌握河道边坡水土流失规律,为河道水土流失治理提供依据。

1. 调查对象

骨干航道共计21条段,总长度约677km,其中大陆片分布有20条段、总长度501km,崇明岛分布1条段、总长度176km。引排水流速较大河段910km。

2. 调查内容

主要调查内容包括河道边坡水土流失强度、水土流失面积、河道边坡坍塌破损分布及程度等。

3.调查方法

遥感监测与现场调查相结合的方法,利用亚米级航测数据,通过建立的解译标志和收集河道分布数据,采用人机交互解译方法,对骨干河道和引排流速较大河段河道边坡坍塌破损长度、面积及分布情况进行解译,分析上海市河道边坡水土流失位置、范围及坍塌破损程度情况。

(三)生产建设项目水土保持监测

上海市根据《中华人民共和国水土保持法》和《上海市水土保持管理办法》,积极督促开展生产建设项目水土保持监测工作,生产建设项目水土保持监测实施率逐年提高,基本实现批复方案的生产建设项目全部开展监测。监测项目类型包括电力工程、交通运输、城镇建设、水利工程等。

三、水土保持信息化

(一)水土保持信息系统

1.国家水土保持信息系统应用

国家统一建设的水土保持管理信息系统自 2014 年进行全国推广,构建全国水土保持监管信息服务平台。上海市按照国家标准,完成了平台系统的部署和系统更新,并按照水利部对水土保持相关工作的指导要求,上传相关数据。

2.水土保持数据库建设

上海市水土保持的数据总体存储量不大,但形式多样、较为复杂,包括普查调研的各类字段信息、野外调查现场景观的图片信息以及数字化处理后的空间数据等各类信息。按照"安全第一,实用为主"的原则,将各项成果分门别类存储在不同的目录中,采用层级目录结构来管理。

(1)生产建设项目水土保持遥感监管

根据水利部统一部署,2018 年起,上海市选取了崇明岛开展生产建设项目水土保持遥感监管试点工作,2019 年起实现全市全覆盖。通过生产建设项目水土保持遥感监管,有力地推动了生产建设项目监管工作,增强了水土保持监管手段,全市生产建设项目水土保持方案编制率大幅度提高,为事中事后监管提供了强有力的支撑,有效地控制了生产建设项目建设活动造成的人为水土流失。

（2）水土保持监测信息化数据整编应用

上海市注重水土保持监测数据的整编应用工作,对水土流失动态监测、生产建设项目遥感监管等数据进行整编,及时发放给各区水行政管理部门共享应用,每年在《上海市水资源公报》上发布,实现了水土保持监测数据共享,提高了水土保持监测为社会公众和政府决策的服务能力。

第六节　水土保持地域性特色

一、上海市生态清洁小流域建设

近几年上海市水环境治理经历了补短板的两个阶段,一是消除黑臭水体阶段,集中治理全市黑臭水体,二是整治面广量大的劣V类水体阶段,经过政府持续加大投入和治理力度,至2019年,底劣V类河道断面占比已下降至2.5%,全市的水环境治理工作取得显著成效(上海市水务局,2020)。

面临新形势,需要将每条河流都打造成为造福人民的"幸福河"。上海市的水生态环境治理应贯彻生态文明和"幸福河"的理念,用足用好河长制平台,全面推进上海"河湖通常、生态健康、清洁美丽、人水和谐"的生态清洁小流域建设,将水土流失治理、水源保护、面源污染防治、水环境改善、人居环境提升等统筹规划,开展山水林田湖系统治理,力求本市的水环境有新的跨越,打造河长制水生态环境治理的升级版,促进地区人居环境改善和经济社会协调发展。

建设生态清洁小流域具有重要的意义,是生态文明建设的重要举措,是落实有关法律法规的必然要求,是落实河湖长制的重要内容,是实施水土保持规划的重要任务,是上海经济社会发展的内在要求。

（一）建设目标

近期到2025,上海市建成"42"个"河湖通畅、生态健康、清洁美丽、人水和谐"的高品质生态清洁小流域(单元),小流域内各类污染源得到有效控制和治理,水质提升至Ⅳ类及以上,水系生态良好,人居环境优美,为建设幸福河湖水系和深入实施河长制湖长制提供示范引领。远期到 2035 年,建成与流域片基本实现现代化相适应的生态清洁小流域体系,促进人与自然和谐共生。

（二）类型划分及布局

上海市根据《生态清洁小流域建设技术导则》要求和上海市区主要功能定位需求,将生态清洁小流域与划分为 4 类:一是水源保护型生态清洁小流域;二是绿色发展型生态清洁小流域;三是都市宜居型生态清洁小流域;四是美丽乡村型生态清洁小流域。

上海市生态清洁小流域总体布局为"150 + 1574",即 150 个生态清洁小流域,1574 个治理单元。全市规划生态清洁小流域单元总计 150 个,其中水源保护型 15 个,绿色发展型 34 个,都市宜居型 41 个,美丽乡村型 60 个。中心城区规划生态清洁小流域合计 7 个,包括黄浦区、静安区、虹口区、杨浦区、徐汇区、长宁区、普陀区。郊区规划生态小流域合计 143 个,其中闵行区 14 个、嘉定区 12 个、宝山区 12 个、金山区 11 个、青浦区 11 个、松江区 18 个、浦东新区 36 个、奉贤区 11 个、崇明区 18 个(图 3 - 13 - 14)。

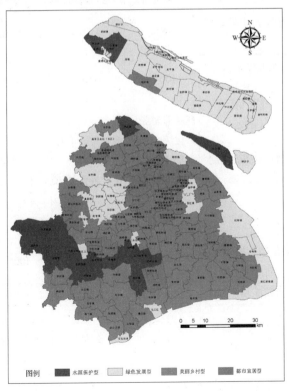

图 3 - 13 - 14　上海市生态清洁小流域总体布局图(上海市水务规划设计研究院,2020)

（三）主要评价指标

生态清洁小流域评价指标是规划、建设和管理的重要指引和依据。参照国内省市的先进做法和本市的实际情况，上海市现阶段生态清洁小流域评价指标分为四类共 11 项指标，根据小流域类型的不同，各项指标及指标值有所差异（上海市水务局，2020）。主要包括水质评价指标、水土流失治理评价指标、污染控制和治理评价指标和水系治理指标等（表 3 - 13 - 6）。

表 3 - 13 - 6　上海市生态清洁小流域建设指标评价体系

序号	指标类型	指标名称	指标值			
			水源保护型	绿色发展型	都市宜居型	美丽乡村型
1	水质评价指标	小流域区域水质	II ~ III	IV 及以上	IV 及以上	IV 及以上
2	水土流失治理评价指标	土壤侵蚀强度	<轻度	<轻度	<轻度	<轻度
3		林草面积占比	>90%	>85%	>80%	>85%
4		水土流失综合治理程度	>95%	>90%	>85%	>90%
5	污染控制与治理评价体系	每年化肥使用量	<250kg/hm²	<250kg/hm²	/	<250kg/hm²
6		生活污水处理率（城乡）	≥95%	≥95%	≥95%	≥95%
7		工业废水达标排放率	100%	100%	100%	100%
8		规模化养殖污水处理率	畜禽养殖粪资源化综合利用率100% 水产养殖尾水达标排放率100%	畜禽养殖粪资源化综合利用率≥96% 水产养殖尾水达标排放率≥80%	/	畜禽养殖粪资源化综合利用率≥96% 水产养殖尾水达标排放率≥80%
9		生活垃圾无公害化处理率	100%	100%	100%	100%
10	水系治理评价指标	河湖面积达标率	100%	100%	100%	100%
11		河湖水系生态防护比例	≥80%	≥75%	≥65%（中心城区可按≥60%）	≥75%

资料来源：上海市水务局水保处提供。

（四）主要任务及分工

结合河长制、湖长制的深化完善，充分发挥河长制平台作用，以属地政府为主体，条块结合，统筹协调推进生态清洁小流域建设。针对不同类型，统筹规划、分区布局，问题导向、因害设防，因地制宜实施河湖水系治理、面源污染治理、水土流失综合防治、生态修复及人居环境改善等建设任务。具体的，河湖水系治理任务包括水域岸线管理与保护和河湖水系生态治理；面源污染防治包括城市面源污染防治和农村面源污染防治；水土流失综合防治包括重要水源保护区和自然保护区水土保持、河湖水系水土保持、生产建设项目水土保持监督；生态修复主要指大力实施乡村绿化造林；人居环境改善包括农村生活污水治理、农村生活垃圾治理。

（五）典型案例

1. 上海市金山区漕泾镇水库村

该村是上海市乡村振兴示范村之一，水库村位于金山区漕泾镇北侧，区域面积 3.66 km²，水域面积占 40%，区域内河网密布、河宽漾大。全镇 242 条河道，实现了"河长制"全覆盖，改造了 18 条黑臭河道，消除了 67 条劣 V 类河道，水库村中心河荣获上海首届"最美河道"，水质稳定在 IV 类或 III 类水，有些时段还是 II 类水。水库村围绕"水上文旅、科普教育、创意研学、慢活养生、生态观光"总体目标，推进"生态治理、清洁管理、系统整治"生态清洁小流域建设，走上了"人水共生、景水结合、产业发展"的良性轨道（图 3 - 13 - 15）。

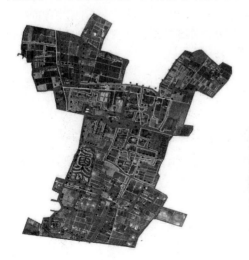

图 3 - 13 - 15 上海市金山区漕泾镇水库村清洁小流域示范（上海市水务局水保处 提供）

2.上海市青浦区金泽镇莲湖村

该村是上海市乡村振兴示范村之一,位于青浦区金泽镇清西郊野公园内,区域面积4.25km²,是典型的平原河网地区,为长三角一体化生态绿色发展示范区重要区域。生态清洁小流域项目涉及村内15条河道,共长17.84km。前期村内已经借助乡村振兴的契机对河道进行了疏浚和养护。村内还建立了上海市第一个民间河长"清水驿站"。莲湖村还是青浦区首个实现"三网融合""智慧莲湖"平台的建立和运行的行政村,实现了河湖可视化监控。该村已开展了"河湖畅通、生态健康、清洁美丽、人水和谐"的生态清洁小流域建设,成效显著,对于服务保障核心示范区生态绿色发展具有十分重要的示范引领作用。莲湖村水质为Ⅲ类,河湖水系生态防护比例≥80%,生活污水处理率100%,生活垃圾无害化处理率100%,生态良好,环境优美(图3-13-16)。

图3-13-16 上海市青浦区金泽镇莲湖村清洁小流域示范(上海市水务局水保处 提供)

二、黄浦江上游水源地安全保障能力建设

一是落实国家有关规定和《上海市饮用水水源保护条例》相关要求,开展污染源关停、整治工作,积极推进生态涵养林建设。

二是积极推进金山区、青浦区等区域中水源地从内河向黄浦江上游水源地的转变,提高区域供水安全保障能力。

三是建立长江口、黄浦江上游水源地水环境安全预警监控系统。

四是实施黄浦江上游水源地周边河网水系堤防工程达标建设和环境治理,如大泖港防洪工程和淀山湖堤防工程建设。

三、崇明东滩鸟类自然保护区的基础设施建设

一是控制外来物种入侵。继续推进崇明东滩自然保护区内互花米草生态

控制与鸟类栖息地优化工程。

二是建立健全滩涂湿地管理体系。建立滩涂湿地跟踪监测制度，定期开展湿地生态评估。建立对滩涂湿地开发利用及用途变更的审批管理程序。

三是拓展生物多样性基础生态空间。初步形成国际重要湿地、国家重要湿地、自然保护区以及具有特殊科学研究价值的栖息地网络。引进和推广多种技术措施，保护野生鱼类洄游通道和繁殖场所，促进野生种群及数量恢复和生境重建。

四、海岛生态环境保护

一是开展上海市无居民海岛资源和生态环境基础性调查。对海岛气候、水文、地质、地貌、土壤、植被、周边海域地形、土地利用和社会经济等状况进行现场调查和分析评价。

二是根据上海市海洋综合管理需要，积极推进海岛监视监测设施建设，以便科学合理地监控海岛保护与利用情况。

三是开展白茆沙护滩潜堤工程研究，合理布置白茆沙护滩潜堤工程，顺应河势控制要求，稳定白茆沙体以及南水道和北水道的边界，为控制南支上段河势、改善航道创造条件。

五、实施河湖水系建设和生态治理工程

一是实施"十、百、千、万"工程，即重点整治北横河等10条区域性骨干河道和小涞港等10条界河，开展蕴藻浜、淀浦河综合整治，精心建设崇明生态岛、郊区新城等百条生态河道，疏拓连通千条重大项目配套河道，开展中小河道轮疏，巩固提高万河整治成果，争取全面消除河道黑臭。

二是开展水利分片和跨水利片的水资源调度，进一步提高河道水质，提升河道景观，改善河道生态，逐步进行生态修复，营造休闲宜居水环境。

六、农林水三年行动计划

2015年起，上海市实施的第一轮农林水三年行动计划。结合农林水三年行动计划的实施，通过整合资金、整合项目、突出区域推进、形成规模化效应，促

进农业、林业和水利协调发展，建成"农田成方、绿树成荫、水系畅通、水质洁净、灌排高效"的农田设施，打造与上海国际大都市相匹配的都市现代农业，建成了一批有规模、有示范、有影响的农林水联运项目，夯实了农村发展的基础，坚持林农结合、林水相依、林网配套，全市完成林网建设面积2567hm²，全市建成农田林网1413hm²、建设配套河道林网1153hm²，重点乡镇建成农田林网589hm²、河道林网502hm²，全市森林覆盖率提升至16.21%，为群众提供了宜居宜游的休闲场所，乡村风貌更加和谐美丽，水土保持成效明显，有力地推进了乡村水土保持工作。

第十四章

四川省

水土保持

第一节　基本省情

一、自然条件

(一)地理位置

四川省位于中国西南部,地处长江上游,介于东经92°21′~108°12′和北纬26°03′~34°19′之间,东西宽1075km,南北长900km;东连渝,南邻滇、黔,西接西藏,北界青、甘、陕三省;是西南、西北和中部地区的重要结合部,是承接华南华中、连接西南西北、沟通中亚南亚东南亚的重要交汇点和交通走廊;总土地面积48.60万 km²,次于新疆、西藏、内蒙古和青海,居全国第5位。

(二)地质地貌

四川省地跨我国东部台区与西部槽区。东、西部构造分野明显,其分界线大致在北川—汶川—康定—小金河,此线以东为扬子准地台,以西为松潘—甘孜褶皱系及三江褶皱系。此外,玛沁、略阳、城口一带以北为秦岭褶皱系。扬子准地台的基底由两套岩性、原岩建造和时代都不相同的岩群组成。西部槽区有前震旦系基底出露,其岩性、原岩建造等与会理群河口组相似。台区的川中为舒缓背斜、穹隆与向斜,川东为梳状褶皱,川东南为城垛状褶皱,川西北为短轴背、向斜。西部地槽系内,优、冒地槽成对出现,地背斜狭窄,地向斜开阔,构造线多为北西或北北西向。

全省地貌东西差异大,地形复杂多样,位于中国大陆地势三大阶梯中的第一级和第二级,即处于第一级青藏高原和第二级长江中下游平原的过渡带,高代悬殊,西高东低的特点明显。以龙门山—大凉山一线为界,东部为盆地、盆缘山地及丘陵,海拔多在1000~3000m;西部为高山高原及川西南山地,海拔多在4000m以上。

全省地貌可分为四川盆地、川西北高原和川西南山地三大单元,有山地、丘陵、平原和高原4种类型,分别占全省区域面积的77.1%、12.9%、5.3%和4.7%。东部四川盆地是中国四大盆地之一,面积16.50万km²,海拔300~700m。盆地四周北部为秦岭,东部为米仓山、大巴山,南部为大娄山,西北部为龙门山、邛崃山等山地环绕。气候温暖湿润,冬暖夏热,大部分地区年降水量900~1200mm,属亚热带湿润季风气候,植被为亚热带常绿阔叶林。农业利用方式为一年两熟制。盆地西部为川西平原,土地肥沃,为都江堰自流灌溉区,土地生产能力高;盆地中部为紫色丘陵区,海拔400~800m,地势微向南倾斜,岷江、沱江、涪江、嘉陵江从北部山地向南流入长江;盆地东部为川东平行岭谷区,分别为华蓥山、铜锣山、明月山。西北部为川西北高原,属于青藏高原东南一隅,平均海拔3000~5000m,该区属高寒气候,分布高山草甸植被。西南部为横断山脉北段,山高谷深,山河相间,山河呈南北走向,自东向西依次为岷山、岷江、邛崃山、大渡河、大雪山、雅砻江、沙鲁里山和金沙江。

(三)气候水文

1.气候

四川省季风气候明显,雨热同季;区域间差异显著,东部冬暖、春早、夏热、秋雨、多云雾、少日照、生长季长,西部则寒冷、冬长、基本无夏、日照充足、降水集中、干雨季分明;气候垂直变化大,气候类型多;气象灾害种类多,发生频率高且范围大,主要有干旱,其次是暴雨、洪涝和低温等。可见,全省气候复杂多样,且地带性和垂直变化十分明显。根据水热条件和光照条件的差异,全省分为三大气候区。

(1)四川盆地中亚热带湿润气候区

该区热量条件好,全年温暖湿润,年均温16~18℃,积温4000~6000℃,气温日较差小,年差较大,冬暖夏热,无霜期230~340d。盆地云量多,晴天少,全年日照时间较短,年日照仅1000~1400h,比同纬度的长江流域下游地区少600~800h。雨量充沛,年降雨量1000~1200mm,50%以上集中在夏季,多夜雨。

(2)川西南山地亚热带半湿润气候区

该区全年气温较高,年均温12~20℃,日较差大,年较差小,早寒午暖,四季不明显。云量少,晴天多,日照时间长,年日照时间为2000—2600h。降水量较少,干湿季分明,全年有 7 个月为旱季,年降水量 900~1200mm,90% 集中在 5—10 月。河谷地区受焚风影响形成典型的干热河谷气候,山地形成显著的立体气候。

(3)川西北高山高原高寒气候区

该区海拔高差大,气候立体变化明显,从河谷到山脊依次出现亚热带、暖温带、中温带、寒温带、亚寒带、寒带和永冻带。总体上以寒温带气候为主,河谷干暖,山地冷湿,冬寒夏凉,水热不足,年均温 4~12℃,年降水量 500~900mm。天气晴朗,日照充足,年日照 1600~2600h。

2.水文

(1)主要河流

四川河流众多,以长江水系为主。黄河小段流经四川西北部,位于四川和青海两省交界,支流包括黑河和白河;长江上游金沙江位于四川和西藏、四川和云南的边界,在攀枝花流经四川南部,在宜宾流经四川东南部,较大的支流有雅砻江、岷江、大渡河、理塘河、沱江、涪江、嘉陵江、赤水河。

(2)水资源量

四川水资源丰富,居全国前列。全省平均降水量约为 4889.75 亿 m³。水资源以河川径流最为丰富,境内共有大小河流近 1400 条,号称"千河之省"。水资源总量共计约为 3489.70 亿 m³,其中,多年平均天然河川径流量为 2547.50 亿 m³,占水资源总量的 73%;上游入境水 942.20 亿 m³,占水资源总量的 27%。有地下水资源量 546.90 亿 m³,可开采量 115.00 亿 m³。境内遍布湖泊冰川,有湖泊 1000 多个、冰川有 200 余条,在川西北和川西南还分布有一定面积的沼泽,湖泊总蓄水量约 15.00 亿 m³,加上沼泽蓄水量,共计约 35.00 亿 m³。

四川水资源特点是:总量丰富,人均水资源量高于全国,但时空分布不均,形成区域性缺水和季节性缺水;水资源以河川径流最为丰富,但径流量的季节分布不均,大多集中在 6—10 月,洪旱灾害时有发生;河道迂回曲折,利于农业灌溉;天然水质良好,但部分地区也有污染。

(3)水文分区

全省分为川西高原和川东盆地 2 个水文大区(一级区划),7 个水文亚区(二级区划),共 15 个水文分区(冷荣梅,1998),详见表 3-14-1。东部盆地特点为:海拔多在 200~800m,湿润多雨,水文情势变化急骤,水利发达;西部高原特点为:

海拔多在 3000～5000m,高寒干燥,水文情势变化较缓慢,灌溉少,但水力资源丰富。

表 3 - 14 - 1　四川水文分区表

一级区划 (水文大区)	二级区划 (水文亚区)	三级区划 (水文分区)
四川盆地雨水补给区	Ⅰ 盆缘地区	Ⅰ - 1 峨眉山暴雨区
		Ⅰ - 2 龙门山暴雨区
		Ⅰ - 3 大巴山暴雨区
		Ⅰ - 4 乌江下游岩溶区
		Ⅰ - 5 长江南岸支流区
	Ⅱ 盆地丘陵区	Ⅱ - 1 盆地腹部丘陵区
		Ⅱ - 2 平行岭谷区
	Ⅲ 成都平原水网区	
川西高原雨雪混合补给区	Ⅳ 川西北草原区	Ⅳ - 1 雅砻江上游草原区
		Ⅳ - 2 大渡河上游草地灌林区
		Ⅳ - 3 黄河沼泽草地区
	Ⅴ 川西山地森林区	(岷江、大渡河上游)
	Ⅵ 川西高山深谷区	(横断山区)
	Ⅶ 川西南山地区	Ⅶ - 1 凉山地区
		Ⅶ - 2 安宁河亚热区

资料来源:《四川省水文手册》(南方湿润区水文站网规划协作组,1998)。

(四)土壤植被

四川省地域辽阔,土壤类型丰富。据第二次土壤普查,全省土壤类型共有 25 个土类、66 个亚类、137 个土属、380 个土种,土类和亚类数分别占全国总数的 43.48% 和 32.60%。全省土壤按农业分类 90% 以上属于冲积土、紫色土及红壤、黄壤。冲积土分布于成都平原;紫色土以侏罗纪、白垩红紫色砂泥岩为主,广泛分布于盆地丘陵以及海拔 600～700m 以下的盆缘低山丘陵区;盆地中部和北部一带的丘陵中上部分布有石骨土;红壤主要分布在盆地西南老阶地和东南山间盆地以及川西南山地河谷,黄壤分布在海拔 500～1300m 的盆缘低山和各大江河阶地上。

植被呈垂直分布,主要分布类型为寒带针叶林、温带针阔混交林、北亚热带常绿和落叶混交林、中亚热带常绿阔叶林。全省森林平均覆盖率为 38.83%,森林面积居全国第 4 位,但森林资源分布不均,总体上西部多、东部少、山区多、丘陵少,盆地腹部丘陵区覆盖率仅 4% 左右,西部的甘孜、阿坝、凉山三州及雅安地区却集中了全省 70% 以上的森林面积。森林资源质量不高,林地资源利用率低。

二、社会经济情况

(一)行政区划

根据《四川年鉴(2018 年)》(四川省地方志工作办公室,2019),四川省下辖 21 个市(州),183 个县(市、区)(见图 3 - 14 - 1),是我国的资源大省、人口大省、经济大省。

图 3 - 14 - 1　四川省行政区划图(图川审[2017]096 号)

1. 人口、民族

2018 年末全省户籍人口 9121.80 万人,比上年末增加 8.40 万人。户籍人口城镇化率为 35.87%,比上年末提高 1.68 个百分点。根据 2018 年全国人口变动情况抽样调查资料测算,全年出生人口 92.00 万人,人口出生率 11.05‰;死亡人口 58.30 万人,人口死亡率 7.01‰;人口自然增长率 4.04‰。年末常住人口 8341.00 万人,比上年末增加 39.00 万人,其中城镇人口 4361.50 万人,乡村人口 3979.50 万人。常住人口城镇化率 52.29%，比上年末提高 1.5 个百分点（四川省地方志工作办公室，2019）。

四川省为多民族聚居地，有 55 个少数民族，490.80 万人，其中彝族、藏族、羌族、苗族、回族、蒙古族、土家族、傈僳族、满族、纳西族、布依族、白族、壮族、傣族为省内世居少数民族。四川省是全国唯一的羌族聚居区、最大的彝族聚居区和全国第二大藏区，全省少数民族主要聚居在凉山彝族自治州、甘孜藏族自治州、阿坝藏族羌族自治州及木里藏族自治县、马边彝族自治县、峨边彝族自治县和北川羌族自治县。

2. 教育与科技

2018 年末共有各级各类学校 2.50 万所，在校生 1572.70 万人（不含非学历教育注册学生及电大开放教育学生），教职工 110.07 万人，其中专任教师 90.70万人。共有小学 5730 所，招生 95.20 万人，在校生 555.50 万人。初中 3716 所，招生 92.40 万人，在校生 261.80 万人。普通高中 768 所，招生 46.20 万人，在校生 139.00 万人。特殊教育学校 128 所，招生 2649 人，在校生（含附设特教班）1.50 万人。中等职业教育学校（含技工学校）508 所，招生 37.60 万人，在校生 94.20 万人。职业技术培训机构 4147 个，职业技术培训注册学员 211.8 万人次。共有普通高校 119 所。全年普通本（专）科招生 48.40 万人，增长 5.1%；在校生 156.50 万人，增长 4.3%；毕业生 39.40 万人，增长 2.0%。研究生培养单位 36 个，招收研究生 3.90 万人，在校生 12.80 万人，毕业生 2.70 万人。成人高等学校 13 所，成人本（专）科在校生 30.70 万人；参加学历教育自学考试 53.10万人次（四川省地方志工作办公室，2019）。

全年高新技术产业实现主营业务收入 1.70 万亿元，比上年增长 9.1%。2018 年末在川国家级重点实验室 14 个，省重点实验室 116 个，国家级工程技术研究中心 16 个、省级工程技术研究中心 208 个。全省有中国科学院院士 25人、中国工程院院士 34 人。全年共申请专利 152987 件，获得授权专利 87372件，其中申请发明专利 53805 件，获得授权的发明专利 11697 件；行政机关立案处理专利案件 5112 件，审理结案 5103 件，结案率 99.8%；实施专利项目 13844项，新增产值 1960.80 亿元；专利权质押融资金额 14 亿元。2018 年末有高新技术企业 4200 家，国家级高新技术产业开发区 8 个，省级高新技术产业园区 12个；国家级农业科技园区 10 个；国家级科技企业孵化器 29 个、省级科技企业孵化器 116 个;国家级大学科技园 5 个,省级大学科技园 12 个;国家级众创空间 66 个,省级众创空间 95 个;国家级星创天地 96 个;国家级国际科技合作基地 22 个,省级国际科技合作基地 56 个。全年共登记技术合同 15192 项,成交金额 1004.20 亿元。完成省级科技成果登记 3702 项(四川省地方志工作办公室,2019)。

(二)经济状况

2018 年全年实现地区生产总值(GDP)40678.10 亿元,按可比价格计算,比上年增长 8.0%。其中,第一产业增加值 4426.70 亿元,增长 3.6%;第二产业增加值 15322.70 亿元,增长 7.5%;第三产业增加值 20928.70 亿元,增长 9.4%。三次产业对经济增长的贡献率分别为 5.1%、41.4% 和 53.5%。人均地区生产总值 48883 元,增长 7.4%。三次产业结构由上年的 11.6:38.7:49.7 调整为 10.9:37.7:51.4(四川省地方志工作办公室,2019)。

2018 年,四川省全社会固定资产投资完成 28065.30 亿元,比上年增长 10.2%。其中,第一产业投资 1053.60 亿元,比上年增长 10.1%;第二产业投资 7287.10 亿元,增长 7.3%;第三产业投资 19724.60 亿元,增长 11.2%。全年制造业高技术产业投资 1531.20 亿元,增长 12.0%。2018 年全年全体居民人均可支配收入 22461 元,城镇居民人均可支配收入 33216 元,农村居民人均可支配收入 13331 元。居民消费价格(CPI)比上年上涨 1.7%,其中医疗保健类上涨 2.8%,居住类上涨 2.6%,教育文化和娱乐类上涨 1.5%,食品烟酒类上涨 1.3%。社会消费品零售总额实现 18254.50 亿元,增长 11.1%,其中,商品零售价格比上年上涨 1.4%。农业生产资料价格比上年上涨 1.8%。工业生产者出厂价格(PPI)比上年上涨 3.6%,其中生产资料价格上涨 4.6%,生活资料价格上涨 1.1%;工业生产者购进价格(IPI)比上年上涨 5.3%(四川省地方志工作办公室,2019)。

(三)土地利用

四川省土地总面积 48.61 万 km^2,占全国国土总面积的 5.1%。全省土地利用类型共分 8 个一级类(表 3-14-2)、45 个二级类和 62 个三级类。除橡胶园外,其他省的一、二级土地利用类型四川省均有分布,在全国极富代表性。

土地利用以林牧业为主,林牧地集中分布于盆周山地和西部高山高原,占土地总面积的 70.7%;耕地则集中分布于东部盆地和低山丘陵区,占全省耕地的85%以上;园地集中分布于盆地丘陵和西南山地,占全省园地的70%以上;交通用地和建设用地集中分布在经济较发达的平原区和丘陵区。

表3-14-2　四川省土地资源利用现状

土地利用类型	辖区	耕地	园地	林地	草地	城镇村及工矿用地	交通运输用地	水域及水利设施用地	其他用地
面积(万km²)	48.61	6.74	0.73	22.15	12.21	1.56	0.36	1.03	3.83
比例(%)	100	13.86	1.50	45.57	25.13	3.20	0.73	2.12	7.88

资料来源:《四川年鉴(2018年)》(四川省地方志工作办公室,2019)。

第二节　水土流失概况

一、水土流失类型与成因

(一)水土流失类型

四川省主要水土流失类型为水力侵蚀和风力侵蚀,以水力侵蚀为主,分布范围广,面积大,危害严重。根据(《中国水土保持公报》编委会,2019)数据,全省水力侵蚀和风力侵蚀面积之和达11.30万km²,占全省总面积的23%,位居全国第五位,仅次于新疆、内蒙古、甘肃和青海四省(区)。水力侵蚀中,中度侵蚀及其以上强度主要分布于自北向南的三个条带,龙门山前山至川西南安宁河谷一线最为集中;其次为沱江中下游一线,集中于资阳市、内江市和自贡市境内;再次为川东平行岭谷一线,主要在达州市和广安市境内。风力侵蚀均为轻度侵蚀,主要集中于阿坝州的若尔盖、红原和阿坝三县境内。

(二)水土流失成因

水土流失的形成是自然因素和人为因素综合作用的结果。脆弱的山地自然生态环境是该区域水土流失发生的主要因素,而近期人类活动所造成的生态环境恶化则是造成水土流失的重要因素。

多种自然因素中,地质地貌为主导因素,制约着岩性、气候、水文、土壤和植被的变化,以及水土流失状况、治理措施和土地利用方向。四川地处我国第一阶梯向第二阶梯过渡带,地貌复杂,类型多样。全省80%地貌类型属山地丘陵,山高坡陡,地表起伏大,因而为侵蚀创造了独特的自然条件;在漫长的地质时期,构造运动使得该区域断裂褶皱广泛发育,岩层破碎,抗冲击力差,极易发生水土流失;四川省降雨时空分布不均,年内70%以上的降雨都集中在6—9月,多以暴雨形式出现,这样的降雨类型及时空分布与地形地貌、岩性因素相结合,加速水土流失的过程;全省大部分土壤为紫色土,紫色土成土母岩层理发育,结构疏松,易于遭受侵蚀;植被是控制水土流失的主要因素之一,良好的植被,能够覆盖地面、截持降雨、减缓流速、分散流量、过滤淤泥、固结土壤和改良土壤,从而达到减少或防治水土流失的目的,植被的破坏则会造成水土流失的蔓延。进入人类历史以来,随着人口的急剧增长,大量的坡耕地开垦、森林过伐、草原过牧、矿床开采、开发建设、不合理水资源利用等一系列掠夺式资源利用,加速了水土流失。

二、水土流失现状及变化

(一)水土流失现状

根据《中国水土保持公报(2018)》(水利部,2019)数据,到2018年末,全省水土流失面积为11.30万 km^2 ,其中水力侵蚀面积10.93万 km^2 ,占全省土地总面积的22.48%,居全国各省水力侵蚀面积之首,以轻度为主。其中,轻度流失面积为7.52万 km^2 ,占土地总面积的15.46%;中度流失面积1.56万 km^2 ,占土地总面积的3.21%;强烈及以上流失面积1.85万 km^2 ,占土地总面积的3.81%。风力侵蚀面积0.37万 km^2 ,占全省土地总面积的0.76%,按侵蚀强度分为:轻度0.76万 km^2 ,中度3 km^2 ,强烈及以上1 km^2 。由水蚀导致的水土流失在全省各地都有分布,由风力侵蚀导致的水土流失主要分布在阿坝藏族羌族自治州的红原、若尔盖和阿坝县(图3-14-2,图3-14-3,图3-14-4)。

全省水土流失在空间上呈现出块状不连续分布的特点,区域分布总体特征为:水土流失面积与强度由东部盆地及盆缘山地向西北高原呈增大的趋势,但局部盆地丘陵区水土流较为严重,如四川盆地丘陵区是全省水土流失较严重的地区。按照行政区划,全省各市(州)水土流失面积由大到小顺序依次为:甘孜州、凉山州、阿坝州、达州市、广元市、绵阳市、乐山市、南充市、巴中市、宜宾市、雅安市、资阳市、泸州市、遂宁市、攀枝花市、内江市、成都市、眉山市、自贡市、广安市、德阳市。各市(州)水土流失率大小依次为:资阳市、遂宁市、自贡市、内江市、达州市、广元市、南充市、巴中市、乐山市、攀枝花市、宜宾市、广安市、绵阳市、眉山市、泸州市、雅安市、德阳市、凉山州、成都市、阿坝州、甘孜州。

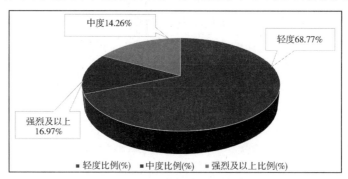

图3-14-2 各级水力侵蚀比例

资料来源:《中国水土保持公报(2018)》(水利部,2019)。

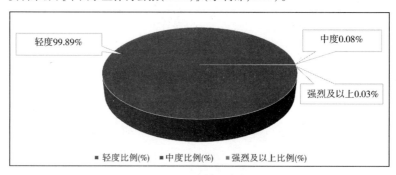

图3-14-3 各级风力侵蚀比例

资料来源:《中国水土保持公报(2018)》(水利部,2019)。

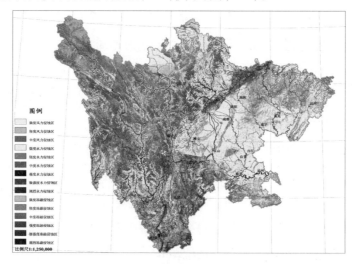

图3-14-4 四川省土壤侵蚀图(四川省水土保持局,2004)

（二）水土流失变化

四川省是全国水土流失较严重的省份之一,该区明显的水土流失现象始于南宋,史载"沅湘间多山,农家惟种粟,且多在岗阜,每欲布种时,则先伐其林,纵火焚之",由于垦殖面积过大,水土流失较严重。明清两代,随着人口的增长,毁林垦荒面积不断扩大,水土流失更为加剧(阮明道,2000);清末民国时期矿石开采日渐增多,滥伐林木非常严重,山区矿产的开采使土石弃于沟谷、江河及两岸,遇雨水冲刷,加速江河的泥沙淤垫,水土亦受污染,发生灾害也愈来愈多(周邦君,2006)。

20 世纪 50 年代至 80 年代,四川省土壤侵蚀加剧,土地退化严重,森林植被覆盖率下降速度快。据资料统计(杨玉坡,1985),四川省森林覆盖率在 50 年代初为 20%,60 年代仅剩 9%。80 年代中期,全省轻度以上水土流失面积为 19.98 万 km^2,占总土地面积的 44%;到 90 年代中期,水土流失面积近 20 万 km^2,年土壤侵蚀量达 9.00 亿 t,成为长江上游最大的泥沙输出地;90 年代末期,全省轻度以上水土流失面积达 22.27 万 km^2,占土地总面积的 44.6%(王丽槐,2003。表 3 – 14 – 3)。

表 3 – 14 – 3　四川省 1999—2003 年水土流失分布状况

年份	不同侵蚀强度的面积分布（万 km^2）					年均泥沙流失量（亿 t）	占土地总面积（%）
	轻度	中度	强烈	极强烈	剧烈		
1999	11.15	8.28	2.40	0.39	0.06	10.00	44.60
2001	8.66	9.41	2.46	0.43	0.13	9.46	43.10
2003	13.40	4.03	1.47	0.26	0.04	9.04	43.60

资料来源:《全国第二次水土流失遥感调查结果》(水利部水土保持司,2002)、《四川省土壤侵蚀遥感调查与动态监测成果》(四川省水土保持局,2004)。

随着西部大开发战略的实施,水电、公路、矿山及城市建设等开发建设项目造成的水土流失呈发展态势,并引发局部区域水质污染、水源枯竭、水利工程淤塞垮塌和地质灾害频繁等环境问题,水土流失、洪涝灾害和水环境恶化已经成为四川可持续发展的重要制约因素。全省水土流失面积达 15.00 万 km^2,占全省总面积的 1/3,占长江上游水土流失面积的 56%,每年土壤侵蚀量高达 10.00 亿 t。"边治理,边破坏"现象严重,部分地区甚至出现"破坏大于治理"的局面,水土流失仍是其主要的生态环境问题。90 年代末大洪灾过后,四川在全国率先启动实施天然林保护工程、长江上游水土保持重点防治、坡耕地改造等水土保持工程，积极投入植树造林和封山育林，实施天然林保护21.00万km²，造林3.42万km²，全省森林覆盖率由2000年的24.2%上升到2005年的28.9%。土地整治0.22万km²，水土流失面积迅速扩大的趋势得到有效遏制，表现在全省水力侵蚀面积累计减少3.61万km²，年均减少2256km²，但同时，全省各类开发建设项目达7280个，占地总面积0.42万km²，累计弃土、弃渣量高达16.00亿m³。全省水力侵蚀总面积仍有11.44万km²。

"十一五"至"十二五"期间，四川省陆续实施了以治理水土流失为目标的天然林保护、退耕还林、退牧还草、生态县建设、国土整治、中低产田改造、长江上游水土保持重点防治、坡耕地改造、革命老区水土保持及国债水土保持项目等水土保持生态环境建设工程，累计投入资金达364.56亿元，治理水土流失面积5.00万km²，每年减少土壤侵蚀量2.53亿t。全省森林资源呈现出数量持续增长、质量稳步提升、效能不断增强的良好态势。"十二五"以来，全省各级水土流失面积共减少0.81万km²（表3-14-4），水土流失治理效益不断提高，生态环境质量不断改善。综合测算，四川生态服务价值已达1.76万亿元，稳居全国前三。

表3-14-4 四川省2011—2018年度水土流失变化情况

年度	不同侵蚀强度的水土流失面积（万km²）			
	轻度	中度	强烈及以上	合计
2018年	7.88	1.56	1.85	11.29
2011年	5.50	3.60	3.01	12.11
变化情况	2.38	−2.04	−1.16	−0.82

资料来源：《中国水土保持公报（2018）》（水利部，2019）。

尽管人为新增水土流失总体得到遏制，但在局部地区，例如盆周边缘山地区，水土保持生态环境有进一步恶化的趋势。矿山开采、工业废弃物排放、城市和道路等的建设、坡耕地种植、过度放牧等都导致局部新增水土流失，加之四川独特的自然地理条件，水土流失防治任务依然艰巨。

三、水土流失危害

水土流失不仅造成土地资源的破坏和损失，还导致水环境污染、生态环境恶化、水旱灾害频繁,严重制约全省经济社会的可持续发展和人民群众的生产生活安全。主要表现在如下四个方面。

(一)破坏土地资源,降低土地生产力

土地资源是人类社会赖以生存和发展的物质基础,是从事农业生产活动的基本资源。表土层的流失使土壤结构遭到破坏,肥力降低,造成耕作土壤板结,地力衰退。四川省中低产田比重大,占耕地总面积的70%,其作物产量比良田低20%~30%。全省年流失泥沙量相当于每年冲走土层厚达0.5m的耕地6.67万 km^2 。水土流失造成土地资源严重损耗后,山丘坡地蓄水保肥能力越来越弱,宜种作物越来越少,养分供需失调的现象越来越突出。

(二)淤积埋压良田、淤积库渠,阻塞江河湖泊

水土流失使大量泥沙下泄,淤积水库,抬高河床,缩短水利设施寿命,缩小江河过洪断面,影响水利发展和水利工程效益发挥,极大地威胁防汛安全。据统计(郑度,2004),近20年金沙江支流小河床普遍淤高3~5m,攀枝花以下的渡口—屏山区间的金沙江下游,年均输沙量2.14亿 t,是长江上游最主要的侵蚀区和泥沙产源区。

(三)旱洪灾害频繁

全省全年70%左右的降水集中在夏季并多以暴雨形式出现,十年九旱、洪水频发、旱洪交错。由于洪涝灾害引发的地质灾害的发生频率较高,给人民群众生命财产安全和经济社会发展造成了较大损失。

(四)造成河流、湖泊、水库等水体水质污染

四川省作为一个农业大省,农用化肥施用量居全国前列,例如,2016年末统计农用化肥施用量达249万 t(《中国农村统计年鉴(2018)》)。大量的化肥随流失的水土进入到水体中,使水体富营养化,造成水体污染和区域饮用水质恶化。化肥的不合理使用导致土壤板结,从而加剧水土流失。

第三节　水土流失预防与监督

一、水土流失预防保护

（一）预防保护范围与对象

1. 预防范围

预防范围涵盖四川省管辖范围内所有区域,其中重点预防区包括有重要的水源涵养、水质保护、生态维护等水土保持功能的区域;重要的生态功能区或生态敏感区;国家级和省级水土流失重点预防区;县级以上人民政府划定并公告的崩塌、滑坡危险区和泥石流易发区。

2. 预防对象

主要包括天然林和植被覆盖度较高的人工林、草地;侵蚀沟的沟坡和沟岸,河流沿岸及湖泊水库周边的植物保护带以及其他遭到破坏后,难以恢复和治理的地区;已建成并发挥效益的水土保持项目区。

（二）预防保护措施与配置

建立预防制度包括健全预防保护管理机构,落实具体职责、制订相关规章制度,明确生产建设项目分区预防管理方案。明确准入限制,依据不同生态分区的生态环境问题、水土流失现状和社会经济发展情况,设定区域限制性条件,确定生产建设项目的水土流失防治标准等级,明确生产建设项目在不同地区所应采取的特定防护措施。

1. 落实管理机构及主要职责

（1）省级水行政主管部门

省级水行政主管部门的主要职责包括:①贯彻执行国家和本省水土保持的方针政策,负责水土保持法律、法规、行政规章及有关规范性文件的贯彻实施和省级规章的制订。②负责全省水土保持预防保护、生态修复、监督管理工作。

③负责省级权限内生产建设项目水土保持方案的审批。④负责国家及省级水土保持重点项目的建设与管理工作。⑤负责全省水土保持国策宣传教育、典型示范、技术推广等工作。

（2）市级水行政主管部门

市级水行政主管部门的主要职责包括：①宣传贯彻执行有关水土保持的法律、法规、规章和政策，并对全市水土保持法律法规的贯彻情况实施监督检查。②负责监督辖区内各区县水土保持规划的实施。③负责审批相应级别的生产建设项目水土保持方案。④负责辖区范围内生态修复和恢复示范工程建设。⑤负责开展全市水土保持宣传教育、人才培训，推广水土保持实用技术和先进经验。

（3）县级水行政主管部门

县级水行政主管部门的主要职责包括：①负责水土保持设施的保护和管理。②负责批准权限内的生产建设项目水土保持方案的审批。③负责辖区范围内生态环境建设治理成果的管理维护。④负责开展水土保持宣传教育、水土保持工程人员培训。

2.完善规章制度制订

（1）督察制度

包括健全上级水行政主管部门对重大水土保持违法违规案件督办制度和对下级履行职责的督查制度。建立并落实对重大水土保持违法违规案件的挂牌督办制度。

（2）重大水土流失案件（事件）报告制度

指发生重大水土流失案件（事件）后，按照水土流失不同的规模，下级水行政主管部门应在规定时间内向上一级水行政主管部门报告。

（3）社会监督制度

完善水土保持监督管理公示公告制度，设立举报电话、信箱并正式公布，规范举报的各环节工作，自觉接受社会各界监督。

（4）水土保持补偿制度

建立生态补偿制度，建立补偿渠道、方式，明确生态补偿类型、补偿收费标准和资金的管理使用。

（5）水土保持重点项目管护制度

对已经实施水土保持生态治理项目区应设立管护标志，建设管护设施，定期报告管护区情况。可实行多种管护方式，明晰产权、合作权和管护责任。

（6）生产建设项目水土保持方案审批制度

以保护水土资源和生态环境、促进经济增长方式转变为出发点，对功能定位不同的区域和项目实行不同的分类审批政策，建立以水土保持损益分析和水土流失影响度指标选优的水土保持方案选优审批制度。

（7）生产建设项目水土保持设施验收制度

根据批复的水土保持方案，严格规范水土保持设施竣工验收程序和监督执法机制，建立健全大中型生产建设项目水土保持管理制度、生产建设项目水土保持监督检查联动机制等。

（8）改革水土保持工程建设管理制度

因地制宜地推行项目负责制、招标投标制和建设监理制。

（9）建立激励机制

对在水土流失预防、治理方面作出突出贡献的予以表彰和奖励。

3. 完善生产建设项目分区管理方案

一是明确各区域限制性条件，若尔盖丘状高原区、石渠高原区、九寨沟山地区、岷山邛崃山地区、西北丘状高原区、甘孜理塘山原区、南部高山深谷区等山地草甸区应控制施工范围，保护表土和草皮并及时恢复植被，工程措施应有防治冻害的要求；尤其在冻融侵蚀强烈地区施工时应特别注意保护现有植被和地表结皮。米仓山、大巴山山地区应提高植物措施比重，保护嘉陵江上游水源区。川渝平行岭谷区、大凉山山地地区、金沙江下游区、大娄山地区等石灰岩地区应避免破坏地下水系。龙门山地区和峨眉山地区生产建设项目应做好坡面水系工程，防止引发崩塌、滑坡等灾害。盆北高、中丘区和盆南中、低丘区等进行生产建设项目时应保存和利用表土，封闭施工、遮盖运输，河网区应保持原有水系畅通，防止水系紊乱和河道淤积，控制地面硬化面积，综合利用地表径流。

二是按照《开发建设项目水土流失防治标准》（GB/T 50434−2018）规定的水土流失防治区建设项目水土流失防治标准等级，一级标准为依法划定的国家级水土流失重点预防区和重点治理区及省级重点预防区，二级标准为依法划定的省级水土流失重点治理区，三级标准为一、二级标准未涉及的其他区域。

（三）重点预防项目

四川省是长江、黄河的重要水源发源地及涵养区,全省地表水资源约占整个长江水系径流量的1/3,三峡库区80%的水量和60%的泥沙来自四川省境内。四川省的黄河水系区域是黄河流域的多雨区和黄河上游的重要供水区,占整个黄河径流量的8.21%。四川省长江水系区域是"中国半壁江山的水塔""生物多样性宝库""未来气候变化的晴雨表"和"典型的生态与环境脆弱带",也是未来长江流域产业带发展的生态屏障、水资源保护的核心区、全球气候变化的敏感区。根据水土保持预防工作的主要任务,重点预防项目集中在江河源头区,涉及嘉陵江源区及三江并流和岷江源区,共22个县(市、区),以封育保护为主,辅以综合治理,控制水土流失,提高水源涵养能力。

1.嘉陵江源区水土保持

嘉陵江源区涉及全省8个县(市、区),主要位于嘉陵江上中游国家级重点预防区。该区远期综合防治面积6170km^2,其中重点预防面积3938km^2;近期综合防治面积2170km^2,其中重点预防面积1445km^2。

2.三江并流和岷江源区水土保持

三江并流和岷江源区涉及四川省的14个县(市),该区多为高山峡谷,森林覆盖率高。以封育保护为主,加强局部地区坡耕地综合整治和山洪灾害防治。远期综合防治面积33586km^2,其中重点预防面积30289km^2;近期综合防治面积12427km^2,其中重点预防面积11357km^2。

二、水土保持监督管理

（一）制度体系

《中华人民共和国水土保持法》自1991年颁布实施以来,对于加快全国水土流失综合防治步伐,保护和改善生态环境发挥了巨大作用。为贯彻落实《中华人民共和国水土保持法》的规定,国务院于1993年8月1日发布《中华人民共和国水土保持法实施条例》,并于2011年1月8日修订。《中华人民共和国水土保持法实施条例》的实施使得《中华人民共和国水土保持法》得到深入贯彻,对防治水土流失具有十分重要的意义。四川省在《中华人民共和国水土保持法》等基本法律制度的指导下,不断健全配套法规,加大监督执法力度和能力建设,水土保持走上法制化轨道。多年来,全省已逐步建立起水土保持法规、工作、技术服务三大体系,以"三同时"制度为核心的水土保持监管能力得到加强,水土保持政府目标责任制日臻完善,综合治理步伐加快。

1. 水土保持地方性法规

1993年12月5日,四川省第八届人民代表大会常务委员会第六次会议审议通过了《四川省〈中华人民共和国水土保持法〉实施办法》,并于1997年10月17日四川省第八届人民代表大会常务委员会第二十九次会议通过修正。2011年《中华人民共和国水土保持法》修订实施后,四川省出台了新法《实施办法》。新《实施办法》重点就水土保持的政府职责、水土保持规划、水土流失预防和治理等进行了修订完善;制订了水保项目方案审批管理、水保补偿费征收、水保监督检查及监测等配套规范性文件;总结了全省水土流失治理经验和水土流失防治技术方案,深入细化了水土保持违法行为的法律责任及生态效益补偿制度,初步形成了水土保持配套法规制度框架结构。相关法规的建立,实现了法律体系各层级上下衔接,同时为全省更好地预防和治理水土流失提供法律依据。

2. 水土保持规范性文件

在国家有关水土保持法律、法规以及四川省地方性水保法规的指导下,为更好地预防和治理全省水土流失,四川省人民政府及其水行政主管部门制订和推行了一系列配套规章制度及相应的水保规范性文件。

(1)水土保持地方政府规章制度

为促使水土保持监测工作的依法展开,四川省水利厅发布了《关于依法履责强化水土保持监测工作的意见》(川水发〔2015〕1号)、《四川省生态建设项目水土保持监测大纲》《四川省开发建设项目水土保持生态环境监测管理暂行办法》以及《四川省水土保持生态环境巡回监测管理制度》。通过制订《四川省水土保持设施补偿费、水土流失防治费征收管理办法(试行)》《四川省水土保持补偿费征收使用管理实施办法》,规范了水土保持补偿费征收使用管理。将监测经费纳入年度财政预算,充分发挥了资金使用效果,为全省水土保持监测资金的使用管理提供了制度保证。

(2)水土保持配套规范性文件

①水土保持监测技术规范性文件。为保障水土保持监测网络正常运行,全

省发布了《四川省水土保持监测点建设与管理办法(暂行)》《四川省水土保持监测技术手册》;出台了《四川省水土保持监测小区建设标准(试行)》《四川省小流域水土保持监测技术要求》,为全省科学、合理、系统地开展水土流失治理提供了基础。

②水土流失重点防治区管理制度。四川省水利厅印发了《关于做好国家重点防治工程水土保持监测工作的通知》,并制订了《"长治"工程水土保持监测实施方案》,为确保"长治"工程的顺利实施提供保障。

③生产建设项目水土保持监督管理制度。全省实行生产建设项目分阶段的监管体系,先后制订了《四川省生产建设项目水土保持监督检查暂行办法》《生产建设项目水土保持方案编制资质管理办法》等,为做好全省生产建设项目的水土流失防治工作发挥了重要作用。

④水土保持行政许可制度。通过对水土保持方案严格把关,对方案审批和设施验收按程序制度进行审查,让水土保持的监管工作落到实处。

⑤水土保持目标责任制和考核制度。1997年四川在全国率先实行水土保持政府目标责任制,将水土保持工作纳入省政府的单项目标管理;通过成立考评领导小组,对全省下辖市(州)的水土保持工作进行考核(周斌等,2009)。自2005年起在全省范围内推行水土保持预防监督一票否决考核制,用一把尺子对全省预防监督进行考核。2007年,水土保持工作被纳入全省"十大惠民行动"中,实行"层层落实责任,层层进行考核"的目标责任制,促使全省水土保持工作由单一的部门行为向统一的政府行为转化。《四川省水土保持目标责任制考核办法》的出台,标志着水土保持工作纳入省政府对地方政府的综合考核。

⑥水土保持宣传教育情况。制订并印发了《四川省水土保持国策宣传教育行动实施方案》和《四川省水土保持国策宣传教育行动实施计划》,围绕国家生态文明建设大局,以贯彻落实新水土保持法为重点,深入推进水土保持国策宣传教育行动,不断扩大水土保持影响,增强全社会的水土保持意识。

(二) 监管能力

1. 监管能力建设

为进一步贯彻落实水土保持基本国策和省委、省政府关于建设生态四川和长江上游生态屏障的要求,根据《中华人民共和国水土保持法》《四川省〈中华人民共和国水土保持法〉实施办法》等有关法律、法规的规定,全省不断充实和完善水土保持机构,增强水土保持监督管理能力,健全水土保持监督管理制度,完善监管基础设施建设,注重监督管理新技术的应用,以提高监督管理科技水平。

进一步完善水土保持法规制度体系。全省建立了水土保持监管数据库,确保水土保持"三同时"制度落到实处;制订了《四川省开展全国水土保持监督管理能力建设实施方案》(川水函〔2009〕797号),建立了重大水土保持违法违规案件的挂牌督办制度、水土保持监督管理公示公告制度和廉政机制,坚持做到水土保持工作年度报告制度、重大水土流失事件报告制度、水土保持报务单位管理制度、廉政建设制度、社会监督制度"四健全"。切实规范水土保持设施验收标准和工作规程,严格水土保持补偿费征收使用管理规定,定期开展生产建设项目水土保持监督检查活动,依法查处违法违规行为,实现水土保持方案审批、监督检查、设施验收、规费征收、案件查处"五规范"。

进一步加强水土保持执法体系建设,做到机构健全、人员稳定。全省有21个市(州)、160多个县(市、区)建立了水土保持执法机构;经四川省水利厅批准,成立了省水综合监察总队水土保持监察支队,共有水土保持执法人员5700多人。监督执法装备和办公条件有较大改善,部分县(市、区)配备执法车和摄像机等执法工具。对从事水土保持监督管理的人员组织监督执法培训和考核,实现机构、人员、办公场所、工作经费、取证设备装备"五到位",进一步提高执法人员的素质和依法行政水平,保证监管工作的全面开展。

2. 宣传教育能力建设

坚持检查与宣传相结合,开展以水土保持法为主要内容的国策宣传教育活动,增强生产建设单位和社会公众的水土保持法制观念和环保意识。全省21个市(州)、183个县(市、区)落实了负责宣教的领导和信息员,水保宣教从组织和制度上予以保障。

水保宣教的方式主要有:一是策划高端调研宣传。借力四川省委、省政府决策咨询委员会,助推全省水保工作。将"新形势下四川水土保持工作的突出问题及对策研究"列为重大调研课题,展开调研与交流。二是通过各类新闻媒体宣传。据统计,2018年,全省在各类报刊和网络发表文章达3000余篇,电视、广播宣传2万余次,拍录像专题片200多部。三是利用重要活动宣传。坚持集中宣传与常年宣传相结合,充分利用"世界水日""中国水周""水土保持法宣传月"等活动进行宣传。四是围绕重点工程建设宣传。如在重点路段、重点工程项目区书写标语,出动宣传车。五是搭建宣教平台宣传,建立"水土保持科技示范园"和"青少年水土保持科技教育基地";编制完成了《四川省水土保持科普教育小学读本》;在小平故居、朱德故里分别建设中国水利水保林等,作为全省水保教育社会实践基地;另外,加大水保文化传播力度,建立了"四川水土保持信息网""四川水土保持生态环境监测网"等宣传门户网站;将水土保持宣传教育纳入党校主体教育课程,扩大宣传效应。

(三)生产建设项目监督管理

生产建设项目水土保持监管是地方各级人民政府及水行政主管部门的重要职责,涉及范围广,任务重。水行政主管部门、生产建设项目行业主管部门及各参建单位如何准确区分水土保持管理责任,为能否有效控制生产建设项目人为水土流失的关键(刘文学,2014)。全省以放管服改革为抓手,进一步完善监管体系和执法体系,加大监管行政审批权限下放力度,创新水土保持监管方式,推进水土保持监测与信息化,按照"双随机一公开"监督检查原则,积极推行生产建设项目"天地一体化",不断加强事中事后监督检查。全省生产建设项目水土保持方案的申报率和实施率、水土保持设施的验收率和水土保持补偿费征收率均得到大幅度提高。

1. 方案审批

全省各单位严格按照"编制方案—申报方案—专家评审—政务中心登记—行政审批—公示公告"的审查审批程序,规范办理方案审批工作。"十二五"期间,全省共审批水土保持方案达 12000 多个,其中省级审批方案达 1300 多个,水土保持方案申报率达 98% 以上。在减少水土流失增量方面,四川省共审批生产建设项目水土保持方案 2472 个,涉及防治范围 7.36 万 km^2,拦挡弃土弃渣 28863.00 万 m^3,生产建设项目水土保持方案申报率和审批率均达 90% 以上。

2. 监督检查

全省重视水土保持监督检查工作,狠抓开发建设项目水土保持监督执法检查,依法查处水保违法案件。一是对部、省级批复的水土保持方案进行全面核查,建立全过程追踪管理台账;二是组织县级巡查、建设单位自查、市州重点检查和省级随机抽查等方式,将现场检查、书面检查、"天地一体化"监管相结合,实现对在建项目水土保持监管的全覆盖;三是将生产建设项目水土保持违规弃渣纳入扫黑除恶治乱范围,推动水土保持监管。2018 年度,全省大力加强生产建设项目水土保持事中事后监管,各级水行政主管部门共完成生产建设项目水土保持监督检查6143 个,包括省级 12 个,市(州)级 723 个,县级 5408 个(具体见表 3 - 14 - 5)。

表 3 - 14 - 5　2018 年水土保持方案生产建设项目水土保持监督检查情况

单位	监督检查数量(个)			
	合计	省级	市级	县级
全省合计	6143	12	723	5408
省级		12		
成都市	331		149	376
自贡市	241		51	124
攀枝花市	372		14	73
泸州市	398		50	657
德阳市	175		22	208
绵阳市	256		6	239
广元市	492		48	255
遂宁市	716		26	56
内江市	244		45	152
乐山市	398		43	365
南充市	1020		25	558
宜宾市	80		12	234
广安市	149		42	203
达州市	102		30	453
巴中市	590		8	243
雅安市	219		33	387
眉山市	133		6	101
资阳市	215		35	88
阿坝州	81		32	59
甘孜州	163		22	92
凉山州	789		24	485

资料来源:《四川省水土保持公报(2018)》(四川省水利厅,2019)。

3.设施验收

全省落实放管服要求,对生产建设项目水土保持设施的验收按照"合格一个、验收一个"的原则,对重大疑难项目坚持现场验收,专家把关,保证验收质量。2018 年全省依法督促完建未验收项目履行水土保持设施验收法定义务,推进了生产建设项目水保设施自主验收工作。全年完成生产建设项目水保设施自主验收报备 781 个,其中国家级 3 个,省级 72 个,市(州)级 257 个,县级 449 个。

三、水土保持区划与水土流失重点防治区

(一)水土保持区划

按照全国水土保持区划,四川省水土保持分为西南紫色土区、西南岩溶区和青藏高原区 3 个一级区,秦巴山山地区、川渝山地丘陵区、滇黔桂山地丘陵区、滇北及川西南高山峡谷区、若尔盖－江河源高原山地区、藏东－川西高山峡谷区 6 个二级区,陇南山地保土减灾区、大巴山山地保土生态维护区、川渝平行岭谷山地保土人居环境维护区、四川盆地北中部山地丘陵保土人居环境维护区、龙门山峨眉山山地减灾生态维护区、四川盆地南部中低丘土壤保持区、滇黔川高原山地保土蓄水区、川西南高山峡谷保土减灾区、若尔盖高原生态维护水源涵养区、三江黄河源山地生态维护水源涵养区、川西高原高山峡谷生态维护水源涵养区 11 个三级区。为水土流失防治总体布局的科学性,结合四川省各地生态功能和社会经济结构区域性差异,在全国水土保持区划的基础上,将全省划分为 16 个水土保持分区(图 3－14－5)。

1.九寨沟山地保水保土减灾区

本区位于四川省北部高原,九寨沟县,面积 5287.68km²。土壤侵蚀主要有两种类型,即水蚀和冻蚀,其中水蚀面积 216.41km²,占区域总面积的 4.09%。

2.米仓山、大巴山山地保水保土生态维护区

本区位于四川省东北部边缘,是渠江的发源地和嘉陵江上游区,包括广元市利州区、朝天区、青川县、旺苍县,巴中市的南江县、通江县,达州市的万源市等 7 个县(市、区),总面积 20910.58km²。土壤侵蚀主要为水蚀,面积为 8428km²,占土地总面积的 40.31%,水蚀强度以轻度和中度为主。

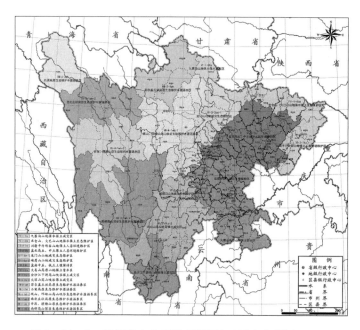

图3-14-5 四川省水土保持区划图(四川省水利厅,2016)

3.川渝平行岭谷山地保土人居环境维护区

该区地处四川省东部边缘,总面积14906.08km²,占全省面积的3.07%,包括达州市的达川区、大竹县、开江县、渠县、通川区、宣汉县,广安市的华蓥市、邻水县等8个县(市、区)。水土流失主要问题:森林覆盖率低,水土流失严重,局部地方人为导致土地石质化。该区水土保持功能为土壤保持和人居环境改善。

4.盆北高丘、中丘保土人居环境维护区

该区处于四川盆地西北部,位于龙门山以东,平昌、营山、广安一线以西,双流、简阳、安岳、乐至一线以北,利州、旺苍、南江、通江一线以南的地区,总面积47859.02km²,占全省面积的9.85%,包括成都市成华区、青白江区等43个区县。水土流失主要问题:森林覆盖率低,耕地垦殖过渡,土壤退化及抗蚀性较差,降雨集中,洪涝灾害频繁,是长江上游的主要产沙区之一。该区水土保持功能为土壤保持和人居环境改善。

5.龙门山山地减灾生态维护区

该区位于四川盆地西北边缘,是沱江、涪江及岷江支流青衣江的发源地,总面积38453.17km²,占全省面积的7.91%,包括茂县、汶川、崇州、大邑等18个县(市、区),该区域是2008年"5.12汶川地震"的主灾区。水土流失主要问题:森林过度砍伐,涵养水源能力减弱,近期为地震次生灾害泥石流、滑坡高发期。

该区水土保持功能为水源涵养、土壤保持和减灾防灾。

6.峨眉山山地减灾生态维护区

该区域位于四川盆地西南部,总面积17218.07km²,占全省面积的3.54%,包括乐山市的峨边县、峨眉山市、金口河区、马边县、沐川县,眉山市的洪雅县,雅安市的汉源县、石棉县、雨城区,宜宾市的屏山县等10个县(市、区)。水土流失主要问题:山地植被分布不均,耕地保水能力差,水土流失较严重;滑坡、崩塌、泥石流等频繁发生。个别地方滥挖乱采,造成环境污染和生态破坏。该区水土保持功能为水源涵养、土壤保持和减灾防灾。

7.盆南中丘、低丘土壤保持区

该区处于四川盆地西南部,位于峨眉山以东,双流、简阳、安岳、乐至一线以南,大娄山以北的地区,总面积44455.42km²,占全省面积的9.15%,包括蒲江县、双流县、新津县等41个县(市、区)。水土流失主要问题:森林覆盖率较低,耕地垦殖过渡,坡耕地较多,部分地区土壤退化,洪涝灾害频繁。该区水土保持功能为土壤保持和人居环境改善。

8.大娄山高原山地保土蓄水区

该区位于四川南部边缘,是川、云、贵三省接合部,总面积9938.45km²,占全省面积的2.04%,包括泸州市的古蔺县、叙永县,宜宾市的珙县、筠连县、兴文县等5个县。水土流失主要问题:植被水源涵养和耕地保水保土能力较差,水土流失较为严重,局部土地石漠化现象严重。本区水土保持功能为水源涵养、土壤保持和石漠化防治。

9.金沙江下游高山峡谷保土减灾区

该区处在雅砻江下游和安宁河谷地带,总面积21778.57km²,占全省面积的4.48%,包括凉山州的德昌县、会东县、会理县、宁南县、西昌市,攀枝花市的米易县、攀枝花市东区、西区、仁和区、盐边县等10个县。水土流失主要问题:滑坡、泥石流等山地灾害频发,土壤侵蚀严重,土地石漠化面积较大。本区水土保持功能主要是土壤保持和防灾减灾。

10.大凉山高山峡谷保土减灾区

该区大致位于大渡河以南,黑水河以东,总面积32671.70km²,占全省面积的6.72%,包括凉山州的布拖县、甘洛县、金阳县、雷波县、美姑县、冕宁县、普格县、喜德县、盐源县、越西县、昭觉县等11个县。水土流失主要问题:原始植被破坏较严重,区域水源涵养能力较低,山地灾害频发,局部区域土壤沙化、石质化。本区水土保持功能主要是土壤保持和防灾减灾。

11. 若尔盖丘状高原生态维护水源涵养区

该区位于四川北部边缘,阿坝藏族羌族自治州西北部,处于黄河与长江水系分水地带,总面积28746.23km²,占全省面积的5.91%,包括阿坝州的阿坝县、红原县、若尔盖县等3个县。水土流失主要问题:沼泽与草地退化,土地沙化较严重。本区水土保持功能是水源涵养和沙漠化防治。

12. 石渠高原生态维护水源涵养区

该区仅包括石渠县,位于四川最西北部,是青藏高原东南缘川、青、藏三省接合部,总面积22378.92km²,占全省面积的4.60%。水土流失主要问题:人口增长,牲畜超载严重、草原退化、鼠荒地大量滋生、鼠害迹地荒漠化严重。本区水土保持功能是水源涵养、土壤保持和沙漠化防治。

13. 岷山、邛崃山高山峡谷生态维护水源涵养区

该区处于龙门山以西,大雪山以东,总面积38852.98km²,占全省面积的7.99%,包括阿坝州的黑水县、金川县、理县、马尔康县、松潘县、小金县,甘孜州的丹巴县等7个县。水土流失主要问题:森林资源破坏严重,水源涵养、水土保持能力降低,雪线上移,干旱河谷扩大,地质灾害频发,局部土地沙化和石质化。本区水土保持功能是水源涵养和防灾减灾。

14. 西北丘状高原生态维护水源涵养区

该区处于四川西北部边缘,总面积33720.95km²,占全省面积的6.94%,包括阿坝州的壤塘县,甘孜州的德格县、甘孜县、色达县等4个县。水土流失主要问题:草原牲畜超载是造成草地退化的主要原因,草场退化,草质下降,有毒有害杂草渐成优势种群,土壤有沙化现象,局部地区季节性洪水灾害严重。本区水土保持功能是水源涵养和土壤保持。

15. 甘孜、理塘山原生态维护水源涵养区

该区处于四川西部,总面积45019.65km²,占全省面积的9.26%,包括甘孜州的白玉县、道孚县、理塘县、炉霍县、新龙县等5个县。水土流失主要问题:局部区域草场过牧,湿地退化;谷坡森林植被遭受破坏,水源涵养能力低,泥石流、滑坡易发。本区水土保持功能是水源涵养和土壤保持。

16. 南部高山深谷生态维护水源涵养区

该区处于四川省西部,大相岭、小相岭、锦屏山一线以西,总面积63919km²,占全省面积的13.15%,包括甘孜州的巴塘县、稻城县、得荣县、九龙县、康定县、泸定县、乡城县、雅江县,凉山州的木里县等9个县。水土流失主要问题:河谷地区植被遭受破坏,滑坡、泥石流等自然灾害频发,水源涵养和水土保持能力较低。部分河谷已演替为干热、干旱河谷。土地石质化现象严重。本区水土保持功能是水源涵养、土壤保持及防灾减灾。

(二)水土流失重点防治区划分

四川省水土流失重点防治(详见图3-14-6)。

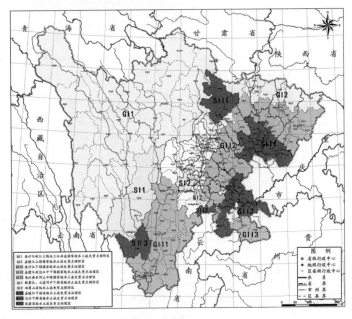

图3-14-6 四川省水土流失重点防治区图(四川省水利厅,2016)

1. 国家级水土流失重点防治区

全省涉及国家级水土流失重点预防区2个,分别为金沙江岷江上游及三江并流国家级水土流失重点预防区、嘉陵江上游国家级水土流失重点预防区,含阿坝州和甘孜州、嘉陵江流域上游36个县(市、区),面积共23.55万km²。涉及国家级水土流失重点治理区3个,分别为金沙江下游国家级水土流失重点治理区、嘉陵江及沱江中下游国家级水土流失重点治理区、乌江赤水河上中游国家级水土流失重点治理区,含四川东部和东南部及凉山州、攀枝花市等56个县(市、区),面积共计11.69万km²。

2. 省级水土流失重点防治区

全省共划定 2 个省级水土流失重点预防区,分别是雅砻江、大渡河中下游水土流失重点预防区和峨眉山水土流失重点预防区,涉及 9 个县(市、区),面积共计 3.93 万 km²。全省共划定 3 个省级水土流失重点治理区,分别是嘉陵江下游水土流失重点治理区、沱江下游水土流失重点治理区和盐源省级水土流失重点治理区,涉及 38 个县(市、区),面积共计 5.72 万 km²。

四、水土保持规划

水土保持规划是合理开发利用水土资源的主要依据,也是农业生产区划和国土整治规划的重要部分。新《中华人民共和国水土保持法》把规划单独作为一章,对规划编制基础、原则、内容、分类、咨询、批准、实施、修订等做出明确规定,强化了水土保持规划的法律地位。四川省水利厅依据《关于开展全国水土保持规划编制工作的通知》(水规计〔2011〕224 号)和已颁布的《全国水土保持规划(2015—2030 年)》,在深入调查研究、反复咨询论证、广泛征求意见的基础上,编制完成《四川省水土保持规划(2015—2030 年)》(四川省水利厅,2016)。

《四川省水土保持规划(2015—2030 年)》(四川省水利厅,2016)明确,本次规划范围为四川省辖区内的 183 个县(市、区),规划基准年为 2015 年,近期水平年为 2020 年,远期水平年为 2030 年。规划基础数据来源于全国第一次水利普查、第二次全国土地调查、第八次全国森林资源清查等工作成果,以及省和各市州公布的经济社会统计年鉴、相关规划成果等。规划分析了全省水土流失及其防治现状,系统总结了历年水土保持经验和成效。以全省水土保持区划为基础,以保护和合理利用水土资源为主线,以全省主体功能区规划为依据,拟定全省预防和治理水土流失、合理利用和保护水土资源的总体部署,明确水土保持的目标、任务、布局和措施,以期为维护良好生态、促进江河治理、保障饮水安全、改善人居环境、推动经济社会发展提供支撑和保障。规划近期目标是到 2020 年,完成新增水土流失综合治理面积 26900km²,新增水土流失综合治理率达到 22.22%,治理区植被覆盖率提高 5.05%。规划远期目标是到 2030 年,完成新增水土流失综合治理面积 78200km²,新增水土流失综合治理率达到 64.61%,治理区植被覆盖率提高 15.16%;全省建成与经济发展相适应的水土流失综合防治体系,生态环境步入良性循环。

《四川省水土保持规划(2015—2030 年)》(四川省水利厅,2016)与《全国水土保持规划(2015—2030 年)》《四川省主体功能区规划》《四川省生态保护与建设规划(2014—2020 年)》《四川省土地利用总体规划(2006—2020 年)》《四川省国民经济和社会发展十三五规划纲要》等做了充分衔接,是新形势下全省落实生态文明建设的具体体现,对全省水土保持工作具有全局性、前瞻性指导作用。

第四节　水土流失综合治理

一、历史回顾

中华人民共和国成立以来,国家高度重视水土保持工作,开展了大规模的水土流失综合治理。四川作为全国水土流失最严重的省份之一,每年土壤侵蚀总量高达 10.00 亿 t 左右,约占长江上游年土壤侵蚀总量的 42%(张颖等,2018)。20 世纪 80 年代初,全省逐步建立水保机构、编制规划、开展科研,先后对 100 余个县开展了小流域综合治理。1989 年经国务院批准,四川省金沙江下游、嘉陵江中下游被列为长江水土保持重点防治区,实施水土保持重点防治工程(周斌等,2009)。1996 年,四川省水土保持局成立,全省水土保持事业翻开崭新篇章,水保人把握形势、重新布局,水保工作走上了正轨。

21 世纪初,四川省紧紧围绕建设长江上游生态屏障的目标,积极践行可持续发展的治水思路,启动国家坡耕地水土流失综合治理试点,不断推进国家、省级重点水土保持项目,实施岩溶地区石漠化综合治理试点,开展灾后水土保持设施恢复重建,持续实施国家农业综合开发水土保持项目。在项目中坚持"预防为主保护优先、水土资源可持续利用、人与自然和谐相处、人工措施和自然修复有机结合、重点突出和分类推进、实施规模化整体推进"的原则,积极探索水土保持生态治理与脱贫攻坚有机结合的发展模式,着力改善生态环境和群众生活环境。2012—2017年全省共完成水土流失综合治理面积24970.31km²(表3-14-6),其中水利行业治理面积4830.22km²(陈扬刚,2016)。四川省水土保持工程建设管理机制不断健全,项目责任主体负责制、工程建设监理制、资金使用报账制等全面推行,规模以上项目均实行招投标管理,积极探索村民自建、一事一议等新型水土保持综合治理模式,大力推行参与制和公示制,积极扶持和引导社会力量参与治理,增强了水保投资拉动作用。

表3-14-6　四川省2012—2017年全社会水土流失治理情况表

| 年度 | 全社会治理水土流失面积(km²) | | | | | |
| | 水利行业治理面积 | | 其他 | | | |
	国家重点项目	省级财政专项	市、县级治理	其他部门项目	专业户或个人	小计
2012	459.33	92.5	133.38	2848.60	66.19	3600
2013	708.78	118.85	310.22	2502.05	160.10	3800
2014	741.47	150.00	185.73	2695.98	196.92	3970.10
2015	749.77	150.00	135.75	3019.36	78.19	4133.07
2016	829.30	140.00	108.34	3374.65	248.55	4700.84
2017	482.60	207.62	357.89	3369.53	348.66	4766.30
合计	3971.25	858.97	1231.31	17810.17	1098.61	24970.31

资料来源:《新时代推进四川水土流失综合治理调研报告》(四川省水土保持局,2018)。

在国家和省级、地方财政资金的大力投入下,四川省大力实施以水土流失预防保护和综合治理生态环境为重要目标的天然林保护、退耕还林、退牧还草、生态县建设、国土整治、中低产田改造、坡耕地改造、革命老区水土保持及国债水土保持项目等水保生态环境建设工程。截至2014年底,全省实施天然林保护21.00万km²,造林3.43万km²,治理水土流失面积达5.00万km²,每年减少土壤侵蚀量2.53亿t(樊太岳,2005)。水土流失状况总体得到遏制,土壤侵蚀强度显著降低。

党的十九大为全省水土保持工作提供了良好机遇。四川省以此为契机,明确了新时期坚持"预防为主、保护优先,充分发挥水土保持的生态、经济和社会效益"的水土保持新思路。全省水土流失治理逐步过渡到以示范推广为主的全面发展阶段,并创建出一系列费省效宏的水土流失治理技术和一批又一批水土流失综合治理示范片。按《全国水土保持信息化规划(2013—2020年)》和《全国水土保持信息化工作2015—2016年实施计划》要求,全省完成了水土保持信息管理系统升级和生产建设项目监管示范、水土保持重点治理县数据入库、综合治理项目管理示范等工作,初步形成了"基础支撑、全面监管、各级协同"的水土保持信息化体系,为构建水土保持动态监管新格局提供了支撑。

二、传统小流域综合治理

"十二五"以来,四川省在嘉陵江中下游、金沙江下游、岷江、沱江中下游和赤水河等地区,开展以坡耕地改造、经果林建设、小型水利水保工程、生态自然修复工程为重点的小流域综合治理,全力推进国家水土保持重点建设工程、国家坡耕地水土流失综合治理试点工程、国家农业综合开发水土保持项目、省级财政专项资金水土保持项目,实施了436条小流域,覆盖了全省21个市(州)183个县(市、区),共完成水土流失综合治理面积1.66万km²,总投资178.14亿元。其中,水利行业国家、省级水土保持重点工程治理水土流失面积0.36万km²,总投资19.25亿元。

(一)坡耕地综合治理

坡耕地作为四川省最为主要的土地资源,也是水土流失的主要来源。坡改梯是长江流域坡耕地治理最基本的水土保持措施,国务院于1988年启动了长江上游水土流失重点防治工程,着重以坡改梯治理措施为主,至今已实施30余年。坡耕地的改土工作是长江流域广大农民从长期生产实践中总结出的一条培肥土壤、提高产量和控制水土流失的重要方法,坡改梯是四川省坡耕地治理最基本的水土保持措施。按照国家统一部署,从2010年开始,四川省启动实施了全国坡耕地水土流失综合治理试点工程建设,四川省资阳市雁江区、内江市东兴区、自贡市沿滩区、眉山市东坡区、泸县、剑阁县、屏山县、南部县等15个项目县(市、区)先后实施坡耕地水土流失综合治理试点工程建设,其中,简阳市、南部县、屏山县、剑阁县为水库库区移民安置区坡改梯试点县(市)。项目县主要分布在沱江流域、嘉陵江流域和金沙江流域。试点工程措施主要布局在现有耕作的坡耕地上,重点治理坡面角在5°~15°的缓坡耕地。2010—2012年,国家共下达四川省坡耕地水土流失综合治理试点工程总投资33750万元,计划治理坡耕地水土流失面积1.126万hm²。通过3年治理,四川省已全面完成坡耕地水土流失综合治理试点工程计划建设任务。通过试点工程建设,坡地变梯地,瘦地变肥地,基本上实现了土不下山、水不乱流、旱涝灾害不用愁。

(二)人工林草种植

开展人工林草种植,增加林草覆盖率,是防止水土流失的重要措施。全省本着因地制宜、适地适树(草)的原则,在不宜耕坡地以及土层瘠薄、立地条件差、水土流失严重的荒山、荒坡、荒沟开展人工造林和人工种草,其中,营造以水保型薪炭林和水保型用材林为主的水土保持林,另外,根据全省不同地区的实际情况,大力营造水土保持经果林。通过开展以林草措施为主的生态工程建设,全省水土流失治理取得了一定的成效,项目区建立了以"乔、灌、草"相结合、"带、网、片人工营造与原有疏幼林补植"相结合、治理与开发相结合的立体生态防护体系。据统计,"长治"工程第一至第六期综合治理中,全省共完成水保林营造56.72万hm²,栽种经果林24.68万hm²,种草6.81万hm²。截至2014年底,全省实施天然林保护2100万hm²,造林342.80万hm²,治理水土流失面积5万多km²。全省建成了一批绿色经济走廊和水土保持示范带,形成规模效益。治理区水土流失得到有效遏制,生态系统趋于良性循环。

(三)小型水利水保工程

小型水利水保工程是坡耕地治理和人工林草措施的配套措施,通过兴建沿山沟、谷坊、拦沙坝、蓄水池、沉沙凼、排灌沟渠等,做到能排能灌,改善坡面水系,拦沙、保土、蓄水,以减轻水土流失。在坡耕地和荒山荒地治理中,应将坡面蓄排水工程与坡改梯、保水保土耕作法以及造林育林、人工种草有机地结合起来,统一规划,同步施工,确保出现设计暴雨时坡改梯、保水保土耕作区和林草措施的安全运行。2017年底,全省共完成小型水利水保工程4.3万处。

四川省水土流失综合治理措施体系中小型水利水保工程措施主要有塘堰整治和沟渠整治。对本省项目区塘堰进行挖潜改造,迅速恢复和提高蓄水能力,既可有效提高项目区农田灌溉率,又能达到蓄水保水,减少水土流失。全省塘堰整治工程大致包括清淤、边坡硬化,整治其相应引水渠、排洪渠、梯步以及每座塘堰设置的沉砂池。小型水利水保工程建成后,实现了项目区农业灌溉设施从无到有或升级改造,提高了农业灌溉水源保障率、灌溉效率和便利程度,促进了作物健康生长,提高了单产和产品品质,降低了灌溉成本,促进了农业增产、增效和农民增收。

(四)生态自然修复工程

生态修复是停止人为干扰与破坏,或解除现有人类活动施加于生态环境的压力,从而发挥生态系统自身修复能力,使生态环境向良性方向演化的措施。该措施适宜于地广人稀的中度和轻度水土流失地区的治理,也适用于强度水土流失的部分区域。在盆周山地区、川西南山地区、川西高山峡谷区、川西北高原区,林草郁闭度在 0.3 ~ 0.7 的残林、次生林地,人口密度在 200 ~ 400 人/km² 的中轻度水土流失区;水土流失严重、治理难度大、林草郁闭度在 0.1 ~ 0.6 的荒山地、疏林地,人口密度在 200 人/km² 以下,水土流失达强度以上的区域,作为了生态自然修复实施的重点区域。

三、生态清洁小流域治理

四川省深入贯彻落实习近平生态文明思想,扎实开展生态清洁小流域建设,探索了荒山变青山,青山变金山的路径,为水土保持助推脱贫攻坚和乡村振兴提供了参考和借鉴。一是坚持规划引领,有序实施。全省将生态清洁小流域建设工作纳入省"十三五"水土保持规划并指导市县出台相应规划和管理办法。二是坚持因地制宜,分类实施。根据自然环境条件和水土流失特点,将全省生态清洁小流域建设分为"生态保育型、生态农业型、生态经济型"。2013 年以来,共建设 50 条生态清洁小流域。三是坚持产业带动,助推乡村振兴和脱贫攻坚。充分发挥以小流域为单元的水土流失治理优势,重点在培育绿色产业、发展乡村经济、建设美丽家园上着力实现山青、水净、村美、民富,塑造一批具有浓郁水土保持特色的美丽乡村,打造水土流失综合治理升级版。四是坚持机制创新,建设水土保持大项目区。探索"治山治水 + 治穷致富"的新机制,充分发挥财政资金"药引子"集聚放大功能,支持地方整合项目资金,建设水土保持大项目区。五是坚持考核驱动,深入推进。全省建立了"123456"水土保持工作机制,率先出台了水土保持目标责任制考核办法,把水土流失综合治理作为考核的重要内容,促进了生态清洁小流域建设工作的有效开展。

(一)流域水系整治

在河道、水库、湖泊、塘坝、沟道周边一定范围内,全面实施生态水系综合整治。因地制宜开展沟道整治、河道疏浚、人工湿地、植物缓冲带、绿化美化等工程建设,推进水系连通。

(二)生态农业推广

加强农田水利建设,发展高效节水农业。鼓励和引导增施有机肥、农家肥,实施测土配方施肥。禁止使用高毒高残留农药,推广高效低毒生物农药。推进养殖污染防治和农田残膜污染治理,实施秸秆还田和资源化利用工程。

(三)人居环境整治

加强污水收集、处理设施建设。建立生活垃圾运行管理机制。加强畜禽养殖整治,建设沼气池、化粪池等。整治村容村貌,加强村庄周围、房前屋后、道路两边、河流两岸等美化绿化建设,结合农家乐、文化广场等配套服务设施,发展乡村休闲旅游产业。

四、开发建设项目水土流失治理

开发建设项目造成的水土流失,是以人类生产建设活动为主要外营力形成的水土流失类型。开发建设项目包括线性工程和点式工程(逯海叶等,2010)。线性项目具有建设跨度大、战线长、工程涉及范围广、穿越地形地貌复杂、所经地区生态类型多样等特点,相应的影响区水土流失则呈现出涉及面广、类型及形式多样、强度分布不均匀、水土流失严重等特点。以"点"为主的开发建设项目地域集中,造成水土流失影响区域的范围相对较小,但破坏强度大,防治和植被恢复难度大。随着四川省城市建设步伐不断加快,大型开发建设项目的开展使得人为扰动造成的水土流失不断加剧,与工程建设有关的水土保持也越来越受到重视,需不断提高防治水平,有效控制人为水土流失。

输变电工程是四川省典型的开发建设项目工程,在四川盆地丘陵区、盆周山地区、川西南山地区、川西北高原区等均有建设。输变电工程水土保持措施设计及布设一般涉及变电站和输电线路两部分。变电站属于点状分布,单个占地面积较大且施工强度大,短时间内造成较为严重的地表扰动后果和水土流失。输电线路呈离散的线型分布,跨越不同土壤侵蚀类型区,影响水土流失的因素复杂多变,侵蚀单个面积不大但治理难度大,恢复困难。一般而言,线式工程水土流失量所占比例较大,点式工程水土流失量所占比例较小,说明输变电类建设项目的水土流失量主要来自于线路工程。输变电类生产建设项目扰动后土壤侵蚀模数最大的建设阶段是施工期,侵蚀模数较大,侵蚀级别较强;施工准备期和自然恢复期,侵蚀模数、侵蚀级别相对较小。海拔越高的地区内修建输变电工程的水土流失越严重。就四川而言,输变电工程的水土流失主要集中分布在四川盆地中度水力侵蚀区、盆周山地中强度水力侵蚀区、川西南山地强度侵蚀区和川西北高原中轻度侵蚀区等不同水土保持类型区。

为达到有效防治水土流失的目的,全省开发建设项目主管部门根据主体工程总体布置、地形地貌、地质条件等环境状况和各项目建设分区的水土流失特点及状况,项目的水土保持措施布局按照综合防治的原则进行规划,进行主体水土保持工程的设计,确定各区的防治重点和措施配置。结合主体工程设计的相关水土保持工程,确定主体工程水土保持防治措施体系。

(一)线型工程

线型工程水土流失防治措施主要为以生态修复为主的植物措施,工程措施主要布设于变电站工程区和弃土点区,施工简易道路、人抬道路、塔基施工临时用地、牵张场地以临时措施、植物措施为主。

(二)点式工程

点式工程变电站站区、进站道路及临时堆土场采取工程措施、临时措施及植物措施。在施工结束后,按照相关规定及防治水土流失的要求,方案设计对各类占地进行迹地恢复,对占用的林地栽灌木植草,草地进行植草绿化。树种的选择中分别结合了项目区的气候、土壤、地形等因素和立地条件及植被特点,并根据成活率和适应性的综合分析,选择当地生长迅速的优良树种,同时树种和草种的选择需符合当地的景观环境。

开发建设项目中工程措施、植物措施和临时措施的全面实施,使得具体开发建设项目水土流失防治责任范围内的新增水土流失得到有效控制,并在很大程度上使原来的水土流失得到有效治理。输变电工程的水土流失治理对本省类似工程水土流失防治措施体系的选取和建立具有实际的参考价值。

五、水土流失治理效益

(一)生态效益

经过连续、规模、科学治理,治理区初步形成了综合防治体系。其中,嘉陵江流域908条,金沙江流域454条已竣工小流域的水土流失面积减少85%以上,水土流失得到了有效遏制,水土流失面积减少2.69万 km²,水土流失强度明显降低,土壤侵蚀量减少64.42%。治理的小流域年平均土壤侵蚀模数由治理前的5279t/(km²·a),下降到3565t/(km²·a)。水土流失得到有效遏制,保水、保土、保肥、保墒能力明显增强,空气得到净化,区域小气候得到调节,农业生产条件明显改善,生态系统趋于良性循环。通过小流域综合治理,坡耕地减少,基本农田增加,林地草地增加,小型水利水保设施增加,基本上做到了泥不下山,水不乱流。2012年以来,减少水土流失量1197.84万 t,通过营造水土保持林、种草和实施封禁治理,治理区林草覆盖率由治理前32.56%提高到48.85%,地表水源涵养能力增强,提高水资源涵蓄量25301.72万 m³。

(二)经济效益

在项目实施中,注重水土流失综合治理与农村产业结构调整、退耕还林还草还果工程、文明新村建设、建设高产优质高效农田、庭院生态工程和生态农业观光工程相结合,以促进农业增产、农民增收和农村经济发展,实施水土保持措施,改善治理区水生态环境,夯实治理区经济基础条件,提高农业综合开发生产能力,促进治理区农村生产生活条件和生态环境改善,加快治理区群众脱贫致富奔小康的步伐。据调查(四川省水利厅,2018),治理区人均稳产高产基本农田较治理前增加0.02hm²,新增粮食生产能力1483.27万 kg,新增经济林产品生产能力4636.87万 kg,新增总产值3.87亿元,农民人均增收159元。

(三)社会效益

水土流失综合治理为农业产业发展、农民脱贫致富、农村面貌改善夯实了基础。水保项目实施注重"六个"结合(即:水土流失综合治理与农村产业结构调整、退耕还林还草还果工程、文明新村建设、建设高产优质高效农田、庭院生态工程和生态农业观光工程相结合),创建了深受群众青睐的庭园水土保持、幸福美丽新村,实现了"建一村、靓一村"的目标。通过对治理区农民进行技术培训,对工程技术人员进行现场指导和演示,项目区综合治理科技含量不断提升,农业生产的新技术、新材料、新品种、新工艺等得到有效应用,治理区涌现了一大批科技专业户和致富能手,加快了农村"五个文明"建设,加速了扶贫攻坚进程。

第五节 水土流失监测与信息化

一、水土保持监测网络

(一)监测网络建设情况

水土保持生态环境建设具有很强的地域差异性、学科的广泛性和防治的综合性,必须因地制宜开展相应的水土保持监测和科学研究,才能取得事半功倍的效果。根据全国水土保持监测网络和信息系统建设二期工程建设的水土流失监测点情况,除利用水文站点外,四川省水土流失监测点共30个。"十二五"以来,全省已建设完成1个省级监测总站、13个市州级监测分站和43个水土流失监测点构成的水土保持监测网络体系。2013—2015年,根据国家发改委批准的《川西藏区生态保护与建设规划(2013—2020)》,四川省新建了汶川、若尔盖、九龙、甘孜、丹巴、九寨沟和泸定7个水土流失监测点。据全国水土保持监测网络信息系统建设情况,四川省水土流失监测点布设数量位居全国第三,监测点的分布与本省的水土流失状况和特点相吻合。

(二)监测点类型与布局

根据《全国水土保持监测纲要(2006—2015年)》和《关于开展全国水土保持规划编制工作的通知》(水规计〈2011〉224号)要求,四川省于2012年开展全省水土保持监测专项规划编制工作,出台了《四川省小流域水土保持监测技术要求》《四川省水土保持监测小区建设标准》《四川省开发建设项目水土保持监测基准点设置系统技术标准(试行)》等相关文件,确保全省水土保持监测工作依法有序展开。其中,全省水土保持监测网络的总体设置如表3-14-7所示。

表 3 – 14 – 7 四川省水土保持监测站点布设表

序号	监测分站	监测点	监测范围
1	成都分站（20）	新津点	新津县、邛崃市、蒲江县、大邑县、崇州市、双流县
		都江堰点	都江堰市、郫县、温江县、成都市金牛区、青羊区、武侯区、锦江区、成华区、高新区
		金堂点	金堂县、彭州市、青白江区、新都县、龙泉驿区
2	阿坝分站	马尔康点	马尔康县、壤塘县、金川县、小金县
		汶川点	汶川县、理县、茂县、黑水县
		九寨沟点	九寨沟县、松潘县
		红原点	红原县、阿坝县、若尔盖县
3	雅安分站（8）	芦山点	芦山县、天全县、宝兴县
		雅安点	雨城区、荥经县、名山县
		汉源点	汉源县、石棉县
4	甘孜分站（18）	康定点	康定县、丹巴县、泸定县
		甘孜点	甘孜县、石渠县、色达县、炉霍县、新龙县
		白玉县	白玉县、德格县、巴塘县
		雅江点	雅江县、理塘县、九龙县、道孚县
		乡城点	乡城县、得荣县、稻城县
5	凉山分站（17）	西昌点	西昌市、喜德县、冕宁县、德昌县
		盐源点	盐源县、木里县
		甘洛点	甘洛县、越西县
		昭觉点	昭觉县、美姑县、雷波县、布拖县、金阳县
		宁南点	宁南县、会东县、会理县、普格县
6	攀枝花分站（5）	攀枝花点	攀枝花西区、东区、仁和区、盐边县、米易县
7	乐山分站（11）	乐山点	金口河区、峨边县、峨眉山市、乐山市中区、沙湾区、夹江县、井研县
		犍为点	犍为县、马边县、沐川县、五通桥区
8	眉山分站（6）	眉山点	青神县、洪雅县、丹棱县、东坡区、彭山县、仁寿县
9	资阳分站（9）	资阳点	雁江区、简阳市、安岳县、乐至县
10	内江分站（5）	内江点	东兴区、市中区、威远县、资中县、隆昌县
11	自贡分站（6）	自贡点	大安区、贡井区、自流井区、沿滩区、富顺县、荣县
12	绵阳分站（9）	江油点	江油市、平武县、北川县、安县
		三台点	三台县、涪城区、游仙区、梓潼县、盐亭县

序号	监测分站	监测点	监测范围
13	德阳分上(6)	德阳点	旌阳区、绵竹市、广汉市、什邡市、中江县、罗江
14	遂宁分站(4)	遂宁点	遂宁市中区、大英县、蓬溪县、射洪县
15	南充分站(9)	南充点	顺庆区、嘉陵区、高坪区、营山县、蓬安县
		南部点	南部县、阆中市、仪陇县、西充县
16	广安分站(5)	广安点	广安区、岳池县、武胜县、邻水县、华蓥市
17	广元分站(7)	广元点	市中区、朝天区、元坝区、青川县
		苍溪点	苍溪县、剑阁县、旺苍县
18	达州分站(7)	宣汉点	宣汉县、万源市、通川区、开江县
		渠县点	渠县、大竹县、达县
19	巴中分站(4)	巴中点	巴州区、通江县、南江县、平昌县
20	宜宾分站(10)	宜宾点	宜宾县、翠屏区、屏山县、南溪县
		高县点	高县、筠连县、珙县
		长宁点	长宁县、兴文县、江安县
21	泸州分站(7)	泸州点	纳溪区、江阳区、龙马潭区、泸县
		合江点	叙永县、合江县、古蔺县

资料来源:《四川省水土保持生态建设总体规划(2006—2030年)》(四川省水资源及水土保持委员会水土保办公室,2006)。

全省开展的水土流失监测点类型主要包括小流域控制站观测、坡面径流场观测、综合观测场等几种类型(如表3-14-8所示)。

为反映全省水土流失状况及发展趋势,水土保持监测宜从全省、重点流域及区域、监测点等不同空间尺度开展工作,形成点线面相结合的水土保持数据采集体系,以获取不同精度的监测结果,从不同层面反映水土流失状况。四川省水土保持监测缺乏专项的科学研究经费,大多是有关部门结合部门的需要,分散进行,既不完整,也缺乏系统的综合的研究,不能适应水土保持生态环境建设开展的需要。未来通过不断加强监测设施设备配置和技术人员培训,完善水土保持监测系统管理运行制度和技术标准,全省将不断完善多层次的水土保持监测网络的规划布局。四川省水土保持监测点布局如图3-14-7所示。

表3-14-8　四川省涉及的小流域综合观测站和坡面径流观测场基本情况

编号	类别	全国水土保持区划一级区	全国水土保持区划三级区	名称	地点	承担单位	备注
1	小流域综合观测站（控制站）	西南紫色土区	四川盆地北中部山地丘陵保土人居环境维护区	四川省南部县李子口小流域综合观测站	四川省南部县	部中心	
2				四川省盐亭县万安小流域综合观测站	四川省盐亭县	长委	★
3	坡面径流观测场		四川盆地南部中低丘土壤保持区	四川省宜宾市翠屏区打碗溪小流域坡面径流观测场	四川省宜宾市翠屏区	长委	
4			四川盆地北中部山地丘陵保土人居环境维护区	四川省遂宁市安居区解家湾小流域坡面径流观测场	四川省遂宁市安居区	长委	
5		西南岩溶区	川西南高山峡谷保土减灾区	四川省盐边县干沟小流域坡面径流观测场	四川省盐边县	长委	

注：★代表该监测站点为国家水土保持科技示范园。资料来源：《四川省水土保持生态建设总体规划（2006—2030年）》（四川省水资源及水土保持委员会水土保持办公室,2006）。

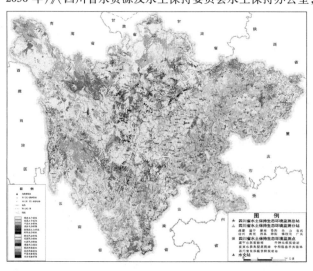

图3-14-7　四川省水土保持监测点布局图（四川省水资源及水土保持委员会水土保持办公室,2006）

二、水土流失动态监测

为了全面反映全省水土流失状况及其发展趋势,全省开展水土保持地面定位观测、水土保持情况普查、重点防治区监测、水土保持重点工程监测和生产建设项目集中区监测等重点工作,从不同空间尺度摸清水土流失状况,分析其变化趋势,评价水土流失防治效果,为四川省人民政府制订国民经济与社会发展规划、水土保持生态环境政策和宏观决策,保障经济社会的可持续发展提供重要技术支撑。自2006年开始,四川省的升钟和盐亭监测点纳入了全国水土流失动态监测项目;2013年度,升钟、盐亭、安居、攀枝花、宜宾翠屏区、宁南和雨城区7个监测点又纳入了全国水土流失动态监测项目,其中升钟试验站同时纳入水利部监测中心的示范小流域。2017年,在水利部办公厅印发了《加强水土保持监测工作的通知》和《水土保持监测实施方案(2017—2020)》后,四川省发布水土保持公报,率先完成省级水土流失动态监测与公告项目规划等顶层设计,监测工作的制度化、规范化、精细化建设显著提升。全省大力推动已建监测点恢复重建和升级改造,制订建设指导意见和技术手册,监测点全部恢复正常,监测能力持续提升并跻身全国先进行列。

(一)区域监测

为贯彻落实《水利部关于加强水土保持监测工作的通知》(水保〔2017〕36号)文件要求,积极推进四川省水土流失动态监测工作,四川省水土保持生态环境监测总站在2018年3月开始开展了成都都江堰市水土流失动态监测试点工作,并初步编制完成了《成都都江堰市水土流失动态监测结果报告》。2018年7月,在水利部下发的《区域水土流失动态监测技术规定(试行)》指导下,省水保总站对都江堰市水土流失动态监测试点工作成果进行了调整完善。

针对本省水土流失特点,拟在全省不同土壤侵蚀类型区布设64个水土保持基本监测点,其中46个纳入国家级水土保持基本监测点进行建设,国家级一般监测点包括水力侵蚀监测点13个,风力侵蚀监测点2个,冻融侵蚀监测点3个。根据2017年实施的全国水土流失动态监测公告项目的开展情况,结合水土流失重点防治区水土保持工作特点和全国第一次水利普查水土保持专项普查开展情况,规划在省级水土流失重点防治区布设水土保持基本监测点31个,野外调查单元1800个。重点防治区监测每年开展一次。

（二）生产建设项目监测

根据生产建设项目水土流失及其防治特点,选择大中型生产建设项目集中连片,且面积不小于10000km^2、资源开发和基本建设活动较集中和频繁以及扰动地表和破坏植被面积较大,水土流失危害和后果严重的生产建设项目集中区,开展水土流失监测。对生产建设项目监测主要采用遥感监测与野外调查相结合的方法,每年进行一次。2016年度全省省级以上验收的生产建设项目中完成水土保持监测成果的项目58个,其中国家级项目3个,省级项目55个。2017年度,通过省级以上水土保持设施验收的生产建设项目中完成水土保持监测成果的项目86个,其中国家级项目2个,省级项目84个。

（三）重点治理工程监测

水土保持重点工程项目监测内容主要包括项目区基本情况,水土流失状况,水土保持措施类别、数量、质量及其效益等。重点监测项目实施前后项目区的土地利用结构、水土流失状况及其防治效果、群众生产生活条件、生物多样性等地面定位观测长期进行,典型调查每年进行一次,遥感调查在项目实施前后各开展一次。

为科学评价生态监测工程的水土保持效益,促进水土保持创新,进一步提升水土保持科技贡献率,2013年起,全省开展了《四川省2013年国家农业综合开发水土保持项目重点科技推广及项目效益重点监测》工作,对万源、南江、苍溪、岳池和东兴等5个水土保持重点监测县(区)进行了水土保持效益监测。2017年,按照《国家水土保持重点建设工程管理办法》(水利部,2013)的要求,对全省实施的中央预算内投资坡耕地水土流失综合治理工程、中央财政水利发展资金革命老区水土保持重点建设项目等开展了水土保持效益监测工作。

三、水土保持信息化

四川省水土保持信息化建设的主要任务:一是在《水土保持信息管理技术规程》(SL 341-2006)的指导下,根据实际需要进一步制订地方标准,规范水土保持信息化建设,实现信息资源共享;二是建立健全全省水土保持监测网络,完善水土保持数据采集、处理、存储、传输和发布系统;三是建立健全省、市、县的数据库体系并做好与全国和流域数据库的衔接;四是根据水土保持信息共享需要,统一规划,建立业务服务和信息交换共享平台;五是按照水土保持信息化的需求,开发满足各级水土保持业务需求的应用系统。

全省开展了生产建设项目、监督管理项目等水土流失综合治理项目"十二五"以来的历史数据录入,其中水土保持方案录入达7500个,录入数量位居全国前茅。利用无人机、移动终端和高分辨率卫星遥感影像等现代化智能手段开展外业抽查,对8个在建项目、16个竣工验收项目进行效果评价。启动了成都、眉山、遂宁3市和18个县的水土保持"天地一体化"监管工作。

第六节　水土保持地域性特色

一、生态清洁流域项目

(一)生态保育型

四川省绵竹市湿地沟小流域地处绵竹市之西北,属绵竹市九龙镇。小流域面积23km²,水土流失面积3km²。流域地貌类型属龙门山脉前山浅丘与平原交汇区,土地利用类型以林地和耕地为主,小流域四季分明,多年平均气温15℃,年均降雨量1196.7mm,区内地表水丰富。治理前,湿地沟小流域受地域因素影响,多年来,群众在生产生活中水土保持意识淡薄,砍伐森林烧柴煮饭现象时有发生,基础设施建设相对滞后。由于缺乏集中统一的污水处理设施和垃圾收集设施,当地用水安全和农田灌溉受到威胁。生产作业道路未硬化,遇雨水泥泞难行。

该小流域主要采用工程措施同生物措施相结合,人工治理与生态修复相结合,生态建设与经济发展、现代乡村旅游发展、幸福新村建设相结合,以达到防控体系完善,运行管理规范,防治效益突出,示范作用明显的工程。工程建设通过实施坡耕地整治,配套完善水利水保工程,营造水土保持林,有效减少土壤侵蚀;发挥梯地、林草植被等水土保持设施的作用,控制和减少面源污染。工程建设以围绕乡村旅游景区提档升级和新农村建设相结合,以培育地方优势产业为重点,形成粮经、旅经、林经复合产业新模式;通过农业科技示范种植、旅游业带动商贸发展,促进农村产业结构调整和良性循环。流域内8°~15°坡耕地均实现梯坪地改造,25°坡以上坡耕地均实现退耕还林。小流域自然景观丰富,成为全省休闲农业与沿山乡村旅游的典范。该工程获2015年度国家级水土保持生态文明清洁小流域建设工程。

(二)生态农业型

宝山村龙漕沟小流域属于沱江水系,地处四川省彭州市北部山区,总面积24km²。为恢复和改善生态环境,宝山村于2011年起开始实施生态清洁型小流域建设的水土保持综合治理。大力实施坡改梯、灌渠、排洪渠工程,广泛栽种水保林、经果林等,对特殊区域实施封育治理。通过连续多年治理,水土流失综合治理程度达到90%以上,面源污染无害化处理率达到100%,林草植被覆盖率从82%提高到89%。流域内水域常年清澈,水质达到Ⅰ类水标准。龙漕沟获2017年度国家级水土保持生态文明清洁小流域建设工程,成为全国第14条国家生态文明清洁小流域。

生态清洁型小流域建设较好地解决了经济建设和生态环境保护的矛盾。不仅推进了流域内生态农业的可持续发展,同时也结合公司化运作模式,开发乡村旅游项目,助推流域经济发展。

(三)生态经济型

清溪河属长江一级支流,发源于江安县留耕镇,经大渡口镇太和村1社入境,境内流域面积112.4km²,河道长度23km。流域覆盖4个行政村,含人口8671人。治理前,工业、农业及生活污源等导致清溪河入江水质差,通过以国家水土保持清洁小流域治理项目为抓手,对清溪河小流域开展山水田林路综合治理,治理后的流域森林覆盖率从58.34%提高到63.36%,出口水质提升至Ⅲ类以上标准。清溪河小流域创建为全国第五、全省第一个"国家水土保持生态文明工程"、国家4A级旅游景区、四川省水利风景区。

在实践中,清溪河小流域着力打造"中国最美小流域"示范样板。一是改善"大环境"。整合实施水土保持综合治理、河道治理等项目,突出在山顶戴帽植树造林、山腰种植茶树果树、山底栽种珍稀花卉,大力实施行政村污水处理、垃圾清理、农厕改造等靓化工程。二是彰显"大效益"。坚持"生态＋产业"发展理念，沿流域两侧建设集新型工业、文化旅游、生态建设于一体的"三产联动"示范样板。三是构筑"大民生"。突出"共建共治共享"，创新"投资公司＋农业公司＋专业合作社＋村民"四位一体模式，带动村民"家门口就业创业"。通过对生态治理与"项目整合、社会资本引入、产业发展"有机结合，整合项目15个，总投资2.3亿元；建成石河堰10座，截排水沟2km，蓄水池30口，沉沙函40个，节水灌溉面积26.67hm²；打造特色生态农家乐20家，建成多个特色农业生态园。水土流失综合治理使得流域内水土流失强度大幅度降低。

二、生产建设项目水土保持生态文明工程

（一）点型工程——稻城亚丁机场工程

稻城机场位于四川省甘孜藏族自治州稻城县境内，距县城直线距离约为35km，公路距离约50km。机场跑道中心点海拔4411m，是世界上海拔最高的高原机场（图3-14-8）。该工程具有"高海拔、高寒、高施工难度、高建设保护难度、高恢复难度"等特点，但通过采取的一系列管理措施，不但在后期达到了良好的水土保持效果，而且在施工过程中也大大控制并减少了水土流失的产生。稻城机场整体水土保持效果优良、创新较多，其水土保持工作对机场行业、高原地区点型生产建设项目具有较强的指导意义。

1. 总设计中的生态建设理念

从对环境破坏、生态恢复、绿色环保进行总体设计，各项设计处处蕴含生态建设理念。

2. 保护、维持原水资源，保持水土资源功能

积极开展地下水论证、地表水研究等专题，从水土资源的最源头工作做起，特别是在本工程所处"高海拔、高寒、高恢复难度"区域，保护、维持原有水土资源，保证周边生态环境不被破坏，即是对水土保持的最大贡献。

3. 先进的绿化设计，水土保持生态可持续的保障

草种、树种的选择：在"适地适树、适地适草"的原则下，树种、草种的选择以当地优良乡土树种为主，禁止外来生物入侵，保证绿化栽植的成活率。配合草皮层剥离、移植、回铺，辅以撒播草籽，植物品种选用当地品种，尽快形成植被覆盖，起到良好的景观效果。

a. 飞行区

b. 净空处理区

c. 航站区

d. 水工程区

e. 供电通信工程区

f. 进站道路区

图3-14-8　四川稻城亚丁机场功能区水土保持效果图(廖芳、曾维维　摄)

4. 草皮土、腐殖土剥离和养护,保存并快速恢复高原植被

开工前期先将草皮土和腐殖质土剥离单独堆放进行防护;在施工过程中实施分层堆放,专人专责定期管护等措施,最大限度保存了草皮土的存活率;施工后期及时将腐殖质土回盖到飞行区、航站区、净空处理边坡等土面区,上部首先回铺保存的草皮土资源,适当进行补植。草皮土、腐殖土的剥离、堆存及利用既有效的原有资源,保存了区域原有生态活力,又能够在施工结束后对破坏面进行快速的植被恢复,有利于水土保持。

5. 防冻土处理,用防治水土流失保护主体工程

区域最大冻土深度达到1.67m,在施工中采取了更换垫层、加大基础埋深,

采取一定的防渗处理,合理布设场内排水系统,定期专人巡查、巡检等多种方式防止翻浆现象的发生。

6.严格控制、优化用地范围,保存原始生态环境

鉴于机场所处的海子山特殊地形地貌,建设单位对各个施工企业严格要求,限定作业范围,严禁乱挖乱弃,同时合理安排作业时段和施工工序,减少工程用地范围,尽量不破坏原始地貌,保护原始地貌。建设单位在后续阶段严格控制、优化、减少对当地地表的扰动破坏就是对高海拔、生态脆弱区域做出的最大贡献,是积极响应国家对生产建设项目生态文明建设要求的最好体现。

稻城机场工程落实了各项水土保措施后,各项指标均达到或超过水保方案提出的防治目标,工程区内扰动土地整治率达99.91%、水土流失总治理度达99.88%、土壤流失控制比达1.03、拦渣率达99.76%、林草植被恢复率达99.86%、林草覆盖率达64.80%。

(二)点式工程——锦屏二级水电站工程

锦屏二级水电站位于四川省凉山彝族自治州木里、盐源、冕宁三县交界处的雅砻江干流锦屏大河湾上,系雅砻江卡拉至江口河段五级开发的第二座梯级电站。锦屏二级水电站闸址上游7.5km处为锦屏一级水电站,下游155km处为官地水电站,300km处为已建的二滩水电站。锦屏二级水电站为引水式电站,属Ⅰ等大(1)型工程,多年平均发电量243.7亿kW·h。该工程水土保持防治分区共整合为场内道路区、施工临时设施区、弃渣场区、料场区(图3-14-9)。

雅砻江锦屏二级水电站工程地处高山峡谷,生产建设项目人为地表扰动,极易造成山体土层裸露和地表结构破坏。该工程在施工过程中,通过因地制宜采取工程措施、植物措施与土地整治相结合的办法,形成一系列的水土保持生态工程措施体系,主要包括:①景观绿化措施体系。②边坡生态防护措施体系。③弃渣生态防护和渣(土)料优化配置措施体系。④污水处理系统和定期固废处理。另外,该工程研发并应用了水土保持新材料和新技术,项目区开展了"岩土渣场植被恢复关键技术开发与示范"和"雅砻江下游保护及特有鱼类生活史、繁殖生物学研究、人工驯养及繁殖技术研究",为全流域生态环境恢复提供有力的技术支撑。这些成功经验被推广至雅砻江流域水电工程,对改善流域生态环境意义重大。

a. 景观绿化及边坡生态防护措施

b. 弃渣生态防护及污水处理措施

c. 水土保持新材料和新技术研发与应用

图 3 - 14 - 9　四川锦屏二级水电站工程水土保持效果图（宁金华、王红梅　摄）

　　通过对项目区水土流失的综合防治,其扰动土地整治率、水土流失总治理度、土壤流失控制比、拦渣率、植被恢复率和林草覆盖率等 6 项生态效益指标均满足要求,达到了较好的防治水土流失的效果。项目区水土流失面积为 90.98hm²,水土流失治理面积为 89.47hm²,水土流失总治理度达 98.34%;通过开发清洁优质能源,可使电力系统每年节约燃煤1130万t,减少排放有限气体,每年可减少一氧化碳约0.3万t、碳氢化合物约0.1万t、氮氧化合物约10.2万t、二氧化硫约18.0万t,减少二氧化碳等温室气体排放以及对生态环境的破坏,从而带来间接经济效益;锦屏二级水电站工程建设,与上游的锦屏一级水电站、下游的官地水电站和二滩水电站,形成雅砻江流域水能资源梯级开发的优势构架。通过合理利用水资源,重新配置自然资源,在改善生态环境的同时提高群众生活水平。梯级水电开发不仅优化了省内电能结构,满足川渝用电增长需要,促进全省经济结构优化和发展,而且直接为华东提供用电,从区域发展上升至全国共进。锦屏二级水电站连同一级水电站保留了锦屏大河湾123km河段的急流生态环境,对减少长江三峡水库泥沙淤积,保护长江上流生态屏障起到积极作用。锦屏二级水电站为区域低碳之路作出战略性贡献,具有良好的社会效益。

三、坡耕地综合治理项目

坡耕地综合治理是水土保持工程建设的主要内容。坡耕地水土流失严重,常常破坏地面完整、降低土壤肥力,造成土地僵化、硬化、沙化;加剧自然灾害,直接影响农业生产,威胁城镇交通、水利、电力等基础设施的安全运行,制约经济社会的可持续发展。加快坡改梯工程建设,将适宜的坡耕地改造成梯田,配套道路和水系,将距离村庄远、坡度较大、土层较薄、缺少水源的坡耕地发展经济林果或种植水土保持林草,提高土地生产力。

按照国家统一部署,从2010年开始,四川省启动全国坡耕地水土流失综合治理试点工程建设。截至2012年年底,全省共有泸县、雁江区、东兴区、东坡区、安居区、沿滩区、平昌县、广安区、渠县、营山县、盐源县、简阳市、南部县、屏山县、剑阁县等15个项目县(市、区)先后实施试点工程,其中简阳市、南部县、屏山县、剑阁县为水库库区移民安置区坡改梯试点县(市)。项目县主要分布在沱江、嘉陵江以及金沙江流域。试点工程措施主要布局在现有耕作的坡耕地上,重点治理坡面在5°~15°的缓坡耕地。试点工程的建设实现了区域土不下山、水不乱流、旱涝灾害不用愁。大部分试点县以坡耕地改造为契机,调整产业结构,引导种植经济果木林,通过土地流转促进现代农业开发,推动了产业结构优化升级和农民增收。

（一）丘区坡耕地水土流失综合治理

宣汉县作为长江上中游水土流失最严重的县（市、区）之一，在实施国家水土保持重点建设工程以来，坚持以坡耕地水土流失综合治理与助推脱贫攻坚两促进，项目区初步构建起以坡改梯为主的高标准农田体系、以经果林为主的农业多种经营体系、乔灌草相结合的立体生态防护体系和沟凼渠池路相配套的农村基础设施体系，取得了良好的生态、社会、经济效益，带动了项目区生态产业发展，推动了项目区乡村振兴，助推了脱贫攻坚。几年来，宣汉县通过大力度整合、高标准建设、精细化施工，先后对黄家沟、杨家河、陈家沟、赵家沟、清水滩、大阳沟、王家湾等7条小流域进行了山、水、田、林、路、园、村，沟、凼、池、渠、堰综合治理，共治理水土流失面积157.24km²，初步形成"山上树、山腰果、坡变梯、渠成网、路相通、沟相连、旱能灌、涝能排"的小流域综合防治新格局（图3-14-10）。

图3-14-10　宣汉县坡耕地水土流失综合治理工程（黄锋　摄）

宣汉县坡耕地水土流失治理以综合治理和条田高产治理模式为主。因地制宜的引种栽培，选育优良品种。在缓坡地推行坡改梯工程，打破行政界线，沿等高线布置生物坎，建设基本农田，发展旱作农业，大力实施沃土工程，实行平衡施肥和配方施肥，增施有机肥。在海拔400~450m丘陵耕地，以果粮、果牧间作为主；在坡脚台地，实行横坡耕作，以发展蔬菜基地为主；对已有的沟、凼、池、渠进一步完善，疏通整治，无水系工程的区域沟、凼、池、渠、道路应配套建设，使其布局合理规范，减少水土流失。另外，加强农田水利设施建设，坡脚水田区修建排洪、排涝水沟，沟路结合，以沟带路，河岸种植护岸林以减轻河水对农田的冲刷。结合种植业结构调整，坚持粮经并重，用养结合。配合组装育种、抛秧、规范化养、菜粮轮作、配方施肥、病虫害防治等技术，形成独具特色的高产高效优质条田种养模式。

(二)山区坡耕地水土流失综合治理

会理县依托国家"长治"重点工程,将坡耕地水土流失治理与生态环境修复相结合,形成了"坡耕地改造治水土"的典型模式,在长江上游生态屏障建设特别是水土保持的实践中走出了一条水土保持助推乡村振兴,推动高质量发展之路。

会理县坡改梯采用分层次进行,坡度大于25°的坡耕地采取退耕还林还草,做到合理利用,宜林则林、宜果则果、依靠科技进步,使退耕后的土地生产净现值高于粮食生产净现值,确保农民的收入不受损失。坡度5°~25°的坡耕地进行坡改梯,完善配套措施,采取工程措施,形成坡面防护体系,改造后注重产业结构的调整,种植优质烤烟,提高经济效益,实现当年治理当年见效。坡度小于5°坡耕地实施横坡耕作、免耕法聚土拢作,团大窝、地膜覆盖等形成农耕农艺措施防护体系(图3-14-11)。

a. 治理前   b. 治理后

图3-14-11 会理县坡耕地水土流失综合治理(蒋学军 摄)

通过小流域治理、坡耕地改造和发展林果业,全县水土流失得到有效控制,粮食、烤烟产量得到提高,石榴等林果产业实现了规模化、产业化、集群化发展。经过30年的不断治理,会理县成为四川省主要林区县之一,全县林业用地面积29.73万 hm^2,森林覆盖率升至58.85%,是全省绿化模范县、全省经济林之乡。按照"生态建设产业化,产业建设生态化"的理念,大力发展林果产业,2017年实现林业产值12亿元,有力地促进了金沙江流域会理段的生态环境保护和长江上游生态屏障建设。

在坡耕地水土流失治理的长期实践中,会理县通过科学规划、因地制宜开发,探索出一条水土保持助推乡村振兴的高质量发展之路。①科学规划,整合资源是前提。针对坡耕地综合治理特点进行科学合理规划,深入实际调研。既考虑综合治理,又考虑产业发展。②高度重视,群众主体是保障。将治理水土流失与改善当地农业生产条件,促进农村经济社会发展有机结合,发动广大群众积极参与水土流失治理。③调整结构,产业兴旺是关键。根据水土保持综合治理的要求,宜粮则粮,宜林则林。加大产业结构调整和规模化生产力度,特别是发挥会理优势,发展经济林果业。④加强宣传,整合资金是基础。坚持在全县开展水土保持宣传活动,积极争取和引进项目资金,改善投资融资环境,创造农、林企联手合作,共同生产经营的良好环境。

四、水土保持生态科技园

水土保持科技示范园是集技术示范、科研实验、教育宣传、产业培育等多功能为一体的综合园区,其创建与管理是新时期水土保持工作的有力举措,并将在今后较长一段时期持续作为水利科技示范体系建设的重点。四川省作为我国水土保持重要省份,过去数十年在水土保持生态建设中取得了显著成效,但水土保持科技示范园区建设规模相对国家总体要求仍存在较大差距。为此,全省结合水土流失治理工程,选择基础条件好的项目区重点建设一批集综合治理、生态修复、科技推广、宣传培训、试验示范于一体的水土保持科技园区。已建成了南冲堰水土保持科技示范园、安居水土保持科技示范园、罗江水土保持科技示范园、翠屏水土保持生态科技示范园、西充水土保持生态示范园、西充水土保持生态农业科技示范园、会理石榴科技示范基地、平昌肖家坡茶叶科技示范基地等20个科技示范园。这些科技园区已成为四川省水土保持综合治理的示范基地、科技成果的示范推广基地、试验研究的观测场地、实用技术的培训基地、科学技术的宣传基地和机制创新的探索场地。为全省水土保持工作向纵深发展起到极好的示范和推动作用。近年来,在水土保持工作中,全省注重建设精品工程,推进大示范区的建设。在积极开展达州、广安、凉山3个国家级大示范区建设的同时,确立了巴中、南充2个省级示范区,形成了以骨干公路为纽带的水土保持大示范带,示范区面积10.78万 km²。全省已有15个县(市、区)成为国家级水土保持示范县(市、区),60条小流域成为国家级水土保持示范小流域。这些典型示范工程辐射带动了全省水土保持的发展。

四川省简阳南冲堰水土保持科技示范园区以项目区多年的坡耕地重点治理工程和特色林果企业化种植经营为基础，通过科学规划、重点实施，于2018年被水利部正式评定为国家级水土保持科技示范园区，成为四川省内第一个由水行政主管部门主导创建的国家级园区，为促进全省水土保持科技示范园区建设提供了良好的示范(鲍玉海等,2019)。

（一）园区概况

园区位于四川省简阳市北部，总面积415.22hm²，其中核心区101.22hm²，距简阳市17km，成都市34km。园区为生态产业型园区，初步建成以核心区和扩展区为主的功能小区(如图3-14-12)。园内建有标准径流小区、水土保持综合展厅，实施坡改梯450.35hm²，营造经果林145.36hm²、水保林5.37hm²，封禁治理2.16km²、保土耕作6.01km²，布设了水土保持宣传教育标识牌。园区坚持生态建设与产业发展相结合，积极发展水蜜桃产业和生态旅游，年产水蜜桃120万kg，解决农村就业500人，推动了当地产业发展和农民增收。

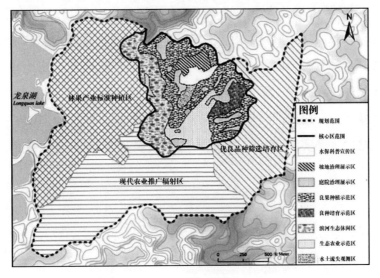

图3-14-12　园区功能分区布局图

（二）建设条件

1. 园区具有区域典型性

园区地处四川盆地丘陵区腹地，为典型的浅丘宽谷地貌类型，海拔420~483m。土壤类型为四川盆地丘陵区典型土壤(紫色土)，水土流失以水蚀为主，坡耕地侵蚀严重。土地利用类型主要为耕地和园地,占土地总面积的67%。属于全国水土保持重点治理区、四川省水土流失重点治理区。

2.园区具备良好的社会条件

自2000年以来,园区实施了坡耕地治理等工程,水土流失治理度达80%以上。在此基础上,发展晚白桃种植产业,同时带动了乡村旅游的发展。

3.园区具备完备的基础设施

龙泉湖、丹景山、三岔湖等景点分布在园区周边,具备良好的客流基础,科普宣传受众范围广、潜力大。周边有成渝高速、渝蓉高速、成简快速通道等多条高等级道路,交通便捷。园区内有硬化行车道路22.80km,满足参观通行需要;建有生活、灌溉用水和污水排放管网,办公设施齐全。园区有正常运行的径流小区5个、气象观测站2个,均已纳入四川省级水土流失监测网络。

(三)园区定位

简阳南冲堰水土保持科技示范园以创建国家级生态产业型水土保持科技示范园区为总体目标,功能定位以晚白桃生态产业示范为核心,兼顾水土保持科普宣传、科学研究以及生态观光等功能。园区建设以2017年为水平年,主要通过对现有景观、设施进行规划分区、提升完善和分步建设;到2022年底逐步发展为成都近郊具有国内领先水平的水土保持科技示范园。四川省简阳市南冲堰科技园的建设是"三新"建设,即成都对外开放新门户、现代产业新高地、重要战略新支点。简阳南冲堰水土保持科技示范园是践行生态文明思想和乡村振兴战略的生动实践,能够打造成为简阳在农业生态、科普教育和乡村旅游的靓丽名片。

五、水土保持人才培养与科技支撑

(一)水保人才培养

党的十八大将生态文明建设纳入国家发展"五位一体"总体布局,把生态文明建设提高到新的战略高度。在新形势下,水土保持更加彰显其在生态文明建设中的地位。全球生态环境变化、国家宏观发展与生态安全、区域重大工程建设、城市建设与生产建设项目、城镇一体化与新农村建设都需大量的水保专业性人才。水土保持人才培养是我国水土保持事业的重要基石(王巧红等,

2016），高等教育作为水土保持人才的培养方向之一，主要培养高素质复合型水土保持专业人才。

全省水土保持教育在人才培养类型上呈现多元化趋势，形成了特色鲜明的产学研相结合的水土保持教育模式。省内农、林、水等专业高校相继设置水土保持与荒漠化防治专业，招收全日制普通本、专科生以及研究生，如四川大学、四川农业大学、西华师范大学以及四川水利职业技术学院等。各高校均不同程度将该专业列为省特色专业，研究方向涵盖了土壤侵蚀机制与预报、水土资源管理与应用、水土保持新技术与荒漠化防治等，且不同层次拥有水保重点实验室、教学科研实习基地和科研流动站，形成了以信息科学为基础、工程技术为核心、生态修复为特色的人才培养体系。近几年来，省内各高校水保招生数量呈现专科生所占比例总体较大，本科生逐渐增加，硕士研究生则有增有减，博士生数量总体呈平稳趋势且招生基数较小的特征。水保招生人数总体较少，与全省生态文明建设和社会发展需求存在较大差距。

（二）科技支撑

水土保持事业的发展，"科技兴水保""科技兴川"战略的实施成功与否，取决于有无高素质的水土保持技术队伍和科研人才。四川省注重科技支撑，成立了四川省水土保持学会、四川省水利电力研究所水土保持研究室、岷江上游水土保持实验站、内江水土保持实验站等，并先后与中国科学院、水利部成都山地灾害与环境研究所、四川省水利电力研究所、农科院土壤肥料研究所，提升水土流失综合治理能力。先后与省内外相关科研院所合作，如牵头中科院水保所与西南大学和长江水利科学研究院，开展水利部公益性科研项目"汶川地震区新生水土流失环境效应分析研究"；与四川省水利科学研究院合作，开展水利部公益性科研项目"岷江流域水电开发的生态影响及修复研究"；与中国科学院山地灾害与环境研究所合作，开展国家科技攻关项目"长江上游坡耕地水土流失整治"。此外，全省通过实施水土保持生态建设科技研究示范项目，培养具有自主创新能力的科技拔尖人才，建立起一支学术和科技带头人队伍，以促进水保生态建设科技水平的提升。

第十五章

西藏自治区
水土保持

第一节　基本区情

一、自然概况

(一) 地理位置

西藏自治区位于中国的西南边陲,青藏高原西南部,地处北纬 26°50′ ~ 36°53′、东经 78°25′ ~ 99°06′ 之间。总土地面积 122.84km²,约占中国总面积的 1/8,南北最宽约 1000km,东西最长达 2000km,是世界上面积最大、海拔最高的高原,有"世界屋脊"之称。北邻新疆,东北紧靠青海,东西接连四川,东南连接云南,南边和西部与缅甸、印度、不丹、尼泊尔等国接壤。国境线长达 3842km,是中国西南边陲的重要门户。

(二) 地质地貌

1. 地质

西藏是青藏高原的主体部分,在第四纪初强烈的喜马拉雅运动中,西藏地区大幅度、急剧地整体上升,在 200 万 ~ 300 万年的短暂地质年代,从海拔 1000 多 m 抬升到海拔 4500m 以上。西藏境内元古界以来各时期地层均有分布,岩性较复杂。在古生代与中生代地层中,分布最广泛的是海相沉积,主要岩石有板岩、砂岩、碳酸盐岩、碎屑岩等,局部地区的三叠纪与白垩纪地层中还含有煤层。新生代地层则以陆相为主,仅在藏南出现有早第三纪海相沉积。其中第三纪多见于高原腹地的内陆凹陷盆地中,为陆相红色碎屑沉积或湖相沉积,岩石有棕红色、紫红色砂岩或砂砾岩夹泥灰岩、页岩等。第四纪地层分布最广,沉积物类型众多,按其成因分类有冰碛、冰水沉积、冰缘堆积、残积、坡积、冲积、洪积、湖积、重力堆积、火山堆积以及冲积—洪积、洪积—湖积与冲积—湖积等数种复合类型。

2. 地貌

西藏位于青藏高原的西部和南部,占青藏高原面积的一半以上,海拔4000m以上的地区占全区总面积的85.10%。全区地形可分为藏北高原、雅鲁藏布江流域、藏东峡谷地带三大区域。境内山脉大致可分为东西向和南北向两组,主要有喜马拉雅山脉、喀喇昆仑山—唐古拉山脉、昆仑山脉、冈底斯—念青唐古拉山脉和横断山脉,境内海拔超过8000m的高峰有5座,其中,海拔8848.86m的世界第一高峰珠穆朗玛峰就耸立在中尼边界上。西藏的平原主要分布在西起萨嘎、东止米林的雅鲁藏布江中游若干河段以及拉萨河、年楚河、尼洋河中下游河段和易贡藏布、朋曲、隆子河、森格藏布、朗钦藏布等的中游河段。

(三)气候水文

1. 气候

西藏空气稀薄,气压低,含氧量少,平均空气密度为海平面空气密度的60%~70%,高原空气含氧量比海平面少35%~40%。太阳辐射强烈,日照时间长,年日照时数为1443.5~3574.3h,其中阿里地区大部、日喀则市西部在3000h以上,那曲地区中西部、日喀则市东部、山南市西部为2800~3300h,那曲地区东部、昌都市西部、拉萨河河谷、年楚河河谷为2500~3000h。气温低,积温少,昼夜温差大,年平均气温为−2.4~12.1℃,自东南向西北递减,月平均气温6月或7月最高,1月最低,大部分地区气温日较差在15℃以上,气温日较差冬季大、夏季小。降水少,季节性明显,夜雨率高,年降水量在66.3~894.5mm之间,呈东南向西北递减分布规律,年内降水高度集中在5—9月,占年降水量的80%~95%。干季时间长,多大风,夏季多冰雹和雷暴,大部分地区年大风日数在30d以上,西部和北部高达100~160d,以冬、春季最多,西藏冰雹多,居全国之首。气象灾害种类多,发生频率高,干旱、洪涝、雪灾、霜冻、冰雹、雷电、大风、沙尘暴等灾害性天气频繁发生。气候类型复杂,垂直变化大,自东南向西北依次为:热带、亚热带、高原温带、高原亚寒带、高原寒带。

2. 水文

西藏水资源丰富,是中国水域面积最大的省级行政区,地表水以河流、湖泊、沼泽、冰川等多种存在形式,其中河流和湖泊是最重要的部分。西藏境内流域面积大于1万km²的河流有28条,大于2000km²的河流多达100余条,是中国河流最多的省区之一。亚洲著名的长江、怒江(萨尔温江)、澜沧江(湄公河)、印度河、恒河、雅鲁藏布江(布拉马普特拉河)都发源或流经西藏。西藏湖泊众多,共有大小湖泊达 1500 个,总面积达 2.4 万 km²,居全国首位,其中面积超过 1km² 的有 816 个,超过 1000km² 的有 3 个,即纳木错、色林错和扎日南木错。西藏有冰川 11468 条,冰川面积达 28645km²,占全国的 49%,冰储量约25330 亿 m³,占全国的 45.32%,年融水量 310 亿 m³,占全国的 53.40%,均居全国之首。

(四)土壤植被

1.土壤

西藏境内成土条件复杂,土壤类型众多。据调查(西藏自治区土地管局,1994),全区约有 25 个土类、79 个土壤亚类。按其成土特点、分布规律和主要利用方向,可划分为森林土壤、农业土壤、牧业土壤和难利用土壤四大类型。其中:耕作土壤归属 16 个大类,主要有山地灌丛草原土、潮土和亚高山草原土,分别占全区耕种土壤面积的 33.81%、12.83%、12.38%。

2.植被

西藏各地的植被从东南向西北依次呈现森林、草甸、草原和荒漠,并可划分为 7 个主要类型,即阔叶林、针叶林、灌丛、草甸、草原、荒漠和高山植被。全区有高等植物 6600 多种,隶属于 270 多科、1510 余属,其中有多种中国独有或西藏独有的植物,受国家重点保护的珍稀野生植物有 38 种,列入自治区重点保护的野生植物有 40 种,另有 214 种被列入《濒危野生动植物种国际贸易公约》附录内。

二、社会经济情况

(一)行政区划

西藏地处我国西南边陲,全区面积 122.84 万 km²,约占中国总面积的 1/8,辖拉萨市、日喀则市、昌都市、林芝市、山南市、那曲市、阿里地区共计 7 个地(市)、74 个县(区)(见图 3-15-1)。

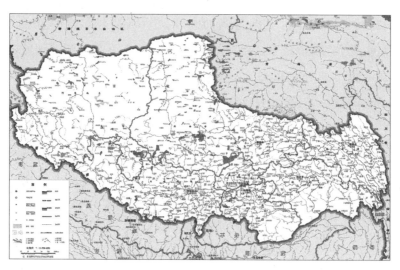

图 3 - 15 - 1　西藏自治区行政区划图（审图号：藏 S〔2020〕002 号）

西藏自治区行政区划情况见表 3 - 15 - 1。

表 3 - 15 - 1　西藏自治区行政区划情况表

地区（市）	县（市、区）	个数
拉萨市	城关区、林周县、当雄县、尼木县、曲水县、堆龙德庆县、达孜县、墨竹工卡县	8
昌都市	卡若区、江达县、贡觉县、类乌齐县、丁青县、察雅县、八宿县、左贡县、芒康县、洛隆县、边坝县	11
山南市	乃东县、扎囊县、贡嘎县、桑日县、琼结县、曲松县、措美县、洛扎县、加查县、隆子县、错那县、浪卡子县	12
日喀则市	桑珠孜区、南木林县、江孜县、定日县、萨迦县、拉孜县、昂仁县、谢通门县、白朗县、仁布县、康马县、定结县、仲巴县、亚东县、吉隆县、聂拉木县、萨嘎县、岗巴县	18
那曲市	那曲县、嘉黎县、比如县、聂荣县、安多县、申扎县、索县、班戈县、巴青县、尼玛县、双湖县	11
阿里地区	普兰县、札达县、噶尔县、日土县、革吉县、改则县、措勤县	7
林芝市	巴宜区、工布江达县、米林县、墨脱县、波密县、察隅县、朗县	7

根据《2018 年西藏自治区国民经济和社会发展统计公报》（西藏自治区统计局等，2019），西藏自治区常住人口总数为 343.82 万人，其中城镇人口 107.07 万人，占总人口的 31.14%；乡村人口 236.75 万人，占总人口的 68.86%。人口出生率为 15.22‰，死亡率为 4.58‰，自然增长率为 10.64‰。

（二）经济状况

2018 年，全区生产总值（GDP）为 1477.63 亿元（其中第一产业增加值

130. 25亿元、第二产业增加值628. 37亿元、第三产业增加值719. 01亿元),在全区生产总值中,第一、二、三产业所占比重分别为8.8%、42.5%、48.7%。2018年,全区居民人均可支配收入17286元,城镇居民人均可支配收入33797元,农村居民人均可支配收入11450元(西藏自治区统计局等,2019)。

(三)土地利用

西藏地域辽阔,土地资源丰富。全区土地总面积122. 84万 km^2 ,其中:耕地面积0. 44万 km^2 ,占全区土地总面积的0. 37%;园地面积0. 0016万 km^2 ,占全区土地总面积的0. 001%;草地面积84. 32万 km^2 ,占全区土地总面积的70. 14%;林地面积19. 49万 km^2 ,占全区土地总面积的14. 01%;城镇村及工矿用地0. 10万 km^2 ,占全区土地总面积的0. 08%;交通运输用地0. 07万 km^2 ,占全区土地总面积的0. 06%;水域及水利设施用地3. 48万 km^2 ,占全区土地总面积的5. 10%;其他土地12. 31万 km^2 ,占全区土地总面积的10. 24%。各类土地利用类型中草地、林地面积最大,其次是其他土地,第三为水利及水域设施用地,面积较小的为耕地、园地、城镇村及工矿用地、交通建设用地(长江水利委员会长江科学院,2013)。

第二节 水土流失概况

一、水土流失类型与成因

(一)水土流失类型

根据第一次全国水利普查水土保持情况普查成果(水利部,2013),西藏自治区土壤侵蚀类型包括冻融侵蚀、水力侵蚀、风力侵蚀。侵蚀总面积为42. 20万 km^2 ,占自治区总面积的34. 4%,其中冻融侵蚀面积32. 32万 km^2 ,占自治区总面积的26. 3%;水力侵蚀面积6. 16万 km^2 ,占自治区总面积的5. 0%;风力侵蚀面积3. 71万 km^2 ,占自治区总面积的3. 0%。

（二）水土流失成因

1. 水力侵蚀成因

西藏自治区的东部和南部等部分区域降水量大，并且多历时长、强度大的暴雨，加之高山冰雪融水形成大量的地表径流成为水力侵蚀的主要动力。西藏多高山、深谷，坡度陡、坡长大，降水易形成坡面流和股流，加强了降水的侵蚀能力。西藏地区地表岩石物理风化强、化学风化弱，岩石破碎，可蚀性物质多；土壤熟化程度低、砾石含量高、土壤抗蚀性和抗冲性弱。西藏大部分区域地表植被覆盖度低，对降水和径流的缓冲作用弱，并且一旦破坏，极难恢复，极易造成大面积的面蚀，甚至诱发滑坡或泥石流等山洪地质灾害。同时，由于人口的增长，社会经济的快速发展，砍伐大量植被作为燃料，生产建设项目破坏地表、产生大量弃土弃渣，过度放牧引起草场退化都导致了地表植被的破坏，加剧了水土流失。

2. 风力侵蚀成因

西藏自治区风力侵蚀范围主要集中在北纬 32° 一带，从藏北至阿里地区、喜马拉雅山与冈底斯山脉之间山谷地带东段。这些区域多为干旱半干旱地区，大风日数多，土质疏松。许多地方一年大风日数超过 100d，甚至达到 200d，班戈和定日风速有超出 40m/s 的记录。同时干旱少雨和过度放牧，导致地表植被稀少，在大风的作用下，地面细颗粒物质随风漂移，造成了严重的风力侵蚀。

3. 冻融侵蚀成因

西藏自治区海拔高、温度低、温差大，导致冰川多、冻土分布范围广，冻融侵蚀严重，是西藏土壤侵蚀的主要类型，以冰川侵蚀和冻土侵蚀表现最为突出。冰川侵蚀主要分布于西藏东南部的念青唐古拉山脉东段和喜马拉雅山脉东段的海洋性冰川区。海洋性冰川的冰雪经常崩落，冰川活力旺盛，由于其补给量和消融量很大，所以经常形成爆发型洪水泥石流，造成严重危害。多年冻土区及季节性冻土主要分布在喀喇昆仑山、昆仑山以南至雅鲁藏布江北侧及藏南谷地。雅鲁藏布江南侧海拔 4200~780m 的地带亦为季节性冻土区。冻土侵蚀主要有两种类型，其一是在公路、盆地、洼地和河床两侧的斜坡，当冻土融化和湿润软化以后，可沿冻土层或地下水层顺坡滑塌，这种滑塌速度惊人，有时 2~3 年即可由坡脚一直溯源发展到坡顶；其二是在山坡上的草皮和表土在重复的冻融作用下，一旦被水饱和稀释则形成融冻泥流，顺坡沿冻土层徐徐蠕动。

（三）水土流失特点

西藏自治区自然条件的独特性，导致了水土流失的多样性和复杂性，形成了不同于国内其他地区的特点。

1. 土壤侵蚀类型在地域上呈多样化分布

西藏自治区的温度和降水存在由东南向西北、由高原边缘深入高原内部逐渐下降和减少的特点，地表植被也由森林草原变为高原荒漠，相应地水力侵蚀由强变弱，风力侵蚀由弱变强。因而，西藏自治区土壤侵蚀类型在地域上表现为藏东南以水蚀为主，藏西以风蚀为主，藏北以冻融侵蚀为主。但是，由于西藏高山遍布、地形复杂，又使每一地区的侵蚀类型均呈多样化分布，藏东南发育有我国最多的冰川，以水蚀为主，兼有冻融侵蚀；藏西以风蚀为主，兼有冻融侵蚀；藏北以冻融侵蚀为主，兼有风蚀；而位于藏中腹地的低海拔地区，则水蚀、风蚀、冻融侵蚀兼而有之。

2. 土壤侵蚀在垂直方向上呈规律性分布

土壤侵蚀呈垂直规律分布是西藏的一个突出特点，其中尤以藏东南和藏南地区深切割的山地最为明显。从上而下大致分为冰川、冰缘、冻融侵蚀带、水力侵蚀带。冰川、冰缘和冻融侵蚀作用主要出现在高山和极高山的上部；山体中部的坡面和下部以及山脚的山麓沉积物是水力侵蚀的主要活动场所，坡面的水土流失导致地力衰减、草场退化，山麓沉积物带是各类沉积物（冲积、洪积、崩积、泥石流）的汇集处，砂、砾裸露，水土流失危害大。

3. 冻融侵蚀分布广，治理难度大

冻融侵蚀主要分布在藏西阿里地区、藏北那曲地区和雅江河谷日喀则市，由于气候干旱，生态环境脆弱，植物生长立地条件很差，人工造林种草成活率极低。在"一江两河"（雅鲁藏布江、年楚河、拉萨河）地区，平坦谷底两侧的山体近乎荒山秃岭，罕见天然乔木，少有灌木林，土层瘠薄，岩石碎屑风化层裸露，水土流失严重，生态环境脆弱，经济社会发展落后，至今还未形成适合的治理模式。因此，要从根本上治理西藏的水土流失，不仅需要国家的高投入，而且还要有治理技术研究方面的新突破。

4. 新增的人为水土流失日趋严重

随着人口的增长，人类生产活动日益频繁，各项生产建设活动不断发展，加之水土保持意识淡薄,地方性水土保持法规不健全,使西藏现有的地表植被不断遭到破坏,陡坡地开垦逐年增加,草原过度放牧,草场沙化、退化,水土流失有逐渐加剧的趋势。例如,在雅鲁藏布江中上游河谷地区的粮食生产基地,因薪柴缺乏,牧民常常铲草皮、挖树根和草根,河谷区植被覆盖度越来越低,沙化和风蚀越来越重。在藏东三江段,由于大量开垦陡坡地,顺坡耕作,土壤剥蚀严重,母质和基岩出露,地力丧失,如澜沧江流域的察雅、盐井及怒江流域的左贡等县,泥石流突出。森林的乱砍滥伐导致森林生态的破坏与严重的水土流失,许多茂密的原始森林已退化为灌丛草地,林地土壤也趋瘠薄多砾,削弱了抗御自然灾害的能力。

二、水土流失现状及变化

根据《中国水土保持公报(2018 年)》(《中国水土保持公报》编委会,2019),西藏自治区水土流失面积 94377km² (未包含冻融侵蚀面积),占全区土地总面积的 7.90%;其中水力侵蚀 5.88 万 km²、风力侵蚀 3.57 万 km²。按侵蚀强度分,轻度 62649km²、中度 12688km²、强烈及以上 19040km²,水土流失以轻度为主。其中轻度侵蚀面积占水土流失总面积的 66.38%。水力侵蚀主要集中在"四江两河"(雅鲁藏布江、怒江及拉萨河、年楚河、雅砻河、狮泉河)河谷地带。风蚀主要集中在藏西地区,在藏北以及藏中局部区域有零星分布(表 3 – 15 – 2,图 3 – 15 – 2)。

表 3 – 15 – 2　西藏自治区侵蚀强度分级面积统计

水土流失强度分级	总水土流失		水力侵蚀		风力侵蚀	
	面积(km²)	占总水土流失面积比例(%)	面积(km²)	占水力侵蚀面积比例(%)	面积(km²)	占风力侵蚀面积比例(%)
轻度	62649	66.38	45693	77.76	16956	47.61
中度	12688	13.45	7343	12.50	5345	15.01
强烈及以上	19040	20.17	5725	9.74	13315	37.38

资料来源:《西藏自治区水土保持规划(2019—2030 年)》(西藏自治区水利厅,2019)。

根据第一次全国水利普查水土保持情况普查成果(水利部,2013),西藏自治区冻融侵蚀面积 32.32 万 km²,占自治区总面积的 26.3%。冻融侵蚀中轻度38278.32km²、中度 94108.29km²、强烈 84655.82km²、极强烈 6081.79km²、剧烈 106.08km^2。

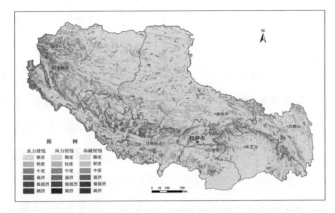

图 3 - 15 - 2　2018 年西藏自治区土壤侵蚀图(西藏自治区水利厅,2019)

全区水土流失面积由 2011 年 98732km^2 下降到 2018 年的 94377km^2,减少了 44.10%,其中,中度及以上水土流失面积由 55557km^2 下降到 31728km^2,降低了 42.89%。通过西藏自治区水土保持工作多年的不懈努力,通过发动群众、国家投资重点治理和鼓励全区社会广泛参与的不断治理,水土流失防治取得了显著成效,中度及以上水土流失面积有了大幅度下降(表 3 - 15 - 3)。

表 3 - 15 - 3　西藏自治区水土流失面积变化情况表

年度	水土流失面积(km^2)			
	轻度	中度	强烈及以上	合计
2018 年	62649	12688	19040	94377
2011 年	43175	29190	26367	98732
变化情况	19474	- 16502	- 7327	- 4355

资料来源:《西藏自治区水土保持规划(2019—2030 年)》(西藏自治区水利厅,2019)。

三、水土流失危害

水土流失导致西藏土地沙化、草场退化、耕地肥力下降,淤塞河道、沟渠,甚至引发山洪、泥石流等地质灾害,危害人民群众生命财产安全和社会经济发展。

(一)造成土地退化、生产力下降

在雅鲁藏布江中上游河谷地区,水土流失导致土地沙化、耕地肥力下降、风蚀加重,风沙对周围农田和草场的破坏日益严重,已影响到河谷区农业生产的发展。水土流失还导致西藏相当数量的草地呈现不同程度的沙化、退化,草地质量明显下降,覆盖度减低,鲜草产量减少,可食牧草所占比例下降,局部地区几乎丧失再生能力。

（二）造成河流输沙量增高，影响江河泄洪能力

水土流失造成河流输沙量增加。据年楚河日喀则水文站统计，2000 年前含沙量为 2.19kg/m³，2000 年后为 2.55kg/m³，2000 年后比 2000 年前增加 16.4%；输沙量 2000 年前为 244 万 t，2000 年后为 313 万 t，2000 年后比 2000 年前增加了 28.3%。拉萨河 2000 年前含沙量为 0.11kg/m³，2000 年后为 0.15kg/m³，2000 年后比 2000 年前增加了 36.4%；输沙量 2000 年前为 100.1 万 t，2000 年后为 180 万 t。雅江干流含沙量和输沙量的变化同样呈上升趋势。这些观测数据说明，虽然西藏多数河流含沙量低，但河流含沙量和输沙量一直呈上升趋势，泥沙在河流宽阔处沉积，势必影响泄洪能力。

（三）加重泥石流灾害

西藏东部和东南部，水土流失加重泥石流灾害发生，造成交通和通信中断、水利设施被毁、农田和草场破坏、加剧干旱和洪水灾害，人民群众的生命财产安全受到威胁。泥石流使大量泥沙下泄，淤积江、河、湖、库，降低了水利设施调蓄功能和天然河道泄洪能力，不仅影响水质而且降低了防洪标准，加剧了下游的洪涝灾害，直接威胁河道两岸群众的生命财产安全。2000 年 4 月，易贡藏布泥石流堵河造成的溃决洪流对当地造成的损失十分巨大。同年，年楚河流域发生特大洪灾，造成康马县、江孜县、白朗县沿河 645 户居民受灾，355hm² 庄稼被淹，经济损失惨重（西藏自治区水利厅，2019）。

第三节　水土流失预防与监督

一、水土流失预防保护

（一）预防保护范围与对象

1.预防保护范围

预防保护范围为水土保持功能为水源涵养、生态维护、水质维护的区域，生

态脆弱的区域以及国家、自治区重点预防的区域。主要包括江河源头区、重要湖泊水系、重要生态维护区、河流两岸及湖泊和水库周边,侵蚀沟的沟坡和沟岸等水土流失潜在危险较大的区域。

2.预防保护对象

预防保护对象为范围内需要保护的对象,即林草植被、地面覆盖物、人工水土保持设施。主要包括:天然林草地、郁闭度高的人工林以及覆盖度高的草原、草甸、草场;受人为扰动后难以恢复和治理的地带;水土流失严重、生态脆弱地区的植被和沙结壳、结皮、地衣等地面覆盖物,侵蚀沟的沟坡和沟岸、河流的两岸以及湖泊和水库周边的植被保护带;国家级和自治区级自然保护区,旅游风景名胜区;具有水土流失潜在危险的区域及水土流失综合防治成果等其他水土保持设施。

(二)预防保护措施与配置

包括保护管理、封育、治理及能源替代等措施。保护管理主要是对崩塌、滑坡危险区和泥石流易发区,水土流失严重、生态脆弱的地区采取限制或禁止措施;对陡坡地开垦和种植、林木采伐及抚育更新以及基础设施建设、矿产资源开发等采取预防监管措施;封育措施主要是指森林植被抚育更新与改造、禁牧休牧,网围栏、人工种草、舍饲圈养等;能源替代主要包括小水电代燃料,以电代柴、新能源代燃料等措施。

(三)重点预防项目

根据《西藏自治区水土保持规划(2019—2030年)》(西藏自治区水利厅,2019),遵循"大预防、小治理""集中连片、以重点预防区为基础兼顾其他"的原则,确定了重要江河源区、重要湖泊水系、重要生态维护区3个重点预防项目。

1.重要江河源区水土保持预防项目

包括那曲、林芝、昌都和日喀则4市21个县(区)。项目区人口相对稀少、林草覆盖率较高、水土流失轻微。该区主要以封育保护为主,辅以局部综合治理,以治理促保护,控制水土流失,提高水源涵养能力。包括以下2个近期重点工程。

(1)雅鲁藏布江源区

范围涉及仲巴县、萨嘎县、昂仁县3个县。水土流失面积7600.93km²,其中水蚀 2276.33km²、风蚀 5324.06km²，水土流失以轻度、中度为主。该区应加强原有自然生态环境的预防保护，对风蚀沙化的土地进行综合治理，改良草场；改造坡耕地和建设小型蓄水工程，保护耕地资源，加强以电代柴、太阳灶等新型清洁能源建设；加强小型水利水保工程建设。

（2）三江并流源区

范围涉及安多县、色尼区（原那曲县）、聂荣县、比如县、索县、巴青县、边坝县、丁青县、洛隆县、类乌齐县、卡若区（原昌都县）、江达县、察雅县、左贡县、八宿县、贡觉县、芒康县、察隅县 18 个县（区）。水土流失面积 19590.78km²，其中水蚀 13262.83km²、风蚀 6327.95km²，水土流失以轻度、中度为主。该区应加强天然林草植被的预防保护，改造坡耕地和建设小型蓄水工程，加强以电代柴、太阳灶等新型清洁能源建设；加大山洪泥石流预警预报，综合防治山地灾害；加强水电资源开发的水土保持监督管理。

2. 重点湖泊水系水土保持预防项目

包括阿里、山南、拉萨和那曲 4 市（地）7 个县。项目区人口相对稀少、林草覆盖率较高、湖泊水系区域生态功能重要，水土流失轻微。该区以维护生态环境为主，改善水质，消除（减轻）水污染、控制水土流失，恢复或修复生物栖息地。改善自然景观和人居环境。包括以下 3 个近期重点工程。

（1）藏西湖泊水系生态维护

范围涉及日土县、噶尔县、札达县、普兰县 4 个县。水土流失面积 11679.87km²，其中水蚀 8303.53km²、风蚀 3376.34km²，水土流失以轻度、中度为主。该区以班公错、玛旁雍错等为重点，实施水生态修复工程，开展以湖泊水系为对象的湿地保护工作，同时修复并增强水源涵养、生态维护、防沙功能，加强重要湖泊水系周边局部水土流失严重区域综合治理。

（2）羊卓雍错生态维护

范围涉及浪卡子县 1 个县。水土流失面积 1203.98km²，其中水蚀 1083.28km²、风蚀 120.70km²，水土流失以轻度、中度为主。该区应在湖泊周边保护和建设以水源涵养和生态维护功能为主的生态建设项目，加强远区预防保护，近库（湖、河）及村镇周边建设清洁小流域，建设植物保护带和湿地，减少入河（湖、库）的泥沙及面源污染物。

（3）纳木错生态维护

范围涉及当雄县、班戈县 2 个县。水土流失面积 4247.82km²，其中水蚀 67.35km²、风蚀 4180.47km²，水土流失以轻度、中度为主。该区应在湖泊周边保护和建设以水源涵养和生态维护功能为主的生态建设项目，加强远区预防保护，近库（湖、河）及村镇周边建设清洁小流域，建设植物保护带和湿地，减少入河（湖、库）的泥沙及面源污染物。

3.重要生态维护区水土保持预防项目

包括日喀则和林芝 2 市 10 个县。项目区人口相对稀少、林草覆盖率较高、水土流失轻微。该区以封育保护和封禁治理为主，辅以局部综合治理，营造水土保持和水源涵养林，维护和提高区域水土保持功能。包括以下 3 个近期重点工程。

（1）珠穆朗玛峰生态维护

范围涉及吉隆县、聂拉木县、定日县、定结县 4 个县。水土流失面积 10265.67km²，其中水蚀 7979.36km²、风蚀 2286.31km²，水土流失以轻度、中度为主。该区以生态保护和涵养水源为重点，加强水土保持宣传，严格遵照国家相关生态政策，提高当地农牧民水土保持意识。加大局部区域天然林、草地和湿地的保护及滑坡、泥石流等自然灾害的综合整治，治理退化草场；加强以电代柴、太阳灶等新型清洁能源建设；综合治理河谷周边局部区域水土流失，促进河谷农业生产。

（2）多庆错生态维护

范围涉及亚东县、康马县 2 个县。水土流失面积 2051.66km²，其中水蚀 1757.69km²、风蚀 293.98km²，水土流失以轻度、中度为主。该区以尽可能减少人为活动为主，加强天然草场管理，禁止过度放牧，适宜地区建设人工草场，采取轮牧和舍饲圈养等措施，防治草场沙化、退化。加强河湖周边湿地的保护，防止湿地萎缩，同时应加大水土保持生态建设宣传力度。

（3）雅鲁藏布大峡谷生态维护

范围涉及巴宜区、米林县、墨脱县、波密县 4 个县。水土流失面积 5474.26km²，其中水蚀 5393.76km²、风蚀 80.50km²，水土流失以轻度、中度为主。该区应对人口密集区侵蚀沟道进行综合整治，加强山洪泥石流预警预报，综合防治山洪地质灾害。发展农家乐、休闲垂钓、清洁小流域等特色旅游产业，加快脱贫致富;实施以电代柴等新型清洁能源建设;对局部水土流失严重区域进行综合治理。

二、水土保持监督管理

(一)制度体系

西藏水土保持工作起步较晚,从发展历程上大致可分为三个阶段。

1. 起步阶段(2000 年之前)

从 1982 年起,国家开始提出"防治并重、治管结合、全面规划、综合治理、除害兴利"的水土保持工作方针,明确了水土保持工作方向,随后,西藏自治区在山南、日喀则等地开展了退耕还林、营造水土保持林等工作。1997 年 3 月 29 日西藏自治区第六届人民代表大会常务委员会第 23 次会议通过并于 2013 年 7 月 25 日西藏自治区第十届人民代表大会常务委员会第 5 次会议修订《西藏自治区实施〈中华人民共和国水土保持法〉办法》(西藏自治区人民政府,2013)。西藏自治区水利局委托长江水利委员会水土保持局编制了《西藏自治区水土保持规划(1998—2050 年)》(长江委水土保持局,1997)。西藏自治区水利技术服务总站成立。1999 年,西藏自治区人民政府颁发《关于划分水土流失重点防治区的公告》(西藏自治区人民政府,1999),明确了"三区"的范围,为之后的水土保持综合监管提供了依据。

2. 初步探索阶段(2001—2010 年)

2004 年,西藏自治区水土保持局成立(内设自治区水土保持生态环境监测总站),其行政职能由区水利厅农水处代管。

西藏自治区在全区范围内逐步开始实施小流域综合治理项目,其中治理效益明显、代表性较强的项目有:江孜县日朗沟、日喀则市夏鲁沟、雍布拉康小流域、翻身沟小流域等小流域综合治理工程。西藏自治区水利技术服务总站与陕西水利研究所、自治区水文局编制完成了《西藏自治区水土保持监测网络建设实施方案》,并且得到西藏自治区发展改革委员会批准。此后,西藏自治区实施了水土保持监测网络工程第一期建设,全区水土保持监测网络工程建设工作从此得到逐步展开。

根据水利部《关于开展开发建设项目水土保持监督执法专项行动的通知》

（水保〔2007〕407号）文件要求，西藏自治区启动全区开发建设项目水土保持监督执法专项行动。西藏自治区发改委、财政厅、水利厅联合下发《西藏自治区水土保持设施补偿费、水土流失防治费收费标准通知》（藏发改价格〔2009〕505号）。

3.逐步发展阶段（2011年至今）

西藏自治区水土保持局完成《西藏自治区第一次全国水利普查水土保持情况调查》，公布了《西藏自治区水土保持公报（2009—2013）》。

西藏自治区第十届人民代表大会第5次会议审议通过了修订后的《西藏自治区实施〈中华人民共和国水土保持法〉办法》，并于当年施行。修订下发了《西藏自治区水土保持补偿费征收标准和使用管理办法》和《关于调整水土保持补偿费收费标准的通知》（藏发改价格〔2017〕929号）。

（二）监管能力

1996年，西藏自治区水利厅成立水土保持机构农水农电水保处。2004年，西藏自治区人民政府及机构编制委员会办公室批准成立了西藏自治区水土保持局，并在水土保持局内设立自治区水土保持生态环境监测总站。近十多年来，以全区水土保持监测网络工程建设为依托，通过监测网络工程建设和大力宣传，促进了自治区各地水土保持机构的建设。截至2018年，成立了自治区水土保持生态环境监测总站以及林芝分站、日喀则分站、那曲分站、昌都分站、拉萨分站和阿里分站，并有28个县级水利局相继成立了水土保持监测机构。

西藏自治区、七地（市）水利局及28个县水利局相继成立了水土保持机构，全区拥有水土保持从业人员近200人。

（三）生产建设项目监督管理

自2000年以来，西藏自治区共审批生产建设项目水土保持方案2303项其中国家级68项、自治区级709项、地（市）级1526项，开展生产建设项目监督检查1024项，完成生产建设项目水土保持设施验收107项，累计征收水土保持补偿费达16687.57万元。其中新建铁路青藏线格尔木至拉萨段、西藏拉萨河直孔水电站工程被水利部评为全国生产建设项目水土保持示范工程；林芝巴河雪卡水电站工程建设指挥部被水利部评为水土保持工作突出的生产建设单位；青海—西藏±500kV直流联网工程被水利部评为首批国家水土保持生态文明工程,为全区生产建设项目水土保持工作树立了典范。

近年来,全面启动了西藏生产建设项目水土保持方案技术评审第三方服务,实现了评审与审批的分离;面向社会公众发布并运行全国首个水土保持"互联网+"咨询平台,提升了服务水平。

三、水土保持区划与水土流失重点防治区

(一)水土保持区划

2012 年,全国水土保持区划划分成果已由水利部办公厅以《水利部办公厅关于印发〈全国水土保持区划(试行)〉的通知》(办水保〔2012〕512 号)文件下发,共划分出 1 个一级区、4 个二级区、7 个三级区。西藏自治区在全国水土保持区划三级区划分成果的基础上,根据不同区域的地理气候差异、水土流失特点、水土保持基础功能等,划分出西藏自治区水土保持 14 个四级区(详见表 3 - 15 - 4、图 3 - 15 - 3)。

表 3 - 15 - 4   西藏自治区水土保持分区

三级区 代码及名称		四级区代码及名称	
		代码	名称
VII - 2 - 2wh	三江黄河源山地生态维护水源涵养区	VII - 2 - 2wh	怒江源山地生态维护水源涵养区
VIII - 3 - 1w	羌塘藏北高原生态维护区	VIII - 3 - 1w - 1	羌塘藏北草原生态维护区
		VIII - 3 - 1w - 2	藏西北高原生态维护防沙区
VIII - 3 - 2wf	藏西南高原山地生态维护防沙区	VIII - 3 - 2wf	藏西南高原山地生态维护防沙区
VIII - 4 - 2wh	藏东高山峡谷生态维护水源涵养区	VIII - 4 - 2wh - 1	金沙江上游生态维护水源涵养区
		VIII - 4 - 2wh - 2	藏东高山峡谷农田防护区
		VIII - 4 - 2wh - 3	藏东高山峡谷生态维护水源涵养区

三级区 代码及名称		四级区代码及名称	
		代码	名称
Ⅷ-5-1w	藏东南高山峡谷生态维护区	Ⅷ-5-1w-1	藏东南高山峡谷生态维护区
		Ⅷ-5-1w-2	藏东南山地农田防护区
Ⅷ-5-2n	西藏高原中部高山河谷农田防护区	Ⅷ-5-2n-1	雅鲁藏布江上游生态维护防沙区
		Ⅷ-5-2n-2	雅鲁藏布江中游高山河谷农田防护区
		Ⅷ-5-2n-3	雅鲁藏布江中游高山河谷防护防沙区
Ⅷ-5-3w	藏南高原山地生态维护区	Ⅷ-5-3w-1	珠穆朗玛峰生态维护水源涵养区
		Ⅷ-5-3w-2	藏南高原山地生态维护区

资料来源:《西藏自治区水土保持规划(2019—2030 年)》(西藏自治区水利厅,2019)。

西藏自治区水土保持区划结果如图 3 – 15 – 3 所示。

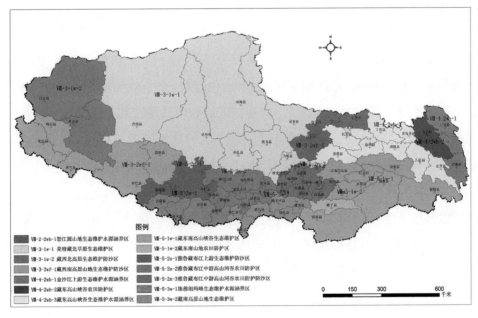

图 3 – 15 – 3　西藏自治区水土保持区划图(西藏自治区水利厅,2019)

（二）西藏自治区水土保持各分区特点及措施

1.怒江源山地生态维护水源涵养区

该区包括色尼区、聂荣县、巴青县，土地总面积35538km²，水土流失面积1037km²。

（1）区域特点

该区为怒江的发源地，属于国家重点生态功能区中的三江源草原草地湿地生态功能区，农牧业生产活动频繁，局部区域有草场退化和荒漠化趋势，存在过度放牧现象，农村可替代能源匮乏，贫困人口多。

（2）防治重点

以封禁治理为主，在局部水土流失严重区域开展灌草植被建设，以防止草场退化和沙化，同时促进牧业发展和牧民增收。发展替代能源工程，改善村居环境，消减人为因素对水土流失的影响。在人口相对稀少的区域，采取"预防保护为主，结合退化沙化草场防治"的防护模式，以封禁为主，退化、沙化草场辅以人工种草、石方格等措施，同时加大预防、宣传力度，增强群众水土保持意识。

2.羌塘藏北草原生态维护区

该区包括安多县、申扎县、班戈县、尼玛县、双湖县、当雄县、改则县，土地总面积431736km²，水土流失面积17173km²。

（1）区域特点

该区自然条件极其恶劣，生态环境极为脆弱，存在大面积的无人区，但在局部区域和人口密集区，仍存在草场退化、沙化趋势，水土流失增多等现象，属于羌塘国家级生态保护区，是全国主体功能区规划中的藏西北羌塘高原荒漠国家重点生态功能区，是众多国家或自治区重点保护动物的重要栖息地，是重要的战略资源储备基地，重要的高原特色畜产品基地，是国家重点生态功能区。

（2）防治重点

以减少人为活动为主，维持现有的生态环境，最大限度减少人类活动影响范围。在草场、牧民分布区域，加强天然草场科学管理，严禁过度放牧，适宜地区建设人工草场，采取轮牧和舍饲圈养等措施，防治草场沙化、退化。加强河湖周边湿地的保护，防止湿地萎缩。同时加大水土保持生态建设宣传力度。

3. 藏西北高原生态维护防沙区

该区包括日土县、革吉县，土地总面积 123213km²，水土流失面积 3158km²。

（1）区域特点

该区大部分属于羌塘国家级生态保护区，是全国主体功能区规划中的藏西北羌塘高原荒漠国家重点生态功能区。该区地广人稀，气候较为恶劣，自然生态系统保存较为完整但非常脆弱。在人口集中区，仍存在放牧超载等问题，局部区域草场有退化、沙化趋势，人为因素导致的水土流失现象较多。

（2）防治重点

保护藏西北高原区天然草场，禁牧休牧，发展冬季草场防止草场退化。对于无人区及人口稀少地区的林草植被采取封育措施；对退化草场区域禁牧休牧，网围栏、人工种草等措施；在重要河谷地带、重要城镇周边及居民点风蚀沙化地区等区域草方格、石方格、片石压盖、沙障、防风固沙林带等措施进行治理，加强生产建设项目的监督管理。

4. 藏西南高原山地生态维护防沙区

该区包括仲巴县、噶尔县、措勤县、普兰县、札达县，土地总面积 122438km²，水土流失面积 15062km²。

（1）区域特点

该区属全区的边境地区，是全区水电资源蕴藏较丰富的地区之一，是自治区重点生态功能区、自治区农产品主产区。该区生态环境极其脆弱，草原退化、沙化是该区主要生态问题。受气候干旱、降雨量等自然条件的限制，农牧业灌溉条件有限，工程性缺水严重。

（2）防治重点

加强对沙化、退化土地的治理，预防草场进一步沙化和退化，保护生态环境。对现状较好的草场，采取封育保护、禁牧休牧和限载限牧等措施，确保草场恢复和保护；在水源充足，地势平坦的区域，建设人工草场并配置引水工程，解决人畜饮水，发展舍饲圈养；针对已沙化或退化的草场，采取围栏封禁措施，并制订相应管护制度，确保草场自然修复，不受人类活动干扰。在风蚀较严重的区域，采取沙障固沙、草方格等防风固沙措施，保护农田和草场，避免生态环境恶化。

5. 金沙江上游生态维护水源涵养区

该区包括江达县、芒康县、贡觉县，土地总面积 31063km²，水土流失面积 3810km²。

（1）区域特点

该区位于金沙江的上游，是藏东大三岩地区，天然林资源保护工程的重点实施区，属自治区重点生态功能区。该区群众水土保持意识薄弱、局部区域过度放牧问题突出、生态环境恶化，农村能源匮乏，贫困人口多，需要移民搬迁安置的人口较多，局部区域山洪灾害严重。

（2）防治重点

对天然林草植被的保护，防止人类活动对森林植被等地表覆盖物扰动和破坏；加强水土保持宣传，科学管理林草资源，对坡面森林植被采取自然封禁、封山育林，对疏幼林、灌木林采取补植、人工改造次生林等措施；保护生态，加快群众脱贫致富。加强移民搬迁区的林草植被恢复、移民安置区水土流失综合治理；加强山洪灾害综合防治。

6.藏东高山峡谷农田防护区

该区包括卡若区、察雅县，土地总面积 19207km²，水土流失面积 227km²。

（1）区域特点

该区是全区坡耕地分布较为集中的区域之一，属自治区农产品主产区。区内陡坡耕地比例大、水土流失较严重，局部地区存在滑坡、泥石流等自然灾害。

（2）防治重点

改造坡耕地和建设小型蓄水工程，保护耕地资源，提高耕地资源的综合利用效率；在适宜区域，鼓励和引导当地藏民栽植特色经果林和藏药材，发展特色农业，加快群众脱贫致富；加强以电代柴、太阳灶等新型清洁能源建设；注重自然修复，推进陡坡耕地退耕，保护和建设林草植被。加强山洪泥石流预警预报，防治山地灾害。

7.藏东高山峡谷生态维护水源涵养区

该区包括类乌齐县、丁青县、左贡县、洛隆县、边坝县、比如县、索县、嘉黎县、八宿县，土地总面积 90385km²，水土流失面积 2996km²。

（1）区域特点

该区是全区水电资源蕴藏最丰富的地区之一，是重要的"西电东送"续接基地，属自治区农产品主产区；同时也是我国多条大（江）河的发源地，自然保护区众多。区内耕地资源短缺，陡坡耕地比例大，贫困人口多，农村能源匮乏，局部区域滑坡、泥石流等灾害频发,区域水电资源开发强度较大,局部区域生态环境系统退化;人为水土流失严重。

(2)防治重点

改造坡耕地和建设小型蓄水工程,保护耕地资源,提高耕地资源的综合利用效率,加快群众脱贫致富。加强以电代柴、太阳灶等新型清洁能源建设;注重自然修复,推进陡坡耕地退耕,保护和建设林草植被。加强山洪泥石流预警预报,综合防治山地灾害。加强水电资源开发的水土保持监督管理。

8.藏东南高山峡谷生态维护区

该区包括林芝县、米林县、墨脱县、波密县、工布江达县、察隅县、朗县、错那县,土地总面积149563km²,水土流失面积18168km²。

(1)区域特点

该区素有西藏"小江南"之称,有藏东南高原边缘森林国家重点生态功能区和雅鲁藏布大峡谷等禁止开发区域,是重要的生态安全屏障,属自治区农产品主产区。区内部分人口密集区侵蚀沟道发育,山区滑坡、泥石流等自然灾害频发,局部区域水土流失严重。

(2)防治重点

该区属天然林资源分布较集中区域,严格控制对天然林草植被等地表覆盖物的扰动和破坏;加强天然林草植被的预防保护,对人口密集区侵蚀沟道进行综合整治,加强山洪泥石流预警预报,综合防治山洪地质灾害。发展农家乐、休闲垂钓、清洁小流域等特色旅游产业,加快脱贫致富;加强以电代柴、太阳灶等新型清洁能源建设;加强局部水土流失严重区域综合治理。

9.藏东南山地农田防护区

该区包括隆子县,土地总面积9894km²,水土流失面积785km²。

(1)区域特点

该区是自治区重点生态功能区。气候条件较好,为西藏东南部主要粮仓。区内耕地资源较丰富,陡坡耕地比例大,农村能源匮乏,工程性缺水严重。

(2)防治重点

以农田防护和土壤保持为主,改造坡耕地和建设小型蓄水工程,保护耕地资源,提高耕地资源的综合利用效率,加快群众脱贫致富。加强以电代柴、太阳灶等新型清洁能源建设;加强小型水利水电水保工程建设。

10. 雅鲁藏布江上游生态维护防沙区

该区包括昂仁县、萨嘎县，土地总面积 38607km²，水土流失面积 2550km²。

（1）区域特点

该区属自治区重点生态功能区，其水土保持主导功能是生态维护和防风固沙。区内局部土地风蚀沙化、草场退化严重；耕地资源短缺，陡坡耕地比例较大，贫困人口多，农村能源匮乏，工程性缺水严重，水土流失问题突出。

（2）防治重点

加强原有生态环境的预防保护，对风蚀沙化土地进行综合治理，改良草场，防止草场沙化退化；改造坡耕地和建设小型蓄水工程，保护耕地资源，提高耕地资源的综合利用效率，加快群众脱贫致富。加强以电代柴、太阳灶等新能源建设；加强小型水利水保工程建设。

11. 雅鲁藏布江中游高山河谷农田防护区

该区包括谢通门县、拉孜县、萨迦县、桑珠孜区、南木林县、白朗县、仁布县、江孜县、尼木县，土地总面积 49795km²，水土流失面积 9165km²。

（1）区域特点

该区农业生产活动频繁，是自治区农产品主产区、自治区重点开发区。区内耕地资源分布广泛，陡坡耕地比例大，坡耕地水土流失严重，农村能源匮乏，工程性缺水严重，局部存在滑坡和泥石流危害，农村面源污染严重。

（2）防治重点

减少人类活动对结壳、沙结皮等地表覆盖物的扰动和破坏；改造坡耕地和建设小型蓄水工程以及农田防护林建设，保护耕地资源，提高耕地资源的综合利用效率。加强以电代柴、太阳灶等新能源建设；加强小型水利水保工程建设；加强山洪泥石流预警预报，综合防治山地灾害。结合乡村振兴，加强农村面源污染防治。

12. 雅鲁藏布江中游高山河谷防护防沙区

该区包括城关区、林周县、曲水县、堆龙德庆县、达孜县、墨竹工卡县、乃东县、扎囊县、贡嘎县、桑日县、琼结县、曲松县、加查县，土地总面积 32606km²，水土流失面积 4707km²。

（1）区域特点

该区是全区开发建设活动最为频繁的区域，属国家重点开发区、自治区重点开发区。区内耕地资源分布广泛，陡坡耕地比例大，雅鲁藏布江中游河谷、重要交通枢纽及沿线风蚀沙化严重,局部人口密集区域有滑坡、泥石流等危害。

(2)防治重点

加强农田防护林建设,对部分坡耕地进行改造和水利设施的建设,保护耕地资源,提高耕地资源的综合利用效率;减少人类活动对林草植被、结壳、沙结皮等地表覆盖物的扰动和破坏。注重自然修复,推进低产能坡耕地退耕还林还草,保护和建设林草植被。加强雅江中游河谷、重要交通枢纽及沿线风蚀沙化土地水土流失综合治理;加强以电代柴、太阳灶等新能源建设、局部人口密集区防护林建设、山洪泥石流预警预报,综合防治山地灾害。

13.珠穆朗玛峰生态维护水源涵养区

该区包括定日县、定结县、吉隆县、聂拉木县,土地总面积36587km²,水土流失面积10266km²。

(1)区域特点

该区属国家级禁止开发区域,有珠穆朗玛峰国家级自然保护区,生态功能十分重要。由于本区内属高海拔地区,有大面积的冰川地貌,冻融泥石流较为发育,高山草甸的草皮层卷曲断裂暴露出风化岩层,加重了对草甸植被的破坏程度,导致水土流失。区内群众水土保持意识淡薄,局部区域有草场退化趋势,河谷周边局部区域水土流失较严重。

(2)防治重点

以生态保护和涵养水源为重点,加强水土保持宣传,提高当地农牧民水土保持意识。加强天然林、草场和湿地的保护,治理退化草场,综合治理河谷周边局部区域水土流失,促进河谷农业生产。

14.藏南高原山地生态维护区

该区包括措美县、洛扎县、浪卡子县、康马县、亚东县、岗巴县,土地总面积31598km²,水土流失面积5362km²

(1)区域特点

该区属自治区重点生态功能区,有多个国家禁止开发的区域,生态功能十分重要。该区生态环境较脆弱,但在局部区域和人口密集区,仍存在草场退化、沙化趋势,水土流失增多等现象,使生态系统退化加剧。

(2)防治重点

以降低人类活动为主,加强天然林保护和草场管理,禁止过度放牧,适宜地区建设人工草场,采取轮牧和舍饲圈养等措施,防治草场沙化、退化。加强河湖周边湿地的保护,防止湿地萎缩。加大水土保持生态建设宣传力度。

(二)水土流失重点防治区

国家级水土流失重点防治区2个,其中雅鲁藏布江中下游国家级水土流失重点预防区涉及18个县、金沙江岷江上游及三江并流国家级水土流失重点预防区涉及3个县(表3-15-5);自治区级水土流失重点预防区3个,其中羌塘藏西南高原自治区级水土流失重点预防区涉及15个县、喜马拉雅山北麓自治区级水土流失重点预防区涉及8个县、雅鲁藏布江下游自治区级水土流失重点预防区涉及4个县;自治区级水土流失重点治理区4个,其中金沙江澜沧江怒江上游自治区级水土流失重点治理区涉及11个县、拉萨河中下游自治区级水土流失重点治理区涉及6个县、雅鲁藏布江中游自治区级水土流失重点治理区涉及7个县、狮泉河象泉河中下游自治区级水土流失重点治理区涉及2个县。

水土流失重点预防区内水土流失相对轻微,现状植被覆盖较好,是西藏重要的生态功能区、自然保护区、大江大河源区及饮用水源区,具有特定的生态功能。但是,该区内存在水土流失风险,人为扰动或破坏植被、沙结壳等地表覆盖物后,造成的水土流失危害较大,并且一旦破坏难以恢复和治理。水土流失重点治理区内水土流失严重,威胁土地资源,造成土地生产力下降,直接影响农业生产和农村生活,并且对大江大河干流和重要支流、重要湖库淤积影响较大,急需开展水土流失治理。

表3-15-5 西藏自治区水土流失重点防治区划分

级别	类型	名称	范围		县(数)
			地区(市)	县(市、区)	
国家级	重点预防区	雅鲁藏布江中下游国家级水土流失重点预防区	林芝市	波密县、工布江达县、巴宜区、米林县、郎县	18
			山南地区	加查县、隆子县、桑日县、曲松县、乃东县、琼结县、措美县、扎囊县、贡嘎县、浪卡子县	
			日喀则市	江孜县、仁布县	
			拉萨市	尼木县	
		金沙江岷江上游及三江并流国家级水土流失重点预防区	昌都地区	江达县、贡觉县、芒康县	3

级别	类型	名称	范围		县（数）
			地区（市）	县（市、区）	
自治区级	重点预防区	羌塘藏西南高原自治区级水土流失重点预防区	那曲地区	那曲县、嘉黎县、聂荣县、安多县、班戈县、申扎县、尼玛县、双湖县	15
			阿里地区	改则县、日土县、革吉县、措勤县、普兰县	
			日喀则市	仲巴县	
			拉萨市	当雄县	
		喜马拉雅山北麓自治区级水土流失重点预防区	日喀则市	萨嘎县、吉隆县、聂拉木县、定日县、定结县、岗巴县、康马县、亚东县	8
		雅鲁藏布江下游自治区级水土流失重点预防区	林芝市	墨脱县、察隅县	4
			山南地区	洛扎县、错那县	
	重点治理区	金沙江澜沧江怒江上游自治区级水土流失重点治理区	昌都地区	卡若区、察雅县、类乌齐县、左贡县、八宿县、洛隆县、丁青县、边坝县	11
			那曲地区	巴青县、索县、比如县	
		拉萨河中下游自治区级水土流失重点治理区	拉萨市	曲水县、达孜县、城关区、堆龙德庆县、墨竹工卡县、林周县	6
		雅鲁藏布江中游自治区级水土流失重点治理区	日喀则市	南木林县、谢通门县、桑珠孜区、白朗县、萨迦县、昂仁县、拉孜县	7
		狮泉河象泉河中下游自治区级水土流失重点治理区	阿里地区	噶尔县、札达县	2

资料来源：《西藏自治区水利发展"十三五"规划水土保持规划》（长江水利委员会长江科学院，2013）。

四、水土保持规划

（一）全区主要水土保持规划情况

西藏自治区政府历来高度重视水土保持工作，将水土保持作为保障国家生态安全和经济社会可持续发展的一项长期战略任务。1996 年委托长江水利委员会水土保持局、长江科学院等单位陆续编制了《西藏自治区水土保持规划（1998—2050年）》《西藏自治区水土保持规划（2008—2030年）》《西藏自治区"十二五"时期水利发展规划》《西藏自治区水利发展"十三五"规划水土保持规划》等水土保持规划报告。

根据水土保持法律法规及相关要求，西藏自治区水利厅会同有关厅（局）组织编制了《西藏自治区水土保持规划（2019—2030年）》（西藏自治区水利厅，2019）。

（二）西藏自治区水土保持规划（2019—2030年）编制情况

为落实《中华人民共和国水土保持法》，全面推进新时期西藏自治区水土保持工作，西藏自治区水利厅会同区发展和改革委员会、财政厅、自然资源厅、生态环境厅、农业农村厅、林业和草原局等部门，成立了西藏自治区水土保持规划编制工作领导小组，启动了西藏自治区水土保持规划编制工作。为使规划能够更好地服务于西藏经济社会发展，在编制过程中，经过广泛征求意见、反复论证、并结合西藏自治区主体功能区规划、自然保护区发展规划、水土保持生态红线范围的划定，于2019年编制完成了《西藏自治区水土保持规划（2019—2030年）》（西藏自治区水利厅，2019）。该规划范围为全区74个县（区），规划基准年为2018年，近期水平年为2025年，远期水平年为2030年。

《西藏自治区水土保持规划（2019—2030年）》分析了全区水土流失及其防治现状，系统总结水土保持经验和成效，以水土保持区划为基础，以保护和合理利用水土资源为主线，以自治区主体功能区规划为依据，拟定全区预防和治理水土流失、保护和合理利用水土资源的总体部署，明确今后一个时期全区水土保持的目标、任务、布局和对策措施，为维护西藏自治区生态安全、防洪安全、饮水安全、粮食安全以及改善人居环境、推动经济社会发展提供支撑和保障。

《西藏自治区水土保持规划（2019—2030年）》的近期目标与规模是：到2025年，初步建成与西藏自治区经济社会发展相适应的水土流失综合防治体系，初步实现预防保护，重点防治区水土流失得到有效治理，生态得到进一步改善。人为水土流失得到有效控制；全区新增水土流失预防保护面积11674km^2、新增水土流失综合治理面积5845km^2。该规划的远期目标与规模是：到2030年，基本建成与西藏自治区经济社会发展相适应的水土流失综合防治体系，基本实现预防保护,重点防治区水土流失得到基本治理,生态环境步入良性循环轨道。全区累计新增水土流失预防保护面积 20013km^2、新增水土流失治理面积 10295km^2。

在预防方面,西藏作为全国生态系统较完整的区域之一,按照以"预防保护"为主的原则,应加强藏东、藏东南、藏南地区天然林的预防保护;强化藏西、藏北牧区天然草场的科学管理,加强禁牧休牧、合理控制载畜量。促进"四江两河"河谷农业区水土保持和综合农业生产能力的提升。强化城镇(村)安全与山洪泥石流灾害预防,重点突出重要江河源头区、重要湖泊水系、重要生态维护区水土流失预防。在治理方面,在"四江两河"地区,加强河谷地带坡耕地综合整治、城镇及周边人口密集区局部水土流失严重区域综合治理、牧区局部固定居民点水土流失综合治理,重点突出重点区域水土流失综合治理和坡耕地水土流失综合治理。在监管方面,建立健全综合监管体系,创新体制机制,加强人口密集区水土保持监督执法,利用卫星遥感、天地一体化等先进技术进行监测,提高信息化水平,强化生产活动在局部区域的综合监管。

第四节 水土流失综合治理

西藏水土流失治理工作开始于 20 世纪 70 年代,由林业、水利、农业等部门组织实施植树造林和沙漠化防治工作,初步筛选出一批适宜于西藏高原气候和土壤的水土保持林草种。20 世纪 90 年代以来,先后开展了拉萨市曲水县热堆沟小流域、雍布拉康小流域、江孜县日朗沟、桑珠孜区夏鲁沟、芒康县邦达沟、曲水县热堆沟、琼结县翻身沟等小流域的综合治理试点工程,采取工程措施和植物措施相结合的小流域综合治理模式,逐步取代了单一的植树造林措施,取得了较明显的水土保持成效和生态、经济、社会效益,为自治区水土保持工作打下了较好的基础。

一、水土流失治理现状

西藏自治区的水土流失治理以小流域综合治理为突破口。1999 年,西藏自治区启动了第一个水土流失综合治理工程,即拉萨市曲水县热堆沟小流域综合治理试点,经过两年多的治理,修建河堤 5.8km、人饮工程 1 处、谷坊 12 座、渠道工程 1.5km、梯田 6.67hm²,建设经济林 3.33hm²、水保林 13.67hm²、薪炭林 13.33hm²、种草 14.67hm²,治理水土流失面积 34km²,治理程度达到 53% 以上,有效地控制了山洪和泥石流灾害。后又相继启动了山南地区琼结县翻身沟小流域综合治理示范工程、日喀则地区江孜县日朗沟小流域水土保持试点项目、日喀则地区江孜县夏鲁沟小流域水土保持示范区综合治理、日喀则市鲁孜沟水土保持综合治理(旺加,2015)等项目。截至 2018 年,累计完成水土流失治理面积 7945.20km²,为西藏水土流失综合治理工作积累了大量的经验。其中"十一五"以前完成综合治理项目 9 个,完成投资 0.72 亿元,治理水土流失面积约 284km²;"十一五"完成投资中中央预算内投资 0.48 亿元,治理水土流失面积约 255km²;"十二五"期间已完成综合治理项目 21 个,完成综合治理投资 1.48 亿元,治理水土流失面积约 545km²。

二、水土流失治理成效

(一)重点区域水土流失面积进一步减少,林草植被覆盖率大幅提高

全区多部门协调合作,通过大面积封育保护、造林种草、退耕还林还草、退化草原治理等植被建设与恢复措施,林草植被面积大幅增加。截至 2018 年,全区森林覆盖率达到 13.33%,草原综合植被盖度达到 83.47%,生态环境明显趋好。特别是天然林资源保护工程、退耕还林工程、野生动植物保护及自然保护区建设工程、重点公益林管护工程以及其他生态建设项目的实施,使得昌都市三江流域、雅鲁藏布江中下游河谷地带等区域森林植被大幅提升,草原综合植被盖度提高,局部区域草原综合植被盖度增加达 20% ~30%。

(二)水源涵养和水土保持功能明显提升

近年来,通过在江河源头区采取预防保护、草原建设与管理措施,水源涵养

功能区采取天然林保护、退耕还林还草、营造水源涵养林措施,同时在重要水源地开展清洁小流域建设,水源地保护初显成效,水源涵养与水质维护能力日益增强。据统计,全区梯田、乔木林、灌木林、经济林、人工种草等水土保持措施累计保水量 6.84 亿 m^3,年均 0.97 亿 m^3。到 2018 年全区累计建成清洁小流域 3 条,有效维护了当地水源地水质。

(三)蓄水保土能力提高,减沙拦沙效果日益明显

通过水土保持措施合理配置,蓄水保土能力不断提高,土壤流失量明显减少,有效拦截了进入江河湖库的泥沙,延长了水库等水利基础设施的使用寿命。据统计与测算,全区现有水土保持措施每年可减少土壤流失量 0.14 亿 t。例如,日喀则南木林县土布加乡吉布沟小流域水土保持综合治理工程完成综合治理面积 4116 hm^2,每年减少土壤流失量约 30.87 万 t、土壤蓄水保水能力每年 0.15 亿 m^3。

三、水土流失治理

(一)治理范围与对象

1.治理范围

治理范围主要包括大江大河、重要支流和湖库淤积影响较大的水土流失区域;造成土地生产力下降、直接影响农业生产和农村生活,需要开展土地资源抢救性保护治理的区域;重要城镇及周边区域、重要交通枢纽(干线)及周边区域,以及直接威胁群众生产生活的山洪、滑坡、泥石流潜在危险区、需要土壤改良及种植经果林等区域。

2.治理对象

治理对象包括对群众生产生活影响较大的侵蚀沟道、"四荒地"、水蚀坡林(园)地、交通枢纽(机场)、交通干线(国道、省道),山洪沟道,风蚀区和水蚀风蚀交错区沙化退化土地,以及可能导致坡岸失稳、崩塌滑坡等区域。

(二)措施与配置

措施体系包括工程措施、林草措施和耕作措施。工程措施主要包括坡改梯、水蚀坡林(园)地整治、沟头防护、雨水集蓄利用、径流排导等坡面治理工程,谷坊、拦沙坝、塘坝等沟道治理工程,削坡减载、支挡固坡、拦挡工程等滑坡

防治工程。林草措施主要包括营造水土保持林、经果林、等高植物篱(带)、格网林带、建设人工草地草场,发展复合农林业,植树造林、开发与利用高效水土保持植物等。耕作措施主要包括等高耕作、草田轮作、间作套种等。

(三)重点治理项目

1. 重点区域水土流失综合治理项目

涉及西藏自治区水土流失重点治理区、部分水土流失重点预防区,共计7市(地)56个县。水土流失面积6.57万 km²。该区主要以小流域为单元,山水田林路综合规划,工程、植物和耕作措施有机结合,沟坡兼治,生态与经济并重,优化水土资源配置,提高土地生产力,发展特色产业,促进农村产业结构调整,持续改善生态,保障区域社会经济可持续发展。该项目包括11个近期重点工程。

(1)怒江源山地水土流失综合治理

范围涉及色尼区、巴青县2个县。水土流失面积960.56km²,其中水蚀12.44km²、风蚀948.12km²,水土流失以轻度、中度为主。该区应以封禁治理为主,在局部水土流失严重区域开展灌草植被建设,以防止草场退化和沙化,在人口相对稀少的区域,采取"预防保护为主,结合退化沙化草场防治"的防护模式,以封禁为主,退化、沙化草场辅以人工种草、石方格等措施,防治水土流失。

(2)藏西北高原水土流失综合治理

范围涉及日土县、革吉县2个县。水土流失面积3158.46km²,其中水蚀352.46km²、风蚀2806.00km²,水土流失以轻度、中度为主。该区主要发展冬季草场防止草场退化。在重要河谷地带、重要城镇周边及居民点周边风蚀沙化地区等区域草方格、石方格、片石压盖、沙障、防风固沙林带等措施进行治理。

(3)羌塘藏北草原水土流失综合治理

范围涉及安多县、申扎县、班戈县、尼玛县、当雄县、改则县6个县。水土流失面积13663.22km²,其中水蚀237.52km²、风蚀13425.70km²,水土流失以轻度、中度为主。该区在适宜地区建设人工草场,防治草场沙化、退化。对局部风蚀严重区域、城镇及周边侵蚀沟道等进行综合治理。

(4)藏东南山地水土流失综合治理

范围涉及隆子县。水土流失面积785.41km²,其中水蚀697.93km²、风蚀

87.48km²,水土流失以轻度、中度为主。该区主要改造坡耕地和建设小型蓄水工程,加强小型水利水电水保工程建设。对局部水土流失严重区域、城镇及周边侵蚀沟道等进行综合治理。

（5）藏东南高山峡谷水土流失综合治理

范围涉及巴宜区、米林县、墨脱县、工布江达县、察隅县、朗县、错那县7个县（区）。水土流失面积15409.55km²,其中水蚀15123.51km²、风蚀286.04km²,水土流失以轻度、中度为主。该区主要加强山洪泥石流预警预报,综合防治山洪地质灾害。加强局部水土流失严重区域综合治理,对人口密集区侵蚀沟道进行综合整治。

（6）藏东高山峡谷水土流失综合治理

范围涉及卡若区、边坝县、嘉黎县、类乌齐县、比如县、索县、丁青县、江达县8个县（区）。水土流失面积1740.03km²,其中水蚀1539.96km²、风蚀200.07km²,水土流失以轻度、中度为主。该区主要改造坡耕地和建设小型蓄水工程,加强山洪泥石流预警预报,综合防治山地灾害。局部水土流失严重区域、城镇及周边侵蚀沟道等进行综合治理。

（7）雅鲁藏布江上游水土流失综合治理

范围涉及昂仁县、萨嘎县2个县。水土流失面积2549.79km²,其中水蚀1464.31km²、风蚀1085.48km²,水土流失以轻度、中度为主。该区主要对城镇及周边侵蚀沟道、重要交通（国道、省道）沿线、局部水土流失严重区域等进行综合治理。

（8）雅鲁藏布江中游高山河谷水土流失综合治理

范围涉及谢通门县、拉孜县、南木林县、萨迦县、桑珠孜区、江孜县、仁布县、尼木县8个县（区）。水土流失面积7935.03km²,其中水蚀7114.09km²、风蚀820.94km²,水土流失以轻度、中度为主。该区主要改造坡耕地和建设小型蓄水工程以及农田防护林建设,保护耕地资源,加强小型水利水电水保工程建设;加强山洪泥石流预警预报,综合防治山地灾害。结合乡村振兴,加强农村面源污染防治。对局部水土流失严重区域、城镇及周边侵蚀沟道、坡耕地水土流失等进行综合治理。

（9）雅鲁藏布江中游水土流失综合治理

范围涉及城关区、林周县、曲水县、堆龙德庆区、拉孜县,墨竹工卡县,乃东区、扎囊县、贡嘎县、琼结县、加查县 11 个县(区)。水土流失面积 4216.25km²,其中水蚀 2913.73km²、风蚀 1305.52km²,水土流失以轻度、中度为主。该区主要加强农田防护林建设,对部分坡耕地进行改造和水利设施的建设,推进低产能坡耕地退耕还林还草,保护和建设林草植被。加强雅鲁藏布江中游河谷、重要交通及沿线风蚀沙化土地水土流失综合治理;加强局部人口密集区防护林建设,加强山洪泥石流预警预报,综合防治山地灾害。

(10)珠穆朗玛峰水土流失综合治理

范围涉及定日县、定结县、吉隆县、聂拉木县 4 个县。水土流失面积 10265.67km²,其中水蚀 7979.36km²、风蚀 2286.31km²,水土流失以轻度、中度为主。该区主要加强草场和湿地的保护,治理退化草场,综合治理河谷周边局部区域水土流失,促进河谷农业生产。

(11)藏南高原山地水土流失综合治理

范围涉及洛扎县、亚东县、康马县、岗巴县、浪卡子县 5 个县。水土流失面积 5006.49km²,其中水蚀 4148.64km²、风蚀 857.85km²,水土流失以轻度、中度为主。该区主要加强天然林保护和草场管理,禁止过度放牧,适宜地区建设人工草场,局部水土流失严重区域等进行综合治理。

2.坡耕地水土流失综合治理项目

包括山南和林芝 2 市 3 个县。水土流失面积 3249.28km²。该区主要以小流域为单元,山水田林路综合规划,工程、植物和耕作措施有机结合,沟坡兼治,生态与经济并重,优化水土资源配置,提高土地生产力,发展特色产业,促进农村产业结构调整,保障区域社会经济可持续发展。包括 2 个近期重点工程。

(1)藏东南高山峡谷坡耕地水土流失综合治理

范围涉及波密县。水土流失面积 2758.94km²,全部为水蚀,水土流失以轻度、中度为主。该区主要对坡耕地水土流失进行综合治理。

(2)雅鲁藏布江中游高山河谷坡耕地水土流失综合治理

范围涉及曲松县、桑日县 2 县。水土流失面积 490.34km²,其中水蚀 407.53km²、风蚀 82.81km²,水土流失以轻度、中度为主。该区主要对坡耕地水土流失进行综合治理。

第五节　水土流失监测与信息化

一、水土保持监测网络

自 2002 年全区开展水土保持监测网络工程建设以来,累计完成投资 4071 万元,先后建成了 1 个总站(部分)、7 个地(市)分站、28 个县站及 32 个监测点的建设,其中小流域监测站点 4 个、水文监测站点 10 个、风蚀监测点 5 个、冻融侵蚀监测点 1 个、生产建设项目监测点 12 个(为非固定点),基本形成了泥沙、径流、降雨、土壤、植被、土地利用等信息采集体系。同时,积极推进生产建设项目的水土保持监测工作,实现了"十二五"期间生产建设项目水土保持监测工作逐步覆盖,其中,西藏自治区水土保持监测总站开展了拉日铁路等 20 多个大中型生产建设项目水土保持监测工作(表 3 – 15 – 6)。

除此之外,还实施了藏东横断山区水土流失调查与评价项目,建立了区域土壤侵蚀数据库,为建立全区水土流失数据库奠定了基础。对外发布了《西藏自治区水土保持公报(2008)》《西藏自治区水土保持公报(2009—2013)》。完成了西藏自治区水土保持专项普查,初步摸清了全区水土流失现状,开展水土保持监督性监测工作。完成了墨竹工卡县监管示范县建设,启动了山南"天地一体化"监管示范市。充分利用结对帮扶单位力量,与水利部水土保持监测中心合作,率先在全国开展了生产建设项目水土保持分类管理。完成了《西藏自治区生产建设项目水土保持分类管理办法(试行)》及基于网络和手机 APP 的"西藏自治区生产建设项目水土保持分类管理系统",实现网上申报和远程查询管理,将提高自治区生产建设项目水土保持管理的行政效率,推进西藏生产建设项目水土保持信息化,通过项目分类管理和水土保持信息化相结合,使监督管理工作更制度化、规范化、精准化。面向社会公众发布并上线运行全国首个水土保持"互联网 +"咨询服务平台。

表 3 - 15 - 6　西藏自治区"十三五"水土保持监测网络规划表

规划项目	项目地点	项目类型
监测总站	拉萨	动态管理和数据应用分析平台
地区分站	拉萨	配备水土流失动态监测设备
	山南	配备水土流失动态监测设备
	林芝	配备水土流失动态监测设备
	昌都	配备水土流失动态监测设备
	那曲	配备水土流失动态监测设备
	日喀则	配备水土流失动态监测设备
	阿里	配备水土流失动态监测设备
县监测站	拉萨	城关区、堆龙德庆县、达孜县、墨竹工卡县监测站建设及仪器设备配置
	昌都	卡若区、江达县、丁青县、察雅县、八宿县、左贡县、边坝县监测站建设及仪器设备配置
	山南	乃东县、贡嘎县、桑日县、琼结县、措美县、洛扎县、加查县、错那县、浪卡子县监测站建设及仪器设备配置
	日喀则	桑珠孜区、谢通门县、白朗县、仁布县、康马县、定结县、仲巴县、亚东县、吉隆县、聂拉木县、萨嘎县、岗巴县监测站建设及仪器设备配置
	那曲	安多县、申扎县、索县、班戈县、巴青县、尼玛县、双湖县监测站建设及仪器设备配置
	阿里	日土县、革吉县、改则县、措勤县监测站建设及仪器设备配置
	林芝	波密县、察隅县、朗县监测站建设及仪器设备配置

资料来源:《西藏自治区水利发展"十三五"规划水土保持规划》(长江水利委员会长江科学院,2013)。

(一)动态数据管理应用分析平台

依托全国及西藏自治区水土保持监测信息化建设成果,以西藏自治区水土保持业务动态管理需求为核心,通过利用大数据技术,整合水土保持工作产生的空间数据、业务管理数据和监测数据,形成西藏自治区水土保持业务核心数据库,开发水土流失动态数据管理平台,实现水土流失动态数据的统一采集接收、分析处理、入库管理和综合展观,辅助决策者和业务用户对西藏自治区水土保持的历史和水土流失的变化趋势进行整体管理。

水土保持业务核心数据库主要存储管理空间数据、业务管理数据和监测数据。其中空间数据需要整合"一江两河"土壤侵蚀数据、"三江流域"重点区域土壤侵蚀数据和购买全区适用于水土保持业务的遥感影像数据;业务管理数据主要整合综合治理项目、生产建设项目和监督执法过程中产生的业务数据;监测数据包括两个部分,一是由已建监测站点产生的数据,二是按照不同区域水土流失的特征通过对全区进行格网划分,采用移动监测站进行定点定时动态获取的数据等。

(二)地(市)动态监测系统建设

7地(市)水土保持监测分站配备无人机、3D扫描仪等自动化程度较高的移动动态监测设备,对已建日喀则市、昌都市、林芝市、那曲地区等4个小流域水土保持综合观测场进行自动化升级改造。

(三)监测站(点)建设

新建拉萨市城关区、山南市乃东县小流域综合观测场,新建日喀则市仲巴县风蚀观测场;同时对28个县级监测站(点)配备自动气象站、地表径流泥沙自动监测仪(卡口站)、地表径流泥沙自动监测仪(径流场)、数据采集台式电脑、打印机、数码相机及其他试验观测设备等(图3-15-4)。

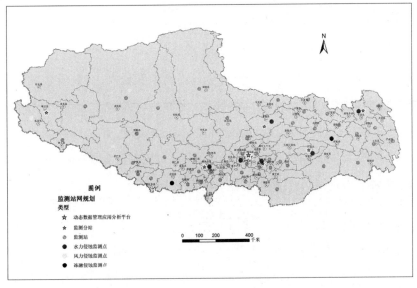

图3-15-4　西藏自治区水土保持监测点分布图(西藏自治区水利厅,2019)

(四)全区水土保持普查

开展全区水土保持普查,查清全区土壤侵蚀现状,掌握各类土壤侵蚀的分布、面积和强度;查清全区水土保持措施现状,掌握各类水土保持措施的类型、数量和分布;及时更新全区水土保持基础数据库。

(五)重点区域水土保持监测

开展水土流失预防保护区和重点治理区动态监测、不同类型区水土流失定位观测、水土保持重点工程监测及生产建设项目集中区监测等。

二、水土流失动态监测

(一)区域水土流失现状调查

开展全区水土流失遥感调查,准确掌握水土流失类型、面积、强度及分布,为科学编制水土保持规划及制订生态保护决策提供依据。西藏自治区土地面积大,遥感调查数据处理量大,加之高寒缺氧、交通不便,野外调查工作量大且十分困难,要根据区域自然地理、人类活动实际情况分区域开展不同详细程度的调查。对于人类活动相对较多且水土流失较严重的区域宜开展 1:5 万比例尺的调查,以便为生态建设、水土流失有效防治提供较为详细的数据;在人烟稀少的自然侵蚀区开展 1:10 万比例尺的调查,为制订该区域水土流失预防保护对策提供依据。

(二)重点区域常态化遥感动态监测

在地域广阔的西藏地区开展全区动态监测难度较大,在查清全区总体水土流失情况的前提下,对水土流失问题突出、区域生态地位重要的"一江两河"地区、"三江"(金沙江、澜沧江、怒江)流域及典型小流域,有针对性地开展周期性动态监测,掌握其发展态势,分析其变化原因,为政府及相关部门及时提供监测报告,为区域水土资源可持续利用提供决策依据。

(三)人为新增水土流失及其防治措施监测

生产建设过程中采用"天地一体化"监测方法,对扰动地表、弃土弃渣等情况以及采取的相应的水土保持措施类型情况等进行监测,及时为监督管理提供信息,提高生产建设项目水土保持监管的现代化、信息化水平。

(四)水土保持生态建设效益监测

水土保持生态建设效益监测主要是指对生物、工程等措施实施后产生的蓄水保土、生态、经济和社会效益情况的监测。水土保持措施的性质不同,所产生的生态效益不同。水保工程如梯田、水窖、沟头防护等拦蓄地表径流泥沙,减少地表径流,防治坡沟侵蚀,降低侵蚀量;水土保持林草措施,提高地面植被覆盖率,改善生物多样性,改善近地层小气候环境;水土保持农业耕作技术措施,改善土壤物理化学性质,提高土壤肥力,增加产量等。对于小流域综合治理的监测,根据流域内水土保持措施的作用和效果,综合运用生态学、水文学、统计学、地质地貌学的理论方法,对小流域综合治理后产生的增加入渗、减少地表径流、控制产沙、降低侵蚀量、控制面源污染及增加农牧民收入等效益进行估算。

三、水土保持信息化

西藏自治区水土保持信息化建设取得一定成效,建立了藏东横断山区水土流失数据库管理系统、"一江两河"地区土壤侵蚀数据库管理系统等一系列水土保持数据库平台,搭建"天地一体化"的生产建设项目监管体系,部署完成全国水土保持监督管理系统、国家重点治理工程管理系统。自治区、市、县三级水行政主管部门按照各自职责,组织做好生产建设项目水土保持监督管理数据的收集、整理、核实和录入工作,自治区累计录入监督管理数据 265 个,防治责任范围失量上图 179 个,地市累计录入监督管理数据 200 余个。同时完成 2017 年国家水土保持重点工程前期工作、年度分解计划、施工进度和中央投资执行进度、设计图斑等信息的录入与审核。

已开展的墨竹工卡县生产建设项目水土保持"天地一体化"监管试点,顺利通过了水利部验收;启动了山南市"天地一体化"监管示范工作,将卫星遥感、地理信息技术运用到水土保持监管中。2015 年,自治区水土保持局与中国科学院/水利部成都山地灾害与环境研究所就卫星遥感监测信息化技术的应用进行了合作,利用 SPOT–2 卫星影像开展了生产建设项目区域的水土保持监督监测工作。2016 年,自治区水土保持局与中国电建集团成都勘测设计研究院有限公司开展合作交流,利用低空遥感无人机开展了生产建设项目水土保持监督监测工作,合作开展了墨竹工卡县驱龙矿区铜多金属矿建设工程、甲玛铜多金属矿二期建设工程、省道 203 线普当村至南木林县改建工程、强布水库及恩久塘灌区工程、雅鲁藏布江大古水电站等 5 个项目的水土保持监督监测工作。2017 年,自治区水土保持局联合水利部水土保持监测中心,共同推动生产建设项目水土保持分类管理,面向社会公众开发了水土保持"互联网+"咨询服务平台,使水土保持公众服务水平不断提升(石劲松等,2018)。

下一步工作任务是在全国水土保持监测网络和信息系统建设的基础上,按照"全面覆盖、提高功能、规范运行"的原则,进一步加密各类监测点,并逐步提高监测水平和质量,构成覆盖全区的水土保持监测站点体系,并与国家、流域的水土保持监测网络和信息系统对接,共享水土保持信息资源,初步建成自治区水土保持数据库体系,优化水土保持监督管理、综合治理和监测预报等业务应用系统,建成水土保持业务应用和信息共享的技术平台,构建科学、高效、安全的省级水土保持决策支撑体系,为自治区生态建设提供决策依据。

第六节　水土保持地域性特点

一、水土保持科技示范园的建设

西藏自治区拉萨市曲水县茶巴朗水土保持科技示范园区是全区首个国家级水土保持科技示范园区。该园区的建设对提升西藏自治区水土流失综合治理水平,更好地发挥水土保持科技支撑、典型带动和示范辐射作用,普及提高全社会的水土保持科技意识,发挥水土保持在生态环境建设中的作用,全面构筑自治区生态安全屏障具有重要的意义。

西藏曲水县茶巴朗小流域水土流失综合治理示范工程区位于拉萨市曲水县曲水镇茶巴朗村,紧邻 318 国道,地理位置介于东经 115°42′~115°43′、北纬 29°16′~29°17′之间,距离拉萨市 45km,曲水县县城 10km。该区是人类活动最为频繁和干扰破坏最大的区域,以工程措施和林草措施相结合,进行综合重点治理,建设内容包括综合治理工程、生物措施工程、科研示范工程、附属工程等四个方面。

(一)综合治理工程

在普夏拉曲河中下游靠近村庄的河段修建截潜流取水口,利用 PE 管道引水至高位蓄水池的引水工程;对普夏拉曲沟头、沟口、中游沟道及下游河段的沟道治理工程;坡耕地整治工程;对普夏拉曲沟口的滩地及其两岸坡地的风沙区进行风沙区治理工程。综合治理工程区具体建设内容为:坡耕地整治 4.10hm²,截水沟 512m,截潜流取水口 1 座,引水管 22.30km,蓄水池 2 座,沉沙池 1 座,园区防洪及河道整治左岸铅丝石笼护岸 1.924km,右岸浆砌石防洪堤 1.501km,村庄、农田及主沟护岸 4.1km,水塘改造 1 座,风沙治理 10hm²。石方格治沙工程效果如图 3 - 15 - 5 所示。

图 3 - 15 - 5 曲水县茶巴朗水土保持示范工程石方格治沙(长江水利委员会长江科学院 摄)

(二)生物措施工程

对河谷阶地上的荒地利用适宜当地生长的乔、灌、草等林草种,进行乔灌草合理配置,建立林草生态系统;林草植物品种试验示范观测场主要用于试验示范适宜于西藏高原气候环境条件的水土保持林草种,建设内容主要为土地平整、客土改良、土壤培肥、林草植物品种试验示范等工程内容;苗圃基地主要培育试验示范适宜于西藏高原气候环境条件的水土保持树种;机井主要用于苗圃及水土保持林草措施的灌溉。生物措施区具体建设内容为:撒播紫花苜蓿 48.13hm²,栽植沙棘 614851 株,栽植垂柳 2000 株,栽植榆树 2000 株,6 座温室大棚,机井 1 座。生物措施区及温室大棚效果图如图 3 - 15 - 6 所示。

a. 生物措施区　　　　　　　　　　　　　b. 温室大棚

图3-15-6　曲水县茶巴朗水土保持示范工程生物措施（长江水利委员会长江科学院　摄）

（三）科研示范工程

培训教育及试验基地位于普夏拉曲河谷滩地上，主要用于提供水土保持科研、试验、培训等场所。包括中心绿化、会议室、土壤理性分析实验室、培训室办公室、职工宿舍等（如图3-15-7a）。气象站位于普夏拉曲河谷滩地上，主要

a. 科研示范区综合实验楼　　　　　　　　b. 科研示范区气象站

c. 科研示范区人工模拟降雨场　　　　　　d. 科研示范区径流小区观测场

图3-15-7　曲水县茶巴朗水土保持示范工程科研示范区（长江水利委员会长江科学院　摄）

用于采集流域内风速、风向、温度、湿度、降水等有关水土流失因子的监测（如图3-15-7b）。人工模拟降雨场位于普夏拉曲河谷阶地上，通过自动选择，用于模拟不同降雨强度、时间、降雨量等条件下研究土壤侵蚀和降雨密度的关系；不同土壤类型的潜在侵蚀机理研究；研究土壤侵蚀的可能的保护措施等；径流观测场位于普夏拉曲河谷阶地上，在不同坡度、不同措施条件下观测坡面径流量、径流泥沙量及土壤含水量观测试验（如图3-15-7c）。科研示范区具体建设内容为：新建占地面积662.11m²，建筑面积1047.26m²的农牧民培训教育及实验基地，新建占地面积625m²气象站1处，新建1处人工模拟降雨场，新建8个标准径流小区，新建5m×5m风蚀观测小区（如图3-15-7d）。

（四）附属工程

主要包括进场道路、园区内道路，配供电工程及示范园通信工程等。附属工程区具体建设内容为：新建园内道路2122m（进园道路效果如图3-15-8），10kV架空线路650m、35kW柴油发电机1套，新建小型移动基站。

图3-15-8 曲水县茶巴朗水土保持示范工程附属工程区进园道路

（长江水利委员会长江科学院 摄）

通过上述工程措施及植物措施的实施，项目区荒坡荒地多、耕地林地少的土地利用格局得到根本性转变，增加了可耕种坡耕地面积和林地面积，实现了水土保持综合治理的目的。各水土保持措施运行良好，正逐步有效地发挥水土保持效益。由于实施各类水土保持措施，项目区增加经济收益共计53.78万元，随着项目区内土地利用结构和产业结构的不断优化调整，主要来自于培育苗木的销售收入年均可产生直接经济效益86.00万元，经济效益也将逐渐得到发挥、提高。通过水土保持综合治理,项目区抵抗自然灾害能力大大提高,土地利用形式渐趋合理,群众生产生活水平明显改善。植树造林、封育治理等措施的实施,使项目区林草覆盖度较治理前有较大提高。

二、水土保持人才培养与科技支撑

(一)人才培养

从 20 世纪 90 年代开始,西藏自治区才有专门的水土保持机构及人才队伍,但人员数量很少,各地市及各县的水土保持机构及人才队伍几乎处于空白状态,仅由农水等相关专业人员兼职负责当地的水土保持工作;2000 年以后,区内的水土保持机构建设和人才队伍培养取得了长足的发展,尤其是 2004 年,西藏自治区水土保持局成立以后,各地市相继成立了专门的水土保持机构,配备了专业技术人员,通过援藏及与内地相关单位交流的机会,积极开展了各类水土保持业务培训,区内水保人的业务水平和专业技能明显加强。2016 年 9 月成功举办西藏水土保持与生态文明高峰论坛。

截至 2018 年,西藏自治区、七地(市)水利局及 28 个县水利局相继成立了水土保持机构,全区拥有水土保持从业人员近 200 人。同时,由水利部长江水利委员会、太湖流域管理局和水利部土保持监测中心组织开展水土保持专业培训 48 次,自治区近 846 人(次)参与,100 余人取得区人民政府颁发的水土保持监督证或执法证。

(二)科技支撑

西藏自治区水土保持科学研究工作起步较晚,西藏自治区水土保持科学研究工作依托水利部水土保持监测中心、水利部长江水利委员会、中国科学院水利部成都山地灾害与环境研究所等单位,先后开展了"西藏水土保持生态补偿机制研究""西藏自治区生态系统土壤侵蚀脆弱性评价""西藏自治区水土流失特征及防治""高原河谷农业水土保持探索"等多个科研项目。

1. 重点领域研究

加强适用于青藏高原水土保持科学技术的研究。重点研究西藏自治区小流域侵蚀产沙特征、冻融侵蚀特征与防治对策、西藏自治区土壤侵蚀评价指标体系、多尺度土壤侵蚀监测方法与监测体系建设、生态清洁小流域建设理论与实践、土壤侵蚀区退化生态系统植被恢复机制及关键技术、西藏藏药水土保持综合治理效益的等水土保持重点科研项目。

2. 技术示范推广

根据西藏土壤侵蚀类型、特征及水土保持区划的区域差异以及水土保持生态建设中存在问题,同时结合西藏水土保持实际情况,推动生态清洁型治理示范区和水源涵养型治理示范区建设,建设人居环境改善示范工程,打造西藏生态清洁小流域综合治理样板工程。

3. 技术标准建设

为适应西藏自治区有关加强预算科学化、精细化的规定和要求,加强水土保持工程项目资金管理,科学合理的编制和安排水土保持工程项目经费预算,提高财政资金使用效益,保证西藏水土保持工作顺利进行,在《水土保持工程概算定额》(水总〔2003〕67 号)、《水土保持工程概(估)算编制规定》(水总〔2003〕67 号)等基础上,结合西藏自治区水土保持生态建设项目、生产建设项目水土保持人工、材料等成本高的实际情况,长江水利委员会长江科学院编制了《西藏自治区水土保持概(估)算编制订额》。

《西藏自治区水土保持概(估)算编制订额》是以西藏自治区现行的水土保持工程项目预算为出发点,根据各水土保持工程项目的具体内容测算项目工作量,以现行单价或实际开支测算单位工作量开支,根据项目工作量和单位工作量开支测算定额标准。有实物工程量的项目,以标准单位工程量所需经费指定定额;无实物工程量的按工作组织和级次制订定额。同时,针对西藏自治区当前水土保持工程在实际项目预算过程中所遇到的问题,进行有目的性和可行性的编制。

第十六章

云南省

水土保持

第一节　基本省情

一、自然条件

(一) 地理位置

云南省位于东经 97°31′~106°11′、北纬 21°8′~29°15′之间,北回归线横贯本省南部,属低纬度内陆地区。全省东西最大横距 865km,南北最大纵距 990km。云南地处中国西南边陲,东部与贵州省、广西壮族自治区为邻,北部与四川省相连,西北部紧依西藏自治区,西部与缅甸接壤,南部和老挝、越南毗邻。云南是全国边境线最长的省份之一,国境线长达 4060km,其中,中缅边界 1997km,中老边界 710km,中越边界 1353km。全省国土总面积 39.41 万 km^2,占全国国土总面积的 4.1%,居全国第 8 位。

(二) 地形地貌

云南属山地高原地形,其中山地面积 33.11 万 km^2,占全省国土总面积的 84%;高原面积 3.90 万 km^2,占全省国土总面积的 10%;盆地面积 2.40 万 km^2,占全省国土总面积的 6.0%。地形以元江谷地和云岭山脉南段宽谷为界,分为东西两大地形区。东部为滇东、滇中高原,是云贵高原的组成部分,平均海拔 2000m 左右,表现为起伏和缓的低山和浑圆丘陵,发育着各种类型的岩溶(喀斯特)地貌;西部高山峡谷相间,地势险峻,山岭和峡谷相对高差超过 1000m。海拔 5000m 以上的高山顶部常年积雪,形成奇异、雄伟的山岳冰川地貌。全省海拔高低相差很大,最高点海拔 6740m,在滇藏交界处德钦县境内怒山山脉的梅里雪山主峰卡瓦格博峰;最低点海拔 76.4m,在河口县境内南溪河与红河交汇的中越界河处,两地直线距离约 900km,海拔相差 6000m。

全省地势呈现西北高、东南低,自北向南呈阶梯状逐级下降,从北到南的每千米水平直线距离,海拔平均降低 6m。北部是青藏高原南延部分,海拔一般在

3000~4000m,有高黎贡山、怒山、云岭等巨大山系和怒江、澜沧江、金沙江等大河自北向南相间排列,三江并流,高山峡谷相间,地势险峻;南部为横断山脉,山地海拔不到3000m,主要有哀牢山、无量山、邦马山等,地势向南和西南缓降,河谷逐渐宽广;在南部、西南部边境,地势渐趋和缓,山势较矮、宽谷盆地较多,海拔在800~1000m,个别地区下降至500m以下,主要是热带、亚热带地区。

(三) 气候水文

1. 气候

云南气候基本属于亚热带高原季风型,立体气候特点显著,类型众多、年温差小、日温差大、干湿季节分明、气温随地势高低垂直变化异常明显。滇西北属寒带型气候,长冬无夏,春秋较短;滇东、滇中属温带型气候,四季如春,遇雨成冬;滇南、滇西南属低热河谷区,有一部分在北回归线以南,进入热带范围,长夏无冬,一雨成秋。在一个省区内,同时具有寒、温、热(包括亚热带)三带气候,一般海拔高度每上升100m,温度平均递降0.6~0.7℃,有"一山分四季,十里不同天"之说,景象别具特色。全省平均气温,最热(7月)月均温在19~22℃,最冷(1月)月均温在6~8℃,年温差一般只有10~12℃。同日早晚较凉,中午较热,尤其是冬、春两季,日温差可达12~20℃。全省降水在季节上和地域上的分配极不均匀。干湿季节分明,湿季(雨季)为5—10月,集中了85%的降雨量;干季(旱季)为11月至次年4月,降水量只占全年的15%。全省降水的地域分布差异大,最多的地方年降水量可达2200~2700mm,最少的仅有584mm,大部分地区年降水量在1000mm以上。

2. 水文

全省河川纵横,湖泊众多。全省境内径流面积在100km²以上的河流有889条,分属长江(金沙江)、珠江(南盘江)、元江(红河)、澜沧江(湄公河)、怒江(萨尔温江)、大盈江(伊洛瓦底江)6大水系。红河和南盘江发源于云南境内,其余为过境河流,除金沙江、南盘江外,均为跨国河流,这些河流分别流入南中国海和印度洋。多数河流具有落差大、水流湍急、水流量变化大的特点。全省有高原湖泊40多个,多数为断陷型湖泊,大体分布在元江谷地和东云岭山地以南,多数在高原区内。湖泊水域面积约1100km²,占全省总面积的0.28%,总蓄水量约1480.19亿 m³。湖泊中数滇池面积最大,为306km²;洱海次之,面积约

250km^2;抚仙湖深度全省第一,最深处为152m;泸沽湖次之,最深处为73m。全省无霜期长,南部边境全年无霜,偏南地区无霜期为300~330d,中部地区约为250d,比较寒冷的滇西北和滇东北地区长达210~220d。

(四) 土壤植被

1. 土壤资源

云南因气候、生物、地质、地形等相互作用,形成了多种多样土壤类型,土壤垂直分布特点明显。经初步划分,全省有16个土壤类型,占到全国的1/4。其中,红壤面积占全省土地面积的50%,是省内分布最广、最重要的土壤资源,故云南有"红土高原""红土地"之称。云南稻田土壤细分有50多种,其中,大的类型有10多种。成土母质多为冲积物和湖积物,部分为红壤性和紫色性水稻土。大部土壤分呈中性和微酸性,有机质在1.5%~3.0%,氮磷养分含量比旱地高。山区旱地土壤约占全省的64%,主要为红土和黄土。坝区旱地土壤约占17%,主要为红土。旱地土壤分布比较分散,施肥水平不高,加之水土流失,土壤有机质普遍较水田低。常用耕地面积423.01万hm^2。

2. 植被资源

云南是全国植物种类最多的省份,被誉为"植物王国"。此外,植物类型多样,优良、速生、珍贵树种多,药用植物、香料植物、观赏植物等品种在全省范围内均有分布,故云南还有"药物宝库""香料之乡"和"天然花园"之称。热带、亚热带、温带、寒温带等植物类型都有分布,古老的、衍生的、外来的植物种类和类群很多。在全国近3万种高等植物中,云南占60%以上,分别列入国家一、二、三级重点保护和发展的树种有150多种。《云南省生物物种名录(2016版)》共收录云南省的物种25434个。云南森林面积2273.56万hm^2,森林覆盖率为59.3%,居全国第3位,森林蓄积量18.95亿m^3。2017年,全省完成人工造林面积27.77万hm^2;新封山育林72461hm^2,其中,无林地和疏林地封山育林17956hm^2,有林地和灌木林地新封山育林54505hm^2;退化林修复面积36972hm^2;人工更新面积9hm^2;森林抚育面积14.33万hm^2。全省林业重点工程营造林完成情况:人工造林13.52万hm^2;无林地和疏林地新封山育林16207hm^2,有林地和灌木林地新封山育林50522hm^2;退化林修复面积1060hm^2;森林抚育75885hm^2。

二、社会经济情况

（一）行政区划

2018年,全省行政区有16个州（市）、129个县（市、区）,其中有17个市辖区,16个县级市,96个县,29个民族自治县（见图3-16-1）。

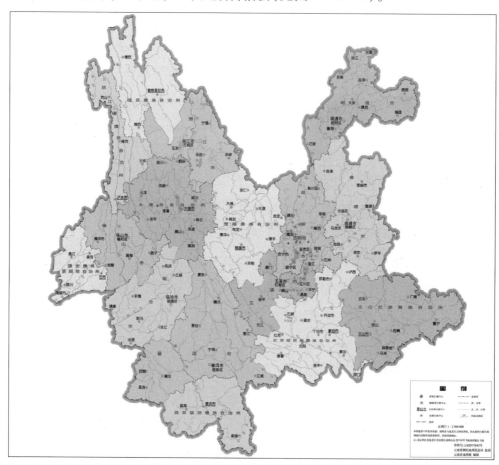

图3-16-1　云南省行政区划图（审图号：云S[2017]042号）

1. 人口

依据《云南统计年鉴（2018）》（云南省统计局,2018）,全省总人口为4800.5万人,与上一年相比,全省净增人口30.0万人;全省人口自然增长率为6.85‰,比上年提高0.13个千分点;全省城镇化率达到46.69%,比上年提高1.66个百分点。居住在城镇的人口为2241.4万人,居住在乡村的人口为2559.1万人。

2. 科技

依据云南省 2018 年统计年鉴(云南省统计局,2018),全省共有国家批准组建的工程技术研究中心 4 个、省级工程技术研究中心 122 个,国家重点实验室 6 个,省重点实验室 52 个,新认定创新型企业 42 家。全年共登记科技成果 1224 项,其中,基础理论成果 80 项,应用技术成果 1109 项,软科学成果 35 项,有 1 个项目获得 2017 年度国家科学技术奖。已建立国家级高新技术产业开发区 2 个,省级高新技术产业开发区 27 个。全年专利申请 28695 件,获专利授权 14230 件;认定登记技术合同 3504 项,成交金额达 84.99 亿元。

(二) 经济状况

依据《云南年统计年鉴(2018)》(云南省统计局,2018),全省生产总值(GDP)达 16376.34 亿元,比上年增长 9.5%,高于全国 2.6 个百分点。其中,第一产业完成增加值 2338.37 亿元,增长 6.0%;第二产业完成增加值 6204.97 亿元,增长 10.7%;第三产业完成增加值 7833.00 亿元,增长 9.5%。三次产业结构由上年的 14.8:38.5:46.7 调整为 14.3:37.9:47.8。全省人均生产总值达 34221 元,比上年增长 8.8%。非公经济增加值实现 7721.48 亿元,占全省生产总值的比重达 47.2%,比上年提高 0.3 个百分点。

(三) 土地利用类型

据《云南省土地利用总体规划大纲(2006—2020 年)》(云南省国土资源厅,2009),全省土地总面积 3831.94 万 hm^2,其中农用地 3176.09 万 hm^2,占 82.88%;建设用地 77.53 万 hm^2,占 2.02%;未利用地 578.32 万 hm^2,占 15.10%。农用地中,耕地面积 609.44 万 hm^2;园地面积 82.79 万 hm^2,林地面积 2212.87 万 hm^2,牧草地面积 78.30 万 hm^2,其他农用地面积 192.69 万 hm^2;建设用地中,居民点及工矿用地面积 60.20 万 hm^2,交通用地面积 9.46 万 hm^2,水利设施用地面积 7.87 万 hm^2。

第二节　水土流失概况

一、水土流失类型与成因

（一）水土流失类型

云南省属于长江上游及西南诸河区,水土流失类型齐全,水利部发布的《土壤侵蚀分类分级标准》(SL 190 – 2007)中提到的土壤侵蚀类型本区都有分布,分为水力侵蚀、风力侵蚀、重力侵蚀、冻融侵蚀和人为侵蚀等类型,主要以水力侵蚀为主。

（二）水土流失成因

短历时局地强降雨、陡坡长坡的地形地貌、复杂的地质构造和岩性、覆盖不良的植被、可蚀性大的土壤质地成分等不利的自然因素以及分布较广的陡坡无工程措施、耕地顺坡耕作、轮歇等不合理的粗放耕作方式和大量的生产建设活动等人为因素共同作用下,形成以水力侵蚀为主的土壤侵蚀类型,造成了水土资源的破坏和损失(姚顺发,2002)。

1. 自然因素

（1）地质

云南省地质构造运动强烈,褶皱和断裂发育,出露地层较全,岩性组成多变质岩,岩体破碎,风化强烈,残坡积物丰富。因此,重力侵蚀,如滑坡、坍塌、泥石流等剧烈侵蚀类型活跃。地壳较稳定,盖层相当完整,断裂不甚发育,岩体组成以沉积岩为主,侏罗系、白垩系红色砂岩、泥岩分布广泛。这些岩石易风化,成土速度快,成土后土壤抗蚀性差,极易造成严重的水土流失。新构造运动活跃,使得地震常有发生,降低了山体稳定性和岩石强度,增加了固体物质的来源,强地震使岩石节理扩张,山体裂隙,加剧了滑坡、坍塌等不良地质现象的发生。同时,广泛分布的页岩、板岩、长石砂岩、片岩、花岗岩等岩类,易风化,且风化层深厚,抗冲刷力弱,且地表植被遭受破坏或受外动力扰动,极易发生水土流失,且不易治理。

（2）地貌

云南省山区面积占其土地总面积的94%以上,坡度大于8°的土地面积达90.4%。山地、高原、丘陵、盆地和平原地貌均有发育,其中山地、高原、丘陵约占90%。山地、丘陵和高原地貌类型本身是地质构造运动和各类地表侵蚀共同作用的结果,起伏地势为水土流失创造了有利的条件,易使降雨形成径流,随着坡度、坡长的增大,水的能量增大,对土壤的侵蚀随之增强,而山麓地带多是优良耕地区域,土壤质地松散,遇降雨容易发生土壤侵蚀。

（3）气候

云南大部分地区降水季节分配不均,夏季降雨集中,降雨量大,多暴雨,正常年份,夏季降水量占全年的40%～75%。春季大部地区多干旱,土质疏松,土壤更易被风蚀,遇到夏季的集中降水常造成严重的水土流失。年降水量在1000mm以上,时空分配不均匀,雨季(5—10月)降水量占全年总量的85%,旱季(4—11月)降水量仅占全年总量的15%。降雨具有日数多、强度大且集中的特点,多单点暴雨为多。另外,降雨随海拔增高而增大,并多夜雨和雷阵雨,是引发滑坡、泥石流的主要因素。

（4）植被

云南省内部分区域森林被砍伐和草原被开垦后,植被的固土防蚀能力降低甚至丧失,极易产生水土流失。存在森林质量不高和森林资源结构较差,如:由于生态公益林比例小,用材林、经济林和薪炭林比例较高和森林林龄结构不合理等影响,林下地表裸露,产生严重的土壤侵蚀,"林下流"现象严重。

2. 人为因素

（1）不合理的土地利用和开发

云南省人多地少,耕地资源尤其是优质耕地资源稀缺。近年来大量的优质耕地被非农建设占用,使得人多地少的矛盾更加恶化。乱砍滥伐使森林遭到破坏失去蓄水保土作用,并使地面裸露,直接遭受雨滴的击溅、径流冲刷和风力的侵蚀;陡坡开荒不仅破坏了地面植被,且翻松了土壤,为产生严重的土壤侵蚀提供了条件;过度放牧使山坡和草原植被遭到破坏;在坡地广种薄收、撂荒轮垦,作物覆盖率低,使土壤性状恶化,这些不合理的土地利用和开发,加剧了水土流失。

（2）森林采伐与植被破坏

云南省森林覆盖率从20世纪50年代的50%下降至21世纪初的30%。森林破坏是导致水土流失的重要原因之一。造成森林破坏的主要原因有：一是木材生产加剧天然林的砍伐，致使大面积森林消失，泥石流等灾害随之而至，许多泥石流沟分布与森林采伐区的分布呈吻合状态；二是刀耕火种，在少数民族地区至今仍未绝迹；三是以柴为薪，尤其高原、高山寒冷区长年取暖加大了森林砍伐的强度。

（3）城市发展和工程建设

城市化和工矿业的发展，地表扰动，植被被破坏，产生了新的水土流失源。每年都有大量的基本建设工程，如公路、铁路建设及大规模的民用建筑施工等。某些工程由于缺乏水土保持措施，原有的少量植被又遭破坏，加重了水土流失。公路、水电工程、大型矿山、铁路等的建设强度加大，地表开挖量极大，又引发大量新的水土流失。工程建设还破坏地面植被，金沙江下游地区大部分工程边坡为裸坡，其易侵蚀的红色泥岩在裸露条件下被快速风化，成为泥沙的重要来源（徐元光等，2002）。

二、水土流失现状及变化

（一）水土流失现状

依据《中国水土保持公报（2018年）》（水利部，2019）结果显示，云南省水土流失以水力侵蚀为主，全省水土流失面积103390km²，占土地总面积的26.24%，其中轻度流失面积63299km²，中度流失面积15619km²，强烈及以上流失面积24472km²。

（二）水土流失变化

根据云南省1987—2018年5次水土流失调查结果表明，1987年全省水土流失总面积为141334km²，1999年全省水土流失总面积为1461304km²，2004年全省水土流失总面积为134262km²，2015年全省水土流失总面积为104728km²，2018年全省水土流失总面积为103390km²。从图3－16－2可以看出，水土流失总体呈现流失总面积减少，轻度和中度流失面积显著减少、强烈及以上级别流失面积增加的变化趋势,结果表明云南省水土流失整体状况有明显好转。

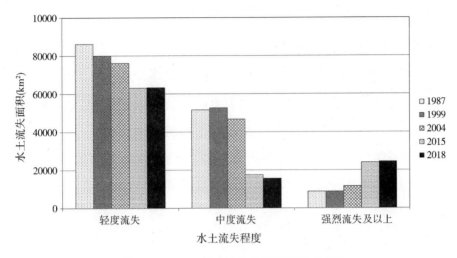

图 3 - 16 - 2　5 次水土流失调查情况对比图

三、水土流失危害

水土流失是当前云南省最突出的生态环境问题之一,是经济发展的重大障碍,已对该区域水土资源、生态安全和社会及经济等诸多方面造成危害(袁春明等,2003)。

(一)破坏土地,影响农牧业生产

土地资源是农牧产品生产的物质基础。水力侵蚀加剧土壤侵蚀和侵蚀沟发育,导致土层变薄、石漠化加剧、养分流失、土地破碎化;风蚀导致土地退化沙化,掩埋农田和水利设施,造成耕地减少,土质退化,严重影响农牧业生产。

(二)恶化生态,影响可持续发展

水土资源是生态系统良性演替的基本要素和物质基础,水土流失和生态恶化互为因果。不合理的土地利用毁坏林地草地,导致水土流失,植被生境恶化。反过来又加剧了水土流失。例如,水土流失最严重地区往往也是最贫困地区,水土流失、生态恶化和贫困交互作用造成"越破坏越开发,超开发越破坏"的恶性循环,严重地削弱了当地的农业生产基础,制约着农民收入水平的提高和生活质量的改善,损害区域社会经济的可持续发展。

(三)泥沙淤积,影响防洪安全

降水打击地面造成土壤板结,降低土壤入渗,增加地表产流,不仅造成土壤的冲刷,而且携带大量的泥沙进入河道,会抬高河床,影响行洪;会淤塞湖泊,降低其调蓄能力;会淤积塘库,缩短其使用寿命,降低综合效益。土地风蚀沙化,沙丘移动,风沙直接吹入河道,也会影响行洪。

(四)加剧面源污染,影响饮用水水源地水质安全

径流和泥沙是面源污染的载体,随着农药、化肥的大量施用,水土流失造成的面源污染对江河湖库水质的影响越来越大,特别是对饮用水水源地水质安全构成了严重威胁。持续恶化的水质严重制约了流域内社会经济的可持续发展,对流域内的人居环境造成了持续的破坏,并且对水质安全也构成了一定程度的威胁。

(五)泥石流、滑坡影响公共安全

云南省大量滑坡和泥石流的频繁活动,既严重破坏自然的生态环境,造成剧烈的水土流失,又危害和威胁着人们的生命财产安全。诸多滑坡活动形成的台地和滑坡体以及泥石流活动形成的堆积扇为山区相对平缓的土地资源,常被开发为农田,甚至辟为居民点。滑坡和泥石流灾害一旦活动,往往给这些村庄和农田造成毁灭性的灾害,造成严重的人员伤亡和经济损失。滑坡和泥石流活动对河道危害巨大,常常阻断或堵塞河道,形成临时库坝,淹没上游沿岸道路、居民点、农田等,库坝溃决时又会造成洪灾,给下游沿岸带来巨大危害。

774

第三节　水土流失预防与监督

一、水土流失预防保护

依据《云南省水土保持规划(2016—2030年)》(云南省水利厅,2017),坚持"预防为主,保护优先",在云南省实施全面预防保护,从源头上有效控制水土流失,以维护和增强水土保持功能为原则,充分发挥生态自然修复作用,多措并举,形成综合预防保护体系,扩大林草植被覆盖。林草覆盖率高、水土流失潜

在危险大的区域实施封育保护;条件相对恶劣、不适宜治理的无人区进行封禁;局部水土流失区域进行林草植被建设、坡改梯、面源污染控制等措施。

(一) 预防保护范围与对象

1. 全省水土保持预防范围

水土保持预防范围包括:①"三江"并流国家级重点预防区、境内六大水系两岸一级山脊线以内的范围及珠江的源头、大型水库径流区、全国重要饮用水水源地、全国水土保持区划三级区以水源涵养和生态维护为主导基础功能的区域。②省级水土流失重点预防区。③六大水系一级支流两岸一级山脊线以内的范围,金沙江和珠江一级支流源头。④"九大"高原湖泊和中型水库径流区。⑤省级人民政府公布的重要饮用水水源保护区。⑥云南省水土保持区划四级区以水源涵养、生态维护为主导基础功能的区域。⑦草甸、热带雨林和高寒山区。⑧其他需要预防的区域。

2. 全省水土保持预防对象

全省水土保持预防对象包括:①预防范围内的天然林、郁闭度高的人工林以及覆盖度高的草地。②受人为破坏后难以恢复和治理地带。③潜在水土流失危险、生态脆弱地区的植被等地面覆盖物。④林草覆盖度低且存在水土流失区域的林草植被。⑤河流两岸、湖泊和水库周边的植物保护带。⑥水土流失综合防治成果等其他水土保持设施。⑦涉及土石方开挖、填筑或者堆放、排弃等生产建设活动造成的新的水土流失。⑧垦造耕地、经济林种植、林木采伐及其他农业生产活动过程中造成的水土流失等。

(二) 预防保护措施

包括限制开发及禁止准入、管理措施、封禁管护和生态修复、面源污染控制措施、局部区域的水土流失治理措施等。

1. 限制开发及禁止准入

涉及重点预防区生产建设活动,应采取提高水土流失防治标准等措施;禁止在25°以上陡坡地和水库库岸至一级山脊线以内荒坡地垦造耕地;禁止在水库、饮用水水源保护区集雨范围内开发速生林等商业林地。

2. 管理措施

加强生产建设项目的水土保持监督管理工作,防止人为水土流失的发生;

加强城市水土保持工作;落实水土流失综合防治成果管护责任主体,制订相应的管理办法,加强管护措施;加强林木采伐及抚育更新管理措施等。

3.封禁管护和生态修复

封育保护、补植补种、生态移民、25°以上坡耕地退耕还林还草以及新能源代燃料等措施。

4.面源污染控制措施

农村垃圾和污水处置设施、人工湿地及其他面源污染控制等措施。

5.水土流失治理措施

局部水土流失区的林草植被建设、坡改梯、沟道治理等措施。

(三)重点预防项目

遵循"大预防、小治理""集中连片、以国家级、省级水土流失重点预防区为主兼顾其他"的原则,确定生态屏障带、"三江"并流、重要饮用水水源地和"九大"高原湖泊等4个重点预防项目。

1."三江"并流水土保持重点项目

本项目涉及丽江市、大理州、怒江州和迪庆州共4个州(市)、12个县(市、区)。位于金沙江、澜沧江、怒江的上游,地处高山峡谷,山高坡陡,区域内地层破碎,雨量丰沛,降雨具有季节性强、分布集中、单点暴雨频繁等特点,在人为因素影响下,易诱发地质灾害,对人口密集和经济重要的区域产生严重威胁。以封育保护为主,辅以综合治理,以治理促预防保护,控制水土流失,提高区域水源涵养能力。近期预防治理 $5309km^2$,其中预防保护 $4566km^2$,水土流失治理 $743km^2$ 。远期累计预防治理总面积 $15168km^2$,其中预防保护 $13045km^2$,水土流失治理 $2123km^2$ 。

2.生态屏障带水土保持重点项目

本项目范围包括哀牢山—无量山生态屏障带、滇南生态屏障带,涉及玉溪市、普洱市、楚雄州、大理州、红河州和西双版纳州共6个州(市)、15个县(市、区)。以封育保护为主,辅以综合治理,实现生态自我修复,建立水土保持生态补偿制度,以提高生态维护功能、控制水土流失、保障区域生态安全。近期预防治理 $2040km^2$,其中预防保护 $1698km^2$,水土流失治理 $342km^2$ 。远期累计预防治理总面积 $6564km^2$,其中预防保护 $5488km^2$,水土流失治理 $1076km^2$ 。

3. 重要饮用水水源地水土保持重点项目

本项目涉及全省 16 个州(市)、44 个县(市、区)。主要为州(市)级以上城市重要集中式饮用水水源地。主要是保护和建设以水源涵养林为主的植被,加强封育保护,加强区域面源污染和水土流失综合治理,促进重要水源地 15°～25°坡耕地退耕还林还草,减少入河(湖、库)的泥沙及面源污染物,维护水质安全。近期预防治理 958km²,其中预防保护 738km²,水土流失治理 220km²。远期累计预防治理总面积 2742km²,其中预防保护 2111km²,水土流失治理 631km²。

4. "九大"高原湖泊水土保持重点项目

本项目包括滇池、洱海、抚仙湖、程海、杞麓湖、异龙湖、星云湖、阳宗海和泸沽湖,涉及昆明市、玉溪市、大理州、丽江市和红河州共 5 个州(市)、17 个县(市、区)。主要以生态清洁小流域建设为主,保护和建设以水土保持林、水源涵养林为主的植被建设,加强远山封育保护,山腰实施以林草植被建设、坡耕地整治为主的水土流失综合治理,村镇区建设垃圾收集、污水处理等人居环境整治措施,种植区采取农业面源污染控制措施,滨湖建设植物保护带和湿地,减少入湖泥沙及面源污染物,维护水质安全。近期预防治理 1033km²,其中预防保护 795km²,水土流失治理 238km²。远期累计预防治理总面积 3005km²,其中预防保护 2314km²,水土流失治理 691km²。

二、水土保持监督管理

(一)制度体系

云南省水土保持制度体系依照我国现行的水土保持法律、法规的规定开展,从法律、行政法规、地方性法规、规章、规范性文件等 5 个层次逐步完善,形成完整的法规体系。除国家已制订的水土保持法律和国务院制订或批准颁布行政法规外,云南省的水土保持地方性法规、规范性文件还主要有云南省水利厅于 2007 年 12 月制订的《云南省水土保持监测规划(2006—2015 年)》;2007—2009 年云南省先后出台的《云南省开发建设项目水土保持生态环境监测管理暂行办法》《云南省开发建设项目水土保持监测设计与实施计划编制提纲(试行)》《云南省开发建设项目水土保持监测分类管理目录》等多个针对开发建设项目水土保持监测的制度和规范性文件,从而使开发建设项目水土保持监测工作走上了制度化快速发展的道路;2008年编制完成的《云南省水土保持监测规划实施方案(一期)》;2014年7月27日云南省第十二届人民代表大会常务委员会第十次会议通过的《云南省水土保持条例》。

(二)监管能力

2002年7月,云南省水利厅成立了云南省水土保持生态环境监测总站以及8个州市的国家级监测分站和4个州市级监测分站,主要负责全省及地方区域的水土保持监测站点的运行和管理工作。根据水利部水土保持监测中心《关于做好全国水土保持监测网络和信息系统建设监测点优化工作的通知》,开展对运行中的各监测点全面优化筛选和拟建监测点的选点工作,最终经省水利厅和水利部水土保持监测中心确定,云南共有43个监测站点(不含利用水文站的监测站点)被列入全国水土保持监测网络和信息系统二期建设工程。

(三)生产建设项目监督管理

依据《2018年中国水土保持公报》(水利部,2019),2018年云南省各级审批生产建设项目水土保持方案2447件,其中省级42件,市级312件,县级2093件;水土保持设施验收报备2010件,其中省级112件,市级972件,县级926件;水土保持监督检查4296个项目,查处水土保持违法案件513起,立案31起,结案24件。

三、水土保持区划与水土流失重点防治区

(一)水土保持区划

根据《全国水土保持规划(2015—2030年)》(水利部等,2015)和《全国水土保持区划》(水利部,2012.),云南省划分为西南岩溶区(云贵高原区)和青藏高原区2个一级区、4个二级区(滇黔桂山地丘陵区、滇北及川西南高山峡谷区、滇西南山地区和藏东—川西高山峡谷区)和9个三级区,三级区进行了水土保持功能定位,反映区域水土流失防治需求。

根据《云南省水土保持规划(2016—2030年)》(云南省水利厅,2016),为了科学合理进行水土流失防治总体布局,云南省在全国水土保持三级区的基础上,开展了全省水土保持四级区划,四级区为基本功能区,确定水土流失防治途

径及技术体系。全省共划分了 20 个四级区,四级区涉及水源涵养、土壤保持、蓄水保水、生态维护、防灾减灾、拦沙减沙和人居环境维护 7 项水土保持基础功能(表 3 – 16 – 1)。

表 3 – 16 – 1   云南省水土流失防治区域布局依据

"D123"名称		水土保持主要功能	范围
"一核一区"	"一核"	人居环境维护	滇中高原湖盆区域的人居环境维护区
	"一区"	拦沙减沙	滇中东中低山金沙江下游拦沙减沙区
"两翼两带"	"两翼"	生态维护、水源涵养	滇西、滇东区域生态维护和水源涵养区
	"两带"	蓄水保水	滇中一带、滇东南岩溶石漠化蓄水保水区
"三足三片"	"三足"	土壤保持	滇东北、滇西南和滇东南区域保土区
	"三片"	防灾减灾	滇西诸河流域片、滇东南红河流域片和滇中东金沙江流域片的防灾减灾区

资料来源:《云南省水土保持规划(2016—2030 年)》(云南省水利厅,2016)。

　　按照规划目标,以云南省主体功能区规划为重要依据,综合分析水土流失防治现状和趋势,以四级区水土保持基础功能为导向,提出"D123"的水土流失防治区域布局。"D123"主要内容如表 3 – 16 – 2,"D123"水土流失防治区域布局图详见图 3 – 16 – 3。

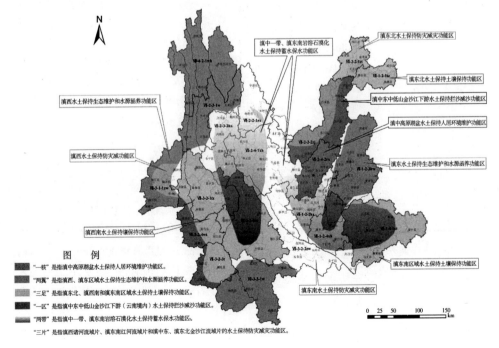

图 3 – 16 – 3   云南省"D123"水土流失防治区域布局图(云南省水利厅,2016)

表 3 - 16 - 2　云南省水土保持四级区划表

序号	区划名称及代码	涉及范围	功能区内的现状与问题
1	滇东北低山保土减灾区（Ⅶ-1-2-1tz）	包括彝良县、威信县、镇雄县共 3 个县，土地总面积约 0.79 万 km²，水土流失面积 0.38 万 km²	本区属典型的山地构造地形，地质构造较复杂，断裂较发育，岩体破碎、山高坡陡、地形深切，加上生态环境不断恶化，滑坡、崩塌、泥石流等地质灾害频繁发生，自然灾害危险性评价处于中等以上级别。区域土地垦殖率高达 33.42%，居各区之首，陡坡耕地分布多，林草覆盖率低，坡耕地水土流失严重，导致水土流失呈较高程度态势发展和生态环境退化
2	滇中高原湖盆水源涵养蓄水区（Ⅶ-1-2-2hx）	包括峨山县、红塔区、江川区、通海县、石屏县、澄江县、华宁县、宜良县共 8 个县（区），土地总面积约 1.14 万 km²，水土流失面积 0.34 万 km²	本区属于国家和省级重点开发区，湖盆坝地可利用土地资源缺乏，区域人口聚集度一般、开发强度中上，社会经济发展水平一般，区域水土流失整体呈轻度，但由于区域分布有阳宗海、抚仙湖、杞麓湖、异龙湖和星云湖等高原湖泊，人为造成的水土流失严重影响水生态环境，水土流失面源污染突出。另外，区域可利用水资源缺乏，属于严重缺水地区
3	滇东高原水源涵养生态维护区（Ⅶ-1-2-3hw）	包括宣威市、沾益区、马龙县、麒麟区、富源县、陆良县、师宗县、罗平县、石林县、泸西县共 10 个县（区），土地总面积约 2.64 万 km²，水土流失面积 0.91 万 km²	本区涉及珠江源及牛栏江上游保护区，属国家农产品主产区，区域风景名胜区多，可利用土地资源丰富，人为扰动造成的水土流失突出，导致水土流失呈强烈态势发展和生态环境退化，植被覆盖率降低
4	滇南中低山宽谷蓄水水源涵养区（Ⅶ-1-2-4xh）	包括弥勒市、建水县、开远市、个旧市、蒙自市共 5 个县（市），土地总面积约 1.34 万 km²，水土流失面积 0.53 万 km²	本区位于南盘江、红河构造活动强烈的河谷地带，区域水系发育，岩溶石漠化程度较高，属于岩溶缺水地区和珠江水源区。本区域是国家农产品主产区，省级重点开发区，可利用土资源量较丰富，土地利用粗放，加之石漠化区土少石多、土层浅薄、植被脆弱，极易诱发水土流失

序号	区划名称及代码	涉及范围	功能区内的现状与问题
5	滇东南岩溶丘陵蓄水保土区（Ⅶ-1-4-1xt）	包括丘北县、砚山县、文山市、广南县、马关县、西畴县、麻栗坡县、富宁县共8个县（市），土地总面积约3.14万km²，水土流失面积1.34万km²	本区属岩溶地区，土层薄，溶洞发育，地表水漏失严重，蓄水条件差，属于严重缺水区。本区涉及国家重点生态功能区、国家农产品主产区和省级重点开发区，但区域耕地资源宝贵，可利用土地资源缺乏，岩溶区坡耕地水土流失严重、植被脆弱
6	滇中中低山减灾蓄水区（Ⅶ-2-2-1zx）	包括宁蒗县、永胜县、华坪县、永仁县、元谋县共5个县，土地总面积约1.73万km²，水土流失面积0.56万km²	本区涉及金沙江干热河谷地带，区域滑坡、泥石流等自然灾害易发，可利用水资源沿金沙江逐渐递减，总体呈缺水态势，森林覆盖率也沿江递减，河谷区植被错落，生态功能退化，水土流失严重
7	滇中东中低山减灾拦沙区（Ⅶ-2-2-2zj）	包括巧家县、鲁甸县、昭阳区、会泽县、东川区、禄劝县、武定县共7个县（区），土地总面积约2.18万km²，水土流失面积1.03万km²	本区涉及金沙江干热河谷地带，区域小江断裂地震活跃，金沙江沿岸地带山坡稳定性差，自然灾害发育，自然灾害危险性评价中等偏上，水土流失严重，森林覆盖率低，生态功能退化，是产沙多沙区
8	滇东北中低山减灾保土区（Ⅶ-2-2-1zt）	包括绥江县、水富县、盐津县、永善县、大关县共5个县，土地总面积约0.77万km²，水土流失面积0.29万km²	本区属金沙江下游中山峡谷区，破坏性地震较频繁，山坡稳定性差，滑坡、泥石流频发，且人口密度高，陡坡垦殖面积大、生态环境质量差、水土流失强烈
9	滇西北中高山生态维护区（Ⅶ-2-3-1w）	包括泸水市、兰坪县、玉龙县、古城区、云龙县共5个县（市、区），土地总面积约1.93万km²，水土流失面积0.51万km²	区域属于少数民族居住区，地广人稀，居住分散，坡地种植、挖修道路等会产生一定水土流失，总体上属轻中度流失。区域特殊的地形地貌、复杂的气候环境，导致生态植被恢复和演替过程非常缓慢，一旦破坏，极难恢复，生态系统呈轻中度脆弱

序号	区划名称及代码	涉及范围	功能区内的现状与问题
10	滇西北中低山水源涵养蓄水区（Ⅶ-2-3-2hx）	包括剑川县、鹤庆县、永平县、洱源县、漾濞县、巍山县共6个县，土地总面积约1.40万km²，水土流失面积0.42万km²	本区主要分属澜沧江流域，涉及红河流域的源头区、无量山生态屏障带、国家和省级重点生态功能区及国家农产品主产区，除洱源县和鹤庆县外，可利用土地资源缺乏，坡地种植等人为生产活动造成的水土流失不容忽视。区域水资源缺乏，属于严重缺水区
11	滇中中山蓄水水源涵养区（Ⅶ-2-4-1xh）	包括大理市、祥云县、弥渡县、南华县、牟定县、姚安县、大姚县、宾川县、楚雄市、禄丰县、易门县共11个县（市），土地总面积约2.70万km²，水土流失面积1.00万km²	本区属于国家和省级重点开发区，区域人口聚集度一般、开发强度中上，社会经济发展水平一般，区域水土流失总体呈轻度影响，基础设施建设、开采类项目及生产建设项目水土流失影响突出。区域分布有洱海及珠江、金沙江众多一级支流，人为造成的水土流失严重影响水生态环境，水土流失面源污染突出。区域可利用水资源缺乏，属于严重缺水地区
12	滇中高原湖盆人居环境维护蓄水区（Ⅶ-2-4-2rx）	包括五华区、盘龙区、官渡区、西山区、富民县、嵩明县、寻甸县、安宁市、晋宁区、呈贡区共10个县（市、区），土地总面积约1.13万km²，水土流失面积0.34万km²	本区是云南省会所在区域，是国家重点开发区，人口密度大，社会经济发展水平较高，水利、交通等基础设施较为完善，工、农业生产较为发达，经济基础较强，受人为活动影响，城市环境容量低，地区严重缺水、水生态环境遭到破坏，生产建设项目、新型农业化、不合理农林开发及土地流转等带来的水土流失不容忽视
13	滇西中低山宽谷减灾生态维护区（Ⅶ-3-1-1zw）	包括瑞丽市、芒市、盈江县、陇川县、梁河县、腾冲市共6个县（市），土地总面积约1.68万km²，水土流失面积0.40万km²	本区地处滇西高原中部，大盈江活动断裂斜贯全区，不良地质作用异常强烈，雨季局地暴雨频繁，属于地质灾害极易发区，山洪、滑坡、泥石流灾害频发。本区开发强度低，水资源总体丰富，水热条件较好，自然植被资源丰富

序号	区划名称及代码	涉及范围	功能区内的现状与问题
14	滇西中低山宽谷保土减灾区（Ⅶ-3-2-1tz）	包括隆阳区、施甸县、龙陵县、昌宁县、凤庆县、云县、永德县共7个县（区），土地总面积约2.35万km²，水土流失面积0.84万km²	本区涉及澜沧江和怒江流域，是国家农产品主产区，区域可利用土地资源总体缺乏，坡耕地分布较多，水土流失以中轻度为主，强烈以上也有分布。沿江两岸地势较陡，地质破碎，自然灾害频发
15	滇南中低山宽谷减灾生态维护区（Ⅶ-3-2-2zw）	包括红河县、绿春县、金平县、屏边县、河口县、元阳县、新平县、元江县、双柏县共9个县，土地总面积约2.50万km²，水土流失面积0.86万km²	本区位于滇西山地峡谷区与滇东高原盆地区的过渡带上，红河、哀牢山断裂带规模宏大、活动强烈，沿断裂带变质岩系分布广泛，属于地质灾害极易发区，自然灾害频发。区域涉及哀牢山生态屏障，自然植被资源丰富，部分区域生态脆弱
16	滇西中山宽谷土壤保持区（Ⅶ-3-2-3t）	包括西盟县、孟连县、澜沧县共3个县，土地总面积约1.18万km²，水土流失面积0.30万km²	本区涉及南部边缘生态屏障，是国家农产品主产区，主要以传统农业为主，作物较为单一，属于边疆少数民族地区，耕作方式较为粗放，坡耕地分布广泛，占总耕地面积的80%以上，坡耕地水土流失严重
17	滇西中山宽谷生态维护保土区（Ⅶ-3-2-4wt）	包括镇康县、耿马县、沧源县、双江县共4个县，土地总面积约1.08万km²，水土流失面积0.32万km²	本区山地与河谷相间，雨热充沛，自然植被资源和生物多样性丰富，在南汀河下游的自然保护区分布有原生的半常绿季雨林。本区大部分地区为南部边境生态屏障带，也是国家级农产品主产区，坡耕地广泛分布，土地的过度垦殖是导致水土流失的主要原因
18	滇西南中低山宽谷保土蓄水区（Ⅶ-3-2-5tx）	包括景谷县、宁洱县、南涧县、景东县、镇沅县、墨江县、临翔区共7个县（区），土地总面积约2.93万km²，水土流失面积0.65万km²	本区涉及国家农产品主产区，以传统农业为主，适宜耕种的土地分布于河流两岸的河谷地带，坡耕地分布广泛。区域属于低纬高海拔地区，可利用水资源分布不均，因地域不同呈较丰富和缺水态势

序号	区划名称及代码	涉及范围	功能区内的现状与问题
19	滇南中低山宽谷生态维护区（Ⅶ-3-3-1w）	包括景洪市、勐腊县、思茅区、勐海县、江城县共5个县(市、区)，土地总面积约2.63万km²，水土流失面积0.46万km²	本区热带经济作物、药用植物和香料植物栽培普遍，是云南省橡胶种植的主要地区。部分地区的热带雨林已被开辟为热带作物种植园和农田，过度的人为扰动和强降雨导致局部地区的水土流失严重，经济林带来的生态退化和水土流失不容忽视
20	滇西北高山峡谷生态维护水源涵养区（Ⅷ-4-2-1wh）	包括贡山县、德钦县、香格里拉市、福贡县、维西县共5个县(市)，土地总面积约2.94万km²，水土流失面积0.65万km²	本区属于"三江"并流高山峡谷区，是国家重点生态功能区，涉及国家禁止开发区，是青藏高原南缘生态屏障带，发挥着涵养大江大河水源和调节气候作用。区域地广人稀，人类活动对自然环境影响相对较小，林草覆盖率高，总体上属轻度流失区，但区域特殊的地形地貌、复杂的气候环境，尤其是高海拔、气候寒凉、山高坡陡、土地贫瘠等因素，导致生态植被恢复和演替过程非常缓慢，一旦破坏，极难恢复，生态系统脆弱

资料来源：《中国水土保持区划》（全国水土保持规划编制工作领导小组办公室等，2016）。

（二）水土流失重点防治区

根据《中华人民共和国水土保持法》第十二条规定，按照总体布局和区域布局，结合全省重点生态功能区及范围、水土流失分布及防治现状，以水利部《关于划分国家级水土流失重点防治区的公告》和《全国水土保持规划国家级水土流失重点预防区和重点治理区复核划分成果》为基础，云南省水土流失重点预防区和重点治理区划分为国家级和省级区两个层次。

1. 国家级水土流失重点预防区和重点治理区

"两区复核划分"是在原国家级水土流失重点防治区划分成果的基础上，根据《全国水土保持规划国家级水土流失重点防治区复核划分技术导则》，充分利用第一次全国水利普查成果，借鉴全国主体功能区规划和已批复实施的水土保持综合及专项规划等，进行复核划分的。

根据本次"两区复核划分"成果，云南省内的国家级水土流失重点预防区为金沙江岷江上游及三江并流国家级水土流失重点预防区，涉及11个县级行政单位；重点治理区为西南诸河高山峡谷国家级水土流失重点治理区、金沙江下游国家级水土流失重点治理区、乌江赤水河上中游国家级水土流失重点治理区、滇黔桂岩溶石漠化国家级水土流失重点治理区,涉及68个县级行政单位。划分成果详见表3-16-3和表3-16-4。

表3-16-3　云南省国家级水土流失重点预防区

区名称	县	县个数
金沙江岷江上游及三江并流国家级水土流失重点预防区	德钦县、香格里拉市、维西傈僳族自治县、贡山独龙族怒族自治县、福贡县、兰坪白族普米族自治县、泸水县、玉龙纳西族自治县、丽江市古城区、剑川县、洱源县	11

资料来源:《第一次全国水利普查水土保持情况公报》(水利部,2013b)。

表3-16-4　云南省国家级水土流失重点治理区

区名称	县(市、区)	县个数
西南诸河高山峡谷国家级水土流失重点治理区	云龙县、永平县、南涧彝族自治县、巍山彝族回族自治县、保山市隆阳区、龙陵县、施甸县、昌宁县、潞西市、凤庆县、镇康县、永德县、云县、临沧市临翔区、耿马傣族佤族自治县、双江拉祜族佤族布朗族傣族自治县、沧源佤族自治县、西盟佤族自治县、澜沧拉祜族自治县、孟连傣族拉祜族佤族自治县、景东彝族自治县、镇沅彝族哈尼族拉祜族自治县、墨江哈尼族自治县、元江哈尼族彝族傣族自治县、易门县、红河县、绿春县、双柏县	28
金沙江下游国家级水土流失重点治理区	绥江县、水富县、永善县、大关县、盐津县、昭通市昭阳区、鲁甸县、巧家县、彝良县、会泽县、马龙县、昆明市东川区、禄劝彝族苗族自治县、寻甸回族彝族自治县、永仁县、元谋县	17
乌江赤水河上中游国家级水土流失重点治理区	威信县、镇雄县	2
滇黔桂岩溶石漠化国家级水土流失重点治理区	宣威市、沾益县、富源县、曲靖市麒麟区、罗平县、宜良县、石林彝族自治县、澄江县、华宁县、建水县、弥勒县、开远市、个旧市、泸西县、丘北县、广南县、富宁县、文山县、砚山县、西畴县、马关县	21
合计		68

资料来源:《第一次全国水利普查水土保持情况公报》(水利部,2013b)。

2.省级水土流失重点预防区和重点治理区

(1)水土流失重点预防区

云南省划分了金沙江上游及三江并流等6个水土流失重点预防区,涉及33

个县(市、区)的 196 个乡镇,乡镇面积 77901.86km²,占全省土地总面积的 20.33%,重点预防面积 41459.94km²。详见表 3 - 16 - 5。

表 3 - 16 - 5 云南省水土流失重点预防区

名称	范围(涉及县)	面积/km²	重点预防面积/km²
金沙江上游及三江并流国家级水土流失重点预防区	古城区	564.12	354.47
	玉龙县	3768.63	1942.35
	洱源县	958.51	360.82
	剑川县	1152.98	603.54
	泸水市	2163.73	1032.63
	福贡县	1774.35	975.66
	贡山县	3984.16	1223.09
	兰坪县	3412.86	1244.71
	香格里拉市	10302.77	3989.55
	德钦县	3996.80	2077.79
	维西县	3178.94	1363.60
	小计	35257.85	15168.21
金沙江—珠江分水岭省级水土流失重点预防区	盘龙区	125.19	75.46
	官渡区	396.48	239.27
	嵩明县	1344.83	791.68
	寻甸县	1921.45	1039.27
	会泽县	625.16	292.72
	沾益区	2176.17	1282.77
	宣威市	2141.34	1229.33
	小计	8730.62	4950.50
哀牢山—无量山省级水土流失重点预防区	新平县	2266.86	1356.53
	景东县	3751.60	2423.08
	镇沅县	996.08	646.11
	楚雄市	385.88	207.51
	双柏县	597.79	381.60
	南华县	460.76	243.62
	南涧县	889.79	551.95
	小计	9348.76	5810.40

名称	范围(涉及县)	面积/km²	重点预防面积/km²
元江河口省级水土流失重点预防区	元阳县	1819.43	1003.37
	金平县	3621.93	2171.41
	河口县	1323.09	773.86
	小计	6764.45	3948.64
西双版纳省级水土流失重点预防区	景洪市	5267.53	3424.58
	勐海县	2573.34	1660.04
	勐腊县	6816.74	4637.67
	小计	14657.61	9722.29
苍山洱海省级水土流失重点预防区	大理市	1749.58	1079.18
	漾濞县	1392.99	780.72
	小计	3142.57	1859.90
合计		77901.86	41459.94

资料来源:《云南省水利厅关于划分省级水土流失重点预防区和重点治理区的公告》(云南省水利厅,2017a)。

（2）水土流失重点治理区

云南省划分了西南诸河高山峡谷等6个水土流失重点治理区,涉及82个县(市、区)的737个乡镇,乡镇面积191190.77km²,占全省土地总面积的49.89%,重点治理面积53624.91km²。详见表3-16-6。

四、水土保持规划

为落实《中华人民共和国水土保持法》,云南省水利厅于2017年11月21日以云水保〔2017〕99号文印发了《云南省水土保持规划(2016—2030年)》,为继续做好全省水土保持工作提供了强有力的保障。本规划与《全国水土保持规划(2015—2030年)》《云南省主体功能区规划》《云南省水土保持生态环境建设规划(2001—2050年)》等充分衔接。规划分析了云南省水土流失及防治现状,系统总结水土保持经验和成效,以全省水土保持区划为基础,以保护和合理利用水土资源为主线,以全省主体功能区规划为重要依据,拟定预防和治理水土流失、保护和合理利用水土资源的总体部署,明确水土保持的目标、任务、布局和对策措施,为维护良好生态、促进江河治理、保障饮水安全、改善人居环境、推动经济社会发展提供支撑和保障。

表 3 - 16 - 6　云南省水土流失重点治理区

名称	范围（涉及县）	面积（km²）	重点治理面积（km²）
西南诸河高山峡谷	易门县	1512.51	347.15
	元江县	2726.51	597.68
	隆阳区	2175.74	747.06
	施甸县	1954.95	614.96
	龙陵县	2488.96	604.85
	昌宁县	3290.02	790.73
	墨江县	5310.69	772.54
	景东县	708.68	130.07
	镇沅县	3113.31	428.96
	孟连县	1111.63	247.7
	澜沧县	7068.66	1573.44
	西盟县	1251.14	251.69
	临翔区	2555.43	504.59
	凤庆县	2431.91	557
国家级水土流失重点治理区	云县	3668.35	894.67
	永德县	3215.08	948.08
	镇康县	2534.13	503.83
	双江县	2160.2	634.2
	耿马县	3718.45	844.71
	沧源县	2447.65	447.47
	双柏县	1696.09	768.47
	红河县	2011.19	483.2
	绿春县	2604.82	560.37
	南涧县	848.81	217.79
	巍山县	2177.88	452.16
	永平县	1662.49	457.08
	云龙县	4372.23	1150.52
	芒市	2526.34	489.88
	小计	73343.85	17020.85

名称	范围（涉及县）	面积（km²）	重点治理面积（km²）
金沙江下游国家级水土流失重点治理区	东川区	1871.14	855.41
	禄劝县	2778.38	768.55
	寻甸县	1671.83	532.24
	马龙县	1086.82	197.55
	会泽县	3706.39	1515.27
	昭阳区	1680.52	439.18
	鲁甸县	1303.47	470.64
	巧家县	3195.39	1068.88
	盐津县	2021.96	728.53
	大关县	1719.02	433.1
	永善县	2777.88	730.42
	彝良县	2795.76	840.44
	水富县	439.97	90.28
	永仁县	1960.65	687.99
	元谋县	1739.51	457.67
	小计	31495.02	10000.03
赤水河上中游国家级水土流失重点治理区	镇雄县	3695.98	1652.06
	威信县	1392.7	502.52
	小计	5088.68	2154.58
滇东岩溶石漠化国家级水土流失重点治理区	宜良县	1269.27	421.85
	石林县	1702.13	428.83
	麒麟区	786.07	158.08
	罗平县	2197.38	544.17
	富源县	2259.17	871.06
	沾益区	625.1	107.04
	宣威市	2538.59	1189.17
	澄江县	708.29	133.01
	华宁县	1241.72	316.56
	个旧市	1284.16	457.83
	开远市	1944.69	620.96
	建水县	3399.64	765.54
	弥勒市	3904.97	1048.08

名称	范围（涉及县）	面积（km²）	重点治理面积（km²）
	泸西县	1659.88	420.18
	文山市	2977.19	901.95
	砚山县	3865.21	1300.06
	西畴县	1494.9	456.97
	马关县	2659.54	987.51
	丘北县	5056.89	1603.07
	广南县	7735.54	2332.04
	富宁县	5277.75	1449.13
	小计	54588.08	16513.09
滇中北省级水土流失重点治理区	永胜县	2158.26	637.61
	华坪县	2156.03	554.79
	宁蒗县	4020.97	879.85
	楚雄市	1879.96	755.23
	牟定县	567.17	174.07
	南华县	559.06	199.57
	姚安县	1063.48	215.64
	大姚县	2872.84	1074.6
	武定县	2004.43	538.89
	禄丰县	2149.51	685.43
	祥云县	820.43	301.21
	宾川县	1532.7	460.52
	弥渡县	1095.26	293.94
	小计	22880.1	6771.35
南溪河省级水土流失重点治理区	蒙自市	1932.17	600.66
	屏边县	1862.87	564.35
	小计	3795.04	1165.01
合计		191190.77	53624.91

　　资料来源：《云南省水利厅关于划分省级水土流失重点预防区和重点治理区的公告》（云南省水利厅,2017）。

第四节　水土流失综合治理

一、水土流失综合治理情况

依据《中国水土保持公报(2018年)》(水利部,2019),2018年,云南省新增水土流失综合治理面积5235.7km²,其中新增梯田349.7km²,坝地2.3km²,营造水土保持林1004.8km²,营造经济林1048.8km²,林草措施294.2km²,封禁治理1690.7km²,其他措施845.2km²。依据《云南省2018年环境状况公报(2018年)》(云南省生态环境厅,2019),完成国家水土保持重点工程水土流失治理面积692km²。水利部门完成水土流失治理面积882km²(其中国家水土保持重点工程完成692km²,地方水利部门自主开展水土流失治理工程完成190km²)。

二、按区划治理情况

依据《中国水土保持区划》成果(全国水土保持规划编制工作领导小组办公室等,2016),主要包含以下6个分区的治理情况。

(一)滇北中低山蓄水拦沙区

1.基本情况

滇北中低山蓄水拦沙区地处云贵高原,位于金沙江以南的云南省境内,包括云南省17个县(区),土地总面积4.68万km²。该区从20世纪90年代开始实施长江上游水土保持重点防治工程,累计保存的水土保持措施面积13844.85km²,通过坡改梯建设基本农田16.95万hm²,水土保持林42.54万hm²,经济林36.45万hm²,种草5.31万hm²,封禁治理37.13万hm²,其他措施628hm²,配套建设坡面水系工程2770km²,控制面积3.70万hm²,建设小型蓄水保土工程点状79652处。

2. 水土保持重点

通过水土资源的优化配置,加强坡耕地整治和坡面水系工程建设,提高蓄水保土能力;干热河谷区充分利用光热资源,发展经果林,提高经济效益;石漠化地带,加强基本农田和配套小型水利工程建设,抢救土地资源,加强沟道治理与植被建设,提高拦沙减沙能力,减少河湖库淤积,促进综合农业生产和饮水安全。

3. 典型防治模式

以雨水积蓄利用、注重坡改梯建设并结合经果林立体开发的治理模式;抢救土地资源、雨水蓄积利用和沟道防护的治理模式。

(二)滇西北中高山生态维护区

1. 基本情况

滇西北中高山生态维护区位于横断山脉与云贵高原的接合部,包括云南省11个县(区),土地总面积3.33万 km^2。该区从20世纪90年代开始实施长江上游水土保持重点防治工程,累计保存的水土保持措施面积6580km^2,包括坡改梯3.76万 hm^2,水土保持林36.89万 hm^2,经济林12.06万 hm^2,种草1.05万hm^2,封禁治理12.05万 hm^2,配套建设坡面水系工程676km,建设小型蓄水保土点状工程92336处。

2. 水土保持重点

保护现有森林植被,加强封山育林和退耕还林,禁止陡坡开垦,实施生态移民,提高林草覆盖率,提高生物多样性和生态稳定性,构建生态屏障。通过水土流失严重区域的局部治理,加强基本农田建设,保护土地资源,注重坡面径流集蓄利用,发展经果林,加强沟道侵蚀防治。

3. 典型防治模式

保护森林草原植被、加强基本农田建设的治理模式。

(三)滇东高原保土人居环境维护区

1. 基本情况

滇东高原保土人居环境维护区位于滇东高原,包括云南省21个县(市、区),土地总面积3.85万 km^2。该区从20世纪90年代开始实施长江上游水土保持重点防治工程,累计保存的水土保持措施面积9401km^2,通过坡改梯建设基本农田 12.32 万 hm²，水土保持林 37.47 万 hm²，经济林 17.84 万 hm²，种草 5291hm²，封禁治理 25.67 万 hm²，其他措施 1910hm²，配套建设坡面水系工程 2057km²，建设小型蓄水保土工程点状 218238 处，水平沟等线状工程 4115km。

2. 水土保持重点

以维护人口密集区居住环境为主要目的，注重坡耕地整治和城市及周边水土保持，维护人居环境，促进综合农业生产，保护土地生产力、建设河湖沟渠边岸和自然景观。加强山区向盆地过渡的石漠化严重地带的封山育林育草，提高植被覆盖度；充分发挥区域光热资源优势，调整产业结构，大力发展林果等特色产业，发展区域生态经济。

3. 典型防治模式

保护现有植被，实施封禁管育和退耕还林还草，对荒山荒坡和疏幼林地，营造水土保持林，提高和保护水源区水源涵养能力。以小流域综合治理为主，加强坡耕地整治，建设基本农田，干热河谷地带，特别要加大蓄水力度，推广节水灌溉技术，保证植物生长对水的需求；充分发挥光热资源优势，进行立体农业开发，发展经济林果；实施保土耕作措施，增加地面覆盖。在人口密集的大中城市及周边区域，注重沟道治理和城市水土保持建设，积极推广生态清洁小流域治理模式，加强农村生活垃圾和生活污水的处理，控制面源污染。在石漠化地带，要加强基本农田和配套小型水利建设，发展农村小水电和沼气池，实施能源替代。

（四）滇西中低山宽谷生态维护区

1. 基本情况

滇西中低山宽谷生态维护区位于云贵高原西部边缘，包括云南省 6 个县（市），土地总面积 1.69 万 km²。该区从 2000 年以来开始实施水土保持工程，累计保存的水土保持措施面积2347km²，通过坡改梯工程建设基本农田 5.96 万 hm²，水土保持林 7.47 万 hm²，经济林 7.15 万 hm²，种草 2947hm²，封禁治理 2.52 万 hm²，其他措施 754hm²，配套建设坡面水系工程 52km²，建设小型蓄水保土点状工程 4983 处，水平沟等线状工程 50km。

2. 水土保持重点

保护现有森林植被，加强植被建设，提高生态稳定性，保护生物多样性和自然景观，促进林业生产，发展旅游业、热带水果和药材等特色产业，提高农民收入。加强农村基础设施和农村替代能源建设,改善农村生产生活条件。

3. 典型防治模式

加强对现有林地的保护,实施封山育林,退耕还林,提高生态稳定性,保护生物多样性和自然景观,发展特色旅游业。加强矿产资源等开发区水土保持监督管理,保护优良生态。在宽谷地带,以坡耕地水土流失治理为主,加强坡改梯和坡面水系工程建设,辅以植物措施和保土耕作措施,加强农村基础设施和农村替代能源建设,改善农村生产生活条件。

(五)滇西南中低山保土减灾区

1. 基本情况

滇西南中低山保土减灾区地处红河上中游,包括云南省 30 个县(区),土地总面积 10.07 万 km²。该区从 2000 年以来开始实施水土保持工程,累计保存的水土保持措施面积 13788km²,通过坡改梯建设基本农田 27.95 万 hm²,水土保持林 32.86 万 hm²,经济林 54.66 万 hm²,种草 1.37 万 hm²,封禁治理 20.06 万 hm²,其他措施 9894hm²,配套建设坡面水系工程 1295km²,建设小型蓄水保土点状工程 237133 处,水平沟等线状工程 26865km。

2. 水土保持重点

以小流域为单元,控制坡耕地水土流失,建设基本农田;利用光热资源优势。发展热带特色经济林果;中低山地带要加强防护林体系建设和天然林保护,禁止陡坡开垦;河流沿岸沟谷地带要加强沟道治理和溪沟整治。

3. 典型防治模式

注重坡耕地改造保持土壤的综合防治模式、加强植被建设和保护、减轻洪涝灾害的治理模式。

(六)滇南中低山宽谷生态维护区

1. 基本情况

滇南中低山宽谷生态维护区地处红河下游,包括云南省 5 个县(市、区),土地总面积 2.64 万 km²。该区从 2000 年以来开始实施水土保持工程,累计保存的水土保持措施面积 61056km²,其中通过坡改梯建设基本农田 2.40 万 hm²,水土保持林 3.73 万 hm²,经济林 53.02 万 hm²,种草 1.87 万 hm²,封禁治理 1.87hm²,小型蓄水保土工程 15874 处。

2. 水土保持重点

以植被的保护和恢复为重点,提高区域的生态功能,注重对生态环境的维护,维护生物多样性,减少滑坡、泥石流及山洪等自然灾害,加强坡地果园的水土流失综合治理,改善区域的生产生活环境,促进农业经济可持续发展,发展旅游业。

3. 典型防治模式

加强森林植被保护,结合坡改梯及经济开发的治理模式。

第五节　水土保持监测与信息化

一、水土保持监测网络

(一) 监测站网规划情况

为科学指导云南省水土保持监测站网建设工作,云南省水利厅2007年12月制定的《云南省水土保持监测规划(2006—2015年)》和《云南省水土保持监测规划实施方案(一期)》中确定了云南省水土保持监测站点网络的建设规划,包括6个方面的建设内容:监测机构、监测站点、数字水土保持工程、监测制度建设、水土保持普查、科研课题(武平等,2009)。此外,依据《云南省水土保持规划(2016—2030年)》提出对监测站点布设的优化布局、升级改造目标。根据全省自然条件、经济社会发展和水土保持监测工作的需求,以满足水土保持生态建设的需要,在全省已建监测站点的基础上,对监测站点进行布局。

1. 现有监测站点优化布局

针对现有监测点空间分布不均衡、不合理的状况,进行优化布局,整合相近监测点,淘汰或降格重复、不合理、设施设备差、管理差的监测点。

2. 保留监测站点改造升级

对建设标准低、设施设备老化的保留监测站点,进行更新改造。

3. 水土保持基本监测点布设

充分利用经优化布局后保留的监测站点,同时根据监测站点建设布局原则,全省规划建设一批监测站点。规划期末建成全面覆盖全省 16 个州(市)、全国水土保持 9 个三级区、云南省水土保持 20 个四级区、六大流域、国家水土流失重点治理区和重点预防区、"九大"高原湖泊、重要饮用水水源地的监测站网。

4. 野外调查单元布设

水土保持野外调查单元按全省公里网格布局,同时结合云南省全国第一次水利普查野外调查单元布设情况,进行布设。

(二)监测站网建设情况

1. 监测管理机构

以《云南省水土保持监测规划(2006—2015)》为依据,在中央和省、州、县各级的大力支持下,云南省全力推进水土保持站网的建设,取得了阶段性进展。截至 2018 年底,全省共建成 1 个省级总站——云南省水土保持生态环境监测总站,全省 16 个州(市)除昆明、迪庆 2 个州(市)外,其他 14 个州(市)都设立了水土保持监测分站,行使水土保持监测、监督、管理、指导职能。

2. 监测站点建设现状

截至 2018 年底,全省建成监测站点共 43 个(不包含利用水文站的站点),其中 33 个为全国水土保持监测网络和信息系统建设二期工程在云南省建成的,1 个监测点是昆明市自行建成的松华坝水源区迤者小流域水土保持监测站。按流域分布情况来看,云南省六大流域都设有监测站点,其中金沙江流域 20 个、珠江流域 6 个、红河流域 6 个、澜沧江流域 5 个、怒江流域 4 个、伊洛瓦底江流域 2 个。

按《水利部办公厅关于印发〈全国水土保持区划(试行)〉的通知》(办水保〔2012〕512 号)要求,云南省分属 2 个一级区、4 个二级分区、9 个三级分区。已建水土保持监测站点均分布在一级区中的西南岩溶区上,一级区中的青藏高原区没有站点分布。三级区中的 9 个类型区中均已覆盖了监测站点。按《全国水土保持规划国家级水土流失重点预防区和重点治理区复核划分成果》(水利部办水保〔2013〕188 号),按全国水土流失防治分区分布情况来看,有 1 个站点位于金沙江岷江上游及三江并流国家级水土流失重点预防区,金沙江下游国家级水土流失重点治理区6个,滇黔桂岩溶石漠化国家级水土流失重点治理区6个,西南诸河高山峡谷国家级水土流失重点治理区5个。

3.监测站网运行管理现状

云南省水土保持生态环境监测总站全面负责全省监测站点的管理工作,监督、指导、督促州、县水保部门和监测点开展监测工作,收集、汇总、整编各监测点的监测成果并向水利部、云南省水利厅和水利部珠江水利委员会和长江水利委员会等流域机构上报。监测点所在县水行政主管部门是监测点运行管理的直接责任主体,负责监测点的监测运行管理工作,落实管理责任、管理人员和协调土地租用、征用等工作,审核上报监测点的监测成果。州市水利部门履行监督、督促、指导县和监测点的监测工作的职责,汇总各监测点的监测成果上报省监测总站。监测点运行以来,各监测点完善管理制度,根据监测点实际制订了运行管理制度、办法和监测操作规程,规范了监测行为。

（三）加快监测站网建设的必要性

2011年云南省出台的《中共云南省委云南省人民政府关于加快实施"兴水强滇"战略的决定》,进一步明确了水土保持的目标任务。党的十八大报告把生态文明建设放在突出地位,纳入社会主义现代化建设总体布局。可以预见,未来相当长的时间内,水土保持作为生态建设的一个重要组成部分将迎来大投入、大发展的时机。水土保持监测工作是一项指导水土保持综合治理的基础性工作。云南省水土流失严重,生态文明建设任务艰巨,加快构建监测网络,建立监测网络良性运行管理体制,提升监测水平,尤显重要、必要和迫切,从而以适应新时期水土保持防治工作的需要,为水土保持防治提供有效的支撑。

二、水土流失动态监测

（一）动态监测总体实施手段

1.水土保持普查

定期开展水土保持普查,调查全省水土流失强度和分布状况、水土保持措施的保存情况等。

2. 水土保持定位观测

布设小流域控制站和坡面径流场等监测点,开展水土流失影响因子及土壤流失量等常年持续性观测。云南省区域监测主要是以各区域已建成的水土保持监测站点开展水土流失常规指标的监测活动,包括:降雨等气象因子、坡面地表径流量、坡面产沙量、流域径流量、流域输沙量、土壤水文物理性质、植被生长概况、流域水蚀调查等方面的动态监测。

3. 水土流失重点预防区和重点治理区监测

采用遥感监测、地面观测、野外调查和抽样调查相结合的方法,对水土流失重点预防区和重点治理区进行监测,综合评价区域水土流失强度和分布状况、治理措施动态变化。水土流失重点预防区和重点治理区监测每年开展一次。

4. 水土保持重点工程效益监测

采用定位观测和典型调查相结合的方法,对水土保持工程的实施情况进行监测,分析评价工程建设的社会、经济和生态效益。

(二)生产建设项目监测

采用"天地一体化"监管技术,监测生产建设项目扰动地表状况、水土流失状况等,全面反映生产建设项目水土流失影响及防治情况,近期重点实施项目见表3-16-7。

表3-16-7 云南省水土保持动态监测近期重点项目表

序号	项目名称	项目实施主要内容
1	全省水土保持普查	定期开展全省水土保持普查。查清全省土壤侵蚀现状和水土保持措施现状,更新全省水土保持基础数据库
2	水土流失动态监测与公告项目	开展国家级、省级水土流失重点预防区和重点治理区监测、水土保持监测点定位观测和生产建设项目集中区的水土流失动态监测,掌握区域水土流失变化情况,评价水土流失综合治理效益,发布年度水土保持公报

资料来源:《云南省水土保持规划(2016—2030年)》(云南省水利厅,2016)。

三、水土保持信息化

云南省全面提速水土保持信息化建设,抓牢抓实监测站网建设和动态监测两个重点,全面启动生产建设项目水土保持"天地一体化"监管体系建设和试点示范工作。2016 年,云南省优选牟定县作为示范县,在全省率先探路"天地一体化"监管建设。充分发挥"天地一体化"监管体系中,空、天、地监测技术的各自优势,形成相互配合、互为补充的强大监测合力。2017 年,云南省又在玉溪全市启动了"天地一体化"监管示范项目。从县区到州市再到全省,云南省在县、市试点示范的基础上,在全省全面启动生产建设项目"天地一体化"监管体系建设工作,出台了《云南省水土保持"天地一体化"监管实施计划(2017—2020 年)》,细化了目标任务,明确了时间节点,操作性强的实施办法和措施也在逐一落地。

在全省水土保持监测网络和信息系统建设的基础上,根据业务发展的新需求,扩充、完善已有的水土保持信息管理系统,基本实现信息技术在县级以上水土保持部门的全面应用,水土保持行政许可项目基本实现在线处理;搭建上下贯通、完善高效的全省水土保持信息化基础平台;基本建成省级水土保持数据中心,实现信息资源充分共享和有效开发利用;健全系统运行维护体系,实现水土保持信息化和现代化。云南省水土保持信息化建设的重点项目见表 3-16-8。

表 3-16-8 云南省水土保持动态监测近期重点项目表

序号	项目名称	项目实施主要内容
1	数据库建设	开发水土保持监测信息资源数据库,建成安全稳定体系框架,全面提供准确、及时、有效的信息支持、信息服务
2	信息系统运行管理与维护	健全系统运行维护体系,保证系统的维护、管理和更新,发挥水土保持信息系统的长效服务

资料来源:《云南省水土保持规划(2016—2030 年)》(云南省水利厅,2016)。

第六节 水土保持地域性特色

一、水土保持人才培养概况

水土保持与荒漠化防治学科仍是农学门类下林学一级学科下设的二级学

科,主要是培养具备水土保持的基本理论、基本知识和基本技能,能在水土保持、农业、水利、环境保护、土地管理等行政、企事业单位从事水土保持规划设计、生产建设项目水土保持方案编制、水土保持监测、监理、施工、管理、预防监督以及国土环境整治与资源合理开发利用工作的高级工程技术人才。

随着社会经济的快速发展,在人们对其生活、生产环境要求不断提高的大背景下,水土保持事业对水土保持专业人才提出了新的需求,主要包括:在人才数量上需逐步增加;在人才质量上需大幅度提高;在专业人才知识结构上更加要求综合。云南省有2所高校设立了水土保持与荒漠化防治专业,分别是西南林业大学和云南农业大学。

(一)西南林业大学水土保持专业人才培养

1.学科简介

西南林业大学水土保持与荒漠化防治学科依托学校林学学科,始建于1998年。已招收了21届本科生,本科学制4年,授予农学学士学位。历经十余年的发展,水土保持与荒漠化防治专业现已形成了涵盖普通本科、硕士研究生、博士研究生教育的综合教育教学体系和以水土保持研究所为依托的科学研究、科技服务体系。2003年正式开始招收硕士研究生,共培养研究生150余名;2014年正式开始招收博士研究生,共培养博士研究生8名。

2.业务培养目标

本专业培养具备水土保持与荒漠化防治的基本理论、基本知识和基本技能,能在水土保持、农业、水利、环境保护、土地管理等行政、事业、教学、科研、规划设计等部门从事水土保持与荒漠化防治规划、设计、施工、监测、管理、方案编制、概预算编制、预防、监督以及国土环境整治与资源合理开发利用的高级工程技术人才。

3.业务培养要求

本专业要求学生具备扎实的数学、物理、化学、计算机等基础知识,通过水土保持与荒漠化防治的基本理论、基本知识和基本技能方面的培养,掌握水土保持规划、设计、施工、监测、管理、方案编制、概预算编制、预防、监督等方面的基本理论、知识和技能。

4.毕业生应获得的知识和能力

毕业生应获得的知识和能力主要有:①掌握水土流失与土地荒漠化的基本

规律、基本知识。②掌握水土保持与荒漠化防治的规划设计方法和技术。③具有应用生物与工程等综合措施防治水土流失与荒漠化的技能。④掌握水土流失与荒漠化的监测、预防、监督、评价的基本理论和技能,能完成开发建设项目水土保持方案编制和概预算编制工作。⑤了解水土保持与荒漠化防治的理论前沿、应用前景和发展动态。⑥熟悉水土保持与荒漠化防治的方针、政策和法规。⑦掌握文献检索、资料查询的基本方法,具有一定流域治理、荒漠化防治、林业生态工程建设的科学研究和实际工作能力。

5. 主要课程

气象学、森林生态学、土壤学、水文与水资源学、土壤侵蚀原理、土壤侵蚀水动力学、工程力学、水土保持工程学、林业生态工程学、水土保持方案编制、水土保持规划、土力学与地基基础、水工钢筋混凝土与砌体结构、水土保持遥感与地理信息系统、小型水利工程及农田水利工程等。

（二）云南农业大学水土保持专业人才培养

1. 学科介绍

云南农业大学水土保持与荒漠化防治本科专业,经 2002 年批准,2003 年招生,已招收了 16 届本科生,修业年限 4 年,授予农学学士学位。2007 年正式开始招收硕士研究生,共培养研究生 70 余名。专业的建设依托于水利实力基础之上,本着以水保的工程措施作为主要方向,兼顾林业、农业等其他水保知识的扩展,使水土保持专业具有自己的特色。

2. 业务培养目标

云南农业大学水土保持与荒漠化专业培养的是具有扎实的自然科学和人文科学基础,掌握水土保持、环境工程、水利工程等方面的基本知识与专业技能,知识面宽、适应能力强,德智体美劳全面发展,具有实践能力和创新精神,适应社会主义经济建设与社会经济发展需要的高素质应用型、复合型技术人才。

3. 毕业生应获得的知识和能力

毕业生应获得的知识和能力主要包括:①具备扎实的数学、物理、化学等基本理论知识。②掌握生物学、林学、环境科学与工程、水利工程学科的基本理论、基本知识。③掌握水土保持、防沙、治沙的规划设计方法和监测、评价技术。④具有应用生物措施与工程措施防治水土流失与荒漠化的基本能力以汉森林生态环境建设与管理的基本技能。⑤熟悉我国林业、水土保持与荒漠化防治、生态环境保护的方针、政策和法规。⑥了解国内外水土保持与荒漠化监测防治的理论前沿、应用前景和有关国际公约。

4. 主要课程

主要课程有水利工程测量、理论力学、水力学、地形地貌学、土壤侵蚀原理、植物学、水土保持规划、林业生态工程、水土保持工程和水土流失动态监测等。

二、水土保持特色治理模式

云南省是全国水土流失十分严重的省份之一,云南省的水土保持实践经过近60年的不断探索,基本形成了较为系统的水土流失治理体系,特别在"生产建设项目水土流失治理""坡耕地水土流失治理""小流域水土流失综合治理""生态清洁小流域水土流失治理"这几个方面,形成了我国的水土保持工作特色,取得了显著的成效,完成了一些水土保持特色治理模式。

(一)云南省"四型"小流域治理模式

近10年来,云南省以植被建设、水资源涵养、水源保护为重点,以维护生态环境良性循环为目标,水土流失防治与水源保护相结合,围绕构筑生态修复、生态治理、生态保护三道防线,取得了一定成效和经验。"四型"小流域治理模式是顺应生态文明新形势和新常态的需要。根据云南省区域地理区位、水土保持主导功能、主体功能定位等指标,提出了云南省水土保持三级区划"四型"小流域治理模式和主要措施类型(黄俊文等,2017)。云南省"四型"小流域模式划分标准见表3-16-9,"四型"小流域建设模式和重点措施类型见表3-16-10和表3-16-11。

表3-16-10　云南省"四型"小流域模式划分标准

项目类别	生态清洁型	生态景观型	生态安全型	生态经济型
地理区位	经济发达城市周边	旅游城镇周边		老少边穷地区
水土保持主导功能	水源涵养、水质维护、人居环境维护		生态维护、拦沙减沙、防灾减灾	土壤保持、蓄水保水
主体功能定位	生态宜居城市群	禁止开发区域、旅游区	重点生态功能区	生物资源、特色产业基地

资料来源:黄俊文等(2017)。

表 3 – 16 – 10　云南省重点区域"四型"小流域治理模式

重点区域	主要建设模式
重要饮用水源保护区、经济发达城市周边等	生态清洁型
风景名胜区、自然保护区、世界遗产、森林公园、旅游城镇周边等	生态景观型
高原湖泊生态功能区、地质灾害易发区、喀斯特石漠化严重区域、干热河谷区等	生态安全型
革命老区、贫困人口集中区、少数民族聚居区等	生态经济型

资料来源：黄俊文等（2017）。

表 3 – 16 – 11　云南省"四型"小流域建设模式和重点措施类型

防治分区	水土保持主导功能	主体功能定位	主要建设模式	重点措施类型
滇黔川高原山地保土蓄水区	保土蓄水	重点开发为区域性资源深加工基地、特色优势产业基地	生态经济型＋生态安全型	生态修复＋坡耕地治理＋小型水利水保工程＋水土保持林草＋经果林
滇黔桂峰丛洼地蓄水保土区	蓄水保土	云南省重点生态功能区,重点开发为商贸枢纽和进出口物资中转通道	生态经济型＋生态安全型＋生态景观型	生态修复＋石漠化治理＋坡耕地治理＋小型水利水保工程＋水土保持林草＋经果林＋村庄整治
滇北中低山蓄水拦沙区	蓄水拦沙	重点开发为能源基地和重化工基地,红土高原旅游区	生态安全型＋生态景观型	生态修复＋坡耕地治理＋水土保持林草＋经果林＋石漠化治理＋小型化治理＋小型水利水保工程＋村庄整治
滇西北中高山生态维护区	生态维护	云南省重点生态功能区,重点开发为生物资源开发创新基地,生态旅游区	生态景观型＋生态安全型	生态修复＋坡耕地治理＋水土保持林草＋面源污染治理＋村庄整治＋经果林
滇东高原保土人居环境维护区	保土,人居环境维护	重点开发为绿色经济示范带和旅游文化产业带,高原生态宜居城市群	生态清洁型＋生态景观型	生态修复＋面源污染治理＋人工湿地＋生态河道综合治理＋村庄整治
滇西中低山宽谷生态维护区	生态维护	重点开发为边境经济合作区,滇西火山热海边境旅游区	生态景观型＋生态安全型	生态修复＋坡耕地治理＋水土保持林草＋村庄整治＋经果林

防治分区	水土保持主导功能	主体功能定位	主要建设模式	重点措施类型
滇西南中低山保土减灾区	保土减灾	重点开发为特色生物产业、可再生能源、出口商品加工基地	生态经济型＋生态安全型	生态修复＋坡耕地治理＋水土保持林草＋小型水利水保工程＋经果林
滇南中低山宽谷生态维护区	生态维护	云南省重点生态功能区,重点开发为热带特色生物产业基地,澜沧江－湄公河次区域国际旅游区	生态安全型＋生态景观型	生态修复＋坡耕地治理＋水土保持林草＋村庄整治＋经果林
藏东高山峡谷生态维护水源涵养区	生态维护、水源涵养	云南省重点生态功能区,重点开发为世界级精品旅游胜地	生态安全型＋生态清洁型＋生态景观型	生态修复＋面源污染治理＋人工湿地＋生态河道综合治理

资料来源:黄俊文等(2017)。

以上从各分区及重点区域探讨了"四型"小流域适宜的治理模式及主要措施类型,可以看出打造生态景观型小流域是云南省水土流失防治工作的特色与重点,这也充分体现了云南省"生物王国""森林云南"的特点。各分区适宜的"四型"小流域治理模式不一定为一个,可以是其中的几个,具体设计时只有充分考虑小流域的自然特性、土地利用、水土流失和经济社会要素以及建设条件等指标,才能有针对性地确定各个小流域治理适宜采取的模式和措施类型。

(二)云南省金沙江干热河谷元谋老城河小流域综合治理模式

该流域的地貌类型及水土流失特征在滇北及川西南高山峡谷地区具有典型的代表性。其治理模式对干热河谷区水土流失的治理、配套坡面水系、提高水源灌溉能力并重建植被等方面具有重要应用价值。

1. 水土流失状况及存在问题

水土流失类型以水力侵蚀为主,水土流失面积 11.08km²,占土地总面积的52.5%。其中:轻度水土流失面积 6.14km²,占水土流失面积的 55.4%;中度水土流失面积 3.25km²,占水土流失面积的 29.3%;强烈水土流失面积 1.69km²,占水土流失面积的 15.3%。平均侵蚀模数 2075t/(km²·a)。

2.防治模式

针对干热河谷区人均耕地少并且水土流失严重的特点,加强坡耕地改造,抢救土地资源;充分利用光热优势,进行立体农业开发,大力发展经果林,提高群众经济收入,同时配套水源工程,拦蓄地表径流,提高耕地和经果林灌溉保证率。在满足基本农田的基础上,通过封禁治理,在荒坡实行封山禁牧、轮封轮牧、舍饲养畜、营造水土保持林等措施,在较陡的坡面种植固土能力较强的草本植物,提高林草植被覆盖,增强水源涵养能力,调节地表径流,改善生态环境。加强沟道治理,在河滩地植树造林,降低洪水对沿岸冲刷侵蚀,在河沟两岸修筑以铅丝笼谷坊为主的沟道拦沙和护坡保土工程,预防和减轻滑坡、泥石流及山洪灾害(见图3-16-4)。

小流域治理水土流失面积846hm²,实行坡改梯106hm²,种植经果林62hm²,水土保持林60hm²,封禁治理618hm²,植物护埂159km,谷坊5座,拦沙坝3座,蓄水池30座,沉沙函30个,引水渠4km,塘堰整治2座。

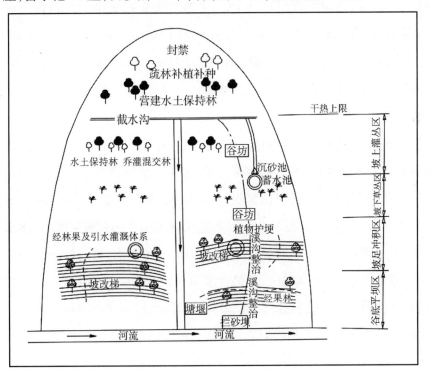

图3-16-4 典型干热河谷老城河小流域水土保持特色治理模式防治措施布置示意图

(全国水土保持规划编制工作领导小组办公室等,2016)

3. 防治成效

通过治理后，土壤侵蚀量比治理前降低 65.1%，水土流失得到有效控制；增加调蓄能力 151.74 万 m³，林草覆盖率提高 2.87%，缓洪滞流，控制水土流失，改善生态环境，增强了抵御自然灾害的能力；提高了土地利用率和土地产出率，改善了农业生产生活环境，提高了农业收入，吸纳了大量农村剩余劳动力，取得了显著的社会效益。

（三）云南省玉龙县奉科小流域综合治理模式

该流域的地貌类型及水土流失特征在滇西北中高山地区具有典型的代表性。其治理模式对坡地较分散，土地生产力低、有少量石漠化区域具有重要应用价值。

1. 水土流失状况及存在问题

该小流域水土流失面积 3.36km²，占土地总面积的 22.4%。其中，轻度流失面积 2.52km²，占流失面积的 75.0%；中度流失面积 0.68km²，占流失面积的 20.3%；强烈流失面积 0.16km²，占流失面积的 4.7%。土壤侵蚀模数为 2633t/(km²·a)。流域内山高坡陡，地形起伏较大，坡地较分散，土地生产力低，同时存在一定的石漠化，水土流失较严重。

2. 防治模式

小流域内地形起伏较大，山高坡陡，以保护森林草原植被为主，实施封禁和补植补种以及退耕还林，提高植被覆盖度，增强水源涵养能力；加强草原管理，严禁开垦草原，在荒坡实行封山禁牧、轮封轮牧、舍饲养畜等措施，种植固土能力较强的草本植物，在较陡的坡面，沿等高线修建水平沟和水平阶，条播草籽或移栽草根；加强基本农田和坡耕地改造，提高土地生产力，坡改梯同时配套水源工程，拦蓄地表径流，提高农田、经果林灌溉保证率；加强沟道治理，修建谷坊、拦沙坝，在河滩地植树造林，降低洪水对沿岸冲刷侵蚀，在河沟两岸修筑以铅丝笼谷坊为主的沟道拦沙和护坡保土工程，预防和减轻滑坡泥石流和山洪灾害（图 3 - 16 - 5）。

治理水土流失面积 336hm²，其中坡改梯 14hm²，水土保持林 78hm²，经果林 33hm²，保土耕作 24hm²，封禁治理 188hm²。新建拦沙坝 1 座，水池 3 座，塘堰整治 1 座，作业便道 1.12km，排水沟 1.12km。

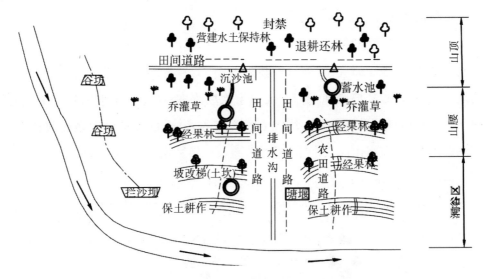

图 3 – 16 – 5　奉科小流域水土保持特色治理模式防治措施布置示意图

（全国水土保持规划编制工作领导小组办公室等,2016）

3.防治成效

该小流域经治理后,年减少侵蚀量0.34万t,减蚀率达到79.4%,水土流失得到有效控制,林草覆盖率由83.57%提高到88.75%,生态环境有了显著改善,粮食产量增加,流域群众生活有了很大改善,经济收入有了显著提高。

（四）云南省喀斯特石漠化地区弥渡县大石岗山小流域综合治理模式

该流域的地貌类型及水土流失特征在滇东高原地区具有典型的代表性。其治理模式,对重建植被、抢救耕地资源、维护人口密集区居住环境等方面具有重要应用价值。

1.水土流失状况及存在问题

该小流域水土流失面积3.51km²,占流域总面积的34.65%,水土流失主要分布在荒山荒坡、坡耕地及疏幼林地。轻度侵蚀面积1.80km²,占水土流失面积的51.45%;中度侵蚀面积1.30km²,占水土流失面积的37.15%;强烈侵蚀面积0.38km²,占水土流失面积的10.97%;极强烈侵蚀面积0.04km²,占水土流失面积的0.44%。人口密度大,土地利用率高,耕地紧张,生态承载力不足。人口过快增长和农耕地短缺,导致林草覆盖率不高,且水土流失严重。

2. 防治模式

小流域上部实施封山育林育草,疏林补植,提高植被覆盖度,涵养水源;中部人多地少,人地矛盾突出,通过坡耕地改造,配套坡面水系和田间道路,由于耕地土层较为深厚,坡改梯工程主要是土坎坡改梯;在灌溉用水满足需求的情况下,因地制宜地发展经果林,增加农民经济收入;下部对坡度较缓的坡耕地,实施保土耕作,在水土流失严重的沟道,布设一定数量的谷坊、拦沙坝等沟道治理工程(图3-16-6)。

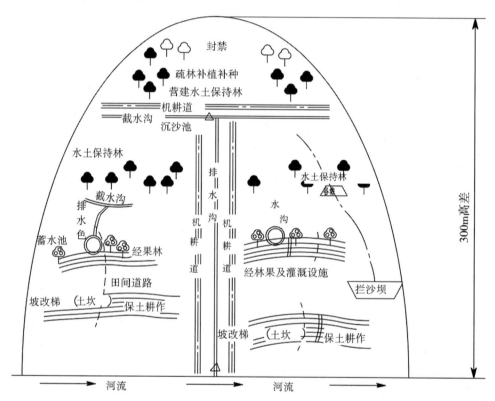

图3-16-6 喀斯特石漠化地区大石岗山小流域水土保持特色治理模式防治措施布置示意图

(全国水土保持规划编制工作领导小组办公室等,2016)

治理水土流失面积282hm²,其中坡改梯16hm²,水土保持林12hm²,经果林42hm²,保土耕作91hm²,封禁治理120hm²,修建田间道路0.54km,排水沟2.43km,谷坊1座,拦沙坝1座,水窖50座,沉沙池60个。

3. 防治成效

该小流域经治理后,每年减少土壤侵蚀量0.47万t,增加蓄水8.13万m³,林草覆盖率从57.15%上升到62.48%,生态环境得到明显改善。同时,经果林、水土保持林工程的实施,有利于流域内产业结构调整,人均占有经果林面积达到 0.70 亩,人均收入得到提高。

(五)云南省瑞丽市南端河小流域综合治理模式

该小流域的地貌类型及水土流失特征在滇西中低山宽谷地区具有典型的代表性,其治理模式在维护山区生态环境和宽谷盆地的生态维护等方面具有重要应用价值。

1. 水土流失状况及存在问题

该小流域水土流失面积 2.68km²,占流域总面积的 18.26%,轻度侵蚀面积 1.10km²,占水土流失面积的 41.19%;中度侵蚀面积 1.46km²,占水土流失面积的 54.50%;强烈侵蚀面积 0.12km²,占水土流失面积的 4.31%。由于特殊地理位置和复杂自然因素,加之人口剧增带来的影响,大量林地和坡地被开垦为耕地,流域内水土流失十分严重,土地越来越瘠薄,土地生产力降低,生态环境恶化,成为当地经济发展的障碍。

2. 防治模式

流域上游以植被的保护和恢复为重点,实施封禁治理,对疏林地采取补植补种,保护现有植被,提高区域的生态功能,注重对生态环境的维护。对现有坡耕地和坡地果园,实施坡改梯,完善坡面水系配套工程,适当增加坡面水系数量,田间道路以机耕道路为主,改善区域的生产生活环境。适当增加经果林比例,增加土地产出,提高群众收入。注重沟道治理,对水土流失严重的沟道,通过溪沟和塘堰整治,加强沟道防护(图 3 – 16 – 7)。

治理水土流失面积 252hm²,其中,坡改梯 19hm²,水土保持林 50hm²,经果林 38hm²,封禁治理 145hm²,拦沙坝 1 座,排灌沟渠 0.5km。

3. 防治成效

小流域经治理后,年土壤侵蚀量由 1.46 万 t 减少到 0.18 万 t,流域平均侵蚀模数由 2200t/(km²·a)减少到 750t/(km²·a),减沙率达到 88%,水土流失得到有效控制。森林覆盖率由 64% 提高到 68%,生态环境显著改善,经济收入显著提高,群众生活明显改善。

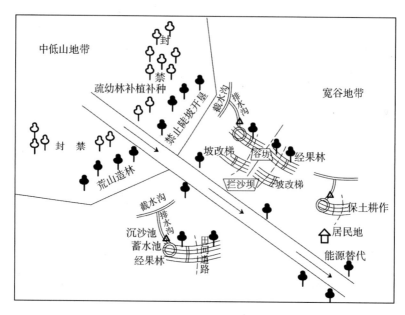

图 3 - 16 - 7　南端河小流域水土保持特色治理模式防治措施布置示意图

（全国水土保持规划编制工作领导小组办公室等，2016）

（六）云南省思茅区龙潭河小流域

该小流域的地貌类型及水土流失特征在云南南部中低山宽谷地区具有典型的代表性。其治理模式对云南南部维护良好的生态环境具有重要应用价值。

1. 水土流失状况及存在问题

该小流域水土流失面积 15.57km²，占土地总面积的 34.13%；其中轻度侵蚀面积 8.89km²，占流失面积的 57.08%；中度侵蚀面积 4.88km²，占流失面积的 31.34%；强烈侵蚀面积 0.96km²，占流失面积的 6.14%；极强烈侵蚀面积 0.85km²，占流失面积的 5.44%。土壤侵蚀模数为 2807t/（km²·a）。

2. 防治模式

流域上游以植被的保护和恢复为重点，实施封禁治理，对疏林地采取补植补种，保护现有植被，提高区域的生态功能，注重对生态环境的维护。对现有坡耕地和坡地果园，实施坡改梯，完善坡面水系配套工程，适当增加坡面水系数量，田间道路以机耕道路为主，改善区域的生产生活环境。适当增加经果林比例，增加土地产出，提高群众收入。注重沟道治理，对岩体风化强烈水土流失相对严重的沟道，通过溪沟和塘堰整治，加强沟道防护（图 3 - 16 - 8）。

治理水土流失面积 16km², 其中坡改梯 117hm², 水土保持林 278hm², 经果林 116hm², 封禁治理 1046hm², 排灌沟渠 3.5km, 截流沟 2.5km, 沉沙池 15 个, 蓄水池 5 座, 谷坊 15 座, 溪沟整治 0.8km, 塘堰整治 3 座, 作业道路 2.5km, 设置封禁防护网拦 5.5km, 永久性宣传或封禁指标牌 5 块。

3. 防治成效

该小流域经治理后, 年减少土壤侵蚀量 3.44 万 t, 蓄水能力提高 40%, 林草覆盖率由治理前的 64.4% 提高到 70.5%, 水土流失得到基本治理, 生态环境明显改善。人均纯收入增加, 经济效益显著。

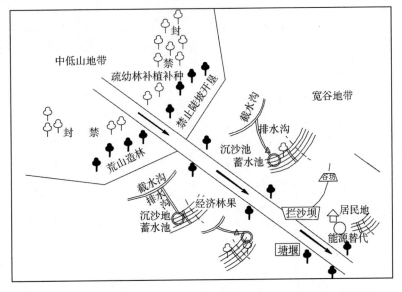

图 3-16-8　龙潭河小流域水土保持特色治理模式防治措施布置示意图

(全国水土保持规划编制工作领导小组办公室等, 2016)

第十七章

浙江省
水土保持

第一节　基本省情

一、自然概况

(一)地理位置

浙江省位于我国东南沿海长江三角洲南翼,地处东经118°01′~123°10′、北纬27°02′~31°31′之间,总土地面积10.55万km²,占全国陆域面积的1.1%,是中国面积较小的省份之一。东西和南北的直线距离均为450km左右,东濒东海,南接福建,西与安徽、江西相连,北与江苏、上海为邻。浙江海域面积26万km²,面积大于500m²的海岛有2878个,大于10km²的海岛有26个,是全国岛屿最多的省份,其中面积502.65km²的舟山岛为中国第四大岛。

(二)地质地貌

浙江地势由西南向东北倾斜,地形复杂。山脉自西南向东北成大致平行的三支。西北支从浙赣交界的怀玉山伸展成天目山、千里岗山等;中支从浙闽交界的仙霞岭延伸成四明山、会稽山、天台山,入海成舟山群岛;东南支从浙闽交界的洞宫山延伸成大洋山、括苍山、雁荡山。龙泉市境内海拔1929m的黄茅尖为浙江最高峰。

全省陆域面积中,山地占74.63%,水面占5.05%,平坦地占20.32%,故有"七山一水两分田"之说。全省地形大致可分为浙北平原、浙西中山丘陵、浙东丘陵、中部金衢盆地、浙南山地、东南沿海平原及海滨岛屿6个地形区。

(三)气象水文

1.气候

浙江地处亚热带中部,属季风性湿润气候。冬季受蒙古冷高压控制,盛行西北风,以晴冷、干燥天气为主,是全年低温、少雨季节。夏季受太平洋副热带高压控制,盛行东南风,空气湿润,是高温、强光照季节。浙江省气候总的特点是冬夏季风交替显著,气温适中,四季分明,光照充足,降水充沛。年平均气温在15~18℃,年日照时数1100~2200h,年均降水量1100~2000mm。1月、7月分别为全年气温最低和最高的月份,5月、6月为集中降雨期。因受海洋影响,温、湿条件比同纬度的内陆季风区优越,是我国自然条件较优越的地区之一。

2. 水系

浙江省河流众多,自北至南有苕溪、京杭运河、钱塘江、甬江、椒江、瓯江、飞云江、鳌江等八大水系,其中除苕溪注入太湖、京杭运河沟通杭嘉湖平原水网外,其余均为独流入海河流。此外,尚有众多独流入海小河流,另有部分浙、闽、赣边界河流。流域面积在 $10km^2$ 以上的干、支河流(不包括平原河道)有2441条。河道长度60万余km。钱塘江是浙江省内第一大江,有南、北两源,北源从源头至河口入海处全长668km,其中在浙江省境内425km;南源从源头至河口入海处全长612km,均在浙江省境内。

湖泊主要分布在浙北杭嘉湖平原和浙东萧绍宁平原,湖泊主要有杭州西湖、绍兴东湖、嘉兴南湖、宁波东钱湖四大名湖以及新安江水电站建成后形成的全省最大人工湖泊千岛湖等。全省面积在 $1km^2$ 以上的湖泊32个,总水面面积 $78.36km^2$。

3. 影响浙江的主要气象灾害

浙江省东濒东海,根据"浙江省气象局网"气候概况信息,影响浙江的主要气象灾害主要是台风和梅汛期暴雨与洪涝。

(1)台风灾害

浙江每年都会受到台风的影响,1949年以来平均每年有3.3个台风影响浙江,每2年有1个台风登陆浙江。根据1949—2004年灾情资料统计,热带气旋在浙江引起较明显灾害的年份共39个、78例,年均1.48例,共造成浙江直接经济损失880余亿元,死亡万余人,农田受灾1000余万 hm^2。

2004—2005年是浙江历史上台风灾害频发和重发的两年。2004年先后有7个台风登陆或影响浙江,其中有0407号强热带风暴"蒲公英"、0414号台风"云娜"和0421号热带风暴"海马"在浙江登陆。特别是0414号台风"云娜"是一个强度强、造成灾害严重的台风,仅在浙江一省造成的直接经济损失就达到181亿元。而0419号台风"艾利"虽在福建省登陆,同样也造成浙江省南部地区严重的影响。2005年台风的影响则更为严重,其中有0509号台风"麦莎"和

0515 号台风"卡努"先后在浙江登陆并造成严重影响,同样,0505 号台风"海棠"、0513 号台风"泰利"和 0519 号台风"龙王"虽在福建登陆,但台风所带来的风和雨并且由此诱发的次生灾害都在浙江造成严重影响;而 0507 号强热带风暴"珊瑚"尽管在广东登陆,却也在浙江南部地区造成很大的损失。2005 年是浙江省气象灾害十分严重的一年,全省共造成直接经济损失 271 亿元,其中台风造成的直接经济损失就达到 251 亿元。同样,0601 号台风"珍珠"在广东东部沿海登陆,在浙江大部都产生了强降水,其中温州地区个别地方出现 200mm以上的大暴雨,沿海地区还出现了大风。

（2）梅汛期暴雨与洪涝

浙江梅汛期每年都有暴雨与洪灾。根据 1950—2004 年的资料统计,梅汛期间局部性的洪涝每年都有发生,90 年代受灾最严重,累计受灾面积近 400 万 hm²,直接经济损失达 400 余亿元,其中 1999 年直接经济损失近 200 亿元。

1992 年,金、衢、杭、绍、温等地区 30 县市近 1400 万人受灾,死亡 56 人,房屋倒塌 2.55 万间,损坏 8.4 万间,直接经济损失达 19.2 亿元。

1994 年,金、衢、杭、绍等 11 地区 59 个县市 708 万人受灾,5.7 万人无家可归,死亡 64 人,受淹农田 50.67 万 hm²,倒塌损坏房屋 10 万余间,损坏堤防757km,渠道 726km,冲毁塘坝 5199 座,8635 家企业停产半停产,毁坏路基1094km,浙赣线中断 18.5h,直接经济损失 40 亿元。

1999 年,浙北浙中地区遭受特大洪涝灾害,35 个县市有 34 个雨量破历史纪录,浙北大部分地区雨量为常年平均的 2～3 倍。新安江水位特高,首次开 8孔泄洪。全省 895 万人受灾,死亡 29 人,直接经济损失 159 亿元。

（四）土壤植被

受自然和人类活动的综合影响,全省土壤类型多样,主要有红壤、黄壤、粗骨土、石灰岩土、紫色土、水稻土、潮土、滨海盐土、山地草甸土等类型,主要类型红壤、黄壤、粗骨土和水稻土所占比例分别为 40.1%、10.6%、14.1%、21.9%。

浙江省地带性植被为中亚热带常绿阔叶林,在全国植被分区上属于中亚热带常绿阔叶林北部亚地带和南部亚地带。全省有林地面积 557 万 hm²,占林业用地的 86.6%,林木蓄积量 13847 万 m³,森林覆盖率达 59.4%。主要植被为常绿针阔叶次生林、松灌残次林、灌木小竹丛、草灌丛及人工林。

二、社会经济情况

(一)行政区划

全省行政区划分为杭州、宁波、温州、嘉兴、湖州、绍兴、金华、衢州、舟山、台州、丽水11个设区市,下辖90个县(市、区),如图3-17-1所示。

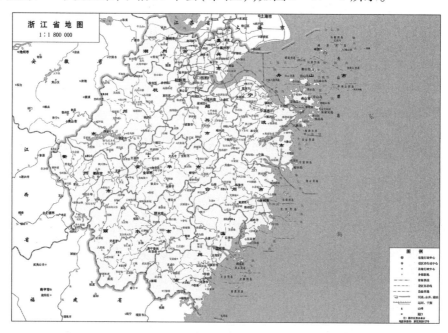

图3-17-1 浙江省行政区划图(审图号:浙S[2020]17号)

据2018年全省5‰人口变动抽样调查,年末全省常住人口5737万人,人口密度为534.8人/km²,比上年末增加80万人。人口自然增长率为5.44‰。城镇化率为68.9%。

浙江省属少数民族散杂居省份,少数民族人口总量不多,但民族成分较多。在浙江省内居住的人口中已包含全部56个民族,其中少数民族人口1214683人,主要是畲族、回族和满族,主要分布在30多个县(市、区)。畲族是浙江省主要世居少数民族,主要分布在浙南、浙西南的山区。全省设有景宁畲族自治县,是全国畲族唯一的自治地方,也是华东地区唯一的民族自治地方。

全省共有普通高校109所(含独立学院及筹建院校)。研究生(含非全日制)、本科、专科招生比例为1.0:5.5:4.9;高等教育毛入学率为60.1%。全年研究生(含非全日制)招生29760人,其中,博士生3339人,硕士生26421人。

全年全社会研究和发展(R&D)经费支出占生产总值的 2.52%,比上年提高 0.07 个百分点。财政一般公共预算支出中科技支出 379.7 亿元,比上年增长 25.1%(浙江省统计局等,2019)。

有国家认定的企业技术中心 113 家(含分中心)。新认定高新技术企业 3187 家,累计 14649 家。新培育科技型中小企业 10539 家,累计 50898 家。全年专利申请量 45.6 万件;授权量 28.5 万件,其中发明专利授权量 3.3 万件,比上年增长 13.2%。科技进步贡献率为 61.8%。新增"浙江制造"标准 559 个(浙江省统计局等,2019)。

(二)经济状况

根据 2018 年浙江省国民经济和社会发展统计公报,全年地区生产总值 (GDP)56197 亿元,比上年增长 7.1%。其中,第一产业增加值 1967 亿元,第二产业增加值 23506 亿元,第三产业增加值 30724 亿元,分别增长 1.9%、6.7% 和 7.8%。三次产业增加值结构为 3.5:41.8:54.7。人均 GDP 为 98643 元,增长 5.7%(浙江省统计局等,2019)。

全省多年平均水资源总量为 937 亿 m^3,按单位面积计算居全国第 4 位,但人均水资源拥有量仅 2004m^3,低于全国人均水平。

浙江是我国高产综合性农业区,茶叶、蚕丝、水产品、柑橘、竹制品等在全国占有重要地位。森林覆盖率达 59.4%,居全国前列。树种资源丰富,素有"东南植物宝库"之称。野生动物种类繁多,有 123 种动物被列入国家重点保护野生动物名录。

浙江矿产资源以非金属矿产为主。石煤、明矾石、叶蜡石、水泥用凝灰岩、建筑用凝灰岩等储量居全国首位,萤石居全国第 2 位。浙江海域面积 26 万 km^2,东海大陆架盆地有着良好的石油和天然气开发前景。

浙江旅游资源非常丰富,素有""鱼米之乡、丝茶之府、文物之邦、旅游胜地"之称。全省有重要地貌景观 800 多处、水域景观 200 多处、生物景观 100 多处、人文景观 100 多处,自然风光与人文景观交相辉映,特色明显,知名度高。

(三)土地利用

根据 2017 年土地变更调查结果,截至 2017 年 12 月 31 日,浙江省各类土地总面积 1055.85 万 hm^2,其中农用地 858.89 万 hm^2,占 81.3%;建设用地 131.82 万 hm^2,占

12.5%；未利用地65.13万 hm²，占 6.2%，如图 3 - 17 - 2 所示。

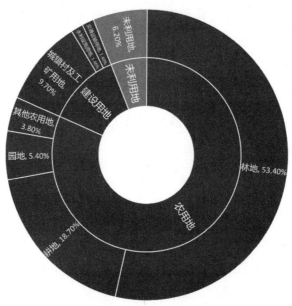

■ 农用地　■ 建设用地　■ 未利用地

图 3 - 17 - 2　2017 年度浙江省土地利用结构图（浙江省统计局等，2019）

农用地面积中，耕地 197.71 万 hm²，占土地总面积的 18.7%，另有可调整土地 8.37 万 hm²，耕地和可调整土地合计为 206.06 万 hm²，继续保持耕地总量的动态平衡；园地 57.43 万 hm²，占土地总面积的 5.4%；林地 563.78 万 hm²，占土地总面积的 53.4%；牧草地 0.03 万 hm²；其他农用地 39.95 万 hm²，占土地总面积的 3.8%。

建设用地面积中，城镇村及工矿用地 102.41 万 hm²，占土地总面积的 9.7%；交通运输用地（扣除农村道路）15.17 万 hm²，占土地总面积的 1.4%；水利设施用地 14.25 万 hm²，占土地总面积的 1.4%；未利用地面积 65.13 万 hm²。

第二节　水土流失概况

一、水土流失类型与成因

(一)水土流失类型

按全国水土流失类型区的划分,浙江省属于水力侵蚀为主的类型区——南方红壤丘陵区,水土流失的类型主要是水力侵蚀,部分山丘区存在着滑坡、崩塌、泥石流等重力侵蚀,沿海岛屿和杭州湾两岸存在着极少量的风力侵蚀。水力侵蚀的表现形式主要是坡面面蚀,丘陵地区亦有浅沟侵蚀及小切沟侵蚀。

(二)水土流失成因

水土流失的形成是自然因素和人为活动共同作用的结果。

1. 自然因素

影响浙江省水土流失状况的自然因素有气候、地形、地质、土壤、植被等。浙江省降雨量大而集中,地表径流大,东部沿海台风、暴雨频繁,均为土壤侵蚀提供了原动力;浙江省70%是山地丘陵,山高坡陡,从而加剧了径流对地表土壤的冲刷侵蚀作用;浙江省属丘陵红壤区,土壤黏重,土质板结,渗透力差,通气性不好,土壤抗蚀能力弱,容易遭受侵蚀;原始植被遗存很少,现有植被主要是常绿针阔叶次生林、松灌残次林、灌木小竹丛、草灌丛及人工林。森林结构中针叶林多、阔叶林少,林种结构单一,纯林多、混交林少,降低了植被的水土保持功能。

2. 人为因素

人为活动作为水土流失发生发展的外部条件,具有双重作用。一方面,人为活动可以通过改变局部坡度、截短坡长、改善土壤条件、增加植被覆盖、修建防护工程等方式抑制水土流失的发生发展。另一方面,不合理的人为活动将加剧水土流失的发生发展。近年来陡坡开垦、乱砍滥伐等易造成严重水土流失的行为已大为减少,但无水土保持措施的顺坡耕作、林种单一、不合理土地利用方式造成水土流失的情况依然存在。平原区河网密布,航运发达,船行波对河岸的冲刷造成河岸坍塌。交通、风力发电、小水电、土地开发利用、开发区、工业园区、市政设施建设和采矿等开发建设过程中忽视水土保持,随意堆置废渣、劈山开石等直接加剧了水土流失,后果极为严重。

二、水土流失现状及变化

(一)水土流失现状

据 2018 年浙江省水土流失现状调查成果显示,全省共有水土流失面积 8316.34km²,占国土总面积的 7.88%,其中轻度流失面积 7225.09km²,占水土流失面积的 86.88%;中度流失面积 550.13km²,占水土流失面积的 6.62%;强烈流失面积 157.23km²,占水土流失面积的 6.00%;极强烈流失面积 115.92km²,占水土流失面积的 1.39%;剧烈流失面积 267.97km²,占水土流失面积的 3.22%。

从地区分布来看,水土流失面积最多的是温州市,达 1843.03km²,其次为丽水市和杭州市,分别为 1347.49km²、1080.32km²。水土流失面积比例最高的是温州市,占该市土地总面积的 15.64%,绍兴市、金华市居其后,分别为 9.51%、9.03%。全省 89 个县(市、区)中,水土流失面积占总土地面积的比例超过 10% 的共 27 个,其中超过 15% 的有 9 个,分别是温州市鹿城区、龙湾区、瓯海区、苍南县、平阳县、文成县,绍兴市新昌县,衢州市柯城区,丽水市缙云县。浙江省分地区水土流失情况详见表 3 – 17 – 1。

表 3 – 17 – 1　浙江省 2018 年分市水土流失情况

| 行政区 | 无明显流失(km²) | 水土流失面积(km²) | | | | | | 流失比例(%) | 土地面积(km²) |
		轻度	中度	强烈	极强烈	剧烈	小计		
杭州市	15515.68	947.28	62.99	13.62	10.43	46	1080.32	6.51	16596
宁波市	8898.25	400.9	23.22	11.05	11.56	20.02	466.75	4.98	9365
温州市	9940.97	1633.66	101.55	29.44	26.06	52.32	1843.03	15.64	11784
嘉兴市	3910.38	3.88	0.17	0.09	0.13	0.35	4.62	0.12	3915
湖州市	5516.79	182.45	37.83	16.87	13.02	27.05	277.22	4.78	5794

行政区	无明显流失(km²)	水土流失面积(km²)						流失比例(%)	土地面积(km²)
		轻度	中度	强烈	极强烈	剧烈	小计		
绍兴市	7470.61	638.06	81.55	28.27	17.73	19.78	785.39	9.51	8256
金华市	9932.64	863.31	74.10	16.60	8.71	23.64	986.36	9.03	10919
衢州市	8045.34	689.58	62.33	14.43	8.46	16.86	791.66	8.96	8837
舟山市	1334.02	78.59	9.64	4.94	5.35	7.46	105.98	7.36	1440
台州市	8785.48	565.91	24.54	4.95	5.59	26.50	627.52	6.67	9413
丽水市	15950.51	1221.47	72.21	16.94	8.88	27.99	1347.49	7.79	17298
全省 合计	95300.66	7225.09	550.13	157.23	115.92	267.97	8316.34	7.78	103617
全省 比例(%)	—	86.88	6.62	6.00	1.39	3.22	100.00	—	—

资料来源：《浙江省2018年度水土流失动态监测成果报告》(浙江省水利厅,2018b)。

从水土流失所发生的土地利用类型来看,林地、园地、耕地仍是治理的重点和难点,同时生产建设项目等人为活动加剧了局部水土流失的发生发展,水土流失防治任务依然十分繁重。全省林地和园地水土流失面积为6144.93km²,占总水土流失面积的73.89%。不同土地利用类型水土流失情况见表3-17-2。

表3-17-2　浙江省2018年不同土地利用类型水土流失面积

土地利用类型	轻度(km²)	中度(km²)	强烈(km²)	极强烈(km²)	剧烈(km²)	合计(km²)	比例(%)
耕地	859.55	181.82	67.12	43.49	25.67	1177.65	14.16
园地	1916.72	138.25	32.48	12.54	1.22	2101.21	25.27
林地	3854.13	161.93	20.54	4.80	2.32	4043.72	48.62
草地	393.74	24.25	3.46	0.91	0.11	422.47	5.08
建设用地	170.34	43.6	33.33	53.91	237.95	539.13	6.48
交通运输用地	29.71	0.02	0.01	0.01	0.09	29.84	0.36
水域及水利设施用地	0.72	0.04	0.02	0.02	0.06	0.86	0.01
其他土地	0.4	0.21	0.16	0.17	0.52	1.46	0.02
合计	7225.31	550.12	157.12	115.85	267.94	8316.34	100.00

资料来源：《浙江省2018年度水土流失动态监测成果报告》(浙江省水利厅,2018b)。

从水土流失所处的坡度状况来看,全省水土流失面积的一半以上分布在人类生产活动较为集中的25°以下的区域,且在坡度相对较大易发生水土流失的15°~25°的区域所占比例达到32.06%。另外46.45%的水土流失面积分布在生态环境脆弱的25°以上的区域,且有16.34%分布在生态环境极为脆弱的35°以上区域。不同坡度水土流失情况见表3-17-3。

表3-17-3　2014年浙江省不同坡度水土流失面积

坡度	轻度 (km²)	中度 (km²)	强烈 (km²)	极强烈 (km²)	剧烈 (km²)	合计 (km²)	比例 (%)
5°~8°	454.98	90.74	7.68	1.70	0.20	555.30	6.00
8°~15°	792.23	606.04	28.39	8.74	1.13	1436.53	15.49
15°~25°	1367.83	733.00	832.48	37.65	4.53	2975.49	32.06
25°~35°	176.65	1833.95	231.73	544.23	9.75	2796.31	30.11
≥35°	51.57	1057.49	155.17	100.19	151.65	1516.07	16.34
合计	2843.26	4321.22	1255.45	692.51	167.26	9279.70	100.00

资料来源:《浙江省2014年度水土流失复核调查》(浙江省水利厅,2014)。

(二)水土流失变化

从历次监测成果对比来看,水土流失面积从1987年的25708km²下降到2018年的8316.34km²,减少了17391.66km²,下降率为67.65%。历次调查的水土流失面积变化表明,全省大力开展水土流失综合治理,加强水土流失预防、监督起到了一定的效果,水土流失状况总体明显好转,详见表3-17-4。

表3-17-4　浙江省近年水土流失面积变化统计

年份	水土流失面积(km²)						水土流失占土地总面积的比例(%)
	轻度	中度	强烈	极强烈	剧烈	合计	
1997年	10033.60	6769.73	1441.70	665.54	87.68	18998.25	18.00
2000年	10004.50	5051.79	753.92	355.02	47.12	16212.35	15.40
2004年	7798.76	4670.27	743.37	306.50	135.23	13654.13	13.00
2009年	3086.46	4539.48	1476.77	823.59	178.86	10105.16	9.75
2014年	2843.26	4321.22	1255.45	692.51	167.26	9279.70	8.80
2018年	7225.09	550.13	157.23	115.92	267.97	8316.34	7.78

注:各统计年土地总面积均有变化,水土流失占土地面积比例以当时统计口径计列。资料来源:浙江省水利厅(2015,2018)。

从历次数据可见,水土流失中度侵蚀面积在逐渐减少,强烈和极强烈水土流失面积减少后增加又减少,但轻度水土流失面积减少后又增加,剧烈水土流失面积逐年增加,也说明近年来通过水土流失治理,中度、强烈和极强烈水土流失面积转为轻度水土流失面积,而因为人类不合理的开发活动造成剧烈水土流失面积在逐年增加,治理难度也在逐渐增大。

从水土流失态势变化上来看,随着对生态环境建设的重视,全省开展了大规模的水土流失综合治理和林业建设工程,由耕地开垦和森林破坏主导的水土流失恶化趋势得到了一定遏制。同时随着全省经济建设不断提速,大规模基础设施建设、城镇扩张、矿产资源开发以及农林开发等造成的水土流失急剧增加。进入21世纪以来,水土流失综合防治逐步纳入法制化轨道,重点地区水土流失治理成效显著,生态脆弱地区的植被得到有效保护和修复,退耕还林还草面积不断扩大和巩固,水土流失面积和强度逐年下降,但在局部地区水土流失依然严重,城市周边、饮用水水源地、生产建设项目水土流失越来越引起社会的高度关注。

三、水土流失危害

水土流失给环境造成了严重的危害,不仅造成土地资源的破坏和损失,还加剧下游的水旱灾害,导致生态环境恶化,严重制约着经济和社会的可持续发展。

(一)破坏土地,影响资源生态环境

坡耕地、园地、疏林地表土流失,或表土层变浅,不仅造成土壤养分流失,而且导致心底土层裸露,最终引起土壤退化,影响土壤生产力,进而影响农林业生产的可持续发展;丘陵山区荒山荒坡冲沟发育,平原区船行波冲刷引起河岸坍塌严重,蚕食地面,导致土地退化,植被遭受破坏,影响生态环境。

(二)泥沙淤积,影响防洪安全

水土流失夹带着大量泥沙和有机物质进入河道,抬高河床,影响行洪;淤积库塘、河道,缩短塘库使用寿命,降低其行洪调蓄能力,加剧洪涝灾害,降低河道航运能力,影响水资源的有效利用;水土流失影响植被的生长,导致土体涵养水源能力降低。土体抗蚀力差、地表松散物质多的山区,植被破坏和严重的水土流失,极易加剧山洪灾害,诱发滑坡、泥石流等地质灾害,破坏周边环境,危及人身安全。

（三）加剧面源污染，影响饮用水水源地水质安全

径流和泥沙是面源污染的载体，随着农药、化肥的大量施用，水土流失造成的面源污染对江河湖库水质的影响越来越大，特别是对饮用水水源地水质安全构成了严重威胁。浙江省地表水体以有机污染为主，主要超标项目为氨氮、总磷、溶解氧、化学需氧量等。全省湖泊（水库）水质虽普遍优于河道水质，大中型水库基本上都能达到Ⅰ～Ⅲ类水体水质标准，但营养化状况不容乐观。

（四）恶化生态，影响可持续发展

水土资源是生态系统良性演替的基本要素和物质基础。水土流失在造成土地退化、植被破坏的同时，导致河流湖泊消失或萎缩，野生动物的栖息地减少，生物群落结构和自然环境遭受破坏，甚至威胁到种群的生存，影响了生态系统的稳定；再者水土流失严重地削弱了当地的农业生产基础，制约着农民收入水平的提高和生活质量的改善，损害了区域社会经济的可持续发展。

第三节　水土流失预防与监督

一、水土流失预防保护

（一）预防保护范围与对象

1. 预防范围

在浙江省所有陆域上，陡坡及荒坡垦殖、林木采伐、农林开发以及开办涉及土石方开挖、填筑或者堆放、排弃等生产建设活动及生产建设项目，都应根据水土保持的要求，采取综合监管措施，实施全面预防。监管预防的重点范围包括省内八大水系的主流两岸以及大中型湖泊和水库周边，钱塘江、瓯江等江河源头、国家和省级重要的饮用水水源保护区；水土保持区划中以水源涵养、生态维护、水质维护等为水土保持主导基础功能的区域；水土流失严重、生态脆弱的地区；山区、丘陵区及其以外的容易发生水土流失的其他区域（以下简称"水土流

失易发区");其他重要的生态功能区、生态敏感区域等需要预防的区域。

2. 预防对象

预防对象包括：①保护现有的天然林、郁闭度高的人工林、覆盖度高的草地等林草植被和水土保持设施及其他治理成果。②恢复和提高林草植被覆盖度低且存在水土流失区域的林草植被覆盖度。③预防开办涉及土石方开挖、填筑或者堆放、排弃等生产建设活动造成的新的水土流失。④预防垦造耕地、经济林种植、林木采伐及其他农业生产活动过程中的水土流失。

3. 水土流失易发区

2014年9月26日经浙江省第十二届人民代表大会常务委员会第13次会议通过，并2017年9月30日第44次会议决定修改的《浙江省水土保持条例》（浙江省人民代表大会常务委员会，2017）第八条第二款规定：山区、丘陵区和容易发生水土流失的其他区域的具体范围，由省水土保持规划划定。水土保持规划中的山区、丘陵区范围仅是为水土保持管理工作需要划分的一定区域范围，不作为一般意义上的地貌划分依据。

根据《全国水土保持区划》（水利部，2012），浙江省共涉及5个三级区，其中浙皖低山丘陵生态水质维护区、浙中低山丘陵人居环境维护保土区、浙西南山地丘陵保土生态维护区、浙东山地岛屿水质维护人居环境维护区等4个区均属于山区、丘陵区，不需要另行划分易发区。浙北平原人居环境维护水质维护区属平原区，需要再划定水土流失易发区。具体包括嘉兴市南湖区、秀洲区、海宁市、平湖市、桐乡市、嘉善县、海盐县、湖州市南浔区。

鉴于划分区的特点和划分原则，结合浙江省实际，在水土流失易发区的划定上，着眼于发生水土流失的危害对象和后果。具体从需重点保护区和需重点管理区域角度，确定以县级以上河道生态保护范围（河道及两侧各200m）连接风景名胜区、森林公园、湿地公园、饮用水源保护区、坡度3°以上区域、规划重点建设区等区块为容易发生水土流失的其他区域。同时为便于后期管理，部分区域按明显的地理标示（如杭浦高速、申嘉湖高速、S12省道、河流、主要街道、市县边界等）区分后，面积共计1850.00km²，占划分区的37.56%。其中申嘉湖高速公路以北至市县界面积共计399.21km²，杭浦高速公路以南至钱塘江岸面积共计604.05km²，县级以上河道管理和保护范围257.97km²，其他区域面积588.86km²。分县（市、区）情况见表3-17-5。

表 3 – 17 – 5　浙江省分县(市、区)水土流失易发区划分情况

行政区		土地面积 (km²)	范围	容易发生 水土流失 区域面积 (km²)	占土地面 积的比例 (%)
嘉兴市	南湖区	438.99	①新塍塘、苏州塘、北郊河、三店塘、平湖塘、京杭古运河、长水塘、南郊河、平湖塘、盐嘉河等河道及两侧各 200m 范围。②七公大道以西沿 S07 省道、沪昆高速、盐嘉河、长水塘、长水路、三环东路、S202 省道、沪杭铁路、北郊河以东至县界范围	102.53	23.36
	秀洲区	547.73	①新塍塘、苏州塘、北郊河、三店塘、京杭古运河、长水塘、南郊河等河道及两侧各 200m 范围。②申嘉湖高速以北、常台高速以东、京杭古运河以北、北郊河以北至县界范围	250.86	45.80
	嘉善县	506.88	①芦墟塘、西泾塘等河道及两侧各 200m 范围。②申嘉湖高速以北至县界范围。③G320国道、城西大道、世纪大道、善江公路、G60 沪昆高速以西至县界所围成范围	264.41	52.16
	海盐县	584.96	①大横塘、盐嘉塘等河道及两侧各 200m 范围。②杭浦高速以南至县界和杭州湾北岸范围	281.79	48.17
	海宁市	862.74	①盐官下河、辛江塘、洛塘河、长水塘、长山河、上塘河、大横塘等河道及两侧各 200m 范围。②杭浦高速以南至县界和钱塘江范围。③广颐路以东、沪杭铁路以南、海宁大道以西及城南大道以南、麻泾港以西、S01 省道以北、平阳堰港以东、城南大道以北围成的区域。④长山河至横山路以北、环城东路以东至长山河以南至碧云南路以东、城南大道和嘉绍接线以北、常台高速以西至县界范围	304.38	35.28

续表

行政区		土地面积（km²）	范围	容易发生水土流失区域面积（km²）	占土地面积的比例（%）
嘉兴市	平湖市	554.14	①上海塘、平湖塘、广陈塘、盐平塘、乍浦塘等河道及两侧各200m范围。②南栅塘以西、镇南路以南、平兴公路以西、昌盛路以北至县界所围区域。③平湖塘、上海塘以南，南市河以东以北，东市河以西以北所围区域。④杭浦高速以南至县界和杭州湾北岸范围	224.27	40.47
	桐乡市	727.45	①金牛塘、大红桥港、京杭古运河、盐官下河、长山河、含山塘、康泾塘等河道及两侧各200m范围。②依次由G320国道、二环南路、二环东路、凤凰水库、环城北路、康泾塘、京杭古运河、县界、同丰路、长山河围成的区域。③申嘉湖高速以北、金牛塘以东至县界范围	165.96	22.81
湖州市	南浔区	702.24	①双林塘、练市塘、京杭运河、善琏塘、龙溪等河道及两侧各200m范围。②申嘉湖高速西段和双林塘东段以北至县界范围	255.80	36.43
合 计		4925.11		1850.00	37.56

资料来源:《浙江省水土保持规划》(浙江省水利厅,2015)。

(二)预防保护措施与配置

1.措施体系

包括限制开发及禁止准入、规范管理、封育保护与生态修复及辅助治理等措施。

（1）限制开发及禁止准入

崩塌、滑坡危险区和泥石流易发区以及水土流失严重、生态脆弱的地区限制或禁止措施,重点预防区生产建设活动限制或禁止以及提高水土流失防治标准等措施,25°以上陡坡地和供水水库库岸至首道山脊线内荒坡地禁止垦造耕地,利用低丘缓坡垦造耕地严格控制在海拔300m以下,新垦造耕地禁止顺坡耕种等措施。

（2）规范管理

林木采伐及抚育更新管理措施,在25°以上的陡坡地优先建设公益林;种植经济林的根据当地实际情况,科学选择树种,合理确定种植模式,并按照水土保持技术标准,采取保护表土层、降低整地强度、修筑蓄排水系统、坡面植草、设置植物绿篱等防治水土流失的措施;在5°以上不足25°的荒坡地垦造耕地,采取修建梯田、修筑挡土墙、修筑排水系统、蓄水保土耕作等水土保持措施。

（3）封育保护与生态修复

封育保护、生态移民、25°以上坡耕地退耕还林还草以及新能源代燃料等措施。

（4）辅助治理

局部水土流失区的林草植被建设、坡改梯、沟道治理、农村垃圾和污水处置设施建设、人工湿地及其他面源污染控制等措施。

2.措施配置

在预防范围特点分析的基础上,根据预防对象发挥的水土保持主导基础功能,进行措施配置。

（1）水源涵养功能

以水源涵养为主导功能的区域人口相对较少,林草覆盖率较高。由于采伐与抚育失调、坡地开荒等不合理开发利用,导致森林生态功能降低,水源涵养能力削弱,局部水土流失严重。

措施配置:对远山边山人口稀少地区的林草植被采取封育保护与生态修复措施;对浅山残次林地采取抚育更新措施,荒山荒地营造水源涵养林;对山前丘陵台地实施坡耕地综合整治、沟道治理、林草植被建设等措施;根据区域条件配置相应的能源替代措施。

（2）生态维护功能

以生态维护为主导功能的区域分布有大面积的森林和草原,林草覆盖率较高,但由于长期以来采、育、用、养失调,森林草地植被遭到不同程度的破坏,生态系统稳定性降低。

措施配置:对森林植被破坏严重地区采取封山育林、改造次生林、退耕还林还草、营造水土保持林;对沿海地区建设沿海防护林。

（3）水质维护功能

以水质维护为主导功能的区域分布有重要的城市饮用水水源地，植被相对较好，局部水土流失作为载体在向江河湖库输送泥沙的同时，也输送了大量营养物质，面源污染成为导致水体富营养化影响水质的主要因素之一。

措施配置：对湖库周边的植被采取封禁措施和营造植物保护带；对距离湖库较远、人口较少、自然植被较好的山区实施封育保护；对农村居住区建设生活污水和垃圾处置设施、人工湿地等；对局部集中水土流失区开展以小流域为单元的综合治理，重点建设生态清洁小流域。

（4）人居环境维护功能

以人居环境维护功能为主的区域多分布在相对发达的城市或城市群及周边，人口稠密、经济发达，由于城市扩张、生产建设等活动频繁，人居环境质量下降。

措施配置：结合城市规划，对河道配置护岸护堤林、建设生态河道、园林绿地；城郊建设生态清洁小流域；强化经济开发区等监督管理。

（三）重点预防项目

结合浙江省主体功能区规划以及全省一岛、两岸和四带的重点预防格局、国家级和省级水土流失重点预防区划分，充分考虑水土保持区划中以水源涵养、生态维护、水质维护、人居环境维护等为主导基础功能的区域；根据确定的预防范围，拟定重要江河源区、重要水源地和海岛区水土保持3个重点预防项目区，本着预防为主的方针和"大预防、小治理"的指导思想，对重点项目所涉及县（区）的预防对象和局部存在的水土流失状况进行综合分析，充分考虑预防保护的迫切性、集中连片、重点预防县为主兼顾其他的原则，确定各项目的范围、任务和规模。

1. 重要江河源区水土保持

（1）范围

范围主要为"四带"中流域面积较大的重要江河的源头，对下游水资源和饮水安全具有重要作用的江河的源头等（已建设大中型水库的重要水源地除外）。

浙江省河流众多，水系发达，共有河道6万km多。河道在社会经济发展中发挥着极其重要的作用。其不仅是灌溉、排涝、航运的命脉,同时,众多城市的饮用水取自河道,水质的好坏也直接关系到饮水安全问题。然而,大部分江河源头区位于山区和丘陵区,多为林区,分布有较多的森林公园、生物多样性保护区、地质和人文景观保护区。多数江河源区水土流失相对较轻微。但是,也有部分江河源头区因地形、土壤等原因,加上人为的不合理开发利用,存在较严重的水土流失情况。近年来浙江省河道普遍存在淤积严重、河水污染等现象,这严重制约了社会经济的发展。在河流两岸、盆地周边及低缓地带,人口密度大,坡耕地多,水土流失相对较严重。因此,以水系源头为重要切入点,以小流域综合整治,减少水土流失,保障供水安全、改善生态环境为主要目标,结合省内主要水系的水源地划分等情况进行重点工程实施区的选取。

(2)任务和规模

主要任务以封育保护为主,辅以综合治理,实现生态自我修复,推进水源地生态清洁小流域建设,建立可行的水土保持生态补偿制度,以达到提高水源涵养功能、控制水土流失、保障区域社会经济可持续发展的目的。

综合分析确定近远期规模,预防保护面积 6500km²,治理水土流失面积 318.00km²,其中近期治理水土流失面积 214.80km²。

2. 重要水源地水土保持

(1)范围

主要指供水达到一定规模的影响较大的水源地,以《关于公布全国重要饮用水水源地名录的通知》(水利部,2016)《浙江省城乡饮用水水源地安全保障规划》《浙江省水功能区水环境功能区划分方案》(浙江省生态环境厅,2016)划定的湖库型饮用水水源地为主,重点是具有水源涵养、水质维护、防灾减灾、生态维护等水土保持功能的区域。主要包括重要的湖库型饮用水水源地及其上游;水土流失轻微,具有重要的水源涵养、水质维护、生态维护等水土保持功能的区域;重要的生态功能区或生态敏感区域;大城市引调水工程取水水源地周边一定范围。

(2)任务和规模

主要任务以保护和建设以水源涵养为主的森林植被,远山边山开展生态自然修复,中低山丘陵实施以林草植被建设为主的小流域综合治理,近库(湖、河)及村镇周边建设生态清洁小流域,滨库(湖、河)建设植物保护带和湿地,控制入河(湖、库)的泥沙及面源污染物,维护水质安全,配套可行的水土保持生态补偿制度。

预防保护面积29700km^2,治理水土流失面积1499.50km^2,其中近期治理水土流失面积924.70km^2。

二、水土保持监督管理

(一)制度体系

中华人民共和国成立以前,浙江省没有专门的水土保持管理机构。1955年国务院水土保持委员会成立并召开全国第一次水土保持会议之后,1956年6月26日浙江省人民委员会决定成立浙江省水土保持委员会,此后省水土保持工作主管部门多次在水利、林业、农业之间变化或中断,1982年开始确定为省水利厅。1991年《中华人民共和国水土保持法》颁布实施后,浙江省水利厅通过水土保持监督执法试点、水土保持方案审批与实施过程中监督检查、水土保持补偿费征收、水土保持设施验收、命名示范工程等多个方面,开展建设项目水土保持监督管理工作。1996年浙江省人大常委会审议通过《浙江省实施〈中华人民共和国水土保持法〉办法》(浙江省人民代表大会,1996),1999年组织开展《中华人民共和国水土保持法》贯彻执行情况检查。2009年浙江省水土保持委员会与浙江省水资源管理委员会合并设立浙江省水资源管理和水土保持工作委员会。至2010年,全省基本理顺水土保持管理体制,水土保持管理工作不断取得新的进展,进入协调、高效的综合管理阶段。

1. 水土保持相关规划管理制度

完善了全省各级水土保持规划体系,强化规划指导和约束作用,建立规划实施跟踪督查制度;研究确立了水土保持责任主体的义务及监管量化指标;强化规划的社会监督、定期评估制度。

2. 水土保持目标责任制和考核奖惩制度

明确各级人民政府水土保持目标责任考核和奖惩的范围和内容,包括水土保持规划实施、水土保持投入及防治任务完成、生产建设项目水土保持监管等情况。

3. 水土流失重点预防区和重点治理区管理制度

划定的重点预防区和重点治理区明确了界限,设立标志,予以公告。在水土流失重点预防区内避免矿山开采、工业项目建设;公路、铁路、水利及其他基础设施建设无法避让水土流失重点防治区的,要相应提高标准,优化施工工艺,减少地表扰动和植被损坏范围,有效控制可能造成的水土流失;风力发电、水力发电等非基础设施项目建设还须在满足上述要求和项目建设用地控制指标要求的基础上,严格控制对土地和植被的扰动,有效控制水土流失强度和面积。

禁止在25°以上的陡坡地垦造耕地。控制低丘缓坡开发,利用低丘缓坡垦造耕地等土地整治项目,应当避让水土流失重点预防区和重点治理区,无法避让的应当提高水土流失防治标准,遏制水土流失。

加大水土流失重点预防区封育保护和生态修复力度,加强水土流失重点治理区的水土保持工程建设,对水土流失进行综合治理。

4. 生产建设项目水土保持监督管理

实行生产建设项目水土保持方案的分类管理,明确县级水行政主管部门监督检查的主体地位;完善了生产建设项目水土保持设施验收程序、方法和要求,确保生产建设项目水土保持"三同时"的落实。

依据《中华人民共和国水土保持法》《中华人民共和国水土保持法实施条例》的有关规定,1994年省政府建立并落实水土保持方案的申报和审批制度;1995年7月20日浙江省水利厅、省计划与经济委员会、省环境保护局联合发出通知,要求各级水利、计划、环境保护行政主管部门要密切配合,严格把关,共同搞好开发建设项目的水土保持监督管理,浙江省建设项目水土保持监督管理工作正式全面开展。

(1)方案管理方面

1995年开始水土保持方案报批及方案编制资质管理,1997年开始开展水土保持补偿费征收制度,2003年开始实行水土保持方案分类管理。

(2)监督检查和验收方面

2002年制订开发建设项目水土保持设施验收管理办法,2003年制订开发建设项目水土保持方案实施监督管理暂行办法,同年明确水土保持监理工作规范,2009年规范水土保持监测工作。

（二）监管能力

1.监管能力建设

监管能力建设对各级水土保持监督执法机构提高履职能力和依法行政水平具有重要意义。水土保持监督执法人员定期培训与考核,研究制订监管能力标准化建设方案,出台水土保持监督执法装备配置标准,逐步配备完善各级水土保持监督执法队伍,提高监督执法的质量和效率。做好政务公开,增加监管透明度,提高水土流失综合防治、生产建设项目水土保持的即时监控和处置能力,形成对地方、社会、市场的有效管控体系,为准确有效执法和落实政府目标责任提供依据。

2.社会服务能力建设

完善水土保持方案编制、监测、监理等资质的社会化管理,实现水土保持设计、咨询、监测、评估等技术服务全面市场化运作,降低市场准入门槛,建立了咨询设计质量和诚信评价体系,引入退出机制,确保形成公平公正的、向社会开放的有效竞争市场;加强从业人员技术与知识更新培训,以社会组织为平台,强化技术交流,提高服务水平

3.宣传教育能力建设

适应强化生态文明建设的需要,为提高全社会保护水土资源和可持续发展的意识,在加强水土保持宣传机构、人才培养与教育建设的同时,完善宣传平台建设,重视广播、电视、报纸、期刊等传统信息传播方式,加强信息化时代网络和移动终端等新媒体宣传平台建设;制订水土保持宣传方案,完善宣传顶层设计,关注社会热点,做好宣传选题选材,提升宣传效果;强化日常业务宣传,向社会公众方便迅捷地提供水土保持信息和技术服务。

三、水土保持区划与水土流失重点防治区

（一）水土保持区划

浙江省区域自然条件和社会经济条件差异大,水土流失分布范围广、形式多样、强度不等、程度不一,且经济发展不平衡导致区域水土资源开发、利用、保护的需求不尽相同,为了科学合理地确定水土流失防治分区布局,在全国水土保持区划的基础上,完善浙江省水土保持区划。

在全国水土保持区划中,浙江省在全国水土保持区划的一级区为南方红壤区(V区),涉及江淮丘陵及下游平原区(V-1)、江南山地丘陵区(V-4)和浙闽山地丘陵区(V-5)等3个二级区以及浙沪平原人居环境维护水质维护区(V-3-1rs)、浙皖低山丘陵生态维护水质维护区(V-4-1ws)、浙赣低山丘陵人居环境维护保土区(V-4-2rt)、浙东低山岛屿水质维护人居环境维护区(V-5-1sr)、浙西南山地保土生态维护区(V-5-2tw)等5个三级区。其中浙沪平原人居环境维护水质维护区为平原区,其他4个三级区均为山区丘陵区。浙江省水土保持区划见图3-17-3。

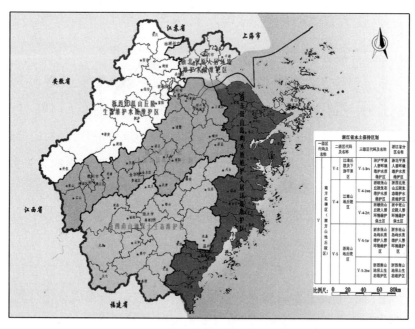

图3-17-3 浙江省水土保持区划图(浙江省水利厅,2015)

涉及浙江省三级区的各区主导功能中包括水质维护、人居环境维护、生态维护、土壤保持等主导功能。浙江省的区划中考虑到5个三级区中有3个涉及周边相邻省(市),为与其他省(市)区别,同时考虑与浙江省历次水土保持区划衔接,将"浙沪平原人居环境维护水质维护区"中涉及浙江省部分命名为"浙北平原人居环境维护水质维护区""浙赣低山丘陵人居环境维护保土区"中涉及浙江省部分命名为"浙中低山丘陵人居环境维护保土区""浙皖低山丘陵生态维护水质维护区"中涉及浙江省部分命名为"浙西北低山丘陵生态维护水质维护区",其他两个区沿用全国水土保持区划名称。浙江省水土保持区划情况见表3-17-6。

表 3-17-6　浙江省水土保持区划

一级区代码及名称	二级区代码及名称	三级区代码及名称	浙江省分区名称	县（市、区）	面积（万 km²）	水土流失面积（km²）
V　南方红壤区（南方山地丘陵区）	V-1　江淮丘陵及下游平原区	V-1-3rs　浙沪平原人居环境维护水质维护区	浙北平原人居环境维护水质维护区	嘉兴市南湖区、秀洲区、海宁市、平湖市、桐乡市、嘉善县、海盐县、湖州市南浔区	0.49	6.32
	V-4　江南山地丘陵区	V-4-1ws　浙皖低山丘陵生态维护水质维护区	浙西北低山丘陵生态维护水质维护区	杭州市余杭区、西湖区、拱墅区、下城区、江干区、上城区、桐庐县、淳安县、建德市、富阳区、临安市、湖州市吴兴区、德清县、长兴县、安吉县、开化县	2.27	1603.33
		V-4-2rt　浙赣低山丘陵人居环境维护保土区	浙中低山丘陵人居环境维护保土区	杭州市萧山区、滨江区、绍兴市越城区、柯桥区、上虞区、新昌县、诸暨市、嵊州市、金华市婺城区、金东区、浦江县、兰溪市、义乌市、东阳市、永康市、衢州市柯城区、衢江区、常山县、龙游县、江山市	2.46	2478.06
	V-5　浙闽山地丘陵区	V-5-1sr　浙东低山岛屿水质维护人居环境维护区	浙东低山岛屿水质维护人居环境维护区	宁波市海曙区、江东区、江北区、北仑区、镇海区、鄞州区、慈溪市、余姚市、奉化市、象山县、宁海县，舟山市定海区、普陀区、嵊泗县、岱山县，台州市椒江区、路桥区、黄岩区、三门县、临海市、温岭市、玉环县、温州市瓯海区、龙湾区、鹿城区、乐清市、洞头县、瑞安市、平阳县、苍南县	2.41	2155.55
		V-5-2tw　浙西南山地保土生态维护区	浙西南山地保土生态维护区	丽水市莲都区、松阳县、云和县、龙泉市、遂昌县、景宁畲族自治县、庆元县、青田县、缙云县、磐安县、武义县、永嘉县、文成县、泰顺县、仙居县、天台县	2.92	3036.44

资料来源：《浙江省水土保持规划》（浙江省水利厅，2015）。

（二）水土流失重点防治区

浙江省全省共划定 8 个省级水土流失重点预防区,涉及 53 个县级行政单位,重点预防区面积合计为 32556.78km²,占全省国土面积的 30.86%;划定 3 个省级水土流失重点治理区,涉及 16 个县级行政单位,重点治理区面积合计为 2431.53km²,占全省国土面积的 2.30%。省级水土流失重点防治区面积合计 34988.31km²,占全省国土面积的 33.16%。浙江省水土流失重点防治区分布情况见图 3-17-4。

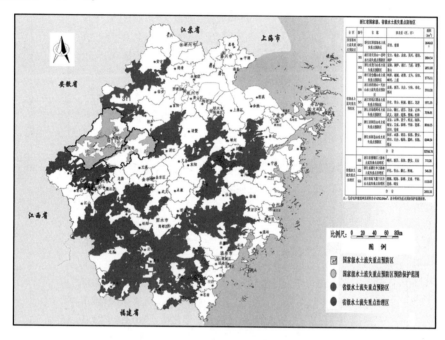

图 3-17-4　浙江省水土流失重点防治区(浙江省水利厅,2015)

另根据《全国水土保持规划》,新一轮的国家级水土流失重点预防区和重点治理区划分,浙江省只有杭州市的淳安县、建德市属国家级水土流失重点预防区(新安江国家级水土流失重点预防区)范围,涉及的两县(市)面积合计 6732.04km²。经进一步划分两县(市)的预防保护范围面积为 3646.63km²(其中淳安 2683.00km²、建德 963.63km²),占全省国土面积的 3.46%。

综上所述,浙江省省级水土流失重点预防区和重点治理区及国家级水土流失重点预防区中的预防保护范围面积共计 38634.94km²,占全省国土面积的 36.62%。浙江省水土流失重点防治区名录见表 3-17-7。

表 3 - 17 - 7　浙江省国家级、省级水土流失重点防治区

分　区	编号	名　称	涉及县(区、市)	面积(km²)
国家级水土流失重点预防区	GY15	新安江国家级水土流失重点预防区	淳安、建德	3646.63①
省级水土流失重点预防区	SY1	浙江省天目山－昱岭水土流失重点预防区	安吉、临安、余杭、吴兴、德清、桐庐	2884.54
	SY2	浙江省龙门山水土流失重点预防区	富阳、桐庐、浦江、兰溪、诸暨、萧山	1851.80
	SY3	浙江省会稽山水土流失重点预防区	柯桥、越城、诸暨、义乌、东阳、嵊州、上虞	1775.11
	SY4	浙江省四明山－天台山水土流失重点预防区	余姚、新昌、天台、宁海、奉化、鄞州	2353.28
	SY5	浙江省钱江源水土流失重点预防区	开化、常山、柯城、衢江、龙游	1971.35
	SY6	浙江省仙霞岭水土流失重点预防区	江山、衢江、遂昌、龙泉、云和、武义、龙游、莲都、婺城、松阳	7376.01
	SY7	浙江省洞宫山水土流失重点预防区	龙泉、云和、景宁、庆元、瓯海、瑞安、文成、泰顺、平阳、莲都、青田、苍南	8010.15
	SY8	浙江省括苍山水土流失重点预防区	仙居、永嘉、黄岩、乐清、磐安、青田、天台、临海、温岭、东阳、缙云	6344.54
合　计				32556.78

分　区	编号	名　称	涉及县（区、市）	面积（km²）
省级水土流失重点治理区	SZ1	浙江省曹娥江上游水土流失重点治理区	嵊州、新昌、东阳、磐安、天台	772.26
	SZ2	浙江省衢江中上游水土流失重点治理区	开化、常山、衢江、柯城、	546.20
	SZ3	浙江省瓯飞鳌三江片水土流失重点治理区	鹿城、瓯海、泰顺、文成、平阳、苍南、瑞安	1113.07
		合计		2431.53

注：淳安和建德两县（市）面积合计 6732.04km²，表中所列 3646.63km² 为重点预防保护范围面积。资料来源：《浙江省水土保持规划》（浙江省水利厅，2015）。

四、水土保持规划

（一）前期工作

1991 年浙江省编制了《浙江省水土保持规划初步意见（1991—2000）》，后来又经过多次修订，制订了 2010 年远景目标，但始终未形成系统的水土保持规划。20 世纪末，浙江省开展了"应用陆地卫星数据处理普查浙江省水土流失与建立水土流失信息系统的研究"工作，全省水土流失面积 18998km²，水土流失防治任务十分繁重，在摸清了全省的水土流失状况的基础上，浙江省于 1999 年编制完成了《浙江省水土保持总体规划》。2005 年编制的《浙江省水土保持规划（2006—2010）》是浙江省水利发展规划相配套的 5 个专项规划之一，纳入《浙江省"十一五"规划编制体系》，在 1999 年编制完成的《浙江省水土保持总体规划》的基础上，通过对全省水土流失和水土保持现状的分析和评价，结合生态省建设要求，分析经济社会可持续发展对水土保持的需求，提出全省近期、远期水土流失防治目标，确定不同类型区和不同措施的总体布局，制订相应的水土流失防治和监督管理措施。

（二）《浙江省水土保持规划》

本次规划编制工作依据《关于开展全国水土保持规划编制工作的通知》

（水规计〔2011〕224 号）于 2011 年 6 月启动。2011 年 8 月，浙江省水利厅商省发展和改革委员会等有关部门，成立了水土保持规划编制工作领导小组，由领导小组办公室负责组织协调，具体编制工作由浙江省水利水电勘测设计院承担，浙江省水土保持监测中心等单位参与了规划有关专题和技术研究工作。2012 年 9 月 28 日，省水利厅联合省发展和改革委员会下发了《关于开展全省水土保持规划编制工作的通知》（浙水保〔2012〕77 号），布置全省水土保持规划编制工作。组织开展了全省水土流失现场调查工作。先后组织规划编制工作技术咨询专家组审查通过了项目任务书和技术大纲，组织完成了省级水土流失重点预防区和重点治理区、容易发生水土流失的其他区域的划定等工作。

《浙江省水土保持规划》系统分析了全省水土流失及其防治现状、存在问题，认真研究水土保持工作面临的新形势、新机遇、新挑战，以"防治水土流失，合理利用、开发和保护水土资源"为主线，分区确定水土保持防治方略、目标与总体布局，提出预防、治理、监测、监管和近期重点项目规划，为浙江省开展水土流失防治，维护生态系统、促进江河治理、保障饮水安全、改善人居环境、推动农村发展，规范生产建设行为、增强防灾减灾能力、加快转变经济发展方式和建设生态文明提供技术支撑和保障。作为此后一个时期浙江省水土保持工作的开展蓝图和重要依据。规划基准年为 2013 年，规划期为 2015—2030 年，近期水平年 2020 年，远期水平年 2030 年。

第四节　水土流失综合治理

中华人民共和国成立前，浙江省水土流失治理相关资料比较有限，南宋魏岘在之《四明它山水利备览》提出"森林抑流固沙理论"，论述和阐明了森林具有抑制流速、固结土壤、含蓄水流、保持土壤的作用。

中华人民共和国成立后，浙江省的水土流失治理以点状工程为主，至 20 世纪 90 年代，以金华市、衢州市在钱塘江中上游地区开展集中连片的水土流失治理为标志，开始统一规划、集中连片式水土流失治理。

2002 年东阳横锦水库生态清洁小流域项目实施,标志着浙江省生态清洁小流域建设全面开始。生态清洁小流域建设项目实施内容除包括坡改梯、坡面径流调控、封育治理等常规水土流失治理措施外,还包括面源污染控制、农村人居环境整治等,可减少水土流失和有机污染物排入水源地,显著保护水源地的水质。

2003 年 7 月,浙江省"生态省"建设工作领导小组办公室将"治理水土流失面积"纳入"生态省"建设考核指标,标志着浙江省水土保持目标责任制正式建立,该项制度一直延续至 2010 年。

一、水土流失治理概况

(一)传统水土流失治理

根据《浙江通志·水利志》(第四十五卷)记载,浙江省传统水土流失治理大体上可以划分为中华人民共和国成立前、社会主义革命和建设时期、改革开放时期三个历史阶段。

1. 中华人民共和国成立前

中华人民共和国成立前,水土流失治理资料有限,所采取的水土流失治理措施主要是修筑梯田、陂塘等工程措施。

梯田最早开发于唐初。宋绍兴八年(1138 年),宋高宗定都临安后,北方人第三次大规模南迁,为获取粮食,除围垦造田外,还上山垦殖种植杂粮。会稽、明州等人口密集的地方,人多地少的矛盾尤为突出,除临时性顺坡零星垦殖外,修建永久性的梯田梯地也显著增多。据《宝庆四明志》(卷十四)(胡榘修等,1228 年)记载:"凡山巅水湄有可耕者,累石堑高寻长而延袤数百尺不以为劳。"梯田修建兴于元、明,山区造田史可以说就是梯田修建史,梯田既是山区人民宝贵的耕地资源,也形成一道独特的田园风光,著名的云和梅源梯田、永嘉茗岙梯田是水土流失治理典型工程梯田,存续有 800 多年历史。

2. 社会主义革命和建设时期

中华人民共和国成立后,从 20 世纪 50 年代开始,浙江省每年开展封山育林、植树造林活动,在水土流失比较严重的地区,因地制宜采取砌坎保土、修筑谷坊、挖鱼鳞坑、修水平带等工程措施,进行综合治理。

1960年1月,浙江省水电厅在临海县召开治山治水现场会议,参观临海治山治水现场,介绍东阳县巍山公社水土保持规划和治理兰坑的经验。兰坑是金华江白溪右岸支流,流域面积2.67km²,山高坡陡,地表裸露,水土流失,易旱易洪。该流域从1959年开始治理,采取多种措施,实行沟坡兼治,共兴建山塘水库4座,挖鱼鳞坑4.82万个,筑谷坊1761个,开水平带53.20hm²,种植经济林、用材林15种27万多株,套种绿肥、粮食6hm²多,改变寸草不生的状况;据1960年11月观测,栽种的水蜜桃成活100%,油茶成活70%~90%,棕榈成活27%。

　　1964年,嵊县王院公社郑夼大队村民开始治山治水,至1973年,建造梯田1.33hm²,翻土垒石砌起石坎2万m,4.67hm²茶山实现梯地化,扩建小型水库,新开输水渠道,使3.33hm²多靠天田实现旱涝保收,粮、茶产量成倍增长。

　　20世纪70年代,省水利部门先后总结推广绍兴县红山公社文山大队、上旺大队和新昌县遁山公社治山治水相结合、山水田综合治理,嵊县南山水库库区绿化,曹娥江江堤广种芦竹、固堤增收等一批典型经验,指导全省水土保持工作。

　　1974—1977年杨垄水库管理单位自育苗木,在库区栽植松木苗10万株,杉木苗15.6万株。1985年8月,浙江省水利厅农田水利总站与杨垄水库签订《关于杨垄水库水土保持综合利用试验基地的协议书》,利用库内48.40hm²山地、2hm²水面及0.04hm²甲鱼塘、0.21hm²鱼苗塘、0.2hm²库尾鱼塘,开展以水土保持为中心的综合开发与治理试验。至1988年水库有连片杉木林13.33hm²,松木林2.67hm²,柑橘1.87hm²,雪花梨0.4hm²,红心李0.33hm²,茶叶0.4hm²,杂木林10.67hm²。此外,还发展引进美国杂交狼尾草、黑麦草、墨西哥玉米等优质牧草共1.47hm²。

　　3.改革开放时期

　　1982年11月,省政府召开全省农田水利和水土保持工作会议,对水土保持工作专门作了部署。要求各地因地制宜作出规划,采取生物措施和工程措施相结合,重点治理与一般治理相结合,以小流域为单元,分期分批搞好治理工作;省、地(市)、县水利部门都要选择1条溪流或1个水库、1个社(队)进行水土保持试点,取得经验,全面推广。1983年,缙云县水电、林业部门拨款2万元,对好溪流域37座小(2)型以上水库全面进行封山育林。松阴溪流域的东坞、四都源、关溪等3座小(1)型以上水库,自20世纪80年代中期开始,先后征用库区山地 133.33hm²,进行绿化造林和栽培经济林,增强水土保持能力。

1989 年省水利厅统计,中华人民共和国成立后全省治理水土流失面积187.17 万 hm²,其中水平梯田 8.13 万 hm²,水土保持林 163.33 万 hm²。

1995 年,省政府下发《关于加强小流域治理和河道疏浚工作的通知》,1996年开展富阳大源溪、淳安上梧溪、湖州陆家庄、金华白沙溪(下游段)、云和安溪、遂昌练溪、景宁鹤溪等 7 条小流域治理试点工作,从点到面进行小流域综合治理。小流域治理实行统一规划,分步实施。治理规划坚持治山与治水相结合,疏浚与护堤相结合,治理与开发、管理相结合兼顾上下游、左右岸等原则,对人口密集的村庄和保护大片农田的地段先行整治。同年,浙江省委书记、省人大常委会主任李泽民视察丽水小流域治理,李泽民在视察龙泉安仁溪小流域治理工作后说:"这是山区水利建设的一个创举"。

1998 年,省水利厅组织编制全省水土保持规划,钱塘江中上游的部分市、县开展水土保持规划编制工作,并得到相应各级政府的批准,成为当地水土保持工作的纲领性文件。与此同时,在钱塘江流域开展集中连片的水土流失治理。

1999 年,省政府印发《关于公布省级水土流失重点防治区的通知》,明确全省水土流失预防保护、治理和监督的重点区域和相应的对策措施。

2001 年,省政府印发《浙江省水土保持总体规划》,将全省划分为浙中浙南丘陵山地区、浙北平原丘陵区、浙东沿海岛屿区 3 个类型区,明确近期(2001—2010 年)、中期(2011—2030 年)、远期(2031—2050 年)水土流失治理目标。

2005 年,省水利厅印发《大力推进水土保持生态修复,加快水土流失防治的若干意见》,对接下来一段时间的水土保持生态修复工作进行部署,将供水水库库区、高程500m 以上区域、无人居住岛屿、风景名胜区和自然保护区外围地带等确定为实施的重点区域;统筹考虑水土流失综合治理、生态移民等对促进生态自我修复的作用,并有针对性地提出切实可行的对策、措施;要求各级水利部门要切实当好政府的参谋,研究制订出操作性强的水土保持生态修复实施方案,有计划、有步骤地开展水土保持生态修复工作。

2006 年 4 月,省发改委、省水利厅联合印发《浙江省水土保持总体规划(2006—2010 年)》,将全省划分为浙北平原区、浙西北山地丘陵区、浙中丘陵盆地区、浙南山地区、浙东沿海岛屿区 5 个类型区,规划建设水土保持监测网络与信息系统,实施 10 座供水水库上游水土流失综合治理、6.67 万 hm² 坡面径流调控和 1000km² 重点生态修复工程。同年编制《浙江省水土保持生态修复规划》,计划在 2006—2010 年,以山地丘陵区为重点,以轻度和中度水土流失的疏林地为主要对象,开展水土保持生态修复工程。通过加强封禁管护,结合生态移民,重点做好供水水源水库上游及高程 500m 以上地区的水土保持生态修复工作。

(二)生态清洁小流域建设

2002 年,东阳市被水利部确定为全国水土保持生态修复试点县,横锦水库库区被选为生态清洁小流域建设实施区,是浙江省第 1 个生态清洁小流域建设项目。

2006 年 4 月,省水利厅根据水土保持总体规划,将汤浦、横锦等 10 座供水水库上游水土流失综合治理工程列为重点项目。安吉县、绍兴市、上虞市、绍兴县、诸暨市、东阳市、永康市、浦江县、三门县、龙泉市、温州市等地积极探索,开展生态清洁小流域建设工作,其中永康市列入国家生态清洁小流域建设计划,也是全国第 1 个编制《生态清洁小流域建设规划》的县(市)。

2006 年起,省级财政加大对生态清洁小流域建设的资金投入,其中 2008 年、2009 年度中央预算内水土保持专项资金主要安排用于生态清洁小流域建设,2009 年省本级水土保持工程补助资金全部用于生态清洁小流域建设。同时,一些地方加大财政转移支付力度,加大对水库集水区基础设施建设、基本生活保障、水质监测和污染治理方面的扶持;绍兴、宁波等地建立生态补偿机制,从供水收入中列支资金划入财政专门账户,支持水土保持、生活垃圾处理、生活污水处理、面源污染防治等。

2009 年,省水利厅决定在安吉等 5 个县(市、区)的饮用水源地开展生态清洁小流域建设试点工作,列入试点计划的有安吉县杭垓小流域、诸暨市孝四溪小流域、浦江县金坑岭和大楼源小流域、衢江区坑口溪小流域、龙泉市岩樟溪和垟赛溪小流域。同年 10 月,全国水土保持生态清洁小流域建设现场会在永康市召开。

2010 年,省水利厅印发《浙江省生态清洁小流域建设试点验收试行办法》,明确生态清洁小流域建设试点验收条件,指出在试点小流域范围内,开发建设项目水土保持方案申报率应达到 100%,其他约束性指标评定总分应达到 80 分以上。是年全省 8 个生态清洁小流域建设试点通过验收。

二、水土流失治理模式

全省水利部门针对不同的自然环境、社会条件,采取不同的水土保持措施,实现分区划片、以流域为单位进行山、坡、沟综合治理,科学、有效、合理地布设工程、生物、农业措施,实现生态治理、综合治理。

(一)浙西山地丘陵区

浙西山地丘陵区包括浙西南山地区、浙西北山地丘陵区、浙中丘陵盆地区,以莫干山以西,会稽山、四明山一线以南的全省大部分地区,总面积 68415km²;2006 年该区水土流失面积 13988km²,占全省水土流失面积 73.6%,是浙江省水土流失强度较大且分布范围最广区域。该区集中全省大部分的坡耕地和荒山、荒丘和疏林地,水土流失以水力侵蚀为主,坡面侵蚀是主要过程,在盆地的四周还有相当数量的沟蚀。在浙西南山区由于地面坡度大,存在着一定数量的滑坡和崩塌,有的地方还发展为泥石流,危害严重。21 世纪初,随着开发建设项目规模的不断扩大,修路、采矿和开发区建设等人为活动不断造成新的水土流失,山区发展过程中不合理的利用林木资源,不同程度地加剧水土流失。该区的水土保持措施,根据岩性、地貌、水系、植被和水土流失特点,开展以小流域为单元的水土流失综合治理,调整土地利用结构,建立水土保持生态建设示范区,探索生态对策和措施,初步形成适合各小流域的水土流失生态修复新模式。

模式框架为"封育、梯田、拦疏"三道防线和"预防"开发建设项目造成新的水土流失相结合,统一实施。①封育:在山顶、陡坡等处保护原有林木,封山育林,封育治理与植树种草相结合,恢复和提高植被覆盖度。②梯田:大力改造坡耕地,以修建水平梯田为主,按照要求,25° 以上的陡坡全部退耕还林,并配以坡地排水系统工程。发挥丘陵山区水土资源优势,种植经济林果,增加农民收入,实行开发性治理与防护性治理结合,工程措施与生物措施相结合的方式。③拦疏:在沟谷以疏为主,拦疏结合。④预防:加强对开发建设活动的监督管理,预防人为活动造成新的水土流失,并及时对开发建设活动造成的水土流失予以治理。这样从山顶到沟底,从自然到人为实现层层治理,形成完整的水土流失治理与生态修复模式。各区虽然在总的治理模式上有相对的一致性,但其着重点有所差异。

1.浙西北山地丘陵区排灌配套的坡耕地水土流失治理模式

浙江省山多平地少、人多耕地少,坡耕地是水土流失的主体,省水土保持部门根据山区特点,总结出一套坡耕地水土流失治理与生态修复模式,即配套排灌工程措施的坡耕地生态农业修复模式。

2.浙西南山地区山、水、田、林、路综合治理模式

浙西南山地区,以保护天然林、生态修复、小流域综合治理、脱贫致富等措施为主,实现山、水、田、林、路综合治理,发展经济林、水土保持林,提高植被覆盖度,防止水力、重力侵蚀产生的水土流失。

(1)治山

山顶、陡坡退耕还林、封山育林,坡地改梯田,粮地改果园,调整种植结构,治理开发"四荒"资源。做到"山顶戴帽子,山腰扎带子,山脚穿裙子"。

(2)治水

在做好山上绿化、减少水土流失的同时,在山下坚持走山、水、田、林、路、村镇建设综合治理的道路,提出"上游筑库蓄水、中游建坝修堤、下游清障疏浚"的治水方略。

(3)治污

开展"一控双达标"活动,控制污染源的排放,重视矿山整治,巩固治山治水成果。

(4)致富

调整产业结构,发展多种经济;生态修复,使山川秀美;开发农家乐、生态坞、休闲山庄,吸引游客,发展旅游业,增加农民收入。

3.浙中丘陵盆地以保护基本农田为主的治理模式

浙中丘陵盆地,治理重点是加强基本农田建设,搞好坡耕地治理,预防城镇建设诱发的人为水土流失。

(二)浙东沿海岛屿区

浙江沿海岛屿区是指自舟山群岛、象山半岛、温黄平原、乐清湾两岸至温瑞平原及其附近地区,总面积20929km^2,2006年该区水土流失面积3383km^2。该区以水力侵蚀为主,受台风暴雨影响大,在舟山群岛则为水力侵蚀与风力侵蚀并存。虽然水土流失面积占总土地面积的比例低于全省平均水平,但水土流失强度大,中度侵蚀以上的面积占水土流失面积的比例达到55.7%,远高于全省平均水平。同时,资源开发与基本建设活动所造成的新的水土流失普遍存在。该区的水土流失的生态治理措施,以预防和治理新的水土流失为主,采取开发建设项目水土保持方案申报审批制度和建设项目的主体工程与水土保持设施"三同时"制度,加大监督执法力度。针对不同侵蚀类型的不同土壤类型、地形、港湾的特点,积极开展沿海防护林建设和海岸防侵蚀建设,形成特有的以防为主的"防、封、疏、改"相结合的水土流失生态修复模式。

(三)浙东北平原区

浙东北平原区包括莫干山以东,会稽山、四明山、象山港一线以北的杭嘉湖平原和萧绍甬平原及附近地区,总面积20412km²,2006年水土流失面积1627km²。该区基本建设项目多、规模大,乱挖乱堆随意弃渣等违法现象时有发生,致使河道淤积,加重灾害损失。杭嘉湖平原河网纵横交错,由于河岸大部分为土质,受自然因素和船行波的冲击影响,河岸坍塌现象严重,仅嘉兴市每年大约损失土地66.67多hm²。针对该区的特点,各地的水土流失治理以修筑防洪堤和河道清淤为主的河道整治工程,力求做到疏通河道、稳定河床、因势利导、防冲防淤、合理利用,处理好上、下游及左、右岸之间的关系,形成适合地平、河密、建设强度大的水土流失生态修复模式,即"防、疏、禁、拦"相结合。

三、典型工程

(一)安吉县浑泥港治理

浑泥港位于安吉县西北部,是西苕溪的支流,在梅溪镇附近汇入西苕溪;有西亩溪(亦名沙河)、泥河(亦名郁吴溪)两条支流,流域面积280km²,包括郁吴、梅溪等6个乡镇、40个村和省属南湖林场。流域内有耕地0.64万hm²,山地1.2万hm²,其中40%是荒丘。

1957年,嘉兴专署和安吉县共同组织力量,对浑泥港流域进行调查,首先制订解决干旱问题的治水规划。1958年建成库容1750万m³的天子岗水库,并建成一批小型塘坝。1963年,嘉兴专署再次组织工作组对浑泥港流域重新进行详细勘测,制订出山、水、田治理规划,并建立由1位副专员任指挥,地、县有关部门负责人参加的浑泥港治理指挥部,组织和推进规划实施。1963年冬至1966年冬,浑泥港进行大规模综合治理,封山育林,植树造林,兴修山塘水库,开挖环山渠道,砌筑防洪堤坝,开挖田间沟渠,改造低产农田。1967～1972年,指挥部解体,治理成果受到损害。1973年恢复指挥部,由安吉县主持,完成天子岗、大河口水库配套加固工程,发展一批电力排灌机埠,进行绿化、改土工作。1980年指挥部被撤销,治理工作由乡、村继续进行。

浑泥港治理的主要成果:在深山区,巩固和发展毛竹基地2500万hm^2,营造用材林1067hm^2,封山育林2467hm^2;在丘陵区,种植油桐、油茶、茶叶、桑树等经济林木2400hm^2,既控制水土流失,又增加林业和特产收益。在泥河、浑泥港上游建成天子岗、大河口2座中型水库,在10多条小支流上建成小(一)型水库3座,小(二)型水库12座,山塘1746座,总蓄水量4713万m^3,控制面积87.3km²,占山丘面积的56%。修筑里庚防洪坝及防洪堤18km,减轻山洪危害。建设小水电站5座、装机276千瓦,电灌机埠72处、装机1535千瓦。这些水利工程设施,使流域内增加灌溉面积3913hm^2,旱涝保收田从1963年的1260hm^2扩大至2987hm^2。据禹步街水文站实测,1971年浑泥港的年输沙量1.37万t,1979年降至0.65万t。1957年流域内粮食产量2250kg/hm^2,1980年提高至8902kg/hm^2。

(二)淳安县山茅坑坡面治理

淳安县威坪公社琴溪生产合作社位于淳安县的西北角,山多田少,人口稠密,中华人民共和国成立前,当地水土流失严重,农民生活极为贫困。20世纪50年代初,当地针对不同地形,将山坡地改造成梯田、梯地,并就地取材,修筑石堤、泥堤、玉米秆堤,在耕作过程中采取挑地脚泥、割草铺地等方法防止表土流失;挖"山茅坑",做"沉泥潭"等以减少坡面冲刷。主要水土流失治理措施有筑石堤、土堤、高粱秆堤,挖山茅坑、泉水坎,开排水沟,做沉泥潭、谷坊,割草铺地,挑地脚泥,条播作物、套中间作、冬天深锄,植树造林,封山育林造林等。至1956年,该生产合作社95%以上的坡地得到治理,增加耕地面积24.47hm^2。新安江水库开工后,部分移民靠毁林种粮,垦种坡地。淳安县自70年代开始对全县山林实行开发性保护,远山、高山营造用材林,近山、低山种经济林,使光山、秃山重披绿装;封山育林和营造经济林面积合计10.67多万hm^2,全社达到泥土不下山,山溪不断流。

(三)绍兴县迪埠小流域治理

迪埠小流域地处绍兴县福全镇迪埠村境内,位于绍兴县中南部的山区与平原过渡地带,流域面积 1.95km²,其中山地较多,平原较少,溪流沟道长 960m。1996 年,当地以治理水土流失为切入点,以根除洪涝灾害为重点,以改善村庄生态环境为目标,结合经济发展实际,因地制宜,因害设防,形成"封、梯、疏、拦、美"的治理模式。①封:对 120hm² 林木稀疏的疏林地,设立封禁标志,制订封禁管护公约,对每位村民每年由村集体出资供应一瓶平价煤气,以气代柴,防止植被破坏,并适当补植栎树、香樟、木荷、枫树等树种。林木郁闭度达到 0.8 以上,增强了涵养水源、保持水土的能力。②梯:对 33hm² 经济林果地进行整治,其中 16.50hm² 由原来需要经常翻耕抚育的水蜜桃改种不需要翻耕的杨梅,16.50hm² 修筑石坎坡式梯地;把原有 5hm² 坡耕地,修建成水平梯地,改为绿化苗木生产基地。③疏:对 960m 长的溪流沟道,按 5 年一遇的防洪标准,进行疏浚拓宽,由原来的 1~1.5m 拓宽至 3~3.5m,两岸用干砌块石护砌。④拦:溪流沟道底部沿途分段修建谷坊 5 座,还设置沉沙池 2 个,出口段采用铲斗式挖泥船进行清淤。⑤美:对流域内的简易公路进行整修硬化,路边种植樟、柏等行道树,村内池塘及四周经过清淤、砌坎、绿化,整修一新,成为村民休闲之地。迪埠小流域植被覆盖度由原来不足 0.5 提高至 0.8 以上,改善村容村貌和生态环境;种植经济林果和绿化苗木,每年可增加经济收入 6.48 万元;封禁治理增加林木的蓄积量,提高经济效益,投资年收益率在 10% 以上。

2000 年迪埠村总产值较治理前的 1996 年提高 27.6%,人均产值提高 26.4%,人均纯收入提高 37.6%。通过水土流失综合治理,提高村民的生活质量,不仅村集体经济获得直接收益,而且投资环境的改善也促进工农业生产的进一步发展。对绍兴县及其周边地区的水土保持生态环境建设起到示范作用。

(四)东阳市横锦水库水土保持生态修复

横锦水库位于东阳市东阳江镇横锦村东部,距东阳市区 28km,集水面积 378km²。水库总库容 2.74 亿 m³,具有防洪、灌溉、发电、供水等多种功能,义乌、东阳两市的城市生活用水大部分取自于该水库,引水流量 5.525m³/s,其中引入义乌市 2.625m³/s,引入东阳市 2.90m³/s。2001 年库区水土流失面积

$66.98km^2$，侵蚀模数 $992t/(km^2 \cdot a)$。由于地处偏僻,交通不便,经济比较落后,受传统的靠山吃山影响,村民普遍无计划砍伐森林,使当地生态环境受到损害,水库水质差。

2001 年,东阳市启动横锦水库小流域综合治理工程,2002 年,被水利部批准实施"横锦水库水土保持生态修复试点工程"。同年,东阳市政府成立水土保持生态修复试点工程领导小组,由分管市长任组长,水利局水土保持机构牵头,联合农业、林业、财政、国土资源、城建及民政等多部门实施生态修复工程。采取以管促修、以改促修、以调促修、以修促修、以移促修等水土保持生态修复工程,对防治库周水土流失、生态系统修复和保护横锦水库水质起到决定性作用。东阳市政府为此先后出台《关于做好横锦库区水土保持生态修复封禁管护工作的通告》《东阳市横锦库区水土保持生态修复工程管理办法》《加强横锦库区水土保持生态修复工作的意见》等政策法规,并通过生态移民,促进生态系统修复。对库周高程 500m 以上交通不便、生态环境恶劣、居民分散、耕地面积少、居民长期以开垦荒山荒坡作为解决粮食问题的手段,全垦皆伐、顺坡耕作,水土流失极为严重的区域,实施农民下山脱贫措施。结合新农村建设、城镇建设、农村扶贫开发等迁移至高程 500m 以下,且在条件较好地方集中安置,减少山区生态压力和人为破坏,使自然环境得到休养生息和自我修复。在安置地无偿划拨与原来相同面积的耕地和宅基地给移民,适当考虑建房资金补助,安置区基础设施由政府统一建设,确保移民在政治、文化、教育、医疗等方面享受安置地居民待遇等各项优惠政策,鼓励山民下山,减少人为水土流失。在耕地资源少、生态极为脆弱的地区,实施生态移民,共实施生态移民 2000 多人,移民在安置点生活有了保障,生活水平比原来明显提高。

生态修复工程实施后,2005 年库区植物种类增加 20%,许多动物重新出现;凡封山育林 1 年以上的地块,植被都得到恢复,林草覆盖率提高。库区内土壤侵蚀模数降至 $357t/(km^2 \cdot a)$,年地表径流减少 13%,入渗增加,河流泥沙量由 $0.404kg/m^3$ 降至 $0.231kg/m^3$,水库水质基本保持在 I 类水。

第五节　水土流失监测与信息化

一、水土保持监测网络

根据全国水土保持监测网络的建设要求,浙江省水土保持监测网络于2011年全面建成。全省监测网络由省水土保持监测中心,杭州、宁波、金华、温州4个水土保持监测分站,安吉、临安、建德、常山、兰溪、永康、嵊州、天台、丽水、永嘉、苍南、临海、宁海、余姚等14个水土保持监测点构成,其中综合观测场1个、小流域控制站2个、坡面径流场8个、利用水文站监测点3个(图3-17-5)。

各监测点土壤类型主要为红壤,水土保持措施主要为顺坡、梯地、垄沟、水平阶、鱼鳞坑加上各类乔灌草植被等,土地利用主要为林地、园地、草地、裸地等,并布设了测流堰、测流板、径流小区、生产管理用房、观测便道、围墙、护栏等监测设施,配备了水土流失自动监测仪、测量、分析、取样设备、通用设备、信息化设备。

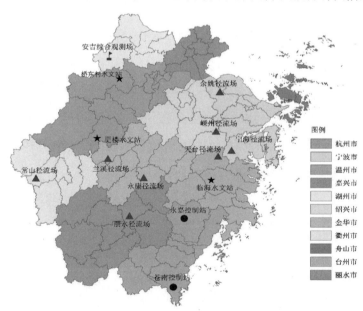

图3-17-5　浙江省水土保持监测站点分布图(浙江省水土保持监测中心　提供)

监测站网建立以来，浙江省先后制订了《浙江省水土保持监测站网运行管理暂行规定》和《浙江省水土保持监测指导手册》，组织开展了《浙江省水土保持监测站网建设中期评估》，每年下达监测工作任务，对规范监测站运行管理发挥重要作用。各个监测点均拥有固定的场所和观测人员，按照省水利厅每年下达的监测工作任务开展降雨量、水位、泥沙、植被、土壤等项目的监测，运行基本正常。

二、水土流失动态监测

（一）区域监测

1. 区域动态监测试点工作

2011年3月1日，修订后的《中华人民共和国水土保持法》开始施行。2015年3月1日，《浙江省水土保持条例》开始施行。水土保持法律法规进一步明确政府的水土保持目标责任制，确立水土流失责任终身追究制以及水土流失监测调查制度。

要对政府进行水土保持考核，就需要建立一套水土保持评价体系，通过监测调查，对一个地区水土流失的总体状况如何、水土保持工作的总体成效怎样作出评估，为水土保持考核提供依据。现有的区域水土流失评价模型多侧重于分析评价空间上水土流失的分布及其程度，为水利水保部门开展水土保持专项规划与设计提供基础数据，但这些评价模型难以为政府在产业结构调整、国民经济发展等方面的宏观决策提供简洁直观可靠的依据。因此，急需开展区域水土流失动态监测与评价试点工作，探讨对区域水土流失与水土保持的综合评价方法，为政府的宏观决策和水土保持目标考核提供依据。

浙江省自2015年开始开展区域水土流失动态监测与评价试点工作。试点区域为新昌县和嵊州市，开展区域水土流失与水土保持的动态监测与评价试点研究，是加强水土保持监测与监督管理能力建设的需要。该研究基于PSR模型的区域水土流失与水土保持状况综合评价体系，以区域水土流失与水土保持状况综合指数为目标层，分解为包含压力、状态、响应的准则层和15个评价指标构成的指标层。采用专家打分法确定了评价指标的权重，同时对评价指标数据作了归一化处理。在此基础上建立了区域水土保持综合评价的集成模块，并经试点区域初步应用,分析评价的结果可以作为政府宏观决策和绩效考核的参考依据。

(二)生产建设项目监测

1.生产建设项目水土保持监测现状

生产建设项目水土保持监测是生产建设项目水土保持工作的一个重要环节,也是落实生产建设水土保持"三同时"制度、督促水土保持方案措施落地的有力抓手。近几年来,特别是水利部《关于规范生产建设项目水土保持监测工作的意见》(水利部,2009)颁布以来,浙江省生产建设项目监测工作开展迅速。2010年浙江省开展水土保持监测的生产建设项目近80项,2011年近100项,2012年169项,到2018年,每年开展的在建项目约300项。

根据近5年的统计,浙江省开展监测的生产建设项目按建设项目类型,线型项目占58.9%、点型项目占41.1%;按照行业分类,公路交通项目占34.0%、水利项目占22.0%、电力(包括风电)项目占16.3%。交通、水利、电力等三大类项目是监测的主要项目,超过70%。

在监测过程中,各家监测单位充分发挥主观能动性和积极性,不断开创适合浙江省实际的监测方法,积累了一些浙江省行之有效的技术和方法,并在不断地探索适用于浙江省水土保持监测的新技术新方法。运用于浙江省生产建设项目的监测技术主要有调查巡查、简易坡面水土流失观测插钎法、径流小区观测、卡口站、低空遥控无人机航拍监测技术。同时采用近距离数字摄影、数字遥感3S技术等形成了不同层次、不同尺度现代监测技术。

2.浙江省生产建设项目监测管理的主要做法

浙江省的主要水土流失产生于生产建设项目。基于这个事实,浙江省一直非常重视生产建设项目的管理,针对生产建设项目监测暴露出来的一些问题,主要采取以下一些做法。

(1)理顺体制,建章立制

浙江省水利厅水土保持处与浙江省水土保持监测中心各有分工。厅水资源水保处负责生产建设项目的监督管理,浙江省水土保持监测中心负责监测成果的管理。浙江省水土保持监测中心为公益类事业单位,6人编制,不直接承接监测业务。这样的顶层设计为管理工作理顺了体制。2013年12月浙江省水土保持监测中心下发了《关于规范生产建设项目水土保持监测成果报送的通知》,对浙江生从事监测工作的资质单位的实施方案、首次报告、季度报告、总结报告、突发事件报告以及报送方式、报送格式、成果质量等方面作出了明确的规定,规范生产建设项目监测工作。2014 年 10 月通过,2015 年 5 月 1 日实施的《浙江省水土保持条例》对监测工作有明确规定。明确了"凡事编写水土保持方案报告书的项目均需开展监测",从法律上明确了开展此项工作的要求。

（2）加快信息化建设,加快信息发布

2013 年开发了"浙江省生产建设项目监测信息系统",2014 年正式开始运行。该系统将项目的监测季报电子化。每个项目一个档案,收集了项目全过程的监测成果。通过监测季报信息化系统的建设,建立网上上报系统,以减少监测单位的工作量,减少季报整理人力,缩短发布周期,便于及时获知信息。同时系统的应用也便于数据的长期积累管理分析,规范全省生产建设项目水土保持监测报告数据,做到监测成果更有针对性,实用性。对监督管理部门、监测单位、业主单位都产生了较好的效益,并且提高了工作效率,积累了工作成果。浙江省水土保持监测中心在日常工作中加强对监测机构开展监测工作的督促与指导,建立了监测成果季报制度,定期整理分析并在省水利厅网站上发布相关信息,一方面督促监测单位提高成果质量,另一方面引导地方监督管理机构有针对性地进行监督检查,使监测成果能够在防治人为水土流失中真正起到作用。

（3）充分利用监测机构做好生产建设项目水土保持监督工作

地方监督管理部门是生产建设项目水土保持的监督主体,是主要责任人,也是水土保持监测服务汇报对象。监测单位是当地水行政主管部门做好水土保持监督管理一支很好的依靠技术力量。地方监督管理部门要充分利用监测单位的技术支撑及时、全面掌握本地生产建设项目动态。利用监测单位技术力量提出切实可行的整改方案,督促业主实施,提高监测成果的应用,切实帮助建设单位解决水土流失防治相关问题。

（三）重点治理工程监测

为适应新形势下水土保持改革发展的需要,进一步加强水土保持信息化工作,按照《全国水土保持信息化工作 2017—2018 年实施计划》（水利部,2017a）

的要求部署，全面推进水土保持监督管理、综合治理、监测评价等信息系统的应用。国家水土保持重点工程全面纳入"图斑精细化"管理，全面提高水土保持监测评价效力，进一步提升水土保持信息化能力和水平。

为切实加强水土保持监测工作，贯彻落实《中共中央国务院关于加快推进生态文明建设的意见》和国务院批复的《全国水土保持规划（2015—2030 年）》，2017 年水利部于发出《水利部关于加强水土保持监测工作的通知》（水利部，2017b），规定了《水土保持监测实施方案（2017—2020 年）》要"积极推进水土保持监管重点监测"，其中明确规定了"开展国家水土保持重点工程治理成效监测评价"，内容包括：有计划、有重点地选择国家水土保持重点工程，按照《水土保持综合治理效益计算方法》和相关技术标准规范，在全面收集在建工程的相关资料的基础上，应用高分遥感、无人机遥测、移动采集系统和现场调查等技术手段，利用重点工程"图斑精细化管理"的数据，监测水土保持措施的位置、数量、质量、工程量及工程进度。重点分析计算蓄水保土等水土保持基础效益，评价生态效益、经济效益和社会效益，为监测检查项目验收、绩效评价和后续项目布局及规划编制提供依据；并要求省级水行政主管部门随机抽取不少于 2 ~ 3 个项目县开展治理成效监测评价。

根据国家重点水土保持工程效益监测项目筛选原则，选取新昌县南洲（2015 年）小流域及仙居县郑桥溪、萍溪（2014 年）小流域水土流失综合治理项目作为项目效益监测的项目。

1. 新昌县南洲（2015 年）小流域水土流失综合治理项目

南洲小流域位于小将镇，流域面积为 24.98km^2，涉及里小将村、罗溪村、南洲村和岭脚村 4 个行政村。新昌县发改局于 2015 年 4 月 30 日以新发改审〔2015〕94 号文批复了《南洲小流域水土流失综合治理项目实施方案》。该项目完成小流域的水土流失治理，到治理期末，将完成水土流失治理面积 7.94km^2，水土流失总治理度达到 85% 以上，林草覆盖率达到 75% 以上。通过采取坡面水系工程、封育治理、溪沟整治等措施，不仅可以改变原来土地的立地条件，增加地面覆盖，有效地控制土壤侵蚀，提高土地生产力和资源利用率，还可以增产增收，显著改善区域的资源现状。

2. 仙居县郑桥溪、萍溪小流域（2014 年）水土流失综合治理项目

郑桥溪、萍溪小流域面积总计 82.50km^2，均属椒江水系，永安溪支流。郑

桥溪小流域位于横溪镇,流域面积为 21.58km²,涉及 11 个行政村;萍溪小流域位于官路镇,流域面积为 60.92km²,涉及 16 个行政村。到治理期末,该项目完成小流域的新增治理水土流失面积 20.25km²,实现小流域内水土流失总治理度不低于 85.0%;水土流失治理范围内林草植被覆盖率提高 13.91% 以上;通过土地利用改善、调整,通过提高地力,改善了经果林生产条件,提高其总产出和总产值。

三、水土保持信息化

根据《全国水土保持信息化规划(2013—2020 年)》,结合浙江省水利信息化和水土保持生态建设实际,从 2015 开始专题开展水土保持信息化建设顶层设计,编制完成了《浙江省水土保持监测与信息化纲要》,并经省水利厅下文印发,明确了今后一段时期内全省水土保持监测工作开展与水土保持信息化建设目标和任务。

按照水利部关于水土保持信息化建设的相关要求,浙江省组织编制了《浙江省水土保持信息化总体建设方案》,浙江省分三期开展水土保持信息化工作。主要内容为"一平台五系统一终端","一平台"即信息共享与服务平台,构建集信息发布、信息管理、互动交流、网上办事、资源共享等于一体的水土保持信息共享与服务平台;"四系统"即生产建设项目管理系统、监测管理信息系统、规划管理信息系统、省水土保持学会管理系统;"一终端"即水土保持移动应用终端。各系统功能如下。

(一)生产建设项目管理系统

系统包括生产建设项目水土保持方案申报、初审、技术评审、行政审批、监督检查、监测、监理、补偿费征收、验收评估以及方案质量管理等模块,采用信息化手段,实现了对生产建设项目的全过程管理。

1. 监测模块

实现了监测季报的网上报送、系统整理、问题分析、查询便利等功能,定期整理、分析各监测单位上报的监测季报,不定期开展现场检查,加强对监测单位开展监测工作的督促与指导,及时掌握监测开展不规范、问题较突出的项目。

2.补偿费征收模块

完整记录了补偿费省级直收工作过程,通过短信机实现定期催缴,及时联系项目建设单位,控制征收的关键节点,记录征收全过程,同时也提高了征收人员的工作效率。

3.方案质量管理模块

实现了方案报告书质量核查抽样智能化、评分数字化,更加公平、公正地评估各中介机构方案编制质量,进一步规范了方案编制工作,提高了方案编制质量。

(二)监测管理信息系统

该系统包括全省监测点模块和样地调查模块。

1.监测点模块

详细展示了全省各水土保持监测点的基本信息及降水、气温、土壤水分、径流、泥沙等观测数据,初步实现了全省各水土保持监测点现场监测数据的实时报送,通过定期整理、分析各监测点上报的监测数据,掌握监测工作开展情况,有针对性地加强业务指导,保障监测数据的准确性以及监测成果的有效管理,保障全省水土保持监测站网正常运行。

2.样地调查模块

通过调用各个时期的遥感影像,为用户提供查看多期遥感影像结合对比浏览及实地影像对比情况。

(三)规划管理信息系统

针对水土保持规划的制订、查看以及水土流失重点防治区的划分、易发区的管理等相关业务工作,提供规划信息管理、重点防治区划分、易发区管理等功能。

1.规划信息管理

实现了各类规划信息的在线填报,现行规划文本和图件信息的文本上传及更新维护并在线阅览。

2.重点防治区管理

按照用户权限登记和管辖范围,对省、市、县各级防治区的划分结果提供录入、更新、查询、统计分析以及坐标定位等功能。

3. 易发区管理

为用户提供"容易发生水土流失的其他区域"的划分结果(文字、图件)录入、更新和查询、统计分析以及对其坐标定位、地图叠加显示等功能。

(四) 省水土保持学会管理系统

实现了对全省从事生产建设项目水土保持方案编制和监测业务的资质单位的资质管理及项目业绩和从业人员的行业监管。学会管理系统还包括了省水土保持中介服务平台,平台实现了全省水土保持中介服务信息公开透明公平,平台向社会公众公布了浙江省从事生产建设项目水土保持方案编制和监测业务的资质单位的业绩及从业人员情况,为社会公众了解浙江省从事水土保持业务的资质单位情况提供了一条途径。

第六节　水土保持地域性特色

一、以防止台风灾害为主的水土流失治理模式

(一) 海岛区自然条件

在不同的自然、社会环境条件下,水土保持措施优化配置模式不同。近年来,浙江省从实际出发,按照"生态省"建设的要求,调整新时期水土保持工作思路,充分发挥本省温暖湿润的气候条件,积极开展水土保持生态修复的试点和研究工作,探索水土保持生态修复的对策和措施。全省本着"加强封育保护,充分发挥生态自我修复能力,加快水土流失防治步伐"的新思路,实现分区划片、以流域为单位进行山、坡、沟综合治理,科学、有效、合理地布设工程、生物、农业措施,以达到水土流失生态治理的目的。

浙东沿海岛屿区位于本省东部沿海,从舟山群岛、象山半岛、温黄平原、乐清湾两岸到温瑞平原及其附近地区,总土地面积 20929km^2。本区以水力侵蚀为主,受台风暴雨影响大,在舟山群岛则为水力侵蚀与风力侵蚀并存。不仅水

土流失面积占总土地面积的比例远高于全省平均水平,而且水土流失强度大,中度侵蚀以上的面积占水土流失面积的比例达到55.7%,也远高于全省平均水平。同时,资源开发与基本建设活动所造成的新的水土流失普遍存在。

浙江省沿海岛屿众多,舟山群岛、洞头列岛等主要岛屿大部分植被覆盖良好,生物多样性高,是重要的水源涵养区、基本农田保护区及生态旅游风景区。虽然水土流失以轻度、中度为主,但该区生态系统脆弱,有的处于边缘小岛和偏僻边缘,地域经济发展相对比较滞缓,有传统的垦殖习惯,有的生活燃料还以薪柴为主,容易发生砍伐树木、破坏植被的现象,同时受台风暴雨等的影响,潜在的水土流失危险较大。

(二)海岛区水土保持特点

本区的水土流失的生态治理措施,以预防和治理新的水土流失为主,重点是加强生产建设活动和生产建设项目水土保持监督管理,在生态敏感地区和重要饮用水源地等区域实施生态修复与保护,在集中式供水水库上游水源地实施清洁小流域建设,结合河岸两侧、水库周边植被缓冲带、人工湿地建设、水源涵养林营造等,保护海岛区生态环境,加强水源涵养,防治水土流失。

采取开发建设项目水土保持方案申报审批制度和建设项目的主体工程与水土保持设施"三同时"制度,加大监督执法力度。针对不同侵蚀类型的不同土壤类型、地形、港湾的特点,积极开展沿海防护林建设和海岸防侵蚀建设,形成了特有的以防为主的"防、封、疏、改"相结合的水土流失生态修复的模式。

1. 防

为了防止海岸侵蚀,制止水力、风力侵蚀,加强了沿海防护林体系的建设,开展植物固沙试验研究;在田边地缘营造农田防护林网。为了预防开发建设活动中造成新的水土流失,按照《中华人民共和国水土保持法》的要求,逐步实行建设项目、水土保持方案、生态修复措施齐头并进的"三同时"制度,有效地减少了开发建设项目中的人为水土流失。为了防止城市扩建过程中的水土流失,积极开展城市水土流失防治,对城市周围和主要交通干线两侧的采矿采石活动进行规范、整顿、治理,平原地区禁止取土烧砖,起到改善生态环境的作用。

2. 封

保护原有林木,25°以上的陡坡耕地全面实施退耕,封山育林。

3. 疏

在沟道进行疏浚拓宽,两岸修建堤坝,预防暴雨台风。

4. 改

大力改造现有坡耕地,以修建水平梯田为主结合整治排水系统。

二、嵊州(嵊县)水土保持试验站

20 世纪 60 年代初,浙江省水电厅在嵊县上东、东阳巍山和建德下涯建立 3 处水土保持试验站,20 世纪六七十年代机构解体,资料散失。

1980 年 4 月 30 日,省水利局印发《关于恢复、建立水土保持实验站的函》,明确搞好水土保持是根治江河,减少水旱灾害,保障农、林、牧、副、渔业生产稳定增长的战略措施。为加速治理水土流失,探索泥沙流失规律及其有效治理措施,开展水土保持科研工作,浙江省水利局决定恢复嵊县上东溪等地区 4 个水土保持实验站,经费由省水利局拨给,基本任务是:研究水土流失规律,寻求水土保持新技术,探索发展农、林、牧业的新途径,协助当地政府部门制订水土资源的开发、利用等工作。

嵊州(原嵊县)试验站位于嵊州市北泽乡水口村唐村湾,属低山丘陵、花岗岩风化区,土壤侵蚀严重。1981 年 6 月试验站基本建成,1982 年开始全面观测。试验站由气象站场、径流站和试验小区三部分组成。气象站场观测设备有百叶箱,干、湿度计及最高、最低温度表,SJ1 型虹吸式自记雨量计,SM1 型人工雨量器,E601 蒸发皿,WJ1 型乔唐式日照仪等。主要观测流域降水与产流变化过程。径流站流域面积 0.39km²,设有沉沙池和大小测流槽各 1 个,装有 2 个自记水位计,由水位推算流量。固体径流测定:悬移质采用人工取样分析,推移质采用沉沙池堆积物,人工清淤烘干称重测定。试验小区设置对比试验小区 7 处。1 号小区,顺坡种植;2 号小区,砌坎水平梯地种植茶叶;3 号小区,横向种植;4 号小区,顺坡种植茶叶;5 号小区,杉木纯林;6 号小区,人造灌木林;7 号小区,种植乔、灌、草混交林。利用 7 块小区进行工程措施、生物措施和耕作措施的各种对比试验。

通过对 1982—1985 年实测资料分析可知,2 号与 4 号小区的对比试验表明砌坎水平梯地能有效地控制水土流失,达到保水保土保肥的目的。5~7 号小区与 3 号小区的对比试验表明生物措施具有良好的涵养水源保持水土的作用，有林地小区（5、6、7 号）多年平均年径流量是 3 号小区（横向耕作）年径流量的 16.7% ~ 57.4%，泥沙流失量是 3 号小区的 0.33% ~ 0.14%；自 1984 年以后，3 块林地均不再测得土壤流失量。5、6、7 号小区林地植被覆盖率差别不显著。水土保持效果以 6 号小区（胡枝子）最佳，其次为 7 号小区（乔、灌、草混交林），5 号小区（纯杉木林）最差。3 号小区（横向耕作）与 1 号小区（顺坡种植）的对比试验表明，顺坡种植易造成水土流失；1982 年、1984 年、1985 年 2 小区种植相同作物，实行同步作业，年径流量相当，而泥沙流失量 3 号小区是 1 号小区的 34.7%（《浙江省水利志》（1998 年））。

三、安吉水土保持科技示范园

（一）基本情况

安吉县地处浙江西北部，天目山北麓，面积 1886km²，人口 45 万，是一个山区、丘陵、岗地、平原等多种地貌类型组合的山区县，其中山地丘陵面积占全县总面积的 74.7%。有竹林 6.67 多万 hm²，毛竹蓄积量 1.37 亿支，是著名的"中国竹乡"。20 世纪 90 年代末以来，该县先后开展水土保持生态环境示范县和生态县建设，经过不懈努力，先后获得全国水土保持生态环境示范县和全国生态县称号。

1998 年，安吉县水利局在调查筛选的基础上，决定将山湖塘小流域建成水土保持生态环境建设示范基地，于 1998 年 10 月开始组织实施。2005 年初，在该区域进行水土保持科技示范园区建设。地处安吉县县城西侧，距县城 6km，与 11 省道相邻。距杭长高速公路 12km，交通条件十分便利。

园区的地貌类型属低山丘陵，土壤以红壤为主，总土地面积 57.88hm²，原有水土流失面积 31hm²，占总土地面积的 53.6%，平均土壤侵蚀模数为 2740t/（km²·a）。水土流失主要发生在坡耕地、疏林地和荒坡，水土流失类型为水力侵蚀为主，水土流失表现形式以坡面面蚀为主。在地形地貌、水土流失等方面在浙江大部分地区尤其是中北部地区具有典型性。安吉县水利局通过租赁方式取得了为期 30 年的土地使用权。

经过 4 年建设，一个集防治示范、科学研究、科技推广、宣传教育、休闲观光为一体的水土保持科技示范园区已建成,并于 2008 年通过水利部的验收,2009年被命名为"水利部水土保持科技示范园区"。2011 年 3 月,全国水土保持宣传教育工作座谈会在安吉召开,园区为主要参观现场。

(二)示范园主要措施

通过生态修复建设、坡面水系调控、梯田梯地整修、生物措施布设等水土保持技术应用,园区水土流失防治体系已基本建立。

1. 生态修复建设

对于地势较高,土层浅薄,坡度较大,林草覆盖度相对较高,开发利用难度较大的地块,充分发挥生态自我修复能力,通过封育保护,适当补植毛竹等林木,实现防治水土流失的目的,达到费省效宏的效果。对于 25°以上坡耕地、种植杜英、香樟、高山含笑等常绿树种并实施退耕还林,同时,进行种植速生观光竹—罗汉竹退耕还林试验。

2. 坡面水系调控

坡面径流是水土流失产生的主要原因。为了防治园区水土流失,同时探索坡面径流调控技术,从建园初期开始就一直进行坡面水系调控建设,并逐步完善。坡面水系调控主要措施是修建截水沟、排水沟、蓄水池、沉沙池。

(1)截水沟

主要布设在生态修复区与开发生产区的交界处、横向操作道内测以及各类梯田梯地内测,一方面拦蓄部分地表径流,另一方面可以将标准暴雨产生的地表径流导入纵向排水沟安全下泄,避免了对坡面的冲刷。

(2)排水沟

指与横向截水沟互通的纵向布设的水沟。根据径流大小、地形条件等,布设了混凝土 U 形排水沟、土沟以及植草排水沟,并进行对比试验。

(3)蓄水池

布设一定数量蓄水池,既有效拦蓄坡面径流,减轻下游防洪压力,又充分利用水资源,一定程度上解决生产用水。已修建了 6 个蓄水池。考虑到设计中的混凝土蓄水池造价高,进行了橡胶袋蓄水池示范试验,结果显示基本体现了造价低,安装方便的优点。

（4）沉沙池

根据径流和水土流失量在坡面上布设了大小不一的沉沙池,与排水沟相连接,防止泥沙进入沟渠水库。园区已修建了 39 个沉沙池。

3. 沟道措施设置

为了综合治理水土流失,在毛竹林保护小区冲沟里设置了 6 道谷坊,在原老矿山废渣场下侧沟道设置了一道拦渣坝,并在流域的出口处,设置了一道拦渣坝,形成了最后一道防线。

4. 梯地梯田整修

园区因地制宜,根据不同坡度、土壤深度等因素,整修了隔坡梯地、标准梯地、反坡梯地、窄梯田,并充分利用安吉当地丰富的毛竹资源,修建竹坎,并引进多种藤本植物进行护坡试验,表现良好。

5. 生物措施布设

在整修好的梯地梯田上,布置了茶花(梅)园、红豆杉园、观赏竹园、白茶园、苗木培育园等。同时,在经济林果地全园套种百喜草、黑麦草、高羊茅等牧草以及引进石蒜、麦冬、兰花、三七等地被植物,冬季套种紫云英,以提高植被覆盖率。在幼龄果树地套种旱稻保持水土,将旱稻的稻草、套种的牧草、紫云英等收割后覆盖在经济林梯地上。

6. 废弃矿山整治

园区进口有一座废弃矿山,存在大面积开挖裸露面。对此,因地制宜,改变了常规的削坡整治方式,采用上侧种植下垂植物,开挖平台覆土种植高杆毛竹方式,达到投入成本低,生态恢复快,后续效益佳的效果。

7. 水土流失监测试验与研究区建设

园区已基本建成了水土流失监测和试验研究区。该区由标准径流小区、水土流失简易监测小区、人工模拟降雨小区等组成,同时配置了人工模拟降雨系统、自动气象站、水土流失在线监测等科研设备。其中在标准径流小区布设了在安吉乃至在浙江大部分地区的主要耕作方式,落叶经济林、茶叶、竹子类、农作物等。在 $50m^2$ 的野外人工模拟降雨系统,布设了 5 种地貌地被类型,可演示水土流失的发生和发展过程。

8. 培育名优植物品种

种植安吉当地优势品种白茶、观赏竹,产生很好经济效益。$5hm^2$ 的白茶已到盛产期,年产值达50万元,成为政府的礼品茶,既产生了经济效益,又扩大了园区的影响。部分梨园因土壤缺乏微量元素锌,长势不好,引入10个品种的珍稀观赏竹套种在梨园,逐步更替。现观赏竹已全部更替了梨园,价值已达十多万元。

精心培育毛竹林。园区原有2hm²的毛竹林,因疏于管理和人为破坏,已衰败。通过精心抚育管理,劈山、施肥并加强管护,同时在竹林区周边补种毛竹,现竹林面积扩大了一倍,毛竹量增加了5倍。

引种、培养国内外新品种,进行资源储备、繁育和推广。已引进国内外茶花(梅)品种400多个,成为国内茶花(梅)品种最多的基地之一,同时引进石蒜、红豆杉、红叶石楠及藤本植物等多个品种,还引种了50余个水土保持植物。为水土保持产业化发展作好资源储备。近期状况表现良好,市场前景看好的茶花、红豆杉及藤本植物、彩叶植物等进行了繁育,已繁育30余万株苗木。部分苗木已用于水土保持工程和园林绿化。

(三)科研成果

充分利用园区这个平台,积极与科研院校合作,进行水保科学研究,取得一定成果,提升了园区的科技水平。

与浙江大学合作完成了省科学技术厅项目"丘陵山地果园高效、生态种植模式及产业化研究、示范和推广",2001年12月通过省科技厅主持的成果鉴定,鉴定结论认为:"该项目在国内同类研究中处于领先水平,具有很强的实用性和推广价值,对丘陵山地的生态农业的建设和发展具有重大的意义,年增加经济效益9813.2万元",该项目成果在省内推广2.11万hm²,并获浙江省教育厅2002年度科研成果一等奖。

与中国水稻研究所合作完成了由浙江省水利厅科技项目"应用旱稻进行节水保土和增产增效研究"以及省科技厅项目"望天田旱灾保收平产新途径开发",在2003年7月5日分别通过省水利厅和省科技厅主持的验收和成果鉴定,验收和鉴定结果认为:"项目总体达到国内领先水平,采取旱稻为丘陵山区水土保持作物研究和应用方面达到国际领先水平"。该项目在实施中,曾得到时任浙江省省长柴松岳的批示"旱稻在安吉试种成功,望研究应用推广问题"。该项目成果在省内外推广1.18万hm²,并获浙江省2005年度水利科技创新奖二等奖。

以园区为主要试验基地,与上海市农业生物基因中心合作的"栽培稻节水抗旱种质评价、创新与新品种选育研究"项目成果获上海市 2005 年度科学技术进步奖一等奖。

此外,还进行水土保持乡土植物引种试验研究、生物梯埂技术研究、生活污水生物处理技术研究以及橡胶蓄水池的开发利用等。

(四)宣传教育

建造了科普教育楼,具有独立的科普展示厅和报告厅,面积为 $1000m^2$。建设了配有人工模拟降雨系统、布设各种耕作方式的标准径流小区、水土流失在线监测系统以及自动气象站的水土流失监测试验区,该区能集中演示、展示水土流失的发生和发展规律。在省水利厅、市水利局和县水利局网站以及《湖州日报》《安吉日报》、安吉电视台等多次宣传园区;近几年中小学生到园区参观人数均达 2000 多人(次),园区被安吉县科协、安吉县教育局命名为"安吉县科普教育基地"。

(五)休闲观光初具规模

安吉是全国生态县,休闲观光产业红红火火,正在建设和将要建设的 4 个休闲度假项目已包围了园区,园区距县城仅 8km,交通便利,而且园区经过几年建设,景色秀丽,有开发休闲观光的潜力。

附　录

附录一　参考文献

[1](清)崔国榜. 兴国县志(卷一)[M]. 江西地方志,1871.

[2](清)戴锡纶. 治理南雄州志[M]. 广州:心简斋,1824.

[3](清)李德耀,黄执中. 续修赣州府志[M]. 江西地方志,1684.

[4](清)夏梦鲤(修),(清)董承熙(纂). 垫江县志(十卷)(C). 清道光八年(刻本),1828. 重庆市地方志办公室. 重庆历代方志集成[M]. 北京:国家图书馆出版社,2020.

[5](清)杨文骏(修),(清)朱一新(纂). 广东省德庆周志(清光绪二十五年刊本:复印本)[M]. 北京:古籍出版社,1899.

[6](宋)魏岘. 四明它山水利备览[M]. 北京:中华书局,1985.

[7]《海南省志·水利志》编纂委员会. 海南省志·水利志[EB/OL]. 海口:中共海南省党史研究室(海南省地方志办公室),2003. http://www.hnszw.org.cn/zssk.php? Class=123&Deep=3

[8]GB/T 15773—1995. 水土保持综合治理:验收规范[S]. 北京:中国标准出版社,1996a.

[9]GB/T 15772—2008. 水土保持综合治理规划通则[S]. 北京:中国标准出版社,2009.

[10]GB/T 15774—2008. 水土保持综合治理 效益计算方法[S]. 北京:国家质量监督检验检疫总局,中国国家标准化管理委员会. 2008.

[11]GB/T 16453.1—2008. 水土保持综合治理 技术规范 坡耕地治理技术[S]. 北京:中国标准出版社,1996b.

[12]GB/T 50433—2008. 开发建设项目水土保持技术规范[S]. 北京:国家建设部、国家质量监督检验检疫总局,2007.

[13]GB/T 50434—2018. 生产建设项目水土流失防治标准[S]. 北京:中国计划出版社,2018.

[14]SL 277—2002. 水土保持监测技术规程[S]. 北京:水利部,2002.

[15]SL 341—2006. 水土保持信息管理技术规程(S). 北京:水利部水土保持司,2006.

[16]SL 342—2006. 水土保持监测设备通用技术条件[S]. 北京:水利部,2006.

[17]SL 419—2007. 水土保持试验规程[S]. 北京:水利部,2007.

［18］SL 190—2007.土壤侵蚀分类分级标准［S］.北京：中国标准出版社，2008

［19］SL 341—2008.水土保持信息管理技术规程［S］.北京：水利部，2008.

［20］SL 592—2012.水土保持遥感监测技术规范［S］.北京：中国水利水电出版社，2012b.

［21］安徽省第一次全国水利普查领导小组办公室.安徽省第一次水利普查成果报告系列（第五卷 水土保持情况）［M］.北京：中国水利水电出版社，2013.

［22］安徽省人民政府.关于划定省级水土流失重点预防区和重点治理区的通告（皖郑秘〔2017〕94号）.合肥：安徽省人民政府，2017.

［23］安徽省水利水电勘测设计院.安徽省水土保持规划（2016—2030年）［R］.合肥：安徽省人民政府，2016.

［24］安徽省水利厅.安徽省水土保持监测公报［R］.合肥：安徽省水利厅，2005.

［25］安徽省水利厅.安徽省水土保持公报（2018年）［R］.合肥：安徽省水利厅，2019.

［26］安徽省水土保持监测总站.安徽省水土流失动态监测规划（2018—2022年）［R］.合肥：安徽省水利厅，2018.

［27］安徽省统计局.安徽统计年鉴2019［M］.北京：中国统计出版社，2019.

［28］鲍玉海，殷燕利，秦伟，等.水土保持科技示范园区规划设计—以简阳南冲堰示范园为例［J］.中国水土保持科学，2019,17（3）：148－154.

［29］柴宗新.我国南方土地侵蚀特点［J］.山地研究，1996,（4）：215－220.

［30］长江流域规划办公室规划处.塘背小流域治理效益及经验［J］.中国水土保持，1985，（12）：38－39.

［31］长江水利委员会水土保持局.长江流域水土保持区划［R］.武汉：长江水利委员会，2013.

［32］长江水利委员会长江科学院.西藏自治区水利发展"十三五"规划水土保持规划［R］.拉萨：西藏自治发改委，2013.

［33］长江委水土保持局.西藏自治区水土保持规划（1998—2050年）［R］.拉萨：西藏自治区水利厅，1997.

［34］陈扬刚.四川水保"十二五"实现跨越式发展［J］.中国水土保持，2016,（7）：1－2.

［35］陈扬刚.四川水保"十二五"实现跨越式发展［J］.中国水土保持，2016,（7）：1－2.

［36］陈志彪.草—牧—沼—果循环模式与长汀水土保持实践［J］.亚热带水土保持.2007，19（01）：27－30.

［37］程顺钦，陈顺洲，卢峰，等.重庆市志·水利志（1986—2006）［M］.重庆：西南师范大学出版社，2015.

［38］重庆市水利局.重庆市水土保持监测规划（2008—2015年）.重庆：重庆市水利局，2008.

[39]重庆市水利局.重庆市关于重庆市水土保持规划(2016—2030 年)[R].重庆:重庆市人民政府,2017.

[40]重庆市水利局.重庆市水土保持监测实施方案(2018—2022 年)[R].重庆:重庆市水利局,2018.

[41]重庆市水利局.重庆市水土保持公报(2018 年)[R].重庆:重庆市水利局,2019a.

[42]重庆市水利局.重庆市水资源公报(2018 年)[R].重庆:重庆市水利局,2019b.

[43]重庆市水土保持生态环境监测总站.重庆市水土保持规划技术大纲[R].重庆:重庆市水利局,2013.

[44]重庆市统计局,国家统计局重庆调查总队.重庆统计年鉴(2019)[R].北京:中国统计出版社,2019.

[45]仇保兴.海绵城市(LID)的内涵、途径与展望[J].建设科技,2015,(01):11 - 18.

[46]邓岚,林新明,张淑光.紫金 2013 年水灾中绿化作用"问题"探讨[J].广东水利水电,2014,(05):56 - 58 + 63..

[47]杜兴旭.夸夸普定"桃花岛"梭筛村民乱石堆建美好家园.2016 - 04 - 21.http://www.chinaguizhou.gov.cn/system/2016/04/21/014874220.shtml

[18]段中奎.加强县级水土保持工作对策探讨[J].低碳世界,2015,(5):85 - 86.

[49]樊太岳.四川省水土保持工作实现跨越式发展[J].中国水土保持,2005,(10):4 - 6.

[50]方增强.安徽省水土流失现状及防治方略探讨[J].治淮,2016,(10):52 - 53.

[51]福建省统计局,国家统计局福建调查总队.2018 年福建省国民经济和社会发展统计公报[R].福州:福建省统计局,2019.

[52]福建省统计局.福建统计年鉴(2019)[M].北京:中国统计出版社,2019.

[53]付铭浩.贵州赤水市水土保持清洁型小流域综合治理的"W·E·H"模式.2016 - 02 - 26.http://www.mwr.gov.cn/ztpd/2016ztbd/stbcf5zn/zdgc/stjszdx/201602/t20160225_734564.html

[54]傅国儒,姚毅臣.踏遍青山人未老风景这边独好——江西省水土保持工作 50 年[J].江西水利科技,1999,25(4):193 - 198.

[55]古宇.岩山燃起绿色希望 百姓实现致富梦想——普定坡耕地水土流失综合治理工程见闻.2015 - 06 - 17.http://www.gz.chinanews.com/content/2015/06 - 17/53751.shtml

[56]顾再柯,李贤归.贵州水土保持工作回顾[C].贵州文史资料专辑回忆贵州改革开放30 年(下册)[M].贵阳:贵州人民出版社,2009.

[57]顾再柯,杨勇,王晓宇.改革开放 40 年贵州省水土保持工作成效与经验[J].中国水土保持,2018,(12):59 - 62.

[58]顾再柯,董建,刘正堂,等.安顺:政府推动突出特色努力打造溪浪生态清洁小流域[J].

附录一 参考文献

中国水土保持,2019,(09):插页.

[59]广东省地方志编纂委员会.广东省志·水利续志[M].广州:广东人民出版社,2003.

[60]广东省人民政府.关于广东省水土保持规划(2016—2030年)的批复(粤府函〔2017〕8号)[Z].广州:广东省人民政府,2017.

[61]广东省水利水电科学研究所,广东省水利厅水保农水处.北江上游水土流失与治理[J].水土保持研究,1997,(3):1-78.

[62]广东省水利水电科学研究院.广东省水土保持生态建设"十二五"规划(2011—2015年)[Z].广州:广东省人民政府,2010.

[63]广东省水利厅.2006年广东省土壤侵蚀遥感调查[R],广州:广东省水利厅,2007.

[64]广东省水利厅.广东省水土保持公告(第一期)[Z].http://slt.gd.gov.cn/stbcgb/content/post_912676.html,2013.

[65]广东省水利厅.广东省水土保持公告(第二期)[Z].http://slt.gd.gov.cn/stbcgb/content/post_912677.html,2014.

[66]广东省水利厅.广东省水土保持公告(第三期)[Z].http://slt.gd.gov.cn/stbcgb/content/post_912678.html,2015.

[67]广东省水利厅.广东省水土保持公告(第四期)[Z].http://slt.gd.gov.cn/attachment/0/370/370306/2537780.pdf,2017a.

[68]广东省水利厅.广东省水土保持规划(2016—2030年)[Z],广州:广东省人民政府,2017b.

[69]广东省水利厅.广东省水土保持公告(第五期)[Z].http://slt.gd.gov.cn/attachment/0/392/392922/2997409.pdf,2018.

[70]广东省水利厅.广东省省级水土流失动态监测成果报告[R],2019.

[71]广东省水利厅水保农水处等.广东省土壤侵蚀遥感调查及水土保持信息系统建立研究报告[R],1999.

[72]广东省水土保持协调组办公室.韩江上游水土流失和治理效益[J].广东水电科技,1989,增刊:1-65.

[73]广东省统计局,国家统计局广东调查总队.2019年广东统计年鉴(ISBN 978-7-89468-887-3/F.1087)[CD].中国统计出版社,北京数通电子出版社,2019.

[74]广西壮族自治区地方志编纂委员会.广西通志·水利志(1991—2005)[M].南宁:广西人民出版社,2011.

[75]广西壮族自治区地方志编纂委员会.广西通志·水利志[M].南宁:广西人民出版社,1998.

[76]广西壮族自治区第十二届人民代表大会常务委员会.广西壮族自治区实施《中华人民

共和国水土保持法》办法(2014 年 7 月修订)[Z]. 南宁:广西壮族自治区人民代表大会常务委员会,2014.

[77]广西壮族自治区水利厅. 广西壮族自治区水功能区划修订报告[R]. 南宁:广西壮族自治区水利厅,2012.

[78]广西壮族自治区水利厅. 广西壮族自治区水土保持规划(2016—2030 年)[R],南宁:广西壮族自治区水利厅,2016.

[79]广西壮族自治区水利厅. 广西壮族自治区水土保持公报(2018)[Z]. 南宁,广西壮族自治区水利厅,2018.

[80]广西壮族自治区水土保持监测总站,珠江水利委员会珠江水利科学研究院. 广西壮族自治区水土流失动态监测规划(2018—2022 年)[R],南宁:广西壮族自治区水土保持监测总站,2018.

[81]广西壮族自治区统计局,国家统计局广西调查总队. 2018 年广西壮族自治区国民经济和社会发展统计公报[N]. 广西日报,2019 – 4 – 10.

[82]贵州省毕节地区水土保持办公室. 毕节地区水土流失灾害调查报告(1951—1998)[R],1990.

[83]贵州省林业调查规划院,省石漠化监测中心. 贵州省岩溶地区第三次石漠化监测成果公报[R]. 贵阳:贵州省林业厅,2019.

[84]贵州省水利厅. 贵州省水土保持规划(2016—2030 年)[R]. 贵阳:贵州省人民政府(黔府函[2017]61 号),2017.

[85]贵州省水利厅. 贵州省水土保持公报(2018)[R]. 贵阳:贵州省水利厅,2019.

[86]贵州省统计局,国家统计局贵州调查总队. 2018 年贵州省国民经济和社会发展统计公报[R]. 贵阳:贵州省统计局,2019.

[87]贵州省自然资源厅. 2018 年贵州省自然资源公报[R]. 贵阳:贵州省自然资源厅,2019.

[88]水利部,中国科学院,中国工程院. 中国水土流失防治与生态安全(总卷)[M]. 北京:科学出版社,2010a.

[89]水利部,中国科学院,中国工程院. 中国水土流失防治与生态安全(长江上游及西南诸河区卷)[M]. 北京:科学出版社,2010b.

[90]水利部,中国科学院,中国工程院. 中国水土流失防治与生态安全(西南岩溶区卷)[M]. 北京:科学出版社,2010c.

[91]水利部,中国科学院,中国工程院. 中国水土流失防治与生态安全(南方红壤卷)[M]. 北京:科学出版社,2010d.

[92]水利部. 水土保持生态环境监测网络管理办法(水利部令第 12 号)[Z]. 北京:水利部,2000.

[93]水利部.开发建设项目水土保持设施验收管理办法(水利部令16号)[Z].北京:水利部,2002.

[94]水利部.关于规范生产建设项目水土保持监测工作的意见(水保〔2009〕187号)[Z].北京:水利部,2009.

[95]水利部.中华人民共和国水土保持法[Z].北京:水利部,2010.

[96]水利部.全国重要江河湖泊水功能区划(2011—2030年)[R].北京:水利部、发展改革委员会、环境保护部,2011.

[97]水利部.关于印发《全国水土保持区划(试行)》的通知(办水保〔2012〕512号)[Z].北京,水利部,2012.

[98]水利部.第一次全国水利普查水土保持情况公报[R].北京:水利部,2013a.

[99]水利部.关于印发《国家水土保持重点建设工程管理办法的通知》(水保〔2013〕442号)[Z].北京:水利部,2013b.

[100]水利部.全国水土保持规划国家级水土流失重点预防区和重点治理区复核划分成果(办水保〔2013〕188号)[R].北京:水利部,2013c.

[101]水利部.全国水土保持规划(2015—2030)[R].北京:水利部,2015.

[102]水利部.关于印发《全国重要饮用水水源地名录(2016年)的通知》(水资源函〔2016〕383号)[Z].北京:水利部,2016.

[103]水利部.关于印发《全国水土保持信息化工作2017—2018年实施计划》的通知(办水保〔2017〕39号)[Z].北京:水利部,2017a.

[104]水利部.关于印发《加强水土保持监测工作的通知》(水保〔2017〕36号)[Z].北京:水利部,2017b.

[105]水利部.关于印发《区域水土流失动态监测技术规定(试行)的通知》(办水保〔2018〕189号)[Z].北京:水利部,2018.

[106]水利部.中国水土保持公报(2018)[R].北京:水利部,2019.

[107]水利部水土保持监测中心,珠江水利委员会珠江水利科学研究院.生产建设项目扰动状况水土保持"天地一体化"监管技术规定[R],北京:水利部水土保持监测中心,2016.

[108]水利部水土保持司.全国第二次水土流失遥感调查结果[Z].北京:水利部水土保持司,2002.

[109]水利部长江委员会.长江泥沙公报(2018)[R].武汉:长江出版社,2019.

[110]国家统计局农村社会经济调查司.中国农村统计年鉴(2017年)[M].北京:中国统计出版社,2017.

[111]国家住房城乡建设部.海绵城市建设技术指南——低影响开发雨水系统构建(试行)

［R］. 北京:国家住房城乡建设部,2014.

［112］国家自然资源部. 标准地图服务［EB/OL］. 2021. http://hism. mnr. gov. cn/sjkf/bzdt/ 201902/t20190214_3124646. html.

［113］国务院. 水土保持法实施条例［Z］. 北京,1982.

［114］海南省水务厅,海南省统计局. 海南省第一次水利普查公报［R］. 海口:海南省水务厅,2013.

［115］海南省水务厅. 海南省水土保持规划(2016—2030 年)［R］. 海口:海南省水务厅,2017.

［116］海南省统计局,国家统计局海南调查总队. 2018 海南省国民经济和社会发展统计公报［EB/OL］, 2019. http://stats. hainan. gov. cn/tjj/tjgb/fzgb/n_71782/201901/t20190128_2282048. html

［117］海南省统计局,国家统计局海南调查总队. 海南统计年鉴(2019)［M］. 北京:中国统计出版社,2020.

［118］郝瑞军,张桂莲等. 城市森林生态系统服务价值评估研究——以上海(2013 年度)为例［M］. 北京:中国林业出版社,2021

［119］何长高,刘茂福,张利超,等. 江西省水土流失治理历程及成效［J］. 中国水土保持,2017,(8):10 - 14.

［120］胡建民,左长清. 江西省水土保持科研现状与发展对策［J］. 江西水利科技,2006,(1):5 - 7 + 10.

［121］胡榘修,方万里,罗濬. 宝庆四明志［M］. 南宋地方志,绍定元年(1228 年).

［123］湖北省人民政府网站. 2016 - 01 - 27. http://www. hubei. gov. cn/zhuanti/2016zt/ fzstlsjssthb/stbczl/

［124］湖北省人民政府网站. 2017 - 08 - 16. http://www. hubei. gov. cn/zwgk/zcsd/201708/ t20170816_1030772. shtml.

［125］湖北省水利厅,湖北省水利水电规划勘测设计院. 湖北省省级水土流失重点防治区划分报告［R］. 武汉:湖北省水利厅,2013.

［126］湖北省水利厅. 湖北省水土保持规划(2016—2030 年)［R］. 武汉:湖北省水利厅,2017.

［127］湖北省统计局,国家统计局湖北调查总队. 湖北省 2018 年国民经济和社会发展统计公报［EB/OL］. 湖北武汉,2019.

［128］湖北省统计局. 2019 年湖北省统计年鉴［EB/OL］. 武汉:2019. http:// tjj. hubei. gov. cn/tjsj/sjkscx/tjnj/qstjnj/

［129］湖北省自然资源厅网站. http://zrzyt. hubei. gov. cn/bsfw/bmcxfw/bzdtfw/.

[130]湖北水土保持网站.http://slt.hubei.gov.cn/sbc/Article.aspx? ID=23855

[131]湖南省国土资源厅,湖南省统计局,湖南省第二次土地调查领导小组办公室.关于湖南省第二次土地调查主要数据成果的公报[R],2014.

[132]湖南省水利水电厅水土保持区划组.湖南省水土保持区划[R].长沙:湖南省水利厅,1986.

[133]湖南省水利厅.湖南省水土保持生态环境建设规划(2001—2050年)[R].长沙:湖南省水利厅,2001.

[134]湖南省水利厅.湖南省水土流失与治理公告[R].长沙:湖南省水利厅,2002.

[135]湖南省水利厅.湖南省水利普查公报[R].长沙:湖南省水利厅,2015.

[136]湖南省水利厅.湖南省水土保持规划(2016—2030年)[R].长沙:湖南省人民政府,2017.

[137]湖南省水利厅.2018年湖南省水土保持公报[R].长沙:湖南省水利厅,2019.

[138]湖南省统计局,国家统计局湖南调查总队.湖南省2018年国民经济和社会发展统计公报[R].湖南长沙,2019.

[139]黄俊文,顾小华,宋菊萍.云南省"四型"小流域治理模式探讨[J].人民长江.2017,3(6):20-24.

[140]黄炎和.水土保持学(南方本)[M].北京:中国农业出版社,2016.

[141]江苏省水利厅.关于发布《江苏省省级水土流失重点预防区和重点治理区》的公告(苏水农〔2014〕48号)[Z].南京:江苏省水利厅,2014.

[142]江苏省水利厅.江苏省水土保持规划(2015—2030)[R].南京:江苏省水利厅,2015.

[143]江苏省水利厅.江苏省生态清洁小流域建设规划(2016—2020)[OB/EL].南京:江苏省水利厅,2017.

[144]江苏省水利厅.江苏省水土保持公报(2018年)[R].南京:江苏省水利厅,2019.

[145]江苏省统计局,国家统计局江苏调查总队.江苏统计年鉴(2019)[M].北京:中国统计出版社,2019.

[146]江西省人民政府.江西省人民政府关于印发江西省主体功能区规划的通知(赣府发〔2013〕4号)[R].南昌:江西省人民政府,2013.

[147]江西省水利厅.江西省水利志[M].南昌:江西科学技术出版社,1995.

[148]江西省水利厅.江西省水土保持规划(2016—2030年)[R].南昌:江西省水利厅,2016a.

[149]江西省水利厅.江西省水土保持监测规划(2016—2030年)[R].南昌:江西省水利厅,2016b.

[150]江西省水利厅.江西省水土保持公报(2018)[R].南昌:江西省水利厅,2019.

[151]江西省统计局,国家统计局江西调查总队．江西省 2018 年国民经济和社会发展统计公报[R]．南昌:江西省统计局,2019．

[152]江西省新余市渝水区人民政府．加快水土流失治理步伐的"燕山模式"[J]．中国水土保持,1997,(11):55－56．

[153]金少安．磨盘山水土保持科技示范园[J]．中国水土保持,2017,4(07):2．

[154]孔令德．在 2018 年度全省教育工作会议上的工作报告[EB/OL]．海口:海南省教育厅,2018．http://edu. hainan. gov. cn/edu/2018gzhy/201905/2ec32becc4db46fdb84d56e0d54e578e. shtml

[155]雷炯超．广东省水土保持生态建设现状、目标与措施[J]．人民珠江,2003,(04):64－65．

[156]冷荣梅．四川省水文分区及川西水文站网规划方法建议[J]．水文,1998,(2):49－54．

[157]李相玺．河桥小流域生态防护体系建设与评价[J]．南昌水专学报,1997,16(1):1－7．

[158]李相玺．水土流失地区持续农业发展战略与对策[J]．江西水利科技,1994,20(1):13－16．

[159]李小林．赣南崩岗治理实践与思考[J]．中国水土保持,2013,(2):32－33．

[160]李智广,刘宪春,刘建祥,等．第一次全国水利普查水土保持普查方案[J]．水土保持通报,2010,30(3):87－91．

[161]廖纯艳,胡玉法．水土保持城郊型小流域开发治理模式研究[J]．人民长江,1996,27(5):23－25．

[162]林梅珍,马秀芳,谢双喜,等．广东省森林资源动态变化及成因分析[J]．生态环境,2008,(02):785－791．

[163]刘洪光,段剑,肖胜生．"三位一体"崩岗综合防治模式及其生态效益评价[J]．中国水土保持,2018,(1):27－30＋69．

[164]刘洪生．生态修复在长汀水土流失治理的几种应用模式分析[J]．亚热带水土保持,2005,17(03):31－33．

[165]刘画眉,赖冠文,程禹平．广东省水库淤积形式与防治方向[J]．广东水利水电,2009,(09):1－3＋7．

[166]刘烈浓．园村生态清洁小流域建设的主要成效与做法[J]．中国水土保持,2015,(11):10－12．

[167]刘文学．论城市水土保持与生态城市建设[J]．水土保持应用技术,2014,(6):27－29．

[168]刘希林,张大林.崩岗地貌侵蚀过程三维立体监测研究——以广东五华县莲塘岗崩岗为例[J].水土保持学报,2015,29(01):26-31.

[169]刘元成.全面规划,科学部署,开创全省水土流失防治新局面——《湖北省水土保持规划(2016—2030年)》解读[EB/OL].

[170]刘政民.江西水土保持的回顾与展望——为江西水保工作四十周年而作[J].中国水土保持,1991,(9):9-12.

[171]刘政民.依法防治注重效益全面推进江西水土保持生态建设[J].中国水土保持,2001,(10):18-20.

[172]卢金发.我国南方亚热带丘陵山地土地退化研究[J].土壤侵蚀与水土保持学报,1999,(04):10-15.

[173]逯海叶,柴志福,王弋,等.开发建设项目水土保持临时防护措施的布设[J].内蒙古水利,2010,(2):32.

[174]吕敬堂.从贵州省农村能源的消费趋势谈生态环境问题[A].贵州省农业区划委员会.贵州省农业生态建设研究文集[C].贵阳:贵州省农业生态建设学术研讨会,1986.

[175]吕文春,陈性平,杨德高.盘州推进生态建设绘就壮丽山川.2019-08-28.http://www.panzhou.gov.cn/doc/2019/08/28/88790.shtml

[176]毛兴华,韦浩,金云.上海市水力侵蚀现状与水土保持措施分析[J].中国水土保持科学,2013,11(2):114-118

[177]明经生.围下小流域建立"水保绿色生态"模式的成效与做法[J].中国水土保持,2010,(6):15-16.

[178]南方湿润区水文站网规划协作组.四川省水文手册[Z].成都:南方湿润区水文站网规划协作组,1980.

[179]南宁市人民政府.南宁市海绵城市建设试点城市实施方案[R],南宁:南宁市人民政府,2015.

[180]庞莲.广东省小良水土保持试验站科研成果综述[J].水土保持通报,1992,(01):9-13.

[181]彭珂珊.我国水土保持在生态文明建设中的实践与思考[J].首都师范大学学报(自然科学版),2016,37(05):58-69.

[182]千秋业.50名生态环保志愿者走进武汉市西湖流域水土保持科技示范园[OB/EL].2021.https://www.100ye.cn/n4834063.html.

[183]丘蔚天.浈江流域生态建设水文效益分析[J].广东水利水电,2009,(04):15-18+26.

[184]邱雪红,邓文兰,文斌.赣江流域水土保持重点工程管理、建设成效与做法[J].水利

发展研究,2004(2):54-56.

[185]全国水土保持规划编制工作领导小组办公室,水利部水利水电规划设计总院.中国水土保持区划[M].北京:中国水利水电出版社,2016.

[186]阮明道.清代以来四川西部山区水土问题的考察[J].四川师范学院学报(哲学社会科学版),2000,(5):10-24.

[187]上海市城市规划设计研究院.崇明三岛总体规划(崇明县区域总体规划)(2005—2020年)[R].上海:上海市城市规划设计研究院,2005.

[188]上海市城市规划设计研究院.上海市城市总体规划(1999年—2020年)[R].上海:上海市人民政府,2001.

[189]上海市城市规划设计研究院.上海市基本生态网络规划[EB/OL].2009,https://www.supdri.com/index.php? c=article&id=89.

[190]上海市第一次全国水利普查领导小组办公室.上海市第一次全国水利普查暨第二次水资源普查总报告[R].北京:中国水利水电出版社,2013

[191]上海市水务局.上海市生态清洁小流域建设总体方案[R].上海:上海市水务局,2020

[192]上海市水务局.上海市水土保持管理办法(沪水务规范〔2017〕2号)[R].上海:上海市水务局,2017a.

[193]上海市水务局.上海市水土保持规划(2015—2030年)[R].上海:上海市水务局,2017b.

[194]审图号(藏S〔2020〕002号).西藏自治区地图政区版[Z].拉萨:西藏自治区自然资源厅,2020.

[195]审图号(鄂S〔2020〕003号).湖北省地图政区版[Z].武汉:湖北省地图院,2020.

[196]审图号(赣S〔2020〕076号).江西省地图政区版[Z].南昌:江西省自然资源厅,2020.

[197]审图号(桂S〔2020〕48号).广西壮族自治区地图政区版[Z].南宁:广西壮族自治区地图院,2020.

[198]审图号(沪S〔2020〕037号).上海市地图政区版[Z].上海:上海市测绘院,2020.

[199]审图号(闽S〔2021〕15号).福建省地图政区版[Z].福州:福建省制图院,2021.

[200]审图号(黔S〔2020〕007号).贵州省地图政区版[Z].贵阳:贵州省自然资源厅,2020.

[201]审图号(琼S〔2020〕028号).海南省地图政区版[Z].海口:海南测绘地理信息局,2020.

[202]审图号(苏S〔2020〕022号).江苏省地图政区版[Z].南京:江苏华宁测绘实业公司,2020.

[203]审图号(图川审〔2017〕096号).四川省地图政区版[Z].成都:四川省测绘地理信息局,2018.

[204]审图号(皖S[2020]8号).安徽省地图政区版[Z].合肥:安徽省自然资源厅,2020.

[205]审图号(湘S[2020]037号).湖南省地图政区版[Z].长沙:湖南省第三测绘院,2020.

[206]审图号(渝S[2020]071号).重庆市地图政区版[Z].重庆:重庆市规划和自然资源局,2020.

[207]审图号(粤S[2019]059号).广东省地图政区版[Z].广州:广东省自然资源厅,2019.

[208]审图号(云S[2017]042号).云南省地图政区版[Z].昆明:云南省地图院,2017.

[209]审图号(浙S[2020]17号).浙江省地图政区版[Z].杭州:浙江省自然资源厅,2020.

[210]石劲松,易云飞.西藏水土保持工作成效及展望[J].中国水土保持,2018,(7):7-9

[211]四川省地方志工作办公室.四川年鉴(2018年)[M].成都:四川年鉴社,2019.

[212]四川省水利厅.四川省水土保持规划(2015—2030年)[R].成都:四川省水利厅,2016.

[213]四川省水利厅.《治理水土流失,收获金山银山》(四川省水土保持助推脱贫攻坚和乡村振兴工作纪实)[Z].成都:四川省水利厅,2018.

[214]四川省水利厅.四川省水土保持公报(2018)[R].成都:四川省水利厅,2019.

[215]四川省水土保持局.四川省土壤侵蚀遥感调查与动态监测成果[Z].成都:四川省水土保持局,2004.

[216]四川省水土保持局.新时代推进四川水土流失综合治理调研报告[R].成都:四川省水土保持局,2018.

[217]四川省水资源及水土保持委员会水土保持办公室.四川省水土保持生态建设总体规划(2006—2030年)[R].成都:四川省水资源及水土保持委员会,2006.

[218]宋月君,杨洁,汪邦稳,等.塘背河小流域水土保持生态建设成效分析[J].中国水土保持,2012,(4):63-64.

[219]宋月君.赣南水土保持生态建设成果总结与探讨[J].水土保持应用技术,2015,(4):20-21+26.

[220]隋晓明,余哲,刘茂福,等.红色热土 修水的绿色崛起之路[J].中国水土保持,2015,(7):37-40.

[221]孙波.红壤退化阻控与生态修复[M].北京:科学出版社,2011.

[222]孙昕,李德成,俞元春,等.广东省水土流失动态演变[J].土壤,2008,40(03):382-385.

[223]孙新生.世纪之交五年江西水土保持工作的回顾与思考[J].江西水利科技,2005,31(1):19-23.

[224]太湖流域管理局.太湖流域及东南诸河水土保持规划[R].上海:太湖流域管理局,2010.

[225]唐燕燕. 刘家沟小流域推广塘背治理经验综述[J]. 水土保持科技情报,2005,(3):36 - 37 + 46.

[226]万秀斌,汪志球,黄娴,等. 三十年坚持扶贫开发与生态建设并重 毕节试验区,一个生动典型(奋进新时代 庆祝改革开放 40 年).2018 - 08 - 04. http://internal. dbw. cn/system/2018/08/04/058046416. shtml

[227]王丽槐. 四川水土流失状况与类型分区[J]. 四川水利,2003,(2):2 - 6.

[228]王巧红,张君. 初探高职水土保持人才培养机制——以四川水利职业技术学院为例[J]. 四川环境,2016,35(4):151 - 154.

[229]王祝. 广东省降水的趋势变化和时空分布特征分析[J]. 人民珠江,2006,(2):37 - 39 + 50.

[230]旺加. 日喀则市鲁孜沟水土保持综合治理示范工程建设的实践[J]. 环球人文地理,2015,22,322

[231]吴秉泽,王新伟. 贵州省毕节市七星关区清水铺镇橙满园社区——荒山秃岭变成"花果山".2019 - 06 - 21. http://www. dzwww. com/xinwen/guoneixinwen/201906/t20190621_18853970. htm。

[232]吴愿学. 关于毕节试验区建立背景的研究报告[A]. 贵州省毕节地区社会科学联合会. 历史的必然选择——毕节试验区二十周年论文集[C]. 贵阳:贵州省毕节地区社会科学界联合会,2008.

[233]吴章云,刘子维. 福建省水土保持志[M]. 福州:海风出版社,2011.

[234]武平,杜勇. 把握机遇完善制度推动云南水土保持监测工作又好又快发展[J]. 中国水土保持,2009(11):12 - 13.

[235]西藏自治区人民政府. 西藏自治区实施《中华人民共和国水土保持法》办法[Z]. 拉萨:西藏自治区人民政府,2013.

[236]西藏自治区水利厅. 西藏自治区水土保持规划(2008—2030 年)[R]. 拉萨:拉萨:西藏自治区水利厅,2009.

[237]西藏自治区水利厅. 西藏自治区水土保持规划(2019—2030 年)[Z]. 拉萨:西藏自治区人民政府,2019.

[238]西藏自治区统计局,国家统计局西藏调查总队. 2018 年西藏自治区国民经济和社会发展统计公报[Z]. 拉萨:西藏自治区人民政府,2019.

[239]西藏自治区土地管局. 西藏自治区土种志[M]. 北京:科学出版社,1994.

[240]肖平. 松桃县引进民间资本参与水土保持工程建设的做法与成效[J]. 中国水土保持,2017,(07):10 - 11.

[241]肖胜生,杨洁,方少文,等. 南方红壤丘陵崩岗不同防治模式探讨[J]. 长江科学院院报,2014,31(1):18 - 22.

[242] 谢朝政. 毕节试验区开发扶贫三十年纪实. 2018 - 07 - 16. http://www.gz.chinanews.com/content/2018/07 - 16/84125.shtml.

[243] 兴国县塘背小流域治理委员会. 塘背小流域综合治理试点小结[J]. 中国水土保持, 1984, (3):15 - 17.

[244] 徐元光, 毛家轩, 杨忠贵, 等. 宣威市水土流失现状与治理对策[J]. 水土保持通报, 2002, 22(4):54 - 56.

[245] 杨洪涛, 杨东升, 郭灵敏. 水土保持生态建设的思路[J]. 河南水利与南水北调, 2017, 46(09):4 - 6

[246] 杨玉坡. 四川森林资源与林业发展概况[J]. 资源开发与保护, 1985, 1(1):22 - 24.

[247] 姚少雄. 广东省水土保持工作的经验与成就[J]. 水土保持研究, 1999, (02): 105 - 108.

[248] 姚顺发. 云南省水土流失因素分析及防治对策研究[J]. 林业调查规划, 2002, 27(s1):74 - 78.

[249] 姚毅臣, 熊玉辉, 邱雪红, 等. 江西水土保持工作的特点及对策[J]. 中国水土保持, 2004, (8):3 - 4.

[250] 喻国忠. 漫谈广西主要土壤[J]. 南方国土资源, 2007, (03):39 - 40.

[251] 袁春明, 郎南军, 温绍龙, 等. 云南省水土流失概况及其防治对策[J]. 水土保持通报, 2003, 23(2):60 - 63.

[252] 云南省国土资源厅. 云南省土地利用总体规划大纲(2006—2020年)[R]. 昆明:云南省国土资源厅, 2009.

[253] 云南省生态环境厅. 云南省2018年环境状况公报[R]. 昆明:云南省生态环境厅, 2019.

[254] 云南省水利厅. 关于印发《云南省开发建设项目水土保持监测设计与实施计划编制提纲(试行)的通知》(云水保监〔2009〕1号)[Z]. 昆明:云南省水利厅, 2009.

[255] 云南省水利厅. 云南省水土保持规划(2016—2030年)[R]. 昆明:云南省水利厅, 2016.

[256] 云南省水利厅. 云南省水利厅关于划分省级水土流失重点预防区和重点治理区的公告[R]. 昆明:云南省水利厅公告第49号, 2017a.

[257] 云南省水利厅. 关于云南省2015年水土流失调查结果的公告[R]. 昆明:云南省水利厅, 2017b.

[258] 云南省统计局. 2018年云南省统计年鉴[M]. 北京:中国水利水电出版社, 2018.

[259] 曾河水, 岳辉. 长汀县以河田为中心的花岗岩强度水土流失区植被重建的主要模式. 福建水土保持. 2004, 16(04): 16 - 18.

[260] 曾昭璇. 我国南部红土区的水土流失问题[J]. 第四纪研究,1991,(01):9-17.

[261] 张碧玲,李景英,李风. 塘背河小流域综合治理效益调查[J]. 南昌水专学报,1988,(1):36-39.

[262] 张茨林,姚毅臣,万金才. 江西省水土保持场站建设与改革情况调查报告[J]. 水利发展研究,2002,(7):31-34.

[263] 张茨林. "猪-沼-果"水土保持综合治理模式简析[J]. 中国水土保持科学,2006,4(4):96-98.

[264] 张金生,张利超,王农. 江西省"四型"小流域综合治理模式初探[J]. 江西水利科技,2016,42(2):148-152.

[265] 张立伟. 水土保持生态修复与生态文明建设[J]. 环境与发展,2018,30(09):190-192

[266] 张利超,谢颂华,肖胜生,等. 江西省崩岗侵蚀危害及防治对策[J]. 中国水土保持,2014,(9):15-17.

[267] 张利超,谢颂华. 江西省水土流失重点防治区的复核和划分[J]. 水土保持通报,2016,36(1):230-235.

[268] 张利超. 江西省水土保持区划及防治布局研究[J]. 中国水土保持,2016,(02):36-41.

[269] 张利超,葛佩琳,李高峰,等. 宁都县小布镇钩刀咀生态清洁小流域建设实践与成效[J]. 中国水土保持,2018,(6):24-27.

[270] 张龙. 广东省水土流失现状与分区治理措施[J]. 水资源研究,2003,(03):22-24.

[271] 张陆军. 上海市水土流失现状分析研究[J]. 中国农村水利水电,2013(11):7-10

[272] 张淑光,钟朝章,古彩登. 韩江上游水土流失和治理[J]. 泥沙研究,1991,(01):1-9.

[273] 张颖,陈尚书,汪晓龙. 四川水土保持依托改革开放持续发展[J]. 中国水土保持,2018,(7):3-6.

[274] 张颖,陈尚书,汪晓龙. 四川水土保持依托改革开放持续发展[J]. 中国水土保持,2018,(7):3-6.

[275] 张玉刚,张辰. 太湖流域片水土流失动态监测现状与思考[J]. 亚热带水土保持,2016a,28(04):59-62.

[276] 张玉刚,卢慧中,曹龙熹,等. 太湖流域片土壤侵蚀现状与变化[J]. 中国水土保持科学,2016b,14(03):26-34.

[277] 章文波,谢云,刘宝元. 中国降雨侵蚀力空间分布变化特征[J]. 山地学报,2003,(01):33-40.

[278] 赵其国,谢为民,贺湘逸,等. 江西红壤[M]. 南昌:江西科学技术出版社,1988.

[279] 赵岩,王治国,孙保平,等.中国水土保持区划方案初步研究[J].地理学报,2013,68(3):307-317.

[280] 赵永平.变索取为涵养,变破坏为建设——毕节试验区:山绿水清农民奔富[C].嘹亮的号角——毕节地区水土保持生态建设20周年新闻作品选[M].贵阳:贵州民族出版社,2009.

[281] 浙江省测绘科学技术研究院.天地图[Z].杭州:浙江省自然资源厅,2020.

[282] 浙江省第一次水利普查领导小组办公室.浙江省第一次水利普查成果之四:水土保持[M].北京:中国水利水电出版社,2015.

[283] 浙江省人民代表大会.浙江省实施《中华人民共和国水土保持法》办法[Z].1996年6月29日浙江省第八届人民代表大会常务委员会第二十八次会议通过并经1996年7月9日浙江省第八届人民代表大会常务委员会公告第五十号公布自公布之日起施行,1996.

[284] 浙江省人民代表大会常务委员会.浙江省水土保持条例[Z].2014年9月26日经浙江省第十二届人民代表大会常务委员会第13次会议通过,2017年9月30日,浙江省第十二届人民代表大会常务委员会第四十四次会议通过浙江省第十二届人民代表大会常务委员会第四十四次会议决定对《浙江省水土保持条例》作出修改,2017.

[285] 浙江省生态环境厅.浙江省水功能区水环境功能区划分方案(2015)[R].杭州:浙江省生态环境厅,2016.

[286] 浙江省水利厅.浙江省2014年度水土流失复核调查[R].杭州:浙江省水利厅,2014.

[287] 浙江省水利厅.浙江省水土保持规划[R].杭州:浙江省人民政府,2015.

[288] 浙江省水利厅.浙江省水土流失动态监测规划(2018—2022年)[M].杭州:浙江省水利厅,2018a.

[289] 浙江省水利厅.浙江省2018年度水土流失动态监测成果报告[R].杭州:浙江省水利厅,2018b.

[290] 浙江省统计局,国家统计局浙江调查总队.2018年浙江省国民经济和社会发展统计公报[R].杭州:浙江省统计局,2019.

[291] 郑度.长江上游地区水土保持若干问题探讨[J].资源科学,2004,4(S1):1-6.

[292] 郑海金,左长清,奚同行,等."猪、沼、果"水土保持治理模式效益分析[J].水土保持应用技术,2008,(1):46-48.

[293] 周邦君.清代四川土地开发与环境变迁—以水土流失问题为中心[J].西南交通大学学报(社会科学版),2006,7(3):87-92.

[294] 周斌,樊太岳,卿太明,等.四川水土流失综合治理的实践与探索[J].中国水土保持,2009,(7):3-5.

[295]周建国,王如琦.上海市供水专业规划[J].上海建设科技,2004,(1):3-4.

[296]朱继鹏,洪刚,钱传明.安徽省水土保持监测信息化建设与思考[J].亚热带水土保持,2019,31(3):67-70.

[297]朱立安,王继增,卓慕宁,等.广东省土壤侵蚀宏观区域差异分析[J].水土保持通报,2003,(03):36-38.

[298]朱世清.广东省坡耕地状况及其理由改良对策[J].热带亚热带土壤科学,1994,(3):122-126.

[299]朱世清.广东省土壤侵蚀现状及防治研究工作的进展[J].水土保持通报,1986,(03):22-25.

[300]朱颂茜,林敬兰,林文莲.山区高速公路建设对边坡土壤侵蚀的影响初探[J].资源科学,2004,(S1):54-60.

附录二　植物名录

杜英 *Elaeocarpus decipiens* Hemsl.

A

安农水蜜桃 *Prunus persica* "Annong"

桉树 *Eucalyptus robusta* Smith

B

八角 *Illicium verum* Hook. f.

巴南五布红橙 *Citrus maxima* (Burm.) Osbeck

巴山松 *Pinus tabuliformis* var. *henryi* (Mast.) C. T. Kuan

白车轴草 *Trifolium repens* L.

百合 *Lilium brownii* var. *viridulum* Baker

柏 *Cupressus* spp.

柏木 *Cupressus funebris* Endl.

板栗 *Castanea mollissima* Bl.

碧玉杨 *Populus* × *euramericana* cv 'BYu'

槟榔 *Areca catechu* Linn.

C

草地羊茅 *Festuca pratensis* Huds.

茶 *Camellia sinensis* (Linn.) O. Kuntze

菖蒲 *Acorus calamus* L.

垂柳 *Salix babylonica* Linn.

春兰 *Cymbidium goeringii* (Rchb. f.) Rchb. f.

D

丹桂 *Osmanthus fragrans* (Aurantiacus Group)

地锦 *Parthenocissus tricuspidata* (Siebold & Zucc.) Planch.

地毯草 *Axonopus compressus* (Sw.) Beauv.

杜鹃 *Rhododendron simsii* Planch.

F

非洲狗尾草(卡松古多狗尾草) *Setaria anceps* Stapf ex Massey

枫香 *Liquidambar formosana* Hance

枫杨 *Pterocarya stenoptera* C. DC.

凤凰木 *Delonix regia* (Bojer) Raf.

奉节脐橙 *Citrus maxima* (Burm.) Osbeck 'Fengjie 72 – 1'

福橙 *Citrus sinensis* (Linn.) Osbeck

G

甘蔗 *Saccharum officinarum* L.

柑橘 *Citrus reticulata* Blanco

岗松 *Baeckea frutescens* Linn.

高羊茅 *Festuca elata* Keng ex E. Alexeev

哥斯达黎加量天尺 *Hylocereus costaricensis* (Weber) Britt. & Rose

沟叶结缕草 *Zoysia matrella* (Linn.) Merr.

狗牙根 *Cynodon dactylon* (Linn.) Pers.

广玉兰 *Magnolia Grandiflora* L.

桂花 *Osmanthus fragrans* Lour.

H

海三棱藨草 *Bolboschoenoplectus mariqueter* (Tang & F. T. Wang) Tatanov

旱柳 *Salix matsudana* Koidz.

黑麦草 *Lolium perenne* Linn.

黑麦草 *Lolium perenne* Linn.

红豆杉 *Taxus chinensis* (Pilger) Rehd.

红枫 *Acer palmatum* 'Atropurpureum'

红心李 *Duart* × *Wicrson*

红叶石楠 *Photinia* × *fraseri* Dress

胡枝子 *Lespedeza bicolor* Turcz.

蝴蝶花 *Iris japonica* Thunb.

互花米草 Spartina alterniflora Loisel.

花生 *Arachis hypogaea* Linn.

华山松 *Pinus armandii* Franch.

黄金榕 *Ficus microcarpa* 'Golden Leaves'

黄山松 *Pinus hwangshanensis* W. Y. Hsia

火焰木 *Spathodea campanulata* Beauv.

J

鸡爪槭 *Acer palmatum* Thunb.

金银花 *Lonicera* spp.

九叶青花椒 *Zanthoxylum armatum* var. *novemfolius*

K

栲类 *Castanopsis* spp.

宽叶雀稗 *Paspalum wettsteinii* Hack.

L

兰花三七 *Liriope cymbidiomorpha*（ined）

冷杉 *Abies fabri*（Mast.）Craib

梨 *Pyrus* × *michauxii* Bosc ex Poir.

李 *Prunus salicina* Lindl.

栎 *Quercus* spp.

芦苇 *Phragmites australis*（Cav.）Trin. ex Steud.

芦竹 *Arundo donax* Linn.

鲁冰（羽扇豆）*Lupinus micranthus* Guss.

罗汉竹 *Phyllostachys aurea* Carr. ex a. et C. Riv

M

麻栎 *Quercus acutissima* Carruth.

马尾松 *Pinus massoniana* Lamb.

麦冬 *Ophiopogon japonicus*（Linn. f.）Ker – Gawl.

芒果 *Mangifera indica* Linn.

芒萁 *Dicranopteris pedata*（Houtt.）Nakaike

毛竹 *Phyllostachys heterocycla*（Carr.）Mitford cv. *Pubescens* Mazel ex H. de leh.

美国杂交狼尾草 *Pennisetum americanum* × *Pennisetum purpureum* cv. 23 A × N51

墨西哥玉米 *Euchlaena mexicana* Schrad

牡丹 *Paeonia* × *suffruticosa* Andrews

木荷 *Schima superba* Gardn. et Champ.

苜蓿 *Medicago sativa* L.

N

南方型速生杨 *Populus* × *euramericana* spp.

南海藤 *Nanhaia speciosa*（Champ. ex Benth.）J. Compton & Schrire

楠类 *Phoebe* spp.

女贞 *Ligustrum lucidum* W. T. Aiton

P

椪柑 *Citrus reticulata* 'Ponkan'

枇杷 *Eriobotrya japonica*（Thunb.）Lindl.

平托花生（遍地黄金）*Arachis pintoi* Krapov. & W. C. Greg.

Q

脐橙 *Citrus maxima*（Burm.）Osbeck

青冈 *Cyclobalanopsis glauca*（Thunb.）Oerst.

雀舌栀子 *Gardenia jasminoides* 'Radicans'

R

肉桂 *Rosama cinnamomea* Leech

S

三角梅 *Bougainvillea* spp.

桑树 *Morus alba* L.

沙棘 *Hippophae rhamnoides* Linn.

山茶 *Camellia japonica* Linn.

杉木 *Cunninghamia lanceolata*（Lamb.）Hook.

蛇床 *Cnidium monnieri*（Linn.）Cuss.

深山含笑 *Michelia maudiae* Dunn

湿地松 *Pinus elliottii* Engelm.

石榴 *Punica granatum* Linn.

石蒜 *Lycoris chinensis* Traub

栓皮栎 *Quercus variabilis* Bl.

水蜜桃 *Prunus persica* （L.）Batsch

水 杉 *Metasequoia glyptostroboides* Hu & W. C. Cheng

睡莲 *Nymphaea tetragona* Georgi.

丝毛相思 *Acacia holosericea* G. Don

松（木、树）*Pinus* spp.

T

糖蜜草 *Melinis minutifora* P. Beauv.

桃 *Amygdalus persica* Linn.

桃金娘 *Rhodomyrtus tomentosa* （Ait.）Hassk.

天竺桂 *Cinnamomum japonicum* Siebold

W

歪嘴李 *Prunus salicina* Lindl.

无花果 *Ficus carica* Linn.

X

香根草 *Chrysopogon zizanioides* （L.）Roberty

香樟 *Cinnamomum camphora* （Linn）Presl

小叶榄仁 *Terminalia neotaliala* Capuron

萱草 *Hemerocallis fulva* （Linn.）Linn.

雪花梨 *Pyrus pseudopashia* Yü

Y

烟草 *Nicotiana tabacum* Linn.

杨梅 *Myrica rubra* Siebold et Zuccarini

杨树 *Populus* spp.

椰子 *Cocos nucifera* Linn.

银杏 *Ginkgo biloba* L.

油茶 *Camellia oleifera* Abel.

油桐 *Vernicia fordii* （Hemsl.）Airy Shaw

柚子 *Citrus maxima* （Burm.）Osbeck

榆树 *Ulmus pumila* L.

鸢尾 *Iris tectorum* Maxim.

圆叶决明 *Chamaecrista rotundifolia* （Pers.）Greene

Z

鹧鸪草 *Eriachne pallescens* R. Br.

中华猕猴桃 *Actinidia chinensis* Planch.

苎麻 *Boehmeria nivea* （L.）Hook. f. & Arn.

柱花草 *Stylosanthes guianensis* （Aubl）Sw.

紫花苜蓿 *Medicago sativa* L.

紫薇 *Lagerstroemia indica* Linn.

紫云英 *Astragalus sinicus* Linn.